天山维管植物名录

潘伯荣 主编

东南大学出版社
SOUTHEAST UNIVERSITY PRESS
·南京·

内 容 提 要

本书整理收录天山地区(包括中国和哈萨克斯坦、吉尔吉斯斯坦、乌兹别克斯坦等中亚三国)分布的野生维管植物共117科924属6784种(含亚种和变种),其中蕨类植物17科21属51种,裸子植物3科5属22种,被子植物97科898属6711种。本名录编撰格式按植物科、属、种名(个别物种包含异名或"Species 2000"的接受名),生活型,生境,海拔,产自天山的位置,分布国家和洲及用途等信息顺序排列。本书考虑到和中亚三国已出版的植物志的编排系统接轨,故编排系统主要参照《新疆植物志》,蕨类植物按照秦仁昌(1978年)的系统,裸子植物按照郑万钧(1978年)的系统,被子植物按照恩格勒(Engler)的《植物分科纲要》(1936年)的系统稍做变动,即将单子叶植物排在双子叶植物之后。中亚三国的天山植物均依据各国的相关文献翻译整理,在中国没有分布的科、属、种前均加"＊"注明。

本书可供植物学领域的研究人员、生物多样性保护和自然资源管理工作者,以及政府相关决策与管理部门参考使用。

图书在版编目(CIP)数据

天山维管植物名录 / 潘伯荣主编. —南京:
东南大学出版社,2021.12
ISBN 978-7-5641-9932-6

Ⅰ.①天… Ⅱ.①潘… Ⅲ.①天山-维管植物-
名录 Ⅳ.①Q949.4-62

中国版本图书馆 CIP 数据核字(2021)第 259398 号

责任编辑:陈 跃 封面设计:顾晓阳 责任印制:周荣虎

天山维管植物名录
Tianshan Weiguan Zhiwu Minglu

主　　编:潘伯荣
出版发行:东南大学出版社
社　　址:南京四牌楼 2 号　邮　　编:210096　电　　话:025-83793330
网　　址:http://www.seupress.com
电子邮件:press@seupress.com
经　　销:全国各地新华书店
印　　刷:南京迅驰彩色印刷有限公司
开　　本:889 mm×1194 mm　1/16
印　　张:62.75
彩　　页:4 面
字　　数:1770 千字
版　　次:2021 年 12 月第 1 版
印　　次:2021 年 12 月第 1 次印刷
书　　号:ISBN 978-7-5641-9932-6
审 图 号:新 S(2021)224 号
定　　价:380.00 元

《天山维管植物名录》
编委会

序　一

天山古名"白山"，或称"雪山"，唐朝时又名"折罗漫山"，是世界七大山系之一，位于欧亚大陆腹地，东西横跨中国、哈萨克斯坦、吉尔吉斯斯坦和乌兹别克斯坦四国，全长约 2 500 km，南北平均宽度为 250～350 km，是世界上最大的独立纬向山系，也是世界上距离海洋最远的山系和全球干旱地区面积最大的山系。

天山自古以来就是中国与中亚、西亚联系的重要通道。西汉（公元前 206 年—公元 25 年）期间，张骞出使西域开辟的古丝绸之路，简称"丝路"，其中段就是沿着天山向西延伸的。驰名中外的唐代高僧玄奘，去天竺（今印度）取经也经过这里。他曾在《大唐西域记》中对托木尔峰分水岭一带的环境进行了生动的描述。

联合国教科文组织于 2013 年 6 月 21 日将新疆天山列入世界遗产名录。《天山维管植物名录》的编委之一海鹰教授在新疆天山申报世界自然遗产时整理编写了《天山野生维管束植物名录》（包括了 95 科 265 属 2 707 个野生植物物种），这为《天山维管植物名录》编撰工作奠定了基础。《天山维管植物名录》编委们通过标本信息和文献资料的进一步查证，在原简单名录的基础上，增加了植物生活型、自然生境和海拔，落实了产自天山的位置、主要分布国家以及经济用途。编撰工作历时两年多，现整理出涉及 4 个国家的植物共计 6 784 种，隶属 117 科 924 属，成绩斐然。

我认为该书有以下特点：

1. 该书是新疆植物学会在挂靠单位中国科学院新疆生态与地理研究所的大力支持下，组织学会所属单位的植物学工作者合作编撰完成的。由群众学术团体领头编撰植物名录，这在国内实属罕见。

2. 该书是继《泛喜马拉雅植物志》之后的又一次跨国界植物资源的研

1

究,并能与"一带一路"倡议的目标紧密配合,做到了科学研究与时俱进。书中为了区别境内外的植物,凡国内不产的植物,均在科、属、种名之前标注"＊"。

3. 该书的系统编排体例为:蕨类植物按照秦仁昌(1978年)的系统;裸子植物按照郑万钧(1978年)的系统;被子植物按照恩格勒(Engler)的《植物分科纲要》(1936年)的系统稍做变动,即将单子叶植物排在双子叶植物之后。这既与《中国植物志》《新疆植物志》接轨,也与中亚三国的文献对应,便于查证。但在名称中,标注有"Species 2000"确认的接受名,以及APGⅣ系统新的科、属名,便于读者参考。

4. 该书通过文献查询及标本查证,新增了《中国植物志》《新疆植物志》未收录的一些新分类群及物种,其中也包括我们2020年和2021年刚发表的新疆翠雀花属的新种——巩留翠雀花(*Delphinium gongliuense* W. T. Wang & Z. Z. Yang)和尼勒克翠雀花(*Delphinium nilekeense* W. T. Wang & Z. Z. Yang),这充分证明了他们的工作认真细致。

这部《天山维管植物名录》的出版,定会在天山植物的研究、教学和科学普及,以及植物资源的开发利用与保护等方面做出应有的贡献。这本书虽然只是"名录",但与"植物志"相比,也就缺少物种的形态特征描述、配套的植物墨线图,以及植物检索表。希望本书编委们能积极开展国际合作,在此基础上与哈萨克斯坦、吉尔吉斯斯坦、乌兹别克斯坦等中亚三国的植物分类学家携手完成"天山植物志"的编著。

 中国科学院院士

2021年7月于北京

序 二

    天山横跨中国、哈萨克斯坦、吉尔吉斯斯坦和乌兹别克斯坦四国,是世界七大山系之一,也是世界上距离海洋最远的山系和全球干旱地区面积最大的山系。天山全长约 2 500 km,南北平均宽 250～350 km,帕米尔高原以北的天山山体最宽,可达 800 km 以上。天山山系西起乌兹别克斯坦的克孜尔库姆沙漠以东,经哈萨克斯坦和吉尔吉斯斯坦进入中国新疆境内,渐失于新疆哈密市以东的戈壁中。天山山脊线的平均海拔为 4 000 m 左右,最高的托木尔峰达 7 435.3 m。人们习惯将中国新疆境内的天山称为东天山,将天山其余部分称为西天山。

    天山生物多样性丰富,植物种类繁多,有诸多特有成分,以"天山"命名的植物甚多。天山的野生果树资源更是举世瞩目,为人类生活做出了重要贡献。各国植物学工作者先后对天山植物进行过调查,中国、哈萨克斯坦、吉尔吉斯斯坦和乌兹别克斯坦都分别编辑出版了各自国家或地区的植物名录和植物志。但是,人们对整个天山山系的植物"家底"并不十分清楚。

    随着社会的发展和人类需求的增加,保护和合理利用植物资源已成为人类的共同愿望。在中国科学院新疆生态与地理研究所的大力支持下,新疆植物学会组织各成员单位的专家于 2019 年开始编撰天山维管植物名录。经过潘伯荣研究员、海鹰教授、努尔巴依教授以及多位植物学工作者两年多的努力和辛勤工作,终于可以付梓。《天山维管植物名录》共整理出蕨类植物 17 科 21 属 51 种,裸子植物 3 科 5 属 22 种,被子植物 97 科 898 属 6 711 种,合计 117 科 924 属 6 784 种。在两年多的时间里,能够完成如此多工作,实属不易。

天山生物多样性不仅丰富,而且独特。天山是世界苹果、核桃、杏、李等多种果树的起源地之一,是中国经济果树资源中天然基因库的重要分布区,也是世界温带果树的重要种质基因库,具有极高的研究价值。《天山维管植物名录》的出版,为开展相关科学研究、生物多样性的有效保护和植物资源的合理开发利用提供了科学依据,也为"一带一路"建设提供了植物资源的本底资料。

在此,谨对《天山维管植物名录》的出版表示祝贺!

中国科学院院士

中国植物学会名誉理事长

2021 年 7 月于北京香山

前　言

　　天山是世界七大山系之一,是世界上最大的独立纬向山系,也是世界上距离海洋最远的山系和全球干旱地区面积最大的山系。

　　天山位于欧亚大陆腹地,东西横跨中国、哈萨克斯坦、吉尔吉斯斯坦和乌兹别克斯坦四国,全长约 2 500 km,南北平均宽 250~350 km,唯帕米尔高原以北的天山山体最宽,可达 800 km 以上。天山山系西起乌兹别克斯坦的克孜尔库姆沙漠以东,经哈萨克斯坦和吉尔吉斯斯坦进入我国新疆境内,渐消失于新疆哈密市以东的戈壁之中。天山山脊线的平均海拔为 4 000 m 左右,最高的托木尔峰高达 7 435.3 m。人们习惯将中国新疆境内的天山称为东天山,将中亚地区的天山称为西天山。

　　天山的生物多样性丰富,不仅植物种类繁多,还有诸多特有成分,在植物的许多科属内,以"天山"命名的植物屡见不鲜。天山的野生果树资源更是举世瞩目,野苹果、野核桃、野杏、野李等均为人类生活做出了重要贡献。

　　古丝绸之路曾将天山植物资源的利用范围扩大,也为天山地区各国乃至周边国家的人民提供了具有不同利用价值的植物资源。后来,各国植物学工作者也先后调查、整理、编撰了各自国家(或地区)的植物志,但是,人们对整个天山山系的植物"家底"并不十分清楚。

　　随着社会的发展和人类的需求的增加,保护和合理利用植物资源已成为人类的共同愿望。因此,在中国科学院新疆生态与地理研究所的大力支持下,新疆植物学会组织学会所属各成员单位的专家编撰《天山维管植物名录》。这一成果既为"一带一路"建设提供了植物资源的本底资料,也为有效保护与合理利用植物资源提供了科学依据。

　　《天山维管植物名录》的系统编排主要参照《新疆植物志》编排方式:蕨类植物按照秦仁昌(1978 年)的系统;裸子植物按照郑万钧(1978 年)的系统;被子植物按照恩格勒(Engler)《植物分科纲要》(1936 年)的系统稍做变动,即将单子叶植物排在双子叶植物之后。

　　2013 年 6 月 21 日,在柬埔寨金边召开的第 37 届世界遗产大会正式公布,中国新疆天山被列入世界自然遗产名录。联合国教科文组织在对新疆天山的评语中写道:新疆天山具有景观和生物生态演化过程的完整性,符合世界自然遗产保护和管理要求。因此,《天山维管植物名录》中国天山部分的内容以海鹰教授提供的为天山"申遗"整理的《天山野生维管束植物名录》(包括了95科265属2 707个野生植物物种)为基础。

《天山维管植物名录》物种的最后确认依据《中国植物志》和《新疆植物志》,并参考了 Flora of China。凡有文献记载或有凭证标本的植物种类也均收编在"名录"内,尤其是《中国植物志》《新疆植物志》出版之后发表的新分类群均列入,这可供后人进一步研究时参考,同时也体现出对植物新种或新纪录发现者的尊重。中国境内有,但未在中国天山分布的植物属种,标注有"南方""栽培"等说明。哈萨克斯坦、吉尔吉斯斯坦和乌兹别克斯坦等中亚三国的天山植物均依据各国的相关文献翻译整理,在中国没有分布的科、属、种前均加"*"注明;植物中文属名主要依据"多识植物百科"已拟定的名称;植物种加词依据相关工具书查询拉丁文原意,人名则直译或采用"某某氏",少数植物则按种加词的拉丁语发音译。斜体的植物拉丁名有的是异名,有些属于"Species 2000"确认的接受名,保留于此便于与APG 系统对接。

《天山维管植物名录》实为野生植物的汇总,个别外来种也是入侵后逸生的,原则上栽培植物不收入。本名录编撰格式为:植物科、属、种名(个别包含异名),生活型,生境,海拔,产自天山的位置,分布国家和洲,用途。本书中植物按三个门分别计数,科采用汉字数字计数,属采用不加括号的阿拉伯数字计数,种采用加括号的阿拉伯数字计数。

《天山维管植物名录》编撰工作历时两年多,整理出蕨类植物17科21属51种,裸子植物3科5属22种,被子植物97科898属6 711种,合计117科924属6 784种。参与这项工作的人员除本书编委会名单所列出的,还有中国科学院新疆生态与地理研究所、新疆农业大学和新疆大学三个单位前期参与植物标本数字化信息录入的人员。在此对所有做出奉献的同仁一并表示衷心的感谢。限于我们的专业水平,名录中难免会有不足之处,也有值得商榷的地方,植物新分类群发表的文献和有些标本也可能会有遗漏,敬请各位同行和广大读者不吝批评指正。

谨以此成果献给中国共产党百年华诞和联合国生物多样性大会暨联合国《生物多样性公约》缔约方大会第十五次会议(CBD COP15)。

编 者
于乌鲁木齐市

2021 年 6 月 30 日

目　录

4

14

17

22

24

26

Ⅰ. 蕨类植物门 Pteridophyta

一、石杉科 Huperziaceae

1. 石杉属 Huperzia Bernh.

（1）石杉（小杉兰）**Huperzia selago**（**L.**）**Bernh.**

多年生陆生草本。生于高山和亚高山岩石缝、林下、苔藓层。海拔 1 900~5 000 m。

产北天山、准噶尔阿拉套山。中国、哈萨克斯坦；亚洲、欧洲、大洋洲、美洲有分布。

有毒、药用、植化原料、染料。

二、石松科 Lycopodiaceae

2. 石松属 Lycopodium L.

（2）多穗石松（杉叶蔓石松）**Lycopodium annotinum L.** = *Spinulum annotinum* L.

多年生陆生草本。生于山地河谷、针叶林下、混交林下、林缘。海拔 700~3 700 m。

产东北天山。中国、日本、朝鲜、蒙古、俄罗斯；亚洲、欧洲、美洲有分布。

药用、染料、油料、有毒、观赏。

（3）石松 **Lycopodium japonicum Thunb. ex Murray**

多年生陆生草本。生于山地林缘、混交林下、沼泽边缘、灌木丛、苔藓层。海拔 1 000~3 300 m。

产北天山。中国、日本、印度、尼泊尔、缅甸、不丹、越南、老挝、柬埔寨；亚洲有分布。

药用。

三、卷柏科 Selaginellaceae

3. 卷柏属 Selaginella Spring

（4）圆枝卷柏（红枝卷柏）**Selaginella sanguinolenta**（**L.**）**Spring**

多年生陆生夏绿草本。生于山地石灰岩壁。海拔 1 400~3 450 m。

产北天山。中国、蒙古、俄罗斯；亚洲、美洲有分布。

有毒、药用、染料、食用、饲料。

四、木贼科 Equisetaceae

4. 木贼属 Equisetum L.

(5) 问荆 **Equisetum arvense L.**

多年生草本。生于山地草甸、山地林缘、林间草地、河谷、荒漠河岸、湖岸边、河漫滩草甸。海拔 0~3 700 m。

产东天山、东北天山、准噶尔阿拉套山、北天山、东南天山、中央天山、内天山、西天山、西南天山。中国、哈萨克斯坦、吉尔吉斯斯坦、乌兹别克斯坦、日本、俄罗斯、朝鲜、韩国;亚洲、欧洲、北美洲有分布。

有毒、饲料、染料、药用、食用。

(6) 水木贼(溪木贼) **Equisetum fluviatile L.**

多年生草本。生于山地草甸、河漫滩草甸、沼泽、平原河和湖岸边。海拔 500~3 000 m。

产东北天山、准噶尔阿拉套山。中国、哈萨克斯坦、俄罗斯、日本、蒙古、俄罗斯、朝鲜、韩国;亚洲、欧洲、北美洲有分布。

药用、有毒。

(7) 木贼 **Equisetum hyemale L.**

多年生草本。生于山地针叶林或混交林缘、河谷岸边。海拔 100~3 000 m。

产东天山、东北天山、准噶尔阿拉套山、北天山、东南天山。中国、哈萨克斯坦、吉尔吉斯斯坦、乌兹别克斯坦、日本、俄罗斯、朝鲜、韩国;亚洲、欧洲、美洲有分布。

药用、观赏、有毒。

(8) 犬问荆 **Equisetum palustre L.**

多年生草本。生于沼泽地边缘、山溪边、河和湖岸边。海拔 500~2 600 m。

产东北天山、北天山、东南天山、内天山、西天山、西南天山。中国、哈萨克斯坦、吉尔吉斯斯坦、乌兹别克斯坦、尼泊尔、日本、朝鲜、蒙古、俄罗斯;亚洲、欧洲、北美洲有分布。

药用、观赏、有毒。

(9) 草问荆 **Equisetum pratense Ehrh.**

多年生草本。生于山地林缘、灌丛、河谷草甸。海拔 500~2 800 m。

产东天山、东北天山、准噶尔阿拉套山、北天山、东南天山、中央天山、内天山。中国、日本、蒙古、俄罗斯、哈萨克斯坦;亚洲、欧洲、北美洲有分布。

药用、有毒。

(10) 节节草 **Equisetum ramosissimum Desf.**

多年生草本。生于山地草甸、针叶林缘、河谷、荒漠河岸、湖边、沙砾地。海拔 100~3 300 m。

产东天山、东北天山、准噶尔阿拉套山、北天山、东南天山、中央天山、内天山。中国、哈萨克斯坦、吉尔吉斯斯坦、乌兹别克斯坦、印度、蒙古、俄罗斯、朝鲜、韩国;亚洲、欧洲、非洲、北美洲有分布。

饲料、药用、有毒。

(11) 蔺木贼(小木贼) **Equisetum scirpoides Michx.**

多年生草本。生于山地林下、林缘、河和湖岸边湿地。海拔 500~3 000 m。

产东天山、东北天山、准噶尔阿拉套山、北天山、东南天山、中央天山、内天山。中国、日本、俄罗斯;亚洲、欧洲、北美洲有分布。

（12）林木贼（山木贼）**Equisetum sylvaticum L.**

多年生草本。生于山地林缘、林间草地、河谷岸边。海拔 200~1 600 m。

产东天山、东北天山、准噶尔阿拉套山、北天山、东南天山、中央天山、内天山。中国、哈萨克斯坦、日本、朝鲜、蒙古、俄罗斯;亚洲、欧洲、美洲有分布。

有毒、饲料、食用、药用、染料。

五、瓶尔小草科 Ophioglossaceae

5. 瓶尔小草属 Ophioglossum L.

*（13）温泉瓶尔小草 **Ophioglossum thermale Komarov** = *Ophioglossum bucharicum*（O. et B. Fedtsch.）O. et B. Fedtsch.

多年生草本。生于河岸林下。海拔 300~700 m。

产西南天山、内天山。吉尔吉斯斯坦、乌兹别克斯坦;亚洲有分布。

（14）瓶尔小草 **Ophioglossum vulgatum L.**

多年生水生草本。生于山地疏林下、林缘、灌丛、山溪边湿地。海拔 1 200~3 000 m。

产北天山、准噶尔阿拉套山、西天山、西南天山。中国、哈萨克斯坦、吉尔吉斯斯坦、乌兹别克斯坦;亚洲、欧洲、美洲有分布。

药用。

六、阴地蕨科 Botrychiaceae

6. 阴地蕨属 Botrychium Sw.

（15）扇羽阴地蕨 **Botrychium lunaria（L.）Sw.**

多年生草本。生于高山和亚高山草甸、云杉林缘、疏林下。海拔 1 800~3 800 m。

产东天山、东北天山、准噶尔阿拉套山、北天山、中央天山、东南天山。中国、哈萨克斯坦、吉尔吉斯斯坦、乌兹别克斯坦、蒙古、朝鲜、日本、俄罗斯、新西兰;亚洲、欧洲、大洋洲、美洲有分布。

药用。

七、中国蕨科 Sinopteridaceae

7. 珠蕨属 Cryptogramma R. Brown.

（16）稀叶珠蕨 **Cryptogramma stelleri（Gmel.）Prantl**

多年生草本。生于高山和亚高山草甸、岩石缝、山地林下、林缘岩石缝、草丛。海拔 1 000~4 200 m。

产东天山、东北天山、准噶尔阿拉套山、北天山、西天山。中国、哈萨克斯坦、吉尔吉斯斯坦、乌兹别克斯坦、日本、俄罗斯;亚洲、欧洲、北美洲有分布。

8. 粉背蕨属 Aleuritopteris Fée

（17）银粉背蕨 **Aleuritopteris argentea**（S. G. Gmel.）**Fée**

多年生旱生草本。生于亚高山林缘、干旱山坡岩石缝。海拔 1 700～3 900 m。

产东天山、东北天山、东南天山。中国、日本、朝鲜、蒙古、俄罗斯、尼泊尔、印度、缅甸；亚洲有分布。

9. 碎米蕨属 Cheilanthes Sw.（Cheilosoria Trev.）

*（18）全干碎米蕨 **Cheilanthes persica**（Bory）**Mett. ex Kuhn** = *Oeosporangium persica*（Bory）Vis.

多年生草本。生于山地阴湿地、河流岸边。海拔 1 300～2 500 m。

产北天山、西天山。哈萨克斯坦、吉尔吉斯斯坦、乌兹别克斯坦、俄罗斯；亚洲、欧洲有分布。

（19）禾秆旱蕨 **Cheilanthes tibetica Fraser-Jenk. et Wangdi** = *Oeosporangium stramineum*（Ching）Fraser-Jenk. = *Pellaea straminea* Ching

多年生旱生草本。生于干旱山坡、山崖岩石缝。海拔 1 400～4 300 m。

产东天山、东北天山。中国；亚洲有分布。

八、铁线蕨科 Adiantaceae

10. 铁线蕨属 Adiantum L.

（20）铁线蕨 **Adiantum capillus-veneris L.**

多年生草本。生于山地河岸边、常流水的山岩上。海拔 100～2 800 m。

产北天山、准噶尔阿拉套山、西天山、西南天山。中国、哈萨克斯坦、吉尔吉斯斯坦、乌兹别克斯坦；亚洲、欧洲、非洲、大洋洲、美洲有分布。

药用、观赏。

九、蹄盖蕨科 Athyriaceae（Cystopteridaceae）

11. 冷蕨属 Cystopteris Bernh.

（21）北方冷蕨（皱孢冷蕨）**Cystopteris dickieana R. Sim**

多年生草本。生于山地林缘、疏林下、林间草地、山地河岸边。海拔 1 300～5 600 m。

产东天山、东北天山、准噶尔阿拉套山、北天山、东南天山、中央天山、内天山。中国、印度、尼泊尔、巴基斯坦、阿富汗；亚洲、欧洲、非洲、北美洲有分布。

（22）冷蕨 **Cystopteris fragilis**（L.）**Bernh.**

多年生草本。生于高山和亚高山草甸、森林草甸、林缘、疏林下、林间草地、岩石缝、山地河边、山溪边。海拔 900～3 500 m。

产东天山、东北天山、准噶尔阿拉套山、北天山、东南天山、中央天山、内天山、西天山、西南天山。中国、哈萨克斯坦、吉尔吉斯斯坦、乌兹别克斯坦、印度、尼泊尔、巴基斯坦、阿富汗、伊朗、土耳其、日本、蒙古、俄罗斯、朝鲜、韩国；亚洲、欧洲、非洲、美洲有分布。

有毒、药用、观赏。

（23）高山冷蕨 Cystopteris montana（Lam.）Desv.

多年生草本。生于山地针叶林下、林缘、疏林下、岩石缝。海拔 1 700~4 500 m。

产东天山、东北天山、北天山、东南天山。中国、日本、巴基斯坦、印度、俄罗斯、朝鲜、韩国；亚洲、欧洲、美洲有分布。

药用。

十、铁角蕨科 Aspleniaceae

12. 铁角蕨属 Asplenium L.

*（24）黑铁角蕨 Asplenium adiantum-nigrum L.

多年生草本。生于中山带山坡、岩石缝。海拔 1 600~1 900 m。

产准噶尔阿拉套山、北天山、西天山、西南天山。哈萨克斯坦、吉尔吉斯斯坦、乌兹别克斯坦、俄罗斯；亚洲有分布。

（25）阿尔泰铁角蕨 Asplenium altajense（Komar.）Grubov＝*Asplenium chingianum* C. Y. Yang

多年生草本。生于干旱山坡岩石缝。海拔 1 800~2 500 m。

产东南天山。中国；亚洲有分布。

中国特有成分。

（26）药蕨 Asplenium ceterach L. ＝*Ceterach officinarum* Willd.

多年生草本。生于山地林下、阴湿处岩石缝、沟谷、山溪边。海拔 1 200~2 600 m。

产东天山、东北天山、准噶尔阿拉套山、北天山、东南天山、西天山、西南天山。中国、哈萨克斯坦、吉尔吉斯斯坦、乌兹别克斯坦、俄罗斯、阿富汗、印度、巴基斯坦；亚洲、欧洲、北非有分布。

药用。

（27）细小铁角蕨 Asplenium minutum C. Y. Yang＝*Asplenium aitchisonii* Fraser-Jenk. et R. Reichst.

多年生草本。生于干旱山坡岩石缝。海拔 1 500~1 800 m。

产东南天山。中国；亚洲有分布。

（28）西北铁角蕨 Asplenium nesii Christ

多年生草本。生于山地岩石缝、林下岩石缝。海拔 1 100~4 000 m。

产东天山、东南天山、准噶尔阿拉套山、北天山、东南天山。中国、阿富汗、伊朗、巴基斯坦、印度；亚洲有分布。

（29）西藏铁角蕨（泉生铁角蕨）Asplenium pseudofontanum Koss.

多年生草本。生于山地河谷岩石缝、林间草地、河边。海拔 1 500~2 100 m。

产北天山、西天山、西南天山。中国、哈萨克斯坦、吉尔吉斯斯坦、乌兹别克斯坦、阿富汗、巴基斯坦、印度、土耳其；亚洲有分布。

（30）卵叶铁角蕨 Asplenium ruta-muraria L.

多年生草本。生于山地林下、林缘、山地草甸、岩石缝、山地草原。海拔 950~2 700 m。

产东天山、东北天山、准噶尔阿拉套山、北天山、东南天山、中央天山、内天山、西天山、西南天山。中国、哈萨克斯坦、吉尔吉斯斯坦、乌兹别克斯坦、俄罗斯、日本；亚洲、欧洲、北美洲有分布。

（31）叉叶铁角蕨 **Asplenium septentrionale**（L.）Hoffm.

多年生草本。生于山地林缘、疏林下、干旱石缝。海拔 800~2 300 m。

产东天山、东北天山、准噶尔阿拉套山、北天山、东南天山、西天山、西南天山。中国、哈萨克斯坦、吉尔吉斯斯坦、乌兹别克斯坦、日本、巴基斯坦、印度、俄罗斯；亚洲、欧洲、美洲有分布。

药用。

（32）天山铁角蕨 **Asplenium tianshanense** Ching

多年生草本。生于山地岩石缝。海拔 1 500~3 000 m。

产东天山、东北天山。中国；亚洲有分布。

（33）铁角蕨 **Asplenium trichomanes** L.

多年生草本。生于山地岩石缝、林下岩石缝、林缘。海拔 900~2 500 m。

产东天山、东北天山、准噶尔阿拉套山、北天山、东南天山、西天山、西南天山。中国、哈萨克斯坦、吉尔吉斯斯坦、乌兹别克斯坦、俄罗斯；亚洲、欧洲、非洲、大洋洲、美洲有分布。

药用、观赏。

（34）欧亚铁角蕨 **Asplenium viride** Huds.

多年生草本。生于山地林下、林缘岩石缝。海拔 1 500~2 600 m。

产东天山、北天山、西天山、西南天山。中国、哈萨克斯坦、吉尔吉斯斯坦、乌兹别克斯坦、俄罗斯；亚洲、欧洲、美洲有分布。

药用。

（35）新疆铁角蕨 **Asplenium xinjiangense** Ching = *Asplenium daghestanicum* subsp. *aitchisonii*（Fraser-Jenk. et Reichst.）Fraser-Jenk.

多年生草本。生于山地岩石缝。海拔 1 700~2 800 m。

产东北天山。中国；亚洲有分布。

中国特有成分。

十一、金星蕨科 Thelypteridaceae

13. 沼泽蕨属 Thelypteris Schmidel

（36）沼泽蕨 **Thelypteris palustris**（Salisb.）Schott

多年生草本。生于林下阴湿处、沼泽、河谷湿地。海拔 200~800 m。

产东北天山、准噶尔阿拉套山、北天山。中国、俄罗斯、哈萨克斯坦、阿富汗、印度、朝鲜、尼泊尔、巴基斯坦、塔吉克斯坦；亚洲、欧洲、非洲、北美洲有分布。

观赏、饲料。

十二、球子蕨科 Onocleaceae

14. 荚果蕨属 Matteuccia Todaro

（37）荚果蕨 Matteuccia struthiopteris（L.）Tod.

多年生草本。生于亚高山草甸、林缘阴湿处、河岸疏林下。海拔 800~3 000 m。

产准噶尔阿拉套山。中国、哈萨克斯坦、日本、朝鲜、俄罗斯；亚洲、欧洲、北美洲有分布。

药用、观赏。

十三、岩蕨科 Woodsiaceae

15. 岩蕨属 Woodsia R. Br.

（38）光岩蕨 Woodsia glabella R. Br. ex Rich.

多年生草本。生于高山和亚高山岩石缝。海拔 2 150~3 650 m。

产东天山、东北天山。中国、日本、俄罗斯、加拿大；亚洲、欧洲、北美洲有分布。

药用。

（39）岩蕨 Woodsia ilvensis（L.）R. Br.

多年生草本。生于高山山坡、岩石缝。海拔 180~3 000 m。

产准噶尔阿拉套山。中国、哈萨克斯坦、俄罗斯；亚洲、欧洲、北美洲有分布。

药用。

十四、鳞毛蕨科 Dryopteridaceae

16. 耳蕨属 Polystichum Roth.

（40）布朗耳蕨（棕鳞耳蕨）Polystichum braunii（Spenn.）Fée

多年生草本。生于亚高山草甸、云杉林下、林缘阴湿处、疏林下。海拔 1 000~3 400 m。

产东北天山、北天山。中国、日本、朝鲜、俄罗斯、美国；亚洲、欧洲、美洲有分布。

药用。

（41）拉钦耳蕨 Polystichum lachenense（Hook.）Bedd. = *Polystichum xinjiangense* Ching ex C. Y. Yang

多年生草本。生高山草甸、亚高山岩石缝。海拔 2 800~5 000 m。

产东天山、东北天山。中国、尼泊尔、印度；亚洲有分布。

（42）矛状耳蕨（耳蕨）Polystichum lonchitis（L.）Roth.

多年生草本。生于山地云杉林下阴湿处。海拔 1 600~2 200 m。

产准噶尔阿拉套山、东北天山、北天山、西天山、西南天山。中国、哈萨克斯坦、吉尔吉斯斯坦、乌兹别克斯坦、日本、印度、俄罗斯；亚洲、欧洲、北美洲有分布。

药用。

（43）中华耳蕨（天山耳蕨）**Polystichum sinense**（**H. Christ**）**H. Christ**＝*Polystichum parasinense* C. Y. Yang＝*Polystichum alatawshanicum* C. Y. Yang

多年生草本。生于山地河谷岩石缝。海拔1 500～4 000 m。

产东天山、东北天山、准噶尔阿拉套山。中国、巴基斯坦、印度；亚洲有分布。

17. 鳞毛蕨属 Dryopteris Adans.

（44）刺叶鳞毛蕨 **Dryopteris carthusiana**（**Vill.**）**H. P. Fuchs**

多年生草本。生于山地林缘、疏林下、山溪边。海拔2 000～2 600 m。

产北天山。中国、俄罗斯；亚洲、欧洲、北美洲有分布。

药用。

（45）欧洲鳞毛蕨 **Dryopteris filix-mas**（**L.**）**Schott**

多年生草本。生于亚高山草甸、阴湿针叶林下、山溪边。海拔1 100～2 500 m。

产东天山、东北天山、准噶尔阿拉套山、北天山、东南天山、西天山、西南天山。中国、哈萨克斯坦、吉尔吉斯斯坦、乌兹别克斯坦、俄罗斯；亚洲、欧洲、非洲、美洲有分布。

药用、有毒。

*（46）柯马洛夫鳞毛蕨 **Dryopteris komarovii Kossinsky**

多年生草本。生于山地林间草地、河岸边、沼泽湿地。海拔1 500～2 000 m。

产准噶尔阿拉套山、北天山、西天山、西南天山。哈萨克斯坦、吉尔吉斯斯坦、乌兹别克斯坦；亚洲有分布。

十五、水龙骨科 Polypodiaceae

18. 瓦苇属（瓦韦属）Lepisorus（J. Smith）Ching

（47）天山瓦苇 **Lepisorus albertii**（**E. Regel**）**Ching**

多年生草本。生于山地针叶林下、林缘岩石缝。海拔1 500～3 750 m。

产东天山、东北天山、准噶尔阿拉套山、北天山、东南天山、中央天山、西天山、西南天山。中国、哈萨克斯坦、吉尔吉斯斯坦、乌兹别克斯坦；亚洲有分布。

药用。

19. 多足蕨属 Polypodium L.

*（48）白多足蕨 **Polypodium alberti Regel**＝*Lepisorus albertii*（E. Regel）Ching

多年生草本。生于山地林缘、林间草地、岩石缝。海拔1 500～2 500 m。

产准噶尔阿拉套山。哈萨克斯坦；亚洲有分布。

（49）欧亚多足蕨 **Polypodium vulgare L.**

多年生草本。生于山地针叶林下、林缘、岩石缝。海拔1 100～2 500 m。

产东天山、东北天山、准噶尔阿拉套山、北天山、东南天山、中央天山、西天山、西南天山。中国、哈萨克斯坦、吉尔吉斯斯坦、乌兹别克斯坦、日本、朝鲜、俄罗斯；亚洲、欧洲、北美洲有分布。

药用、有毒。

十六、蘋科 Marsileaceae

20. 蘋属 Marsilea L.

（50）蘋 **Marsilea quadrifolia L.**

多年生水生草本。生于苇湖、水田、沟塘。海拔 1 000 m 上下。

产东南天山。中国；世界温带和热带地区有分布。

饲料、药用、绿肥。

十七、槐叶蘋科 Salviniaceae

21. 槐叶蘋属 Salvinia Seg.

（51）槐叶蘋 **Salvinia natans（L.）All.**

水生漂浮草本。生于苇湖、河湾静水处。海拔 1 000 m 上下。

产东南天山、中央天山。中国；亚洲、欧洲、美洲有分布。

饲料、药用。

II. 裸子植物门 Gymnospermae

一、松科 Pinaceae

1. 冷杉属 Abies Mill.

　（1）西伯利亚冷杉（新疆冷杉）**Abies sibirica Ledeb.**

　　　常绿乔木。生于中山和亚高山阴坡。海拔 1 500~2 900 m。

　　　产准噶尔阿拉套山。中国、哈萨克斯坦、俄罗斯；亚洲、欧洲有分布。

　　　药用。

　＊（2）瑟梅洛夫冷杉 **Abies sibirica subsp. semenovii（B. Fedtsch.）Farjon**＝*Abies semenovii* B. Fedtsch.

　　　常绿乔木。生于中山和高山阴湿灰化森林土地带。海拔 1 900~2 350 m。

　　　产西天山。吉尔吉斯斯坦、乌兹别克斯坦；亚洲有分布。

2. 云杉属 Picea Dietr.

　（3）雪岭云杉（雪岭杉、天山云杉）**Picea schrenkiana Fisch. et C. A. Mey.**

　　　常绿乔木。生于中山至亚高山带、山地草甸、山地草原。海拔 1 200~3 600 m。

　　　产东天山、东北天山、准噶尔阿拉套山、北天山、东南天山、中央天山、内天山、西天山、西南天山。

　　　中国、哈萨克斯坦、吉尔吉斯斯坦、乌兹别克斯坦；亚洲有分布。

　　　木材、造纸、鞣料、油料、植化原料（维生素）、药用、观赏、绿化。

3. 落叶松属 Larix Mill.

　（4）西伯利亚落叶松 **Larix sibirica Ledeb.**

　　　落叶乔木。生于山地灰色森林土和棕色森林土上。海拔 1 300~2 600 m。

　　　产东天山。中国、哈萨克斯坦、蒙古、俄罗斯；亚洲、欧洲有分布。

　　　木材、药用、植化原料（维生素、胶脂）、油料、鞣料、观赏、绿化。

二、柏科 Cupressaceae

4. 圆柏属（刺柏属）Juniperus L.

　＊（5）多果圆柏 **Juniperus polycarpos K. koch**＝*Juniperus seravschanica* Kom.

　　　常绿灌木或乔木。生于山崖岩石缝、山坡、低山。海拔 800~2 500 m。

　　　产准噶尔阿拉套山、北天山、内天山、西天山、西南天山。哈萨克斯坦、吉尔吉斯斯坦、乌兹别克斯

10

坦、俄罗斯；亚洲、欧洲有分布。

（6）新疆方枝柏 **Juniperus pseudosabina Fisch. et C. A. Mey.** = *Juniperus turkestanica* Kom. = *Juniperus centrasiatica* Kom.

常绿乔木或灌木。生于山地山坡、林缘、山脊、山谷、河谷、河滩、灌丛。海拔 1 500~3 300 m。

产东天山、东北天山、准噶尔阿拉套山、北天山、东南天山、中央天山、内天山、西天山、西南天山。

中国、哈萨克斯坦、吉尔吉斯斯坦、乌兹别克斯坦、蒙古、俄罗斯；亚洲有分布。

植化原料（挥发油）、药用、鞣料、观赏、绿化。

（7）欧亚圆柏（叉子圆柏）**Juniperus sabina L.** = *Juniperus sabina* var. *monosperma* C. Y. Yang

常绿匍匐灌木。生于山地林缘、山地草甸、干旱山坡、灌丛。海拔 900~3 300 m。

产东天山、东北天山、准噶尔阿拉套山、北天山、东南天山、中央天山、内天山、西天山、西南天山。

中国、哈萨克斯坦、吉尔吉斯斯坦、乌兹别克斯坦、蒙古、俄罗斯；亚洲、欧洲有分布。

有毒、药用、观赏、绿化。

（8）昆仑圆柏（昆仑多子柏）**Juniperus semiglobosa Regel** = *Juniperus jarkendensis* Kom.

常绿乔木或灌木。生于高山和亚高山带山坡、石质河谷、河滩。海拔 2 500~3 300 m。

产北天山、内天山、西天山、西南天山。中国、哈萨克斯坦、吉尔吉斯斯坦、乌兹别克斯坦；亚洲有分布。

观赏、绿化。

（9）西伯利亚刺柏 **Juniperus sibirica Burgsd.**

常绿匍匐灌木。生于山地林缘、疏林林间、干燥多石山坡。海拔 1 400~4 200 m。

产东天山、东北天山、准噶尔阿拉套山、北天山、东南天山、中央天山、内天山、西天山、西南天山。

中国、哈萨克斯坦、吉尔吉斯斯坦、乌兹别克斯坦、阿富汗、日本、朝鲜、俄罗斯；亚洲有分布。

药用、食用、植化原料（挥发油）、染料、水土保持。

三、麻黄科 Ephedraceae

5. 麻黄属 Ephedra L.

*（10）博氏麻黄 **Ephedra botschantzevii Pachom.**

灌木。生于山坡草地、山麓平原、荒漠草地。海拔 700~2 100 m。

产西天山、西南天山。吉尔吉斯斯坦、乌兹别克斯坦；亚洲有分布。

（11）蛇麻黄（双穗麻黄）**Ephedra distachya L.**

小灌木。生于石质低山坡、山麓洪积-冲积扇、沙地、盐渍化沙地、固定沙丘。海拔 430~1 300 m。

产东天山、东北天山、内天山。中国、哈萨克斯坦、吉尔吉斯斯坦、乌兹别克斯坦、俄罗斯；亚洲、欧洲、非洲有分布。

食用、药用、有毒。

（12）木贼麻黄 **Ephedra equisetina Bunge**

灌木。生于山地碎石坡地、山脊、河谷岩壁。海拔 900~3 000 m。

产东天山、东北天山、准噶尔阿拉套山、北天山、东南天山、西天山、西南天山。中国、哈萨克斯坦、吉尔吉斯斯坦、乌兹别克斯坦、蒙古、俄罗斯；亚洲有分布。

有毒、药用、植化原料(麻黄碱)、绿化、饲料。

(13) 雌雄麻黄 **Ephedra fedtschenkoae Paulsen**

草本状小灌木。生于高山和亚高山石质山坡、岩石缝、低山干旱山坡。海拔700~3 800 m。

产东天山、东北天山、准噶尔阿拉套山、北天山、东南天山、中央天山、内天山、西天山、西南天山。

中国、哈萨克斯坦、塔吉克斯坦、吉尔吉斯斯坦、乌兹别克斯坦;亚洲有分布。

有毒、药用。

*(14) 具叶麻黄 **Ephedra foliata Boiss. ex C. A. Mey.** = *Ephedra kokanica* Regel

灌木。生于山坡草地、荒漠草原。海拔700~2 200 m。

产西南天山、内天山。吉尔吉斯斯坦、乌兹别克斯坦;亚洲有分布。

*(15) 格氏麻黄 **Ephedra gerardiana Wall. ex Klotzsch et Garcke**

灌木。生于山坡草地、荒漠草原。海拔650~2 200 m。

产西南天山、内天山。吉尔吉斯斯坦、乌兹别克斯坦;亚洲有分布。

(16) 蓝枝麻黄 **Ephedra glauca Regel**

灌木。生于冰川漂砾地、陡峭石质山坡、干旱石质山坡、山麓洪积-冲积扇、砾质荒漠。海拔600~3 000 m。

产东天山、东北天山、准噶尔阿拉套山、北天山、东南天山、中央天山、内天山、西天山、西南天山。

中国、哈萨克斯坦、吉尔吉斯斯坦、乌兹别克斯坦、塔吉克斯坦;亚洲有分布。

有毒、药用、食用、植化原料(麻黄碱)、绿化。

(17) 中麻黄 **Ephedra intermedia Schrenk et C. A. Mey.**

灌木。生于悬崖峭壁岩石缝、荒漠草原、砾石质干山坡、砾石质戈壁。海拔350~3 900 m。

产东天山、东北天山、准噶尔阿拉套山、北天山、东南天山、中央天山、内天山、西天山、西南天山。

中国、哈萨克斯坦、吉尔吉斯斯坦、乌兹别克斯坦、蒙古、俄罗斯、阿富汗、伊朗;亚洲有分布。

有毒、药用、植化原料(麻黄碱)、绿化、饲料。

(18) 砂地麻黄(窄膜麻黄) **Ephedra lomatolepis Schrenk**

小灌木。生于荒漠沙砾地、沙丘。海拔300~800 m。

产东天山、东北天山、准噶尔阿拉套山、北天山、西天山。中国、哈萨克斯坦、吉尔吉斯斯坦、乌兹别克斯坦;亚洲有分布。

固沙、绿化、有毒、药用。

(19) 单子麻黄 **Ephedra monosperma J. G. Gmel. ex C. A. Mey.**

草本状小灌木。生于亚高山和中山带岩石缝。海拔1 000~2 700 m。

产东天山、东北天山、准噶尔阿拉套山、北天山、东南天山、中央天山、内天山、西天山、西南天山。

中国、哈萨克斯坦、吉尔吉斯斯坦、乌兹别克斯坦、蒙古、俄罗斯;亚洲有分布。

有毒、药用、植化原料(麻黄碱)、饲料。

(20) 膜果麻黄 **Ephedra przewalskii Stapf** = *Ephedra przewalskii* var. *kaschgarica* (B. Fedtsch. et Bobr.) C. Y. Cheng

灌木或小灌木。生于干旱山坡、洪积-冲积扇、沙砾质戈壁、荒漠、沙地、固定或半固定沙丘。海拔300~3 000 m。

产东天山、东北天山、准噶尔阿拉套山、北天山、东南天山、中央天山、内天山、西天山、西南天山。

中国、哈萨克斯坦、吉尔吉斯斯坦、塔吉克斯坦、蒙古；亚洲有分布。

固沙、绿化、燃料、饲料、有毒、药用。

（21）喀什膜果麻黄 **Ephedra przewalskii var. kaschgarica**（Fedtsch. et Bobr.）**C. Y. Cheng**

小灌木。生于砾质荒漠、沙地。海拔 300~3 000 m。

产东天山、东北天山、准噶尔阿拉套山、北天山、东南天山、中央天山、内天山、西天山、西南天山。

中国、吉尔吉斯斯坦、塔吉克斯坦、乌兹别克斯坦、蒙古；亚洲有分布。

固沙、绿化、燃料、饲料、有毒、药用。

（22）细子麻黄 **Ephedra regeliana Florin**

草本状小灌木。生于亚高山石质山坡、干旱低山坡岩石缝、山麓砾石质戈壁。海拔 700~
3 200 m。

产东天山、东北天山、准噶尔阿拉套山、北天山、东南天山、中央天山、内天山、西天山、西南天山。

中国、哈萨克斯坦、吉尔吉斯斯坦、乌兹别克斯坦、阿富汗、印度；亚洲有分布。

药用、有毒。

Ⅲ. 被子植物门 Angiospermae
双子叶植物纲 Dicotyledoneae
离瓣花亚纲 Choripetalae

一、杨柳科 Salicaceae

1. 杨属 Populus L.

（1）阿富汗杨 **Populus afghanica**（**Aitch. et Hemsl.**）**Schneid.** = *Populus iliensis* V. P. Drobow
落叶乔木。生于山地河流沿岸。海拔 660~2 800 m。
产东北天山、准噶尔阿拉套山、北天山、内天山。中国、哈萨克斯坦、塔吉克斯坦、巴基斯坦、阿富汗、伊朗;亚洲有分布。
饲料、药用。

*（2）里海银白杨 **Populus caspica**（**Bornm.**）**Bornm** = *Populus alba* var. *bachofenii*（Wierzb. ex Rochel）Wesm. = *Populus bachofenii* Wierzb. ex Rchb.
落叶乔木。生于山地河流沿岸、河漫滩。海拔 1 500~2 000 m。
产准噶尔阿拉套山、北天山、西天山、西南天山。哈萨克斯坦、吉尔吉斯斯坦、乌兹别克斯坦;亚洲有分布。
木材、饲料、绿化。

*（3）瀑布杨 **Populus cataracti Komarov**
落叶乔木。生于山地河流沿岸、河漫滩。海拔 1 500~2 500 m。
产西天山。哈萨克斯坦、吉尔吉斯斯坦;亚洲有分布。

（4）胡杨 **Populus euphratica Olivier**
落叶乔木。生于荒漠河流沿岸、冲积扇扇缘泉水溢出带、排水良好的沙质土壤上。海拔 150~2 800 m。
产东天山、东北天山、准噶尔阿拉套山、北天山、东南天山、中央天山、内天山、西天山、西南天山。中国、哈萨克斯坦、吉尔吉斯斯坦、乌兹别克斯坦、俄罗斯、伊朗、阿富汗、巴基斯坦、印度、埃及、叙利亚、伊拉克;亚洲、非洲有分布。
药用、木材、饲料、染料、燃料、胶脂、绿化、观赏、防沙。

（5）苦杨 **Populus laurifolia Ledeb.**

落叶乔木。生于山地河流沿岸。海拔 500~1 900 m。

产东天山、东北天山、准噶尔阿拉套山。中国、哈萨克斯坦、俄罗斯；亚洲有分布。

木材、造纸、鞣料、饲料、药用、绿化、蜜源。

（6）帕米尔杨 **Populus pamirica Kom.** = *Populus pamirica* var. *akqiensis* C. Y. Yang

落叶乔木。生于山地河流沿岸。海拔 1 000~2 800 m。

产东南天山、内天山。中国、塔吉克斯坦；亚洲有分布。

饲料、药用。

（7）阿合奇杨 **Populus pamirica var. akqiensis C. Y. Yang**

落叶乔木。生于山地河边。海拔 1 950 m 上下。

产内天山。中国；亚洲有分布。

中国特有成分。饲料。

（8）柔毛杨 **Populus pilosa Rehder**

落叶乔木。生于山地河流沿岸。海拔 450~2 300 m。

产东天山。中国、蒙古；亚洲有分布。

饲料、药用。

（9）灰胡杨（灰杨）**Populus pruinosa Schrenk**

落叶乔木。生于荒漠河流沿岸、河漫滩。海拔 800~1 600 m。

产东天山、东北天山、北天山、东南天山、中央天山、内天山。中国、哈萨克斯坦、吉尔吉斯斯坦、伊朗；亚洲有分布。

木材、饲料、固沙、绿化、观赏、药用。

＊（10）斯氏杨 **Populus simonii Carriere**

落叶乔木。生于山地河流沿岸。海拔 1 300~2 800 m。

产准噶尔阿拉套山、北天山。哈萨克斯坦、吉尔吉斯斯坦、俄罗斯；亚洲有分布。

（11）密叶杨 **Populus talassica Kom.**

落叶乔木。生于山地林缘、河岸边、山地河谷、前山带河流沿岸、河漫滩。海拔 500~3 400 m。

产东天山、东北天山、准噶尔阿拉套山、北天山、东南天山、中央天山、内天山、西天山、西南天山。中国、哈萨克斯坦、吉尔吉斯斯坦、乌兹别克斯坦；亚洲有分布。

饲料、药用。

（12）心叶密叶杨 **Populus talassica var. cordata C. Y. Yang**

落叶乔木。生于山地河边。海拔 1 000 m 上下。

产北天山。中国；亚洲有分布。

中国特有成分。饲料。

（13）托木尔密叶杨 **Populus talassica var. tomortensis C. Y. Yang**

落叶乔木。生于山地林缘、山地河岸边。海拔 2 300~2 400 m。

产内天山。中国；亚洲有分布。

中国特有成分。饲料。

（14）欧洲山杨 **Populus tremula L.**

落叶乔木。生于山地阳坡、半阳坡、林缘、灌丛、河谷。海拔 700~2 300 m。

产东天山、东北天山、北天山、东南天山、中央天山、内天山、西天山、西南天山。中国、哈萨克斯坦、吉尔吉斯斯坦、乌兹别克斯坦、蒙古、俄罗斯、土耳其；亚洲、欧洲有分布。

木材、填充物、饲料、造纸、鞣料、药用、观赏、绿化。

2. 柳属 Salix L.

＊（15）尖叶柳 **Salix acmophylla Boiss.**

落叶灌木。生于山地河流沿岸。海拔 700~2 600 m。

产西南天山、内天山。吉尔吉斯斯坦、乌兹别克斯坦；亚洲有分布。

（16）阿拉套柳 **Salix alatavica Kar. et Kir. ex Stschegl.**

落叶灌木。生于亚高山和中山带林缘、阴湿石缝。海拔 1 700~3 200 m。

产东天山、东北天山、准噶尔阿拉套山、北天山。中国、哈萨克斯坦、吉尔吉斯斯坦、俄罗斯；亚洲有分布。

编制、饲料、药用。

（17）白柳 **Salix alba L.**

落叶乔木。生于山地河谷、荒漠河流沿岸、湖边。海拔 450~3 100 m。

产东天山、北天山。中国、哈萨克斯坦、印度、阿富汗、伊朗、俄罗斯；亚洲、欧洲有分布。

木材、造纸、编制、药用、鞣料、染料、饲料、蜜源、观赏、绿化。

（18）二色柳 **Salix albertii Regel** = *Salix alberti* Rgl.

落叶灌木。生于山地河边。海拔 1 700~3 200 m。

产准噶尔阿拉套山、北天山。中国、哈萨克斯坦；亚洲有分布。

编制、饲料。

＊（19）乔木状柳 **Salix arbuscula L.**

落叶灌木。生于亚高山和中山带林缘、湿地。海拔 1 500~2 800 m。

产准噶尔阿拉套山、北天山。哈萨克斯坦、吉尔吉斯斯坦、俄罗斯；亚洲有分布。

饲料。

（20）银柳 **Salix argyracea E. L. Wolf**

落叶大灌木。生于山地林缘、疏林间、灌丛。海拔 1 500~3 000 m。

产东天山、东北天山、准噶尔阿拉套山、北天山、东南天山、中央天山、内天山。中国、哈萨克斯坦、吉尔吉斯斯坦；亚洲有分布。

编制、饲料、药用。

（21）黄线柳 **Salix blakii Goerz** = *Salix linearifolia* E. Wolf

落叶大灌木。生于河边、沟渠边。海拔 500~600 m。

产东北天山、北天山、西天山、西南天山。中国、哈萨克斯坦、吉尔吉斯斯坦、乌兹别克斯坦、阿富汗、伊朗；亚洲有分布。

编制、饲料、药用。

（22）欧杞柳 **Salix caesia Vill.**

落叶小灌木。生于山地林缘、河谷、低湿地。海拔 1 400~3 200 m。

产东天山、东北天山、准噶尔阿拉套山、北天山。中国、哈萨克斯坦、吉尔吉斯斯坦、蒙古、俄罗斯；亚洲、欧洲有分布。

编制、饲料、药用。

（23）黄花柳 **Salix caprea L.**

落叶灌木或小乔木。生于山地林缘、河谷。海拔 500~3 100 m。

产东北天山、西南天山、北天山、东南天山。中国、哈萨克斯坦、吉尔吉斯斯坦、蒙古、俄罗斯；亚洲、欧洲有分布。

药用、染料、鞣料、饲料、蜜源。

（24）蓝叶柳 **Salix capusii Franch.**

落叶大灌木。生于山地林缘、山地河谷、荒漠河岸。海拔 300~3 100 m。

产东天山、东北天山、准噶尔阿拉套山、北天山、东南天山、中央天山、内天山、西天山、西南天山。中国、哈萨克斯坦、吉尔吉斯斯坦、乌兹别克斯坦、巴基斯坦、阿富汗；亚洲有分布。

编制、饲料、鞣料、蜜源、药用、观赏。

（25）油柴柳 **Salix caspica Pallas**

落叶大灌木。生于山地河谷、荒漠河流沿岸。海拔 500~1 500 m。

产东天山、东北天山、北天山。中国、哈萨克斯坦、俄罗斯；亚洲、欧洲有分布。

编制、鞣料、饲料、蜜源、药用、环境保护（观赏、绿化）。

（26）灰毛柳（灰柳）**Salix cinerea L.**

落叶大灌木。生于山地河谷、平原河流沿岸、湖边低湿地。海拔 500~2 600 m。

产东北天山、准噶尔阿拉套山、北天山、东南天山。中国、哈萨克斯坦、吉尔吉斯斯坦、俄罗斯；亚洲、欧洲有分布。

鞣料、编制、造纸、燃料、饮料、饲料、药用、蜜源。

（27）毛枝柳 **Salix dasyclados Wimmer** = *Salix holosericea* Willd.

落叶灌木或乔木。生于山地林下、林缘、河谷、山坡。海拔 1 800~3 200 m。

产北天山。中国、哈萨克斯坦、吉尔吉斯斯坦、蒙古、俄罗斯、日本；亚洲、欧洲有分布。

纤维（编制）、饲料、药用。

（28）戟柳 **Salix hastata L.**

落叶灌木。生于山地河谷、山溪边。海拔 1 000~3 000 m。

产准噶尔阿拉套山、北天山、西天山、西南天山。中国、哈萨克斯坦、吉尔吉斯斯坦、乌兹别克斯坦、蒙古、俄罗斯；亚洲、欧洲有分布。

饲料、蜜源、药用。

（29）伊犁柳 **Salix iliensis Regel**

落叶大灌木。生于山地林缘、疏林间、针阔混交林、河谷沿岸。海拔 1 400~2 900 m。

产东天山、东北天山、准噶尔阿拉套山、北天山、东南天山、中央天山、内天山、西天山、西南天山。中国、哈萨克斯坦、吉尔吉斯斯坦、乌兹别克斯坦、阿富汗、巴基斯坦；亚洲有分布。

编制、饲料、药用。

（30）枸子叶柳 **Salix karelinii Turcz. ex Stschegl.**

落叶灌木。生于山地林缘、倒石堆石缝。海拔 2 700~3 200 m。

产东天山、东北天山、准噶尔阿拉套山、北天山。中国、哈萨克斯坦、吉尔吉斯斯坦、巴基斯坦、伊朗、阿富汗；亚洲有分布。

编制、饲料、药用。

＊（31）克热罗维娜柳 **Salix kirilowiana Stschegl.** =*Salix lipskyi* Nas.

落叶灌木或小乔木。生于山地河边、河漫滩。海拔 1 500~2 500 m。

产准噶尔阿拉套山、北天山、西天山、西南天山。哈萨克斯坦、吉尔吉斯斯坦、乌兹别克斯坦；亚洲有分布。

饲料。

（32）米黄柳 **Salix michelsonii Goerz ex Nasarow**

落叶大灌木。生于山地河谷、荒漠河流沿岸。海拔 300~1 800 m。

产东天山、东北天山、准噶尔阿拉套山、北天山。中国、哈萨克斯坦；亚洲有分布。

编制、饲料、药用。

＊（33）奥莉加柳 **Salix olgae Regel**

落叶灌丛。生于山地河流沿岸、河漫滩。海拔 600~2 100 m。

产西南天山、西天山。吉尔吉斯斯坦、乌兹别克斯坦；亚洲有分布。

（34）五蕊柳 **Salix pentandra L.**

落叶小乔木或灌木。生于山地河谷、山麓平原河岸、低湿地。海拔 600~2 700 m。

产准噶尔阿拉套山、北天山。中国、哈萨克斯坦、朝鲜、蒙古、俄罗斯；亚洲、欧洲有分布。

木材、造纸、鞣料、染料、燃料、植化原料（水杨苷）、药用、蜜源、观赏、固沙。

（35）密穗柳 **Salix pycnostachya Anderss.** =*Salix margaritifera* E. Wolf

落叶大灌木。生于山地林缘、河谷沿岸。海拔 1 000~3 900 m。

产北天山、中央天山。中国、哈萨克斯坦、吉尔吉斯斯坦、阿富汗、伊朗、印度；亚洲有分布。

编制、饲料、药用。

（36）鹿蹄柳 **Salix pyrolifolia Ledeb.**

落叶大灌木或小乔木。生于山地林下、林缘、河谷。海拔 1 300~2 000 m。

产东天山、东北天山、准噶尔阿拉套山、北天山。中国、哈萨克斯坦、吉尔吉斯斯坦、俄罗斯；亚洲、欧洲有分布。

鞣料、药用、编制、饲料、蜜源、改土、固沙。

（37）细叶沼柳 **Salix rosmarinifolia L.** =*Salix sibirica* Pall.

落叶灌木。生于亚高山溪流边、河湾低湿地、湖边。海拔 500~2 500 m。

产东天山、东北天山、准噶尔阿拉套山、北天山、东南天山、中央天山、内天山。中国、哈萨克斯坦、吉尔吉斯斯坦、乌兹别克斯坦、俄罗斯；亚洲、欧洲有分布。

编制、饲料、药用。

（38）准噶尔柳 **Salix songarica Andersson** =*Salix hypericifolia* Glosk.

落叶小乔木。生于山地河谷、荒漠河流沿岸。海拔 300~2 000 m。

产东天山、东北天山、准噶尔阿拉套山、北天山。中国、哈萨克斯坦、吉尔吉斯斯坦、伊朗、阿富汗;亚洲有分布。

鞣料、编制、木材、饲料、药用、蜜源。

(39) 谷柳 **Salix taraikensis Kimura**

落叶灌木或小乔木。生于山地林缘、疏林间、河谷混交林。海拔 1 200~3 500 m。

产中央天山。中国、俄罗斯、日本、蒙古;亚洲有分布。

编制、饲料。

(40) 细穗柳 **Salix tenuijulis Ledeb.**

落叶灌木或大灌木。生于山地林缘、河谷、荒漠河湖岸边、水渠边。海拔 350~2 000 m。

产东天山、东北天山、准噶尔阿拉套山、北天山、东南天山、中央天山、内天山。中国、哈萨克斯坦、吉尔吉斯斯坦、乌兹别克斯坦、俄罗斯;亚洲有分布。

纤维(编制)、饲料、药用。

(41) 齿叶柳(锯齿柳) **Salix serrulatifolia E. Wolf**

落叶大灌木。生于荒漠河、湖岸边至山地河谷。海拔 350~2 000 m。

产东天山、东北天山、准噶尔阿拉套山、北天山、东南天山、中央天山、内天山。中国、哈萨克斯坦、吉尔吉斯斯坦、乌兹别克斯坦、俄罗斯;亚洲有分布。

编制、饲料。

(42) 疏齿柳(疏锯齿柳) **Salix serrulatifolia var. subintegrifolia C. Y. Yang**

落叶大灌木。生于前山或荒漠水渠边。海拔 600~1 040 m。

产东天山、东北天山、东南天山。中国;亚洲有分布。

中国特有成分。编制、饲料。

(43) 天山柳 **Salix tianschanica Regel**

落叶灌木。生于山地林缘、河谷。海拔 1 700~2 700 m。

产东天山、东北天山、准噶尔阿拉套山、北天山。中国、哈萨克斯坦、吉尔吉斯斯坦;亚洲有分布。

编制、饲料、药用。

(44) 三蕊柳 **Salix triandra L.**

落叶灌木。生于山地河谷、河湾沙地。海拔 500 m 上下。

产准噶尔阿拉套山、西天山。中国、哈萨克斯坦、吉尔吉斯斯坦、蒙古、俄罗斯、日本;亚洲、欧洲有分布。

鞣料、编制、造纸、染料、蜜源、药用、观赏、固土。

(45) 吐兰柳 **Salix turanica Nasarow**

落叶大灌木。生于山地河谷、荒漠河流沿岸。海拔 200~2 100 m。

产东天山、东北天山、准噶尔阿拉套山、北天山。中国、哈萨克斯坦、吉尔吉斯斯坦、阿富汗、巴基斯坦、伊朗、蒙古、俄罗斯;亚洲有分布。

鞣料、编制、饲料、药用、蜜源。

(46) 蔓柳 **Salix turczaninowii Lacksch.**

落叶矮灌木。生于亚高山砾石堆、山地河谷、河漫滩、山溪边。海拔 1 600~2 800 m。

产准噶尔阿拉套山。中国、哈萨克斯坦、蒙古、俄罗斯;亚洲有分布。

饲料、药用。

（47）线叶柳 **Salix wilhelmsiana M. Bieb.**

落叶灌木或小乔木。生于山地河谷、荒漠河流沿岸。海拔 600~2 500 m。

产东天山、东北天山、准噶尔阿拉套山、北天山、东南天山、中央天山、内天山。中国、哈萨克斯坦、阿富汗、巴基斯坦、印度、伊朗、俄罗斯;亚洲、欧洲有分布。

编制、饲料、鞣料、蜜源、药用。

（48）宽线叶柳 **Salix wilhelmsiana var. latifolia Ch. Y. Yang**

落叶灌木或小乔木。生于山地河谷、荒漠河岸边、渠边。海拔 1 400~2 700 m。

产东南天山。中国;亚洲有分布。

中国特有成分。编制、饲料。

（49）蒿柳 **Salix viminalis L.**

落叶灌木或小乔木。生于山地河谷、荒漠河岸、湖岸边、低湿地。海拔 300~1 700 m。

产东天山、东北天山、准噶尔阿拉套山、北天山、东南天山。中国、哈萨克斯坦、吉尔吉斯斯坦、印度、蒙古、俄罗斯、朝鲜、日本;亚洲、欧洲有分布。

编制、造纸、鞣料、蜜源、饲料。

二、核桃科（胡桃科） Juglandaceae

3. 核桃属（胡桃属） **Juglans L.**

（50）核桃（胡桃） **Juglans regia L.**

落叶乔木。生于前山带沟谷。海拔 400~1 800 m。

产东北天山、北天山。中国、吉尔吉斯斯坦、阿富汗、伊朗;亚洲有分布。

食用、药用、油料、木材、染料、鞣料、香料、造纸、有毒。

三、桦木科 Betulaceae

4. 桦木属 **Betula L.**

（51）小叶桦 **Betula microphylla Bunge** = *Betula rezniczenkoana*（Litv.）Schischk.

落叶小乔木或灌木。生于山地林缘、河谷、河边、山崖。海拔 1 200~2 800 m。

产东天山、准噶尔阿拉套山。中国、哈萨克斯坦、蒙古、俄罗斯;亚洲有分布。

药用。

（52）艾比湖小叶桦 **Betula microphylla var. ebinurica C. Y. Yang et W. H. Li**

落叶小乔木。生于冲积扇扇缘泉水溢出带、河流沿岸。海拔 250~300 m。

产准噶尔阿拉套山。中国;亚洲有分布。

中国特有成分。

（53）疣枝桦（垂枝桦） **Betula pendula Roth**

落叶乔木。生于山地林缘、混交林内、河谷、岩石缝。海拔 500~2 800 m。

产东天山、东北天山、准噶尔阿拉套山、北天山、西天山、西南天山。中国、哈萨克斯坦、吉尔吉斯斯坦、乌兹别克斯坦、蒙古、俄罗斯；亚洲、欧洲有分布。

药用、食用、木材、植化原料（挥发油、糠醛等）、染料、饲料、燃料、绿化、观赏。

（54）天山桦 **Betula tianschanica Rupr.** ＝ *Betula alajica* Litv ＝ *Betula pamirica* Litv. ＝ *Betula procurva* Litv. ＝ *Betula saposhnikovii* Sukaczev ＝ *Betula schugnanica*（B. Fedtsch.）Litv. ＝ *Betula turkestanica* Litv.

落叶乔木。生于高山和亚高山草甸、山地林缘、混交林内、河谷、山地草甸、山溪边、河边、河漫滩。海拔 1 200～3 300 m。

产东天山、东北天山、准噶尔阿拉套山、北天山、东南天山、中央天山、内天山、西天山、西南天山。中国、哈萨克斯坦、吉尔吉斯斯坦、乌兹别克斯坦；亚洲有分布。

木材、鞣料、染料、药用。

四、榆科 Ulmaceae

5. 榆属 Ulmus L.

（55）白榆 **Ulmus pumila L.**

落叶乔木。生于山地河谷、山麓洪积-冲积扇、荒漠绿洲。海拔 500～2 500 m。

产东天山、东北天山、准噶尔阿拉套山、北天山、东南天山、中央天山、内天山、西天山、西南天山。中国、哈萨克斯坦、吉尔吉斯斯坦、乌兹别克斯坦、朝鲜、蒙古、俄罗斯；亚洲有分布。

木材、造纸、编制、食用、油料、药用、饲料、绿化。

6. 朴属 Celtis L.

＊（56）高加索朴树 **Celtis australis subsp. caucasica**（**Willd.**）**C. C. Townsend** ＝ *Celtis caucasica* Willd.

乔木。生于山地石质阳坡、山崖。海拔 1 200～2 600 m。

产准噶尔阿拉套山、北天山、西天山、西南天山。哈萨克斯坦、吉尔吉斯斯坦、乌兹别克斯坦、俄罗斯；亚洲有分布。

木材、造纸、编制、油料。

五、大麻科 Cannabaceae

7. 葎草属 Humulus L.

（57）啤酒花 **Humulus lupulus L.**

多年生攀缘植物。生于山地林缘、河谷、灌丛。海拔 450～1 700 m。

产东北天山、准噶尔阿拉套山、北天山。中国、哈萨克斯坦、吉尔吉斯斯坦、俄罗斯；亚洲、欧洲、美洲有分布。

药用、食用、香料、编制、造纸、胶脂、观赏、绿化。

8. 大麻属 Cannabis L.

（58）野大麻 **Cannabis ruderalis Janisch.** ＝ *Cannabis sativa* var. *ruderalis*（Janisch.）S. Z. Liou

一年生草本。生于山地草原、山坡草地、河谷水边、农田边、撂荒地。海拔 300～2 100 m。

产东天山、东北天山、北天山。中国、哈萨克斯坦、吉尔吉斯斯坦、俄罗斯;亚洲、欧洲有分布。
纺织、油料、食用、有毒、药用、胶脂、饲料。

（59）大麻 **Cannabis sativa L.**

一年生草本。生于山地河谷、荒地、耕地、庭院、牲畜棚圈周边。海拔 400~2 000 m。
产东天山、东北天山、准噶尔阿拉套山、北天山、东南天山、中央天山、内天山、西天山、西南天山。
中国、哈萨克斯坦、吉尔吉斯斯坦、乌兹别克斯坦、俄罗斯;亚洲、欧洲有分布。
有毒、药用、纺织、食用、油料、胶脂、饲料。

六、荨麻科 Urticaceae

9. 荨麻属 Urtica L.

（60）焮麻（麻叶荨麻） **Urtica cannabina L.**

多年生草本。生于山地林缘、河谷、河岸阶地、河漫滩、牲畜棚圈周边。海拔 500~3 800 m。
产东天山、东北天山、准噶尔阿拉套山、北天山、东南天山、西天山、西南天山。中国、哈萨克斯坦、吉尔吉斯斯坦、乌兹别克斯坦、伊朗、蒙古、俄罗斯、朝鲜;亚洲、欧洲有分布。
药用、染料、食用、植化原料（维生素）、编制、饲料、有毒。

（61）异株荨麻 **Urtica dioica L.**

多年生草本。生于山地林缘、河谷、山坡草地、阴湿岩石缝。海拔 670~3 900 m。
产东天山、东北天山、准噶尔阿拉套山、北天山、东南天山、西天山、西南天山。中国、哈萨克斯坦、吉尔吉斯斯坦、乌兹别克斯坦、蒙古、阿富汗、俄罗斯;亚洲、欧洲、北非、北美洲有分布。
药用、食用、油料、染料、饲料。

（62）新疆异株荨麻 **Urtica dioica subsp. xingjiangensis C. J. Chen**＝*Urtica dioica* subsp. *afghanica* Chrtek

多年生草本。生于山地林缘、河谷水边、山坡草地。海拔 500~2 400 m。
产北天山。中国;亚洲有分布。
中国特有成分。

（63）欧荨麻 **Urtica urens L.**

一年生草本。生于山地河谷、荒漠绿洲、路边、果园、村落周边荒地。海拔 500~1 700 m。
产东北天山、准噶尔阿拉套山。中国、哈萨克斯坦、俄罗斯;亚洲、欧洲、北非有分布。
药用、食用、油料、染料、饲料。

10. 墙草属 Parietaria L.

＊（64）根茎墙草 **Parietaria judaica L.**

多年生草本。生于山坡草地。海拔 900~2 800 m。
产北天山、西天山、西南天山。哈萨克斯坦、吉尔吉斯斯坦、乌兹别克斯坦、俄罗斯;亚洲有分布。

＊（65）小药墙草 **Parietaria micrantha Ledeb.**

一年生草本。生于石质山坡、沙滩。海拔 600~2 300 m。
产准噶尔阿拉套山、北天山、西天山、西南天山。哈萨克斯坦、吉尔吉斯斯坦、乌兹别克斯坦、俄罗斯;亚洲有分布。

七、桑寄生科 Loranthaceae

11. 油杉寄生属 Arceuthobium M. B.

*（66）圆柏寄生 Arceuthobium oxycedri（DC.）M. Bieb.

灌木。生于山地草甸、阳坡圆柏灌丛。海拔 1 700~2 800 m。

产北天山、西天山、西南天山。中国（南方）、哈萨克斯坦、吉尔吉斯斯坦、乌兹别克斯坦、俄罗斯；

亚洲有分布。

八、檀香科 Santalaceae

12. 百蕊草属 Thesium L.

（67）阿拉套百蕊草 Thesium alatavicum Kar. et Kir.

多年生草本。生于亚高山草甸、山地林缘、林间草地、砾石质山坡。海拔 1 900~2 500 m。

产准噶尔阿拉套山、北天山、中央天山、内天山、西天山、西南天山。中国、哈萨克斯坦、吉尔吉斯

斯坦、乌兹别克斯坦；亚洲有分布。

药用。

（68）百蕊草（匍生百蕊草）Thesium chinense Turcz.

多年生草本。生于砾石质山坡、潮湿地、田野、沙地。海拔 400~1 600 m。

产北天山。中国、日本、朝鲜、俄罗斯；亚洲、欧洲有分布。

药用。

*（69）费尔干纳百蕊草 Thesium ferganense Bobrov

多年生草本。生于山地灌丛、河谷、山坡草地。海拔 700~2 500 m。

产西南天山、内天山。吉尔吉斯斯坦、乌兹别克斯坦；亚洲有分布。

*（70）阿莱百蕊草 Thesium gontscharovii Bobrov

多年生草本。生于山坡草地、低山丘陵、荒漠草原。海拔 700~2 600 m。

产西南天山、内天山。吉尔吉斯斯坦、乌兹别克斯坦；亚洲有分布。

（71）多茎百蕊草 Thesium multicaule Ledeb.

多年生草本。生于山坡草地、沙砾地。海拔 560~2 700 m。

产北天山、西天山。中国、哈萨克斯坦、乌兹别克斯坦、俄罗斯、日本、朝鲜；亚洲有分布。

药用。

*（72）多枝百蕊草 Thesium ramosissimum Bobrov

多年生草本。生于低山丘陵、荒漠草原、山麓戈壁。海拔 400~2 500 m。

产西南天山、内天山。吉尔吉斯斯坦、乌兹别克斯坦；亚洲有分布。

（73）田野百蕊草 Thesium arvense Harátovszky = *Thesium ramosum* Hayne

多年生草本。生于山地林缘、山坡草地、灌丛。海拔 1 600~2 800 m。

产东北天山、北天山、西天山。中国、哈萨克斯坦、乌兹别克斯坦；亚洲、欧洲有分布。

(74) 急折百蕊草 **Thesium refractum C. A. Mey.**

多年生草本。生于山地林缘、山坡草地、灌丛。海拔 750~2 300 m。

产东天山、东北天山、准噶尔阿拉套山、北天山、东南天山、西天山、西南天山。中国、哈萨克斯坦、吉尔吉斯斯坦、乌兹别克斯坦、蒙古、俄罗斯、朝鲜、日本;亚洲有分布。

药用。

*13. 金百蕊草属 Chrysothesium（Jaub. et Spach）Hendrych

*(75) 草原金百蕊 **Chrysothesium minkwitzianum（B. Fedtsch.）R. Hendrych** = *Thesium minkwitzianum* B. Fedtsch.

多年生草本。生于低山荒漠化草原、山麓洪积-冲积扇。海拔 600~1 900 m。

产准噶尔阿拉套山、北天山、西天山、西南天山。哈萨克斯坦、吉尔吉斯斯坦、乌兹别克斯坦;亚洲有分布。

九、马兜铃科 Aristolochiaceae

14. 细辛属 Asarum L.

*(76) 欧洲细辛 **Asarum europaeum L.**

多年生草本。生于山地林缘、林间草地。海拔 1 700~2 800 m。

产准噶尔阿拉套山。哈萨克斯坦;亚洲有分布。

十、蓼科 Polygonaceae

15. 山蓼属 Oxyria Hill

(77) 山蓼 **Oxyria digyna（L.）Hill** = *Oxyria elatior* R. Br. ex Meisn.

多年生草本。生于亚高山和高山的河滩、水边、石质坡和石缝。海拔 1 700~4 900 m。

产东天山、东北天山、准噶尔阿拉套山、北天山、东南天山、中央天山、内天山、西天山、西南天山。中国、哈萨克斯坦、吉尔吉斯斯坦、乌兹别克斯坦、巴基斯坦、印度、尼泊尔、不丹、蒙古、俄罗斯、日本、朝鲜;亚洲、欧洲、北美洲有分布。

食用、药用、染料。

16. 大黄属 Rheum L.

*(78) 心形大黄 **Rheum cordatum Los. -Losinsk.**

多年生草本。生于山地石质坡地、碎石堆。海拔 1 400~2 600 m。

产准噶尔阿拉套山、北天山、西天山、西南天山。哈萨克斯坦、吉尔吉斯斯坦、乌兹别克斯坦;亚洲有分布。

*(79) 亚古林大黄 **Rheum darvasicum Titov ex Los. -Losinsk.**

多年生草本。生于山地河谷、山坡草地。海拔 1 200~3 100 m。

产西南天山、内天山。吉尔吉斯斯坦、乌兹别克斯坦;亚洲有分布。

*(80) 费迪琴克大黄 **Rheum fedtschenkoi Maxim. ex Regel**

多年生草本。生于亚高山碎石堆、山坡草地。海拔 900~2 800 m。

产西南天山、内天山。吉尔吉斯斯坦、乌兹别克斯坦;亚洲有分布。

*(81) 黑赛尔大黄 **Rheum hissaricum Losinsk.**
多年生草本。生于山坡草地、灌丛。海拔 900~2 700 m。
产北天山、西天山、西南天山。哈萨克斯坦、吉尔吉斯斯坦、乌兹别克斯坦;亚洲有分布。

*(82) 黄白大黄 **Rheum lucidum Los. -Losinsk.**
多年生草本。生于亚高山草甸、河谷、灌丛。海拔 900~3 100 m。
产西南天山、内天山。吉尔吉斯斯坦、乌兹别克斯坦;亚洲有分布。

*(83) 大果大黄 **Rheum macrocarpum Los. -Losinsk.**
多年生草本。生于低山丘陵、荒漠草原、绿洲边缘。海拔 600~2 400 m。
产西天山、西南天山。吉尔吉斯斯坦、乌兹别克斯坦;亚洲有分布。

*(84) 马氏大黄 **Rheum maximowiczii Los. -Losinsk.**
多年生草本。生于石质坡地、山坡草地。海拔 1 600~2 700 m。
产北天山、西天山。哈萨克斯坦、吉尔吉斯斯坦、乌兹别克斯坦;亚洲有分布。

(85) 矮大黄 **Rheum nanum Sievers ex Pall.**
多年生草本。生于荒漠戈壁、沙质黏土荒漠、石质山坡。海拔 700~2 000 m。
产东天山、东北天山、准噶尔阿拉套山。中国、哈萨克斯坦、蒙古、俄罗斯;亚洲有分布。
鞣料、饲料、药用。

(86) 枝穗大黄 **Rheum rhizostachyum Schrenk**
多年生草本。生于高山和亚高山草甸、倒石堆、岩石缝。海拔 2 600~4 200 m。
产东天山、东北天山、准噶尔阿拉套山、北天山、东南天山、中央天山、内天山、西天山、西南天山。
中国、哈萨克斯坦、吉尔吉斯斯坦、乌兹别克斯坦;亚洲有分布。
药用。

(87) 网脉大黄 **Rheum reticulatum A. Los.**
多年生草本。生于高山砾石质山坡、倒石堆、岩石缝、洪积碎石河滩。海拔 2 700~4 500 m。
产东天山、东北天山、准噶尔阿拉套山、北天山、东南天山、中央天山、内天山、西天山、西南天山。
中国、哈萨克斯坦、吉尔吉斯斯坦、乌兹别克斯坦;亚洲有分布。
药用。

(88) 圆叶大黄 **Rheum tataricum L. f.**
多年生草本。生于荒漠草原、干旱山坡、沙砾质戈壁。海拔 500~1 000 m。
产北天山。中国、哈萨克斯坦、阿富汗、俄罗斯;亚洲有分布。
鞣料、饲料、药用。

*(89) 土耳其大黄 **Rheum turkestanicum Janisch**
多年生草本。生于黏土质荒漠、盐化沙地、固定和半固定沙漠。海拔 300~1 500 m。
产西南天山、西天山。吉尔吉斯斯坦、乌兹别克斯坦;亚洲有分布。

(90) 天山大黄 **Rheum wittrockii Lundstrom**
多年生高大草本。生于山地草甸、山地林缘、悬崖岩石缝、山地草原。海拔 1 200~3 600 m。
产东天山、东北天山、准噶尔阿拉套山、北天山、东南天山、中央天山、内天山、西天山、西南天山。

中国、哈萨克斯坦、吉尔吉斯斯坦、乌兹别克斯坦;亚洲有分布。

食用、鞣料、药用。

17. 冰岛蓼属 Koenigia L.

（91）冰岛蓼 **Koenigia islandica L.**

一年生草本。生于高山和亚高山草甸、河谷草甸、阴湿坡地。海拔 2 300～4 900 m。

产东天山、东北天山、准噶尔阿拉套山、北天山、中央天山、西天山、西南天山。中国、哈萨克斯坦、吉尔吉斯斯坦、乌兹别克斯坦、巴基斯坦、尼泊尔、不丹、印度、蒙古、俄罗斯;亚洲、欧洲有分布。

药用。

18. 酸模属 Rumex L.

（92）酸模 **Rumex acetosa L.**

多年生草本。生于高山和亚高山草甸、山地林缘、林间草地、山谷河漫滩、山溪边。海拔 400～4 100 m。

产东天山、东北天山、准噶尔阿拉套山、北天山、中央天山、西天山、西南天山。中国、哈萨克斯坦、吉尔吉斯斯坦、乌兹别克斯坦、蒙古、阿富汗、俄罗斯、朝鲜、日本;亚洲、美洲有分布。

食用、药用、鞣料、染料、饲料、植化原料(黄酮素)、栲胶。

＊（93）微酸酸模 **Rumex acetosella L.**

多年生草本。生于山地草甸、山溪边、河谷、山崖岩石缝、山地草原。海拔 800～2 800 m。

产西南天山、北天山。哈萨克斯坦、吉尔吉斯斯坦、乌兹别克斯坦、俄罗斯;亚洲、欧洲有分布。

（94）水生酸模 **Rumex aquaticus L.**

多年生草本。生于河边、湖边、渠边、沼泽草甸。海拔 200～3 600 m。

产东天山、东北天山、准噶尔阿拉套山、北天山、东南天山。中国、哈萨克斯坦、吉尔吉斯斯坦、蒙古、俄罗斯、日本;亚洲、欧洲有分布。

药用、鞣料。

＊（95）阿勒颇酸模 **Rumex chalepensis Mill.** ＝*Rumex drobovii* Korovin

多年生草本。生于山地草甸草原、草甸湿地、山溪、渠边。海拔 700～2 400 m。

产西天山、西南天山。吉尔吉斯斯坦、乌兹别克斯坦;亚洲有分布。

＊（96）球果酸模 **Rumex conglomeratus Murray**

多年生草本。生于河谷草甸湿地、低山盐化草甸、河边、湖边、路边。海拔 600～1 900 m。

产北天山、内天山。吉尔吉斯斯坦、乌兹别克斯坦、俄罗斯;亚洲有分布。

（97）皱叶酸模 **Rumex crispus L.**

多年生草本。生于山地河谷草甸、河滩、荒漠河流沿岸、水渠边、田间、地边。海拔 30～2 800 m。

产东天山、东北天山、准噶尔阿拉套山、北天山、中央天山、内天山、西天山、西南天山。中国、哈萨克斯坦、吉尔吉斯斯坦、乌兹别克斯坦、蒙古、俄罗斯、朝鲜、日本;亚洲、欧洲、非洲、北美洲有分布。

药用。

（98）齿果酸模 **Rumex dentatus L.** ＝*Rumex halacsyi* Rech.

一年生或二年生草本。生于山地河边、山坡草地、渠边、沼泽湿地、荒地、田间。海拔 30～2 500 m。

产东天山、东北天山、北天山、东南天山、西天山、西南天山。中国、哈萨克斯坦、吉尔吉斯斯坦、乌兹别克斯坦、印度、尼泊尔、阿富汗、伊朗、俄罗斯;亚洲、欧洲有分布。

药用。

*(99) 中亚酸模 **Rumex fischeri Rchb.**

多年生草本。生于山地草甸。海拔 1 300~2 600 m。

产北天山。哈萨克斯坦;亚洲有分布。

哈萨克斯坦特有成分。

(100) 喀什酸模 **Rumex kaschgaricus C. Y. Yang.**

多年生草本。生于山地河谷。海拔 800~2 300 m。

产中央天山、内天山。中国;亚洲有分布。

中国特有成分。

(101) 长叶酸模 **Rumex longifolius DC.**

多年生草本。生于山地林缘、林间草地、河谷草甸。海拔 50~3 000 m。

产东天山、东北天山、北天山、东南天山、中央天山。中国、哈萨克斯坦、吉尔吉斯斯坦、日本、俄罗斯;亚洲、欧洲、北美洲有分布。

药用、鞣料。

(102) 长刺酸模(刺酸模) **Rumex maritimus L.**

一年生草本。生于荒漠河流沿岸、湖滨盐化低地、渠边、荒地。海拔 40~1 800 m。

产东天山、东北天山、准噶尔阿拉套山、北天山、西天山、西南天山。中国、哈萨克斯坦、吉尔吉斯斯坦、乌兹别克斯坦、蒙古、俄罗斯;亚洲、欧洲有分布。

药用、鞣料、饲料。

(103) 盐生酸模 **Rumex marschallianus Rchb.**

一年生草本。生于河边、湖边、盐碱地。海拔 300~1 000 m。

产东天山、东北天山、准噶尔阿拉套山、北天山、西天山、西南天山。中国、哈萨克斯坦、吉尔吉斯斯坦、乌兹别克斯坦、蒙古、俄罗斯;亚洲、欧洲有分布。

(104) 巴天酸模 **Rumex patientia L.**　=*Rumex pamiricus* Rech. = *Rumex rechingerianus* Los. -Losinsk.

多年生草本。生于高山和亚高山草甸、山地河谷、河边、山坡草地、潮湿草地、田边。海拔 420~3 700 m。

产东天山、东北天山、准噶尔阿拉套山、北天山、东南天山、中央天山、内天山、西天山、西南天山。中国、哈萨克斯坦、吉尔吉斯斯坦、乌兹别克斯坦、蒙古、俄罗斯;亚洲、欧洲有分布。

饲料、药用、植化原料(糠醛)、食用、油脂。

*(105) 帕氏酸模 **Rumex paulsenianus Rech. f.**

多年生草本。生于亚高山草甸、山地林下、河流沿岸、河漫滩。海拔 1 000~2 900 m。

产北天山。哈萨克斯坦、吉尔吉斯斯坦;亚洲有分布。

*(106) 沼泽酸模 **Rumex popovii Pachom.**

多年生草本。生于草甸湿地、湖边、沼泽、盐化沼泽草甸。海拔 600~2 500 m。

产北天山、西天山、西南天山。哈萨克斯坦、吉尔吉斯斯坦、乌兹别克斯坦;亚洲有分布。

（107）欧酸模（披针叶酸模）**Rumex pseudonatronatus**（Borb.）**Borb. ex Murb.**

多年生草本。生于山地林缘、河谷草甸、荒漠绿洲、河边、田边。海拔 300~3 200 m。

产东天山、东北天山、准噶尔阿拉套山、北天山、东南天山、内天山。中国、哈萨克斯坦、蒙古、俄罗斯；亚洲、欧洲有分布。

药用。

（108）红干酸模 **Rumex rechingerianus Los.-Losinsk.**

多年生草本。生于山地河谷、砾石质山坡、山地田边。海拔 1 650~2 700 m。

产东天山、东北天山、准噶尔阿拉套山、北天山、中央天山、内天山、西天山、西南天山。中国、哈萨克斯坦、吉尔吉斯斯坦、乌兹别克斯坦；亚洲有分布。

药用。

*（109）透脉酸模 **Rumex rectinervis K. H. Rechger**

多年生草本。生于河边、湖边、渠边、低山沼泽湿地。海拔 600~2 300 m。

产西南天山、西天山。吉尔吉斯斯坦、乌兹别克斯坦；亚洲有分布。

（110）紫茎水生酸模 **Rumex schischkinii Los.-Losinsk.** = *Rumex aquaticus* subsp. *schischkinii*（Losinsk.）Rech. f.

多年生草本。生于山地河谷水边、河漫滩草甸、林间湿地。海拔 1 600~2 400 m。

产东天山、内天山。中国、俄罗斯；亚洲有分布。

药用。

*（111）楚河酸模 **Rumex similans Rech. f.**

一年生草本。生于低山沼泽草甸、渠边、河谷、岩石缝。海拔 300~1 400 m。

产北天山。哈萨克斯坦、俄罗斯；亚洲、欧洲有分布。

*（112）准噶尔酸模 **Rumex songaricus Fisch. et Mey.**

一年生草本。生于山崖岩石缝、山地河流沿岸、河漫滩。海拔 600~2 500 m。

产北天山。哈萨克斯坦；亚洲有分布。

*（113）粗茎酸模 **Rumex syriacus Meisn.**

多年生草本。生于低山、平原、山区河流沿岸灌木林中。海拔 1 600~2 800 m。

产西天山。乌兹别克斯坦；亚洲有分布。

（114）窄叶酸模（狭叶酸模）**Rumex stenophyllus Ledeb.**

多年生草本。生于山谷河边、荒漠绿洲、水渠边、田边、撂荒地。海拔 200~1 200 m。

产东天山、东北天山、准噶尔阿拉套山、北天山、东南天山。中国、哈萨克斯坦、吉尔吉斯斯坦、乌兹别克斯坦、蒙古、俄罗斯；亚洲、欧洲有分布。

药用。

（115）长根酸模（直根酸模）**Rumex thyrsiflorus Fingerh.**

多年生草本。生于山地草甸、林间低洼湿地、河谷草甸、河漫滩。海拔 460~2 200 m。

产东天山、东北天山、准噶尔阿拉套山、北天山。中国、哈萨克斯坦、蒙古、俄罗斯；亚洲、欧洲有分布。

食用、鞣料、药用、饲料。

（116）天山酸模 **Rumex tianschanicus Los. -Losinsk.**

多年生草本。生于山地林缘、河谷水边。海拔 2 140~3 700 m。

产东天山、东北天山、准噶尔阿拉套山、北天山、内天山、西天山、西南天山。中国、哈萨克斯坦、吉尔吉斯斯坦、乌兹别克斯坦、阿富汗；亚洲有分布。

鞣料、药用。

（117）乌克兰酸模 **Rumex ucranicus Fisch.**

一年生草本。生于荒漠河、湖岸边盐碱地、沼泽地、沙地。海拔 100~1 000 m。

产东天山、东北天山、准噶尔阿拉套山、北天山、西天山、西南天山。中国、哈萨克斯坦、吉尔吉斯斯坦、乌兹别克斯坦、蒙古、俄罗斯、波兰；亚洲、欧洲有分布。

药用。

19. 木蓼属 Atraphaxis L.

*（118）库恰库木蓼 **Atraphaxis atraphaxiformis（Botsch.）T. M. Schust. et Reveal** = *Polygonum atraphaxiforme* Botsch.

半灌木。生于山地圆柏林下、黄土丘陵。海拔 1 600~1 700 m。

产内天山。吉尔吉斯斯坦；亚洲有分布。

*（119）无脉木蓼 **Atraphaxis avenia Botsch.**

灌木。生于山地荒漠草原。海拔 500~2 100 m。

产西南天山、内天山。吉尔吉斯斯坦、乌兹别克斯坦；亚洲有分布。

*（120）灰枝木蓼（糙叶木蓼）**Atraphaxis canescens Bunge**

灌木。生于砾石质山坡、沙地。海拔 300~500 m。

产北天山。哈萨克斯坦、俄罗斯；亚洲有分布。

（121）拳木蓼 **Atraphaxis compacta Ledeb.**

小灌木。生于前山带干旱山坡、荒漠戈壁、冲沟、沙地。海拔 300~2 000 m。

产东天山、东北天山、准噶尔阿拉套山、北天山、东南天山、西天山、西南天山。中国、哈萨克斯坦、吉尔吉斯斯坦、乌兹别克斯坦、蒙古、俄罗斯；亚洲有分布。

药用。

（122）美丽木蓼（细枝木蓼）**Atraphaxis decipiens Jaub. et Spach**

半灌木或小灌木。生于干旱山坡、冲沟、荒漠草原、山麓洪积扇、戈壁、沙地。海拔 540~1 600 m。

产东北天山、准噶尔阿拉套山、北天山、西天山。中国、哈萨克斯坦、乌兹别克斯坦、俄罗斯；亚洲有分布。

药用。

（123）木蓼 **Atraphaxis frutescens（L.）Ewersm.**

灌木。生于山地河谷、河漫滩、石质山坡、荒漠戈壁、沙地。海拔 500~2 000 m。

产东天山、东北天山、准噶尔阿拉套山、北天山、中央天山、内天山、西天山、西南天山。中国、哈萨克斯坦、吉尔吉斯斯坦、乌兹别克斯坦、俄罗斯；亚洲、欧洲有分布。

饲料、药用。

*（124）卡拉山木蓼 **Atraphaxis karataviensis Pavlov et Lipschitz**

灌木。生于细石质山坡、石质化盆地、山麓平原、固定沙丘。海拔 200~1 800 m。

产北天山、西南天山、西天山。哈萨克斯坦、吉尔吉斯斯坦、乌兹别克斯坦；亚洲有分布。

（125）绿叶木蓼 **Atraphaxis laetevirens（Ledeb.）Jaub. et Spach**

小灌木。生于低山石质山坡、冲沟、砾质戈壁。海拔 500~2 200 m。

产东天山、东北天山、准噶尔阿拉套山、北天山、西天山、西南天山。中国、哈萨克斯坦、俄罗斯、阿富汗；亚洲有分布。

药用。

*（126）高木蓼 **Atraphaxis muschketowii Krassn.**

灌木。生于前山带砾石质戈壁、冲沟、沙地。海拔 1 600~2 800 m。

产北天山。哈萨克斯坦；亚洲有分布。

哈萨克斯坦特有成分。

*（127）欧氏木蓼 **Atraphaxis ovczinnikovii（Czukav.）Yurtseva** = *Polygonum ovczinnikovii* Czukav.

半灌木。生于荒漠草原、石质山坡、剥蚀丘陵。海拔 600~1 900 m。

产西南天山、内天山。吉尔吉斯斯坦、乌兹别克斯坦；亚洲有分布。

（128）锐枝木蓼 **Atraphaxis pungens（M. Bieb.）Jaub. et Spach**

灌木。生于山地石质山坡、冲沟、河滩、砾质戈壁。海拔 500~1 200 m。

产东天山、东北天山、准噶尔阿拉套山、北天山。中国、蒙古、俄罗斯；亚洲有分布。

饲料、药用。

（129）梨叶木蓼 **Atraphaxis pyrifolia Bunge**

灌木。生于山地石质山坡、砾质河滩、荒漠戈壁。海拔 300~2 800 m。

产东天山、东北天山、准噶尔阿拉套山、北天山、内天山、西天山、西南天山。中国、哈萨克斯坦、吉尔吉斯斯坦、乌兹别克斯坦、蒙古、印度、俄罗斯；亚洲有分布。

饲料。

（130）扁果木蓼 **Atraphaxis replicata Lam.**

灌木。生于高山和亚高山石质山坡、低山冲沟、砾质戈壁、沙地、固定沙丘。海拔 400~4 200 m。

产东天山、东北天山、准噶尔阿拉套山、北天山、东南天山、中央天山、内天山、西天山、西南天山。中国、哈萨克斯坦、吉尔吉斯斯坦、乌兹别克斯坦、俄罗斯；亚洲有分布。

（131）刺木蓼 **Atraphaxis spinosa L.**

灌木。生于山地石质山坡、山地草原、砾质戈壁、沙地。海拔 200~2 000 m。

产东天山、东北天山、准噶尔阿拉套山、北天山、东南天山、中央天山、西天山、西南天山。中国、哈萨克斯坦、吉尔吉斯斯坦、乌兹别克斯坦、蒙古；亚洲有分布。

饲料、药用。

*（132）孜河木蓼 **Atraphaxis seravschanica Pavlov**

灌木。生于亚高山岩石缝、林间草地、低山石质山坡。海拔 1 800~2 900 m。

产北天山、西天山、西南天山。哈萨克斯坦、吉尔吉斯斯坦、乌兹别克斯坦；亚洲有分布。

*（133）勺叶木蓼 **Atraphaxis teretifolia**（**Popov**）**Kom.**
灌木。生于石质山坡、河流阶地、荒漠草原、荒漠。海拔 400~2 300 m。
产北天山。哈萨克斯坦;亚洲有分布。

（134）长枝木蓼 **Atraphaxis virgata**（**Regel**）**Krasn.**
灌木。生于山地砾石质山坡、冲沟、荒漠戈壁、沙地。海拔 200~2 500 m。
产东天山、东北天山、准噶尔阿拉套山、北天山、东南天山、中央天山、内天山。中国、哈萨克斯坦、吉尔吉斯斯坦、蒙古;亚洲有分布。
药用。

20. 沙拐枣属 Calligonum L.

（135）无叶沙拐枣 **Calligonum aphyllum**（**Pall.**）**Gurke**
灌木。生于半固定沙丘和流动沙丘、沙地。海拔 640 m 上下。
产北天山、西天山。中国、哈萨克斯坦、吉尔吉斯斯坦、乌兹别克斯坦、俄罗斯;亚洲、欧洲有分布。
饲料、蜜源、燃料、观赏、固沙。

*（136）树状沙拐枣 **Calligonum arborescens Litwinow**
灌木。生于流动和半固定沙漠。海拔 200~700 m。
产西天山。哈萨克斯坦、乌兹别克斯坦;亚洲有分布。

（137）泡果沙拐枣 **Calligonum calliphysa Bunge** = *Calligonum junceum*（Fisch. et C. A. Mey.）Litv.
灌木。生于砾质戈壁、固定和半固定沙丘、沙地。海拔 300~1 500 m。
产东天山、东北天山、准噶尔阿拉套山、北天山、东南天山。中国、哈萨克斯坦、蒙古;亚洲有分布。
饲料、蜜源、药用、燃料、观赏、固沙。

（138）密刺沙拐枣 **Calligonum densum Borszcz.**
灌木。生于半固定沙丘、沙地。海拔 640 m 上下。
产北天山、西南天山、西天山。中国、哈萨克斯坦、吉尔吉斯斯坦、乌兹别克斯坦;亚洲有分布。
饲料、蜜源、药用、燃料、固沙。

（139）艾比湖沙拐枣 **Calligonum ebinuricum Ivanova ex Y. D. Soskov**
灌木。生于半固定和流动沙丘、沙砾质荒漠。海拔 300~1 250 m。
产东北天山、准噶尔阿拉套山。中国;亚洲有分布。
中国特有成分。饲料、蜜源、药用、燃料、固沙。

（140）戈壁沙拐枣 **Calligonum gobicum**（**Bunge ex Meisn**）**Losinskaja**
灌木。生于流动沙丘、半固定沙丘、沙地。海拔 1 000 m 上下。
产东天山。中国、蒙古;亚洲有分布。
饲料、蜜源、燃料、固沙。

（141）奇台沙拐枣 **Calligonum klementzii Losinskaja**
灌木。生于固定沙丘、砾石荒漠。海拔 460~800 m。
产东天山。中国;亚洲有分布。

中国特有成分。饲料、蜜源、药用、燃料、固沙。

（142）库尔勒沙拐枣 **Calligonum kuerlese Z. M. Mao**

灌木。生于山麓洪积扇下缘荒漠戈壁。海拔 900 m 上下。

产东南天山。中国；亚洲有分布。

中国特有成分。饲料、蜜源、燃料、固沙。

（143）沙拐枣 **Calligonum mongolicum Turcz.**

半灌木。生于流动沙丘、固定沙丘、半固定沙丘、砾质荒漠。海拔 530~800 m。

产东天山。中国、蒙古；亚洲有分布。

饲料、蜜源、药用、燃料、固沙。

（144）小沙拐枣 **Calligonum pumilum Losinskaja**

小灌木。生于砾质荒漠、沙地。海拔 400~1 200 m。

产东天山。中国；亚洲有分布。

中国特有成分。饲料、蜜源、药用、燃料、固沙。

（145）塔里木沙拐枣 **Calligonum roborowskii Losinskaja**

灌木。生于干河谷、山麓洪积扇沙砾质荒漠、冲积平原。海拔 900~2 100 m。

产东天山、东南天山、中央天山、内天山。中国；亚洲有分布。

中国特有成分。饲料、蜜源、药用、燃料、固沙。

（146）粗糙沙拐枣 **Calligonum squarrosum Pavlov**

灌木。生于固定沙丘、沙地。海拔 460~720 m。

产东天山、西天山、西南天山。中国、乌兹别克斯坦、土库曼斯坦；亚洲有分布。

饲料、蜜源、药用、燃料、固沙。

21. 荞麦属 Fagopyrum Mill.

（147）荞麦 **Fagopyrum esculentum Moench**

一年生草本。生于荒地、路边；栽培或逸为野生。海拔 1 900 m 上下。

产东天山、东北天山。荞麦最早起源于中国，栽培历史非常悠久。最早的荞麦实物出土于陕西
咸阳杨家湾四号汉墓中，距今已有 2 000 多年；俄罗斯、加拿大、法国、波兰、澳大利亚栽培；亚洲
有分布。

饲料、食用、药用。

（148）苦荞麦 **Fagopyrum tataricum（L.）Gaertn.**

一年生草本。生于河谷、田间、农田边。海拔 1 000 m 上下。

产东天山、准噶尔阿拉套山、北天山、西天山、西南天山。中国、哈萨克斯坦、吉尔吉斯斯坦、乌
兹别克斯坦；亚洲、欧洲、美洲有分布。

饲料、药用。

22. 何首乌属 Fallopia Adans.

（149）卷茎蓼（蔓首乌）**Fallopia convolvulus（L.）A. Löve** = *Polygonum convolvulus* L.

一年生缠绕草本。生于山地林下、山坡草地、灌丛、田边、田间、荒地、水边。海拔 500~2 400 m。

产东天山、东北天山、准噶尔阿拉套山、北天山、东南天山、西天山、西南天山。中国、哈萨克斯

坦、吉尔吉斯斯坦、乌兹别克斯坦、日本、朝鲜、蒙古、俄罗斯、阿富汗、巴基斯坦；亚洲、欧洲、非洲、美洲有分布。

饲料、食用、酿酒、药用、有毒。

（150）篱首乌 **Fallopia dumetorum**（L.）**J. Holub** = *Polygonum dumetorum* L.

一年生缠绕草本。生于砾石质山坡、灌丛。海拔 900~1 900 m。

产东天山、东北天山、准噶尔阿拉套山、北天山、东南天山、西天山、西南天山。中国、哈萨克斯坦、吉尔吉斯斯坦、日本、朝鲜、蒙古、俄罗斯、阿富汗、印度；亚洲、欧洲、美洲有分布。

药用。

23. 蓼属（萹蓄属）Polygonum L.

（151）松叶萹蓄 **Polygonum acerosum Ledeb. ex Meisn.**

一年生草本。生于山坡草地、河谷、沼泽草甸。海拔 550~1 500 m。

产东天山、北天山。中国、哈萨克斯坦、吉尔吉斯斯坦、阿富汗；亚洲有分布。

（152）酸蓼（灰绿蓼）**Polygonum acetosum Bieb.**

一年生草本。生于低山砾石质坡地、水沟边、路旁、田边。海拔 200~1 000 m。

产东天山、东北天山、准噶尔阿拉套山、北天山、西天山。中国、哈萨克斯坦、吉尔吉斯斯坦、乌兹别克斯坦、俄罗斯、阿富汗；亚洲、欧洲有分布。

药用。

（153）高山蓼 **Polygonum alpinum All.** = *Polygonum undulatum* Murr.

多年生草本。生于高山和亚高山草甸、山地林缘、林间草地、河谷草甸、山坡草地、山地草原。海拔 800~3 800 m。

产东天山、东北天山、准噶尔阿拉套山、北天山、东南天山、西天山、西南天山。中国、哈萨克斯坦、吉尔吉斯斯坦、乌兹别克斯坦、阿富汗、蒙古、俄罗斯；亚洲、欧洲有分布。

药用。

（154）两栖蓼 **Polygonum amphibium L.** = *Persicaria amphibia*（L.）**S. F. Gray**

多年生草本。生于湖泊、河流沿岸静水处、河滩、渠边。海拔 300~1 200 m。

产东天山、东北天山、准噶尔阿拉套山、北天山、东南天山、中央天山、内天山、西天山、西南天山。中国、哈萨克斯坦、吉尔吉斯斯坦、乌兹别克斯坦、阿富汗、印度、俄罗斯；亚洲、欧洲、美洲有分布。

药用。

（155）灯芯草蓼 **Polygonum junceum Ledeb.**

一年生草本。生于低山河谷坡地、田边、盐碱地、沙地。海拔 400~1 100 m。

产东天山、东北天山、准噶尔阿拉套山、西天山。中国、哈萨克斯坦、吉尔吉斯斯坦、乌兹别克斯坦、俄罗斯；亚洲有分布。

（156）银鞘蓼（帚萹蓄）**Polygonum argyrocoleum Steud. ex G. Kunze** = *Polygonum argyrocoleon* Steudel ex Kuntze

一年生草本。生于山地河谷、湿地、盐碱地。海拔 200~2 500 m。

产东天山、东北天山、准噶尔阿拉套山、北天山、东南天山、中央天山、内天山、西天山、西南天山。中国、哈萨克斯坦、格鲁吉亚、蒙古、俄罗斯、阿富汗、伊朗；亚洲有分布。

(157) 扁蓄 **Polygonum aviculare L.**

一年生草本。生于高山和亚高山草甸、田边、路旁、水沟边。海拔 200～3 500 m。

产东天山、东北天山、准噶尔阿拉套山、北天山、东南天山、中央天山、内天山、西天山、西南天山。中国、哈萨克斯坦、吉尔吉斯斯坦、乌兹别克斯坦；亚洲、欧洲、美洲有分布。

饲料、药用。

*(158) 雅洁蓼 **Polygonum bellardii All.** = *Polygonum arenarium* Loisel.

一年生草本。生于盐化草甸、沙地。海拔 200～2 100 m。

产北天山、西南天山。哈萨克斯坦、吉尔吉斯斯坦、乌兹别克斯坦、俄罗斯；亚洲、欧洲有分布。

*(159) 双芒蓼 **Polygonum biaristatum Aitch. et Hemsl.**

小灌木。生于石质山坡、半阳坡草地、山地草甸。海拔 2 300～2 600 m。

产北天山。哈萨克斯坦；亚洲有分布。

(160) 拳参 **Polygonum bistorta L.**

多年生草本。生于高山和亚高山草甸、山地林下、林缘、林间草地。海拔 1 700～3 100 m。

产东天山、东北天山、准噶尔阿拉套山、北天山、东南天山。中国、哈萨克斯坦、日本、蒙古、俄罗斯；亚洲、欧洲有分布。

药用。

*(161) 布尔内蓼 **Polygonum bornmuelleri Litwinow**

一年生草本。生于碎石质坡地、黄土丘陵、石膏荒漠、山麓洪积扇。海拔 400～2 100 m。

产西南天山、西天山。吉尔吉斯斯坦、乌兹别克斯坦；亚洲有分布。

*(162) 布哈蓼 **Polygonum bucharicum Grig.**

多年生草本。生于林缘、河谷、碎石山崖。海拔 1 600～2 700 m。

产准噶尔阿拉套山、北天山、西天山、西南天山。哈萨克斯坦、吉尔吉斯斯坦、乌兹别克斯坦；亚洲有分布。

(163) 地皮蓼(岩蓼) **Polygonum cognatum Meissn.** = *Polygonum rupestre* Kar. et Kir.

多年生草本。生于高山和亚高山草甸、林下、河谷草坡、河漫滩沙砾地、次生裸地。海拔 800～4 600 m。

产东天山、东北天山、准噶尔阿拉套山、北天山、东南天山、中央天山、内天山、西天山、西南天山。中国、哈萨克斯坦、吉尔吉斯斯坦、乌兹别克斯坦、蒙古、俄罗斯；亚洲、美洲有分布。

药用。

*(164) 细枝蓼 **Polygonum cognatum var. serpyllaceum（Jaub. et Spach）Yurtseva** = *Polygonum serpyllaceum* Jaub. et Spach

多年生草本。生于冰川冰碛堆、高山和亚高山草甸、碎石堆、河床。海拔 2 100～4 200 m。

产北天山、西南天山。哈萨克斯坦、吉尔吉斯斯坦、乌兹别克斯坦；亚洲有分布。

(165) 白花蓼 **Polygonum coriarium Grig.** = *Polygonum bucharicum* Grig.

多年生草本。生于高山和亚高山阳坡、山地草甸、林缘、灌丛、山崖、河谷、山溪边。海拔 1 000～3 500 m。

产东天山、东北天山、准噶尔阿拉套山、北天山、东南天山、西天山、西南天山。中国、哈萨克斯

坦、吉尔吉斯斯坦、乌兹别克斯坦、阿富汗;亚洲有分布。

饲料。

(166) 盐生蓼 **Polygonum corrigioloides Jaub. et Spach**

一年生草本。生于盐化低地、河边、湖边胡杨林下。海拔 900 m 上下。

产东南天山。中国、哈萨克斯坦、吉尔吉斯斯坦、伊朗、俄罗斯;亚洲有分布。

(167) 椭圆叶蓼(短柄蓼) **Polygonum ellipticum Willd. ex Spreng.** = *Polygonum nitens* (Fisch. et C. A. Mey.) V. Petrov

多年生草本。生于高山和亚高山草甸、山地林下、林缘。海拔 1 100~3 600 m。

产准噶尔阿拉套山、北天山、东南天山、中央天山、内天山、西天山、西南天山。中国、哈萨克斯坦、吉尔吉斯斯坦、乌兹别克斯坦、蒙古、俄罗斯;亚洲有分布。

药用。

*(168) 问荆蓼 **Polygonum equisetiforme Sm.** = *Polygonum hyrcanicum* Rech. f.

多年生草本。生于路边、河边盐渍化草地。海拔 500~1 600 m。

产北天山、西天山、西南天山。吉尔吉斯斯坦、乌兹别克斯坦;亚洲有分布。

*(169) 毛果蓼 **Polygonum fibrilliferum Kom.**

多年生草本。生于亚高山干旱山坡、石质阳坡、圆柏林下。海拔 1 000~3 200 m。

产北天山、西天山、西南天山。吉尔吉斯斯坦、乌兹别克斯坦;亚洲有分布。

*(170) 粗根蓼 **Polygonum hissaricum M. Pop.**

多年生草本。生于高山和亚高山草甸、草甸湿地、河谷。海拔 2 600~3 800 m。

产北天山、西天山、西南天山。哈萨克斯坦、吉尔吉斯斯坦、乌兹别克斯坦;亚洲有分布。

(171) 水蓼 **Polygonum hydropiper L.** = *Persicaria hydropiper* (L.) Spach

一年生草本。生于山地林下、山谷水边、河漫滩草甸、沼泽草甸、草地、河塘边。海拔 350~2 300 m。

产东天山、东北天山、准噶尔阿拉套山、北天山、东南天山、中央天山、内天山、西天山、西南天山。中国、哈萨克斯坦、吉尔吉斯斯坦、乌兹别克斯坦;北温带及亚热带有分布。

饲料、药用。

*(172) 卷枝蓼 **Polygonum inflexum Kom.**

一年生草本。生于低山丘陵、荒漠化草原、沙地。海拔 100~2 200 m。

产北天山、内天山、西天山、西南天山。哈萨克斯坦、吉尔吉斯斯坦、乌兹别克斯坦;亚洲有分布。

(173) 酸模叶蓼 **Polygonum lapathifolium L.** = *Persicaria lapathifolia* (L.) S. F. Gray

一年生草本。生于山地河谷、山坡草地、低湿地、河和湖岸边、渠边、田边。海拔 170~2 000 m。

产东天山、东北天山、准噶尔阿拉套山、北天山、东南天山、中央天山、内天山、西天山、西南天山。中国、哈萨克斯坦、吉尔吉斯斯坦、乌兹别克斯坦、日本、朝鲜、蒙古、阿富汗、巴基斯坦、印度、俄罗斯;亚洲、欧洲有分布。

饲料、药用、酿酒、绿肥、固土、护坡。

*(174) 眉擦蓼 **Polygonum mezianum H. Gross**

半灌木。生于高山和亚高山草甸、石质山坡、山麓洪积扇、沙质荒漠。海拔 2 400~4 500 m。

产西南天山、内天山。吉尔吉斯斯坦、乌兹别克斯坦;亚洲有分布。

(175) 小蓼 **Polygonum minus Ait. ex Meisn.** = *Persicaria hydropiperoides*（Michx.）Small

一年生草本。生于河边、湖边、河滩湿地。海拔 350~800 m。

产东天山、东北天山、准噶尔阿拉套山、北天山、东南天山、西天山、西南天山。中国、哈萨克斯坦、吉尔吉斯斯坦、乌兹别克斯坦、蒙古、俄罗斯;亚洲、欧洲有分布。

药用。

(176) 丝茎蓼 **Polygonum molliiforme Boiss**

一年生草本。生于干旱山坡、河滩沙地。海拔 300~4 100 m。

产内天山、北天山。中国、哈萨克斯坦、吉尔吉斯斯坦、伊朗;亚洲有分布。

*(177) 黑叶蓼 **Polygonum myrtillifolium Kom.**

半灌木。生于高山和亚高山草甸、草甸湿地、碎石堆。海拔 2 900~3 600 m。

产西南天山、内天山。吉尔吉斯斯坦、乌兹别克斯坦;亚洲有分布。

*(178) 阿赖蓼 **Polygonum pamiro-alaicum Kom.**

多年生草本。生于低山至高山带盐渍化石质草地。海拔 1 600~2 800 m。

产北天山、西天山、西南天山。哈萨克斯坦、吉尔吉斯斯坦、乌兹别克斯坦;亚洲有分布。

*(179) 线叶蓼 **Polygonum paronychioides C. A. Meyer**

小灌木。生于山地石质山坡、圆柏林中、阳坡灌丛。海拔 600~3 400 m.

产北天山、西天山、西南天山。哈萨克斯坦、乌兹别克斯坦、俄罗斯;亚洲有分布。

(180) 展枝蓼(新疆蓼) **Polygonum patulum Bieb.** = *Polygonum gracilius*（Ledeb.）Klok.

一年生草本。生于山坡草地、沼泽草甸、田边、荒地、盐碱地、水边、庭院。海拔 300~2 200 m。

产东天山、东北天山、准噶尔阿拉套山、北天山、东南天山、中央天山、内天山、西天山、西南天山。中国、哈萨克斯坦、吉尔吉斯斯坦、乌兹别克斯坦、蒙古、俄罗斯、阿富汗、伊朗;亚洲、欧洲有分布。

药用。

(181) 桃叶蓼(春蓼) **Polygonum persicaria L.** = *Persicaria maculosa* S. F. Gray

一年生草本。生于山地林缘、林下、河谷水边、河滩湿地、渠边、菜园。海拔 300~2 100 m。

产东天山、东北天山、准噶尔阿拉套山、北天山、东南天山、中央天山、西天山。中国、哈萨克斯坦、吉尔吉斯斯坦、乌兹别克斯坦、阿富汗、印度、俄罗斯;亚洲、欧洲、大洋洲、美洲有分布。

药用。

(182) 习见蓼 **Polygonum plebeium R. Br.**

一年生匍匐草本。生于河谷岸边、水湿地、路边、沙地、沙丘。海拔 500~2 200 m。

产东天山、东北天山、准噶尔阿拉套山、北天山、东南天山、中央天山、内天山。中国、日本、俄罗斯、印度;欧洲、非洲、大洋洲有分布。

药用。

(183) 针叶蓼 **Polygonum polycnemoides Jaub. et Spach**

一年生草本。生于山地林缘、河漫滩草甸、砾石质坡地、干旱山坡草地、戈壁冲沟。海拔 500~2 250 m。

产东天山、东北天山、准噶尔阿拉套山、北天山、东南天山、内天山、西天山、西南天山。中国、哈萨克斯坦、吉尔吉斯斯坦、乌兹别克斯坦、阿富汗、伊朗、俄罗斯;亚洲有分布。

药用。

(184) 库车蓼 **Polygonum popovii A. E. Borodina** = *Atraphaxis popovii*（Borodina）Yurtseva

小灌木。生于山地干旱山坡。海拔 1 000～2 600 m。

产东南天山。中国;亚洲有分布。

中国特有成分。

*(185) 茹提比拉蓼 **Polygonum rottboellioides Jaub. et Spach**

一年生草本。生于细石质山坡、黄土丘陵、山麓沙质平原。海拔 200～3 500 m。

产西南天山、内天山。吉尔吉斯斯坦、乌兹别克斯坦;亚洲有分布。

*(186) 粗蓼 **Polygonum scabrum Moench**

一年生草本。生于盐渍化草地。海拔 200～500 m。

产准噶尔阿拉套山。哈萨克斯坦;亚洲有分布。

哈萨克斯坦特有成分。

*(187) 暗灰蓝蓼 **Polygonum schistosum Czuk.**

一年生草本。生于高山和亚高山草甸、碎石堆、河谷。海拔 2 300～3 750 m。

产西南天山、内天山。吉尔吉斯斯坦、乌兹别克斯坦;亚洲有分布。

(188) 西伯利亚蓼 **Polygonum sibiricum Laxm.** = *Knorringia sibirica*（Laxm.）N. N. Tzvel.

多年生草本。生于山地林缘、沙地、沙质盐碱地。海拔 650～3 363 m。

产东天山、东南天山。中国、哈萨克斯坦、蒙古、俄罗斯;亚洲有分布。

饲料、药用。

(189) 准噶尔蓼 **Polygonum songaricum Schrenk**

多年生草本。生于高山和亚高山草甸、山地林下、林缘、林间草地、山谷水边、山坡草地、积水洼地边。海拔 1 500～3 800 m。

产东天山、东北天山、准噶尔阿拉套山、北天山、东南天山、中央天山、内天山、西天山、西南天山。中国、哈萨克斯坦、吉尔吉斯斯坦、乌兹别克斯坦;亚洲有分布。

饲料、药用。

*(190) 木贼蓼 **Polygonum subaphyllum G. P. Sumnevicz**

一年生草本。生于石质山坡、山地阳坡、河流沿岸。海拔 200～2 200 m。

产内天山、西天山。吉尔吉斯斯坦、乌兹别克斯坦;亚洲有分布。

(191) 百里香叶蓼 **Polygonum thymifolium Jaub. et Spach**

灌木。生于亚高山砾石质山坡、悬崖岩石缝、低山坡地。海拔 1 200～2 600 m。

产东天山、东北天山、准噶尔阿拉套山、北天山、东南天山、西天山、西南天山。中国、哈萨克斯坦、吉尔吉斯斯坦、乌兹别克斯坦、伊朗;亚洲有分布。

*(192) 土耳其蓼 **Polygonum turkestanicum Sumnev.**

一年生草本。生于高山和亚高山草甸、山坡草地。海拔 2 500～3 300 m。

产西南天山、内天山。吉尔吉斯斯坦、乌兹别克斯坦;亚洲有分布。

（193）珠芽蓼 **Polygonum viviparum L.**

多年生草本。生于高山荒漠、高山和亚高山草甸、山地林下、林间草地。海拔 1 200~5 100 m。

产东天山、东北天山、准噶尔阿拉套山、北天山、东南天山、中央天山、内天山、西天山、西南天山。中国、哈萨克斯坦、吉尔吉斯斯坦、乌兹别克斯坦、印度、蒙古、俄罗斯、朝鲜、日本；亚洲、欧洲、北美洲有分布。

药用。

*（194）维迪恩斯凯蓼 **Polygonum vvedenskyi G. P. Sumnevicz**

半灌木。生于高山和亚高山草甸、干旱山坡、山崖碎石堆、灌丛。海拔 2 800~3 500 m。

产西天山、西南天山。吉尔吉斯斯坦、乌兹别克斯坦；亚洲有分布。

*（195）扎克洛夫蓼 **Polygonum zakirovii Czevrenidi**

半灌木。生于高山和亚高山草甸、山地草甸、干旱山坡、河边。海拔 2 300~3 000 m。

产西天山、西南天山。吉尔吉斯斯坦、乌兹别克斯坦；亚洲有分布。

*（196）泽拉普善蓼 **Polygonum zaravschanicum Zak.**

多年生草本。生于高山冰碛堆、高山草甸湿地。海拔 3 200~3 700 m。

产西南天山、内天山。吉尔吉斯斯坦、乌兹别克斯坦；亚洲有分布。

十一、藜科 Chenopodiaceae （苋科 Amaranthaceae）

24. 多节草属 Polycnemum L.

（197）多节草 **Polycnemum arvense L.**

一年生草本。生于砾石质干旱山坡。海拔 1 000~2 700 m。

产准噶尔阿拉套山、东北天山、东南天山、北天山、西天山、西南天山。中国、哈萨克斯坦、吉尔吉斯斯坦、乌兹别克斯坦、俄罗斯；亚洲、欧洲有分布。

*（198）大多节草 **Polycnemum majus A. Braun**

一年生草本。生于石质山坡、低山丘陵沙地。海拔 1 300~1 600 m。

产准噶尔阿拉套山、北天山、西天山、西南天山。哈萨克斯坦、吉尔吉斯斯坦、乌兹别克斯坦；亚洲有分布。

*（199）三棱叶多节草 **Polycnemum perenne Litwinow**

多年生草本。生于碎石质山坡。海拔 1 300~2 800 m。

产北天山、西天山、西南天山。吉尔吉斯斯坦、乌兹别克斯坦；亚洲有分布。

25. 盐角草属 Salicornia L.

（200）盐角草 **Salicornia europaea L.**

一年生草本。生于山地盐湖边、平原潮湿盐碱地、盐化沼泽、潮湿盐土、重盐土。海拔 −130~ 2 500 m。

产东天山、东北天山、准噶尔阿拉套山、北天山、东南天山、中央天山、西天山、西南天山。中国、哈萨克斯坦、吉尔吉斯斯坦、乌兹别克斯坦、日本、朝鲜、蒙古、印度；亚洲、非洲、欧洲、美洲有分布。

食用、药用、饲料、植化原料（碳酸盐）、有毒、杀虫。

*（201）木本盐角草 **Salicornia perennans Willd.**

　　灌木。生于潮湿的盐土、盐碱地和海岸。海拔 400～1 700 m。

　　产北天山、西南天山。哈萨克斯坦、吉尔吉斯斯坦、乌兹别克斯坦、俄罗斯；亚洲、欧洲有分布。

26. 盐爪爪属 Kalidium Moq.

（202）里海盐爪爪 **Kalidium caspicum（L.）Ung. -Sternb.**

　　小半灌木。生于山麓洪积扇扇缘、低洼盐碱地、盐湖边。海拔 300～1 200 m。

　　产东天山、东北天山、准噶尔阿拉套山、北天山、东南天山、内天山。中国、吉尔吉斯斯坦、乌兹别克斯坦、伊朗、俄罗斯；亚洲、欧洲有分布。

　　植化原料（碳酸盐）、有毒、杀虫、药用、饲料。

（203）尖叶盐爪爪 **Kalidium cuspidatum（Ung. -Sternb.）Grub.**

　　小半灌木。生于山地荒漠、冲积平原、盐湖边、盐碱地、盐化沙地。海拔 200～2 700 m。

　　产东天山、东北天山、准噶尔阿拉套山、北天山、东南天山、中央天山、内天山。中国、哈萨克斯坦；亚洲有分布。

　　饲料。

（204）盐爪爪 **Kalidium foliatum（Pall.）Moq.**

　　小半灌木。生于山麓洪积扇扇缘、砾石质荒漠、冲积平原、盐湖边、盐碱地、盐化沙地、潮湿低洼地。海拔 200～1 500 m。

　　产东天山、东北天山、准噶尔阿拉套山、北天山、东南天山、中央天山、内天山。中国、哈萨克斯坦、俄罗斯；亚洲有分布。

　　饲料、药用、植化原料（碳酸盐）。

（205）细枝盐爪爪 **Kalidium gracile Fenzl**

　　小半灌木。生于河谷阶地、盐化草甸、盐碱地、盐湖边、盐化沙地。海拔 200～2 350 m。

　　产东天山、东北天山、准噶尔阿拉套山、北天山、东南天山、中央天山、内天山。中国、蒙古；亚洲有分布。

　　饲料、植化原料（碳酸盐）。

（206）圆叶盐爪爪 **Kalidium schrenkianum Bunge ex Ung. -Sternb.**

　　小半灌木。生于山间盆地、山麓洪积扇扇缘、冲积平原、砾石质荒漠。海拔 400～2 400 m。

　　产东天山、东北天山、准噶尔阿拉套山、北天山、东南天山、中央天山、内天山。中国、哈萨克斯坦；亚洲有分布。

　　饲料、药用。

27. 盐节木属 Halocnemum Bieb.

（207）盐节木 **Halocnemum strobilaceum（Pall.）M. Bieb.**

　　半灌木。生于山麓洪积扇扇缘、冲积平原、盐湖边、低洼潮湿盐碱地。海拔 200～1 700 m。

　　产东天山、东北天山、准噶尔阿拉套山、北天山、东南天山、中央天山、内天山。中国、哈萨克斯坦、蒙古、阿富汗、伊朗、土耳其、俄罗斯；亚洲、欧洲、非洲有分布。

　　单种属植物。植化原料（钾盐）、杀虫、饲料、燃料、观赏。

28. 盐穗木属 Halostachys C. A. Mey.

（208）盐穗木 Halostachys caspica（Pall.）C. A. Mey. = *Halostachys belangeriana*（Moq.）Botsch.

灌木。生于山麓洪积扇扇缘、冲积平原、盐湖边、低洼潮湿盐碱地、强盐渍化盐土。海拔 -50~1 800 m。

产东天山、东北天山、准噶尔阿拉套山、北天山、东南天山、中央天山、内天山。中国、哈萨克斯坦、蒙古、阿富汗、伊朗、俄罗斯；亚洲、欧洲、非洲有分布。

单种属植物。饲料、植化原料（生物碱）、药用、杀虫。

29. 轴藜属 Axyris L.

（209）轴藜 Axyris amaranthoides L.

一年生草本。生于山地林下、林缘、山地阳坡石质化草地、灌丛。海拔 1 400~3 000 m。

产东天山、东北天山、准噶尔阿拉套山、北天山、东南天山。中国、哈萨克斯坦、吉尔吉斯斯坦、日本、朝鲜、蒙古、俄罗斯；亚洲、欧洲有分布。

饲料、药用。

（210）杂配轴藜 Axyris hybrida L.

一年生草本。生于山地河谷、沙砾质山坡草地。海拔 1 500~3 000 m。

产东天山、东北天山、准噶尔阿拉套山、北天山、东南天山。中国、哈萨克斯坦、吉尔吉斯斯坦、蒙古、俄罗斯；亚洲有分布。

饲料。

（211）平卧轴藜 Axyris prostrata L.

一年生草本。生于山地河谷阶地、河漫滩沙砾地。海拔 2 600 m 上下。

产东天山、东北天山、准噶尔阿拉套山、北天山、东南天山。中国、哈萨克斯坦、俄罗斯、蒙古；亚洲有分布。

饲料、药用。

＊（212）球果轴藜 Axyris sphaerosperma Fisch. et C. A. Mey.

一年生草本。生于亚高山至中山带石质山坡、山崖。海拔 1 500~3 200 m。

产准噶尔阿拉套山、北天山。哈萨克斯坦、吉尔吉斯斯坦、俄罗斯；亚洲有分布。

30. 驼绒藜属 Krascheninnikovia Gueldenst. [Ceratoides（Tourn.）Gagnebin.]

（213）驼绒藜 Krascheninnikovia ceratoides（L.）Gueldenst. = *Ceratoides latens*（J. F. Gmelin）Reveal et Holmgren

灌木。生于山地沟谷、阳坡草地、河岸阶地、山麓洪积扇、沙砾质荒漠、平原沙地。海拔 200~3 200 m。

产东天山、东北天山、准噶尔阿拉套山、北天山、东南天山、中央天山、内天山。中国、哈萨克斯坦、俄罗斯；亚洲、欧洲有分布。

饲料、燃料、固沙、观赏、药用。

（214）心叶驼绒藜 Krascheninnikovia ewersmanniana（Stschegl. ex Losinsk.）Grub. = *Ceratoides ewersmanniana*（Stschegl. ex Losinsk.）Botsch. et Ikonn.

灌木。生于山地阳坡草地、山麓洪积扇、沙砾质荒漠、撂荒地、平原沙丘、沙地。海拔 400~3 400 m。

产东天山、东北天山、准噶尔阿拉套山、北天山、东南天山、中央天山。中国、哈萨克斯坦、蒙古；亚洲有分布。

饲料、燃料、固沙、观赏、药用。

31. 小果滨藜属 Microgynoecium Hook. f.

（215）西藏小果滨藜 Microgynoecium tibeticum Hook. f.

一年生草本。生于山地岩石缝、山溪边、低山荒漠。海拔 500~1 400 m。

产北天山、西天山。中国、哈萨克斯坦、吉尔吉斯斯坦、乌兹别克斯坦；亚洲有分布。

32. 滨藜属 Atriplex L.

（216）野榆钱菠菜 Atriplex aucheri Moq. =*Atriplex amblyostegia* Murb.

一年生草本。生于低山沟谷、平原荒漠、荒地、路边。海拔 400~1 500 m。

产东天山、东北天山、准噶尔阿拉套山、北天山。中国、哈萨克斯坦、伊朗、俄罗斯；亚洲有分布。

食用、药用、染料、观赏、饲料。

（217）白滨藜 Atriplex cana C. A. Mey.

半灌木。生于低山砾石质山坡、盐化荒漠草原、盐碱化荒地、盐湖边、沼泽地。海拔 400~1 200 m。

产东天山、东北天山、准噶尔阿拉套山、北天山。中国、哈萨克斯坦、蒙古、俄罗斯；亚洲、欧洲有分布。

饲料、燃料。

（218）中亚滨藜 Atriplex centralasiatica Iljin

一年生草本。生于山地荒漠、平原区盐渍化荒漠、农区、撂荒地、河和湖岸边沙地、固定沙丘。海拔 600~2 800 m。

产东天山、东北天山、准噶尔阿拉套山、北天山、东南天山、中央天山、内天山。中国、哈萨克斯坦、吉尔吉斯斯坦、蒙古、俄罗斯；亚洲有分布。

饲料、药用。

（219）大苞滨藜 Atriplex centralasiatieca var. megalotheca（M. Pop.）G. L. Chu

一年生草本。生于山地砾石质荒漠、河岸、盐湖边、荒地。海拔 1 100 m 上下。

产东南天山、中央天山、内天山。中国、哈萨克斯坦；亚洲有分布。

饲料。

（220）箭苞滨藜（犁苞滨藜）Atriplex dimorphostegia Kar. et Kir. =*Atriplex dimorphostegia* var. *sagittiformis* Aell.

一年生草本。生于山地荒漠、平原荒漠、流动或半固定沙丘、农田边。海拔 500~2 800 m。

产东天山、东北天山、准噶尔阿拉套山、北天山、内天山。中国、哈萨克斯坦、乌兹别克斯坦、阿富汗、伊朗；亚洲有分布。

优质饲料、药用。

（221）野滨藜 Atriplex fera（L.）Bunge

一年生草本。生于山地荒漠草原、平原区盐渍化荒漠、农区、撂荒地、河和湖岸边、低洼潮湿地。海拔 500~1 500 m。

产东天山、东南天山。中国、蒙古、俄罗斯;亚洲有分布。

饲料、药用。

* (222) 锤果滨藜 **Atriplex flabellum Bunge ex Boiss.**

一年生草本。生于低山荒漠、盐碱化农田、草地。海拔 300~600 m。

产北天山、西天山、西南天山。哈萨克斯坦、吉尔吉斯斯坦、乌兹别克斯坦;亚洲有分布。

(223) 戟叶滨藜 **Atriplex hastata L.** = *Atriplex patula* L.

一年生草本。生于山谷湿地、盐化荒漠、河边、湖边、盐化草地、田边、路旁。海拔 300~1 000 m。

产东天山、东北天山、准噶尔阿拉套山、北天山。中国、哈萨克斯坦、蒙古、阿富汗、伊朗、印度、俄罗斯;亚洲、欧洲、非洲有分布。

植化原料(碳酸钾)、食用、饲料、药用、有毒。

(224) 光滨藜 **Atriplex laevis C. A. Mey.**

一年生草本。生于农田周边、盐化湿草甸。海拔 600~2 000 m。

产东天山、东北天山、北天山、中央天山、内天山。中国、哈萨克斯坦、吉尔吉斯斯坦、乌兹别克斯坦、土耳其、俄罗斯;亚洲有分布。

饲料。

(225) 异苞滨藜 **Atriplex micrantha C. A. Mey.**

一年生草本。生于干旱山坡、潮湿盐碱地、湖边。海拔 500~1 200 m。

产东天山、东北天山、准噶尔阿拉套山、北天山。中国、哈萨克斯坦、伊朗、叙利亚、俄罗斯;亚洲有分布。

饲料、药用。

* (226) 圆叶滨藜 **Atriplex moneta Bunge ex Boiss.**

一年生草本。生于沙漠、细石质黄土丘陵、石质山坡、第四纪沉积物、荒漠草原。海拔 200~600 m。

产西南天山、西天山。吉尔吉斯斯坦、乌兹别克斯坦;亚洲有分布。

(227) 草地滨藜 **Atriplex oblongifolia Waldst. et Kit.**

一年生草本。生于山地荒漠、平原荒漠、荒地。海拔 300~2 850 m。

产东天山、东北天山、准噶尔阿拉套山、北天山、东南天山、中央天山、内天山。中国、哈萨克斯坦、吉尔吉斯斯坦、阿富汗、俄罗斯;亚洲、欧洲有分布。

饲料、药用。

* (228) 短叶滨藜 **Atriplex ornata Iljin**

一年生草本。生于盐渍化草地、洪积扇、龟裂土荒漠。海拔 200~800 m。

产西天山、西南天山。吉尔吉斯斯坦、乌兹别克斯坦;亚洲有分布。

* (229) 帕米尔滨藜 **Atriplex pamirica Iljin** = *Atriplex tatarica* var. *pamirica* (Iljin) G. L. Chu

一年生草本。生于山地渠边、溪边、盐渍化草地、冰碛碎石堆。海拔 1 500~4 000 m。

产内天山。吉尔吉斯斯坦;亚洲有分布。

(230) 滨藜 **Atriplex patens (Litv.) Iljin**

一年生草本。生于山地潮湿盐碱地、平原区轻度盐化湿地、沙地。海拔 500~2 000 m。

产东天山、东北天山、北天山、东南天山、内天山。中国、哈萨克斯坦、吉尔吉斯斯坦、乌兹别克斯坦、俄罗斯;亚洲、欧洲有分布。

饲料、有毒。

*(231) 疏苇楠滨藜 **Atriplex schugnanica Iljin**

一年生草本。生于沙质山坡、细石质山麓平原、荒漠草原、阶地。海拔 500~2 700 m。

产西南天山。吉尔吉斯斯坦、乌兹别克斯坦、俄罗斯;亚洲有分布。

(232) 西伯利亚滨藜 **Atriplex sibirica L.**

一年生草本。生于山地荒漠、平原区盐化荒漠、农区、撂荒地、河边、湖岸边、沙地、固定沙丘。海拔 500~2 800 m。

产东天山、东北天山、准噶尔阿拉套山、北天山、东南天山、中央天山、内天山。中国、哈萨克斯坦、蒙古、俄罗斯;亚洲有分布。

药用、植化原料(碳酸钾)、饲料。

(233) 鞑靼滨藜 **Atriplex tatarica L.** = *Atriplex multicolora* Aell.

一年生草本。生于山地砾石质荒漠、草原化荒漠、盐碱化荒漠、沼泽地、盐化草甸、河和湖岸边。海拔 400~3 100 m。

产东天山、东北天山、准噶尔阿拉套山、北天山、中央天山、内天山。中国、哈萨克斯坦、吉尔吉斯斯坦、乌兹别克斯坦、蒙古、伊朗、土耳其、俄罗斯;亚洲、欧洲有分布。

食用、饲料、药用、植化原料(碳酸钾、维生素)。

*(234) 拜兰戈尔滨藜 **Atriplex thunbergiifolia (Boiss. et Noe) Boiss.** = *Atriplex belangeri* (Moq.) Moq.

一年生草本。生于杜加依林下、河边、撂荒地、山麓荒漠草原。海拔 300~700 m。

产内天山。吉尔吉斯斯坦、乌兹别克斯坦;亚洲有分布。

*(235) 土库曼滨藜 **Atriplex turcomanica (Moq.) Boiss.** = *Atriplex leucoclada* Boiss.

一年生草本。生于龟裂土荒漠、碎石质荒漠草地、盐渍化河谷。海拔 200~800 m。

产西天山、西南天山。吉尔吉斯斯坦、乌兹别克斯坦、土库曼斯坦;亚洲有分布。

(236) 疣苞滨藜 **Atriplex verrucifera Bieb.**

半灌木。生于山麓洪积-冲积扇、冲沟、盐碱化荒地、盐化草甸、固定沙丘、丘间低地。海拔 200~1 200 m。

产东北天山、准噶尔阿拉套山、北天山。中国、哈萨克斯坦、吉尔吉斯斯坦、乌兹别克斯坦、蒙古、伊朗、俄罗斯;亚洲、欧洲有分布。

饲料、药用、植化原料(碳酸钾)。

33. 角果藜属 Ceratocarpus L.

(237) 角果藜 **Ceratocarpus arenarius L.** = *Ceratocarpus utriculosus* Bluk. ex Krylov

一年生草本。生于低山丘陵、干旱山坡、山麓洪积扇、砾质荒漠、石质荒漠草地、撂荒地、沙地、固定和半固定沙丘。海拔 300~1 300 m。

产东天山、东北天山、准噶尔阿拉套山、北天山、中央天山、内天山、西天山、西南天山。中国、哈萨克斯坦、吉尔吉斯斯坦、乌兹别克斯坦、蒙古、伊朗、俄罗斯;亚洲、欧洲有分布。

饲料、药用、固沙、固土。

34. 沙蓬属 Agriophyllum Bieb.

（238）侧花沙蓬 **Agriophyllum lateriflorum**（Lam.）**Moq.**

一年生草本。生于半固定沙丘、沙地。海拔 400～1 800 m。

产东天山、东北天山。中国、哈萨克斯坦、乌兹别克斯坦、伊朗、俄罗斯；亚洲有分布。

食用、油料、饲料、药用、固沙。

（239）小沙蓬 **Agriophyllum minus Fisch. et C. A. Mey.**

一年生草本。生于平原荒漠。海拔 450～500 m。

产东北天山。中国、哈萨克斯坦、伊朗；亚洲有分布。

食用、油料、饲料、固沙。

（240）沙蓬 **Agriophyllum squarrosum**（L.）**Moq.**

一年生草本。生于流动与半固定沙丘、丘间沙地。海拔 500～1 100 m。

产东天山、东北天山、北天山、东南天山。中国、蒙古、俄罗斯；亚洲有分布。

食用、油料、药用、饲料、固沙。

35. 虫实属 Corispermum L.

（241）粗喙虫实 **Corispermum dutreuilii Iljin** = *Corispermum hilariae* Iljin

一年生草本。生于高山河谷沙滩、沙地。海拔 2 200～4 500 m。

产内天山。中国；亚洲有分布。

饲料。

（242）中亚虫实 **Corispermum heptapotamicum Iljin**

一年生草本。生于河漫滩、沙质荒漠、沙丘、沙地。海拔 300～1 200 m。

产东天山、东北天山、准噶尔阿拉套山、东南天山、中央天山、内天山。中国、哈萨克斯坦；亚洲有分布。

饲料、药用。

*（243）毛果虫实 **Corispermum korovinii Iljin**

一年生草本。生于荒漠化草原、砾石质沙地。海拔 250～500 m。

产准噶尔阿拉套山、北天山。哈萨克斯坦；亚洲有分布。

（244）倒拔针叶虫实 **Corispermum lehmannianum A. Bunge**

一年生草本。生于干河床、沙质荒漠、固定与半固定沙丘、沙地。海拔 500～1 500 m。

产东天山、东北天山、准噶尔阿拉套山、北天山、东南天山、中央天山、内天山。中国、哈萨克斯坦、阿富汗、伊朗；亚洲有分布。

饲料、药用、固沙。

（245）蒙古虫实 **Corispermum mongolicum Iljin**

一年生草本。生于沙化草原、沙质荒漠、固定沙丘。海拔 300～1 900 m。

产东天山、东北天山、东南天山。中国、哈萨克斯坦、蒙古、俄罗斯；亚洲有分布。

饲料。

（246）东方虫实 **Corispermum orientale Lam.**

一年生草本。生于山麓平原沙地、洪积扇边缘、山口阶地。海拔 200～2 100 m。

产西天山、内天山。中国、哈萨克斯坦、吉尔吉斯斯坦、乌兹别克斯坦、蒙古、俄罗斯;亚洲、欧洲有分布。

*(247) 毛虫实 **Corispermum piliferum Iljin**

一年生草本。生于山麓细石质荒漠草地、河流阶地。海拔 400～1 800 m。

产西天山。吉尔吉斯斯坦、乌兹别克斯坦、俄罗斯;亚洲有分布。

36. 腺毛藜属 Dysphania R. Br.

(248) 刺藜 **Dysphania aristata（L.）Mosyakin et Clemants** = *Chenopodium aristatum* L.

一年生草本。生于山地干旱山坡、山地草原、平原农田边、芨芨草草甸。海拔 500～2 200 m。

产东天山、东北天山、准噶尔阿拉套山、北天山、东南天山、中央天山、西天山、西南天山。中国、哈萨克斯坦、吉尔吉斯斯坦、乌兹别克斯坦、俄罗斯;亚洲、欧洲有分布。

药用、饲料。

(249) 香藜 **Dysphania botrys（L.）Mosyakin et Clemants** = *Chenopodium botrys* L.

一年生草本。生于山间谷地、干旱山坡、荒漠草原、沙砾质荒漠、河岸、田边、撂荒地。海拔 400～1 900 m。

产东天山、东北天山、准噶尔阿拉套山、北天山、东南天山、中央天山、内天山、西天山、西南天山。中国、哈萨克斯坦、吉尔吉斯斯坦、乌兹别克斯坦、蒙古、伊朗、俄罗斯;亚洲有分布。

药用、杀虫、饲料。

37. 藜属 Chenopodium L.

(250) 尖头叶藜 **Chenopodium acuminatum Willd.**

一年生草本。生于干旱山坡、荒漠草原、农田边、沙质荒漠、沙丘、沙地。海拔 500～1 900 m。

产东天山、东北天山、准噶尔阿拉套山、北天山、东南天山、内天山。中国、哈萨克斯坦、吉尔吉斯斯坦、日本、朝鲜、蒙古、俄罗斯;亚洲有分布。

药用。

(251) 藜 **Chenopodium album L.**

一年生草本。生于山地草甸、山地河谷、河漫滩、山地草原、山麓洪积扇、冲沟、田间田边、水渠边、村落周边、荒地。海拔 300～3 800 m。

产东天山、东北天山、准噶尔阿拉套山、北天山、东南天山、中央天山、内天山、西天山、西南天山。中国、哈萨克斯坦、吉尔吉斯斯坦、乌兹别克斯坦、伊朗、俄罗斯;全球温带和热带均有分布。

食用、油料、药用、染料、饲料、杀虫、蜜源。

(252) 合被藜 **Chenopodium chenopodioides（L.）Aellen**

一年生草本。生于山间谷地、盐化荒地、农田边、沙地。海拔 500～1 400 m。

产东天山、东北天山、准噶尔阿拉套山、北天山、西天山、西南天山。中国、哈萨克斯坦、吉尔吉斯斯坦、乌兹别克斯坦、蒙古、俄罗斯;亚洲、欧洲、非洲、美洲有分布。

饲料、药用。

(253) 小藜 **Chenopodium ficifolium Smith** = *Chenopodium serotinum* L.

一年生草本。生于山谷草地、水边、村落周边、荒地、田间。海拔 300～1 800 m。

产东天山、东北天山、准噶尔阿拉套山、北天山、东南天山、西天山、西南天山。中国、哈萨克斯

45

坦、吉尔吉斯斯坦、乌兹别克斯坦、伊朗、俄罗斯;亚洲、欧洲有分布。

药用、食用。

(254) 球花藜 Chenopodium foliosum (Moench) Ascherson = *Blitum virgatum* L.

一年生草本。生于山地草甸、山地林缘、林间草地、河谷、湿地、河漫滩、干旱山坡。海拔 1 100~2 900 m。

产东天山、东北天山、准噶尔阿拉套山、北天山、东南天山、中央天山、内天山、西天山、西南天山。中国、哈萨克斯坦、吉尔吉斯斯坦、乌兹别克斯坦、俄罗斯;亚洲、欧洲、非洲有分布。

食用、药用、染料。

(255) 灰绿藜 Chenopodium glaucum L.

一年生草本。生于山间谷地、平原荒漠、农田边、沟渠旁。海拔 190~1 400 m。

产东天山、东北天山、准噶尔阿拉套山、北天山、东南天山、中央天山、内天山、西天山、西南天山。中国、哈萨克斯坦、吉尔吉斯斯坦、乌兹别克斯坦、俄罗斯;全球温带地区广泛分布。

饲料、药用、植化原料(皂角、钾盐)。

(256) 杂配藜 Chenopodium hybridum L.

一年生草本。生于高山和亚高山草甸、山地林下、林缘、灌丛、路边、水边、田间。海拔 190~2 600 m。

产东天山、东北天山、准噶尔阿拉套山、北天山、东南天山、中央天山、内天山、西天山、西南天山。中国、哈萨克斯坦、吉尔吉斯斯坦、乌兹别克斯坦、日本、朝鲜、蒙古、印度、俄罗斯;亚洲、欧洲、美洲有分布。

药用、有毒。

(257) 小白藜 Chenopodium iljinii Golosk.

一年生草本。生于山地河谷阶地、林下草地、干旱山坡草地。海拔 800~2 700 m。

产东天山、东北天山、准噶尔阿拉套山、北天山、东南天山、内天山。中国、哈萨克斯坦、俄罗斯;亚洲有分布。

中国特有成分。饲料、药用。

*(258) 岩藜 Chenopodium murale L.

一年生草本。生于山麓平原、盐化农田。海拔 900~1 600 m。

产北天山、西南天山。哈萨克斯坦、吉尔吉斯斯坦、乌兹别克斯坦;亚洲有分布。

*(259) 帕米尔藜 Chenopodium pamiricum Iljin.

一年生草本。生于高山和亚高山草甸。海拔 3 000~4 500 m。

产北天山、西天山、西南天山。吉尔吉斯斯坦、乌兹别克斯坦;亚洲有分布。

(260) 平卧藜 Chenopodium prostratum Bunge ex Herder

一年生草本。生于山地沟谷、干旱坡地、村落周边、田边、荒地。海拔 1 500~2 500 m。

产东天山、东南天山、北天山、内天山、西天山、西南天山。中国、哈萨克斯坦、吉尔吉斯斯坦、乌兹别克斯坦、蒙古、俄罗斯;亚洲有分布。

饲料、药用。

（261）红叶藜 **Chenopodium rubrum L.**

一年生草本。生于农田边、河边、水渠边、村落周边、盐化荒地、沙砾质戈壁。海拔 500 ~ 1 000 m。

产东天山、东北天山、准噶尔阿拉套山、北天山、东南天山、西天山、西南天山。中国、哈萨克斯坦、吉尔吉斯斯坦、乌兹别克斯坦、俄罗斯；亚洲、欧洲、美洲有分布。

饲料、食用、药用。

（262）圆头藜 **Chenopodium strictum Roth**

一年生草本。生于山间谷地、河岸、路边、平原荒漠。海拔 900 ~ 2 000 m。

产东天山、东南天山、北天山、中央天山、内天山、西天山、西南天山。中国、哈萨克斯坦、吉尔吉斯斯坦、乌兹别克斯坦、伊朗、俄罗斯；亚洲、欧洲有分布。

食用、药用、饲料。

（263）市藜 **Chenopodium urbicum L.**

一年生草本。生于山地沟谷、农田边、村落周边、平原荒漠、荒地。海拔 400 ~ 1 700 m。

产东天山、东北天山、准噶尔阿拉套山、北天山、东南天山、内天山。中国、哈萨克斯坦、吉尔吉斯斯坦、乌兹别克斯坦、俄罗斯；亚洲、欧洲有分布。

食用、药用、饲料。

*（264）臭藜 **Chenopodium vulvaria L.**

多年生草本。生于高山石质山坡、低山干旱坡地。海拔 800 ~ 3 000 m。

产北天山、西天山。哈萨克斯坦、吉尔吉斯斯坦、乌兹别克斯坦；亚洲有分布。

38. 地肤属 Kochia Roth

（265）毛花地肤 **Kochia laniflora（S. G. Gmel.）Borb.**

一年生草本。生于山地草原、河滩沙地、荒漠。海拔 350 ~ 1 500 m。

产东北天山、准噶尔阿拉套山。中国、哈萨克斯坦、蒙古、俄罗斯；亚洲、欧洲有分布。

优良饲料。

（266）黑翅地肤 **Kochia melanoptera Bunge**

一年生草本。生于山坡草地、荒地。海拔 500 ~ 2 700 m。

产内天山、北天山、西天山、西南天山。中国、哈萨克斯坦、吉尔吉斯斯坦、乌兹别克斯坦、蒙古、俄罗斯；亚洲有分布。

饲料、药用。

（267）尖翅地肤 **Kochia odontoptera Schrenk**

一年生草本。生于山地河谷阶地、山麓洪积扇、冲沟、平原荒漠、河岸阶地、沙地、沙丘。海拔 200 ~ 1 900 m。

产东天山、东北天山、准噶尔阿拉套山、北天山、东南天山、中央天山、西天山、西南天山。中国、哈萨克斯坦、吉尔吉斯斯坦、乌兹别克斯坦、阿富汗、伊朗；亚洲有分布。

饲料。

（268）木地肤 **Kochia prostrata（L.）Schrad**

半灌木。生于山谷干旱山坡、石质山坡、低山丘陵、荒漠草原、山麓洪积扇、沙砾质荒漠、沙地、固定沙丘、撂荒地、河漫滩、渠边。海拔 200 ~ 2 700 m。

产东天山、东北天山、准噶尔阿拉套山、北天山、东南天山、中央天山、内天山、西天山、西南天山。中国、哈萨克斯坦、吉尔吉斯斯坦、乌兹别克斯坦、蒙古、伊朗、土耳其、俄罗斯;亚洲、欧洲有分布。
饲料、染料、药用、染料、杀虫、蜜源。

(269) 密毛木地肤 **Kochia prostrata var. villosissima Bong. et Mey.**
半灌木。生于干旱山坡、山麓荒漠、沙地。海拔 1 000~1 100 m。
产东天山、东北天山、准噶尔阿拉套山、内天山。中国;亚洲有分布。
中国特有成分。优良饲料。

(270) 地肤 **Kochia scoparia（L.）Schrad.**
一年生草本。生于山地河谷林下、山间谷地、山麓洪积扇、荒地、渠边、农田边。海拔 350~1 800 m。
产东天山、东北天山、准噶尔阿拉套山、北天山、东南天山、中央天山、内天山、西天山、西南天山。中国、哈萨克斯坦、吉尔吉斯斯坦、乌兹别克斯坦、蒙古、俄罗斯;亚洲、欧洲有分布。
药用、食用、油料、饲料、燃料、纤维、观赏。

＊(271) 天山地肤 **Kochia tianschanica Pavlov ex Iljin**
多年生草本。生于亚高山草甸、山地草原、山麓荒漠。海拔 700~2 800 m。
产北天山、西天山、西南天山。哈萨克斯坦、吉尔吉斯斯坦、乌兹别克斯坦;亚洲有分布。
饲料。

39. 雾冰藜属 Bassia All.（Grubovia Freitag et G. Kadereit）

(272) 雾冰藜 **Bassia dasyphylla（Fisch. et C. A. Mey.）O. Kuntze**
一年生草本。生于干旱山坡、河漫滩、山麓洪积扇、砾质荒漠、湖边盐化荒漠、撂荒地、沙地、固定和半固定沙丘。海拔 400~3 000 m。
产东天山、东北天山、准噶尔阿拉套山、北天山、东南天山、中央天山、内天山、西天山、西南天山。中国、乌兹别克斯坦、蒙古、俄罗斯;亚洲有分布。
药用、饲料。

＊(273) 硬毛雾冰藜 **Bassia hirsuta（L.）Ascherson**
一年生草本。生于平原盐渍化沙地。海拔 300~500 m。
产准噶尔阿拉套山。哈萨克斯坦、俄罗斯;亚洲、欧洲有分布。

(274) 钩刺雾冰藜 **Bassia hyssopifolia（Pall.）O. Kuntze**
一年生草本。生于干旱山坡、山麓洪积扇、砾质荒漠、河漫滩、河边、盐化荒漠、撂荒地、沙地。海拔 400~2 000 m。
产东天山、东北天山、准噶尔阿拉套山、北天山、东南天山、中央天山、内天山、西天山、西南天山。中国、哈萨克斯坦、吉尔吉斯斯坦、乌兹别克斯坦、蒙古、伊朗、俄罗斯;亚洲、欧洲有分布。
饲料、药用。

(275) 肉叶雾冰藜 **Bassia sedoides（Pall.）Aschers.**
一年生草本。生于盐化草甸、盐化荒漠、沙地。海拔 300~1 600 m。
产东天山、东北天山、准噶尔阿拉套山、中央天山。中国、哈萨克斯坦、蒙古、俄罗斯;亚洲、欧洲有分布。
饲料、植化原料（碳酸盐）。

40. 兜藜属 Panderia Fisch. et Mey.

（276）兜藜 **Panderia turkestanica Iljin**

一年生草本。生于低山荒漠、平原荒漠、疏松盐土、沙质黏土、沙地。海拔400~1 200 m。

产东天山、东北天山、准噶尔阿拉套山、北天山、西天山、西南天山。中国、哈萨克斯坦、吉尔吉斯斯坦、乌兹别克斯坦、俄罗斯;亚洲有分布。

饲料、药用。

41. 樟味藜属 Camphorosma L.

（277）樟味藜 **Camphorosma monspeliaca L.**

半灌木。生于干旱山坡、平原荒漠、盐化草甸、荒地、沙丘。海拔200~1 500 m。

产东天山、东北天山、准噶尔阿拉套山、北天山、西天山、西南天山。中国、哈萨克斯坦、吉尔吉斯斯坦、乌兹别克斯坦、蒙古、伊朗、俄罗斯;亚洲、欧洲有分布。

饲料、药用。

（278）同齿樟味藜 **Camphorosma monspeliaca subsp. lessingii（Litv.）Aellen**=*Camphorosma lessingii* Litv.

半灌木。生于干旱山坡、山麓洪积扇、砾质荒漠、河谷、盐土荒漠、平原荒漠、荒地。海拔400~1 700 m。

产东天山、东北天山、准噶尔阿拉套山、北天山。中国、哈萨克斯坦、蒙古、伊朗、俄罗斯;亚洲有分布。

药用、饲料。

42. 绒藜属 Londesia Fisch. et Mey.

（279）绒藜 **Londesia eriantha Fisch. et Mey.**

一年生草本。生于砾质干山坡、龟裂地、沙地。海拔400~1 500 m。

产东北天山、西天山。中国、乌兹别克斯坦、蒙古;亚洲有分布。

单种属植物。饲料。

43. 棉藜属 Kirilowia Bunge

（280）棉藜 **Kirilowia eriantha Bunge**

一年生草本。生于干旱山坡、沙砾质荒漠、荒地、沙地。海拔800~1 500 m。

产东天山、东北天山、准噶尔阿拉套山、北天山、西天山、西南天山。中国、哈萨克斯坦、吉尔吉斯斯坦、乌兹别克斯坦;亚洲有分布。

单种属植物。饲料、药用。

44. 异子蓬属 Borszczowia Bunge

（281）异子蓬 **Borszczowia aralocaspica Bunge**

一年生草本。生于盐化荒漠及丘间低地。海拔350~500 m。

产东北天山、准噶尔阿拉套山、北天山、西天山。中国、哈萨克斯坦、吉尔吉斯斯坦、乌兹别克斯坦;亚洲有分布。

单种属植物。饲料。

45. 碱蓬属 Suaeda Forssk. ex J. F. Gmel.

(282) 刺毛碱蓬 **Suaeda acuminata**（C. A. Mey.）Moq.

一年生草本。生于低山荒坡、盐化草甸、盐湖边、强盐化荒漠、沙地。海拔190~1 900 m。

产东天山、东北天山、准噶尔阿拉套山、北天山、中央天山、内天山、西天山、西南天山。中国、哈萨克斯坦、吉尔吉斯斯坦、乌兹别克斯坦、蒙古、俄罗斯；亚洲有分布。

饲料、药用。

(283) 高碱蓬 **Suaeda altissima**（L.）Pall.

一年生草本。生于山地河谷沿岸、湖边、沼泽地、盐化草甸、盐化荒漠、撂荒地。海拔420~1 700 m。

产东天山、东北天山、准噶尔阿拉套山、北天山、东南天山、西天山、西南天山。中国、哈萨克斯坦、吉尔吉斯斯坦、乌兹别克斯坦、蒙古、俄罗斯；亚洲、欧洲、美洲有分布。

油料、植化原料(碳酸盐)、饲料、药用。

(284) 五蕊碱蓬 **Suaeda arcuata** Bunge

一年生草本。生于柽柳灌丛下。海拔1 700~2 100 m。

产内天山。中国、哈萨克斯坦、吉尔吉斯斯坦、乌兹别克斯坦；亚洲有分布。

饲料。

(285) 角果碱蓬 **Suaeda corniculata**（C. A. Mey.）Bunge

一年生草本。生于盐碱化荒漠、湖边、河滩、沙丘丘间低地。海拔450~1 900 m。

产东天山、东北天山、准噶尔阿拉套山。中国、哈萨克斯坦、蒙古、俄罗斯；亚洲、欧洲有分布。

饲料。

(286) 镰叶碱蓬 **Suaeda crassifolia** Pall.

一年生草本。生于盐碱化荒漠、湖边、河滩。海拔0~1 200 m。

产东天山、东北天山、东南天山、中央天山、西南天山。中国、乌兹别克斯坦、伊朗、俄罗斯；亚洲、欧洲有分布。

饲料。

(287) 木碱蓬 **Suaeda dendroides**（C. A. Mey.）Moq.

半灌木。生于石质山坡、平原荒漠、盐碱地。海拔300~1820 m。

产东天山、东北天山、准噶尔阿拉套山、北天山、东南天山。中国、哈萨克斯坦、伊朗、俄罗斯；亚洲、欧洲有分布。

饲料、药用。

(288) 碱蓬 **Suaeda glauca**（Bunge）Bunge

一年生草本。生于低山河谷、湖边、渠边、农田边、盐土荒漠、湿沙地。海拔190~1 200 m。

产东天山、东北天山、准噶尔阿拉套山、北天山、东南天山。中国、日本、朝鲜、蒙古、俄罗斯；亚洲有分布。

油料、食用、植化原料(钾盐)、药用、饲料。

(289) 盘果碱蓬 **Suaeda heterophylla**（Kar. et Kir.）Bunge

一年生草本。生于盐碱化荒漠、湖边、河滩、沙丘丘间低地、田边。海拔400~1 900 m。

产东天山、东北天山、准噶尔阿拉套山、东南天山、中央天山、内天山、西天山、西南天山。中国、哈萨克斯坦、吉尔吉斯斯坦、乌兹别克斯坦、蒙古、伊朗、俄罗斯;亚洲、欧洲有分布。

饲料。

(290) 肥叶碱蓬 **Suaeda kossinskyi Iljin** = *Bienertia kossinskyi*（Iljin）N. N. Tzvelev

一年生草本。生于潮湿盐碱地、盐化沙地。海拔 800~1 300 m。

产东天山、东南天山。中国、哈萨克斯坦、俄罗斯;亚洲、欧洲有分布。

饲料。

(291) 亚麻叶碱蓬 **Suaeda linifolia Pall.**

一年生草本。生于山地草原、盐土荒漠、盐化沙地。海拔 600~1 600 m。

产东天山、东北天山、北天山、东南天山、西天山、西南天山。中国、哈萨克斯坦、吉尔吉斯斯坦、乌兹别克斯坦、俄罗斯;亚洲、欧洲有分布。

饲料、药用。

(292) 小叶碱蓬 **Suaeda microphylla**（C. A. Mey.）**Pall.**

半灌木。生于砾质荒漠、盐化荒漠、河谷阶地、湖边、撂荒地、固定沙丘。海拔 280~1 500 m。

产东天山、东北天山、准噶尔阿拉套山、北天山、中央天山、西天山、西南天山。中国、哈萨克斯坦、吉尔吉斯斯坦、乌兹别克斯坦、阿富汗、伊朗、土耳其、俄罗斯;亚洲、欧洲有分布。

饲料、药用、植化原料(碳酸盐)。

*(293) 小果碱蓬 **Suaeda microsperma**（C. A. Mey.）**Fenzl**

一年生草本。生于盐渍化草甸、灰色黏质土荒漠、河漫滩。海拔 200~800 m。

产西南天山。吉尔吉斯斯坦、乌兹别克斯坦;亚洲有分布。

*(294) 卵叶碱蓬 **Suaeda olufsenii Paulsen**

一年生草本。生于高山和亚高山草甸、沼泽化草甸、河滩沼泽地。海拔 3 700~4 100 m。

产北天山、西天山、西南天山。哈萨克斯坦、吉尔吉斯斯坦、乌兹别克斯坦;亚洲有分布。

(295) 奇异碱蓬 **Suaeda paradoxa Bunge**

一年生草本。生于沟渠边、路边、荒地、潮湿盐碱地。海拔 600~1 200 m。

产东天山、东北天山、准噶尔阿拉套山、北天山、东南天山、中央天山、内天山、西天山、西南天山。中国、哈萨克斯坦、吉尔吉斯斯坦、乌兹别克斯坦;亚洲有分布。

饲料、药用。

(296) 囊果碱蓬 **Suaeda physophora Pall.**

半灌木。生于山麓洪积扇盐化荒漠、平原盐化荒漠。海拔 500~1 000 m。

产东天山、东北天山、北天山、西天山、西南天山。中国、哈萨克斯坦、吉尔吉斯斯坦、乌兹别克斯坦、俄罗斯;亚洲、欧洲有分布。

饲料、药用、植化原料(碳酸盐、肥皂)。

(297) 平卧碱蓬 **Suaeda prostrata Pall.**

一年生草本。生于强盐碱化荒漠、湖周边盐碱地。海拔 200~3 200 m。

产东天山、东北天山、准噶尔阿拉套山、内天山。中国、哈萨克斯坦、蒙古、俄罗斯;亚洲、欧洲有分布。

饲料、植化原料(碳酸盐)。

（298）纵翅碱蓬 Suaeda pterantha（Kar. et Kir.）Bunge

一年生草本。生于山谷潮湿地、干旱山坡、平原荒漠。海拔 500~1 700 m。

产东天山、东北天山、准噶尔阿拉套山、北天山、中央天山。中国、哈萨克斯坦、俄罗斯；亚洲有分布。

饲料、药用。

（299）硬枝碱蓬 Suaeda rigida H. S. Kung et G. L. Chu

一年生草本。生于荒漠河岸胡杨林下。海拔 1 170 m 上下。

产东南天山、中央天山、内天山。中国；亚洲有分布。

中国特有成分。饲料。

（300）盐地碱蓬 Suaeda salsa（L.）Pall.

一年生草本。生于盐碱化荒漠、河岸、湖边。海拔 500~2 000 m。

产东天山、东北天山、准噶尔阿拉套山、东南天山、中央天山。中国、哈萨克斯坦、俄罗斯；亚洲、欧洲有分布。

食用、油料、植化原料(碳酸盐)、饲料、药用、酿酒。

（301）星花碱蓬 Suaeda stellatiflora G. L. Chu

一年生草本。生于盐碱化荒漠、盐化草甸、湖边、河边、田边、沙丘丘间低地。海拔 500~1 200 m。

产东北天山、北天山、东南天山、中央天山、内天山。中国；亚洲有分布。

中国特有成分。饲料、药用。

46. 对节刺属 Horaninovia Fisch et Mey.

（302）弓叶对节刺 Horaninovia minor Schrenk

一年生草本。生于沙丘、丘间盐化沙地。海拔 450~1 900 m。

产东天山、东北天山、北天山。中国、哈萨克斯坦、俄罗斯；亚洲有分布。

饲料。

（303）对节刺 Horaninovia ulicina Fisch et C. A. Mey.

一年生草本。生于平原荒漠、沙丘、沙地。海拔 450~1 900 m。

产东天山、东北天山、准噶尔阿拉套山、北天山。中国、哈萨克斯坦、伊朗、俄罗斯；亚洲有分布。

饲料、药用。

47. 梭梭属 Haloxylon Bunge

（304）梭梭 Haloxylon ammodendron（C. A. Mey.）Bge. ex Fenzl = *Haloxylon aphyllum*（Minkw.）Iljin.

落叶小乔木。生于山麓洪积扇、沙砾质荒漠、洪积-冲积平原、沙地、固定和半固定沙丘。海拔 350~2 100 m。

产东天山、东北天山、准噶尔阿拉套山、北天山、东南天山、中央天山、内天山、西天山、西南天山。中国、哈萨克斯坦、乌兹别克斯坦、俄罗斯；亚洲有分布。

固沙、燃料、植化原料(碳酸盐)、饲料、药用。

（305）白梭梭 Haloxylon persicum Bunge

落叶小乔木。生于盐碱地、固定沙丘、半固定沙丘、流动沙丘。海拔 300~1 700 m。

产东天山、东北天山、准噶尔阿拉套山、北天山、西天山、西南天山。中国、哈萨克斯坦、吉尔吉斯斯坦、乌兹别克斯坦、阿富汗、伊朗；亚洲有分布。

固沙、燃料、植化原料（碳酸盐）、饲料、药用。

48. 节节木属 Arthrophytum Schrenk

（306）鳞叶节节木 Arthrophytum balchaschense（Iljin）Botsch.

半灌木。生于低山丘陵、砾质荒漠。海拔 1 300 m 上下。

产北天山、东南天山。中国、哈萨克斯坦、吉尔吉斯斯坦；亚洲有分布。

饲料。

（307）长枝节节木 Arthrophytum iliense Iljin

半灌木。生于山麓干旱坡地。海拔 980 m 上下。

产东北天山、北天山、中央天山。中国、哈萨克斯坦、吉尔吉斯斯坦；亚洲有分布。

饲料。

*（308）克罗文节节木 Arthrophytum korovinii Botsch.

半灌木。生于石质土地、荒漠草原。海拔 300～1 500 m。

产北天山。哈萨克斯坦；亚洲有分布。

（309）长叶节节木 Arthrophytum longibracteatum Korovin

半灌木。生于低山干旱坡地、山麓洪积扇。海拔 600～1 550 m。

产东天山、东北天山、中央天山。中国、哈萨克斯坦；亚洲有分布。

饲料。

*（310）疏叶节节木 Arthrophytum subulifolium Schrenk

半灌木。生于低山丘陵、平原石质沙地。海拔 1 200～2 400 m。

产北天山。哈萨克斯坦、乌兹别克斯坦；亚洲有分布。

饲料。

49. 假木贼属 Anabasis L.

（311）无叶假木贼 Anabasis aphylla L.

小半灌木。生于低山干旱山坡、山麓洪积扇、砾质荒漠、平原区盐化荒漠。海拔 200～2 000 m。

产东天山、东北天山、准噶尔阿拉套山、北天山、东南天山、中央天山、内天山、西天山。中国、哈萨克斯坦、吉尔吉斯斯坦、乌兹别克斯坦、伊朗、俄罗斯；亚洲、欧洲有分布。

有毒、药用、植化原料（生物碱、碳酸盐）、饲料。

*（312）卡拉库姆假木贼 Anabasis brachiata Fisch. et C. A. Mey. ex Kar. et Kir.

半灌木。生于石膏荒漠、细石质坡地、杜加依林下、石灰岩丘陵。海拔 200～800 m。

产西天山、西南天山。吉尔吉斯斯坦、乌兹别克斯坦、俄罗斯；亚洲有分布。

（313）短叶假木贼 Anabasis brevifolia C. A. Mey.

小半灌木。生于山间谷地、草原化荒漠、低山丘陵、山麓洪积扇荒漠。海拔 300～2 700 m。

产东天山、东北天山、准噶尔阿拉套山、东南天山、中央天山、内天山。中国、哈萨克斯坦、俄罗斯；亚洲有分布。

饲料、药用、有毒。

（314）白垩假木贼 **Anabasis cretacea** Pall.

小半灌木。生于低山砾质荒漠、山麓洪积扇荒漠。海拔 500~1 600 m。

产东天山、东北天山、准噶尔阿拉套山、东南天山、中央天山。中国、哈萨克斯坦、俄罗斯；亚洲、欧洲有分布。

饲料、药用。

（315）高枝假木贼 **Anabasis elatior**（C. A. Mey.）Schischk.

半灌木。生于干旱山坡、山麓洪积扇、砾质荒漠、平原荒漠、撂荒地。海拔 400~1 200 m。

产东天山、东北天山、准噶尔阿拉套山、北天山。中国、哈萨克斯坦、蒙古；亚洲有分布。

饲料、药用。

（316）毛足假木贼 **Anabasis eriopoda**（Schrenk）Benth. ex Volkens

小半灌木。生于干旱山坡、砾质荒漠。海拔 200~1 500 m。

产东天山、东北天山、准噶尔阿拉套山。中国、哈萨克斯坦、蒙古；亚洲有分布。

饲料、有毒、植化原料（碳酸盐）。

＊（317）费尔干纳假木贼 **Anabasis ferganica** Drobov

半灌木。生于黏土质荒漠、山麓平原、河流阶地。海拔 300~800 m。

产西天山。乌兹别克斯坦；亚洲有分布。

＊（318）石膏土假木贼 **Anabasis gypsicola** Iljin

灌木。生于石灰质细黏土荒漠。海拔 600~1 900 m。

产西天山。哈萨克斯坦、吉尔吉斯斯坦、乌兹别克斯坦；亚洲有分布。

＊（319）锡尔河假木贼 **Anabasis jaxartica**（Bunge）Benth. ex Iljin

灌木。生于低山干旱阳坡、山麓洪积-冲积扇。海拔 900~2 300 m。

产准噶尔阿拉套山、西天山。哈萨克斯坦、乌兹别克斯坦；亚洲有分布。

（320）粗糙假木贼 **Anabasis pelliotii** Danguy

小半灌木。生于山地干旱坡地。海拔 1 750~3 000 m。

产东天山、内天山。中国、乌兹别克斯坦；亚洲有分布。

饲料。

（321）盐生假木贼 **Anabasis salsa**（C. A. Mey.）Benth. ex Volkens

小半灌木。生于山间台地、河谷阶地、山麓洪积扇、砾质荒漠、平原区盐化荒漠。海拔 300~2 000 m。

产东天山、东北天山、准噶尔阿拉套山、北天山、西天山、西南天山。中国、哈萨克斯坦、吉尔吉斯斯坦、乌兹别克斯坦、蒙古、俄罗斯；亚洲有分布。

饲料、药用。

＊（322）天山假木贼 **Anabasis tianschanica** Botsch. =*Anabasis cretacea* Pall.

多年生草本。生于山麓平原石质荒漠、洪积扇。海拔 600~2 100 m。

产中央天山、西天山、内天山。哈萨克斯坦、吉尔吉斯斯坦、乌兹别克斯坦；亚洲有分布。

（323）展枝假木贼 **Anabasis truncata**（Schrenk）Bunge

小半灌木。生于低山阳坡砾质荒漠、草原化荒漠、山麓洪积-冲积扇。海拔 500~2 100 m。

产东天山、东北天山、准噶尔阿拉套山、东南天山、中央天山。中国、哈萨克斯坦;亚洲有分布。

饲料、药用、杀虫。

* (324) 土耳其假木贼 **Anabasis turkestanica Korovin ex Korovin et Iljin** = *Anabasis turkestanica* Korov. et Iljin

　　半灌木。生于龟裂土荒漠、盐渍化草地、黏土质和细土质荒漠、荒漠草原。海拔 300~2 100 m。

　　产西天山、西南天山、内天山。吉尔吉斯斯坦、乌兹别克斯坦;亚洲有分布。

50. 对叶盐蓬属 Girgensohnia Bunge

* (325) 翅果盐蓬 **Girgensohnia diptera Bunge**

　　一年生草本。生于山地盐化黏土荒漠。海拔 1 200~2 600 m。

　　产西南天山。乌兹别克斯坦;亚洲有分布。

　　乌兹别克斯坦特有成分。

(326) 对叶盐蓬 **Girgensohnia oppositiflora** (Pall.) Fenzl

　　一年生草本。生于干旱山坡荒漠草原、山麓洪积扇砾质荒漠、撂荒地。海拔 500~1 200 m。

　　产东天山、东北天山、准噶尔阿拉套山、北天山、西天山。中国、哈萨克斯坦、吉尔吉斯斯坦、乌兹别克斯坦、伊朗;亚洲有分布。

　　饲料。

51. 合头草属 Sympegma Bunge

(327) 合头草 **Sympegma regelii Bunge**

　　半灌木。生于山地干旱荒漠、山麓洪积扇砾质荒漠、盐化荒漠。海拔 200~2 900 m。

　　产东天山、东北天山、准噶尔阿拉套山、北天山、东南天山、中央天山、内天山、西天山、西南天山。中国、哈萨克斯坦、吉尔吉斯斯坦、乌兹别克斯坦、蒙古;亚洲有分布。

　　优良饲料、药用、环境保护(固沙)。

52. 盐生草属 Halogeton C. A. Mey.

(328) 白茎盐生草 **Halogeton arachnoideus Moq.** = *Micropeplis arachnoidea* (Moq.) Bunge

　　一年生草本。生于碎石堆、岩石峭壁、河谷阶地、河滩、砾质荒漠、龟裂土荒漠、荒地、沙地、沙丘。海拔 200~2 100 m。

　　产东天山、东北天山、准噶尔阿拉套山、北天山、东南天山、中央天山、内天山、西天山、西南天山。中国、哈萨克斯坦、吉尔吉斯斯坦、乌兹别克斯坦、蒙古、俄罗斯;亚洲有分布。

　　植化原料(碱)、饲料、药用。

(329) 盐生草 **Halogeton glomeratus** (Stephan et Bieb.) C. A. Mey.

　　一年生草本。生于山间谷地、山麓洪积-冲积扇、砾质戈壁、平原沙砾质荒漠。海拔 200~3 300 m。

　　产东天山、东北天山、准噶尔阿拉套山、北天山、东南天山、中央天山、内天山、西天山。中国、哈萨克斯坦、吉尔吉斯斯坦、蒙古、俄罗斯;亚洲、欧洲有分布。

　　药用、饲料、有毒。

(330) 西藏盐生草 **Halogeton tibeticus Bunge** = *Halogeton glomeratus* var. *tibeticus* (Bunge) Grubov

　　一年生草本。生于开阔谷地、山麓洪积-冲积扇、平原沙砾质荒漠、荒地。海拔 0~2 100 m。

　　产东天山、东北天山、准噶尔阿拉套山、北天山、东南天山、中央天山、内天山。中国、哈萨克斯

坦、吉尔吉斯斯坦、乌兹别克斯坦;亚洲有分布。

饲料、药用。

53. 戈壁藜属 Iljinia Korov.

（331）戈壁藜 **Iljinia regelii（Bunge）Korov.** = *Haloxylon regelii* Bunge

半灌木。生于干旱山坡、山麓洪积扇、砾质荒漠、河漫滩沙地、盐化荒漠。海拔 400~1 600 m。

产东天山、东北天山、准噶尔阿拉套山、北天山、东南天山、中央天山、内天山、西天山、西南天山。中国、哈萨克斯坦、吉尔吉斯斯坦、乌兹别克斯坦、蒙古;亚洲有分布。

饲料、药用。

54. 新疆藜属 Halothamnus Jaub. et Spach（Aellenia Ulbr.）

*（332）大耳硬苞藜 **Halothamnus auriculus（Moq.）Botsch.**

半灌木。生于山地荒漠草原、石膏质盐渍化荒漠、山麓平原荒漠草地。海拔 200~1 900 m。

产西天山、内天山。吉尔吉斯斯坦、乌兹别克斯坦;亚洲有分布。

（333）新疆藜 **Halothamnus glaucus（M. Bieb.）Botsch** = *Aellenia glauca*（M. Bieb.）Aell.

半灌木。生于山麓沼泽化沙地、盐渍化沙地。海拔 300~1 800 m。

产东北天山、北天山。中国、哈萨克斯坦、乌兹别克斯坦、伊朗、土耳其、俄罗斯;亚洲有分布。

*（334）草本新疆藜 **Halothamnus iliensis（Lipsky）Botsch.** = *Aellenia iliensis*（Lipsky.）Aell.

一年生草本。生于荒漠化草原、山麓盐碱地。海拔 500~1 000 m。

产北天山、西南天山。哈萨克斯坦、乌兹别克斯坦;亚洲有分布。

*（335）小叶新疆藜 **Halothamnus subaphyllus（C. A. Mey.）Botsch.**

半灌木。生于石膏质荒漠、细土质山麓平原荒漠、盐渍化草地、龟裂土荒漠。海拔 200~2 100 m。

产北天山、西南天山。哈萨克斯坦、吉尔吉斯斯坦;亚洲有分布。

55. 猪毛菜属（碱猪毛菜属）Salsola L.

（336）蒿叶猪毛菜 **Salsola abrotanoides Bunge** = *Oreosalsola abrotanoides*（Bunge）Akhani

半灌木。生于干旱山坡、山麓洪积扇砾质荒漠、砾石质河滩。海拔 1 900~3 800 m。

产东天山、内天山。中国、蒙古;亚洲有分布。

药用、饲料。

（337）紫翅猪毛菜 **Salsola affinis C. A. Mey. ex Schrenk** = *Pyankovia affinis*（C. A. Mey. ex Schrenk）Mosyakin et Roalson = *Climacoptera affinis*（C. A. Mey. ex Schrenk）Botsch.

一年生草本。生于低山砾质荒漠、荒漠草原、平原沙砾质荒漠。海拔 200~1 000 m。

产东天山、东北天山、准噶尔阿拉套山、北天山、西天山。中国、哈萨克斯坦、吉尔吉斯斯坦、乌兹别克斯坦、俄罗斯;亚洲、欧洲有分布。

饲料、药用。

（338）露果猪毛菜 **Salsola aperta Paulsen** = *Turania aperta*（Paulsen）Akhani

一年生草本。生于干河床、沙丘、沙地。海拔 280~1 100 m。

产东北天山、内天山。中国、哈萨克斯坦、吉尔吉斯斯坦、乌兹别克斯坦;亚洲有分布。

饲料。

（339）木本猪毛菜 **Salsola arbuscula Pall.** = *Xylosalsola arbuscula*（Pall.）N. N. Tzvelev

小灌木。生于山麓洪积扇砾质荒漠、平原盐化荒漠、沙丘丘间低地。海拔300~2 100 m。

产东天山、东北天山、准噶尔阿拉套山、北天山、东南天山、中央天山、内天山、西天山。中国、哈萨克斯坦、吉尔吉斯斯坦、乌兹别克斯坦、蒙古、伊朗；亚洲、欧洲有分布。

饲料、燃料、鞣料、染料、药用、固沙、绿化。

（340）白枝猪毛菜 **Salsola arbusculiformis Drobnick**

小灌木。生于低山干旱阳坡、砾石质荒漠。海拔500~1 800 m。

产东北天山、准噶尔阿拉套山、北天山、东南天山、西天山、西南天山。中国、哈萨克斯坦、吉尔吉斯斯坦、乌兹别克斯坦；亚洲有分布。

饲料、药用。

*（341）巴氏猪毛菜 **Salsola baranovii Iljin**

半灌木。生于石质山坡、洪积扇、荒漠草原。海拔600~2 100 m。

产西南天山。吉尔吉斯斯坦、乌兹别克斯坦；亚洲有分布。

（342）散枝猪毛菜 **Salsola brachiata Pall.** = *Climacoptera brachiata*（Pall.）Botsch. = *Pyankovia brachiata*（Pall.）Akhani et Roalson

一年生草本。生于低山山谷、山麓砾质荒漠、平原沙砾质荒漠、胡杨林下。海拔300~1 100 m。

产东天山、东北天山、准噶尔阿拉套山、北天山、西天山、西南天山。中国、哈萨克斯坦、吉尔吉斯斯坦、乌兹别克斯坦、蒙古、俄罗斯；亚洲、欧洲有分布。

饲料、药用。

（343）猪毛菜 **Salsola collina Pall.** = *Kali collina*（Pall.）Akhani et Roalson

一年生草本。生于山地林缘、阳坡干旱草地、山地草原、山麓砾质荒漠、农田边、撂荒地、沙地。海拔400~2 100 m。

产东天山、东北天山、准噶尔阿拉套山、北天山、东南天山、中央天山、内天山、西天山、西南天山。中国、哈萨克斯坦、吉尔吉斯斯坦、乌兹别克斯坦、朝鲜、蒙古、巴基斯坦、俄罗斯；亚洲、欧洲有分布。

食用、药用、油料、染料、植化原料（碳酸盐）、饲料。

（344）肉叶猪毛菜 **Salsola crassa Bieb.** = *Climacoptera crassa* M. Bieb.

一年生草本。生于山麓荒漠、平原盐化荒漠。海拔900 m上下。

产北天山。中国、哈萨克斯坦、乌兹别克斯坦、俄罗斯；亚洲、欧洲有分布。

饲料。

*（345）树状猪毛菜 **Salsola dendroides Pall.** = *Nitrosalsola dendroides*（Pall.）Theodorova

半灌木。生于山间盆地、山麓洪积-冲积扇、盐化荒漠、龟裂土荒漠。海拔300~700 m。

产北天山、西天山。哈萨克斯坦、吉尔吉斯斯坦、乌兹别克斯坦、俄罗斯；亚洲、欧洲有分布。

*（346）德罗波夫猪毛菜 **Salsola drobovii Botsch.** = *Oreosalsola drobovii*（Botsch.）Akhani

半灌木。生于岩石峭壁、石质碎石堆、河谷、山麓荒漠草原。海拔600~2 700 m。

产北天山、西天山、西南天山。哈萨克斯坦、吉尔吉斯斯坦、乌兹别克斯坦；亚洲有分布。

（347）准噶尔猪毛菜 **Salsola dshungarica Iljin** = *Nitrosalsola dzhungarica*（Iljin）Theodorova

半灌木。生于干旱山坡、山麓砾质荒漠、盐化荒漠。海拔 420~1 400 m。

产东天山、东北天山、准噶尔阿拉套山、北天山、西天山、西南天山。中国、哈萨克斯坦、吉尔吉斯斯坦、乌兹别克斯坦；亚洲有分布。

饲料。

（348）费尔干猪毛菜 **Salsola ferganica Drob.** = *Climacoptera ferganica*（Drob.）Botsch.

一年生草本。生于低山荒漠、平原盐化荒漠、沙质荒漠、撂荒地。海拔 300~900 m。

产东天山、东北天山、准噶尔阿拉套山、内天山。中国、哈萨克斯坦、乌兹别克斯坦；亚洲有分布。

饲料、药用。

（349）浆果猪毛菜 **Salsola foliosa**（L.）**Schrad.**

一年生草本。生于山麓砾质荒漠、盐化荒漠、撂荒地。海拔 700~2 000 m。

产东天山、东北天山、准噶尔阿拉套山、北天山。中国、哈萨克斯坦、蒙古、俄罗斯；亚洲、欧洲有分布。

饲料。

＊（350）钳嘴猪毛菜 **Salsola forcipitata Iljin** = *Caroxylon forcipitatum*（Iljin）Akhani et Roalson

一年生草本。生于细石质山坡、沙质土荒漠、黏土荒漠草原。海拔 1 600~3 800 m。

产西南天山。吉尔吉斯斯坦、乌兹别克斯坦；亚洲有分布。

＊（351）宽翅猪毛菜 **Salsola gemmascens Pall.** = *Caroxylon gemmascens*（Pall.）N. N. Tzvelev

半灌木。生于低山龟裂土荒漠、石膏荒漠。海拔 280~1 800 m。

产北天山、西南天山。哈萨克斯坦、吉尔吉斯斯坦、乌兹别克斯坦；亚洲有分布。

＊（352）盐生猪毛菜 **Salsola halimocnemis Botsch.** = *Physandra halimocnemis*（Botsch.）Botsch.

一年生草本。生于山麓洪积扇、平原盐渍化沙地。海拔 300~800 m。

产北天山。哈萨克斯坦；亚洲有分布。

哈萨克斯坦特有成分。

（353）钝叶猪毛菜 **Salsola heptapotamica Iljin** = *Climacoptera obtusifolia*（Schrenk）Botsch.

一年生草本。生于盐化荒漠、盐化沙地、盐湖边盐渍化草地、龟裂土荒漠、固定沙丘。海拔 100~2 800 m。

产东天山、东北天山、准噶尔阿拉套山、北天山。中国、哈萨克斯坦、吉尔吉斯斯坦；亚洲有分布。

饲料、药用。

＊（354）窄翅猪毛菜 **Salsola iberica Sennen et Pau** = *Kali tragus*（L.）Scop.

一年生草本。生于山地干旱阳坡、河漫滩、沙地、盐渍化草地、路边。海拔 500~1 600 m。

产内天山、北天山、西天山。哈萨克斯坦、吉尔吉斯斯坦、乌兹别克斯坦；亚洲有分布。

（355）密枝猪毛菜 **Salsola implicata Botsch.** = *Caroxylon implicatum*（Botsch.）Akhani et Roalson

一年生草本。生于盐化荒漠、固定和半固定沙丘、沙地。海拔 220~800 m。

产东天山、东北天山、准噶尔阿拉套山。中国、哈萨克斯坦、伊朗；亚洲有分布。

饲料、药用。

*（356）小花猪毛菜 **Salsola intricata Iljin** = *Climacoptera intricata*（Iljin）Botsch.

一年生草本。生于平原河边盐渍化草地。海拔 200～500 m。

产西南天山。乌兹别克斯坦；亚洲有分布。

乌兹别克斯坦特有成分。

（357）天山猪毛菜 **Salsola junatovii Botsch.**

半灌木。生于干旱山坡、山间盆地、山麓洪积扇砾质荒漠。海拔 1 000～2 200 m。

产东南天山、中央天山、内天山。中国；亚洲有分布。

中国特有成分。饲料、药用。

（358）褐翅猪毛菜 **Salsola korshinskyi Drob.** = *Climacoptera korshinskyi*（Drob.）Botsch.

一年生草本。生于盐化荒漠、盐湖边。海拔 280～1 100 m。

产东天山、东北天山、北天山、西天山、西南天山。中国、哈萨克斯坦、吉尔吉斯斯坦、乌兹别克斯坦；亚洲有分布。

药用。

（359）短柱猪毛菜 **Salsola lanata Pall.** = *Climacoptera lanata*（Pall.）Botsch.

一年生草本。生于山地阳坡干旱草地、砾石质荒漠、撂荒地、盐化沙地。海拔 430～1 080 m。

产东天山、东北天山、北天山。中国、哈萨克斯坦、吉尔吉斯斯坦、乌兹别克斯坦、巴基斯坦、伊朗；亚洲、欧洲有分布。

植化原料（碳酸盐）、饲料、药用。

（360）松叶猪毛菜 **Salsola laricifolia Turcz. ex Litv.**

小灌木。生于低山石质化阳坡、山麓洪积扇砾质荒漠、沙丘、沙地。海拔 200～1 500 m。

产东天山、东北天山、准噶尔阿拉套山、东南天山、中央天山、内天山。中国、哈萨克斯坦、蒙古；亚洲有分布。

饲料、药用。

（361）小药猪毛菜 **Salsola micranthera Botsch.** = *Nitrosalsola micranthera*（Botsch.）Theodorova

一年生草本。生于低山砾石质荒漠、平原荒漠、沙地。海拔 500～1 300 m。

产东北天山、北天山、东南天山、内天山、西天山、西南天山。中国、哈萨克斯坦、吉尔吉斯斯坦、乌兹别克斯坦；亚洲有分布。

饲料、药用。

（362）钠猪毛菜 **Salsola nitraria Pall.** = *Nitrosalsola nitraria*（Pall.）N. N. Tzvelev = *Salsola macera* Litv.

一年生草本。生于山麓洪积扇荒漠、平原荒漠、盐化荒漠、丘间沙地。海拔 200～1 000 m。

产东天山、东北天山、准噶尔阿拉套山、北天山、西天山、西南天山。中国、哈萨克斯坦、吉尔吉斯斯坦、乌兹别克斯坦、蒙古、巴基斯坦、阿富汗、土耳其、伊朗、俄罗斯；亚洲、欧洲有分布。

饲料、药用。

*（363）山地猪毛菜 **Salsola montana Litv.** = *Oreosalsola montana*（Litv.）Akhani

半灌木。生于中山至低山带山间沙地、荒漠草原、河滩沙地。海拔 600～1 800 m。

产内天山、北天山、西天山、西南天山。哈萨克斯坦、吉尔吉斯斯坦、乌兹别克斯坦；亚洲有分布。

*（364）光秆猪毛菜 **Salsola olgae Iljin.** = *Climacoptera olgae*（Iljin）Botsch.

一年生草本。生于山麓盐渍化沙地、固定沙丘。海拔 300~1 000 m。

产内天山。吉尔吉斯斯坦、乌兹别克斯坦；亚洲有分布。

（365）东方猪毛菜 **Salsola orientalis S. G. Gmelin** = *Nitrosalsola orientalis*（S. G. Gmel.）Theodorova = *Salsola rigida* Pall.

半灌木。生于山麓洪积扇、沙砾质荒漠。海拔 260~1 200 m。

产东天山、东北天山、准噶尔阿拉套山、北天山、西天山、西南天山。中国、哈萨克斯坦、吉尔吉斯斯坦、乌兹别克斯坦、伊朗、俄罗斯；亚洲、欧洲有分布。

饲料、燃料。

（366）延叶猪毛菜 **Salsola pachyphylla Botsch.** = *Oreosalsola pachyphylla*（Botsch.）comb. ined.

半灌木。生于石灰岩丘陵、沙地。海拔 500~1 500 m。

产北天山。中国、哈萨克斯坦；亚洲有分布。

（367）长刺猪毛菜 **Salsola paulsenii Litv.** = *Kali paulsenii*（Litv.）Akhani et Roalson

一年生草本。生于黄土丘陵、砾质荒漠、盐碱地、固定沙丘。海拔 500~810 m。

产东天山、东北天山、北天山、西南天山。中国、哈萨克斯坦、乌兹别克斯坦、蒙古、俄罗斯；亚洲、欧洲有分布。

饲料、药用。

（368）薄翅猪毛菜 **Salsola pellucida Litv.** = *Kali pellucidum*（Litv.）Brullo, Giusso et Hrusa

一年生草本。生于山谷沙砾地、河滩沙地、沙砾质荒漠。海拔 400~1 300 m。

产东北天山、东南天山。中国、哈萨克斯坦、吉尔吉斯斯坦、乌兹别克斯坦、俄罗斯；亚洲、欧洲有分布。

饲料。

（369）早熟猪毛菜 **Salsola praecox Litv.** = *Kali praecox*（Litv.）Sukhor.

一年生草本。生于沙丘、沙地。海拔 500~810 m。

产东天山、东北天山、北天山、东南天山。中国、哈萨克斯坦、吉尔吉斯斯坦、俄罗斯；亚洲、欧洲有分布。

饲料、药用。

*（370）垫状猪毛菜 **Salsola pulvinata Botsch.** = *Caroxylon pulvinatum*（Botsch.）Akhani et Roalson

半灌木。生于石灰岩丘陵、荒漠草原。海拔 600~1 200 m。

产内天山。吉尔吉斯斯坦；亚洲有分布。

（371）蔷薇猪毛菜 **Salsola rosacea L.** = *Kali rosacea*（L.）Moench

一年生草本。生于低山坡地、山麓洪积扇砾石荒漠、平原盐化荒漠。海拔 700~1 100 m。

产东天山、东北天山、准噶尔阿拉套山、北天山。中国、哈萨克斯坦、蒙古、俄罗斯；亚洲有分布。

饲料、药用。

*（372）细叶猪毛菜 **Salsola roshevitzii Iljin** = *Nitrosalsola roshevitzii*（Iljin）Theodorova

半灌木。生于低山石质山坡、山间砾石质盆地、山麓洪积-冲积扇、盐渍化黏土荒漠。海拔 450~2 000 m。

产北天山、西天山、西南天山。哈萨克斯坦、吉尔吉斯斯坦、乌兹别克斯坦;亚洲有分布。

(373) 刺沙蓬 **Salsola ruthenica Iljin** = *Salsola australis* R. Br.

一年生草本。生于洪积扇荒漠、河滩沙地、平原盐化荒漠、山间盆地。海拔 280~2 300 m。

产东天山、东北天山、准噶尔阿拉套山、北天山、东南天山、中央天山、内天山。中国、哈萨克斯坦、吉尔吉斯斯坦、蒙古、俄罗斯;亚洲、欧洲有分布。

药用、植化原料(碳酸盐)、染料、油料、饲料。

*(374) 熟拉猪毛菜 **Salsola sclerantha C. A. Mey.** = *Caroxylon scleranthum*(C. A. Mey.)Akhani et Roalson

一年生草本。生于盐渍化草地、山麓平原细石质荒漠、黏土荒漠。海拔 800~1 800 m。

产西天山、西南天山、北天山。哈萨克斯坦、吉尔吉斯斯坦、乌兹别克斯坦;亚洲有分布。

(375) 新疆猪毛菜 **Salsola sinkiangensis A. J. Li** = *Kali sinkiangense*(A. J. Li)Brullo, Giusso et Hrusa

一年生草本。生于山地沙砾质荒漠、河谷阶地、沙地。海拔 950~2 600 m。

产东天山、中央天山、内天山。中国;亚洲有分布。

饲料、药用。

(376) 苏打猪毛菜 **Salsola soda L.**

一年生草本。生于盐湖边、盐化草甸、盐化沙地、沙丘。海拔 1 300~2 400 m。

产东南天山、内天山。中国、哈萨克斯坦、俄罗斯;亚洲、欧洲有分布。

食用、饲料、植化原料(碳酸盐)。

(377) 粗枝猪毛菜 **Salsola subcrassa M. Popov** = *Climacoptera subcrassa*(Popov)Botsch.

一年生草本。生于山麓洪积-冲积扇荒漠、平原盐化荒漠、湖边。海拔 300~2 600 m。

产东天山、东北天山、准噶尔阿拉套山、北天山、中央天山、内天山。中国、哈萨克斯坦;亚洲有分布。

饲料。

(378) 柽柳叶猪毛菜 **Salsola tamariscina Pall.** = *Kali tamariscina*(Pall.)Akhani et Roalson

一年生草本。生于山地阳坡沙地、盐化草地、山麓洪积-冲积扇、盐化草甸。海拔 300~1 500 m。

产东天山、东北天山、北天山、西天山、西南天山。中国、哈萨克斯坦、吉尔吉斯斯坦、乌兹别克斯坦、俄罗斯;亚洲、欧洲有分布。

饲料、药用。

*(379) 横果猪毛菜 **Salsola titovii Botsch.** = *Climacoptera canescens*(Moq.)G. L. Chu

半灌木。生于山间盆地的洪积扇、河滩沙地、荒漠化沙地。海拔 800~2 100 m。

产内天山、北天山、西天山。吉尔吉斯斯坦、乌兹别克斯坦;亚洲有分布。

*(380) 土库曼猪毛菜 **Salsola turcomanica Litv.** = *Climacoptara turcomanica*(Litv.)Botsch.

一年生草本。生于固定沙丘间、龟裂土荒漠、黏土荒漠、盐渍化草地。海拔 300~800 m。

产内天山。吉尔吉斯斯坦、俄罗斯;亚洲有分布。

*(381) 土耳其猪毛菜 **Salsola turkestanica Litv.** = *Salsola leptoclada* Gand. = *Caroxylon turkestanicum*(Litv.)Akhani et Roalson

一年生草本。生于低山荒漠、山麓洪积扇荒漠、平原盐化荒漠、龟裂土和黏土荒漠。海拔 350~2 000 m。

产北天山、西天山、西南天山。哈萨克斯坦、吉尔吉斯斯坦、乌兹别克斯坦;亚洲有分布。

＊(382) 威氏猪毛菜 **Salsola vvedenskyi Iljin et M. Popov** = *Kaviria vvedenskyi*（Iljin et Popov）Akhani

一年生草本。生于荒漠草原、石质山坡、盐渍化草地、田边。海拔 200～2 100 m。

产西南天山。吉尔吉斯斯坦、乌兹别克斯坦;亚洲有分布。

(383) 柴达木猪毛菜 **Salsola zaidamica Iljin** = *Kali zaidamica*（Iljin）Akhani et Roalson

一年生草本。生于山麓洪积扇砾质荒漠、盐化沙地、湖滨盐化荒漠。海拔 900～1 100 m。

产东天山、东南天山。中国、蒙古;亚洲有分布。

饲料、药用。

56. 小蓬属 Nanophyton Less.

(384) 小蓬 **Nanophyton erinaceum（Pall.）Bunge**

垫状半灌木。生于山麓洪积扇、河岸古老阶地。海拔 450～1 500 m。

产东天山、东北天山、准噶尔阿拉套山、北天山、西天山。中国、哈萨克斯坦、乌兹别克斯坦、蒙古、俄罗斯;亚洲、欧洲有分布。

药用、饲料、观赏。

(385) 伊犁小蓬 **Nanophyton iliense U. P. Pratov**

垫状半灌木。生于干旱低山丘陵。海拔 600 m 上下。

产东北天山、北天山。中国;亚洲有分布。

中国特有成分。

57. 盐蓬属 Halimocnemis C. A. Mey.

＊(386) 聚药花盐蓬 **Halimocnemis commixtus（Bunge）Akhani** = *Gamanthus commixtus* Bunge

一年生草本。生于山麓石质荒漠、平原沙质荒漠。海拔 1 800～2 700 m。

产西天山、西南天山。哈萨克斯坦、乌兹别克斯坦;亚洲有分布。

＊(387) 费尔干纳盐蓬 **Halimocnemis ferganica（Iljin）Akhani** = *Gamanthus ferganicus* Iljin.

一年生草本。生于山麓砾石质荒漠。海拔 400～800 m。

产西南天山。乌兹别克斯坦;亚洲有分布。

乌兹别克斯坦特有成分。

＊(388) 长药盐蓬 **Halimocnemis gamocarpa Moq.** = *Gamanthus gamocarpus*（Moq.）Bunge

一年生草本。生于龟裂土荒漠、黏土荒漠。海拔 300～1 400 m。

产西天山、西南天山。哈萨克斯坦、乌兹别克斯坦;亚洲有分布。

(389) 短苞盐蓬 **Halimocnemis karelinii Moq.**

一年生草本。生于平原龟裂土荒漠、盐碱地、砾质荒漠。海拔 450～1 800 m。

产东天山、东北天山。中国、哈萨克斯坦、俄罗斯;亚洲有分布。

饲料、药用。

＊(390) 长蕊盐蓬 **Halimocnemis lasiantha Iljin**

一年生草本。生于砾石质荒漠、龟裂土荒漠。海拔 300～900 m。

产内天山。吉尔吉斯斯坦、乌兹别克斯坦;亚洲有分布。

（391）长叶盐蓬 **Halimocnemis longifolia Bunge**

一年生草本。生于砾质荒漠、干旱山坡、湖边沙地、盐碱地、丘间沙地。海拔 500～1 000 m。

产东天山、东北天山、内天山。中国、吉尔吉斯斯坦、乌兹别克斯坦;亚洲有分布。

饲料。

＊（392）软毛盐蓬 **Halimocnemis mollissima Bunge**

一年生草本。生于山麓砾石质荒漠、平原湖边盐化湿地、固定沙丘丘间沙地。海拔 300～900 m。

产内天山。吉尔吉斯斯坦、乌兹别克斯坦;亚洲有分布。

（393）柔毛盐蓬 **Halimocnemis villosa Kar. et Kir.**

一年生草本。生于干旱山坡、砾质荒漠。海拔 300～700 m。

产东天山、东北天山、准噶尔阿拉套山、西天山、西南天山。中国、哈萨克斯坦、吉尔吉斯斯坦、乌兹别克斯坦;亚洲有分布。

饲料。

58. 叉毛蓬属 Petrosimonia Bunge

（394）灰绿叉毛蓬 **Petrosimonia glaucescens（Bunge）Iljin**

一年生草本。生于干旱山坡、山麓砾质荒漠、荒地、盐碱地、沼泽地、沙地。海拔 530～2 800 m。

产东天山、东北天山、北天山。中国、哈萨克斯坦、乌兹别克斯坦、俄罗斯;亚洲、欧洲有分布。

饲料。

（395）叉毛蓬 **Petrosimonia sibirica（Pall.）Bunge**

一年生草本。生于干旱山坡、山麓砾质荒漠、荒地、盐碱地、沙地。海拔 400～1 200 m。

产东天山、东北天山、准噶尔阿拉套山、北天山、内天山。中国、吉尔吉斯斯坦、乌兹别克斯坦、蒙古、俄罗斯;亚洲有分布。

饲料、药用。

（396）粗糙叉毛蓬 **Petrosimonia squarrosa（Schrenk）Bunge**

一年生草本。生于干旱山坡、沙砾质荒漠、平原荒漠、盐化草甸。海拔 420～700 m。

产东天山、东北天山、北天山。中国、哈萨克斯坦、乌兹别克斯坦、俄罗斯;亚洲有分布。

饲料、药用。

＊59. 波斯蓬属 Kaviria Akhani et Roalson

＊（397）威氏波斯蓬 **Kaviria vvedenskyi（Iljin et Popov）Akhani** = *Salsola vvedenskyi* Iljin et M. Popov

一年生草本。生于荒漠草原、石质山坡、盐渍化草地、田边。海拔 200～2 100 m。

产西南天山。吉尔吉斯斯坦、乌兹别克斯坦;亚洲有分布。

＊60. 翼萼蓬属 Alexandra Bunge

＊（398）翼萼蓬 **Alexandra lehmannii Bunge** = *Suaeda lehmannii*（Bunge）Kapralov, Akhani et Roalson

一年生草本。生于盐渍化湖边、盐渍化草地、平原盐渍化草甸。海拔 150～900 m。

产西南天山、西天山。吉尔吉斯斯坦、乌兹别克斯坦;亚洲有分布。

＊61. 合被虫实属 Anthochlamys Fenzl

＊（399）似远志合被虫实 **Anthochlamys polygaloides（Fisch. et C. A. Mey.）Moq.**

一年生草本。生于山麓平原细石质沙地。海拔 500～2 100 m。

产西天山。吉尔吉斯斯坦、乌兹别克斯坦、俄罗斯;亚洲有分布。

*62. 盐美草属 Halocharis Moq.

*(400) 刚毛盐美草 **Halocharis hispida**（Schrenk）**Bunge**

一年生草本。生于盐土、蒿属荒漠、沙漠、沙地、农田、牧场、田间。海拔 200～1 900 m。

产西南天山。吉尔吉斯斯坦、乌兹别克斯坦;亚洲有分布。

*63. 矮梭梭属 Hammada Iljin

*(401) 毛瓣矮梭梭 **Hammada eriantha Botsch.**

灌木。生于石灰岩丘陵、山地荒漠草原、低山河谷。海拔 800～2 500 m。

产西南天山。吉尔吉斯斯坦、乌兹别克斯坦;亚洲有分布。

*（402） 疏甘矮梭梭 **Hammada wakhanica**（Pauls.）**Iljin** = *Haloxylon griffithii* subsp. *wakhanica*（Pauls.）Hedge

半灌木。生于高山石质山坡、石质黄土质河谷。海拔 900～2 900 m。

产西南天山。吉尔吉斯斯坦、乌兹别克斯坦;亚洲有分布。

*64. 硬叶蓬属 Rhaphidophyton Iljin

*(403) 热格氏硬叶蓬 **Rhaphidophyton regelii**（Bunge）**Iljin**

小半灌木。生于岩石峭壁碎石堆、河岸阶地、洪积扇。海拔 800～2 700 m。

产西天山。吉尔吉斯斯坦、乌兹别克斯坦;亚洲有分布。

*65. 白茎蓬属 Seidlitzia Bunge

*(404) 似迷迭香白茎蓬 **Seidlitzia rosmarinus Boiss.** = *Salsola rosmarinus*（Bunge ex Boiss.）Eig

小半灌木。生于盐渍化草地、杜加依林下、平原沙质河边。海拔 200～1 000 m。

产西南天山。吉尔吉斯斯坦、乌兹别克斯坦;亚洲有分布。

66. 菠菜属 Spinacia L.

*(405) 土耳其菠菜 **Spinacia turkestanica Iljin**

一年生草本。生于盐渍化草地、盐碱地草甸、山地草原、渠边、山麓平原沙地。海拔 800～2 100 m。

产西南天山、西天山。吉尔吉斯斯坦、乌兹别克斯坦;亚洲有分布。

十二、苋科 Amaranthaceae

67. 苋属 Amaranthus L.

（406） 白苋 **Amaranthus albus L.**

一年生草本。生于低山山坡、河滩、宅旁、路边、荒地、戈壁。海拔 720～1 500 m。

产东天山、东北天山、准噶尔阿拉套山、北天山、西天山。中国、哈萨克斯坦、吉尔吉斯斯坦、乌兹别克斯坦、日本、俄罗斯;亚洲、欧洲、美洲有分布。

*（407） 小叶苋 **Amaranthus blitoides S. Wats.**

一年生草本。生于山地草坡、绿地、村落周边、田边、田间。海拔 600～1 600 m。

产北天山、内天山、西天山。哈萨克斯坦、吉尔吉斯斯坦、乌兹别克斯坦;亚洲有分布。

(408) 尾穗苋 **Amaranthus caudatus L.** =*Amaranthus leucospermus* S. Wats.

一年生草本。生于村落周边、庭院、路边、田边。海拔 0~2 150 m。

产东天山、东北天山、准噶尔阿拉套山、北天山、东南天山、中央天山、内天山。中国;世界各地有分布。

药用、饲料、食用、观赏。

*(409) 外折苋 **Amaranthus deflexus L.**

一年生草本。生于盐渍化农田田边、绿洲。海拔 300~1 900 m。

产西南天山。吉尔吉斯斯坦、乌兹别克斯坦、俄罗斯;亚洲、欧洲有分布。

(410) 凹头苋 **Amaranthus lividus L.** =*Amaranthus blitum* L.

一年生草本。生于山地草坡、荒地、田边、宅旁、潮湿地。海拔 200~1 300 m。

产东天山、东北天山、准噶尔阿拉套山、北天山、东南天山、中央天山、内天山、西天山。中国、吉尔吉斯斯坦、乌兹别克斯坦;亚洲、欧洲、非洲、美洲有分布。

药用、食用、饲料。

(411) 繁穗苋 **Amaranthus paniculatus L.** =*Amaranthus cruentus* L.

一年生草本。生于山地河谷、林间草地、原野、路边。海拔 500~2 200 m。

产东天山、东北天山、准噶尔阿拉套山、北天山、东南天山、中央天山、内天山。中国;世界各地有分布。

饲料、药用、食用、观赏。

(412) 反枝苋 **Amaranthus retroflexus L.**

一年生草本。生于干旱山坡、荒地、宅旁、田边。海拔 300~1 800 m。

产东天山、东北天山、准噶尔阿拉套山、北天山、东南天山、中央天山、内天山、西天山。中国、哈萨克斯坦、吉尔吉斯斯坦、乌兹别克斯坦;世界各地有分布。

饲料、食用、药用、观赏。

(413) 腋花苋 **Amaranthus roxburghianus H. W. Kung**

一年生草本。生于山坡草地、荒地、宅旁、田边、路边。海拔 500~1 500 m。

产东天山、东北天山、准噶尔阿拉套山、北天山。中国、印度、斯里兰卡;亚洲有分布。

药用。

*(414) 美丽苋 **Amaranthus thellungianus Nevski** =*Amaranthus graecizans* L.

一年生草本。生于路边、田间、田边。海拔 300~1 500 m。

产内天山。吉尔吉斯斯坦、乌兹别克斯坦;亚洲有分布。

十三、马齿苋科 Portulacaceae

68. 马齿苋属 Portulaca L.

(415) 马齿苋 **Portulaca oleracea L.**

一年生草本。生于田间、路边、庭院、荒地。海拔 0~1 200 m。

产东天山、东北天山、准噶尔阿拉套山、北天山、东南天山、中央天山、内天山。中国、哈萨克斯

坦、吉尔吉斯斯坦、乌兹别克斯坦;全世界温带和热带地区有分布。

食用、药用、饲料。

*69. 春美草属 Claytonia L.

*(416) 伊瓦诺夫春美草 **Claytonia joanneana Roem. et Schult.**

多年生草本。生于高山带冰川冰碛碎石堆、草甸湿地。海拔 3 100~3 600 m。

产北天山。哈萨克斯坦、俄罗斯;亚洲有分布。

十四、石竹科 Caryophyllaceae

70. 繁缕属 Stellaria L.

(417) 阿列克繁缕 **Stellaria alexeenkoana Schischk.** = *Mesostemma alexeenkoanum*（Schischk.）Ikonn.

多年生草本。生于高山倒石堆。海拔 4 000 m 上下。

产内天山。中国、吉尔吉斯斯坦、乌兹别克斯坦;亚洲有分布。

(418) 雀舌草 **Stellaria alsine Grimm** = *Stellaria uliginosa* Murray

一年生或二年生草本。生于山间溪流边、潮湿草甸。海拔 2 700 m 上下。

产东天山、东北天山、准噶尔阿拉套山。中国、哈萨克斯坦、日本、朝鲜、印度、越南、俄罗斯;亚洲、欧洲、美洲有分布。

(419) 宽瓣繁缕 **Stellaria amblyosepala Schrenk**

多年生草本。生于山地林下、林缘、沟谷、石质山坡。海拔 800~1 800 m。

产东天山、准噶尔阿拉套山。中国、哈萨克斯坦、蒙古、俄罗斯;亚洲有分布。

*(420) 无花瓣繁缕 **Stellaria apetala Bernardino** = *Stellaria pallida*（Dumort.）Piré

一年生草本。生于山间盆地绿洲。海拔 300~700 m。

产内天山。吉尔吉斯斯坦、乌兹别克斯坦、俄罗斯;亚洲有分布。

(421) 沙生繁缕 **Stellaria arenaria Maxim.** = *Stellaria arenarioides* Shi L. Chen, Rabeler et Turland

多年生草本。生于高山荒漠、高山和亚高山草甸、山坡草地、荒漠草原、流动和半固定沙丘。海拔 2 300~3 900 m。

产东南天山。中国;亚洲有分布。

中国特有成分。

(422) 二柱繁缕 **Stellaria bistyla Y. Z. Zhao**

多年生草本。生于山地林下、林缘、山坡草地。海拔 2 000~2 600 m。

产东天山。中国;亚洲有分布。

中国特有成分。

(423) 短瓣繁缕 **Stellaria brachypetala Bunge** = *Stellaria alatavica* Popov = *Stellaria fontana* Popov

多年生草本。生于高山和亚高山草甸、山地多石山坡、林下、林缘、山地河边、河漫滩草甸、湿地。海拔 900~3 700 m。

产东天山、东北天山、准噶尔阿拉套山、北天山、东南天山、中央天山、内天山、西天山、西南天山。中国、哈萨克斯坦、吉尔吉斯斯坦、乌兹别克斯坦、蒙古、俄罗斯;亚洲有分布。

（424）厚叶繁缕（叶苞繁缕）**Stellaria crassifolia Ehrh.**

多年生草本。生于高山和亚高山草甸、山地林缘、灌丛、沼泽、沼泽草甸、沟渠边。海拔 800～3 500 m。

产东天山、东北天山、准噶尔阿拉套山、北天山、东南天山、内天山、西天山、西南天山。中国、哈萨克斯坦、吉尔吉斯斯坦、乌兹别克斯坦、日本、朝鲜、蒙古、俄罗斯；亚洲、欧洲、美洲有分布。

有毒。

（425）垫状偃卧繁缕 **Stellaria decumbens var. pulvinata Edgew. et Hook. f.**

多年生草本。生于高山荒漠、高山和亚高山草甸。海拔 3 100 m 上下。

产内天山。中国、不丹、印度；亚洲有分布。

（426）叉繁缕 **Stellaria dichotoma L.**

多年生草本。生于亚高山草甸、林下、林缘、石质干旱山坡。海拔 200～2 500 m。

产东天山、东北天山、准噶尔阿拉套山。中国、蒙古、俄罗斯；亚洲有分布。

药用、饲料。

（427）银柴胡 **Stellaria dichotoma var. lanceolata Bunge** = *Stellaria gypsophylloides* Fenzl

多年生草本。生于石质干旱山坡、碎石质坡地、山地草原、沙漠。海拔 200～2 550 m。

产东天山、东北天山、准噶尔阿拉套山、东南天山。中国、蒙古、俄罗斯；亚洲有分布。

药用。

（428）异色繁缕 **Stellaria discolor Turcz.**

多年生草本。生于山地林缘、山地草甸。海拔 1 700 m 上下。

产北天山。中国、日本、蒙古、俄罗斯；亚洲有分布。

（429）禾叶繁缕 **Stellaria graminea L.**

多年生草本。生于亚高山草甸、山地林下、林缘、山地草原、河边草甸。海拔 400～2 900 m。

产东天山、东北天山、准噶尔阿拉套山、北天山、东南天山、中央天山、内天山、西天山、西南天山。中国、哈萨克斯坦、吉尔吉斯斯坦、乌兹别克斯坦、不丹、尼泊尔、俄罗斯；亚洲、欧洲、美洲有分布。

有毒、药用。

（430）冻原繁缕 **Stellaria irrigua Bunge**

多年生草本。生于河边、湖边、山地草原、石质山坡、岩石峭壁。海拔 600～2 300 m。

产北天山、西天山、西南天山。中国、哈萨克斯坦、吉尔吉斯斯坦、乌兹别克斯坦、俄罗斯；亚洲有分布。

*（431）卡拉套山繁缕 **Stellaria karatavica Schischk.** = *Mesostemma karatavicum*（Schischk.）A. I. Vvedenskii

多年生草本。生于石质山坡、岩石缝。海拔 900～2 900 m。

产北天山、西天山、西南天山。哈萨克斯坦、吉尔吉斯斯坦、乌兹别克斯坦；亚洲有分布。

（432）光萼繁缕 **Stellaria kotschyana Boiss.**

多年生草本。生于山地林缘、石质山坡。海拔 1 400～1 600 m。

产东天山、东北天山、准噶尔阿拉套山、东南天山。中国、土库曼斯坦、伊朗；亚洲有分布。

（433）长叶繁缕 **Stellaria longifolia**（Regel）**Muhl. ex Willd.**

多年生草本。生于高山和亚高山草甸、山地林下、林缘。海拔 2 000~3 500 m。

产东天山、东北天山、准噶尔阿拉套山。中国、日本、俄罗斯；亚洲、欧洲、美洲有分布。

药用。

（434）繁缕 **Stellaria media**（L.）**Vill.**

一年生或二年生草本。生于亚高山草甸、山地林下、林缘。海拔 600~2 700 m。

产东天山、东北天山、准噶尔阿拉套山、北天山、内天山、西天山、西南天山。中国；哈萨克斯坦、吉尔吉斯斯坦、乌兹别克斯坦、俄罗斯；亚洲、欧洲、非洲、美洲有分布。

药用、饲料、食用、有毒、蜜源。

*（435）尖果繁缕 **Stellaria neglecta Weihe**

一年生草本。生于山地林缘、山坡灌丛、路边。海拔 1 200~2 000 m。

产准噶尔阿拉套山、北天山、内天山、西天山、西南天山。哈萨克斯坦、吉尔吉斯斯坦、乌兹别克斯坦、俄罗斯；亚洲有分布。

*（436）白繁缕 **Stellaria pallida**（Dum.）**Pire**

一年生草本。生于盆地绿洲。海拔 300~700 m。

产内天山。吉尔吉斯斯坦、乌兹别克斯坦、俄罗斯；亚洲有分布。

（437）沼生繁缕 **Stellaria palustris Ehrh. ex Retz.** = *Stellaria dilleniana* Moench.

多年生草本。生于山地林下、疏林地、河谷、山坡草地。海拔 2 400~2 700 m。

产准噶尔阿拉套山、北天山、中央天山、西天山、西南天山。中国、哈萨克斯坦、吉尔吉斯斯坦、乌兹别克斯坦、俄罗斯；亚洲、欧洲有分布。

药用。

（438）长梗繁缕 **Stellaria peduncularis Bunge** = *Stellaria longipes* Goldie

多年生草本。生于亚高山草甸、山地河边草地。海拔 1 400~2 900 m。

产东天山、准噶尔阿拉套山、北天山。中国、哈萨克斯坦、蒙古、俄罗斯；亚洲有分布。

（439）岩生繁缕 **Stellaria petraea Bunge**

多年生草本。生于高山和亚高山草甸、灌丛、岩石缝。海拔 1 500~3 100 m。

产准噶尔阿拉套山。中国、哈萨克斯坦、蒙古、俄罗斯；亚洲有分布。

（440）准噶尔繁缕 **Stellaria soongorica Roshev.**

多年生草本。生于高山和亚高山草甸、山地林下、林缘。海拔 900~3 100 m。

产东天山、东北天山、准噶尔阿拉套山、北天山、东南天山、中央天山、内天山、西天山、西南天山。中国、哈萨克斯坦、吉尔吉斯斯坦、乌兹别克斯坦；亚洲有分布。

药用。

*（441）土耳其繁缕 **Stellaria turkestanica Schischk.**

多年生草本。生于亚高山石质山坡。海拔 1 500~3 000 m。

产西南天山。吉尔吉斯斯坦、乌兹别克斯坦；亚洲有分布。

（442）湿地繁缕 **Stellaria uda F. N. Williams**

多年生草本。生于高山和亚高山草甸、山地林下、沟谷水边。海拔 2 500~4 500 m。

产东天山。中国;亚洲有分布。

中国特有成分。药用。

(443) 伞花繁缕 **Stellaria umbellata Turcz.**

多年生草本。生于高山和亚高山草甸、山地河谷、干旱山坡。海拔 450~4 100 m。

产东天山、东北天山、准噶尔阿拉套山、北天山、东南天山、中央天山、西天山。中国、哈萨克斯坦、吉尔吉斯斯坦、乌兹别克斯坦、日本、蒙古、俄罗斯;亚洲、欧洲、美洲有分布。

药用。

*(444) 疏甘繁缕 **Stellaria winkleri**(**Briq.**)**Schischk.**

多年生草本。生于河谷、湖边、山地草原。海拔 2 100~3 100 m。

产西南天山。吉尔吉斯斯坦、乌兹别克斯坦;亚洲有分布。

71. 孩儿参属 Pseudostellaria Pax

(445) 蔓孩儿参 **Pseudostellaria davidii**(**Franch.**)**Pax**

多年生草本。生于山地林下、林缘、山坡草地、灌丛。海拔 3 800 m 以下。

产东天山。中国、朝鲜、蒙古、俄罗斯;亚洲有分布。

药用。

72. 鹅肠菜属 Myosoton Moench

(446) 鹅肠菜 **Myosoton aquaticum**(**L.**)**Moench**

多年生草本。生于山地林下、林缘、山谷水边、湿草地、灌丛。海拔 500~2 700 m。

产东天山、东北天山、准噶尔阿拉套山。中国、哈萨克斯坦、俄罗斯;亚洲、欧洲、非洲、美洲有分布。

饲料、药用、食用。

73. 卷耳属 Cerastium L.

*(447) 亚历山大卷耳 **Cerastium alexeenkoanum Schischk.**

一年生草本。生于石质山坡、黄土丘陵。海拔 700~2 900 m。

产西南天山。吉尔吉斯斯坦、乌兹别克斯坦;亚洲有分布。

(448) 卷耳(田野卷耳) **Cerastium arvense L.**

多年生草本。生于高山和亚高山草甸、山地林缘、山地草甸、山溪边。海拔 900~3 800 m。

产东天山、东北天山、准噶尔阿拉套山、北天山、东南天山、中央天山、内天山、西天山、西南天山。中国、哈萨克斯坦、日本、蒙古;亚洲、欧洲、美洲有分布。

药用。

(449) 细叶卷耳 **Cerastium arvense** var. **angustifolium Fenzl** = *Cerastium arvense* subsp. *strictum* (**L.**) **Gaudin**

多年生草本。生于山地草甸、山地草原、沼泽草甸、灌丛。海拔 2 400~2 700 m。

产东天山、内天山。中国;亚洲、欧洲有分布。

*(450) 博日斯卷耳 **Cerastium borisii Zakirov**

一年生草本。生于山麓黏土荒漠。海拔 500~2 100 m。

产西南天山。乌兹别克斯坦;亚洲有分布。

（451）六齿卷耳 **Cerastium cerastoides（L.）Britton**

多年生草本。生于高山和亚高山草甸、山地林缘、沼泽草甸。海拔 740~3 500 m。

产东天山、东北天山、准噶尔阿拉套山、北天山、东南天山、内天山、西天山、西南天山。中国、哈萨克斯坦、吉尔吉斯斯坦、乌兹别克斯坦、阿富汗、土耳其、印度、俄罗斯；亚洲、欧洲、美洲有分布。

药用。

（452）达乌里卷耳 **Cerastium davuricum Fischer**

多年生草本。生于亚高山草甸、山地林下、林缘、山地草甸。海拔 1 000~2 800 m。

产东天山、东北天山、准噶尔阿拉套山、北天山、东南天山、内天山、西天山、西南天山。中国、哈萨克斯坦、吉尔吉斯斯坦、乌兹别克斯坦、俄罗斯；亚洲有分布。

药用。

＊（453）齿果卷耳 **Cerastium dentatum Moeschl.** = *Cerastium semidecandrum* L. = *Cerastium balearicum* F. Hermann

一年生草本。生于低山草坡、平原草地。海拔 500~1 400 m。

产西天山、西南天山。吉尔吉斯斯坦、乌兹别克斯坦、俄罗斯；亚洲有分布。

（454）二歧卷耳 **Cerastium dichotomum L.**

一年生草本。生于山地河谷、多石山坡。海拔 900~1 800 m。

产东天山、准噶尔阿拉套山、北天山、内天山、西天山、西南天山。中国、哈萨克斯坦、吉尔吉斯斯坦、乌兹别克斯坦、伊朗、俄罗斯；亚洲有分布。

药用。

（455）膨萼卷耳 **Cerastium dichotomum subsp. inflatum（Link）Cullen** = *Cerastium inflatum* Link. ex Gren.

一年生草本。生于山地林下、山地草原。海拔 800~1 500 m。

产东天山、准噶尔阿拉套山、北天山、内天山、西天山、西南天山。中国、哈萨克斯坦、吉尔吉斯斯坦、乌兹别克斯坦、伊朗、土耳其、俄罗斯；亚洲有分布。

（456）长蒴卷耳 **Cerastium fischerianum Ser.**

多年生草本。生于山地林缘、山坡草地。海拔 1 800~2 500 m。

产东天山、东北天山、准噶尔阿拉套山、北天山、东南天山、中央天山。中国、日本、俄罗斯；亚洲、美洲有分布。

（457）簇生卷耳 **Cerastium fontanum subsp. triviale（Link）Jalas.** = *Cerastium holosteoides* Fries emend. Hyl. = *Cerastium caespitosum* Gilib.

多年生草本。生于高山和亚高山草甸、山地林缘、山坡草地、岩石缝。海拔 1 200~3 700 m。

产东天山、东北天山、准噶尔阿拉套山、北天山、中央天山、内天山。中国、哈萨克斯坦、吉尔吉斯斯坦、日本、朝鲜、蒙古、俄罗斯、印度、伊朗、越南；亚洲、欧洲、非洲、大洋洲、美洲有分布。

饲料。

（458）缘毛卷耳 **Cerastium furcatum Cham. et Schltdl.**

多年生草本。生于高山和亚高山草甸、山地林缘草甸、山谷草坡。海拔 1 200~3 800 m。

产东天山、北天山。中国、朝鲜、俄罗斯；亚洲有分布。

药用。

*（459）聚花卷耳 **Cerastium glomeratum Thuill.**

　　一年生草本。生于山麓坡地、路边、田边。海拔 500～2 900 m。

　　产北天山、西天山、西南天山。吉尔吉斯斯坦、乌兹别克斯坦、俄罗斯；亚洲有分布。

（460）紫草叶卷耳 **Cerastium lithospermifolium Fisch.**

　　多年生草本。生于高山和亚高山草甸、山地林缘、山地草甸。海拔 1 400～3 800 m。

　　产东天山、东北天山、准噶尔阿拉套山、北天山、内天山、西天山、西南天山。中国、哈萨克斯坦、吉尔吉斯斯坦、乌兹别克斯坦、蒙古、伊朗、土耳其；亚洲有分布。

　　药用。

（461）大卷耳（大花卷耳） **Cerastium maximum** L. = *Cerastium bungeanum* Vved. = *Cerastium falcatum* Bge.

　　多年生草本。生于亚高山草甸、山地林下、林缘、灌丛、山坡草地、盐化草甸、河岸草地、路边。海拔 600～2 800 m。

　　产东天山、东北天山、准噶尔阿拉套山、北天山、东南天山、中央天山、内天山、西天山、西南天山。中国、哈萨克斯坦、吉尔吉斯斯坦、乌兹别克斯坦、俄罗斯；亚洲、美洲有分布。

（462）疏花卷耳 **Cerastium pauciflorum Stev. ex Ser.**

　　多年生草本。生于山地林下、林缘。海拔 1 000～2 500 m。

　　产东天山、东北天山、准噶尔阿拉套山、北天山、东南天山、中央天山、内天山、西天山、西南天山。中国、哈萨克斯坦、吉尔吉斯斯坦、乌兹别克斯坦、朝鲜、蒙古、俄罗斯；亚洲有分布。

*（463）穿叶卷耳 **Cerastium perfoliatum L.**

　　一年生草本。生于山地草甸、山地草原、田边、绿洲。海拔 500～3 000 m。

　　产北天山、内天山、西天山、西南天山。哈萨克斯坦、吉尔吉斯斯坦、乌兹别克斯坦；亚洲有分布。

（464）山卷耳（细小卷耳） **Cerastium pusillum Ser.**

　　多年生草本。生于高山和亚高山草甸、山地林下、林缘、山坡草地。海拔 1 600～3 900 m。

　　产东天山、东北天山、准噶尔阿拉套山、北天山、东南天山、中央天山、内天山、西天山、西南天山。中国、哈萨克斯坦、吉尔吉斯斯坦、乌兹别克斯坦、蒙古、俄罗斯；亚洲有分布。

*（465）塔什干卷耳 **Cerastium taschkendicum Adylov et Vvedenskii**

　　一年生草本。生于中山带石质山坡。海拔 1 100～2 500 m。

　　产内天山。吉尔吉斯斯坦；亚洲有分布。

（466）天山卷耳 **Cerastium tianschanicum Schischk.**

　　多年生草本。生于高山和亚高山草甸、山地林下、山坡草地。海拔 650～4 000 m。

　　产东天山、东北天山、准噶尔阿拉套山、北天山、东南天山、中央天山、内天山、西天山、西南天山。中国、哈萨克斯坦、吉尔吉斯斯坦、乌兹别克斯坦；亚洲有分布。

　　药用。

74. 硬骨草属 Holosteum L.

*（467）胶质硬骨草 **Holosteum glutinosum**（M. Bieb.）**Fisch. et C. A. Mey.**

　　一年生草本。生于山麓平原、低山河谷、山麓荒漠草原、绿洲。海拔 400～2 300 m。

产北天山、西天山、西南天山、内天山。哈萨克斯坦、吉尔吉斯斯坦、乌兹别克斯坦、俄罗斯;亚洲、欧洲有分布。

(468) 杂性硬骨草 **Holosteum polygamum C. Koch**

一年生草本。生于山地阴坡草地。海拔 690 m 上下。

产东北天山、准噶尔阿拉套山、北天山。中国、哈萨克斯坦、吉尔吉斯斯坦、乌兹别克斯坦、俄罗斯;亚洲、欧洲有分布。

(469) 硬骨草(伞序硬骨草) **Holosteum umbellatum L.**

一年生草本。生于山地草甸、阴坡草地。海拔 600~2 300 m。

产东天山、东北天山、准噶尔阿拉套山、北天山、内天山、西天山、西南天山。中国、哈萨克斯坦、吉尔吉斯斯坦、乌兹别克斯坦、伊朗、俄罗斯、印度;亚洲、欧洲有分布。

药用。

75. 漆姑草属 Sagina L.

*(470) 雪卷耳 **Sagina nivalis (Lindbl.) Fries.** = *Sagina intermedia* Fenzl.

一年生草本。生于高山和亚高山溪流边、湿地周边。海拔 2 500~3 200 m。

产准噶尔阿拉套山。哈萨克斯坦、俄罗斯;亚洲有分布。

(471) 无毛漆姑草(漆姑草) **Sagina saginoides (L.) Karst.** = *Sagina saginoides* (L.) Britton

多年生草本。生于山地林下、林缘、沼泽草甸、水边湿地。海拔 500~1 400 m。

产东天山、东北天山、准噶尔阿拉套山、北天山、内天山、西天山、西南天山。中国、哈萨克斯坦、吉尔吉斯斯坦、乌兹别克斯坦、日本、印度、土耳其、俄罗斯;亚洲、欧洲、北美洲有分布。

药用。

76. 薄蒴草属 Lepyrodiclis Fenzl

(472) 薄蒴草 **Lepyrodiclis holosteoides (C. A. Mey.) Fenzl. ex Fisch. et C. A. Mey.**

一年生草本。生于高山和亚高山草甸、山地林缘、山坡草地、田间、荒地。海拔 850~3 900 m。

产东天山、东北天山、准噶尔阿拉套山、北天山、中央天山、内天山、西天山、西南天山。中国、哈萨克斯坦、吉尔吉斯斯坦、乌兹别克斯坦、蒙古、巴基斯坦、阿富汗、尼泊尔、印度、伊朗、土耳其、俄罗斯;亚洲有分布。

药用。

(473) 繁缕叶薄蒴草 **Lepyrodiclis stellarioides Schrenk ex Fisch. et C. A. Mey.**

一年生草本。生于亚高山草甸、山坡草地、灌丛。海拔 1 400~3 200 m。

产东天山、东北天山、准噶尔阿拉套山、北天山、中央天山、内天山、西天山、西南天山。中国、哈萨克斯坦、吉尔吉斯斯坦、乌兹别克斯坦、伊朗、俄罗斯;亚洲有分布。

药用。

77. 米努草属 Minuartia Loefl. ex L.

(474) 双花米努草 **Minuartia biflora (L.) Schinz.** = *Cherleria biflora* (L.) A. J. Moore et Dillenb. = *Lidia biflora* (L.) A. et D. Love

多年生草本。生于高山和亚高山草甸、岩石缝。海拔 2 900~3 100 m。

产东天山、准噶尔阿拉套山、北天山、西天山、西南天山。中国、哈萨克斯坦、吉尔吉斯斯坦、乌兹别克斯坦、俄罗斯;亚洲、欧洲、北美洲有分布。

*（475）二歧米努草 **Minuartia dichotoma L.** = *Queria hispanica* L.

　　一年生草本。生于山地石质山坡、岩石缝。海拔 500~2 500 m。

　　产北天山、西天山、西南天山。哈萨克斯坦、吉尔吉斯斯坦、乌兹别克斯坦、俄罗斯；亚洲有分布。

（476）腺毛米努草 **Minuartia helmii**（**Fisch. ex Ser.**）**Schischk.** = *Sabulina helmii*（Fisch. ex Ser.）Dillenb. et Kadereit

　　多年生草本。生于亚高山草甸、山地林缘、山地草甸。海拔 2 150 m 上下。

　　产东天山、东北天山、准噶尔阿拉套山、北天山、西天山、西南天山。中国、哈萨克斯坦、吉尔吉斯斯坦、乌兹别克斯坦；亚洲、欧洲有分布。

*（477）杂米努草 **Minuartia hybrida**（**Vill.**）**Schischk.** = *Sabulina tenuifolia*（L.）Rchb.

　　一年生草本。生于石膏质荒漠、石质山坡、河流阶地。海拔 500~2 400 m。

　　产西天山、西南天山。吉尔吉斯斯坦、乌兹别克斯坦、俄罗斯；亚洲、欧洲有分布。

（478）长冠米努草（新疆米努草）**Minuartia kryloviana Schischk.** = *Sabulina kryloviana*（Schischk.）Dillenb. et Kadereit

　　多年生草本。生于高山和亚高山草甸、山地林下、山地草甸。海拔 1 200~3 300 m。

　　产东天山、东北天山、准噶尔阿拉套山、北天山、东南天山、中央天山、西天山、西南天山。中国、哈萨克斯坦、吉尔吉斯斯坦、乌兹别克斯坦、俄罗斯；亚洲有分布。

（479）短梗米努草（西北米努草）**Minuartia litwinowii Schischk.** = *Sabulina litwinowii*（Schischk.）Dillenb. et Kadereit

　　多年生草本。生于山地林缘、砾石质山坡、山地草甸。海拔 1 500~2 400 m。

　　产东天山、东北天山、准噶尔阿拉套山、北天山、西天山、西南天山。中国、哈萨克斯坦、吉尔吉斯斯坦、乌兹别克斯坦；亚洲有分布。

*（480）美丽米努草 **Minuartia meyeri**（**Boiss.**）**Bornm.**

　　一年生草本。生于山地石质山坡、河谷沙地。海拔 1 200~2 800 m。

　　产准噶尔阿拉套山、北天山、西天山、西南天山。哈萨克斯坦、吉尔吉斯斯坦、乌兹别克斯坦、俄罗斯；亚洲有分布。

（481）光米努草 **Minuartia regeliana**（**Trautv.**）**Mattf.** = *Sabulina regeliana*（Trautv.）Dillenb. et Kadereit

　　一年生草本。生于水边、盐化草地、荒地。海拔 500~1 800 m。

　　产东北天山、准噶尔阿拉套山、北天山。中国、哈萨克斯坦、俄罗斯；亚洲、欧洲有分布。

（482）小米努草 **Minuartia schischkinii Adyl.** = *Minuartia pusilla* Schischk.

　　多年生草本。生于高山草甸、高山砾石带。海拔 1 200~2 800 m。

　　产东天山、北天山、西天山、西南天山。中国、哈萨克斯坦、吉尔吉斯斯坦、乌兹别克斯坦；亚洲有分布。

（483）二花米努草 **Minuartia stricta**（**Sw.**）**Hiern.** = *Sabulina stricta*（Sw.）Rchb.

　　多年生草本。生于山地潮湿地、河岸及沼泽草甸。海拔 1 800~2 800 m。

　　产东天山、东北天山、准噶尔阿拉套山、北天山、东南天山。中国、蒙古、俄罗斯；亚洲、欧洲、美洲有分布。

　　药用。

*（484）土库曼米努草 **Minuartia turcomanica Schischk.** = *Sabulina turcomanica*（Schischk.）Dillenb.
et Kadereit
一年生草本。生于低山丘陵、干旱石膏质坡地、河漫滩沙地。海拔 800~1 800 m。
产北天山、西天山、西南天山。哈萨克斯坦、吉尔吉斯斯坦、乌兹别克斯坦；亚洲有分布。

（485）早春米努草 **Minuartia verna**（**L.**）**Hiern.** = *Sabulina verna*（L.）Rchb.
多年生草本。生于高山和亚高山草甸、山地林缘、山地草甸。海拔 1 600~3 000 m。
产东天山、东北天山、准噶尔阿拉套山、北天山、东南天山、中央天山、内天山、西天山、西南天山。
中国、哈萨克斯坦、吉尔吉斯斯坦、乌兹别克斯坦、日本、蒙古、俄罗斯；亚洲、欧洲、美洲有分布。
药用。

78. 无心菜属 Arenaria L.

（486）刚硬老牛筋 **Arenaria androsacea Grubov** = *Eremogone rigida*（M. Bieb.）Fenzl
多年生垫状草本。生于高山和亚高山砾石质坡地、干旱山坡。海拔 2 200~4 170 m。
产东天山。中国、蒙古、俄罗斯；亚洲有分布。

（487）毛叶老牛筋 **Arenaria capillaries Poir.** = *Eremogone capillaries*（Poir.）Fenzl
多年生草本。生于高山和亚高山草甸、河谷沙地、干旱山坡。海拔 2 400~4 310 m。
产中央天山。中国、蒙古、俄罗斯；亚洲、美洲有分布。

（488）扁翅无心菜 **Arenaria compressa Mc Neill**
多年生草本。生于山坡草地、山坡沙砾地。海拔 1 800~3 500 m。
产东南天山。中国、阿富汗、巴基斯坦、印度；亚洲有分布。

（489）狐茅状老牛筋 **Arenaria festucoides Benth.** = *Eremogone festucoides*（Benth.）Rabeler et W. L.
Wagner = *Eremogone festucoides* Benth.
多年生垫状草本。生于高山和亚高山草甸、山坡草地。海拔 2 000~4 700 m。
产东天山。中国、巴基斯坦、印度；亚洲有分布。
药用。

（490）美丽老牛筋 **Arenaria formosa Fisch. ex Ser.** = *Eremogone formosa*（Fisch. ex Ser.）Fenzl
多年生草本。生于山地草坡。海拔 1 800~2 200 m。
产东天山。中国、蒙古、俄罗斯；亚洲有分布。

（491）裸茎老牛筋 **Arenaria griffithii Boiss.** = *Eremogone griffithii*（Boiss.）Ikonn
多年生垫状草本。生于山地河谷、山地草甸、草原。海拔 1 800~3 000 m。
产东南天山、北天山。中国、哈萨克斯坦、阿富汗；亚洲有分布。

（492）甘肃雪灵芝 **Arenaria kansuensis Maxim.** = *Eremogone kansuensis*（Maxim.）Dillenb. et Kadereit
多年生草本。生于亚高山和高山草甸、高山砾石质荒漠、山地草原。海拔 2 200~4 500 m。
产东天山、内天山。中国；亚洲有分布。
中国特有成分。药用。

（493）细枝无心菜 **Arenaria leptoclados**（**Reichb.**）**Guss.**
一年生草本。生于干旱山坡、田野、荒地。海拔 700~2 100 m。

产东天山、准噶尔阿拉套山、北天山、西天山、西南天山。中国、哈萨克斯坦、吉尔吉斯斯坦、乌兹别克斯坦、伊朗、俄罗斯;亚洲、欧洲、非洲有分布。

(494) 高山老牛筋 **Arenaria meyeri Fenzl ex Ledeb** = *Eremogone meyeri*（Fenzl）Ikonn.

多年生垫状草本。生于亚高山草甸、山地草甸。海拔 2 400~2 800 m。

产东天山、准噶尔阿拉套山、北天山、东南天山。中国、哈萨克斯坦、吉尔吉斯斯坦、乌兹别克斯坦、阿富汗、俄罗斯;亚洲有分布。

*(495) 大叶老牛筋 **Arenaria paulsenii H. Winkl.** = *Eremogone paulsenii*（H. Winkl.）Ikonn.

多年生草本。生于山地河谷、山崖岩石缝。海拔 600~1 600 m。

产西南天山、内天山。吉尔吉斯斯坦、乌兹别克斯坦;亚洲有分布。

(496) 五蕊老牛筋 **Arenaria potaninii Schischk.** = *Eremogone potaninii*（Schischk.）Rabeler et W. L. Wagner

多年生草本。生于山地林下、阴坡草地。海拔 2 400 m 上下。

产东天山。中国、哈萨克斯坦、俄罗斯;亚洲有分布。

*(497) 圆叶无心菜 **Arenaria rotundifolia M. Bieb.**

多年生草本。生于亚高山草甸、沼泽、山坡草地。海拔 1 800~3 000 m。

产准噶尔阿拉套山、北天山、西天山、西南天山。哈萨克斯坦、吉尔吉斯斯坦、乌兹别克斯坦、俄罗斯;亚洲有分布。

(498) 无心菜（蚤缀）**Arenaria serpyllifolia L.**

一年生草本。生于高山和亚高山草甸、山地林下、石质山坡、荒漠。海拔 860~3 980 m。

产东天山、东北天山、准噶尔阿拉套山、北天山、东南天山、西天山、西南天山。中国、哈萨克斯坦、吉尔吉斯斯坦、乌兹别克斯坦、俄罗斯;亚洲、欧洲、非洲、美洲有分布。

药用、饲料。

*(499) 塔拉斯老牛筋 **Arenaria talassica Adylov** = *Eremogone talassica*（Adyl.）Czer.

多年生草本。生于山地河谷、石质山坡。海拔 500~1 500 m。

产西南天山。乌兹别克斯坦;亚洲有分布。

*(500) 吐兰老牛筋 **Arenaria turlanica Bajtenov** = *Eremogone turlanica*（Bajten.）Czer.

多年生草本。生于山地草坡、山崖岩石缝。海拔 1 500~2 900 m。

产北天山、西天山。哈萨克斯坦、吉尔吉斯斯坦、乌兹别克斯坦;亚洲有分布。

79. 种阜草属 Moehringia L.

(501) 侧花种阜草 **Moehringia lateriflora**（L.）Fenzl

多年生草本。生于山地林下、林缘、湿地、草甸。海拔 1 000~2 300 m。

产东天山、东北天山、准噶尔阿拉套山、北天山。中国、日本、蒙古、土耳其、俄罗斯;亚洲、美洲有分布。

饲料。

(502) 三脉种阜草 **Moehringia trinervia**（L.）Clairv.

一年生或二年生草本。生于亚高山草甸、山地林下、林缘、山坡草地。海拔 1 400~3 000 m。

产准噶尔阿拉套山、北天山、西天山、西南天山。中国、哈萨克斯坦、吉尔吉斯斯坦、乌兹别克斯坦、伊朗、俄罗斯;亚洲有分布。

药用。

（503）喜阴种阜草 **Moehringia umbrosa**（Bunge）**Fenzl**

多年生草本。生于亚高山草甸、山地林下、山坡、山地灌丛。海拔 1 500~2 700 m。

产东天山、准噶尔阿拉套山、北天山、西天山、西南天山。中国、哈萨克斯坦、吉尔吉斯斯坦、乌兹别克斯坦、俄罗斯;亚洲有分布。

80. 囊种草属 **Thylacospermum Fenzl**

（504）簇生囊种草 **Thylacospermum caespitosum**（Cambss.）**Schischk.** = *Thylacospermum rupifragum*（Kar. et Kir.）Schrenk

多年生垫状草本。生于高山荒漠、流石滩、高山草甸、沼泽。海拔 3 000~5 000 m。

产东天山、东北天山、准噶尔阿拉套山、北天山、东南天山。中国、哈萨克斯坦、吉尔吉斯斯坦、印度、尼泊尔;亚洲有分布。

81. 麦仙翁属（麦毒草属） **Agrostemma L.**

（505）麦仙翁 **Agrostemma githago L.**

一年生草本。生于低山山坡、草地、农田、路边。海拔 600~1 400 m。

产东天山、东北天山、准噶尔阿拉套山、北天山、西天山、西南天山。中国、哈萨克斯坦、吉尔吉斯斯坦、乌兹别克斯坦、俄罗斯;亚洲、欧洲、北非、美洲有分布。

药用、有毒。

82. 蝇子草属 **Silene L.**

*（506）尖齿蝇子草 **Silene acutidentata Bondarenko et Vvedenskii**

多年生草本。生于山地灌丛、山地石质化阳坡草地、荒漠化草原。海拔 900~1 700 m。

产北天山。哈萨克斯坦;亚洲有分布。

哈萨克斯坦特有成分。

（507）腺花蝇子草 **Silene adenopetala Raikova**

多年生草本。生于亚高山石质山坡、山地河流沿岸、岩石缝、山坡草地。海拔 950~2 900 m。

产东天山、北天山、西天山、西南天山。中国、哈萨克斯坦、吉尔吉斯斯坦、乌兹别克斯坦;亚洲有分布。

药用。

（508）斋桑蝇子草 **Silene alexandrae B. Keller**

多年生草本。生于山地林缘、沟谷、山坡草地、岩石缝。海拔 1 100~2 000 m。

产东天山、东北天山、准噶尔阿拉套山、北天山、西天山、西南天山。中国、哈萨克斯坦、吉尔吉斯斯坦、乌兹别克斯坦;亚洲有分布。

药用。

（509）阿尔泰蝇子草 **Silene altaica Pers.**

亚灌木。生于砾石质山坡、河谷、沙质河滩、岩石缝。海拔 1 300~2 300 m。

产东天山、准噶尔阿拉套山、北天山、东南天山。中国、哈萨克斯坦、俄罗斯;亚洲有分布。

*（510）异萼蝇子草 **Silene anisoloba Schrenk**

多年生草本。生于山麓干旱山坡、石质荒漠。海拔 900~1 500 m。

产准噶尔阿拉套山。哈萨克斯坦、俄罗斯;亚洲有分布。

（511）小瓣蝇子草 **Silene apetala（L.）Willd.** = *Melandrium apetalum*（L.）Fenzl = *Gastrolychnis apetala*（L.）Tolm.

多年生草本。生于高山和亚高山草甸、山地林间草地、林缘、灌丛、砾石质山坡。海拔 1 800~4 600 m。

产东天山、东北天山、准噶尔阿拉套山、北天山、东南天山、内天山、西天山、西南天山。中国、哈萨克斯坦、吉尔吉斯斯坦、乌兹别克斯坦、日本、俄罗斯;亚洲、欧洲、美洲有分布。

（512）女娄菜 **Silene aprica Turcz ex Fisch. et C. A. Mey.** = *Melandrium apricum*（Turcz. ex Fisch. et Mey.）Rohrb.

一年生或二年生草本。生于高山和亚高山草甸、山地林下、林缘、山地草原、砾石质山坡、盐化草甸、沙质草地、固定沙丘。海拔 1 500~4 500 m。

产东天山、东北天山、准噶尔阿拉套山、北天山、东南天山、中央天山。中国、日本、朝鲜、蒙古、俄罗斯;亚洲有分布。

饲料、药用。

*（513）巴江蝇子草 **Silene badachschanica Ovczinn**

多年生草本。生于石质山坡、山崖石缝、灌丛、河谷。海拔 900~2 800 m。

产西天山。吉尔吉斯斯坦、乌兹别克斯坦;亚洲有分布。

*（514）巴尔喀什蝇子草 **Silene balchaschensis Schischk.**

多年生草本。生于低山丘陵、山麓石质山坡、荒漠化草原。海拔 900~1 600 m。

产准噶尔阿拉套山、北天山。哈萨克斯坦、吉尔吉斯斯坦;亚洲有分布。

*（515）巴庄蝇子草 **Silene baldshuanica B. Fedtsch.**

多年生草本。生于山地森林灌丛、河谷。海拔 700~3 100 m。

产西天山。吉尔吉斯斯坦、乌兹别克斯坦;亚洲有分布。

*（516）北哈蝇子草 **Silene betpakdalensis Bajt.**

多年生草本。生于山麓平原荒漠、砾石质山地草原。海拔 300~2 400 m。

产北天山。哈萨克斯坦;亚洲有分布。

*（517）波普洛夫蝇子草 **Silene bobrovii Schischk.**

多年生草本。生于低山山谷、砾石堆。海拔 600~2 900 m。

产西天山。吉尔吉斯斯坦、乌兹别克斯坦;亚洲有分布。

*（518）石灰蝇子草 **Silene brahuica Boiss.**

多年生草本。生于亚高山草甸、中山石质坡地、沙质荒漠、石灰岩荒漠、黏土荒漠。海拔 1 500~3 000 m。

产准噶尔阿拉套山、北天山、内天山、西天山、西南天山。哈萨克斯坦、吉尔吉斯斯坦、乌兹别克斯坦;亚洲有分布。

*（519）布哈拉蝇子草 **Silene bucharica Popow**

多年生草本。生于石膏荒漠、砾石质山坡、山麓平原荒漠草地。海拔 550~1 500 m。

产西天山、西南天山。吉尔吉斯斯坦、乌兹别克斯坦；亚洲有分布。

（520）暗色蝇子草 **Silene bungei Bocquet** = *Gastrolychnis tristis*（Bunge）Czer. = *Melandrium triste* (Bunge) Fenzl = *Gastrolychnis tristis*（Bunge）Rupr.

多年生草本。生于高山和亚高山草甸、山地林缘、山地草甸。海拔 1 810~4 600 m。

产东天山、东北天山、准噶尔阿拉套山、北天山、东南天山、中央天山。中国、哈萨克斯坦、吉尔吉斯斯坦、蒙古、俄罗斯；亚洲有分布。

*（521）尾穗蝇子草 **Silene caudata Ovczinn**

多年生草本。生于山地石质盆地、河流阶地。海拔 600~2 900 m。

产西南天山。吉尔吉斯斯坦、乌兹别克斯坦；亚洲有分布。

*（522）细齿蝇子草 **Silene chaetodonta Boiss.**

一年生草本。生于干旱山坡、山地荒漠草原、石灰岩丘陵。海拔 800~2 500 m。

产西南天山。吉尔吉斯斯坦、乌兹别克斯坦；亚洲有分布。

（523）皱叶蝇子草 **Silene chalcedonica**（L.）**E. H. L. Krause** = *Lychnis chalcedonica* L.

多年生草本。生于山地林下、林缘、山地草甸、河谷草甸、河边湿地。海拔 900~2 100 m。

产东天山、准噶尔阿拉套山、北天山。中国、哈萨克斯坦、吉尔吉斯斯坦、乌兹别克斯坦、俄罗斯；亚洲、欧洲有分布。

药用、观赏、植化原料（皂角苷）。

（524）棒状蝇子草 **Silene claviformis Litv.** = *Silene heptapotamica* Schischk.

多年生草本。生于山地林缘、山地草原、沙质荒漠、沙地。海拔 1 000~2 100 m。

产东天山、东北天山、准噶尔阿拉套山、北天山、东南天山、内天山、西天山、西南天山。中国、哈萨克斯坦、吉尔吉斯斯坦、乌兹别克斯坦、埃及；亚洲、非洲有分布。

*（525）黄毛蝇子草 **Silene conica L.** = *Pleconax conica*（L.）Sourk.

一年生草本。生于山地林缘、河漫滩、石质山坡。海拔 1 400~1 700 m。

产北天山、西天山、西南天山。哈萨克斯坦、吉尔吉斯斯坦、乌兹别克斯坦、俄罗斯；亚洲有分布。

*（526）圆锥蝇子草 **Silene coniflora Nees ex Otth** = *Pleconax coniflora*（Otth）Sourk.

一年生草本。生于中山至低山山坡草地、河谷草甸、河流阶地。海拔 900~1 700 m。

产北天山、西天山、西南天山。哈萨克斯坦、吉尔吉斯斯坦、乌兹别克斯坦、俄罗斯；亚洲有分布。

（527）米瓦罐（麦瓶草）**Silene conoidea L.** = *Pleconax conoidea*（L.）Sourk.

一年生草本。生于山坡草地、农田、荒地、沙丘。海拔 450~2 600 m。

产北天山、东天山、东南天山、西天山、西南天山。中国、哈萨克斯坦、吉尔吉斯斯坦、乌兹别克斯坦；亚洲、欧洲、非洲有分布。

药用、食用。

*（528）冠状蝇子草 **Silene coronaria**（L.）**Clairv.** = *Coronaria coriace*（Moench.）Schischk. ex Gorschk.

多年生草本。生于山地草甸、山地灌丛、河漫滩、河流阶地。海拔 1 500~2 400 m。

产北天山、西天山、西南天山。哈萨克斯坦、吉尔吉斯斯坦、乌兹别克斯坦、俄罗斯；亚洲、欧洲有分布。

*（529）短毛蝇子草 **Silene eviscosa Bondarenko et Vvedenskii**

多年生草本。生于低山带山麓石质山坡、河岸湿地。海拔 900~1 700 m。

产西南天山。乌兹别克斯坦；亚洲有分布。

乌兹别克斯坦特有成分。

*（530）菲氏蝇子草 **Silene fedtschenkoana G. Preobr.**

多年生草本。生于细石质山坡、山地荒漠草原。海拔 600~2 400 m。

产西天山。吉尔吉斯斯坦、乌兹别克斯坦；亚洲有分布。

*（531）费氏蝇子草 **Silene fedtschenkoi Bondarenko et Vvedenskii**

多年生草本。生于山地草原、灌丛。海拔 800~1 500 m。

产北天山、内天山、西天山、西南天山。哈萨克斯坦、吉尔吉斯斯坦、乌兹别克斯坦；亚洲有分布。

*（532）费尔干纳蝇子草 **Silene ferganica G. Preobr.** = *Melandrium ferganicum*（Preobr.）Schischk.

多年生草本。生于中山带森林灌丛、河谷。海拔 700~2 600 m。

产西南天山。吉尔吉斯斯坦、乌兹别克斯坦；亚洲有分布。

*（533）卵叶蝇子草 **Silene gavrilovii（Krasnov）Popov**

多年生草本。生于低山丘陵、山麓石质坡地、沙地。海拔 1 200~2 400 m。

产准噶尔阿拉套山、北天山、西天山、西南天山。哈萨克斯坦、吉尔吉斯斯坦、乌兹别克斯坦；亚洲有分布。

（534）线叶蝇子草 **Silene gebleriana Schrenk**

多年生草本。生于亚高山草甸、林缘、林间草地、干旱山坡、沼泽草甸。海拔 1 100~2 700 m。

产东天山、东北天山、准噶尔阿拉套山、北天山、西天山、西南天山。中国、哈萨克斯坦、吉尔吉斯斯坦、乌兹别克斯坦；亚洲有分布。

药用。

*（535）无毛女娄菜 **Silene glaberrimum（Bondar. et Vved.）comb. ined.** = *Melandrium glaberrimum* Bondarenko et Vvedenskii

多年生草本。生于石质山坡、河谷、山口阶地。海拔 600~2 900 m。

产北天山、西天山。哈萨克斯坦、吉尔吉斯斯坦；亚洲有分布。

*（536）高罗蝇子草 **Silene glaucescens Schischk.**

多年生草本。生于岩石峭壁、山地荒漠草原、石膏质荒漠草地、石灰岩低山丘陵。海拔 500~2 700 m。

产准噶尔阿拉套山、西南天山、西天山。哈萨克斯坦、吉尔吉斯斯坦、乌兹别克斯坦；亚洲有分布。

（537）隐瓣蝇子草 **Silene gonosperma（Rupr.）Bocquet** = *Gastrolychnis gonosperma*（Rupr.）S. K. Czerepanov

多年生草本。生于高山和亚高山草甸、流石滩、山坡草地。海拔 1 600~4 400 m。

产东天山、准噶尔阿拉套山、北天山、东南天山、内天山。中国、哈萨克斯坦；亚洲有分布。

（538）禾叶蝇子草 **Silene graminifolia Otth.**

多年生草本。生于高山和亚高山草甸、林下、林缘、林间草地、河漫滩、山坡草地。海拔 1 500~4 200 m。

产东天山、东北天山、准噶尔阿拉套山、北天山、东南天山、中央天山、内天山、西天山、西南天山。中国、哈萨克斯坦、吉尔吉斯斯坦、乌兹别克斯坦、俄罗斯；亚洲有分布。

药用。

*（539）刚毛蝇子草 **Silene guntensis B. Fedtsch.**

多年生草本。生于山地石质山坡、岩石缝。海拔 1 700~3 100 m。

产北天山、内天山、西天山、西南天山。哈萨克斯坦、吉尔吉斯斯坦、乌兹别克斯坦；亚洲有分布。

（540）霍城蝇子草 **Silene huochenensis X. M. Pi et X. L. Pan**

多年生草本。生于山坡草地。海拔 1 500 m 上下。

产北天山。中国；亚洲有分布。

中国特有成分。

*（541）卷心皮蝇子草 **Silene incurvifolia Kar. et Kir.**

多年生草本。生于山麓石质山坡、平原沙地。海拔 600~1 600 m。

产准噶尔阿拉套山、北天山、内天山、西天山、西南天山。哈萨克斯坦、吉尔吉斯斯坦、乌兹别克斯坦、俄罗斯；亚洲有分布。

（542）细蝇子草 **Silene involucrata subsp. tenella**（**Tolmatchew**）**Bocquet** = *Melandrium tenellum* (Tolm.) Tolm.

多年生草本。生于山地草甸。海拔 1 800 m 上下。

产东天山。中国、俄罗斯；亚洲有分布。

*（543）锡尔河蝇子草 **Silene jaxartica Pavlov**

多年生草本。生于盐化草甸、湿草地。海拔 600~1 500 m。

产西天山。乌兹别克斯坦；亚洲有分布。

乌兹别克斯坦特有成分。

（544）山蚂蚱 **Silene jenisseiensis Willd.**

多年生草本。生于山地林缘、山地草甸、砾质山坡、沙质草地、湖边沙地、固定沙丘。海拔 500~2 300 m。

产东天山、东北天山、北天山。中国、哈萨克斯坦、俄罗斯；亚洲有分布。

药用。

*（545）黑峰蝇子草 **Silene karaczukuri B. Fedtsch.**

多年生草本。生于岩石峭壁、碎石质山坡、河谷、山崖石缝、冰川冰碛石堆。海拔 2 600~3 600 m。

产西天山、西南天山。吉尔吉斯斯坦、乌兹别克斯坦；亚洲有分布。

（546）轮伞蝇子草 **Silene komarovii Schischk.**

多年生草本。生于低山丘陵、河漫滩草甸。海拔 600~1 200 m。

产准噶尔阿拉套山、北天山、西天山。中国、哈萨克斯坦、吉尔吉斯斯坦、塔吉克斯坦;亚洲有分布。

*(547) 考氏蝇子草 **Silene korshinskyi Schischk.**

多年生草本。生于亚高山草甸、山崖岩石缝、沙质湿地。海拔 2 900～3 100 m。

产北天山、内天山、西天山、西南天山。哈萨克斯坦、吉尔吉斯斯坦、乌兹别克斯坦;亚洲有分布。

*(548) 西阿莱蝇子草 **Silene kudrjaschevii Schischk.**

多年生草本。生于石膏质平原荒漠、山地荒漠草原、圆柏灌丛。海拔 400～2 800 m。

产西南天山。吉尔吉斯斯坦、乌兹别克斯坦;亚洲有分布。

*(549) 库氏蝇子草 **Silene kuschakewiczii Regel et Schmalh.**

多年生草本。生于亚高山草甸、冰川冰碛堆、石灰岩山坡。海拔 1 800～2 900 m。

产北天山、内天山、西天山、西南天山。哈萨克斯坦、吉尔吉斯斯坦、乌兹别克斯坦;亚洲有分布。

(550) 白花蝇子草 **Silene latifolia subsp. alba**（Miller）**Greuter et Burdet** = *Silene pratensis*（Rafin.）Godron et Gren. = *Melandrium album*（Miller）Garcke

一年生或二年生草本。生于亚高山草甸、山地林下、林缘、石质山坡、灌丛、沟渠边、田边。海拔 1 200～2 900 m。

产东天山、东北天山、准噶尔阿拉套山、北天山、内天山。中国、哈萨克斯坦、吉尔吉斯斯坦、蒙古、俄罗斯;亚洲、欧洲、美洲有分布。

药用、饲料、植化原料(皂角苷)。

(551) 喜岩蝇子草 **Silene lithophila Kar. et Kir.**

多年生草本。生于高山和亚高山草甸、山地林缘、干旱山坡、阳坡灌丛、岩石缝。海拔 1 300～4 100 m。

产东天山、东北天山、准噶尔阿拉套山、北天山、东南天山、中央天山、西天山、西南天山。中国、哈萨克斯坦、吉尔吉斯斯坦、乌兹别克斯坦;亚洲有分布。

药用。

*(552) 长萼蝇子草 **Silene longicalycina Kom.**

多年生草本。生于亚高山石质山坡、山地林缘、草甸草原。海拔 1 600～2 900 m。

产北天山、西天山、西南天山。哈萨克斯坦、吉尔吉斯斯坦、乌兹别克斯坦;亚洲有分布。

*(553) 米克蝇子草 **Silene michelsonii Preobr.**

多年生草本。生于山崖石缝、河谷。海拔 900～3 100 m。

产西南天山。吉尔吉斯斯坦、乌兹别克斯坦;亚洲有分布。

*(554) 单花蝇子草 **Silene monerantha Williams** = *Silene monantha* S. Watson.

多年生草本。生于山地草原、山崖石缝、河谷。海拔 900～2 900 m。

产西南天山。吉尔吉斯斯坦、乌兹别克斯坦;亚洲有分布。

*(555) 山地短女娄菜 **Silene montbretiana Boiss.** = *Melandrium eriocalycinum* Boiss.

一年生或二年生草本。生于圆柏灌丛、山地阴坡暗潮湿处。海拔 600～3 100 m。

产北天山、西天山、西南天山。哈萨克斯坦、吉尔吉斯斯坦、乌兹别克斯坦;亚洲、欧洲有分布。

*（556）多花蝇子草 Silene multiflora（Ehrh.）Pers.

　　多年生草本。生于山地林下、林缘、草原。海拔 500～1 600 m。

　　产准噶尔阿拉套山。哈萨克斯坦、俄罗斯；亚洲、欧洲有分布。

*（557）姆氏蝇子草 Silene muslimii Pavlov

　　多年生草本。生于山麓坡地、平原石质沙地、荒漠化草原。海拔 900～1 700 m。

　　产准噶尔阿拉套山、北天山。哈萨克斯坦；亚洲有分布。

　　哈萨克斯坦特有成分。

（558）矮蝇子草 Silene nana Kar. et Kir.

　　一年生草本。生于戈壁荒漠、沙地。海拔 300～800 m。

　　产东天山、东北天山、准噶尔阿拉套山。中国、哈萨克斯坦、巴基斯坦、伊朗；亚洲有分布。

　　药用。

*（559）涅氏蝇子草 Silene nevskii Schischk. =*Siline bogdanii* Ovcz.

　　多年生草本。生于亚高山石质坡地、山崖岩石缝。海拔 1 600～3 000 m。

　　产北天山、内天山、西天山、西南天山。哈萨克斯坦、吉尔吉斯斯坦、乌兹别克斯坦；亚洲有分布。

（560）夜花蝇子草 Silene noctiflora L. =*Melandrium noctiflorum*（L.）Fries

　　一年生草本。生于山地林缘、林间草地、石质山坡、山地草原、灌丛、河漫滩、杜加依林下、草甸湿地。海拔 800～2 600 m。

　　产东天山、东北天山、准噶尔阿拉套山、北天山、东南天山、内天山、西天山。中国、哈萨克斯坦、吉尔吉斯斯坦、乌兹别克斯坦、伊朗、俄罗斯；亚洲、欧洲有分布。

*（561）倒卵叶蝇子草 Silene obovata Schischk.

　　多年生草本。生于石灰岩丘陵、河流阶地。海拔 700～1 600 m。

　　产北天山、内天山、西天山、西南天山。哈萨克斯坦、吉尔吉斯斯坦、乌兹别克斯坦；亚洲有分布。

*（562）长尖齿蝇子草 Silene obtusidentata B. Fedtsch. et M. Pop.

　　多年生草本。生于低山丘陵、山麓坡地、石灰岩干旱山坡。海拔 800～1 600 m。

　　产北天山、内天山、西天山、西南天山。哈萨克斯坦、吉尔吉斯斯坦、乌兹别克斯坦；亚洲有分布。

（563）香蝇子草 Silene odoratissima Bunge =*Silene olgiana* B. Fedtsch.

　　多年生草本。生于低山荒漠、石质山坡、荒漠草原、荒地、固定和半固定沙丘、沙地。海拔 400～800 m。

　　产东天山、东北天山、准噶尔阿拉套山、北天山、东南天山。中国、哈萨克斯坦、埃及；亚洲、非洲有分布。

　　药用。

*（564）山地蝇子草 Silene oreina Schischk.

　　多年生草本。生于山崖石缝、山坡、河谷、河床。海拔 600～2 700 m。

　　产西南天山。吉尔吉斯斯坦、乌兹别克斯坦；亚洲有分布。

*（565）金黄蝇子草 Silene paranadena Bondarenko et Vvedenskii

　　多年生草本。生于山地细石质阳坡草地、河床、岩石峭壁。海拔 800～3 100 m。

　　产西南天山。吉尔吉斯斯坦、乌兹别克斯坦；亚洲有分布。

*（566）密叶蝇子草 **Silene plurifolia Schischk.**

多年生草本。生于石质山坡、河流阶地。海拔 700～2 700 m。

产西南天山。吉尔吉斯斯坦、乌兹别克斯坦；亚洲有分布。

*（567）波波夫蝇子草 **Silene popovii Schischk.**

多年生草本。生于山麓平原荒漠草地、洪积扇。海拔 500～2 900 m。

产西南天山、西天山。吉尔吉斯斯坦、乌兹别克斯坦；亚洲有分布。

*（568）长花蝇子草 **Silene praelonga Ovczinn**

多年生草本。生于山地圆柏林下、山坡草地。海拔 1 500～2 800 m。

产北天山、内天山、西天山。哈萨克斯坦、吉尔吉斯斯坦、乌兹别克斯坦；亚洲有分布。

*（569）短枝蝇子草 **Silene praemixta Popov**

多年生草本。生于荒漠河岸林下、梭梭林下、荒漠草原、沙地。海拔 400～900 m。

产北天山、内天山、西天山、西南天山。哈萨克斯坦、吉尔吉斯斯坦、乌兹别克斯坦；亚洲有分布。

（570）昭苏蝇子草 **Silene pseudotenuis Schischk.**

多年生草本。生于石质化山坡草地。海拔 1 900～3 200 m。

产北天山。中国、哈萨克斯坦、吉尔吉斯斯坦；亚洲有分布。

*（571）毛萼蝇子草 **Silene pubicalyx Bondarenko et Vvedenskil**

多年生草本。生于山地林间草地、山崖岩石缝。海拔 900～1 700 m。

产北天山、西天山。吉尔吉斯斯坦、乌兹别克斯坦；亚洲有分布。

*（572）短叶蝇子草 **Silene pugionifolia Popow**

多年生草本。生于低山干旱石质山坡、河谷草地。海拔 700～1 500 m。

产北天山、内天山、西天山、西南天山。哈萨克斯坦、吉尔吉斯斯坦、乌兹别克斯坦；亚洲有分布。

（573）四裂蝇子草 **Silene quadriloba Turcz. ex Kar. et Kir.** =*Melandrium quadrilobum*（Turcz. ex Kar. et Kir.）Schischk.

二年生草本。生于山地林缘、低山干旱山坡、灌丛、河漫滩、沙地。海拔 600～2 000 m。

产东天山、东北天山、准噶尔阿拉套山、北天山。中国、哈萨克斯坦、蒙古、俄罗斯；亚洲有分布。

（574）蔓茎蝇子草（匍生蝇子草）**Silene repens Patrin** =*Silene repens* var. *latifolia* Turcz.

多年生草本。生于亚高山草甸、山地林下、林缘、阳坡草地、山地草原、砾石质山坡、河漫滩草甸、湖边沙地。海拔 900～2 500 m。

产东天山、东北天山、准噶尔阿拉套山、北天山、东南天山。中国、哈萨克斯坦、吉尔吉斯斯坦、日本、蒙古、俄罗斯；亚洲、欧洲有分布。

药用。

*（575）撒马尔罕蝇子草 **Silene samarkandensis G. Preobr.** =*Silene conformifolia*（Preobr.）Preobr. ex Schischk.

多年生草本。生于山谷、山崖石缝、石质山坡、石灰质低山石缝、圆柏灌丛、高山倒石堆。海拔 700～3 600 m。

产西南天山。吉尔吉斯斯坦、乌兹别克斯坦；亚洲有分布。

*（576）孜拉夫善蝇子草 Silene sarawschanica Regel et Schmalh. ex Regel

多年生草本。生于黄土丘陵、第四纪山地沉积堆。海拔 600~2 900 m。

产西南天山。吉尔吉斯斯坦、乌兹别克斯坦；亚洲有分布。

*（577）疏叶蝇子草 Silene scabrifolia Kom.

多年生草本。生于细石质山坡、黏土质黄土丘陵、洪积扇。海拔 700~3 000 m。

产西南天山。吉尔吉斯斯坦、乌兹别克斯坦；亚洲有分布。

*（578）锡氏蝇子草 Silene schischkinii（M. Pop.）Vved.

多年生草本。生于高山和亚高山石质山坡。海拔 2 900~3 100 m。

产北天山、内天山、西天山、西南天山。哈萨克斯坦、吉尔吉斯斯坦、乌兹别克斯坦；亚洲有分布。

*（579）疏故南蝇子草 Silene schugnanica B. Fedtsch.

多年生草本。生于岩石峭壁、石质山坡、山崖石缝、洪积扇。海拔 700~2 600 m。

产西南天山。吉尔吉斯斯坦、乌兹别克斯坦；亚洲有分布。

*（580）西米诺蝇子草 Silene semenovii Regel et Herd.

多年生草本。生于山麓坡地、田边、荒漠草原、沙砾质草地。海拔 1 200~2 500 m。

产准噶尔阿拉套山、北天山。哈萨克斯坦、吉尔吉斯斯坦；亚洲有分布。

（581）西伯利亚蝇子草 Silene sibirica（L.）Pers.

多年生草本。生于山地林缘、林间草地、山地草原、山地荒漠草原、沙地。海拔 420~2 400 m。

产东天山、东北天山、准噶尔阿拉套山、北天山。中国、哈萨克斯坦、俄罗斯；亚洲有分布。

药用。

*（582）盐生蝇子草 Silene sibirica var. holopetala（Bunge）Lazkov = Silene holopetala Bunge

多年生草本。生于岩石峭壁、山崖、河谷、渠边。海拔 600~2 300 m。

产准噶尔阿拉套山、北天山、西天山。哈萨克斯坦、吉尔吉斯斯坦；亚洲有分布。

（583）准噶尔蝇子草 Silene songarica（Fisch. Mey. et Avé-Lall.）Bocquet = Melandrium brachypetalum（Hornem.）Fenzl

多年生草本。生于高山和亚高山草甸、林缘、山地干草原、多砾石灌丛、山坡草地。海拔 1 600~4 700 m。

产东天山、东北天山、准噶尔阿拉套山、北天山、东南天山、内天山。中国、哈萨克斯坦、蒙古、俄罗斯；亚洲有分布。

*（584）窄瓣蝇子草 Silene stenantha Ovczinn.

多年生草本。生于低山石质山坡、沙地、荒漠草地。海拔 800~1 600 m。

产北天山、内天山、西天山、西南天山。哈萨克斯坦、吉尔吉斯斯坦、乌兹别克斯坦；亚洲有分布。

（585）细裂蝇子草 Silene suaveolens Turcz. ex Kar. et Kir.

二年生草本。生于山地草甸。海拔 1 800 m 上下。

产北天山。中国、哈萨克斯坦、吉尔吉斯斯坦、蒙古、阿富汗；亚洲有分布。

*（586）黄柄蝇子草 Silene subadenophora Ovczinn.

多年生草本。生于岩石峭壁、山坡碎石堆。海拔 700~3 100 m。

产西南天山。吉尔吉斯斯坦、乌兹别克斯坦；亚洲有分布。

（587）冠瘤蝇子草 **Silene tachtensis Franch.**

　　多年生草本。生于山地石质山坡草地。海拔 700~2 100 m。

　　产北天山、内天山、西天山、西南天山。中国、哈萨克斯坦、吉尔吉斯斯坦、乌兹别克斯坦、伊朗；亚洲有分布。

（588）天山蝇子草 **Silene tianschanica Schischk.**

　　多年生草本。生于亚高山草甸、山地林缘、阳坡石质化草地、岩石缝。海拔 1 300~2 500 m。

　　产东天山、东北天山、准噶尔阿拉套山、北天山、东南天山。中国、哈萨克斯坦；亚洲有分布。

　　药用。

＊（589）达坂蝇子草 **Silene trajectorum Kom.**

　　多年生草本。生于高山草甸、岩石峭壁、草甸草原、中山带阳坡。海拔 1 800~3 500 m。

　　产西南天山。吉尔吉斯斯坦、乌兹别克斯坦；亚洲有分布。

＊（590）中亚蝇子草 **Silene turkestanica Regel** = *Melandrium turkestanicum*（Rgl.）Vved.

　　多年生草本。生于石质山坡、河谷、山崖石缝、石灰岩丘陵、圆柏灌丛。海拔 2 800~3 200 m。

　　产西天山、西南天山。吉尔吉斯斯坦、乌兹别克斯坦；亚洲有分布。

（591）黏毛蝇子草 **Silene viscosa**（L.）**Pers.** = *Melandrium viscosum*（L.）Celak.

　　二年生草本。生于山地林下、林缘、山地草甸、干旱山坡、山地荒漠草原。海拔 300~2 100 m。

　　产东天山、东北天山、准噶尔阿拉套山、北天山、西天山、西南天山。中国、哈萨克斯坦、吉尔吉斯斯坦、乌兹别克斯坦、蒙古、伊朗、俄罗斯；亚洲、欧洲有分布。

（592）狗筋麦瓶草 **Silene vulgaris**（Moench）**Garcke** = *Silene wallichiana* Klotzsch = *Silene venosa*（Gilib.）Ascherson

　　多年生草本。生于亚高山草甸、山地林下、林缘、林间草甸、山地草原、沟谷灌丛、河漫滩、撂荒地、田边。海拔 900~2 800 m。

　　产东天山、东北天山、准噶尔阿拉套山、北天山、东南天山、西天山、西南天山。中国、哈萨克斯坦、吉尔吉斯斯坦、乌兹别克斯坦、蒙古、伊朗、土耳其、印度、尼泊尔；亚洲有分布。

　　药用。

（593）白玉草 **Silene vulgaris subsp. bosniaca**（G. Beck）**Janchen ex Greuter, Burdet et Long** = *Silene vulgaris* var. *commutata*（Guss.）Coode et Cullen

　　多年生草本。生于山地林下、山地草甸。海拔 1 300~2 500 m。

　　产东天山、北天山、东南天山。中国、俄罗斯；亚洲、欧洲有分布。

　　药用、食用、植化原料（皂角苷）、蜜源。

（594）伏尔加河蝇子草 **Silene wolgensis**（Hornem.）**Otth**

　　二年生草本。生于山地林下、林缘、河谷、河漫滩草甸、荒漠草原。海拔 1 100~1 700 m。

　　产准噶尔阿拉套山、北天山。中国、哈萨克斯坦、俄罗斯；亚洲、欧洲有分布。

　　药用、植化原料（皂角苷）、蜜源。

83. 剪秋罗属 Lychnis L

（595）皱叶剪秋罗 **Lychnis chalcedonica L.**

　　多年生草本。生于山地林下、林缘、山地草甸、河谷草甸、河边湿地。海拔 900~2 100 m。

产东天山、准噶尔阿拉套山、北天山。中国、哈萨克斯坦、吉尔吉斯斯坦、乌兹别克斯坦、俄罗斯;亚洲、欧洲有分布。

84. 石头花属 Gypsophila L.

(596) 高石头花 **Gypsophila altissima L.**

多年生草本。生于亚高山草甸、山地林下、林缘、河谷林下、河岸草甸。海拔 1 400~2 500 m。

产东天山、东北天山、准噶尔阿拉套山、北天山、西天山。中国、哈萨克斯坦、吉尔吉斯斯坦、乌兹别克斯坦、俄罗斯;亚洲、欧洲有分布。

药用。

*(597) 奥利石头花 **Gypsophila aulieatensis B. Fedtsch.**

多年生草本。生于低山丘陵、山麓坡地。海拔 100~2 500 m。

产北天山、西天山。吉尔吉斯斯坦、乌兹别克斯坦;亚洲有分布。

(598) 头状石头花 **Gypsophila capituliflora Rupr.** = *Gypsophila dshungaricum* Czern.

多年生草本。生于山地林下、林缘、山地草原、砾石质山坡、河谷、灌丛。海拔 550~2 100 m。

产东天山、东北天山、准噶尔阿拉套山、北天山、中央天山、内天山、西天山、西南天山。中国、哈萨克斯坦、吉尔吉斯斯坦、乌兹别克斯坦;亚洲有分布。

药用。

(599) 膜苞石头花 **Gypsophila cephalotes（Schrenk）F. N. Williams**

多年生草本。生于高山和亚高山草甸、山地林下、林缘、灌丛、山地草原、河谷草甸。海拔 900~4 350 m。

产东天山、东北天山、准噶尔阿拉套山、北天山、东南天山、内天山、西天山、西南天山。中国、哈萨克斯坦、吉尔吉斯斯坦、乌兹别克斯坦、俄罗斯;亚洲有分布。

(600) 荒漠石头花 **Gypsophila desertorum（Bunge）Fenzl** = *Heterochroa desertorum* Bunge

多年生草本。生于山地石质坡地、荒漠戈壁。海拔 700~1 500 m。

产北天山。中国、俄罗斯;亚洲有分布。

(601) 缕丝花 **Gypsophila elegans M. Bieb.**

一年生草本。生于林下、沟渠边、田边、村落周边。海拔 2~2 830 m。

产东天山、东北天山、准噶尔阿拉套山、北天山。中国、哈萨克斯坦、俄罗斯;亚洲、欧洲有分布。

*(602) 异化石头花草 **Gypsophila floribunda（Kar. et Kir.）Turcz. ex Ledeb.** = *Saponaria floribunda*（Kar. et Kir.）Boiss. = *Psammophiliella floribunda*（Kar. et Kir.）Ikonn.

一年生草本。生于山地石质山坡、沙地。海拔 800~1 800 m。

产准噶尔阿拉套山、北天山、内天山。哈萨克斯坦、吉尔吉斯斯坦、俄罗斯;亚洲有分布。

*(603) 线叶石头花 **Gypsophila linearifolia（Fisch. et C. A. Mey.）Boiss.** = *Dichoglottis linearifolia* Fisch. et C. A. Mey.

一年生草本。生于干旱石膏土荒漠。海拔 400~1 200 m。

产北天山。哈萨克斯坦、俄罗斯;亚洲、欧洲有分布。

(604) 小叶石头花 **Gypsophila microphylla（Schrenk）Fenzl** = *Heterochroa microphylla* Schrenk

多年生草本。生于山地林缘、山地草原。海拔 1 200~2 500 m。

产准噶尔阿拉套山、北天山。中国、哈萨克斯坦、吉尔吉斯斯坦;亚洲有分布。

（605）长蕊石头花 **Gypsophila oldhamiana Miq.**

多年生草本。生于山坡草地、灌丛、沙地。海拔 2 000 m 以下。

产东天山、东北天山、北天山。中国、朝鲜;亚洲有分布。

（606）圆锥石头花 **Gypsophila paniculata L.**

多年生草本。生于山地林缘、灌丛、河漫滩、山地草原、干旱山坡、盐化草甸、固定沙丘、沙地。海拔 400~1 500 m。

产准噶尔阿拉套山、北天山。中国、哈萨克斯坦、吉尔吉斯斯坦、蒙古、俄罗斯;亚洲、欧洲、美洲有分布。

药用、植化原料(皂角苷)、固沙、观赏、饲料。

（607）紫萼石头花 **Gypsophila patrinii Ser.**

多年生草本。生于河谷林下、石质山坡、山地草原、砾质戈壁、沙地。海拔 550~2 700 m。

产东天山、东北天山、准噶尔阿拉套山、北天山、中央天山、内天山。中国、哈萨克斯坦、俄罗斯;亚洲、欧洲有分布。

观赏、植化原料(皂角苷)。

（608）钝叶石头花 **Gypsophila perfoliata L.**

多年生草本。生于河谷林下、河漫滩、盐化草甸、沙化草原、沙地。海拔 340~1 200 m。

产东天山、东北天山、准噶尔阿拉套山、北天山。中国、哈萨克斯坦、蒙古、伊朗、俄罗斯;亚洲、欧洲有分布。

药用。

*（609）长叶石头花 **Gypsophila preobrashenskii Czerniakowska**

多年生草本。生于亚高山石质山坡、石质坡地。海拔 1 500~2 800 m。

产北天山、西天山、西南天山。哈萨克斯坦、吉尔吉斯斯坦、乌兹别克斯坦;亚洲有分布。

（610）绢毛石头花 **Gypsophila sericea（Ser. ex DC.）Krylov**

多年生草本。生于山地林缘、阳坡草甸、灌丛。海拔 1 200~2 400 m。

产东天山。中国、蒙古、俄罗斯;亚洲有分布。

*（611）土耳其石头花 **Gypsophila turkestanica Schischk.** = *Heterochroa turkestanica*（Schischk.）Madhani et Zarre

多年生草本。生于山地石质山坡、山地草原、草甸。海拔 900~1 600 m。

产北天山、西天山、西南天山。哈萨克斯坦、吉尔吉斯斯坦、乌兹别克斯坦;亚洲有分布。

*（612）草原石头花 **Gypsophila stepposa Klokov** = *Psammophiliella stepposa*（Klok.）Ikonn.

一年生草本。生于山麓荒漠化草地。海拔 900~1 600 m。

产准噶尔阿拉套山、北天山、西天山、西南天山。哈萨克斯坦、吉尔吉斯斯坦、乌兹别克斯坦;亚洲有分布。

*（613）阿克陶石头花 **Gypsophila vedeneevae Lepesch. ex V. P. Botschantzev et A. I. Vvedensky**

多年生草本。生于石灰质丘陵、石膏质荒漠。海拔 600~3 100 m。

产西南天山。吉尔吉斯斯坦、乌兹别克斯坦;亚洲有分布。

85. 膜萼花属 Petrorhagia（Ser. ex DC.）Link

（614）直立膜萼花 **Petrorhagia alpina**（Halb.）**P. W. Ball et Heywood** = *Fiedleria alpina*（Hablitz）Ovcz.

二年生草本。生于山地林下、林缘、山地草甸、灌丛、干旱山坡、岩石缝。海拔 1 000~2 100 m。

产北天山、内天山、西天山、西南天山。中国、哈萨克斯坦、吉尔吉斯斯坦、乌兹别克斯坦、俄罗斯；亚洲有分布。

药用。

86. 刺叶属（刺石竹属）Acanthophyllum C. A. Mey.

*（615）白茎刺叶 **Acanthophyllum borsczowii Litw.**

多年生草本或半灌木。生于沙地。海拔 250~900 m。

产西天山。乌兹别克斯坦；亚洲有分布。

乌兹别克斯坦特有成分。

*（616）杂色刺叶 **Acanthophyllum coloratum Schischk.**

多年生草本。生于砾石质山坡、山麓平原荒漠。海拔 800~1 500 m。

产西南天山。吉尔吉斯斯坦、乌兹别克斯坦；亚洲有分布。

*（617）高刺叶 **Acanthophyllum elatius Bunge ex Boiss.**

多年生草本。生于固定和半固定沙漠。海拔 200~2 100 m。

产西南天山。吉尔吉斯斯坦、乌兹别克斯坦、土库曼斯坦；亚洲有分布。

*（618）多枝刺叶 **Acanthophyllum paniculatum Regel et Herd.** = *Allochrusa paniculata*（Regel et Herd.）Ovczinn. et I. G. Czukavin

多年生草本。生于低山荒漠草原、石质山坡。海拔 900~1 600 m。

产准噶尔阿拉套山、北天山、内天山、西天山、西南天山。哈萨克斯坦、吉尔吉斯斯坦、乌兹别克斯坦；亚洲有分布。

*（619）美丽刺叶 **Acanthophyllum pulchrum Schischk.**

多年生草本。生于石质山坡、山地荒漠草原、石膏质荒漠草地。海拔 600~2 800 m。

产西南天山。吉尔吉斯斯坦、乌兹别克斯坦；亚洲有分布。

（620）刺叶 **Acanthophyllum pungens**（Bunge）**Bioss.**

多年生草本。生于多砾石质山坡、固定沙丘、低山坡地。海拔 400~1 300 m。

产东天山、东北天山、准噶尔阿拉套山、北天山、西天山。中国、哈萨克斯坦、吉尔吉斯斯坦、乌兹别克斯坦、蒙古、俄罗斯；亚洲有分布。

观赏、药用。

*（621）疏古南刺叶 **Acanthophyllum schugnanicum Schischk.**

多年生草本。生于石质山坡、河谷、细石质坡地。海拔 800~2 700 m。

产西南天山。吉尔吉斯斯坦、乌兹别克斯坦；亚洲有分布。

*（622）孜拉普善刺叶 **Acanthophyllum serawschanicum Golenk.**

多年生草本。生于岩石峭壁、森林-灌丛带碎石堆、山崖石缝。海拔 900~3 100 m。

产西南天山。吉尔吉斯斯坦、乌兹别克斯坦；亚洲有分布。

*（623）光滑刺叶 **Acanthophyllum subglabrum Schischk.**

多年生草本。生于低山砾石质草地、碎石堆。海拔 700~1 400 m。

产北天山、内天山、西天山、西南天山。哈萨克斯坦、吉尔吉斯斯坦、乌兹别克斯坦；亚洲有分布。

*（624）细叶刺叶 **Acanthophyllum tenuifolium Schischk.**

多年生草本。生于山地碎石质山坡。海拔 100~2 400 m。

产西天山。乌兹别克斯坦；亚洲有分布。

乌兹别克斯坦特有成分。

87. 王不留行属 Vaccaria N. M. Wolf

（625）王不留行 **Vaccaria hispanica（Miller）Rauschert**

一年生草本。生于田间、沟渠边、路边。海拔 −60~3 250 m。

产东天山、东北天山、准噶尔阿拉套山、北天山、东南天山、内天山、西天山。中国、哈萨克斯坦、吉尔吉斯斯坦、乌兹别克斯坦；亚洲、欧洲有分布。

药用、食用。

88. 石竹属 Dianthus L.

（626）针叶石竹 **Dianthus acicularis Fisch. ex Ledeb.**

多年生草本。生于山地林缘、沙砾质河滩、石质山坡、峭壁岩石缝、荒漠。海拔 500~1 300 m。

产东天山、东北天山、准噶尔阿拉套山、北天山。中国、哈萨克斯坦、俄罗斯；亚洲、欧洲有分布。

药用。

*（627）白花石竹 **Dianthus angrenicus A. I. Vvedensky**

多年生草本。生于中山和亚高山砾石质山坡、碎石堆。海拔 1 600~2 900 m。

产北天山、西天山、西南天山。哈萨克斯坦、吉尔吉斯斯坦、乌兹别克斯坦；亚洲有分布。

（628）须苞石竹 **Dianthus barbatus L.**

多年生草本。生于山坡草地。海拔 400~900 m。

产东天山、北天山、西天山。中国、哈萨克斯坦、吉尔吉斯斯坦、乌兹别克斯坦、俄罗斯；亚洲、欧洲有分布。

药用。

*（629）短瓣石竹 **Dianthus brevipetalus A. I. Vvedensky**

多年生草本。生于细石质山坡、河谷。海拔 700~2 700 m。

产西南天山。吉尔吉斯斯坦、乌兹别克斯坦、俄罗斯；亚洲、欧洲有分布。

*（630）田野石竹 **Dianthus campestris M. Bieb.**

多年生草本。生于干旱石质山坡、山崖、针茅草原、黏土丘陵。海拔 600~1 600 m。

产准噶尔阿拉套山、北天山。哈萨克斯坦、俄罗斯；亚洲、欧洲有分布。

（631）石竹 **Dianthus chinensis L.** = *Dianthus versicolor* Fisch. ex Link

多年生草本。生于山地林缘、林间草地、阳坡草地、灌丛、低山丘陵、干旱山坡、荒漠草原。海拔 760~1 850 m。

产东天山、东北天山、准噶尔阿拉套山、北天山。中国、哈萨克斯坦、蒙古、朝鲜、俄罗斯；亚洲、欧洲有分布。

药用、香料、观赏、蜜源。

*（632）巴乐江石竹 **Dianthus crinitus subsp. baldzhuanicus（Lincz.）Rech. f.** = *Dianthus baldzhuanicus* Lincz.

多年生草本。生于山地荒漠草原、洪积扇、细石质山坡。海拔 800~2 700 m。

产西南天山。吉尔吉斯斯坦、乌兹别克斯坦；亚洲有分布。

*（633）长毛石竹 **Dianthus crinitus subsp. tetralepis（Nevski）Rech. f.** = *Dianthus tetralepis* Nevski

多年生草本。生于沙质低山丘陵、石质山坡、碎石堆。海拔 800~1 600 m。

产北天山、西天山、西南天山。哈萨克斯坦、吉尔吉斯斯坦、乌兹别克斯坦；亚洲有分布。

（634）高石竹 **Dianthus elatus Ledeb.**

多年生草本。生于山地林缘、干旱山坡、荒漠草原。海拔 1 100~1 850 m。

产东天山、东北天山、准噶尔阿拉套山、北天山。中国、哈萨克斯坦、俄罗斯；亚洲有分布。

药用。

*（635）海伦石竹 **Dianthus helenae A. I. Vvedensky**

多年生草本。生于细石质山坡、河流阶地。海拔 800~3 110 m。

产西南天山。吉尔吉斯斯坦、乌兹别克斯坦；亚洲有分布。

（636）大苞石竹 **Dianthus hoeltzeri C. Winkler**

多年生草本。生于高山和亚高山草甸、山地林下、林缘、山地草甸、河岸草地、荒地。海拔 1 500~3 200 m。

产东天山、东北天山、准噶尔阿拉套山、北天山、东南天山、中央天山、西天山、西南天山。中国、哈萨克斯坦、吉尔吉斯斯坦、乌兹别克斯坦、俄罗斯；亚洲、欧洲有分布。

药用。

*（637）卡拉套石竹 **Dianthus karataviensis Pavlov**

多年生草本。生于山地石质山坡。海拔 1 300~2 600 m。

产西天山。乌兹别克斯坦；亚洲有分布。

乌兹别克斯坦特有成分。

*（638）吉尔吉斯石竹 **Dianthus kirghizicus Schischk.**

多年生草本。生于低山河流岸边、砾石堆。海拔 100~1 700 m。

产中央天山、西南天山。吉尔吉斯斯坦、乌兹别克斯坦；亚洲有分布。

（639）长萼石竹 **Dianthus kuschakewiczii Regel et Schmalh.** = *Dianthus tianschanicus* Schischk.

多年生草本。生于山地林下、林缘、碎石山坡、山地草甸、沼泽、河边。海拔 650~2 500 m。

产东天山、东北天山、准噶尔阿拉套山、北天山、内天山、西天山、西南天山。中国、哈萨克斯坦、吉尔吉斯斯坦、乌兹别克斯坦；亚洲有分布。

药用。

*（640）多鳞石竹 **Dianthus multisquameus Bondarenko et R. M. Vinogradova**

多年生草本。生于山麓砾石质山坡、碎石堆。海拔 1 000~2 300 m。

产北天山、西天山、西南天山。哈萨克斯坦、吉尔吉斯斯坦、乌兹别克斯坦；亚洲有分布。

（641）南山石竹 **Dianthus nanshanicus C. Y. Yang et L. X. Dong**

多年生草本。生于山地林缘、山坡草地、灌丛。海拔 1 700~1 900 m。

产东北天山。中国;亚洲有分布。

中国特有成分。

（642）缝裂石竹 **Dianthus orientalis Adams**

多年生草本。生于高山和亚高山草甸、山地林缘、山地草原、砾石质山坡、河岸沙砾地、荒漠、沙地。海拔 900~3 000 m。

产东天山、东北天山、准噶尔阿拉套山、北天山、东南天山。中国、哈萨克斯坦、俄罗斯;亚洲有分布。

药用。

*（643）帕米尔石竹 **Dianthus pamiroalaicus Lincz.**

多年生草本。生于细石质山坡、洪积扇、河谷。海拔 600~2 700 m。

产西南天山。吉尔吉斯斯坦、乌兹别克斯坦;亚洲有分布。

*（644）塔拉斯石竹 **Dianthus patentisquameus Bondarenko et R. M. Vinogradova**

多年生草本。生于山地石质山坡。海拔 1 100~2 000 m。

产西南天山。乌兹别克斯坦;亚洲有分布。

乌兹别克斯坦特有成分。

*（645）帕氏石竹 **Dianthus pavlovii Lazkov** = *Dianthus attenuatus* V. Pavlov

多年生草本。生于山坡碎石堆、河谷、阶地。海拔 700~2 600 m。

产西南天山、西天山。吉尔吉斯斯坦、乌兹别克斯坦;亚洲有分布。

（646）多枝石竹 **Dianthus ramosissimus Pall. ex Poir.**

多年生草本。生于山麓石质坡地、山崖石缝、草原。海拔 1 100~2 000 m。

产准噶尔阿拉套山、北天山。中国、哈萨克斯坦、俄罗斯;亚洲有分布。

（647）狭叶石竹 **Dianthus semenovii（Regel et Herder）Vierh.**

多年生草本。生于山地林缘、山坡草地。海拔 1 200~2 000 m.

产准噶尔阿拉套山、北天山、西天山、西南天山。中国、哈萨克斯坦、吉尔吉斯斯坦、乌兹别克斯坦;亚洲有分布。

药用。

*（648）孜拉普善石竹 **Dianthus seravschanicus Schischk.**

多年生草本。生于山崖、低山砾石质草地。海拔 800~3 100 m。

产西天山。哈萨克斯坦、吉尔吉斯斯坦、乌兹别克斯坦;亚洲有分布。

（649）准噶尔石竹 **Dianthus soongoricus Schischk.**

多年生草本。生于高山和亚高山草甸、山地林缘、干旱山坡、沙砾质荒漠草原、山麓洪积-冲积扇、路边。海拔 980~3 200 m。

产东天山、东北天山、准噶尔阿拉套山、北天山。中国、哈萨克斯坦、吉尔吉斯斯坦;亚洲有分布。

药用。

*（650）近土蜜石竹 **Dianthus subscabridus Lincz.**

多年生草本。生于河床、石质山崖、阶地。海拔 600～3 000 m。

产西天山。吉尔吉斯斯坦、乌兹别克斯坦；亚洲有分布。

（651）瞿麦 **Dianthus superbus L.**

多年生草本。生于高山和亚高山草甸、山地林下、林缘、灌丛、山地草甸、岩石缝。海拔 1 500～3 300 m。

产东天山、东北天山、准噶尔阿拉套山、北天山、东南天山、西天山、西南天山。中国、哈萨克斯坦、吉尔吉斯斯坦、乌兹别克斯坦、俄罗斯；亚洲、欧洲有分布。

药用、观赏。

（652）土耳其石竹（细茎石竹）**Dianthus turkestanicus Preobr.**

多年生草本。生于山地林缘、山地草甸、灌丛、石质山坡。海拔 1 100～1 900 m。

产准噶尔阿拉套山、北天山、西天山。中国、哈萨克斯坦、吉尔吉斯斯坦、乌兹别克斯坦；亚洲有分布。

*（653）尖萼石竹 **Dianthus ugamicus A. I. Vvedensky**

多年生草本。生于低山丘陵、山麓石质倾斜平原。海拔 900～1 500 m。

产北天山、西天山、西南天山。哈萨克斯坦、吉尔吉斯斯坦、乌兹别克斯坦；亚洲有分布。

*（654）乌兹别克斯坦石竹 **Dianthus uzbekistanicus Lincz.**

多年生草本。生于黏土质荒漠、砾石质山坡、山地荒漠草原。海拔 800～2 900 m。

产西天山。吉尔吉斯斯坦、乌兹别克斯坦；亚洲有分布。

*89. 异裂霞草属 **Allochrusa Bunge**

*（655）石生异裂霞草 **Allochrusa gypsophiloides（Regel）Schischk.** =*Acanthophyllum gypsophiloides* Regel.

多年生草本。生于干旱山坡、山地荒漠草原、山地草原。海拔 900～2 500 m。

产北天山、西南天山。哈萨克斯坦、吉尔吉斯斯坦、乌兹别克斯坦；亚洲有分布。

*（656）圆锥异裂霞草 **Allochrusa paniculata（Regel et Herd）Ovczinn. et I. G. Czukavin** =*Acanthophyllum paniculata* Regel et Herd.

多年生草本。生于岩石峭壁、山崖、坡积物。海拔 600～2 800 m。

产北天山、西天山、西南天山。哈萨克斯坦、吉尔吉斯斯坦、乌兹别克斯坦；亚洲有分布。

*（657）塔吉克异裂霞草 **Allochrusa tadshikistanica Schischk.** =*Acnthophyllum tadshikstanum*（Schischk.）Schischk.

多年生草本。生于山地荒漠草原、石膏土荒漠草地。海拔 300～2 400 m。

产西南天山。吉尔吉斯斯坦、乌兹别克斯坦；亚洲有分布。

*90. 康霞草属 **Bolbosaponaria Bondar.**

*（658）巴巴山康霞草 **Bolbosaponaria babatagi（Ovcz.）Bondar.**

多年生草本。生于山地荒漠草原、山地草原阳坡。海拔 900～2 900 m。

产西南天山。吉尔吉斯斯坦、乌兹别克斯坦；亚洲有分布。

*（659）布哈拉康霞草 **Bolbosaponaria bucharica**（B. Fedtsch.）**Bondar.** = *Gypsophila bucharica* B. Fedtsch.

多年生草本。生于石膏土荒漠草地、砾石质坡地。海拔 800~2 900 m。

产西南天山。吉尔吉斯斯坦、乌兹别克斯坦；亚洲有分布。

*（660）费氏康霞草 **Bolbosaponaria fedtschenkoana**（Schischk.）**Bondar.** = *Gypsophila bucharica* B. Fedtsch.

多年生草本。生于石膏土山坡、细石质山麓平原、砾石质坡地。海拔 500~2 400 m。

产西南天山。吉尔吉斯斯坦、乌兹别克斯坦；亚洲有分布。

*（661）缠结康霞草 **Bolbosaponaria intricata**（Franch.）**Bondar.** = *Gypsophila intricata* Franch.

多年生草本。生于页岩山崖、石灰岩丘陵、石膏土荒漠草原。海拔 300~2 700 m。

产西南天山。吉尔吉斯斯坦、乌兹别克斯坦；亚洲有分布。

*（662）赛威氏康霞草 **Bolbosaponaria sewerzowii**（Regel et Schmalh.）**Bondarenko** = *Gypsophila sewerzowii*（Regel et Schmalh.）R. Kam.

多年生草本。生于石膏土荒漠草原、岩石峭壁、阿月浑子林下、石灰岩山坡、黏土-石膏土荒漠。海拔 300~1 600 m。

产西南天山、西天山。吉尔吉斯斯坦、乌兹别克斯坦；亚洲有分布。

*（663）柔毛康霞草 **Bolbosaponaria villosa**（Barkoudah）**Bondar.** = *Gypsophila villosa* Barkoudah

多年生草本。生于裸露山坡、岩石峭壁碎石堆。海拔 500~2 100 m。

产西南天山。吉尔吉斯斯坦、乌兹别克斯坦；亚洲有分布。

*91. 蟾漆姑属 Bufonia L.

*（664）奥莉薇氏蟾漆姑 *Bufonia* oliveriana Ser.

一年生草本。生于山麓平原荒漠、洪积扇。海拔 500~1 700 m。

产西南天山。吉尔吉斯斯坦、乌兹别克斯坦；亚洲有分布。

*92. 假雀舌草属 Tytthostemma Nevski

*（665）厚瓣假雀舌草 **Tytthostemma alsinoides**（Boiss. et Buhse）**Nevski** = *Stellaria alsinoides* Boiss. et Buhse

一年生草本。生于石质山坡、砾岩堆、山麓平原荒漠草地。海拔 200~1 700 m。

产北天山、西天山、西南天山。哈萨克斯坦、吉尔吉斯斯坦、乌兹别克斯坦；亚洲有分布。

*93. 柱石竹属 Velezia L.

*（666）柱石竹 **Velezia rigida L.**

一年生草本。生于砾岩堆、干旱山坡、洪积扇。海拔 700~2 100 m。

产北天山、西天山、西南天山。哈萨克斯坦、吉尔吉斯斯坦、乌兹别克斯坦、俄罗斯；亚洲、欧洲有分布。

十五、裸果木科 Paronychiaceae（石竹科 Caryophyllaceae）

94. 拟漆姑属（牛漆姑属）Spergularia（Pers.）J. et C. Presl

（667）二雄拟漆姑（二蕊拟漆姑）**Spergularia diandra（Guss.）Heldr.**

一年生草本。生于山坡草地、山地草原、河岸低湿地、沙地。海拔 320~1 600 m。

产东天山、东北天山、准噶尔阿拉套山、北天山、东南天山。中国、哈萨克斯坦、伊朗、俄罗斯；亚洲、欧洲有分布。

药用。

（668）拟漆姑 **Spergularia marina（L.）Grisebach** = *Spergularia marina*（L.）Bartl. et H. L. Wendl. = *Spergularia salina* J. Presl et C. Presl

一年生或二年生草本。生于林下、渠边水湿地、盐化草甸、农田边、荒地。海拔 270~640 m。

产东天山、东北天山、准噶尔阿拉套山、北天山、东南天山、内天山、西天山。中国、哈萨克斯坦、吉尔吉斯斯坦、乌兹别克斯坦、俄罗斯；亚洲、欧洲有分布。

药用。

*（669）小果拟漆姑 **Spergularia microsperma（Kindb.）Vved.**

一年生草本。生于山麓盐渍化草地、荒漠草地。海拔 500~900 m。

产北天山、西天山、西南天山。哈萨克斯坦、吉尔吉斯斯坦、乌兹别克斯坦；亚洲有分布。

（670）田野拟漆姑 **Spergularia rubra（L.）J. Presl et C. Presl**

一年生或二年生草本。生于砾质山坡、荒漠草地、渠边水湿地。海拔 500~840 m。

产东天山、东北天山、北天山、西天山、西南天山。中国、哈萨克斯坦、吉尔吉斯斯坦、乌兹别克斯坦、俄罗斯；亚洲、欧洲有分布。

*（671）盐地拟漆姑 **Spergularia salina J. Presl et C. Presl** = *Spergularia marina*（L.）Besser

一年生或多年生草本。生于盐渍化草地、山麓平原盐碱化草甸、盐漠草地。海拔 300~1 600 m。

产北天山、西天山、西南天山。哈萨克斯坦、吉尔吉斯斯坦、乌兹别克斯坦、俄罗斯；亚洲、欧洲有分布。

95. 裸果木属 Gymnocarpos Forssk.

（672）裸果木 **Gymnocarpos przewalskii Bunge ex Maxim.** = *Paronychia przewalskii*（Bunge ex Maxim.）Rohweder et Urmi-König

半灌木。生于砾石质山坡、山地荒漠、山麓洪积扇、沙砾质戈壁。海拔 800~3 100 m。

产东天山、东南天山、中央天山、内天山。中国；亚洲有分布。

中国特有成分。饲料、药用、固沙。

96. 治疝草属 Herniaria L.

（673）高加索治疝草 **Herniaria caucasica Rupr.**

多年生草本。生于山地石质山坡、岩石缝。海拔 1 400~2 000 m。

产准噶尔阿拉套山、北天山、西天山、西南天山。中国、哈萨克斯坦、吉尔吉斯斯坦、乌兹别克斯坦、俄罗斯；亚洲有分布。

药用。

（674）治疝草 **Herniaria glabra L.**

多年生草本。生于山地草甸、阳坡草地、沼泽湿地。海拔 900~2 400 m。

产准噶尔阿拉套山、北天山、西天山。中国、哈萨克斯坦、吉尔吉斯斯坦、乌兹别克斯坦、俄罗斯；亚洲、欧洲有分布。

药用、有毒、植化原料（皂角苷）。

（675）硬毛治疝草 **Herniaria hirsuta L.**

多年生草本。生于荒漠草原、盐渍化沙地。海拔 550 m 上下。

产准噶尔阿拉套山、北天山、西天山。中国、哈萨克斯坦、吉尔吉斯斯坦、乌兹别克斯坦、俄罗斯；亚洲有分布。

十六、睡莲科 Nymphaeaceae

97. 睡莲属 Nymphaea L.

（676）雪白睡莲 **Nymphaea candida C. Presl**

多年生水生草本。生于静水湖泊、池塘、水稻田。海拔 400~1 050 m。

产东北天山、东南天山、中央天山。中国、俄罗斯；亚洲、欧洲有分布。

食用、药用、饲料、染料、杀虫、观赏。

十七、金鱼藻科 Ceratophyllaceae

98. 金鱼藻属 Ceratophyllum L.

（677）金鱼藻 **Ceratophyllum demersum L.**

多年生沉水草本。生于静水湖泊、池塘、水稻田。海拔 1 000 m 上下。

产东南天山。中国、哈萨克斯坦、吉尔吉斯斯坦、乌兹别克斯坦；全世界广泛分布。

药用、饲料、观赏。

*（678）高金鱼藻 **Ceratophyllum oryzetorum Kom.** = *Ceratophyllum platyacanthum* subsp. oryzetorum（Kom.）Les

多年生水生草本。生于静水湖泊。海拔 500~1 500 m。

产北天山。吉尔吉斯斯坦、俄罗斯；亚洲有分布。

饲料。

*（679）叉叶金鱼藻 **Ceratophyllum submersum L.**

多年生水生草本。生于河流、湖泊、池塘、稻田。海拔 400~1 400 m。

产北天山、西天山、西南天山。哈萨克斯坦、吉尔吉斯斯坦、乌兹别克斯坦、俄罗斯；亚洲、欧洲有分布。

饲料。

十八、毛茛科 Ranunculaceae

99. 金莲花属 Trollius L.

（680）阿尔泰金莲花 Trollius altaicus C. A. Mey.

多年生草本。生于亚高山草甸、山地林下、林缘、山地草甸。海拔200~2 700 m。

产东天山、东北天山、准噶尔阿拉套山、北天山、东南天山。中国、哈萨克斯坦、蒙古、俄罗斯；亚洲有分布。

药用、观赏。

（681）宽瓣金莲花 Trollius asiaticus L.

多年生草本。生于亚高山草甸、山地林下、林间草地、山坡草甸。海拔1 700~2 000 m。

产东天山、东北天山、准噶尔阿拉套山、北天山、东南天山。中国、哈萨克斯坦、蒙古、俄罗斯；亚洲有分布。

药用、有毒、油料、观赏、染料、蜜源。

（682）准噶尔金莲花 Trollius dschungaricus Regel

多年生草本。生于亚高山草甸、山地林下、林缘、林间草地、山地草甸。海拔1 700~3 000 m。

产东天山、东北天山、准噶尔阿拉套山、北天山、东南天山、内天山、西天山、西南天山。中国、哈萨克斯坦、吉尔吉斯斯坦、乌兹别克斯坦；亚洲有分布。

药用、观赏。

（683）淡紫金莲花 Trollius lilacinus Bunge

多年生草本。生于高山和亚高山草甸、岩石缝、林缘、山地草甸。海拔2 100~3 500 m。

产东天山、东北天山、准噶尔阿拉套山、北天山、中央天山、西天山、西南天山。中国、哈萨克斯坦、吉尔吉斯斯坦、乌兹别克斯坦、俄罗斯；亚洲有分布。

药用。

100. 乌头属 Aconitum L.

＊（684）长盘瓣乌头 Aconitum angusticassidatum Syeinb.

多年生草本。生于亚高山草甸、阳坡灌丛、山溪边。海拔1 400~2 900 m。

产北天山。吉尔吉斯斯坦；亚洲有分布。

（685）拟黄花乌头 Aconitum anthoroideum DC.

多年生草本。生于亚高山草甸、山地林下、林缘、山地草甸、灌丛。海拔1 300~2 900 m。

产北天山、准噶尔阿拉套山。中国、哈萨克斯坦、俄罗斯；亚洲有分布。

有毒、药用、观赏。

（686）空茎乌头 Aconitum apetalum（Huth）B. Fedtsch.

多年生草本。生于山地林下、林缘、山地草甸、灌丛。海拔1 400~2 300 m。

产东天山、准噶尔阿拉套山、北天山、东南天山。中国、哈萨克斯坦、俄罗斯；亚洲有分布。

有毒、药用、观赏。

（687）粗硬毛乌头 Aconitum barbatum var. hispidum（DC.）Ser.

多年生草本。生于山地林缘、灌丛、山坡草地。海拔1 900~2 400 m。

产东天山。中国、俄罗斯;亚洲有分布。

药用、有毒。

(688) 牛扁 **Aconitum barbatum var. puberulum Ledeb.**

多年生草本。生于山地林缘、灌丛、山坡草地。海拔 2 100 m 上下。

产东天山。中国、俄罗斯;亚洲有分布。

药用、有毒。

(689) 多根乌头 **Aconitum karakolicum Rapaics**

多年生草本。生于高山和亚高山草甸、山地林缘、山地草甸。海拔 1 200~3 000 m。

产东天山、东北天山、准噶尔阿拉套山、北天山、东南天山、西天山、西南天山。中国、哈萨克斯

坦、吉尔吉斯斯坦、乌兹别克斯坦;亚洲有分布。

有毒、药用、观赏。

(690) 展毛多根乌头 **Aconitum karakolicum var. patentipilum W. T. Wang**

多年生草本。生于山地林下、林缘、山坡草地。海拔 1 800~2 000 m。

产东天山、北天山、东南天山。中国;亚洲有分布。

中国特有成分。有毒、药用、观赏。

(691) 白喉乌头 **Aconitum leucostomum Worosch.**

多年生草本。生于亚高山草甸、山地林下、林缘、灌丛、山地草甸。海拔 1 200~2 500 m。

产东天山、东北天山、准噶尔阿拉套山、北天山、东南天山、西天山。中国、哈萨克斯坦、吉尔吉

斯斯坦、乌兹别克斯坦、俄罗斯;亚洲有分布。

有毒、药用、观赏。

(692) 那拉提乌头 **Aconitum leucostomum var. nalatiensis F. Zhang et D. M. Cai**

多年生草本。生于山地草甸。海拔 1 983 m 上下。

产北天山。中国;亚洲有分布。

中国特有成分。有毒、药用、观赏。

(693) 山地乌头 **Aconitum monticola Steinb.**

多年生草本。生于山地林下、林缘。海拔 1 200~1 500 m。

产东天山、准噶尔阿拉套山、北天山。中国、哈萨克斯坦;亚洲有分布。

药用、有毒。

*(694) 孜拉普善乌头 **Aconitum seravschanicum Steinb.**

多年生草本。生于圆柏灌丛、林缘、阴坡阔叶林下、羊茅草原、高山和亚高山草甸。海拔 1 200~

2 900 m。

产西南天山。吉尔吉斯斯坦、乌兹别克斯坦;亚洲有分布。

*(695) 塔拉斯乌头 **Aconitum talassicum Popov**

多年生草本。生于灌丛、草甸草原、石质河谷、阴坡灌丛、草地、河漫滩、草甸湿地。海拔 100~

3 100 m。

产北天山、西天山、西南天山。哈萨克斯坦、吉尔吉斯斯坦、乌兹别克斯坦;亚洲有分布。

(696) 乌鲁木齐乌头 **Aconitum urumqiense Z. Z. Yang**

多年生草本。生于亚高山草甸。海拔 2 680 m 上下。

产东天山。中国;亚洲有分布。

中国特有成分。

(697) 林地乌头 **Aconitum nemorum Popov**

多年生草本。生于亚高山草甸、山地林下、林缘、山坡草地。海拔 1 700~3 000 m。

产东天山、东北天山、准噶尔阿拉套山、北天山、东南天山、西天山、西南天山。中国、哈萨克斯坦、吉尔吉斯斯坦、乌兹别克斯坦;亚洲有分布。

有毒、药用。

(698) 圆叶乌头 **Aconitum rotundifolium Kar. et Kir.**

多年生草本。生于高山和亚高山草甸、山地林缘、砾石质山坡、山地草甸。海拔 2 100~3 500 m。

产东北天山、准噶尔阿拉套山、北天山、东南天山、中央天山、内天山、西天山、西南天山。中国、哈萨克斯坦、吉尔吉斯斯坦、乌兹别克斯坦;亚洲有分布。

药用、有毒。

(699) 新疆乌头 **Aconitum sinchiangense W. T. Wang**

多年生草本。生于高山和亚高山草甸。海拔 2 620~3 500 m。

产东天山、东南天山。中国;亚洲有分布。

中国特有成分。药用、有毒。

(700) 阿尔泰乌头 **Aconitum smirnovii Steinb.**

多年生草本。生于山地河谷林缘、林间草甸、山坡草地。海拔 1 400~2 500 m。

产东天山。中国、蒙古、俄罗斯;亚洲有分布。

药用、有毒。

(701) 准噶尔乌头 **Aconitum soongaricum Stapf**

多年生草本。生于亚高山草甸、山地林下、林缘、林间草地、河谷草甸、山地草原。海拔 900~2 800 m。

产东天山、东北天山、准噶尔阿拉套山、北天山、东南天山、西天山、西南天山。中国、哈萨克斯坦、吉尔吉斯斯坦、乌兹别克斯坦、俄罗斯;亚洲有分布。

有毒、药用。

(702) 毛序准噶尔乌头 **Aconitum soongaricum var. pubescens Steinb.**

多年生草本。生于山地林下、林缘、山地草甸。海拔 2 000 m 上下。

产东天山、东北天山、准噶尔阿拉套山、北天山、东南天山。中国;亚洲有分布。

有毒、药用。

(703) 伊犁毛乌头 **Aconitum talassicum var. villosulum W. T. Wang**

多年生草本。生于亚高山草甸、山地林缘、灌丛、山地草甸、石质山坡。海拔 2 000~3 000 m。

产东天山、北天山、东南天山。中国;亚洲有分布。

中国特有成分。有毒。

101. 翠雀花属 Delphinium L.

*（704）白缘花翠雀花 **Delphinium albomarginatum Simonova**

多年生草本。生于亚高山草甸、山地石质山坡、干旱阳坡。海拔 1 600~3 000 m。

产北天山、西天山、西南天山。哈萨克斯坦、吉尔吉斯斯坦、乌兹别克斯坦;亚洲有分布。

*（705）粗毛翠雀花 **Delphinium barbatum Bunge** = *Consolida barbata*（Bunge）Schröding. = *Aconitella barbata*（Bunge）Sojak

一年生草本。生于山地林缘、石质山坡、山溪边、岩石缝。海拔 1 400~2 800 m。

产北天山、西天山、西南天山。哈萨克斯坦、吉尔吉斯斯坦、乌兹别克斯坦;亚洲有分布。

*（706）巴塔林翠雀花 **Delphinium batalinii Huth**

多年生草本。生于冰川冰碛堆、山地阳坡、圆柏灌丛。海拔 1 800~2 900 m。

产北天山。吉尔吉斯斯坦;亚洲有分布。

（707）三出翠雀花 **Delphinium biternatum Huth**

多年生草本。生于山地阳坡草地。海拔 1 000 m 上下。

产准噶尔阿拉套山、北天山、西天山、西南天山。中国、哈萨克斯坦、吉尔吉斯斯坦、乌兹别克斯坦;亚洲有分布。

有毒、药用、染料。

*（708）布尔诺翠雀花 **Delphinium brunonianum Royle**

多年生草本。生于高山湖岸、冲积物、黏土质石质山坡、冰川冰碛堆。海拔 1 200~3 600 m。

产西南天山。吉尔吉斯斯坦、乌兹别克斯坦;亚洲有分布。

*（709）布哈拉翠雀花 **Delphinium bucharicum Popow**

多年生草本。生于山麓石质山坡、碎屑堆、干旱山坡。海拔 1 200~2 600 m。

产北天山。吉尔吉斯斯坦;亚洲有分布。

*（710）弯果翠雀花 **Delphinium camptocarpum Fisch. et C. A. Mey. ex Ledeb.** = *Consolida camptocarpa*（Fisch. et C. A. Mey. ex Ledeb.）Nevski

一年生草本。生于山地草原、砾石质荒漠、龟裂土荒漠。海拔 300~1 700 m。

产准噶尔阿拉套山、北天山、西天山、西南天山。哈萨克斯坦、吉尔吉斯斯坦、乌兹别克斯坦;亚洲有分布。

（711）唇形翠雀花 **Delphinium cheilanthum Fisch. ex DC.**

多年生草本。生于山地林缘、石质山坡。海拔 800~1 500 m。

产准噶尔阿拉套山。中国（新疆北部）、哈萨克斯坦;亚洲有分布。

*（712）高贵翠雀花 **Delphinium consolida L.** = *Consolida regalis* S. F. Gray

一年生草本。生于山坡草地、低山丘陵、山地河边。海拔 300~600 m。

产内天山。吉尔吉斯斯坦;亚洲有分布。

*（713）宽萼翠雀花 **Delphinium confusum Popov**

多年生草本。生于高山和亚高山草甸、山地林下、林缘、山地河流湿地。海拔 1 400~3 200 m。

产北天山、西天山、西南天山。哈萨克斯坦、吉尔吉斯斯坦、乌兹别克斯坦;亚洲有分布。

*(714) 凯特满翠雀花 **Delphinium connectens Pakhomova**

　　多年生草本。生于山地河谷。海拔 1 500~2 800 m。

　　产北天山。吉尔吉斯斯坦;亚洲有分布。

*(715) 软毛翠雀花 **Delphinium dasyanthum Kar. et Kir.**

　　一年生草本。生于山地石质山坡、山崖石缝。海拔 700~2 000 m。

　　产准噶尔阿拉套山。哈萨克斯坦;亚洲有分布。

*(716) 双花翠雀花 **Delphinium decoloratum P. N. Ovchinnikov et Kochkareva**

　　多年生草本。生于低山带岩石峭壁、洪积扇、河床。海拔 700~2 300 m。

　　产西南天山。吉尔吉斯斯坦、乌兹别克斯坦;亚洲有分布。

*(717) 网果翠雀花 **Delphinium dictyocarpum DC.**

　　多年生草本。生于山地荒漠化草原、河流阶地、河漫滩。海拔 900~2 900 m。

　　产准噶尔阿拉套山、北天山。哈萨克斯坦、俄罗斯;亚洲有分布。

*(718) 高升翠雀花 **Delphinium elatum L.**

　　多年生草本。生于亚高山草甸、山地林缘、河谷、山崖岩石缝、刺柏灌丛。海拔 1 300~3 000 m。

　　产准噶尔阿拉套山、北天山。哈萨克斯坦;亚洲有分布。

(719) 长卵苞翠雀花 **Delphinium ellipticovatum W. T. Wang**

　　多年生草本。生于山坡草地。海拔 1 900 m 上下。

　　产准噶尔阿拉套山、北天山。中国;亚洲有分布。

　　中国特有成分。药用。

(720) 巩留翠雀花 **Delphinium gongliuense W. T. Wang et Z. Z. Yang**

　　多年生草本。生于山坡草地。海拔 2 680 m 上下。

　　产北天山。中国;亚洲有分布。

　　中国特有成分。

(721) 伊犁翠雀花 **Delphinium iliense Huth** = *Delphinium turkestanicum* Huth

　　多年生草本。生于亚高山草甸、山地林缘、林间草地、山地草甸、灌丛、杜加依林下。海拔 800~
2 800 m。

　　产东天山、准噶尔阿拉套山、北天山、西天山、西南天山。中国、哈萨克斯坦、吉尔吉斯斯坦、乌
兹别克斯坦;亚洲有分布。

　　药用。

*(722) 卡拉套山翠雀花 **Delphinium karategini Korsh.**

　　多年生草本。生于石质山坡、山谷、阿月浑子林下、槭树林下。海拔 700~2 400 m。

　　产西南天山。吉尔吉斯斯坦、乌兹别克斯坦;亚洲有分布。

(723) 喀什翠雀花 **Delphinium kaschgaricum C. Y. Yang et B. Wang**

　　多年生草本。生于山坡草地。海拔 3 300~3 900 m。

　　产内天山。中国;亚洲有分布。

　　中国特有成分。

*（724）克明翠雀花 **Delphinium keminense Pakhomova**

多年生草本。生于冰川冰碛堆。海拔 3 100~3 600 m。

产西天山。哈萨克斯坦、吉尔吉斯斯坦；亚洲有分布。

*（725）克淖尔翠雀花 **Delphinium knorringianum B. Fedtsch.**

多年生草本。生于河谷、山崖、石质山坡。海拔 800~1 400 m。

产西南天山。吉尔吉斯斯坦、乌兹别克斯坦；亚洲有分布。

（726）昆仑翠雀花 **Delphinium kunlunshanicum C. Y. Yang et B. Wang**

多年生草本。生于山坡草地。海拔 2 800~3 800 m。

产内天山。中国；亚洲有分布。

中国特有成分。药用。

（727）帕米尔翠雀花 **Delphinium lacostei Danguy**

多年生草本。生于山坡草地、灌丛。海拔 1 600~4 300 m。

产北天山。中国、阿富汗；亚洲有分布。

药用。

*（728）薄皮翠雀花 **Delphinium leptocarpum**（Nevski）**Nevski** ＝*Consolida leptocarpa* Nevski

一年生草本。生于亚高山阳坡、圆柏灌丛、平原荒漠河岸盐化沙地、固定沙丘。海拔 800~ 3 000 m。

产准噶尔阿拉套山、内天山、西天山、西南天山。哈萨克斯坦、吉尔吉斯斯坦、乌兹别克斯坦；亚洲有分布。

*（729）大瓦扎翠雀花 **Delphinium lipskyi Korsh.**

多年生草本。生于干旱山坡石缝、河谷。海拔 900~2 500 m。

产西南天山。吉尔吉斯斯坦、乌兹别克斯坦；亚洲有分布。

*（730）长柄翠雀花 **Delphinium longipedunculatum Regel et Schmalh.**

多年生草本。生于山地石质山坡、荒漠草原。海拔 700~1 600 m。

产北天山、西天山、西南天山。吉尔吉斯斯坦、乌兹别克斯坦；亚洲有分布。

（731）软叶翠雀花(新源翠雀花) **Delphinium mollifolium W. T. Wang**

多年生草本。生于山地林下、林缘、山坡草地。海拔 1 700 m 上下。

产北天山、东南天山。中国；亚洲有分布。

中国特有成分。

（732）船苞翠雀花 **Delphinium naviculare W. T. Wang**

多年生草本。生于山坡草地。海拔 1 700 m 上下。

产北天山。中国；亚洲有分布。

中国特有成分。药用。

（733）毛果船苞翠雀花 **Delphinium naviculare var. lasiocarpum W. T. Wang**

多年生草本。生于山地林下、林缘。海拔 1 600~1 800 m。

产北天山。中国；亚洲有分布。

中国特有成分。

（734）文采新翠雀花 **Delphinium neowentsaii C. Y. Yang**

多年生草本。生于雪岭云杉林缘。海拔 2 750 m 上下。

产东天山。中国；亚洲有分布。

中国特有成分。

*（735）奈克提翠雀花 **Delphinium nikitinae Pakhomova**

多年生草本。生于山地林缘、圆柏灌丛。海拔 1 600～2 900 m。

产北天山。吉尔吉斯斯坦；亚洲有分布。

（736）尼勒克翠雀花 **Delphinium nilekeense W. T. Wang et Z. Z. Yang**

多年生草本。生于山坡草地。海拔 2 420 m 上下。

产北天山。中国；亚洲有分布。

中国特有成分。

*（737）喜山翠雀花 **Delphinium oreophilum Huth.**

多年生草本。生于高山和亚高山石质山坡、碎石堆、山谷、矮灌丛、河谷、山溪边、沼泽湿地。海拔 1 100～4 000 m。

产北天山、内天山、西天山、西南天山。哈萨克斯坦、吉尔吉斯斯坦、乌兹别克斯坦；亚洲有分布。

*（738）幕加音翠雀花 **Delphinium ovczinnikovii Kamelin et Pissjaukova**

多年生草本。生于山地林下、植物园。海拔 400～2 100 m。

产西南天山。吉尔吉斯斯坦、乌兹别克斯坦；亚洲有分布。

*（739）东方翠雀花 **Delphinium orientale J. Gay** = *Consolida orientalis* (Gay) Schröd.

一年生草本。生于山地碎石堆、黏土质草地、荒漠草原。海拔 600～1 700 m。

产北天山。哈萨克斯坦、吉尔吉斯斯坦；亚洲有分布。

*（740）木状翠雀花 **Delphinium poltaratzkii Rupr.**

多年生草本。生于山地河流沿岸、湿地草甸、山崖岩石缝。海拔 1 200～2 900 m。

产北天山、西天山、西南天山。哈萨克斯坦、吉尔吉斯斯坦、乌兹别克斯坦；亚洲有分布。

*（741）白花翠雀花 **Delphinium popovii Pakhomova**

多年生草本。生于山地石质山坡。海拔 900～1 800 m。

产北天山、西天山。吉尔吉斯斯坦、乌兹别克斯坦；亚洲有分布。

*（742）古翠雀花 **Delphinium propinquum Nevski**

多年生草本。生于石质山坡、山崖石缝、山溪边。海拔 900～3 100 m。

产西南天山。吉尔吉斯斯坦、乌兹别克斯坦；亚洲有分布。

*（743）圆叶翠雀花 **Delphinium rotundifolium Afanasiev**

多年生草本。生于山谷、灌丛。海拔 1 200～3 100 m。

产西南天山。吉尔吉斯斯坦、乌兹别克斯坦；亚洲有分布。

*（744）毛瓣翠雀花 **Delphinium semibarbatum Bien. ex Boiss.**

多年生草本。生于山麓荒漠化草原、黏土荒漠。海拔 800～1 600 m。

产准噶尔阿拉套山、北天山、西天山、西南天山。哈萨克斯坦、吉尔吉斯斯坦、乌兹别克斯坦；亚洲有分布。

*（745）棒果翠雀花 **Delphinium semiclavatum Nevski**

多年生草本。生于石质山坡、河流阶地、河谷。海拔 800~2 800 m。

产西南天山。吉尔吉斯斯坦、乌兹别克斯坦；亚洲有分布。

*（746）三出脉翠雀花 **Delphinium ternatum Huth**

多年生草本。生于山谷、山地阴坡草地、圆柏灌丛、山地荒漠草原。海拔 800~2 800 m。

产西南天山。吉尔吉斯斯坦、乌兹别克斯坦；亚洲有分布。

（747）天山翠雀花 **Delphinium tianshanicum W. T. Wang**

多年生草本。生于高山和亚高山草甸、山地林缘、林间草地、山坡草地。海拔 1 300~3 300 m。

产东天山、东北天山、准噶尔阿拉套山、北天山、东南天山、内天山。中国、哈萨克斯坦、吉尔吉斯斯坦；亚洲有分布。

药用、观赏。

（748）文采翠雀花 **Delphinium wentsaii Y. Z. Zhao**

多年生草本。生于亚高山草甸、山地草甸、草原。海拔 2 300~2 900 m。

产北天山。中国；亚洲有分布。

中国特有成分。

（749）温泉翠雀花 **Delphinium winklerianum Huth**

多年生草本。生于山坡草地。海拔 1 800~2 000 m。

产准噶尔阿拉套山、北天山。中国；亚洲有分布。

中国特有成分。

（750）乌恰翠雀花 **Delphinium wuqiaense W. T. Wang**

多年生草本。生于山坡草地。海拔 3 200~3 600 m。

产内天山。中国；亚洲有分布。

中国特有成分。

*（751）夏合翠雀花 **Delphinium vvedenskyi Pachomova**

多年生草本。生于山谷、圆柏灌丛、坡积物。海拔 900~3 100 m。

产西南天山。吉尔吉斯斯坦、乌兹别克斯坦；亚洲有分布。

（752）昭苏翠雀花 **Delphinium zhaosuense W. T. Wang**

多年生草本。生于雪岭云杉林缘、亚高山草甸。海拔 2 000 m 上下。

产北天山。中国；亚洲有分布。

中国特有成分。

102. 飞燕草属 Consolida（DC.）S. F. Gray

（753）凸脉飞燕草 **Consolida rugulosa**（**Boiss.**）**Schrod.** =*Delphinium rugulosum* Bioss.

一年生草本。生于山地草甸、荒漠草原、荒漠。海拔 500~1 400 m。

产东北天山、准噶尔阿拉套山、北天山、内天山、西天山、西南天山。中国、哈萨克斯坦、吉尔吉斯斯坦、乌兹别克斯坦、伊朗、阿富汗、俄罗斯；亚洲有分布。

103. 扁果草属 Isopyrum L.

（754）扁果草 Isopyrum anemonoides Kar. et Kir. ＝*Paropyrum anemonoides*（Kar. et Kir.）Schipcz.

多年生草本。生于高山和亚高山草甸、山地林下、灌丛、山坡草地、阴湿岩石缝。海拔 1 800～3 500 m。

产东天山、东北天山、准噶尔阿拉套山、北天山、东南天山、内天山、西天山。中国、哈萨克斯坦、吉尔吉斯斯坦、乌兹别克斯坦、阿富汗、伊朗；亚洲有分布。

药用。

104. 蓝堇草属 Leptopyrum Reichb.

（755）蓝堇草 Leptopyrum fumarioides（L.）Reichb. ＝*Neoleptopyrum fumarioides*（L.）Hutch.

一年生草本。生于山地林缘、林间草地、石质山坡、农田边。海拔 1 100～2 100 m。

产东天山、东北天山、准噶尔阿拉套山。中国、朝鲜、蒙古、俄罗斯；亚洲、欧洲有分布。

药用。

105. 拟耧斗菜属 Paraquilegia Drumm. et Hutch.

（756）乳突拟耧斗菜 Paraquilegia anemonoides（Willd.）Engl. ex O. E. Ulbr.

多年生草本。生于高山和亚高山阴湿岩石缝、山地林下、林缘岩石缝、山地阳坡草甸。海拔 1 600～3 500 m。

产东天山、东北天山、准噶尔阿拉套山、北天山、中央天山、内天山、西天山、西南天山。中国、哈萨克斯坦、吉尔吉斯斯坦、乌兹别克斯坦、阿富汗、伊朗、俄罗斯；亚洲有分布。

药用。

（757）密丛拟耧斗菜 Paraquilegia caespitosa（Boiss. et Hohen.）Drumm. et Hutch.

多年生草本。生于高山和亚高山砾石质阴坡、岩石缝。海拔 2 900～3 800 m。

产北天山、内天山、西天山、西南天山。中国、哈萨克斯坦、吉尔吉斯斯坦、乌兹别克斯坦；亚洲有分布。

（758）拟耧斗菜 Paraquilegia microphylla（Royle）J. Drumm. et Hutch.

多年生草本。生于高山和亚高山草甸、岩石缝。海拔 2 200～3 500 m。

产东天山、中央天山。中国、不丹、尼泊尔、俄罗斯；亚洲有分布。

药用。

﹡（759）毛叶拟耧斗菜 Paraquilegia scabrifolia Pachomova

多年生草本。生于山谷、河床、河漫滩。海拔 2 900～3 500 m。

产西南天山、内天山。吉尔吉斯斯坦、乌兹别克斯坦；亚洲有分布。

106. 耧斗菜属 Aquilegia L.

（760）暗紫耧斗菜 Aquilegia atrovinosa M. Pop. ex Gamajun.

多年生草本。生于山地林下、林缘、山地草甸、灌丛。海拔 1 600～2 600 m。

产东天山、东北天山、准噶尔阿拉套山、北天山、东南天山、西天山、西南天山。中国、哈萨克斯坦、吉尔吉斯斯坦、乌兹别克斯坦；亚洲有分布。

药用、观赏。

（761）短距楼斗菜 **Aquilegia brevicalcarata Kolokoln. ex Serg.**

多年生草本。生于亚高山砾石质山坡、山地林缘、山地草原。海拔 2 600 m 上下。

产东北天山。中国、俄罗斯；亚洲有分布。

观赏、药用。

*（762）达尔瓦兹楼斗菜 **Aquilegia darwazi Korsh.** = *Aquilegia lactiflora* Kar. et Kir

多年生草本。生于山地深山河谷、河床。海拔 900~3 000 m。

产西南天山、内天山。吉尔吉斯斯坦、乌兹别克斯坦；亚洲有分布。

（763）大花楼斗菜 **Aquilegia glandulosa Fisch.**

多年生草本。生于山地林下、林缘、山坡草地。海拔 1 400~2 500 m。

产东天山、东北天山、准噶尔阿拉套山、北天山。中国、哈萨克斯坦、蒙古、俄罗斯；亚洲有分布。

观赏、油料、药用、蜜源。

*（764）卡拉套楼斗菜 **Aquilegia karatavica Mikeschin**

多年生草本。生于山地林缘、沼泽地、山崖石缝、山溪边。海拔 800~2 000 m。

产西天山。乌兹别克斯坦；亚洲有分布。

（765）长距楼斗菜 **Aquilegia karelinii（Bak.）O. et B. Fedtsch.**

多年生草本。生于山地林下、林缘、沟谷、山坡草地。海拔 1 500~3 100 m。

产东北天山、准噶尔阿拉套山、北天山。中国、哈萨克斯坦、吉尔吉斯斯坦；亚洲有分布。

观赏、染料、饲料、药用。

（766）白花楼斗菜 **Aquilegia lactiflora Kar. et Kir.**

多年生草本。生于山地林下、林缘、灌丛、山坡草地。海拔 1 400~2 600 m。

产东天山、准噶尔阿拉套山、西天山、西南天山。中国、哈萨克斯坦、吉尔吉斯斯坦、乌兹别克斯坦；亚洲有分布。

药用。

*（767）天山楼斗菜 **Aquilegia tianschanica A. Ya. Butkov**

多年生草本。生于山坡草地、山崖岩石缝。海拔 800~1 700 m。

产内天山、西天山、西南天山。吉尔吉斯斯坦、乌兹别克斯坦；亚洲有分布。

*（768）疏古南楼斗菜 **Aquilegia vicaria Nevski**

多年生草本。生于草甸湿地、高山沼泽、圆柏灌丛、山泉边、桦树林下。海拔 100~2 900 m。

产西南天山、内天山。吉尔吉斯斯坦、乌兹别克斯坦；亚洲有分布。

*（769）威塔力楼斗菜 **Aquilegia vitalii Gamajun.**

多年生草本。生于亚高山草甸、山地林缘、山崖岩石缝、山溪边。海拔 1 300~2 600 m。

产准噶尔阿拉套山。哈萨克斯坦；亚洲有分布。

107. 唐松草属 Thalictrum L.

（770）高山唐松草 **Thalictrum alpinum L.**

多年生草本。生于高山荒漠、高山和亚高山草甸、山地林缘。海拔 1 800~4 600 m。

产东天山、东北天山、准噶尔阿拉套山、北天山、东南天山、中央天山、内天山、西天山、西南天

山。中国、哈萨克斯坦、吉尔吉斯斯坦、乌兹别克斯坦;亚洲、欧洲、美洲有分布。

药用、观赏。

(771) 黄唐松草 **Thalictrum flavum L.**

多年生草本。生于山地林缘、山地草甸、灌丛、山溪边草地。海拔 300~2 100 m。

产东天山、东北天山、准噶尔阿拉套山、北天山、东南天山、中央天山、内天山、西天山、西南天山。中国、哈萨克斯坦、吉尔吉斯斯坦、乌兹别克斯坦、俄罗斯;亚洲、欧洲有分布。

有毒、药用、染料、蜜源。

(772) 腺毛唐松草 **Thalictrum foetidum L.**

多年生草本。生于高山和亚高山草甸、山地林缘、山坡草地、灌丛。海拔 1 300~3 200 m。

产东天山、东北天山、准噶尔阿拉套山、北天山、东南天山、中央天山、内天山、西天山、西南天山。中国、哈萨克斯坦、吉尔吉斯斯坦、乌兹别克斯坦、蒙古、俄罗斯;亚洲、欧洲有分布。

药用、油料、观赏。

(773) 紫堇叶唐松草 **Thalictrum isopyroides C. A. Mey.**

多年生草本。生于山地砾石质山坡、山坡草地。海拔 1 100~1 500 m。

产东天山、东北天山、准噶尔阿拉套山、北天山、内天山、西天山、西南天山。中国、哈萨克斯坦、吉尔吉斯斯坦、乌兹别克斯坦、阿富汗、伊朗、印度、俄罗斯;亚洲有分布。

药用。

(774) 亚欧唐松草 **Thalictrum minus L.**

多年生草本。生于山地林下、林缘、林间草地、山地草甸。海拔 500~2 700 m。

产东天山、东北天山、准噶尔阿拉套山、北天山、东南天山、内天山、西天山、西南天山。中国、哈萨克斯坦、吉尔吉斯斯坦、乌兹别克斯坦;亚洲、欧洲广泛分布。

有毒、药用、油料、蜜源、饲料、观赏。

(775) 长梗亚欧唐松草 **Thalictrum minus var. stipellatum**（**C. A. Mey ex Maxim.**）**Tamura** = *Thalictrum minus* subsp. *elatum*（Jacq.）Stoj. et Stef. = *Thalictrum kemense*（Fries）Koch

多年生草本。生于山地河谷林下、林缘草地。海拔 2 500 m 上下。

产东天山、东北天山、准噶尔阿拉套山、北天山。中国、哈萨克斯坦、俄罗斯;亚洲、欧洲有分布。

有毒、药用、油料、蜜源、饲料。

(776) 瓣蕊唐松草 **Thalictrum petaloideum L.**

多年生草本。生于山地林下、林缘、山坡草地。海拔 1 800~2 100 m。

产准噶尔阿拉套山、北天山。中国、哈萨克斯坦、朝鲜、俄罗斯;亚洲有分布。

药用、蜜源、有毒、观赏。

(777) 箭头唐松草 **Thalictrum simplex L.**

多年生草本。生于山地林下、林缘、灌丛、河谷。海拔 700~2 700 m。

产东天山、东北天山、准噶尔阿拉套山、北天山、东南天山、西天山。中国、哈萨克斯坦、吉尔吉斯斯坦、乌兹别克斯坦、俄罗斯;亚洲、欧洲有分布。

有毒、药用、油料、蜜源、观赏。

*（778）三回唐松草 **Thalictrum sultanabadense Stapf**

多年生草本。生于山地林缘、灌丛、山地草原。海拔 500~2 500 m。

产内天山。吉尔吉斯斯坦、乌兹别克斯坦、俄罗斯；亚洲有分布。

108. 银莲花属 Anemone L.

（779）阿勒泰银莲花 **Anemone altaica Fisch. ex C. A. Mey.**

多年生草本。生于山地灌丛、林下、沟边。海拔 1 200~2 000 m。

产北天山。中国、俄罗斯；亚洲、欧洲有分布。

药用。

（780）小花草玉梅 **Anemone barbulata Turcz.** = *Anemone rivularis* var. *flore－minore* Maxim. = *Eriocapitella rivularis*（Buch. Ham. ex DC.）Christenh. et Byng

多年生草本。生于河滩草地。海拔 1 200 m 上下。

产北天山。中国；亚洲有分布。

中国特有成分。药用、有毒。

*（781）布哈拉银莲花 **Anemone bucharica Regel ex Finet et Gagnep.**

多年生草本。生于黄土丘陵、细石质山谷、山地荒漠草原、阿月浑子林下。海拔 1 000~2 800 m。

产西南天山。吉尔吉斯斯坦、乌兹别克斯坦；亚洲有分布。

（782）块茎银莲花 **Anemone gortschakovii Kar. et Kir.** = *Anemone biflora* var. *Gortschakowii*（Kar. et Kir.）Sinno = *Anemone almaataensis* Juzepczuk

多年生草本。生于亚高山草甸、山麓黏土质山坡、山地荒漠草原。海拔 200~3 000 m。

产准噶尔阿拉套山、北天山、内天山、西天山、西南天山。中国、哈萨克斯坦、吉尔吉斯斯坦、乌兹别克斯坦；亚洲有分布。

（783）长毛银莲花 **Anemonastrum narcissiflorum subsp. crinitum（Juz.）Raus** = *Anemone narcissiflora* var. *crinita*（Juz.）Tamura = *Anemonastrum crinitum*（Juz.）Holub

多年生草本。生于山地林下、林缘、山地草甸。海拔 1 900~2 800 m。

产东天山、东北天山、北天山。中国、俄罗斯；亚洲有分布。

药用、观赏、蜜源。

（784）伏毛银莲花 **Anemone narcissiflora subsp. protracta（Ulbrich）Ziman et Fedoronczuk** = *Anemonastrum protractum*（Ulbr.）Holub

多年生草本。生于亚高山草甸、山地林下、林缘、山坡草地。海拔 1 900~3 200 m。

产东天山、准噶尔阿拉套山、北天山、东南天山、内天山、西天山、西南天山。中国、哈萨克斯坦、吉尔吉斯斯坦、乌兹别克斯坦；亚洲有分布。

药用。

（785）卵裂银莲花 **Anemone narcissiflora var. Sibirica（L.）Tamura**

多年生草本。生于山地草坡。海拔 2 500~2 700 m。

产东天山。中国、蒙古、俄罗斯；亚洲有分布。

（786）天山银莲花 **Anemone narcissiflora var. turkestanica Schipz.** = *Anemone schrenkiana* Juz. = *Anemonastrum schrenkianum*（Juz.）J. Holub

多年生草本。生于亚高山草甸、山地林下、林缘、林间草地、山坡岩石缝。海拔 1 600～3 200 m。

产东天山、东北天山、准噶尔阿拉套山、北天山、东南天山。中国、哈萨克斯坦；亚洲有分布。

药用。

（787）钝裂银莲花 **Anemonastrum obtusilobum（D. Don）Mosyakin** = *Anemone obtusiloba* D. Don.

多年生草本。生于亚高山草甸、山地林下、林缘、山地草甸。海拔 1 500～3 200 m。

产东北天山、北天山。中国、吉尔吉斯斯坦、尼泊尔、不丹、印度；亚洲有分布。

药用。

（788）疏齿银莲花 **Anemone obtusiloba subsp. ovalifolia Bruhl.** = *Anemonastrum geum*（H. Lév.）Mosyakin

多年生草本。生于亚高山砾石质山坡、山地林下、林缘、山坡草地。海拔 1 800～2 400 m。

产东天山、东北天山、准噶尔阿拉套山。中国；亚洲有分布。

中国特有成分。药用。

＊（789）少毛银莲花 **Anemone oligotoma Juzepczuk** = *Anemone biflora* var. *gortschakowii*（Kar. et Kir.）Sinno

多年生草本。生于细石质山坡、山麓平原、荒漠草地。海拔 700～2 700 m。

产准噶尔阿拉套山、西天山、西南天山、内天山。哈萨克斯坦、吉尔吉斯斯坦、乌兹别克斯坦；亚洲有分布。

＊（790）长柄银莲花 **Anemone petiolulosa Juzepczuk** = *Anemone biflora* var. *petiolulosa*（Juz.）S. Ziman

多年生草本。生于山地林间草地、石质山坡。海拔 1 500～2 800 m。

产北天山、西天山。哈萨克斯坦、乌兹别克斯坦；亚洲有分布。

＊（791）孜拉普善银莲花 **Anemone seravschanica Kom.**

多年生草本。生于中山带坡积物、河流阶地、岩石峭壁碎石堆。海拔 300～2 400 m。

产西南天山。吉尔吉斯斯坦、乌兹别克斯坦；亚洲有分布。

（792）大花银莲花 **Anemone sylvestris L.**

多年生草本。生于高山和亚高山草甸、山地林缘、山坡草地。海拔 1 200～3 400 m。

产东天山、东北天山、准噶尔阿拉套山、北天山。中国、哈萨克斯坦、蒙古、俄罗斯；亚洲、欧洲有分布。

药用、观赏、蜜源。

＊（793）喜暗银莲花 **Anemone tschernjaewii Regel**

多年生草本。生于山地林下、灌丛、山崖岩石缝。海拔 1 500～2 900 m。

产北天山、西天山。吉尔吉斯斯坦、乌兹别克斯坦；亚洲有分布。

109. 白头翁属 Pulsatilla Adans.

（794）蒙古白头翁 **Pulsatilla ambigua（Turcz. ex Hayek）Juz.** = *Pulsatilla ambigua* Turcz. ex Pritz.

多年生草本。生于山地林下、林缘、山地草甸。海拔 1 800～2 600 m。

产东天山、东北天山、准噶尔阿拉套山、北天山、东南天山。中国、蒙古、俄罗斯；亚洲有分布。

药用、有毒、观赏。

（795）丛毛蒙古白头翁 **Pulsatilla ambigua var. barbata J. G. Liu**

多年生草本。生于山地林缘、山地草甸。海拔 2 100 m 上下。

产东北天山。中国；亚洲有分布。

中国特有成分。观赏。

（796）钟萼白头翁 **Pulsatilla campanella Fisch. ex Regel et Tilling**

多年生草本。生于高山和亚高山草甸、山地林缘、山地草甸、荒漠草原。海拔 1 400～3 700 m。

产东天山、东北天山、准噶尔阿拉套山、北天山、东南天山、中央天山、内天山、西天山、西南天山。中国、哈萨克斯坦、吉尔吉斯斯坦、乌兹别克斯坦、蒙古、俄罗斯；亚洲有分布。

药用、有毒、观赏、蜜源。

（797）紫蕊白头翁 **Pulsatilla kostyczewii（Korsh.）Juz.**

多年生草本。生于山地草甸、荒漠草原。海拔 2 900 m 上下。

产内天山。中国、塔吉克斯坦；亚洲有分布。

观赏、药用。

110. 铁线莲属 Clematis L.

（798）甘川铁线莲 **Clematis akebioides（Maxim.）Hort. ex Veitch**

藤本。生于山坡草地、灌丛、河边。海拔 1 930～3 600 m。

产东南天山。中国；亚洲有分布。

中国特有成分。

（799）粉绿铁线莲 **Clematis glauca Willd.**

落叶藤本。生于山地林缘、灌丛、河漫滩、荒漠河岸林下、田间、荒地。海拔 500～2 700 m。

产东天山、东北天山、准噶尔阿拉套山、北天山、东南天山、中央天山、内天山、西天山。中国、哈萨克斯坦、吉尔吉斯斯坦、乌兹别克斯坦、蒙古、俄罗斯；亚洲有分布。

药用、观赏。

（800）伊犁铁线莲 **Clematis iliensis Y. S. Hou et W. H. Hou** = *Clematis alpina* var. *iliensis*（Y. S. Hou et W. H. Hou）W. J. Yang et L. Q. Li = *Clematis sibirica* var. *iliensis*（Y. S. Hou et W. H. Hou）J. G. Liu

落叶攀缘灌木。生于山地林下、林缘、河谷。海拔 1 200～2 400 m。

产东天山、北天山。中国；亚洲有分布。

中国特有成分。药用。

（801）全缘铁线莲 **Clematis integrifolia L.**

多年生草本或半灌木。生于山地林间草地、林缘、河谷、河漫滩、灌丛。海拔 850～2 000 m。

产准噶尔阿拉套山。中国、哈萨克斯坦、俄罗斯；亚洲、欧洲有分布。

观赏、药用。

（802）明铁线莲 **Clematis mae Z. Z. Yang et L. Xie**

落叶藤本。生于山谷河边沙地。海拔 2 590 m 上下。

产东南天山。中国；亚洲有分布。

中国特有成分。

(803) 东方铁线莲 **Clematis orientalis L.**

落叶藤本。生于山地林缘、低山沟谷、河漫滩、灌丛、田边、沟渠边。海拔 170~2 800 m。

产东天山、东北天山、准噶尔阿拉套山、北天山、东南天山、中央天山、内天山、西天山、西南天山。中国、哈萨克斯坦、吉尔吉斯斯坦、乌兹别克斯坦、巴基斯坦、阿富汗、伊朗、俄罗斯;亚洲、欧洲有分布。

有毒、药用、观赏。

(804) 西伯利亚铁线莲 **Clematis sibirica（L.）Mill.**

落叶攀缘灌木。生于山地林下、林间草地、林缘、灌丛。海拔 1 200~2 000 m。

产东天山、东北天山、准噶尔阿拉套山、北天山、东南天山、中央天山、内天山、西天山、西南天山。中国、哈萨克斯坦、吉尔吉斯斯坦、乌兹别克斯坦、蒙古、俄罗斯;亚洲、欧洲有分布。

药用。

(805) 准噶尔铁线莲 **Clematis songarica Bunge**

落叶小灌木。生于低山石质山坡、山麓洪积扇、荒漠河岸。海拔 200~3 100 m。

产东天山、东北天山、准噶尔阿拉套山、北天山、东南天山、中央天山、内天山、西天山、西南天山。中国、哈萨克斯坦、吉尔吉斯斯坦、乌兹别克斯坦、蒙古;亚洲有分布。

药用。

(806) 蕨叶铁线莲 **Clematis songarica var. asplenifolia（Schrenk）Trautv.** = *Clematis asplenifolia* Schrenk

落叶小灌木。生于低山石质山坡、山麓洪积扇、荒漠河岸。海拔 700~3 100 m。

产东天山、东北天山、北天山、东南天山、中央天山、内天山、准噶尔阿拉套山、西天山、西南天山。中国、哈萨克斯坦、吉尔吉斯斯坦、乌兹别克斯坦、蒙古、阿富汗;亚洲有分布。

药用。

(807) 甘青铁线莲 **Clematis tangutica（Maxim.）Korsh.**

落叶藤本。生于山地林缘、灌丛、河谷、河漫滩。海拔 1 700~3 800 m。

产东天山、东北天山、北天山、东南天山、内天山、西天山。中国、哈萨克斯坦、吉尔吉斯斯坦、乌兹别克斯坦、塔吉克斯坦;亚洲有分布。

药用、观赏。

(808) 中印铁线莲（西藏铁线莲） **Clematis tibetana Kuntze** = *Clematis tenuifolia* Royle

落叶藤本。生于山地灌丛、干旱山坡。海拔 2 800~5 000 m。

产内天山。中国、尼泊尔、印度;亚洲有分布。

111. 美花草属 Callianthemum C. A. Mey.

(809) 厚叶美花草 **Callianthemum alatavicum Freyn**

多年生草本。生于高山和亚高山草甸、河谷草甸。海拔 1 900~4 200 m。

产东天山、东北天山、准噶尔阿拉套山、北天山、东南天山、中央天山、内天山、西天山、西南天山。中国、哈萨克斯坦、吉尔吉斯斯坦、乌兹别克斯坦;亚洲有分布。

药用。

（810）薄叶美花草 **Callianthemum angustifolium Witas.**

多年生草本。生于高山和亚高山草甸、河谷草甸。海拔 2 100~3 500 m。

产东天山、东北天山、准噶尔阿拉套山、北天山、东南天山。中国、哈萨克斯坦、蒙古、俄罗斯；亚洲有分布。

药用。

112. 侧金盏花属 Adonis L.

（811）夏侧金盏花 **Adonis aestivalis L.**

一年生草本。生于山地林缘、林间草地、石质山坡。海拔 1 300~2 100 m。

产东天山、东北天山、北天山。中国、哈萨克斯坦、吉尔吉斯斯坦、乌兹别克斯坦、俄罗斯；亚洲、欧洲有分布。

有毒、药用。

（812）小侧金盏花 **Adonis aestivalis subsp. parviflora（DC.）N. Busch** = *Adonis parviflora*（M. Bieb.）Fisch. ex DC.

一年生草本。生于山地林缘、林间草地、石质山坡、蒿属荒漠、河漫滩、沼泽草甸。海拔 800~2 100 m。

产东北天山、北天山、中国、哈萨克斯坦、吉尔吉斯斯坦、乌兹别克斯坦、俄罗斯；亚洲有分布。

药用。

（813）金黄侧金盏花 **Adonis chrysocyatha Hook. f. et Thomson**

多年生草本。生于亚高山草甸、山地林缘、林间草地、灌丛。海拔 1 100~2 900 m。

产东天山、东北天山、准噶尔阿拉套山、北天山。中国、哈萨克斯坦；亚洲有分布。

有毒、药用。

（814）北侧金盏花 **Adonis sibirica Patrin ex Ledeb.**

多年生草本。生于山地草甸。海拔 2 100 m 上下。

产北天山。中国、蒙古、俄罗斯；亚洲、欧洲有分布。

有毒、药用、蜜源、观赏。

（815）天山侧金盏花 **Adonis tianschanica（Adolf）Lipsch. ex Bobrov**

多年生草本。生于山地林缘、林间草地、山坡草地。海拔 1 400~1 900 m。

产北天山。中国、哈萨克斯坦；亚洲有分布。

有毒、药用。

*（816）土耳其侧金盏花 **Adonis turkestanica（Korsh.）Adolf**

多年生草本。生于亚高山草甸、草甸湿地、河床。海拔 900~3 200 m。

产西南天山、西天山、北天山。哈萨克斯坦、吉尔吉斯斯坦、乌兹别克斯坦；亚洲有分布。

113. 毛茛属 Ranunculus L.

（817）五裂毛茛 **Ranunculus acris L.**

多年生草本。生于山地林缘、河谷草甸、沼泽化草甸。海拔 600~2 500 m。

产北天山。中国、俄罗斯；亚洲、欧洲有分布。

药用。

*（818）阿莱毛茛 **Ranunculus alajensis Osterf.**

多年生草本。生于高山和亚高山草甸、河流湿地、高山沼泽。海拔 2 900～3 600 m。

产北天山、西天山。吉尔吉斯斯坦、乌兹别克斯坦；亚洲有分布。

（819）宽瓣毛茛 **Ranunculus albertii Regel et Schmalh.**

多年生草本。生于高山和亚高山草甸、山地草甸、河谷阴湿草地。海拔 2 200～3 600 m。

产东天山、东北天山、准噶尔阿拉套山、北天山、东南天山、中央天山、内天山、西天山、西南天山。中国、哈萨克斯坦、吉尔吉斯斯坦、乌兹别克斯坦；亚洲有分布。

药用。

*（820）高山毛茛 **Ranunculus alpigenus Kom.**

多年生草本。生于山地草原、高山草甸、冰川冰碛碎石堆。海拔 2 000～4 000 m。

产西南天山。吉尔吉斯斯坦、乌兹别克斯坦；亚洲有分布。

（821）阿尔泰毛茛 **Ranunculus altaicus Laxm.**

多年生草本。生于高山倒石堆、冰碛堆、高山草甸。海拔 3 000～3 500 m。

产准噶尔阿拉套山、北天山。中国、哈萨克斯坦、吉尔吉斯斯坦、俄罗斯；亚洲有分布。

*（822）田野毛茛 **Ranunculus arvensis L.**

一年生草本。生于山地林缘、河边湿地、田边、路边。海拔 900～1 700 m。

产北天山、西天山、西南天山。哈萨克斯坦、吉尔吉斯斯坦、乌兹别克斯坦、俄罗斯；亚洲、欧洲有分布。

*（823）金黄瓣毛茛 **Ranunculus aureopetalus Kom.**

多年生草本。生于山地草原、灌丛、河床。海拔 900～3 100 m。

产西南天山。吉尔吉斯斯坦、乌兹别克斯坦；亚洲有分布。

*（824）巴达赫山毛茛 **Ranunculus badachschanicus P. N. Ovchinnikov et T. F. Kochkareva**

多年生草本。生于山地草甸湿地、渠边、河谷。海拔 1 000～2 900 m。

产西天山、西南天山、内天山。哈萨克斯坦、吉尔吉斯斯坦、乌兹别克斯坦；亚洲有分布。

*（825）塔拉斯毛茛 **Ranunculus baldschuanicus Rgl. et Kom.** =*Ranunculus sericeus* Banks et Soland.

多年生草本。生于低山带河流湿地、沼泽草甸。海拔 500～1 800 m。

产北天山、内天山、西天山、西南天山。哈萨克斯坦、吉尔吉斯斯坦、乌兹别克斯坦；亚洲有分布。

（826）巴里坤毛茛 **Ranunculus balikunensis J. G. Liou**

多年生草本。生于山地草甸、山坡草地。海拔 2 400～2 500 m。

产东天山。中国；亚洲有分布。

中国特有成分。药用。

*（827）林地毛茛 **Ranunculus birealis Trautv.**

多年生草本。生于山地河流湿地、沼泽草甸。海拔 900～3 000 m。

产准噶尔阿拉套山、北天山、内天山、西天山、西南天山。哈萨克斯坦、吉尔吉斯斯坦、乌兹别克斯坦；亚洲有分布。

*（828）博氏毛茛 **Ranunculus botschantzevii P. N. Ovczinnikov**

多年生草本。生于薹草草甸、山地草原、湿地。海拔 900～3 100 m。

产西南天山、内天山。吉尔吉斯斯坦、乌兹别克斯坦;亚洲有分布。

(829) 鸟足毛茛 **Ranunculus brotherusii Freyn**

多年生草本。生于高山和亚高山草甸、山地林缘、林间草地。海拔 1 100~4 000 m。

产东天山、东北天山、北天山、东南天山。中国、哈萨克斯坦、吉尔吉斯斯坦;亚洲有分布。

药用。

*(830) 细果毛茛 **Ranunculus chaffanjonii P. Danguy ex Finet et Gagnep.**

多年生草本。生于山麓石质山坡、低山丘陵、灌丛。海拔 100~2 600 m。

产北天山、西天山。哈萨克斯坦、乌兹别克斯坦;亚洲有分布。

(831) 茴茴蒜 **Ranunculus chinensis Bunge**

一年生草本。生于沟渠边、田边、湖沼湿地。海拔 600~1 200 m。

产北天山、准噶尔阿拉套山、北天山、东南天山、西天山、西南天山。中国、哈萨克斯坦、吉尔吉斯斯坦、乌兹别克斯坦、朝鲜、日本、蒙古、印度、尼泊尔、俄罗斯;亚洲有分布。

药用、有毒。

(832) 拳卷毛茛 **Ranunculus circinatus Sibth.** = *Batrachium divaricatum* (Schrank) Wimm.

多年生沉水草本。生于溪流浅水处。海拔 300~2 000 m。

产东北天山、准噶尔阿拉套山、北天山、内天山、西天山、西南天山。中国、哈萨克斯坦、吉尔吉斯斯坦、乌兹别克斯坦、俄罗斯;亚洲、欧洲、美洲广泛分布。

*(833) 羊毛茛 **Ranunculus convexiusculus Kovalevskya**

多年生草本。生于高山草甸、草原。海拔 2 900~3 200 m。

产西天山、西南天山。吉尔吉斯斯坦、乌兹别克斯坦;亚洲有分布。

*(834) 斯兹莫干毛茛 **Ranunculus czimganicus Ovczinn.**

多年生草本。生于黄土丘陵、山地荒漠草原、细石质山坡。海拔 700~2 700 m。

产西天山。吉尔吉斯斯坦、乌兹别克斯坦;亚洲有分布。

*(835) 宽瓣毛茛 **Ranunculus dilatatus Ovczinn.**

多年生草本。生于河漫滩、山地草原、河谷。海拔 800~2 700 m。

产西天山、北天山。哈萨克斯坦、吉尔吉斯斯坦、乌兹别克斯坦;亚洲有分布。

*(836) 齿叶毛茛 **Ranunculus fraternus Schischk**

多年生草本。生于高山和亚高山草甸、冰碛堆、山溪边。海拔 2 800~3 400 m。

产准噶尔阿拉套山、北天山。哈萨克斯坦、吉尔吉斯斯坦;亚洲有分布。

(837) 冷地毛茛 **Ranunculus gelidus Kar. et Kir.** = *Ranunculus karelinii* S. K. Cherepanov

多年生草本。生于山地林缘、河谷草甸、山地草原。海拔 1 100~2 600 m。

产东天山、东北天山、准噶尔阿拉套山、北天山、内天山、西天山、西南天山。中国、哈萨克斯坦、吉尔吉斯斯坦、乌兹别克斯坦;亚洲有分布。

药用。

(838) 大叶毛茛 **Ranunculus grandifolius C. A. Mey.**

多年生草本。生于山地林下、林缘、山地草甸、溪边草地。海拔 1 000~2 400 m。

产东天山、东北天山、准噶尔阿拉套山、北天山、西天山。中国、哈萨克斯坦、吉尔吉斯斯坦、乌

兹别克斯坦、俄罗斯;亚洲有分布。

有毒、药用、蜜源。

(839) 毛瓣毛茛 **Ranunculus hamiensis J. G. Liu**

多年生草本。生于山地林缘、林间草地、河谷、山地草甸。海拔 2 000～2 800 m。

产东天山。中国;亚洲有分布。

中国特有成分。药用。

(840) 毛茛 **Ranunculus japonicus Thunb.**

多年生草本。生于山地林下、林缘、河谷、山坡草地、灌丛。海拔 1 700～2 750 m。

产东天山、东北天山、准噶尔阿拉套山、北天山、东南天山。中国、朝鲜、日本、蒙古、俄罗斯;亚洲有分布。

药用、杀虫、有毒。

*(841) 库玛罗夫毛茛 **Ranunculus komarowii Freyn**

多年生草本。生于山地林缘、山坡草地。海拔 1 500～2 300 m。

产西天山、西南天山。乌兹别克斯坦;亚洲有分布。

*(842) 光瓣毛茛 **Ranunculus laetus Wall.** = *Ranunculus distans* Wallich ex Royle = *Ranunculus brevirostris* Edgew.

多年生草本。生于山麓沼泽、草甸湿地、田边湿地。海拔 300～1 900 m。

产北天山、内天山、西天山、西南天山。哈萨克斯坦、吉尔吉斯斯坦、乌兹别克斯坦;亚洲有分布。

*(843) 侧叶毛茛 **Ranunculus lateriflorus DC.** = *Buschia lateriflora* (DC.) Ovcz.

一年生草本。生于湖边、河边、盐渍化湿地。海拔 500～3 100 m。

产西南天山。乌兹别克斯坦、俄罗斯;亚洲、欧洲有分布。

*(844) 线裂毛茛 **Ranunculus linearilobus Bunge**

多年生草本。生于山麓灌丛、沙质山坡。海拔 700～1 800 m。

产北天山、西天山、西南天山。哈萨克斯坦、吉尔吉斯斯坦、乌兹别克斯坦;亚洲有分布。

(845) 长叶毛茛 **Ranunculus lingua L.**

多年生草本。生于山溪边、沼泽湿地。海拔 2 100 m 上下。

产准噶尔阿拉套山、北天山、西天山、西南天山。中国、哈萨克斯坦、吉尔吉斯斯坦、乌兹别克斯坦、俄罗斯;亚洲、欧洲有分布。

药用。

*(846) 流苏瓣毛茛 **Ranunculus lomatocarpus Fisch. et C. A. Mey.** = *Ranunculus cornutus* DC.

一年生草本。生于河边湿地、山地沼泽。海拔 600～2 800 m。

产内天山。吉尔吉斯斯坦、俄罗斯;亚洲有分布。

*(847) 裂叶毛茛 **Ranunculus longilobus Ovcz.**

多年生草本。生于亚高山草甸、沼泽湿地。海拔 1 800～2 500 m。

产北天山、内天山、西天山。吉尔吉斯斯坦、乌兹别克斯坦;亚洲有分布。

*(848) 闵豪宗毛茛 **Ranunculus meinshausenii Schrenk.**

多年生草本。生于山麓、平原、沼泽。海拔 800～2 100 m。

产准噶尔阿拉套山。哈萨克斯坦;亚洲有分布。

(849) 短喙毛茛 **Ranunculus meyerianus Rupr.**

多年生草本。生于山地林下、林缘、河谷草甸、山坡草地。海拔 1 500~1 850 m。

产东北天山、北天山。中国、土库曼斯坦、俄罗斯;亚洲、欧洲有分布。

*(850) 米氏毛茛 **Ranunculus michaelis Kovalwvskya**

多年生草本。生于山麓草地、石质山坡。海拔 1 000~2 300 m。

产西天山。乌兹别克斯坦;亚洲有分布。

*(851) 多茎毛茛 **Ranunculus mindschelkensis B. Fedtsch.**

多年生草本。生于高山和亚高山草甸。海拔 2 700~3 500 m。

产北天山、西天山。乌兹别克斯坦;亚洲有分布。

*(852) 莫古力山毛茛 **Ranunculus mogoltavicus（Popov）Ovczinn.**

多年生草本。生于黏土质荒漠、荒漠草原。海拔 600~2 300 m。

产西天山。哈萨克斯坦、吉尔吉斯斯坦、乌兹别克斯坦;亚洲有分布。

(853) 单叶毛茛 **Ranunculus monophyllus Ovcz.**

多年生草本。生于山地林下、林缘、林间草地、河谷草甸。海拔 1 400~2 400 m。

产东天山、东北天山、准噶尔阿拉套山、北天山、西天山、西南天山。中国、哈萨克斯坦、吉尔吉斯斯坦、乌兹别克斯坦、俄罗斯;亚洲、欧洲有分布。

药用。

*(854) 软毛毛茛 **Ranunculus muricatus L.**

多年生草本。生于河边、田边、沼泽湿地、河漫滩草甸。海拔 300~700 m。

产北天山、西天山、西南天山。哈萨克斯坦、吉尔吉斯斯坦、乌兹别克斯坦、俄罗斯;亚洲、欧洲有分布。

(855) 浮毛茛 **Ranunculus natans C. A. Meyer**

多年生水生草本。生于山地溪水边、山地沼泽、河漫滩、湖边。海拔 1 600~3 600 m。

产东天山、准噶尔阿拉套山、北天山、东南天山、内天山、西天山、西南天山。中国、哈萨克斯坦、吉尔吉斯斯坦、乌兹别克斯坦、俄罗斯;亚洲有分布。

(856) 云生毛茛 **Ranunculus nephelogenes Edgew.**

多年生草本。生于高山草甸、溪边沼泽、河滩砾石地。海拔 2 000~4 300 m。

产东天山、东北天山、准噶尔阿拉套山、东南天山、内天山。中国、尼泊尔;亚洲有分布。

药用。

(857) 长茎毛茛 **Ranunculus nephelogenes var. longicaulis（Trautv.）W. T. Wang** = *Ranunculus longicaulis* C. A. Mey.

多年生草本。生于高山和亚高山草甸、山地林下、溪水边、山地沼泽。海拔 1 700~3 800 m。

产东天山、东北天山、北天山、东南天山、内天山。中国、俄罗斯;亚洲有分布。

(858) 沼泽毛茛 **Ranunculus nephelogenes var. pseudohirculus（Trautv.）J. G. Liu**

多年生草本。生于高山沼泽、高山草甸。海拔 3 600~4 500 m。

产东天山、内天山。中国、哈萨克斯坦、塔吉克斯坦、俄罗斯;亚洲有分布。

*（859）冷毛茛 **Ranunculus olgae Regel** =*Ranunculus afghanicus* Aitch. et Hemsl.

多年生草本。生于高山和亚高山草甸、沼泽湿地。海拔 2 900~3 600 m。

产西天山、西南天山。乌兹别克斯坦；亚洲有分布。

*（860）少叶毛茛 **Ranunculus oligophyllus Pissjaukova**

多年生草本。生于高山和亚高山草甸、冰川冰碛石堆、山脊裸地。海拔 2 900~3 600 m。

产西天山、西南天山。吉尔吉斯斯坦、乌兹别克斯坦；亚洲有分布。

*（861）奥氏毛茛 **Ranunculus ovczinnikovii Kovalevskya**

多年生草本。生于高山湿地、河流湿地、冰川冰碛堆。海拔 3 000~3 600 m。

产西南天山。吉尔吉斯斯坦、乌兹别克斯坦；亚洲有分布。

*（862）尖果毛茛 **Ranunculus oxyspermus Willd.**

多年生草本。生于山麓水渠边、河边、田边。海拔 800~1 800 m。

产北天山、西天山、西南天山。哈萨克斯坦、吉尔吉斯斯坦、乌兹别克斯坦、俄罗斯；亚洲、欧洲有分布。

*（863）帕米尔毛茛 **Ranunculus pamiri Korsh.**

多年生草本。生于高山带蒿草草甸、沼泽湿地。海拔 2 900~3 400 m。

产西南天山、内天山。吉尔吉斯斯坦、乌兹别克斯坦；亚洲有分布。

*（864）细齿毛茛 **Ranunculus paucidentatus Schrenk**

多年生草本。生于高山和亚高山矮灌丛、岩石缝。海拔 2 900~3 500 m。

产北天山、西天山、西南天山。哈萨克斯坦、吉尔吉斯斯坦、乌兹别克斯坦、俄罗斯；亚洲有分布。

（865）裂叶毛茛 **Ranunculus pedatifidus Sm.**

多年生草本。生于山地林缘、林间草地、山地阳坡草地。海拔 1 600~2 900 m。

产东天山、东北天山、准噶尔阿拉套山、北天山、中央天山、西天山。中国、哈萨克斯坦、吉尔吉斯斯坦、乌兹别克斯坦、俄罗斯；亚洲有分布。

药用。

*（866）盾状毛茛 **Ranunculus peltatus Schrank** =*Batrachium triphyllum*（Wallr.）Dumort.

多年生草本。生于山地湖泊湿地。海拔 2 900~3 200 m。

产北天山、内天山。吉尔吉斯斯坦；亚洲有分布。

*（867）毛果毛茛 **Ranunculus pinnatisectus Popov**

多年生草本。生于山地林下、山麓干旱山坡。海拔 800~1 600 m。

产北天山。乌兹别克斯坦；亚洲有分布。

（868）宽翅毛茛 **Ranunculus platyspermus Fisch. ex DC**

多年生草本。生于山地林缘、山坡草地、荒地。海拔 600~1 200 m。

产准噶尔阿拉套山、北天山。中国、哈萨克斯坦、俄罗斯；亚洲、欧洲有分布。

有毒、药用、染料。

（869）多花毛茛 **Ranunculus polyanthemos L.**

多年生草本。生于山地林缘、林间草地、山坡草地、荒漠草原。海拔 700~2 500 m。

产东天山、东北天山、准噶尔阿拉套山、北天山、西天山。中国、哈萨克斯坦、吉尔吉斯斯坦、乌

兹别克斯坦、俄罗斯；亚洲、欧洲有分布。

药用。

（870）多根毛茛 **Ranunculus polyrhizus Steph. ex Willd.**

多年生草本。生于山地林缘、林间草地、山坡草地、荒漠草原。海拔 800～2 400 m。

产东天山、东北天山、准噶尔阿拉套山、北天山、西天山、西南天山。中国、哈萨克斯坦、吉尔吉斯斯坦、乌兹别克斯坦、俄罗斯；亚洲、欧洲有分布。

（871）天山毛茛 **Ranunculus popovii Ovcz.**

多年生草本。生于高山和亚高山草甸、山地林下、林缘、林间草地。海拔 1 500～4 000 m。

产东天山、准噶尔阿拉套山、北天山、东南天山、西天山。中国、哈萨克斯坦、吉尔吉斯斯坦、乌兹别克斯坦；亚洲有分布。

药用。

*（872）匹斯堪毛茛 **Ranunculus pskemensis V. Pavlov**

多年生草本。生于高山和亚高山草甸。海拔 2 700～3 200 m。

产西南天山。乌兹别克斯坦；亚洲有分布。

（873）美丽毛茛 **Ranunculus pulchellus C. A. Mey.** = *Ranunculus longicaulis* var. *pulchellus*（C. A. Mey.）I. A. Gubanov

多年生草本。生于亚高山草甸、山地林下、林缘、河谷草甸。海拔 1 600～2 900 m。

产东天山、东北天山、准噶尔阿拉套山、北天山、西天山、西南天山。中国、哈萨克斯坦、吉尔吉斯斯坦、乌兹别克斯坦、蒙古、俄罗斯；亚洲有分布。

药用。

（874）沼地毛茛 **Ranunculus radicans C. A. Mey.**

多年生水生草本。生于山地林下、溪水边、山地沼泽、湖边。海拔 900～2 400 m。

产东天山、东北天山、北天山。中国、俄罗斯；亚洲有分布。

药用。

（875）掌裂毛茛 **Ranunculus rigescens Turcz. ex Ovcz.**

多年生草本。生于山地林缘、林间草地、山地河谷。海拔 1 600～2 200 m。

产东天山、东北天山、准噶尔阿拉套山、北天山、东南天山。中国、哈萨克斯坦、吉尔吉斯斯坦、乌兹别克斯坦、俄罗斯；亚洲有分布。

药用。

（876）扁果毛茛 **Ranunculus regelianus Ovcz.**

多年生草本。生于山地阳坡草地、低山荒漠草原、荒漠。海拔 1 000 m 上下。

产准噶尔阿拉套山、北天山、西天山、西南天山。中国、哈萨克斯坦、吉尔吉斯斯坦、乌兹别克斯坦；亚洲有分布。

药用。

（877）匍枝毛茛 **Ranunculus repens L.**

多年生草本。生于山地林下、河谷、山坡草甸、沼泽草甸。海拔 600～2 000 m。

产准噶尔阿拉套山、北天山、西天山、西南天山。中国、哈萨克斯坦、吉尔吉斯斯坦、乌兹别克斯坦、朝鲜、日本、俄罗斯;亚洲、欧洲、美洲有分布。

有毒、药用、杀虫、蜜源。

(878) 红萼毛茛 **Ranunculus rubrocalyx Regel et Kom.**

多年生草本。生于山地林下、林缘、山坡草地。海拔 1 600~2 000 m。

产东天山、东北天山、准噶尔阿拉套山、北天山、东南天山、西天山、西南天山。中国、哈萨克斯坦、吉尔吉斯斯坦、乌兹别克斯坦;亚洲有分布。

(879) 棕萼毛茛 **Ranunculus rufosepalus Franch.**

多年生草本。生于高山冰碛堆、高山沼泽湿地。海拔 2 500~4 800 m。

产北天山、西天山、西南天山。中国、哈萨克斯坦、吉尔吉斯斯坦、乌兹别克斯坦;亚洲有分布。

(880) 石龙芮 **Ranunculus sceleratus L.**

一年生草本。生于山地河谷、山坡草地、沼泽草甸、平原湿地、静水河湖边。海拔 300~3 050 m。

产东天山、东北天山、准噶尔阿拉套山、北天山、东南天山、西天山、西南天山。中国、哈萨克斯坦、吉尔吉斯斯坦、乌兹别克斯坦、俄罗斯;亚洲、欧洲、美洲有分布。

药用、有毒、蜜源。

*(881) 夏夫塔毛茛 **Ranunculus schaftoanus（Aitch. et Hemsl.）Boiss.**

多年生草本。生于石质山坡、岩石峭壁、碎石堆。海拔 800~2 500 m。

产西南天山。吉尔吉斯斯坦、乌兹别克斯坦;亚洲有分布。

*(882) 卵果毛茛 **Ranunculus sewerzowii Regel**

多年生草本。生于山地草甸草原、河谷湿地。海拔 300~800 m。

产北天山、西天山。哈萨克斯坦、乌兹别克斯坦;亚洲有分布。

(883) 新疆毛茛 **Ranunculus songoricus Schrenk**

多年生草本。生于亚高山草甸、山地林缘、林间草地、河谷草甸。海拔 1 600~3 000 m。

产东天山、准噶尔阿拉套山、北天山、内天山、西天山、西南天山。中国、哈萨克斯坦、吉尔吉斯斯坦、乌兹别克斯坦;亚洲有分布。

药用。

*(884) 细裂毛茛 **Ranunculus tenuilobus Regel ex Kom.**

多年生草本。生于山地林缘、灌丛、草地。海拔 1 400~2 300 m。

产内天山、西南天山。吉尔吉斯斯坦、乌兹别克斯坦;亚洲有分布。

*(885) 外阿莱毛茛 **Ranunculus transalaicus Tzvelev**

多年生草本。生于山地草原、河谷。海拔 700~2 600 m。

产西南天山。吉尔吉斯斯坦、乌兹别克斯坦;亚洲有分布。

(886) 截叶毛茛 **Ranunculus transiliensis Popov ex Ovcz.**

多年生草本。生于高山和亚高山阴湿岩石缝、山地林缘、河漫滩草甸。海拔 1 500~3 000 m。

产东天山、东北天山、准噶尔阿拉套山、北天山。中国、哈萨克斯坦、吉尔吉斯斯坦、乌兹别克斯坦;亚洲有分布。

药用。

（887）毛托毛茛 **Ranunculus trautvetterianus C. Regel ex Ovcz.**

多年生草本。生于山地林缘、河漫滩草甸、山坡草地。海拔 1 500~4 100 m。

产东北天山、北天山、内天山。中国、哈萨克斯坦、吉尔吉斯斯坦；亚洲有分布。

＊（888）土耳其毛茛 **Ranunculus turkestanicus Franch.**

多年生草本。生于山地草甸草原、高山草甸、沼泽湿地。海拔 2 900~3 400 m。

产西南天山、内天山。吉尔吉斯斯坦、乌兹别克斯坦；亚洲有分布。

＊（889）威氏毛茛 **Ranunculus vvedenskyi P. N. Ovczinnikov**

多年生草本。生于石灰岩丘陵石缝。海拔 500~2 300 m。

产内天山、西南天山。吉尔吉斯斯坦、乌兹别克斯坦；亚洲有分布。

114. 鸦跖花属 Oxygraphis Bunge

（890）鸦跖花 **Oxygraphis glacialis（Fisch. ex DC.）Bunge**

多年生草本。生于高山和亚高山草甸。海拔 2 800~5 100 m。

产东天山、东北天山、准噶尔阿拉套山、北天山、东南天山、内天山、西天山、西南天山。中国、哈萨克斯坦、吉尔吉斯斯坦、乌兹别克斯坦、印度、俄罗斯；亚洲、欧洲有分布。

药用。

115. 碱毛茛属 Halerpestes Greene

（891）长叶碱毛茛 **Halerpestes ruthenica（Jacq.）Ovcz.**

多年生草本。生于河谷水边、低湿地草甸、盐化草甸、沼泽、静水河湖边。海拔 300~2 400 m。

产东天山、东北天山、准噶尔阿拉套山、北天山、东南天山。中国、蒙古、俄罗斯；亚洲有分布。

有毒、药用。

（892）水葫芦苗 **Halerpestes sarmentosus（Adams）Komarov**

多年生草本。生于盐化湿草甸、河边低洼地、湖边沼泽地。海拔 300~2 000 m。

产东天山、东北天山、准噶尔阿拉套山、北天山、东南天山、中央天山、内天山、西天山、西南天山。中国、哈萨克斯坦、吉尔吉斯斯坦、乌兹别克斯坦、朝鲜、印度、蒙古、俄罗斯；亚洲、美洲有分布。

有毒、药用。

116. 水毛茛属 Batrachium S. F. Gray

（893）长叶水毛茛 **Batrachium trichophyllum（Chaix）Bosch** = *Batrachium kauffmannii*（Clerc） Ovcz. = *Ranunculus kauffmanii* P. Clerc = *Batrachium pachycaulon* Nevski.

多年生沉水草本。生于河流浅水处、湖边。海拔 300~2 400 m。

产东天山、东南天山、准噶尔阿拉套山、北天山。中国、哈萨克斯坦、吉尔吉斯斯坦、乌兹别克斯坦、蒙古、俄罗斯；亚洲、欧洲有分布。

（894）黄花水毛茛 **Batrachium bungei var. flavidum（Hand.-Mazz.）L. Liou** = *Ranunculus flavidus* （Hand.-Mazz.）R. R. Stewart = *Batrachium flavidum* Hand.-Mazz.

多年生沉水草本。生于河流浅水处、沼泽、湖边。海拔 3 400~5 300 m。

产东北天山。中国；亚洲有分布。

（895）歧裂水毛茛 **Batrachium divaricatum（Schrank）Schur**

多年生沉水草本。生于溪流浅水处。海拔 300～2 000 m。

产东北天山、准噶尔阿拉套山、北天山、内天山、西天山、西南天山。中国、哈萨克斯坦、吉尔吉斯斯坦、乌兹别克斯坦、俄罗斯；亚洲、欧洲、美洲广泛分布。

（896）小水毛茛 **Batrachium eradicatum（Laest.）Fries**

多年生沉水草本。生于河流浅水处、沼泽、湖边。海拔 500～2 000 m。

产北天山。中国、俄罗斯；亚洲、欧洲有分布。

*（897）粗茎水毛茛 **Batrachium pachycaulon Nevski** = *Ranunculus pachycaulus*（Neuski）A. N. Luferov

多年生草本。生于山地泉水区、沼泽湿地、山麓平原沼泽湿地。海拔 200～2 900 m。

产北天山、西天山、西南天山。哈萨克斯坦、吉尔吉斯斯坦、乌兹别克斯坦；亚洲有分布。

*（898）罗尼水毛茛 **Batrachium rionii（Lagger）Nyman** = *Ranunculus rionii* Lagger

多年生草本。生于浅水湖泊、沼泽湿地、盐渍化草甸。海拔 150～2 600 m。

产北天山、西天山、西南天山。哈萨克斯坦、吉尔吉斯斯坦、乌兹别克斯坦、俄罗斯；亚洲、欧洲有分布。

*（899）毛叶水毛茛 **Batrachium trichophyllum（Chaix）Van den Bosch** = *Ranunculus trichophyllus* Chaix

多年生草本。生于淡水水域。海拔 600～2 500 m。

产北天山、西天山、西南天山。哈萨克斯坦、吉尔吉斯斯坦、乌兹别克斯坦、俄罗斯；亚洲、欧洲有分布。

*（900）三叶水毛茛 **Batrachium triphyllum（Wallr.）Dum.** = *Batrachium aquatile*（L.）Dumort

多年生草本。生于山地湖泊湿地。海拔 2 900～3 200 m。

产北天山、内天山。吉尔吉斯斯坦；亚洲有分布。

117. 角果毛茛属 Ceratocephala Moench

（901）角果毛茛 **Ceratocephala testiculata（Crantz）Roth.** = *Ceratocephala orthoceras* DC.

一年生草本。生于山地荒漠草原、蒿属荒漠、琵琶柴荒漠、草甸草原、灌丛、固定和半固定沙丘。海拔 400～2 100 m。

产东天山、东北天山、准噶尔阿拉套山、北天山。中国、哈萨克斯坦、吉尔吉斯斯坦、乌兹别克斯坦、土库曼斯坦；亚洲、欧洲有分布。

有毒、药用。

*118. 榕毛茛属 Ficaria Guett.

*（902）榕毛茛 **Ficaria verna Hudson**

多年生草本。生于沼泽湿地、公园。海拔 700～2 100 m。

产北天山。哈萨克斯坦、俄罗斯；亚洲、欧洲有分布。

119. 獐耳细辛属 Hepatica Mill.

（903）獐耳细辛 **Hepatica falconeri（Thoms.）Steward**

多年生草本。生于石质山坡、岩石峭壁。海拔 500～3 100 m。

产准噶尔阿拉套山、北天山、西天山。中国、哈萨克斯坦、吉尔吉斯斯坦、乌兹别克斯坦；亚洲有分布。

药用。

* **120. 鼠尾毛茛属 Myosurus L.**

　　*（904）小鼠尾巴 **Myosurus minimus L.**

　　　　一年生草本。生于河边、路边、平原草地、黄土丘陵。海拔 200~2 300 m。

　　　　产西天山、西南天山、内天山。吉尔吉斯斯坦、乌兹别克斯坦、俄罗斯;亚洲、欧洲有分布。

121. 黑种草属 Nigella L.

　　*（905）布哈拉黑种草 **Nigella bucharica Schipcz.**

　　　　一年生草本。生于山地草原、石膏质荒漠、阿月浑子林下。海拔 400~2 600 m。

　　　　产西南天山、内天山。吉尔吉斯斯坦、乌兹别克斯坦;亚洲有分布。

* **122. 掌叶黑种草属 Komaroffia Kuntze**

　　*（906）全缘黑种草 **Komaroffia integrifolia（Regel）Lemos Pereira** = *Nigella integrifolia* Regel

　　　　一年生草本。生于山地草原、荒漠草原、沙漠、固定和半固定沙漠、山麓平原、槭树林下、阿月浑子林下、细石质、黏土质荒漠草地。海拔 300~2 100 m。

　　　　产准噶尔阿拉套山、北天山、西天山、西南天山。哈萨克斯坦、吉尔吉斯斯坦、乌兹别克斯坦;亚洲有分布。

123. 菟葵属 Eranthis Salisb.

　　（907）长梗菟葵 **Eranthis longistipitata（Regel）Nakai**

　　　　多年生草本。生于砾石质山坡、山地疏松黏土地。海拔 1 400~2 750 m。

　　　　产北天山、中央天山、西天山、内天山。中国、吉尔吉斯斯坦、乌兹别克斯坦、伊朗;亚洲有分布。

十九、牡丹科（芍药科）Paeoniaceae

124. 芍药属 Paeonia L.

　　（908）窄叶芍药(块根芍药) **Paeonia anomala L.**

　　　　多年生草本。生于山地林下、林缘、灌丛、山坡草地、河谷草甸。海拔 1 200~2 500 m。

　　　　产东天山、北天山。中国、蒙古、俄罗斯;亚洲、欧洲有分布。

　　　　药用、食用、油料、观赏、蜜源。

二十、星叶草科 Circaeasteraceae

125. 星叶草属 Circaeaster Maxim.

　　（909）星叶草 **Circaeaster agrestis Maxim.**

　　　　一年生草本。生于山地林下阴湿地、山谷溪边。海拔 2 000~4 000 m。

　　　　产东天山、中央天山。中国、不丹、印度、尼泊尔;亚洲有分布。

　　　　单种科属植物。药用。

二十一、小檗科 Berberidaceae

126. 小檗属 Berberis L.

*(910) 异花束小檗 **Berberis heterobotrys E. Wolf**

灌木。生于石质山坡、岩石峭壁、野核桃林下、圆柏灌丛、砾岩堆。海拔600~2 800 m。

产北天山。哈萨克斯坦;亚洲有分布。

(911) 黑果小檗(异果小檗) **Berberis heteropoda Schrenk**

落叶灌木。生于山地林缘、沟谷灌丛、河谷沿岸。海拔800~2 900 m。

产东天山、东北天山、准噶尔阿拉套山、北天山、东南天山、中央天山、内天山。中国、哈萨克斯坦、吉尔吉斯斯坦;亚洲有分布。

食用、染料、药用。

(912) 全缘叶小檗 **Berberis integerrima Bunge** = *Berberis jamesiana* Forrest et W. W. Smith

落叶灌木。生于山地灌丛。海拔1 000~1 600 m.

产东北天山、准噶尔阿拉套山、北天山。中国、哈萨克斯坦;亚洲有分布。

药用、食用。

(913) 伊犁小檗(红果小檗) **Berberis iliensis Popov.** = *Berberis nummularia* Bunge

落叶灌木。生于山地林缘、疏林下、山地灌丛、河漫滩、荒漠草原、河岸草地、荒地。海拔300~2 050 m。

产东天山、北天山、准噶尔阿拉套山、东南天山、中央天山、内天山、西天山、西南天山。中国、哈萨克斯坦、吉尔吉斯斯坦、乌兹别克斯坦、伊朗;亚洲有分布。

药用、食用。

(914) 喀什小檗 **Berberis kaschgarica Rupr.** = *Berberis ulicina* Hook. f. et Thoms.

落叶灌木。生于平原或山地灌木荒漠、高寒荒漠。海拔1 900~4 200 m。

产北天山、东南天山、中央天山、内天山。中国、哈萨克斯坦、吉尔吉斯斯坦;亚洲有分布。

食用、药用。

*(915) 多穗小檗 **Berberis multispinosa V. Zapr.**

灌木。生于野核桃林下、石质山坡、河谷、圆柏灌丛、砾岩堆、河漫滩。海拔600~2 800 m。

产北天山、西南天山、西天山。哈萨克斯坦、吉尔吉斯斯坦、乌兹别克斯坦;亚洲有分布。

(916) 西伯利亚小檗 **Berberis sibirica Pall.**

落叶灌木。生于山地林下、林缘、河边、灌丛、砾石质坡地。海拔1 400~2 350 m。

产准噶尔阿拉套山、中央天山。中国、哈萨克斯坦、蒙古、俄罗斯;亚洲有分布。

*(917) 土库曼小檗 **Berberis turcomanica Kar. ex Ledeb.**

灌木。生于山崖石缝、河谷、岩石峭壁、山谷、河边、细石质荒漠草地。海拔600~2 900 m。

产北天山、西南天山、西天山。哈萨克斯坦、吉尔吉斯斯坦、乌兹别克斯坦、俄罗斯;亚洲有分布。

***127. 山槐叶属 Bongardia C. A. Mey.**

  *（918）山槐叶 **Bongardia chrysogonum Endl. Ench.**

多年生草本。生于细石质山坡、微盐渍化荒漠草地、阿月浑子林下、灌丛、洪积扇。海拔 200～2 300 m。

产西天山、西南天山。吉尔吉斯斯坦、乌兹别克斯坦、俄罗斯；亚洲有分布。

128. 牡丹草属 Gymnospermium Spach.

  *（919）白牡丹草 **Gymnospermium albertii（Regel）Takht.**

多年生草本。生于山地灌丛、核桃林下。海拔 2 200～2 900 m。

产准噶尔阿拉套山、北天山、西天山、西南天山。哈萨克斯坦、吉尔吉斯斯坦、乌兹别克斯坦；亚洲有分布。

  *（920）大瓦扎牡丹草 **Gymnospermium darwasicum（Regel）Takht.**

多年生草本。生于山地草原、灌丛、河床。海拔 800～2 900 m。

产西南天山。吉尔吉斯斯坦、乌兹别克斯坦；亚洲有分布。

129. 囊果草属 Leontice L.

  （921）囊果草 **Leontice incerta Pall.**

多年生草本。生于低山荒漠草原、蒿属荒漠。海拔 400～800 m。

产东天山、东北天山、准噶尔阿拉套山、北天山。中国、哈萨克斯坦、吉尔吉斯斯坦；亚洲有分布。

优良饲料、药用。

二十二、罂粟科 Papaveraceae

130. 白屈菜属 Chelidonium L.

  （922）白屈菜 **Chelidonium majus L.**

多年生草本。生于山地林缘、林间草地、灌丛、河谷草甸。海拔 500～2 300 m。

产东天山、东北天山、准噶尔阿拉套山、北天山、东南天山。中国、哈萨克斯坦、吉尔吉斯斯坦、朝鲜、日本、俄罗斯；亚洲、欧洲有分布。

单种属植物。有毒、药用、植化原料(植物汁)、油料、染料、观赏。

131. 裂叶罂粟属（疆罂粟属）Roemeria Medik.

  （923）红裂叶罂粟（红花疆罂粟）**Roemeria refracta DC.**

一年生草本。生于山地草原、低山荒漠、绿洲边缘。海拔 800～1 800 m。

产东天山、准噶尔阿拉套山、北天山、西天山。中国、哈萨克斯坦、吉尔吉斯斯坦、乌兹别克斯坦、伊朗、俄罗斯；亚洲、欧洲有分布。

药用。

  （924）紫裂叶罂粟（紫花疆罂粟）**Roemeria hybrida（L.）DC.**

一年生草本。生于干旱山坡、草原、沙地、低山荒漠灌丛。海拔 800～2 100 m。

产东天山、东北天山、准噶尔阿拉套山、北天山、西天山。中国、哈萨克斯坦、吉尔吉斯斯坦、乌兹别克斯坦、伊朗、俄罗斯；亚洲、欧洲有分布。

132. 海罂粟属 Glaucium Mill.

*（925） 弯角果罂粟 Glaucium corniculatum（L.）J. H. Rudolph

一年生或多年生草本。生于细石质山麓平原、洪积扇。海拔 300~1 700 m。

产西南天山。乌兹别克斯坦、俄罗斯;亚洲、欧洲有分布。

（926） 短梗海罂粟(天山海罂粟) Glaucium elegans Fisch. et C. A. Mey.

一年生草本。生于山地砾石质山坡、低山荒漠、路边。海拔 800~1 400 m。

产东天山、东北天山、准噶尔阿拉套山、北天山、东南天山、西天山、西南天山。中国、哈萨克斯坦、吉尔吉斯斯坦、乌兹别克斯坦、伊朗、俄罗斯;亚洲有分布。

药用。

*（927） 大包叶海罂粟 Glaucium elegans subsp. bracteatum（M. Pop.）B. Mory = *Glaucium bracteatum* Popov

一年生草本。生于山地荒漠草原、山麓平原砾石质坡地。海拔 600~1 800 m。

产西南天山、西天山。吉尔吉斯斯坦、乌兹别克斯坦;亚洲有分布。

（928） 海罂粟 Glaucium fimbrilligerum Boiss. = *Dicranostigma iliensis* C. Y. Wu et H. Chuang

一、二年生或多年生草本。生于山地砾石质荒漠、河谷荒漠、山坡草地、半干旱山坡。海拔 700~1 500 m。

产东天山、东北天山、准噶尔阿拉套山、北天山。中国、哈萨克斯坦、吉尔吉斯斯坦、乌兹别克斯坦、阿富汗、伊朗;亚洲有分布。

有毒、油料、药用、观赏。

（929） 鳞果海罂粟(新疆海罂粟) Glaucium squamigerum Kar. et Kir.

二年生或多年生草本。生于山地砾石质荒漠、山地草原、低山丘陵、平原荒漠、戈壁、路边。海拔 700~2 800 m。

产东天山、东北天山、准噶尔阿拉套山、北天山、东南天山、中央天山、内天山。中国、哈萨克斯坦、吉尔吉斯斯坦、乌兹别克斯坦;亚洲有分布。

有毒、药用。

133. 罂粟属 Papaver L.

（930） 灰毛罂粟 Papaver canescens Tolmatch. = *Papaver tianschanicum* Popov

多年生草本。生于高山和亚高山草甸、山地林缘。海拔 2 400~4 300 m。

产东天山、东北天山、准噶尔阿拉套山、北天山、东南天山、内天山、西天山。中国、哈萨克斯坦、吉尔吉斯斯坦、乌兹别克斯坦、俄罗斯;亚洲有分布。

药用。

*（931） 包藏罂粟 Papaver involucratum Popov

多年生草本。生于冰川冰碛石堆、山崖石缝、高山草甸。海拔 3 000~3 600 m。

产西南天山、西天山。吉尔吉斯斯坦、乌兹别克斯坦;亚洲有分布。

（932） 平滑罂粟 Papaver laevigatum M. Bieb. = *Papaver litwinowii* Fedde ex Bornm.

一年生草本。生于山地河边林下、山坡倒石堆。海拔 1 100~1 300 m。

产准噶尔阿拉套山、北天山、西天山。中国、哈萨克斯坦、吉尔吉斯斯坦、乌兹别克斯坦、巴基斯坦、伊朗;亚洲有分布。

（933）野罂粟 **Papaver nudicaule L.** = *Papaver croceum* Ledeb.

多年生草本。生于高山和亚高山草甸、山地林缘、山地草甸、林间草地。海拔 1 100～4 600 m。

产东天山、东北天山、准噶尔阿拉套山、北天山、东南天山、内天山、西天山。中国、哈萨克斯坦、吉尔吉斯斯坦、乌兹别克斯坦、蒙古、印度、巴基斯坦、俄罗斯;亚洲有分布。

有毒、药用、观赏。

（934）黑环罂粟 **Papaver pavoninum Fisch. et C. A. Mey.**

一年生草本。生于山地草原、荒漠草原、固定和半固定沙丘、田边、路边。海拔 500～1 000 m。

产北天山、西天山。中国、哈萨克斯坦、吉尔吉斯斯坦、乌兹别克斯坦、伊朗;亚洲有分布。

有毒、药用。

134. 角茴香属 Hypecoum L.

（935）角茴香 **Hypecoum erectum L.**

一年生草本。生于沙砾质荒漠、半固定沙丘及丘间沙地。海拔 300～3 000 m。

产东天山、准噶尔阿拉套山、北天山。中国、哈萨克斯坦、蒙古、俄罗斯;亚洲有分布。

药用。

（936）锈斑角茴香 **Hypecoum ferrugineomaculae Z. X. An**

一年生草本。生于半固定沙丘。海拔 680 m 上下。

产北天山。中国;亚洲有分布。

中国特有成分。

（937）细果角茴香 **Hypecoum leptocarpum Hook. f. et Thoms.**

一年生草本。生于沙砾质山坡、河滩。海拔 1 700～2 500 m。

产东天山、北天山、西天山。中国、哈萨克斯坦、吉尔吉斯斯坦、乌兹别克斯坦、蒙古、印度;亚洲有分布。

药用。

（938）小花角茴香 **Hypecoum parviflorum Kar. et Kir.**

一年生草本。生于山地草原、沙砾质荒漠、固定和半固定沙丘。海拔 400～2 900 m。

产东天山、东北天山、北天山、西天山。中国、哈萨克斯坦、吉尔吉斯斯坦、乌兹别克斯坦、印度、伊朗、俄罗斯;亚洲有分布。

药用。

（939）三裂角茴香 **Hypecoum trilobum Trautv.**

一年生草本。生于半固定沙丘。海拔 680 m 上下。

产北天山、西天山。中国、土库曼斯坦、阿富汗、科威特、阿曼、俄罗斯、土耳其;亚洲、欧洲、非洲、大洋洲、美洲有分布。

135. 烟堇属 Fumaria L.

＊（940）小叶烟堇 **Fumaria parviflora Lam.**

一年生草本。生于石质荒漠、黏土荒漠草地。海拔 900～2 400 m。

产西南天山、内天山。吉尔吉斯斯坦、乌兹别克斯坦、俄罗斯;亚洲、欧洲有分布。

（941）烟堇 **Fumaria schleicheri Soyer-Willemet**

一年生草本。生于山地林下、林缘、山地草甸、灌丛、农田边、宅旁、荒地。海拔 600~2 500 m。

产东天山、东北天山、准噶尔阿拉套山、北天山、东南天山、中央天山。中国、哈萨克斯坦、吉尔吉斯斯坦、俄罗斯；亚洲、欧洲有分布。

药用。

（942）短梗烟堇 **Fumaria vaillantii Loisel.**

一年生草本。生于山地林下、林缘、山地草甸、灌丛、农田边、宅旁、荒地。海拔 500~2 200 m。

产东天山、东北天山、准噶尔阿拉套山、北天山、东南天山、中央天山、西天山。中国、哈萨克斯坦、吉尔吉斯斯坦、乌兹别克斯坦、伊朗、俄罗斯；亚洲、欧洲有分布。

药用。

136. 紫堇属 Corydalis DC.

（943）铁线蕨叶黄堇 **Corydalis adianthifolia Hook. f. et Thomson**

多年生草本。生于高山荒漠、高山和亚高山草甸、砾石质山坡。海拔 2 300~3 600 m。

产东天山、内天山。中国、巴基斯坦、印度；亚洲有分布。

*（944）艾氏紫堇 **Corydalis aitchisonii Popov** = *Corydalis nevskii* Popov

多年生草本。生于山地石质山坡、山崖岩石缝。海拔 1 500~2 500 m。

产内天山。吉尔吉斯斯坦；亚洲有分布。

*（945）布哈拉紫堇 **Corydalis bucharica Popov**

多年生草本。生于山地荒漠草原、洪积扇、石膏荒漠、山崖石缝。海拔 900~3 200 m。

产西南天山、西天山、内天山。吉尔吉斯斯坦、乌兹别克斯坦；亚洲有分布。

（946）山紫堇（真堇） **Corydalis capnoides（L.）Pers.**

多年生草本。生于山地林下、林间草地、山地河谷、山地草原。海拔 1 400~2 700 m。

产东天山、东北天山、准噶尔阿拉套山、北天山、东南天山。中国、哈萨克斯坦、吉尔吉斯斯坦、蒙古、俄罗斯；亚洲有分布。

药用。

*（947）粉瓣紫堇 **Corydalis darwasica Regel et Prain**

一年生草本。生于高山和亚高山草甸、高山沼泽湿地。海拔 2 800~3 200 m。

产内天山、西天山。吉尔吉斯斯坦、乌兹别克斯坦；亚洲有分布。

（948）天山囊果紫堇（胀果紫堇） **Corydalis fedtschenkoana Regel** = *Cysticorydalis fedtschenkoana* (Regel) Fedde

多年生草本。生于高山和亚高山草甸、高山荒漠。海拔 2 700~4 500 m。

产内天山。中国、吉尔吉斯斯坦；亚洲有分布。

（949）灰叶延胡索（新疆元胡） **Corydalis glaucescens Regel**

多年生草本。生于山地草甸、低山灌丛、荒漠。海拔 400~2 100 m。

产东天山、东北天山、准噶尔阿拉套山、北天山。中国、哈萨克斯坦、吉尔吉斯斯坦；亚洲有分布。

药用。

（950）高山紫堇（新疆黄堇）**Corydalis gortschakovii Schrenk**

多年生草本。生于高山和亚高山草甸、山地林缘、林间草地。海拔 2 100~3 600 m。

产东天山、准噶尔阿拉套山、北天山、东南天山、内天山、西天山。中国、哈萨克斯坦、吉尔吉斯斯坦、乌兹别克斯坦；亚洲有分布。

药用。

（951）小株紫堇（二色堇）**Corydalis inconspicua Bunge ex Ledeb.** = *Corydalis tenella* Kar. et Kir.

多年生草本。生于高山和亚高山草甸、山地林下、林间草地。海拔 600~3 700 m。

产东天山、准噶尔阿拉套山、北天山、东南天山。中国、哈萨克斯坦、吉尔吉斯斯坦、蒙古、俄罗斯；亚洲有分布。

（952）喀什黄堇 **Corydalis kashgarica Rupr.**

多年生草本。生于山地林缘、岩石缝、山地荒漠草原。海拔 1 200~2 000 m。

产东天山、中央天山、内天山。中国、吉尔吉斯斯坦、塔吉克斯坦；亚洲有分布。

（953）对叶元胡（薯根延胡索）**Corydalis ledebouriana Kar. et Kir.**

多年生草本。生于山地林下、山地灌丛、低山丘陵。海拔 800~1 800 m。

产东天山、东北天山、准噶尔阿拉套山、北天山、西天山。中国、哈萨克斯坦、吉尔吉斯斯坦、乌兹别克斯坦、伊朗；亚洲有分布。

药用。

*（954）翅果紫堇 **Corydalis macrocentra Regel**

多年生草本。生于低山带或山麓平原细石质坡地、洪积扇。海拔 600~2 100 m。

产西南天山、西天山、内天山。吉尔吉斯斯坦、乌兹别克斯坦；亚洲有分布。

（955）疆堇 **Corydalis mira（Batalin）C. Y. Wu et H. Chuang** = *Roborowskia mira* Batalin

亚灌木。生于高山和亚高山潮湿岩石缝。海拔 2 600~3 400 m。

产内天山。中国、吉尔吉斯斯坦；亚洲有分布。

*（956）穆嘎比克紫堇 **Corydalis murgabica Mikhailova** = *Corydalis stricta* subsp. *pamirica* Mikhailova

多年生草本。生于石质细石质山坡、碎石堆、山地荒漠草原、冰川冰碛堆、沼泽湿地、盐渍化沼泽湿地。海拔 700~3 500 m。

产准噶尔阿拉套山、西天山、西南天山。哈萨克斯坦、吉尔吉斯斯坦、乌兹别克斯坦；亚洲有分布。

（957）阿山黄堇（阿尔泰紫堇）**Corydalis nobilis（L.）Pers.**

多年生草本。生于山地林下、山地草甸、河谷。海拔 1 000~2 600 m。

产东天山、北天山、东南天山、内天山。中国、哈萨克斯坦、俄罗斯；亚洲有分布。

药用。

*（958）小紫堇 **Corydalis nudicaulis Regel**

多年生草本。生于高山冰碛堆、砾岩堆、黏土质山坡。海拔 2 500~3 600 m。

产西南天山、内天山。吉尔吉斯斯坦、乌兹别克斯坦；亚洲有分布。

*（959）帕米尔紫堇 **Corydalis paniculigera Regel et Schmsalh. ex Regel**

多年生草本。生于高山和亚高山岩石缝、花岗岩岩石缝。海拔 1 600~3 100 m。

产内天山、北天山、西天山。哈萨克斯坦、吉尔吉斯斯坦、乌兹别克斯坦;亚洲有分布。

*(960) 阿杜那紫堇 **Corydalis pseudoadunca Popov**

多年生草本。生于石质山坡、山溪边、黏沙质盆地。海拔 800~3 100 m。

产西南天山、西天山。吉尔吉斯斯坦、乌兹别克斯坦;亚洲有分布。

(961) 假小叶黄堇 **Corydalis pseudomicrophylla Z. Y. Su**

多年生草本。生于多石质山坡。海拔 2 000 m 上下。

产中央天山。中国;亚洲有分布。

中国特有成分。

(962) 长花延胡索(长距元胡) **Corydalis schanginii**(Pall.)**B. Fedtsch.**

多年生草本。生于荒漠草原、低山灌丛、石质山坡、荒漠。海拔 800~1 100 m。

产东天山、准噶尔阿拉套山、北天山、西天山。中国、哈萨克斯坦、吉尔吉斯斯坦、乌兹别克斯坦、俄罗斯;亚洲有分布。

药用。

*(963) 黄花紫堇 **Corydalis schelesnowiana Regel et Schmalh.**

多年生草本。生于石质山坡、河谷、石灰岩丘陵、山口阶地。海拔 700~3 000 m。

产西南天山、西天山。吉尔吉斯斯坦、乌兹别克斯坦;亚洲有分布。

(964) 中亚紫堇(天山紫堇) **Corydalis semenowii Regel et Herd.**

多年生草本。生于山地林下、林缘、林间草地。海拔 1 000~2 600 m。

产东天山、东北天山、准噶尔阿拉套山、北天山、东南天山、中央天山、内天山。中国、哈萨克斯坦、吉尔吉斯斯坦;亚洲有分布。

药用。

(965) 大苞延胡索 **Corydalis sewerzovi Regel** = *Corydalis sewerzowii* Regel

多年生草本。生于山地林下、灌丛。海拔 500~1 700 m。

产北天山、西天山、西南天山。中国、哈萨克斯坦、吉尔吉斯斯坦、乌兹别克斯坦;亚洲有分布。

*(966) 西伯利亚紫堇 **Corydalis sibirica**(L. f.)**Pers.**

一年生草本。生于高山和亚高山草甸。海拔 2 900~3 200 m。

产北天山。哈萨克斯坦、俄罗斯;亚洲、欧洲有分布。

*(967) 实心紫堇 **Corydalis solida**(L.)**Clairv.** = *Corydalis halleri*(Willd.)Willd.

多年生草本。生于山麓石质荒漠、沙地、龟裂土荒漠。海拔 1 500~2 700 m。

产内天山。吉尔吉斯斯坦;亚洲有分布。

(968) 直茎黄堇(直立紫堇) **Corydalis stricta Steph. ex DC.**

多年生草本。生于山地荒漠草原、山地草原、山地草甸。海拔 900~4 400 m。

产东天山、东北天山、准噶尔阿拉套山、北天山、东南天山、中央天山、内天山、西天山、西南天山。中国、哈萨克斯坦、吉尔吉斯斯坦、乌兹别克斯坦、巴基斯坦、尼泊尔、蒙古、俄罗斯;亚洲有分布。

药用。

*（969）外阿莱紫堇 **Corydalis transalaica Popov**

　　多年生草本。生于石质山坡、河谷、河流阶地。海拔 900～3 100 m。

　　产西南天山、内天山。吉尔吉斯斯坦、乌兹别克斯坦；亚洲有分布。

*137. 黄花烟堇属 Fumariola Korsh.

*（970）中亚黄花烟堇 **Fumariola turkestanica Korsh.**

　　多年生草本。生于石灰岩丘陵岩石缝、石质山坡、山地河流石质河岸。海拔 1 200～2 500 m。

　　产西南天山、内天山。吉尔吉斯斯坦、乌兹别克斯坦；亚洲有分布。

二十三、山柑科 Capparidaceae（白花菜科 Cleomaceae）

138. 山柑属 Capparis L.

（971）爪瓣山柑 **Capparis himalayensis Jafri** = *Capparis spinosa* subsp. *himalayensis*（Jafri）Fici

　　平卧灌木。生于平原田野、山地阳坡。海拔 1 100 m 以下。

　　产东天山、东北天山。中国、巴基斯坦、尼泊尔、印度；亚洲有分布。

　　食用、药用、固沙、观赏、油料、饲料、染料、蜜源。

*（972）巴巴山山柑 **Capparis rosanowiana B. Fedtsch.**

　　多年生草本。生于石灰质丘陵、石膏质荒漠草地、固定沙丘。海拔 300～2 800 m。

　　产西南天山。吉尔吉斯斯坦、乌兹别克斯坦；亚洲有分布。

（973）山柑 **Capparis spinosa L.**

　　平卧小半灌木。生于低山丘陵、石质坡地、荒漠、戈壁、沙地、农田边。海拔 -90～1 900 m。

　　产东天山、东北天山、准噶尔阿拉套山、北天山、东南天山、中央天山、内天山、西天山、西南天山。中国、哈萨克斯坦、吉尔吉斯斯坦、乌兹别克斯坦、阿富汗、伊朗、土耳其、俄罗斯；亚洲、欧洲有分布。

　　食用、药用、固沙、观赏、油料、饲料、染料、蜜源。

139. 白花菜属（鸟足菜属）Cleome L.

*（974）疏古南白花菜 **Cleome ariana Heedge et Lamond**

　　一年生草本。生于河谷、石质山坡、岩石峭壁。海拔 700～2 500 m。

　　产西南天山。吉尔吉斯斯坦、乌兹别克斯坦；亚洲有分布。

*（975）费木伯然塔白花菜 **Cleome fimbriata Vicary** = *Cleome noeana* Boiss.

　　一年生草本。生于山地荒漠草原、灰漠土和石膏荒漠、山麓平原干河床。海拔 700 m 上下。

　　产西天山、西南天山、内天山。吉尔吉斯斯坦、乌兹别克斯坦；亚洲有分布。

*（976）葛氏白花菜 **Cleome gordjaginii Popow**

　　一年生草本。生于山地荒漠草原、河流阶地。海拔 400～1 600 m。

　　产西南天山、内天山。吉尔吉斯斯坦、乌兹别克斯坦；亚洲有分布。

*（977）李普斯凯白花菜 **Cleome lipskyi Popow** = *Rorida lipskyi*（Popov）Thulin et Roalson

　　一年生草本。生于山地荒漠草原、河流阶地、山谷。海拔 700～2 800 m。

　　产西南天山、西天山。吉尔吉斯斯坦、乌兹别克斯坦；亚洲有分布。

*（978）绒毛白花菜 **Cleome tomentella Popow** =*Rorida tomentella*（Popov）Thulin et Roalson

一年生草本。生于石灰岩荒漠草地、山地荒漠草原。海拔 500~2 600 m。

产西南天山、内天山。吉尔吉斯斯坦、乌兹别克斯坦；亚洲有分布。

二十四、十字花科 Brassicaceae（Cruciferae）

140. 长柄芥属 Macropodium R. Br.

（979）长柄芥 **Macropodium nivale**（Pall.）**R. Br.**

多年生草本。生于山地林下、河边、草地。海拔 1 000~2 000 m。

产准噶尔阿拉套山、北天山。中国、哈萨克斯坦、蒙古、俄罗斯；亚洲有分布。

141. 白芥属 Sinapis L.

（980）白芥 **Sinapis alba L.**

一年生草本。生于草地、田边、荒漠。海拔 660 m 上下。

产北天山。中国、俄罗斯；亚洲、欧洲有分布。

药用。

（981）新疆白芥 **Sinapis arvensis L.** =*Brassica xinjiangensis* Y. C. Lan et T. Y. Cheo

一年生或二年生草本。生于山地林缘、山谷草甸、农田、荒地。海拔 900~2 000 m。

产北天山、东南天山、西天山、西南天山。中国、哈萨克斯坦、吉尔吉斯斯坦、乌兹别克斯坦、俄罗斯；亚洲、欧洲有分布。

药用。

142. 芝麻菜属 Eruca Mill.

（982）芝麻菜 **Eruca sativa Mill.** =*Eruca vesicaria* subsp. *sativa*（Mill.）Thell.

一年生草本。生于山地草原、路边、山坡、农田。海拔 200~2 000 m。

产东天山、东北天山、北天山、东南天山、西天山、西南天山。中国、哈萨克斯坦、吉尔吉斯斯坦、乌兹别克斯坦、俄罗斯；亚洲、欧洲有分布。

药用。

143. 两节荠属 Crambe L.

*（983）香两节荠 **Crambe amabilis Butkov et Majlun**

多年生草本。生于山麓草地、砾石堆、荒漠化草原。海拔 800~2 000 m。

产北天山、西天山。吉尔吉斯斯坦、乌兹别克斯坦、俄罗斯；亚洲有分布。

*（984）郭德两节荠 **Crambe gordjaginii Sprygin et Popov**

多年生草本。生于河流出山口阶地、山地荒漠草原。海拔 500~3 000 m。

产西南天山、内天山。吉尔吉斯斯坦、乌兹别克斯坦；亚洲有分布。

（985）两节荠 **Crambe kotschyana Boiss.**

多年生草本。生于山坡草地、河滩、乱石堆。海拔 1 000~1 500 m。

产准噶尔阿拉套山、北天山、西天山、西南天山。中国、哈萨克斯坦、吉尔吉斯斯坦、乌兹别克斯坦、阿富汗、伊朗、印度；亚洲有分布。

*（986）疏古南两节荠 **Crambe schugnana Korsh.**

多年生草本。生于山麓平原荒漠、砾石质荒漠。海拔 700~3 000 m。

产西南天山、内天山。吉尔吉斯斯坦、乌兹别克斯坦；亚洲有分布。

144. 线果芥属 Conringia Adans.

*（987）线叶线果芥 **Conringia clavata Boiss.**

一年生草本。生于中山带石质阳坡。海拔 1 500~2 800 m。

产北天山、内天山、西南天山。哈萨克斯坦、吉尔吉斯斯坦、乌兹别克斯坦、俄罗斯；亚洲有分布。

*（988）东方线果芥 **Conringia orientalis（L.）Dumort.**

一年生草本。生于山麓荒漠化草原、盐化沙地。海拔 800~2 100 m。

产北天山、西天山。哈萨克斯坦、乌兹别克斯坦、俄罗斯；亚洲、欧洲有分布。

*（989）波斯线果芥 **Conringia persica Boiss.**

一年生草本。生于山麓石质山坡。海拔 700~1 600 m。

产西天山。乌兹别克斯坦、俄罗斯；亚洲有分布。

（990）线果芥 **Conringia planisiliqua Fisch. et C. A. Mey.**

二年生草本。生于山地林下、草原带潮湿地、盐化草甸。海拔 300~3 600 m。

产东天山、北天山、东南天山、西天山、西南天山。中国、哈萨克斯坦、吉尔吉斯斯坦、乌兹别克斯坦、蒙古、阿富汗、巴基斯坦、伊朗、土耳其、俄罗斯；亚洲有分布。

药用。

145. 独行菜属 Lepidium L.

*（991）高独行菜 **Lepidium affine Ledeb.**

多年生草本。生于山麓盐渍化平原、河流阶地。海拔 900~1 700 m。

产准噶尔阿拉套山、北天山、西天山。哈萨克斯坦、吉尔吉斯斯坦、乌兹别克斯坦、俄罗斯；亚洲、欧洲有分布。

药用、食用、有毒。

（992）独行菜 **Lepidium apetalum Willd.**

一年生或二年生草本。生于山地砾石质山坡、灌丛、河谷草甸、山麓洪积扇、村落周边、田边、路边。海拔 400~3 500 m。

产东天山、东北天山、准噶尔阿拉套山、北天山、东南天山、内天山、西天山、西南天山。中国、哈萨克斯坦、吉尔吉斯斯坦、乌兹别克斯坦、俄罗斯；亚洲、欧洲有分布。

药用、食用、油料、饲料。

（993）盐独行菜（碱独行菜）**Lepidium cartilagineum（J. Mayer）Thell.** = *Lepidium crassifolium Walldct. et Kit.*

多年生草本。生于山地盐化草甸、蒿属荒漠、湖边盐碱地。海拔 400~1 300 m。

产东天山、东北天山、准噶尔阿拉套山、北天山、内天山、西天山、西南天山。中国、哈萨克斯坦、吉尔吉斯斯坦、乌兹别克斯坦、巴基斯坦、俄罗斯；亚洲、欧洲有分布。

药用。

(994) 心叶独行菜 **Lepidium cordatum Willd. ex DC.**

多年生草本。生于山地草原、农田、水沟边、盐化草甸、河滩、沼泽地。海拔 800～2 000 m。

产东天山、准噶尔阿拉套山。中国、哈萨克斯坦、蒙古、俄罗斯；亚洲有分布。

药用。

*(995) 暗夜独行菜 **Lepidium coronopifolium Fisch. ex DC.**

多年生草本。生于山麓盐化荒漠、平原湖泊周边盐碱地。海拔 900～1 600 m。

产北天山、内天山、西天山、西南天山。哈萨克斯坦、吉尔吉斯斯坦、乌兹别克斯坦、俄罗斯；亚洲、欧洲有分布。

(996) 全缘独行菜 **Lepidium ferganense Korsh.**

多年生草本。生于山地林缘、低山荒漠、山麓盐化荒漠、河漫滩、干旱山坡。海拔 600～2 000 m。

产东天山、东北天山、北天山、东南天山、内天山、西天山、西南天山。中国、哈萨克斯坦、吉尔吉斯斯坦、乌兹别克斯坦、阿富汗；亚洲有分布。

药用。

*(997) 卡拉套独行菜 **Lepidium karataviense Regel et Schmalh.**

多年生草本。生于山地石质山坡、山地、草原。海拔 1 200～2 500 m。

产西天山。乌兹别克斯坦；亚洲有分布。

(998) 裂叶独行菜 **Lepidium lacerum C. A. Mey.**

多年生草本。生于荒漠草原、山麓盐化平原、河流阶地。海拔 700 m 上下。

产东天山、准噶尔阿拉套山、北天山、西天山、西南天山。中国、哈萨克斯坦、吉尔吉斯斯坦、乌兹别克斯坦、蒙古、俄罗斯；亚洲有分布。

(999) 宽叶独行菜 **Lepidium latifolium L.**

多年生草本。生于田边、路边、盐化沙地、盐化草甸、丘间沙地、沼泽湿地、山地河流河岸。海拔 200～1 900 m。

产东天山、东北天山、准噶尔阿拉套山、北天山、东南天山、西天山、西南天山。中国、哈萨克斯坦、吉尔吉斯斯坦、乌兹别克斯坦、蒙古、俄罗斯；亚洲、欧洲有分布。

药用。

(1000) 钝叶独行菜 **Lepidium obtusum Basiner**

多年生草本。生于田边、路边、盐化沙地。海拔-40～1 800 m。

产东天山、东北天山、准噶尔阿拉套山、北天山、东南天山、中央天山、内天山、西天山、西南天山。中国、哈萨克斯坦、吉尔吉斯斯坦、乌兹别克斯坦、蒙古；亚洲有分布。

药用。

(1001) 抱茎独行菜 **Lepidium perfoliatum L.**

一年生或二年生草本。生于干旱山坡、荒漠、田边、路边、沙地。海拔 400～1 300 m。

产东天山、东北天山、准噶尔阿拉套山、北天山。中国、哈萨克斯坦、蒙古、巴基斯坦、俄罗斯；亚洲、欧洲有分布。

食用、药用、油料、饲料、有毒。

*（1002）羽裂叶独行菜 **Lepidium pinnatifidum Ledeb.**

一年生或二年生草本。生于山地石质山坡、荒漠河岸林下。海拔700~2 000 m。

产北天山、内天山、西天山、西南天山。哈萨克斯坦、吉尔吉斯斯坦、乌兹别克斯坦、俄罗斯；亚洲、欧洲有分布。

*（1003）长柱独行菜 **Lepidium rubtzovii Vassilcz.**

多年生草本。生于碎石质山坡。海拔900~2 100 m。

产北天山、内天山。吉尔吉斯斯坦；亚洲有分布。

（1004）柱毛独行菜 **Lepidium ruderale L.**

一年生或二年生草本。生于干旱山坡、平原人畜常扰动之地、田边、路边、沙地。海拔700~3 300 m。

产东天山、东北天山、准噶尔阿拉套山、北天山、东南天山、中央天山、内天山、西天山、西南天山。中国、哈萨克斯坦、吉尔吉斯斯坦、乌兹别克斯坦、蒙古、俄罗斯；亚洲、欧洲、美洲有分布。

有毒、药用、纤维、油料。

*（1005）准噶尔独行菜 **Lepidium songaricum Schrenk**

多年生草本。生于山地河流沿岸、湖边盐碱地。海拔1 000~2 400 m。

产准噶尔阿拉套山。哈萨克斯坦、俄罗斯；亚洲有分布。

146. 群心菜属 Cardaria Desv.（Lepidium Linnaeus）

（1006）群心菜 **Cardaria draba**（**L.**）**Desv.** = *Lepidium draba* L.

多年生草本。生于山地林缘、林下、山地草甸、草原、河漫滩、干沟、荒地、农田边、水渠旁。海拔400~2 100 m。

产东天山、东北天山、准噶尔阿拉套山、北天山、东南天山、内天山、西天山、西南天山。中国、哈萨克斯坦、吉尔吉斯斯坦、乌兹别克斯坦、俄罗斯；亚洲、欧洲有分布。

食用。

（1007）球果群心菜 **Cardaria chalepensis**（**L.**）**Hand.-Mazz.** = *Lepidium chalepense* L. = *Cardaria repenis*（Schrenk.）Jarm.

多年生草本。生于山地林缘、林下、山地草原、河谷、干沟、荒地、农田边、水渠旁。海拔400~2 200 m。

产东天山、东北天山、准噶尔阿拉套山、北天山、东南天山、内天山、西天山、西南天山。中国、哈萨克斯坦、吉尔吉斯斯坦、乌兹别克斯坦；亚洲、欧洲有分布。

（1008）毛果群心菜 **Cardaria pubescens**（**C. A. Mey.**）**Jarm.** = *Lepidium appelianum* Al-Shehbaz

多年生草本。生于山地林缘、山地草原、河谷草甸、荒地、林带下、田边、水渠边。海拔400~1 000 m。

产东天山、东北天山、准噶尔阿拉套山、北天山、东南天山、中央天山、内天山、西天山、西南天山。中国、哈萨克斯坦、吉尔吉斯斯坦、乌兹别克斯坦、蒙古、俄罗斯；亚洲、欧洲有分布。

饲料。

*147. 闭独行菜属 Stubendorffia Schrenk ex Fisch. , C. A. Mey. et Avé-Lall.

　　*（1009）无翅闭独行菜 Stubendorffia aptera Lipsky

　　　　多年生草本。生于细石质山坡、盐渍化沼泽草甸、山溪边、圆柏灌丛、亚高山草甸。海拔
1 200~2 700 m。

　　　　产西南天山、内天山。吉尔吉斯斯坦、乌兹别克斯坦；亚洲有分布。

　　*（1010）卡拉熟啦闭独行菜 Stubendorffia botschantzevii R. Vinogr.

　　　　多年生草本。生于石质山坡、洪积扇。海拔 800~2 500 m。

　　　　产西南天山、内天山。吉尔吉斯斯坦、乌兹别克斯坦；亚洲有分布。

　　*（1011）弧状脉闭独行菜 Stubendorffia curvinervia Botsch. et Vved.

　　　　多年生草本。生于低山石质盆地、冲积扇。海拔 800~2 500 m。

　　　　产西南天山、内天山。吉尔吉斯斯坦、乌兹别克斯坦；亚洲有分布。

　　*（1012）粗茎闭独行菜 Stubendorffia gracilis（Pavlov）Botsch. et Vved.

　　　　多年生草本。生于石质山坡、洪积扇、山地荒漠草原。海拔 900~2 400 m。

　　　　产西南天山、内天山。吉尔吉斯斯坦、乌兹别克斯坦；亚洲有分布。

　　*（1013）李普氏闭独行菜 Stubendorffia lipskyi N. Busch

　　　　多年生草本。生于细石质-砾石质山坡、圆柏灌丛、羊茅草原。海拔 900~2 700 m。

　　　　产西天山、西南天山、内天山。哈萨克斯坦、吉尔吉斯斯坦、乌兹别克斯坦；亚洲有分布。

　　*（1014）奥利加闭独行菜 Stubendorffia olgae R. Vinogr.

　　　　多年生草本。生于石质山坡、洪积扇。海拔 900~2 500 m。

　　　　产西南天山、内天山。吉尔吉斯斯坦、乌兹别克斯坦；亚洲有分布。

　　*（1015）东方闭独行菜 Stubendorffia orientalis Schrenk ex Fisch. et Avé-Lall.

　　　　多年生草本。生于山地草甸草原、石灰岩丘陵、陡峭河谷。海拔 300~2 500 m。

　　　　产准噶尔阿拉套山、北天山、西南天山、内天山。哈萨克斯坦、吉尔吉斯斯坦、乌兹别克斯坦；亚
洲有分布。

　　*（1016）翅果闭独行菜 Stubendorffia pterocarpa Botsch. et Vved.

　　　　多年生草本。生于细石质山坡、花岗岩风化盆地。海拔 800~2 700 m。

　　　　产西南天山、内天山。吉尔吉斯斯坦、乌兹别克斯坦；亚洲有分布。

*148. 败酱荠属 Winklera Regel

　　*（1017）帕特尔淖败酱荠 Winklera patrinoides Regel

　　　　多年生草本。生于岩石峭壁、高山草甸、羊茅草原、冰川冰碛碎石堆。海拔 2 500~3 700 m。

　　　　产西南天山、内天山。吉尔吉斯斯坦、乌兹别克斯坦；亚洲有分布。

149. 菘蓝属 Isatis L.

　　*（1018）布斯菘蓝 Isatis boissieriana Rchb. f.

　　　　一年生草本。生于山地荒漠草原、黏土质山地草坡、阿月浑子林下。海拔 300~2 100 m。

　　　　产西南天山、内天山、西天山。吉尔吉斯斯坦、乌兹别克斯坦；亚洲有分布。

　　（1019）三肋菘蓝 Isatis costata C. A. Mey. =Isatis costata var. lasiocarpa（Ledeb.）N. Busch

　　　　二年生草本。生于山地林下、林缘、林间草甸、山地草原、砾石质山坡。海拔 800~1 900 m。

产东天山、东北天山、准噶尔阿拉套山、北天山、东南天山。中国、哈萨克斯坦、蒙古、俄罗斯；亚洲、欧洲有分布。

染料、油料、饲料、药用。

*（1020）膜边菘蓝 **Isatis emarginata Kar. et Kir.**

一年生草本。生于山地草原、盐化沙地、平原沙地、山麓洪积扇。海拔 500~2 700 m。

产准噶尔阿拉套山、北天山、西天山。哈萨克斯坦、吉尔吉斯斯坦、乌兹别克斯坦；亚洲有分布。

（1021）小果菘蓝 **Isatis minima Bunge**

一年生草本。生于山地草原、荒漠、沙丘。海拔 230~2 030 m。

产东天山、东北天山、准噶尔阿拉套山、北天山、东南天山。中国、哈萨克斯坦、阿富汗、巴基斯坦、伊朗；亚洲有分布。

药用。

（1022）长圆果菘蓝 **Isatis oblongata DC.** =*Isatis tinctoria* L.

二年生草本。生于山地林缘、山地草原、荒漠草原。海拔 600~2 400 m。

产东天山、准噶尔阿拉套山、北天山。中国、蒙古、俄罗斯有分布。

药用。

（1023）欧洲菘蓝 **Isatis tinctoria L.**

二年生草本。生于山地林缘、山地草甸、沙地。海拔 600~2 400 m。

产东天山、东北天山、准噶尔阿拉套山、北天山、内天山、西天山、西南天山。中国、哈萨克斯坦、吉尔吉斯斯坦、乌兹别克斯坦、俄罗斯；欧洲有分布。

药用、染料。

（1024）毛果菘蓝 **Isatis tinctoria var. praecox（Kit.）Koch.** =*Isatis tinctoria* L. =*Isatis praecox* Kit. ex Tratt.

二年生草本。生于荒漠草原。海拔 700~1 100 m。

产东天山、北天山。中国、俄罗斯；欧洲有分布。

（1025）宽翅菘蓝 **Isatis violascens Bunge**

一年生草本。生于山地林缘、荒漠草原、半固定沙丘。海拔 200~1 100 m。

产东天山、东北天山、准噶尔阿拉套山、北天山。中国、哈萨克斯坦；亚洲有分布。

150. 厚翅荠属 Pachypterygium Bunge

*（1026）短柄厚翅荠 **Pachypterygium brevipes Bunge**=*Isatis brevipes*（Bunge）Jafri

一年生草本。生于山地草原、高山草甸、山地荒漠草原、河谷、山崖。海拔 600~3 000 m。

产西天山、西南天山。吉尔吉斯斯坦、乌兹别克斯坦、土库曼斯坦；亚洲有分布。

*（1027）多茎厚翅荠 **Pachypterygium densiflorum Bunge**=*Isatis multicaulis*（Kar. et Kir.）Jafri

一年生草本。生于石质山坡、石膏土荒漠、山麓平原荒漠。海拔 600~2 900 m。

产准噶尔阿拉套山、北天山、西天山、西南天山。哈萨克斯坦、吉尔吉斯斯坦、乌兹别克斯坦；亚洲有分布。

（1028）厚翅荠 **Pachypterygium multicaule（Kar. et Kir.）Bunge** = *Isatis multicaulis*（Kar. et Kir.）Jafri

一年生草本。生于山地荒漠草原、砾石质荒漠、路边、半固定沙丘。海拔 500～1 300 m。

产东天山、东北天山、准噶尔阿拉套山。中国、哈萨克斯坦、伊朗;亚洲有分布。

151. 高河菜属 Megacarpaea DC.

*（1029）巨果高河菜 **Megacarpaea gigantea Regel**

多年生草本。生于中山带圆柏林下、草甸草原、石质阳坡草地。海拔 600～2 000 m。

产北天山、西天山。乌兹别克斯坦;亚洲有分布。

*（1030）直生高河菜 **Megacarpaea gracilis Lipsky**

多年生草本。生于山谷、山崖、冰川冰碛堆。海拔 900～3 600 m。

产西南天山、内天山。吉尔吉斯斯坦、乌兹别克斯坦;亚洲有分布。

（1031）大果高河菜 **Megacarpaea megalocarpa（Fisch. ex DC.）Fedtsch.**

多年生草本。生于山麓荒漠、荒漠草原。海拔 600～1 000 m。

产准噶尔阿拉套山、北天山。中国、哈萨克斯坦、蒙古、俄罗斯;亚洲、欧洲有分布。

食用、油料。

*（1032）圆果高河菜 **Megacarpaea orbiculata B. Fedtsch.**

多年生草本。生于亚高山石质山坡、山溪边、灌丛、山崖岩石缝。海拔 1 500～2 800 m。

产内天山、西天山、西南天山。吉尔吉斯斯坦、乌兹别克斯坦;亚洲有分布。

*（1033）疏古南高河菜 **Megacarpaea schugnanica B. Fedtsch.**

多年生草本。生于岩石峭壁、坡积物、阶地、冲积物。海拔 2 400～3 200 m。

产西南天山、内天山。吉尔吉斯斯坦、乌兹别克斯坦;亚洲有分布。

*152. 双袋荠属 Didymophysa Boiss.

*（1034）双袋荠 **Didymophysa aucheri Boiss.**

多年生草本。生于裸露山脊、高山和亚高山草甸、坡积物、碎石堆。海拔 2 500～4 100 m。

产西南天山、内天山。吉尔吉斯斯坦、乌兹别克斯坦、俄罗斯;亚洲有分布。

*（1035）费德琴科双袋荠 **Didymophysa fedtschenkoana Regel**

多年生草本。生于冰川冰碛碎石堆、坡积物、嵩草草甸。海拔 2 400～4 000 m。

产西天山、西南天山、内天山。吉尔吉斯斯坦、乌兹别克斯坦;亚洲有分布。

153. 葱芥属 Alliaria Scop.

*（1036）具叶柄葱芥 **Alliaria petiolata（M. Bieb.）Cavara et Grande**

多年生草本。生于山地石质山坡、圆柏灌丛、核桃林下。海拔 2 500～3 400 m。

产北天山、内天山、西天山、西南天山。吉尔吉斯斯坦、乌兹别克斯坦;亚洲有分布。

*154. 虎耳荠属 Graellsia Boiss.

*（1037）虎耳荠 **Graellsia graellsiifolia（Lipsky）Poulter**

多年生草本。生于山崖石缝、河谷阴坡、冰碛石堆、高山草甸。海拔 2 000～3 500 m。

产西南天山、内天山。吉尔吉斯斯坦、乌兹别克斯坦;亚洲有分布。

155. 菥蓂属 Thlaspi L.

（1038）菥蓂 **Thlaspi arvense L.**

一年生草本。生于山地林缘、草甸、河漫滩、水沟边、田边。海拔 400~2 800 m。

产东天山、东北天山、准噶尔阿拉套山、北天山、东南天山、中央天山、内天山、西天山、西南天山。中国、哈萨克斯坦、吉尔吉斯斯坦、乌兹别克斯坦；亚洲、欧洲、非洲有分布。

药用、食用、油料、饲料。

＊（1039）角果菥蓂 **Thlaspi ceratocarpum（Pall.）Murray** = *Carpoceras ceratocarpum*（Pall.）N. Busch

一年生草本。生于盐渍化湖岸、沼泽湿地、黏土质盐渍化草甸。海拔 200~2 900 m。

产准噶尔阿拉套山、北天山、西天山、西南天山。哈萨克斯坦、吉尔吉斯斯坦、乌兹别克斯坦、俄罗斯；亚洲有分布。

＊（1040）匙形菥蓂 **Thlaspi cochleariforme DC.** = *Noccaea cochlerariformis*（DC.）A. et D. Löve

多年生草本。生于亚高山草甸、石质山坡。海拔 800~2 900 m。

产准噶尔阿拉套山、北天山、西天山、西南天山。哈萨克斯坦、吉尔吉斯斯坦、乌兹别克斯坦；亚洲有分布。

（1041）新疆菥蓂 **Thlaspi ferganense N. Busch** = *Noccaea ferganensis*（N. Busch）Czerep.

二年生草本。生于山地草原、山坡灌丛。海拔 1 000 m 上下。

产北天山、西南天山。中国、哈萨克斯坦、吉尔吉斯斯坦、乌兹别克斯坦；亚洲有分布。

药用。

＊（1042）光果菥蓂 **Thlaspi kotschyanum Boiss. et Hlhen.** = *Neurotropis kotschyana*（Boiss. et Hlhen.）Czerep.

一年生草本。生于山地林缘、草甸、平原绿洲、田边。海拔 900~2 800 m。

产北天山、内天山、西天山、西南天山。哈萨克斯坦、吉尔吉斯斯坦、乌兹别克斯坦；亚洲有分布。

（1043）全叶菥蓂 **Thlaspi perfoliatum L.** = *Microthlaspi perfoliatum*（L.）F. K. Mey.

二年生草本。生于山地草原、山坡灌丛、河漫滩。海拔 500~1 200 m。

产北天山、内天山、西天山、西南天山。中国、哈萨克斯坦、吉尔吉斯斯坦、乌兹别克斯坦、俄罗斯；亚洲、欧洲有分布。

156. 荠属 Capsella Medic.

（1044）荠 **Capsella bursa-pastoris（L.）Medik.**

一年生或二年生草本。生于山地林缘、山地草甸、河漫滩、田边、路边。海拔 100~2 800 m。

产东天山、东北天山、准噶尔阿拉套山、北天山、东南天山、中央天山、内天山、西天山、西南天山。中国、哈萨克斯坦、吉尔吉斯斯坦、乌兹别克斯坦；世界温带地区广泛分布。

食用、药用、油料、香料、饲料、蜜源。

157. 薄果荠属 Hornungia Rchb.（Hymenolobus Nutt）

（1045）薄果荠 **Hornungia procumbens（L.）Hayek** = *Hymenolobus procumbens*（L.）Nutt. ex Schulz et Thell.

一年生草本。生于山地草原、山地灌丛、农田边。海拔 500~2 700 m。

产东天山、东北天山、北天山、内天山、西天山、西南天山。中国、哈萨克斯坦、吉尔吉斯斯坦、乌兹别克斯坦、蒙古、俄罗斯；亚洲、欧洲、非洲有分布。

158. 双脊荠属 Dilophia Thoms.

（1046）双脊荠 **Dilophia fontana Maxim.**

多年生草本。生于高山和亚高山草甸。海拔 2 000～5 000 m。

产东天山、准噶尔阿拉套山。中国；亚洲有分布。

中国特有成分。药用。

（1047）盐泽双脊荠 **Dilophia salsa Thomson**

多年生草本。生于高山和亚高山草甸、山溪边、河漫滩沙地。海拔 2 000～3 200 m。

产北天山、西天山。中国、吉尔吉斯斯坦、乌兹别克斯坦；亚洲有分布。

159. 革叶荠属 Stroganowia Kar. et Kir.

*（1048）狭叶革叶荠 **Stroganowia angustifolia Botsch. et Vved.** = *Lepidium botschantsevianum* Al-Shehbaz

多年生草本。生于石质山坡、山崖石缝、石灰岩丘陵。海拔 600～3 000 m。

产西南天山、内天山。吉尔吉斯斯坦、乌兹别克斯坦；亚洲有分布。

（1049）革叶荠 **Stroganowia brachyota Kar. et Kir.** = *Lepidium brachyotum* （Kar. et Kir.） Al-Shehbaz

多年生草本。生于山地草原、盐化草甸、水边。海拔 1 300～1 700 m。

产准噶尔阿拉套山。中国、哈萨克斯坦；亚洲有分布。

*（1050）心叶革叶荠 **Stroganowia cardiophylla Pavlov** = *Lepidium cardiophyllum* （Pavlov） Al-Shehbaz

多年生草本。生于山地草原、山溪边、灌丛。海拔 1 600～2 700 m。

产西天山。乌兹别克斯坦；亚洲有分布。

乌兹别克斯坦特有成分。

*（1051）中革叶荠 **Stroganowia intermedia Kar. et Kir.** = *Lepidium karelinianum* Al-Shehbaz

多年生草本。生于山地荒漠草原、石质阳坡草地。海拔 500～1 900 m。

产准噶尔阿拉套山、北天山、西天山。哈萨克斯坦、吉尔吉斯斯坦、乌兹别克斯坦；亚洲有分布。

*（1052）小革叶荠 **Stroganowia minor Botsch. et Vved.** = *Lepidium minor* （Botsch. et Vved.） Al-Shehbaz

多年生草本。生于细石质山坡、山谷、山地荒漠草原。海拔 500～2 900 m。

产西南天山、内天山。吉尔吉斯斯坦、乌兹别克斯坦；亚洲有分布。

*（1053）圆锥革叶荠 **Stroganowia paniculata Regel. et Schmslh.** = *Lepidium paniculatum* （Regel et Schmalh.） Al-Shehbaz

多年生草本。生于中山带石质山坡、山崖、石缝、山溪边、碎石堆。海拔 1 200～2 600 m。

产内天山、西天山、西南天山。吉尔吉斯斯坦、乌兹别克斯坦；亚洲有分布。

*（1054）粗根革叶荠 **Strogaowia robusta Pavlov** = *Lepidium robustum* （Pavlov） Al-Shehbaz

多年生草本。生于山地碎石堆、石质山坡。海拔 1 500～2 500 m。

产西天山。乌兹别克斯坦；亚洲有分布。

乌兹别克斯坦特有成分。

*（1055）尖叶革叶荠 **Stroganowia sagittata Kar. et Kir.** = *Lepidium sagittatum* （Kar. et Kir.） Al-Shehbaz

多年生草本。生于山地碎石堆、沙地。海拔 500～1 700 m。

产准噶尔阿拉套山。哈萨克斯坦；亚洲有分布。

＊（1056）亚高山革叶荠 **Stroganowia subalpina**（Kom.）**Thell.** ＝ *Lepidium subalpinum* Kom.

多年生草本。生于亚高山草甸、岩石峭壁、河谷。海拔 1 000～3 100 m。

产西南天山、内天山。吉尔吉斯斯坦、乌兹别克斯坦；亚洲有分布。

＊（1057）天山革叶荠 **Stroganowia tianschanica Botsch. et Vved.** ＝ *Lepidium tianschanicum*（Botsch. et Vved.）Al-Shehbaz

多年生草本。生于亚高山和高山草甸。海拔 1 900～3 000 m。

产内天山、西天山。吉尔吉斯斯坦、乌兹别克斯坦；亚洲有分布。

160. 绵果荠属 Lachnoloma Bunge

（1058）绵果荠 **Lachnoloma lehmannii Bunge**

一年生草本。生于山地草原、沙砾质戈壁、沙地、路边。海拔 500～1 300 m。

产东天山、东北天山、北天山、西天山。中国、哈萨克斯坦、吉尔吉斯斯坦、乌兹别克斯坦；亚洲有分布。

单种属植物。

161. 螺喙荠属 Spirorrhynchus Kar. et Kir.

（1059）螺喙荠 **Spirorrhynchus sabulosus Kar. et Kir.**

一年生草本。生于蒿属荒漠、琵琶柴荒漠、沙丘及丘间沙地。海拔 500～800 m。

产东天山、东北天山、北天山、西天山、西南天山。中国、哈萨克斯坦、吉尔吉斯斯坦、乌兹别克斯坦、阿富汗、伊朗；亚洲有分布。

单种属植物。药用。

162. 舟果荠属 Tauscheria Fisch. ex DC.

（1060）舟果荠 **Tauscheria lasiocarpa Fisch. ex DC.**

一年生草本。生于低山荒漠、田边草丛。海拔 500～1 100 m。

产东天山、东北天山、准噶尔阿拉套山、北天山、西天山、西南天山。中国、哈萨克斯坦、吉尔吉斯斯坦、乌兹别克斯坦、俄罗斯；亚洲、欧洲有分布。

饲料、药用。

（1061）光果舟果荠 **Tauscheria lasiocarpa var. gymnocarpa**（Fisch. ex DC.）**Boiss.**

一年生草本。生于低山荒漠、田边草丛。海拔 500～1 100 m。

产东天山、东北天山、准噶尔阿拉套山、北天山。中国；亚洲有分布。

中国特有成分。

163. 鸟头荠属 Euclidium R. Brown

（1062）鸟头荠 **Euclidium syriacum**（L.）**R. Brown**

一年生草本。生于山麓荒漠、绿洲区田边、路边、庭院。海拔 600～1 200 m。

产东天山、东北天山、准噶尔阿拉套山、北天山、内天山、西天山、西南天山。中国、哈萨克斯坦、吉尔吉斯斯坦、乌兹别克斯坦、俄罗斯；亚洲、欧洲有分布。

单种属植物。优良饲料。

164. 脱喙荠属 Litwinowia Woron.

（1063）脱喙荠 **Litwinowia tenuissima（Pall.）Woronow ex Pavlov**

一年生草本。生于山坡草地、荒地、河边沙地。海拔 500~700 m。

产东天山、东北天山、准噶尔阿拉套山、北天山、内天山、西天山、西南天山。中国、哈萨克斯坦、吉尔吉斯斯坦、乌兹别克斯坦、巴基斯坦、伊朗、俄罗斯;亚洲、欧洲有分布。

单种属植物。

165. 球果荠属 Neslia Desv.

（1064）球果荠 **Neslia paniculata（L.）Desv.**

一年生草本。生于山地林缘、山地草甸、灌丛、农田边。海拔 800~2 000 m。

产东天山、准噶尔阿拉套山、北天山、内天山、西天山、西南天山。中国、哈萨克斯坦、吉尔吉斯斯坦、乌兹别克斯坦、俄罗斯;亚洲、欧洲、美洲有分布。

寡种属植物。油料、药用。

*（1065）胸廓球果荠 **Neslia paniculata subsp. thracica（Velen.）Bornm.** = *Neslia apiculata* C. A. Mey.

一年生草本。生于山地林缘、田边、黏土荒漠。海拔 300~1 700 m。

产北天山、西天山、西南天山。哈萨克斯坦、吉尔吉斯斯坦、乌兹别克斯坦、俄罗斯;亚洲有分布。

166. 庭荠属 Alyssum L.

*（1066）田边庭荠 **Alyssum campestre（L.）L.** = *Alyssum alyssoides*（L.）L.

一年生草本。生于石质山坡、黄土丘陵、荒漠化草原。海拔 400~1 400 m。

产北天山、内天山、西天山、西南天山。哈萨克斯坦、吉尔吉斯斯坦、乌兹别克斯坦;亚洲有分布。

（1067）粗果庭荠 **Alyssum dasycarpum Stephan ex Willd.**

一年生草本。生于山地林缘、低山丘陵、蒿属荒漠、固定和半固定沙丘。海拔 400~1 800 m。

产东天山、北天山、西天山、西南天山。中国、哈萨克斯坦、吉尔吉斯斯坦、乌兹别克斯坦、伊朗、印度、俄罗斯;亚洲、欧洲有分布。

药用。

（1068）荒漠庭荠（庭荠）**Alyssum desertorum Stapf**

一年生草本。生于山地林缘、山地草甸、石质山坡、蒿属荒漠、田边、路边。海拔 200~2 230 m。

产东天山、东北天山、准噶尔阿拉套山、北天山、西天山、西南天山。中国、哈萨克斯坦、吉尔吉斯斯坦、乌兹别克斯坦、蒙古、伊朗、俄罗斯;亚洲、欧洲有分布。

饲料、药用。

（1069）条叶庭荠 **Alyssum linifolium Stephan ex Willd.**

一年生草本。生于山地林缘、低山丘陵、蒿属荒漠、固定和半固定沙丘。海拔 400~2 300 m。

产东天山、东北天山、准噶尔阿拉套山、北天山。中国、巴基斯坦、印度、伊朗、俄罗斯;亚洲有分布。

药用。

（1070）哈密庭荠 **Alyssum magicum Z. X. An**

多年生草本。生于田边。海拔 840 m 上下。

产东天山。中国;亚洲有分布。

中国特有成分。

(1071) 新疆庭荠 **Alyssum minus（L.）Rothm.** = *Alyssum simplex* Rudolphi = *Alyssum parviflorum* Fisch. ex M. Bieb.

一年生草本。生于山地林缘、山地草原、山地灌丛、石质山坡、蒿属荒漠。海拔 1 000～2 000 m。

产准噶尔阿拉套山、北天山。中国、伊朗、俄罗斯；亚洲、欧洲、非洲有分布。

药用。

＊(1072) 膜边庭荠 **Alyssum minutum Schlecht. ex DC.** = A*lyssum marginatum* Steud. ex Boiss.

一年生草本。生于山地石质山坡、低山丘陵、河流阶地。海拔 500～1 600 m。

产准噶尔阿拉套山、北天山、内天山、西天山、西南天山。哈萨克斯坦、吉尔吉斯斯坦、乌兹别克斯坦、俄罗斯；亚洲有分布。

＊(1073) 长穗庭荠 **Alyssum stenostachyum Botsch. et Vved.** = *Alyssum szovitsianum* Fisch. et C. A. Mey.

一年生草本。生于低山黄土丘陵、荒漠化草原。海拔 400～1 200 m。

产准噶尔阿拉套山、北天山、内天山、西天山、西南天山。哈萨克斯坦、吉尔吉斯斯坦、乌兹别克斯坦；亚洲有分布。

＊(1074) 曲拐庭荠 **Alyssum tortuosum Waldst. et Kit. ex Willd.**

多年生草本。生于山地草原、石质山坡。海拔 900～1 600 m。

产北天山。哈萨克斯坦、俄罗斯；亚洲、欧洲有分布。

167. 翅籽荠属 Galitzkya V. V. Botschantz.

(1075) 大果翅籽荠 **Galitzkya potaninii（Maxim.）V. V. Botschantz.** = *Berteroa potaninii* Maxim.

半灌木。生于石质山坡、岩石缝。海拔 900～1 680 m。

产东天山。中国、蒙古；亚洲有分布。

药用。

(1076) 宽叶大果翅籽荠 **Galitzkya potaninii var. Latifolia（Z. X. An）Z. X. An**

半灌木。生于草原带干旱山坡。海拔 1 500 m 上下。

产东天山。中国；亚洲有分布。

中国特有成分。

＊(1077) 匙叶翅籽荠 **Galitzkya spathulata（Stephan）V. V. Botschantz.** = *Berteroa spathulata*（Stephan）C. A. Mey.

多年生草本。生于低山带石质山坡、丘陵坡地。海拔 500～1 700 m。

产准噶尔阿拉套山。中国、哈萨克斯坦、俄罗斯；亚洲有分布。

168. 团扇荠属 Berteroa DC.

(1078) 团扇荠 **Berteroa incana（L.）DC.**

二年生草本。生于山地林缘、灌丛、山地草甸、山麓荒漠、河漫滩草甸、田边、路边。海拔160～2 200 m。

产东天山、东北天山、准噶尔阿拉套山、北天山、东南天山、内天山、西天山、西南天山。中国、哈萨克斯坦、吉尔吉斯斯坦、乌兹别克斯坦、俄罗斯；亚洲、欧洲有分布。

药用。

169. 条叶庭荠属 **Meniocus Desv.**

*（1079）亚麻条叶庭荠 **Meniocus linifolius**（Stephan）**DC.** =*Alyssum linifolium* Stephan

一年生草本。生于洪积扇、山地草原、干燥山坡、低山丘陵、路旁、田野、固定沙丘。海拔 900～3 600 m。

产北天山、西南天山、内天山、西天山。哈萨克斯坦、吉尔吉斯斯坦、乌兹别克斯坦、俄罗斯；亚洲、欧洲有分布。

170. 小盾荠属 **Clypeola L.**

*（1080）小盾荠 **Clypeola lonthlaspi L.**

一年生草本。生于砾岩堆、黏土质裸露山脊、山地黏土质荒漠草原。海拔 400～2 700 m。

产西天山、西南天山、内天山。吉尔吉斯斯坦、乌兹别克斯坦、俄罗斯；亚洲、欧洲有分布。

171. 木糖芥属 **Botschantzevia Nabiev**

*（1081）卡拉套木糖芥 **Botschantzevia karatavica**（Lipsch. et Pavlov）**Nabiev**

半灌木。生于山崖石缝、山谷、岩石峭壁。海拔 800～2 800 m。

产西天山。哈萨克斯坦、吉尔吉斯斯坦、乌兹别克斯坦；亚洲有分布。

单种属植物。

172. 葶苈属 **Draba L.**

*（1082）阿莱葶苈 **Draba alajica Litv.**

多年生草本。生于山地草原、阔叶灌丛、圆柏灌丛、河谷。海拔 1 000～3 100 m。

产西南天山、西天山、内天山。吉尔吉斯斯坦、乌兹别克斯坦；亚洲有分布。

*（1083）毛叶葶苈 **Draba alberti Regel et Schimslh.**

多年生草本。生于高山和亚高山草甸、石质山坡、山崖岩石堆、石质山坡。海拔 2 800～3 200 m。

产北天山、西天山、西南天山。哈萨克斯坦、吉尔吉斯斯坦、乌兹别克斯坦；亚洲有分布。

（1084）高山葶苈 **Draba alpina L.**

多年生草本。生于高山和亚高山草甸、高山倒石堆、岩石缝。海拔 3 000～4 600 m。

产东天山、准噶尔阿拉套山、北天山。中国、哈萨克斯坦、蒙古、俄罗斯；亚洲、欧洲有分布。

（1085）阿尔泰葶苈 **Draba altaica**（C. A. Mey.）**Bunge**

多年生草本。生于高山和亚高山草甸、高山荒漠、倒石堆石缝。海拔 2 000～5 300 m。

产东天山、东北天山、准噶尔阿拉套山、北天山、东南天山、中央天山、内天山、西天山、西南天山。中国、哈萨克斯坦、吉尔吉斯斯坦、乌兹别克斯坦、俄罗斯；亚洲有分布。

药用。

（1086）小果阿尔泰葶苈 **Draba altaica var. microcarpa O. E. Schulz**

多年生草本。生于亚高山草甸。海拔 2 000 m 上下。

产东天山。中国、印度；亚洲有分布。

（1087）苞叶阿尔泰葶苈 **Draba altaica var. modesta**（W. W. Smith）**O. E. Schulz**

多年生草本。生于高山和亚高山草甸、沙砾质山坡。海拔 2 900～3 800 m。

产东天山、准噶尔阿拉套山。中国；亚洲有分布。

中国特有成分。

(1088) 总序阿尔泰葶苈 **Draba altaica var. racemosa O. E. Schulz**
多年生草本。生于高山和亚高山草甸。海拔 2 600~3 700 m。
产东北天山。中国;亚洲有分布。
中国特有成分。

*(1089) 圆叶葶苈 **Draba arseniewi（B. Fedtsch.）Gilg ex Tolm.**
多年生草本。生于亚高山草甸、山地草甸、石质山坡。海拔 1 600~2 900 m。
产北天山、内天山、西天山、西南天山。哈萨克斯坦、吉尔吉斯斯坦、乌兹别克斯坦;亚洲有分布。

*(1090) 欧莎葶苈 **Draba aucheri Boiss.**
多年生草本。生于亚高山草甸、石质山坡。海拔 2 000~3 200 m。
产北天山、西天山、西南天山。哈萨克斯坦、吉尔吉斯斯坦、乌兹别克斯坦;亚洲有分布。

(1091) 北方葶苈 **Draba borealis DC.**
多年生草本。生于高山和亚高山草甸、高山荒漠、石质山坡。海拔 2 400~4 300 m。
产东天山。中国、日本、俄罗斯;亚洲有分布。

*(1092) 大瓦扎葶苈 **Draba darwasica Lipsky**
多年生草本。生于山崖石缝、河谷。海拔 2 500~3 500 m。
产西南天山、内天山。吉尔吉斯斯坦、乌兹别克斯坦;亚洲有分布。

(1093) 毛葶苈 **Draba eriopoda Turcz.**
一年生草本。生于高山和亚高山草甸、山地林缘、河谷草甸。海拔 1 600~4 850 m。
产东天山、东北天山、中央天山。中国、蒙古、锡金、俄罗斯;亚洲有分布。
药用。

*(1094) 大果葶苈 **Draba fedtschenkoi（Pohle）Gilg ex Tolm.**
多年生草本。生于高山和亚高山草甸、石质山坡。海拔 2 800~3 800 m。
产北天山、内天山、西天山、西南天山。哈萨克斯坦、吉尔吉斯斯坦、乌兹别克斯坦;亚洲有分布。

(1095) 福地葶苈 **Draba fladnizensis Wulfen**
多年生草本。生于高山和亚高山草甸、高山荒漠。海拔 2 900~4 100 m。
产东天山、准噶尔阿拉套山、北天山。中国、哈萨克斯坦、吉尔吉斯斯坦、蒙古、土耳其、俄罗斯;亚洲、欧洲有分布。

(1096) 球序葶苈(球果葶苈) **Draba glomerata Royle**
多年生草本。生于亚高山草甸、山地林缘、山地草甸。海拔 600~3 000 m。
产东天山、东南天山。中国、尼泊尔;亚洲有分布。

(1097) 粗球果葶苈 **Draba glomerata var. dasycarpa O. E. Schulz**
多年生草本。生于山地林缘、山地草甸。海拔 2 600 m 上下。
产东南天山。中国;亚洲有分布。

(1098) 硬毛葶苈 **Draba hirta L.** =*Draba glabella* Pursh
多年生草本。生于山地林下、林缘、林间草地、灌丛。海拔 2 300~2 500 m。

产东天山。中国、蒙古、俄罗斯;亚洲、欧洲有分布。

*（1099）黑塞尔葶苈 **Draba hissarica Lipsky**

多年生草本。生于山谷、石质山崖、岩石峭壁。海拔 2 700~3 500 m。

产西南天山、内天山。吉尔吉斯斯坦、乌兹别克斯坦;亚洲有分布。

（1100）中亚葶苈 **Draba huetii Boiss.**

一年生草本。生于亚高山草甸、山地林缘、山地草甸。海拔 2 500~3 000 m。

产东天山、准噶尔阿拉套山、北天山、内天山、西天山、西南天山。中国、哈萨克斯坦、吉尔吉斯斯坦、乌兹别克斯坦、俄罗斯;亚洲有分布。

（1101）灰白葶苈 **Draba incana L.**

多年生草本。生于亚高山草甸、山地林缘、沟谷阴湿处。海拔 470~2 400 m。

产东天山。中国、蒙古;亚洲、欧洲有分布。

（1102）星毛葶苈 **Draba incompta Ledeb.** = *Draba araratica* Rupr.

多年生草本。生于高山岩石缝。海拔 3 600 m 上下。

产东天山。中国、伊朗、俄罗斯;亚洲有分布。

（1103）总苞葶苈 **Draba involucrata（W. W. Sm.）W. W. Sm.**

多年生垫状草本。生于高山和亚高山草甸、河谷、悬崖、倒石堆。海拔 3 300~5 500 m。

产东南天山、中央天山。中国;亚洲有分布。

中国特有成分。

*（1104）考尔士凯葶苈 **Draba korschinskyi（O. Fedtsch.）Pohle ex O. Fedtsch.**

多年生草本。生于石质山坡、山崖石缝、山地草甸、冰川冰碛碎石堆。海拔 2 500~3 600 m。

产西南天山、内天山。吉尔吉斯斯坦、乌兹别克斯坦;亚洲有分布。

*（1105）库拉明葶苈 **Draba kuramensis Junussov**

多年生草本。生于石质山坡、岩石峭壁、坡积物。海拔 2 400~3 500 m。

产西天山、西南天山。吉尔吉斯斯坦、乌兹别克斯坦;亚洲有分布。

（1106）苞序葶苈 **Draba ladyginii Pohle**

多年生草本。生于高山和亚高山草甸。海拔 2 700~3 000 m。

产东天山、准噶尔阿拉套山、北天山。中国、俄罗斯;亚洲有分布。

药用。

（1107）毛果苞序葶苈 **Draba ladyginii var. trichocarpa O. E. Schulz**

多年生草本。生于高山岩石缝。海拔 3 500~3 900 m。

产北天山。中国;亚洲有分布。

中国特有成分。

（1108）锥果葶苈 **Draba lanceolata Royle**

二年生或多年生草本。生于山地林缘、山地草甸、亚高山和高山草甸。海拔 1 100~3 500 m。

产东天山、东北天山、准噶尔阿拉套山、北天山、东南天山、内天山、西天山、西南天山。中国、哈萨克斯坦、吉尔吉斯斯坦、乌兹别克斯坦、印度、俄罗斯;亚洲有分布。

药用。

(1109) 短锥果葶苈 **Draba lanceolata** var. **brachycarpa** O. E. Schulz = *Draba lanceolata* Royle

二年生或多年生草本。生于高山草甸及石质山坡。海拔 2 500 m 上下。

产东天山、北天山。中国;亚洲有分布。

中国特有成分。

(1110) 光锥果葶苈 **Draba lanceolata** var. **leiocarpa** O. E. Schulz = *Draba lanceolata* Royle

二年生或多年生草本。生于高山草甸及灌丛下。海拔 2 700~3 500 m。

产东天山。中国;亚洲有分布。

中国特有成分。

*(1111) 长毛葶苈 **Draba lasiophylla** Royle

多年生草本。生于高山冰碛堆。海拔 3 100~4 000 m。

产准噶尔阿拉套山、北天山、西天山、西南天山。哈萨克斯坦、吉尔吉斯斯坦、乌兹别克斯坦;亚洲有分布。

*(1112) 李普斯凯葶苈 **Draba lipskyi** Tolm.

多年生草本。生于洪积扇、细石质山坡、山坡倒石堆。海拔 1 800~3 000 m。

产西天山。哈萨克斯坦、吉尔吉斯斯坦、乌兹别克斯坦;亚洲有分布。

(1113) 天山葶苈 **Draba melanopus** Kom.

多年生草本。生于山地林缘、山地草原、阴坡岩石缝。海拔 2 150~2 800 m。

产东天山、准噶尔阿拉套山、北天山、西天山、西南天山。中国、哈萨克斯坦、吉尔吉斯斯坦、乌兹别克斯坦;亚洲有分布。

*(1114) 小果葶苈 **Draba microcarpella** A. N. Vassiljeva et Golosk.

多年生草本。生于高山冰碛堆。海拔 3 000~4 100 m。

产北天山。哈萨克斯坦;亚洲有分布。

哈萨克斯坦特有成分。

(1115) 蒙古葶苈 **Draba mongolica** Turcz.

多年生草本。生于山地林缘。海拔 2 200 m 上下。

产东天山、东北天山、中央天山。中国、蒙古、俄罗斯;亚洲有分布。

(1116) 葶苈 **Draba nemorosa** L. = *Draba nemorosa* var. *leiocarpa* Lindblom

一年生或二年生草本。生于高山和亚高山草甸、山地林缘、森林草甸、山地草原、河谷草甸、灌丛。海拔 110~3 600 m。

产东天山、东北天山、准噶尔阿拉套山、北天山、东南天山、中央天山、内天山、西天山、西南天山。中国、哈萨克斯坦、吉尔吉斯斯坦、乌兹别克斯坦;北温带广泛分布。

药用。

*(1117) 黄白葶苈 **Draba ochroleuca** Bunge

多年生草本。生于高山和亚高山草甸、冰碛堆。海拔 2 900~3 500 m。

产准噶尔阿拉套山、内天山。哈萨克斯坦、吉尔吉斯斯坦、俄罗斯;亚洲有分布。

(1118) 奥氏葶苈 **Draba olgae** Regel et Schmalh.

多年生草本。生于高山草甸、冰碛碎石堆。海拔 3 800~3 900 m。

145

产北天山、西天山。中国、乌兹别克斯坦;亚洲有分布。

(1119) 喜山葶苈 **Draba oreades Schrenk**

多年生草本。生于山地林缘、阳坡草地、亚高山和高山草甸、高山荒漠、倒石堆石缝。海拔
1 300~5 000 m。

产东天山、东北天山、准噶尔阿拉套山、北天山、东南天山、中央天山。中国、哈萨克斯坦、吉尔
吉斯斯坦、印度、俄罗斯;亚洲有分布。

药用。

*(1120) 帕米尔葶苈 **Draba pamirica**(O. Fedtsch.)**Pohle ex O. Fedtsch.**

多年生草本。生于洪积扇、河床、灌丛。海拔 1 900~2 900 m。

产西南天山、内天山。吉尔吉斯斯坦、乌兹别克斯坦;亚洲有分布。

(1121) 小花葶苈 **Draba parviflora**(Regel)**O. E. Schulz**

多年生草本。生于高山和亚高山草甸、山地林缘、山谷阴湿处。海拔 2650~4 100 m。

产东天山、准噶尔阿拉套山、北天山、内天山、西天山、西南天山。中国、哈萨克斯坦、吉尔吉斯
斯坦、乌兹别克斯坦;亚洲有分布。

药用。

*(1122) 胖果葶苈 **Draba physocarpa Kom.**

多年生草本。生于山崖石缝、冰川冰碛堆。海拔 2 800~3 600 m。

产西天山、西南天山、内天山。吉尔吉斯斯坦、乌兹别克斯坦;亚洲有分布。

(1123) 沼泽葶苈 **Draba rockii O. E. Schulz**

多年生草本。生于高山草甸、高山荒漠、高山沼泽草甸。海拔 3 200~4 200 m。

产东天山、东南天山。中国;亚洲有分布。

中国特有成分。药用。

(1124) 西伯利亚葶苈 **Draba sibirica**(Pall.)**Thell.**

多年生草本。生于高山冰碛堆、高山湖泊周边、高山和亚高山草甸、山地林缘。海拔 2 000~
4 100 m。

产准噶尔阿拉套山、北天山、内天山、西天山、西南天山。中国、哈萨克斯坦、吉尔吉斯斯坦、乌
兹别克斯坦、俄罗斯;亚洲、欧洲有分布。

药用。

(1125) 狭果葶苈 **Draba stenocarpa Hook. f. et Thomson**

一年生或二年生草本。生于高山荒漠、高山和亚高山草甸、山地林缘、森林草甸。海拔 2 100~
5 000 m。

产东天山、准噶尔阿拉套山。中国、哈萨克斯坦、吉尔吉斯斯坦、乌兹别克斯坦、阿富汗、印度;
亚洲有分布。

药用。

(1126) 无毛狭果葶苈 **Draba stenocarpa var. leiocarpa**(Lipsky)**L. L. Lou**

一年生或二年生草本。生于高山荒漠、高山草甸。海拔 3580~5 100 m。

产东天山。中国;亚洲有分布。

中国特有成分。

(1127) 伊宁葶苈 **Draba stylaris J. Gay. ex W. D. J. Koch** =*Draba thomasii* W. D. J. Koch=*Draba tibetica* var. *duthiei* O. E. Schulz

二年生或多年生草本。生于山地林缘、山地草甸、亚高山和高山草甸。海拔 1 900~3 100 m。

产东天山、北天山、东南天山。中国、俄罗斯;亚洲有分布。

(1128) 光果伊宁葶苈 **Draba stylaris var. leiocarpa L. L. Lou et T. Y. Cheo**

二年生或多年生草本。生于山麓荒漠、山地草甸、灌丛。海拔 700~2 750 m。

产东天山、北天山、东南天山。中国;亚洲有分布。

中国特有成分。

(1129) 半抱茎葶苈 **Draba subamplexicaulis C. A. Mey.**

二年生或多年生草本。生于高山和亚高山草甸、山地林缘、山地草甸、沙砾地、岩石缝。海拔 2 000~4 800 m。

产东天山、准噶尔阿拉套山、西天山、西南天山。中国、哈萨克斯坦、吉尔吉斯斯坦、乌兹别克斯坦、俄罗斯;亚洲有分布。

*(1130) 塔拉斯葶苈 **Draba talassica Pohle**

多年生草本。生于高山冰碛堆、高山草甸。海拔 3 100~3 500 m。

产北天山、西天山、西南天山。哈萨克斯坦、吉尔吉斯斯坦、乌兹别克斯坦;亚洲有分布。

*(1131) 西藏葶苈 **Draba tibetica Hook. f. et Thomson**

多年生草本。生于林带林间草地、圆柏灌丛、石质坡地。海拔 600~3 000 m。

产准噶尔阿拉套山、西天山、西南天山。哈萨克斯坦、吉尔吉斯斯坦、乌兹别克斯坦;亚洲有分布。

(1132) 屠氏葶苈 **Draba turczaninowii Pohle et N. Busch**

多年生草本。生于高山荒漠、高山和亚高山草甸。海拔 2 600~3 800 m。

产东天山、东北天山、准噶尔阿拉套山、北天山、东南天山。中国、哈萨克斯坦、吉尔吉斯斯坦、蒙古、俄罗斯;亚洲有分布。

药用。

*(1133) 细果葶苈 **Draba vvedensky*i* Kovalevsk.**

多年生草本。生于高山和亚高山草甸、冰碛碎石堆。海拔 2 900~3 500 m。

产北天山、西天山、西南天山。哈萨克斯坦、吉尔吉斯斯坦、乌兹别克斯坦;亚洲有分布。

*173. 假葶苈属 Drabopsis C. Koch

*(1134) 假葶苈 **Drabopsis nuda（Bél. ex Boiss.）Stapf** =*Draba nuda*（Bél. ex Boiss.）Al-Shehbaz et M. Koch

一年生草本。生于石质山坡、黄土丘陵、山地草甸、林缘。海拔 900~2 800 m。

产北天山、西天山、西南天山。哈萨克斯坦、吉尔吉斯斯坦、乌兹别克斯坦、俄罗斯;亚洲有分布。

*174. 绮春属 Erophila DC.

*（1135） 小绮春 **Erophila minima C. A. Mey.** =*Draba minima*（C. A. Mey.）Steud.

一年生草本。生于黏土质和沙质丘陵、山地草原。海拔 800~2 900 m。

产西天山、西南天山。乌兹别克斯坦、俄罗斯；亚洲有分布。

*（1136） 早生绮春 **Erophila praecox**（Steven）**DC.** =*Draba verna* L.

一年生草本。生于黄土丘陵、石灰岩丘陵。海拔 600~2 100 m。

产西天山。乌兹别克斯坦、土库曼斯坦、俄罗斯；亚洲、欧洲有分布。

*（1137） 春绮春 **Erophila verna**（L.）**Chevall.** =*Draba verna* L.

一年生草本。生于细石质山坡、丘陵、杂草草地。海拔 200~1 500 m。

产西南天、西天山。吉尔吉斯斯坦、乌兹别克斯坦、俄罗斯；亚洲、欧洲有分布。

175. 碎米荠属 Cardamine L.

*（1138） 密花碎米荠 **Cardamine densiflora Gontsch.**

多年生草本。生于河边、山溪边、湖边、河漫滩、碎石质沙地。海拔 2 500~3 000 m。

产西天山。乌兹别克斯坦；亚洲有分布。

乌兹别克斯坦特有成分。

（1139） 窄叶碎米荠 **Cardamine impatiens var. angustifolia O. E. Schulz** =*Cardamine impatiens* L.

一年生草本。生于高山和亚高山草甸、山地林下、山地草原、山谷河边、河漫滩草甸。海拔 1 300~3 500 m。

产东天山、准噶尔阿拉套山、北天山、西天山。中国、哈萨克斯坦、吉尔吉斯斯坦、乌兹别克斯坦、日本、朝鲜、俄罗斯；亚洲、欧洲有分布。

油料、药用。

（1140） 大叶碎米荠 **Cardamine macrophylla Willd.**

多年生草本。生于山地林下、山地草原、山谷河边、河漫滩草甸、沼泽草甸。海拔 1 700~2 100 m。

产北天山。中国、日本、印度、俄罗斯；亚洲有分布。

食用、药用、饲料。

*（1141） 孜拉普善碎米荠 **Cardamine seravschanica Botsch.**

一年生草本。生于山地沼泽化草甸。海拔 800~2 800 m。

产西南天山、西天山。吉尔吉斯斯坦、乌兹别克斯坦；亚洲有分布。

176. 山芥属 Barbarea R. Br.

*（1142） 小山芥 **Barbarea minor C. Koch**

多年生草本。生于山地林缘、山地草原、河谷湿地、湖边。海拔 1 800~2 900 m。

产北天山。哈萨克斯坦、俄罗斯；亚洲有分布。

（1143） 山芥 **Barbarea orthoceras Ledeb.**

二年生草本。生于山地林缘、山地草甸、河谷草甸、河漫滩湿地、水边。海拔 480~2 100 m。

产东天山、东北天山、准噶尔阿拉套山、北天山。中国、日本、朝鲜、蒙古、俄罗斯；亚洲有分布。

药用。

*（1144）车前叶山芥 **Barbarea plantaginea DC.**

　　二年生草本。生于山地河谷、沼泽湿地。海拔 1 600~2 400 m。

　　产西南天山。乌兹别克斯坦、俄罗斯；亚洲有分布。

（1145）欧洲山芥 **Barbarea vulgaris R. Br**

　　二年生草本。生于山地林缘、山地草甸、河谷草甸、河漫滩湿地、水边。海拔 500~2 100 m。

　　产东天山、东北天山、准噶尔阿拉套山、北天山、西天山、西南天山。中国、哈萨克斯坦、吉尔吉斯斯坦、乌兹别克斯坦、俄罗斯；亚洲、欧洲有分布。

　　有毒、食用、油料、染料、蜜源。

177. 南芥属 Arabis L.

（1146）耳叶南芥 **Arabis auriculata Lam.** = *Arabis recta* Vill.

　　一年生草本。生于山地林下、林间草地、林缘、山坡草地。海拔 700~2 600 m。

　　产准噶尔阿拉套山、北天山、西天山、西南天山。中国、哈萨克斯坦、吉尔吉斯斯坦、乌兹别克斯坦、俄罗斯；亚洲、欧洲、大洋洲有分布。

（1147）新疆南芥 **Arabis borealis Andrz. ex C. A. Mey.**

　　一年生草本。生于山地林下、林缘、林间草地。海拔 1 600~2 700 m。

　　产东天山、东北天山、北天山。中国、蒙古、伊朗、俄罗斯；亚洲有分布。

（1148）小灌木南芥 **Arabis fruticulosa C. A. Mey.** = *Rhammatophyllum fruticulosum* (C. A. Mey.) Al-Shehbaz

　　半灌木。生于山地林缘、山地草原、阳坡岩石缝。海拔 850~1 200 m。

　　产东天山、准噶尔阿拉套山、北天山、西天山、西南天山。哈萨克斯坦、吉尔吉斯斯坦、乌兹别克斯坦、蒙古、巴基斯坦、伊朗、俄罗斯；亚洲有分布。

（1149）硬毛南芥 **Arabis hirsuta** (L.) **Scop.**

　　一年生或二年生草本。生于山地林下、林间草地。海拔 1 000~2 000 m。

　　产东天山、东北天山。中国、哈萨克斯坦、俄罗斯；亚洲、欧洲有分布。

　　药用。

*（1150）卡拉山南芥 **Arabis karategina Lipsky**

　　多年生草本。生于石质山坡、河谷、坡积物。海拔 900~2 900 m。

　　产西南天山、内天山。吉尔吉斯斯坦、乌兹别克斯坦；亚洲有分布。

*（1151）塔什干南芥 **Arabis kokonica Regel et Schmalh.**

　　多年生草本。生于高山和亚高山阳坡石质坡地、岩石缝。海拔 2 900~3 800 m。

　　产内天山、西天山、西南天山。吉尔吉斯斯坦、乌兹别克斯坦；亚洲有分布。

（1152）垂果南芥 **Arabis pendula L.** = *Catolobus pendula* (L.) Al-Shehbaz

　　二年生草本。生于高山和亚高山草甸、山地林下、林缘、山坡草地。海拔 640~3 600 m。

　　产东天山、东北天山、准噶尔阿拉套山、北天山、东南天山、西天山、西南天山。中国、哈萨克斯坦、吉尔吉斯斯坦、乌兹别克斯坦、俄罗斯；亚洲、欧洲有分布。

　　药用。

*（1153）革叶南芥 **Arabis popovii Botsch et Vved.**

多年生草本。生于山崖岩石缝。海拔 1 500~2 600 m。

产西天山。乌兹别克斯坦;亚洲有分布。

乌兹别克斯坦特有成分。

*（1154）天山南芥 **Arabis tianschanica Pavov**

多年生草本。生于山地碎石堆、山崖岩石缝。海拔 800~2 000 m。

产西天山。乌兹别克斯坦;亚洲有分布。

乌兹别克斯坦特有成分。

*（1155）西藏南芥 **Arabis tibetica Hook. f. et Thomson**

一年生或多年生草本。生于冰川冰碛碎石堆、坡积物。海拔 2 800~3 600 m。

产西南天山、内天山。吉尔吉斯斯坦、乌兹别克斯坦;亚洲有分布。

*178. 覆果荠属 Calymmatium O. E. Schulz

*（1156）似葶苈覆果荠 **Calymmatium draboides (Korsh.) O. E. Schulz**

一年生草本。生于高山河谷、高山草甸、冰川冰碛碎石堆。海拔 1 200~3 000 m。

产西南天山、内天山。吉尔吉斯斯坦、乌兹别克斯坦;亚洲有分布。

单种属植物。

179. 拟南芥属（鼠耳芥属）Arabidopsis（DC.）Heynh.

*（1157）考氏鼠耳芥 **Arabidopsis korshinskyi Botsch.** = *Olimarabidopsis cabulica*（Hook. f. et Thomson）Al-Shehbaz, O'Kane et R. A. Price

一年生草本。生于蒿草草甸、高山沼泽湿地、羊茅草原。海拔 2 400~4 200 m。

产西南天山、内天山。吉尔吉斯斯坦、乌兹别克斯坦;亚洲有分布。

（1158）柔毛鼠耳芥 **Arabidopsis mollissima（C. A. Mey.）N. Busch** = *Crucihimalaya mollissima*（C. A. Mey.）Al-Shehbaz, O'Kane et R. A. Price

一年生草本。生于高山岩石缝、山地阳坡、灌丛。海拔 1 600~4 600 m。

产东北天山、北天山。中国、吉尔吉斯斯坦、伊朗、锡金、俄罗斯;亚洲有分布。

（1159）小鼠耳芥 **Arabidopsis pumila（Stephan）N. Busch** = *Olimarabidopsis pumila*（Stephan）Al-Shehbaz, O'Kane et R. A. Price

一年生草本。生于山地林缘、山坡草地、荒地。海拔 520~1 100 m。

产东天山、东北天山、准噶尔阿拉套山、北天山、西天山、西南天山。中国、哈萨克斯坦、吉尔吉斯斯坦、乌兹别克斯坦、阿富汗、伊朗、俄罗斯;亚洲、欧洲有分布。

（1160）直鼠耳芥 **Arabidopsis stricta（Cambess.）N. Busch** = *Crucihimalaya stricta*（Cambess.）Al-Shehbaz, O'Kane et R. A. Price

一年生草本。生于高山岩石缝、山地倒石堆。海拔 500~4 300 m。

产东天山。中国、巴基斯坦、印度;亚洲有分布。

（1161）鼠耳芥 **Arabidopsis thaliana（L.）Heynh.**

一年生草本。生于低山荒漠、平原荒漠。海拔 500~1 100 m。

产东天山、准噶尔阿拉套山、北天山、西天山、西南天山。中国、哈萨克斯坦、吉尔吉斯斯坦、乌兹别克斯坦、印度、俄罗斯；亚洲、欧洲、非洲、美洲有分布。

(1162) 弓叶鼠耳芥 **Arabidopsis toxophylla（M. Bieb.）N. Busch** = *Pseudoarabidopsis toxophylla*（M. Bieb.）Al-Shehbaz, O'Kane et R. A. Price

二年生或多年生草本。生于山地草原、荒漠草原。海拔 1 000~1 500 m。

产东天山。中国、阿富汗、俄罗斯；亚洲、欧洲有分布。

*(1163) 瓦氏鼠耳芥 **Arabidopsis wallichii（Hook. f. et Thomson）N. Busch** = *Crucihimalaya wallichii*（Hook. f. et Thomson）Al-Shehbaz, O'Kane et R. A. Price

一年生或多年生草本。生于高山草甸、亚高山碎石堆、山地草原、灌丛。海拔 1 400~4 000 m。

产内天山、西南天山。吉尔吉斯斯坦、乌兹别克斯坦；亚洲有分布。

180. 高原芥属 Christolea Camb.

(1164) 高原芥 **Christolea crassifolia Cambess.**

多年生草本。生于山地林缘、石质山坡、山地荒漠。海拔 1 500~4 800 m。

产北天山、内天山。中国、吉尔吉斯斯坦、阿富汗、巴基斯坦；亚洲有分布。

(1165) 喀什高原芥 **Christolea kashgarica（Botsch.）C. H. An** = *Phaeonychium kashgaricum*（Botsch.）Al-Shehbaz

多年生草本。生于亚高山草甸、岩石缝。海拔 1 800~2 400 m。

产内天山。中国；亚洲有分布。

中国特有成分。

*(1166) 帕米尔高原芥 **Christolea pamirica Korsh.** = *Christolea crassifolia* Cambess.

多年生草本。生于沙质荒漠盐渍化草地、龟裂土荒漠、冰川冰碛碎石堆、风化花岗岩坡地。海拔 700~3 700 m。

产西南天山、内天山。吉尔吉斯斯坦、乌兹别克斯坦；亚洲有分布。

181. 扇叶芥属 Desideria Pamp.

(1167) 线果扇叶芥 **Desideria linaaris（N. Busch）Al-Shehbaz**

多年生草本。生于低山砾石山坡。海拔 3 700~5 000 m。

产内天山。中国、巴基斯坦；亚洲有分布。

(1168) 扇形扇叶芥 **Desideria flabellate（Regel）Al-Shehbaz**

多年生草本。生于高山荒漠、砾石坡地、流石滩。海拔 3 300~5 100 m。

产内天山、西南天山。中国、吉尔吉斯斯坦、塔吉克斯坦、阿富汗；亚洲有分布。

*(1169) 帕米尔扇叶芥 **Desideria pamirica Suslova** = *Solms-laubachia mirabilis*（Pamp.）J. P. Yue, Al-Shehbaz et H. Sun

多年生草本。生于高山草甸、冰川冰碛碎石堆、裸露山脊。海拔 3 000~5 000 m。

产西南天山、内天山。吉尔吉斯斯坦、乌兹别克斯坦；亚洲有分布。

182. 旗杆芥属 Turritis L.

(1170) 旗杆芥 **Turritis glabra L.**

二年生草本。生于山地林下、林缘、河漫滩草甸、沼泽草甸、山地草原、山地荒漠、田边。海拔 900~2 400 m。

产东天山、东北天山、准噶尔阿拉套山、北天山、西天山、西南天山。中国、哈萨克斯坦、吉尔吉斯斯坦、乌兹别克斯坦、俄罗斯;亚洲、欧洲、大洋洲、美洲有分布。

单种属植物。药用。

183. 蔊菜属 Rorippa Scop.

*（1171）两栖蔊菜 **Rorippa amphibia**（L.）Besser

多年生草本。生于河流湿地、河边、湖边、沼泽湿地。海拔1 400~2 700 m。

产准噶尔阿拉套山、北天山、西天山。哈萨克斯坦、吉尔吉斯斯坦、乌兹别克斯坦;亚洲有分布。

（1172）沼生蔊菜 **Rorippa islandica**（Oeder）**Borbas** = *Rorippa palustrlustris*（L.）Besser（Pamp.）J. P. Yue, Al-Shehbaz et H. Sun

一年生或二年生草本。生于山地林缘、山坡草地、河谷水边、河漫滩湿地、田边。海拔230~3 000 m。

产东天山、东北天山、准噶尔阿拉套山、北天山、东南天山、西天山、西南天山。中国、哈萨克斯坦、吉尔吉斯斯坦、乌兹别克斯坦、俄罗斯;北温带广泛分布。

药用。

（1173）欧亚蔊菜 **Rorippa sylvestris**（L.）**Besser**

一年生、二年生或多年生草本。生于田边、水渠边。海拔680 m上下。

产北天山、西天山。中国、乌兹别克斯坦、俄罗斯;亚洲、欧洲有分布。

184. 花旗杆属 Dontostemon Andrz. ex Ledeb.

（1174）扭果花旗杆 **Dontostemon elegans Maxim.**

多年生草本。生于山麓洪积扇、砾质戈壁、灌木荒漠、干河床。海拔800~1 700 m。

产东天山、东北天山、东南天山。中国、俄罗斯、蒙古;亚洲有分布。

（1175）白毛花旗杆 **Dontostemon senilis Maxim.**

多年生草本。生于山地沙砾质山坡、山麓荒漠。海拔350~2 100 m。

产东天山、北天山。中国、蒙古、俄罗斯;亚洲有分布。

药用。

185. 异蕊芥属 Dimorphostemon Kitag.（Alaida Dvorak）

（1176）腺异蕊芥 **Dimorphostemon glandulosus**（Kar. et Kir.）**Golubk.** = *Alaida glandulosa*（Kar. et Kir.）Dvorak = *Dontostemon glandulosus*（Kar. et Kir.）O. E. Schulz

一年生或二年生草本。生于高山和亚高山草甸、山地林下、林缘、河边沙砾地、灌丛。海拔850~5 100 m。

产东天山、东北天山、准噶尔阿拉套山、东南天山。中国、哈萨克斯坦、印度;亚洲有分布。

药用。

186. 丛菔属 Solms-Laubachia Muschi.

（1177）帕米尔丛菔 **Solms-Laubachia pamirica Z. X. An**

多年生草本。生于高寒荒漠、高山和亚高山阴湿坡地。海拔2 900~4 600 m。

产内天山。中国;亚洲有分布。

中国特有成分。

（1178）总状丛菔 Solms-Laubachia platycarpa（Hook. f. et Thomson）Botsch.

多年生垫状草本。生于高寒荒漠、高山和亚高山石质山坡、河边灌丛。海拔 2 100～5 000 m。

产中央天山。中国；亚洲有分布。

中国特有成分。药用。

＊187. 长毛扇叶芥属 Oreoblastus Suslova

＊（1179）长毛扇叶芥 Oreoblastus flabellatus（Regel）Suslova ＝ *Solms-laubachia flabellata*（Regel）J. P. Yue, Al-Shehbaz et H. Su

多年生草本。生于山脊、岩石峭壁、冲积物、山崖刃脊、高山草甸。海拔 3 300～5 000 m。

产北天山、西天山、西南天山、内天山。哈萨克斯坦、吉尔吉斯斯坦、乌兹别克斯坦；亚洲有分布。

＊（1180）单生长毛扇叶芥 Oreoblastus incanus（Ovcz.）Suslova ＝ *Solms-laubachia incana*（Ovcz.）J. P. Yue, Al-Shehbaz et H. Sun

多年生草本。生于高山草甸湿地、冰川冰碛碎石堆、高山沼泽、坡积物、倒石堆、山溪边、石灰岩山地石缝。海拔 2 900～3 600 m。

产西南天山、内天山。吉尔吉斯斯坦、乌兹别克斯坦；亚洲有分布。

＊（1181）细叶长毛扇叶芥 Oreoblastus linearis（N. Busch）Suslova ＝ *Solms-laubachia linearis*（N. Busch）J. P. Yue, Al-Shehbaz et H. Sun

多年生草本。生于冰川冰碛碎石堆、山溪边、砾岩、石灰岩山地石缝。海拔 2 900～3 500 m。

产西南天山、内天山。吉尔吉斯斯坦、乌兹别克斯坦；亚洲有分布。

188. 四齿芥属 Tetracme Bunge

＊（1182）布喀尔四齿芥 Tetracme bucharica（Korsch.）O. E. Schulz ＝ *Tetracmidion bucharicum* Korsh.

一年生草本。生于山麓荒漠草原、黏土荒漠、固定沙丘。海拔 300～1 800 m。

产北天山、西天山。吉尔吉斯斯坦、乌兹别克斯坦；亚洲有分布。

（1183）扭果四齿芥 Tetracme contorta Boiss.

一年生草本。生于山地荒漠、草原、沙地。海拔 300～2 000 m。

产内天山。中国、巴基斯坦、阿富汗、伊朗；亚洲有分布。

药用。

＊（1184）帕米尔四齿芥 Tetracme pamirica Vassilcz.

一年生草本。生于山地冰碛堆、河岸阶地、荒漠。海拔 700～2 900 m。

产西天山。乌兹别克斯坦；亚洲有分布。

乌兹别克斯坦特有成分。

（1185）四齿芥 Tetracme quadricornis（Stephan）Bunge

一年生草本。生于蒿属荒漠、琵琶柴荒漠、沙砾质戈壁、田边、沙地。海拔 350～2 750 m.

产东天山、东北天山、准噶尔阿拉套山、北天山、东南天山、中央天山、内天山、西天山、西南天山。中国、哈萨克斯坦、吉尔吉斯斯坦、乌兹别克斯坦、巴基斯坦、阿富汗、俄罗斯；亚洲有分布。

药用。

（1186）弯角四齿芥 **Tetracme recurvata Bunge**

一年生草本。生于低山荒漠、沙丘、沙地。海拔 200~700 m。

产东天山、东北天山、准噶尔阿拉套山、北天山。中国、哈萨克斯坦、吉尔吉斯斯坦、伊朗；亚洲有分布。

*189. 小四齿芥属 Tetracmidion Korch.

*（1187）钩毛小四齿芥 **Tetracmidion glochidiatum Botsch. et Vved.** = *Tetracme glochidiata*（Botsch. et Vved.）Pachom.

一年生草本。生于细石质山坡、沙丘边缘、石灰岩荒漠。海拔 200~1 400 m。

产西天山、西南天山、内天山。哈萨克斯坦、吉尔吉斯斯坦、乌兹别克斯坦；亚洲有分布。

*190. 莲罗芥属 Iskandera N. Busch

*（1188）海萨尔莲罗芥 *Iskandera hissarica* N. Busch

多年生草本。生于山地石质坡地、河床、山谷。海拔 900~2 500 m。

产西南天山、内天山。吉尔吉斯斯坦、乌兹别克斯坦；亚洲有分布。

191. 紫罗兰属 Matthiola R. Br.

*（1189）布喀尔紫罗兰 **Matthiola bucharica Czerniak.**

一年生草本。生于山麓荒漠、砾石质平原、沙地。海拔 200~700 m。

产西天山。乌兹别克斯坦；亚洲有分布。

乌兹别克斯坦特有成分。

*（1190）考热萨尼紫罗兰 **Matthiola chorassanica Bunge** = *Matthiola integrifolia* Kom.

多年生草本。生于山地荒漠草原、洪积扇、石质山坡。海拔 600~2 400 m。

产西南天山、内天山、西天山。吉尔吉斯斯坦、乌兹别克斯坦；亚洲有分布。

*（1191）齐尔尼克夫紫罗兰 **Matthiola czerniakowskae Botsch. et Vved.**

多年生草本。生于山地荒漠草原、河流阶地。海拔 600~2 300 m。

产西南天山、内天山。吉尔吉斯斯坦、乌兹别克斯坦；亚洲有分布。

*（1192）倒卵叶紫罗兰 **Matthiola obovata Bunge**

多年生草本。生于山麓荒漠、黏土荒漠、砾石质荒漠。海拔 900~1 500 m。

产北天山。哈萨克斯坦；亚洲有分布。

哈萨克斯坦特有成分。

（1193）香紫罗兰 **Matthiola odoratissima**（Pall. ex M. Bieb.）**W. T. Aiton**

多年生草本。生于沙砾质戈壁、荒漠草原。海拔 200 m 上下。

产准噶尔阿拉套山。中国、阿富汗、俄罗斯；亚洲、欧洲有分布。

（1194）新疆紫罗兰 **Matthiola stoddartii Bunge**

一年生草本。生于山麓荒漠、固定和半固定沙丘、山地阳坡。海拔 500~2 350 m。

产东天山、东北天山。中国、巴基斯坦；亚洲有分布。

*（1195）鞑靼紫罗兰 **Matthiola tatarica**（Pall.）**DC.**

多年生草本。生于干旱山坡、石膏荒漠、沙丘。海拔 200 m 上下。

产准噶尔阿拉套山。哈萨克斯坦；亚洲有分布。

154

哈萨克斯坦特有成分。

*（1196）天山紫罗兰 **Matthiola tianschanica Sarkisova**

多年生草本。生于盐渍化红色黏土荒漠。海拔 200~500 m。

产北天山、西天山、西南天山。吉尔吉斯斯坦、乌兹别克斯坦；亚洲有分布。

192. 小柱芥属 Microstigma Trautv.

（1197）短果小柱芥 **Microstigma brachycarpum Botsch.**

一年生草本。生于干旱山坡、蒿属荒漠、荒地。海拔 900~1 900 m。

产北天山。中国、俄罗斯；亚洲有分布。

193. 离子芥属 Chorispora R. Br.

（1198）高山离子芥 **Chorispora bungeana Fisch. et C. A. Mey.** = *Chorispora tianschanica* Z. X. An

多年生草本。生于高山和亚高山草甸、山地林缘、山地草甸、阳坡草地、河漫滩草甸。海拔 390~3 700 m。

产东天山、东北天山、准噶尔阿拉套山、北天山、东南天山、内天山、西天山、西南天山。中国、哈萨克斯坦、吉尔吉斯斯坦、乌兹别克斯坦、巴基斯坦、阿富汗、俄罗斯；亚洲有分布。药用。

*（1199）美丽离子芥 **Chorispora elegans Cambess.** = *Chorispora sabulosa* Cambess.

多年生草本。生于高山草甸、冰碛堆、石质山坡、山地草原。海拔 1 600~3 100 m。

产北天山。吉尔吉斯斯坦、乌兹别克斯坦；亚洲有分布。

（1200）具葶离子芥 **Chorispora greigii Regel**

多年生草本。生于山地草甸、山地荒漠草原、干旱山坡。海拔 1 000~2 300 m。

产东天山、北天山、东南天山、内天山、西天山、西南天山。中国、哈萨克斯坦、吉尔吉斯斯坦、乌兹别克斯坦；亚洲有分布。药用。

*（1201）宽萼离子芥 **Chorspora insignis Pachom.**

一年生草本。生于山地河流湿地。海拔 2 100~3 000 m。

产北天山、内天山。吉尔吉斯斯坦；亚洲有分布。

吉尔吉斯斯坦特有成分。

（1202）大果离子芥（小花离子芥）**Chorispora macropoda Trautv.**

多年生草本。生于高山和亚高山草甸、山地荒漠、山地草原。海拔 800~3 700 m。

产准噶尔阿拉套山、北天山、内天山、西天山、西南天山。中国、哈萨克斯坦、吉尔吉斯斯坦、乌兹别克斯坦、阿富汗、巴基斯坦、伊朗；亚洲有分布。

（1203）西伯利亚离子芥 **Chorispora sibirica（L.）DC.** = *Chorspora insignis* Pachom.

一年生草本。生于高山和亚高山草甸、山地林缘、山地草原、山地河边湿地、河漫滩、田边、撂荒地。海拔 750~3 800 m。

产东天山、东北天山、准噶尔阿拉套山、北天山、东南天山、中央天山、内天山、西天山、西南天山。中国、哈萨克斯坦、吉尔吉斯斯坦、乌兹别克斯坦、巴基斯坦、印度、俄罗斯；亚洲有分布。药用。

（1204）准噶尔离子芥 **Chorispora songarica Schrenk**

一年生或多年生草本。生于山地林缘、山地草甸、山地荒漠草原。海拔 2 200~2 900 m。

产准噶尔阿拉套山、北天山、东南天山、中央天山、内天山、西天山、西南天山。中国、哈萨克斯坦、吉尔吉斯斯坦、乌兹别克斯坦；亚洲有分布。

药用。

（1205）离子草 **Chorispora tenella**（Pall.）**DC.**

一年生草本。生于山地林缘、山地草原、山麓荒漠、农田边、荒地。海拔 500~2 500 m。

产东天山、东北天山、准噶尔阿拉套山、北天山、内天山、西天山、西南天山。中国、哈萨克斯坦、吉尔吉斯斯坦、乌兹别克斯坦、蒙古、巴基斯坦、阿富汗、俄罗斯；亚洲、欧洲有分布。

药用。

（1206）腺毛离子芥 **Chorispora tianshanica Z. X. An**

多年生草本。生于阳坡草丛。海拔 1 500 m 上下。

产东天山。中国；亚洲有分布。

中国特有成分。药用。

194. 异果芥属 Diptychocarpus Trautv.

（1207）异果芥 **Diptychocarpus strictus**（Fisch. ex M. Bieb.）**Trautv.**

一年生草本。生于荒漠草原、路边、沙地。海拔 200~1 000 m。

产东天山、东北天山、北天山、西天山、西南天山。中国、哈萨克斯坦、吉尔吉斯斯坦、乌兹别克斯坦、巴基斯坦、伊朗、俄罗斯；亚洲、欧洲有分布。

单种属植物。

195. 条果芥属 Parrya R. Br.

*（1208）白条果芥 **Parrya alba Nikitina** = *Neuroloma album*（E. Nikitina）Pachom. = *Achoriphragma album*（Nikitina）Czerep.

多年生草本。生于山地阳坡、灌丛、圆柏林下。海拔 1 800~2 900 m。

产北天山、内天山。吉尔吉斯斯坦；亚洲有分布。

吉尔吉斯斯坦特有成分。

*（1209）粗毛条果芥 **Parrya albida Popov ex P. A. Baranov** = *Neuroloma albidum*（Popov）Botsch. = *Achoriphragma albidum*（Popov ex P. A. Baranov）Soják

灌木。生于高山草甸、碎石堆、山崖岩石缝。海拔 2 900~3 500 m。

产北天山、内天山、西天山、西南天山。吉尔吉斯斯坦、乌兹别克斯坦；亚洲有分布。

*（1210）粗柄条果芥 **Parrya angrenica Botsch. et Vved.** = *Neuroloma angrenicum*（Botsch. et Vved.）Botsch. = *Achoriphragma angrenicum*（Botsch. et Vved.）Soják

半灌木。生于高山草甸、圆柏灌丛、石质化山坡草地。海拔 2 900~3 500 m。

产西天山、西南天山。乌兹别克斯坦；亚洲有分布。

乌兹别克斯坦特有成分。

*（1211）粗果条果芥 **Parrya asperrima**（B. Fedtsch.）**Popov** = *Neuroloma asperrimum*（B. Fedtsch.）Botsch. = *Achoriphragma asperrimum*（B. Fedtsch.）Botsch.

多年生草本。生于高山草甸、碎石堆、山崖岩石缝、灌丛。海拔 2 500~3 600 m。

产北天山、西天山、西南天山。吉尔吉斯斯坦、乌兹别克斯坦;亚洲有分布。

*（1212）南条果芥 **Parrya australis Pavlov** = *Neuroloma australe*（Pavlov）Botsch. = *Achoriphragma australe*（Pavlov）Czerep.

多年生草本。生于山地林缘、山地草原、河谷、石灰岩坡地。海拔 1 400~2 500 m。

产北天山、西天山、西南天山。吉尔吉斯斯坦、乌兹别克斯坦;亚洲有分布。

（1213）毕氏条果芥(天山条果芥) **Parrya beketovii Krasn.** = *Achoriphragma beketovii*（Krasn.）Soják = *Neuroloma beketovii*（Krasn.）Botsch.

多年生草本。生于亚高山草甸、山地林缘、山地草甸、山地河谷、阳坡圆柏灌丛。海拔 1 500~2 900 m。

产东天山、准噶尔阿拉套山、北天山。中国、哈萨克斯坦、吉尔吉斯斯坦;亚洲有分布。

药用。

*（1214）大瓦扎条果芥 **Parrya darvazica Botsch. et Vved.** = *Achoriphragma darvazicum*（Botsch. et Vved.）Sojak = *Neuroloma darvazicum*（Botsch.）Botsch.

半灌木。生于石质山坡、石缝、山脊。海拔 700~2 900 m。

产西南天山、内天山。吉尔吉斯斯坦、乌兹别克斯坦;亚洲有分布。

（1215）灌木条果芥(灌丛条果芥) **Parrya fruticulosa Regel et Schmalh.** = *Achoriphragma fruticulosum*（Regel et Schmalh.）Sojak = *Neuroloma fruticulosum*（Regel et Schmalh.）Botsch.

小灌木状草本或灌木。生于山地林缘、山地草甸、山地草原、山地岩石缝、山地石质坡地、草地、河谷、灌丛。海拔 1 400~3 000 m。

产东北天山、准噶尔阿拉套山、北天山、东南天山、西天山。中国、吉尔吉斯斯坦、乌兹别克斯坦;亚洲有分布。

*（1216）全叶条果芥 **Parrya korovinii A. N. Vassiljeva** = *Neuroloma korovinii*（A. N. Vassiljeva）Botsch. = *Achoriphragma korovinii*（A. N. Vassiljeva）Soják

多年生草本。生于低山丘陵、山麓石质坡地。海拔 500~1 800 m。

产西南天山。乌兹别克斯坦;亚洲有分布。

乌兹别克斯坦特有成分。

*（1217）库拉明条果芥 **Parrya kuramensis Botsch.** = *Neuroloma kuramense*（Botsch.）Botsch. = *Achoriphragma kuramense*（Botsch.）Soják

多年生草本。生于亚高山河谷、碎石堆、山坡草地。海拔 2 900~3 100 m。

产西南天山。乌兹别克斯坦;亚洲有分布。

乌兹别克斯坦特有成分。

*（1218）披针叶条果芥 **Parrya lancifolia Popov** = *Neuroloma lancifolium*（Popov）Botsch. = *Achoriphragma lancifolium*（Popov）Soják

多年生草本。生于山地林缘、刺柏、圆柏灌丛、石质山坡、山崖岩石缝。海拔 1 600~3 000 m。

产准噶尔阿拉套山、北天山、内天山。哈萨克斯坦、吉尔吉斯斯坦;亚洲有分布。

*（1219）条果芥 **Parrya longicarpa Krasn.** = *Neuroloma longicarpum*（Krasn.）Botsch. = *Achoriphragma longicarpum*（Krasn.）Soják

多年生草本。生于山地荒漠化草原、砾石质山坡。海拔 300~2 500 m。

产北天山、内天山。哈萨克斯坦、吉尔吉斯斯坦；亚洲有分布。

*（1220）麦担套条果芥 **Parrya maidantalicum Popov et Baranov** = *Neuroloma maidantalicum*（Popov et P. A. Baranov）Botsch. = *Achoriphragma maidantalicum* Popov et P. A. Baranov）Soják

多年生草本。生于高山冰碛堆、山脊岩石缝。海拔 2 800~3 600 m。

产西南天山。乌兹别克斯坦；亚洲有分布。

乌兹别克斯坦特有成分。

*（1221）小条果芥 **Parrya minuta Botsch. et Vved.** = *Achoriphragma minutum*（Botsch. et Vved.）Czerep. = *Neuroloma minutum*（Botsch. et Vved.）Botsch.

多年生草本。生于石质山崖、岩石峭壁、高山山脊、林缘、圆柏灌丛。海拔 1 900~3 100 m。

产北天山、西天山、西南天山。哈萨克斯坦、吉尔吉斯斯坦、乌兹别克斯坦；亚洲有分布。

*（1222）努拉山条果芥 **Parrya nuratensis Botsch. et Vved.** = *Achoriphragma nuratense*（Botsch. et Vved.）Soják = *Neuroloma nuratense*（Botsch. et Vved.）Botsch.

半灌木。生于山地北坡草地、草甸草原。海拔 900~2 900 m。

产西南天山、内天山。吉尔吉斯斯坦、乌兹别克斯坦；亚洲有分布。

*（1223）帕氏条果芥 **Parrya pavlovii A. N. Vassiljeva** = *Neuroloma pavlovii*（A. N. Vassiljeva）Botsch. = *Achoriphragma pavlovii*（A. N. Vassiljeva）Soják

多年生草本。生于高山和亚高山岩石缝、山崖石缝、断裂带岩石缝、河谷。海拔 1 200~3 500 m。

产北天山、西天山。哈萨克斯坦、吉尔吉斯斯坦、乌兹别克斯坦；亚洲有分布。

（1224）羽裂条果芥 **Parrya pinnatifida Kar. et Kir.** = *Achoriphragma pinnatifidum*（Kar. et Kir.）Soják = *Neuroloma pinnatifidum*（Kar. et Kir.）Botsch.

多年生草本。生于高山和亚高山草甸、山地草原、荒漠草原。海拔 2 200~3 500 m。

产东天山、准噶尔阿拉套山、北天山、东南天山、内天山、西天山、西南天山。中国、哈萨克斯坦；亚洲有分布。

药用。

（1225）无毛条果芥 **Parrya pinnatifida var. glabra N. Busch**

多年生草本。生于山地林缘、山坡岩石缝。海拔 1 600~2 800 m。

产北天山。中国；亚洲有分布。

（1226）有毛条果芥 **Parrya pinnatifida var. hirsuta N. Busch**

多年生草本。生于山地草甸、草甸草原。海拔 1 600~2 200 m。

产北天山。中国；亚洲有分布。

药用。

*（1227）波氏条果芥 **Parrya popovii Botsch.** = *Neuroloma popovii*（Botsch.）Botsch. = *Achoriphragma popovii*（Botsch.）Soják

多年生草本。生于亚高山草甸、山崖岩石缝。海拔 2 800~3 100 m。

产北天山、内天山。哈萨克斯坦、吉尔吉斯斯坦；亚洲有分布。

（1228）垫状条果芥 **Parrya pulvinata Popov ex N. Busch** = *Neuroloma pulvinatum*（Popov）Botsch. = *Achoriphragma pulvinatum*（Popov ex N. Busch）Soják

多年生草本。生于高寒荒漠、高山和亚高山草甸、山地林缘、山地草甸。海拔 1 200~5 445 m。

产东天山、东南天山、内天山、北天山、西南天山。中国、吉尔吉斯斯坦、乌兹别克斯坦；亚洲有分布。

药用。

*（1229）尖叶条果芥 **Parrya runcinata（Regel et Schmalh.）N. Busch** = *Achoriphragma runcinatum*（Regel et Schmalh.）Sojak = *Neuroloma runcinatum*（Regel et Schmalh.）Botsch.

多年生草本。生于细石质山坡、砾石质山坡、山崖石缝、冰川冰碛碎石堆、灌丛、山地草甸草原。海拔 1 500~4 000 m。

产西南天山、内天山。吉尔吉斯斯坦、乌兹别克斯坦；亚洲有分布。

*（1230）喜石条果芥 **Parrya saxifraga Botsch. et Vved.** = *Neuroloma saxifraga*（Botsch. et Vved.）Botsch. = *Achoriphragma saxifragum*（Botsch. et Vved.）Soják

多年生草本。生于亚高山草甸、山坡草地、草甸草原。海拔 1 900~3 100 m。

产北天山、内天山。吉尔吉斯斯坦；亚洲有分布。

*（1231）疏古南条果芥 **Parrya schugnaa Lipsch.** = *Achoriphragma schugnanum*（Lipsch.）Sojak = *Neuroloma schugnanum*（Lipsch.）Botsch.

多年生草本。生于冰川冰碛碎石堆、山崖、岩石峭壁、麻黄群落。海拔 1 200~3 600 m。

产西南天山、内天山。吉尔吉斯斯坦、乌兹别克斯坦；亚洲有分布。

*（1232）拟条果芥 **Parrya simulatrix E. Nikitina** = *Achoriphragma simulatrix*（E. Nikit.）Sojak

多年生草本。生于河谷砾石滩、林缘、细石质山坡草地、蒿属荒漠。海拔 900~2 800 m。

产北天山、西天山。哈萨克斯坦、吉尔吉斯斯坦；亚洲有分布。

*（1233）狭叶条果芥 **Parrya stenophylla Popov ex N. Busch** = *Achoriphragma stenophyllum*（Popov）Czerep = *Neuroloma stenophyllum*（Popov）Botsch.

多年生草本。生于石质山坡、林缘、冰碛石堆、高山草甸。海拔 1 200~3 600 m。

产准噶尔阿拉套山、北天山、西天山、西南天山。哈萨克斯坦、吉尔吉斯斯坦、乌兹别克斯坦；亚洲有分布。

*（1234）狭果条果芥 **Parrya stenocarpa Kar. et Kir.** = *Neuroloma stenocarpum*（Kar. et Kir.）Botsch. = *Achoriphragma stenocarpum*（Kar. et Kir.）Soják

多年生草本。生于高山和亚高山草甸、冰碛堆、疏林地、山地草原。海拔 1 800~3 600 m。

产准噶尔阿拉套山、北天山、西天山、西南天山。哈萨克斯坦、吉尔吉斯斯坦、乌兹别克斯坦；亚洲有分布。

（1235）近长角条果芥（天山条果芥）**Parrya subsiliquosa Popov ex N. Busch** = *Parrya beketovii* Krasn. = Achoriphragma subsiliquosum（Popov ex N. Busch.）Soják = *Neuroloma subsiliquosum*（Popov）Botsch.

多年生草本。生于山地林缘、山地草甸、山地草原、山地阳坡岩石缝、黄土丘陵、山麓坡地、河谷。海拔 900～3 100 m。

产东天山、东北天山、北天山、东南天山、西天山、西南天山。中国、哈萨克斯坦、吉尔吉斯斯坦、乌兹别克斯坦；亚洲有分布。

药用。

*（1236）天山条果芥 **Parrya tianschanica Nikitina** = *Neuroloma tianschanica*（E. Nikitina）Botsch. = *Achoriphragma tianschanicum*（Nikitina）Sojak

多年生草本。生于山地林缘、山溪边、山崖、灌丛、碎石堆。海拔 1 800～3 000 m。

产内天山、北天山、西天山、西南天山。吉尔吉斯斯坦、乌兹别克斯坦；亚洲有分布。

*（1237）土耳其条果芥 **Parrya turkestanica（Korsh.）N. Busch** = *Achoriphragma turkestanicum*（Korsh.）Sojak = *Neuroloma turkestanicum*（Korsh.）Botsch.

多年生草本。生于花岗岩碎屑物、山崖石缝、河谷、碎石堆、高山草甸、冰川冰碛碎石堆、流石滩。海拔 900～3 600 m。

产西南天山、内天山。吉尔吉斯斯坦、乌兹别克斯坦、俄罗斯；亚洲有分布。

*（1238）威劳苏条果芥 **Parrya villosula Botsch. et Vved.** = *Achoriphragma villosulum*（Botsch. et Vved.）Czerep. = *Neuroloma villosulum*（Botsch. et Vved.）Botsch.

半灌木。生于石质碎屑山坡、河谷、高山草甸。海拔 800～3 100 m。

产北天山、西天山。哈萨克斯坦、吉尔吉斯斯坦；亚洲有分布。

*196. 裸茎条果芥属 Achoriphragma Soják

*（1239）博特其裸茎条果芥 **Achoriphragma botschantzevii（Pachom.）Soják** = *Neuroloma botschantzevii* Pachom.

多年生草本。生于林缘、圆柏灌丛、河谷。海拔 800～3 100 m。

产西南天山、内天山。吉尔吉斯斯坦、乌兹别克斯坦；亚洲有分布。

*（1240）普亚塔裸茎条果芥 **Achoriphragma pjataevae（Pachom.）Soják** = *Neuroloma pjataevae* Pachom.

多年生草本。生于山地阴坡、山崖、砾岩。海拔 800～3 000 m。

产西南天山、内天山。吉尔吉斯斯坦、乌兹别克斯坦；亚洲有分布。

197. 光籽芥属 Leiospora（C. A. Mey.）Dvorák

（1241）雏菊叶光籽芥 **Leiospora bellidifolia（Danyuy）Botsch. et Pachom.**

多年生草本。生于高山河谷。海拔 3 200～3 300 m。

产内天山。中国、吉尔吉斯斯坦、塔吉克斯坦；亚洲有分布。

*（1242）厚叶光籽芥 **Leiospora crassifolia（Botsch. et Vved.）A. N. Vassiljeva**

多年生草本。生于亚高山石质山坡、河谷。海拔 1 900～3 000 m。

产内天山、西南天山。吉尔吉斯斯坦、乌兹别克斯坦；亚洲有分布。

（1243）毛萼光籽芥 **Leiospora eriocalyx**（Regel et Schmslh.）**F. Dvorák**

多年生草本。生于高山冰缘、冰碛堆、高山和亚高山草甸。海拔 3 100～4 000 m。

产北天山、西南天山。中国、乌兹别克斯坦；亚洲有分布。

药用。

（1244）无茎光籽芥 **Leiospora exscapa**（C. A. Meyer）**Dvorák** = *Parrya exscapa* Ledeb.

多年生草本。生于高寒荒漠、高山和亚高山草甸、河滩沙砾地。海拔 2 700～4 400 m。

产中央天山、内天山。中国、吉尔吉斯斯坦、巴基斯坦、俄罗斯；亚洲有分布。

＊（1245）帕米尔光籽芥 **Leiospora pamirica**（Botsch. et Vved.）**Botsch. et Pachom.**

多年生草本。生于高山倒石堆、碎石坡地。海拔 3 900～4 500 m。

产内天山。中国、吉尔吉斯斯坦；亚洲有分布。

＊（1246）泽拉普善光籽芥 **Leiospora subscapigera**（Botsch. et Vved.）**Botsch. et Pachom.**

多年生草本。生于高山石质坡地、高山草甸、亚高山灌丛、山地河谷。海拔 2 600～3 600 m。

产西南天山。乌兹别克斯坦；亚洲有分布。

乌兹别克斯坦特有成分。

198. 对枝芥属 Cithareloma Bunge

（1247）对枝芥 **Cithareloma vernum Bunge**

一年生草本。生于沙地、半固定沙丘、海拔 500～800 m。

产东天山。中国、土库曼斯坦、巴基斯坦；亚洲有分布。

＊（1248）列氏对枝芥 **Cithareloma lehmannii Bunge**

一年生草本。生于黄土丘陵、固定和半固定沙丘、龟裂土荒漠草地、平原沙漠。海拔 200～2 800 m。

产西南天山。吉尔吉斯斯坦、乌兹别克斯坦；亚洲有分布。

199. 丝叶芥属 Leptaleum DC.

（1249）丝叶芥 **Leptaleum filifolium**（Willd.）**DC.**

一年生草本。生于石质山坡、山地荒漠、平原荒漠、沙地。海拔 500～3 800 m。

产东天山、东北天山、准噶尔阿拉套山、北天山、东南天山、内天山、西天山、西南天山。中国、哈萨克斯坦、吉尔吉斯斯坦、乌兹别克斯坦、阿富汗、伊朗、土耳其、埃及、俄罗斯；亚洲、欧洲有分布。

寡种属植物。

＊200. 假糖芥属 Rhammatophyllum O. E. Schulz

＊（1250）粗茎假糖芥 **Rhammatophyllum pachyrhizum**（Kar. et Kir.）**O. E. Schulz**

半灌木。生于低山石质盆地、石灰岩坡地。海拔 400～1 600 m。

产北天山、准噶尔阿拉套山。哈萨克斯坦；亚洲有分布。

＊201. 锯毛芥属 Prionotrichon Botsch. et Vved.

＊（1251）黄锯毛芥 **Prionotrichon erysimoides**（Kar. et Kir.）**Botsch. et Vved.** = *Rhammatophyllum erysimoides*（Kar. et Kir.）Al-Shehbaz et O. Appel

半灌木。生于山麓石膏荒漠、黏土荒漠。海拔 300～2 100 m。

产准噶尔阿拉套山。哈萨克斯坦;亚洲有分布。

*（1252）葡萄锯毛芥 **Prionotrichon pseudoparrya Botsch. et Vved.** = *Rhammatophyllum pseudoparrya* (Botsch. et Vved.) Al-Shehbaz et O. Appel

多年生草本。生于石灰岩坡地、岩石峭壁、山崖石缝。海拔 600~2 800 m。

产西南天山、内天山。吉尔吉斯斯坦、乌兹别克斯坦;亚洲有分布。

* 202. 假蒜芥属 Sisymbriopsis Botsch. et Tzvel.

*（1253）细毛假蒜芥 **Sisymbriopsis mollipila**（**Maxim.**）**Botsch.**

一年生或二年生草本。生于干旱山坡、砾岩堆、洪积扇。海拔 800~2 800 m。

产北天山、西天山、西南天山。哈萨克斯坦、吉尔吉斯斯坦、乌兹别克斯坦;亚洲有分布。

*（1254）疏古南假蒜芥 **Sisymbriopsis schugnana Botsch. et Tzvelev**

二年生草本。生于碎石质草地、砾岩堆、河谷。海拔 2 500~3 100 m。

产西南天山、内天山。吉尔吉斯斯坦、乌兹别克斯坦;亚洲有分布。

* 203. 合娘芥属 Spryginia M. Pop.

*（1255）肉叶合娘芥 **Spryginia crassifolia**（**Botsch.**）**Botsch.**

一年生草本。生于石质山坡、河谷。海拔 900~2 800 m。

产西南天山、内天山。吉尔吉斯斯坦、乌兹别克斯坦;亚洲有分布。

*（1256）弹性合娘芥 **Spryginia falcata Botsch.**

一年生草本。生于山麓平原细石质坡地、山地荒漠草原。海拔 600~2 700 m。

产西南天山、内天山。吉尔吉斯斯坦、乌兹别克斯坦;亚洲有分布。

*（1257）细茎合娘芥 **Spryginia gracilis Botsch.**

一年生草本。生于山地荒漠草原、河流出山口阶地。海拔 500~2 700 m。

产西南天山、内天山。吉尔吉斯斯坦、乌兹别克斯坦;亚洲有分布。

*（1258）粗毛合娘芥 **Spryginia pilosa Botsch.**

一年生草本。生于山地荒漠草原、河流出山口阶地。海拔 800~1 600 m。

产西南天山、内天山。吉尔吉斯斯坦、乌兹别克斯坦;亚洲有分布。

*（1259）波毛合娘芥 **Spryginia undulata Botsch.**

一年生草本。生于山麓平原荒漠草地、山地荒漠草原。海拔 800~2 100 m。

产西南天山、内天山。吉尔吉斯斯坦、乌兹别克斯坦;亚洲有分布。

*（1260）雯克合娘芥 **Spryginia winkleri**（**Regel**）**Popov**

一年生草本。生于河流阶地、山地荒漠草原、洪积扇。海拔 800~2 500 m。

产西南天山、内天山。吉尔吉斯斯坦、乌兹别克斯坦;亚洲有分布。

* 204. 扭链芥属 Streptoloma Bunge

*（1261）扭链芥 **Streptoloma desertorum Bunge**

一年生草本。生于固定和半固定沙漠、盐渍化草地、细石质丘陵、山地荒漠草原。海拔 200~900 m。

产西南天山、西天山。吉尔吉斯斯坦、乌兹别克斯坦;亚洲有分布。

205. 涩芥属 Strigosella Boiss.

（1262）涩芥 **Strigosella africana（L.）R. Br.** =*Malcolmia africana（L.）W. T. Aiton* =*Strigosella trichocarpa（Boiss. et Buhse）Botsch.* =*Strigosella stenopetala（Bernh. ex Fisch. et C. A. Mey.）Botsch.*
一年生草本。生于中山和高山带碎石堆、山地草原、灌丛、黄土丘陵、干旱山坡、平原荒漠、盐化草甸、沙漠、固定沙丘、沙地、荒漠林下、田野、路边。海拔 300～4 580 m。
产东天山、东北天山、准噶尔阿拉套山、北天山、东南天山、中央天山、内天山、西天山、西南天山。中国、哈萨克斯坦、塔吉克斯坦、吉尔吉斯斯坦、乌兹别克斯坦、土库曼斯坦；亚洲、欧洲、非洲有分布。
药用、饲料、油料。

*（1263）短柄涩芥 **Strigosella brevipes（Bunge）Botsch.** =*Malcolmia karelinii* Lipsky
一年生草本。生于沙漠、盐渍化石膏土荒漠、龟裂土荒漠、梭梭林下、山麓石质坡地。海拔 400～1 300 m。
产准噶尔阿拉套山。哈萨克斯坦；亚洲有分布。

*（1264）中涩芥 **Strigosella intermedia（C. A. Mey.）Botsch.** =*Malcolmia intermedia* C. A. Mey.
一年生草本。生于沙漠、草甸草原、荒漠草原。海拔 600～2 100 m。
产准噶尔阿拉套山、西南天山。哈萨克斯坦、乌兹别克斯坦；亚洲有分布。

*（1265）宽叶涩芥 **Strigosella latifolia Bondarenko et Botsch.**
一年生草本。生于细石质山坡、石灰岩丘陵石缝、山麓平原荒漠。海拔 700～2 600 m。
产西南天山、内天山。吉尔吉斯斯坦、乌兹别克斯坦；亚洲有分布。

*（1266）粗柄涩芥 **Strigosella leptopoda Bondarenko et Botsch.**
一年生草本。生于山地荒漠草原、山麓平原荒漠草地、洪积扇。海拔 500～2 100 m。
产西南天山、内天山。吉尔吉斯斯坦、乌兹别克斯坦；亚洲有分布。

*（1267）软毛涩芥 **Strigosella malacotricha（Botsch. et Vved.）Botsch.** =*Malcolmia malacotricha* Botsch. et Vved.
一年生草本。生于山麓平原荒漠、低山河谷阶地。海拔 500～2 200 m。
产西南天山、内天山。吉尔吉斯斯坦、乌兹别克斯坦；亚洲有分布。

*（1268）斯普尔格涩芥 **Strigosella spryginioides（Botsch. et Vved.）Botsch.** =*Malcolmia spryginioides* Botsch. et Vved.
一年生草本。生于山地荒漠草原、河流阶地。海拔 500～2 300 m。
产西南天山、内天山。吉尔吉斯斯坦、乌兹别克斯坦；亚洲有分布。

*（1269）长萼涩芥 **Strigosella stenopetala（Bernh. ex Fisch. et C. A. Mey.）Botsch.**
一年生草本。生于盐渍化草甸、黏土荒漠、黄土丘陵、柽柳林下、沙枣林下、山麓平原沙地。海拔 300～800 m。
产北天山、西南天山。哈萨克斯坦、吉尔吉斯斯坦、乌兹别克斯坦；亚洲有分布。

*（1270）疏古涩芥 **Strigosella strigosa（Boiss.）Botsch.** =*Malcolmia strigosa* Boiss.
一年生草本。生于干旱山坡、细石质坡地、沙质荒漠草地、河漫滩、山地草原。海拔 2 400～3 400 m。

产西南天山、内天山。吉尔吉斯斯坦、乌兹别克斯坦;亚洲有分布。

*(1271) 塔吉克涩芥 **Strigosella tadshikistanica**(**Vassilcz.**)**Botsch.** = *Malcolmia tadshikistanica* Vassil-
cz.

一年生草本。生于黄土丘陵、短生荒漠植物群落、山地阳坡荒漠草原。海拔 670~1 450 m。

产西南天山。吉尔吉斯斯坦、乌兹别克斯坦;亚洲有分布。

*(1272) 细毛涩芥 **Strigosella tenuissima**(**Botsch. et Botsch.**)**Botsch.** = *Malcolmia tenuissima* Botsch.

一年生草本。生于黄土丘陵、山麓平原荒漠、低山冲沟。海拔 600~800 m。

产西南天山、内天山。吉尔吉斯斯坦、乌兹别克斯坦;亚洲有分布。

*(1273) 毛果涩芥 **Strigosella trichocarpa**(**Boiss. et Buhse**)**Botsch.**

一年生草本。生于沙漠、红色沙地、石膏荒漠、细石质沙地、山地细石质坡地。海拔 500~
2 600 m。

产准噶尔阿拉套山、北天山、西南天山。哈萨克斯坦、吉尔吉斯斯坦、乌兹别克斯坦;亚洲有
分布。

*(1274) 中亚涩芥 **Strigosella turkestanica**(**Litv.**)**Botsch.** = *Malcolmia turkestanica* Litv.

一年生草本。生于石灰岩山坡、短生植物群落、黄土丘陵、山崖石缝。海拔 900~1 950 m。

产准噶尔阿拉套山、北天山、内天山、西天山、西南天山。哈萨克斯坦、吉尔吉斯斯坦、乌兹别克
斯坦;亚洲有分布。

*(1275) 威氏涩芥 **Strigosella vvedenskyi Bondarenko et Botsch.**

一年生草本。生于石膏荒漠、山地荒漠草原、河流阶地。海拔 500~900 m。

产西南天山、内天山。吉尔吉斯斯坦、乌兹别克斯坦;亚洲有分布。

206. 涩荠属 Malcolmia R. Br.

(1276) 涩荠(硬果涩荠) **Malcolmia africana**(**L.**)**R. Br.**

一年生草本。生于农田、草场、路边、荒地。海拔 500 m 上下。

产东天山、东北天山、准噶尔阿拉套山、北天山、东南天山、中央天山、内天山、西天山、西南天
山。中国;亚洲、欧洲、非洲有分布。

药用、饲料、油料。

(1277) 刚毛涩芥 **Malcolmia hispida Litvinov** = *Strigosella hispida*(Litv.)Botsch.

一年生草本。生于山地荒漠、平原荒漠、河边、田边、荒地。海拔-40~3 700 m。

产东天山、东北天山、准噶尔阿拉套山、北天山、东南天山、中央天山、内天山。中国、哈萨克斯
坦、吉尔吉斯斯坦、乌兹别克斯坦;亚洲有分布。

药用。

(1278) 卷果涩芥 **Malcolmia scorpioides**(**Bunge**)**Boiss.** = *Strigosella scorpioides*(Bunge)Botsch.

一年生草本。生于黄土丘陵、石灰岩碎石堆、山麓洪积扇、干旱山坡、黏土荒漠、干河谷、田边、
路边、荒地、沙漠、固定和半固定沙丘。海拔 400~3 600 m。

产东天山、东北天山、准噶尔阿拉套山、北天山、内天山、西天山、西南天山。中国、哈萨克斯
坦、塔吉克斯坦、吉尔吉斯斯坦、乌兹别克斯坦、土库曼斯坦、阿富汗、巴基斯坦、伊朗;亚洲有
分布。

*207. 假香芥属 Pseudoclausia M. Pop.

*（1279）细枝假香芥 **Pseudoclausia gracillima**（Popov ex Botsch. et Vved.）**A. Vassiljeva**

二年生草本。生于山地花岗岩石缝、山崖石缝、干旱石质山坡、山地荒漠草原、山脊草地、冰缘碎石堆、杜加依林下。海拔 400~3 600 m。

产西南天山、西天山、内天山。吉尔吉斯斯坦、乌兹别克斯坦；亚洲有分布。

*（1280）刚毛假香芥 **Pseudoclausia hispida**（Regel）**Popov**

多年生草本。生于细石质山坡、砾石质坡地、山地沙质草地、盐渍化丘陵、砾岩堆、杨树林下、圆柏灌丛、牲畜棚圈。海拔 800~2 900 m。

产西天山、西南天山、内天山。哈萨克斯坦、吉尔吉斯斯坦、乌兹别克斯坦；亚洲有分布。

*（1281）软叶假香芥 **Pseudoclausia mollissima**（Lipsky）**A. N. Vassiljeva**

二年生草本。生于细石质山坡、岩石峭壁、砾岩堆、灌丛。海拔 900~2 900 m。

产西天山、西南天山。哈萨克斯坦、吉尔吉斯斯坦、乌兹别克斯坦；亚洲有分布。

*（1282）奥勒盖假香芥 **Pseudoclausia olgae**（Regel et Schmalh.）**Botsch.**

二年生草本。生于石质山崖石缝、细石质山坡、山地草原、山谷。海拔 500~3 100 m。

产西南天山、内天山。吉尔吉斯斯坦、乌兹别克斯坦；亚洲有分布。

*（1283）疣果假香芥 **Pseudoclausia papillosa**（Vassilcz.）**A. N. Vassiljeva**

一年生草本。生于山坡倒石堆、山地草甸草原。海拔 1 200~3 000 m。

产西天山。吉尔吉斯斯坦；亚洲有分布。

*（1284）孜拉普善假香芥 **Pseudoclausia sarawschanica**（Regel et Schmalh.）**Botsch.**

二年生草本。生于中低山带石质山坡、河流阶地、河谷。海拔 200~1 500 m。

产西南天山、内天山。吉尔吉斯斯坦、乌兹别克斯坦；亚洲有分布。

*（1285）西米干假香芥 **Pseudoclausia tschimganica**（Popov ex Botsch. et Vved.）**A. N. Vassiljeva**

二年生草本。生于石质山坡、细石质砾石质山地河岸、冰缘倒石堆。海拔 1 200~3 600 m。

产西天山。哈萨克斯坦、吉尔吉斯斯坦、乌兹别克斯坦；亚洲有分布。

*（1286）土耳其假香芥 **Pseudoclausia turkestanica**（Lipsky）**A. N. Vassiljeva**

二年生草本。生于山地荒漠草原、石膏荒漠、石灰岩丘陵、砾岩堆、山溪边、高山草甸、圆柏灌丛、羊茅草原、平原短生植物群落。海拔 300~3 000 m。

产西天山、西南天山、内天山。吉尔吉斯斯坦、乌兹别克斯坦；亚洲有分布。

*（1287）威氏假香芥 **Pseudoclausia vvedenskyi Pachom.**

二年生草本。生于山谷、禾草-短生植物群落、阿魏群落。海拔 900~2 900 m。

产西天山。哈萨克斯坦、吉尔吉斯斯坦、乌兹别克斯坦；亚洲有分布。

208. 香花芥属 Hesperis L.

（1288）北香花芥（西伯利亚香花芥）**Hesperis sibirica L.** = *Hesperis pseudonivea* Tzvelev

二年生草本。生于山地林下、林缘、林间草地、山地草甸、山地灌丛、河谷。海拔 900~3 100 m。

产准噶尔阿拉套山、北天山、东南天山、内天山、西天山、西南天山。中国、哈萨克斯坦、吉尔吉斯斯坦、乌兹别克斯坦、蒙古、俄罗斯；亚洲、欧洲有分布。

观赏、油料、饲料、药用、蜜源。

209. 隐子芥属 Cryptospora Kar. et Kir.

（1289）隐子芥 **Cryptospora falcata Kar. et Kir.**

一年生草本。生于高山和亚高山草甸、山地荒漠草原。海拔 3 800 m 上下。

产准噶尔阿拉套山、北天山、西天山、西南天山。中国、哈萨克斯坦、吉尔吉斯斯坦、乌兹别克斯坦、伊朗；亚洲有分布。

*（1290）奥米萨隐子芥 **Cryptospora omissa Botsch.** = *Cryptospora falcata* Kar. et Kir.

一年生草本。生于平原草甸湿地、荒漠草原、黄土丘陵、河漫滩草甸、短生植物群落、盐渍化草甸。海拔 600~2 100 m。

产西天山、西南天山、内天山。哈萨克斯坦、吉尔吉斯斯坦、乌兹别克斯坦；亚洲有分布。

*（1291）毛果隐子芥 **Cryptospora trichocarpa Botsch.**

一年生草本。生于细石质山坡、砾石质山坡、石灰岩丘陵、岩石峭壁、阿月浑子林下。海拔 500~2 300 m。

产西南天山、内天山。吉尔吉斯斯坦、乌兹别克斯坦；亚洲有分布。

* **210. 毛袍芥属 Trichochiton Kom.**

*（1292）非显毛袍芥 **Trichochiton inconspicum Kom.** = *Cryptospora inconspicua*（Kom.）O. E. Schulz

一年生草本。生于林缘、灌丛、山崖阴暗石缝、石质山溪边、冰缘碎石堆、圆柏灌丛、峡谷潮湿草地。海拔 1 000~3 600 m。

产西天山、西南天山、内天山。吉尔吉斯斯坦、乌兹别克斯坦；亚洲有分布。

*（1293）阴生毛袍芥 **Trichochiton umbrosum Botsch. et Vved.** = *Olimarabidopsis umbrosa*（Botsch. et Vved.）Al-Shehbaz, O'Kane et R. A. Price

一年生草本。生于山崖暗处石缝、山溪边、细石质山坡。海拔 1 100~2 700 m。

产西南天山、内天山。吉尔吉斯斯坦、乌兹别克斯坦；亚洲有分布。

* **211. 黏蒜芥属 Cymatocarpus O. E. Schulz**

*（1294）波氏黏蒜芥 **Cymatocarpus popovii Botsch. et Vved.**

一年生草本。生于黄土丘陵、山地荒漠草原、石膏质黏土荒漠、石灰岩丘陵。海拔 300~1 700 m。

产西南天山、内天山、西天山。吉尔吉斯斯坦、乌兹别克斯坦；亚洲有分布。

212. 棒果芥属 Sterigmostemum M. Bieb.

（1295）棒果芥 **Sterigmostemum tomentosum（Willd.）M. Bieb.** = *Sterigmostemum caspicum*（Lam. ex Pall.）Kuntze

一年生草本。生于山麓洪积扇、碎石山坡、荒漠草原、荒漠。海拔 500~1 700 m。

产东天山、准噶尔阿拉套山。中国、哈萨克斯坦、伊朗、土耳其、俄罗斯；亚洲、欧洲有分布。

（1296）黄花棒果芥 **Sterigmostemum sulphureum（Banks et Sol.）Bornm.**

多年生草本。生于山麓荒漠。海拔 850~1 750 m。

产东天山、东北天山、准噶尔阿拉套山。中国、蒙古；亚洲有分布。

药用。

（1297）青新棒果芥 **Sterigmostemum violaceum**（Botsch.）**H. L. Yang**

二年生或多年生草本。生于荒漠石质山坡。海拔 350~970 m。

产东天山。中国；亚洲有分布。

中国特有成分。

（1298）大花棒果芥 **Sterigmostemum grandiflorum K. C. Kuan** = *Oreoloma eglandulosum* Botsch.

多年生草本。生于山地荒漠草原、荒漠。海拔 500~4 300 m。

产东天山。中国；亚洲有分布。

中国特有成分。

213. 四棱芥属 Goldbachia DC.

（1299）四棱芥 **Goldbachia laevigata**（M. Bieb.）**DC.** = *Goldbachia torulosa* DC.

一年生草本。生于山地草原、山麓荒漠、灌丛、平原盐生荒漠、田野、渠边。海拔 400~3 460 m。

产东天山、东北天山、准噶尔阿拉套山、北天山、内天山、西天山、西南天山。中国、哈萨克斯坦、吉尔吉斯斯坦、乌兹别克斯坦、俄罗斯；亚洲、欧洲有分布。

油料、饲料、药用。

（1300）垂果四棱芥 **Goldbachia pendula Botsch.**

一年生草本。生于高山冰碛堆、倒石堆、山麓荒漠。海拔 1 000~4 000 m。

产东天山、准噶尔阿拉套山、北天山、东南天山、中央天山、内天山、西天山、西南天山。中国、哈萨克斯坦、吉尔吉斯斯坦、乌兹别克斯坦、俄罗斯；亚洲、欧洲有分布。

*（1301）疣果四棱芥 **Goldbachia tetragona Ledeb.** = *Goldbachia papillosa* Vassilcz.

一年生草本。生于干旱细石质山坡、山麓荒漠草原、沙漠边缘。海拔 200~900 m。

产西南天山、西天山。吉尔吉斯斯坦、乌兹别克斯坦、俄罗斯；亚洲有分布。

*（1302）扭果四棱芥 **Goldbachia torulosa DC.**

一年生草本。生于山麓荒漠、平原盐生荒漠、郊区。海拔 600~1 500 m。

产北天山、西天山、西南天山。哈萨克斯坦、吉尔吉斯斯坦、乌兹别克斯坦、俄罗斯；亚洲有分布。

*（1303）长果四棱芥 **Goldbachia verrucosa Kom.**

一年生草本。生于细石质山坡、岩石峭壁、河流阶地。海拔 900~1 900 m。

产准噶尔阿拉套山、北天山、西南天山、内天山。哈萨克斯坦、吉尔吉斯斯坦、乌兹别克斯坦；亚洲有分布。

214. 糖芥属 Erysimum L.

*（1304）白殿糖芥 **Erysimum aksaricum Pavlov**

二年生草本。生于亚高山石质山坡、山坡沙砾地。海拔 1 900~3 000 m。

产西天山。乌兹别克斯坦；亚洲有分布。

乌兹别克斯坦特有成分。

*（1305）阿莱糖芥 **Erysimum alaicum Novopokr. ex Nikitina**

二年生或多年生草本。生于山地草原、河谷。海拔 900~2 800 m。

产西南天山、内天山。吉尔吉斯斯坦、乌兹别克斯坦；亚洲有分布。

*（1306）巴巴山糖芥 **Erysimum babataghi Korsh.**
　　二年生或多年生草本。生于黄土丘陵、山地荒漠草原、阶地。海拔 1 400~2 000 m。
　　产西南天山、内天山。吉尔吉斯斯坦、乌兹别克斯坦；亚洲有分布。

*（1307）巴德赫糖芥 **Erysimum badghysi（Korsh.）Lipsky ex N. Busch**
　　二年生草本。生于细石质丘陵、沙质丘陵。海拔 500~2 100 m。
　　产西南天山、内天山。吉尔吉斯斯坦、乌兹别克斯坦；亚洲有分布。

（1308）小花糖芥 **Erysimum cheiranthoides L.** ＝*Erysimum brevifolium* Z. X. An
　　一年生草本。生于山地林缘、阳坡草甸、河谷草甸、山地草原、山麓荒漠。海拔 400~2 500 m。
　　产东天山、东北天山、准噶尔阿拉套山、北天山、东南天山、西天山、西南天山。中国、哈萨克斯
　　坦、吉尔吉斯斯坦、乌兹别克斯坦、朝鲜、蒙古、俄罗斯；亚洲、欧洲、非洲有分布。
　　药用、有毒、油料。

*（1309）克氏糖芥 **Erysimun clausioides Botsch. et Vved.**
　　二年生草本。生于山地碎石堆。海拔 1 900~3 000 m。
　　产北天山、内天山。吉尔吉斯斯坦；亚洲有分布。
　　吉尔吉斯斯坦特有成分。

（1310）天山糖芥 **Erysimum croceum Popov**
　　二年生草本。生于山地林下、林缘、山地草甸。海拔 1 400~2 900 m。
　　产准噶尔阿拉套山、北天山、西天山。中国、哈萨克斯坦、吉尔吉斯斯坦、乌兹别克斯坦；亚洲
　　有分布。

*（1311）小叶糖芥 **Erysimum cyaneum Popov**
　　二年生草本。生于山地石质山坡。海拔 1 600~2 800 m。
　　产北天山、内天山、西天山。吉尔吉斯斯坦、乌兹别克斯坦；亚洲有分布。

*（1312）黑果糖芥 **Erysimum czernjajevii N. Busch**
　　二年生草本。生于山地石质山坡、沙地。海拔 1 500~2 900 m。
　　产准噶尔阿拉套山、北天山、西天山。哈萨克斯坦、吉尔吉斯斯坦、乌兹别克斯坦；亚洲有分布。

（1313）灰毛糖芥 **Erysimum diffusum Ehrh.**
　　二年生或多年生草本。生于山地林缘、林间草地、山地草原、山麓荒漠、平原荒漠。海拔 200~
　　2 600 m。
　　产东天山、东北天山、准噶尔阿拉套山、北天山、内天山、西天山、西南天山。中国、哈萨克斯
　　坦、吉尔吉斯斯坦、乌兹别克斯坦、蒙古、俄罗斯；亚洲、欧洲有分布。
　　药用、有毒。

*（1314）费尔干纳糖芥 **Erysimum ferganicum Botsch. et Vved.**
　　二年生草本。生于山坡草地、山麓平原。海拔 2 000~3 000 m。
　　产北天山、西天山、西南天山。吉尔吉斯斯坦、乌兹别克斯坦；亚洲有分布。

（1315）阿尔泰糖芥 **Erysimum flavum subsp. altaicum**（**C. A. Mey.**）**Polozhij** = *Erysimum altaicum* C. A. Mey. = *Erysimum humillimum*（Ledeb.）N. Busch

多年生草本。生于高山砾石荒漠、山地林下、林缘、山地草甸、山地草原、山麓荒漠。海拔 570～4 700 m。

产东北天山、准噶尔阿拉套山、北天山、东南天山、内天山、西天山、西南天山。中国、哈萨克斯坦、吉尔吉斯斯坦、乌兹别克斯坦、蒙古、巴基斯坦、俄罗斯；亚洲有分布。

药用、有毒、观赏。

*（1316）石膏土糖芥 **Erysimum gypsaceum Botsch. et Vved.**

二年生草本。生于山地草甸草原、倒石堆。海拔 1 300～1 800 m。

产北天山、西天山、西南天山。吉尔吉斯斯坦、乌兹别克斯坦；亚洲有分布。

（1317）山柳菊叶糖芥 **Erysimum hieraciifolium L.**

二年生或多年生草本。生于亚高山草甸、山地林下、林缘、林间草甸、阳坡草甸。海拔 600～2 300 m。

产东天山、东北天山、准噶尔阿拉套山、北天山、东南天山、内天山、西天山、西南天山。中国、哈萨克斯坦、吉尔吉斯斯坦、乌兹别克斯坦、俄罗斯；亚洲、欧洲温带有分布。

药用。

*（1318）紫柄糖芥 **Erysimum jodonyx Botsch. et Vved.**

多年生草本。生于山地荒漠草原、河流出山口阶地。海拔 800～2 900 m。

产内天山、西南天山。吉尔吉斯斯坦、乌兹别克斯坦；亚洲有分布。

*（1319）白花糖芥 **Erysimum leucanthemum**（**Stephan**）**B. Fedtsch.**

二年生草本。生于山麓荒漠草原、河漫滩。海拔 800～1 600 m。

产北天山、西天山。哈萨克斯坦、乌兹别克斯坦；亚洲有分布。

（1320）短柄糖芥 **Erysimum montanum Crantz** = *Syrenia sessiliflora*（DC.）Ledeb. = *Syrenia montana*（Pall.）Klokov

二年生草本。生于山地荒漠、河岸、盐化荒漠、沙丘。海拔 500～1 600 m。

产东天山、准噶尔阿拉套山、北天山。中国、哈萨克斯坦、俄罗斯；亚洲、欧洲有分布。

*（1321）纳比糖芥 **Erysimum nabievii Adylov**

多年生草本。生于砾石质山坡、山脊分水岭。海拔 900～2 500 m。

产西南天山、内天山。吉尔吉斯斯坦、乌兹别克斯坦；亚洲有分布。

*（1322）努拉山糖芥 **Erysimum nuratense Popov et Botsch. et Vved.**

二年生草本。生于中山带河谷。海拔 900～2 600 m。

产西南天山、内天山。吉尔吉斯斯坦、乌兹别克斯坦；亚洲有分布

（1323）星毛糖芥 **Erysimum odoratum Ehrh.** = *Erysimum pannonicum* Crantz = *Eryssimum chrysanthum* Pancic

二年生草本。生于亚高山石质山坡、山地林缘、林间草地、灌丛、河谷草甸、山地草原。海拔 1 200～3 100 m。

产东天山、东北天山、准噶尔阿拉套山、北天山、西南天山。中国、乌兹别克斯坦、俄罗斯；亚洲、欧洲有分布。

药用。

*（1324）波波夫糖芥 **Erysimum popovii Rothm.**

二年生草本。生于山地碎石堆、草甸草原。海拔 2 800~3 200 m。

产北天山、西天山。哈萨克斯坦、乌兹别克斯坦；亚洲有分布。

*（1325）弯枝糖芥 **Erysimum repandum L.**

一年生草本。生于山麓平原、杜加依林下、沙地。海拔 2 100~3 400 m。

产北天山、内天山、西天山、西南天山。哈萨克斯坦、吉尔吉斯斯坦、乌兹别克斯坦、俄罗斯；亚洲、欧洲有分布。

*（1326）撒马尔罕糖芥 **Erysimum samarkandicum Popov**

多年生草本。生于中山带河谷、河流阶地、坡积物。海拔 1 800~2 200 m。

产西南天山、内天山。吉尔吉斯斯坦、乌兹别克斯坦；亚洲有分布。

（1327）棱果糖芥 **Erysimum siliculosum**（M. Bieb.）DC. = *Syrenia siliculosa*（M. Bieb.）Andrz.

二年生草本。生于山地灌木草原、石质山坡、沙丘、梭梭林下。海拔 300~1 500 m。

产东天山、准噶尔阿拉套山。中国、哈萨克斯坦、俄罗斯；亚洲、欧洲有分布。

药用、有毒。

（1328）小糖芥 **Erysimum sisymbrioides C. A. Mey.**

一年生草本。生于山地林缘、山地草原、山麓荒漠。海拔 700~1 500 m。

产东天山、东北天山、准噶尔阿拉套山、北天山、内天山、西天山、西南天山。中国、哈萨克斯坦、吉尔吉斯斯坦、乌兹别克斯坦、阿富汗、巴基斯坦、叙利亚、俄罗斯；亚洲、欧洲有分布。

*（1329）外伊犁糖芥 **Erysimum transiliense Popov**

二年生草本。生于岩石峭壁、亚高山草甸。海拔 1 300~2 900 m。

产北天山、西天山。哈萨克斯坦、吉尔吉斯斯坦；亚洲有分布。

*（1330）堇菜叶糖芥 **Erysimum violascens Popov**

二年生草本。生于山地石质坡地、沙质草地。海拔 900~1 800 m。

产西天山。乌兹别克斯坦；亚洲有分布。

乌兹别克斯坦特有成分。

*（1331）黄脉糖芥 **Erysimum vitellinum Popov**

二年生草本。生于高山冰碛石堆。海拔 3 100~4 000 m。

产西南天山。乌兹别克斯坦；亚洲有分布。

乌兹别克斯坦特有成分。

*215. 铜花芥属 **Chalcanthus Boiss.**

*（1332）铜花芥 **Chalcanthus renifolius**（Boiss. et Hohen.）**Boiss.**

多年生草本。生于灌丛、圆柏灌丛、河谷。海拔 900~2 600 m。

产西天山、西南天山、内天山。哈萨克斯坦、吉尔吉斯斯坦、乌兹别克斯坦；亚洲有分布。

216. 山萮菜属 Eutrema R. Br.

(1333) 西北山萮菜 **Eutrema edwardsii R. Br.**

多年生草本。生于高山和亚高山草甸、山地林缘、山地草甸、河边、路边。海拔 2 100～3 700 m。

产东天山、东北天山、准噶尔阿拉套山、北天山、东南天山、内天山。中国、哈萨克斯坦、吉尔吉斯斯坦、俄罗斯;亚洲、欧洲有分布。

药用。

(1334) 泉山萮菜 **Eutrema fontanum（Maxim.）Al-Shehbaz et S. I. Warwick** = *Dilophia fontana* Maxim.

多年生草本。生于高山和亚高山草甸。海拔 2 000～3 700 m。

产东天山、准噶尔阿拉套山。中国;亚洲有分布。

中国特有成分。药用。

(1335) 密序山萮菜 **Eutrema heterophyllum（W. W. Sm.）H. Hara** = *Eutrema compactum* O. E. Schulz

多年生草本。生于高山和亚高山草甸、倒石堆。海拔 2 700～4 600 m。

产东天山、东北天山、准噶尔阿拉套山、东南天山、中央天山。中国、哈萨克斯坦;亚洲有分布。

(1336) 全缘山萮菜 **Eutrema integrifolium（DC.）Bunge**

多年生草本。生于山地林缘、林间草地、河谷草甸。海拔 1 400～2 700 m。

产东北天山、准噶尔阿拉套山、北天山。中国、哈萨克斯坦、俄罗斯;亚洲有分布。

药用。

(1337) 北疆山萮菜 **Eutrema pseudocardifolium Popov ex N. Busch**

多年生草本。生于亚高山草甸、山地林缘、山地草甸、灌丛。海拔 1 100～3 000 m。

产东北天山、北天山、东南天山。中国、哈萨克斯坦;亚洲有分布。

药用。

217. 沟子荠属 Taphrospermum C. A. Mey.（山萮菜属 Eutrema R. Br.）

(1338) 沟子荠 **Taphrospermum altaicum C. A. Mey.** = *Eutrema altaicum*（C. A. Mey.）Al-Shehbaz et S. I. Warwick

多年生草本。生于山地林下、林缘、河谷草甸、山地草甸、山地砾石质河滩、山地沼泽边。海拔 1 600～3 800 m。

产东天山、东北天山、准噶尔阿拉套山、东南天山、内天山、西天山、西南天山。中国、哈萨克斯坦、吉尔吉斯斯坦、乌兹别克斯坦、俄罗斯;亚洲有分布。

药用。

(1339) 大果沟子荠 **Taphrospermum altaicum var. macrocarpum Z. X. An** = *Eutrema altaicum*（C. A. Mey.）Al-Shehbaz et S. I. Warwick

多年生草本。生于山地林下、林缘、河谷草甸、山地草甸、山地砾石质河滩、山地沼泽边。海拔 1 600～3 800 m。

产东天山。中国;亚洲有分布。

中国特有成分。

*(1340) 宽瓣沟子荠 **Taphrospermum platypetalum Schrenk** = *Eutrema platypetalum*（Schrenk）Al-Shehbaz et S. I. Warwick

多年生草本。生于山地石质山坡。海拔 600～1 000 m。

产准噶尔阿拉套山。哈萨克斯坦;亚洲有分布。

218. 大蒜芥属 Sisymbrium L.

（1341）大蒜芥 **Sisymbrium altissimum** L.

一年生或二年生草本。生于山地林缘、山地草原、石质山坡、河滩、荒地、路边。海拔 300 ~
1 500 m。

产准噶尔阿拉套山、北天山、内天山、西天山、西南天山。中国、哈萨克斯坦、吉尔吉斯斯坦、乌
兹别克斯坦、阿富汗、印度、俄罗斯;亚洲、欧洲有分布。

药用。

（1342）无毛大蒜芥 **Sisymbrium brassiciforme** C. A. Mey.

二年生草本。生于山地林缘、林间草地、河谷湿地、荒漠草原、砾石质山坡。海拔 400 ~
3 500 m。

产东天山、北天山、东南天山、内天山、西天山、西南天山。中国、哈萨克斯坦、吉尔吉斯斯坦、
乌兹别克斯坦、阿富汗、巴基斯坦、俄罗斯;亚洲有分布。

（1343）垂果大蒜芥 **Sisymbrium heteromallum** C. A. Mey.

一年生或二年生草本。生于亚高山草甸、山地林下、林缘、灌丛、河谷草甸。海拔 900 ~
3 000 m。

产东天山、北天山、东南天山。中国、蒙古、巴基斯坦、印度、俄罗斯;亚洲、欧洲有分布。

药用。

（1344）水大蒜芥(水蒜芥) **Sisymbrium irio** L.

一年生草本。生于山地林缘、石质山坡、河谷草甸。海拔 1 300 m 上下。

产东天山、北天山。中国、哈萨克斯坦、巴基斯坦、伊朗、俄罗斯;亚洲、欧洲有分布。

*（1345）粉红大蒜芥 **Sisymbrium isfarense** Vassilcz.

多年生草本。生于山麓荒漠、平原强盐化石膏土荒漠。海拔 400 ~ 1 500 m。

产内天山。吉尔吉斯斯坦;亚洲有分布。

（1346）新疆大蒜芥 **Sisymbrium loeselii** L.

一年生草本。生于山地林下、林缘、灌丛、山地草原、石质山坡、平原荒漠、田边、沟渠边。海拔
500 ~ 2 800 m。

产东天山、东北天山、准噶尔阿拉套山、北天山、东南天山、内天山、西天山、西南天山。中国、哈
萨克斯坦、吉尔吉斯斯坦、乌兹别克斯坦、土耳其、俄罗斯;亚洲、欧洲有分布。

药用。

*（1347）药用大蒜芥 **Sisymbrium officinale**（L.）Scop.

一年生草本。生于山麓荒漠、沟渠边、田野、路旁。海拔 300 ~ 800 m。

产北天山、内天山。哈萨克斯坦、吉尔吉斯斯坦、俄罗斯;亚洲、欧洲有分布。

药用。

（1348）多型大蒜芥 **Sisymbrium polymorphum**（Murray）Roth

多年生草本。生于山地林缘、林间草地、石质山坡、山麓荒漠。海拔 600 ~ 3 100 m。

产东天山、东北天山、北天山、内天山、西天山、西南天山。中国、哈萨克斯坦、吉尔吉斯斯坦、

乌兹别克斯坦、俄罗斯;亚洲、欧洲有分布。

*(1349) 膜质大蒜芥 **Sisymbrium septulatum DC.**

一年生或二年生草本。生于石质山坡、荒漠化草地、路边、田边。海拔 300~800 m。

产西天山、西南天山。乌兹别克斯坦、俄罗斯;亚洲有分布。

*(1350) 粗毛大蒜芥 **Sisymbrium subspinescens Bunge**

多年生草本。生于山麓洪积扇、平原荒漠、岩石缝、河边。海拔 500~1 800 m。

产准噶尔阿拉套山、北天山。哈萨克斯坦;亚洲有分布。

219. 寒原荠属 Aphragmus Andrz. ex DC.

(1351) 尖果寒原荠 **Aphragmus oxycarpus（Hook. f. et Thomson）Jafri** = *Aphragmus tibeticus* O. E. Schulz = *Aphragmus oxycarpus* var. *microcarps* C. H. An

多年生草本。生于高寒荒漠、高山和亚高山草甸。海拔 2 900~5 600 m。

产东南天山、内天山、中央天山。中国、哈萨克斯坦、吉尔吉斯斯坦;亚洲有分布。

220. 念珠芥属 Neotorularia（Coss.）Hedge et J. Leonard［Torularia（Coss.）O. E. Schulz］

(1352) 短果念珠芥 **Neotorularia brachycarpa（Vassilczenko）Hedge et J. Leonard** = *Neotorularia bracteata* H. L. Yang = *Braya brachycarpa*（Vassilcz.）Alshehbaz et S. I. Warwick = *Neotorularia tibetica*（Z. X. An）Z. X. An

多年生草本。生于高寒荒漠、高山和亚高山草甸、山地草原。海拔 2 100~5 300 m。

产准噶尔阿拉套山、中央天山。中国;亚洲有分布。

中国特有成分。

*(1353) 短柄念珠芥 **Neotorularia brevipes（Kar. et Kir.）Hedge et J. Leonard**

多年生草本。生于细石质山坡、草甸草原、河流阶地、山谷。海拔 600~2 900 m。

产北天山。哈萨克斯坦;亚洲有分布。

(1354) 蚓果芥 **Neotorularia humilis（C. A. Mey.）Hedge et J. Léonard** = *Torularia humilis*（C. A. Mey.）O. E. Schulz = *Braya humilis*（C. A. Mey.）B. L. Rob. = *Arabidopsis tuemumica* K. C. Kuan et Z. X. An

多年生草本。生于高山和亚高山草甸、山地林缘、高寒荒漠、山地荒漠草原、砾石质山坡、河谷。海拔 1 000~4 200 m。

产东天山、中央天山、准噶尔阿拉套山、北天山、东南天山、中央天山。中国、朝鲜、蒙古、俄罗斯;亚洲、美洲有分布。

药用、饲料。

(1355) 甘新念珠芥 **Neotorularia korolkowii（Regel et Schmalh.）Hedge et J. Leonard** = *Torularia korolkovi*（Regel et Schmalh.）O. E. Schulz = *Neotorularia rosulfolia*（K. C. Kuan et Z. X. An）Z. X. An

一年生或二年生草本。生于山地林缘、山地草甸、山地草原、山麓荒漠、砾质戈壁、河边、田边、路边。海拔 500~4 100 m。

产东天山、东北天山、准噶尔阿拉套山、北天山、东南天山、中央天山、内天山。中国、蒙古、土耳其;亚洲有分布。

药用。

（1356）长果念珠芥 **Neotorularia korolkovii var. longicsrpa（Z. X. An）Z. X. An** = *Torularia korolkovi* var. *longicarpa* Z. X. An

一年生或二年生草本。生于山地林缘、山地草原、山麓荒漠、砾质戈壁、田边、路边。海拔 500~1 300 m。

产东天山、东北天山、准噶尔阿拉套山、北天山。中国；亚洲有分布。

中国特有成分。

（1357）念珠芥 **Neotorularia torulosa（Desf.）Hedge et J. Leonsrd**

一年生或二年生草本。生于干旱山坡、沙砾地、固定和半固定沙丘、沙地。海拔 200~4 100 m。

产东天山、东北天山、准噶尔阿拉套山、中央天山。中国、巴基斯坦、伊朗、俄罗斯；亚洲、欧洲有分布。

221. 连蕊芥属 Synstemon Botsch.

（1358）连蕊芥 **Synstemon petrovii Botsch.**

一年生草本。生于山麓冲积平原、低矮沙丘。海拔 1 500~2 400 m。

产东天山。中国；亚洲有分布。

中国特有属种。

*222. 异药芥属 Atelanthera Hook. f. et Thoms.

*（1359）羊茅异药芥 **Atelanthera perpusilla Hook. f. et Thomson**

一年生草本。生于河流阶地、砾石质山坡、细石质山坡、冰碛碎石堆、山崖石缝、针茅草原。海拔 900~3 400 m。

产西南天山、内天山。吉尔吉斯斯坦、乌兹别克斯坦；亚洲有分布。

223. 肉叶荠属 Braya Sternb. et Hoppe

（1360）红花肉叶荠 **Braya rosea（Turcz.）Bunge** = *Braya tibetica* Hook. f. et Thomson

多年生草本。生于高寒荒漠、高山和亚高山阳坡草地、沙质河滩。海拔 2 400~5 000 m。

产东天山、东北天山、内天山。中国、吉尔吉斯斯坦、巴基斯坦、印度、蒙古、俄罗斯；亚洲有分布。

药用。

*（1361）帕米尔肉叶荠 **Braya pamirica（Korsh.）O. Fedtsch.** = *Braya scharnhorsti* Regel et Schmalh.

多年生草本。生于细石质山坡、山崖、岩石峭壁、洪积扇、河岸沙地、冰川冰碛碎石堆、冰缘裸露山脊。海拔 900~3 600 m。

产西南天山、内天山。吉尔吉斯斯坦、乌兹别克斯坦；亚洲有分布。

*（1362）黄花肉叶荠 **Braya scharnhorsti Regel et Schmslh.**

多年生草本。生于高山草甸、高寒草原、河谷。海拔 2 900~3 500 m。

产北天山、内天山、西天山、西南天山。哈萨克斯坦、吉尔吉斯斯坦、乌兹别克斯坦；亚洲有分布。

*224. 小链芥属 Catenulina Sojak

*（1363）大果小链芥 **Catenulina hedysaroides（Botsch.）Sojak**

一年生草本。生于山地草原、细石质山坡。海拔 900~1 300 m。

产西南天山、内天山。吉尔吉斯斯坦、乌兹别克斯坦;亚洲有分布。

225. 盐芥属 Thellungiella O. E. Schulz

(1364) 盐芥 **Thellungiella salsuginea**（**Pall.**）**O. E. Schulz** = *Eutrema salsugineum*（Pall.）Al-Shehbaz et S. I. Warwick

一年生草本。生于盐碱地、沟渠边。海拔 400～1 500 m。

产东天山、东北天山、准噶尔阿拉套山、北天山。中国、哈萨克斯坦、乌兹别克斯坦、俄罗斯;亚洲、欧洲、美洲有分布。

(1365) 小盐芥 **Thellungiella halophila**（**C. A. Mey.**）**O. E. Schulz** = *Eutrema halophilum*（C. A. Mey.）Al-Shehbaz et S. I. Warwick

一年生草本。生于盐碱地、沟渠边。海拔 400～1 500 m。

产东天山。中国、哈萨克斯坦、俄罗斯;亚洲有分布。

226. 亚麻荠属 Camelina Crantz

(1366) 小果亚麻荠 **Camelina microcarpa Andrz. ex DC.**

一年生草本。生于山地林缘、林间草地、农田、沟渠边。海拔 500～2 230 m。

产东天山、东北天山、准噶尔阿拉套山、北天山、内天山、西天山、西南天山。中国、哈萨克斯坦、吉尔吉斯斯坦、乌兹别克斯坦、俄罗斯;亚洲、欧洲有分布。

药用。

(1367) 野亚麻荠 **Camelina sylvestris Wallr.** = *Camelina microcarpa* Andrz. ex DC.

一年生草本。生于山地林下、山地草原、田边、沟渠边。海拔 900～1 700 m。

产东天山、北天山、内天山、西天山、西南天山。中国、哈萨克斯坦、吉尔吉斯斯坦、乌兹别克斯坦、俄罗斯;亚洲、欧洲有分布。

*(1368) 粗毛亚麻荠 **Camelina rumelica Velen.**

一年生草本。生于山地石质坡地、山谷河边、渠边。海拔 1 200～2 500 m。

产北天山、内天山、西天山、西南天山。哈萨克斯坦、吉尔吉斯斯坦、乌兹别克斯坦、俄罗斯;亚洲、欧洲有分布。

(1369) 亚麻荠 **Camelina sativa**（**L.**）**Crantz.** = *Camelina glabrata*（DC.）Fritsch ex N. W. Zinger

一年生草本。生于山地林缘、山地草甸、山地草原、河边、渠边。海拔 900～2 100 m。

产准噶尔阿拉套山、北天山、内天山、西天山、西南天山。中国、哈萨克斯坦、吉尔吉斯斯坦、乌兹别克斯坦、日本、俄罗斯;亚洲、欧洲、非洲有分布。

227. 播娘蒿属 Descurainia Webb. et Berth.

(1370) 播娘蒿 **Descurainia sophia**（**L.**）**Webb. ex Prantl**

一年生草本。生于山地林缘、山地草甸、山麓荒漠、沟渠边、田间、路边、村落周边、固定和半固定沙丘。海拔 500～4 500 m。

产东天山、东北天山、准噶尔阿拉套山、北天山、东南天山、中央天山、内天山、西天山、西南天山。中国、哈萨克斯坦、吉尔吉斯斯坦、乌兹别克斯坦、俄罗斯;亚洲、欧洲、非洲、美洲有分布。

药用、食用、油料、饲料、有毒。

228. 芹叶荠属 Smelowskia C. A. Mey.

(1371) 灰白芹叶荠 **Smelowskia alba**（**Pall.**）**Regel**

多年生草本。生于高山和亚高山草甸、山地林缘、山地草原。海拔 2 000~3 600 m。

产东天山、内天山。中国、蒙古、俄罗斯；亚洲有分布。

药用。

(1372) 高山芹叶荠 **Smelowskia bifurcata**（**Ldbeb.**）**Botsch.** = *Smelowskia asplenifolia* Turcz.

多年生草本。生于高山和亚高山草甸、高山沼泽、山地草甸。海拔 2 700~4 300 m。

产东天山、东南天山、内天山。中国、俄罗斯；亚洲有分布。

药用。

(1373) 芹叶荠 **Smelowskia calycina**（**Stephan**）**C. A. Mey.**

多年生草本。生于高寒荒漠、高山和亚高山草甸、山地林缘。海拔 2 700~4 600 m。

产东天山、东北天山、东南天山、内天山、西天山、西南天山。中国、哈萨克斯坦、吉尔吉斯斯坦、乌兹别克斯坦、俄罗斯；亚洲有分布。

药用。

(1374) 藏芹叶荠 **Smelowskia tibetica**（**Thomson**）**Lipsky** = *Hedinia tibetica*（Thomson）Ostenf. = *Hedinia taxkargannica* var. *hejingensis* G. L. Zhou. et Z. X. An

多年生草本。生于高山和亚高山草甸、垫状植被中、山地河滩。海拔 2 000~4 000 m。

产东天山、东北天山、北天山、东南天山、中央天山、内天山。中国、吉尔吉斯斯坦、尼泊尔、印度；亚洲有分布。

229. 藏芥属 Phaeonychium O. E. Schulz

*(1375) 阿巴拉考夫藏芥 **Phaeonychium abalakovii Yunusov** = *Phaeonychium surculosum*（N. Busch）Botsch.

多年生草本。生于山崖石缝、山脊岩石缝。海拔 3 000~4 100 m。

产西南天山、内天山。吉尔吉斯斯坦、乌兹别克斯坦；亚洲有分布。

*(1376) 根蘖藏芥 **Phaeonychium surculosum**（**N. Busch**）**Botsch.**

多年生草本。生于高山草甸、冰川冰碛碎石堆、砾岩堆。海拔 3 000~4 000 m。

产西南天山、内天山。吉尔吉斯斯坦、乌兹别克斯坦；亚洲有分布。

230. 羽裂叶荠属 Sophiopsis O. E. Schulz

(1377) 中亚羽裂叶荠 **Sophiopsis annua**（**Rupr.**）**O. E. Schulz** = *Smelowskia annua* Rupr.

二年生草本。生于高山草甸。海拔 2 500~5 100 m。

产内天山、西天山、西南天山。中国、哈萨克斯坦、吉尔吉斯斯坦、乌兹别克斯坦；亚洲有分布。

(1378) 羽裂叶荠 **Sophiopsis sisymbrioides**（**Regel et Herder**）**O. E. Schulz** = *Smelowskia sisymbrioides* Lipsky ex Paulsen

二年生草本。生于山地林缘、河边、荒地。海拔 1 000~1 100 m。

产北天山、内天山、西天山、西南天山。中国、哈萨克斯坦、吉尔吉斯斯坦、乌兹别克斯坦；亚洲有分布。

＊（1379）黄瓣羽裂叶荠 **Sophiopsis flavissima（Kar. et Kir.）O. E. Schulz**＝*Smelowskia flavissima* Kar. et Kir.

二年生草本。生于山地草原、石质山坡、河谷。海拔 600~2 600 m。

产准噶尔阿拉套山、北天山、西南天山。哈萨克斯坦、吉尔吉斯斯坦、乌兹别克斯坦；亚洲有分布。

＊（1380）细花羽裂叶荠 **Sophiopsis micrantha Botsch. et Vved.**＝*Smelowskia micrantha*（Botsch. et Vved.）Al-Shehbaz et S. I. Warwick

一年生草本。生于山麓平原盐渍化草地、亚高山石质坡地。海拔 600~2 800 m。

产西南天山。吉尔吉斯斯坦、乌兹别克斯坦；亚洲有分布。

231. 阴山荠属 Yinshania Y. C. Ma et Y. Z. Zhao

（1381）戈壁阴山荠 **Yinahania albiflora var. gobica Z. X. An**

一年生草本。生于梭梭林下。海拔 189 m 上下。

产东北天山。中国；亚洲有分布。

中国特有成分。

232. 萝卜属 Raphanus L.

（1382）野萝卜 **Raphanus raphanistrum L.**

一年生草本。生于矿坑周边、盐渍化草地。海拔 800~2 900 m。

产西天山、西南天山。中国（四川）、哈萨克斯坦、吉尔吉斯斯坦、乌兹别克斯坦、俄罗斯；亚洲、欧洲有分布。

233. 小蒜芥属 Microsisymbrium O. E. Schulz

＊（1383）小花小蒜芥 **Microsisymbrium minutiflorum（Hook. f. et Thomson）O. E. Schulz**＝*Ianhedgea minutiflora*（Hook. f. et Thomson）Al-Shehbaz et O'Kane

一年生草本。生于高山河漫滩、山崖石缝、山崖阴暗处、河床。海拔 2 500~3 500 m。

产西南天山、内天山。吉尔吉斯斯坦、乌兹别克斯坦；亚洲有分布。

二十五、景天科 Crassulaceae

234. 东爪草属 Tillaea L.

＊（1384）沼泽东爪草 **Tillaea aquatica L.**＝*Crassula aquatica*（L.）Schönl.

多年生草本。生于石质山坡。海拔 800~2 500 m。

产西南天山、内天山。吉尔吉斯斯坦、乌兹别克斯坦、俄罗斯；亚洲、欧洲有分布。

235. 瓦松属 Orostachys（DC.）Fisch.

（1385）黄花瓦松 **Orostachys spinosa（L.）Meyer ex A. Berger**＝*Orostachys spinosus* A. Berger

二年生草本。生于山地河谷林缘、山地草原、干旱石质山坡、山脊岩石缝。海拔 600~3 700 m。

产东天山、东北天山、准噶尔阿拉套山、北天山、内天山、西天山、西南天山。中国、哈萨克斯坦、吉尔吉斯斯坦、乌兹别克斯坦、朝鲜、蒙古、俄罗斯；亚洲、欧洲有分布。

药用。

（1386）小苞瓦松 **Orostachys thyrsiflora** Fisch.

二年生草本。生于高山草甸、山地草原、干旱石质山坡、山地岩石缝。海拔 600~4 100 m。

产东天山、东北天山、准噶尔阿拉套山、北天山、东南天山、中央天山、内天山、西天山、西南天山。中国、哈萨克斯坦、吉尔吉斯斯坦、乌兹别克斯坦、蒙古、俄罗斯；亚洲、欧洲有分布。

药用。

236. 八宝属 Hylotelephium H. Ohba

（1387）圆叶八宝 **Hylotelephium ewersii**（Ledeb.）H. Ohba = *Sedum ewersii* Ledeb.

多年生草本。生于高山草甸、山地林下、石质坡地、山坡岩石缝、山谷石崖、河谷水边。海拔 400~4 200 m。

产东天山、东北天山、准噶尔阿拉套山、北天山、东南天山、中央天山、内天山、西天山、西南天山。中国、哈萨克斯坦、吉尔吉斯斯坦、乌兹别克斯坦、巴基斯坦、阿富汗、蒙古、俄罗斯；亚洲有分布。

药用。

（1388）似费菜八宝 **Hylotelephium telephium**（L.）H. Ohba = *Hylotelephium purpureum*（L.）Holub

多年生草本。生于山地森林草甸、山谷阴湿处、碎石质山坡。海拔 420~2 200 m。

产东天山、东北天山。中国、日本、俄罗斯；亚洲、欧洲、美洲有分布。

237. 合景天属 Pseudosedum（Boiss.）Berger

（1389）白花合景天 **Pseudosedum affine**（Schrenk）A. Berger = *Sedum berunii* Pratov = *Sedum albertii* Regel

多年生草本。生于山地草原、石灰岩丘陵、山地阳坡、石质山坡、沟谷阴湿坡地、山地河谷、荒漠草原。海拔 500~2 800 m。

产东北天山、准噶尔阿拉套山、北天山、内天山、西天山、西南天山。中国、哈萨克斯坦、吉尔吉斯斯坦、乌兹别克斯坦、俄罗斯；亚洲有分布。

药用。

﹡（1390）布哈拉合景天 **Pseudosedum bucharicum** Boriss. = *Sedum bucharicum* Boriss.

多年生草本。生于石灰岩丘陵、石缝、石质坡地、沙砾质山坡、洪积扇。海拔 900~3 100 m。

产西南天山、内天山。吉尔吉斯斯坦、乌兹别克斯坦；亚洲有分布。

﹡（1391）钟冠合景天 **Pseudosedum campanuliflorum** Boriss.

多年生草本。生于砾石质山坡、河谷。海拔 700~2 500 m。

产西南天山、内天山。吉尔吉斯斯坦、乌兹别克斯坦；亚洲有分布。

﹡（1392）密花合景天 **Pseudosedum condensatum** Boriss.

多年生草本。生于石质山坡、河流阶地、灌丛。海拔 900~2 800 m。

产西南天山、内天山。吉尔吉斯斯坦、乌兹别克斯坦；亚洲有分布。

﹡（1393）费氏合景天 **Pseudosedum fedtschenkoanum** Boriss.

多年生草本。生于山地草原、山谷岩石缝、山崖。海拔 1 300~2 400 m。

产西南天山。乌兹别克斯坦；亚洲有分布。

乌兹别克斯坦特有成分。

＊(1394) 费尔干纳合景天 **Pseudosedum ferganense Boriss.**

多年生草本。生于山地石质山坡。海拔 1 400 m 上下。

产西南天山。乌兹别克斯坦；亚洲有分布。

乌兹别克斯坦特有成分。

(1395) 合景天 **Pseudosedum lievenii（Ledeb.）A. Berger**

多年生草本。生于山地阴坡、砾石质草原、山谷岩石缝。海拔 200~1 450 m。

产东天山、东北天山、准噶尔阿拉套山、北天山、内天山、西天山、西南天山。中国、哈萨克斯坦、吉尔吉斯斯坦、乌兹别克斯坦、俄罗斯；亚洲有分布。

＊(1396) 长齿合景天 **Pseudosedum longidentatum Boriss.**

多年生草本。生于山地林缘、石质山坡、黏土荒漠。海拔 700~2 800 m。

产准噶尔阿拉套山、北天山、内天山、西天山、西南天山。哈萨克斯坦、吉尔吉斯斯坦、乌兹别克斯坦；亚洲有分布。

＊(1397) 卡拉套合景天 **Pseudosedum karatavicum A. Boriss.**

多年生草本。生于山地石质山坡、砾石质草原。海拔 1 500~2 100 m。

产西天山。乌兹别克斯坦；亚洲有分布。

乌兹别克斯坦特有成分。

238. 瓦莲属 Rosularia（DC.）Stapf.

(1398) 长叶瓦莲 **Rosularia alpestris（Kar. et Kir.）A. Boriss.** =*Rosularia schischkinii* A. Boriss.

多年生草本。生于高山和亚高山草甸、山坡岩石缝、沟谷灌丛、山地荒漠。海拔 1 200~4 200 m。

产东天山、东北天山、准噶尔阿拉套山、北天山、中央天山、内天山、西天山、西南天山。中国、哈萨克斯坦、吉尔吉斯斯坦、乌兹别克斯坦；亚洲有分布。

药用。

＊(1399) 红花瓦莲 **Rosularia alpestris var. vvedenskyi（U. P. Pratov）Lazkov** =*Rosularia vvedenskyi* Pratov

多年生草本。生于高山和亚高山碎石堆。海拔 1 500~3 800 m。

产西南天山。乌兹别克斯坦；亚洲有分布。

(1400) 卵叶瓦莲 **Rosularia platyphylla（Schrenk）A. Berger** =*Rosularia borissovae* Pratov

多年生草本。生于亚高山草甸、干旱石质山坡、沟谷岩石缝。海拔 1 200~3 500 m。

产东天山、东北天山、准噶尔阿拉套山、北天山、东南天山、中央天山、内天山、西天山、西南天山。中国、哈萨克斯坦、吉尔吉斯斯坦、乌兹别克斯坦；亚洲有分布。

药用。

＊(1401) 红尾瓦莲 **Rosularia radicosa（Boissier et Hohenacker）U. Eggli** =*Rosularia paniculata*（Regel et Schmalh.）Berger

多年生草本。生于山地石质山坡。海拔 1 300~2 700 m。

产西天山。乌兹别克斯坦；亚洲有分布。

乌兹别克斯坦特有成分。

（1402）小花瓦莲 **Rosularia turkestanica**（Regel et Winkl.）**Berger**

多年生草本。生于干旱山坡、山地荒漠草原、山谷岩石缝。海拔 540~1 300 m。

产东天山、东北天山、准噶尔阿拉套山、北天山、内天山、西天山、西南天山。中国、哈萨克斯坦、吉尔吉斯斯坦、乌兹别克斯坦；亚洲有分布。

239. 景天属 Sedum L.

*（1403）安泰景天 **Sedum aetnense Tineo** = *Sedum tetramerum* Trautv.

多年生草本。生于亚高山草甸、山地荒漠草原、沙砾质河滩、河谷。海拔 1 200~2 900 m。

产北天山、内天山、西天山、西南天山。吉尔吉斯斯坦、乌兹别克斯坦；亚洲有分布。

*（1404）五瓣景天 **Sedum pentapetalum A. Boriss.**

多年生草本。生于山地石质山坡。海拔 600~2 400 m。

产北天山、内天山。吉尔吉斯斯坦、俄罗斯；亚洲有分布。

240. 红景天属 Rhodiola L.

（1405）大红红景天 **Rhodiola coccinea**（Royle）**A. Boriss.**

多年生草本。生于高山和亚高山草甸、山地林缘、岩石缝、碎石山坡、沼泽草甸。海拔 2 600~4 850 m。

产东天山、东北天山、准噶尔阿拉套山、北天山、东南天山、中央天山、内天山、西天山、西南天山。中国、哈萨克斯坦、吉尔吉斯斯坦、乌兹别克斯坦、巴基斯坦、印度、尼泊尔、俄罗斯；亚洲有分布。

药用。

（1406）长鳞红景天 **Rhodiola gelida Schrenk**

多年生草本。生于高山和亚高山草甸、山地河谷岩石缝。海拔 2 600~3 800 m。

产东天山、东北天山、准噶尔阿拉套山、北天山、东南天山、中央天山、内天山。中国、哈萨克斯坦、吉尔吉斯斯坦、乌兹别克斯坦、蒙古；亚洲有分布。

药用。

（1407）异齿红景天 **Rhodiola heterodonta**（Hook. f. et Thoms.）**A. Boriss.**

多年生草本。生于高寒荒漠、山谷阴坡石缝、崖壁石缝。海拔 3 200~4 200 m。

产准噶尔阿拉套山、内天山。中国、哈萨克斯坦、阿富汗、巴基斯坦、蒙古、伊朗；亚洲有分布。

药用。

（1408）喀什红景天 **Rhodiola kaschgarica A. Boriss.**

多年生草本。生于石质山坡。海拔 2 600~3 200 m。

产内天山。中国、吉尔吉斯斯坦；亚洲有分布。

药用。

（1409）狭叶红景天 **Rhodiola kirilowii**（Regel）**Maxim.** = *Rhodiola linearifolia* A. Boriss.

多年生草本。生于高山倒石堆、山崖石缝、山地林缘、石质山坡、山谷水边、砾石质山坡。海拔 1 700~3 000 m。

产东天山、东北天山、准噶尔阿拉套山、北天山、东南天山、中央天山、内天山、西天山、西南天山。中国、哈萨克斯坦、吉尔吉斯斯坦、乌兹别克斯坦；亚洲有分布。

药用、观赏。

(1410) 黄萼红景天 **Rhodiola litwinovii A. Boriss.**

多年生草本。生于冰碛石堆、河谷岩石缝、石质山坡。海拔 2 700~4 050 m。

产北天山、东南天山、中央天山、内天山、西天山、西南天山。中国、哈萨克斯坦、吉尔吉斯斯坦、乌兹别克斯坦、蒙古;亚洲有分布。

药用。

(1411) 帕米尔红景天 **Rhodiola pamiroalaica A. Boriss.**

多年生草本。生于山地林下、河谷岩石缝、石质山坡。海拔 2 400~4 100 m。

产中央天山、内天山。中国、吉尔吉斯斯坦、蒙古;亚洲有分布。

药用。

(1412) 四裂红景天 **Rhodiola quadrifida (Pallas) Fischer et Meyer**

多年生草本。生于高山和亚高山草甸、山地林下、岩石缝、碎石山坡、山地沼泽。海拔 2 300~3 700 m。

产东天山、东北天山、准噶尔阿拉套山、北天山、东南天山、中央天山。中国、哈萨克斯坦、蒙古、俄罗斯;亚洲、欧洲有分布。

药用。

(1413) 直茎红景天 **Rhodiola recticaulis A. Boriss.**

多年生草本。生于高山和亚高山草甸、岩石缝、冰碛堆。海拔 2 700~4 530 m。

产中央天山。中国、吉尔吉斯斯坦、阿富汗、伊朗;亚洲有分布。

药用。

(1414) 红景天 **Rhodiola rosea L.** = *Rhodiola telephioides* (Maxim.) S. H. Fu

多年生草本。生于高山荒漠、高山和亚高山草甸、岩石缝、山地林缘、林间草地、石质山坡。海拔 1 750~3 400 m。

产东天山、准噶尔阿拉套山、北天山。中国、哈萨克斯坦、日本、朝鲜、蒙古、俄罗斯;亚洲、欧洲有分布。

药用。

(1415) 柱花红景天 **Rhodiola semenovii (Regel et Herd.) A. Boriss.** = *Clementsia semenovii* (Regel et Herd.) Boriss.

多年生草本。生于山地溪水边、沼泽草甸。海拔 2 900 m 上下。

产北天山、西天山、内天山。中国、哈萨克斯坦、吉尔吉斯斯坦、乌兹别克斯坦;亚洲有分布。

*241. 红冠景天属 Clementsia Rose

*(1416) 西蒙诺夫红冠景天 **Clementsia semenovii (Regel et Herd.) Boriss.** = *Rhodiola semenovii* (Regel et Herd.) Boriss.

多年生草本。生于山地石质草甸湿地、高山草甸、沼泽湿地、山溪边、冰川冰碛碎石堆。海拔 1 200~3 600 m。

产西南天山、西天山。哈萨克斯坦、吉尔吉斯斯坦、乌兹别克斯坦;亚洲有分布。

242. 费菜属 Phedimus Raf.

(1417) 杂交费菜 **Phedimus hybridus (L.) H. 't Hart** = *Sedum hybridum* L.

多年生草本。生于亚高山草甸、山地林缘、河谷林下、沟谷岩石缝、荒漠草原。海拔 730~3 000 m。

产东天山、东北天山、准噶尔阿拉套山、北天山、东南天山、内天山、西天山、西南天山。中国、哈萨克斯坦、吉尔吉斯斯坦、乌兹别克斯坦、蒙古、俄罗斯;亚洲、欧洲有分布。

二十六、虎耳草科 Saxifragaceae

243. 岩白菜属 Bergenia Moench

*(1418) 黑塞尔岩白菜 **Bergenia hissarica** A. Boriss.

多年生草本。生于山崖石缝、河谷、山地草原。海拔 2 800~3 100 m。

产西天山、内天山。吉尔吉斯斯坦、乌兹别克斯坦;亚洲有分布。

*(1419) 吴加明岩白菜 **Bergenia ugamica** V. Pavlov

多年生草本。生于山崖石缝、河谷灌丛。海拔 1 200~2 700m。

产北天山、西天山。哈萨克斯坦、吉尔吉斯斯坦、乌兹别克斯坦;亚洲有分布。

244. 莲虎耳草属 Micranthes Haw.

(1420) 斑点莲虎耳草 **Micranthes nelsoniana**（**D. Don**）**Small** = *Saxifraga nelsoniana* D. Don = *Saxifraga punctata* L.

多年生草本。生于亚高山草甸、山地林下、林缘、山谷溪边、阴湿岩石缝。海拔 1 300~2 500 m。

产东天山、准噶尔阿拉套山。中国、哈萨克斯坦、朝鲜、蒙古、俄罗斯;亚洲、美洲有分布。

药用。

245. 虎耳草属 Saxifraga Tourn. ex L.

*(1421) 毛萼虎耳草 **Saxifraga albertii** Regel et Schmalh.

多年生草本。生于冰川冰碛堆、山崖岩石缝。海拔 2 900~3 500 m。

产内天山、西天山、西南天山。吉尔吉斯斯坦、乌兹别克斯坦;亚洲有分布。

(1422) 零余虎耳草 **Saxifraga cernua** L.

多年生草本。生于高山冰碛阶地、高山和亚高山草甸、山地林下、林缘、沼泽草甸。海拔 2 100~4 500 m。

产东天山、东北天山、准噶尔阿拉套山、北天山、东南天山、中央天山、内天山、西天山、西南天山。中国、哈萨克斯坦、吉尔吉斯斯坦、乌兹别克斯坦、日本、朝鲜、不丹、印度、俄罗斯;亚洲、欧洲有分布。

药用。

*(1423) 刺苞虎耳草 **Saxifraga flagellaris** Sternb. et Willd. = *Saxyfraga macrocalyx* Tolmatch

多年生草本。生于高山和亚高山草甸、冰川冰碛堆。海拔 2 900~3 500 m。

产准噶尔阿拉套山、北天山、内天山、西天山、西南天山。哈萨克斯坦、吉尔吉斯斯坦、乌兹别克斯坦、俄罗斯;亚洲有分布。

(1424) 山羊臭虎耳草 **Saxifraga hirculus** L.

多年生草本。生于高山和亚高山草甸、高山沼泽草甸、高山倒石堆、山地林下、山谷溪边。海拔 1 400~4 200 m。

产东天山、东北天山、准噶尔阿拉套山、北天山、东南天山、中央天山、内天山、西天山、西南天

山。中国、哈萨克斯坦、吉尔吉斯斯坦、乌兹别克斯坦、俄罗斯；亚洲、欧洲有分布。

药用。

（1425）挪威虎耳草 **Saxifraga oppositifolia L.**

多年生草本。生于高山荒漠、高山和亚高山草甸、山地林缘、砾石质山坡。海拔 2 600~
4 400 m。

产东天山、北天山、中央天山、内天山、西天山、西南天山。中国、哈萨克斯坦、吉尔吉斯斯坦、
乌兹别克斯坦、蒙古、俄罗斯；亚洲、欧洲、美洲有分布。

*（1426）梅花虎耳草 **Saxifraga parnassioides Regel et Schmalh. ex Regel**

多年生草本。生于山溪河岸石质湿地、河漫滩。海拔 900~3 000 m。

产西南天山、内天山。吉尔吉斯斯坦、乌兹别克斯坦；亚洲有分布。

（1427）球茎虎耳草 **Saxifraga sibirica L.**

多年生草本。生于高山和亚高山草甸、山地林缘、山地灌丛、山地阴坡。海拔 1 400~3 800 m。

产东天山、东北天山、准噶尔阿拉套山、北天山、东南天山、内天山、西天山、西南天山。中国、
哈萨克斯坦、吉尔吉斯斯坦、乌兹别克斯坦、蒙古、印度、尼泊尔、俄罗斯；亚洲、欧洲有分布。

药用。

（1428）大花虎耳草 **Saxifraga stenophylla Royle**

多年生草本。生于高寒荒漠、高山草甸、高山灌丛草甸、高山沼泽草甸、山地林缘、山地草甸。
海拔 2 100~4 800 m。

产东天山、东北天山、准噶尔阿拉套山、北天山。中国、哈萨克斯坦、印度、尼泊尔；亚洲有分布。

药用。

*（1429）大叶虎耳草 **Saxifraga vvedenskyi Abdullaeva**

多年生草本。生于山溪边、河谷、岩石缝。海拔 3 000 m 上下。

产西南天山。乌兹别克斯坦；亚洲有分布。

乌兹别克斯坦特有成分。

246. 金腰属 Chrysosplenium Tourn. ex L.

（1430）长梗金腰 **Chrysosplenium axillare Maxim.** = *Chrysosplenium tianschanicum* Krassn.

多年生草本。生于高山荒漠、高山和亚高山草甸、冰碛石堆缝隙、山地林下潮湿处、山谷岩石
缝。海拔 1 300~4 300 m。

产东天山、东北天山、北天山。中国、吉尔吉斯斯坦、乌兹别克斯坦；亚洲有分布。

药用。

（1431）裸茎金腰 **Chrysosplenium nudicaule Bunge**

多年生草本。生于高山和亚高山草甸、高山沼泽、山地林下潮湿处、山谷岩石缝。海拔 1 300~
3 500 m。

产东天山、东北天山、北天山、中央天山、内天山、西天山、西南天山。中国、哈萨克斯坦、吉尔
吉斯斯坦、乌兹别克斯坦、蒙古、尼泊尔、不丹、印度、俄罗斯；亚洲有分布。

药用。

247. 梅花草属 Parnassia L.

(1432) 双叶梅花草 **Parnassia bifolia Nekras.**

多年生草本。生于亚高山草甸、山地林下、林缘湿草地、林间草地、河谷草甸、山谷溪边。海拔 1 400~2 900 m。

产东天山、东北天山、北天山。中国、哈萨克斯坦、吉尔吉斯斯坦；亚洲有分布。

药用。

(1433) 新疆梅花草 **Parnassia laxmannii Pall.**

多年生草本。生于高山和亚高山草甸、山地林缘湿地、林间草地、河谷草甸、山谷溪边。海拔 1 500~3 600 m。

产东天山、东北天山、北天山、东南天山、中央天山、内天山、西天山、西南天山。中国、哈萨克斯坦、吉尔吉斯斯坦、乌兹别克斯坦、蒙古、俄罗斯；亚洲有分布。

药用。

(1434) 细叉梅花草（山地梅花草）**Parnassia oreophila Hance**

多年生草本。生于高山和亚高山草甸、山地林缘湿地、河谷草甸、河漫滩、山谷溪边。海拔 840~3 800 m。

产北天山。中国；亚洲有分布。

中国特有成分。药用。

(1435) 梅花草 **Parnassia palustris L.**

多年生草本。生于亚高山草甸、山地林下、林缘湿地、林间草地、河漫滩、沼泽草甸。海拔 500~3 100 m。

产东天山、东北天山、准噶尔阿拉套山、北天山、东南天山、中央天山、内天山、西天山、西南天山。中国、哈萨克斯坦、吉尔吉斯斯坦、乌兹别克斯坦、俄罗斯；亚洲、欧洲、非洲、美洲有分布。

药用、有毒、蜜源。

(1436) 三脉梅花草 **Parnassia trinervis Drude**

多年生草本。生于高山草甸、山谷潮湿地、河漫滩、沼泽草甸。海拔 3 100~4 500 m。

产东北天山。中国；亚洲有分布。

中国特有成分。药用。

248. 茶藨属 Ribes L.

(1437) 阿尔泰醋栗（刺茶藨）**Ribes aciculare Sm.** = *Grossularia acicularis* (Sm.) Spach

落叶灌木。生于山地林下、林缘、山地灌丛、河谷石质山坡、山地草甸、河谷草甸。海拔 1 100~3 200 m。

产东天山、准噶尔阿拉套山、北天山、内天山。中国、哈萨克斯坦、俄罗斯；亚洲有分布。

食用、药用、观赏。

*(1438) 暗紫色茶藨 **Ribes atropurpureum C. A. Mey.** = *Ribes petraeum* Wulfen

落叶灌木。生于高山灌丛、碎石堆、高山和亚高山草甸。海拔 2 900~3 500 m。

产准噶尔阿拉套山。哈萨克斯坦；亚洲有分布。

(1439) 臭茶藨 **Ribes graveolens Bunge**

落叶灌木。生于山地林下、林间草地、山地灌丛、山谷河边。海拔 1 200~2 400 m。

产东天山、准噶尔阿拉套山。中国、蒙古、俄罗斯;亚洲有分布。

药用。

(1440) 圆叶茶藨子(小叶茶藨) **Ribes heterotrichum C. A. Mey.**

落叶灌木。生于亚高山草甸、山地林下、林缘、山地灌丛、河漫滩。海拔 850~2 900 m。

产东天山、东北天山、准噶尔阿拉套山、北天山、内天山、西天山、西南天山。中国、哈萨克斯坦、吉尔吉斯斯坦、乌兹别克斯坦、俄罗斯;亚洲有分布。

药用、食用、蜜源。

*(1441) 简氏茶藨 **Ribes janczewskii Pojarkova**

落叶灌木。生于亚高山草甸、山地灌丛、河谷。海拔 2 500~3 000 m。

产北天山、内天山、西天山、西南天山。哈萨克斯坦、吉尔吉斯斯坦、乌兹别克斯坦;亚洲有分布。

*(1442) 稀毛茶藨 **Ribes malvifolium Pojarkova**

灌木。生于砾岩堆、岩石峭壁、石质坡地、山崖石缝。海拔 600~2 300 m.

产西南天山、内天山。吉尔吉斯斯坦、乌兹别克斯坦;亚洲有分布。

(1443) 天山茶藨 **Ribes meyeri Maxim.**

落叶灌木。生于高山和亚高山草甸、山地林下、林缘、林间草地、山谷灌丛、山溪边。海拔 1 400~3 900 m。

产东天山、东北天山、准噶尔阿拉套山、北天山、东南天山、中央天山、内天山、西天山、西南天山。中国、哈萨克斯坦、吉尔吉斯斯坦、乌兹别克斯坦、俄罗斯;亚洲有分布。

药用、食用、蜜源。

(1444) 北疆茶藨 **Ribes meyeri var. pubescens L. T. Lu**

落叶灌木。生于山地林下、林缘、山谷灌丛、山溪边。海拔 1 200~2 000 m。

产东天山、北天山、东南天山。中国;亚洲有分布。

中国特有成分。

(1445) 黑果茶藨 **Ribes nigrum L.**

落叶灌木。生于高山和亚高山草甸、山地林下、林缘、山溪边。海拔 1 300~3 900 m。

产东天山、准噶尔阿拉套山、北天山。中国、哈萨克斯坦、俄罗斯;亚洲、欧洲有分布。

药用、食用、植化原料(维生素)、蜜源、观赏。

(1446) 美丽茶藨 **Ribes pulchellum Turcz.**

落叶灌木。生于山地林缘、河漫滩、山地灌丛。海拔 1 200~1 900 m。

产东天山、准噶尔阿拉套山、北天山。中国、蒙古、俄罗斯;亚洲有分布。

药用、观赏。

(1447) 石生茶藨子(石茶藨) **Ribes saxatile Pall.**

落叶灌木。生于干旱山坡、山地灌丛、河漫滩。海拔 1 100~1 300 m。

产准噶尔阿拉套山、北天山、内天山、西天山、西南天山。中国、哈萨克斯坦、吉尔吉斯斯坦、乌兹别克斯坦、俄罗斯;亚洲有分布。

药用、蜜源。

＊（1448）方萼茶藨 **Ribes turbinatum Pojarkova**

落叶灌木。生于石质山坡、河谷、山溪边。海拔 800~2 500 m。

产准噶尔阿拉套山。哈萨克斯坦；亚洲有分布。

＊（1449）栽培状茶藨 **Ribes uva-crispa var. sativum DC.** ＝*Grossularia reclinata*（L.）Mill.

落叶灌木。生于山谷、山地灌丛、阔叶林缘。海拔 1 500~2 300 m。

产北天山。哈萨克斯坦、吉尔吉斯斯坦、俄罗斯；亚洲、欧洲有分布。

＊（1450）伏毛茶藨 **Ribes villosum Wall.**

灌木。生于石质山坡、山地阔叶林边缘、山崖石缝。海拔 900~2 800 m。

产西南天山、内天山。吉尔吉斯斯坦、乌兹别克斯坦；亚洲有分布。

二十七、蔷薇科 Rosaceae

249. 绣线菊属 Spiraea L.

（1451）高山绣线菊 **Spiraea alpina Pall.**

落叶灌木。生于高山荒漠、河谷灌丛、山坡灌丛。海拔 2 700~3 520 m。

产北天山。中国、俄罗斯；亚洲有分布。

药用。

＊（1452）巴乐江绣线菊 **Spiraea baldshuanica B. Fedtsch.**

灌木。生于石灰岩丘陵、石灰岩河谷、圆柏灌丛、山崖断裂带碎石堆。海拔 800~2 800 m。

产西南天山、内天山。吉尔吉斯斯坦、乌兹别克斯坦；亚洲有分布。

（1453）大叶绣线菊（石蚕叶绣线菊）**Spiraea chamaedryfolia L.**

落叶灌木。生于山地林下、林缘、山溪边、石质山坡、山地草原、低山荒漠。海拔 600~2 200 m。

产东天山、准噶尔阿拉套山、北天山。中国、哈萨克斯坦、朝鲜、日本、蒙古、俄罗斯；亚洲、欧洲有分布。

药用。

＊（1454）圆齿绣线菊 **Spiraea crenata L.**

灌木。生于山溪、干旱石质山坡、林缘、草甸草原、干燥沙质山坡。海拔 900~2 500 m。

产准噶尔阿拉套山。哈萨克斯坦、俄罗斯；亚洲、欧洲有分布。

（1455）金丝桃叶绣线菊 **Spiraea hypericifolia L.**

落叶灌木。生于亚高山草甸、山地林缘、山地草原、低山荒漠。海拔 500~2 800 m。

产东天山、东北天山、准噶尔阿拉套山、北天山、东南天山、内天山、西天山、西南天山。中国、哈萨克斯坦、吉尔吉斯斯坦、乌兹别克斯坦、蒙古、俄罗斯；亚洲、欧洲有分布。

木材、油料、饲料、观赏、固土、蜜源、药用。

＊（1456）毛果绣线菊 **Spiraea lasiocarpa Kar. et Kir.**

落叶灌木。生于亚高山草甸、山地林缘、河谷、石质山坡。海拔 1 600~2 800 m。

产准噶尔阿拉套山、北天山、内天山、西天山、西南天山。哈萨克斯坦、吉尔吉斯斯坦、乌兹别克斯坦；亚洲有分布。

（1457）欧亚绣线菊 **Spiraea media Schmidt**

落叶灌木。生于山地林下、林缘、山地草原、沟谷灌丛。海拔 800~2 000 m。

产准噶尔阿拉套山、北天山。中国、哈萨克斯坦、日本、蒙古、俄罗斯；亚洲、欧洲有分布。

观赏、蜜源、药用。

（1458）蒙古绣线菊 **Spiraea mongolica Maxim.**

落叶灌木。生于亚高山草甸、山地灌丛、山谷砾石坡地。海拔 2 100~3 300 m。

产北天山。中国；亚洲有分布。

中国特有成分。药用。

（1459）毛枝蒙古绣线菊 **Spiraea mongolica var. tomentulosa T. T. Yu**

落叶灌木。生于亚高山草甸、山地灌丛、山谷砾石坡地。海拔 1 900~2 700 m。

产北天山。中国；亚洲有分布。

中国特有成分。

*（1460）毛绣线菊 **Spiraea pilosa Franch.**

落叶灌木。生于山地林缘、河谷、低山丘陵阴坡。海拔 1 200~2 500 m。

产北天山、内天山、西天山、西南天山。哈萨克斯坦、吉尔吉斯斯坦、乌兹别克斯坦；亚洲有分布。

250. 鲜卑花属 Sibiraea Maxim.

（1461）天山鲜卑花 **Sibiraea tianschanica（Krassn.）Pojark.** = *Spiraea laevigata* var. *tianschanica* Krassn.

落叶灌木。生于亚高山草甸、山地林缘、低山干旱石质山坡。海拔 800~3 200 m。

产准噶尔阿拉套山、北天山。中国、哈萨克斯坦、吉尔吉斯斯坦；亚洲有分布。

药用。

*251. 蕨绣菊属 Spiraeanthus Maxim.

*（1462）蕨绣菊花 **Spiraeanthus schrenckianus（C. A. Mey.）Maxim.**

落叶灌木。生于山麓荒漠草原、干旱山坡。海拔 300~1 300 m。

产北天山、西天山。哈萨克斯坦、吉尔吉斯斯坦、乌兹别克斯坦；亚洲有分布。

252. 栒子属 Cotoneaster B. Ehrhart

*（1463）阿拉套栒子 **Cotoneaster alatavicus Popov**

灌木。生于石质河流阶地、林缘。海拔 800~2 900 m。

产北天山。哈萨克斯坦有分布。

*（1464）杂色栒子 **Cotoneaster discolor Pojark.**

灌木。生于石质山坡石缝、灌丛、河床。海拔 900~3 100 m。

产西南天山、西天山。吉尔吉斯斯坦、乌兹别克斯坦；亚洲有分布。

*（1465）外伊犁栒子 **Cotoneaster goloskokovii A. I. Pojarkova**

灌木。生于高原灌丛、灌丛草原、山谷、林缘。海拔 1 200~3 100 m。

产北天山、西天山、西南天山。哈萨克斯坦、吉尔吉斯斯坦、乌兹别克斯坦；亚洲有分布。

*（1466）黑塞尔栒子 **Cotoneaster hissaricus Pojark.**

灌木。生于山地北坡灌丛带、椴树林下、野核桃林下、圆柏灌丛。海拔 1 200~3 100 m。

产西天山、西南天山、内天山。哈萨克斯坦、吉尔吉斯斯坦、乌兹别克斯坦;亚洲有分布。

*(1467)火花栒子 **Cotoneaster ignavus E. L. Wolf**

灌木。生于砾岩堆、灌丛、林缘、河谷。海拔 600~2 800 m。

产准噶尔阿拉套山、北天山、西天山。哈萨克斯坦、吉尔吉斯斯坦;亚洲有分布。

*(1468)圆果栒子 **Cotoneaster insignis Pojark.**

落叶灌木或小乔木。生于山地灌丛、石质山坡。海拔 2 900 m 上下。

产北天山、内天山、西天山、西南天山。吉尔吉斯斯坦、乌兹别克斯坦;亚洲有分布。

(1469)全缘叶栒子 **Cotoneaster integerrimus Medik.**

落叶灌木。生于山地林下、林缘、沟谷灌丛。海拔 1 200~2 500 m。

产东天山、北天山、中央天山。中国、朝鲜、俄罗斯;亚洲、欧洲有分布。

药用。

*(1470)卡拉套栒子 **Cotoneaster karatavicus Pojark.**

灌木。生于山崖石缝、山谷、细石质-砾石质山坡。海拔 600~2 600 m。

产西天山。哈萨克斯坦、吉尔吉斯斯坦、乌兹别克斯坦;亚洲有分布。

*(1471)克氏栒子 **Cotoneaster krasnovii Pojark.**

灌木。生于石质-细石质山坡草地、山崖、石缝、灌丛。海拔 1 200~2 800 m。

产准噶尔阿拉套山、北天山、西天山。哈萨克斯坦、吉尔吉斯斯坦;亚洲有分布。

(1472)黑果栒子 **Cotoneaster melanocarpus G. Loddiges**

落叶灌木。生于山地林下、林缘、石质山坡灌丛、沟谷灌丛。海拔 700~2 600 m。

产东天山、东北天山、准噶尔阿拉套山、北天山、东南天山、中央天山、内天山、西天山、西南天山。中国、哈萨克斯坦、吉尔吉斯斯坦、乌兹别克斯坦、蒙古、俄罗斯;亚洲、欧洲有分布。

食用、药用、鞣料、有毒、观赏、绿化、蜜源。

(1473)多花栒子 **Cotoneaster multiflorus Bunge**

落叶灌木。生于山地林缘、干旱山坡、沟谷灌丛。海拔 1 200~2 900 m。

产准噶尔阿拉套山、北天山、内天山、西天山、西南天山。中国、哈萨克斯坦、吉尔吉斯斯坦、乌兹别克斯坦、俄罗斯;亚洲有分布。

药用。

(1474)大果栒子 **Cotoneaster megalocarpus Popov**

落叶灌木。生于山地林缘、山坡灌丛、沟谷灌丛。海拔 800~2 300 m。

产准噶尔阿拉套山、北天山、东南天山、内天山、西天山、西南天山。中国、哈萨克斯坦、吉尔吉斯斯坦、乌兹别克斯坦、蒙古、俄罗斯;亚洲有分布。

药用。

*(1475)涅奥安托尼栒子 **Cotoneaster neoantoninae A. Vassiliev**

落叶灌木。生于山地石质山坡。海拔 1 200~2 500 m。

产准噶尔阿拉套山、北天山、内天山、西天山、西南天山。哈萨克斯坦、吉尔吉斯斯坦、乌兹别克斯坦;亚洲有分布。

＊（1476） 金币果栒子 **Cotoneaster nummularius Fisch. et C. A. Meyer**

灌木。生于石质山坡、山崖石缝、槭树林下、圆柏灌丛、亚高山草甸、山地草原。海拔 900～2 800 m。

产西天山、西南天山、内天山。哈萨克斯坦、吉尔吉斯斯坦、乌兹别克斯坦；亚洲有分布。

（1477） 少花栒子 **Cotoneaster oliganthus Pojark.**

落叶灌木。生于山地林缘、石质山坡、沟谷灌丛。海拔 1 100～2 400 m。

产东天山、东北天山、准噶尔阿拉套山、北天山、内天山、西天山、西南天山。中国、哈萨克斯坦、吉尔吉斯斯坦、乌兹别克斯坦；亚洲有分布。

药用。

＊（1478） 卵果栒子 **Cotoneaster ovatus Pojark.**

多年生草本。生于沙质-石质山坡、山地荒漠草原、山溪砾岩沙质湿地。海拔 1 200～2 000 m。

产西南天山、西天山、内天山。吉尔吉斯斯坦、乌兹别克斯坦；亚洲有分布。

＊（1479） 具翅栒子 **Cotoneaster pojarkovae Zakirov**

落叶灌木。生于亚高山草甸、灌丛、石质山坡。海拔 2 500～3 100 m。

产北天山、内天山、西天山、西南天山。哈萨克斯坦、吉尔吉斯斯坦、乌兹别克斯坦；亚洲有分布。

＊（1480） 密花栒子 **Cotoneaster polyanthemus E. Wolf**

灌木。生于蒿属荒漠、灌丛、石缝、林缘。海拔 600～2 700 m。

产准噶尔阿拉套山、北天山、西天山。哈萨克斯坦、吉尔吉斯斯坦；亚洲有分布。

＊（1481） 波波夫栒子 **Cotoneaster popovii Pojarkova**

灌木。生于干旱山坡、桦树林下。海拔 1 800～2 260 m。

产西南天山、西天山、内天山。吉尔吉斯斯坦、乌兹别克斯坦；亚洲有分布。

＊（1482） 总状花序栒子 **Cotoneaster racemiflorus（Desf.）K. Koch**

落叶灌木。生于山地灌丛、圆柏灌丛、山坡碎石堆、河谷。海拔 900～1 800 m。

产北天山、内天山、西天山、西南天山。哈萨克斯坦、吉尔吉斯斯坦、乌兹别克斯坦；亚洲有分布。

（1483） 梨果栒子 **Cotoneaster roborowskii Pojark.**

落叶灌木。生于山地林缘、沟谷灌丛、山坡灌丛。海拔 1 200～2 700 m。

产东天山、东北天山、准噶尔阿拉套山、北天山、内天山。中国、哈萨克斯坦；亚洲有分布。

药用。

（1484） 准噶尔栒子 **Cotoneaster soongoricus（Regel et Herd.）Popov** = *Cotoneaster allochrous* Pojark.

落叶灌木。生于亚高山草甸、山地林下、林缘、山坡灌丛、沟谷灌丛、石质山坡。海拔 700～2 800 m。

产东天山、东北天山、准噶尔阿拉套山、北天山、东南天山、中央天山。中国、哈萨克斯坦；亚洲有分布。

食用、药用、观赏、蜜源。

（1485） 甜栒子 **Cotoneaster suavis Pojark.**

落叶灌木。生于山地林缘、山坡灌丛。海拔 900～1 400 m。

产准噶尔阿拉套山、北天山、内天山、西天山、西南天山。中国、哈萨克斯坦、吉尔吉斯斯坦、乌兹别克斯坦、俄罗斯;亚洲有分布。

药用。

* (1486) 尖果栒子 **Cotoneaster subacutus Pojark.**

灌木。生于石质山坡、山崖、灌丛、林下。海拔 900~2 800 m。

产西天山、西南天山、内天山。吉尔吉斯斯坦、乌兹别克斯坦;亚洲有分布。

(1487) 毛叶栒子 **Cotoneaster submultiflorus Popov**

落叶灌木。生于山地林下、林缘、山坡灌丛、沟谷灌丛。海拔 900~2 400 m。

产东天山、东北天山、北天山。中国;亚洲有分布。

药用。

* (1488) 毛叶水栒子 **Cotoneaster submultiflorus Popov** = *Cotoneaster pseudomultiflorus* M. Pop.

落叶灌木。生于山地林缘、山坡灌丛、山崖。海拔 2 000~2 900 m。

产北天山、内天山、西天山。哈萨克斯坦、吉尔吉斯斯坦、乌兹别克斯坦;亚洲有分布。

* (1489) 塔勒加尔栒子 **Cotoneaster talgaricus Popov**

灌木。生于岩石峭壁、圆柏灌丛、林间空地。海拔 1 700~2 400 m。

产准噶尔阿拉套山、北天山、西天山。哈萨克斯坦、吉尔吉斯斯坦;亚洲有分布。

(1490) 单花栒子 **Cotoneaster uniflorus Bunge**

落叶灌木。生于干旱山坡、河谷灌丛。海拔 1 100~2 100 m。

产东天山、准噶尔阿拉套山、北天山、东南天山。中国、哈萨克斯坦、吉尔吉斯斯坦、乌兹别克斯坦、蒙古、俄罗斯;亚洲有分布。

药用。

* (1491) 孜拉普善栒子 **Cotoneaster zeravschanica Pojark.**

灌木。生于亚高山灌丛草甸、桦树林下、灌丛。海拔 1 900~3 200 m。

产西南天山、内天山、西天山。吉尔吉斯斯坦、乌兹别克斯坦;亚洲有分布。

253. 山楂属 Crataegus L.

* (1492) 阿拉木图山楂 **Crataegus almaatensis Pojarkova** = *Crataegus dsungarica* Zabel ex Lange

落叶乔木。生于山坡。海拔 2 800 m 上下。

产准噶尔阿拉套山、北天山。哈萨克斯坦;亚洲有分布。

哈萨克斯坦特有成分。

(1493) 阿尔泰山楂 **Crataegus altaica (Loudon) Lange** = *Crataegus chlorocarpa* Lenne et C. Koch

落叶小乔木。生于山地林下、林缘、林间空地、山间台地、河谷沿岸。海拔 450~2 800 m。

产东天山、东北天山、准噶尔阿拉套山、北天山、东南天山、内天山、西天山、西南天山。中国、哈萨克斯坦、吉尔吉斯斯坦、乌兹别克斯坦、俄罗斯;亚洲、欧洲有分布。

食用、药用、蜜源、染料、鞣料、观赏、绿化。

* (1494) 喜旱山楂 **Crataegus azarolus var. pontica (Koch) K. I. Christensen** = *Crataegus pontica* C. Koch

落叶乔木。生于山地干旱石质阳坡。海拔 1 000~1 200 m。

产北天山、西天山、西南天山。吉尔吉斯斯坦、乌兹别克斯坦、俄罗斯；亚洲有分布。

*（1495）加以尔山楂 **Crataegus dzhairensis Vassilcz.**

乔木。生于沙质-碎石质山坡、灌丛。海拔 800~2 500 m。

产西南天山、西天山、内天山。吉尔吉斯斯坦、乌兹别克斯坦；亚洲有分布。

*（1496）费尔干纳山楂 **Crataegus ferganensis Pojark.**

乔木。生于森林-灌丛带、河谷、山地阴坡、野核桃林。海拔 1 200~2 800 m。

产西天山、西南天山。吉尔吉斯斯坦、乌兹别克斯坦；亚洲有分布。

*（1497）黑赛尔山楂 **Crataegus hissarica Pojark.**

乔木。生于河谷、森林-灌丛带、柳树-杨树林、野核桃林间。海拔 900~2 700 m。

产西南天山、西天山。吉尔吉斯斯坦、乌兹别克斯坦；亚洲有分布。

*（1498）依思费山楂 **Crataegus isfajramensis M. G. Pachomova**

乔木。生于河谷、山坡森林带。海拔 1 300~2 600 m。

产西南天山、西天山。吉尔吉斯斯坦、乌兹别克斯坦；亚洲有分布。

*（1499）吉诺尔山楂 **Crataegus knorringiana Pojark.**

乔木。生于森林-灌丛带、河谷、细石质山坡。海拔 1 300~2 900 m。

产西南天山、西天山。吉尔吉斯斯坦、乌兹别克斯坦；亚洲有分布。

*（1500）异山楂 **Crataegus necopinata Pojark.**

乔木。生于河谷、山溪边、灌丛、细石质山坡。海拔 1 000~2 700 m。

产西天山、西南天山。吉尔吉斯斯坦、乌兹别克斯坦；亚洲有分布。

*（1501）帕米尔山楂 **Crataegus pamiroalaica V. I. Zapryagaeva**

乔木。生于森林-灌丛带、灌丛、河流阶地、山地阴坡。海拔 900~2 900 m。

产西南天山、西天山。吉尔吉斯斯坦、乌兹别克斯坦；亚洲有分布。

*（1502）土耳其山楂 **Crataegus pseudoheterophylla subsp. turkestanica（Pojark.）K. I. Christensen** = *Crataegus turkestanica* Pojark.

乔木。生于细石质山坡、山溪边、野苹果林。海拔 800~2 700 m。

产西天山、西南天山。吉尔吉斯斯坦、乌兹别克斯坦；亚洲有分布。

*（1503）血红色山楂 **Crataegus pseudosanguinea M. Pop. ex Pojarkova**

乔木。生于针叶林带、阔叶林下、河谷、河床。海拔 300~2 800 m。

产准噶尔阿拉套山、西天山。哈萨克斯坦、吉尔吉斯斯坦；亚洲有分布。

*（1504）大山楂 **Crataegus pinnatifida var. major N. E. Br.** = *Crataegus korolkowii* L.

乔木。生于河谷、山溪边、柳树-杨树林、野核桃林。海拔 300~3 000 m。

产准噶尔阿拉套山、西天山、北天山、西南天山、内天山。哈萨克斯坦、吉尔吉斯斯坦、乌兹别克斯坦；亚洲有分布。

*（1505）裂叶山楂 **Crataegus remotilobata Raik. ex Popov**

落叶乔木。生于杜加依林下。海拔 400~1 600 m。

产西南天山。乌兹别克斯坦；亚洲有分布。

乌兹别克斯坦特有成分。

(1506) 红果山楂(辽宁山楂) **Crataegus sanguinea Pall.**

落叶小乔木。生于山地林缘、沟谷灌丛、河漫滩。海拔 900～1 900 m。

产东天山、准噶尔阿拉套山、北天山。中国、哈萨克斯坦、蒙古、俄罗斯;亚洲、欧洲有分布。

食用、药用、观赏、绿化、蜜源。

(1507) 准噶尔山楂 **Crataegus songarica C. Koch**

落叶小乔木。生于山地林缘、河谷沿岸、干旱山坡。海拔 700～2 000 m。

产准噶尔阿拉套山、北天山、内天山、西天山、西南天山。中国、哈萨克斯坦、吉尔吉斯斯坦、乌兹别克斯坦、伊朗;亚洲有分布。

食用、药用、观赏、绿化、蜜源。

*(1508) 天山山楂 **Crataegus tianschanica Pojark.**

乔木。生于灌丛、细石质山坡、阔叶林。海拔 1 200～2 900 m。

产西南天山、西天山。吉尔吉斯斯坦、乌兹别克斯坦;亚洲有分布。

254. 花楸属 Sorbus L.

*(1509) 波斯花楸 **Sorbus persica Hedl.**

落叶小乔木。生于山地林缘、河谷。海拔 1 800～2 600 m。

产北天山、西天山、西南天山。吉尔吉斯斯坦、乌兹别克斯坦、俄罗斯;亚洲有分布。

(1510) 天山花楸 **Sorbus tianschanica Rupr.**

落叶小乔木。生于山地林下、林缘、林间草地、山溪边。海拔 1 600～2 800 m。

产东天山、东北天山、准噶尔阿拉套山、北天山、东南天山、中央天山、内天山、西天山、西南天山。中国、哈萨克斯坦、吉尔吉斯斯坦、乌兹别克斯坦、阿富汗、土耳其;亚洲有分布。

食用、药用、鞣料、观赏、绿化。

(1511) 全缘天山花楸 **Sorbus tianschanica var. tomentosa C. Y. Yang et Y. L. Han** = *Sorbus tapashana* C. K. Schneid

落叶小乔木。生于山地林下、林缘、林间草地、山溪边。海拔 1 300～3 100 m。

产东天山、北天山。中国;亚洲有分布。

中国特有成分。食用、药用、鞣料、观赏、绿化。

*(1512) 中亚花楸 **Sorbus turkestanica (Franchet.) Hedl.**

落叶乔木。生于山地阔叶林带、灌丛。海拔 1 300～2 500 m。

产北天山、西天山、西南天山。吉尔吉斯斯坦、乌兹别克斯坦;亚洲有分布。

255. 梨属 Pyrus L.

*(1513) 考氏梨 **Pyrus korshinskyi Litv.**

乔木。生于河流岸边、细石质干山坡、河流阶地。海拔 900～2 700 m。

产西天山、西南天山、内天山。吉尔吉斯斯坦、乌兹别克斯坦;亚洲有分布。

*(1514) 热氏梨 **Pyrus regelii Rehd.**

乔木。生于山地坡积物、砾岩堆、河谷。海拔 1 000～2 700 m。

产西天山、西南天山、北天山。哈萨克斯坦、吉尔吉斯斯坦、乌兹别克斯坦;亚洲有分布。

*（1515）土库曼斯坦梨 **Pyrus turcomanica Maleev**

乔木。生于石质-细石质山坡、灌丛、山谷。海拔 500~2 700 m。

产北天山、西天山、西南天山。哈萨克斯坦、吉尔吉斯斯坦、乌兹别克斯坦、俄罗斯;亚洲有分布。

256. 苹果属 Malus Mill.

*（1516）小苹果 **Malus pumila Mill.** = *Malus niedzwezkyana* Dieck ex Koehne

落叶乔木。生于山地林缘、山坡草地、灌丛。海拔 500~2 800 m。

产内天山、西天山。吉尔吉斯斯坦、乌兹别克斯坦;亚洲有分布。

（1517）新疆野苹果 **Malus sieversii（Ledeb.）Roem.**

落叶乔木。生于山地林缘、山地阴坡和半阴坡、山间台地。海拔 700~1 800 m。

产北天山、内天山、西天山、西南天山。中国、哈萨克斯坦、吉尔吉斯斯坦、乌兹别克斯坦;亚洲有分布。

食用、木材、油料、鞣料、蜜源、药用、观赏。

257. 蚊子草属（合叶子属）Filipendula Mill.

（1518）旋果蚊子草（榆叶合叶子）**Filipendula ulmaria（L.）Maxim.**

多年生草本。生于山地林缘、山地灌丛、山溪边、河漫滩草甸。海拔 1 200~2 400 m。

产东天山、东北天山、准噶尔阿拉套山、北天山。中国、哈萨克斯坦、吉尔吉斯斯坦、俄罗斯;亚洲、欧洲、美洲有分布。

药用。

（1519）合叶子 **Filipendula vulgaris Moench** = *Filipendula hexapetala* Gilib.

多年生草本。生于山地林缘、林间草地、河漫滩草甸。海拔 500~2 400 m。

产准噶尔阿拉套山、北天山。中国、哈萨克斯坦、俄罗斯;亚洲、欧洲、美洲有分布。

药用、鞣料、蜜源。

258. 悬钩子属 Rubus L.

（1520）黑果悬钩子（欧洲木莓）**Rubus caesius L.** = *Rubus turkestanicus* Pavlov

蔓生灌木。生于山地林下、林缘、山地碎石堆、沟谷灌丛、河漫滩。海拔 400~1 700 m。

产准噶尔阿拉套山、北天山、内天山、西天山、西南天山。中国、哈萨克斯坦、吉尔吉斯斯坦、乌兹别克斯坦、俄罗斯;亚洲、欧洲有分布。

药用、食用、染料、蜜源。

（1521）树莓（覆盆子）**Rubus idaeus L.**

落叶灌木。生于山地林下、林缘、山地灌丛、山地河谷。海拔 400~2 000 m。

产东天山、东北天山、准噶尔阿拉套山、北天山、内天山。中国、哈萨克斯坦、吉尔吉斯斯坦;亚洲、欧洲、北美洲有分布。

食用、药用、油料、观赏、蜜源。

（1522）库页岛悬钩子（库页悬钩子）**Rubus sachalinensis H. Lév.** = *Rubus matsumuranus* H. Lév. et Vaniot

落叶灌木。生于山地林下、林缘、山地灌丛。海拔 1 000~2 100 m。

产东天山、东北天山、准噶尔阿拉套山、北天山、东南天山。中国、哈萨克斯坦、日本、俄罗斯;亚洲、欧洲有分布。

食用、药用、蜜源。

（1523）石生悬钩子 **Rubus saxatilis L.**

多年生草本。生于山地林下、林缘、山溪边、山坡灌丛。海拔 1 100～2 600 m。

产东天山、东北天山、准噶尔阿拉套山、北天山、东南天山。中国、哈萨克斯坦、吉尔吉斯斯坦、日本、蒙古、俄罗斯；亚洲、欧洲、美洲有分布。

食用、药用、蜜源。

259. 仙女木属 Dryas L.

（1524）仙女木 **Dryas octopetala L.** = *Dryas oxyodonta* Juz.

常绿半灌木。生于高山和亚高山草甸。海拔 2 400～3 500 m。

产东天山、东北天山。中国、俄罗斯；亚洲有分布。

260. 路边青属（水杨梅属）Geum L.

（1525）路边青（水杨梅）**Geum aleppicum Jacq.**

多年生草本。生于亚高山草甸、山地林下、林缘、山坡草地、山溪旁、河漫滩。海拔 200～3 500 m。

产东天山、东北天山、准噶尔阿拉套山、北天山、东南天山、内天山、西天山、西南天山。中国、哈萨克斯坦、吉尔吉斯斯坦、乌兹别克斯坦、俄罗斯；北半球温带、暖温带广泛分布。

药用、食用、香料、油料、鞣料、绿化。

＊（1526）异果路边青 **Geum heterocarpum Boiss.** = *Orthurus heterocarpus*（Boiss.）Juz.

多年生草本。生于高山和亚高山阴坡河谷、山溪边。海拔 2 600～3 000 m。

产准噶尔阿拉套山、北天山、西天山、西南天山。哈萨克斯坦、吉尔吉斯斯坦、乌兹别克斯坦；亚洲有分布。

＊（1527）浩罕路边青 **Geum kokanicum Regel et Schmalh. ex Regel** = *Orthurus kokanicus*（Regel et Schmalh.）Juz.

多年生草本。生于亚高山草甸、山地石质山坡。海拔 1 900～2 800 m。

产北天山、西天山、西南天山。哈萨克斯坦、吉尔吉斯斯坦、乌兹别克斯坦；亚洲有分布。

（1528）紫萼路边青（紫萼水杨梅）**Geum rivale L.**

多年生草本。生于山地林下、林缘、沟谷灌丛、河漫滩草甸、沼泽草甸。海拔 900～2 300 m。

产东北天山、准噶尔阿拉套山、北天山、东南天山、中央天山、内天山、西天山、西南天山。中国、哈萨克斯坦、吉尔吉斯斯坦、乌兹别克斯坦、俄罗斯；亚洲、欧洲有分布。

药用、鞣料、染料、香料、食用、蜜源。

＊（1529）田间路边青 **Geum urbanum L.**

多年生草本。生于山地林缘、山溪边、灌丛、河谷。海拔 1 800～3 000 m。

产准噶尔阿拉套山、北天山、内天山、西天山、西南天山。哈萨克斯坦、吉尔吉斯斯坦、乌兹别克斯坦、俄罗斯；亚洲、欧洲有分布。

261. 金露梅属 Dasiphora Raf.

（1530）帕米尔金露梅 **Dasiphora dryadanthoides Juz.** = *Pentaphylloides dryadanthoides*（Juz.）Sojak

落叶小灌木。生于山地干草原、碎石质山坡、山地荒漠。海拔 2 600～4 500 m。

产内天山。中国；亚洲有分布。

（1531）金露梅 **Dasiphora fruticosa**（L.）**Rydb.** =*Pentaphylloides fruticosa*（L.）O. Schwarz =*Pentaphylloides phyllocalyx*（Juz.）Sojark =*Potentilla fruticosa* L.

落叶灌木。生于高山和亚高山草甸、山地林缘、山坡草地、山地灌丛。海拔 1 000~2 900 m。

产东天山、东北天山、准噶尔阿拉套山、北天山、东南天山、内天山、西天山、西南天山。中国、哈萨克斯坦、吉尔吉斯斯坦、乌兹别克斯坦、俄罗斯;亚洲、欧洲;北温带山区广泛分布。

药用、观赏、绿化。

（1532）白毛金露梅 **Dasiphora fruticosa var. albicans Rehd. et Wils.**

落叶灌木。生于山地林缘、山坡草地、山地河谷。海拔 400~4 600 m。

产准噶尔阿拉套山、中央天山。中国;亚洲有分布。

中国特有成分。

（1533）小叶金露梅 **Dasiphora parvifolia**（Fisch. ex Lehm.）**Juz.** =*Pentaphylloides parvifolia*（Fisch.）Sojak =*Potentilla parvifolia* Fisch.

落叶灌木。生于亚高山草甸、山地林下、林缘、山坡草地、沟谷灌丛。海拔 1 100~3 000 m。

产东天山、准噶尔阿拉套山、北天山、东南天山、内天山。中国、哈萨克斯坦、蒙古、俄罗斯;亚洲有分布。

药用、饲料、观赏、绿化。

262. 委陵菜属 Potentilla L.

（1534）窄裂委陵菜 **Potentilla angustiloba Yü et Li**

多年生草本。生于干旱草原、山谷冲积平原。海拔 1 200~3 600 m。

产东南天山、内天山。中国;亚洲有分布。

中国特有成分。药用。

（1535）鹅绒蕨麻 **Potentilla anserina L.** =*Argentina anserina*（L.）Rydb. =*Potentilla anserina* var. *nuda* Gaudl.

多年生草本。生于山地草原、山谷草甸、山溪边、河漫滩草甸。海拔 500~4 100 m。

产东天山、东北天山、准噶尔阿拉套山、北天山、东南天山、中央天山、内天山。中国、哈萨克斯坦、吉尔吉斯斯坦、俄罗斯;欧洲、北温带广泛分布。

食用、药用、饲料。

（1536）银背委陵菜 **Potentilla argentea L.**

多年生草本。生于山地林缘、干旱草原、河漫滩草甸。海拔 400~1 600 m。

产东天山、东北天山、北天山、东南天山。中国、俄罗斯;亚洲、欧洲、美洲有分布。

药用。

＊（1537）阿纳瓦特委陵菜 **Potentilla arnavatensis**（Th. Wolf）**Th. Wolf ex Juz.** =*Potentilla desertorum* Bunge

多年生草本。生于亚高山草甸、石质山谷、砾岩堆。海拔 800~2 600 m。

产西南天山、内天山。吉尔吉斯斯坦、乌兹别克斯坦;亚洲有分布。

（1538）双花委陵菜 **Potentilla biflora Willd. ex Schltdl.**

多年生草本。生于高山和亚高山草甸、山地林缘、碎石山坡。海拔 2 000~3 950 m。

产东天山、东北天山、准噶尔阿拉套山、北天山、中央天山、内天山。中国、哈萨克斯坦、吉尔吉斯斯坦、蒙古、俄罗斯；亚洲、美洲有分布。

药用。

*（1539）东方委陵菜 **Potentilla bifurca** subsp. **orientalis**（**Juzepczuk**）**Soják** = *Sibbaldianthe bifurca* subsp. *orientalis*（Juz.）Kurtto et T. Erikss. = *Potentilla orientalis* Juz.

多年生草本。生于山麓石质坡地、平原。海拔 600~1 500 m。

产准噶尔阿拉套山、北天山、西天山、西南天山。哈萨克斯坦、吉尔吉斯斯坦、乌兹别克斯坦、俄罗斯；亚洲、欧洲有分布。

（1540）二裂委陵菜 **Potentilla bifurca** L. = *Sibbaldianthe bifurca*（L.）Kurtto et T. Erikss. = *Potentilla bifurca* var. *humilior* Rupr.

多年生草本。生于高山和亚高山草甸、山地林缘、干旱草原、碎石坡地、山坡草地、河漫滩、平原荒漠、水边、路边、荒地。海拔 800~3 700 m。

产东天山、东北天山、准噶尔阿拉套山、北天山、东南天山、中央天山、内天山、西天山、西南天山。中国、哈萨克斯坦、吉尔吉斯斯坦、乌兹别克斯坦、俄罗斯；亚洲、欧洲有分布。

药用、饲料、蜜源。

（1541）包氏委陵菜 **Potentilla borissii** P. N. Ovchinnikov et T. F. Kochkareva

多年生草本。生于岩石峭壁、高原冰川冰碛碎石堆。海拔 3 900~4 700 m。

产西南天山、内天山。吉尔吉斯斯坦、乌兹别克斯坦；亚洲有分布。

*（1542）布特考夫委陵菜 **Potentilla butkovii** Botsch.

多年生草本。生于草甸湿地、山崖石缝、细石质山谷。海拔 700~2 400 m。

产西南天山、内天山。吉尔吉斯斯坦、乌兹别克斯坦；亚洲有分布。

（1543）黄花委陵菜 **Potentilla chrysantha** Trev. = *Potentilla asiatica*（Wolf）Juz. ex Kom.

多年生草本。生于山地林缘、林间草地、灌木草原、山坡草地、河谷草甸、山溪边草地。海拔 1 050~2 400 m。

产东天山、东北天山、准噶尔阿拉套山、北天山、东南天山、西天山。中国、哈萨克斯坦、乌兹别克斯坦、蒙古、俄罗斯；亚洲有分布。

药用。

（1544）大萼委陵菜 **Potentilla conferta** Bunge = *Potentilla approximata* Bunge

多年生草本。生于山地石缝、山地林下、林缘、山地草原、山谷草地。海拔 400~2 900 m。

产东天山、东北天山、准噶尔阿拉套山、北天山、东南天山、内天山、西天山、西南天山。中国、哈萨克斯坦、吉尔吉斯斯坦、乌兹别克斯坦、蒙古、俄罗斯；亚洲有分布。

药用。

*（1545）克氏委陵菜 **Potentilla crantzii**（**Crantz.**）**Beck**

多年生草本。生于山地草原。海拔 900~1 600 m。

产北天山。哈萨克斯坦、吉尔吉斯斯坦、俄罗斯；亚洲、欧洲有分布。

*（1546）达瓦兹卡委陵菜 **Potentilla darvazica** Juz.

多年生草本。生于细石质山坡、山崖石缝。海拔 700~2 500 m。

产西南天山、西南天山。吉尔吉斯斯坦、乌兹别克斯坦；亚洲有分布。

（1547）草原委陵菜（荒漠委陵菜）**Potentilla desertorum Bunge**

多年生草本。生于亚高山草甸、山地林缘、林间草地、山地草原。海拔 1 400~2 700 m。

产准噶尔阿拉套山、北天山、西天山、西南天山。中国、哈萨克斯坦、吉尔吉斯斯坦、乌兹别克斯坦、蒙古、俄罗斯；亚洲有分布。

药用。

（1548）疏毛委陵菜（脱绒委陵菜）**Potentilla evestita Wolf**

多年生草本。生于亚高山草甸、山地林缘、林间草地、山地草原、山溪旁。海拔 1 400~3 100 m。

产东天山、东北天山、准噶尔阿拉套山、北天山、内天山、西天山、西南天山。中国、哈萨克斯坦、吉尔吉斯斯坦、乌兹别克斯坦、俄罗斯；亚洲有分布。

药用、鞣料。

*（1549）费氏委陵菜 **Potentilla fedtschenkoana Siegfr. ex Th. Wolf**

多年生草本。生于高山和亚高山石质山坡。海拔 2 600~3 000 m。

产北天山、内天山、西天山、西南天山。吉尔吉斯斯坦、乌兹别克斯坦；亚洲有分布。

*（1550）费尔干纳委陵菜 **Potentilla ferganensis J. Sojak**

多年生草本。生于森林-灌丛带、河谷、细石质山坡。海拔 700~2 600 m。

产西南天山、西天山。吉尔吉斯斯坦、乌兹别克斯坦；亚洲有分布。

*（1551）扇形委陵菜 **Potentilla flabellata Regel et Schmalh. ex Regel**

多年生草本。生于山地草甸草原、沼泽草甸、河谷。海拔 1 200~2 900 m。

产西南天山、内天山。吉尔吉斯斯坦、乌兹别克斯坦；亚洲有分布。

（1552）绿叶委陵菜（耐寒委陵菜）**Potentilla gelida C. A. Mey.**

多年生草本。生于高山和亚高山草甸、高山沼泽草甸、山地林下、林缘、山谷草甸。海拔 1 100~4 000 m。

产东天山、东北天山、准噶尔阿拉套山、北天山、内天山、西天山、西南天山。中国、哈萨克斯坦、吉尔吉斯斯坦、乌兹别克斯坦、蒙古、伊朗；亚洲有分布。

药用。

*（1553）革叶委陵菜 **Potentilla grisea Juz.**

多年生草本。生于高山草甸、亚高山石质山坡、碎石堆。海拔 2 600~3 100 m。

产北天山、内天山。吉尔吉斯斯坦；亚洲有分布。

（1554）全白委陵菜 **Potentilla hololeuca Boiss. ex Kotschy**

多年生草本。生于高山和亚高山草甸、山地林缘、碎石山坡、山地灌丛、沼泽草甸。海拔 800~3 600 m。

产东天山、东北天山、东南天山、中央天山、内天山、西天山、西南天山。中国、哈萨克斯坦、吉尔吉斯斯坦、乌兹别克斯坦、伊朗；亚洲有分布。

饲料、药用。

（1555）覆瓦委陵菜 **Potentilla imbricata Kar. et Kir.** = *Sibbaldianthe imbricata*（Kar. et Kir.）Mosyakin et Shiyan

多年生草本。生于干旱河滩、山地草原。海拔 500~1 800 m。

产东天山、准噶尔阿拉套山。中国、哈萨克斯坦、蒙古;亚洲有分布。

药用。

(1556) 灰毛委陵菜 **Potentilla inclinata Vill.** = *Potentilla canescens* Besser = *Potentilla impolita* Wahlenb.

多年生草本。生于亚高山草甸、山地林缘、林间草地、山地草原、灌丛、河漫滩草甸。海拔 1 100~2 700 m。

产东天山、东北天山、准噶尔阿拉套山、北天山、西天山。中国、哈萨克斯坦、吉尔吉斯斯坦、乌兹别克斯坦、俄罗斯;亚洲、欧洲有分布。

饲料。

*(1557) 卡拉山委陵菜 **Potentilla karatavica Juz.**

多年生草本。生于山崖、山脊碎石堆、山麓平原。海拔 600~2 500 m。

产西天山。吉尔吉斯斯坦、乌兹别克斯坦;亚洲有分布。

*(1558) 库拉本委陵菜 **Potentilla kulabensis Th. Wolf** = *Drymocallis kulabensis* (Wolf) Soják

多年生草本。生于山地丘陵阴坡、河边、杨树林下。海拔 1 100~2 700 m。

产西南天山、内天山。吉尔吉斯斯坦、乌兹别克斯坦;亚洲有分布。

(1559) 腺毛委陵菜 **Potentilla longifolia Willd. ex Schlechr**

多年生草本。生于亚高山草甸、山地林缘、山溪旁、山坡草地、河漫滩草甸。海拔 800~2 600 m。

产东天山、东北天山、准噶尔阿拉套山、北天山、东南天山。中国、哈萨克斯坦、朝鲜、蒙古、俄罗斯;亚洲、欧洲有分布。

药用。

*(1560) 软委陵菜 **Potentilla mollissima Lehm.**

多年生草本。生于黏土质山坡、河流阶地。海拔 900~2 400 m。

产西南天山、内天山。吉尔吉斯斯坦、乌兹别克斯坦;亚洲有分布。

*(1561) 毛氏委陵菜 **Potentilla moorcroftii Wall.** = *Sibbaldianthe bifurca* (L.) Kurtto et T. Erikss.

多年生草本。生于石质山坡、草甸草原、森林草甸、高山冰川冰碛堆。海拔 3 400~4 600 m。

产西天山、西南天山。吉尔吉斯斯坦、乌兹别克斯坦;亚洲有分布。

(1562) 多裂委陵菜 **Potentilla multifida L.**

多年生草本。生于高山和亚高山草甸、山地林缘、山地河谷、山坡草地、河滩沙地。海拔 1 200~4 300 m。

产东天山、准噶尔阿拉套山、北天山、东南天山、中央天山、内天山、西天山、西南天山。中国、哈萨克斯坦、吉尔吉斯斯坦、乌兹别克斯坦、俄罗斯;北温带广泛分布。

药用、杀虫、饲料。

(1563) 矮生多裂委陵菜 **Potentilla multifida var. nubigena Wolf**

多年生草本。生于高寒荒漠、高山和亚高山草甸、山地林下、林缘、河谷草甸、山坡草地。海拔 1 300~5 000 m。

产准噶尔阿拉套山、北天山、东南天山。中国、伊朗、俄罗斯;亚洲有分布。

（1564）掌叶多裂委陵菜 **Potentilla multifida var. ornithopoda Wolf** = *Potentilla ornithopoda* Tausch

多年生草本。生于高寒荒漠、高山和亚高山草甸、山地林下、山地河谷、山坡草地、河漫滩草甸。海拔 700～4 800 m。

产东天山、东北天山、准噶尔阿拉套山、北天山、东南天山、中央天山、内天山。中国、哈萨克斯坦、吉尔吉斯斯坦、乌兹别克斯坦、蒙古、俄罗斯；亚洲有分布。

（1565）显脉委陵菜 **Potentilla nervosa Juz.**

多年生草本。生于高山和亚高山草甸、山地林下、林缘、干旱山坡、沼泽草甸。海拔 1 700～4 530 m。

产东天山、东北天山、准噶尔阿拉套山、北天山、内天山、西天山、西南天山。中国、哈萨克斯坦、吉尔吉斯斯坦、乌兹别克斯坦；亚洲有分布。

药用。

（1566）雪白委陵菜 **Potentilla nivea L.**

多年生草本。生于高山和亚高山草甸、山地林缘、林间草地、山坡草地。海拔 1 900～3 600 m。

产东天山、东北天山、准噶尔阿拉套山、北天山。中国、哈萨克斯坦、吉尔吉斯斯坦、朝鲜、日本、俄罗斯；亚洲、欧洲有分布。

药用、饲料。

（1567）帕米尔委陵菜 **Potentilla pamiroalaica Juz.**

多年生草本。生于高寒荒漠、高山和亚高山草甸、山地林缘、山地荒漠草原、河漫滩草甸。海拔 1 700～4 600 m。

产东天山、东北天山、准噶尔阿拉套山、北天山、东南天山、中央天山、内天山、西天山、西南天山。中国、哈萨克斯坦、吉尔吉斯斯坦、乌兹别克斯坦；亚洲有分布。

药用。

＊（1568）鸟足状委陵菜 **Potentilla pedata Willd.** = *Potentilla trascaspia* Th. Wolf

多年生草本。生于山麓石质-细石质山坡、低山河谷、石质草地。海拔 300～2 100 m。

产准噶尔阿拉套山、北天山、内天山、西天山、西南天山。哈萨克斯坦、吉尔吉斯斯坦、乌兹别克斯坦；亚洲、欧洲有分布。

（1569）华西委陵菜 **Potentilla potaninii Wolf**

多年生草本。生于高寒荒漠、高山和亚高山草甸、山地林缘、沼泽草甸、干旱山坡。海拔 1 700～4 100 m。

产东天山、东北天山。中国；亚洲有分布。

中国特有成分。

（1570）直立委陵菜 **Potentilla recta L.**

多年生草本。生于山地林缘、林间草地、山地草原、沼泽草甸。海拔 800～2 400 m。

产东天山、准噶尔阿拉套山、北天山。中国、哈萨克斯坦、伊朗、俄罗斯；亚洲、欧洲有分布。

（1571）匍匐委陵菜 **Potentilla reptans L.**

多年生匍匐草本。生于河边草甸、田边潮湿地。海拔 500～1 800 m。

产准噶尔阿拉套山、北天山、内天山、西天山、西南天山。中国、哈萨克斯坦、吉尔吉斯斯坦、乌

兹别克斯坦、俄罗斯;亚洲、欧洲、非洲有分布。

药用、饲料。

*(1572) 疏古南委陵菜 **Potentilla schugnanica Juz. ex T. A. Adylov**

多年生草本。生于山地阴坡草地、河谷。海拔 900~2 800 m。

产西南天山、内天山。吉尔吉斯斯坦、乌兹别克斯坦;亚洲有分布。

(1573) 绢毛委陵菜 **Potentilla sericea L.**

多年生草本。生于高山和亚高山草甸、山地林下、林缘、山谷草地。海拔 300~3 950 m。

产东天山、东北天山、准噶尔阿拉套山、北天山、东南天山、中央天山、内天山。中国、哈萨克斯坦、吉尔吉斯斯坦、蒙古、俄罗斯;亚洲有分布。

药用。

(1574) 准噶尔委陵菜 **Potentilla soongarica Bunge**

多年生草本。生于山地林缘、山坡草地、河漫滩草甸。海拔 500~2 400 m。

产东天山、准噶尔阿拉套山、北天山、东南天山、内天山、西天山、西南天山。中国、哈萨克斯坦、吉尔吉斯斯坦、乌兹别克斯坦、蒙古、俄罗斯;亚洲有分布。

药用。

(1575) 灰白委陵菜(茸毛委陵菜) **Potentilla strigosa Pall. ex Pursh**

多年生草本。生于山地林缘、林间草地、干旱山坡、山坡灌丛。海拔 1 600~2 100 m。

产东天山、东北天山、北天山、内天山、西天山、西南天山。中国、哈萨克斯坦、吉尔吉斯斯坦、乌兹别克斯坦、蒙古、俄罗斯;亚洲有分布。

(1576) 朝天委陵菜 **Potentilla supina L.**

一年生或二年生草本。生于山地林缘、水渠边、田边、低湿地。海拔 300~1 900 m。

产东天山、东北天山、准噶尔阿拉套山、北天山、东南天山。中国、哈萨克斯坦、吉尔吉斯斯坦、乌兹别克斯坦;北温带广泛分布。

药用、饲料。

*(1577) 怪异委陵菜 **Potentilla supina subsp. paradoxa(Nutt. ex Torr. et Gray)Sojak**

多年生草本。生于河漫滩、杜加依林下、河边、渠边、路旁。海拔 900~2 800 m。

产准噶尔阿拉套山、北天山、西天山、西南天山。哈萨克斯坦、吉尔吉斯斯坦、乌兹别克斯坦、俄罗斯;亚洲有分布。

*(1578) 灰白委陵菜 **Potentilla tephroleuca(Th. Wolf)B. Fedtsch.**

多年生草本。生于亚高山草甸、石质坡地。海拔 2 600~3 000 m。

产准噶尔阿拉套山、北天山。哈萨克斯坦、吉尔吉斯斯坦;亚洲有分布。

*(1579) 塔拉斯委陵菜 **Potentilla tephroserica Juz.**

多年生草本。生于山地草甸湿地、冰川堆积物、圆柏灌丛。海拔 2 900~4 100 m。

产西天山。哈萨克斯坦、吉尔吉斯斯坦、乌兹别克斯坦;亚洲有分布。

(1580) 高山委陵菜 **Potentilla tetrandra(Bunge)Bunge ex Hook. f.** = *Sibbaldia tetrandra* Bunge = *Dryadanthe tetrandra*(Bunge)Juz.

多年生垫状草本。生于高寒荒漠、高山冰碛堆、高山和亚高山草甸、高山沼泽草甸、倒石堆。

海拔 2 500~4 700 m。

产东天山、东北天山、准噶尔阿拉套山、北天山、东南天山、中央天山、内天山、西天山、西南天山。中国、吉尔吉斯斯坦、乌兹别克斯坦、俄罗斯；亚洲有分布。

(1581) 密枝委陵菜 **Potentilla virgata Lehm.** = *Potentilla dealbata* Bunge

多年生草本。生于山地林下、林缘、林间草地、灌木草原、河漫滩草甸。海拔 400~3 100 m。

产东天山、东北天山、准噶尔阿拉套山、北天山、东南天山、中央天山、内天山。中国、哈萨克斯坦、吉尔吉斯斯坦、蒙古、俄罗斯；亚洲有分布。

药用。

＊(1582) 维登斯凯委陵菜 **Potentilla vvedenskyi Botsch.**

多年生草本。生于亚高山草甸、山坡草地。海拔 2 000~2 900 m。

产西天山、西南天山。乌兹别克斯坦；亚洲有分布。

263. 蕨麻属 Argentina Hill

(1583) 木质蕨麻 **Argentina lignosa（D. F. K. Schltdl.）Soják** = *Tylosperma lignosa*（Willd. ex Schlecht-end.）Botsch.

垫状小灌木。生于亚高山石质坡地。海拔 2 800~3 200 m。

产内天山、西南天山。中国、乌兹别克斯坦、塔吉克斯坦；亚洲有分布。

＊264. 石陵菜属 Drymocallis Fourr. ex Rydb.

＊(1584) 天山石陵菜 **Drymocallis tianschanica（Wolf）J. Soják** = *Potentilla tianschanica* Th. Wolf

多年生草本。生于亚高山石质坡地、山崖岩石缝。海拔 2 600~3 000 m。

产西天山、西南天山。乌兹别克斯坦；亚洲有分布。

乌兹别克斯坦特有成分。

265. 毛莓草属 Sibbaldianthe Juz.

＊(1585) 紧密毛莓草 **Sibbaldianthe adpressa（Bunge）Juz.**

灌木。生于高山草甸、冰川冰碛石堆、坡积物。海拔 2 900~3 500 m。

产西天山。吉尔吉斯斯坦、俄罗斯；亚洲有分布。

266. 沼委陵菜属 Comarum L.

(1586) 沼委陵菜 **Comarum palustre L.**

落叶半灌木。生于山地河谷、湖边、河岸沼泽、低洼湿地。海拔 1 200~3 200 m。

产东南天山、内天山。中国、俄罗斯；亚洲、欧洲、北美洲、北温带广泛分布。

药用。

(1587) 白花沼委陵菜（西北沼委陵菜）**Comarum salesovianum（Stephan）Asch. et Grachn.**

落叶半灌木。生于山地林缘、沟谷灌丛、碎石山坡、山溪旁、低洼湿地。海拔 1 800~4 000 m。

产东天山、东北天山、准噶尔阿拉套山、北天山、东南天山、中央天山、内天山。中国、哈萨克斯坦、吉尔吉斯斯坦、蒙古、俄罗斯；亚洲有分布。

267. 山莓草属 Sibbaldia L.

(1588) 伏毛山莓草 **Sibbaldia adpressa Bunge**

多年生草本。生于山地林下、碎石山坡。海拔 600~4 200 m。

产东天山、东南天山、中央天山、内天山。中国、蒙古、俄罗斯;亚洲有分布。
药用。

（1589）大叶山莓草 **Sibbaldia macrophylla** Turcz. ex Juz. = *Sibbaldia procumbens* L.

多年生草本。生于高山和亚高山草甸、石质山坡草地、倒石堆。海拔 2 900～3 400 m。

产准噶尔阿拉套山、北天山。中国、哈萨克斯坦、吉尔吉斯斯坦、蒙古、俄罗斯;亚洲有分布。

*（1590）高山山莓草 **Sibbaldia olgae** Juz. et Ovcz.

多年生草本。生于高山和亚高山草甸、冰碛堆、石质山坡草地。海拔 2 900～3 400 m。

产北天山、西天山。哈萨克斯坦、吉尔吉斯斯坦、乌兹别克斯坦;亚洲有分布。

268. 地蔷薇属 Chamaerhodos Bunge

（1591）地蔷薇 **Chamaerhodos erecta**（L.）Bunge

一年生或二年生草本。生于亚高山草甸、山地草原、石质山坡、河滩沙地。海拔 1 100～
2 500 m。

产东天山、东北天山、准噶尔阿拉套山、北天山。中国、哈萨克斯坦、吉尔吉斯斯坦。蒙古、俄
罗斯;亚洲有分布。

药用。

（1592）沙生地蔷薇 **Chamaerhodos sabulosa** Bunge

多年生草本。生于荒漠草原、石质山坡、河边沙地、干河滩。海拔 300～2 000 m。

产准噶尔阿拉套山。中国、哈萨克斯坦、蒙古、俄罗斯;亚洲有分布。

*（1593）准噶尔地蔷薇 **Chamaerhodos songarica** Juz. = *Chamaerhodos erecta*（L.）Bunge

二年生草本。生于细石质山坡、岩石峭壁、河谷、山溪边、河边、山地草原。海拔 300～2 300 m。

产准噶尔阿拉套山、北天山、西天山。哈萨克斯坦、吉尔吉斯斯坦、亚洲有分布。

269. 草莓属 Fragaria L.

*（1594）布哈拉草莓 **Fragaria bucharica** Losinsk.

多年生草本。生于山地草原、山溪边、野核桃林下。海拔 1 900～2 500 m。

产西南天山、内天山。吉尔吉斯斯坦、乌兹别克斯坦;亚洲有分布。

*（1595）喜马拉雅草莓 **Fragaria nubicola** Lindl.

多年生草本。生于河边、河谷、干河床。海拔 1 500～2 600 m。

产西南天山、内天山。吉尔吉斯斯坦、乌兹别克斯坦;亚洲有分布。

（1596）森林草莓(野草莓) **Fragaria vesca** L.

多年生草本。生于山地林下、林缘、山地灌丛、山坡草地、山地草甸。海拔 1 100～2 500 m。

产东天山、东北天山、准噶尔阿拉套山、北天山、东南天山、西天山。中国、哈萨克斯坦、吉尔吉
斯斯坦、乌兹别克斯坦;北温带广泛分布。

食用、药用、鞣料、油料、蜜源。

（1597）绿草莓 **Fragaria viridis** Duchesne = *Fragaria viridis* Weston

多年生草本。生于山地林缘、溪边草丛、山坡草地。海拔 1 300～2 700 m。

产东天山、东北天山、准噶尔阿拉套山、北天山、东南天山、西天山。中国、哈萨克斯坦、吉尔吉
斯斯坦、乌兹别克斯坦、俄罗斯;亚洲、欧洲有分布。

食用、药用、油料、蜜源。

270. 蔷薇属 Rosa L.

*（1598）阿克布热蔷薇 **Rosa achburensis Chrshan.** = *Rosa canina* L.

灌木。生于林缘、野核桃林下、圆柏灌丛、河谷、灌丛。海拔 900~2 500 m。

产西天山、西南天山、内天山。吉尔吉斯斯坦、乌兹别克斯坦；亚洲有分布。

（1599）刺蔷薇 **Rosa acicularis Lindl.**

落叶灌木。生于山地林下、林缘、沟谷灌丛、河漫滩。海拔 800~2 500 m。

产东天山、准噶尔阿拉套山、北天山。中国、哈萨克斯坦、蒙古、日本、俄罗斯；亚洲、美洲有分布。

食用、药用油料、染料、观赏、蜜源。

（1600）腺齿蔷薇 **Rosa albertii Regel**

落叶灌木。生于山地林下、林缘、林间草地、沟谷灌丛。海拔 800~2 500 m。

产东天山、东北天山、准噶尔阿拉套山、北天山、东南天山、中央天山、内天山。中国、哈萨克斯坦、俄罗斯；亚洲有分布。

食用、药用、植化原料（维生素）、观赏、饲料。

（1601）落花蔷薇（弯刺蔷薇）**Rosa beggeriana Schrenk** = *Rosa silverhjelmii* Schrenk.

落叶灌木。生于山地林下、林缘、山地草原、沟谷灌丛、山溪旁、河漫滩沙地。海拔 600~2 400 m。

产东天山、东北天山、准噶尔阿拉套山、北天山、东南天山、中央天山、内天山。中国、哈萨克斯坦、阿富汗、伊朗；亚洲有分布。

药用。

*（1602）犬齿蔷薇 **Rosa canina L.**

落叶灌木。生于山地林缘、山溪边、河谷湿地。海拔 2 000~2 800 m。

产内天山、北天山、西天山。吉尔吉斯斯坦、乌兹别克斯坦；亚洲有分布。

*（1603）伞房蔷薇 **Rosa corymbifera Borkh.**

落叶灌木。生于山地河谷湿地、山溪边。海拔 2 500~3 100 m。

产内天山、西天山、西南天山。吉尔吉斯斯坦、乌兹别克斯坦；亚洲有分布。

*（1604）亚勘蔷薇 **Rosa dsharkenti Chrshanovsky**

灌木。生于石质山坡、河谷、洪积扇。海拔 800~2 300 m。

产准噶尔阿拉套山。哈萨克斯坦；亚洲有分布。

（1605）腺毛蔷薇 **Rosa fedtschenkoana Regel**

落叶灌木。生于山地林下、干旱山坡、沟谷灌丛、河漫滩。海拔 580~3 200 m。

产东天山、东北天山、准噶尔阿拉套山、北天山、东南天山、内天山、西天山、西南天山。中国、哈萨克斯坦、吉尔吉斯斯坦、乌兹别克斯坦、阿富汗；亚洲有分布。

食用、药用、植化原料（维生素）、观赏。

（1606）格氏蔷薇（陕西蔷薇）**Rosa giraldii Crép.** = *Rosa nanothamnus* Boulenger

落叶灌木。生于山地林缘、林间草地、干旱山坡、沟谷灌丛。海拔 500~4 000 m。

203

产东天山、北天山、东南天山、内天山、西天山、西南天山。中国、哈萨克斯坦、吉尔吉斯斯坦、乌兹别克斯坦、阿富汗;亚洲有分布。

*(1607) 黑塞尔蔷薇 **Rosa hissarica Slob.**
落叶灌木。生于山地河谷。海拔 800~2 100 m。
产内天山、西天山、西南天山。吉尔吉斯斯坦、乌兹别克斯坦;亚洲有分布。

*(1608) 腺叶蔷薇 **Rosa kokanica（Regel）Regel ex Juz.**
落叶灌木。生于山崖、河谷、山溪边。海拔 1 500~3 000 m。
产内天山、西天山、西南天山。吉尔吉斯斯坦、乌兹别克斯坦;亚洲有分布。

*(1609) 库晋蔷薇 **Rosa korschinskiana Boulenger**
灌木。生于石质山坡、砾岩堆、河谷。海拔 1 100~2 600 m。
产西天山、西南天山。吉尔吉斯斯坦、乌兹别克斯坦有分布。

(1610) 疏花蔷薇 **Rosa laxa Retz.**
落叶灌木。生于山地林下、林缘、山地灌丛、沟谷灌丛。海拔 350~3 700 m。
产东天山、东北天山、准噶尔阿拉套山、北天山、东南天山、中央天山、内天山、西天山、西南天山。中国、哈萨克斯坦、吉尔吉斯斯坦、乌兹别克斯坦、蒙古、俄罗斯;亚洲有分布。
食用、药用、植化原料(维生素)、观赏、绿化。

(1611) 喀什疏花蔷薇 **Rosa laxa var. kaschgarica（Rupr.）Y. L. Han**
落叶灌木。生于干旱荒漠、沟谷灌丛、河边沙地。海拔 900~2 300 m。
产东天山、东南天山、中央天山。中国;亚洲有分布。
中国特有成分。食用、药用、植化原料(维生素)、观赏、绿化。

*(1612) 列合玛尼蔷薇 **Rosa lehmanniana Bunge** =*Rosa beggeriana* Schrenk
灌木。生于山崖石缝、山溪边、山麓平原荒漠。海拔 600~2 700 m。
产西天山、西南天山。吉尔吉斯斯坦、乌兹别克斯坦;亚洲有分布。

*(1613) 大果蔷薇(大叶蔷薇) **Rosa maracandica Bunge** =*Rosa webbiana* Wall.
落叶灌木。生于干旱石质山坡、沟谷灌丛。海拔 1 300~5 000 m。
产内天山、西天山、西南天山。中国、乌兹别克斯坦、阿富汗、巴基斯坦、印度;亚洲有分布。
食用、药用、植化原料(维生素)、观赏。

*(1614) 奥氏蔷薇 **Rosa ovczinnikovii Koczk.** =*Rosa kokanica*（Regel）Regel ex Juz.
灌木。生于细石质山坡、灌丛、野核桃林下、阔叶林下、桦树林下。海拔 1 200~2 700 m。
产西天山、西南天山、内天山。吉尔吉斯斯坦、乌兹别克斯坦;亚洲有分布。

(1615) 尖刺蔷薇 **Rosa oxyacantha M. Bieb.**
落叶灌木。生于山地林下、林缘、山坡灌丛、沟谷灌丛。海拔 500~2 100 m。
产准噶尔阿拉套山、北天山、东南天山。中国、蒙古、俄罗斯;亚洲有分布。

(1616) 悬垂蔷薇 **Rosa pendulina L.** =*Rosa cinnamomea* L.
落叶灌木。生于山地林缘、沟谷灌丛、河边沙地。海拔 1 200~2 800 m。
产准噶尔阿拉套山、北天山、中央天山、内天山。中国、俄罗斯;亚洲、欧洲有分布。
食用、药用、香料、染料、鞣料、观赏。

（1617）单叶蔷薇 **Rosa persica Michx. ex J. F. Gmel.** =*Hulthemia berberifolia*（Pall.）Dum.

落叶小灌木。生于碎石坡地、低山干旱沟谷、平原干旱荒漠。海拔 350~1 000 m。

产东天山、东北天山、准噶尔阿拉套山、北天山、西天山。中国、哈萨克斯坦、乌兹别克斯坦、俄罗斯；亚洲有分布。

*（1618）委陵蔷薇 **Rosa petentillaefolia Chrshan.**

落叶灌木。生于山地河谷、灌丛。海拔 900~2 600 m。

产北天山。哈萨克斯坦；亚洲有分布。

哈萨克斯坦特有成分。

（1619）宽刺蔷薇 **Rosa platyacantha Schrenk**

落叶灌木。生于山地林缘、山地灌丛、山地草原、石质山坡、沟谷灌丛、河漫滩。海拔 200~2 900 m。

产东天山、东北天山、准噶尔阿拉套山、北天山、东南天山、中央天山、内天山、西天山。中国、哈萨克斯坦、吉尔吉斯斯坦、乌兹别克斯坦；亚洲有分布。

药用、鞣料、饲料、绿化、观赏。

*（1620）波波夫蔷薇 **Rosa popovii Chrshan.**

灌木。生于石质山坡、灌丛、河岸。海拔 1 200~2 700 m。

产西天山、西南天山、内天山。吉尔吉斯斯坦、乌兹别克斯坦；亚洲有分布。

*（1621）西林克蔷薇 **Rosa schrenkiana Crep.**

落叶灌木。生于低山河谷。海拔 800~1 500 m。

产准噶尔阿拉套山。哈萨克斯坦；亚洲有分布。

哈萨克斯坦特有成分。

（1622）多刺蔷薇（密刺蔷薇）**Rosa spinosissima L.** =*Rosa pimpinellifolia* L.

落叶灌木。生于山地林缘、山地草原、石质山坡、沟谷灌丛、河漫滩。海拔 700~2 200 m。

产东天山、准噶尔阿拉套山、北天山、东南天山、中央天山。中国、哈萨克斯坦、俄罗斯；亚洲、欧洲有分布。

食用、药用、植化原料（维生素）、鞣料、观赏、绿化。

*（1623）土耳其蔷薇 **Rosa turkestanica Regel**

灌木。生于干旱山坡、河谷。海拔 1 200~2 900 m。

产西南天山、内天山。吉尔吉斯斯坦、乌兹别克斯坦；亚洲有分布。

*（1624）长柔毛蔷薇 **Rosa villosa L.** =*Rosa longisepala* Ravaud

多年生草本。生于山地草原、山溪边、山崖。海拔 2 200~2 500 m。

产西南天山、内天山。吉尔吉斯斯坦、乌兹别克斯坦；亚洲有分布。

271. 单叶蔷薇属 Hulthemia Dumort

*（1625）波斯单叶蔷薇 **Hulthemia persica**（Juss.）**Bornm.** =*Rosa persica* Michx. ex J. F. Gmel.

灌木。生于龟裂土荒漠、砾石堆、盐渍化草地、石灰岩丘陵、山地荒漠草原。海拔 300~1 700 m。

产准噶尔阿拉套山、北天山、西天山、西南天山。哈萨克斯坦、吉尔吉斯斯坦、乌兹别克斯坦；亚洲有分布。

272. 龙芽草属 Agrimonia L.

（1626）亚洲龙芽草（大花龙芽草）**Agrimonia eupatoria subsp. asiatica**（Juz.）**Skalicky** = *Agrimonia asiatica* Juz.

多年生草本。生于山地林缘、山溪旁、河谷草甸、河谷灌丛。海拔 500~2 800 m。

产准噶尔阿拉套山、北天山。中国、哈萨克斯坦、吉尔吉斯斯坦、乌兹别克斯坦、伊朗、俄罗斯；亚洲、欧洲有分布。

药用、染料、鞣料、油料、蜜源。

（1627）龙芽草 **Agrimonia pilosa Ledeb.**

多年生草本。生于山地林缘、山溪旁、河谷草甸、河谷灌丛。海拔 1 000~2 800 m。

产东天山、东北天山、准噶尔阿拉套山、北天山、东南天山。中国、哈萨克斯坦、蒙古、朝鲜、日本、俄罗斯；亚洲、欧洲有分布。

药用、鞣料、有毒、杀虫、食用、饲料。

*273. 多蕊地榆属 Poterium L.

*（1628）毛果多蕊地榆 **Poterium lasiocarpum Boiss. et Haussk. ex Boiss.**

多年生草本。生于石质山坡、河漫滩、山谷、田边。海拔 500~2 000 m。

产西天山、西南天山。吉尔吉斯斯坦、乌兹别克斯坦、俄罗斯；亚洲有分布。

*（1629）杂性多蕊地榆 **Poterium polygamum Waldst. et Kit.** = *Poterium sanguisorba* subsp. *polygamum*（Waldst. et Kit.）Asch. et Graebn.

多年生草本。生于裸露山脊、石质碎石山坡、路旁、田边、矿石堆。海拔 600~2 000 m。

产准噶尔阿拉套山、北天山、西天山、西南天山。哈萨克斯坦、吉尔吉斯斯坦、乌兹别克斯坦、俄罗斯；亚洲、欧洲有分布。

274. 地榆属 Sanguisorba L.

（1630）高山地榆 **Sanguisorba alpina Bunge**

多年生草本。生于亚高山草甸、山地林下、林缘、林间草地、河谷草甸、山坡草地、河边灌丛。海拔 1 200~2 850 m。

产北天山、东南天山、内天山、西天山、西南天山。中国、哈萨克斯坦、吉尔吉斯斯坦、乌兹别克斯坦、蒙古、俄罗斯；亚洲有分布。

药用、鞣料、饲料、观赏。

（1631）地榆 **Sanguisorba officinalis L.**

多年生草本。生于亚高山草甸、山地林下、林缘、河谷草甸、山坡草地、河边灌丛。海拔 1 100~2 800 m。

产东天山、准噶尔阿拉套山、北天山、东南天山、内天山、西天山、西南天山。中国、哈萨克斯坦、吉尔吉斯斯坦、乌兹别克斯坦、俄罗斯；亚洲、欧洲、北温带广泛分布。

药用、食用、鞣料、染料、饲料、蜜源。

275. 羽衣草属 Alchemilla L.

*(1632) 布恩集羽衣草 **Alchemilla bungei Juz.**

多年生草本。生于高山草甸、雪线附近碎石堆、山溪边。海拔 2 500~3 600 m。

产准噶尔阿拉套山。哈萨克斯坦、俄罗斯;亚洲有分布。

*(1633) 秃羽衣草 **Alchemilla calviformis P. N. Ovchinnikov**

多年生草本。生于高山草甸、草甸湿地、河边。海拔 2 600~3 000 m。

产西南天山、内天山。吉尔吉斯斯坦、乌兹别克斯坦;亚洲有分布。

*(1634) 雪羽衣草 **Alchemilla chionophila Juz.**

多年生草本。生于高山草甸湿地、冰川冰碛堆、山溪边。海拔 300~3 600 m。

产西天山、西南天山。吉尔吉斯斯坦、乌兹别克斯坦;亚洲有分布。

*(1635) 弯枝羽衣草 **Alchemilla cyrtopleura Juz.**

多年生草本。生于高山草甸、林缘、灌丛、河谷。海拔 1 400~2 900 m。

产准噶尔阿拉套山、北天山、西天山、西南天山。哈萨克斯坦、吉尔吉斯斯坦、乌兹别克斯坦、俄罗斯;亚洲有分布。

*(1636) 泉羽衣草 **Alchemilla fontinalis Juz.**

多年生草本。生于河岸、泉边、高山草甸湿地。海拔 2 900~3 200 m。

产西南天山、内天山。吉尔吉斯斯坦、乌兹别克斯坦;亚洲有分布。

(1637) 纤细羽衣草 **Alchemilla gracilis Opiz** = *Alchemilla micans* Buser

多年生草本。生于高山和亚高山草甸、山地林下、林缘、河边灌丛、山溪旁。海拔 1 700~3 500 m。

产东天山、北天山。中国、俄罗斯;亚洲、欧洲有分布。

*(1638) 矮羽衣草 **Alchemilla humilicaulis Juz.**

多年生草本。生于亚高山草甸、林间草地。海拔 2 100~2 900 m。

产北天山、西天山。哈萨克斯坦、吉尔吉斯斯坦;亚洲有分布。

(1639) 光柄羽衣草 **Alchemilla krylovii Juz.**

多年生草本。生于亚高山草甸、山地林缘、林间草地、河边灌丛、山涧溪旁。海拔 1 200~2 700 m。

产东天山、准噶尔阿拉套山、北天山。中国、哈萨克斯坦、俄罗斯;亚洲有分布。

药用、饲料。

*(1640) 赛尔加斯羽衣草 **Alchemilla lipschitzii Juz.**

多年生草本。生于亚高山草甸、草甸湿地、灌丛。海拔 2 900~3 100 m。

产准噶尔阿拉套山、西天山。哈萨克斯坦、吉尔吉斯斯坦、俄罗斯;亚洲有分布。

*(1641) 美赫羽衣草 **Alchemilla michelsonii Juz.**

多年生草本。生于亚高山草甸、草甸湿地、灌丛。海拔 2 800~3 000 m。

产北天山、西天山。哈萨克斯坦、吉尔吉斯斯坦;亚洲有分布。

*(1642) 穆比克羽衣草 **Alchemilla murbeckiana Buser**

多年生草本。生于森林草甸、草甸湿地。海拔 2 700~3 100 m。

产准噶尔阿拉套山、北天山。哈萨克斯坦、俄罗斯;亚洲、欧洲有分布。

*（1643）毛叶羽衣草 **Alchemilla retropilosa** Juz.

多年生草本。生于山溪边、山地草甸湿地、湖边、圆柏灌丛。海拔 2 900~3 400 m。

产准噶尔阿拉套山、北天山、西天山、西南天山。哈萨克斯坦、吉尔吉斯斯坦、乌兹别克斯坦;亚洲有分布。

*（1644）红花羽衣草 **Alchemilla rubens** Juz.

多年生草本。生于高山和亚高山草甸。海拔 2 900~3 600 m。

产准噶尔阿拉套山。哈萨克斯坦;亚洲有分布。

哈萨克斯坦特有成分。

*（1645）萨乌尔羽衣草 **Alchemilla sauri** Juz.

多年生草本。生于亚高山草甸、草甸湿地、河谷。海拔 2 800~3 400 m。

产准噶尔阿拉套山、西天山、北天山。哈萨克斯坦、吉尔吉斯斯坦;亚洲有分布。

（1646）西伯利亚羽衣草 **Alchemilla sibirica** Zämelis

多年生草本。生于亚高山草甸、山地林缘、林间草地、河边灌丛、山溪旁。海拔 1 000~2 700 m。

产东天山、东北天山、准噶尔阿拉套山、北天山、中国、哈萨克斯坦、俄罗斯;亚洲有分布。

药用。

（1647）天山羽衣草 **Alchemilla tianschanica** Juz.

多年生草本。生于亚高山草甸、山地林缘、林间草地、河谷草甸、河边灌丛、山溪旁。海拔 1 000~2 900 m。

产东天山、东北天山、准噶尔阿拉套山、北天山、东南天山。中国、哈萨克斯坦;亚洲有分布。

药用、饲料。

*（1648）外伊犁羽衣草 **Alchemilla transiliensis** Juz.

多年生草本。生于草甸湿地、山溪边、冰川冰碛碎石堆。海拔 2 900~3 500 m。

产准噶尔阿拉套山、北天山。哈萨克斯坦;亚洲有分布。

276. 白鹃梅属 Exochorda Lindl.

*（1649）天山白鹃梅 **Exochorda tianschanica** Gontsch. = *Exochorda racemosa*（Lindl.）Rehd.

灌木。生于石质山坡、河边、山地荒漠草原、灌丛、林缘。海拔 1 700~2 600 m。

产西天山、西南天山、吉尔吉斯斯坦、乌兹别克斯坦;亚洲有分布。

277. 李属 Prunus L.

*（1650）红果李 **Prunus bifrons** Fritsch = *Cerasus erythrocarpa* Nevski

落叶灌木。生于山地石质阳坡、灌丛。海拔 2 800~3 100 m。

产内天山、西天山、西南天山。吉尔吉斯斯坦、乌兹别克斯坦;亚洲有分布。

（1651）樱桃李 **Prunus cerasifera** Ehrh. = *Prunus sogdiana* Vassilsz.

落叶灌木或小乔木。生于低山沟谷、山间台地、山坡灌丛。海拔 800~2 000 m。

产北天山。中国、乌兹别克斯坦;亚洲有分布。

食用、观赏。

＊（1652）大瓦扎李 **Prunus darvasica Temberg**

灌木。生于山地阴坡和半阴坡、林缘。海拔 900～3 000 m。

产西南天山、内天山。吉尔吉斯斯坦、乌兹别克斯坦;亚洲有分布。

＊（1653）微分岔李 **Prunus divaricata Ledeb.** = *Prunus cerasifera* Ehrh.

乔木或灌木。生于细石质山坡、砾石质山坡、野核桃林下、灌丛。海拔 1 900～2 800 m。

产西天山、西南天山、内天山。吉尔吉斯斯坦、乌兹别克斯坦、俄罗斯;亚洲有分布。

（1654）欧洲李 **Prunus domestica L.**

落叶乔木。生于山地林缘、低山沟谷。海拔 1 200～1 400 m。

产北天山。中国;亚洲、欧洲有分布。

药用、食用、染料、油料、观赏。

（1655）天山李 **Prunus prostrata var. concolor（Boissier）Lipsky** = *Cerasus tianschanica* Pojark.

落叶灌木。生于山地林缘、干旱山坡、山地灌丛。海拔 720～1 600 m。

产准噶尔阿拉套山、北天山、东南天山、内天山、西天山、西南天山。中国、哈萨克斯坦、吉尔吉斯斯坦、乌兹别克斯坦;亚洲有分布。

食用、药用、蜜源。

＊（1656）塔吉克李 **Prunus tadzhikistanica V. I. Zapryagaeva**

灌木。生于灌丛、林下、河谷。海拔 100～2 900 m。

产西南天山、内天山。吉尔吉斯斯坦、乌兹别克斯坦;亚洲有分布。

（1657）疣状李 **Prunus verrucosa Franch.** = *Cerasus verrucosa*（Franch.）Nevski

落叶灌木。生于山地林缘、山地草甸草原、河谷。海拔 2 900 m 上下。

产内天山、西天山、西南天山。吉尔吉斯斯坦、乌兹别克斯坦;亚洲有分布。

278. 桃属 Amygdalus L.

＊（1658）布哈拉桃 **Amygdalus bucharica Korsh.** = *Prunus bucharica*（Korsh.）B. Fedtsch.

灌木或小乔木。生于山谷、砾石质山坡、洪积扇、白蜡林、阿月浑子林。海拔 700～2 600 m。

产西天山、西南天山、内天山。吉尔吉斯斯坦、乌兹别克斯坦;亚洲有分布。

＊（1659）普通桃 **Amygdalus communis L.** = *Prunus dulcis*（Mill.）D. A. Webb

乔木。生于碎石质山坡、细石质坡地、河流阶地、樱桃林、山楂林、白蜡林。海拔 900～2 500 m。

产西天山、内天山。吉尔吉斯斯坦、乌兹别克斯坦、俄罗斯;亚洲有分布。

＊（1660）矮桃 **Amygdalus petunnikowii Litv.** = *Prunus petunnikowii*（Litw.）Rehd.

灌木。生于灌丛、石质山崖、河边。海拔 900～2 600 m。

产西天山。哈萨克斯坦、吉尔吉斯斯坦;亚洲有分布。

＊（1661）多刺桃 **Amygdalus spinosissima A. Bunge** = *Prunus spinosissima*（A. Bunge）Franch.

灌木或小灌木。生于碎石质山坡、河谷、细石质坡地、灌丛。海拔 2 000～2 400 m。

产北天山、西天山、西南天山。哈萨克斯坦、吉尔吉斯斯坦、乌兹别克斯坦;亚洲有分布。

＊（1662）苏扎克桃 **Amygdalus susakensis Vassilcz.** = *Prunus susakensis*（Vassilcz.）Eisenman

灌木。生于山地半阴坡细石质坡地、黏土质山坡。海拔 600～2 700 m。

产西南天山、内天山。吉尔吉斯斯坦、乌兹别克斯坦;亚洲有分布。

279. 杏属 Armeniaca Mill.

（1663）杏 **Armeniaca vulgaris Lam.** = *Prunus armeniaca* L.

落叶乔木。生于山地林缘、低山沟谷。海拔 1 000~1 400 m。

产北天山、西天山、西南天山。中国、哈萨克斯坦、吉尔吉斯斯坦、乌兹别克斯坦；亚洲有分布。

食用、药用、有毒、木材、油料、香料、胶脂、观赏、蜜源。

280. 樱属 Cerasus Mill.

*（1664）多疣樱李 **Cerasus amygdaliflora Nevski** = *Prunus verrucosa* Franch.

灌木。生于干河谷、山崖石缝、圆柏灌丛。海拔 800~2 800 m。

产西南天山、内天山。吉尔吉斯斯坦、乌兹别克斯坦；亚洲有分布。

*（1665）鸟樱 **Cerasus avium（L.）Moench** = *Prunus avium*（L.）L.

灌木。生于河谷、石质山坡、阶地。海拔 900~2 800 m。

产西南天山、内天山。吉尔吉斯斯坦、乌兹别克斯坦、俄罗斯；亚洲、欧洲有分布。

*（1666）灰樱 **Cerasus griseola Pachom.** = *Prunus prostrata* Labill.

灌木。生于石灰岩丘陵、山崖石缝、河谷。海拔 700~2 800 m。

产西南天山、内天山。吉尔吉斯斯坦、乌兹别克斯坦；亚洲有分布。

*（1667）塔什干樱 **Cerasus tadshikistanica Vassilcz.** = *Prunus verrucosa* Franch.

灌木。生于细石质山坡、河谷、圆柏灌丛。海拔 900~1 200 m。

产西南天山、内天山。吉尔吉斯斯坦、乌兹别克斯坦；亚洲有分布。

281. 榆叶梅属 Louiseania Carrière

*（1668）榆叶梅 **Louiseania ulmifolia（Franch.）Pachom.** = *Prunus triloba* Lindl.

灌木。生于林下、灌丛、细石质山坡。海拔 1 200~2 800 m。

产准噶尔阿拉套山、西天山、北天山、西南天山。哈萨克斯坦、吉尔吉斯斯坦、乌兹别克斯坦；亚洲有分布。

282. 稠李属 Padus Mill.

*（1669）马哈利李 **Padus mahaleb（L.）Bortkh.** = *Prunus mahaleb* L.

落叶灌木。生于低山石质阳坡。海拔 500~800 m。

产北天山、内天山、西天山、西南天山。吉尔吉斯斯坦、乌兹别克斯坦；亚洲有分布。

（1670）稠李 **Padus avium Mill.** = *Prunus padus* L. = *Padus racemosa*（Lam.）Gilib.

落叶灌木或小乔木。生于山地林缘、沟谷溪边、山地灌丛。海拔 800~2 800 m。

产准噶尔阿拉套山、北天山、内天山、西天山、西南天山。中国、哈萨克斯坦、吉尔吉斯斯坦、乌兹别克斯坦、俄罗斯；亚洲、欧洲有分布。

药用、食用、油料、鞣料、染料、木材、观赏、饲料、蜜源。

283. 珍珠梅属 Sorbaria（Ser. ex DC.）A. Br.

*（1671）奥勒加珍珠梅 **Sorbaria olgae Zinserl.**

灌木。生于河谷、山崖石缝、河岸。海拔 900~3 000 m。

产西南天山、内天山。吉尔吉斯斯坦、乌兹别克斯坦；亚洲有分布。

二十八、豆科 Leguminosae

284. 紫荆属 Cercis L.

*（1672）格氏紫荆 **Cercis griffithii Boiss.**

落叶灌木或小乔木。生于山崖、山坡、河岸阶地、河谷。海拔 800~1 800 m。

产西天山、西南天山、内天山。哈萨克斯坦、吉尔吉斯斯坦、乌兹别克斯坦；亚洲有分布。

285. 银砂槐属 Ammodendron Fisch. ex DC.

（1673）银砂槐 **Ammodendron bifolium（Pall.）Yakovl.** = *Sophora argentea* Pall. = *Ammodendron sieversii* Fisch. = *Ammodendron argenteum*（Pall.）Kuntze

落叶灌木。生于沙地、沙砾质荒漠、固定和半固定沙丘。海拔 650 m 上下。

产北天山。中国、哈萨克斯坦、俄罗斯；亚洲有分布。

固沙、观赏、饲料、染料。

286. 槐属（苦参属）Sophora L.

（1674）苦豆子 **Sophora alopecuroides L.** = *Pseudosophora alopecuroides*（L.）Sweet = *Goebelia alopecuroides*（L.）Boiss = *Vexibia alopecuroides*（L.）Yakovlevl.

多年生草本。生于低山山坡、细石质山坡、灌丛、河谷、河漫滩草甸、平原绿洲、农田、沟渠边、河岸林下、盐渍化沼泽、沙漠边缘、路旁。海拔−150~1 800 m。

产东天山、东北天山、准噶尔阿拉套山、北天山、东南天山、中央天山、内天山、西天山、西南天山。中国、哈萨克斯坦、吉尔吉斯斯坦、乌兹别克斯坦、巴基斯坦、印度、伊朗、土耳其、阿富汗、俄罗斯；亚洲、欧洲有分布。

药用、有毒、绿肥。

（1675）毛苦豆子 **Sophora alopecuroides subsp. tomentosa（Boiss.）Bornm.** = *Sophora alopecuroides* var. *tomentosa*（Benth.）Brenan

多年生草本。生于黄土丘陵、山地荒漠草原。海拔 400~1 500 m。

产东天山、北天山。中国、哈萨克斯坦、巴基斯坦、伊朗、阿富汗；亚洲有分布。

*（1676）日本槐 **Sophora korolkowii Dieck** = *Styphnolobium japonicum*（L.）Schott

灌木。生于黄土丘陵、山麓洪积扇、石膏荒漠。海拔 500~1 800 m。

产西天山、西南天山、内天山。哈萨克斯坦、吉尔吉斯斯坦、乌兹别克斯坦；亚洲有分布。

*（1677）厚果槐 **Sophora pachycarpa C. A. Mey** = *Vexibia pachycarpa*（C. A. Mey.）Yakovlev

多年生草本。生于黄土丘陵、细石质山坡、渠边、杜加依林下。海拔 300~1 800 m。

产北天山、内天山、西天山、西南天山。哈萨克斯坦、吉尔吉斯斯坦、乌兹别克斯坦；亚洲有分布。

*（1678）准噶尔苦参 **Sophora songorica Schrenk** = *Ammothamnus songoricus*（Schrenk）Lipsky ex Pavl.

大灌木。生于沙质荒漠、荒漠化草地、盐渍化沙地。海拔 200~600 m。

产准噶尔阿拉套山、北天山。哈萨克斯坦；亚洲有分布。

287. 沙冬青属 Ammopiptanthus Cheng f.

(1679) 新疆沙冬青 Ammopiptanthus nanus (Popov) S. H. Cheng ＝ *Piptanthus nanus* Popov ＝ *Podalyria nana* (Popov) Popov ＝ *Ammopiptanthus kamelinii* Kazkovi.

常绿灌木。生于低山干旱砾质山坡。海拔 1 700~2 800 m。

产内天山。中国、吉尔吉斯斯坦;亚洲有分布。

观赏、药用、饲料、绿化。

288. 野决明属 Thermopsis R. Br.

(1680) 高山野决明 Thermopsis alpina (Pall.) Ledeb. ＝ *Thermopsis alpestris* Czefr. ＝ *Sophora alpina* Pall.

多年生草本。生于高山荒漠、高山和亚高山草甸、山崖、山地林缘、河滩沙地、河谷、灌丛草地。海拔 1 300~4 800 m。

产东天山、东北天山、准噶尔阿拉套山、北天山、东南天山、内天山、西天山、西南天山。中国、哈萨克斯坦、吉尔吉斯斯坦、乌兹别克斯、蒙古、俄罗斯;亚洲有分布。

饲料、药用、有毒。

*(1681) 顺花野决明 Thermopsis alterniflora Regel et Schmalh.

多年生草本。生于高山和亚高山草甸、石质山坡、灌丛。海拔 2 800~3 600 m。

产内天山、西天山、西南天山。吉尔吉斯斯坦、乌兹别克斯坦;亚洲有分布。

(1682) 紫花野决明 Thermopsis barbata Benth.

多年生草本。生于高山和亚高山草甸、山地河谷、山坡草地。海拔 2 700~4 500 m。

产内天山、西天山。中国、乌兹别克斯坦、尼泊尔、印度、巴基斯坦;亚洲有分布。

药用。

*(1683) 长果野决明 Thermopsis dolichocarpa V. A. Nikitin

多年生草本。生于细石质山坡、森林-灌丛、河漫滩、矿石堆。海拔 1 200~3 100 m。

产西南天山、西天山。吉尔吉斯斯坦、乌兹别克斯坦;亚洲有分布。

(1684) 披针叶野决明 Thermopsis lanceolata R. Br.

多年生草本。生于高山和亚高山草甸、山地沙化草原、山地河岸边、沼泽草甸、沙砾地。海拔 1 200~3 600 m。

产东天山、北天山、内天山。中国、哈萨克斯坦、吉尔吉斯斯坦、乌兹别克斯坦、土库曼斯坦、塔吉克斯坦、蒙古、俄罗斯;亚洲、欧洲有分布。

药用、固沙、饲料、有毒。

(1685) 蒙古野决明 Thermopsis mongolica Czefr.

多年生草本。生于高山和亚高山草甸、山麓干草原、沙砾质荒漠、农田边、盐渍化沙地。海拔 1 700~4 500 m。

产东天山、北天山。中国、哈萨克斯坦、蒙古、俄罗斯;亚洲有分布。

(1686) 矮生野决明 Thermopsis smithiana E. Peter

多年生草本。生于高山和亚高山草甸、灌丛、沙砾质山坡。海拔 1 500~4 500 m。

产东天山。中国;亚洲有分布。

中国特有成分。饲料。

（1687）新疆野决明 **Thermopsis turkestanica Gand.**

　　多年生草本。生于山地河滩沙地、沙砾质山坡。海拔 1 200～3 600 m。

　　产准噶尔阿拉套山、北天山、内天山、西天山、西南天山。中国、哈萨克斯坦、吉尔吉斯斯坦、乌兹别克斯坦、塔吉克斯坦、俄罗斯；亚洲有分布。

　　饲料。

289. 百脉根属 Lotus L.

（1688）尖齿百脉根 **Lotus angustissimus L.** ＝*Lotus praetermissus* Kuprian.

　　一年生草本。生于沼泽边缘、盐化草甸、沙地。海拔 90～1 500 m。

　　产东天山、北天山。中国、哈萨克斯坦、俄罗斯；亚洲、欧洲有分布。

（1689）百脉根 **Lotus corniculatus L.** ＝*Lotus ambiguus* Spreng.

　　多年生草本。生于弱碱化湿润山坡草地、田野、沼泽地、河漫滩。海拔 500～1 300 m。

　　产北天山、内天山。中国、哈萨克斯坦、吉尔吉斯斯坦、俄罗斯；亚洲、欧洲、大洋洲、美洲有分布。

　　药用、饲料、有毒、改土、观赏、蜜源。

（1690）新疆百脉根 **Lotus frondosus（Freyn）Kuprian.** ＝*Lotus corniculatus* subsp. *frondosus* Freyn

　　多年生草本。生于山谷河漫滩、沼泽草甸、盐化草甸、田边、路旁、荒地。海拔 190～1 800 m。

　　产东天山、东北天山、准噶尔阿拉套山、北天山、西天山、西南天山。中国、哈萨克斯坦、吉尔吉斯斯坦、乌兹别克斯坦、巴基斯坦、伊朗、印度、蒙古、俄罗斯；亚洲、欧洲有分布。

　　饲料、药用。

（1691）中亚百脉根 **Lotus krylovii Schischkin et Serg.** ＝*Lotus sergievskiae* Kamelin et Kovalevsk.

　　多年生草本。生于山麓洪积扇、沼泽草地、河漫滩、沉积堆积物、花果园、农田。海拔 600～1 200 m。

　　产北天山、西天山、西南天山。中国、哈萨克斯坦、吉尔吉斯斯坦、乌兹别克斯坦、土库曼斯坦、阿富汗、巴基斯坦、伊朗、伊拉克、俄罗斯；亚洲有分布。

（1692）细叶百脉根 **Lotus tenuis Waldst. et Kit.**

　　多年生草本。生于山谷河漫滩、沼泽地边缘、湖边草地。海拔 100～1 700 m。

　　产东天山、东北天山、准噶尔阿拉套山、北天山、东南天山。中国、哈萨克斯坦、俄罗斯；亚洲、欧洲有分布。

　　饲料、药用。

290. 补骨脂属 Cullen Medik.（Psoralea L.）

＊（1693）核果状补骨脂 **Cullen drupaceum（Bunge）C. H. Stirt.** ＝*Psoralea drupacea* Bunge

　　多年生草本。生于低山丘陵、干旱细石质山坡、平原荒漠。海拔 300～2 600 m。

　　产北天山、内天山、西天山、西南天山。哈萨克斯坦、吉尔吉斯斯坦、乌兹别克斯坦；亚洲有分布。

291. 芒柄花属 Ononis L.

（1694）伊犁芒柄花 **Ononis antiquorum L.** ＝*Ononis spinosa* subsp. *antiquorum*（L.）Briq.

　　灌木状多年生草本。生于山地林缘、平原绿洲、沙质低地草甸、田边、河边。海拔 50～1 000 m。

　　产东天山、东北天山、准噶尔阿拉套山、北天山、内天山、西天山、西南天山。中国、哈萨克斯坦、吉尔吉斯斯坦、乌兹别克斯坦、俄罗斯;亚洲、欧洲、北非有分布。

饲料。

（1695）芒柄花 **Ononis arvensis L.** = *Ononis spinosa* subsp. *hircina*（Jacq.）Gams

多年生草本。生于低山河岸边、湖岸边、低地草甸、平原绿洲。海拔500~1 200 m。

产东天山、东北天山、准噶尔阿拉套山、北天山。中国、哈萨克斯坦、阿富汗、俄罗斯;亚洲、欧洲有分布。

药用、染料、饲料、有毒。

292. 草木樨属 Melilotus Mill.

*（1696）直茎草木樨 **Melissitus adscendens**（Nevski）Ikonn. = *Trigonella adscendens*（Nevski）Afan. et Gontsch.

多年生草本。生于砾石质山坡、灌丛、河谷、山坡草地。海拔1 200~3 500 m。

产内天山、西天山、西南天山。吉尔吉斯斯坦、乌兹别克斯坦;亚洲有分布。

（1697）白花草木樨 **Melilotus albus Medic. ex Desr.**

二年生草本。生于低山河谷、田边、路旁。海拔-150~1 800 m。

产东天山、东北天山、准噶尔阿拉套山、北天山、东南天山、中央天山、内天山、西天山、西南天山。中国、哈萨克斯坦、吉尔吉斯斯坦、乌兹别克斯坦、俄罗斯;亚洲、欧洲有分布。

饲料、香料、药用、纤维、改土、燃料、有毒、蜜源。

*（1698）具芒草木樨 **Melissitus aristatus**（Vassilcz.）Latsch. = *Trigonella aristata*（Vassilcz.）Sojak

多年生草本。生于石质山坡、坡积物、干旱山坡、河谷、灌丛。海拔1 300~2 900 m。

产西天山、西南天山、内天山。吉尔吉斯斯坦、乌兹别克斯坦;亚洲有分布。

*（1699）毛果草木樨 **Melilotus dasycarous**（Ser.）Latsch. = *Trigonella dasycarous* Ser.

多年生草本。生于荒漠草原、荒漠。海拔300~1 800 m。

产内天山、北天山、西天山、西南天山。吉尔吉斯斯坦、乌兹别克斯坦;亚洲有分布。

（1700）细齿草木樨 **Melilotus dentatus**（Waldst. et Kit.）Pers.

一年生或二年生草本。生于山地林缘、河谷草甸、平原绿洲、田边、路旁。海拔700~2 600 m。

产东天山、东北天山、准噶尔阿拉套山、北天山、中央天山、内天山。中国、哈萨克斯坦、俄罗斯;亚洲、欧洲有分布。

饲料、药用。

*（1701）印度草木樨 **Melilotus indicus**（L.）All.

多年生草本。生于低山山麓、河边、湖边、海边盐渍化农田、路旁。海拔200~700 m。

产西天山、内天山。哈萨克斯坦、吉尔吉斯斯坦、乌兹别克斯坦、俄罗斯;亚洲、欧洲有分布。

（1702）黄花草木樨 **Melilotus officinalis**（L.）Pall.

一年生或二年生草本。生于山地河谷、河边草地、平原绿洲、田边、路旁。海拔-150~1 900 m。

产东天山、东北天山、准噶尔阿拉套山、北天山、东南天山、中央天山、内天山、西天山、西南天山。中国、哈萨克斯坦、吉尔吉斯斯坦、乌兹别克斯坦、俄罗斯;亚洲、欧洲有分布。

饲料、药用。

＊（1703）帕米尔草木樨 **Melilotus pamiricus**（Boriss.）**Golosk.** ＝ *Trigonella pamirica* Boriss.

多年生草本。生于亚高山草甸、石质山坡。海拔 2 800~3 100 m。

产内天山、北天山、西天山、西南天山。吉尔吉斯斯坦、乌兹别克斯坦；亚洲有分布。

＊（1704）波波夫草木樨 **Melilotus popovii**（Korov.）**Golosk.** ＝ *Trigonella popovii* Korov.

多年生草本。生于高山和亚高山草甸、碎石堆、河谷。海拔 2 900~3 500 m。

产内天山、北天山、西天山、西南天山。吉尔吉斯斯坦、乌兹别克斯坦；亚洲有分布。

（1705）草木樨 **Melilotus suaveolens Ledeb.**

一年生或二年生草本。生于阴湿山谷、河边草地、田边、路旁。海拔 500~1 800 m。

产东天山、东北天山、准噶尔阿拉套山、北天山、东南天山、中央天山、内天山、西天山、西南天山。中国、哈萨克斯坦、吉尔吉斯斯坦、乌兹别克斯坦、俄罗斯；亚洲、欧洲、美洲有分布。

香料、饲料、药用、食用、改土、有毒、蜜源。

＊（1706）天山草木樨 **Melilotus tianschanicus**（Vass.）**Golosk.** ＝ *Trigonella tianschanica* Vass.

多年生草本。生于山地南坡、干旱丘陵、灌丛。海拔 1 500~2 300 m。

产内天山、北天山、西天山、西南天山。吉尔吉斯斯坦、乌兹别克斯坦；亚洲有分布。

293. 胡卢巴属 Trigonella L.

（1707）弯果胡卢巴 **Trigonella arcuata C. A. Mey.**

一年生草本。生于低山丘陵、荒漠草原、平原荒漠、田边。海拔 500~1 500 m。

产东天山、东北天山、准噶尔阿拉套山、北天山、内天山、西天山、西南天山。中国、哈萨克斯坦、吉尔吉斯斯坦、乌兹别克斯坦、伊朗、俄罗斯；亚洲、欧洲有分布。

（1708）网脉胡卢巴 **Trigonella cancellata Desf. ex Pers.**

一年生草本。生于低山丘陵、荒漠草原、平原荒漠、田边。海拔 500~1 600 m。

产东天山、东北天山、准噶尔阿拉套山、北天山、西天山。中国、哈萨克斯坦、吉尔吉斯斯坦、乌兹别克斯坦、俄罗斯；亚洲、欧洲有分布。

饲料。

＊（1709）双花胡卢巴 **Trigonella geminiflora Bunge**

一年生草本。生于荒漠草原、砾石质荒漠。海拔 300~900 m。

产内天山、准噶尔阿拉套山、北天山、西天山、西南天山。哈萨克斯坦、吉尔吉斯斯坦、乌兹别克斯坦；亚洲有分布。

＊（1710）大花胡卢巴 **Trigonella grandiflora Bunge**

一年生草本。生于山麓荒漠、冲积平原。海拔 300~800 m。

产内天山、北天山、西天山、西南天山。吉尔吉斯斯坦、乌兹别克斯坦；亚洲有分布。

＊（1711）维然胡卢巴 **Trigonella verae Sirj.**

一年生草本。生于山麓细石质冲积平原、荒漠草原、荒漠短生植物群落。海拔 400~1 900 m。

产西南天山、内天山。吉尔吉斯斯坦、乌兹别克斯坦；亚洲有分布。

294. 苜蓿属 Medicago L.

＊（1712）大蕊苜蓿 **Medicago agropyretorum Vassilcz.**

多年生草本。生于山地林缘、山地草甸、灌丛。海拔 500~1 500 m。

产准噶尔阿拉套山、北天山、内天山、西天山、西南天山。哈萨克斯坦、吉尔吉斯斯坦、乌兹别克斯坦；亚洲有分布。

*（1713）阿拉套苜蓿 **Medicago alatavica** Vassilcz.

多年生草本。生于羊茅草原、针茅草原、荒漠草原。海拔 700~1 800 m。

产内天山。吉尔吉斯斯坦；亚洲有分布。

（1714）克什米尔苜蓿 **Medicago cachemiriana** (Camb.) D. F. Cui

多年生草本。生于高山石质山坡、高山河谷砾石堆。海拔 3 000~4 000 m。

产东南天山。中国、阿富汗、巴基斯坦、印度；亚洲有分布。

*（1715）粗齿苜蓿 **Medicago denticulate** Willd.

一年生草本。生于细土质黄土丘陵、山麓细石质荒漠。海边 500~1 600 m。

产西天山、内天山。吉尔吉斯斯坦、乌兹别克斯坦、俄罗斯；亚洲、欧洲有分布。

（1716）野苜蓿（镰荚苜蓿）**Medicago falcata** L. = *Medicago falcata* var. *romanica* (Prodan) Hayek = *Medicago romanica* Prod.

多年生草本。生于山地林下、林缘、林间草甸、山地灌丛、山地草原、河谷草甸、砾质荒漠、河岸阶地、干旱山谷、河漫滩、路边、沙漠。海拔-150~2 800 m。

产东天山、东南天山、准噶尔阿拉套山、北天山、中央天山、内天山、西天山、西南天山。中国、哈萨克斯坦、吉尔吉斯斯坦、乌兹别克斯坦、塔吉克斯坦、伊朗、蒙古、阿富汗、俄罗斯；亚洲、欧洲有分布。

饲料、药用、蜜源。

（1717）草原苜蓿 **Medicago falcata** subsp. **romanica** (Prodan) O. Schwarz et Klink. = *Medicago romanica* Prodan

多年生草本。生于沙漠、草原、山坡、砾石质荒漠、阶地、干山谷、灌丛、林下。海拔 200~2 800 m。

产北天山、西天山。哈萨克斯坦、吉尔吉斯斯坦、俄罗斯；亚洲、欧洲有分布。

*（1718）格罗西苜蓿 **Medicago grossheimii** Vassilcz.

多年生草本。生于山地河谷、疏林下、灌丛、山麓洪积扇。海拔 700~2 900 m。

产内天山。乌兹别克斯坦；亚洲有分布。

（1719）天蓝苜蓿 **Medicago lupulina** L.

一年生草本。生于山地草甸、河谷草甸、农田边、撂荒地、盐碱地、低湿地。海拔 350~1 900 m。

产东天山、东北天山、准噶尔阿拉套山、北天山、东南天山、中央天山、内天山、西天山、西南天山。中国、哈萨克斯坦、吉尔吉斯斯坦、乌兹别克斯坦、俄罗斯；亚洲、欧洲、美洲有分布。

优等饲料、绿化、绿肥、药用。

（1720）网脉苜蓿 **Medicago medicaginoides** (Retz.) E. Small = *Trigonella cancellata* Pers. = *Trigonella arcuata* C. A. Mey.

一年生草本。生于低山丘陵、荒漠草原、平原荒漠、田边。海拔 500~1 600 m。

产东天山、东北天山、准噶尔阿拉套山、北天山、内天山、西天山、西南天山。中国、哈萨克斯坦、吉尔吉斯斯坦、乌兹别克斯坦、伊朗、俄罗斯；亚洲、欧洲有分布。

饲料。

＊（1721）美丽苜蓿 **Medicago meyeri Gruner**

一年生草本。生于山麓荒漠草原、干旱山坡。海拔 600~1 200 m。

产内天山、西天山、西南天山。吉尔吉斯斯坦、乌兹别克斯坦、俄罗斯；亚洲、欧洲有分布。

（1722）小苜蓿 **Medicago minima**（**L.**）**L.** = *Medicago minima*（L.）Bartal.

一年生草本。生于山地草原、山地草甸、荒漠草原、河谷沙砾地。海拔 1 200~2 600 m。

产北天山、内天山、西天山、西南天山。中国、哈萨克斯坦、吉尔吉斯斯坦、乌兹别克斯坦、俄罗斯；亚洲、欧洲、美洲有分布。

优等饲料、药用。

（1723）单花苜蓿 **Medicago monantha**（**C. A. Mey.**）**Trautv.** = *Trigonella monantha* C. A. Mey. = *Trigonella noeana* Boiss.

一年生草本。生于低山丘陵、细石质山坡、山麓冲积平原、沙质草地、撂荒地、路旁。海拔 300~2 300 m。

产北天山、西天山、西南天山、内天山。中国、哈萨克斯坦、吉尔吉斯斯坦、乌兹别克斯坦、土库曼斯坦、塔吉克斯坦、伊朗、阿富汗、巴基斯坦、蒙古；亚洲有分布。

＊（1724）长旗苜蓿 **Medicago orbicularis**（**L.**）**Bartal.**

一年生草本。生于山麓荒漠化草原、石质化草地、河岸阶地。海拔 600~1 800 m。

产内天山、西天山、西南天山。吉尔吉斯斯坦、乌兹别克斯坦、俄罗斯；亚洲、欧洲有分布。

（1725）直果苜蓿 **Medicago orthoceras**（**Kar. et Kir.**）**Trautv.** = *Trigonella orthoceras* Kar. et Kir.

一年生草本。生于低山丘陵、河漫滩、荒漠草原、平原荒漠。海拔 600~1 800 m。

产东天山、准噶尔阿拉套山、北天山、东南天山、内天山、西天山、西南天山。中国、哈萨克斯坦、吉尔吉斯斯坦、乌兹别克斯坦、伊朗、俄罗斯；亚洲、欧洲有分布。

（1726）阔荚苜蓿 **Medicago platycarpa**（**L.**）**Trautv.** = *Melilotoides platycarpa*（L.）Sojak。= *Melissitus platycarpus*（L.）Golosk. = *Melissitus karkarensis*（Vassilcz.）Golosk.

多年生草本。生于山地林缘、林下、林间草甸、山崖石缝、灌丛、草原、河谷。海拔 800~2 800 m。

产东天山、准噶尔阿拉套山、北天山、西天山、西南天山。中国、哈萨克斯坦、吉尔吉斯斯坦、乌兹别克斯坦、蒙古、俄罗斯；亚洲、欧洲有分布。

饲料、食用。

＊（1727）多型苜蓿 **Medicago polymorpha L.** = *Medicago denticulata* Willd.

一年生草本。生于低山丘陵、山麓砾质荒漠。海拔 500~1 600 m。

产西天山、内天山。吉尔吉斯斯坦、乌兹别克斯坦、俄罗斯；亚洲、欧洲有分布。

＊（1728）硬枝苜蓿 **Medicago rigidula**（**L.**）**All.**

一年生草本。生于山坡草地、山麓平原荒漠。海拔 1 600~2 900 m。

产北天山、内天山、西天山、西南天山。哈萨克斯坦、吉尔吉斯斯坦、乌兹别克斯坦、俄罗斯；亚洲、欧洲有分布。

*（1729）河滩苜蓿 **Medicago rivularis Vass.**

　　多年生草本。生于绿洲周围、渠边、河湖边、沙滩。海拔 500~1 600 m。

　　产北天山、西天山、西南天山。哈萨克斯坦、吉尔吉斯斯坦、乌兹别克斯坦；亚洲有分布。

（1730）紫花苜蓿（紫苜蓿）**Medicago sativa L.**

　　多年生草本。生于山地林缘、山地草甸、草甸草原、河谷草甸、灌丛、砾质戈壁。海拔 -150~ 2 900 m。

　　产东天山、东北天山、准噶尔阿拉套山、北天山、东南天山、内天山、西天山、西南天山。中国、哈萨克斯坦、吉尔吉斯斯坦、乌兹别克斯坦、伊朗、俄罗斯；世界各地有栽培。

　　优等饲料、食用、药用、改土、绿肥、蜜源。

*（1731）含糊苜蓿 **Medicago sativa subsp. ambigua**（**Trautv.**）**Tutin**

　　多年生草本。生于山麓荒漠、冲积平原、盐渍化草地。海拔 500~1 200 m。

　　产准噶尔阿拉套山。哈萨克斯坦、俄罗斯；亚洲有分布。

（1732）多变苜蓿（杂交苜蓿）**Medicago varia Martyn** = *Medicago sativa* subsp. *varia*（Martyn）Arcang. = *Medicago tianschanica* Vass. = *Medicago ochroleuca* Kult. = *Medicago rivularis* Vassilcz.

　　多年生草本。生于高山阳坡草地、山地林缘、山地草原、山坡草地、河岸阶地、荒漠化草原、灌丛、河谷、河漫滩、低地草甸、绿洲周围、渠边、河湖边、沙滩、田边、路旁。海拔 400~3 500 m。

　　产东天山、东北天山、准噶尔阿拉套山、北天山、东南天山、中央天山、内天山、西天山、西南天山。中国、哈萨克斯坦、吉尔吉斯斯坦、乌兹别克斯坦、塔吉克斯坦、蒙古、俄罗斯；亚洲、欧洲有分布。

　　饲料、蜜源。

*（1733）东哈苜蓿 **Medicago schischkinii Sumnev.**

　　多年生草本。生于低山阳坡草地、荒漠化草原、河岸阶地。海拔 500~1 200 m。

　　产准噶尔阿拉套山、北天山。哈萨克斯坦、吉尔吉斯斯坦；亚洲有分布。

*（1734）阿姆河苜蓿 **Medicago transoxana Vass.**

　　多年生草本。生于山脊分水岭、山坡草地、河岸阶地、灌丛、干河谷、山溪边。海拔 900~ 2 500 m。

　　产西南天山、内天山。吉尔吉斯斯坦、乌兹别克斯坦；亚洲有分布。

*（1735）紫绿苜蓿 **Medicago trautvetteri Sumn.**

　　多年生草本。生于山麓荒漠平原、盐渍化草地。海拔 500~1 200 m。

　　产准噶尔阿拉套山。哈萨克斯坦、俄罗斯；亚洲有分布。

295. 车轴草属 Trifolium L.

*（1736）田野车轴草 **Trifolium campestre Schreb.** = *Trifolium karatavicum* N. Pavl. = *Chrysaspis campestris*（Schreb.）Desv.

　　一年生草本。生于山地草原、河边、河岸阶地。海拔 500~1 600 m。

　　产内天山、西天山、西南天山。吉尔吉斯斯坦、乌兹别克斯坦；亚洲有分布。

（1737）草莓车轴草 **Trifolium fragiferum L.** = *Amoria fragiferum*（L.）Roskov

　　多年生草本。生于林间草地、河谷草甸、盐化草甸、河漫滩、平原绿洲。海拔 500~1 700 m。

　　产东天山、东北天山、准噶尔阿拉套山、北天山、内天山、西天山、西南天山。中国、哈萨克斯坦、吉尔吉斯斯坦、乌兹别克斯坦、俄罗斯；亚洲、欧洲有分布。
药用。

*（1738）包氏车轴草 **Trifolium fragiferum subsp. bonannii**（**C. Presl**）**Sojak** = *Trifolium neglectum* C. A. Mey. = *Amoria bonanii*（C. Presl）Roskov
多年生草本。生于山麓荒漠、沙滩、沟渠边、河漫滩。海拔 600~1 800 m。
产内天山、西天山、西南天山。吉尔吉斯斯坦、乌兹别克斯坦、俄罗斯；亚洲、欧洲有分布。

*（1739）杂种车轴草 **Trifolium hybridum L.** = *Amoria hybrida*（L.）C. Presl
多年生草本。生于山地草原、灌丛。海拔 600~1 800 m。
产北天山、西天山、西南天山。哈萨克斯坦、乌兹别克斯坦；亚洲有分布。

*（1740）沼泽车轴草 **Trifolium lappaceum L.**
一年生草本。生于低山丘陵、山溪边、草甸湿地、沟渠边。海拔 700~2 700 m。
产西南天山、内天山。吉尔吉斯斯坦、乌兹别克斯坦、俄罗斯；亚洲、欧洲有分布。

（1741）野火球 **Trifolium lupinaster L.**
多年生草本。生于山地林缘、林间草地、河谷灌丛、草甸草原。海拔 700~2 500 m。
产东天山、东北天山、准噶尔阿拉套山、北天山、内天山、西天山、西南天山。中国、哈萨克斯坦、吉尔吉斯斯坦、乌兹别克斯坦、蒙古、朝鲜、日本、俄罗斯；亚洲、欧洲、非洲有分布。
药用。

（1742）红花车轴草（红车轴草）**Trifolium pratense L.**
多年生草本。生于山地林缘、山谷草甸、河漫滩、田边、路旁。海拔 300~2 400 m。
产东天山、东北天山、准噶尔阿拉套山、北天山、内天山、西天山、西南天山。中国、哈萨克斯坦、吉尔吉斯斯坦、乌兹别克斯坦、伊朗、印度、俄罗斯；亚洲、欧洲有分布。
饲料、药用、食用、有毒、绿化、观赏。

（1743）白花车轴草（白车轴草）**Trifolium repens L.** = *Amoria repens*（L.）C. Presl
多年生草本。生于山地林下、林缘、河谷草甸、平原绿洲、田边、路旁。海拔 300~2 900 m。
产东天山、东北天山、准噶尔阿拉套山、北天山、东南天山、内天山、西天山、西南天山。中国、哈萨克斯坦、吉尔吉斯斯坦、乌兹别克斯坦、日本、蒙古、伊朗、印度、俄罗斯；亚洲、欧洲有分布。
饲料、药用、食用、染料、绿化、改土。

296. 苦马豆属 Sphaerophysa DC.

（1744）苦马豆 **Sphaerophysa salsula**（**Pall.**）**DC.**
多年生草本或半灌木。生于山坡草地、荒地、沙滩、戈壁、湿地、沟渠边、河和湖岸边、盐池周边、盐化草甸、固定沙丘。海拔 -150~1 800 m。
产东天山、东北天山、准噶尔阿拉套山、北天山、东南天山、内天山、西天山、西南天山。中国、哈萨克斯坦、吉尔吉斯斯坦、乌兹别克斯坦、蒙古、俄罗斯；亚洲有分布。
药用、饲料、有毒、绿肥、改土、观赏、蜜源。

297. 铃铛刺属 Halimodendron Fisch. ex DC.

（1745）铃铛刺 **Halimodendron halodendron**（**Pall.**）**Voss**
落叶灌木。生于低山河谷沿岸、平原绿洲边缘、沙漠边缘、荒漠河岸林下。海拔 200~1 500 m。

产东天山、东北天山、准噶尔阿拉套山、北天山、东南天山、内天山、西天山、西南天山。中国、哈萨克斯坦、吉尔吉斯斯坦、乌兹别克斯坦、蒙古、伊朗、俄罗斯;亚洲、欧洲有分布。

观赏、绿化、染料、饲料、燃料。

*298. 鱼鳔槐属 Colutea L.

*(1746) 鱼鳔槐 Colutea arborescens L.

灌木。生于山麓洪积扇、山地荒漠草原、平原荒漠草地。海拔 600~2 700 m。

产内天山、西南天山。吉尔吉斯斯坦、乌兹别克斯坦;亚洲、欧洲有分布。

*(1747) 短翅鱼鳔槐 Colutea brachyptera Sumev.

多年生草本或落叶灌木。生于山崖岩石缝、山坡草地、沙砾质坡积物、峡谷、河谷岩石缝、山麓石质坡地。海拔 300~2 800 m。

产西南天山。乌兹别克斯坦;亚洲有分布。

*(1748) 雅尔茂楞考鱼鳔槐 Colutea jarmolenkoi Shap.

落叶灌木。生于山麓石质坡地、河谷、渠边。海拔 300~1 600 m。

产内天山、西天山、西南天山。吉尔吉斯斯坦、乌兹别克斯坦;亚洲有分布。

*(1749) 帕氏鱼鳔槐 Colutea paulsenii Freyn = *Colutea guntensis* Rassulova et Scharipova

灌木。生于山地河谷、河岸阶地。海拔 2 600~2 700 m。

产内天山、西南天山。吉尔吉斯斯坦、乌兹别克斯坦;亚洲有分布。

299. 锦鸡儿属 Caragana Fabr.

(1750) 刺叶锦鸡儿 Caragana acanthophylla Kom.

落叶灌木。生于山崖岩石缝、山坡、山地灌丛、山麓洪积扇、荒漠草原、平原荒漠、沙地、河谷、碎石堆、倾斜平原弱盐碱地。海拔 500~2 200 m。

产东天山、东北天山、北天山、东南天山、内天山、西天山、西南天山。中国、哈萨克斯坦、吉尔吉斯斯坦、乌兹别克斯坦;亚洲有分布。

饲料、药用。

(1751) 新疆刺叶锦鸡儿 Caragana acanthophylla var. xinjiangensis C. Y. Yang et N. Li

落叶灌木。生于山地林缘、山谷、石质坡地、河岸、山地灌丛。海拔 1 100~2 400 m。

产东天山、东北天山。中国;亚洲有分布。

中国特有成分。饲料。

*(1752) 阿莱锦鸡儿 Caragana alaica Pojark.

落叶灌木。生于山崖岩石缝、河岸阶地、山地灌丛。海拔 900~2 800 m。

产内天山。吉尔吉斯斯坦;亚洲有分布。

(1753) 弯枝锦鸡儿 Caragana arcuata Y. X. Liou

落叶灌木。生于干旱阳坡。海拔 920 m 上下。

产北天山。中国;亚洲有分布。

中国特有成分。饲料。

(1754) 镰叶锦鸡儿 Caragana aurantiaca Koehne

落叶灌木。生于山地林缘、干旱山坡、山地灌丛、山地草原、河岸阶地。海拔 1 000~2 600 m。

产东天山、东北天山、准噶尔阿拉套山、北天山、东南天山、中央天山、西天山。中国、哈萨克斯坦、吉尔吉斯斯坦、乌兹别克斯坦;亚洲有分布。

饲料、药用。

(1755) 巴尔喀什锦鸡儿 **Caragana balchaschensis** (**Kom.**) **Pojark.**

落叶灌木。生于山麓碎石堆、洪积-冲积扇、沙地、砾石质河漫滩。海拔 300~1 800 m。

产准噶尔阿拉套山、北天山、西天山、西南天山。中国、哈萨克斯坦、吉尔吉斯斯坦、乌兹别克斯坦;亚洲有分布。

(1756) 边塞锦鸡儿 **Caragana bongardiana** (**Fisch. et C. A. Mey.**) **Pojark.**

落叶灌木。生于山麓洪积扇、荒漠草原、石质山坡、河岸沙地。海拔 1 200~1 800 m。

产东天山。中国、哈萨克斯坦;亚洲有分布。

饲料、药用。

(1757) 北疆锦鸡儿 **Caragana camilloi-schneideri Kom.**

落叶灌木。生于高山草甸、亚高山倒石堆、干旱石质山坡、沟谷、山坡灌丛。海拔 900~3 200 m。

产东天山、准噶尔阿拉套山、北天山、东南天山。中国、哈萨克斯坦、吉尔吉斯斯坦、俄罗斯;亚洲有分布。

饲料、药用。

(1758) 粗毛锦鸡儿 **Caragana dasyphylla Pojark.**

落叶矮灌木。生于山地灌丛、山麓洪积扇、河边、沟谷、荒漠。海拔 1 200~2 500 m。

产东天山、东南天山、中央天山、内天山。中国、塔吉克斯坦;亚洲有分布。

饲料、药用。

(1759) 密叶锦鸡儿 **Caragana densa Kom.**

落叶灌木。生于高寒草原、林间草地、干旱山坡、山地灌丛。海拔 1 900~3 600 m。

产东天山、东南天山。中国;亚洲有分布。

中国特有成分。饲料。

(1760) 黄刺条 **Caragana frutex** (**L.**) **K. Koch.**

落叶灌木。生于低山丘陵、干旱山坡、山地灌丛、山谷河岸、林间草地。海拔 1 020~2 200 m。

产准噶尔阿拉套山、北天山、中央天山。中国、哈萨克斯坦、蒙古、俄罗斯;亚洲、欧洲有分布。

饲料、药用。

(1761) 宽叶黄刺条 **Caragana frutex var. latifolia Schneid.**

落叶灌木。生于山地林缘、山谷河岸、山坡灌丛。海拔 1 700~2 200 m。

产中央天山。中国;亚洲有分布。

中国特有成分。饲料。

(1762) 鬼箭锦鸡儿 **Caragana jubata** (**Pall.**) **Poir.**

落叶灌木。生于高山和亚高山草甸、山地林下、林缘、山地灌丛、河滩。海拔 1 200~4 600 m。

产东天山、东北天山、准噶尔阿拉套山、北天山、东南天山、中央天山、内天山。中国、哈萨克斯坦、吉尔吉斯斯坦、蒙古、俄罗斯;亚洲有分布。

饲料、药用。

（1763）两耳鬼箭 **Caragana jubata** var. **biaurita** Y. X. Liou

落叶灌木。生于山地林缘、石质山坡。海拔 300~2 200 m。

产东天山。中国；亚洲有分布。

中国特有成分。饲料。

（1764）囊萼锦鸡儿 **Caragana kirghisorum** Pojark.

落叶灌木。生于山麓洪积扇、石质山坡、灌丛、砾石戈壁。海拔 800~1 800 m。

产准噶尔阿拉套山、北天山。中国、哈萨克斯坦、吉尔吉斯斯坦；亚洲有分布。

饲料、药用。

（1765）阿拉套锦鸡儿 **Caragana laeta** Kom.

落叶灌木。生于山地阳坡草地、河岸阶地、山地河岸碎石堆。海拔 900~1 700 m。

产准噶尔阿拉套山、北天山、中央天山、内天山、西天山。中国、哈萨克斯坦、吉尔吉斯斯坦；亚洲有分布。

饲料。

（1766）白皮锦鸡儿 **Caragana leucophloea** Pojark.

落叶灌木。生于干旱山坡、山地荒漠草原、山地灌丛、山麓洪积扇、沙砾质戈壁。海拔 700~2 250 m。

产东天山、东北天山、准噶尔阿拉套山、北天山、东南天山。中国、哈萨克斯坦、吉尔吉斯斯坦、蒙古；亚洲有分布。

饲料、药用。

（1767）白刺锦鸡儿 **Caragana leucospina** Kom.

落叶灌木。生于高山和亚高山阳坡、山地河流沿岸、干旱石质山坡。海拔 1 000~3 000 m。

产东天山、东北天山、北天山。中国、吉尔吉斯斯坦；亚洲有分布。

饲料、药用。

（1768）多叶锦鸡儿 **Caragana pleiophylla**（Regel）Pojark.

落叶灌木。生于干旱石质山坡、山地灌丛、河边林下、河岸阶地、山麓洪积扇。海拔 1 500~3 000 m。

产东天山、北天山、东南天山、中央天山、内天山、西天山、西南天山。中国、哈萨克斯坦、吉尔吉斯斯坦、乌兹别克斯坦；亚洲有分布。

饲料、药用。

（1769）昆仑锦鸡儿 **Caragana polourensis** Franch.

落叶矮灌木。生于亚高山倒石堆、低山丘陵、干旱山坡、山地河谷、山坡灌丛、盐渍化荒漠。海拔 1 300~3 200 m。

产东南天山、中央天山、内天山。中国；亚洲有分布。

中国特有成分。饲料、药用。

（1770）粉刺锦鸡儿 **Caragana pruinosa** Kom.

落叶灌木。生于山地河谷、沟谷灌丛、山地阳坡、山麓洪积扇。海拔 1 800~3 100 m。

产东天山、北天山、东南天山、中央天山、内天山。中国、哈萨克斯坦、吉尔吉斯斯坦；亚洲有分布。

饲料、药用。

(1771) 尼勒克锦鸡儿 **Caragana pseudokirghsorum C. Y. Yang et N. Li**
落叶灌木。生于山地河流沿岸、沟谷灌丛。海拔 800~1 600 m。
产北天山。中国;亚洲有分布。
中国特有成分。饲料。

(1772) 草原锦鸡儿 **Caragana pumila Pojark.**
落叶矮灌木。生于山地灌木草原、沙砾质戈壁。海拔 1 300~1 800 m。
产东天山、准噶尔阿拉套山、东南天山。中国、哈萨克斯坦、俄罗斯;亚洲有分布。
饲料。

(1773) 荒漠锦鸡儿 **Caragana roborovskyi Kom.**
落叶灌木。生于低山丘陵、山谷灌丛、石质山坡、荒漠草原、沙地。海拔 800~2 600 m。
产东天山、东北天山、北天山。中国;亚洲有分布。
中国特有成分。饲料、药用。

(1774) 霍城锦鸡儿 **Caragana shuidingensis C. Y. Yang et N. Li**
落叶灌木。生于山地灌丛、荒漠草原。海拔 1 200~2 300 m。
产北天山。中国;亚洲有分布。
中国特有成分。饲料。

(1775) 准噶尔锦鸡儿 **Caragana soongorica Grubov**
落叶灌木。生于低山丘陵、河谷灌丛、砾质戈壁、平原荒漠。海拔 1 200~1 800 m。
产东天山、东北天山、北天山。中国;亚洲有分布。
中国特有成分。饲料、药用。

(1776) 多刺锦鸡儿 **Caragana spinosa(L.)DC.**
落叶矮灌木。生于山谷灌丛、湿润山坡、山麓洪积扇、河漫滩、砾质戈壁、盐碱滩、沼泽地。海拔 1 200~2 000 m。
产东天山、东南天山、中央天山、内天山。中国、蒙古、俄罗斯;亚洲有分布。
饲料、药用。

(1777) 狭叶锦鸡儿 **Caragana stenophylla Pojark.**
落叶矮灌木。生于低山丘陵、干旱山坡、山地灌丛、山地草原。海拔 800~1 800 m。
产东天山、东北天山、东南天山。中国、日本、蒙古、俄罗斯;亚洲有分布。
饲料、药用。

(1778) 特克斯锦鸡儿 **Caragana tekesiensis Y. Z. Zhao et D. W. Zhou**
落叶灌木。生于山地阳坡。海拔 1 263 m 上下。
产北天山。中国;亚洲有分布。
中国特有成分。饲料。

(1779) 中亚锦鸡儿 **Caragana tragacanthoides(Pall.)Poir.**
落叶灌木。生于石质山坡、山谷河漫滩、山麓洪积扇。海拔 1 200~2 800 m。
产北天山、东南天山。中国、哈萨克斯坦、吉尔吉斯斯坦、俄罗斯;亚洲有分布。
饲料、药用。

（1780）吐鲁番锦鸡儿 **Caragana turfanensis**（Krassn.）**Kom.** = *Caragana laeta* Kom. = *Caragana frutescens* var. *turfanensis* Krasn.

落叶灌木。生于低山丘陵、干旱山坡、坡积物、干河床、山谷、河岸阶地、荒漠草原、山麓洪积扇、河滩沙地。海拔 900～3 040 m。

产准噶尔阿拉套山、北天山、东南天山、中央天山、内天山、西天山。中国、哈萨克斯坦、吉尔吉斯斯坦；亚洲有分布。

饲料、药用。

（1781）新疆锦鸡儿 **Caragana turkestanica Kom.**

落叶灌木。生于干旱山坡、山谷林缘、山地灌丛。海拔 900～1 800 m。

产北天山、西天山、西南天山。中国、哈萨克斯坦、吉尔吉斯斯坦、乌兹别克斯坦；亚洲有分布。

饲料。

300. 黄芪属 Astragalus L.

*（1782）臭泉黄芪 **Astragalus abbreviatus Kar. et Kir.**

多年生草本。生于山麓冲积平原、细石质荒漠草原。海拔 200～700 m。

产准噶尔阿拉套山。哈萨克斯坦；亚洲有分布。

*（1783）阿波里尼黄芪 **Astragalus abolinii Popov**

半灌木。生于荒漠化草原、沙砾质戈壁。海拔 400～1 200 m。

产西天山、西南天山。乌兹别克斯坦；亚洲有分布。

乌兹别克斯坦特有成分。

*（1784）刺叶果黄芪 **Astragalus acanthocarpus A. Boriss.**

灌木。生于山坡草地、黄土丘陵、针茅草原。海拔 1 200～2 900 m。

产西南天山、内天山。吉尔吉斯斯坦、乌兹别克斯坦；亚洲有分布。

*（1785）螺果黄芪 **Astragalus acormosus Basilevsk.**

多年生草本。生于山地林缘、草甸草原、灌丛。海拔 1 200～3 100 m。

产西南天山、内天山。吉尔吉斯斯坦、乌兹别克斯坦；亚洲有分布。

*（1786）伏毛黄芪 **Astragalus adpressipilosus Gontsch.**

多年生草本。生于山地砾石质坡地、草甸草原、草原。海拔 1 200～2 600 m。

产西天山。乌兹别克斯坦；亚洲有分布。

*（1787）美化黄芪 **Astragalus aemulans**（Nevski）**Gontsch.**

多年生草本。生于山地砾石质坡地、河谷。海拔 2 100～2 900 m。

产西南天山、内天山。吉尔吉斯斯坦、乌兹别克斯坦；亚洲有分布。

*（1788）阿菲拉屯黄芪 **Astragalus aflatunensis B. Fedtsch.** = *Astragalus kenkolensis* B. Fedtsch.

多年生草本。生于山崖岩石缝、山地草原、草甸草原、河谷。海拔 1 200～2 800 m。

产内天山、西南天山。乌兹别克斯坦；亚洲有分布。

（1789）毛喉黄芪 **Astragalus agrestis G. Don.** = *Astragalus dasyglottis* Fisch. ex DC.

多年生草本。生于低山丘陵、河边、田边。海拔 1 000～1 500 m。

产北天山。中国、哈萨克斯坦、俄罗斯;亚洲有分布。

饲料。

*(1790) 阿克塞尔黄芪 **Astragalus aksaricus N. V. Pavlov**

多年生草本。生于亚高山草甸、河谷湿地、石质山坡。海拔 2 800~3 100 m。

产西天山、西南天山。乌兹别克斯坦、俄罗斯;亚洲有分布。

(1791) 阿克苏黄芪 **Astragalus aksuensis Bunge**

多年生草本。生于亚高山草甸、山地林下、林间草地、林缘、河谷、阔叶林下。海拔 1 600~
3 000 m。

产东天山、东北天山、准噶尔阿拉套山、北天山、中央天山、内天山、西天山、西南天山。中国、
哈萨克斯坦、吉尔吉斯斯坦、乌兹别克斯坦、伊朗、巴基斯坦;亚洲有分布。

饲料、药用。

*(1792) 阿拉布根黄芪 **Astragalus alabugensis B. Fedtsch.** =*Astragalus subalabugensis* Popov

多年生草本。生于山地草甸、山坡草地、河岸阶地。海拔 800~2 500 m。

产西天山、西南天山、内天山。吉尔吉斯斯坦、乌兹别克斯坦;亚洲有分布。

乌兹别克斯坦特有成分。

*(1793) 阿莱黄芪 **Astragalus alaicus Freyn**

多年生草本。生于冰碛碎石堆、山崖岩石缝、山地河谷、山坡草地、草甸草原。海拔 2 600~
3 500 m。

产西南天山、西天山、内天山。吉尔吉斯斯坦、乌兹别克斯坦;亚洲有分布。

*(1794) 阿拉套黄芪 **Astragalus alatavicus Kar. et Kir.**

多年生草本。生于亚高山草甸、山地林缘、山地草甸、石质山坡。海拔 1 700~3 100 m。

产准噶尔阿拉套山、北天山、西天山。哈萨克斯坦、吉尔吉斯斯坦、乌兹别克斯坦;亚洲有分布。

*(1795) 阿氏黄芪 **Astragalus albertii Bunge**

多年生草本。生于石质山坡、山坡草地、沙地。海拔 700~1 600 m。

产准噶尔阿拉套山。哈萨克斯坦;亚洲有分布。

哈萨克斯坦特有成分。

*(1796) 花鹿黄芪 **Astragalus aldaulgensis B. Fedtsch.**

多年生草本。生于亚高山草甸、灌丛、阴坡碎石堆。海拔 1 800~2 900 m。

产西天山、西南天山。乌兹别克斯坦;亚洲有分布。

*(1797) 阿里克赛克黄芪 **Astragalus alexeenkoi N. F. Gontscharow**

多年生草本。生于山地河谷、灌丛、山坡草地。海拔 700~2 900 m。

产西南天山、内天山。吉尔吉斯斯坦、乌兹别克斯坦;亚洲有分布。

*(1798) 阿里克赛黄芪 **Astragalus alexeji Gontsch.**

多年生草本。生于山地荒漠草原、平原荒漠草地。海拔 600~2 600 m。

产西南天山、内天山。吉尔吉斯斯坦、乌兹别克斯坦;亚洲有分布。

*(1799) 异色黄芪 **Astragalus allotricholobus Nabiev**

多年生草本。生于山坡草地、山麓冲积平原、河岸阶地。海拔 300~1 600 m。

产西天山、西南天山。吉尔吉斯斯坦、乌兹别克斯坦;亚洲有分布。

(1800) 长尾黄芪 **Astragalus alopecias Pall.**

多年生草本。生于山坡草地、路边。海拔 800 m 上下。

产准噶尔阿拉套山、北天山、内天山、西天山、西南天山。中国、哈萨克斯坦、吉尔吉斯斯坦、乌兹别克斯坦、阿富汗、伊朗、俄罗斯;亚洲有分布。

饲料、药用。

(1801) 狐尾黄芪 **Astragalus alopecurus Pall.**

多年生草本。生于低山丘陵、山坡草地、河岸、路边。海拔 1 200~1 750 m。

产准噶尔阿拉套山、北天山。中国、哈萨克斯坦、阿富汗、土耳其、伊朗、俄罗斯;亚洲、欧洲有分布。

饲料。

(1802) 高山黄芪 **Astragalus alpinus L.**

多年生草本。生于亚高山草甸、山地林下、林缘、林间草地、河漫滩。海拔 1 000~3 200 m。

产东天山、东北天山、准噶尔阿拉套山、北天山、中央天山、内天山、西天山、西南天山。中国、哈萨克斯坦、吉尔吉斯斯坦、乌兹别克斯坦、俄罗斯;亚洲、欧洲、美洲有分布。

饲料、药用。

*(1803) 阿尔泰黄芪 **Astragalus altaicola Podlech.** =*Astragalus altaicus* Bunge

灌木。生于亚高山草甸、砾石质阳坡。海拔 2 800~3 100 m。

产西天山、西南天山。乌兹别克斯坦、俄罗斯;亚洲有分布。

*(1804) 靓黄芪 **Astragalus amabilis Popov**

多年生草本。生于山地碎石堆、荒漠草原、山麓洪积扇。海拔 1 200~2 800 m。

产北天山、内天山。吉尔吉斯斯坦;亚洲有分布。

吉尔吉斯斯坦特有成分。

*(1805) 扁桃黄芪 **Astragalus amygdalinus Bunge**

多年生草本。生于山地林缘、石质化草地。海拔 900~1 800 m。

产北天山、内天山、西天山、西南天山。吉尔吉斯斯坦、乌兹别克斯坦;亚洲有分布。

*(1806) 安道黄芪 **Astragalus andaulgensis B. Fedtsch.**

多年生草本。生于高山和亚高山草甸、碎石质山坡、冰碛碎石堆、坡积物。海拔 2 800~3 600 m。

产西天山、西南天山。吉尔吉斯斯坦、乌兹别克斯坦;亚洲有分布。

*(1807) 热盖特黄芪 **Astragalus angreni Lipsky**

多年生草本。生于山地草原、灌丛、荒漠。海拔 600~1 700 m。

产北天山、内天山、西天山、西南天山。哈萨克斯坦、吉尔吉斯斯坦、乌兹别克斯坦;亚洲有分布。

(1808) 狭叶黄芪 **Astragalus angustissimus Bunge**

多年生草本。生于山地草原。海拔 1 400~3 000 m。

产准噶尔阿拉套山、北天山。中国、哈萨克斯坦;亚洲有分布。

饲料。

*（1809）变叶黄芪 **Astragalus anisomerus Bunge**

多年生草本。生于山地石质山坡、山坡草地。海拔 1 500~2 800 m。

产北天山、内天山、西天山、西南天山。吉尔吉斯斯坦、乌兹别克斯坦;亚洲有分布。

*（1810）安顿黄芪 **Astragalus antoninae J. S. Grigorjev**

多年生草本。生于山地草甸、山地草原。海拔 1 200~3 100 m。

产西南天山、内天山。吉尔吉斯斯坦、乌兹别克斯坦;亚洲有分布。

*（1811）阿发尼黄芪 **Astragalus aphanassjievii Gontsch.**

多年生草本。生于高山和亚高山草甸、山地灌丛、草甸湿地。海拔 2 800~3 200 m。

产西南天山、内天山。吉尔吉斯斯坦、乌兹别克斯坦;亚洲有分布。

*（1812）短尖龙骨黄芪 **Astragalus apiculatus N. F. Gontscharow**

多年生草本。生于亚高山草甸、山地灌丛、河谷草甸。海拔 1 000~2 800 m。

产西南天山、内天山。吉尔吉斯斯坦、乌兹别克斯坦;亚洲有分布。

*（1813）弓形黄芪 **Astragalus arcuatus Kar. et Kir.**

多年生草本。生于山麓沙砾质沙地。海拔 600~1 500 m。

产准噶尔阿拉套山、西天山。哈萨克斯坦、乌兹别克斯坦、俄罗斯;亚洲、欧洲有分布。

（1814）木黄芪 **Astragalus arbuscula Pall.**

落叶灌木。生于石质山坡、荒漠草原、蒿属荒漠、干河床、沙地。海拔 520~1 600 m。

产东天山、东北天山、北天山。中国、哈萨克斯坦、俄罗斯;亚洲有分布。

饲料。

*（1815）银叶黄芪 **Astragalus arganaticus Bunge**

多年生草本。生于山麓洪积扇、砾岩堆、荒漠河岸草地。海拔 300~700 m。

产准噶尔阿拉套山。哈萨克斯坦;亚洲有分布。

（1816）边塞黄芪 **Astragalus arkalycensis Bunge**

多年生草本。生于山地草原、山坡草地。海拔 1 300 m 上下。

产北天山、内天山。中国、哈萨克斯坦、俄罗斯;亚洲有分布。

饲料。

（1817）镰荚黄芪 **Astragalus arpilobus Kar. et Kir.** = *Astragalus harpilobus* Kar. et Kir. = *Astragalus harpilobus* Boiss.

一年生草本。生于低山丘陵、山谷、山麓洪积扇、戈壁、半固定沙丘、沙地、荒漠。海拔 220~1 600 m。

产东天山、东北天山、北天山、内天山、西天山、西南天山。中国、哈萨克斯坦、吉尔吉斯斯坦、乌兹别克斯坦、土库曼斯坦、阿富汗;亚洲、欧洲有分布。

*（1818）丑黄芪 **Astragalus asaphes Bunge** = *Astracantha asaphes* (Bunge) D. Podl.

落叶灌木。生于山地碎石堆、沙地。海拔 850~2 400 m。

产西天山、西南天山。乌兹别克斯坦;亚洲有分布。

*（1819）冷黄芪 **Astragalus aschuturi B. Fedtsch.**

多年生草本。生于高山和亚高山草甸、山崖岩石缝。海拔 2 800~3 500 m。

227

产西南天山。乌兹别克斯坦;亚洲有分布。

乌兹别克斯坦特有成分。

* (1820) 木蓼叶黄芪 **Astragalus atraphaxifolius M. R. Rasulova**

小灌木。生于石质山坡、岩石堆、山谷。海拔 900~1 100 m。

产西南天山、内天山。吉尔吉斯斯坦、乌兹别克斯坦;亚洲有分布。

* (1821) 淡红黄芪 **Astragalus atrovinosus Popov ex Baranov**

多年生草本。生于亚高山草甸、山地石质坡地。海拔 1 200~2 900 m。

产北天山、内天山、西天山、西南天山。吉尔吉斯斯坦、乌兹别克斯坦;亚洲有分布。

* (1822) 神山黄芪 **Astragalus aulieatensis Popov**

半灌木。生于山麓石质坡地、荒漠化草原。海拔 700~1 900 m。

产西天山、西南天山。乌兹别克斯坦;亚洲有分布。

乌兹别克斯坦特有成分。

* (1823) 金腺萼黄芪 **Astragalus auratus N. F. Gontscharow**

多年生草本。生于山地荒漠草原、灌丛。海拔 1 200~3 100 m。

产西南天山、内天山。吉尔吉斯斯坦、乌兹别克斯坦;亚洲有分布。

(1824) 南黄芪 **Astragalus australis (L.) Lam.**

多年生草本。生于高山和亚高山草甸、山坡草地。海拔 1 250~4 850 m。

产准噶尔阿拉套山、北天山。中国、哈萨克斯坦、俄罗斯;亚洲有分布。

饲料。

* (1825) 南方黄芪 **Astragalus austro Tajikistanicus Czer.** = *Astragalus modesti* R. Kam. et Kovalevsk.

多年生草本。生于森林-灌丛、细石质山坡。海拔 900~2 900 m。

产西南天山、内天山、西天山。吉尔吉斯斯坦、乌兹别克斯坦;亚洲有分布。

* (1826) 南准噶尔黄芪 **Astragalus austrodshungaricus Golosk.**

多年生草本。生于河谷沙砾地、荒漠草原、沙地。海拔 500~2 100 m。

产北天山。哈萨克斯坦;亚洲有分布。

* (1827) 巴巴山黄芪 **Astragalus babatagi Popov**

半灌木。生于山坡草地、低山丘陵、荒漠草地。海拔 600~3 000 m。

产西南天山、内天山。吉尔吉斯斯坦、乌兹别克斯坦;亚洲有分布。

* (1828) 巴旦木黄芪 **Astragalus badamensis Popov**

多年生草本。生于山地石质坡地。海拔 1 800~3 100 m。

产西天山、西南天山。乌兹别克斯坦;亚洲有分布。

乌兹别克斯坦特有成分。

* (1829) 柏松黄芪 **Astragalus baissunensis Lipsky**

多年生草本。生于山地岩石堆、细石质山坡、灌丛、山地荒漠草原。海拔 700~2 800 m。

产西南天山、内天山。吉尔吉斯斯坦、乌兹别克斯坦;亚洲有分布。

*（1830）巴卡林黄芪 **Astragalus bakaliensis A. Bunge**

　　一年生草本。生于冰碛碎石堆、山坡草地、河岸阶地、草甸草原。海拔 2 400～3 600 m。

　　产西天山、西南天山、内天山。哈萨克斯坦、吉尔吉斯斯坦、乌兹别克斯坦；亚洲有分布。

*（1831）巴尔喀什黄芪 **Astragalus baldshuanicus Popov** = *Astragalus pischtovensis* Gontsch.

　　多年生草本或半灌木。生于山坡草地、山谷、石质山坡、河边、河岸沙砾地、山地荒漠草原。海

　　拔 600～2 700 m。

　　产西南天山、内天山、西天山。吉尔吉斯斯坦、乌兹别克斯坦；亚洲有分布。

*（1832）羊黄芪 **Astragalus baranovii Popov ex Blagovest.**

　　多年生草本。生于亚高山草甸、山崖岩石缝、河谷草地。海拔 2 800～3 100 m。

　　产西天山、西南天山。乌兹别克斯坦；亚洲有分布。

　（1833）斑果黄芪 **Astragalus beketovii（Krassn.）B. Fedtsch.**

　　多年生草本。生于冰碛碎石堆、高山和亚高山草甸、石质坡地、河滩。海拔 2 300～4 400 m。

　　产东天山、东北天山、北天山、内天山、西天山、西南天山。中国、哈萨克斯坦、吉尔吉斯斯坦、

　　乌兹别克斯坦、蒙古；亚洲有分布。

　　饲料。

*（1834）北斯堪黄芪 **Astragalus bischkendicus N. F. Gontscharow**

　　半灌木。生于山地林下、细石质山坡、山麓平原荒漠。海拔 500～1 400 m。

　　产西南天山、西天山、内天山。吉尔吉斯斯坦、乌兹别克斯坦；亚洲有分布。

*（1835）波布洛夫黄芪 **Astragalus bobrovii（Nevski）B. Fedtsch.**

　　多年生草本。生于山坡草地、山崖岩石缝、灌丛。海拔 900～3 100 m。

　　产西南天山、内天山。吉尔吉斯斯坦、乌兹别克斯坦；亚洲有分布。

*（1836）波利斯黄芪 **Astragalus borissianus Gontsch.**

　　多年生草本。生于石质灌丛、岩石峭壁、山地河床。海拔 900～1 700 m。

　　产西南天山、内天山。吉尔吉斯斯坦、乌兹别克斯坦；亚洲有分布。

*（1837）布尔莫利黄芪 **Astragalus bornmuelleranus B. Fedtsch.**

　　灌木。生于亚高山草甸、岩石峭壁、细石质山坡。海拔 800～3 100 m。

　　产西南天山、西天山、内天山。吉尔吉斯斯坦、乌兹别克斯坦；亚洲有分布。

　（1838）东天山黄芪 **Astragalus borodinii（Krassn.）Krassn.**

　　多年生草本。生于沙砾质山坡、河滩沙地、沙砾质荒漠。海拔 1 300～4 800 m。

　　产东天山、准噶尔阿拉套山、北天山、内天山、西天山、西南天山。中国、哈萨克斯坦、吉尔吉斯

　　斯坦、乌兹别克斯坦、蒙古；亚洲有分布。

　　饲料。

*（1839）薄子黄芪 **Astragalus bosbutooensis Nik. et I. G. Sudnitsyna**

　　多年生草本。生于山地草原、草甸草原、河谷。海拔 1 100～2 800 m。

　　产内天山、西南天山。吉尔吉斯斯坦、乌兹别克斯坦；亚洲有分布。

*（1840）布存黄芪 **Astragalus bossuensis Popov**

　　多年生草本。生于山地草原、荒漠草原、沙丘。海拔 400～1 400 m。

产北天山、内天山、西天山、西南天山。吉尔吉斯斯坦、乌兹别克斯坦;亚洲有分布。

*(1841) 短柄黄芪 **Astragalus brachypus** Schrenk. =*Astragalus corydalinus* Bunge
半灌木。生于山麓沙砾地。海拔 400~1 200 m。
产北天山。哈萨克斯坦;亚洲有分布。
哈萨克斯坦特有成分。

*(1842) 短花序黄芪 **Astragalus brachyrachis** Popov
多年生草本。生于山坡草地、荒漠草原、砾岩堆。海拔 800~3 000 m。
产西南天山、内天山。吉尔吉斯斯坦、乌兹别克斯坦;亚洲有分布。

*(1843) 短花茎黄芪 **Astragalus breviscapus** B. Fedtsch.
多年生草本。生于山坡草地、山麓洪积扇、盐碱地。海拔 800~2 100 m。
产北天山、西南天山、西天山、内天山。哈萨克斯坦、吉尔吉斯斯坦、乌兹别克斯坦;亚洲有
分布。

(1844) 短瓣黄芪 **Astragalus brevivexillatus** Podlech et L. R. Xu
多年生草本。生于沙砾质荒漠、沙地。海拔 400~1 000 m。
产东天山、准噶尔阿拉套山。中国;亚洲有分布。
中国特有成分。饲料。

*(1845) 布哈拉黄芪 **Astragalus bucharicus** E. Regel et Trudy
多年生草本。生于山地草甸、山地荒漠草原、荒漠。海拔 700~2 800 m。
产西南天山、内天山。吉尔吉斯斯坦、乌兹别克斯坦;亚洲有分布。

(1846) 布河黄芪 **Astragalus buchtormensis** Pall.
多年生草本。生于亚高山草甸、石质山坡、山地灌丛、荒漠草原。海拔 600~3 200 m。
产准噶尔阿拉套山、北天山、东南天山、内天山。中国、哈萨克斯坦、俄罗斯、乌克兰;亚洲有
分布。
饲料。

*(1847) 布特克黄芪 **Astragalus butkovii** Popov
多年生草本。生于亚高山草甸、河流出山口阶地、灌丛。海拔 900~3 100 m。
产西南天山、内天山。吉尔吉斯斯坦、乌兹别克斯坦;亚洲有分布。

*(1848) 小树状黄芪 **Astragalus caespitosulus** Gontsch.
多年生草本。生于荒漠草原、草甸草原、河谷。海拔 600~2 100 m。
产北天山、西天山。哈萨克斯坦、吉尔吉斯斯坦;亚洲有分布。

*(1849) 弯角黄芪 **Astragalus camptoceras** Bunge =*Astragalus bungei* C. Winkl. et B. Fedtsch. ex B.
Fedtsch.
一年生草本。生于山麓坡地、沙砾地、荒漠。海拔 500~1 400 m。
产西天山、西南天山。乌兹别克斯坦、俄罗斯;亚洲有分布。

(1850) 弯喙黄芪 **Astragalus campylorhynchus** Fischer et Meyer
一年生草本。生于干河床。海拔 710 m 上下。
产准噶尔阿拉套山、北天山、内天山、西天山、西南天山。中国、哈萨克斯坦、吉尔吉斯斯坦、乌

兹别克斯坦、巴基斯坦、阿富汗、伊朗、土耳其、伊拉克、叙利亚;亚洲有分布。
饲料。

*（1851）钩毛黄芪 **Astragalus campylotrichus Bunge**
一年生草本。生于山地草原、荒漠草原、细石质山坡。海拔 900~1 600 m。
产北天山、西南天山。哈萨克斯坦、乌兹别克斯坦;亚洲有分布。

（1852）亮白黄芪 **Astragalus candidissimus Ledeb.**
多年生草本。生于干河谷、固定和半固定沙丘。海拔 300~550 m。
产东天山。中国、哈萨克斯坦;亚洲有分布。
饲料。

*（1853）黄灰黄芪 **Astragalus canoflavus Popov**
多年生草本。生于河岸阶地、短生植物群落。海拔 200~1 300 m。
产西南天山。乌兹别克斯坦;亚洲有分布。

*（1854）粗柱黄芪 **Astragalus caudicosus Galk. et Nabiev**
半灌木。生于低山丘陵石膏荒漠、荒漠草原。海拔 400~1 800 m。
产西天山、西南天山。吉尔吉斯斯坦、乌兹别克斯坦;亚洲有分布。

*（1855）粗棱茎黄芪 **Astragalus caulescens（Gontsch.）L. N. Abdusalyamova**
多年生草本。生于细石质干旱山坡、砾岩堆、石灰岩丘陵。海拔 600~2 800 m。
产西南天山、西天山、内天山。吉尔吉斯斯坦、乌兹别克斯坦;亚洲有分布。

（1856）角黄芪 **Astragalus ceratoides M. Bieb.**
多年生草本。生于山地草甸、山地荒漠草原。海拔 900~2 000 m。
产准噶尔阿拉套山、北天山。中国、哈萨克斯坦、俄罗斯;亚洲有分布。
饲料。

*（1857）垂花黄芪 **Astragalus cernuiflorus Gontsch.**
多年生草本。生于亚高山草甸、山地河谷。海拔 2 400~3 100 m。
产西南天山、西天山、内天山。吉尔吉斯斯坦、乌兹别克斯坦;亚洲有分布。

*（1858）刚毛黄芪 **Astragalus chaetodon Bunge**
多年生草本。生于山地碎石堆、荒漠草原、沙地。海拔 300~1 500 m。
产北天山、内天山、西天山、西南天山。哈萨克斯坦、吉尔吉斯斯坦、乌兹别克斯坦;亚洲有分布。

*（1859）纯高安黄芪 **Astragalus chingoanus R. V. Kamelin**
多年生草本或半灌木。生于高山和亚高山草甸、细石质山坡、森林-灌丛、灌丛、河漫滩。海拔 1 200~3 860 m。
产西南天山、内天山。吉尔吉斯斯坦、乌兹别克斯坦;亚洲有分布。

*（1860）绿齿黄芪 **Astragalus chlorodontus Bunge**
多年生草本。生于山地草原、荒漠草原、灌丛。海拔 800~1 500 m。
产准噶尔阿拉套山、北天山。哈萨克斯坦、吉尔吉斯斯坦;亚洲有分布。

*（1861）霍德琴黄芪 **Astragalus chodshenticus B. Fedtsch.**

半灌木。生于荒漠草原、盐化草地、固定沙丘。海拔 500~1 500 m。

产西天山、西南天山。吉尔吉斯斯坦、乌兹别克斯坦；亚洲有分布。

（1862）中天山黄芪 **Astragalus chomutovii B. Fedtsch.**

多年生草本。生于高山和亚高山草甸、石质山坡、河边沙砾地。海拔 2 000~3 700 m。

产准噶尔阿拉套山、中央天山。中国、吉尔吉斯斯坦；亚洲有分布。

饲料。

*（1863）霍尔果斯黄芪 **Astragalus chorgosicus Lipsky**

多年生草本。生于干旱山地阳坡、荒漠化草原。海拔 600~1 800 m。

产准噶尔阿拉套山。哈萨克斯坦；亚洲有分布。

哈萨克斯坦特有成分。

*（1864）金毛黄芪 **Astragalus chrysomallus Bunge**

多年生草本。生于山谷、石质化盆地、灌丛。海拔 900~2 400 m。

产西南天山、内天山。吉尔吉斯斯坦、乌兹别克斯坦；亚洲有分布。

*（1865）巴罗文黄芪 **Astragalus citrinus subsp. barrowianus（Aitch. et Baker）D. Podl.** =*Astragalus barrowianus* Aitch. et Baker

多年生草本。生于山地林下、荒漠草地、黏土质沙丘。海拔 600~2 800 m。

产西南天山、西天山、内天山。吉尔吉斯斯坦、乌兹别克斯坦；亚洲有分布。

（1866）沙丘黄芪 **Astragalus cognatus C. A. Mey. ex Fischer et C. Meyer**

落叶半灌木。生于固定和半固定沙丘。海拔 650~800 m。

产东天山、北天山。中国、哈萨克斯坦；亚洲有分布。

饲料。

*（1867）圆泡果黄芪 **Astragalus coluteocarpus Boiss.**

多年生草本。生于砾岩堆、石质山坡、灌丛、河谷。海拔 1 200~3 000 m。

产西南天山、西天山、内天山。吉尔吉斯斯坦、乌兹别克斯坦；亚洲有分布。

（1868）混合黄芪 **Astragalus commixtus Bunge**

一年生草本。生于低山阴坡、蒿属荒漠、田边、沙地。海拔 500~1 000 m。

产东天山、东北天山、准噶尔阿拉套山、北天山、内天山、西天山、西南天山。中国、哈萨克斯坦、吉尔吉斯斯坦、乌兹别克斯坦、巴基斯坦、俄罗斯；亚洲、欧洲有分布。

饲料。

*（1869）菊叶黄芪 **Astragalus compositus Pavlov**

一年生草本。生于低山石质山坡。海拔 800~1 400 m。

产北天山、内天山、西天山、西南天山。吉尔吉斯斯坦、乌兹别克斯坦；亚洲有分布。

（1870）扁序黄芪 **Astragalus compressus Ledeb.**

多年生草本或半灌木。生于山坡草地、起伏沙地。海拔 400~1 200 m。

产北天山。中国、哈萨克斯坦、蒙古、俄罗斯；亚洲有分布。

饲料。

*（1871） 近亲黄芪 **Astragalus consanguineus Bong. et C. A. Mey.**

多年生草本。生于盐碱地、湖边盐化草地。海拔 200～800 m。

产北天山。哈萨克斯坦；亚洲有分布。

（1872） 环荚黄芪 **Astragalus contortuplicatus L.**

一年生草本。生于河和湖岸边、荒地、田边。海拔 380～810 m。

产东北天山、北天山、东南天山。中国、哈萨克斯坦、乌兹别克斯坦、伊朗、巴基斯坦、印度、俄罗斯；亚洲、欧洲有分布。

饲料。

*（1873） 角果黄芪 **Astragalus cornutus Pall.**

落叶灌木。生于山地林缘、林间空地、山地草原、石灰岩草地。海拔 700～1 500 m。

产准噶尔阿拉套山。哈萨克斯坦、俄罗斯；亚洲、欧洲有分布。

*（1874） 圆齿黄芪 **Astragalus crenatus Schult.** =*Astragalus corrugatus* Bertol.

一年生草本。生于山地荒漠草原、龟裂土荒漠草原、固定沙丘。海拔 300～1 800 m。

产西南天山、内天山、西天山。哈萨克斯坦、吉尔吉斯斯坦、俄罗斯；亚洲有分布。

*（1875） 弯枝黄芪 **Astragalus cyrtobasis Bunge ex Boiss.**

多年生草本。生于山地石质山坡、山坡草地、河谷。海拔 800～1 600 m。

产北天山、内天山、西天山、西南天山。哈萨克斯坦、吉尔吉斯斯坦、乌兹别克斯坦；亚洲有分布。

*（1876） 抱萼黄芪 **Astragalus cysticalyx Ledeb.**

落叶灌木。生于山地林缘、河谷。海拔 1 500～2 900 m。

产准噶尔阿拉套山。哈萨克斯坦；亚洲有分布。

哈萨克斯坦特有成分。

*（1877） 囊果黄芪 **Astragalus cystocarpus A. G. Borisova**

多年生草本。生于石质山坡、河谷。海拔 1 200～3 100 m。

产西南天山、内天山、西天山。吉尔吉斯斯坦、乌兹别克斯坦；亚洲有分布。

*（1878） 郊区黄芪 **Astragalus cytisoides Bunge**

半灌木。生于山地草原、山麓砾石质坡地。海拔 600 m 上下。

产西天山、西南天山。乌兹别克斯坦；亚洲有分布。

乌兹别克斯坦特有成分。

*（1879） 奇力都赫尔黄芪 **Astragalus czilduchtaroni R. V. Kamelin**

多年生草本。生于山地坡积物、倒石堆。海拔 900～1 500 m。

产西南天山、内天山、西天山。吉尔吉斯斯坦、乌兹别克斯坦；亚洲有分布。

*（1880） 弯刀状黄芪 **Astragalus dactylocarpus subsp. acinaciferus（Boiss.）Ott** =*Astragalus spinescens* Bunge

多年生草本。生于干旱石质山坡、河岸沙砾地、平原盐化草地。海拔 400～1 500 m。

产西南天山。乌兹别克斯坦；亚洲有分布。

（1881） 丹麦黄芪 **Astragalus danicus Retz.**

多年生草本。生于山坡草地。海拔 1 300 m 上下。

产北天山。中国、哈萨克斯坦、蒙古、俄罗斯;亚洲、欧洲、美洲有分布。

饲料、药用。

（1882）树黄芪 **Astragalus dendroides Kar. et Kir.**

落叶灌木。生于山地草原。海拔1 100 m上下。

产准噶尔阿拉套山、北天山、西天山、西南天山。中国、哈萨克斯坦、吉尔吉斯斯坦、乌兹别克斯坦;亚洲有分布。

饲料。

（1883）密花黄芪 **Astragalus densiflorus Kar. et Kir.**

多年生草本。生于高山和亚高山草甸、山地林缘、沙砾质河滩。海拔2 400~4 700 m。

产北天山。中国、哈萨克斯坦、吉尔吉斯斯坦;亚洲有分布。

饲料。

*（1884）双果黄芪 **Astragalus dipelta Bunge**

一年生草本。生于山麓灌丛、荒漠。海拔300~1 200 m。

产北天山、内天山、西天山、西南天山。哈萨克斯坦、吉尔吉斯斯坦、乌兹别克斯坦;亚洲有分布。

*（1885）大瓦扎黄芪 **Astragalus darwasicus Basilevsk.**

多年生草本。生于山地草甸、草甸草原、灌丛、河谷。海拔2 350~2 500 m。

产西南天山、内天山、西天山。吉尔吉斯斯坦、乌兹别克斯坦;亚洲有分布。

*（1886）光滑黄芪 **Astragalus devestitus Pazij et Vved.**

多年生草本。生于高山和亚高山草甸。海拔2 900~3 200 m。

产北天山。哈萨克斯坦;亚洲有分布。

*（1887）石竹叶黄芪 **Astragalus dianthoides A. Boriss.**

多年生草本。生于灰漠土荒漠、山地坡积物。海拔600~2 100 m。

产西南天山、内天山。吉尔吉斯斯坦、乌兹别克斯坦;亚洲有分布。

*（1888）二叉黄芪 **Astragalus dianthus Bunge**

多年生草本。生于黄土丘陵、河谷细石质坡地、草原、低山灌丛。海拔600~1 800 m。

产西天山、西南天山。乌兹别克斯坦;亚洲有分布。

*（1889）白鲜叶黄芪 **Astragalus dictamnoides Gontsch.**

多年生草本。生于山地灌丛、河谷、石质山坡。海拔2 400~3 000 m。

产内天山、北天山、西天山、西南天山。哈萨克斯坦、吉尔吉斯斯坦、乌兹别克斯坦;亚洲有分布。

*（1890）神圣黄芪 **Astragalus dignus A. Boriss.**

多年生草本。生于高山和亚高山草甸、冰碛堆、碎石质山坡、河岸阶地。海拔2 800~3 600 m。

产西南天山、内天山、西天山。吉尔吉斯斯坦、乌兹别克斯坦;亚洲有分布。

*（1891）疏花黄芪 **Astragalus discessiflorus N. F. Gontscharow**

多年生草本。生于亚高山草甸、河谷草甸、山地草原。海拔900~2 800 m。

产西南天山、内天山。吉尔吉斯斯坦、乌兹别克斯坦;亚洲有分布。

*（1892）伸展黄芪 **Astragalus distentus A. Boriss.**

多年生草本。生于石质山坡、河床、坡积物。海拔 2 300～2 500 m。

产西南天山、内天山、西天山。吉尔吉斯斯坦、乌兹别克斯坦；亚洲有分布。

*（1893）吉格尼斯黄芪 **Astragalus djilgensis Franch.**

多年生草本。生于冰碛堆、高山和亚高山草甸、山坡草地。海拔 2 900～3 600 m。

产西南天山、内天山、西天山。吉尔吉斯斯坦、乌兹别克斯坦；亚洲有分布。

*（1894）长果黄芪 **Astragalus dolichocarpus Popov**

半灌木。生于山麓至中山带草地。海拔 600～1 900 m。

产西天山、西南天山。乌兹别克斯坦；亚洲有分布。

乌兹别克斯坦特有成分。

*（1895）长柄黄芪 **Astragalus dolichopodus Freyn**

多年生草本。生于山地砾岩堆、山坡草地、河床。海拔 900～3 100 m。

产西南天山、内天山、西天山。吉尔吉斯斯坦、乌兹别克斯坦；亚洲有分布。

（1896）詹加尔特黄芪 **Astragalus dshangartensis Sumnev.**

多年生草本。生于高山和亚高山草甸、山地草原、荒漠草原。海拔 1 900～3 400 m。

产准噶尔阿拉套山、中央天山、内天山。中国、吉尔吉斯斯坦；亚洲有分布。

饲料。

*（1897）加尔菲黄芪 **Astragalus dsharfi B. A. Fedtschenko**

半灌木。生于山坡草地、河边、河谷。海拔 1 200～2 800 m。

产西南天山、内天山。吉尔吉斯斯坦、乌兹别克斯坦；亚洲有分布。

（1898）托木尔黄芪 **Astragalus dsharkenticus Popov** =*Astragalus dshaekenticus* var. *gongliuensis* S. B. Ho

多年生草本。生于山地草甸、草原、山坡草地、山地荒漠草原。海拔 700～2 100 m。

产准噶尔阿拉套山、北天山、中央天山。中国、哈萨克斯坦、吉尔吉斯斯坦；亚洲有分布。

饲料。

（1899）吉姆黄芪 **Astragalus dshimensis Gontsch.**

多年生草本。生于山坡、低山阳坡草地、河谷、荒漠草原、沙砾质河滩。海拔 1 100～2 600 m。

产东天山、东北天山、准噶尔阿拉套山、东南天山、北天山、中央天山。中国、哈萨克斯坦、蒙古；亚洲有分布。

*（1900）都万黄芪 **Astragalus duanensis Saposhn. apud Sumnev.**

半灌木。生于山地石质阳坡、山崖石缝、林间草地。海拔 2 100～2 600 m。

产准噶尔阿拉套山、北天山。哈萨克斯坦、吉尔吉斯斯坦；亚洲有分布。

（1901）胀萼黄芪 **Astragalus ellipsoideus Ledeb.** =*Astragalus transiliensis* Gontsch.

多年生草本。生于亚高山草甸、山地草原、石质山坡。海拔 1 600～3 000 m。

产东天山、准噶尔阿拉套山、北天山。中国、哈萨克斯坦、吉尔吉斯斯坦、乌兹别克斯坦、蒙古、俄罗斯；亚洲有分布。

饲料。

*（1902）沙生黄芪 **Astragalus eremospartoides Regel**

多年生草本。生于山麓沙地、黏土质荒漠。海拔 300~1 400 m。

产西天山、西南天山。乌兹别克斯坦；亚洲有分布。

乌兹别克斯坦特有成分。

*（1903）锦毛黄芪 **Astragalus eriocarpus DC.**

多年生草本。生于山地草原、石质山坡、河谷、灌丛。海拔 900~2 800 m。

产西南天山、内天山、西天山。吉尔吉斯斯坦、乌兹别克斯坦；亚洲有分布。

*（1904）绵毛黄芪 **Astragalus erionotus Benth. ex Bunge**＝*Astragalus andarabicus* Podlech

多年生草本。生于山地林下、山坡草地、山地荒漠草原、灌丛、河谷。海拔 800~2 400 m。

产西南天山、内天山。吉尔吉斯斯坦、乌兹别克斯坦；亚洲有分布。

*（1905）观赏黄芪 **Astragalus eupeplus Barneby**

多年生草本。生于山地阔叶林下、林缘、灌丛。海拔 800~1 600 m。

产西南天山、西天山、内天山。吉尔吉斯斯坦、乌兹别克斯坦；亚洲有分布。

*（1906）粗花瓣黄芪 **Astragalus exasperatus Basilevsk.**

多年生草本。生于山地阴坡草甸、山坡草地、灌丛。海拔 700~2 400 m。

产西南天山、内天山、西天山。吉尔吉斯斯坦、乌兹别克斯坦；亚洲有分布。

*（1907）苏尔汗河黄芪 **Astragalus excedens Popov et Kult.**

多年生草本。生于黏土质荒漠草地、山坡草地、平原荒漠草地。海拔 300~1 600 m。

产西南天山、内天山、西天山。吉尔吉斯斯坦、乌兹别克斯坦；亚洲有分布。

*（1908）高黄芪 **Astragalus excelsior Popov**

多年生草本。生于山麓坡地。海拔 600~1 700 m。

产西天山、西南天山。吉尔吉斯斯坦、乌兹别克斯坦；亚洲有分布。

*（1909）瘦弱黄芪 **Astragalus exilis Korol.**

多年生草本。生于山地草原、石质山坡、灌丛。海拔 800~2 500 m。

产西南天山、内天山、西天山。吉尔吉斯斯坦、乌兹别克斯坦；亚洲有分布。

*（1910）舒黄芪 **Astragalus eximius Bunge**

多年生草本。生于山坡草地、石质山坡。海拔 800~2 500 m。

产北天山、内天山、西天山、西南天山。吉尔吉斯斯坦、乌兹别克斯坦；亚洲有分布。

*（1911）弹枝黄芪 **Astragalus falcigerus Popov**

落叶灌木。生于冰碛堆、山地碎石堆、河谷沙地。海拔 1 800~3 100 m。

产北天山、内天山、西天山、西南天山。哈萨克斯坦、吉尔吉斯斯坦、乌兹别克斯坦；亚洲有分布。

*（1912）镰刀状黄芪 **Astragalus falconeri Bunge**＝*Astragalus badachschanicus* A. G. Borissova

多年生草本。生于砾岩堆、岩石峭壁、河谷。海拔 800~2 600 m。

产西南天山、内天山。吉尔吉斯斯坦、乌兹别克斯坦；亚洲有分布。

＊(1913) 实心黄芪 **Astragalus farctissimus Lipsky** =*Astragalus janischewskyi* Popov

多年生草本。生于山坡草地、山地荒漠、低山丘陵。海拔 800~2 700 m。

产西天山、内天山、西南天山。吉尔吉斯斯坦、乌兹别克斯坦;亚洲有分布。

＊(1914) 费氏黄芪 **Astragalus fedtschenkoanus Lipsky**

半灌木。生于山坡草地、石质山坡、灌丛。海拔 600~2 000 m。

产准噶尔阿拉套山、北天山、内天山、西天山、西南天山。哈萨克斯坦、吉尔吉斯斯坦、乌兹别克斯坦;亚洲有分布。

＊(1915) 费尔干纳黄芪 **Astragalus ferganensis (M. Pop.) B. A. Fedtschenko**

多年生草本。生于碎石质山坡、土质荒漠、戈壁。海拔 300~1 600 m。

产西南天山、内天山。吉尔吉斯斯坦、乌兹别克斯坦;亚洲有分布。

(1916) 丝茎黄芪 **Astragalus filicaulis Fisch. et Mey.** =*Astragalus rytilobus* Bunge

一年生草本。生于山地林缘、荒漠草原、沟渠边。海拔 500~1 600 m。

产准噶尔阿拉套山、北天山、内天山、西天山、西南天山。中国、哈萨克斯坦、吉尔吉斯斯坦、乌兹别克斯坦、阿富汗、巴基斯坦、伊朗;亚洲有分布。

饲料、绿肥。

(1917) 弯花黄芪 **Astragalus flexus Fisch.**

多年生草本。生于低山荒漠、沙地。海拔 310~900 m。

产东天山、东北天山、北天山、西天山。中国、哈萨克斯坦、乌兹别克斯坦、巴基斯坦、伊朗;亚洲有分布。

饲料、固沙。

＊(1918) 丛毛叶黄芪 **Astragalus floccosifolius Sumnev.** =*Astragalus ephemeretorum* N. F. Gontscharow

多年生草本。生于山地林下、山坡草地、山地草原、灌丛、短生植物荒漠、荒漠草原、河岸阶地、河谷、矿石堆。海拔 600~2 500 m。

产北天山、西南天山、内天山、西天山。哈萨克斯坦、吉尔吉斯斯坦、乌兹别克斯坦;亚洲有分布。

＊(1919) 泡萼黄芪 **Astragalus follicularis Pall.**

多年生草本。生于山地草原、山坡草地、河谷灌丛。海拔 800~1 700 m。

产准噶尔阿拉套山。哈萨克斯坦、俄罗斯;亚洲有分布。

＊(1920) 长柱黄芪 **Astragalus georgii Gontsch.**

多年生草本。生于山地草原。海拔 900~1 700 m。

产西天山、西南天山。乌兹别克斯坦;亚洲有分布。

乌兹别克斯坦特有成分。

＊(1921) 光滑黄芪 **Astragalus glabrescens Gontsch.**

多年生草本。生于山地草原、低山丘陵、荒漠草地。海拔 600~2 700 m。

产西南天山、内天山、西天山。吉尔吉斯斯坦、乌兹别克斯坦;亚洲有分布。

＊(1922) 球果黄芪 **Astragalus globiceps Bunge**

多年生草本。生于山麓荒漠草原、荒漠。海拔 400~1 600 m。

产北天山、内天山、西天山、西南天山。哈萨克斯坦、吉尔吉斯斯坦、乌兹别克斯坦;亚洲有分布。

*（1923）高氏黄芪 **Astragalus gontscharovii Vassilcz.**

落叶灌木。生于山地草甸草原。海拔 800～2 700 m。

产准噶尔阿拉套山、北天山。哈萨克斯坦;亚洲有分布。

哈萨克斯坦特有成分。

*（1924）细柄黄芪 **Astragalus gracilipes Benth. ex Bunge**

一年生草本。生于亚高山草甸、山坡草地、河谷。海拔 900～3 100 m。

产西南天山、内天山、西天山。吉尔吉斯斯坦、乌兹别克斯坦;亚洲有分布。

*（1925）小斑点黄芪 **Astragalus guttatus Banks et Solander** = *Astragalus striatellus* Pall. ex Bieb.

一年生草本。生于黏土质荒漠、石灰岩丘陵。海拔 700～1 800 m。

产西天山、西南天山。乌兹别克斯坦、俄罗斯;亚洲、欧洲有分布。

（1926）哈密黄芪 **Astragalus hamiensis S. B. Ho**

多年生草本。生于沙砾质戈壁、水边草地。海拔 280 m 上下。

产东天山、准噶尔阿拉套山。中国;亚洲有分布。

中国特有成分。饲料。

*（1927）弯果黄芪 **Astragalus harpocarpus V. V. Meffert**

多年生草本。生于砾岩堆、山坡草地、山地荒漠草原。海拔 800～2 800 m。

产西南天山、内天山、西天山。吉尔吉斯斯坦、乌兹别克斯坦;亚洲有分布。

*（1928）海勒密黄芪 **Astragalus helmii Fisch. ex DC.** = *Astragalus polakovii* Popov

多年生草本。生于山地草原。海拔 700～1 600 m。

产准噶尔阿拉套山。哈萨克斯坦;亚洲有分布。

哈萨克斯坦特有成分。

*（1929）扁豆黄芪 **Astragalus hemiphaca Kar. et Kir.** = *Astragalus tauczilikensis* Golosk.

多年生草本。生于亚高山草甸、山地林缘、山地草原、灌丛、河床。海拔 1 600～3 100 m。

产准噶尔阿拉套山、北天山。哈萨克斯坦、吉尔吉斯斯坦;亚洲有分布。

（1930）七溪黄芪 **Astragalus heptapotamicus Sumn.** = *Astragalus wensuensis* S. B. Ho

多年生草本。生于山坡草地、山地草甸、荒漠、河岸阶地。海拔 1 700～2 400 m。

产准噶尔阿拉套山、中央天山、内天山。中国、哈萨克斯坦;亚洲有分布。

饲料。

*（1931）黑塞尔黄芪 **Astragalus hissaricus Lipsky**

多年生草本。生于石质山坡、山地草甸、河谷。海拔 900～2 800 m。

产西南天山、内天山、西天山。吉尔吉斯斯坦、乌兹别克斯坦;亚洲有分布。

（1932）霍城黄芪 **Astragalus huochengensis Podlech et L. R. Xu**

多年生草本。生于低山丘陵、山地草原、蒿属荒漠。海拔 600～1 700 m。

产东天山、东北天山、北天山。中国;亚洲有分布。

中国特有成分。饲料。

（1933）留土黄芪 **Astragalus hypogaeus** Ledeb.

　　多年生草本。生于山地草甸、山地草原。海拔 2 000 m 上下。

　　产准噶尔阿拉套山。中国、哈萨克斯坦、蒙古、俄罗斯；亚洲有分布。

　　饲料。

（1934）伊犁黄芪 **Astragalus iliensis** Bunge

　　落叶半灌木。生于沙地。海拔 500~800 m。

　　产准噶尔阿拉套山、北天山、西天山。中国、哈萨克斯坦、乌兹别克斯坦；亚洲有分布。

　　饲料。

*（1935）异叶黄芪 **Astragalus inaequalifolius** Basilevsk.

　　多年生草本。生于砾石质山坡、山地草甸、山崖岩石缝。海拔 800~2 800 m。

　　产北天山、内天山、西天山、西南天山。吉尔吉斯斯坦、乌兹别克斯坦；亚洲有分布。

*（1936）光果黄芪 **Astragalus indurescens** Gontsch.

　　多年生草本。生于亚高山草甸、山坡草地、草甸草原。海拔 2 100~3 100 m。

　　产西南天山、内天山、西天山。吉尔吉斯斯坦、乌兹别克斯坦；亚洲有分布。

*（1937）卷叶黄芪 **Astragalus involutivus** Sumnev.

　　多年生草本。生于山地坡积物、碎石堆、禾草草原。海拔 700~1 800 m。

　　产内天山。吉尔吉斯斯坦；亚洲有分布。

*（1938）伊林黄芪 **Astragalus irinae** B. Fedtsch.

　　多年生草本。生于山地荒漠、细石质山坡、河谷。海拔 800~2 900 m。

　　产西南天山、西天山。吉尔吉斯斯坦、乌兹别克斯坦；亚洲有分布。

*（1939）伊尔河黄芪 **Astragalus irisuensis** A. Boriss.

　　多年生草本。生于山地林下、石质山坡。海拔 1 050~2 000 m。

　　产西南天山。乌兹别克斯坦；亚洲有分布

*（1940）西卡明黄芪 **Astragalus ishkamishensis** Podl.

　　多年生草本。生于杜加依林下、河谷、低山丘陵。海拔 500~1 600 m。

　　产西南天山。乌兹别克斯坦；亚洲有分布。

*（1941）依斯堪德黄芪 **Astragalus iskanderi** Lipsky

　　多年生草本。生于山地草甸草原、灌丛、山溪边、干河床。海拔 800~2 600 m。

　　产西南天山、内天山、西天山。吉尔吉斯斯坦、乌兹别克斯坦；亚洲有分布。

*（1942）易子发黄芪 **Astragalus isphairamicus** B. Fedtsch.

　　多年生草本。生于山崖石缝、山坡草地。海拔 800~2 800 m。

　　产西天山、西南天山、内天山。吉尔吉斯斯坦、乌兹别克斯坦；亚洲有分布。

*（1943）亚晋诺北黄芪 **Astragalus jagnobicus** Lipsky

　　多年生草本。生于砾岩堆、森林草甸、山地草原、山地荒漠草原。海拔 1 100~2 700 m。

　　产西天山、西南天山、内天山。吉尔吉斯斯坦、乌兹别克斯坦；亚洲有分布。

*（1944）锡尔河黄芪 **Astragalus jaxarticus Pavlov**

多年生草本。生于山地草原。海拔 700~1 600 m。

产北天山、内天山、西天山、西南天山。哈萨克斯坦、吉尔吉斯斯坦、乌兹别克斯坦；亚洲有分布。

*（1945）喜柏黄芪 **Astragalus juniperetorum Gontsch.**

多年生草本。生于山地灌丛、石质化盆地。海拔 600~1 500 m。

产西天山、西南天山、内天山。吉尔吉斯斯坦、乌兹别克斯坦；亚洲有分布。

*（1946）卡巴蒂安黄芪 **Astragalus kabadianus Lipsky.**

多年生草本。生于细石质山坡、黏土质荒漠、山地荒漠草原、平原荒漠。海拔 700~2 500 m。

产西天山、内天山、西南天山。吉尔吉斯斯坦、乌兹别克斯坦；亚洲有分布。

*（1947）卡赫力黄芪 **Astragalus kahiricus DC.**

多年生草本。生于山地草甸、平原荒漠、固定和半固定沙丘。海拔 700~2 900 m。

产西天山、内天山、西南天山。吉尔吉斯斯坦、乌兹别克斯坦；亚洲有分布。

*（1948）黑山黄芪 **Astragalus karataviensis Pavlov**

半灌木。生于山麓砾石质山坡、黏土荒漠、平原荒漠。海拔 400~1 500 m。

产西天山、西南天山。乌兹别克斯坦；亚洲有分布。

乌兹别克斯坦特有成分。

*（1949）卡拉套山黄芪 **Astragalus karateginii N. F. Gontscharow**

多年生草本。生于亚高山草甸、山脊分水岭、山坡草地。海拔 1 200~2 900 m。

产西天山、内天山、西南天山。吉尔吉斯斯坦、乌兹别克斯坦；亚洲有分布。

（1950）卡尔黄芪 **Astragalus karkarensis Popov**

多年生草本。生于山地草甸、石质山坡、荒漠草原。海拔 1 100~2 800 m。

产准噶尔阿拉套山、北天山。中国、哈萨克斯坦、吉尔吉斯斯坦；亚洲有分布。

饲料。

*（1951）哈萨克斯坦黄芪 **Astragalus kasachstanicus Golosk.**

多年生草本。生于沙砾质草原。海拔 800~1 800 m。

产北天山。哈萨克斯坦；亚洲有分布。

*（1952）喀什卡达黄芪 **Astragalus kaschkadarjensis Gontsch.**

多年生草本。生于山坡草地、河谷。海拔 900~2 800 m。

产西天山、西南天山、内天山。吉尔吉斯斯坦、乌兹别克斯坦；亚洲有分布。

*（1953）卡孜木黄芪 **Astragalus kazymbeticus Soposhn. ex Sumnev.**

多年生草本。生于高山和亚高山草甸、碎石堆、河谷。海拔 2 900~3 300 m。

产准噶尔阿拉套山。哈萨克斯坦；亚洲有分布。

哈萨克斯坦特有成分。

*（1954）凯力黄芪 **Astragalus kelleri Popov**

多年生草本。生于山坡草地、城郊荒野。海拔 600~2 800 m。

产西天山、内天山、西南天山。吉尔吉斯斯坦、乌兹别克斯坦；亚洲有分布。

*(1955) 凯明黄芪 **Astragalus keminensis Isakov**

多年生草本。生于山地细石质坡地。海拔 600~1 800 m。

产内天山。吉尔吉斯斯坦;亚洲有分布。

*(1956) 柯尔克孜黄芪 **Astragalus kirghisorum Gontsch.**

多年生草本。生于亚高山草甸。海拔 2 900~3 200 m。

产西天山、西南天山、内天山。吉尔吉斯斯坦、乌兹别克斯坦;亚洲有分布。

*(1957) 凯氏黄芪 **Astragalus kirilovii D. Podlech** =*Astragalus intermedius* Kar. et Kir.

小灌木。生于山地林缘、山地草原、河谷灌丛、山坡碎石堆。海拔 1 400~2 900 m。

产准噶尔阿拉套山、北天山、西天山。哈萨克斯坦、吉尔吉斯斯坦、乌兹别克斯坦;亚洲有分布。

*(1958) 凯诺给纳黄芪 **Astragalus knorringianus A. Boriss.**

多年生草本。生于山地草甸、山坡草地、低山荒漠。海拔 700~2 500 m。

产西天山、西南天山、内天山。吉尔吉斯斯坦、乌兹别克斯坦;亚洲有分布。

*(1959) 库坎黄芪 **Astragalus kokandensis Bunge**

多年生草本。生于山地草原、灌丛。海拔 1 200~2 600 m。

产西天山、西南天山。乌兹别克斯坦;亚洲有分布。

*(1960) 库马洛夫黄芪 **Astragalus komarovii Lipsky**

灌木。生于山坡草地、灌丛、山地坡积物。海拔 1 100~2 700 m。

产西天山、内天山、西南天山。吉尔吉斯斯坦、乌兹别克斯坦;亚洲有分布。

*(1961) 库帕里黄芪 **Astragalus kopalensis Lipsky ex R. V. Kamelin**

灌木。生于亚高山草甸、山脊分水岭、河谷。海拔 1 800~3 100 m。

产准噶尔阿拉套山。哈萨克斯坦;亚洲有分布。

哈萨克斯坦特有成分。

*(1962) 克鲁克黄芪 **Astragalus korolkovii Bunge**

多年生草本。生于山坡草地、荒漠草原、灌丛。海拔 800~2 700 m。

产西天山、内天山、西南天山。吉尔吉斯斯坦、乌兹别克斯坦;亚洲有分布。

*(1963) 克洛特黄芪 **Astragalus korotkovae R. V. Kamelin et S. S. Kovalevskaya**

多年生草本。生于高山和亚高山草甸。海拔 2 900~3 100 m。

产北天山。哈萨克斯坦;亚洲有分布。

*(1964) 淡紫黄芪 **Astragalus krasnovii Popov**

多年生草本。生于亚高山草甸、山地草甸。海拔 1 700~2 800 m。

产北天山。哈萨克斯坦;亚洲有分布。

哈萨克斯坦特有成分。

*(1965) 绿黄枝黄芪 **Astragalus krauseanus Regel**

多年生草本。生于山地砾石质山坡、沙地。海拔 700~2 400 m。

产北天山、内天山、西天山、西南天山。哈萨克斯坦、吉尔吉斯斯坦、乌兹别克斯坦;亚洲有分布。

*（1966）克氏黄芪 **Astragalus kronenburgii B. Fedtsch. ex Kneucker**

多年生草本。生于山麓阳坡灌丛、石质山坡。海拔 1 600～2 900 m。

产北天山、内天山、西天山、西南天山。哈萨克斯坦、吉尔吉斯斯坦、乌兹别克斯坦；亚洲有分布。

*（1967）库迪亚黄芪 **Astragalus kudrjaschovii A. S. Koroleva**

灌木。生于山坡草地、黏土质荒漠、砾岩堆、荒漠草原。海拔 700～2 700 m。

产西天山、内天山、西南天山。吉尔吉斯斯坦、乌兹别克斯坦；亚洲有分布。

*（1968）库嘎尔特黄芪 **Astragalus kugartensis A. Boriss.**

多年生草本。生于草甸草原、山地草原、荒漠草原。海拔 800～1 800 m。

产西南天山。乌兹别克斯坦；亚洲有分布。

*（1969）库拉布黄芪 **Astragalus kulabensis Lipsky**

多年生草本。生于山坡草地、山麓荒漠。海拔 700～2 400 m。

产西南天山、内天山、西天山。吉尔吉斯斯坦、乌兹别克斯坦；亚洲有分布。

（1970）库萨克黄芪（帕米尔黄芪）**Astragalus kuschakewiczii B. Fedtsch.** = Astragalus kuschakevitschii B. Fedtsch. ex O. Fedtsch.

多年生草本。生于高山和亚高山草甸、山地林缘、林间草地、山坡草地、河谷湿地。海拔 2 000～4 800 m。

产东天山、东南天山、中央天山、内天山、北天山。中国、哈萨克斯坦、吉尔吉斯斯坦、阿富汗；亚洲有分布。

饲料。

*（1971）库孜诺索夫黄芪 **Astragalus kusnezovii Popov**

多年生草本。生于河流出山口阶地、荒漠草地。海拔 500～1 700 m。

产西南天山、内天山。吉尔吉斯斯坦、乌兹别克斯坦；亚洲有分布。

（1972）裂翼黄芪 **Astragalus laceratus Lipsky.**

多年生草本。生于亚高山草甸、山地林缘、山地草甸、石质山坡、沙砾质河漫滩、草甸草原、山地草原、灌丛。海拔 1 700～2 900 m。

产北天山、东南天山、西天山。中国、哈萨克斯坦、吉尔吉斯斯坦；亚洲有分布。

饲料、药用。

（1973）兔尾黄芪 **Astragalus laguroides Pall.**

多年生草本。生于山地干河谷、山地荒漠草原。海拔 2 200～2 400 m。

产东天山。中国、蒙古、俄罗斯；亚洲有分布。

饲料。

*（1974）披针叶黄芪 **Astragalus lancifolius Gontsch.** = Astragalus juratzkanus Freyn et Sint. = Astragalus maverranagri Popov

多年生草本或灌木。生于山地林下、灌丛、砾质荒漠、荒漠化草原、低山丘陵、河谷草地、河边。海拔 300～2 300 m。

产准噶尔阿拉套山、西南天山、内天山、西天山。哈萨克斯坦、吉尔吉斯斯坦、乌兹别克斯坦；亚洲有分布。

（1975）棉毛黄芪 **Astragalus lanuginosus Kar. et Kir.**

多年生草本。生于山地草原、低山蒿属荒漠、冲沟。海拔 1 100 m 上下。

产北天山、内天山、西天山、西南天山。中国、哈萨克斯坦、吉尔吉斯斯坦、乌兹别克斯坦；亚洲有分布。

饲料。

（1976）毛瓣黄芪 **Astragalus lasiopetalus Bunge**

多年生草本。生于山地河边湿地。海拔 1 000~1 550 m。

产准噶尔阿拉套山、北天山、西天山、西南天山。中国、哈萨克斯坦、吉尔吉斯斯坦、乌兹别克斯坦、蒙古；亚洲有分布。

饲料。

（1977）毛果黄芪 **Astragalus lasiosemius Boiss.**

小灌木。生于高山和亚高山草甸、山谷草地。海拔 2 400~3 400 m。

产内天山、西天山、西南天山。中国、哈萨克斯坦、吉尔吉斯斯坦、乌兹别克斯坦、阿富汗、巴基斯坦；亚洲有分布。

饲料。

（1978）斜茎黄芪 **Astragalus laxmannii Jacq.** = *Astragalus austrosibiricus* Schischk.

多年生草本。生于亚高山草甸、山地林缘、山地草原、灌丛、山坡草地。海拔 800~2 800 m。

产东天山、北天山。中国、哈萨克斯坦、蒙古、俄罗斯；亚洲有分布。

饲料。

（1979）茧荚黄芪 **Astragalus lehmannianus Bunge**

多年生草本。生于固定和半固定沙丘。海拔 340~1 200 m。

产东天山、东北天山、北天山、西天山、西南天山。中国、哈萨克斯坦、乌兹别克斯坦、俄罗斯；亚洲、欧洲有分布。

饲料、固沙。

（1980）天山黄芪 **Astragalus lepsensis Bunge**

多年生草本。生于亚高山草甸、山地林下、林缘、林间草地、灌丛、山地草甸。海拔 1 600~2 900 m。

产东天山、东北天山、准噶尔阿拉套山、北天山、东南天山。中国、哈萨克斯坦、吉尔吉斯斯坦、蒙古；亚洲有分布。

饲料、药用。

＊（1981）白萼黄芪 **Astragalus leucocalyx Popov**

落叶灌木。生于干旱山坡、荒漠草原、石膏荒漠、灌丛。海拔 300~1 500 m。

产西天山、西南天山。乌兹别克斯坦；亚洲有分布。

乌兹别克斯坦特有成分。

（1982）白枝黄芪 **Astragalus leucocladus Bunge**

　　落叶小灌木。生于山地草原、石质山坡。海拔 1 300~1 600 m。

　　产北天山。中国、哈萨克斯坦；亚洲有分布。

　　饲料。

*（1983）厚毛果黄芪 **Astragalus lachnolobus S. Kovalevsk. et Vved.**

　　多年生草本。生于山地阴坡草甸、山坡草地。海拔 900~2 300 m。

　　产西南天山、内天山、西天山。吉尔吉斯斯坦、乌兹别克斯坦；亚洲有分布。

*（1984）线萼黄芪 **Astragalus lasiocalyx Gontsch.**

　　多年生草本。生于山地草原、荒漠草原、砾石质草地。海拔 700~1 600 m。

　　产北天山、内天山、西天山、西南天山。吉尔吉斯斯坦、乌兹别克斯坦；亚洲有分布。

*（1985）拉夫林库黄芪 **Astragalus lavrenkoi R. V. Kamelin**

　　半灌木。生于山地草原、河岸阶地。海拔 800~2 100 m。

　　产西天山。乌兹别克斯坦；亚洲有分布。

*（1986）厚毛黄芪 **Astragalus leiosemius（Lipsky）Popov**

　　落叶灌木。生于山坡草地、碎石堆、阳坡草地。海拔 800~2 800 m。

　　产西天山。乌兹别克斯坦；亚洲有分布。

*（1987）扁豆花黄芪 **Astragalus lentilobus R. V. Kamelin et S. S. Kovalevskaya**

　　多年生草本。生于高山和亚高山草甸、冰碛堆、山坡草地、砾石堆、灌丛。海拔 2 100~3 700 m。

　　产西南天山、西天山、内天山。吉尔吉斯斯坦、乌兹别克斯坦；亚洲有分布。

*（1988）喜岩黄芪 **Astragalus leptophysus Vved.**

　　多年生草本。生于山坡草地、河岸阶地。海拔 700~1 700 m。

　　产西南天山、内天山、西天山。吉尔吉斯斯坦、乌兹别克斯坦；亚洲有分布。

*（1989）里普斯黄芪 **Astragalus lipschitzii Pavlov**

　　落叶灌木。生于砾石质山坡。海拔 600~1 500 m。

　　产西天山、西南天山。乌兹别克斯坦；亚洲有分布。

　　乌兹别克斯坦特有成分。

*（1990）李普黄芪 **Astragalus lipskyi Popov**

　　多年生草本。生于砾岩碎石堆、山地荒漠。海拔 600~1 400 m。

　　产西南天山、内天山、西天山。吉尔吉斯斯坦、乌兹别克斯坦；亚洲有分布。

（1991）岩生黄芪 **Astragalus lithophilus Kar. et Kir.**

　　多年生草本。生于亚高山草甸、山地林缘、林间草地、沙砾质河漫滩。海拔 1 200~3 100 m。

　　产准噶尔阿拉套山、北天山、内天山、西天山、西南天山。中国、哈萨克斯坦、吉尔吉斯斯坦、乌兹别克斯坦；亚洲有分布。

　　饲料、药用。

*（1992）李特文黄芪 **Astragalus litwinowianus Gontsch.**

　　多年生草本。生于山地阔叶林下、山地草原、低山丘陵。海拔 1 200~2 300 m。

　　产西天山、西南天山、内天山。吉尔吉斯斯坦、乌兹别克斯坦；亚洲有分布。

*（1993）鲁尔斯黄芪 **Astragalus lorinserianus Freyn**
　　　　灌木。生于山坡草地、山麓盐渍化草地。海拔 600~1 700 m。
　　　　产西南天山。乌兹别克斯坦；亚洲有分布。

（1994）光亮黄芪 **Astragalus luculentus Podlech et L. R. Xu**
　　　　多年生草本。生于山地草甸、山地草原。海拔 1 500~2 000 m。
　　　　产北天山。中国；亚洲有分布。
　　　　中国特有成分。饲料。

*（1995）马克黄芪 **Astragalus mackewiczii Gontsch.**
　　　　多年生草本。生于山坡草地、山麓洪积扇、路旁。海拔 600~2 100 m。
　　　　产西天山、西南天山、内天山。吉尔吉斯斯坦、乌兹别克斯坦；亚洲有分布。

（1996）长荚黄芪 **Astragalus macrolobus M. Bieb.** =*Astragalus macroceras* C. A. Meyer ex Bong.
　　　　多年生草本。生于山地草甸、荒漠草原、低山丘陵。海拔 570~2 500 m。
　　　　产东天山、北天山。中国、蒙古、俄罗斯；亚洲有分布。
　　　　饲料。

*（1997）无茎黄芪 **Astragalus macronyx Bunge**
　　　　多年生草本。生于荒漠化草原、山麓倾斜平原。海拔 700~1 600 m。
　　　　产北天山、内天山、西天山、西南天山。哈萨克斯坦、吉尔吉斯斯坦、乌兹别克斯坦；亚洲有
　　　　分布。

*（1998）大萼黄芪 **Astragalus macropetalus Schrenk**
　　　　多年生草本。生于荒漠草原、短生植物群落。海拔 300~1 700 m。
　　　　产北天山、西天山。哈萨克斯坦、乌兹别克斯坦；亚洲有分布。

*（1999）粗茎黄芪 **Astragalus macropodium Lipsky**
　　　　多年生草本。生于山坡草地、碎石质盆地、山麓洪积扇。海拔 900~2 600 m。
　　　　产西南天山、内天山、西天山。吉尔吉斯斯坦、乌兹别克斯坦；亚洲有分布。

（2000）大翼黄芪 **Astragalus macropterus DC.** =*Astragalus longipes* Kar. et Kir.
　　　　多年生草本。生于亚高山草甸、山地林缘、林间草地、山地草原、山坡草地。海拔 1 100~2 800 m。
　　　　产北天山、中央天山、内天山、西天山、西南天山。中国、哈萨克斯坦、吉尔吉斯斯坦、乌兹别克
　　　　斯坦、蒙古、阿富汗、巴基斯坦、印度、俄罗斯；亚洲有分布。

（2001）大花伊犁黄芪 **Astragalus macrostephanus（S. B. Ho）Podlech et L. R. Xu**
　　　　落叶半灌木。生于固定和半固定沙丘、沙地。海拔 540~580 m。
　　　　产北天山。中国；亚洲有分布。
　　　　中国特有成分。饲料。

（2002）长龙骨黄芪 **Astragalus macrotropis Bunge**
　　　　多年生草本。生于山地草原、蒿属荒漠。海拔 1 200~1 400 m。
　　　　产东天山、东北天山、北天山、内天山、西天山、西南天山。中国、哈萨克斯坦、吉尔吉斯斯坦、
　　　　乌兹别克斯坦；亚洲有分布。
　　　　饲料。

(2003) 马衔山黄芪 **Astragalus mahoschanicus Hand. -Mazz.**

多年生草本。生于亚高山草甸、山地林缘、林间草地。海拔 2 500~3 000 m。

产东南天山。中国;亚洲有分布。

饲料、药用。

*(2004) 马依勒黄芪 **Astragalus mailiensis B. Fedtsch.**

多年生草本。生于河岸阶地、固定沙丘。海拔 500~1 200 m。

产西南天山。乌兹别克斯坦;亚洲有分布。

(2005) 富蕴黄芪 **Astragalus majevskianus Krylov**

半灌木。生于山地林缘、石质山坡。海拔 800~1 700 m。

产东天山、北天山。中国、哈萨克斯坦、蒙古、俄罗斯;亚洲有分布。

饲料。

*(2006) 马纳吉黄芪 **Astragalus managildensis B. Fedtsch.**

多年生草本。生于山地河岸阶地、石质山坡。海拔 600~1 800 m。

产北天山、内天山、西天山、西南天山。哈萨克斯坦、吉尔吉斯斯坦、乌兹别克斯坦;亚洲有分布。

(2007) 乌恰黄芪 **Astragalus masanderanus Bunge** =*Astragalus skorniakowii* B. Fedtsch. =*Astragalus kurdaicus* Sumnev. =*Astragalus skorniakowii* var. *wuqiaensis* S. B. Ho

多年生草本。生于林间草地、山坡草地、山地河流沿岸、灌丛、山麓荒漠、沙滩。海拔 500~3 200 m。

产准噶尔阿拉套山、北天山、内天山、西天山、西南天山。中国、哈萨克斯坦、吉尔吉斯斯坦、乌兹别克斯坦;亚洲有分布。

饲料。

*(2008) 裂瓣黄芪 **Astragalus megalomerus Bunge**

多年生草本。生于山地荒漠草原、山麓洪积扇。海拔 600~1 800 m。

产北天山、内天山、西天山、西南天山。哈萨克斯坦、吉尔吉斯斯坦、乌兹别克斯坦;亚洲有分布。

*(2009) 黑枝黄芪 **Astragalus melanocladus Lipsky**

落叶灌木。生于亚高山草甸、山地草甸、灌丛。海拔 800~3 000 m。

产准噶尔阿拉套山。哈萨克斯坦;亚洲有分布。

哈萨克斯坦特有成分。

*(2010) 黑毛黄芪 **Astragalus melanocomus Popov**

多年生草本。生于荒漠草原、山麓沙砾质荒漠、平原沙地。海拔 400~1 800 m。

产内天山、西南天山、西天山。吉尔吉斯斯坦、乌兹别克斯坦;亚洲有分布。

*(2011) 黑穗黄芪 **Astragalus melanostachys Benth. ex Bunge**

多年生草本。生于山地草甸湿地、冰碛碎石堆、山地草原。海拔 1 300~3 600 m。

产西南天山、内天山、西天山。吉尔吉斯斯坦、乌兹别克斯坦;亚洲有分布。

*（2012）麦尔肯黄芪 **Astragalus merkensis R. V. Kamelin et S. S. Kovalevskaya**

多年生草本。生于高山和亚高山草甸。海拔 2 800～3 100 m。

产内天山。吉尔吉斯斯坦；亚洲有分布。

*（2013）米哈伊黄芪 **Astragalus michaelis Boriss.**

半灌木。生于干旱石质山坡、山脊分水岭、灌丛。海拔 600～2 500 m。

产西天山、西南天山。乌兹别克斯坦；亚洲有分布。

乌兹别克斯坦特有成分。

*（2014）奇异黄芪 **Astragalus mirabilis Lipsky**

多年生草本。生于山地森林-灌丛、低山石灰岩丘陵。海拔 1 200～3 100 m。

产西南天山、内天山。吉尔吉斯斯坦、乌兹别克斯坦；亚洲有分布。

*（2015）米罗诺黄芪 **Astragalus mironovii M. G. Pakhomova et Rassul.**

多年生草本。生于砾岩堆、沙质岩石峭壁、河谷、碎石质山坡。海拔 600～1 700 m。

产西南天山、内天山、西天山。吉尔吉斯斯坦、乌兹别克斯坦；亚洲有分布。

*（2016）莫古勒山黄芪 **Astragalus mogoltavicus Popov**

多年生草本。生于石质山坡、阳坡草地。海拔 600～1 800 m。

产西天山、西南天山、内天山。吉尔吉斯斯坦、乌兹别克斯坦；亚洲有分布。

*（2017）穆氏黄芪 **Astragalus mokeevae Popov**

半灌木。生于山地石质山坡。海拔 600～1 500 m。

产西天山、西南天山。乌兹别克斯坦；亚洲有分布。

乌兹别克斯坦特有成分。

（2018）蒙古黄芪 **Astragalus mongholicus Bunge** = *Astragalus membranaceus*（Fisch.）Bunge = *Astragalus propinquus* Schischkin ex Krylov

多年生草本。生于亚高山草甸、山地林下、林间草地、林缘、山溪边、山地草甸、灌丛。海拔 1 200～2 900 m。

产准噶尔阿拉套山、北天山、东南天山、内天山。中国、哈萨克斯坦、蒙古、朝鲜、俄罗斯；亚洲有分布。

药用、饲料。

（2019）长毛荚黄芪 **Astragalus monophyllus Bunge ex Maxim**

多年生草本。生于高山和亚高山石质坡地、低山石质坡地、砾质戈壁。海拔 1 400～3 740 m。

产东天山、东南天山、内天山。中国、蒙古、俄罗斯；亚洲有分布。

饲料。

*（2020）疣枝黄芪 **Astragalus mucidus Bunge ex Boiss.**

多年生草本。生于山麓荒漠草地、平原荒漠。海拔 600～1 800 m。

产北天山、内天山、西天山、西南天山。吉尔吉斯斯坦、乌兹别克斯坦；亚洲有分布。

*（2021）木斯克黄芪 **Astragalus muschketowii B. Fedtsch.**

多年生草本。生于高山碎石堆、砾石质山坡、河岸沙质地、湖边。海拔 3 800～4 100 m。

产西南天山、内天山、西天山。吉尔吉斯斯坦、乌兹别克斯坦；亚洲有分布。

＊（2022）纳曼干黄芪 **Astragalus namanganicus Popov**

多年生草本。生于石膏质山坡、盐渍化平原、砾质沙地。海拔 300~1 500 m。

产北天山、西天山、西南天山。哈萨克斯坦、吉尔吉斯斯坦、乌兹别克斯坦;亚洲有分布。

（2023）线叶黄芪 **Astragalus nematodes Bunge ex Boiss.**

多年生草本。生于山麓石质山坡、低山平沙地。海拔 600~2 600 m。

产北天山、内天山、西天山、西南天山。哈萨克斯坦、吉尔吉斯斯坦、乌兹别克斯坦;亚洲有分布。

（2024）新霍尔果斯黄芪 **Astragalus neochorgosicus D. Podl.**

多年生草本。生于沙地、固定沙丘。海拔 550~700 m。

产北天山。中国、吉尔吉斯斯坦;亚洲有分布。

饲料。

＊（2025）新利普黄芪 **Astragalus neolipskyanus Popov**

灌木。生于细石质山坡、碎石质山坡草地、黄土丘陵、灌丛、山麓洪积扇。海拔 700~1 800 m。

产西天山、西南天山、内天山。吉尔吉斯斯坦、乌兹别克斯坦;亚洲有分布。

＊（2026）新波氏黄芪 **Astragalus neopopovii Golosk.**

多年生草本。生于砾石质山坡。海拔 600~1 500 m。

产准噶尔阿拉套山。哈萨克斯坦;亚洲有分布。

哈萨克斯坦特有成分。

＊（2027）涅普利黄芪 **Astragalus neplii Podlech** =*Astragalus pseudopendulinus* Kamelin

多年生草本。生于黄土丘陵、山地荒漠草原、山麓洪积扇。海拔 800~2 400 m。

产西南天山、内天山。吉尔吉斯斯坦、乌兹别克斯坦;亚洲有分布。

＊（2028）粗脉黄芪 **Astragalus neurophyllus Franch.**

多年生草本。生于森林-灌丛、山地灌丛、碎石质山坡。海拔 1 100~2 800 m。

产西南天山、内天山、西天山。吉尔吉斯斯坦、乌兹别克斯坦;亚洲有分布。

（2029）木垒黄芪 **Astragalus nicolai Boriss. ex Kom.**

多年生草本。生于山地草原。海拔 1 700 m 上下。

产东天山、准噶尔阿拉套山。中国、哈萨克斯坦;亚洲有分布。

饲料。

＊（2030）黑萼黄芪 **Astragalus nigrocalyx Slobodov ex J. S. Grigorjev**

多年生草本。生于亚高山草甸、山地阴坡草甸、山地草原。海拔 1 800~3 100 m。

产西南天山、内天山、西天山。吉尔吉斯斯坦、乌兹别克斯坦;亚洲有分布。

＊（2031）尼克汀黄芪 **Astragalus nikitinae B. Fedtsch.** =*Astragalus promontoriorum* Gontsch.

半灌木。生于山地碎石堆、山坡草地、草原、河岸阶地、山麓洪积扇。海拔 500~2 800 m。

产北天山、内天山、西天山、西南天山。哈萨克斯坦、吉尔吉斯斯坦、乌兹别克斯坦;亚洲有分布。

（2032）雪地黄芪 **Astragalus nivalis Kar. et Kir.** =*Astragalus orthanthoides* Boriss.

多年生草本。生于高山碎石堆、山坡草地、山地荒漠草原、河漫滩。海拔 1 900~4 850 m。

产东天山、东北天山、北天山、东南天山、中央天山、内天山、西天山、西南天山。中国、哈萨克斯坦、吉尔吉斯斯坦、乌兹别克斯坦、巴基斯坦、印度;亚洲有分布。

饲料。

*(2033) 华贵黄芪 **Astragalus nobilis** Bunge et B. Fedtsch. ex B. Fedtsch.

多年生草本。生于低山干旱坡地、石质山坡。海拔 700~1 800 m。

产西南天山、内天山、西天山。吉尔吉斯斯坦、乌兹别克斯坦;亚洲有分布。

*(2034) 核桃叶黄芪 **Astragalus nuciferus** Bunge

多年生草本。生于山地石质坡地。海拔 600~1 800 m。

产西天山、西南天山。乌兹别克斯坦;亚洲有分布。

*(2035) 桃叶黄芪 **Astragalus nucleosus** Popov

多年生草本。生于石质山坡、山麓洪积-冲积扇。海拔 1 200~2 000 m。

产西天山、西南天山。乌兹别克斯坦;亚洲有分布。

乌兹别克斯坦特有成分。

*(2036) 阿克陶黄芪 **Astragalus nuratensis** Popov

多年生草本。生于中山带石质山坡、山地河谷。海拔 1 900~2 300 m。

产西南天山、内天山。吉尔吉斯斯坦、乌兹别克斯坦;亚洲有分布。

(2037) 钝叶黄芪 **Astragalus obtusifoliolus**（S. B. Ho）Podlech et L. R. Xu = *Astragalus nobilis* var. *obtusifoliolatus* S. B. Ho

多年生草本。生于亚高山草甸、山地草原、荒漠草原、山麓洪积扇。海拔 2 200~3 000 m。

产准噶尔阿拉套山、内天山。中国;亚洲有分布。

中国特有成分。饲料。

*(2038) 香黄芪 **Astragalus odoratus** Lam.

多年生草本。生于山地草原。海拔 500~1 500 m。

产准噶尔阿拉套山。哈萨克斯坦、俄罗斯;亚洲有分布。

*(2039) 奥尔登黄芪 **Astragalus oldenburgii** B. Fedtsch.

半灌木。生于山地草原、荒漠草原、石膏质荒漠、平原荒漠。海拔 600~2 300 m。

产西天山、西南天山、内天山。吉尔吉斯斯坦、乌兹别克斯坦;亚洲有分布。

*(2040) 奥勒加黄芪 **Astragalus olgae** Bunge = *Astragalus chionanthus* Popov

多年生草本。生于高山冰碛堆、碎石质山坡、砾岩堆、坡积物。海拔 700~3 600 m。

产内天山、西天山、西南天山。吉尔吉斯斯坦、乌兹别克斯坦;亚洲有分布。

*(2041) 疏叶黄芪 **Astragalus omissus** Pachom.

半灌木。生于山地林下、灌丛、干旱山坡、山脊。海拔 500~1 300 m。

产西南天山。乌兹别克斯坦;亚洲有分布。

*(2042) 驴喜豆黄芪 **Astragalus onobrychis** L.

多年生草本。生于山地荒漠草原。海拔 500~1 500 m。

产准噶尔阿拉套山。哈萨克斯坦、俄罗斯;亚洲、欧洲有分布。

*（2043）蛇状果黄芪 **Astragalus ophiocarpus Benth. ex Bunge**

一年生草本。生于山地草原、河床、碎石堆。海拔 1 200~2 500 m。

产西天山、西南天山、内天山。吉尔吉斯斯坦、乌兹别克斯坦；亚洲有分布。

（2044）刺叶柄黄芪 **Astragalus oplites Benth. ex Parker**

小灌木。生于山地草甸、砾石质山坡。海拔 1 500~4 500 m。

产北天山。中国、巴基斯坦、尼泊尔、印度；亚洲有分布。

饲料。

（2045）圆形黄芪 **Astragalus orbiculatus Ledeb.**

多年生草本。生于林间沙地。海拔 600 m 上下。

产东北天山、内天山、西天山。中国、吉尔吉斯斯坦、乌兹别克斯坦、巴基斯坦、阿富汗、伊朗、俄罗斯；亚洲有分布。

饲料。

（2046）雀喙黄芪 **Astragalus ornithorrhynchus Popov**

多年生草本。生于山地荒漠草原、石质山坡、沙地。海拔 700~1 600 m。

产准噶尔阿拉套山、北天山。中国、哈萨克斯坦；亚洲有分布。

饲料。

（2047）直荚草黄芪 **Astragalus ortholobiformis Sumn.**

多年生草本。生于山地草甸、山地草原。海拔 1 600~2 500 m。

产北天山。中国、哈萨克斯坦、蒙古；亚洲有分布。

饲料。

（2048）尖舌黄芪 **Astragalus oxyglottis Stev. ex M. Bieb.**

一年生草本。生于山麓洪积扇、低山丘陵、沙地。海拔 500~1 100 m。

产东天山、东北天山、准噶尔阿拉套山、北天山、内天山、西天山、西南天山。中国、哈萨克斯坦、吉尔吉斯斯坦、乌兹别克斯坦、巴基斯坦、阿富汗、伊朗、土耳其、伊拉克、叙利亚、俄罗斯；亚洲、欧洲有分布。

饲料。

*（2049）尖翅黄芪 **Astragalus oxypterus A. G. Borissova**

多年生草本。生于山地林间草地、阔叶林下。海拔 1 300~2 700 m。

产西南天山、内天山、西天山。吉尔吉斯斯坦、乌兹别克斯坦；亚洲有分布。

*（2050）粗根黄芪 **Astragalus pachyrhizus Popov**

多年生草本。生于亚高山草甸、山地河谷、河边、石质灌丛。海拔 1 500~2 800 m。

产北天山、内天山、西天山、西南天山。哈萨克斯坦、吉尔吉斯斯坦、乌兹别克斯坦；亚洲有分布。

（2051）毛叶黄芪 **Astragalus pallasii Sprengel** = *Astragalus lasiophyllus* Ledeb.

多年生草本。生于山地草原、河滩沙地、干旱山坡。海拔 500~1 800 m。

产东天山、准噶尔阿拉套山、北天山、内天山、西天山、西南天山。中国、哈萨克斯坦、吉尔吉斯斯坦、乌兹别克斯坦、俄罗斯；亚洲有分布。

饲料。

（2052）帕米尔黄芪 **Astragalus pamirensis Franch.**

多年生草本。生于高山和亚高山草甸、砾石质山坡、沙砾质河滩。海拔 2 500～4 500 m。

产东天山、内天山、西天山、西南天山。中国、哈萨克斯坦、吉尔吉斯斯坦、乌兹别克斯坦；亚洲有分布。

（2053）琴瓣黄芪 **Astragalus panduratopetalus S. B. Ho et Z. H. Wu**

多年生草本。生于山地草原。海拔 1 100 m 上下。

产北天山。中国；亚洲有分布。

中国特有成分。饲料。

*（2054）展毛黄芪 **Astragalus patentipilosus Kitamura** = *Astragalus korovinianus* Barneby

多年生草本。生于山麓倾斜平原、蒿属荒漠。海拔 500～1 800 m。

产西天山、西南天山。乌兹别克斯坦；亚洲有分布。

*（2055）伏毛黄芪 **Astragalus patentivillosus Gontsch.**

多年生草本。生于冰碛堆、山地灌丛、山地草原。海拔 1 200～3 500 m。

产西南天山、内天山、西天山。吉尔吉斯斯坦、乌兹别克斯；亚洲有分布。

*（2056）搜黄芪 **Astragalus pauper Bunge**

多年生草本。生于高山和亚高山碎石堆、冰碛堆、细石质河谷。海拔 2 900～3 600 m。

产西南天山、内天山、西天山。吉尔吉斯斯坦、乌兹别克斯坦；亚洲有分布。

*（2057）拟搜黄芪 **Astragalus pauperiformis B. Fedtsch.**

多年生草本。生于亚高山草甸、草甸湿地。海拔 2 800～3 200 m。

产西南天山、内天山。吉尔吉斯斯坦、乌兹别克斯坦；亚洲有分布。

*（2058）帕夫罗黄芪 **Astragalus pavlovianus Gamajunova**

半灌木。生于山地草原、石质山坡。海拔 800～1 700 m。

产准噶尔阿拉套山。哈萨克斯坦；亚洲有分布。

哈萨克斯坦特有成分。

（2059）了墩黄芪 **Astragalus pavlovii B. Fedtsch. et Basilevsk.**

多年生草本。生于山麓荒漠、沙砾质戈壁。海拔 1 500～1 800 m。

产东天山、内天山、西天山、西南天山。中国、吉尔吉斯斯坦、乌兹别克斯坦、蒙古；亚洲有分布。

饲料。

*（2060）短柄黄芪 **Astragalus peduncularis Royle ex Benth.** = *Astragalus corydalinus* Bunge

多年生草本。生于石质山坡、草甸湿地、碎石堆、灌丛。海拔 600～2 800 m。

产北天山、西天山、西南天山。哈萨克斯坦、吉尔吉斯斯坦、乌兹别克斯坦；亚洲有分布。

*（2061）垂穗黄芪 **Astragalus penduliflorus Lam.**

多年生草本。生于山地林缘、灌丛、河谷。海拔 1 700～2 800 m。

产北天山。哈萨克斯坦；亚洲有分布。

*（2062）刚毛磨光黄芪 **Astragalus persepolitanus Boiss.** = *Astragalus ammophilus* Kar. et Kir.

一年生草本。生于山地碎石堆、岩石缝、沙地。海拔 300～1 500 m。

产北天山、内天山、西天山、西南天山。吉尔吉斯斯坦、乌兹别克斯坦、俄罗斯；亚洲有分布。

（2063）类组黄芪 **Astragalus persimilis Podlech et L. R. Xu**

多年生草本。生于沙砾质山坡。海拔 500～1 400 m。

产准噶尔阿拉套山。中国；亚洲有分布。

中国特有成分。饲料。

（2064）类短肋黄芪 **Astragalus peterae H. T. Tsai et Yu** = *Astragalus pseudobrachytropis* Gontsch. = *Astragalus abramovii* Gontsch.

多年生草本。生于高山和亚高山草甸、沙砾质河漫滩、石质山坡、山地灌丛。海拔 2 400～4 700 m。

产北天山、东南天山、中央天山、内天山。中国、哈萨克斯坦、吉尔吉斯斯坦、蒙古、阿富汗；亚洲有分布。

饲料。

*（2065）黑毛果黄芪 **Astragalus petkoffii B. Fedtsch.**

多年生草本。生于亚高山草甸、石质山坡。海拔 800～2 900 m。

产北天山、内天山、西天山、西南天山。哈萨克斯坦、吉尔吉斯斯坦、乌兹别克斯坦；亚洲有分布。

（2066）喜石黄芪 **Astragalus petraeus Kar. et Kir.**

多年生草本。生于山麓洪积扇、沙砾质山坡、荒漠草原。海拔 600～3 050 m。

产东天山、准噶尔阿拉套山、北天山、中央天山。中国、哈萨克斯坦、吉尔吉斯斯坦；亚洲有分布。

饲料。

*（2067）彼得黄芪 **Astragalus petri-primi Rassulova et Strizhova** = *Phyllolobium petri-primi*（Rassulova et Strizhova）Podlech

多年生草本。生于高山草甸、亚高山沼泽草甸。海拔 2 900～3 400 m。

产西南天山、内天山、西天山。吉尔吉斯斯坦、乌兹别克斯坦；亚洲有分布。

（2068）宽叶黄芪 **Astragalus platyphyllus Kar. et Kir.**

多年生草本。生于山地荒漠草原、山麓洪积扇。海拔 1 200～1 950 m。

产北天山、内天山、西天山、西南天山。中国、哈萨克斯坦、吉尔吉斯斯坦、乌兹别克斯坦；亚洲有分布。

生物碱（有害）。

*（2069）铅色黄芪 **Astragalus plumbeus（Nevski）Gontsch.**

多年生草本。生于石灰岩丘陵、干旱山坡。海拔 800～2 400 m。

产西南天山、内天山、西天山。吉尔吉斯斯坦、乌兹别克斯坦；亚洲有分布。

（2070）多角黄芪 **Astragalus polyceras Kar. et Kir.**

灌木或半灌木。生于沙砾质草地、干旱山坡。海拔 850 m 上下。

产东天山、准噶尔阿拉套山。中国、哈萨克斯坦；亚洲有分布。

饲料。

（2071）多枝黄芪 **Astragalus polycladus Bureau et Franch.**

多年生草本。生于高寒草原、山地草甸、山地草原。海拔 1 000～4 300 m。

产北天山、东南天山、中央天山。中国；亚洲有分布。

中国特有成分。饲料。

*（2072）金黄芪 **Astragalus polytimeticus Popov**

多年生草本。生于高山冰碛堆、山地灌丛。海拔 3 000～3 500 m。

产西南天山、内天山。吉尔吉斯斯坦、乌兹别克斯坦；亚洲有分布。

*（2073）波波夫黄芪 **Astragalus popovii Pavlov ex Lipschitz**

多年生草本。生于砾石质山坡、河岸阶地、灌丛。海拔 900～2 100 m。

产西南天山、西天山、内天山。吉尔吉斯斯坦、乌兹别克斯坦；亚洲有分布。

（2074）紫花黄芪 **Astragalus porphyreus Podlech et L. R. Xu**

多年生草本。生于山地草原、沙砾质山坡。海拔 1 000～2 100 m。

产准噶尔阿拉套山、北天山。中国；亚洲有分布。

中国特有成分。饲料。

*（2075）假扁桃黄芪 **Astragalus pseudoamygdalinus M. G. Popov**

多年生草本。生于石质山坡草地、灌丛、河漫滩、戈壁。海拔 400～2 600 m。

产西南天山、内天山。吉尔吉斯斯坦、乌兹别克斯坦；亚洲有分布。

*（2076）假巴巴山黄芪 **Astragalus pseudobabatagi M. G. Pakhomova et Rassul.**

半灌木。生于山地草甸、草原、灌丛、荒漠草原、石膏质荒漠、杜加依林下。海拔 400～2 500 m。

产西南天山、内天山、西天山。吉尔吉斯斯坦、乌兹别克斯坦；亚洲有分布。

（2077）西域黄芪 **Astragalus pseudoborodinii S. B. Ho**

多年生草本。生于山麓洪积扇、河边沙砾地。海拔 900～3 400 m。

产东天山、准噶尔阿拉套山、内天山。中国；亚洲有分布。

中国特有成分。饲料。

*（2078）假金雀黄芪 **Astragalus pseudocytisoides Popov** = *Astragalus krassnovianus* Gontsch.

半灌木。生于山麓洪积-冲积扇、绿洲周边、城郊荒野。海拔 500～1 700 m。

产北天山、西天山。哈萨克斯坦、吉尔吉斯斯坦；亚洲有分布。

*（2079）假二叉黄芪 **Astragalus pseudodianthus Nabiev**

多年生草本。生于荒漠草原、山麓倾斜平原。海拔 500～2 100 m。

产西天山、西南天山。吉尔吉斯斯坦、乌兹别克斯坦；亚洲有分布。

（2080）类留土黄芪 **Astragalus pseudohypogaeus S. B. Ho**

多年生草本。生于山坡草地。海拔 1590 m 上下。

产中央天山、内天山。中国；亚洲有分布。

中国特有成分。饲料。

*（2081）假大黄芪 **Astragalus pseudomegalomerus Gontsch. et Popov**

多年生草本。生于山地荒漠草原、石灰岩丘陵、山崖。海拔 900～2 800 m。

产西南天山、内天山、西天山。吉尔吉斯斯坦、乌兹别克斯坦；亚洲有分布。

*（2082）雅黄芪 **Astragalus pseudonobilis** Popov

多年生草本。生于砾石质山坡、山麓荒漠。海拔 700~2 800 m。

产北天山、内天山、西天山、西南天山。吉尔吉斯斯坦、乌兹别克斯坦；亚洲有分布。

*（2083）假帚状黄芪 **Astragalus pseudoscoparius** Gontsch.

多年生草本。生于山地河谷、碎石质山坡、山地荒漠草原。海拔 600~2 500 m。

产西南天山、内天山、西天山。吉尔吉斯斯坦、乌兹别克斯坦；亚洲有分布。

*（2084）假四纵列黄芪 **Astragalus pseudotetrastichus** M. N. Abdullaeva

多年生草本。生于山地荒漠草原、河流出山口阶地。海拔 500~2 700 m。

产西南天山、内天山、西天山。吉尔吉斯斯坦、乌兹别克斯坦；亚洲有分布。

*（2085）光瓣黄芪 **Astragalus psilolobus** Puchkova

多年生草本。生于山麓石质坡地。海拔 700~1 600 m。

产北天山。哈萨克斯坦；亚洲有分布。

*（2086）秃裸黄芪 **Astragalus psilopus** Schrenk

多年生草本。生于山地石质山坡。海拔 1 500~2 900 m。

产准噶尔阿拉套山。哈萨克斯坦；亚洲有分布。

哈萨克斯坦特有成分。

（2087）光萼黄芪 **Astragalus psilosepalus** Podlech et L. R. Xu

多年生草本。生于山地草甸、山地草原。海拔 1 200~2 000 m。

产北天山。中国；亚洲有分布。

中国特有成分。饲料。

*（2088）匹斯坎黄芪 **Astragalus pskemensis** Popov

半灌木。生于山地石质山坡、覆沙草地。海拔 500~1 600 m。

产西南天山。乌兹别克斯坦；亚洲有分布。

乌兹别克斯坦特有成分。

*（2089）翅瓣黄芪 **Astragalus pterocephalus** Bunge＝*Astracantha pterocephala*（Bunge）D. Podl.

落叶灌木。生于山地碎石堆、沙地。海拔 300~2 500 m。

产北天山、内天山、西天山、西南天山。吉尔吉斯斯坦、乌兹别克斯坦；亚洲有分布。

*（2090）优美黄芪 **Astragalus pulcher** Korovin

多年生草本。生于砾石质山坡。海拔 800~1 600 m。

产北天山、内天山、西天山、西南天山。哈萨克斯坦、吉尔吉斯斯坦、乌兹别克斯坦；亚洲有分布。

*（2091）肉叶黄芪 **Astragalus pulposus** Popov

多年生草本。生于荒漠化草原。海拔 300~800 m。

产北天山。哈萨克斯坦、吉尔吉斯斯坦；亚洲有分布。

*（2092）拟黄芪 **Astragalus quisqualis** Bunge

多年生草本。生于细石质山坡、草原、灌丛。海拔 800~2 700 m。

产西南天山。乌兹别克斯坦；亚洲有分布。

＊（2093）稀岁黄芪 **Astragalus rarissimus Popov**

多年生草本。生于山地草原、石质山坡。海拔 900～2 100 m。

产内天山。吉尔吉斯斯坦；亚洲有分布。

＊（2094）网果皮黄芪 **Astragalus retamocarpus Boiss. et Hohen. ex Boiss.** = *Astragalus spongocarpus* V. V. Meffert

多年生草本。生于山地草原、山坡草地、山地荒漠草原、河岸阶地、河谷。海拔 400～2 700 m。

产西南天山、内天山、西天山。吉尔吉斯斯坦、乌兹别克斯坦；亚洲有分布。

＊（2095）立尾大黄芪 **Astragalus reverdattoanus Sumnev.**

多年生草本。生于亚高山草甸、山地草甸、草甸湿地。海拔 2 800～3 100 m。

产西南天山。乌兹别克斯坦；亚洲有分布。

＊（2096）摘叶黄芪 **Astragalus rhacodes Bunge**

多年生草本。生于细石质山坡、河岸阶地、山麓倾斜平原。海拔 300～1 700 m。

产西天山、西南天山。乌兹别克斯坦；亚洲有分布。

＊（2097）刺黄芪 **Astragalus roschanicus B. A. Fedtschenko**

多年生草本。生于干旱石质山坡、黏土质荒漠、河岸阶地。海拔 500～1 600 m。

产西南天山、内天山、西天山。吉尔吉斯斯坦、乌兹别克斯坦；亚洲有分布。

＊（2098）香附子黄芪 **Astragalus rotundus Gontsch.**

多年生草本。生于山地荒漠草原、河流出山口阶地。海拔 600～1 800 m。

产西南天山、内天山。吉尔吉斯斯坦、乌兹别克斯坦；亚洲有分布。

＊（2099）红旗瓣黄芪 **Astragalus rubellus N. F. Gontscharow**

多年生草本。生于固定沙丘、农田周边。海拔 300～1 600 m。

产西南天山。乌兹别克斯坦；亚洲有分布。

＊（2100）变红黄芪 **Astragalus rubescens S. Kovalevsk. et Vved.**

小半灌木。生于干旱山谷、石质山坡、山地荒漠草原。海拔 500～2 300 m。

产西南天山、内天山、西天山。吉尔吉斯斯坦、乌兹别克斯坦；亚洲有分布。

＊（2101）红鸡黄芪 **Astragalus rubrigalli Popov**

多年生草本。生于砾岩堆、山地荒漠草原。海拔 300～1 800 m。

产西南天山、内天山、西天山。吉尔吉斯斯坦、乌兹别克斯坦；亚洲有分布。

＊（2102）红毛黄芪 **Astragalus rubrivenosus Gontsch.**

多年生草本。生于细石质山坡草地、河岸阶地、灌丛。海拔 800～2 100 m。

产西南天山、西天山。吉尔吉斯斯坦、乌兹别克斯坦；亚洲有分布。

＊（2103）卡干黄芪 **Astragalus rubtzovii A. Boriss.**

多年生草本。生于固定沙丘。海拔 500～2 000 m。

产北天山。吉尔吉斯斯坦；亚洲有分布。

吉尔吉斯斯坦特有成分。

*（2104）裂叶黄芪 **Astragalus rumpens V. V. Meffert**

多年生草本。生于山地荒漠草原、石质山坡、山麓洪积扇。海拔 900~2 300 m。

产西南天山、内天山、西天山。吉尔吉斯斯坦、乌兹别克斯坦；亚洲有分布。

（2105）乌孙山黄芪 **Astragalus rupifragiformis Popov**

多年生草本。生于山地草甸草原。海拔 1 960 m 上下。

产北天山。中国、哈萨克斯坦；亚洲有分布。

饲料。

*（2106）盐生黄芪 **Astragalus salsugineus Kar. et Kir.**

多年生草本。生于砾石质山坡、弱盐化荒漠草原。海拔 600~1 800 m。

产北天山、内天山、西天山、西南天山。哈萨克斯坦、吉尔吉斯斯坦、乌兹别克斯坦；亚洲有分布。

*（2107）散达拉西黄芪 **Astragalus sandalaschensis V. V. Nikitin**

多年生草本。生于山地草甸、山地草原、河谷。海拔 900~2 700 m。

产西南天山、西天山、内天山。吉尔吉斯斯坦、乌兹别克斯坦；亚洲有分布。

（2108）阿赖山黄芪 **Astragalus saratagius Bunge** = *Astragalus saratagius* var. *minutiflorus* S. B. Ho

多年生草本。生于山坡草地、灌丛。海拔 900~3 100 m。

产西南天山、内天山、西天山。中国、吉尔吉斯斯坦、乌兹别克斯坦；亚洲有分布。

饲料。

*（2109）黄头黄芪 **Astragalus sarbasnensis B. Fedtsch.**

多年生草本。生于亚高山草甸、石质山坡、碎石堆。海拔 2 800~3 100 m。

产西南天山。乌兹别克斯坦；亚洲有分布。

乌兹别克斯坦特有成分。

*（2110）萨尔汗黄芪 **Astragalus sarchanensis Gontsch.**

多年生草本。生于亚高山草甸、石质坡地。海拔 2 500~3 000 m。

产北天山。哈萨克斯坦；亚洲有分布。

*（2111）萨尔山黄芪 **Astragalus sarytavicus Popov**

多年生草本。生于细石质山坡、灌丛、河谷。海拔 600~1 700 m。

产西南天山、内天山、西天山。吉尔吉斯斯坦、乌兹别克斯坦；亚洲有分布。

*（2112）铁热亚黄芪 **Astragalus satteotoichus Gontsch.**

多年生草本。生于山地林下、黄土丘陵、山麓洪积扇。海拔 500~1 700 m。

产西南天山、内天山、西天山。吉尔吉斯斯坦、乌兹别克斯坦；亚洲有分布。

（2113）粗毛黄芪 **Astragalus scabrisetus Bong.**

多年生草本。生于山坡草地、山麓洪积-冲积扇。海拔 175~2 400 m。

产东天山、东北天山、准噶尔阿拉套山、北天山、西天山、西南天山。中国、哈萨克斯坦、吉尔吉斯斯坦、乌兹别克斯坦、蒙古；亚洲有分布。

饲料。

*（2114）夏河达黄芪 **Astragalus schachdarinus Lipsky.**

多年生草本。生于冰碛碎石堆、细石质-砾石质山坡、河边。海拔 1 200~2 800 m。

产西南天山、内天山、西天山。吉尔吉斯斯坦、乌兹别克斯坦；亚洲有分布。

*（2115）夏衣麦尔丹黄芪 Astragalus schachimardanus Basilevsk.

　　多年生草本。生于石质山坡、岩石峭壁。海拔 800～2 400 m。

　　产西南天山、内天山。吉尔吉斯斯坦、乌兹别克斯坦；亚洲有分布。

（2116）卡通黄芪 Astragalus schanginianus Pall. = *Astragalus tianschanicus* Bunge

　　多年生草本。生于高山和亚高山草甸、山地林下、林缘、山地草甸、山谷河滩。海拔 900～3 200 m。

　　产准噶尔阿拉套山、北天山、西天山。哈萨克斯坦、吉尔吉斯斯坦、乌兹别克斯坦、蒙古、俄罗斯；亚洲有分布。

　　饲料、有毒。

*（2117）夏力漠特黄芪 Astragalus scheremetewianus B. Fedtsch.

　　多年生草本。生于冰碛碎石堆、石质山坡、山麓洪积扇。海拔 1 200～4 300 m。

　　产西南天山、内天山、西天山。吉尔吉斯斯坦、乌兹别克斯坦；亚洲有分布。

*（2118）希林克黄芪 Astragalus schrenkianus Fisch. et Mey.

　　多年生草本。生于山坡草地、山地草原、山麓草地。海拔 900～2 800 m。

　　产北天山、内天山、西天山、西南天山。哈萨克斯坦、吉尔吉斯斯坦、乌兹别克斯坦；亚洲有分布。

*（2119）斜生黄芪 Astragalus schugnanicus Fedtsch.

　　多年生草本。生于高山和亚高山草甸。海拔 2 900～3 500 m。

　　产西天山。乌兹别克斯坦；亚洲有分布。

　　乌兹别克斯坦特有成分。

*（2120）舒特黄芪 Astragalus schutensis Gontsch.

　　多年生草本。生于亚高山草甸、山地草原、灌丛。海拔 1 900～3 100 m。

　　产西南天山、内天山、西天山。吉尔吉斯斯坦、乌兹别克斯坦；亚洲有分布。

*（2121）河北黄芪 Astragalus schmalhausenii Bunge

　　一年生草本。生于山地林缘、低山黄土丘陵阳坡、河谷。海拔 1 500～2 900 m。

　　产北天山、内天山、西天山、西南天山。吉尔吉斯斯坦、乌兹别克斯坦；亚洲有分布。

*（2122）硬枝黄芪 Astragalus scleroxylon Bunge

　　半灌木。生于山麓荒漠化草地、黏土荒漠、固定沙丘。海拔 300～1 000 m。

　　产西天山、西南天山。乌兹别克斯坦；亚洲有分布。

　　乌兹别克斯坦特有成分。

（2123）帚黄芪 Astragalus scoparius Schrenk

　　多年生草本。生于山地林下、荒漠草原、砾石质山坡。海拔 800～2 400 m。

　　产东天山、东北天山、准噶尔阿拉套山、北天山。中国、哈萨克斯坦；亚洲有分布。

　　饲料。

*（2124）侧花黄芪 Astragalus secundiflorus Rasulova

　　多年生草本。生于山地林下、林缘、灌丛。海拔 1 200～2 600 m。

产西南天山、内天山、西天山。吉尔吉斯斯坦、乌兹别克斯坦；亚洲有分布。

*（2125）西米诺夫黄芪 **Astragalus semenovii Bunge**

多年生草本。生于山崖岩石缝、石质山坡。海拔 1 200~2 800 m。

产准噶尔阿拉套山、北天山。哈萨克斯坦、吉尔吉斯斯坦；亚洲有分布。

*（2126）半荒漠黄芪 **Astragalus semideserti Gontsch.**

灌木。生于山坡草地、山麓倾斜平原、短生植物荒漠。海拔 400~2 300 m。

产西南天山、内天山、西天山。吉尔吉斯斯坦、乌兹别克斯坦；亚洲有分布。

*（2127）丝毛黄芪 **Astragalus sericeopuberulus A. Boriss.**

多年生草本。生于山地石质-细石质坡地、河谷、灌丛。海拔 2 700~3 100 m。

产西南天山、内天山。吉尔吉斯斯坦、乌兹别克斯坦；亚洲有分布。

（2128）胡麻黄芪 **Astragalus sesamoides Boiss.**

一年生草本。生于牲畜棚圈土墙顶部。海拔 1 100 m 以下。

产北天山、内天山、西天山、西南天山。中国、哈萨克斯坦、吉尔吉斯斯坦、乌兹别克斯坦、阿富汗、伊朗；亚洲有分布。

饲料。

*（2129）赛氏黄芪 **Astragalus sewertzowii Bunge** = *Astragalus subbarbellatus* Bunge

多年生草本。生于低山丘陵阴坡、干草原、灌丛。海拔 700~1 800 m。

产西天山、西南天山。乌兹别克斯坦；亚洲有分布。

（2130）沙地黄芪 **Astragalus shadiensis L. R. Xu, Z. Y. Chang et D. Podlech**

多年生草本。生于沙地。海拔 600~2 800 m。

产东北天山、东南天山。中国；亚洲有分布。

中国特有成分。饲料。

*（2131）赛威黄芪 **Astragalus sieversianus Pall.**

多年生草本。生于山地草原、荒漠草原、荒漠。海拔 500~1 800 m。

产北天山、内天山、西天山、西南天山。哈萨克斯坦、吉尔吉斯斯坦、乌兹别克斯坦；亚洲有分布。

*（2132）小果黄芪 **Astragalus siliquosus Boiss.** = *Astragalus ispahanicus* Boriss.

多年生草本。生于山地草甸、草原、灌丛、荒漠草原。海拔 1 200~2899 m。

产西天山、内天山、西南天山。吉尔吉斯斯坦、乌兹别克斯坦；亚洲有分布。

（2133）新疆黄芪 **Astragalus sinkiangensis Podlech et L. R. Xu**

多年生草本。生于山地林缘、林间草地、山地草原、荒漠草原。海拔 2 100~2 300 m。

产准噶尔阿拉套山、北天山。中国；亚洲有分布。

中国特有成分。饲料。

*（2134）似棍黄芪 **Astragalus sisyrodytes Bunge** = *Astragalus tekutjevii* Gontsch.

多年生草本。生于山地石质山坡、山崖岩石缝。海拔 1 200~2 700 m。

产北天山、内天山、西天山、西南天山。吉尔吉斯斯坦、乌兹别克斯坦；亚洲有分布。

（2135） 肾形子黄芪 **Astragalus skythropos Bunge ex Maxim.**

多年生草本。生于高山和亚高山草甸。海拔 2 600～3 500 m。

产东天山。中国;亚洲有分布。

中国特有成分。饲料、药用。

*（2136） 革皮黄芪 **Astragalus sogdianus Bunge**

多年生草本。生于山地草原、荒漠草原。海拔 500～1 600 m。

产西天山、西南天山。乌兹别克斯坦;亚洲有分布。

乌兹别克斯坦特有成分。

（2137） 索戈塔黄芪 **Astragalus sogotensis Lipsky**

多年生草本。生于沙砾质山坡、河谷、湖泊周边。海拔 1 300～2 200 m。

产东天山、东北天山、北天山。中国、哈萨克斯坦;亚洲有分布。

饲料。

*（2138） 凸果黄芪 **Astragalus speciosissimus Pavlov**=*Astragalus tumescens* Popov

半灌木。生于山地石质山坡。海拔 500～1 800 m。

产西天山、西南天山。乌兹别克斯坦;亚洲有分布。

乌兹别克斯坦特有成分。

（2139） 球囊黄芪 **Astragalus sphaerocystis Bunge**

多年生草本。生于山地林缘、山地草甸、山坡草地、河谷。海拔 600～2 200 m。

产准噶尔阿拉套山、北天山、西天山。中国、哈萨克斯坦、吉尔吉斯斯坦、蒙古;亚洲有分布。

饲料。

（2140） 球脬黄芪 **Astragalus sphaerophysa Kar. et Kir.**

多年生草本。生于固定和半固定沙丘。海拔 800 m 上下。

产北天山。中国、哈萨克斯坦;亚洲有分布。

饲料。

*（2141） 斯普格黄芪 **Astragalus spryginii Popov**

灌木。生于低山砾石质坡地、戈壁。海拔 300～1 700 m。

产西天山、西南天山、内天山。吉尔吉斯斯坦、乌兹别克斯坦;亚洲有分布。

*（2142） 粗糙黄芪 **Astragalus squarrosus Bunge**

半灌木。生于黏土质-沙砾质坡地、河谷灌丛、山地荒漠草原、山麓荒漠。海拔 800～1 800 m。

产西南天山、内天山、西天山。吉尔吉斯斯坦、乌兹别克斯坦;亚洲有分布。

（2143） 矮型黄芪 **Astragalus stalinskyi Sirj.**

一年生草本。生于低山荒漠、山麓洪积扇、河岸阶地。海拔 700～800 m。

产东天山、东北天山、北天山、西天山、西南天山。中国、哈萨克斯坦、吉尔吉斯斯坦、乌兹别克斯坦;亚洲、欧洲有分布。

饲料。

*（2144） 粗花黄芪 **Astragalus stenanthus Bunge**

多年生草本。生于山麓石质坡地、沙地。海拔 600～1 600 m。

产北天山、内天山、西天山、西南天山。哈萨克斯坦、吉尔吉斯斯坦、乌兹别克斯坦;亚洲有分布。

*(2145) 狭果黄芪 **Astragalus stenocarpus** Gontsch.
半灌木。生于亚高山草甸、干旱山坡、河谷。海拔 1 200~2 600 m。
产西南天山、内天山、西天山。吉尔吉斯斯坦、乌兹别克斯坦;亚洲有分布。

(2146) 狭荚黄芪 **Astragalus stenoceras** C. A. Mey.
半灌木或多年生草本。生于山地草甸、石质山坡、低山丘陵、荒漠草原。海拔 500~2 500 m。
产东天山、准噶尔阿拉套山、北天山、东南天山、中央天山。中国、哈萨克斯坦、蒙古、俄罗斯;亚洲有分布。
饲料。

*(2147) 狭窄黄芪 **Astragalus stenoceroides** A. Boriss.
多年生草本。生于针茅草原、山地细石质荒漠草地、河边、盐渍化沙质荒漠。海拔 1 000~2 600 m。
产西南天山、内天山、西天山。吉尔吉斯斯坦、乌兹别克斯坦;亚洲有分布。

*(2148) 细黄芪 **Astragalus stenocystis** Bunge = *Astragalus nigromontanus* Popov = *Astragalus chaeturus* Popov
多年生草本。生于山地草甸、山地草原、荒漠草原、低山丘陵、山麓洪积扇。海拔 300~2 500 m。
产北天山、内天山、西天山、西南天山。哈萨克斯坦、吉尔吉斯斯坦、乌兹别克斯坦、俄罗斯;亚洲有分布。

*(2149) 大叶耳黄芪 **Astragalus subauriculatus** Gontsch.
多年生草本。生于山地河谷、河流沿岸湿地、沼泽湿地。海拔 500~1 600 m。
产西南天山。乌兹别克斯坦;亚洲有分布。

*(2150) 苏比黄芪 **Astragalus subbijugus** Ledeb.
多年生草本。生于砾岩堆、山崖岩石缝、山地荒漠、低山丘陵环状石堆。海拔 200~1 400 m。
产西南天山、内天山、西天山。吉尔吉斯斯坦、乌兹别克斯坦;亚洲有分布。

*(2151) 显穗黄芪 **Astragalus subexcedens** Gontsch.
多年生草本。生于黏土荒漠、细石质荒漠、河岸阶地。海拔 900~2 600 m。
产西天山、西南天山、内天山。吉尔吉斯斯坦、乌兹别克斯坦;亚洲有分布。

*(2152) 硬黄芪 **Astragalus subinduratus** Gontsch.
多年生草本。生于石质山坡、河谷、河岸沙砾地。海拔 1 000~2 500 m。
产内天山。吉尔吉斯斯坦、乌兹别克斯坦;亚洲有分布。

*(2153) 梅花黄芪 **Astragalus subrosularis** Gontsch.
多年生草本。生于中山至低山带草地、灌木草原。海拔 900~2 700 m。
产西南天山、内天山、西天山。吉尔吉斯斯坦、乌兹别克斯坦;亚洲有分布。

*(2154) 箭头黄芪 **Astragalus subscaposus** M. Popov ex A. G. Borisova
多年生草本。生于亚高山草甸。海拔 2 700~3 100 m。
产内天山、西天山、西南天山。吉尔吉斯斯坦、乌兹别克斯坦;亚洲有分布。

*(2155) 夏马丹黄芪 **Astragalus subschachimardanus Popov**

多年生草本。生于山崖岩石缝、石质坡地、干旱山谷。海拔 800~2 600 m。

产西南天山、内天山、西天山。吉尔吉斯斯坦、乌兹别克斯坦；亚洲有分布。

*(2156) 深裂叶黄芪 **Astragalus subspinescens Popov**

多年生草本。生于黄土丘陵、山麓倾斜平原。海拔 600~2 500 m。

产西南天山、内天山、西天山。吉尔吉斯斯坦、乌兹别克斯坦；亚洲有分布。

*(2157) 苏布斯黄芪 **Astragalus substenoceras A. Boriss.**

多年生草本。生于石质山坡、河谷。海拔 900~2 500 m。

产西南天山、内天山、西天山。吉尔吉斯斯坦、乌兹别克斯坦；亚洲有分布。

*(2158) 织细柄黄芪 **Astragalus substipitatus Gontsch.**

多年生草本。生于山崖岩石缝、石质山坡、草原、细石质坡地。海拔 700~2 800 m。

产西天山、北天山。哈萨克斯坦、吉尔吉斯斯坦、乌兹别克斯坦；亚洲有分布。

*(2159) 三棱果黄芪 **Astragalus subternatus Pavlov**

多年生草本。生于亚高山草甸、山地石质山坡。海拔 1 200~2 800 m。

产西天山、西南天山。乌兹别克斯坦；亚洲有分布。

乌兹别克斯坦特有成分。

*(2160) 近轮生黄芪 **Astragalus subverticillatus Gontsch.**

多年生草本。生于细石质山坡、灌丛、山地荒漠草原。海拔 1 200~2 800 m。

产西南天山、内天山、西天山。吉尔吉斯斯坦、乌兹别克斯坦；亚洲有分布。

(2161) 水定黄芪 **Astragalus suidenensis Bunge** = *Astragalus saccocalyx* Schrenk ex Fischer et C. Meyer

多年生草本。生于沙砾质山坡、河谷沙地。海拔 500~2 350 m。

产东天山、东北天山、准噶尔阿拉套山、北天山、中央天山。中国、哈萨克斯坦、俄罗斯；亚洲有分布。

饲料。

(2162) 纹茎黄芪 **Astragalus sulcatus L.**

多年生草本。生于山地阳坡、河谷湿地、撂荒地、路边。海拔 500~1 600 m。

产东天山、准噶尔阿拉套山、东南天山。中国、哈萨克斯坦、蒙古、俄罗斯；亚洲、欧洲有分布。

饲料。

*(2163) 塔什干黄芪 **Astragalus taschkendicus Bunge**

多年生草本。生于黄土丘陵、细石质坡地。海拔 600~1 600 m。

产西天山、西南天山、内天山。吉尔吉斯斯坦、乌兹别克斯坦；亚洲有分布。

*(2164) 塔什库坦黄芪 **Astragalus tashkutanus V. Nikitin**

灌木。生于山谷槭树林下、圆柏林下。海拔 1 800~2 200 m。

产西南天山、内天山、西天山。吉尔吉斯斯坦、乌兹别克斯坦；亚洲有分布。

*(2165) 塔体安黄芪 **Astragalus tatjanae Lincz.**

多年生草本。生于黄土丘陵、山麓平原荒漠。海拔 600~2 700 m。

产西南天山、内天山。吉尔吉斯斯坦、乌兹别克斯坦；亚洲有分布。

*(2166) 特克提黄芪 **Astragalus tecti-mundi Freyn**

多年生草本。生于山地草甸湿地、灌丛、河谷。海拔 900~2 800 m。

产西南天山、内天山。吉尔吉斯斯坦、乌兹别克斯坦；亚洲有分布。

(2167) 特克斯黄芪 **Astragalus tekesensis S. B. Ho**

多年生草本。生于河谷沿岸草地。海拔 1 300 m 上下。

产北天山。中国；亚洲有分布。

中国特有成分。饲料。

*(2168) 铁列克黄芪 **Astragalus terekliensis Gontsch.**

多年生草本。生于阿月浑子林下、蔷薇灌丛、河流出山口阶地。海拔 600~2 300 m。

产西南天山、内天山。吉尔吉斯斯坦、乌兹别克斯坦；亚洲有分布。

*(2169) 杨河黄芪 **Astragalus terektensis Fisjun.**

多年生草本。生于山地碎石质坡地。海拔 800~1 600 m。

产准噶尔阿拉套山。哈萨克斯坦；亚洲有分布。

哈萨克斯坦特有成分。

*(2170) 红土黄芪 **Astragalus terrae-rubrae A. Butkov**

多年生草本。生于山地荒漠草原、灌丛。海拔 700~1 800 m。

产西南天山、内天山、西天山。吉尔吉斯斯坦、乌兹别克斯坦；亚洲有分布。

*(2171) 蜂窝果黄芪 **Astragalus testiculatus Pall.**

多年生草本。生于山地林缘、山地草原、河谷、盐碱地、沙质荒漠。海拔 600~2 100 m。

产北天山、西天山、西南天山。哈萨克斯坦、吉尔吉斯斯坦、乌兹别克斯坦、俄罗斯；亚洲、欧洲有分布。

*(2172) 菥蓂状黄芪 **Astragalus thlaspi Lipsky**

一年生草本。生于山地荒漠草原、河谷。海拔 600~1 500 m。

产西南天山、内天山、西天山。吉尔吉斯斯坦、乌兹别克斯坦；亚洲有分布。

(2173) 藏新黄芪 **Astragalus tibetanus Benth. ex Bunge**

多年生草本。生于亚高山草甸、山地林缘、砾石质山坡、山谷低湿地、山地草原、田边、路边。海拔 700~3 500 m。

产东天山、东北天山、准噶尔阿拉套山、北天山、东南天山、中央天山、内天山、西天山、西南天山。中国、哈萨克斯坦、吉尔吉斯斯坦、乌兹别克斯坦、阿富汗、巴基斯坦、伊朗、印度、俄罗斯；亚洲有分布。

饲料、药用。

*(2174) 提托黄芪 **Astragalus titovii Gontsch.**

多年生草本。生于高山和亚高山草甸湿地、高山倒石堆、石质山坡、低山丘陵、羊茅草原、灌丛。海拔 2 500~3 500 m。

产西天山、西南天山、内天山。吉尔吉斯斯坦、乌兹别克斯坦；亚洲有分布。

(2175) 托克逊黄芪 **Astragalus toksunensis S. B. Ho**

多年生草本。生于干涸河谷、河谷沙地。海拔 1 200~2 100 m。

产东天山。中国；亚洲有分布。

中国特有成分。饲料。

*（2176）被小绒毛黄芪 **Astragalus tomentellus Podl.** = *Astragalus botschantzevii* R. V. Kamelin et Rassul.

多年生草本。生于砾岩堆、干旱山谷、山地荒漠草地。海拔 900~2 800 m。

产西南天山、内天山。吉尔吉斯斯坦、乌兹别克斯坦；亚洲有分布。

*（2177）粗毛果黄芪 **Astragalus trachycarpus N. F. Gontscharow**

多年生草本。生于砾岩堆、岩石峭壁、山地荒漠、山麓洪积扇、海拔 800~2 500 m。

产西天山、西南天山、内天山。吉尔吉斯斯坦、乌兹别克斯坦；亚洲有分布。

*（2178）楚河黄芪 **Astragalus transnominatus M. N. Abdullaeva**

半灌木。生于荒漠草原、山麓洪积扇、平原荒漠。海拔 400~1 600 m。

产北天山。哈萨克斯坦；亚洲有分布。

（2179）偏远黄芪 **Astragalus trasecticola Podlech et L. R. Xu**

多年生草本。生于山地草原。海拔 2 100 m 上下。

产准噶尔阿拉套山。中国；亚洲有分布。

中国特有成分。饲料。

（2180）蒺藜黄芪 **Astragalus tribuloides Delile**

一年生草本。生于山麓洪积扇、沟谷沙砾地、沟渠边。海拔 400~630 m。

产东北天山。中国、哈萨克斯坦、吉尔吉斯斯坦、乌兹别克斯坦、巴基斯坦、印度、俄罗斯；亚洲、欧洲、非洲有分布。

饲料。

*（2181）毛花黄芪 **Astragalus trichanthus Golosk.**

多年生草本。生于石质山坡、碎石堆、河岸阶地。海拔 700~2 100 m。

产内天山。吉尔吉斯斯坦；亚洲有分布。

*（2182）恰恩黄芪 **Astragalus tscharynensis Popov**

小半灌木。生于山坡草地、河边、河漫滩。海拔 2 000~2 800 m。

产准噶尔阿拉套山、北天山。哈萨克斯坦；亚洲有分布。

哈萨克斯坦特有成分。

*（2183）齐木干黄芪 **Astragalus tschimganicus Popov ex Baranov**

多年生草本。生于山地石质山坡、灌丛。海拔 1 500~2 400 m。

产北天山、内天山、西天山、西南天山。吉尔吉斯斯坦、乌兹别克斯坦；亚洲有分布。

*（2184）红马黄芪 **Astragalus turajgyricus Golosk.**

多年生草本。生于石质山坡。海拔 700~1 600 m。

产北天山。哈萨克斯坦；亚洲有分布。

*（2185）莫云库木黄芪 **Astragalus turbinatus Bunge**

多年生草本。生于流动和半固定沙丘。海拔 200~800 m。

产西天山、西南天山、内天山。吉尔吉斯斯坦、乌兹别克斯坦；亚洲有分布。

＊（2186）中亚黄芪 **Astragalus turczaninovii Kar. et Kir.**

　　多年生草本。生于山地河谷、山麓洪积扇、梭梭林下、固定沙丘。海拔 200~1 600 m。

　　产北天山、西南天山。哈萨克斯坦、乌兹别克斯坦;亚洲有分布。

＊（2187）土耳其黄芪 **Astragalus turkestanus Bunge ex Boiss.**

　　多年生草本。生于山地草原、石质山坡、山麓荒漠。海拔 300~1 800 m。

　　产内天山、西天山、西南天山。吉尔吉斯斯坦、乌兹别克斯坦;亚洲有分布。

＊（2188）细果黄芪 **Astragalus tytthocarpus Gontsch.** = *Astragalus woldemari* Juz.

　　小灌木。生于山地草甸、灌丛、山地草原。海拔 1 500~2 800 m。

　　产北天山、西天山。哈萨克斯坦、乌兹别克斯坦;亚洲有分布。

＊（2189）乌加明黄芪 **Astragalus ugamicus Popov**

　　落叶灌木。生于山地石质坡地、灌丛、干旱黄土丘陵。海拔 600~2 400 m。

　　产北天山、内天山、西天山、西南天山。吉尔吉斯斯坦、乌兹别克斯坦;亚洲有分布。

　（2190）对叶黄芪 **Astragalus unijugus Bunge**

　　落叶小灌木或多年生草本。生于沙砾质山坡、冲沟、沙丘。海拔 1 100 m 上下。

　　产东天山。中国、哈萨克斯坦;亚洲有分布。

　　饲料。

＊（2191）单脉黄芪 **Astragalus uninodus Popov et Vved.**

　　一年生草本。生于山地草原、石质山坡、河谷草甸。海拔 800~1 600 m。

　　产北天山、内天山、西天山、西南天山。吉尔吉斯斯坦、乌兹别克斯坦;亚洲有分布。

＊（2192）沃尔固特黄芪 **Astragalus urgutinus Lipsky**

　　灌木。生于石质山坡、黄土丘陵、山麓荒漠。海拔 600~1 800 m。

　　产西南天山、内天山。吉尔吉斯斯坦、乌兹别克斯坦;亚洲有分布。

　（2193）变异黄芪 **Astragalus variabilis Bunge ex Maxim.**

　　多年生草本。生于山地干涸河床、沙砾质河漫滩。海拔 1 300~1 600 m。

　　产东天山、东南天山。中国、蒙古;亚洲有分布。

　　有毒。

＊（2194）瓦尔左黄芪 **Astragalus varzobicus N. F. Gontscharow**

　　多年生草本。生于花岗岩碎石堆、细石质山坡、灌丛、山地荒漠草原。海拔 800~2 300 m。

　　产西天山、西南天山、内天山。吉尔吉斯斯坦、乌兹别克斯坦;亚洲有分布。

＊（2195）瓦西里黄芪 **Astragalus vassilczenkoanus Golosk.**

　　灌木。生于山地草原、灌丛、河谷。海拔 900~1 800 m。

　　产内天山。吉尔吉斯斯坦;亚洲有分布。

＊（2196）丛生高黄芪 **Astragalus vegetior Gontsch.**

　　多年生草本。生于石质山坡、河谷、灌丛。海拔 1 100~2 600 m。

　　产西南天山、内天山、西天山。吉尔吉斯斯坦、乌兹别克斯坦;亚洲有分布。

*（2197）牵茎黄芪 **Astragalus vicarius Lipsky**

一年生草本。生于石灰岩石质山坡、低山黄土丘陵。海拔 600~1 800 m。

产北天山、内天山、西天山、西南天山。哈萨克斯坦、吉尔吉斯斯坦、乌兹别克斯坦；亚洲有分布。

*（2198）绿花黄芪 **Astragalus viridiflorus A. Boriss.**

多年生草本。生于山麓洪积扇、平原荒漠。海拔 1 100~2 500 m。

产西南天山、内天山。吉尔吉斯斯坦、乌兹别克斯坦；亚洲有分布。

（2199）拟狐尾黄芪（拟狐黄芪）**Astragalus vulpinus Willd.**

多年生草本。生于山麓洪积扇、低山冲沟、沙地。海拔 450~1 700 m。

产东天山、东北天山、准噶尔阿拉套山、北天山。中国、哈萨克斯坦、吉尔吉斯斯坦、俄罗斯；亚洲、欧洲有分布。

药用、饲料。

*（2200）瓦氏黄芪 **Astragalus wachschii B. Fedtsch.**

半灌木。生于山地荒漠草原、河岸阶地。海拔 400~2 100 m。

产西南天山、内天山。吉尔吉斯斯坦、乌兹别克斯坦；亚洲有分布。

（2201）温泉黄芪 **Astragalus wenquanensis S. B. Ho**

多年生草本。生于山地草原、山坡草地。海拔 1 700 m 上下。

产准噶尔阿拉套山。中国；亚洲有分布。

中国特有成分。饲料。

*（2202）维氏黄芪 **Astragalus willisii Popov**

多年生草本。生于中山至低山石质化坡地、石质化盆地、河谷。海拔 800~2 500 m。

产西南天山、内天山。吉尔吉斯斯坦、乌兹别克斯坦；亚洲有分布。

（2203）乌鲁木齐黄芪 **Astragalus wulumuqianus Wang et Tang ex K. T. Fu**

多年生草本。生于低山丘陵、田边、路边。海拔 882 m 上下。

产东天山。中国；亚洲有分布。

饲料。

*（2204）淡黄黄芪 **Astragalus xanthomeloides Korov. et Popov**

多年生草本。生于砾石质山坡、山地草原。海拔 1 500~2 900 m。

产北天山、内天山、西天山、西南天山。哈萨克斯坦、吉尔吉斯斯坦、乌兹别克斯坦；亚洲有分布。

*（2205）剑萼黄芪 **Astragalus xipholobus Popov**

多年生草本。生于山地草原、山麓洪积扇、砾石质荒漠。海拔 600~1 700 m。

产内天山、西天山、西南天山。吉尔吉斯斯坦、乌兹别克斯坦；亚洲有分布。

（2206）长喙黄芪 **Astragalus yanerwoensis Podlech et L. R. Xu**

多年生草本。生于石质山坡、沙砾质河滩。海拔 1 100 m 上下。

产东天山、东北天山。中国；亚洲有分布。

饲料。

（2207）常氏黄芪 **Astragalus yangchangii Podlech et L. R. Xu**

多年生草本。生于山麓沙砾质荒漠。海拔 800~1 000 m。

产准噶尔阿拉套山、北天山。中国；亚洲有分布。

中国特有成分。饲料。

*（2208）扎普尔黄芪 **Astragalus zaprjagaevii N. F. Gontscharow**

多年生草本。生于亚高山草甸、灌丛、细石质-石质山坡、河岸沙砾质阶地。海拔 1 200~
3 100 m。

产西南天山、内天山、西天山。吉尔吉斯斯坦、乌兹别克斯坦；亚洲有分布。

301. 棘豆属 Oxytropis DC.

（2209）猫头刺 **Oxytropis aciphylla Ledeb.**

丛生小半灌木。生于戈壁、荒漠草原、覆沙地。海拔 1 000~3 900 m。

产东天山。中国、蒙古、俄罗斯；亚洲有分布。

饲料、药用、固沙、染料。

*（2210）阿森松棘豆 **Oxytropis adscendens Gontsch.**

多年生草本。生于山崖岩石缝、河岸阶地、石质坡地、河谷、山溪边。海拔 800~3 000 m。

产西天山、西南天山、内天山。吉尔吉斯斯坦、乌兹别克斯坦；亚洲有分布。

*（2211）茸毛棘豆 **Oxytropis albovillosa B. Fedtsch.**

多年生草本。生于高山和亚高山草甸、石质坡地、山脊分水岭。海拔 3 000~3 400 m。

产北天山、内天山、西天山、西南天山。吉尔吉斯斯坦、乌兹别克斯坦；亚洲有分布。

*（2212）阿拉木图棘豆 **Oxytropis almaatensis Bajtenov**

多年生草本。生于山地河谷、碎石质山坡。海拔 900~2 600 m。

产北天山、西天山。哈萨克斯坦、吉尔吉斯斯坦；亚洲有分布。

（2213）阿尔泰棘豆 **Oxytropis altaica（Pall.）Pers.**

多年生草本。生于亚高山草甸、山地林下、山地河谷、沙砾质山坡。海拔 2 300~2 800 m。

产东天山、东北天山。中国、蒙古、俄罗斯；亚洲有分布。

饲料。

（2214）似棘豆 **Oxytropis ambigua（Pall.）DC.**

多年生草本。生于亚高山草甸、山地河谷、砾石质山坡。海拔 2 300~2 500 m。

产北天山。中国、哈萨克斯坦、蒙古、俄罗斯；亚洲、欧洲有分布。

饲料。

（2215）瓶状棘豆 **Oxytropis ampullata（Pall.）Pers.**

多年生草本。生于山地河谷、山地草甸、沙砾质山坡。海拔 1 300~2 200 m。

产准噶尔阿拉套山、东天山、北天山、西天山、西南天山。中国、哈萨克斯坦、吉尔吉斯斯坦、
乌兹别克斯坦、土库曼斯坦、塔吉克斯坦、俄罗斯；亚洲有分布。

饲料。

*（2216）绿皮棘豆 **Oxytropis anaulgensis Pavlov**

多年生草本。生于亚高山草甸、河谷、山坡草地。海拔 2 900~3 200 m。

产西天山、西南天山。乌兹别克斯坦;亚洲有分布。

*(2217) 阿拉萨尼卡棘豆 **Oxytropis arassanica Gontsch.**

多年生草本。生于亚高山石质坡地、山脊分水岭。海拔2 900~3 200 m。

产北天山、内天山、西天山、西南天山。哈萨克斯坦、吉尔吉斯斯坦、乌兹别克斯坦;亚洲有分布。

*(2218) 粗糙棘豆 **Oxytropis aspera Gontsch.**

多年生草本。生于高山碎石堆、石质-细石质山坡、河流出山口阶地。海拔500~3 600 m。

产西南天山、内天山、西天山。吉尔吉斯斯坦、乌兹别克斯坦;亚洲有分布。

(2219) 阿西棘豆 **Oxytropis assiensis Vassilcz.**

多年生草本。生于山地林缘、林间草甸、山地河谷、山地草甸。海拔1 700~2 600 m。

产东天山、准噶尔阿拉套山、北天山、西天山、西南天山。中国、哈萨克斯坦、吉尔吉斯斯坦、乌兹别克斯坦、土库曼斯坦、塔吉克斯坦;亚洲有分布。

饲料。

*(2220) 黄芪状棘豆 **Oxytropis astragaloides Boriss.**

多年生草本。生于石质山坡、河谷。海拔900~2 400 m。

产西南天山、内天山、西天山。吉尔吉斯斯坦、乌兹别克斯坦;亚洲有分布。

*(2221) 马头山棘豆 **Oxytropis atbaschi Saposhn.**

多年生草本。生于高山和亚高山草甸、山坡草地。海拔2 900~3 400 m。

产北天山。哈萨克斯坦;亚洲有分布。

*(2222) 神山棘豆 **Oxytropis aulieatensis Vved.** = *Oxytropis nauvalensis* Pavlov

多年生草本。生于高山和亚高山草甸、冰碛堆、山地草甸草原、山坡草地。海拔1 400~3 500 m。

产北天山、西天山、西南天山。哈萨克斯坦、吉尔吉斯斯坦、乌兹别克斯坦;亚洲有分布。

(2223) 山雀棘豆 **Oxytropis avis Saposhn.**

多年生草本。生于高山荒漠、高山和亚高山草甸、山地砾石质山坡、山地河谷、山地草甸。海拔1 800~4 800 m。

产准噶尔阿拉套山、北天山、东南天山、中央天山、内天山。中国、哈萨克斯坦、吉尔吉斯斯坦、乌兹别克斯坦、土库曼斯坦、塔吉克斯坦;亚洲有分布。

饲料。

*(2224) 多枝棘豆 **Oxytropis baissunensis Vassilcz.**

多年生草本。生于山地草甸、石质坡地。海拔1 000~1 800 m。

产北天山、内天山、西天山、西南天山。哈萨克斯坦、吉尔吉斯斯坦、乌兹别克斯坦;亚洲有分布。

*(2225) 巴勒江棘豆 **Oxytropis baldshuanica B. Fedtsch.**

多年生草本。生于山地草甸、细石质荒漠草原、石膏荒漠。海拔600~2 300 m。

产西南天山、内天山、西天山。吉尔吉斯斯坦、乌兹别克斯坦;亚洲有分布。

(2226) 巴里坤棘豆 **Oxytropis barkolensis X. Y. Zhu, H. Ohashi et Y. B. Deng**

多年生草本。生于亚高山草甸、山地河谷、砾石质山坡。海拔2 000~2 500 m。

产东天山、东北天山。中国；亚洲有分布。

中国特有成分。饲料。

（2227）美丽棘豆 **Oxytropis bella B. Fedtsch.**

多年生草本。生于细石质干旱山坡、山麓洪积扇、沙质河漫滩。海拔 1 200～2 900 m。

产西南天山、内天山。中国、吉尔吉斯斯坦、乌兹别克斯坦；亚洲有分布。

（2228）二裂棘豆 **Oxytropis biloba Saposhn.**

多年生草本。生于高山和亚高山草甸、山地林下、林缘、山坡草地、砾石质山坡、河滩沙砾地。海拔 1 900～3 800 m。

产东天山、东北天山、准噶尔阿拉套山、北天山、东南天山、内天山。中国、哈萨克斯坦、吉尔吉斯斯坦、乌兹别克斯坦、土库曼斯坦、塔吉克斯坦、俄罗斯；亚洲有分布。

饲料。

（2229）博格多山棘豆 **Oxytropis bogdoschanica Jurtz.**

多年生草本。生于亚高山草甸、山地林缘、山地草甸。海拔 2 500～3 000 m。

产东天山、东南天山。中国；亚洲有分布。

中国特有成分。饲料。

＊（2230）柏谷奇棘豆 **Oxytropis boguschi B. Fedtsch.**

多年生草本。生于细石质山坡、砾岩堆、河谷、山地草甸。海拔 1 200～3 100 m。

产西南天山、内天山、西天山。吉尔吉斯斯坦、乌兹别克斯坦；亚洲有分布。

＊（2231）博斯湖棘豆 **Oxytropis bosculensis Golosk.**

多年生草本。生于高山和亚高山冰碛碎石堆。海拔 2 900～3 500 m。

产北天山。哈萨克斯坦、吉尔吉斯斯坦；亚洲有分布。

＊（2232）短果棘豆 **Oxytropis brachycarpa Vassilcz.**

多年生草本。生于山地石质山坡、山溪边。海拔 800 m 上下。

产北天山。哈萨克斯坦、吉尔吉斯斯坦；亚洲有分布。

＊（2233）短茎棘豆 **Oxytropis brevicaulis Ledeb.**

多年生草本。生于碎石质山坡、洪积扇。海拔 300～700 m。

产准噶尔阿拉套山。哈萨克斯坦、俄罗斯；亚洲有分布。

（2234）蓝花棘豆 **Oxytropis caerulea（Pallas）Candolle** = *Oxytropis coerulea*（Pall.）DC.

多年生草本。生于亚高山草甸、山地林下、林缘、山坡草地。海拔 1 200～2 900 m。

产东北天山、北天山、东南天山。中国、蒙古、俄罗斯；亚洲有分布。

饲料。

（2235）小丛生棘豆 **Oxytropis caespitosula Gontsch.**

多年生草本。生于高山和亚高山草甸、砾石质山坡。海拔 2 800～3 100 m。

产东天山、北天山、中央天山、西天山。中国、吉尔吉斯斯坦、乌兹别克斯坦、塔吉克斯坦；亚洲有分布。

饲料。

（2236）灰棘豆 **Oxytropis cana** Bunge

多年生草本。生于山地林缘、山坡草地、山谷冲积平原。海拔 2 500 m 上下。

产准噶尔阿拉套山、北天山、西天山、西南天山、东南天山。中国、哈萨克斯坦、吉尔吉斯斯坦、乌兹别克斯坦、土库曼斯坦、塔吉克斯坦；亚洲有分布。

饲料。

＊（2237）白凸毛棘豆 **Oxytropis canopatula** Vassilcz.

多年生草本。生于山麓碎石堆、石质坡地。海拔 600~1 800 m。

产西天山、西南天山。乌兹别克斯坦；亚洲有分布。

＊（2238）喀普棘豆 **Oxytropis capusii** Fransch.

多年生草本。生于山地碎石堆、河谷、山溪边。海拔 900~1 800 m。

产北天山、西天山、西南天山。吉尔吉斯斯坦、乌兹别克斯坦；亚洲有分布。

（2239）托木尔峰棘豆 **Oxytropis chantengriensis** Vassilcz.

多年生草本。生于高寒荒漠、高山冰缘、高山和亚高山草甸。海拔 2 300~4 000 m。

产东天山、东南天山、中央天山、内天山。中国、哈萨克斯坦、吉尔吉斯斯坦、乌兹别克斯坦、土库曼斯坦、塔吉克斯坦；亚洲有分布。

饲料。

＊（2240）努拉山棘豆 **Oxytropis chesneyoides** Gontsch.

多年生草本。生于山地荒漠草原、河谷。海拔 800~2 500 m。

产西南天山、内天山、西天山。吉尔吉斯斯坦、乌兹别克斯坦；亚洲有分布。

（2241）雪地棘豆 **Oxytropis chionobia** Bunge

多年生草本。生于高山砾石质荒漠、高山和亚高山草甸。海拔 2 900~4 700 m。

产东天山、准噶尔阿拉套山、北天山、内天山、西天山、西南天山。中国、哈萨克斯坦、吉尔吉斯斯坦、乌兹别克斯坦、土库曼斯坦、塔吉克斯坦；亚洲有分布。

饲料。

（2242）雪叶棘豆 **Oxytropis chionophylla** Schrenk

多年生草本。生于亚高山草甸、山地林缘、河谷、砾石质山坡。海拔 2 200~2 700 m。

产准噶尔阿拉套山、北天山。中国、哈萨克斯坦、吉尔吉斯斯坦；亚洲有分布。

饲料。

（2243）霍城棘豆 **Oxytropis chorgossica** Vassilcz.

多年生草本。生于高山和亚高山草甸、山地河谷、山坡草地、低山撂荒地。海拔 3 600 m 上下。

产北天山。中国、哈萨克斯坦、吉尔吉斯斯坦、乌兹别克斯坦、土库曼斯坦、塔吉克斯坦；亚洲有分布。

饲料。

＊（2244）天棘豆 **Oxytropis coelestis** Abdusal

多年生草本。生于高山和亚高山草甸、山溪边。海拔 1 200~3 100 m。

产西南天山、内天山、西天山。吉尔吉斯斯坦、乌兹别克斯坦；亚洲有分布。

*（2245）蓝茎棘豆 **Oxytropis columbina Vassilcz.**

多年生草本。生于高山和亚高山草甸、倒石堆。海拔 3 000~3 400 m。

产北天山、内天山、西天山、西南天山。哈萨克斯坦、吉尔吉斯斯坦、乌兹别克斯坦；亚洲有分布。

*（2246）肉叶棘豆 **Oxytropis crassiuscula Boriss.**

多年生草本。生于砾岩堆、岩石峭壁、石质山坡。海拔 1 000~3 100 m。

产西南天山、内天山。吉尔吉斯斯坦、乌兹别克斯坦；亚洲有分布。

（2247）尖喙棘豆 **Oxytropis cuspidata Bunge**

多年生草本。生于砾石质山坡。海拔 800~1 400 m。

产准噶尔阿拉套山。中国、哈萨克斯坦、吉尔吉斯斯坦、乌兹别克斯坦、土库曼斯坦、塔吉克斯坦；亚洲有分布。

饲料。

（2248）急弯棘豆 **Oxytropis deflexa（Pall.）DC.**

多年生草本。生于山地林下、林缘、山地河谷、山地草原、灌丛、砾石质山坡。海拔 1 300~2 700 m。

产东天山、准噶尔阿拉套山、北天山。中国、蒙古、俄罗斯；亚洲有分布。

饲料、药用。

（2249）密丛棘豆 **Oxytropis densa Bunge**

多年生草本。生于高山荒漠、高山和亚高山草甸、河滩沙地、沙砾质山坡。海拔 2 300~5 300 m。

产东南天山、内天山。中国、巴基斯坦；亚洲有分布。

饲料。

（2250）色花棘豆 **Oxytropis dichroantha Schrenk**

多年生草本。生于亚高山草甸、山地林缘、山地河谷、砾石质山坡。海拔 2 000~2 800 m。

产东天山、准噶尔阿拉套山、北天山。中国、哈萨克斯坦、吉尔吉斯斯坦、乌兹别克斯坦、土库曼斯坦、塔吉克斯坦；亚洲有分布。

饲料。

*（2251）二叉棘豆 **Oxytropis didymophysa Bunge**

多年生草本。生于高山和亚高山草甸、山崖岩石缝、河谷。海拔 2 900~3 400 m。

产北天山、内天山、西天山、西南天山。哈萨克斯坦、吉尔吉斯斯坦、乌兹别克斯坦；亚洲有分布。

*（2252）细刺棘豆 **Oxytropis echidna Vved.**

矮灌木。生于石质山坡、河谷溪边、河岸阶地。海拔 800~2 900 m。

产西天山、西南天山、内天山。吉尔吉斯斯坦、乌兹别克斯坦；亚洲有分布。

（2253）绵果棘豆 **Oxytropis eriocarpa Bunge**

多年生草本。生于高山和亚高山草甸、高山砾石质山坡。海拔 2 600~4 200 m。

产东天山。中国、蒙古、俄罗斯；亚洲有分布。

饲料。

（2254）镰荚棘豆 **Oxytropis falcata Bunge**

多年生草本。生于高山和亚高山草甸、山地林下、林缘、河谷、河漫滩草甸。海拔 2 500～
5 200 m。

产东天山、东南天山。中国、蒙古;亚洲有分布。

饲料、药用、有毒、观赏。

＊（2255）费氏棘豆 **Oxytropis fedtschenkoana Vassilcz.**

多年生草本。生于山地石质山坡、河谷。海拔 2 600～3 100 m。

产西天山、西南天山。乌兹别克斯坦;亚洲有分布。

（2256）多花棘豆 **Oxytropis floribunda（Pall.）DC.**

多年生草本。生于砾石质山坡、灌草丛。海拔 3 000 m 上下。

产东天山、内天山。中国、哈萨克斯坦、吉尔吉斯斯坦、乌兹别克斯坦、土库曼斯坦、塔吉克斯
坦、俄罗斯;亚洲、欧洲有分布。

饲料。

（2257）硬毛棘豆 **Oxytropis fetisowii Bunge**

多年生草本。生于沙砾质山坡。海拔 400～1 700 m。

产准噶尔阿拉套山、北天山。中国、哈萨克斯坦、乌兹别克斯坦、土库曼斯坦、吉尔吉斯斯坦、
塔吉克斯坦;亚洲有分布。

饲料。

＊（2258）灌木状棘豆 **Oxytropis fruticulosa Bunge**

多年生草本。生于山地砾石质坡地。海拔 500～1 700 m。

产准噶尔阿拉套山。哈萨克斯坦;亚洲有分布。

（2259）小花棘豆 **Oxytropis glabra DC.**

多年生草本。生于山坡草地、河谷阶地、盐碱地、沼泽草甸、田边、路旁。海拔 20～3 450 m。

产东天山、东北天山、北天山、东南天山、中央天山、内天山、西天山。中国、哈萨克斯坦、吉尔
吉斯斯坦、乌兹别克斯坦、吉尔吉斯斯坦、土库曼斯坦、塔吉克斯坦、巴基斯坦、蒙古、俄罗斯;
亚洲有分布。

有毒、饲料、药用。

（2260）细叶棘豆 **Oxytropis glabra var. tenuis Palib.**

多年生草本。生于沙砾质山坡、河谷阶地、湖边、盐化低湿地、沟渠边、田边。海拔
1 000～3 200 m。

产东天山、东南天山、内天山。中国;亚洲有分布。

中国特有成分。饲料。

（2261）砾石棘豆 **Oxytropis glareosa Vassilcz.**

多年生草本。生于山地林缘、沙砾质山坡、河漫滩沙地、盐化草甸。海拔 1 100～1 700 m。

产准噶尔阿拉套山、北天山。中国、哈萨克斯坦、蒙古、俄罗斯;亚洲有分布。

饲料。

*（2262）拟帕米尔棘豆 Oxytropis goloskokovii Bajtenov

多年生草本。生于山地河谷、山溪边。海拔 1 500~2 700 m。

产北天山。哈萨克斯坦;亚洲分布。

（2263）帕米尔棘豆（中亚棘豆） Oxytropis gorbunovii Boriss.

多年生草本。生于高山和亚高山草甸、山地河谷、低山丘陵、湿地草甸、盐化草甸。海拔
1 000~4 100 m。

产东天山、准噶尔阿拉套山、北天山、东南天山、中央天山、内天山。中国、哈萨克斯坦、吉尔吉
斯斯坦;亚洲有分布。

饲料。

*（2264）固特棘豆 Oxytropis guntensis B. Fedtsch.

多年生草本。生于亚高山草甸、山崖岩石缝、石质山坡。海拔 1 200~3 000 m。

产西南天山、内天山。吉尔吉斯斯坦、乌兹别克斯坦;亚洲有分布。

*（2265）异果棘豆 Oxytropis heteropoda Bunge

多年生草本。生于山地草甸、山坡草地。海拔 1 200~2 900 m。

产北天山。哈萨克斯坦、吉尔吉斯斯坦;亚洲有分布。

（2266）长硬毛棘豆 Oxytropis hirsuta Bunge

多年生草本。生于山地荒漠草原、砾石质山坡、荒漠、沙地。海拔 500~800 m。

产东天山。中国、哈萨克斯坦、吉尔吉斯斯坦、乌兹别克斯坦、土库曼斯坦、塔吉克斯坦、蒙古、
俄罗斯;亚洲有分布。

饲料。

（2267）短硬毛棘豆 Oxytropis hirsutiuscula Freyn

多年生草本。生于山地湖边、河漫滩草甸、山地草甸。海拔 1 200~3 800 m。

产东天山、准噶尔阿拉套山、东南天山、内天山。中国、哈萨克斯坦、乌兹别克斯坦、土库曼斯
坦、吉尔吉斯斯坦、塔吉克斯坦;亚洲有分布。

饲料。

（2268）猬刺棘豆 Oxytropis hystrix Schrenk

丛生有刺小半灌木。生于山坡草原、干旱山坡。海拔 1 100~2 250 m。

产东天山。中国、哈萨克斯坦、俄罗斯;亚洲有分布。

饲料。

（2269）密花棘豆 Oxytropis imbricata Kom.

多年生草本。生于高山荒漠、高山和亚高山草甸、山地砾石质山坡、山地河谷。海拔 1 200~
4 350 m。

产东天山、北天山、中央天山。中国;亚洲有分布。

中国特有成分。饲料。

（2270）和硕棘豆 Oxytropis immersa（Baker） B. Fedtsch. =Oxytropis incanescens Freyn

多年生草本。生于高山荒漠、冰碛碎石堆、高山和亚高山草甸、山地草甸、黏土质荒漠草地、河
漫滩。海拔 2 300~4 600 m。

272

产东北天山、准噶尔阿拉套山、北天山、东南天山、内天山、西天山、西南天山。中国、哈萨克斯坦、吉尔吉斯斯坦、乌兹别克斯坦、土库曼斯坦、塔吉克斯坦、巴基斯坦、阿富汗、伊朗；亚洲有分布。

饲料。

*（2271）全瓣棘豆 **Oxytropis integripetala Bunge**

多年生草本。生于山坡草地、河岸阶地、山麓洪积扇。海拔 500~1 500 m。

产西天山、西南天山、内天山。吉尔吉斯斯坦、乌兹别克斯坦；亚洲有分布。

（2272）中间棘豆 **Oxytropis intermedia Bunge**

多年生草本。生于山地河谷、沙砾质山坡、荒漠草原。海拔 2 000~3 700 m。

产东天山。中国、蒙古、俄罗斯；亚洲有分布。

饲料。

*（2273）香棘豆 **Oxytropis jucunda Vved.**

多年生草本。生于高山和亚高山草甸、河谷、灌丛。海拔 2 900~3 200 m。

产西天山、西南天山。乌兹别克斯坦；亚洲有分布。

（2274）甘肃棘豆 **Oxytropis kansuensis Bunge**

多年生草本。生于高山和亚高山草甸、山地林缘、灌丛、山地草甸、沼泽草甸。海拔 2 200~5 300 m。

产北天山。中国；亚洲有分布。

中国特有成分。饲料。

*（2275）卡拉套山棘豆 **Oxytropis karataviensis Pavlov**

多年生草本。生于亚高山碎石堆、河谷灌丛。海拔 1 900~3 000 m。

产北天山、内天山、西天山、西南天山。吉尔吉斯斯坦、乌兹别克斯坦；亚洲有分布。

*（2276）骆驼棘豆 **Oxytropis kamelinii Vassilcz.**

多年生草本。生于中山带石质山坡、河谷。海拔 900~2 500 m。

产西南天山、内天山。吉尔吉斯斯坦、乌兹别克斯坦；亚洲有分布。

（2277）克特明棘豆 **Oxytropis ketmenica Saposhn.**

多年生草本。生于高山和亚高山草甸、砾石质山坡、河谷、山溪边。海拔 2 800~3 200 m。

产北天山、西天山、西南天山。中国、哈萨克斯坦、吉尔吉斯斯坦、乌兹别克斯坦、土库曼斯坦、塔吉克斯坦；亚洲有分布。

饲料。

*（2278）库黑色棘豆 **Oxytropis kuhistanica Abduss.**

多年生草本。生于石质山坡、河谷、灌丛。海拔 900~2 800 m。

产西南天山、内天山。吉尔吉斯斯坦、乌兹别克斯坦；亚洲有分布。

*（2279）库拉明棘豆 **Oxytropis kuramensis Abduss.**

多年生草本。生于干旱石质山坡、河谷。海拔 900~2 800 m。

产北天山、内天山。哈萨克斯坦、吉尔吉斯斯坦；亚洲有分布。

*（2280）克孜勒塔勒棘豆 Oxytropis kyziltalensis Vassilcz.

多年生草本。生于干旱山坡、河谷。海拔 700~2 600 m。

产准噶尔阿拉套山。哈萨克斯坦；亚洲有分布。

（2281）拉德京棘豆 Oxytropis ladyginii Krylov

多年生草本。生于高山荒漠、高山和亚高山草甸、山地林缘、山坡草地、山地河谷。海拔
1 800~4 800 m。

产东天山、东北天山、北天山、东南天山。中国、蒙古、俄罗斯；亚洲有分布。

饲料。

（2282）拉普兰棘豆 Oxytropis lapponica（Wahlenb.）Gay

多年生草本。生于高山和亚高山草甸、山地林缘、山地河谷、沙砾质山坡。海拔 2 300~
4 300 m。

产东天山、东北天山、准噶尔阿拉套山、北天山、东南天山、内天山。中国、哈萨克斯坦、吉尔吉
斯斯坦、乌兹别克斯坦、土库曼斯坦、塔吉克斯坦、巴基斯坦、尼泊尔、印度、挪威、瑞典、瑞士、
奥地利、匈牙利、意大利、西班牙、俄罗斯；亚洲、欧洲有分布。

饲料。

*（2283）多毛棘豆 Oxytropis lasiocarpa Gontsch.

小灌木。生于石质山坡、风化花岗岩坡地。海拔 1 200~2 800 m。

产西南天山、内天山、西天山。吉尔吉斯斯坦、乌兹别克斯坦；亚洲有分布。

*（2284）列曼棘豆 Oxytropis lehmanni Bunge

多年生草本。生于亚高山草甸、山崖岩石缝、倒石堆、石质-细石质山坡。海拔 1 300~3 100 m。

产西南天山、内天山、西天山。吉尔吉斯斯坦、乌兹别克斯坦；亚洲有分布。

*（2285）细果棘豆 Oxytropis leptophysa Bunge

多年生草本。生于石质山坡、页岩倒石堆、山麓洪积扇。海拔 900~2 800 m。

产西南天山、内天山、西天山。吉尔吉斯斯坦、乌兹别克斯坦；亚洲有分布。

*（2286）林孜棘豆 Oxytropis linczevskii Gontsch.

多年生草本。生于高山冰碛堆、石质-细石质山坡。海拔 1 300~3 700 m。

产西南天山、内天山。吉尔吉斯斯坦、乌兹别克斯坦；亚洲有分布。

*（2287）李普棘豆 Oxytropis lipskyi Gontsch.

多年生草本。生于细石质-石质山坡、河谷。海拔 800~1 600 m。

产西南天山、内天山。吉尔吉斯斯坦、乌兹别克斯坦；亚洲有分布。

*（2288）石生棘豆 Oxytropis lithophila Vassilcz.

多年生草本。生于山地石质山坡、灌丛。海拔 900~1 900 m。

产西南天山、内天山、西天山。吉尔吉斯斯坦、乌兹别克斯坦；亚洲有分布。

*（2289）李氏棘豆 Oxytropis litwinowii B. Fedtsch

多年生草本。生于山地石质山坡、灌丛、山溪边、河滩。海拔 1 600~2 800 m。

产西天山、西南天山。乌兹别克斯坦；亚洲有分布。

*（2290）淡绿瓣棘豆 **Oxytropis leucocyanea Bunge**

多年生草本。生于高山和亚高山石质山坡。海拔 2 900~3 200 m。

产西天山、西南天山。乌兹别克斯坦；亚洲有分布。

（2291）大果棘豆 **Oxytropus macrocarpa Kat. et Kir.** = *Oxytropis aurea* Vassilcz. = *Oxytropis robusta* Popov

多年生草本。生于石质山坡、山地草甸、河谷、山溪边、河床、丘陵草地、河漫滩草甸。海拔
800~2 800 m。

产北天山、西天山。中国、哈萨克斯坦、吉尔吉斯斯坦、乌兹别克斯坦；亚洲有分布。

*（2292）大齿棘豆 **Oxytropis macrodonta Gontsch.**

多年生草本。生于山地河漫滩、山地草甸。海拔 800~1 600 m。

产北天山、内天山、西天山、西南天山。哈萨克斯坦、吉尔吉斯斯坦、乌兹别克斯坦；亚洲有分布。

*（2293）麦丹套棘豆 **Oxytropis maidantalensis B. Fedtsch.**

多年生草本。生于高山草甸、冰碛碎石堆。海拔 3 000~3 500 m。

产北天山、内天山、西天山、西南天山。吉尔吉斯斯坦、乌兹别克斯坦；亚洲有分布。

（2294）马氏棘豆 **Oxytropis martjanovi Krylov**

多年生草本。生于山地林缘阳坡、山地河谷、河岸盐碱地、砾石质山坡。海拔 2 400 m 上下。

产北天山。中国、蒙古、俄罗斯；亚洲有分布。

饲料。

*（2295）玛萨尔棘豆 **Oxytropis masarensis Vassilcz.**

多年生草本。生于山地石质山坡、河谷、砾岩堆。海拔 900~2 100 m。

产西南天山、内天山、西天山。吉尔吉斯斯坦、乌兹别克斯坦；亚洲有分布。

（2296）萨拉套棘豆 **Oxytropis meinshausenii Schrenk**

多年生草本。生于亚高山草甸、山地林下、林缘、山地草原、山谷、砾石质山坡、灌丛。海拔
1 000~3 100 m。

产东北天山、准噶尔阿拉套山、北天山、东南天山、西天山、西南天山。中国、哈萨克斯坦、吉尔
吉斯斯坦、乌兹别克斯坦、土库曼斯坦、塔吉克斯坦；亚洲有分布。

饲料。

（2297）黑萼棘豆 **Oxytropis melanocalyx Bunge**

多年生草本。生于高山和亚高山草甸、山地林缘、山地草甸、灌丛、河漫滩。海拔 2 100~
4 100 m。

产东天山、东北天山、北天山、内天山。中国；亚洲有分布。

中国特有成分。饲料、药用。

（2298）黑毛棘豆 **Oxytropis melanotricha Bunge**

多年生草本。生于高山冰川周边、高山和亚高山草甸、山坡草地、山地河谷。海拔 3 000~
4 000 m。

产北天山、西天山、西南天山、东南天山。中国、哈萨克斯坦、吉尔吉斯斯坦、乌兹别克斯坦、土
库曼斯坦、塔吉克斯坦；亚洲有分布。

饲料。

（2299）米尔克棘豆 Oxytropis merkensis Bunge
多年生草本。生于高山和亚高山草甸、山坡草地、河谷草甸。海拔 1 400～4 000 m。
产东天山、东北天山、准噶尔阿拉套山、北天山、东南天山、中央天山、内天山、西天山。中国、
哈萨克斯坦、吉尔吉斯斯坦、乌兹别克斯坦、土库曼斯坦、塔吉克斯坦；亚洲有分布。
饲料。

*（2300）密凯氏棘豆 Oxytropis michelsonii B. Fedtsch.
多年生草本。生于冰川周边冰碛堆、高山和亚高山草甸、灌丛、低山丘陵。海拔 900～3 600 m。
产西南天山、内天山、西天山。吉尔吉斯斯坦、乌兹别克斯坦；亚洲有分布。

*（2301）小果棘豆 Oxytropis microcarpa Gontsch.
多年生草本。生于石质山坡、细石质干旱山坡。海拔 1 600～2 600 m。
产西南天山、内天山。吉尔吉斯斯坦、乌兹别克斯坦；亚洲有分布。

（2302）小叶棘豆 Oxytropis microphylla（Pall.）DC.
多年生草本。生于高山和亚高山草甸、山坡草地、沙砾质河滩、田边。海拔 1 600～5 000 m。
产东天山。中国、蒙古、印度、尼泊尔、俄罗斯；亚洲有分布。
饲料、药用。

（2303）小球棘豆 Oxytropis microsphaera Bunge
多年生草本。生于高山荒漠、冰碛碎石堆、高山和亚高山草甸。海拔 2 900～4 900 m。
产东天山、内天山、北天山、西天山、西南天山。中国、吉尔吉斯斯坦、乌兹别克斯坦、塔吉克斯
坦、土耳其；亚洲有分布。
饲料。

*（2304）木明阿巴德棘豆 Oxytropis mumynabadensis B. Fedtsch.
多年生草本。生于山地河谷、石质化盆地。海拔 900～2 400 m。
产西南天山、内天山、西天山。吉尔吉斯斯坦、乌兹别克斯坦；亚洲有分布。

*（2305）涅氏棘豆 Oxytropis niedzweckiana Popov
多年生草本。生于山麓洪积扇、石质坡地、碎石堆。海拔 600～1 800 m。
产北天山。哈萨克斯坦、吉尔吉斯斯坦；亚洲有分布。

*（2306）尼库拉棘豆 Oxytropis nikolai Filim. et Abdusal.
多年生草本。生于石质山坡、河岸阶地、灌丛。海拔 900～2 800 m。
产西南天山、内天山、西天山。吉尔吉斯斯坦、乌兹别克斯坦；亚洲有分布。

（2307）垂花棘豆 Oxytropis nutans Bunge
多年生草本。生于山地林下、林缘、山地河谷、山坡草地。海拔 1 800～2 900 m。
产东天山、准噶尔阿拉套山、北天山、内天山。中国、哈萨克斯坦、吉尔吉斯斯坦、乌兹别克斯
坦、土库曼斯坦、塔吉克斯坦；亚洲有分布。
饲料。

（2308）黄花棘豆 Oxytropis ochrocephala Bunge
多年生草本。生于高山荒漠、高山和亚高山草甸、山地林下、林缘、林间草地、河漫滩、田埂、沼
泽草甸。海拔 1 300～5 200 m。

产北天山、东南天山。中国;亚洲有分布。

中国特有成分。有毒、药用。

（2309）淡黄棘豆 Oxytropis ochroleuca Bunge

多年生草本。生于亚高山草甸、山地林缘、山地河谷、山地草甸。海拔 1 600~2 800 m。

产东北天山、准噶尔阿拉套山。北天山、内天山、东南天山。中国、哈萨克斯坦、吉尔吉斯斯坦、乌兹别克斯坦、土库曼斯坦、塔吉克斯坦;亚洲有分布。

饲料。

*（2310）粗根棘豆 Oxytropis ornata Vassilcz.

多年生草本。生于山地草甸、山地草原、荒漠草原、山麓洪积扇。海拔 900~2 800 m。

产北天山、西天山、西南天山。哈萨克斯坦、吉尔吉斯斯坦、乌兹别克斯坦;亚洲有分布。

*（2311）欧勤克棘豆 Oxytropis ovczinnikovii Abdusal.

多年生草本。生于亚高山草甸、山地草甸、碎石质-细土质山坡、山地草原。海拔 900~3 100 m。

产西南天山、内天山、西天山。吉尔吉斯斯坦、乌兹别克斯坦;亚洲有分布。

*（2312）雪棘豆 Oxytropis pagobia Bunge

多年生草本。生于高山和亚高山草甸、倒石堆、冰碛堆。海拔 3 000~3 600 m。

产准噶尔阿拉套山、北天山、内天山、西天山、西南天山。哈萨克斯坦、吉尔吉斯斯坦、乌兹别克斯坦;亚洲有分布。

*（2313）帕米尔-阿莱棘豆 Oxytropis pamiroalaica Abdusal.

多年生草本。生于亚高山草甸、碎石质山坡、山地草原、山地河谷。海拔 1 200~3 200 m。

产西南天山、内天山。吉尔吉斯斯坦、乌兹别克斯坦;亚洲有分布。

（2314）少花棘豆 Oxytropis pauciflora Bunge

多年生草本。生于高山荒漠、高山和亚高山草甸、山地林缘、沙砾质山坡、河漫滩草甸、灌丛。海拔 1 900~5550 m。

产东天山、东南天山、中央天山、内天山。中国、哈萨克斯坦、俄罗斯;亚洲有分布。

饲料。

*（2315）地皮棘豆 Oxytropis pellita Bunge

多年生草本。生于亚高山草甸、山地河谷、山溪边。海拔 2 300~3 000 m。

产准噶尔阿拉套山。哈萨克斯坦;亚洲有分布。

哈萨克斯坦特有成分。

（2316）蓝垂花棘豆 Oxytropis penduliflora Gontsch.

多年生草本。生于高山和亚高山草甸、山地林下、林缘、山地河谷、石质山坡。海拔 1 900~4 100 m。

产东天山、东北天山、北天山、东南天山、中央天山。中国、哈萨克斯坦、吉尔吉斯斯坦、乌兹别克斯坦、土库曼斯坦、塔吉克斯坦;亚洲有分布。

饲料。

(2317) 宿轴棘豆 **Oxytropis piceetorum Vassilcz.**

多年生草本。生于山地林缘、河谷、灌丛、碎石堆。海拔 567~2 900 m。

产东天山、北天山、西天山。中国、哈萨克斯坦、吉尔吉斯斯坦、乌兹别克斯坦;亚洲有分布。

(2318) 疏毛棘豆 **Oxytropis pilosa（L.）DC.**

多年生草本。生于山地草原、山地河谷草甸、灌丛。海拔 1 400 m 上下。

产准噶尔阿拉套山、北天山。中国、哈萨克斯坦、蒙古、俄罗斯;亚洲、欧洲有分布。

有毒、药用。

*(2319) 毛果棘豆 **Oxytropis pilosissima Vved.**

多年生草本。生于山地草原、山麓荒漠草原。海拔 900~1 700 m。

产北天山、内天山、西天山、西南天山。哈萨克斯坦、吉尔吉斯斯坦、乌兹别克斯坦;亚洲有分布。

(2320) 宽柄棘豆 **Oxytropis platonychia Bunge**

多年生草本。生于高山砾石质山坡。海拔 3 500 m 上下。

产北天山、内天山、西天山、西南天山。中国、哈萨克斯坦、乌兹别克斯坦、吉尔吉斯斯坦、土库曼斯坦、塔吉克斯坦、巴基斯坦;亚洲有分布。

饲料。

(2321) 宽瓣棘豆 **Oxytropis platysema Schrenk**

多年生草本。生于高山荒漠、高山和亚高山草甸、沙砾质山坡、河漫滩草甸。海拔 2 800~5 200 m。

产东天山、东北天山、准噶尔阿拉套山、北天山、东南天山、中央天山、内天山、西天山、西南天山。中国、哈萨克斯坦、吉尔吉斯斯坦、乌兹别克斯坦、土库曼斯坦、塔吉克斯坦;亚洲有分布。

饲料。

(2322) 长柄棘豆 **Oxytropis podoloba Kar. et Kir.**

多年生草本。生于山地河谷、砾石质山坡、灌草丛。海拔 800~2 600 m。

产东天山、准噶尔阿拉套山、北天山。中国、哈萨克斯坦、乌兹别克斯坦、土库曼斯坦、吉尔吉斯斯坦、塔吉克斯坦;亚洲有分布。

饲料。

(2323) 帕米尔棘豆 **Oxytropis poncinsii Franch.**

多年生草本。生于高山和亚高山草甸、高山砾石质山坡、山地河谷、山坡草地。海拔 1 100~4 600 m。

产东天山、准噶尔阿拉套山、东南天山、内天山。中国、哈萨克斯坦、吉尔吉斯斯坦、乌兹别克斯坦、塔吉克斯坦、土库曼斯坦;亚洲有分布。

饲料。

(2324) 哈密棘豆 **Oxytropis przewalskii Kom.**

多年生草本。生于山地阳坡草地。海拔 1 200~2 600 m。

产东天山。中国;亚洲有分布。

中国特有成分。饲料。

*（2325） 阿拉套棘豆 **Oxytropis pseudofrigida Saposchn.**

多年生草本。生于高山和亚高山草甸、山脊分水岭、河谷、灌丛。海拔 2 800~3 300 m。

产准噶尔阿拉套山、北天山、西天山。哈萨克斯坦、吉尔吉斯斯坦、乌兹别克斯坦；亚洲有分布。

（2326） 假长毛棘豆 **Oxytropis pseudohirsuta Q. Wang et Chang Y. Yang**

多年生草本。生于山地草原、山坡草地、山麓洪积扇。海拔 750~1 680 m。

产东天山。中国；亚洲有分布。

中国特有成分。饲料。

*（2327） 厚皮棘豆 **Oxytropis pseudoleptophysa Boriss.**

多年生草本。生于石质山坡、倒石堆。海拔 1 200~2 600 m。

产西南天山、内天山。吉尔吉斯斯坦、乌兹别克斯坦；亚洲有分布。

*（2328） 假棘豆 **Oxytropis pseudorosea Filim.**

多年生草本。生于碎石质山坡、河谷、灌丛。海拔 600~1 700 m。

产西南天山、内天山。吉尔吉斯斯坦、乌兹别克斯坦；亚洲有分布。

（2329） 微柔毛棘豆 **Oxytropis puberula Boriss.**

多年生草本。生于山坡草地、盐碱地、河边、沟渠边。海拔 400~2 400 m。

产北天山、东南天山。中国、哈萨克斯坦、塔吉克斯坦；亚洲有分布。

饲料、有毒。

*（2330） 垫状棘豆 **Oxytropis pulvinoides Vassilcz.**

多年生草本。生于高山石质山坡、冰碛碎石堆。海拔 3 100~3 500 m。

产准噶尔阿拉套山。哈萨克斯坦；亚洲有分布。

（2331） 奇台棘豆 **Oxytropis qitaiensis X. Y. Zhu, H. Ohashi et Y. B. Deng**

多年生草本。生于山地林缘、林间草甸、山地草甸。海拔 1 750~2 600 m。

产东天山、北天山、中央天山。中国；亚洲有分布。

中国特有成分。饲料。

（2332） 斋桑棘豆 **Oxytropis recognita Bunge**

多年生草本。生于亚高山草甸、山地草甸、山地河谷、河漫滩。海拔 1 300~3 200 m。

产东天山、准噶尔阿拉套山、北天山、东南天山。中国、哈萨克斯坦、吉尔吉斯斯坦、蒙古、俄罗斯；亚洲有分布。

饲料。

（2333） 乌卢套棘豆 **Oxytropis rhynchophysa Schrenk**

多年生草本。生于高山砾质山坡、悬崖峭壁。海拔 4 000 m 上下。

产东天山。中国、哈萨克斯坦、吉尔吉斯斯坦、乌兹别克斯坦、土库曼斯坦、塔吉克斯坦、俄罗斯；亚洲有分布。

饲料。

*（2334） 河岸棘豆 **Oxytropis riparia Litv.**

多年生草本。生于山地草原、河谷、草甸湿地。海拔 200~2 600 m。

产北天山、西南天山、内天山、西天山。哈萨克斯坦、吉尔吉斯斯坦、乌兹别克斯坦；亚洲有分布。

*（2335）粉红花棘豆 **Oxytropis rosea Bunge**

多年生草本。生于亚高山草甸、碎石堆、河谷、山溪边。海拔 1 300~2 900 m。

产西天山、西南天山。乌兹别克斯坦；亚洲有分布。

*（2336）粉红棘豆 **Oxytropis roseiformis B. Fedtsch.**

多年生草本。生于石质山坡、砾岩堆、山地荒漠草原、沙质草地。海拔 700~2 700 m。

产西南天山、内天山。吉尔吉斯斯坦、乌兹别克斯坦；亚洲有分布。

*（2337）长嘴棘豆 **Oxytropis rostrata Vassilcz.**

多年生草本。生于河谷冲积物、沙砾质河漫滩。海拔 1 200~2 800 m。

产西天山、北天山。哈萨克斯坦、吉尔吉斯斯坦；亚洲有分布。

*（2338）红黏土棘豆 **Oxytropis rubriargillosa Vassilcz.**

多年生草本。生于红色黏土质山坡、河谷。海拔 1 900~2 800 m。

产西南天山、内天山、西天山。吉尔吉斯斯坦、乌兹别克斯坦；亚洲有分布。

（2339）悬岩棘豆 **Oxytropis rupifraga Bunge**

多年生草本。生于高山荒漠、高山和亚高山草甸、山地砾石质山坡、山地河谷。海拔 2 300~4 300 m。

产东天山、东北天山、东南天山、中央天山、内天山。中国、哈萨克斯坦、吉尔吉斯斯坦；亚洲有分布。

饲料。

（2340）萨氏棘豆 **Oxytropis saposhnikovi Krylov**

多年生草本。生于高山荒漠、高山和亚高山草甸、砾石质山坡。海拔 2 800~4 600 m。

产东天山、内天山。中国、蒙古、俄罗斯；亚洲有分布。

饲料。

（2341）萨坎德棘豆 **Oxytropis sarkandensis Vassilcz.**

多年生草本。生于山坡草地。海拔 1 200 m 上下。

产准噶尔阿拉套山。中国、哈萨克斯坦、吉尔吉斯斯坦、乌兹别克斯坦、土库曼斯坦、塔吉克斯坦；亚洲有分布。

饲料。

（2342）伊朗棘豆 **Oxytropis savellanica Boiss.**

多年生草本。生于高山荒漠、高山沙砾质山坡。海拔 4 700~5 100 m。

产东天山、西天山、西南天山。中国、哈萨克斯坦、吉尔吉斯斯坦、乌兹别克斯坦、土库曼斯坦、塔吉克斯坦、巴基斯坦、伊朗、俄罗斯；亚洲有分布。

饲料。

*（2343）粗棘豆 **Oxytropis scabrida Gontsch.**

多年生草本。生于石质山坡、细石质草地。海拔 600~2 300 m。

产西南天山。乌兹别克斯坦；亚洲有分布。

*（2344）夏麦尔丹棘豆 **Oxytropis schachimardanica Filim.**

多年生草本。生于石质山坡、河谷、灌丛。海拔 800~2 400 m。

产西南天山、内天山。吉尔吉斯斯坦、乌兹别克斯坦;亚洲有分布。

（2345）谢米诺夫棘豆 **Oxytropis semenowii Bunge**

多年生草本。生于砾石质山坡、河谷草甸。海拔 700~2 600 m。

产准噶尔阿拉套山、北天山。中国、哈萨克斯坦、吉尔吉斯斯坦、乌兹别克斯坦、土库曼斯坦、塔吉克斯坦;亚洲有分布。

饲料。

＊（2346）瑟维氏棘豆 **Oxytropis sewerzowii Bunge** =*Oxytropis tujuksuensis* Bajtenov =*Oxytropis kirgisensis* Abdulina

多年生草本。生于山地碎石堆、山崖、坡积物、岩石峭壁、山坡草地、高山和亚高山草甸、河谷。海拔 1 200~3 500 m。

产准噶尔阿拉套山、内天山、北天山、西天山、西南天山。哈萨克斯坦、吉尔吉斯斯坦、乌兹别克斯坦;亚洲有分布。

（2347）新疆棘豆 **Oxytropis sinkiangensis C. W. Chang**

多年生草本。生于河岸边、山谷荒地、荒漠水塘边。海拔 550~2 500 m。

产东天山、东南天山。中国;亚洲有分布。

中国特有成分。饲料。

＊（2348）准噶尔棘豆 **Oxytropis songorica（Pall.）DC.**

多年生草本。生于山地草甸、沙砾石质坡地、山地草原。海拔 1 400~2 500 m。

产北天山。哈萨克斯坦、俄罗斯;亚洲有分布。

（2349）温泉棘豆 **Oxytropis spinifer Vassilcz.**

丛生矮灌木。生于山坡草地、石质山坡。海拔 2 100 m 上下。

产准噶尔阿拉套山。中国、哈萨克斯坦;亚洲有分布。

饲料。

（2350）胀果棘豆 **Oxytropis stracheyana Bunge**

多年生草本。生于高山荒漠、高山和亚高山草甸、山地林缘、灌丛、山坡草地、沙砾质河滩。海拔 2 200~5 200 m。

产准噶尔阿拉套山、内天山。中国、哈萨克斯坦、吉尔吉斯斯坦、乌兹别克斯坦、巴基斯坦、印度;亚洲有分布。

饲料。

＊（2351）球果棘豆 **Oxytropis strobilacea Bunge**

多年生草本。生于山地林缘、山溪边。海拔 1 400~2 800 m。

产北天山。哈萨克斯坦、俄罗斯;亚洲有分布。

＊（2352）头状花棘豆 **Oxytropis subcapitata Gontsch.**

多年生草本。生于山麓砾石质山坡。海拔 600~1 500 m。

产西天山、西南天山。乌兹别克斯坦;亚洲有分布。

乌兹别克斯坦特有成分。

*（2353）尖果棘豆 Oxytropis submutica Bunge

多年生草本。生于高山和亚高山冰碛碎石堆、沙砾质山坡、岩石缝。海拔 2 900~3 400 m。

产北天山、内天山、西天山、西南天山。吉尔吉斯斯坦、乌兹别克斯坦；亚洲有分布。

（2354）硫磺棘豆 Oxytropis sulphurea（DC.）Ledeb.

多年生草本。生于山地林缘、石质山坡。海拔 1 100~2 400 m。

产北天山。中国、哈萨克斯坦、俄罗斯；亚洲有分布。

饲料。

*（2355）苏沙米尔棘豆 Oxytropis susamyrensis B. Fedtsch.

多年生草本。生于亚高山岩石堆、石质坡地、山谷。海拔 2 800~3 200 m。

产西南天山、内天山。吉尔吉斯斯坦、乌兹别克斯坦；亚洲有分布。

*（2356）塔克特棘豆 Oxytropis tachtensis Franch.

多年生草本。生于山地草甸、山坡草地、河漫滩。海拔 700~1 900 m。

产北天山、西天山、西南天山。吉尔吉斯斯坦、乌兹别克斯坦；亚洲有分布。

*（2357）塔拉斯棘豆 Oxytropis talassica Gontsch.

多年生草本。生于高山和亚高山草甸、高山湿地、山坡草地。海拔 2 600~3 200 m。

产内天山、西天山、西南天山。吉尔吉斯斯坦、乌兹别克斯坦；亚洲有分布。

*（2358）西木干棘豆 Oxytropis tschimganica Gontsch.

多年生草本。生于高山和亚高山草甸、山坡草地、河谷、山崖岩石缝。海拔 2 900~3 400 m。

产内天山、西天山、西南天山。吉尔吉斯斯坦、乌兹别克斯坦；亚洲有分布。

*（2359）塔里格尔棘豆 Oxytropis talgarica Popov

多年生草本。生于细石质山坡、灌丛、河床。海拔 900~2 700 m。

产北天山。哈萨克斯坦；亚洲有分布。

*（2360）粗嘴棘豆 Oxytropis tenuirostris Boriss.

多年生草本。生于山地沙砾质坡地、河床。海拔 800~2 600 m。

产西南天山、内天山。吉尔吉斯斯坦、乌兹别克斯坦；亚洲有分布。

*（2361）粗柄棘豆 Oxytropis tenuissima Vassilcz.

多年生草本。生于河岸碎石堆、细石质山坡、山崖岩石缝。海拔 1 200~2 700 m。

产西南天山、内天山。吉尔吉斯斯坦、乌兹别克斯坦；亚洲有分布。

*（2362）特列克棘豆 Oxytropis terekensis B. Fedtsch.

多年生草本。生于亚高山草甸、灌丛、碎石堆。海拔 2 600~3 000 m。

产北天山、内天山、西天山、西南天山。哈萨克斯坦、吉尔吉斯斯坦、乌兹别克斯坦；亚洲有分布。

（2363）天山棘豆 Oxytropis tianschanica Bunge = *Oxytropis pulvinata* Saposhn.

多年生草本。生于高山荒漠、高山和亚高山草甸、山坡草地、砾石质山坡、山地荒漠草原、山地河谷。海拔 2 800~4 600 m。

产东天山、准噶尔阿拉套山、东南天山、内天山。中国、吉尔吉斯斯坦、塔吉克斯坦；亚洲有分布。

*（2364）密短毛棘豆 **Oxytropis tomentosa** Gontsch.

多年生草本。生于山崖石缝、山坡草地、山坡碎石堆、灌丛、河谷。海拔 800~2 700 m。

产西天山、西南天山。吉尔吉斯斯坦、乌兹别克斯坦；亚洲有分布

乌兹别克斯坦特有成分。

（2365）胶黄芪状棘豆 **Oxytropis tragacanthoides** DC.　=*Oxytropis paratragacanthoides* Vassilcz.

垫状矮灌木。生于山地森林-草甸、山坡草地、河漫滩、山麓洪积扇。海拔 1 700~4 100 m。

产东天山、东南天山。中国、哈萨克斯坦、蒙古、俄罗斯；亚洲有分布。

饲料。

*（2366）山脊棘豆 **Oxytropis trajectorum** B. Fedtsch.

多年生草本。生于高山冰碛碎石堆。海拔 3 000~3 600 m。

产北天山、内天山、西天山、西南天山。哈萨克斯坦、吉尔吉斯斯坦、乌兹别克斯坦；亚洲有分布。

*（2367）外阿莱棘豆 **Oxytropis transalaica** Vassilcz.

多年生草本。生于岩石峭壁、砾石质坡地、河谷。海拔 2 600~3 100 m。

产西南天山、内天山。吉尔吉斯斯坦、乌兹别克斯坦；亚洲有分布。

（2368）毛泡棘豆 **Oxytropis trichophysa** Bunge

多年生草本。生于沙砾石质山坡、山地河谷。海拔 1 700~3 000 m。

产东天山、东南天山、准噶尔阿拉套山。中国、蒙古、俄罗斯；亚洲有分布。

饲料。

（2369）毛齿棘豆 **Oxytropis trichocalycina** Bunge

多年生草本。生于砾石质山坡。海拔 2 300 m 上下。

产东天山、北天山、西天山、西南天山。中国、哈萨克斯坦、吉尔吉斯斯坦、乌兹别克斯坦；亚洲有分布。

饲料。

*（2370）毛球棘豆 **Oxytropis trichosphaera** Freyn

多年生草本。生于亚高山草甸、山崖、石质山坡、河谷碎石碓。海拔 700~2 900 m。

产北天山、西南天山、内天山、西天山。中国、哈萨克斯坦、吉尔吉斯斯坦、乌兹别克斯坦；亚洲有分布。

*（2371）恰特卡勒棘豆 **Oxytropis tschatkalensis** L. I. Vassiljeva

多年生草本。生于山地草原、石质山坡、河谷、山崖岩石缝。海拔 1 200~2 800 m。

产北天山、西天山。哈萨克斯坦、吉尔吉斯斯坦、乌兹别克斯坦；亚洲有分布。

*（2372）细花棘豆 **Oxytropis tyttantha** Gontsch.

多年生草本。生于细石质山坡、山地红色黏土质草地。海拔 1 200~2 800 m。

产西南天山、内天山。吉尔吉斯斯坦、乌兹别克斯坦；亚洲有分布。

*（2373）吴加明棘豆 **Oxytropis ugamensis** Vassilcz.

多年生草本。生于中山带石质草原、干旱山坡、河岸阶地。海拔 800~2 600 m。

产西天山、北天山。哈萨克斯坦、吉尔吉斯斯坦；亚洲有分布。

＊（2374）吴加明山棘豆 **Oxytropis ugamica Gontsch.**

多年生草本。生于山地石质坡地、碎石堆、河谷。海拔 2 000~2 900 m。

产北天山、内天山、西天山、西南天山。哈萨克斯坦、吉尔吉斯斯坦、乌兹别克斯坦；亚洲有分布。

＊（2375）维米苦拉棘豆 **Oxytropis vermicularis Freyn**

多年生草本。生于亚高山草甸、石质山坡、河岸阶地、山坡草地。海拔 2 600~3 100 m。

产西南天山、内天山。吉尔吉斯斯坦、乌兹别克斯坦；亚洲有分布。

＊（2376）维氏棘豆 **Oxytropis vvedenskyi Filim.**

小灌木。生于山地细石质-碎石质坡地。海拔 1 500~2 600 m。

产西南天山、内天山。吉尔吉斯斯坦、乌兹别克斯坦；亚洲有分布。

＊（2377）万奇山棘豆 **Oxytropis zaprjagaevae Abdusal.**

多年生草本。生于砾岩堆、石质化盆地、山地草原、山地荒漠。海拔 1 200~3 100 m。

产西南天山、内天山。吉尔吉斯斯坦、乌兹别克斯坦；亚洲有分布。

302. 丽豆属 Calophaca Fisch. ex DC.

＊（2378）大花丽豆 **Calophaca grandiflora Regel**

落叶灌木。生于石质山崖、疏林下、灌丛、山地河谷。海拔 1 400~2 200 m。

产西南天山、内天山、西天山、北天山。哈萨克斯坦、吉尔吉斯斯坦、乌兹别克斯坦；亚洲有分布。

＊（2379）匹斯堪丽豆 **Calophaca pskemica Gorbunova**

落叶灌木。生于黏土质山坡。海拔 800~1 600 m。

产内天山、西南天山。吉尔吉斯斯坦、乌兹别克斯坦；亚洲有分布。

＊（2380）绢毛丽豆 **Calophaca sericea Boriss.**

落叶灌木。生于石质山崖、河谷、河岸阶地。海拔 1 200~1 500 m。

产西南天山、内天山。吉尔吉斯斯坦、乌兹别克斯坦；亚洲有分布。

（2381）新疆丽豆（准噶尔丽豆）**Calophaca soongorica Kar. et Kie.** = *Calophaca howenii* Schrenk

落叶灌木。生于山地草原、山坡草地、河谷、河边草地、灌丛。海拔 800~2 100 m。

产北天山。中国、哈萨克斯坦；亚洲有分布。

＊（2382）天山丽豆 **Calophaca tianschanica**（B. Fedsch.）**Boriss.**

落叶灌木。生于砾石质山坡、石灰岩丘陵、倒石堆、河边、灌丛。海拔 900~1 800 m。

产西天山、西南天山、内天山。吉尔吉斯斯坦、乌兹别克斯坦；亚洲有分布。

303. 甘草属 Glycyrrhiza L.

（2383）粗毛甘草 **Glycyrrhiza aspera Pall.** = *Glycyrrhiza prostrate* X. Y. Li

多年生草本。生于荒漠草原、山坡草地、沙漠边缘、丘间低地、荒地、宅旁、路边、田边。海拔 −150~1 100 m。

产东天山、东北天山、准噶尔阿拉套山、北天山、内天山、西天山、西南天山。中国、哈萨克斯坦、吉尔吉斯斯坦、乌兹别克斯坦、俄罗斯；亚洲、欧洲有分布。

药用、饲料。

(2384) 大叶甘草 **Glycyrrhiza aspera var. macrophylla X. Y. Li**

多年生草本。生于绿洲林下、林缘草地。海拔 400~500 m。

产东北天山。中国;亚洲有分布。

中国特有成分。饲料。

(2385) 紫花甘草 **Glycyrrhiza aspera var. purpureiflora (X. Y. Li) F. M. Zhang et X. Y. Li**

多年生草本。生于绿洲农田边、果园、宅旁荒地。海拔 400~500 m。

产东北天山。中国;亚洲有分布。

中国特有成分。饲料。

(2386) 无腺毛甘草 **Glycyrrhiza eglandulosa X. Y. Li**

多年生草本。生于盐化草甸、弃耕盐碱地、排碱渠边。海拔 170~500 m。

产东北天山、东南天山。中国;亚洲有分布。

中国特有成分。饲料。

(2387) 黄甘草 **Glycyrrhiza eurycarpa P. C. Li**

多年生草本。生于山地河谷、山坡草地、灌丛湿地、绿洲河滩荒地。海拔 500~2 800 m。

产东天山、东南天山、中央天山。中国;亚洲有分布。

中国特有成分。饲料。

(2388) 光果甘草 **Glycyrrhiza glabra L.**

多年生草本。生于荒漠河岸林下、河岸阶地、芦苇草甸、荒地、宅旁、路边、田边。海拔 350~ 1 620 m。

产东天山、东北天山、准噶尔阿拉套山、北天山、东南天山、中央天山、内天山、西天山、西南天山。 中国、哈萨克斯坦、吉尔吉斯斯坦、乌兹别克斯坦、巴基斯坦、阿富汗、俄罗斯;亚洲、欧洲有分布。

药用、植化原料(甘草酸)、纤维、染料、饲料。

(2389) 密腺甘草 **Glycyrrhiza glabra var. glandulosa X. Y. Li**

多年生草本。生于荒漠河岸林下、林缘。海拔 400~1 600 m。

产东北天山、北天山、内天山。中国;亚洲有分布。

中国特有成分。饲料。

*(2390) 牙克苏甘草 **Glycyrrhiza gontscharovii Maslenn.**

多年生草本。生于石质山坡、河谷、山麓倾斜平原荒漠。海拔 800~3 100 m。

产西南天山、内天山。吉尔吉斯斯坦、乌兹别克斯坦;亚洲有分布。

(2391) 胀果甘草 **Glycyrrhiza inflata Batalin**

多年生草本。生于荒漠河岸林下、林缘、河滩盐化草甸、弃耕盐碱地、沙丘边缘、渠边、田边。 海拔-50~2010 m。

产东天山、东南天山、中央天山、内天山。中国;亚洲有分布。

药用、植化原料(甘草酸)、饲料。

*(2392) 三叶甘草 **Glycyrrhiza triphylla Fisch. et C. A. Mey.** = *Meristotropis erythrocarpa* Vassilcz. = *Meristotropis triphylla* (Fisch. et C. A. Mey.) Fisch. et C. A. Mey.

多年生草本。生于山麓洪积扇、干河床、河岸阶地、沙地。海拔 300~1 600 m。

产北天山、内天山、西天山、西南天山。哈萨克斯坦、吉尔吉斯斯坦、乌兹别克斯坦;亚洲有分布。

(2393) 甘草 **Glycyrrhiza uralensis Fisch.**

多年生草本。生于山坡灌丛、山谷溪边、河滩草地、荒漠河岸林下、盐化草甸、田边、渠边。海拔 200~2 400 m。

产东天山、东北天山、准噶尔阿拉套山、北天山、东南天山、中央天山、内天山、西天山、西南天山。中国、哈萨克斯坦、吉尔吉斯斯坦、乌兹别克斯坦、俄罗斯;亚洲有分布。

药用、香料、纤维、饲料、植化原料(甘草酸)。

304. 米口袋属 Gueldenstaedtia Fisch.

(2394) 狭叶米口袋 **Gueldenstaedtia stenophylla Bunge**

多年生草本。生于山地阳坡、沙地、路边、田间。海拔 0~1 300 m。

产东天山。中国;亚洲有分布。

药用、饲料。

305. 骆驼刺属 Alhagi Gagneb.

*(2395) 西茎骆驼刺 **Alhagi canescens(Regel)B. Keller et Shap.**

多年生草本。生于黄土丘陵、固定和半固定沙漠、盐渍化丘间低地。海拔 200~2 900 m。

产北天山、西天山、西南天山。哈萨克斯坦、吉尔吉斯斯坦、乌兹别克斯坦;亚洲有分布。

*(2396) 细茎骆驼刺 **Alhagi graecorum Boiss.**

半灌木。生于荒漠草原、细石质山坡、山麓洪积扇。海拔 700~1 600 m。

产北天山、西天山。哈萨克斯坦、吉尔吉斯斯坦;亚洲有分布。

*(2397) 吉尔吉斯骆驼刺 **Alhagi kirghisorum Schrenk**

半灌木。生于山麓洪积扇、沙砾地、荒地、田边、路边、水渠边。海拔-150~1 500 m。

产东天山、东北天山、准噶尔阿拉套山、东南天山、内天山、西天山、西南天山。哈萨克斯坦、吉尔吉斯斯坦、乌兹别克斯坦、俄罗斯;亚洲有分布。

药用。

*(2398) 玛吾茹骆驼刺 **Alhagi maurorum Medik.** =*Alhagi pseudalhagi*(M. Bieb.)Fisch. =*Alhagi persarun* Boiss. et Buhse

半灌木。生于低山丘陵、荒漠草原、山麓洪积扇、荒地、沙地、盐渍化丘间低地、沙丘。海拔 300~2 100 m。

产北天山、西天山、内天山。哈萨克斯坦、吉尔吉斯斯坦、乌兹别克斯坦、俄罗斯;亚洲、欧洲有分布。

*(2399) 尼泊尔骆驼刺 **Alhagi nepalensis(D. Don)Shap.**

半灌木。生于河流出山口三角洲、干河谷、山麓细石质倾斜平原。海拔 300~1 600 m。

产北天山、西天山。哈萨克斯坦、吉尔吉斯斯坦;亚洲有分布。

(2400) 骆驼刺 **Alhagi sparsifolia Shap.**

落叶半灌木。生于河流沿岸、沙地、荒漠、田边、低湿地。海拔-150~2 300 m。

产东天山、东北天山、准噶尔阿拉套山、北天山、东南天山、中央天山、内天山、西天山、西南天山。中国、哈萨克斯坦、吉尔吉斯斯坦、乌兹别克斯坦;亚洲有分布。

饲料、药用、蜜源、观赏、固沙。

306. 刺枝豆属 Eversmannia Bunge

*（2401）博氏刺枝豆 **Eversmannia botschantzevii** Sarkisova

灌木。生于山地草原、山坡草地、低山荒漠草原、平原荒漠。海拔 600～2 600 m。

产西南天山、内天山。吉尔吉斯斯坦、乌兹别克斯坦；亚洲有分布。

*（2402）赛尔套刺枝豆 **Eversmannia sarytavica** Sarkisova

灌木。生于山地荒漠、山坡草地、山麓洪积扇。海拔 500～2 500 m。

产西南天山、内天山。吉尔吉斯斯坦、乌兹别克斯坦；亚洲有分布。

*（2403）热瓦提刺枝豆 **Eversmannia sogdiana** Ovcz.

半灌木。生于石质山坡、灌丛、河谷。海拔 1 700～1 800 m。

产西南天山、内天山。吉尔吉斯斯坦、乌兹别克斯坦；亚洲有分布。

（2404）刺枝豆 **Eversmannia subspinosa**（DC.）**B. Fedtsch.** = *Hedysarum subspinosum* Fisch. ex DC.

小灌木。生于山坡、荒漠草原、低山丘陵、盐渍化荒漠、沙地。海拔 200～3 100 m。

产准噶尔阿拉套山、北天山。中国、哈萨克斯坦、阿富汗、俄罗斯；亚洲、欧洲有分布。

307. 无叶豆属 Eremosparton Fisch. et C. A. Mey.

（2405）准噶尔无叶豆 **Eremosparton songoricum**（Litv.）**Vassilcz.**

落叶灌木。生于流动沙丘、半固定沙丘。海拔 200～600 m。

产东天山、东北天山。中国、哈萨克斯坦；亚洲有分布。

308. 岩黄芪属 Hedysarum L.

*（2406）刺岩黄芪 **Hedysarum aculeatum** Golosk.

多年生草本。生于低山带细石质坡地、荒漠草原、山麓洪积扇。海拔 800～1 600 m。

产准噶尔阿拉套山、北天山。哈萨克斯坦、吉尔吉斯斯坦；亚洲有分布。

*（2407）尖叶岩黄芪 **Hedysarum acutifolium** Bajtenov

多年生草本。生于山地石质化坡地。海拔 1 400～2 600 m。

产西天山、西南天山。乌兹别克斯坦；亚洲有分布。

*（2408）安吉林岩黄芪 **Hedysarum angrenicum** Korotkova

多年生草本。生于山脊石质坡地、碎石质草地。海拔 600～2 300 m。

产西天山、西南天山。吉尔吉斯斯坦、乌兹别克斯坦；亚洲有分布。

（2409）南西伯利亚岩黄芪 **Hedysarum austrosibiricum** B. Fedtsch.

多年生草本。生于山地林缘、草甸草原、石质山坡。海拔 1 400～2 800 m。

产北天山、西天山。中国、哈萨克斯坦、吉尔吉斯斯坦、乌兹别克斯坦、俄罗斯；亚洲有分布。

*（2410）巴乐江岩黄芪 **Hedysarum baldshuanicum** B. Fedtsch.

多年生草本。生于细石质山坡、河谷沙砾地、山地荒漠草原。海拔 1 300～1 600 m。

产西南天山、内天山。吉尔吉斯斯坦、乌兹别克斯坦；亚洲有分布。

*（2411）别克套岩黄芪 **Hedysarum bectauatavicum** Bajtenov

多年生草本。生于风化花岗岩碎石质坡地。海拔 700～2 100 m。

产北天山。哈萨克斯坦;亚洲有分布。

*(2412) 布哈拉岩黄芪 **Hedysarum bucharicum B. Fedtsch.**
多年生草本。生于山地荒漠草原、细石质山坡、灌丛。海拔 1 200~2 900 m。
产西南天山、内天山。吉尔吉斯斯坦、乌兹别克斯坦;亚洲有分布。

*(2413) 刚毛岩黄芪 **Hedysarum chaitocarpum Regel et Schmalh.**
多年生草本。生于山地林下、林缘、灌丛、山溪边、山地草原、低山黄土坡地。海拔 700~
2 800 m。
产西天山、西南天山。吉尔吉斯斯坦、乌兹别克斯坦;亚洲有分布。

*(2414) 汉套山岩黄芪 **Hedysarum chantavicum Bajtenov**
多年生草本。生于山地石质坡地、山麓洪积扇。海拔 600~1 500 m。
产北天山。哈萨克斯坦;亚洲有分布。
哈萨克斯坦特有成分。

*(2415) 大达瓦扎岩黄芪 **Hedysarum cisdarvasicum Kamelin**
多年生草本。生于亚高山草甸、草甸沼泽湿地。海拔 1 200~3 100 m。
产西南天山、内天山。吉尔吉斯斯坦、乌兹别克斯坦;亚洲有分布。

*(2416) 库木西岩黄芪 **Hedysarum cumuschtanicum Sultanova**
多年生草本。生于山地草甸草原、阴坡草地。海拔 800~2 600 m。
产内天山、西南天山。吉尔吉斯斯坦、乌兹别克斯坦;亚洲有分布。

*(2417) 达尔吾特岩黄芪 **Hedysarum daraut-kurganicum Sultanova**
多年生草本。生于山坡草地、砾岩堆、荒漠草地。海拔 700~2 600 m。
产西南天山、内天山。吉尔吉斯斯坦、乌兹别克斯坦;亚洲有分布。

*(2418) 细齿岩黄芪 **Hedysarum denticulatum Regel et Schmalh.**
多年生草本。生于山地森林-灌丛、山坡草地、山脊裸地、山麓洪积扇。海拔 600~2 600 m。
产西天山、西南天山、内天山。吉尔吉斯斯坦、乌兹别克斯坦;亚洲有分布。

*(2419) 多枝岩黄芪 **Hedysarum dmitrievae Bajtenov**
多年生草本。生于亚高山草甸、石质山坡、河谷、山溪边。海拔 2 600~3 000 m。
产内天山、西天山、西南天山。吉尔吉斯斯坦、乌兹别克斯坦;亚洲有分布。

*(2420) 德罗包夫岩黄芪 **Hedysarum drobovii Korotkova**
多年生草本。生于河岸阶地、山坡草地。海拔 500~1 200 m。
产西天山、西南天山、内天山。吉尔吉斯斯坦、乌兹别克斯坦;亚洲有分布。

*(2421) 江布勒岩黄芪 **Hedysarum dshambulicum Pavlov**
多年生草本。生于中低山带石质山坡、山麓洪积-冲积扇。海拔 1 000~2 700 m。
产北天山、内天山、西天山、西南天山。哈萨克斯坦、吉尔吉斯斯坦、乌兹别克斯坦;亚洲有
分布。

*(2422) 阴发岩黄芪 **Hedysarum enaffae Sultanova**
多年生草本。生于山地草原、山坡冲积锥、低山荒漠草原。海拔 600~1 500 m。

产内天山。吉尔吉斯斯坦;亚洲有分布。

（2423）费尔干岩黄芪 **Hedysarum ferganense Korsh.**

多年生草本。生于山地草原、荒漠草原、灌丛、沙砾质山坡。海拔 1 000～2 700 m。

产东天山、准噶尔阿拉套山、北天山、东南天山、内天山、西天山、西南天山。中国、哈萨克斯坦、吉尔吉斯斯坦、乌兹别克斯坦;亚洲有分布。

饲料。

（2424）泊氏岩黄芪 **Hedysarum ferganense var. poncinsii**（Franch.）**L. Z. Shue** = *Hedysarum poncinsii* Franch.

多年生草本。生于山地荒漠、沙砾质河滩、山地草原。海拔 1 700～3 020 m。

产东天山、准噶尔阿拉套山、内天山。中国、吉尔吉斯斯坦;亚洲有分布。

饲料。

（2425）乌恰岩黄芪 **Hedysarum flavescens Regel et Schmalh.**

多年生草本。生于高山和亚高山灌丛、河谷、沙砾质河滩。海拔 2 500～3 100 m。

产准噶尔阿拉套山、北天山、内天山、西天山、西南天山。中国、哈萨克斯坦、吉尔吉斯斯坦、乌兹别克斯坦;亚洲有分布。

饲料。

（2426）华北岩黄芪 **Hedysarum gmelinii Ledeb.** = *Hedysarum altaicum* DC. = *Hedysarum polymorphum* Ledeb.

多年生草本。生于山地草原、沙砾质山坡、山地河谷干河滩。海拔 1 400～2 200 m。

产东天山、东北天山、准噶尔阿拉套山、北天山。中国、哈萨克斯坦、蒙古、俄罗斯;亚洲、欧洲有分布。

饲料、植化原料（杠果苷）、药用。

＊（2427）石膏岩黄芪 **Hedysarum gypsaceum Korotkova**

多年生草本。生于山地河谷、低山坡地。海拔 600～2 500 m。

产西天山、西南天山、内天山。吉尔吉斯斯坦、乌兹别克斯坦;亚洲有分布。

＊（2428）灌木岩黄芪 **Hedysarum hemithamnoides Korotkova**

半灌木。生于细石质山坡、山地河谷、山地草原。海拔 800～2 600 m。

产西天山、西南天山、内天山。吉尔吉斯斯坦、乌兹别克斯坦;亚洲有分布。

＊（2429）锡尔河岩黄芪 **Hedysarum jaxarticum Popov**

多年生草本。生于山地草原、山地碎石堆、沙地。海拔 600～1 700 m。

产西天山。乌兹别克斯坦;亚洲有分布。

（2430）伊犁岩黄芪 **Hedysarum iliense B. Fedtsch.** = *Hedysarum fedtschenkoanum* Regel

多年生草本。生于山地草原、荒漠草原、山麓洪积扇、沙砾质倾斜平原、沙地。海拔 700～1 700 m。

产准噶尔阿拉套山、北天山、内天山、西天山、西南天山。中国、哈萨克斯坦、吉尔吉斯斯坦、乌兹别克斯坦;亚洲有分布。

饲料。

*(2431) 卡木齐岩黄芪 **Hedysarum kamcziraki Karimova**

多年生草本。生于黄土丘陵、山地荒漠草原、山麓洪积扇。海拔 800~2 600 m。

产西南天山、内天山。吉尔吉斯斯坦、乌兹别克斯坦;亚洲有分布。

*(2432) 卡拉套岩黄芪 **Hedysarum karataviense B. Fedtsch.**

多年生草本。生于山地草原、山崖、河谷灌丛。海拔 1 600~2 800 m。

产北天山、内天山、西天山、西南天山。吉尔吉斯斯坦、乌兹别克斯坦;亚洲有分布。

(2433) 长叶岩黄芪 **Hedysarum kasteki Bajtenov**

多年生草本。生于山麓细石质坡地、洪积扇、河流出山口三角洲。海拔 600~1 700 m。

产北天山、西天山。哈萨克斯坦、吉尔吉斯斯坦;亚洲有分布。

(2434) 吉尔吉斯岩黄芪 **Hedysarum kirghisorum B. Fedtsch.**

多年生草本。生于高山和亚高山草甸、倒石堆、山地林缘、林间草甸、灌丛。海拔 2 400~
3 800 m。

产东天山、东北天山、北天山、东南天山。中国、哈萨克斯坦、吉尔吉斯斯坦;亚洲有分布。

饲料。

*(2435) 克勤岩黄芪 **Hedysarum korshinskyanum B. Fedtsch.**

多年生草本。生于黏土质干旱山坡、荒漠草原、灌丛。海拔 1 000~1 400 m。

产西南天山、内天山。吉尔吉斯斯坦、乌兹别克斯坦;亚洲有分布。

(2436) 昆仑岩黄芪 **Hedysarum krasnovii B. Fedtsch.**

多年生草本。生于山地灌木草原、干旱山坡、干河谷。海拔 2 730 m 上下。

产内天山。中国、吉尔吉斯斯坦;亚洲有分布。

饲料。

(2437) 克氏岩黄芪 **Hedysarum krylovii Sumnev**

多年生草本。生于山地林缘、森林草甸、山地草原、灌丛、沙砾质山坡。海拔 1 200~2 800 m。

产准噶尔阿拉套山、北天山。中国、哈萨克斯坦、吉尔吉斯斯坦;亚洲有分布。

饲料。

*(2438) 李曼岩黄芪 **Hedysarum lehmannianum Bunge**

多年生草本。生于亚高山草甸、山地林缘、灌丛、细石质山坡、红色黏土质坡地。海拔 2 300~
3 000 m。

产西南天山、内天山。吉尔吉斯斯坦、乌兹别克斯坦;亚洲有分布。

*(2439) 李琦岩黄芪 **Hedysarum linczevskyi Bajtenov**

多年生草本。生于山麓沙砾质山坡、荒漠草原、河流出山口三角洲。海拔 700~2 400 m。

产准噶尔阿拉套山。哈萨克斯坦;亚洲有分布。

*(2440) 大果岩黄芪 **Hedysarum macrocarpum Korotkova**

多年生草本。生于亚高山灌丛、石质坡地、细石质草地。海拔 600~2 900 m。

产西天山、西南天山、内天山。吉尔吉斯斯坦、乌兹别克斯坦;亚洲有分布。

*(2441) 圣岩黄芪 **Hedysarum magnificum Kudr**

多年生草本。生于山地荒漠草原、石膏质-沙砾质荒漠、灌丛。海拔 600~2 900 m。

产西南天山、内天山。吉尔吉斯斯坦、乌兹别克斯坦;亚洲有分布。

*(2442) 毛果岩黄芪 **Hedysarum mindshilkense Bajtenov**

多年生草本。生于石质山坡、荒漠草原。海拔 500~1 600 m。

产西天山。乌兹别克斯坦;亚洲有分布。

乌兹别克斯坦特有成分。

*(2443) 敏雅嫩瑟岩黄芪 **Hedysarum minjanense Rech. f** = *Hedysarum cephalotes* Franschet.

多年生草本。生于亚高山草甸、石质山坡、山地草原。海拔 1 500~2 800 m。

产北天山、内天山、西天山、西南天山。哈萨克斯坦、吉尔吉斯斯坦、乌兹别克斯坦;亚洲有分布。

*(2444) 马坚岩黄芪 **Hedysarum mogianicum** (**B. Fedtsch.**) **B. Fedtsch.**

多年生草本。生于碎石质-细石质山坡、山地河谷、灌丛、河床。海拔 900~2 900 m。

产西南天山、内天山。吉尔吉斯斯坦、乌兹别克斯坦;亚洲有分布。

(2445) 山地岩黄芪 **Hedysarum montanum** (**B. Fedtsch.**) **B. Fedtsch**

多年生草本。生于山地草原、灌丛、沙砾质山坡。海拔 1 400 m 上下。

产准噶尔阿拉套山、北天山、西天山、西南天山。中国、哈萨克斯坦、吉尔吉斯斯坦、乌兹别克斯坦;亚洲有分布。

饲料。

(2446) 红花岩黄芪 **Hedysarum multijugum Maxim.**

半灌木。生于山地河谷、河漫滩、沙砾质山坡、山麓洪积扇。海拔 1 000~3 300 m。

产内天山。中国;亚洲有分布。

药用、优等饲料、蜜源。

*(2447) 纳伦岩黄芪 **Hedysarum narynense Nikitina**

多年生草本。生于细石质山坡、山地草原、河谷。海拔 700~2 100 m。

产内天山。吉尔吉斯斯坦;亚洲有分布。

(2448) 疏忽岩黄芪 **Hedysarum neglectum Ledeb.**

多年生草本。生于亚高山草甸、山地林缘、林间草甸、灌丛。海拔 1 400~3 100 m。

产东天山、北天山、东南天山、中央天山、西天山、西南天山。中国、哈萨克斯坦、吉尔吉斯斯坦、乌兹别克斯坦、俄罗斯;亚洲有分布。

饲料、药用、蜜源。

*(2449) 尼古拉岩黄芪 **Hedysarum nikolai Kovalevsk.**

多年生草本。生于砾石质山坡、山麓碎石堆、山麓洪积扇。海拔 600~2 100 m。

产西天山、内天山。吉尔吉斯斯坦、乌兹别克斯坦;亚洲有分布。

*(2450) 努拉山岩黄芪 **Hedysarum nuratense Popov**

多年生草本。生于细石质山坡、石膏荒漠、河岸沙砾地、灌丛。海拔 700~2 700 m。

产西南天山、内天山。吉尔吉斯斯坦、乌兹别克斯坦;亚洲有分布。

*(2451) 奥莉加岩黄芪 **Hedysarum olgae B. Fedtsch.**

多年生草本。生于石质山坡、灌丛、细石质坡地。海拔 1 200~2 800 m。

产西南天山、内天山。吉尔吉斯斯坦、乌兹别克斯坦;亚洲有分布。

*(2452) 欧喜尼克岩黄芪 **Hedysarum ovczinnikovii Karimova**
半灌木。生于石质山坡、河谷、干旱山坡草地。海拔 800~2 500 m。
产西南天山、内天山。吉尔吉斯斯坦、乌兹别克斯坦;亚洲有分布。

*(2453) 白花岩黄芪 **Hedysarum pallidiflorum Pavlov**
多年生草本。生于山地草原、石质山坡。海拔 1 500~2 700 m。
产北天山、内天山、西天山、西南天山。吉尔吉斯斯坦、乌兹别克斯坦;亚洲有分布。

*(2454) 小岩黄芪 **Hedysarum parvum Sultanova**
多年生草本。生于高山圆柏灌丛、碎石堆、坡积物。海拔 700~3 000 m。
产西天山、内天山。吉尔吉斯斯坦、乌兹别克斯坦;亚洲有分布。

*(2455) 帕维罗夫岩黄芪 **Hedysarum pavlovii Bajtenov**
多年生草本。生于沙质碎石质低山山坡、山麓洪积扇。海拔 500~1 300 m。
产西天山、内天山。吉尔吉斯斯坦、乌兹别克斯坦;亚洲有分布。

*(2456) 波波夫岩黄芪 **Hedysarum popovii Korotkova**
多年生草本。生于细石质低山山坡、荒漠草原。海拔 600~2 400 m。
产西天山、内天山。吉尔吉斯斯坦、乌兹别克斯坦;亚洲有分布。

*(2457) 匹斯堪岩黄芪 **Hedysarum pskemense B. Fedtsch.**
多年生草本。生于中山带河谷、石质坡地。海拔 1 400~2 800 m。
产西南天山。乌兹别克斯坦;亚洲有分布。
乌兹别克斯坦特有成分。

*(2458) 美丽岩黄芪 **Hedysarum pulchrum Nikitina**
多年生草本。生于细石质山坡、山地草原。海拔 900~2 400 m。
产西南天山。乌兹别克斯坦;亚洲有分布。

*(2459) 桑塔拉西岩黄芪 **Hedysarum santalaschi B. Fedtsch.**
多年生草本。生于碎石质倒石堆、干旱山坡。海拔 900~2 500 m。
产西天山、内天山。吉尔吉斯斯坦、乌兹别克斯坦;亚洲有分布。

(2460) 细枝岩黄芪 **Hedysarum scoparium Fisch. et Mey.**
半灌木。生于山麓洪积扇、沙丘、沙地、前山带冲沟、荒漠草原。海拔 450~1 300 m。
产东天山、东北天山、北天山。中国、哈萨克斯坦、蒙古;亚洲有分布。
固沙、优良饲料、木材、纤维、燃料、油料、食用、蜜源、药用。

(2461) 天山岩黄芪 **Hedysarum semenovii Regel et Herder**
多年生草本。生于山地林缘、林间草甸、灌丛、山地河谷、河漫滩、沙砾质山坡。海拔 1 200~
3 400 m。
产东天山、东北天山、准噶尔阿拉套山、北天山、东南天山、中央天山。中国、哈萨克斯坦、吉尔
吉斯斯坦;亚洲有分布。
饲料。

（2462）多毛岩黄芪 **Hedysarum setosum Vved.**

多年生草本。生于高山和亚高山草甸、高山沙砾质山坡、山地草甸。海拔 2 400~3 500 m。

产东南天山、内天山。中国、吉尔吉斯斯坦；亚洲有分布。

饲料。

*（2463）褐萼岩黄芪 **Hedysarum severtzovii Bunge**

多年生草本。生于低山荒漠草原、山麓洪积扇。海拔 1 200~2 000 m。

产北天山、内天山、西天山、西南天山。吉尔吉斯斯坦、乌兹别克斯坦；亚洲有分布。

（2464）准噶尔岩黄芪 **Hedysarum songaricum Bong.**

半灌木或灌木。生于山地草原、荒漠草原、山地冲沟、沙砾质干河滩、山麓洪积扇、沙丘、沙地。海拔 450~2 200 m。

产东天山、东北天山、准噶尔阿拉套山、北天山。中国、哈萨克斯坦、蒙古；亚洲有分布。

固沙、优良饲料、木材、纤维、燃料、油料、食用、蜜源、药用。

（2465）乌鲁木齐岩黄芪 **Hedysarum songoricum var. urumchiense L. Z. Shue**

多年生草本。生于山地草原、灌丛、沙砾质干河滩。海拔 1 000~1 700 m。

产东天山。中国；亚洲有分布。

中国特有成分。饲料。

（2466）无毛岩黄芪 **Hedysarum subglabrum（Kar. et Kir.）B. Fedtsch.**

多年生草本。生于山坡草地、灌丛、细石质坡地、山地草原。海拔 1 200~2 700 m。

产准噶尔阿拉套山。哈萨克斯坦；亚洲有分布。

*（2467）塔拉斯岩黄芪 **Hedysarum talassicum Nikitina et Sultanova**

多年生草本。生于细石质山坡、山地草甸、草原、河谷。海拔 800~2 600 m。

产西天山、西南天山、内天山。吉尔吉斯斯坦、乌兹别克斯坦；亚洲有分布。

*（2468）塔什干岩黄芪 **Hedysarum taschkendicum Popov**

多年生草本。生于山坡草地、疏林灌丛、阳坡草地、低山丘陵、山麓洪积扇。海拔 700~2 700 m。

产西天山、西南天山。乌兹别克斯坦；亚洲有分布。

*（2469）新疆岩黄芪 **Hedysarum turkestanicum Regel et Schmalh.**

多年生草本。生于山地草原、草甸草原、山麓细石质坡地。海拔 500~1 600 m。

产西南天山、内天山。吉尔吉斯斯坦、乌兹别克斯坦；亚洲有分布。

309. 驴食豆属 Onobrychis Mill.

*（2470）阿拉套驴食豆 **Onobrychis alatavica Bajtenov**

多年生草本。生于山地石质坡地、山麓洪积-冲积扇。海拔 500~1 700 m。

产北天山。哈萨克斯坦、吉尔吉斯斯坦；亚洲有分布。

*（2471）香驴食豆 **Onobrychis amoena Popov et Vved.**

多年生草本。生于山地荒漠草原、黄土丘陵、山麓洪积扇。海拔 400~1 500 m。

产北天山、内天山、西天山、西南天山。哈萨克斯坦、吉尔吉斯斯坦、乌兹别克斯坦；亚洲有分布。

（2472）沙生驴食豆 Onobrychis arenaria（Kit.）DC. = *Onobrychis tanaitica* Spreng.

多年生草本。生于亚高山草甸、山地林下、林缘、林间草甸、山地草原、灌丛、山坡草地、河漫滩。海拔 600~2 900 m。

产东天山、东北天山、准噶尔阿拉套山、北天山、东南天山、中央天山、内天山、西天山、西南天山。中国、哈萨克斯坦、吉尔吉斯斯坦、乌兹别克斯坦、俄罗斯；亚洲、欧洲有分布。

优良饲料。

*（2473）巴勒江驴食豆 Onobrychis baldshuanica Sirj.

多年生草本。生于亚高山草甸、细石质山坡、山地荒漠草原、山麓洪积-冲积扇。海拔 600~2 900 m。

产西南天山、内天山。吉尔吉斯斯坦、乌兹别克斯坦；亚洲有分布。

*（2474）疏枝驴食豆 Onobrychis chorassanica Boiss.

多年生草本。生于山地草原、碎石堆、草甸草原、河床、河岸阶地、山麓洪积扇。海拔 400~2 600 m。

产北天山、内天山、西天山、西南天山。哈萨克斯坦、吉尔吉斯斯坦、乌兹别克斯坦；亚洲有分布。

*（2475）角果状驴食豆 Onobrychis cornuta（L.）Desv.

灌木。生于干旱石质山坡、山崖岩石缝、灌丛、红色土沙质草地。海拔 300~2 800 m。

产西南天山、内天山。吉尔吉斯斯坦、乌兹别克斯坦、俄罗斯；亚洲有分布。

*（2476）灌木驴食豆 Onobrychis echidna Lipsky.

小灌木。生于高山和亚高山石质山坡、岩石缝。海拔 3 000~3 500 m。

产内天山、西天山、西南天山。吉尔吉斯斯坦、乌兹别克斯坦；亚洲有分布。

*（2477）努拉山驴食豆 Onobrychis gontscharovii Vassilcz.

多年生草本。生于山地槭树林林缘、石膏质荒漠、草地。海拔 1 700~2 200 m。

产西南天山、内天山。吉尔吉斯斯坦、乌兹别克斯坦；亚洲有分布。

*（2478）大驴食豆 Onobrychis grandis Lipsky

多年生草本。生于亚高山草甸、山地草甸草原。海拔 1 600~2 900 m。

产北天山、内天山、西天山、西南天山。哈萨克斯坦、吉尔吉斯斯坦、乌兹别克斯坦；亚洲有分布。

*（2479）软瓣驴食豆 Onobrychis laxiflora Baker

多年生草本。生于黄土丘陵、石质坡地、河谷、山地荒漠。海拔 700~2 800 m。

产西南天山、内天山、西天山。吉尔吉斯斯坦、乌兹别克斯坦；亚洲有分布。

*（2480）宽翅驴食豆 Onobrychis megaloptera Kovalevsk.

多年生草本。生于碎石质山坡、碎石堆、风化花岗岩山坡、干河床。海拔 800~2 500 m。

产西南天山、内天山。吉尔吉斯斯坦、乌兹别克斯坦；亚洲有分布。

（2481）小花驴食豆 Onobrychis micrantha Schrenk

一年生草本。生于山地阴坡沙砾质坡地。海拔 2 800~3 400 m。

产准噶尔阿拉套山、北天山、内天山、西天山、西南天山。哈萨克斯坦、吉尔吉斯斯坦、乌兹别克斯坦、阿富汗、巴基斯坦、伊朗；亚洲有分布。

饲料。

（2482）美丽驴食豆 Onobrychis pulchella Schrenk

一年生草本。生于山地草原。海拔 1 000~1 300 m。

产准噶尔阿拉套山、北天山、内天山、西天山、西南天山。中国、哈萨克斯坦、吉尔吉斯斯坦、乌兹别克斯坦;亚洲有分布。

饲料。

*（2483）孜拉普善驴食豆 Onobrychis saravschanica B. Fedtsch.

多年生草本。生于砾石质山坡、碎石堆、针茅草原、河谷。海拔 800~2 800 m。

产西南天山、内天山。吉尔吉斯斯坦、乌兹别克斯坦;亚洲有分布。

310. 雀儿豆属 Chesneya Lindl. ex Endl. (Chesniella Boriss.)

*（2484）波利斯雀儿豆 Chesneya borissovae Pavlov

多年生草本。生于高山冰碛碎石堆、山崖岩石缝、河谷。海拔 1 300~3 500 m。

产西南天山。乌兹别克斯坦;亚洲有分布。

*（2485）准噶尔雀儿豆 Chesneya dshungarica Glosk.

多年生草本。生于山地阳坡碎石质草地、河谷。海拔 500~1 600 m。

产北天山。哈萨克斯坦;亚洲有分布。

*（2486）费尔干纳雀儿豆 Chesneya ferganensis Korsh.

多年生草本。生于石质山坡、风化花岗岩坡地、灌丛、河岸阶地。海拔 600~2 600 m。

产西天山、西南天山、内天山。吉尔吉斯斯坦、乌兹别克斯坦;亚洲有分布。

*（2487）优雅雀儿豆 Chesniella gracilis Boriss. = Chesneya gracilis（Boriss.）R. Kam.

多年生草本。生于碎石质坡地、河谷、山地荒漠草原。海拔 600~2 500 m。

产西南天山、西天山、内天山。哈萨克斯坦、吉尔吉斯斯坦、乌兹别克斯坦;亚洲有分布。

*（2488）黑塞尔雀儿豆 Chesneya hissarica Boriss.

多年生草本。生于山地草甸、山地森林-灌丛、石质山坡、山地荒漠草原。海拔 800~2 500 m。

产西天山、西南天山、内天山。吉尔吉斯斯坦、乌兹别克斯坦;亚洲有分布。

*（2489）卡拉套雀儿豆 Chesneya karatavica Kamelin

多年生草本。生于亚高山石质化草甸、石质山坡。海拔 800~2 800 m。

产西天山、西南天山、内天山。吉尔吉斯斯坦、乌兹别克斯坦;亚洲有分布。

*（2490）三果雀儿豆 Chesneya kschutica Rassulova et Scharipova

多年生草本。生于石质化山坡、山麓洪积-冲积扇。海拔 800~2 800 m。

产西天山、西南天山、内天山。吉尔吉斯斯坦、乌兹别克斯坦;亚洲有分布。

*（2491）林奇雀儿豆 Chesneya linczevskyi Boriss.

多年生草本。生于山地石膏土荒漠、红色黏土荒漠。海拔 900~3 100 m。

产西天山、西南天山、内天山。吉尔吉斯斯坦、乌兹别克斯坦;亚洲有分布。

*（2492）涅夫力雀儿豆 Chesneya neplii Boriss.

多年生草本。生于低山丘陵、山地荒漠草地。海拔 600~2 300 m。

产西南天山、内天山。吉尔吉斯斯坦、乌兹别克斯坦;亚洲有分布。

*（2493）五裂雀儿豆 **Chesneya quinata Al. Fed.**

　　多年生草本。生于山坡草地、砾岩堆、河谷、河漫滩、河岸阶地。海拔 600~2 500 m。

　　产西南天山。乌兹别克斯坦；亚洲有分布。

*（2494）撕裂雀儿豆 **Chesneya ternata（Korsh.）Popov**

　　多年生草本。生于山坡草地、倒石堆、砾岩堆、河岸、灌丛、低山丘陵。海拔 600~2 600 m。

　　产内天山。吉尔吉斯斯坦；亚洲有分布。

*（2495）蒺藜叶雀儿豆 **Chesneya tribuloides Nevski**

　　多年生草本。生于山坡草地、低山丘陵。海拔 700~1 900 m。

　　产西天山。乌兹别克斯坦；亚洲有分布。

*（2496）三基雀儿豆 **Chesneya trijuga Boriss.**

　　多年生草本。生于砾岩堆、山地河谷、山麓碎石堆。海拔 900~2 600 m。

　　产西天山、西南天山、内天山。吉尔吉斯斯坦、乌兹别克斯坦；亚洲有分布。

*（2497）土耳其雀儿豆 **Chesneya turkestanica Franch.**

　　多年生草本。生于细石质山坡、灌丛、山地河谷、荒漠草原。海拔 700~2 500 m。

　　产西天山、西南天山、内天山。吉尔吉斯斯坦、乌兹别克斯坦；亚洲有分布。

*（2498）毛果雀儿豆 **Chesneya villosa（Boriss.）Kamelin et R. M. Vinogr.**

　　多年生草本。生于山麓洪积扇、平原荒漠。海拔 500~1 200 m。

　　产内天山。吉尔吉斯斯坦；亚洲有分布。

311. 鹰嘴豆属 Cicer L.

*（2499）刺叶鹰嘴豆 **Cicer acanthophyllum Boriss.**

　　多年生草本。生于山坡草地、山谷河岸、碎石堆、山溪边。海拔 2 000~4 200 m。

　　产西天山、西南天山、内天山。吉尔吉斯斯坦、乌兹别克斯坦；亚洲有分布。

*（2500）巴乐江鹰嘴豆 **Cicer baldshuanicum（Popov）Lincz.**

　　多年生草本。生于山坡草地、山地荒漠。海拔 2 000~2 700 m。

　　产西天山、西南天山、内天山。吉尔吉斯斯坦、乌兹别克斯坦；亚洲有分布。

*（2501）霍热山鹰嘴豆 **Cicer chorassanicum（Bunge）Popov**

　　一年生草本。生于砾岩堆、山坡草地、山地林缘。海拔 1 700~2 400 m。

　　产西天山、西南天山、内天山。吉尔吉斯斯坦、乌兹别克斯坦；亚洲有分布。

*（2502）费氏鹰嘴豆 **Cicer fedtschenkoi Lincz.**

　　多年生草本。生于山坡草地、河谷、砾岩堆、山地湖边。海拔 2 500~4 200 m。

　　产西天山、西南天山、内天山。吉尔吉斯斯坦、乌兹别克斯坦；亚洲有分布。

*（2503）弯枝鹰嘴豆 **Cicer flexuosum Lipsky**

　　多年生草本。生于山坡草地、石质山坡、山崖、灌丛。海拔 600~1 800 m。

　　产北天山、内天山、西天山、西南天山。哈萨克斯坦、吉尔吉斯斯坦、乌兹别克斯坦；亚洲有分布。

*（2504）大鹰嘴豆 **Cicer grande（Popov）Korotkova**

　　多年生草本。生于细石质山坡、河谷。海拔 900~2 700 m。

产西天山、西南天山、内天山。吉尔吉斯斯坦、乌兹别克斯坦；亚洲有分布。

* （2505）细枝鹰嘴豆 **Cicer incanum Korotkova**

多年生草本。生于石灰岩丘陵、岩石峭壁。海拔 600~2 800 m。

产西天山、西南天山、内天山。吉尔吉斯斯坦、乌兹别克斯坦；亚洲有分布。

* （2506）克尔勤斯基鹰嘴豆 **Cicer korshinskyi Lincz.**

多年生草本。生于石质-细石质山坡、河岸阶地。海拔 800~2 800 m。

产西天山、西南天山、内天山。吉尔吉斯斯坦、乌兹别克斯坦；亚洲有分布。

* （2507）长嘴鹰嘴豆 **Cicer macracanthum Popov**

多年生草本。生于高山和亚高山草甸、山崖、细石质-碎石质山坡、河谷。海拔 1 200~3 800 m。

产西天山、西南天山、内天山。吉尔吉斯斯坦、乌兹别克斯坦；亚洲有分布。

（2508）小叶鹰嘴豆 **Cicer microphyllum Benth.**

一年生草本。生于山地草甸、山地草原、河谷、山坡草地、倒石堆。海拔 1 600~4 350 m。

产东北天山、准噶尔阿拉套山、北天山、内天山。中国、蒙古、巴基斯坦、阿富汗、伊朗、土耳其、印度、俄罗斯；亚洲有分布。

饲料、食用、药用。

* （2509）木郭勒山鹰嘴豆 **Cicer mogoltavicum（Popov）A. S. Korol.**

多年生草本。生于砾石质山坡、山地荒漠草原、山麓荒漠。海拔 700~2 500 m。

产西天山、西南天山、内天山。吉尔吉斯斯坦、乌兹别克斯坦；亚洲有分布。

* （2510）双果鹰嘴豆 **Cicer paucijugum（Popov）Nevski**

多年生草本。生于石质-细石质山坡、灌丛、山地草原。海拔 2 000~4 000 m。

产西天山、西南天山、内天山。吉尔吉斯斯坦、乌兹别克斯坦；亚洲有分布。

* （2511）刺鹰嘴豆 **Cicer pungens Boiss.**

多年生草本。生于碎石质-细石质干旱山坡、羊茅草原、灌丛。海拔 1 700~2 800 m。

产西天山、西南天山、内天山。吉尔吉斯斯坦、乌兹别克斯坦；亚洲有分布。

* （2512）准噶尔鹰嘴豆 **Cicer songaricum DC.**

多年生草本。生于亚高山草甸、山坡草地、山地草原。海拔 1 500~2 800 m。

产准噶尔阿拉套山、北天山、内天山、西天山、西南天山。哈萨克斯坦、吉尔吉斯斯坦、乌兹别克斯坦；亚洲有分布。

312. 野豌豆属 Vicia L.

* （2513）香野豌豆 **Vicia amoena Fisch.**

多年生草本。生于山地林缘、山地草甸、山地草原。海拔 1 400~2 800 m。

产准噶尔阿拉套山。哈萨克斯坦、俄罗斯；亚洲有分布。

（2514）大花野豌豆 **Vicia bungei Ohwi**

一年生或二年生草本。生于路边、草丛、田边。海拔 600~2330 m。

产东北天山。中国；亚洲有分布。

饲料。

（2515）新疆野豌豆 **Vicia costata Ledeb.**

多年生攀援草本。生于山地草甸、山地草原、沙砾质山坡、沙质河滩、干旱荒漠。海拔 550～3 700 m。

产东天山、东北天山、准噶尔阿拉套山、北天山、东南天山。中国、哈萨克斯坦、俄罗斯；亚洲有分布。

优等饲料、药用。

（2516）广布野豌豆 **Vicia cracca L.** = *Vicia cracca* var. *canescens* Franch. et Sav.

多年生草本。生于山地林下、林缘、林间草地、山地草甸、山坡灌丛、河岸草地、田边、路边。海拔 420～2 700 m。

产东天山、东北天山、准噶尔阿拉套山、北天山。中国、哈萨克斯坦、吉尔吉斯斯坦、俄罗斯；亚洲、欧洲、美洲有分布。

饲料、改土、药用、食用、蜜源。

＊（2517）念珠野豌豆 **Vicia ervilia（L.）Willd.**

一年生草本。生于山地荒漠草原、山麓洪积-冲积扇。海拔 500～1 600 m。

产西天山、西南天山。乌兹别克斯坦、俄罗斯；亚洲、欧洲有分布。

＊（2518）杂交野豌豆 **Vicia hybrida L.**

一年生草本。生于山麓洪积扇、冲积平原、田边、渠边。海拔 400～1 000 m。

产北天山、内天山、西天山、西南天山。哈萨克斯坦、吉尔吉斯斯坦、乌兹别克斯坦、俄罗斯；亚洲、欧洲有分布。

＊（2519）细茎野豌豆 **Vicia hyrcanica Fisch. et C. A. Mey.**

一年生草本。生于山地林缘、河岸阶地、山麓坡地、沙漠边缘。海拔 300～1 800 m。

产北天山、内天山、西天山、西南天山。哈萨克斯坦、吉尔吉斯斯坦、乌兹别克斯坦、俄罗斯；亚洲有分布。

＊（2520）库卡野豌豆 **Vicia kokanica Regel et Schmalh.**

多年生草本。生于山地碎石堆、山溪边、山崖。海拔 1 600～2 800 m。

产北天山、内天山、西天山、西南天山。哈萨克斯坦、吉尔吉斯斯坦、乌兹别克斯坦；亚洲有分布。

＊（2521）大龙骨野豌豆 **Vicia megalotropis Ledeb.**

多年生草本。生于山地林缘、林间草地、山溪边、山地草甸。海拔 1 500～2 900 m。

产准噶尔阿拉套山。哈萨克斯坦、俄罗斯；亚洲有分布。

＊（2522）米氏野豌豆 **Vicia michauxii Spreng.**

一年生草本。生于荒漠草原、山麓平原。海拔 400～900 m。

产北天山、内天山、西天山、西南天山。吉尔吉斯斯坦、乌兹别克斯坦；亚洲有分布。

＊（2523）单花野豌豆 **Vicia monantha Retz.** = *Vicia cinerea* Bieb.

一年生草本。生于山坡堆积物、干旱山坡、石膏质细土荒漠、河漫滩、沙地。海拔 400～1 400 m。

产西天山、西南天山。乌兹别克斯坦、俄罗斯；亚洲有分布。

*（2524）粗茎野豌豆 **Vicia peregrina L.** = *Vicia gracilior*（Popov）Popov

一年生草本。生于山地草原、砾石质山坡、低山丘陵、荒地、沙地。海拔 500~1 600 m。

产北天山、内天山、西天山、西南天山。哈萨克斯坦、吉尔吉斯斯坦、乌兹别克斯坦；亚洲、欧洲有分布。

*（2525）饱满野豌豆 **Vicia sativa L.**

一年生草本。生于山麓平原、田边、渠边。海拔 300~1 700 m。

产北天山、内天山、西天山、西南天山。哈萨克斯坦、吉尔吉斯斯坦、乌兹别克斯坦、俄罗斯；亚洲、欧洲有分布。

（2526）窄叶野豌豆 **Vicia sativa subsp. nigra**（L.）**Ehrh.** = *Vicia angustifolia* L.

一年生或二年生草本。生于山谷、河滩地、田边、路边。海拔 400~2 600 m。

产准噶尔阿拉套山、北天山、内天山、西天山、西南天山。中国、哈萨克斯坦、吉尔吉斯斯坦、乌兹别克斯坦、俄罗斯；亚洲、欧洲、非洲北部有分布。

饲料、改土、观赏、蜜源。

（2527）西敏诺夫野豌豆 **Vicia semenovii**（Regel et Herder）**B. Fedtsch.**

多年生草本。生于高山和亚高山草甸、山地草甸、裸岩堆。海拔 2 900~3 500 m。

产准噶尔阿拉套山、北天山、西天山。哈萨克斯坦、吉尔吉斯斯坦、乌兹别克斯坦；亚洲有分布。

（2528）野豌豆 **Vicia sepium L.**

多年生草本。生于山地林缘、林间草甸、灌丛、山地草甸、河漫滩草甸。海拔 600~2 400 m。

产东天山、东北天山、准噶尔阿拉套山、北天山、内天山。中国、哈萨克斯坦、吉尔吉斯斯坦、朝鲜、俄罗斯；亚洲、欧洲、美洲有分布。

优等饲料、食用、药用、观赏 。

（2529）疏毛野豌豆 **Vicia subvillosa**（Ledeb.）**Boiss.**

多年生草本。生于高山和亚高山草甸、山地草原、蒿属荒漠。海拔 800~4 200 m。

产准噶尔阿拉套山、北天山、内天山、西天山、西南天山。中国、哈萨克斯坦、吉尔吉斯斯坦、乌兹别克斯坦、蒙古、阿富汗、伊朗、俄罗斯；亚洲有分布。

优等饲料。

（2530）林地野豌豆 **Vicia sylvatica L.**

多年生草本。生于山地林缘、林间草地。海拔 1 700~2 900 m。

产准噶尔阿拉套山。哈萨克斯坦、俄罗斯；亚洲、欧洲有分布。

（2531）细叶野豌豆 **Vicia tenuifolia Roth.**

多年生草本。生于山地林间草甸、山地干草原、山坡草地、山坡灌丛。海拔 1 000~2 100 m。

产准噶尔阿拉套山、北天山、东南天山、内天山、西天山、西南天山。中国、哈萨克斯坦、吉尔吉斯斯坦、乌兹别克斯坦、日本、俄罗斯；亚洲、欧洲有分布。

饲料。

（2532）四籽野豌豆 **Vicia tetrasperma**（L.）**Schreb.** = *Vicia tetrasperma*（L.）Moench.

一年生缠绕草本。生于山地林下、山谷河边、山地阳坡草地、田边、渠边。海拔 350~2 000 m。

产东天山、准噶尔阿拉套山、北天山、西天山、西南天山。中国、哈萨克斯坦、吉尔吉斯斯坦、乌兹别克斯坦、俄罗斯;亚洲、欧洲、非洲、美洲有分布。

优良饲料、药用、绿肥。

*（2533）锦毛野豌豆 **Vicia villosa Roth**

一年生草本。生于干旱坡地、河岸阶地、堆积物、荒漠草原。海拔 300~1 400 m。

产西南天山、西天山、内天山。哈萨克斯坦、吉尔吉斯斯坦、乌兹别克斯坦、土库曼斯坦、俄罗斯;亚洲、欧洲有分布。

313. 兵豆属 Lens Mill.

*（2534）东方兵豆 **Lens culinaris subsp. orientalis（Boiss.）Ponert** = *Lens orientalis*（Boiss.）Popov

一年生草本。生于山麓草地、灌丛。海拔 400~800 m。

产北天山、内天山、西天山、西南天山。哈萨克斯坦、吉尔吉斯斯坦、乌兹别克斯坦、俄罗斯;亚洲、欧洲有分布。

314. 山黧豆属 Lathyrus L.

*（2535）鹰嘴山黧豆 **Lathyrus cicera L.**

一年生草本。生于山地草原、山脊、山地河谷、灌丛。海拔 800~1 800 m。

产北天山、内天山、西天山、西南天山。吉尔吉斯斯坦、乌兹别克斯坦、俄罗斯;亚洲、欧洲有分布。

*（2536）喜岩山黧豆 **Lathyrus dominianus Litv.**

多年生草本。生于石质山崖、山地河谷。海拔 900~2 400 m。

产西天山、西南天山、内天山。吉尔吉斯斯坦、乌兹别克斯坦;亚洲有分布。

（2537）新疆山黧豆 **Lathyrus gmelinii Fritsch**

多年生草本。生于山地林下、林缘、林间草甸、灌丛、山地草甸、山溪边阴湿处。海拔 1 200~2 350 m。

产准噶尔阿拉套山、北天山、东南天山。中国、哈萨克斯坦、俄罗斯;亚洲、欧洲有分布。

药用、食用、饲料、蜜源。

*（2538）矮山黧豆 **Lathyrus humilis（Ser.）Spreng.**

多年生草本。生于山地林下、林缘、山坡草地、砾石质坡地、灌丛、山地草原。海拔 1 300~2 900 m。

产准噶尔阿拉套山、北天山。哈萨克斯坦、俄罗斯;亚洲、欧洲有分布。

*（2539）田间山黧豆 **Lathyrus inconspicuus L.**

一年生草本。生于山地草原、灌丛、山麓洪积扇、平原。海拔 400~900 m。

产北天山、内天山、西天山、西南天山。哈萨克斯坦、吉尔吉斯斯坦、乌兹别克斯坦;亚洲有分布。

*（2540）沼泽山黧豆 **Lathyrus palustris L.**

多年生草本。生于山坡草地、河漫滩、沼泽地。海拔 600~1 500 m。

产北天山。哈萨克斯坦、吉尔吉斯斯坦;亚洲有分布。

（2541）大托叶山黧豆 **Lathyrus pisiformis L.**

多年生草本。生于山地林下、林缘、灌丛、山地草甸、山地河谷。海拔 1 100~1 500 m。

产准噶尔阿拉套山、北天山、东南天山。中国、哈萨克斯坦、吉尔吉斯斯坦、俄罗斯；亚洲、欧洲有分布。

饲料、药用、蜜源。

（2542）牧地山黧豆 **Lathyrus pratensis L.**

多年生草本。生于山地林下、林间草甸、林缘、灌丛、山地草甸、山地河谷、湖边草甸、河漫滩草甸。海拔 400~3 000 m。

产东天山、东北天山、准噶尔阿拉套山、北天山、东南天山、内天山、西天山、西南天山。中国、哈萨克斯坦、吉尔吉斯斯坦、乌兹别克斯坦、俄罗斯；亚洲、欧洲、非洲有分布。

饲料、药用、有毒、蜜源。

＊（2543）球形山黧豆 **Lathyrus sphaericus Retz.**

一年生草本。生于黄土丘陵、黏土质盐化田边、沙漠边缘、路旁。海拔 300~2 300 m。

产西天山、内天山、西南天山。吉尔吉斯斯坦、乌兹别克斯坦、俄罗斯；亚洲、欧洲有分布。

（2544）玫红山黧豆 **Lathyrus tuberosus L.**

多年生草本。生于山地阴坡、山地草甸、山地草原、山地河谷、河漫滩草甸、田边。海拔 500~3 200 m。

产东北天山、准噶尔阿拉套山、北天山、东南天山、内天山、西天山、西南天山。中国、哈萨克斯坦、吉尔吉斯斯坦、乌兹别克斯坦、俄罗斯；亚洲、欧洲有分布。

饲料、食用、药用、观赏。

二十九、牻牛儿苗科 Geraniaceae

315. 熏倒牛属 Biebersteinia Steph. ex Fisch.

（2545）熏倒牛 **Biebersteinia heterostemon Maxim.**

一年生草本。生于山地石质山坡、山地草原、沟渠边草地。海拔 700~3 200 m。

产北天山。中国；亚洲有分布。

中国特有成分。药用。

（2546）香倒牛 **Biebersteinia odora Steph.**

半灌木。生于高山和亚高山石质山坡、山地河谷、山崖岩石缝。海拔 2 950~3 600 m。

产准噶尔阿拉套山、北天山。中国、哈萨克斯坦、俄罗斯；亚洲有分布。

药用、香料。

（2547）多裂熏倒牛 **Biebersteinia multifida DC.**

多年生草本。生于石质山坡、山崖石缝、黏土丘陵、荒漠草原、龟裂土荒漠、平原荒漠、沙地。海拔 300~1 500 m。

产准噶尔阿拉套山、北天山、内天山、西天山、西南天山。中国、哈萨克斯坦、吉尔吉斯斯坦、乌兹别克斯坦；亚洲有分布。

316. 老鹳草属 Geranium L.

*（2548）微白老鹳草 Geranium albanum M. Bieb.

多年生草本。生于亚高山草甸、山地林下、林缘、灌丛。海拔 1 500～2 900 m。

产内天山。吉尔吉斯斯坦、俄罗斯；亚洲有分布。

（2549）白花老鹳草 Geranium albiflorum Ledeb.

多年生草本。生于亚高山草甸、山地林下、林间草地、山地河谷、山坡草地。海拔 800～2 900 m。

产东天山、准噶尔阿拉套山、北天山。中国、哈萨克斯坦、吉尔吉斯斯坦、俄罗斯；亚洲、欧洲有分布。

药用。

*（2550）阿尔诺老鹳草 Geranium arnottianum Steud.

多年生草本。生于山地草原、山地河谷、河漫滩、荒漠草原。海拔 1 000～1 800 m。

产北天山。哈萨克斯坦；亚洲有分布。

（2551）丘陵老鹳草 Geranium collinum Steph. ex Willd.

多年生草本。生于高山和亚高山草甸、山地林缘、林间草甸、山地河谷、河漫滩、山地草原、灌丛。海拔 1 300～3 500 m。

产东天山、东北天山、准噶尔阿拉套山、北天山、东南天山、中央天山、内天山、西天山、西南天山。中国、哈萨克斯坦、吉尔吉斯斯坦、乌兹别克斯坦、蒙古、伊朗、阿富汗、俄罗斯；亚洲、欧洲有分布。

药用。

（2552）粗根老鹳草 Geranium dahuricum DC.

多年生草本。生于高山和亚高山草甸、山地林缘、林间草甸、灌丛、山谷草甸、山地草原。海拔 510～3 520 m。

产东天山、东北天山、北天山、中央天山、西天山。中国、哈萨克斯坦、吉尔吉斯斯坦、乌兹别克斯坦、俄罗斯；亚洲有分布。

药用。

*（2553）孜拉普善老鹳草 Geranium dissectum L.

一年生草本。生于田边、路旁、渠边、田园、盐渍化草地。海拔 400～2 300 m。

产西天山、内天山、西南天山。吉尔吉斯斯坦、乌兹别克斯坦、俄罗斯；亚洲、欧洲有分布。

（2554）杈枝老鹳草 Geranium divaricatum Ehrh.

一年生草本。生于山地草原、荒漠草原、河谷渠边、砾石质山坡。海拔 700～1 700 m。

产东天山、准噶尔阿拉套山、北天山、内天山、西天山、西南天山。中国、哈萨克斯坦、吉尔吉斯斯坦、乌兹别克斯坦、俄罗斯；亚洲、欧洲有分布。

药用。

*（2555）喜马拉雅老鹳草 Geranium himalayense Klotzsch in Klotzsch et Garcke ＝ *Geranium ferganense* Bobrov in Kom. et al.

多年生草本。生于亚高山草甸、山地林缘。海拔 1 600～3 200 m。

产西天山。乌兹别克斯坦；亚洲有分布。

*（2556）卡尔勒斯老鹳草 **Geranium kotschyi subsp. charlesii**（**Aitch. et Hemsl.**）**P. H. Davis** = *Geranium charlesii*（Aitch. et Hemsl.）Vved. ex Nevski

多年生草本。生于亚高山草甸、细石质山坡、山地灌丛。海拔 800～3 100 m。

产西南天山、内天山。吉尔吉斯斯坦、乌兹别克斯坦；亚洲有分布。

（2557）串珠老鹳草 **Geranium transversale**（**Kar. et Kir.**）**Vved. in Pavlov** = *Geranium linearilobum* DC. in Lam. et DC. = *Geranium baschkyzylsaicum* Nabiev

多年生草本。生于山坡草地、坡积物、灌丛、山地草甸、山地草原、蒿属荒漠。海拔 700～1 900 m。

产东天山、东北天山、准噶尔阿拉套山、北天山、内天山、西天山、西南天山。中国、哈萨克斯坦、吉尔吉斯斯坦、乌兹别克斯坦、俄罗斯；亚洲有分布。

饲料、药用。

*（2558）尼泊尔老鹳草 **Geranium nepalense Sweet.**

多年生草本。生于山地草甸草原、山地草原。海拔 900～1 700 m。

产北天山。哈萨克斯坦、吉尔吉斯斯坦、俄罗斯；亚洲有分布。

（2559）草原老鹳草（草地老鹳草）**Geranium pratense L.** = *Geranium affine* Ledeb.

多年生草本。生于高山和亚高山草甸、山地林缘、林下、林间草地、山地河谷、山坡草地、灌丛、山地草原、河漫滩草甸。海拔 1 300～3 700 m。

产东天山、东北天山、准噶尔阿拉套山、北天山、东南天山、中央天山、内天山。中国、哈萨克斯坦、吉尔吉斯斯坦、日本、蒙古、俄罗斯、欧洲、美洲有分布。

优良饲料、药用、染料、蜜源。

（2560）蓝花老鹳草 **Geranium pseudosibiricum J. Mayer**

多年生草本。生于亚高山草甸、山地林缘、林间草甸、山谷河漫滩、山地草原、灌丛。海拔 340～2 900 m。

产东天山、东北天山、准噶尔阿拉套山、北天山、内天山。中国、哈萨克斯坦、俄罗斯；亚洲、欧洲有分布。

药用、蜜源。

*（2561）小老鹳草 **Geranium pusillum L.** = *Geranium pusillum* Burm. f.

一年生草本。生于平原田边、渠边、石质化草地。海拔 400～800 m。

产北天山。哈萨克斯坦、俄罗斯；亚洲、欧洲有分布。

（2562）石生老鹳草 **Geranium saxatile Kar. et Kir.** = *Geranium regelii* Nevski

多年生草本。生于高山和亚高山草甸、山崖岩石缝、山地林缘、林间草甸、山地草原、灌丛。海拔 1 600～4 300 m。

产东天山、准噶尔阿拉套山、北天山、内天山、西天山、西南天山。中国、哈萨克斯坦、吉尔吉斯斯坦、乌兹别克斯坦；亚洲有分布。

饲料、染料、药用。

*（2563）锡尔河老鹳草 **Geranium schrenkianum Trautv. in A. K. Becker**

一年生草本。生于山地草甸、草甸湿地、山溪边、山地河谷。海拔 1 200～2 880 m。

产准噶尔阿拉套山、东北天山。哈萨克斯坦、俄罗斯；亚洲、欧洲有分布。

（2564）鼠掌老鹳草 Geranium sibiricum L.

多年生草本。生于亚高山草甸、山地林下、林缘、山地河谷、山坡草地、田边。海拔 100 ~ 2 700 m。

产东天山、东北天山、准噶尔阿拉套山、北天山、中央天山、西天山、西南天山。中国、哈萨克斯坦、吉尔吉斯斯坦、乌兹别克斯坦、朝鲜、日本、俄罗斯;亚洲、欧洲有分布。

药用、鞣料、观赏、饲料、蜜源。

*（2565）索菲老鹳草 Geranium sophiae Fed.

多年生草本。生于亚高山碎石质坡地。海拔 2 500 ~ 3 100 m。

产西南天山。乌兹别克斯坦;亚洲有分布。

（2566）森林老鹳草 Geranium sylvaticum L.

多年生草本。生于山地林下、林缘、山地草原。海拔 1 800 m 上下。

产东天山、北天山。中国、哈萨克斯坦、俄罗斯;亚洲、欧洲有分布。

药用、染料、蜜源。

（2567）直立老鹳草 Geranium rectum Trautv.

多年生草本。生于山地林下、林缘、林间草甸、山谷河漫滩、山地草原、灌丛。海拔 510 ~ 2 900 m。

产东天山、东北天山、准噶尔阿拉套山、北天山、东南天山。中国、哈萨克斯坦、吉尔吉斯斯坦、乌兹别克斯坦;亚洲有分布。

药用。

（2568）纤细老鹳草（汉菦鱼腥草）Geranium robertianum L.

一年生草本。生于山地林下、林缘、灌丛、平原绿洲。海拔 1 800 m 上下。

产东天山、准噶尔阿拉套山、北天山。中国、哈萨克斯坦、吉尔吉斯斯坦、日本、朝鲜、俄罗斯;亚洲、欧洲、美洲有分布。

药用、饲料。

（2569）圆叶老鹳草 Geranium rotundifolium L.

一年生草本。生于亚高山草甸、山地林缘、山地河谷、灌丛、山坡草地。海拔 500 ~ 2 700 m。

产东天山、东北天山、准噶尔阿拉套山、北天山、西天山、西南天山。中国、哈萨克斯坦、吉尔吉斯斯坦、乌兹别克斯坦、俄罗斯;亚洲、欧洲有分布。

药用。

*（2570）球根老鹳草 Geranium tuberosum L. = Geranium stepporum P. H. Davis

多年生草本。生于山坡草地、灌丛、草地、田野。海拔 250 ~ 2 800 m。

产准噶尔阿拉套山、北天山、西天山、西南天山、内天山。哈萨克斯坦、吉尔吉斯斯坦、乌兹别克斯坦;亚洲、欧洲有分布。

317. 牻牛儿苗属 Erodium L'Her.

*（2571）黄绿叶牻牛儿苗 Erodium alnifolium Guss.

一年生草本。生于山地林间草地、山地草原、荒漠草原。海拔 600 ~ 2 700 m。

产北天山、西天山。哈萨克斯坦、吉尔吉斯斯坦、乌兹别克斯坦;亚洲有分布。

（2572）芹叶牻牛儿苗 **Erodium cicutarium**（L.）**L'Her.**

　　一年生或二年生草本。生于山地林缘、河谷阶地、山地草原、田边。海拔 1 000～1 500 m。

　　产东北天山、准噶尔阿拉套山、北天山、西天山、西南天山。中国、哈萨克斯坦、吉尔吉斯斯坦、乌兹别克斯坦、印度、俄罗斯；亚洲、欧洲、非洲有分布。

　　药用、饲料、蜜源。

（2573）长喙牻牛儿苗 **Erodium hoefftianum C. A. Meyer**

　　一年生或二年生草本。生于低山荒漠、沙砾地、干河床、沙地。海拔 500～1 000 m。

　　产东北天山、准噶尔阿拉套山。中国、哈萨克斯坦、俄罗斯；亚洲、欧洲有分布。

*（2574）细裂牻牛儿苗 **Erodium laciniatum**（Cav.）**Willd.** = *Erodium strigosum* Kar. ex Ledeb.

　　一年生草本。生于山地林缘、山地草甸、山地草原、荒漠草原、河滩。海拔 800～2 600 m。

　　产北天山。哈萨克斯坦、俄罗斯；亚洲有分布。

*（2575）石生牻牛儿苗 **Erodium litvinowii Woronow**

　　一年生草本。生于山坡草地、河流出山口阶地、固定和半固定沙丘。海拔 400～1 600 m。

　　产西南天山。乌兹别克斯坦；亚洲有分布。

*（2576）硬毛牻牛儿苗 **Erodium malacoides**（L.）**L'Her.**

　　一年生草本。生于山坡草地、山崖岩石缝。海拔 500～2 700 m。

　　产西南天山、内天山。吉尔吉斯斯坦、乌兹别克斯坦、俄罗斯；亚洲、欧洲有分布。

（2577）尖喙牻牛儿苗 **Erodium oxyrrhynchum M. Bieb.**

　　一年生或二年生草本。生于沙砾质山坡、沙砾质戈壁、固定和半固定沙丘、沙地。海拔 300～1 500 m。

　　产东天山、东北天山、准噶尔阿拉套山、北天山、内天山、西天山。中国、哈萨克斯坦、吉尔吉斯斯坦、乌兹别克斯坦、伊朗、俄罗斯；亚洲有分布。

（2578）牻牛儿苗 **Erodium stephanianum Willd.**

　　一年生或二年生草本。生于高山和亚高山草甸、山地林缘、山地河谷阶地。海拔 1 000～3 700 m。

　　产东天山、东北天山、北天山、东南天山。中国、哈萨克斯坦、蒙古、朝鲜、印度、俄罗斯；亚洲有分布。

　　药用、油料、鞣料、染料。

（2579）西藏牻牛儿苗 **Erodium tibetanum Edgew. et Hook. f.**

　　多年生草本。生于沙砾质荒漠、荒漠草原、干河床、河滩、冲积扇扇缘。海拔 3 200～4 300 m。

　　产东天山、北天山、西南天山。中国、乌兹别克斯坦、蒙古、俄罗斯；亚洲有分布。

三十、亚麻科 Linaceae

318. 亚麻属 Linum L.

（2580）阿尔泰亚麻 **Linum altaicum Ledeb. ex Juz.**

　　多年生草本。生于亚高山草甸、山地林下、林缘、山地草甸、灌丛。海拔 1 800～3 100 m。

产东天山、准噶尔阿拉套山、北天山、东南天山、内天山、西天山、西南天山。中国、哈萨克斯坦、吉尔吉斯斯坦、乌兹别克斯坦、蒙古、俄罗斯;亚洲有分布。

药用、油料、编制。

*(2581) 黑萼亚麻 **Linum altaicum** subsp. **atricalyx**（Juz.）**Svetlova** = *Linum atricalyx* Juz.

多年生草本。生于高山和亚高山草甸。海拔 2 900~3 200 m。

产西天山、西南天山。乌兹别克斯坦;亚洲有分布。

(2582) 黄花亚麻 **Linum corymbulosum Rchb.**

一年生草本。生于山地河边林下、路边、河滩、荒漠草原。海拔 800~2 400 m。

产准噶尔阿拉套山、北天山、东南天山、中央天山、内天山、西天山、西南天山。中国、哈萨克斯坦、吉尔吉斯斯坦、乌兹别克斯坦、阿富汗、伊朗、俄罗斯;亚洲、欧洲有分布。

(2583) 天山亚麻 **Linum heterosepalum Regel**

多年生草本。生于山地林下、草甸草原、荒漠草原。海拔 1 500~2 200 m。

产东天山、准噶尔阿拉套山、北天山、西天山、西南天山。中国、哈萨克斯坦、吉尔吉斯斯坦、乌兹别克斯坦;亚洲有分布。

药用。

*(2584) 大根生亚麻 **Linum macrorhizum Juz.** = *Linum mesostylum* Juz.

多年生草本。生于山地河谷、山地阳坡草地、黄土丘陵。海拔 900~2 800 m。

产北天山、内天山、西天山、西南天山。哈萨克斯坦、吉尔吉斯斯坦、乌兹别克斯坦;亚洲有分布。

*(2585) 高山亚麻 **Linum olgae Juz.**

多年生草本。生于亚高山草甸、岩石缝、河谷。海拔 2 800~3 100 m。

产北天山、内天山、西天山、西南天山。哈萨克斯坦、吉尔吉斯斯坦、乌兹别克斯坦;亚洲有分布。

(2586) 白花亚麻 **Linum pallescens Bunge**

多年生草本。生于高山和亚高山草甸、低山灌丛、荒漠草原、荒地、田边。海拔 1 200~4 100 m。

产东天山、准噶尔阿拉套山、北天山、东南天山、西天山、西南天山。中国、哈萨克斯坦、吉尔吉斯斯坦、乌兹别克斯坦、俄罗斯;亚洲有分布。

(2587) 宿根亚麻 **Linum perenne L.**

多年生草本。生于山地河谷林下、山地草原、荒漠草原、撂荒地。海拔 1 000~2 500 m。

产准噶尔阿拉套山、东南天山、北天山、西天山。中国、哈萨克斯坦、吉尔吉斯斯坦、乌兹别克斯坦、蒙古、俄罗斯;亚洲、欧洲有分布。

油料、编制、造纸、观赏、饲料、药用。

*(2588) 普通亚麻 **Linum usitatissimum L.** = *Linum humile* Mill.

一年生草本。生于山地黑钙土、栗钙土草原、草甸、荒漠草原。海拔 1 600~2 800 m。

产北天山。哈萨克斯坦、俄罗斯;亚洲、欧洲有分布。

*(2589) 堇菜叶亚麻 **Linum violascens Bunge**

多年生草本。生于亚高山草甸、山坡草地。海拔 1 700~2 800 m。

产北天山、西南天山。哈萨克斯坦、吉尔吉斯斯坦、乌兹别克斯坦、俄罗斯;亚洲有分布。

三十一、白刺科 Nitrariaceae

319. 白刺属 Nitraria L.

（2590）帕米尔白刺 **Nitraria pamirica L. I. Vasileva**

小灌木。生于高山荒漠、岩石边、河岸沙地、湖边盐碱地。海拔 2 300~4 300 m。

产内天山。中国、哈萨克斯坦；亚洲有分布。

食用。

（2591）大果白刺 **Nitraria roborowskii Kom.**

灌木。生于绿洲农田防护林下、田边、路旁、湖盆边缘、荒漠沙地、固定和半固定沙丘、荒漠。海拔 280~3 500 m。

产东天山、东北天山、准噶尔阿拉套山、东南天山、中央天山、内天山。中国、蒙古、俄罗斯；亚洲有分布。

固沙、食用、药用、饲料、观赏。

（2592）白刺 **Nitraria schoberi L.**

灌木。生于荒漠河岸林下、河谷沙砾地、盐碱地、荒漠。海拔 200~2 700 m。

产东天山、东北天山、准噶尔阿拉套山、北天山、东南天山、中央天山、西天山。中国、哈萨克斯坦、吉尔吉斯斯坦、乌兹别克斯坦、蒙古、俄罗斯；亚洲、欧洲有分布。

食用、植化原料、固土、观赏、药用。

（2593）西伯利亚白刺 **Nitraria sibirica（DC.）Pall.**

灌木。生于荒漠草原、沙砾地、盐碱地、盐化沼泽、湖盆边缘沙地、荒漠。海拔 350~3 800 m。

产东天山、东北天山、准噶尔阿拉套山、北天山、东南天山、中央天山、内天山。中国、哈萨克斯坦、吉尔吉斯斯坦、蒙古、俄罗斯；亚洲有分布。

固沙、食用、药用、饲料。

（2594）泡果白刺 **Nitraria sphaerocarpa Maxim.**

灌木。生于山麓洪积扇、荒漠草原、冲积平原、沙砾质平坦沙地、荒漠。海拔 700~2 700 m。

产东天山、东北天山、东南天山、中央天山、内天山。中国、蒙古；亚洲有分布。

食用、植化原料、固土、观赏、药用。

（2595）唐古特白刺 **Nitraria tangutorum Bobr.**

灌木。生于荒漠草原、湖盆边缘沙地、河岸阶地、盐化低洼地。海拔 380~3 300 m。

产东天山、东北天山、准噶尔阿拉套山、东南天山、中央天山、内天山。中国；亚洲有分布。

固沙、食用、药用、油料、饲料。

320. 骆驼蓬属 Peganum L.

（2596）骆驼蓬 **Peganum harmala L.**

多年生草本。生于山地林缘、灌丛、蒿属荒漠、干旱山坡、绿洲边缘、盐碱化荒地、覆沙地。海拔 500~2 100 m。

产东天山、东北天山、准噶尔阿拉套山、北天山、东南天山、中央天山、内天山。中国、哈萨克斯坦、吉尔吉斯斯坦、乌兹别克斯坦、蒙古、伊朗、印度、俄罗斯；亚洲、欧洲、非洲有分布。

药用、染料、油料、有毒、饲料。

(2597) 多裂骆驼蓬 **Peganum multisectum**（Maxim.）**Bobrov in Schischk. et Bobrov** = *Peganum harmala* var. *multisecta* Maxim.

多年生草本。生于黄土山坡、荒地、荒漠、沙漠。海拔 1 100～2 600 m。

产东天山、东南天山、中央天山。中国；亚洲有分布。

药用、饲料、固土、绿肥。

(2598) 骆驼蒿 **Peganum nigellastrum Bunge**

多年生草本。生于沙砾质荒漠、平原荒漠、固定和半固定沙地、丘间低地。海拔 560～1 500 m。

产东天山。中国、蒙古、俄罗斯；亚洲有分布。

药用、饲料。

三十二、蒺藜科 Zygophyllaceae

321. 蒺藜属 Tribulus L.

(2599) 蒺藜 **Tribulus terrestris L.**

一年生草本。生于荒山、沙砾质坡地、干河床、盐化荒漠、路边、田边、村落周边。海拔 500～1 900 m。

产东天山、东北天山、准噶尔阿拉套山、北天山、东南天山、中央天山。中国、哈萨克斯坦、俄罗斯；亚洲、欧洲、非洲、美洲广泛分布。

药用、饲料、有毒。

322. 霸王属 Sarcozygium Bge.

(2600) 霸王 **Sarcozygium xanthoxylon Bunge** = *Zygophyllum xanthoxylum*（Bunge）Engl. = *Zygophyllum ferganense*（Drobov）A. Boriss.

灌木。生于山麓洪积扇、沙砾质戈壁、剥蚀残丘、荒漠。海拔 200～2 400 m。

产东天山、东南天山、中央天山、内天山。中国、蒙古；亚洲有分布。

饲料、燃料、药用。

*(2601) 喀什霸王 **Sarcozygium kaschgaricum**（Boriss.）**Y. X. Liou** = *Zygophyllum kaschgaricum* A. Boriss.

灌木。生于石质沙漠、红色土荒漠。海拔 1 400～1 700 m。

产西南天山、内天山。吉尔吉斯斯坦、乌兹别克斯坦；亚洲有分布。

323. 驼蹄瓣属 Zygophyllum L.

(2602) 天山驼蹄瓣（天山霸王）**Zygophyllum bogdashanicum C. Y. Yang et J. H. Fan**

多年生草本。生于山地阳坡。海拔 1 600 m 上下。

产东天山。中国；亚洲有分布。

中国特有成分。

(2603) 细茎驼蹄瓣（短果霸王）**Zygophyllum brachypterum Kar. et Kir.**

多年生草本。生于荒漠河谷、河和湖岸边、荒漠灌丛、盐化草甸、沙砾地。海拔－20～1 200 m。

产东天山、东北天山、准噶尔阿拉套山、东南天山、中央天山、内天山。中国、哈萨克斯坦、蒙古、俄罗斯;亚洲有分布。

有毒、药用。

*(2604) 布哈拉驼蹄瓣 **Zygophyllum bucharicum B. Fedtsch.** = *Tetraena bucharica*（B. Fedtsch.）Beier et Thulin

灌木。生于山地荒漠草原、山麓洪积扇、平原荒漠。海拔 250~2 400 m。

产西南天山、内天山。吉尔吉斯斯坦、乌兹别克斯坦、塔吉克斯坦、土库曼斯坦、阿富汗;亚洲有分布。

(2605) 垫状驼蹄瓣（垫状霸王）**Zygophyllum cuspidatum A. Boriss.**

多年生草本。生于干旱山坡、低山荒漠、路边。海拔 400~850 m。

产东天山、东北天山、准噶尔阿拉套山。中国、哈萨克斯坦;亚洲有分布。

(2606) 艾比湖驼蹄瓣（艾比湖霸王）**Zygophyllum ebi-nuricum C. Y. Yang**

二年生草本。生于山麓荒漠、流动沙地。海拔 700 m 上下。

产准噶尔阿拉套山。中国;亚洲有分布。

中国特有成分。

(2607) 驼蹄瓣 **Zygophyllum fabago L.**

多年生草本。生于荒漠草原、山麓洪积扇、荒漠河谷、沙砾地。海拔 -90~2 640 m。

产东天山、东北天山、准噶尔阿拉套山、北天山、东南天山、中央天山、内天山、西天山、西南天山。中国、哈萨克斯坦、吉尔吉斯斯坦、乌兹别克斯坦、俄罗斯;亚洲、欧洲有分布。

饲料、药用。

(2608) 赛里木驼蹄瓣（赛里木霸王）**Zygophyllum fabago var. sayramense C. Y. Yang**

多年生草本。生于干旱山坡、沙砾质戈壁。海拔 700~1 200 m。

产准噶尔阿拉套山、北天山。中国;亚洲有分布。

中国特有成分。

*(2609) 拟豆叶驼蹄瓣 **Zygophyllum fabagoides Popov**

多年生草本。生于荒漠河岸林下、沙漠。海拔 400~1 600 m。

产准噶尔阿拉套山。哈萨克斯坦;亚洲有分布。

*(2610) 叉枝驼蹄瓣 **Zygophyllum furcatum C. A. Mey.**

多年生草本。生于荒漠化草原。海拔 300~1 400 m。

产准噶尔阿拉套山。哈萨克斯坦、俄罗斯;亚洲有分布。

(2611) 戈壁驼蹄瓣（戈壁霸王）**Zygophyllum gobicum Maxim.**

多年生草本。生于荒漠草原、沙砾质戈壁。海拔 1 000 m 上下。

产东天山。中国、蒙古;亚洲有分布。

饲料。

*(2612) 高氏驼蹄瓣 **Zygophyllum gontscharovii A. Boriss.** = *Zygophyllum eurypterum* subsp. *gontscharovii*（Boriss.）Hadidi

灌木。生于石质-沙质山坡、山地荒漠草原、河谷。海拔 600~1 600 m。

产西南天山、内天山。哈萨克斯坦、吉尔吉斯斯坦、乌兹别克斯坦;亚洲有分布。

(2613) 哈密驼蹄瓣(哈密霸王) **Zygophyllum hamicum J. H. Huang ex C. Y. Yang et J. H. Fan**

多年生草本。生于荒漠、沙砾质戈壁。海拔 1 460 m 上下。

产东天山。中国;亚洲有分布。

中国特有成分。

(2614) 伊犁驼蹄瓣(伊犁霸王) **Zygophyllum iliense Popov**

多年生草本。生于低山荒漠、砾石质坡地、河岸沙地、沙砾质戈壁。海拔 580 m 上下。

产准噶尔阿拉套山、北天山。中国、哈萨克斯坦、吉尔吉斯斯坦;亚洲有分布。

*(2615) 长果驼蹄瓣 **Zygophyllum jaxarticum Popov**

多年生草本。生于荒漠化沼泽草甸。海拔 300~1 500 m。

产北天山。哈萨克斯坦;亚洲有分布。

(2616) 准噶尔驼蹄瓣(准噶尔霸王) **Zygophyllum jungaricum C. Y. Yang et J. H. Fan**

多年生草本。生于沙砾质戈壁、荒漠。海拔 450~1 500 m。

产东天山。中国;亚洲有分布。

中国特有成分。

(2617) 甘肃驼蹄瓣(甘肃霸王) **Zygophyllum kansuense Y. X. Liou**

多年生草本。生于山麓洪积扇、沙砾质戈壁、流动沙地。海拔 600~1 500 m。

产东天山。中国;亚洲有分布。

*(2618) 喀拉山驼蹄瓣 **Zygophyllum karatavicum A. Boriss.**

一年生或多年生草本。生于干旱山坡、山麓洪积扇。海拔 600~1 800 m。

产西天山、西南天山。哈萨克斯坦、乌兹别克斯坦;亚洲有分布。

*(2619) 凯甘驼蹄瓣 **Zygophyllum kegense A. Boriss.**

多年生草本。生于平原黏沙质土荒漠、石膏荒漠。海拔 300~700 m。

产北天山。哈萨克斯坦、吉尔吉斯斯坦;亚洲有分布。

*(2620) 楚河驼蹄瓣 **Zygophyllum kopalense A. Boriss.**

多年生草本。生于盐渍化荒漠草地。海拔 300~1 200 m。

产北天山。哈萨克斯坦;亚洲有分布。

(2621) 列曼驼蹄瓣(列曼霸王) **Zygophyllum lehmannianum Bunge**

一年生草本。生于低山丘陵、沙砾质戈壁、盐化沙地。海拔 500~840 m。

产东天山、准噶尔阿拉套山、北天山。中国、哈萨克斯坦、吉尔吉斯斯坦;亚洲有分布。

(2622) 粗茎驼蹄瓣(粗茎霸王) **Zygophyllum loczyi Kanitz**

多年生草本。生于石质山坡、山麓洪积扇、沙砾质戈壁、盐化沙地。海拔 700~2 700 m。

产准噶尔阿拉套山、东南天山、中央天山。中国;亚洲有分布。

饲料。

*(2623) 大驼蹄瓣 **Zygophyllum macrophyllum Regel et Schmalh.** =*Miltianthus portulacoides* (Cham.) Bunge

多年生草本。生于碎石质山坡、砾岩堆、山地荒漠草原、山麓洪积扇、盐化草地。海拔 200~ 1 700 m。

产西天山、西南天山。吉尔吉斯斯坦、乌兹别克斯坦;亚洲有分布。

(2624) 大叶驼蹄瓣(大叶霸王) **Zygophyllum macropodum A. Boriss.**

多年生草本。生于石质荒漠、荒地、盐化沙地。海拔 500~4 100 m。

产东天山、东北天山、北天山、内天山。中国、哈萨克斯坦、吉尔吉斯斯坦;亚洲有分布。

(2625) 大翅驼蹄瓣(大翅霸王) **Zygophyllum macropterum C. A. Mey.** = *Zygophyllum pinnatum* Cham. et Schltdl.

多年生草本。生于石质山坡、荒漠戈壁。海拔 300~1 100 m。

产东天山、东北天山、准噶尔阿拉套山、北天山、内天山、西天山、西南天山。中国、哈萨克斯坦、吉尔吉斯斯坦、乌兹别克斯坦、蒙古、伊朗、俄罗斯;亚洲、欧洲有分布。

有毒。

(2626) 蝎虎驼蹄瓣(蝎虎霸王) **Zygophyllum mucronatum Maxim.**

多年生草本。生于干旱山坡、山麓冲积扇、冲积平原、河岸阶地。海拔 800~3 000 m。

产东天山。中国;亚洲有分布。

(2627) 长梗驼蹄瓣(长梗霸王) **Zygophyllum obliquum Popov**

多年生草本。生于山地河谷、低山坡地、河岸沙砾地。海拔 1 100~3 500 m。

产东天山、准噶尔阿拉套山、北天山、内天山。中国、哈萨克斯坦、吉尔吉斯斯坦、伊朗;亚洲有分布。

有毒、药用。

(2628) 帕米尔驼蹄瓣(帕米尔霸王) **Zygophyllum pamiricum V. I. Grubov**

多年生草本。生于山地干旱石质荒漠。海拔 3 200 m 上下。

产内天山。中国;亚洲有分布。

(2629) 大花驼蹄瓣(大花霸王) **Zygophyllum potaninii Maxim.**

多年生草本。生于低山干旱坡地、沙砾质荒地。海拔 450~1 700 m。

产东天山。中国、哈萨克斯坦、蒙古;亚洲有分布。

饲料。

(2630) 翼果驼蹄瓣(翼果霸王) **Zygophyllum pterocarpum Bunge**

多年生草本。生于砾石质山坡、山麓洪积扇、盐化沙地、沙砾质戈壁。海拔 500~1 800 m。

产东天山、东北天山、准噶尔阿拉套山、北天山。中国、哈萨克斯坦、吉尔吉斯斯坦、俄罗斯;亚洲有分布、

饲料、药用。

(2631) 石生驼蹄瓣(石生霸王) **Zygophyllum rosovii Bunge**

多年生草本。生于草原化荒漠、沙砾质山坡、荒漠。海拔 380~3 320 m。

产东天山、准噶尔阿拉套山、北天山、中央天山、内天山、西天山、西南天山。中国、哈萨克斯坦、吉尔吉斯斯坦、乌兹别克斯坦、蒙古、俄罗斯;亚洲有分布。

饲料。

(2632) 宽叶石生驼蹄瓣(宽叶石生霸王) **Zygophyllum rosovii var. latifolium(Schrenk)Popov** = *Zygophyllum latifolium* Schrenk

多年生草本。生于石质山坡、砾质沙地。海拔 700~1 500 m。

产东北天山、准噶尔阿拉套山。中国、哈萨克斯坦;亚洲有分布。

(2633) 新疆驼蹄瓣(新疆霸王) **Zygophyllum sinkiangense Liou f.**

多年生草本。生于低山干旱坡地、荒地、沙地。海拔 450~1 200 m。

产东南天山、中央天山。中国;亚洲有分布。

中国特有成分。

*(2634) 狭翼驼蹄瓣 **Zygophyllum stenopterum Schrenk.**

多年生草本。生于荒漠河岸林下、石膏质沙地。海拔 400~1 000 m。

产准噶尔阿拉套山、北天山。哈萨克斯坦;亚洲有分布。

哈萨克斯坦特有成分。

*(2635) 塔勒德库尔干驼蹄瓣 **Zygophyllum taldykurganicum A. Boriss.**

多年生草本。生于石膏荒漠。海拔 300~800 m。

产准噶尔阿拉套山、北天山。哈萨克斯坦;亚洲有分布。

(2636) 乌什驼蹄瓣(乌什霸王) **Zygophyllum uqturpanicum C. Y. Yang et ZH. J. Li**

多年生草本。生于低山荒漠、沙砾质戈壁。海拔 1 200 m 上下。

产内天山。中国;亚洲有分布。

中国特有成分。

(2637) 伊吾驼蹄瓣(伊吾霸王) **Zygophyllum yiwuense C. Y. Yang et J. H. Fan**

多年生草本。生于干旱山坡、低山沟谷。海拔 1 680~1 960 m。

产东天山。中国;亚洲有分布。

中国特有成分。

三十三、芸香科 Rutaceae

324. 白鲜属 Dictamnus L.

(2638) 新疆白鲜 **Dictamnus angustifolius G. Don f. ex Sweet.** = *Dictamnus albus* L.

多年生草本。生于山地林缘、山地草原、山地灌丛、砾石质山坡。海拔 800~2 100 m。

产东天山、准噶尔阿拉套山、北天山、内天山、西天山、西南天山。中国、哈萨克斯坦、吉尔吉斯斯坦、乌兹别克斯坦、俄罗斯;亚洲有分布。

药用、有毒、香料、油料、观赏、蜜源。

(2639) 白鲜 **Dictamnus dasycarpus Turcz.**

多年生草本。生于疏林下、山地灌丛、低山丘陵、平原。海拔 900~2 500 m。

产北天山。中国、朝鲜、蒙古、俄罗斯;亚洲有分布。

药用、鞣料。

325. 拟芸香属 Haplophyllum A. Juss.

(2640) 大叶芸香 **Haplophyllum acutifolium** (DC.) **G. Don f.** = *Haplophyllum perforatum* (M. Bieb.) Kar. et Kir. = *Haplophyllum sieversii* Fisch.

多年生草本。生于干旱山坡、蒿属荒漠、河漫滩、撂荒地。海拔 500~1 300 m。

产东天山、东北天山、准噶尔阿拉套山、北天山、内天山、西天山、西南天山。中国、哈萨克斯坦、吉尔吉斯斯坦、乌兹别克斯坦、蒙古;亚洲有分布。

*(2641) 阿姆河拟芸香 **Haplophyllum alberti-regelii Korov.**

多年生草本。生于黄土丘陵、沙质荒漠草原、山麓荒漠草原。海拔 200~2 500 m。

产西南天山、内天山。吉尔吉斯斯坦、乌兹别克斯坦;亚洲有分布。

*(2642) 布哈拉拟芸香 **Haplophyllum bucharicum Litwinow**

半灌木。生于荒漠草原、黏土质丘陵、石灰岩丘陵、岩石缝。海拔 600~2 100 m。

产西南天山、内天山。吉尔吉斯斯坦、乌兹别克斯坦;亚洲有分布。

*(2643) 绿枝拟芸香 **Haplophyllum bungei Trautv.**

多年生草本。生于荒漠化草原、沙地。海拔 700~1 500 m。

产北天山、内天山、西天山、西南天山。哈萨克斯坦、吉尔吉斯斯坦、乌兹别克斯坦;亚洲有分布。

*(2644) 准噶尔拟芸香 **Haplophyllum dshungaricum Rubtzov**

半灌木。生于山麓阳坡草地、荒地。海拔 500~1 500 m。

产准噶尔阿拉套山、北天山。哈萨克斯坦、吉尔吉斯斯坦;亚洲有分布。

*(2645) 可疑拟芸香 **Haplophyllum dubium Korovin**

多年生草本。生于野扁桃灌丛、黄土丘陵、山地荒漠草原、石灰岩山坡、石膏荒漠。海拔 500~1 600 m。

产西南天山、内天山。吉尔吉斯斯坦、乌兹别克斯坦;亚洲有分布。

*(2646) 毛拟芸香 **Haplophyllum eugenii-korovinii Pavl.**

半灌木。生于低山丘陵、田间、地边。海拔 400~1 500 m。

产内天山、西天山、西南天山。吉尔吉斯斯坦、乌兹别克斯坦;亚洲有分布。

*(2647) 费尔干纳拟芸香 **Haplophyllum ferganicum Vved.**

多年生草本。生于山地黏土质-石质坡地、田间、路边。海拔 600~2 300 m。

产西南天山。乌兹别克斯坦;亚洲有分布。

*(2648) 格里菲拟芸香 **Haplophyllum griffithianum Boiss.**

多年生草本。生于细石质山坡、山地荒漠草原、山麓沙砾质荒漠。海拔 900~2 500 m。

产西南天山、内天山。吉尔吉斯斯坦、乌兹别克斯坦;亚洲有分布。

(2649) 宽叶拟芸香 **Haplophyllum latifolium Kar. et Kir.**

多年生草本。生于山麓荒漠草原、石质沙地。海拔 500~1 500 m。

产北天山、内天山、西天山、西南天山。中国、哈萨克斯坦、吉尔吉斯斯坦、乌兹别克斯坦;亚洲有分布。

*(2650) 克拉亲拟芸香 **Haplophyllum monadelphum Aphanassiev**

半灌木。生于石质山坡、河岸阶地、山麓洪积扇。海拔 800~2 800 m。

产西南天山、内天山。吉尔吉斯斯坦、乌兹别克斯坦;亚洲有分布。

*（2651）多枝拟芸香 **Haplophyllum multicaule Vved.**

多半灌木。生于荒漠草原、沙地。海拔 800～1 600 m。

产准噶尔阿拉套山、北天山。哈萨克斯坦；亚洲有分布。

*（2652）尖叶拟芸香 **Haplophyllum obtusifolium（Ledeb.）Ledeb.**

半灌木。生于黄土丘陵、荒漠化草原。海拔 900～1 600 m。

产北天山。哈萨克斯坦、吉尔吉斯斯坦；亚洲有分布。

*（2653）波氏拟芸香 **Haplophyllum popovii Korov.**

多年生草本。生于山地河谷、细石质坡地、黄土丘陵。海拔 1 200～2 500 m。

产西南天山、内天山。吉尔吉斯斯坦、乌兹别克斯坦；亚洲有分布。

*（2654）异化拟芸香 **Haplophyllum versicolor Fisch. et C. A. Mey.**

多年生草本。生于山麓石质坡地、山麓洪积扇。海拔 600～1 500 m。

产北天山、内天山、西天山、西南天山。哈萨克斯坦、吉尔吉斯斯坦、乌兹别克斯坦；亚洲有分布。

*（2655）菲氏拟芸香 **Haplophyllum vvedenskyi Nevski**

多年生草本。生于山地细石质坡地、山麓洪积扇。海拔 900～2 600 m。

产西南天山、内天山。吉尔吉斯斯坦、乌兹别克斯坦；亚洲有分布。

三十四、远志科 Polygalaceae

326. 远志属 Polygala L.

（2656）新疆远志 **Polygala hybrida DC.** = *Polygala comosa* Schkuhr

多年生草本。生于亚高山草甸、山地林缘、林间草地、山地草原、山地灌丛、河漫滩。海拔 1 200～2 800 m。

产东天山、东北天山、准噶尔阿拉套山、北天山、中央天山、内天山、西天山、西南天山。中国、哈萨克斯坦、吉尔吉斯斯坦、乌兹别克斯坦、蒙古、俄罗斯；亚洲、欧洲有分布。

药用、饲料。

（2657）西伯利亚远志 **Polygala sibirica L.**

多年生草本。生于山地林缘、林间草地、山地草原、山地灌丛。海拔 1 100～3 300 m。

产北天山。中国、尼泊尔、印度、蒙古、朝鲜、日本、俄罗斯；亚洲、欧洲有分布。

药用。

三十五、大戟科 Euphorbiaceae

327. 沙戟属（星毛戟属）Chrozophora A. Juss.

（2658）沙戟（星毛戟）**Chrozophora sabulosa Kar. et Kir.**

一年生草本。生于山地沙砾地、流动沙丘、沙丘背风坡、丘间低地、河和湖岸边。海拔 400～2 100 m。

产东天山、东北天山、准噶尔阿拉套山、北天山、内天山、西天山、西南天山。中国、哈萨克斯坦、吉尔吉斯斯坦、乌兹别克斯坦、阿富汗；亚洲有分布。

饲料、药用。

（2659）染料用沙戟 **Chrozophora tinctoria**（L.）**A. Juss.** =*Chrozophora hierosolymitana* Spreng. =*Chrozophora obliqua*（Vahl）A. Juss. ex Spreng.

一年生或多年生草本。生于中低山坡地、盐化草地、干旱山谷、山麓荒漠、平原荒漠、沙漠边缘、杂草丛、田间。海拔 200~2 300 m。

产西天山、西南天山、内天山。哈萨克斯坦、吉尔吉斯斯坦、乌兹别克斯坦、土库曼斯坦、俄罗斯；亚洲有分布。

328. 连丝木属 Andrachne L.

*（2660）费氏连丝木 **Andrachne fedtschenkoi Kossinsky** =*Andrachne rupestris* Pazij

半灌木。生于山地岩石缝、石质山坡、河漫滩湿地。海拔 1 200~2 900 m。

产西南天山、内天山。吉尔吉斯斯坦、乌兹别克斯坦；亚洲有分布。

*（2661）小连丝木 **Andrachne pygmaea Kossinski**

多年生草本。生于荒漠草原、山麓洪积扇、干河谷。海拔 600~1 600 m。

产内天山。吉尔吉斯斯坦；亚洲有分布。

*（2662）特勒费奥德连丝木 **Andrachne telephioides L.** =*Andrachne rotundifolia* C. A. Mey. *Andrachne asperula* Nevski

多年生草本或半灌木。生于山崖岩石缝、山地荒漠、沙地、河岸阶地、低山丘陵、山麓洪积-冲积扇。海拔 700~1 700 m。

产准噶尔阿拉套山、北天山、内天山、西天山、西南天山。哈萨克斯坦、吉尔吉斯斯坦、乌兹别克斯坦、俄罗斯；亚洲、欧洲有分布。

329. 大戟属 Euphorbia L.

*（2663）阿莱大戟 **Euphorbia alaica**（Prokh.）**Prokh.**

多年生草本。生于山谷、干旱砾石质山坡。海拔 1 700~2 900 m。

产北天山、西天山、内天山。哈萨克斯坦、吉尔吉斯斯坦；亚洲有分布。

（2664）阿拉套大戟 **Euphorbia alatavica Boiss.**

多年生草本。生于亚高山草甸、山地林缘、山坡草地。海拔 1 900~3 000 m。

产准噶尔阿拉套山、北天山、内天山、西天山、西南天山。中国、哈萨克斯坦、吉尔吉斯斯坦、乌兹别克斯坦；亚洲有分布。

*（2665）异瓣状地锦 **Euphorbia anisopetala**（Prokh.）**Prokh.**

一年生草本。生于砾石质山坡、河漫滩、沙地。海拔 720~1 300 m。

产北天山、西天山、西南天山。哈萨克斯坦、吉尔吉斯斯坦、乌兹别克斯坦；亚洲有分布。

（2666）睫毛大戟 **Euphorbia blepharophylla Ledeb.**

多年生草本。生于低山黏土荒漠、砾石质山坡。海拔 800~1 900 m。

产东北天山、北天山。中国、哈萨克斯坦、俄罗斯；亚洲有分布。

（2667）布赫塔尔大戟 **Euphorbia buchtormensis Ledeb.**

多年生草本。生于山地林下、林缘、河谷、岩壁、山地灌丛、山坡草地。海拔 1 200~2 700 m。

产准噶尔阿拉套山、北天山。中国、哈萨克斯坦、吉尔吉斯斯坦、俄罗斯；亚洲有分布。

*（2668）喀尔帕特大戟 **Euphorbia carpatica Wol.**

　　多年生草本。生于山地林缘、山地草甸、灌丛、山坡草地。海拔700~1 700 m。

　　产北天山、内天山、西天山、西南天山。哈萨克斯坦、吉尔吉斯斯坦、乌兹别克斯坦；亚洲、欧洲、
美洲有分布。

（2669）灰地锦 **Euphorbia chamaesyce L.** = *Euphorbia canescens* L.

　　一年生草本。生于沙砾质山坡、平原荒漠、冲沟、田间。海拔50 m上下。

　　产东天山、北天山、内天山、西天山、西南天山。中国、哈萨克斯坦、吉尔吉斯斯坦、乌兹别克斯
坦、阿富汗、俄罗斯；亚洲有分布。

*（2670）长鳞大戟 **Euphorbia cheirolepis Fisch. et C. A. Mey. ex Karelin** = *Cystidospermum cheirolepis*
（Fisch. et C. A. Mey. ex Karelin）Prokh.

　　一年生草本。生于沙质荒漠、固定和半固定沙丘、梭梭林下、龟裂土荒漠。海拔200~600 m。

　　产北天山、西天山、西南天山、内天山。哈萨克斯坦、吉尔吉斯斯坦、乌兹别克斯坦；亚洲有分布。

*（2671）近缘大戟 **Euphorbia consanguinea Schrenk.**

　　一年生草本。生于固定沙丘、覆沙地。海拔300~1 700 m。

　　产准噶尔阿拉套山。哈萨克斯坦；亚洲有分布。

*（2672）欧洲柏大戟 **Euphorbia cyparissias L.**

　　多年生草本。生于山地河谷、石质山坡、灌丛。海拔1 000~2 100 m。

　　产北天山。哈萨克斯坦；亚洲、欧洲有分布。

*（2673）翅叶大戟 **Euphorbia cyrtophylla（Prokh.）Prokh.**

　　多年生草本。生于高山和亚高山草甸、草甸湿地、碎石质山坡、河谷。海拔2 900~3 600 m。

　　产西南天山、内天山。吉尔吉斯斯坦、乌兹别克斯坦；亚洲有分布。

*（2674）齿大戟 **Euphorbia densa Schrenk.**

　　一年生草本。生于盐化草甸、山麓石质坡地。海拔1 000~2 400 m。

　　产准噶尔阿拉套山、北天山、西天山。哈萨克斯坦、吉尔吉斯斯坦、乌兹别克斯坦；亚洲有分布。

*（2675）伏毛大戟 **Euphorbia densiusculiformis（Pazij）Botsch.**

　　一年生草本。生于山地荒漠草原、石膏荒漠、山坡草地。海拔600~2 100 m。

　　产西南天山、内天山。吉尔吉斯斯坦、乌兹别克斯坦；亚洲有分布。

（2676）乳浆大戟 **Euphorbia esula L.** = *Euphorbia gmelinii* Steud. = *Euphorbia glomerulans*（Prokh.）
Prokh.

　　多年生草本。生于山地林下、林缘、灌木草原、灌丛、草甸、冲沟。海拔400~2 500 m。

　　产东天山、东北天山、准噶尔阿拉套山、北天山、内天山、西天山、西南天山。中国、哈萨克斯
坦、吉尔吉斯斯坦、乌兹别克斯坦、俄罗斯；亚洲、欧洲、美洲有分布。

　　有毒、药用、染料、油料。

（2677）套玛斯尼安大戟 **Euphorbia esula subsp. tommasiniana（Bertol.）Kuzmanov** = *Euphorbia
uralensis* Fisch. ex Link. = *Euphorbia jaxartica*（Prokh.）Krylov

　　多年生草本。生于山谷河边、砾石质山坡、荒漠河岸林下、灌丛、荒漠河岸草甸。海拔500~
1 200 m。

产准噶尔阿拉套山、北天山、内天山、西天山、西南天山。中国、哈萨克斯坦、吉尔吉斯斯坦、乌兹别克斯坦、俄罗斯;亚洲、欧洲有分布。

有毒、胶脂、染料。

*(2678) 镰状大戟 **Euphorbia falcata L.**

一年生草本。生于山坡草地、路边、田边。海拔 300~2 500 m。

产北天山、内天山、西天山、西南天山。哈萨克斯坦、吉尔吉斯斯坦、乌兹别克斯坦、俄罗斯;亚洲、欧洲有分布。

*(2679) 费尔干纳大戟 **Euphorbia ferganensis B. Fedtsch.**

多年生草本。生于干旱沙质坡地。海拔 600~2 300 m。

产内天山、西天山、西南天山。哈萨克斯坦、吉尔吉斯斯坦、乌兹别克斯坦;亚洲有分布。

*(2680) 狼毒大戟 **Euphorbia fischeriana Steud.**

多年生草本。生于山地林缘、疏林下、山坡草地、路旁、荒地。海拔 1 300~2 800 m。

产北天山、西天山。哈萨克斯坦、吉尔吉斯斯坦、俄罗斯;亚洲有分布。

(2681) 北疆大戟 **Euphorbia franchetii B. Fedtsch.**

一年生草本。生于沙砾质山坡、黏土荒漠、冲沟。海拔 1 500 m。

产准噶尔阿拉套山、北天山、内天山、西天山。中国、哈萨克斯坦、吉尔吉斯斯坦、乌兹别克斯坦、阿富汗;亚洲有分布。

(2682) 粗糙地锦 **Euphorbia granulata Forssk.** = *Euphorbia turcomanica* Boiss.

一年生草本。生于山坡草地、河漫滩、山麓洪积扇、干河谷、沙漠、沙地。海拔 720~1 300 m。

产东北天山、准噶尔阿拉套山、北天山、内天山、西天山、西南天山。中国、哈萨克斯坦、吉尔吉斯斯坦、乌兹别克斯坦、阿富汗、印度、伊朗、俄罗斯、埃及;亚洲、非洲有分布。

(2683) 泽漆大戟 **Euphorbia helioscopia L.**

一年生或多年生草本。生于低山丘陵、河边、路边、沟渠边、田园、休耕地。海拔 500~2 100 m。

产北天山、内天山、西天山、西南天山。中国、哈萨克斯坦、吉尔吉斯斯坦、乌兹别克斯坦、俄罗斯;亚洲、欧洲有分布。

药用、油料。

*(2684) 外伊犁大戟 **Euphorbia heptapotamica Golosk.**

一年生草本。生于石质山坡、砾岩堆、山麓洪积扇。海拔 500~1 600 m。

产准噶尔阿拉套山、北天山。哈萨克斯坦;亚洲有分布。

*(2685) 猩猩草 **Euphorbia heterophylla var. cyathophora**（Murray）**Griseb.** = *Euphorbia cyathophora* Murr.

多年生草本。生于山地草原、干旱山坡、低山丘陵、荒漠草原。海拔 700~2 300 m。

产北天山、西天山、西南天山。哈萨克斯坦、吉尔吉斯斯坦、乌兹别克斯坦;亚洲有分布。

(2686) 地锦 **Euphorbia humifusa Willd.**

一年生草本。生于山间谷地、河岸阶地、石质山坡、荒地、路边沙地、田间。海拔 -150~1 900 m。

产东天山、东北天山、准噶尔阿拉套山、北天山、东南天山。中国、哈萨克斯坦、蒙古、朝鲜、日本、俄罗斯;亚洲、欧洲有分布。

胶脂、药用、鞣料、有毒。

(2687) 矮大戟 **Euphorbia humilis Ledeb.**

多年生草本。生于亚高山砾石质山坡、山谷阳坡。海拔 850~2 500 m。

产东北天山、准噶尔阿拉套山、北天山、内天山、西天山、西南天山。中国、哈萨克斯坦、吉尔吉斯斯斯坦、乌兹别克斯坦、俄罗斯;亚洲有分布。

(2688) 英德尔大戟 **Euphorbia inderiensis Less. ex Kar. et Kir.**

一年生草本。生于山谷林缘、半固定沙丘、盐化沙地、黏土荒漠、冲沟。海拔 600~1 700 m。

产东天山、准噶尔阿拉套山、北天山、内天山、西天山、西南天山。中国、哈萨克斯坦、吉尔吉斯斯坦、乌兹别克斯坦、阿富汗、伊朗;亚洲有分布。

*(2689) 印度大戟 **Euphorbia indica Lam.**

一年生草本。生于田间、路边、绿洲周边、牲畜棚圈周边。海拔 300~800 m。

产北天山、西天山。哈萨克斯坦、吉尔吉斯斯坦、俄罗斯;亚洲有分布。

(2690) 大狼毒 **Euphorbia jolkinii Boiss.**

多年生草本。生于山地疏林草甸、灌丛、黄土丘陵、细石质山坡、山地草原、荒漠草原。海拔 200~3 300 m。

产北天山、西天山、西南天山。中国、哈萨克斯坦、吉尔吉斯斯坦、乌兹别克斯坦;亚洲有分布。

*(2691) 喀淖尔卡大戟 **Euphorbia kanaorica Boiss.** =*Euphorbia polytimetica* (Prokh.) Prokh.

多年生草本。生于高山和亚高山草甸、冰碛堆、岩石峭壁碎石堆、山地河谷、灌丛。海拔 2 900~3 700 m。

产西南天山、内天山。吉尔吉斯斯坦、乌兹别克斯坦;亚洲有分布。

(2692) 甘肃大戟 **Euphorbia kansuensis Prokh.**

一年生草本。生于山坡草地、砾石质坡地、山麓洪积扇。海拔 600~2 300 m。

产北天山、西天山。中国、哈萨克斯坦、吉尔吉斯斯坦;亚洲有分布。

药用。

*(2693) 库德杰大戟 **Euphorbia kudrjaschevii** (Pazij) Prokh.

多年生草本。生于亚高山草甸、冰碛碎石堆、倒石堆。海拔 2 900~3 200 m。

产西南天山、内天山。吉尔吉斯斯坦、乌兹别克斯坦;亚洲有分布。

(2694) 光果大戟 **Euphorbia lamprocarpa** (Prokh.) Prokh.

多年生草本。生于荒漠河岸林下、盐化草甸、河谷灌丛、河漫滩、田边、路边。海拔 700~1 400 m。

产东北天山、准噶尔阿拉套山、北天山、内天山、西天山、西南天山。中国、哈萨克斯坦、吉尔吉斯斯斯坦、乌兹别克斯坦;亚洲有分布。

(2695) 宽叶大戟 **Euphorbia latifolia Ledeb.**

多年生草本。生于山地林缘、灌丛、河谷草甸、沙砾质山坡。海拔 800~1 800 m。

产东北天山、准噶尔阿拉套山、北天山。中国、哈萨克斯坦、吉尔吉斯斯坦、俄罗斯;亚洲有分布。

*（2696）李普大戟 **Euphorbia lipskyi**（Prokh.）**Prokh.**

多年生草本。生于山地荒漠草原、山地石质坡地、河岸阶地。海拔 600~2 300 m。

产西南天山、内天山。吉尔吉斯斯坦、乌兹别克斯坦；亚洲有分布。

*（2697）光大戟 **Euphorbia lucida Waldst. et Kit.**

多年生草本。生于山地疏林下、沼泽草甸、河岸阶地。海拔 900~2 700 m。

产北天山、西天山、西南天山。哈萨克斯坦、吉尔吉斯斯坦、乌兹别克斯坦、俄罗斯；亚洲、欧洲有分布。

*（2698）粗根大戟 **Euphorbia macrorhiza Ledeb.**

多年生草本。生于石质山坡、山地草原。海拔 1 200~2 500 m。

产北天山。哈萨克斯坦、俄罗斯；亚洲有分布。

（2699）小果大戟 **Euphorbia microcarpa**（Prokh.）**Krylov**

多年生草本。生于河谷草甸、低山丘陵、山地草原。海拔 460~1 900 m。

产东北天山、准噶尔阿拉套山、北天山。中国、哈萨克斯坦、俄罗斯；亚洲有分布。

*（2700）臭大戟 **Euphorbia microsphaera Boiss.**

多年生草本。生于荒漠草原、山麓倾斜平原。海拔 300~1 200 m。

产西南天山、内天山。吉尔吉斯斯坦、乌兹别克斯坦、俄罗斯；亚洲有分布。

（2701）甘青大戟 **Euphorbia micractina Boiss.**

多年生草本。生于山地林缘、草甸草原、干旱山坡、沙砾地。海拔 1 500~2 700 m。

产北天山、西天山、西南天山、中天山、内天山。中国、哈萨克斯坦、吉尔吉斯斯坦、乌兹别克斯坦；亚洲有分布。

（2702）单伞大戟 **Euphorbia monocyathium**（Prokh.）**Prokh.**

多年生草本。生于高山石质阳坡、砾石质山坡。海拔 1 400~4 200 m。

产北天山、内天山。中国、吉尔吉斯斯坦、塔吉克斯坦；亚洲有分布。

*（2703）尖叶大戟 **Euphorbia mucronulata**（Prokh.）**Pavlov**

多年生草本。生于山地草原、河谷、灌丛。海拔 1 300~2 500 m。

产西天山、西南天山、内天山。吉尔吉斯斯坦、乌兹别克斯坦；亚洲有分布。

*（2704）垂头大戟 **Euphorbia nutans Lag.**

一年生草本。生于山地草原、田边、路边、河湖岸边沼泽湿地。海拔 300~1 500 m。

产北天山、内天山、西天山、西南天山。哈萨克斯坦、吉尔吉斯斯坦、乌兹别克斯坦、俄罗斯；亚洲有分布。

（2705）长根大戟 **Euphorbia pachyrrhiza Kar. et Kir.**

多年生草本。生于山地林缘、山地草原、干旱砾石质山坡、干河床。海拔 850~2 700 m。

产东北天山、准噶尔阿拉套山、北天山、内天山。中国、哈萨克斯坦、吉尔吉斯斯坦；亚洲有分布。

*（2706）帕米尔大戟 **Euphorbia pamirica**（Prokh.）**Prokh.**

多年生草本。生于亚高山石质坡地、山崖岩石缝、山地河谷。海拔 2 800~3 000 m。

产西天山、西南天山、内天山。吉尔吉斯斯坦、乌兹别克斯坦；亚洲有分布。

(2707) 毛大戟 **Euphorbia pilosa** L.

多年生草本。生于山地林缘、山地草原、山地草甸、灌丛。海拔 1 400~2 300 m。

产东天山、准噶尔阿拉套山、北天山。中国、哈萨克斯坦、蒙古、俄罗斯;亚洲有分布。

有毒、药用、染料。

*(2708) 杂色叶大戟 **Euphorbia poecilophylla**(Prokh.)Prokh.

多年生草本。生于石质山坡、河谷、峭壁。海拔 600~2 500 m。

产西南天山、内天山。吉尔吉斯斯坦、乌兹别克斯坦;亚洲有分布。

*(2709) 紫大戟 **Euphorbia purpurea**(Raf.)Fernald

多年生草本。生于山地草原、河床、河岸阶地、灌丛。海拔 1 200~2 800 m。

产西天山、北天山。哈萨克斯坦;亚洲、欧洲有分布。

(2710) 小萝卜大戟 **Euphorbia rapulum Kar. et Kir.**

多年生草本。生于低山丘陵、山麓洪积-冲积扇、蒿属荒漠、平原荒漠、路边。海拔 500 ~ 2 500 m。

产东北天山、准噶尔阿拉套山、北天山、内天山、西天山、西南天山。中国、哈萨克斯坦、吉尔吉斯斯坦、乌兹别克斯坦;亚洲有分布。

有毒、药用、胶脂。

*(2711) 红茎大戟 **Euphorbia rosularis Fed.**

多年生草本。生于山地灌丛、干旱石质山谷、砾岩堆。海拔 2 300~2 800 m。

产西南天山、内天山。吉尔吉斯斯坦、乌兹别克斯坦;亚洲有分布。

*(2712) 泽拉夫尚大戟 **Euphorbia sarawschanica Regel**

多年生草本。生于高山草甸、石质坡地。海拔 3 500 m 上下。

产准噶尔阿拉套山、北天山、内天山、西天山、西南天山。哈萨克斯坦、吉尔吉斯斯坦、乌兹别克斯坦;亚洲有分布。

*(2713) 萨吾尔大戟 **Euphorbia saurica Baikov**

多年生草本。生于石质山坡、河谷、低山丘陵。海拔 600~2 400 m。

产北天山。哈萨克斯坦;亚洲有分布。

(2714) 苏甘大戟 **Euphorbia schugnanica B. Fedtsch.**

多年生草本。生于高山和亚高山砾石质山坡、荒漠草原。海拔 3 000 m 上下。

产北天山、内天山。中国、哈萨克斯坦、吉尔吉斯斯坦、塔吉克斯坦、土库曼斯坦;亚洲有分布。

(2715) 西格尔大戟 **Euphorbia seguieriana Neck.** =*Tithymalus seguierianus*(Neck.)Prokh.

多年生草本。生于沙砾质山坡、河岸砾石地、石灰岩丘陵、草甸草原、灌木草原、休耕地。海拔 600~2 400 m。

产东天山、北天山、西天山、西南天山。中国、哈萨克斯坦、吉尔吉斯斯坦、乌兹别克斯坦、俄罗斯;亚洲、欧洲有分布。

有毒、药用、编制。

*(2716) 锯缘大戟 **Euphorbia serrata L.**

多年生草本。生于河谷灌丛、沼泽化草甸、河漫滩。海拔 900~1 800 m。

产北天山、西天山、西南天山。哈萨克斯坦、吉尔吉斯斯坦、乌兹别克斯坦;亚洲有分布。

*（2717）北方大戟 **Euphorbia sewerzowii**（**Prokh.**）**Pavlov** = *Tithymalus sewerzowii* Prokh.

多年生草本。生于山地草原、盐渍化荒漠草原。海拔 500~2 600 m。

产北天山、内天山、西天山、西南天山。哈萨克斯坦、吉尔吉斯斯坦、乌兹别克斯坦;亚洲有分布。

*（2718）搜格典大戟 **Euphorbia sogdiana Popov**

多年生草本。生于干旱河谷、石灰岩丘陵、黏土荒漠。海拔 900~2 700 m。

产西南天山、内天山。吉尔吉斯斯坦、乌兹别克斯坦;亚洲有分布。

（2719）准噶尔大戟 **Euphorbia soongarica Boiss.**

多年生草本。生于盐化低洼地、撂荒地、河边、湖边。海拔 300~2 100 m。

产东天山、东北天山、准噶尔阿拉套山、北天山、西天山、西南天山。中国、哈萨克斯坦、吉尔吉斯斯坦、乌兹别克斯坦、俄罗斯;亚洲、欧洲有分布。

有毒、药用、胶脂、染料。

（2720）对叶大戟 **Euphorbia sororia Schrenk**

一年生草本。生于荒漠化草原、盐渍化草甸、半固定沙丘、沙地。海拔 400~1 800 m。

产准噶尔阿拉套山、北天山、西天山。中国、哈萨克斯坦、吉尔吉斯斯坦、乌兹别克斯坦;亚洲有分布。

*（2721）刺大戟 **Euphorbia spinidens Bornm. ex Prokh.** = *Tithymalus spinidens* Prokh.

多年生草本。生于岩石堆、石质化坡地、荒漠草原、山麓洪积扇。海拔 600~2 500 m。

产北天山、内天山、西天山、西南天山。哈萨克斯坦、吉尔吉斯斯坦、乌兹别克斯坦;亚洲有分布。

*（2722）软毛大戟 **Euphorbia subcordata Ledeb.**

多年生草本。生于山地草甸、山地草原、黄土丘陵。海拔 700~2 800 m。

产准噶尔阿拉套山、北天山。哈萨克斯坦、吉尔吉斯斯坦、俄罗斯;亚洲、欧洲有分布。

*（2723）索维恰大戟 **Euphorbia szovitsii Fisch. et C. A. Mey.**

一年生草本。生于黏土质河谷、石质山坡、河岸阶地、低山荒漠。海拔 900~2 400 m。

产西南天山、内天山。吉尔吉斯斯坦、乌兹别克斯坦;亚洲有分布。

（2724）塔拉斯大戟 **Euphorbia talastavica**（**Prokh.**）**Prokh.**

多年生草本。生于石质山坡、干河床。海拔 1 000~2 600 m。

产北天山、内天山、西天山、西南天山。中国、哈萨克斯坦、吉尔吉斯斯坦、乌兹别克斯坦;亚洲有分布。

（2725）天山大戟 **Euphorbia thomsoniana Boiss.** = *Euphorbia tianshanica*（Prokh.）Popov

多年生草本。生于高山和亚高山草甸、岩石缝、山坡草丛、灌丛、河谷、河岸阶地、河漫滩、干河床。海拔 1 200~4 500 m。

产东北天山、北天山、内天山、西天山、西南天山。中国、哈萨克斯坦、吉尔吉斯斯坦、乌兹别克斯坦、阿富汗、巴基斯坦、印度;亚洲有分布。

（2726）西藏大戟 **Euphorbia tibetica Boiss.** = *Euphorbia tranzschelii*（Prokh.）Prokh.

多年生草本。生于亚高山草甸、河谷、平缓山坡、干河床、河边、湖边。海拔 2 100~3 100 m。

321

产东北天山、东南天山、北天山、内天山、西天山、西南天山。中国、哈萨克斯坦、吉尔吉斯斯坦、塔吉克斯坦;亚洲有分布。

*(2727) 单出脉大戟 **Euphorbia transoxana**（Prokh.）**Prokh.**

多年生草本。生于石质山坡、河岸阶地、河谷。海拔 100～1 600 m。

产西南天山。乌兹别克斯坦;亚洲有分布。

*(2728) 三翅大戟 **Euphorbia triodonta**（Prokh.）**Prokh.**

一年生草本。生于石膏荒漠、盐渍化荒漠、平原盐碱地。300～1 800 m。

产西南天山、内天山。吉尔吉斯斯坦、乌兹别克斯坦;亚洲有分布。

(2729) 土大戟 **Euphorbia turczaninowii Kar. et Kir.**

一年生草本。生于流动沙丘、半固定沙丘、梭梭林下、河岸沙地。海拔 300～700 m。

产东天山、东北天山、北天山、西天山。中国、哈萨克斯坦、乌兹别克斯坦;亚洲有分布。

(2730) 中亚大戟 **Euphorbia turkestanica Regel**

一年生草本。生于低山山坡、田间。海拔 800～1 500 m。

产东天山、北天山、西天山。中国、哈萨克斯坦、乌兹别克斯坦;亚洲有分布。

*(2731) 亚氏大戟 **Euphorbia yaroslavii Poljakov** = *Euphorbia jaroslavii* Poljakov

多年生草本。生于低山黄土丘陵、红色黏土荒漠。海拔 800～2 400 m。

产北天山。哈萨克斯坦、吉尔吉斯斯坦;亚洲有分布。

三十六、卫矛科 Celastraceae

330. 卫矛属 Euonymus L.

(2732) 矮卫矛 **Euonymus nanus M. Bieb.** = *Euonymus koopmannii* Lauche

落叶灌木。生于山地林缘、河谷灌丛、山地河岸边。海拔 1 400～2 900 m。

产北天山、西天山、西南天山。中国、哈萨克斯坦、吉尔吉斯斯坦、乌兹别克斯坦;亚洲、欧洲有分布。

(2733) 中亚卫矛 **Euonymus semenovii Regel et Herd.** = *Euonymus przewalskii* Maxim.

落叶灌木。生于山地林下湿地、林缘、灌丛、山间谷地、低山河谷。海拔 1 200～3 500 m。

产准噶尔阿拉套山、北天山、内天山、西天山、西南天山。中国、哈萨克斯坦、吉尔吉斯斯坦、乌兹别克斯坦、土耳其;亚洲有分布。

三十七、槭树科 Aceraceae

331. 槭树属 Acer L.

*(2734) 喷塔波密槭 **Acer pentapomicum Stewart ex Brand.** = *Acer pubescens* Franch.

落叶乔木或灌木。生于山地针阔叶混交林内、细石质-砾石质山坡、山崖岩石缝、山地荒漠草原、山谷河流沿岸、草甸草原、灌丛。海拔 1 000～2 600 m。

产西南天山、内天山。吉尔吉斯斯坦、乌兹别克斯坦;亚洲有分布。

﹡(2735) 土耳其槭 **Acer platanoides subsp. turkestanicum**（Pax）**P. C. de Jong**=*Acer turkestanicum* Pax
落叶乔木。生于亚高山草甸、云杉林内、山崖石缝、山谷碎石质-细石质坡地、杜加依林内、野核桃林内。海拔 400~2 800 m。
产北天山、西天山、西南天山、内天山。哈萨克斯坦、吉尔吉斯斯坦、乌兹别克斯坦;亚洲有分布。

﹡(2736) 鞑靼槭 **Acer tataricum L.**
落叶乔木或大灌木。生于山地河谷、河漫滩、河岸阶地。海拔 300~2 100 m。
产北天山、西天山、西南天山。哈萨克斯坦、吉尔吉斯斯坦、乌兹别克斯坦、俄罗斯;亚洲、欧洲有分布。

(2737) 天山枫(天山槭) **Acer tataricum subsp. semenovii**（Regel et Herd.）**E. Murr.** =*Acer semenovii* Regel
落叶灌木或小乔木。生于山地林缘、疏林间、山地河谷。海拔 700~2 300 m。
产准噶尔阿拉套山、北天山、西天山、西南天山。中国、哈萨克斯坦、吉尔吉斯斯坦、乌兹别克斯坦山、阿富汗、伊朗;亚洲有分布。
观赏。

三十八、凤仙花科 Balsaminaceae

332. 凤仙花属 Impatiens L.

(2738) 短距凤仙花 **Impatiens brachycentra Kar. et Kir.**
一年生草本。生于山地林下、林缘、林间草地、河岸边、灌丛。海拔 850~2 400 m。
产东天山、东北天山、准噶尔阿拉套山、北天山、内天山、西天山、西南天山。哈萨克斯坦、吉尔吉斯斯坦、乌兹别克斯坦;亚洲有分布。
药用。

(2739) 水金凤 **Impatiens noli-tangere L.**
一年生草本。生于山地林下、河谷、河漫滩、灌丛。海拔 900~2 400 m。
产准噶尔阿拉套山、北天山。中国、哈萨克斯坦、吉尔吉斯斯坦、朝鲜、日本、俄罗斯;亚洲、欧洲有分布。

(2740) 小凤仙花 **Impatiens parviflora DC.**
一年生草本。生于山地林下、林缘、林间草地、河岸边、灌丛。海拔 1 000~1 800 m。
产东天山、东北天山、准噶尔阿拉套山、北天山、内天山、西天山、西南天山。中国、哈萨克斯坦、吉尔吉斯斯坦、乌兹别克斯坦、蒙古、俄罗斯;亚洲、欧洲有分布。
有毒、植化原料(糖苷、醇)、药用。

三十九、鼠李科 Rhamnaceae

333. 鼠李属 Rhamnus L.

﹡(2741) 巴勒德斯库安鼠李 **Rhamnus baldschuanica Grubov**
灌木。生于石灰岩丘陵、山崖岩石缝、山麓洪积扇。海拔 400~1 500 m。

产西南天山、内天山。吉尔吉斯斯坦、乌兹别克斯坦;亚洲有分布。

(2742) 药鼠李 **Rhamnus cathartica L.**

落叶灌木或小乔木。生于山地河谷、山地荒漠草原、灌丛。海拔 1 200~1 700 m。

产准噶尔阿拉套山、北天山、内天山、西天山、西南天山。中国、哈萨克斯坦、吉尔吉斯斯坦、乌兹别克斯坦、俄罗斯;亚洲、欧洲有分布。

药用、染料、蜜源、观赏。

*(2743) 革叶鼠李 **Rhamnus coriophylla Hand. -Mazz.** = *Rhamnus coriarea*（Regel）Kom. = *Rhamnus integrifolia* DC. = *Rhamnus coriacea* Brouss.

落叶灌木或小乔木。生于山地林缘、河谷、悬崖。海拔 1 700~2 900 m。

产北天山、西天山、西南天山。哈萨克斯坦、吉尔吉斯斯坦、乌兹别克斯坦;亚洲有分布。

*(2744) 长叶鼠李 **Rhamnus dolichophylla Gontsch.**

乔木。生于碎石质-黏土质山坡、沙砾质河岸、灌丛、河谷。海拔 600~2 300 m。

产西南天山、内天山。吉尔吉斯斯坦、乌兹别克斯坦;亚洲有分布。

(2745) 欧鼠李 **Rhamnus frangula L.** = *Frangula alnus* Miller

落叶灌木或小乔木。生于山地林下、林缘、林间草地、灌丛、河漫滩、河岸、湖边。海拔 500~2 800 m。

产东北天山、准噶尔阿拉套山、北天山、西天山、西南天山。中国、哈萨克斯坦、吉尔吉斯斯坦、乌兹别克斯坦、俄罗斯;亚洲、欧洲、非洲有分布。

药用、染料、鞣料、蜜源。

(2746) 矮小鼠李 **Rhamnus minuta Grubov** = *Rhamnus grubovii* I. M. Turner

落叶小灌木。生于高山和亚高山岩石缝。海拔 3 000~4 000 m。

产北天山、西天山、西南天山。中国、哈萨克斯坦、吉尔吉斯斯坦、乌兹别克斯坦;亚洲有分布。

食用、鞣料。

(2747) 新疆鼠李 **Rhamnus songorica Gontsch.**

落叶灌木。生于山地林下、山地灌丛、河谷、河岸阶地。海拔 900~1 700 m。

产北天山。中国、哈萨克斯坦、吉尔吉斯斯坦;亚洲有分布。

334. 雀梅藤属 Sageretia Brongn.

*(2748) 茶雀梅藤 **Sageretia thea**（Osbeck）M. C. Johnst. = *Sageretia laetevrens*（Kom.）Gotsch

灌木。生于细石质山坡、石灰岩丘陵、山崖岩石缝。海拔 700~2 300 m。

产西南天山、内天山。吉尔吉斯斯坦、乌兹别克斯坦;亚洲有分布。

335. 枣属 Ziziphus Mill.

(2749) 枣 **Ziziphus jujuba Miller**

落叶乔木。生于山地干旱阳坡。海拔 1 500~1 800 m。

产北天山、内天山、西天山、西南天山。中国、哈萨克斯坦、吉尔吉斯斯坦、乌兹别克斯坦;亚洲有分布。

食用、药用、绿篱、饲料、蜜源。

四十、锦葵科 Malvaceae

336. 锦葵属 Malva L.

*（2750）布哈拉锦葵 **Malva bucharica Iljin**

多年生草本。生于河岸、山溪边、城郊原野、路边、花园、田间。海拔 600~1 700 m。

产北天山、西南天山。哈萨克斯坦、乌兹别克斯坦；亚洲有分布。

（2751）锦葵 **Malva sinensis Cav.** =*Malva cathayensis* M. G. Gilbert, Y. Tang et Dorr =*Malva mauritiana* var. *sinensis*（Cavan.）DC.

二年生或多年生草本。生于城市和绿洲庭院，多为栽培，也有逸为野生。海拔 800~1 800 m。

产东天山、东北天山、准噶尔阿拉套山、北天山、东南天山、西天山、西南天山。中国、哈萨克斯坦、吉尔吉斯斯坦、乌兹别克斯坦、印度、俄罗斯；亚洲、欧洲有分布。

药用、观赏。

（2752）长梗锦葵 **Malva neglecta Wallr.**

多年生草本。生于山地河谷、河边、碎石质坡地、河岸阶地、山麓洪积扇。海拔 800~2 920 m。

产东天山、准噶尔阿拉套山、北天山、东南天山、内天山、西天山、西南天山。中国、哈萨克斯坦、吉尔吉斯斯坦、乌兹别克斯坦、俄罗斯；亚洲、欧洲有分布。

*（2753）尼喀锦葵 **Malva nicaeensis All.**

一年生草本。生于河谷、山溪边、渠边、路旁、村落周边。海拔 500~1 800 m。

产西南天山、内天山。吉尔吉斯斯坦、乌兹别克斯坦、土库曼斯坦、俄罗斯；亚洲、欧洲有分布。

*（2754）小花锦葵 **Malva parviflora L.**

一年生草本。生于低山荒漠草原、山麓杂草地。海拔 200~1 800 m。

产西南天山、西天山、内天山。吉尔吉斯斯坦、乌兹别克斯坦、俄罗斯；亚洲有分布。

（2755）圆叶锦葵 **Malva rotundifolia L.** =*Malva pusilla* Sm.

一年生或二年生。生于山地林缘、山谷河岸阶地、村落周边、路边、垃圾堆、花果园。海拔 270~1 700 m。

产东天山、东北天山、准噶尔阿拉套山、北天山、内天山、西天山、西南天山。中国、哈萨克斯坦、吉尔吉斯斯坦、乌兹别克斯坦、俄罗斯；亚洲、欧洲有分布。

药用、食用、染料、饲料、蜜源。

（2756）森林锦葵 **Malva sylvestris L.** =*Malva grossheimii* Iljin

一年生或二年生草本。生于山地林缘、河谷、山麓洪积扇、平原、田边、沙地。海拔 600~1 600 m。

产准噶尔阿拉套山、北天山、西天山、西南天山。哈萨克斯坦、吉尔吉斯斯坦、乌兹别克斯坦、俄罗斯；亚洲、欧洲有分布。

（2757）野葵 **Malva verticillata L.** =*Malva mohileviensis* Downar. =*Maiva crispa*（L.）L.

一年生或二年生草本。生于山坡草地、平原绿洲、村落庭院。海拔 600~2 040 m。

产东天山、东北天山、准噶尔阿拉套山、北天山、东南天山、中央天山。中国、哈萨克斯坦、吉尔吉斯斯坦、朝鲜、印度、缅甸、俄罗斯；亚洲、欧洲有分布。

药用、食用、编制、饲料。

（2758）中华野葵 **Malva verticillata** var. **chinensis**（Mill.）S. Y. Hu

二年生草本。生于山坡草地、平原绿洲、村落庭院。海拔 600~2 040 m。

产东天山、北天山、中央天山。中国、朝鲜；亚洲有分布。

药用、食用、编制、饲料。

337. 花葵属 Lavatera L.

（2759）新疆花葵 **Lavatera cashemiriana** Cambess. = *Malva kashmiriana* Alef. = *Lavatera thuringiaca* var. *cachemiriana*（Cambess.）S. Mobayen

多年生草本。生于山地林缘、山地草甸、山地阳坡草地。海拔 500~2 200 m。

产准噶尔阿拉套山、北天山。中国、哈萨克斯坦；亚洲有分布。

编制、药用、观赏、蜜源。

（2760）欧亚花葵 **Lavatera thuringiaca** L. = *Malva thuringiaca*（L.）Vis.

多年生草本。生于山坡草地、河湖岸边草甸。海拔 500~1 700 m。

产准噶尔阿拉套山、北天山、内天山、西天山、西南天山。中国、哈萨克斯坦、吉尔吉斯斯坦、乌兹别克斯坦、俄罗斯；亚洲、欧洲有分布。

编制、造纸、药用、染料、观赏、蜜源。

338. 蜀葵属（药葵属）Althaea L.

*（2761）亚美尼亚蜀葵 **Althaea armeniaca** Ten.

多年生草本。生于山地河漫滩、盐渍化荒漠草原、平原河湖边。海拔 500~2 300 m。

产北天山、内天山、西天山、西南天山。哈萨克斯坦、吉尔吉斯斯坦、乌兹别克斯坦、俄罗斯；亚洲、欧洲有分布。

*（2762）巴勒德舒尼蜀葵 **Alcea baldshuanica**（Bornm.）Iljin

多年生草本。生于细土质山坡、黄土丘陵、山地荒漠草原。海拔 600~2 100 m。

产北天山、西天山、西南天山。哈萨克斯坦、吉尔吉斯斯坦、乌兹别克斯坦；亚洲有分布。

*（2763）亚麻药蜀葵 **Althaea cannabina** L.

多年生草本。生于山地林缘、河岸灌丛、河漫滩草甸。海拔 600~2 800 m。

产北天山、内天山、西天山、西南天山。哈萨克斯坦、吉尔吉斯斯坦、乌兹别克斯坦、俄罗斯；亚洲、欧洲有分布。

*（2764）甫劳维安蜀葵 **Alcea froloviana**（Litw.）Iljin

多年生草本。生于山地森林-灌丛、山崖岩石缝、矿石堆、细石质-粗石质山坡。海拔 300~1 800 m。

产准噶尔阿拉套山、北天山、西天山、西南天山、内天山。哈萨克斯坦、吉尔吉斯斯坦、乌兹别克斯坦、俄罗斯；亚洲有分布。

*（2765）利托威蜀葵 **Alcea litwinowii**（Iljin）Iljin

多年生草本。生于山地丘陵、干旱山坡、荒漠草原。海拔 900~2 600 m。

产北天山、西天山、西南天山。哈萨克斯坦、吉尔吉斯斯坦、乌兹别克斯坦；亚洲有分布。

（2766）裸花蜀葵 **Alcea nudiflora**（**Lindl.**）**Boiss.** = *Althaea nudiflora* Lindl.

二年生或多年生草本。生于山地林缘、山地草原、山地阳坡草地、灌丛、岩石堆、休耕地、田野。海拔 1 000~2 600 m。

产准噶尔阿拉套山、北天山、西南天山。中国、哈萨克斯坦、乌兹别克斯坦、俄罗斯；亚洲有分布。

编制、药用、观赏、蜜源。

（2767）药蜀葵 **Althaea officinalis L.**

多年生草本。生于河边、渠边、河漫滩、撂荒地、盐化草甸。海拔400~1 000 m。

产东天山、东北天山、准噶尔阿拉套山、北天山、内天山、西天山、西南天山。中国、哈萨克斯坦、吉尔吉斯斯坦、乌兹别克斯坦、俄罗斯；亚洲、欧洲、美洲有分布。

药用、食用、染料、造纸、编制、蜜源。

*（2768）网果皮蜀葵 **Alcea rhyticarpa**（**Trautv.**）**Iljin**

多年生草本。生于黄土丘陵、细石质-碎石质山坡、山地荒漠草原、田边、沙地。海拔 500~1 500 m。

产北天山、西天山、西南天山、内天山。哈萨克斯坦、吉尔吉斯斯坦、乌兹别克斯坦、土库曼斯坦；亚洲有分布。

*（2769）具皱纹蜀葵 **Alcea rugosa Alef.** = *Alcea taurica* Iljin

多年生草本。生于亚高山草甸、山地草原、河谷。海拔 900~2 900 m。

产西天山、西南天山、内天山。吉尔吉斯斯坦、乌兹别克斯坦；亚洲有分布。

339. 苘麻属 Abutilon Mill.

（2770）苘麻 **Abutilon theophrasti Medik.**

一年生亚灌木状草本。生于绿洲地带田边、路边、沟渠边。海拔-150~1 400 m。

产东天山、东北天山、北天山、内天山、西天山、西南天山。中国、哈萨克斯坦、吉尔吉斯斯坦、乌兹别克斯坦、印度、日本、越南；亚洲、欧洲、非洲、美洲有分布。

编制、药用、油料、食用。

340. 木槿属 Hibiscus L.

（2771）野西瓜苗 **Hibiscus trionum L.**

一年生草本。生于绿洲地带农田、路边、荒地。海拔400~1 400 m。

产东天山、东北天山、准噶尔阿拉套山、北天山、东南天山、内天山、西天山、西南天山。中国、哈萨克斯坦、吉尔吉斯斯坦、乌兹别克斯坦；世界各地有分布。

编制、油料、药用、饲料。

四十一、藤黄科（金丝桃科） Hypericaceae

341. 金丝桃属 Hypericum L.

*（2772）雅金丝桃 **Hypericum elegans Steph. ex Willd.**

多年生草本。生于山地林缘、山地草原、山地河谷。海拔 1 500~2 800 m。

产准噶尔阿拉套山。哈萨克斯坦、俄罗斯；亚洲、欧洲有分布。

（2773）长序金丝桃 **Hypericum elongatum Ledeb.**

多年生草本。生于山地林缘、山地草甸、沟谷灌丛、山地草原。海拔 560~1 950 m。

产东天山、准噶尔阿拉套山、北天山、内天山、西天山、西南天山。中国、哈萨克斯坦、吉尔吉斯斯坦、乌兹别克斯坦、俄罗斯;亚洲、欧洲有分布。

（2774）毛金丝桃 **Hypericum hirsutum L.**

多年生草本。生于山地疏林下、林缘、山地草甸、草原灌丛。海拔 1 300~2 800 m。

产东北天山、准噶尔阿拉套山、北天山。中国、哈萨克斯坦、吉尔吉斯斯坦、蒙古、俄罗斯;亚洲、欧洲有分布。

药用。

（2775）贯叶金丝桃(贯叶连翘) **Hypericum perforatum L.**

多年生草本。生于山地林缘、林间草地、山地河谷、沙砾质干山坡、草原灌丛。海拔 500~1 950 m。

产东北天山、准噶尔阿拉套山、北天山、东南天山、内天山、西天山、西南天山。中国、哈萨克斯坦、吉尔吉斯斯坦、乌兹别克斯坦、蒙古、印度、俄罗斯;亚洲、欧洲、非洲有分布。

药用、食用、染料、鞣料、有毒、蜜源。

（2776）糙枝金丝桃 **Hypericum scabrum L.**

多年生草本或半灌木。生于低山石质山坡、灌丛、山地草原。海拔 900~1 800 m。

产准噶尔阿拉套山、北天山、东南天山、内天山、西天山、西南天山。中国、哈萨克斯坦、吉尔吉斯斯坦、乌兹别克斯坦、俄罗斯;亚洲有分布。

染料、药用。

四十二、瓣鳞花科 Frankeniaceae

342. 瓣鳞花属 Frankenia L.

*（2777）密绕诺夫瓣鳞花 **Frankenia bucharica subsp. mironovii**（Botsch.）**Chrtek** = *Frankenia mironovii* Botsch.

半灌木。生于盐化草甸、盐碱化荒漠草地。海拔 300~1 200 m。

产北天山。哈萨克斯坦;亚洲有分布。

*（2778）毛瓣鳞花 **Frankenia hirsuta L.**

半灌木。生于盐渍化沼泽湿地、河和湖边盐渍化荒地、砾石质荒漠。海拔 400~1 500 m。

产北天山、西天山。哈萨克斯坦、吉尔吉斯斯坦、乌兹别克斯坦、俄罗斯;亚洲、欧洲有分布。

（2779）瓣鳞花 **Frankenia pulverulenta L.**

一年生草本。生于河流泛滥地、河和湖边盐化草甸、低湿盐碱地。海拔 500~1 950 m。

产东北天山、北天山、西天山、西南天山。中国、哈萨克斯坦、吉尔吉斯斯坦、乌兹别克斯坦、蒙古、阿富汗、巴基斯坦、俄罗斯;亚洲、欧洲、非洲有分布。

四十三、柽柳科 Tamaricaceae

343. 红砂属（琵琶柴属）Reaumuria L.

（2780）五柱红砂 **Reaumuria kaschgarica Rupr.**

矮灌木。生于山麓洪积扇、低山盐土荒漠、多石质荒漠草原。海拔 1 300～3 300 m。

产内天山。中国、哈萨克斯坦、吉尔吉斯斯坦、乌兹别克斯坦；亚洲有分布。

饲料、药用。

（2781）红砂 **Reaumuria soongorica**（Pall.）**Maxim.** = *Hololachne soongarica*（Pall.）Ehrenb. = *Tamarix soongarica* Pall.

小灌木。生于山地丘陵、剥蚀残丘、山麓洪积-冲积扇、冲积平原、沙砾质戈壁、盐碱地、盐化草甸、半固定沙丘。海拔 500～4 500 m。

产东天山、东北天山、准噶尔阿拉套山、北天山、东南天山、中央天山、内天山。中国、哈萨克斯坦、吉尔吉斯斯坦、蒙古、伊朗、俄罗斯；亚洲有分布。

饲料、药用。

（2782）中亚红砂 **Reaumuria turkestanica Gorschkowa**

半灌木。生于山麓洪积-冲积扇、盐土荒漠、沙地。海拔 120～1 500 m。

产西天山、西南天山。乌兹别克斯坦；亚洲有分布。

344. 柽柳属 Tamarix L.

（2783）紫杆柽柳（白花柽柳）**Tamarix androssowii Litv.**

大灌木或小乔木。生于沙漠区盐渍化洼地、河流沿岸沙地、湖泊周边沙地。海拔 800～1 200 m。

产东南天山、内天山、西天山。中国、乌兹别克斯坦；亚洲有分布。

燃料、饲料、药用。

（2784）密花柽柳 **Tamarix arceuthoides Bunge**

灌木或小乔木。生于低山河岸阶地、河谷沙砾质湿地、沙砾质戈壁。海拔 280～2 100 m。

产东天山、东北天山、准噶尔阿拉套山、东南天山、内天山、西天山、西南天山。中国、哈萨克斯坦、吉尔吉斯斯坦、乌兹别克斯坦、蒙古、阿富汗、巴基斯坦、伊朗、伊拉克；亚洲有分布。

固沙、绿化、燃料、饲料、蜜源、药用。

（2785）长穗柽柳 **Tamarix elongata Ledeb.**

大灌木。生于荒漠区河岸阶地、冲积平原、各类盐碱地、沙丘。海拔 300～1 400 m。

产东天山、东北天山、准噶尔阿拉套山、东南天山、中央天山。中国、哈萨克斯坦、蒙古、俄罗斯；亚洲有分布。

固沙、观赏、燃料、饲料、染料、蜜源。

＊（2786）里海柽柳 **Tamarix eversmannii C. Presl ex Ledeb.**

灌木。生于黏土质沙漠、粗粒质沙漠、荒漠区河边、河漫滩。海拔 200～1 200 m。

产北天山。哈萨克斯坦；亚洲有分布。

（2787）甘肃柽柳 **Tamarix gansuensis H. Z. Zhang**

灌木。生于干旱区河岸、湖边盐碱地、沙质荒漠、固定沙丘。海拔1 000~1 350 m。

产东南天山、中央天山。中国；亚洲有分布。

中国特有成分。固沙、观赏、燃料、饲料、蜜源。

（2788）异花柽柳 **Tamarix gracilis Willd.**

灌木。生于干旱区和河和湖岸边、河岸阶地、荒漠、盐碱地、沙丘沙地。海拔500~900 m。

产准噶尔阿拉套山、北天山。中国、哈萨克斯坦、蒙古、俄罗斯；亚洲、欧洲有分布。

固沙、观赏、燃料、饲料、蜜源。

（2789）刚毛柽柳 **Tamarix hispida Willd.**

灌木或小乔木。生于荒漠区和河湖岸边、各类盐碱地、沙漠边缘。海拔350~1 650 m。

产东天山、东北天山、北天山、东南天山、中央天山、内天山。中国、哈萨克斯坦、蒙古、伊朗、阿富汗；亚洲、欧洲有分布。

木材、改土、固沙、观赏、燃料、饲料、药用。

（2790）多花柽柳 **Tamarix hohenackeri Bunge**

灌木或小乔木。生于山麓洪积扇下部、河和湖岸边、盐化草甸、盐化沙地。海拔400~1 800 m。

产东天山、东北天山、准噶尔阿拉套山、北天山、东南天山、中国、哈萨克斯坦、伊朗、俄罗斯；亚洲、欧洲有分布。

固沙、绿化、观赏、燃料、饲料、蜜源、药用。

（2791）盐地柽柳 **Tamarix karelinii Bunge**

大灌木或小乔木。生于荒漠区河和湖岸边、各类盐碱地、沙漠边缘。海拔200~1 400 m。

产东天山、东北天山、准噶尔阿拉套山、东南天山。中国、哈萨克斯坦、伊朗、蒙古；亚洲有分布。

固沙、观赏、燃料、饲料、药用。

*（2792）考氏柽柳 **Tamarix korolkowii Regel et Schmalh. ex Regel**

灌木。生于沙漠区干河滩、固定沙丘。海拔150~1 400 m。

产北天山、西南天山。哈萨克斯坦、乌兹别克斯坦；亚洲有分布。

（2793）短穗柽柳 **Tamarix laxa Willd.**

灌木。生于荒漠区河岸阶地、湖盆周边、各类盐碱地、沙丘边缘、固定和半固定沙丘。海拔-76~1 300 m。

产东天山、东北天山、北天山、东南天山、中央天山。中国、哈萨克斯坦、蒙古、伊朗、阿富汗、俄罗斯；亚洲、欧洲有分布。

固沙、观赏、燃料、饲料、染料、鞣料、蜜源。

（2794）细穗柽柳 **Tamarix leptostachya A. Bunge**

灌木。生于荒漠区河流沿岸潮湿地、河岸阶地、各类疏松盐碱地。海拔330~1 800 m。

产东天山、东北天山、准噶尔阿拉套山、东南天山、中央天山、内天山。中国、哈萨克斯坦、蒙古；亚洲有分布。

固沙、改土、绿化、观赏、编制、燃料、饲料、染料、蜜源、药用。

*（2795）李氏柽柳 **Tamarix litwinowii Gorschk.**

灌木或小乔木。生于荒漠区河漫滩、河岸阶地、干河床。海拔 130～900 m。

产北天山。哈萨克斯坦；亚洲有分布。

（2796）多枝柽柳 **Tamarix ramosissima Ledeb.**

灌木或小乔木。生于荒漠区河漫滩、河和湖岸边、盐渍化沙地。海拔 150～2 100 m。

产东天山、东北天山、准噶尔阿拉套山、北天山、东南天山、中央天山、内天山、西天山、西南天山。中国、哈萨克斯坦、吉尔吉斯斯坦、乌兹别克斯坦、蒙古、伊朗、阿富汗、俄罗斯；亚洲、欧洲有分布。

药用、固沙、观赏、改土、绿化、编制、燃料、鞣料、饲料、染料、蜜源。

345. 水柏枝属 Myricaria Desv.

（2797）宽苞水柏枝 **Myricaria bracteata Royle** = *Myricaria alopecuroides* Schrenk

灌木。生于山谷河漫滩、河岸阶地、山麓洪积-冲积扇、河和湖岸边沙地。海拔 300～4 000 m。

产东天山、东北天山、准噶尔阿拉套山、北天山、东南天山、中央天山、内天山。中国、哈萨克斯坦、蒙古、阿富汗、巴基斯坦、印度、俄罗斯；亚洲、欧洲有分布。

有毒、药用、食用、染料、鞣料、编制、饲料。

（2798）具鳞水柏枝（鳞序水柏枝）**Myricaria squamosa Desv.**

灌木。生于山间河漫滩、低山荒漠。海拔 1 000～4 000 m。

产东天山、东北天山、准噶尔阿拉套山、北天山、东南天山、中央天山、内天山。中国、哈萨克斯坦、吉尔吉斯斯坦、阿富汗、巴基斯坦、印度、俄罗斯；亚洲、欧洲有分布。

药用、编制、造纸、染料、燃料、饲料。

四十四、半日花科 Cistaceae

346. 半日花属 Helianthemum Hill.

（2799）半日花 **Helianthemum songaricum Schrenk**

矮小灌木。生于砾石质山坡、沙砾质戈壁、山地河流沿岸沙砾地、蒿属荒漠。海拔 850～1 800 m。

产准噶尔阿拉套山、北天山、内天山、西天山、西南天山。中国、哈萨克斯坦、吉尔吉斯斯坦、乌兹别克斯坦；亚洲有分布。

观赏、染料。

四十五、堇菜科 Violaceae

347. 堇菜属 Viola L.

（2800）尖叶堇菜 **Viola acutifolia（Kar. et Kir.）W. Bckr.**

多年生草本。生于亚高山草甸、山地林下、林缘、林间草地、河谷水边、山坡草地、灌丛。海拔 1 100～3 100 m。

产东北天山、准噶尔阿拉套山、北天山、中央天山。中国、哈萨克斯坦、吉尔吉斯斯坦；亚洲有分布。

*（2801）阿莱堇菜 **Viola alaica** Vved.

多年生草本。生于细土质–石质潮湿山坡、山崖岩石缝、河谷阴湿处、灌丛。海拔 700～2 800 m。

产西天山、西南天山、内天山。吉尔吉斯斯坦、乌兹别克斯坦；亚洲有分布。

*（2802）森替堇菜 **Viola alba subsp. sintenisii**（**W. Becker**）**W. Becker** = *Viola sintenisii* W. Becker

多年生草本。生于山崖岩石缝、阔叶林下、山坡草地、灌丛。海拔 700～2 600 m。

产西南天山、内天山。吉尔吉斯斯坦、乌兹别克斯坦；亚洲有分布。

*（2803）沃尔胡堇菜 **Viola alexejana R. V. Kamelin et S. Yu. Yunusov**

多年生草本。生于山崖岩石缝、山脊草坡。海拔 1 800～2 200 m。

产西南天山、内天山。吉尔吉斯斯坦、乌兹别克斯坦；亚洲有分布。

*（2804）异瓣堇菜 **Viola allochroa Botsch.**

多年生草本。生于山崖岩石缝、悬崖阴坡、山坡草地、山地河谷。海拔 2 500～3 200 m。

产北天山、西天山、西南天山。哈萨克斯坦、吉尔吉斯斯坦、乌兹别克斯坦；亚洲有分布。

（2805）阿尔泰堇菜 **Viola altaica Ker-Gawl.**

多年生草本。生于高山岩石缝、高山和亚高山草甸、山地林下、林缘、林间草地。海拔 2 200～3 300 m。

产准噶尔阿拉套山、北天山、东南天山、中央天山、内天山、西天山、西南天山。中国、哈萨克斯坦、吉尔吉斯斯坦、乌兹别克斯坦、蒙古、俄罗斯；亚洲有分布。

观赏。

*（2806）田间堇菜 **Viola arvensis Murray**

一年生草本。生于绿洲、田边、草地、村落周边。海拔 500～1 400 m。

产北天山。哈萨克斯坦、俄罗斯；亚洲、欧洲有分布。

（2807）双花堇菜 **Viola biflora L.**

多年生草本。生于高山和亚高山草甸、山地林下、林缘、河谷岩石缝、河滩、山溪边。海拔 2 000～3 800 m。

产东天山、东北天山、准噶尔阿拉套山、北天山、中央天山。中国、哈萨克斯坦、朝鲜、日本、蒙古、俄罗斯；亚洲、欧洲、美洲有分布。

药用。

*（2808）狗头堇菜 **Viola canina L.**

多年生草本。生于山崖岩石缝、碎石堆、灌丛、山地草原。海拔 1 500～2 400 m。

产北天山。哈萨克斯坦、俄罗斯；亚洲、欧洲有分布。

（2809）球果堇菜 **Viola collina Bess.**

多年生草本。生于山地林下、林缘、山坡草地、灌丛。海拔 1 000～2 000 m。

产准噶尔阿拉套山、北天山。中国、哈萨克斯坦、吉尔吉斯斯坦、朝鲜、日本、蒙古、俄罗斯；亚洲、欧洲有分布。

药用。

（2810）深圆齿堇菜 **Viola davidii Franch.**

多年生草本。生于山地草甸。海拔 2 300 m 上下。

产东南天山。中国；亚洲有分布。

*（2811）分离堇菜 **Viola disjuncta W. Becker**

多年生草本。生于亚高山草甸、草甸草原、山地河谷。海拔 2 700～3 100 m。

产北天山。哈萨克斯坦；亚洲有分布。

（2812）裂叶堇菜 **Viola dissecta Ledeb.**

多年生草本。生于亚高山草甸、山地林缘、林间草地。海拔 1 700～2 800 m。

产东北天山、准噶尔阿拉套山、中央天山。中国、哈萨克斯坦、朝鲜、蒙古、俄罗斯；亚洲有分布。

药用。

*（2813）全裂堇菜 **Viola dissecta var. incisa（Turcz.）Y. S. Chen** = *Viola incisa* Turcz.

多年生草本。生于山崖岩石缝、山地河谷。海拔 1 300～2 900 m。

产北天山。哈萨克斯坦、俄罗斯；亚洲有分布。

（2814）高堇菜 **Viola elatior Fries** = *Viola montana* DC.

多年生草本。生于山地阴湿处、林下、河漫滩、河岸阶地。海拔 1 200～1 800 m。

产东天山、准噶尔阿拉套山、北天山、东南天山、内天山、西天山、西南天山。中国、哈萨克斯坦、吉尔吉斯斯坦、乌兹别克斯坦、俄罗斯；亚洲、欧洲有分布。

*（2815）无茎堇菜 **Viola epipsila Ledeb.**

多年生草本。生于沼泽湿地、薹草草甸湿地、河边。海拔 700～2 300 m。

产北天山。哈萨克斯坦、俄罗斯；亚洲、欧洲有分布。

*（2816）费氏堇菜 **Viola fedtschenkoana W. Becker** = *Viola isopetala* Juz.

多年生草本。生于山地阔叶林下、山坡草地、灌丛、山地河谷。海拔 1 500～2 900 m。

产北天山、内天山、西天山、西南天山。哈萨克斯坦、吉尔吉斯斯坦、乌兹别克斯坦；亚洲有分布。

（2817）硬毛堇菜 **Viola hirta L.**

多年生草本。生于山地林下、林缘、林间草地、山坡草地、山谷河漫滩。海拔 1 000～1 800 m。

产内天山、北天山、西天山。中国、哈萨克斯坦、吉尔吉斯斯坦、乌兹别克斯坦、俄罗斯；亚洲、欧洲有分布。

药用、观赏、蜜源。

*（2818）黑塞尔堇菜 **Viola hissarica Juz.**

多年生草本。生于山地河谷、田边、绿洲。海拔 600～2 100 m。

产北天山、西南天山。哈萨克斯坦、吉尔吉斯斯坦、乌兹别克斯坦；亚洲有分布。

（2819）西藏堇菜 **Viola kunawarensis Royle** = *Viola tianschanica* Maxim.

多年生草本。生于高山和亚高山草甸、山地林下、林缘、岩石缝、山地草甸草原。海拔 1 500～4 000 m。

产东天山、东北天山、准噶尔阿拉套山、北天山、东南天山、中央天山、内天山、西天山。中国、哈萨克斯坦、吉尔吉斯斯坦、阿富汗、巴基斯坦、印度；亚洲有分布。

（2820）大距堇菜 **Viola macroceras Bunge**

多年生草本。生于山地林缘、山地草甸、砾石质山坡、灌丛、山溪边。海拔 1 000~1 900 m。

产东天山、东北天山、准噶尔阿拉套山、北天山。中国、哈萨克斯坦、俄罗斯；亚洲有分布。

*（2821）巨堇菜 **Viola majchurensis Pissjaukova**

多年生草本。生于山谷阴湿处、山地草甸草原、草甸湿地。海拔 2 200~2 800 m。

产西南天山、内天山。吉尔吉斯斯坦、乌兹别克斯坦；亚洲有分布。

（2822）奇异堇菜 **Viola mirabilis L.**

多年生草本。生于山地林缘、山地灌丛、河滩、冲沟。海拔 1 850 m 上下。

产准噶尔阿拉套山、北天山。中国、哈萨克斯坦、俄罗斯；亚洲、欧洲有分布。

药用。

*（2823）薄叶堇菜 **Viola modestula Klokov**

一年生草本。生于黏土荒漠、山地草原、河谷。海拔 1 200~2 500 m。

产北天山、西天山、西南天山。哈萨克斯坦、吉尔吉斯斯坦、乌兹别克斯坦；亚洲有分布。

*（2824）莫塔堇菜 **Viola montana L.** =*Viola canina* subsp. *ruppii*（All.）Schübl. et Martens

多年生草本。生于山地林缘、山地草甸湿地、灌丛、河漫滩。海拔 1 500~2 000 m。

产北天山、西天山、内天山。哈萨克斯坦、吉尔吉斯斯坦、乌兹别克斯坦；亚洲有分布。

*（2825）伏生堇菜 **Viola occulta Lehm.**

一年生草本。生于山地阴坡、灌丛、路边。海拔 500~1 800 m。

产北天山、西天山、西南天山。哈萨克斯坦、吉尔吉斯斯坦、乌兹别克斯坦、俄罗斯；亚洲、欧洲有分布。

*（2826）香堇菜 **Viola odorata L.**

多年生草本。生于山麓石质草地。海拔 900~1 800 m。

产北天山。哈萨克斯坦、吉尔吉斯斯坦、俄罗斯；亚洲、欧洲有分布。

*（2827）矮堇菜 **Viola pumila Chaix**

多年生草本。生于林间草地、草甸湿地、灌丛、平原河漫滩。海拔 700~2 900 m。

产北天山、西天山、西南天山。哈萨克斯坦、吉尔吉斯斯坦、乌兹别克斯坦、俄罗斯；亚洲、欧洲有分布。

（2828）石生堇菜 **Viola rupestris F. W. Schmidt.**

多年生草本。生于山地林下、林缘、石质山坡草地、河漫滩草甸。海拔 1 300~2 500 m。

产东天山、东北天山、准噶尔阿拉套山、北天山、东南天山、内天山、西天山、西南天山。中国、哈萨克斯坦、吉尔吉斯斯坦、乌兹别克斯坦、蒙古、俄罗斯；亚洲、欧洲有分布。

*（2829）夏赫麦尔丹堇菜 **Viola schachimardanica Khalkuziev**

多年生草本。生于冰碛碎石堆、山崖岩石缝、河谷阴湿处、石灰岩丘陵。海拔 1 400~3 600 m。

产西天山、西南天山、内天山。哈萨克斯坦、吉尔吉斯斯坦、乌兹别克斯坦；亚洲有分布。

（2830）浅圆齿堇菜 **Viola schneideri W. Becker**

多年生草本。生于山地林下、林缘、山溪边。海拔 1 850 m 上下。

产北天山。中国；亚洲有分布。

(2831) 深山堇菜 **Viola selkirkii Pursh ex Goldie**

多年生草本。生于山地林下、山地灌丛、山溪边。海拔 1 700~1 850 m。

产东天山、北天山。中国、朝鲜、日本、蒙古、俄罗斯;亚洲、欧洲、美洲有分布。

药用。

*(2832) 直立堇菜 **Viola stagnina Kit.** = *Viola persicifolia* Schreb.

多年生草本。生于悬崖峭壁、山地河边、草甸草原。海拔 1 800~2 800 m。

产北天山。哈萨克斯坦、俄罗斯;亚洲、欧洲有分布。

(2833) 野生香堇菜 **Viola suavis M. Bieb.**

多年生草本。生于山谷草地、山地灌丛、河谷水边。海拔 1 400~1 800 m。

产准噶尔阿拉套山、北天山、内天山、西天山、西南天山。中国、哈萨克斯坦、吉尔吉斯斯坦、乌兹别克斯坦、俄罗斯;亚洲、欧洲有分布。

植化原料(维生素)、香料、染料。

(2834) 塔城堇菜 **Viola tarbagataica Klokov**

多年生草本。生于高山和亚高山草甸、山地灌丛。海拔 2 900~3 700 m。

产北天山。中国、哈萨克斯坦;亚洲有分布。

*(2835) 三色堇菜 **Viola tricolor L.**

一年生草本。生于山地草原、山地阴坡、草甸草原。海拔 1 300~2 800 m。

产北天山、西天山。哈萨克斯坦、俄罗斯;亚洲、欧洲有分布。

*(2836) 中亚堇菜 **Viola turkestanica Regel et Schmalh. ex Rege** = *Viola dolichocentra* Botsch.

多年生草本。生于山崖阴湿处、砾岩堆、山谷潮湿处、山坡草地、草甸沼泽、灌丛。海拔 1 200~3 100 m。

产西天山、西南天山、内天山。哈萨克斯坦、吉尔吉斯斯坦、乌兹别克斯坦;亚洲有分布。

*(2837) 单花堇菜 **Viola uniflora L.**

多年生草本。生于山地林缘、山地河谷。海拔 2 100 m 上下。

产准噶尔阿拉套山。哈萨克斯坦、俄罗斯;亚洲有分布。

四十六、瑞香科 Thymelaeaceae

348. 欧瑞香属(新瑞香属) **Thymelaea Mill.**

(2838) 欧瑞香(新瑞香) **Thymelaea passerina (L.) Coss. et Germ.**

一年生草本。生于山地河谷潮湿处、沟渠边、盐化草甸、荒地、沙漠边缘。海拔 340~2 300 m。

产东天山、准噶尔阿拉套山、北天山、东南天山、中央天山、内天山、西天山、西南天山。中国、哈萨克斯坦、吉尔吉斯斯坦、乌兹别克斯坦、伊朗、印度、俄罗斯;亚洲、欧洲有分布。

349. 草瑞香属 **Diarthron Turcz.**

(2839) 短叶草瑞香 **Diarthron vesiculosum (Fisch. et C. A. Mey.) C. A. Mey.**

一年生草本。生于山地荒漠、低山黏土荒漠。海拔 560~1 290 m。

产准噶尔阿拉套山、北天山、内天山、西天山、西南天山。中国、哈萨克斯坦、吉尔吉斯斯坦、乌

兹别克斯坦、伊朗、俄罗斯;亚洲、欧洲有分布。

有毒、药用。

350. 瑞香属 Daphne L.

（2840）阿尔泰瑞香 **Diarthron vesiculosum（Fisch. et C. A. Mey.）C. A. Mey.**

灌木。生于山地疏林下、林缘、山地灌丛、山地草原。海拔 1 100～1 600 m。

产北天山。中国、哈萨克斯坦、俄罗斯;亚洲有分布。

有毒、药用、观赏。

351. 假狼毒属 Stelleropsis Pobed.

（2841）阿尔泰假狼毒 **Stelleropsis altaica（Thieb. ex Pers.）Pobedim.** = *Diarthron altaicum*（Thieb.）Kit Tan

多年生草本。生于山坡草地、山地灌丛。海拔 1 900～2 100 m。

产准噶尔阿拉套山、北天山。中国、哈萨克斯坦、俄罗斯;亚洲有分布。

药用、有毒。

*（2842）伊塞克假狼毒 **Stelleropsis issykkulensis Pobed.** = *Diarthron issykkulense*（Pobed.）Kit Tan

多年生草本。生于高山和亚高山草甸、河谷、坡积物。海拔 2 700～3 200 m。

产内天山。吉尔吉斯斯坦;亚洲有分布。

*（2843）塔城假狼毒 **Stelleropsis tarbagataica Pobed.** = *Diarthron tarbagataicum*（Pobed.）Kit Tan

半灌木。生于山地林缘、山地河谷、山地灌丛。海拔 1 200～2 500 m。

产北天山。哈萨克斯坦;亚洲有分布。

哈萨克斯坦特有成分。

（2844）天山假狼毒 **Stelleropsis tianschanica Pobedim.** = *Diarthron tianschanicum*（Pobed.）Kit Tan

多年生草本。生于高山和亚高山草甸、山地草甸、山地灌丛。海拔 1 700～3 400 m。

产准噶尔阿拉套山、北天山、内天山。中国、哈萨克斯坦;亚洲有分布。

有毒。

352. 荛花属 Wikstroemia Endl.

*（2845）白荛花 **Wikstroemia alberti（Regel）Mottet** = *Restella albertii*（Regel）Pobedim.

灌木。生于山地河谷、灌丛、山脊、潮湿草地。海拔 1 200～2 900 m。

产西天山、西南天山、内天山。哈萨克斯坦、吉尔吉斯斯坦、乌兹别克斯坦;亚洲有分布。

四十七、胡颓子科 Elaeagnaceae

353. 胡颓子属 Elaeagnus L.

（2846）沙枣 **Elaeagnus angustifolia L.** = *Elaeagnus oxycarpa* Schltdl. = *Elaeagnus moorcoroftii* Wall. ex Schlecht.

落叶乔木或小乔木。生于山地河谷、沟渠边、干河床、田边、路边林带、平原沙地、戈壁沙滩。海拔 170～1 550 m。

产东天山、东北天山、准噶尔阿拉套山、北天山、东南天山、中央天山、内天山、西天山、西南天

山。中国、哈萨克斯坦、吉尔吉斯斯坦、乌兹别克斯坦、土库曼斯坦、塔吉克斯坦、俄罗斯；亚

洲、欧洲有分布。

食用、药用、木材、燃料、胶脂、香料、染料、鞣料、饲料、绿化、观赏、蜜源。

（2847）东方沙枣 **Elaeagnus angustifolia subsp. orientalis**（L.）**Sojak** = *Elaeagnus angustifolia* var. *ori-*

entalis（L.）Kuntze

落叶乔木或小乔木。生于河谷、沟渠边、田边、戈壁、平原沙地。海拔 300~1 500 m。

产东天山、中央天山、内天山。中国、俄罗斯；亚洲有分布。

食用、药用、木材、燃料、胶脂、香料、染料、鞣料、饲料、固沙、观赏、蜜源。

*（2848）长叶沙枣 **Elaeagnus latifolia L.**

落叶乔木或小乔木。生于河谷、田边、绿洲周边、平原沙地。海拔 300~1 200 m。

产北天山、西天山、西南天山。哈萨克斯坦、乌兹别克斯坦；亚洲有分布。

*（2849）三叶沙枣 **Elaeagnus triflora Roxb.**

落叶乔木或小乔木。生于绿洲周边、田边、沟渠边、沙地。海拔 300~1 600 m。

产北天山、西天山、西南天山。哈萨克斯坦、乌兹别克斯坦；亚洲有分布。

354. 沙棘属 Hippophae L.

（2850）沙棘 **Hippophae rhamnoides L.**

落叶灌木或小乔木。生于山地河岸阶地、干河床、河漫滩、沙地、固定和半固定沙丘。海拔

500~3 100 m。

产东天山、准噶尔阿拉套山、北天山、东南天山、中央天山、内天山、西天山、西南天山。中国、

哈萨克斯坦、吉尔吉斯斯坦、乌兹别克斯坦、俄罗斯；亚洲、欧洲有分布。

药用、食用、油料、染料、鞣料、胶脂、木材、饲料、植化原料（维生素、碳酸盐）、固土、固沙、绿化、

观赏、蜜源。

（2851）蒙古沙棘 **Hippophae rhamnoides subsp. mongolica Rousi.**

落叶灌木。生于山地沟谷、河漫滩、灌丛。海拔 1 800~2 000 m。

产东天山、东南天山。中国、蒙古、俄罗斯；亚洲有分布。

（2852）中亚沙棘 **Hippophae rhamnoides subsp. trukestanica Rousi.**

落叶灌木或小乔木。生于山地河岸阶地、山地坡麓、灌丛、河滩。海拔 800~3 000 m。

产东天山、东北天山、准噶尔阿拉套山、北天山、东南天山、中央天山、内天山、西天山、西南

天山。中国、哈萨克斯坦、吉尔吉斯斯坦、乌兹别克斯坦、塔吉克斯坦、蒙古、阿富汗；亚洲有

分布。

药用、食用、油料、染料、鞣料、胶脂、木材、饲料、植化原料（维生素、碳酸盐）、固土、固沙、绿化、

观赏、蜜源。

四十八、千屈菜科 Lythraceae

355. 千屈菜属 Lythrum L.

（2853）四齿千屈菜 **Lythrum borysthenicum**（Schrank）**Litv.**

一年生草本。生于河岸低湿地、水边、盐碱地、荒地。海拔 90 m 上下。

产东天山。中国、土耳其、俄罗斯;亚洲、欧洲有分布。

*（2854）牛膝草叶千屈菜 **Lythrum hyssopifolia L.**

一年生草本。生于山泉边湿地、草甸草原、沼泽湿地。海拔 500~1 500 m。

产北天山。哈萨克斯坦、俄罗斯;亚洲、欧洲有分布。

*（2855）矮千屈菜 **Lythrum nanum Kar. et Kir.**

一年生草本。生于湖泊湿地、河流沿岸湿地。海拔 200~1 500 m。

产准噶尔阿拉套山。哈萨克斯坦、俄罗斯;亚洲有分布。

（2856）千屈菜 **Lythrum salicaria L.**

多年生草本。生于河边、湖边、沼泽、低湿地。海拔 300~800 m。

产准噶尔阿拉套山、北天山、东南天山、内天山、西天山、西南天山。中国、哈萨克斯坦、吉尔吉斯斯坦、乌兹别克斯坦、俄罗斯;亚洲、欧洲、非洲、美洲、大洋洲有分布。

药用、鞣料、染料、观赏、蜜源。

（2857）中型千屈菜 **Lythrum intermedium Ledeb. ex Turcz.** =*Lythrum salicaria* subsp. *intermedium* Ledebour ex Colla

多年生草本。生于河边、山溪边、河漫滩草甸、平原低湿地。海拔 500~2 000 m。

产东天山、东北天山、准噶尔阿拉套山、北天山、东南天山、西天山。中国、哈萨克斯坦、吉尔吉斯斯坦、乌兹别克斯坦、朝鲜、日本、蒙古、俄罗斯;亚洲、欧洲有分布。

药用。

*（2858）细叶千屈菜 **Lythrum linifolium Kar. et Kir.** =*Lythrum thesioides* subsp. *linifolium*（Kar. et Kir.）Koehne

一年生草本。生于草甸湿地、沟渠边、沼泽草甸。海拔 400~1 700 m。

产北天山。哈萨克斯坦、俄罗斯;亚洲有分布。

*（2859）三苞片千屈菜 **Lythrum tribracteatum Salzm. ex Tenore** =*Lythrum tribracteatum* Sprengel

一年生草本。生于盐化草甸、沼泽边缘、河流沿岸、农田边、沟渠边、湖边。海拔 200~600 m。

产北天山。哈萨克斯坦、俄罗斯;亚洲、欧洲有分布。

（2860）帚枝千屈菜 **Lythrum virgatum L.**

多年生草本。生于沼泽、河流沿岸、山溪边、盐碱地、平原低湿地。海拔 300~1 900 m。

产东天山、东北天山、准噶尔阿拉套山、北天山、东南天山、内天山、西天山、西南天山。中国、哈萨克斯坦、吉尔吉斯斯坦、乌兹别克斯坦、朝鲜、日本、俄罗斯;亚洲、欧洲有分布。

药用。

*356. 圆叶千屈菜属 Middendorfia Trautv.

*（2861）假千屈菜 **Middendorfia borysthenica（Bieb. ex Schrenk）Trautv.** =*Lythrum borysthenicum*（Schrank）Litv.

一年生草本。生于草甸湿地、沼泽湿地、河谷草甸湿地。海拔 400~1 500 m。

产北天山。哈萨克斯坦;亚洲有分布。

357. 莕艾属 Peplis L.

*（2862）莕艾 **Peplis alternifolia Bieb.** =*Lythrum volgense* D. A. Webb

直立或平卧草本。生于河滩沼泽、盐化草甸、湿草地、河湖边。海拔 500~1 600 m。

产北天山。中国、哈萨克斯坦；亚洲有分布。

四十九、柳叶菜科 Onagraceae

358. 露珠草属 Circaea L.

（2863）高山露珠草 **Circaea alpina L.**

多年生草本。生于山地林下、林缘、山地河谷。海拔 2 000 m 上下。

产北天山。中国、哈萨克斯坦、日本、蒙古、印度、俄罗斯；亚洲、欧洲有分布。

饲料。

*（2864）巴黎露珠草 **Circaea lutetiana L.**

多年生草本。生于山地林缘、沼泽草甸。海拔 1 200~2 800 m。

产准噶尔阿拉套山。哈萨克斯坦；亚洲有分布。

359. 柳兰属 Chamerion（Raf.）Raf. ex Holub

（2865）柳兰 **Chamerion angustifolium（L.）Holub** =*Epilobium angustifolium* L. =*Chamaenerion angustifolium*（L.）Scop.

多年生草本。生于亚高山草甸、林缘、山地草原、山谷低湿地、河边、沼泽草甸。海拔 700~3 000 m。

产东天山、东北天山、准噶尔阿拉套山、北天山、东南天山、中央天山、内天山、西天山、西南天山。中国、哈萨克斯坦、吉尔吉斯斯坦、乌兹别克斯坦、俄罗斯；亚洲、欧洲、美洲有分布。

药用、食用、油料、胶脂、鞣料、编制、饲料、蜜源、纤维。

（2866）宽叶柳兰 **Chamerion latifolium（L.）Fries et Lange** =*Chamaenerion latifolium*（L.）Sweet =*Epilobium latifolium* L.

多年生草本。生于高山和亚高山草甸、山地林下、林缘、河边、河漫滩。海拔 1 100~3 700 m。

产东天山、东北天山、准噶尔阿拉套山、北天山、东南天山、内天山、西天山、西南天山。中国、哈萨克斯坦、吉尔吉斯斯坦、乌兹别克斯坦、俄罗斯；亚洲、欧洲、北美洲有分布。

360. 柳叶菜属 Epilobium L.

（2867）新疆柳叶菜 **Epilobium alpinum L.** =*Epilobium anagallidifolium* Lam.

多年生草本。生于高山岩石缝、河边、山溪边。海拔 3 100 m 上下。

产准噶尔阿拉套山。中国、哈萨克斯坦、俄罗斯；亚洲、欧洲有分布。

*（2868）奇叶柳叶菜 **Epilobium confusum Hausskn.**

多年生草本。生于山地草甸、白桦林下、山地草原。海拔 1 600~2 800 m。

产北天山。哈萨克斯坦、俄罗斯；亚洲有分布。

*（2869）黄绿柳叶菜 **Epilobium glanduligerum K. Knaf ex Celak.**

多年生草本。生于山地草甸湿地、湖边、低山河流沿岸。海拔 200~1 900 m。

产西天山、北天山。哈萨克斯坦、吉尔吉斯斯坦；亚洲有分布。

(2870) 柳叶菜 **Epilobium hirsutum** L. =*Epilobium velutinum* Nevski.

多年生草本。生于山地草甸、河边、湖岸、沼泽草甸、沟渠边、杜加依林下、平原沼泽湿地、芦苇沼泽。海拔 300~2 700 m。

产东天山、东北天山、准噶尔阿拉套山、北天山、内天山、西天山、西南天山。中国、哈萨克斯坦、吉尔吉斯斯坦、乌兹别克斯坦；亚洲、欧洲、美洲有分布。

药用、鞣料、有毒、蜜源。

*(2871) 库马洛夫柳叶菜 **Epilobium komarovii** P. N. Ovchinnikov

多年生草本。生于细石质山坡草地、山地河谷、河漫滩、山溪边。海拔 900~2 400 m。

产准噶尔阿拉套山、北天山、西南天山、内天山。哈萨克斯坦、吉尔吉斯斯坦、乌兹别克斯坦；亚洲有分布。

(2872) 小柳叶菜(细籽柳叶菜) **Epilobium minutiflorum** Hausskn.

多年生草本。生于山地河边、湖岸、沼泽草甸、沟渠边。海拔 350~2 450 m。

产东天山、东北天山、准噶尔阿拉套山、北天山、东南天山、内天山、西天山、西南天山。中国、哈萨克斯坦、吉尔吉斯斯坦、乌兹别克斯坦、伊朗、印度、俄罗斯；亚洲有分布。

药用。

*(2873) 山地柳叶菜 **Epilobium montanum** L.

多年生草本。生于山地针叶林下、河谷阔叶林下、山地灌丛、草甸湿地。海拔 1 500~2 900 m。

产北天山。哈萨克斯坦、俄罗斯；亚洲、欧洲有分布。

(2874) 多脉柳叶菜 **Epilobium nervosum** Boiss. et Buhse=*Epilobium roseum* subsp. *subsessile* (Boiss.) P. H. Raven

多年生草本。生于亚高山草甸、河流湿地、湖边静水湿地。海拔 1 200~3 000 m。

产北天山、西天山。中国、哈萨克斯坦、吉尔吉斯斯坦、俄罗斯；亚洲、欧洲有分布。

(2875) 沼生柳叶菜 **Epilobium palustre** L.

多年生草本。生于山地林下、河边、沼泽草甸、沟渠边低湿地。海拔 1 600~3 700 m。

产东天山、东北天山、准噶尔阿拉套山、北天山。中国、哈萨克斯坦、吉尔吉斯斯坦；亚洲、欧洲、美洲有分布。

药用、饲料。

(2876) 小花柳叶菜 **Epilobium parviflorum** Schreb.

多年生草本。生于山地草甸、河边、沼泽草甸、沟渠边。海拔 890~2 000 m。

产东天山、准噶尔阿拉套山、北天山。中国、哈萨克斯坦；亚洲、欧洲有分布。

药用。

*(2877) 喜岩柳叶菜 **Epilobium rupicola** Pavl. =*Epilobium modestum* Hausskn.

多年生草本。生于高山和亚高山草甸、山崖阴坡潮湿处、岩石缝。海拔 2 900~3 400 m。

产北天山、西天山、西南天山。哈萨克斯坦、吉尔吉斯斯坦、乌兹别克斯坦；亚洲有分布。

*(2878) 亚高山柳叶菜 **Epilobium subalgidum** Hausskn.

多年生草本。生于山地草甸湿地、河谷。海拔 800~2 600 m。

产北天山、哈萨克斯坦、俄罗斯;亚洲有分布。

(2879) 大花柳叶菜 **Epilobium subnivale Popov ex Pavlov** = *Epilobium laxum* Royle

多年生草本。生于山地河、湖边湿地。海拔 1 900~3 100 m。

产准噶尔阿拉套山、北天山、西天山、西南天山。中国、哈萨克斯坦、吉尔吉斯斯坦、乌兹别克斯坦;亚洲有分布。

(2880) 四棱柳叶菜 **Epilobium tetragonum L.** = *Epilobium adnatum* Griseb.

多年生草本。生于山地河谷、山溪边、山地草甸。海拔 1 500~3 000 m。

产东天山、准噶尔阿拉套山、北天山、西天山、西南天山。中国、哈萨克斯坦、吉尔吉斯斯坦、乌兹别克斯坦、俄罗斯;亚洲、欧洲、美洲有分布。

药用。

(2881) 天山柳叶菜 **Epilobium tianschanicum Pavl.** = *Epilobium cylindricum* D. Don.

多年生草本。生于山地林缘、荒漠草原、河边、低湿地。海拔 350~3 100 m。

产东天山、东北天山、北天山。中国、哈萨克斯坦、吉尔吉斯斯坦、乌兹别克斯坦、巴基斯坦、阿富汗、印度;亚洲有分布。

*(2882) 喜阳柳叶菜 **Epilobium thermophilum Paulsen**

多年生草本。生于山溪边、山泉水湿地、河谷草甸、轻度盐化草地。海拔 800~2 900 m。

产西南天山、内天山。吉尔吉斯斯坦、乌兹别克斯坦;亚洲有分布。

*(2883) 土耳其柳叶菜 **Epilobium turkestanicum Pazij et Vved.**

多年生草本。生于亚高山草甸湿地、山地林缘、潮湿细石质河谷、河漫滩、沼泽湿地。海拔 500~3 100 m。

产准噶尔阿拉套山、北天山、西天山、西南天山。哈萨克斯坦、吉尔吉斯斯坦、乌兹别克斯坦;亚洲有分布。

五十、小二仙草科 Haloragidaceae

361. 狐尾藻属 Myriophyllum L.

(2884) 穗状狐尾藻(狐尾藻) **Myriophyllum spicatum L.**

多年生水生草本。生于湖泊、水库和河湾浅水处。海拔 500~1 000 m。

产东天山、东北天山、东南天山、北天山、内天山、西天山、西南天山。中国、哈萨克斯坦、吉尔吉斯斯坦、乌兹别克斯坦;世界各地水域有分布。

药用、染料、饲料、观赏。

(2885) 狐尾藻(轮叶狐尾藻) **Myriophyllum verticillatum L.**

多年生水生草本。生于水库和河湾浅水处、湖边、沼泽。海拔 800~1 450 m。

产东天山、东北天山、北天山、东南天山、内天山、西天山、西南天山。中国、哈萨克斯坦、吉尔吉斯斯坦、乌兹别克斯坦;世界各地水域有分布。

药用。

五十一、杉叶藻科 Hippuridaceae

362. 杉叶藻属 Hippuris L.

（2886）杉叶藻 **Hippuris vulgaris L.**

多年生水生草本。生于河流、湖泊浅水处、积水沼泽。海拔 200~3 100 m。

产东天山、准噶尔阿拉套山、北天山、东南天山、中央天山、内天山、西天山、西南天山。中国、哈萨克斯坦、吉尔吉斯斯坦、乌兹别克斯坦；世界各地有分布。

药用、饲料。

五十二、锁阳科 Cynomoriaceae

363. 锁阳属 Cynomorium L.

（2887）锁阳 **Cynomorium songaricum Rupr.** = *Cynomorium coccineum* subsp. *songaricum*（Rupr.）J. Leonard

多年生肉质寄生草本。寄生于白刺、琵琶柴等植物的根部。海拔 500~3 000 m。

产东天山、东北天山、准噶尔阿拉套山、北天山、东南天山、内天山、西天山、西南天山。中国、哈萨克斯坦、吉尔吉斯斯坦、乌兹别克斯坦、蒙古、伊朗；亚洲有分布。

药用、食用、染料、鞣料、饲料。

五十三、伞形科 Umbelliferae（Apiaceae）

364. 刺芹属 Eryngium L.

*（2888）老鹳草刺芹 **Eryngium bieberstiananum Nevski.** = *Eringium caucasicum* Trautv.

多年生草本。生于山地草原、河岸阶地。海拔 800~1 800 m。

产北天山、内天山、西天山、西南天山。哈萨克斯坦、吉尔吉斯斯坦、乌兹别克斯坦、俄罗斯；亚洲有分布。

*（2889）黑山刺芹 **Eryngium karatavicum Iljin.**

多年生草本。生于山坡草地、河谷、岩石缝。海拔 900~2 500 m。

产内天山、西天山、西南天山。吉尔吉斯斯坦、乌兹别克斯坦；亚洲有分布。

*（2890）大萼刺芹 **Eryngium macrocalyx Schrenk**

多年生草本。生于山地林缘、河谷、河岸阶地、黄土丘陵、河漫滩。海拔 600~2 800 m。

产准噶尔阿拉套山、北天山、内天山、西天山、西南天山。哈萨克斯坦、吉尔吉斯斯坦、乌兹别克斯坦；亚洲有分布。

*（2891）异生刺芹 **Eryngium mirandum Bobr.** = *Eryngium octophyllum* Korov.

一年生草本。生于山坡草地、沙地。海拔 400~1 600 m。

产北天山。哈萨克斯坦；亚洲有分布。

(2892) 扁叶刺芹 **Eryngium planum L.**

多年生草本。生于山地林缘、山坡草地、河岸阶地、田间、田边、荒地、沙地。海拔 300 ~ 1 430 m。

产东北天山、准噶尔阿拉套山、北天山、中央天山。中国、哈萨克斯坦、蒙古、俄罗斯；亚洲、欧洲有分布。

药用、蜜源、观赏。

365. 块茎芹属 **Krasnovia M. Pop. ex Schischk.**

(2893) 块茎芹 **Krasnovia longiloba（Kar. et Kir.）M. Popov** = *Kozlovia longiloba*（Kar. et Kir.）K. Spalik et S. R. Downie

多年生草本。生于砾石质山坡、灌丛、岩石缝。海拔 1 100 ~ 1 200 m。

产准噶尔阿拉套山、北天山。中国、哈萨克斯坦、吉尔吉斯斯坦；亚洲有分布。

366. 迷果芹属 **Sphallerocarpus Bess. ex DC.**

(2894) 迷果芹 **Sphallerocarpus gracilis（Bess. ex Trev.）Koso. -Pol.**

多年生草本。生于山谷草坡、田间、路边、村落周边。海拔 1 200 ~ 2 800 m。

产东天山、东北天山、北天山。中国、蒙古、俄罗斯；亚洲有分布。

药用、食用、饲料。

367. 细果芹属 **Chaerophyllum L.**

(2895) 新疆细果芹 **Chaerophyllum prescottii DC.**

多年生草本。生于山地河谷、山坡灌丛。海拔 900 ~ 1 200 m。

产北天山。中国、哈萨克斯坦、俄罗斯；亚洲、欧洲有分布。

368. 峨参属 **Anthriscus（Pers.）Hoffm.**

＊(2896) 冰地峨参 **Anthriscus glacialis Lipsky.**

多年生草本。生于高山冰碛堆、岩石缝。海拔 3 100 ~ 3 600 m。

产内天山、西天山、西南天山。吉尔吉斯斯坦、乌兹别克斯坦；亚洲有分布。

(2897) 刺果峨参 **Anthriscus nemorosa（M. Bieb.）Spreng.** = *Anthriscus sylvestris* var. *nemorosa*（M. Bieb.）Trautv.

二年生或多年生草本。生于山地林下、林缘、林间空地、山坡草丛、山谷水边。海拔 1 300 ~ 3 800 m。

产东天山、北天山、准噶尔阿拉套山。中国、哈萨克斯坦、巴基斯坦、印度、朝鲜、日本、俄罗斯；亚洲、欧洲有分布。

(2898) 峨参 **Anthriscus sylvestris（L.）Hoffm.** = *Anthriscus aemula*（Woronow）Schischk.

二年生或多年生草本。生于山地林下、林缘、林间草地、山地草甸、河谷、水边、草甸草原。海拔 1 100 ~ 2 900 m。

产东天山、东北天山、准噶尔阿拉套山、北天山、东南天山。中国、哈萨克斯坦、吉尔吉斯斯坦、朝鲜、日本、巴基斯坦、印度、俄罗斯；亚洲、欧洲、美洲有分布。

药用。

369. 针果芹属 Scandix L.

*（2899）毒爪针果芹 **Scandix pecten-veneris L.**

一年生草本。生于细石质山坡、山麓洪积-冲积扇、田间、路边。海拔 400~1 800 m。

产北天山、西天山、西南天山。哈萨克斯坦、吉尔吉斯斯坦、乌兹别克斯坦、俄罗斯；亚洲、欧洲有分布。

（2900）针果芹 **Scandix stellata Banks et Solander**

一年生草本。生于砾石山坡。海拔 2 000 m 上下。

产准噶尔阿拉套山、北天山、西天山、西南天山。中国、哈萨克斯坦、吉尔吉斯斯坦、乌兹别克斯坦、俄罗斯；亚洲、欧洲有分布。

370. 刺果芹属 Turgenia Hoffm.

（2901）刺果芹 **Turgenia latifolia（L.）Hoffm.**

一年生草本。生于山坡草地、冲沟、荒地、路边、田边、沙地。海拔 700~1 500 m。

产东天山、准噶尔阿拉套山、北天山、内天山、西天山、西南天山。中国、哈萨克斯坦、吉尔吉斯斯坦、乌兹别克斯坦、俄罗斯；亚洲、欧洲有分布。

有毒、食用、药用。

371. 双球芹属 Schrenkia Fisch. ex Mey.

（2902）密生双球芹 **Schrenkia congesta Korov.**

多年生草本。生于山麓洪积扇、石质坡地。海拔 700~1 600 m。

产北天山、东南天山、中央天山、内天山、西天山、西南天山。中国、哈萨克斯坦、吉尔吉斯斯坦、乌兹别克斯坦；亚洲有分布。

*（2903）高氏双球芹 **Schrenkia golickeana（Regel et Schmalh.）B. Fedtsch.**

多年生草本。生于山麓荒漠。海拔 600~2 100 m。

产北天山、西天山、西南天山。哈萨克斯坦、吉尔吉斯斯坦、乌兹别克斯坦；亚洲有分布。

*（2904）大苞双球芹 **Schrenkia involucrata Regel et Schmalh.**

多年生草本。生于山麓碎石堆。海拔 350~1 200 m。

产北天山、西天山、西南天山。哈萨克斯坦、吉尔吉斯斯坦、乌兹别克斯坦；亚洲有分布。

*（2905）垫状双球芹 **Schrenkia kultiassovii Korov.**

半灌木。生于山地阳坡草地。海拔 1 300~2 100 m。

产西天山、西南天山。乌兹别克斯坦；亚洲有分布。

*（2906）粗根双球芹 **Schrenkia lachnantha Korov.** =*Prangos lachnantha*（Korov.）M. G. Pimenov et E. V. Klyuikov

多年生草本。生于山麓洪积扇、平原沙地。海拔 700~1 800 m。

产北天山、西天山、西南天山。哈萨克斯坦、吉尔吉斯斯坦、乌兹别克斯坦；亚洲有分布。

*（2907）疣皮双球芹 **Schrenkia papillaris Regel et Schjmalh.**

多年生草本。生于山地草甸、山麓荒漠草原。海拔 1 000~2 400 m。

产北天山、西天山、西南天山。哈萨克斯坦、吉尔吉斯斯坦、乌兹别克斯坦；亚洲有分布。

*（2908）锐利双球芹 **Schrenkia pungens Regel et Schmalh.**

多年生草本。生于砾石质山坡、干河谷、河岸阶地。海拔 500~1 500 m。

产北天山、西天山。哈萨克斯坦、吉尔吉斯斯坦；亚洲有分布。

*（2909）土耳其双球芹 **Schrenkia turkestanica（Korovin）Pimenov** = *Kosopoljanskia turkestanica* Korov.

多年生草本。生于石膏质荒漠、盐碱地。海拔 300~1 400 m。

产西天山、内天山、西南天山。哈萨克斯坦、吉尔吉斯斯坦、乌兹别克斯坦；亚洲有分布。

*（2910）乌加明双球芹 **Schrenkia ugamica Korov.**

多年生草本。生于山坡灌丛、河谷。海拔 900~1 800 m。

产西天山、西南天山。乌兹别克斯坦；亚洲有分布。

（2911）双球芹 **Schrenkia vaginata（Ledeb.）Fisch. et C. A. Mey.**

多年生草本。生于山坡草地、荒地、河边。海拔 800~1 700 m。

产东天山、准噶尔阿拉套山、北天山。中国、哈萨克斯坦、吉尔吉斯斯坦、俄罗斯；亚洲有分布。

372. 棱子芹属 Pleurospermum Hoffm.

（2912）畸形棱子芹 **Pleurospermum anomalum B. Fedtsch.** = *Aulacospermum anomalum*（Ledeb.）Ledeb.

多年生草本。生于山地阳坡、砾石质山坡、山地草甸、山地灌丛、河谷草甸。海拔 1 000~2 200 m。

产东天山、准噶尔阿拉套山、东南天山、内天山。中国、哈萨克斯坦、蒙古、俄罗斯；亚洲有分布。

（2913）多枝棱子芹 **Pleurospermum gonocaulum（Popov）K. M. Shen**

多年生草本。生于山坡草地。海拔 600~1 300 m。

产准噶尔阿拉套山、北天山。中国、哈萨克斯坦；亚洲有分布。

（2914）膜苞棱子芹 **Pleurospermum lindleyanum（Lipsky）B. Fedtsch.** = *Hymenidium nanum*（Rupr.）M. G. Pimenov et E. V. Kljuykov

多年生草本。高山砾石质山坡、高山荒漠。海拔 3 500~4 900 m。

产东天山、东北天山、准噶尔阿拉套山、北天山、东南天山、内天山。中国、哈萨克斯坦、吉尔吉斯斯坦、塔吉克斯坦；亚洲有分布。

（2915）红花棱子芹 **Pleurospermum roseum（Korov.）K. M. Shen** = *Aulacospermum roseum* Korov.

多年生草本。生于砾石质山坡、河谷潮湿岩石缝、高山冻原、林缘、亚高山和高山草甸。海拔 2 900~3 500 m。

产北天山、内天山、西南天山。中国、哈萨克斯坦、吉尔吉斯斯坦、乌兹别克斯坦、塔吉克斯坦；亚洲有分布。

（2916）岩生棱子芹 **Pleurospermum rupester（M. Pop.）K. T. Fu et Y. C. Ho** = *Aulacospermum rupestre* M. Pop. = *Aulacospermum simplex* Rupr.

多年生草本。生于山地石缝、亚高山和高山石质山坡。海拔 2 500~3 500 m。

产东天山、东南天山、内天山。中国、哈萨克斯坦；亚洲有分布。

（2917）单茎棱子芹 **Pleurospermum simplex**（Rupr.）**Benth. et Hook. f. ex Drude** = *Aulacospermum simplex* Rupr.

多年生草本。生于林间草甸、河漫滩草甸、沼泽草甸、砾石质山坡、亚高山和高山草甸。海拔 1 600~3 600 m。

产东天山、东北天山、东南天山、北天山、内天山。中国、哈萨克斯坦、吉尔吉斯斯坦、乌兹别克斯坦;亚洲有分布。

（2918）天山棱子芹 **Pleurospermum tianschanicum**（Korov.）**K. M. Shen** = *Aulacospermum tianschanicum* Korov.

多年生草本。生于山地林缘石缝、亚高山和高山草甸。海拔 1 800~3 100 m。

产东天山、北天山、东南天山。中国、哈萨克斯坦;亚洲分布。

373. 毒参属 Conium L.

（2919）毒参 **Conium maculatum L.**

二年生草本。生于山地林下、林缘、河边湿地、田边、水沟边、路边。海拔 600~2 400 m。

产东天山、东北天山、准噶尔阿拉套山、北天山、内天山、西天山、西南天山。中国、哈萨克斯坦、吉尔吉斯斯坦、乌兹别克斯坦、阿富汗、巴基斯坦、伊朗、俄罗斯;亚洲、欧洲、非洲、美洲有分布。

有毒、药用。

*374. 黑孜然芹属 Bunium L.

*（2920）安吉利黑孜然芹 **Bunium angreni Korov.**

多年生草本。生于石质山坡、山地草原、河谷。海拔 900~1 500 m。

产北天山、西天山。哈萨克斯坦、吉尔吉斯斯坦、乌兹别克斯坦;亚洲有分布。

*（2921）巴达赫山黑孜然芹 **Bunium badachschanicum R. V. Kamelin**

多年生草本。生于细石质山坡、山崖岩石缝、山地草原、河漫滩湿地。海拔 1 900~3 800 m。

产西天山、西南天山、内天山。吉尔吉斯斯坦、乌兹别克斯坦;亚洲有分布。

*（2922）喀普黑孜然芹 **Bunium capusii**（Franch.）**Korov.**

多年生草本。生于黄土丘陵、山麓洪积-冲积平原。海拔 800~1 700 m。

产北天山、内天山、西天山、西南天山。哈萨克斯坦、吉尔吉斯斯坦、乌兹别克斯坦;亚洲有分布。

*（2923）细叶黑孜然芹 **Bunium chaerophylloides**（Regel et Schmslh.）**Drude**

多年生草本。生于林间草地、草甸草原、山地草原、石质坡地、灌丛、山麓洪积-冲积平原、河谷、稀树草原。海拔 500~2 700 m。

产北天山、西天山、西南天山。哈萨克斯坦、吉尔吉斯斯坦、乌兹别克斯坦;亚洲有分布。

*（2924）黑塞尔黑孜然芹 **Bunium hissaricum Korov.**

多年生草本。生于山地荒漠草原、石灰岩山坡、黄土丘陵、石膏荒漠。海拔 400~1 100 m。

产西天山、西南天山、内天山。吉尔吉斯斯坦、乌兹别克斯坦;亚洲有分布。

*（2925）中黑孜然芹 **Bunium intermedium Korov.**

多年生草本。生于山地灌丛、草甸草原、山地草原、河谷。海拔 1 400~2 700 m。

产西天山、西南天山、内天山。吉尔吉斯斯坦、乌兹别克斯坦;亚洲有分布。

*（2926） 库黑山黑孜然芹 **Bunium kuhitangi Nevski**

多年生草本。生于冰碛碎石堆、高山湿地、山坡草地、河谷湿地。海拔 2 700~3 500 m。

产西天山、西南天山、内天山。吉尔吉斯斯坦、乌兹别克斯坦;亚洲有分布。

*（2927） 长裂黑孜然芹 **Bunium latilobum Korov.**

多年生草本。生于山地林下、山坡草地、灌丛、低山丘陵、河岸阶地、干河床。海拔 800~ 2 100 m。

产西天山、西南天山、内天山。吉尔吉斯斯坦、乌兹别克斯坦;亚洲有分布。

*（2928） 波斯黑孜然芹 **Bunium persicum（Boiss.）B. Fedtsch.**

多年生草本。生于山脊裸岩堆、山地林缘、山地草原。海拔 800~1 800 m。

产西天山、西南天山、内天山。吉尔吉斯斯坦、乌兹别克斯坦;亚洲有分布。

*（2929） 猪毛菜黑孜然芹 **Bunium salsum Korov.** = *Bunium cylindricum*（Boiss. et Hoh.）Drude

多年生草本。生于干旱山坡碎石堆、河岸阶地、旱生灌丛。海拔 800~1 500 m。

产西南天山、西天山、内天山。吉尔吉斯斯坦、乌兹别克斯坦;亚洲有分布。

*（2930） 瑟让斯卡尼克黑孜然芹 **Bunium seravschanicum Korov.**

多年生草本。生于山地河谷阴湿草地、山崖岩石缝、河谷。海拔 1 100~2 600 m。

产西天山、西南天山、内天山。吉尔吉斯斯坦、乌兹别克斯坦;亚洲有分布。

*（2931） 空心黑孜然芹 **Bunium vaginatum Korov.**

多年生草本。生于山地细石质坡地、山麓洪积-冲积平原。海拔 1 200~2 400 m。

产北天山、西天山、西南天山。哈萨克斯坦、吉尔吉斯斯坦、乌兹别克斯坦;亚洲有分布。

*375. 斑驳芹属 Elaeosticta Fenzl

*（2932） 阿莱斑驳芹 **Elaeosticta alaica（Lipsky）E. V. Klyuikov** = *Scaligeria alaica*（Lipsky）Korov.

多年生草本。生于山地林下、林缘、山地草甸、山地草原、灌丛、山坡草地。海拔 1 200~ 2 600 m。

产西天山、西南天山、内天山。哈萨克斯坦、吉尔吉斯斯坦、乌兹别克斯坦;亚洲有分布。

*（2933） 刚毛斑驳芹 **Elaeosticta hirtula（Regel et Schmalh.）E. V. Klyuikov** = *Scaligeria hirtula*（Regel et Schmalh.）Lipsky ex Korov.

多年生草本。生于高山和亚高山草甸、山地草原、山坡草地、灌丛、细石质山坡、荒漠、短生植物群落。海拔 500~3 500 m。

产西天山、西南天山、内天山。哈萨克斯坦、吉尔吉斯斯坦、乌兹别克斯坦;亚洲有分布。

*（2934） 斑驳芹 **Elaeosticta paniculata（Korov.）E. V. Kljuykov et M. G. Pimenov**

多年生草本。生于黄土丘陵、细石质山坡、灌丛、稀树草原。海拔 800~1 200 m。

产西南天山、内天山。吉尔吉斯斯坦、乌兹别克斯坦;亚洲有分布。

*（2935） 多果斑驳芹 **Elaeosticta polycarpa（Korov.）Kljuykov** = *Scaligeria polycarpa* Korov.

多年生草本。生于山地草原、灌丛、荒漠草原、低山丘陵、山麓洪积扇、荒漠、短生植物群落。海拔 650~1 500 m。

产西天山、西南天山、内天山。吉尔吉斯斯坦、乌兹别克斯坦;亚洲有分布。

*（2936）西米干斑驳芹 **Elaeosticta tschimganica**（Korov.）**E. V. Klyuikov** = *Scaligeria tschimganica* Korov.

多年生草本。生于石质山坡、山地草原、河谷、低山丘陵、河岸阶地、荒漠草原。海拔 700 ~ 2 300 m。

产西天山、西南天山、内天山。吉尔吉斯斯坦、乌兹别克斯坦；亚洲有分布。

376. 丝叶芹属 Scaligeria DC.

*（2937）葱状丝叶芹 **Scaligeria allioides**（Regel et Schmslh.）**Boiss.** = *Elaeosticta allioides*（Regel et Schmslh.）Kljuykov

多年生草本。生于山坡草地、灌丛、荒漠草原、河漫滩、黄土丘陵、山麓冲积平原。海拔 500 ~ 2 100 m。

产北天山、西天山、西南天山。哈萨克斯坦、吉尔吉斯斯坦、乌兹别克斯坦；亚洲有分布。

*（2938）布哈拉丝叶芹 **Scaligeria bucharica Korov.** = *Elaeosticta bucharica*（Korov.）E. V. Klyuikov

多年生草本。生于野核桃林下、黄土丘陵、石灰岩丘陵、山地荒漠草原。海拔 900 ~ 1 900 m。

产西天山、西南天山、内天山。吉尔吉斯斯坦、乌兹别克斯坦；亚洲有分布。

*（2939）考尼丝叶芹 **Scaligeria conica**（Korov.）**Korov.** = *Elaeosticta conica* Korov.

多年生草本。生于山地荒漠草原、石膏荒漠草地、短生植物群落、林下。海拔 300 ~ 1 000 m。

产西天山、西南天山、内天山。吉尔吉斯斯坦、乌兹别克斯坦；亚洲有分布。

*（2940）克诺力丝叶芹 **Scaligeria knorringiana Korov.** = *Elaeosticta knorringiana*（Korov.）Kluykov = *Elaeosticta knorringiana*（Korov.）Korov.

多年生草本。生于黄土丘陵、山地荒漠草原、细石质坡地、山麓洪积扇、河岸阶地、稀树草原、短生植物群落、旱生灌丛。海拔 450 ~ 1 400 m。

产西天山、西南天山、内天山。吉尔吉斯斯坦、乌兹别克斯坦；亚洲有分布。

*（2941）考尔思凯丝叶芹 **Scaligeria korshinskyi**（Lipsky）**Korov.** = *Elaeosticta ferganensis*（Lipsky）E. V. Klyuikov

多年生草本。生于亚高山草甸、山地林下、林缘、黄土丘陵、山坡草地、灌丛、细土质坡地、河谷。海拔 1 500 ~ 2 500 m。

产北天山、西天山、西南天山、内天山。哈萨克斯坦、吉尔吉斯斯坦、乌兹别克斯坦；亚洲有分布。

*（2942）库拉明丝叶芹 **Scaligeria kuramensis**（Korov.）**Korov.** = *Elaeosticta transitoria*（Korov.）Kljuykov

多年生草本。生于细石质山坡、黄土丘陵、河漫滩、河岸阶地、灌丛、荒漠草原。海拔 800 ~ 2 300 m。

产北天山、西天山、西南天山。哈萨克斯坦、吉尔吉斯斯坦、乌兹别克斯坦；亚洲有分布。

*（2943）异果丝叶芹 **Scaligeria samarcandica Korov.** = *Elaeosticta samarcandica*（Korov.）Kljuykov

多年生草本。生于低山丘陵、山麓荒漠、短生植物群落。海拔 500 ~ 700 m。

产西天山、西南天山、内天山。吉尔吉斯斯坦、乌兹别克斯坦；亚洲有分布。

（2944）丝叶芹 **Scaligeria setacea**（Schrenk）**Korov.** = *Elwendia setacea*（Schrenk）Pimenov et Kljuykov = *Bunium setaceum*（Schrenk）H. Wolff

多年生草本。生于山地林下、山间谷地、灌丛、石质山坡、山坡草地。海拔 800 ~ 1 540 m。

产准噶尔阿拉套山、北天山、西天山、西南天山。中国、哈萨克斯坦、吉尔吉斯斯坦、乌兹别克斯坦；亚洲有分布。

*（2945）乌加明丝叶芹 **Scaligeria ugamica Korov.** =*Elaeosticta ugamica*（Korov.）Korov.

　　多年生草本。生于山坡草地、河岸阶地、山麓洪积扇、各种野果林下。海拔 300~1 500 m。

　　产北天山、西天山、西南天山、内天山。哈萨克斯坦、吉尔吉斯斯坦、乌兹别克斯坦；亚洲有分布。

*（2946）菲氏丝叶芹 **Scaligeria vvedenskyi R. Kam.** =*Elaeosticta vvedenskyi*（Kamelin）Kljuykov

　　多年生草本。生于砾石质山坡、细石质坡地、黄土丘陵、灌丛。海拔 700~1 300 m。

　　产西南天山。乌兹别克斯坦；亚洲有分布。

377. 栓翅芹属 Prangos Lindl.（隐盘芹属 Cryptodiscus Schrenk）

*（2947）布哈拉栓翅芹 **Prangos bucharica Fedtsch.**

　　多年生草本。生于山地荒漠草原、稀树草原、旱生灌丛、阿月浑子林下。海拔 400~1 900 m。

　　产西南天山、西天山、内天山。吉尔吉斯斯坦、乌兹别克斯坦；亚洲有分布。

（2948）双生栓翅芹 **Prangos didyma**（Regel）**Pimenov et V. N. Tikhom.**

　　多年生草本。生于山麓洪积-冲积平原、黏土荒漠、龟裂土荒漠、固定沙丘。海拔 200~1 700 m。

　　产准噶尔阿拉套山、北天山、西天山、西南天山。中国、哈萨克斯坦、吉尔吉斯斯坦、乌兹别克斯坦；亚洲有分布。

*（2949）准噶尔栓翅芹 **Prangos dzhungarica M. Pimenov**

　　多年生草本。生于荒漠草原、山麓洪积-冲积平原。海拔 600~1 500 m。

　　产北天山。哈萨克斯坦；亚洲有分布。

*（2950）卡拉套山栓翅芹 **Prangos equisetoides Kuzmina**

　　多年生草本。生于深山峡谷岩石缝、山崖岩石缝。海拔 1 230~2 500 m。

　　产西天山、北天山。哈萨克斯坦、吉尔吉斯斯坦；亚洲有分布。

*（2951）菲氏栓翅芹 **Prangos fedtschenkoi**（Regel et Schmalh.）**Korov.**

　　多年生草本。生于山麓平原、洪积扇。海拔 600~1 500 m。

　　产西天山、西南天山。哈萨克斯坦、吉尔吉斯斯坦、乌兹别克斯坦；亚洲有分布。

（2952）新哈栓翅芹 **Prangos herderi**（Regel）**I. Herrnstadt et C. C. Heyn**

　　多年生草本。生于山地砾石质阳坡。海拔 1 100~1 200 m。

　　产准噶尔阿拉套山、北天山。中国、哈萨克斯坦、俄罗斯；亚洲有分布。

（2953）大果栓翅芹 **Prangos ledebourii Herrnst. et Heyn**

　　多年生草本。生于山坡草地、砾石质山坡。海拔 1 200~1 400 m。

　　产东天山、北天山。中国、哈萨克斯坦、俄罗斯；亚洲有分布。

*（2954）大瓣栓翅芹 **Prangos lipskyi Korov.** =*Prangos uloptera* DC. =*Prangos ornata* Kuzmina =*Prangos tschimganica* B. Fedtsch.

　　多年生草本。生于山崖岩石缝、倒石堆、山坡草地、山地河谷、灌丛、山地草原、荒漠草原、黏土荒漠。海拔 400~2 500 m。

　　产北天山、内天山、西天山、西南天山。哈萨克斯坦、吉尔吉斯斯坦、乌兹别克斯坦；亚洲有分布。

（2955）饲用栓果芹（苦栓翅芹）**Prangos pabularia Lindl.** = *Prangos fedtschenkoi*（Regel et Schmalh.）Korov.

多年生草本。生于山地林下、河谷灌丛、山麓洪积–冲积平原。海拔600～2 700 m。

产北天山、内天山、西天山、西南天山。中国、哈萨克斯坦、吉尔吉斯斯坦、乌兹别克斯坦；亚洲有分布。

香料、饲料、药用。

*（2956）流苏栓翅芹 **Prangos pabularia subsp. gyrocarpa**（G. A. Kuzjmina）**Lyskov et Pimenov** = *Prangos gyrocarpa* Kuzmina

多年生草本。生于石质山坡、山地河谷、河岸阶地。海拔1 200～2 100 m。

产西南天山。乌兹别克斯坦；亚洲有分布。

*（2957）西米干栓翅芹 **Prangos tschimganica B. Fedtsch.**

多年生草本。生于灌丛、河谷、细石质山坡。海拔700～2 500 m。

产西天山、西南天山。吉尔吉斯斯坦、乌兹别克斯坦；亚洲有分布。

378. 柴胡属 Bupleurum L.

*（2958）喀拉苏柴胡 **Bupleurum aitchisonii**（Boiss.）**H. Wolff**

多年生草本。生于高山山崖岩石缝、高寒草原、河谷低阶地、山麓洪积扇。海拔3 700～4 200 m。

产西天山、西南天山、内天山。吉尔吉斯斯坦、乌兹别克斯坦；亚洲有分布。

*（2959）巴达赫山柴胡 **Bupleurum badachschanicum Lincz.**

多年生草本。生于石质山坡、山地灌丛。海拔1 800～2 300 m.

产西南天山、内天山。吉尔吉斯斯坦、乌兹别克斯坦；亚洲有分布。

（2960）短茎柴胡（锥叶柴胡）**Bupleurum bicaule Helm** = *Bupleurum pusillum* Kryl.

多年生草本。生于山地草甸、砾石质山坡、荒漠草原。海拔650～2 500 m。

产东天山。中国、伊朗、阿富汗、叙利亚、蒙古、俄罗斯、朝鲜、日本；亚洲、欧洲有分布。

药用。

（2961）密花柴胡 **Bupleurum densiflorum Rupr.**

多年生草本。生于高山和亚高山草甸、山地林缘、灌丛、沙砾质山坡。海拔2 100～3 500 m。

产东天山、东北天山、准噶尔阿拉套山、北天山、东南天山、内天山。中国、哈萨克斯坦、蒙古；亚洲有分布。

药用。

（2962）新疆柴胡 **Bupleurum exaltatum M. Bieb.**

多年生草本。生于山地林下、林缘、林间草甸、砾石质山坡、山地草甸、山地岩石缝。海拔1 300～2 400 m。

产东天山、东北天山、准噶尔阿拉套山、北天山、中央天山、内天山、西天山、西南天山。中国、哈萨克斯坦、吉尔吉斯斯坦、乌兹别克斯坦、阿富汗、巴基斯坦、俄罗斯；亚洲有分布。

药用。

*（2963）费尔干纳柴胡 **Bupleurum ferganense Linchevskii**

多年生草本。生于野果林下、河谷碎石堆、砾岩堆、山地草原、山地荒漠草原、旱生灌丛。海拔
1 300~2 800 m。

产西天山、西南天山、内天山。吉尔吉斯斯坦、乌兹别克斯坦；亚洲有分布。

*（2964）古力勤柴胡 **Bupleurum gulczense O. et B. Fedtsch.**

多年生草本。生于稀树草原、山地草原、山地河谷。海拔400~2 500 m。

产西天山、西南天山、内天山。吉尔吉斯斯坦、乌兹别克斯坦；亚洲有分布。

（2965）阿尔泰柴胡 **Bupleurum krylovianum Schischk. ex G. V. Krylov**

多年生草本。生于山地林下、林缘、林间草甸、灌丛、砾石质山坡、山地岩石缝。海拔 1 000~
2 500 m。

产东天山、东北天山、准噶尔阿拉套山、北天山。中国、哈萨克斯坦、俄罗斯；亚洲有分布。

药用。

*（2966）孜拉普善柴胡 **Bupleurum linczevskii M. G. Pimenov et Sdobnina**

多年生草本。生于河谷灌丛、稀树草原、山地草原灌丛、河谷。海拔1 800~2 300 m。

产西南天山。乌兹别克斯坦；亚洲有分布。

*（2967）李普氏柴胡 **Bupleurum lipskyanum（Koso-Pol.）Lincz.**

多年生草本。生于山地阔叶林-灌丛、河谷碎石堆、砾岩堆。海拔 1 200~2 700 m。

产西天山、西南天山、内天山。吉尔吉斯斯坦、乌兹别克斯坦；亚洲有分布。

（2968）金黄柴胡 **Bupleurum longifolium subsp. aureum（Fisch. ex Hoffm.）Soó** = *Bupleurum aureum* Fischer ex Hoffm. = *Bupleurum aureum* var. *breviinvolucratum*（Trautv. ex H. Wolff）Shan Renhwa et Yin Li

多年生草本。生于山地林下、林缘、林间草甸、灌丛、疏林草地、河边草地。海拔 1 000~
2 500 m。

产东天山、准噶尔阿拉套山、北天山、西天山、西南天山。中国、哈萨克斯坦、吉尔吉斯斯坦、乌
兹别克斯坦、俄罗斯；亚洲、欧洲有分布。

药用。

（2969）多脉柴胡 **Bupleurum multinerve DC.**

多年生草本。生于亚高山草甸、林间草地、山地草原。海拔1 400~2 800 m。

产北天山、内天山。中国、哈萨克斯坦、俄罗斯；亚洲、欧洲有分布。

*（2970）红瓣柴胡 **Bupleurum rosulare Korov. ex M. G. Pimenov et Sdobnina**

多年生草本。生于山崖岩石缝、阳坡-半阳坡草地。海拔 2 000~2 500 m。

产西天山、西南天山、内天山。哈萨克斯坦、吉尔吉斯斯坦、乌兹别克斯坦；亚洲有分布。

（2971）天山柴胡 **Bupleurum thianschanicum Freyn**

多年生草本。生于山地林缘、林间草甸、砾石质山坡。海拔 1 500~2 300 m。

产东天山、准噶尔阿拉套山、北天山、内天山、西天山、西南天山。中国、哈萨克斯坦、吉尔吉斯
斯坦、乌兹别克斯坦；亚洲有分布。

药用。

(2972) 三辐柴胡 **Bupleurum triradiatum Adams ex Hoffm.**

多年生草本。生于高山和亚高山草甸、山地林缘、林间草甸、砾石质山坡、河漫滩。海拔 2 200~3 500 m。

产东天山、东北天山、北天山、东南天山、内天山。中国、蒙古、俄罗斯;亚洲有分布。

药用。

379. 隐棱芹属 Aphanopleura Boiss.

(2973) 细叶隐棱芹 **Aphanopleura capillifolia** (Regel et Schmalh.) Lipsky

一年生草本。生于山坡草地、沙质荒漠、荒地。海拔 1 400~2 500 m。

产北天山、内天山、西天山、西南天山。中国、哈萨克斯坦、吉尔吉斯斯坦、乌兹别克斯坦;亚洲有分布。

(2974) 细枝隐棱芹 **Aphanopleura leptoclada** (Aitch. et Hemsl.) Lipsky

一年生草本。生于固定和移动沙丘、沙地、农田、草地。海拔 1 400~1 500 m。

产北天山、东南天山、中央天山、内天山、西天山、西南天山。中国、乌兹别克斯坦、塔吉克斯坦、土库曼斯坦、阿富汗;亚洲有分布。

380. 葛缕子属 Carum L.

(2975) 暗红葛缕子 **Carum atrosanguineum Kar. et Kir.** = *Vicatia atrosanguinea* (Kar. et Kir.) P. K. Mukherjee et M. G. Pimenov

多年生草本。生于高山和亚高山草甸、山地林下、林缘、林间草甸、山谷水边、河漫滩草甸、山地阴坡草地、路边。海拔 1 700~3 600 m。

产东天山、东北天山、准噶尔阿拉套山、北天山、东南天山、中央天山、内天山、西天山、西南天山。中国、哈萨克斯坦、吉尔吉斯斯坦、乌兹别克斯坦、巴基斯坦、印度、尼泊尔、俄罗斯;亚洲有分布。

(2976) 葛缕子 **Carum carvi L.**

多年生草本。生于高山和亚高山草甸、山地林下、林缘、林间草甸、山谷水边、砾石质山坡、河漫滩草甸、路边。海拔 600~3 600 m。

产东天山、东北天山、准噶尔阿拉套山、北天山、东南天山、内天山、西天山、西南天山。中国、哈萨克斯坦、吉尔吉斯斯坦、乌兹别克斯坦、阿富汗、巴基斯坦、俄罗斯;亚洲、欧洲有分布。

香料、药用、食用、饲料。

381. 毒芹属 Cicuta L.

(2977) 毒芹 **Cicuta virosa L.**

多年生草本。生于沼泽湿地、河漫滩、池沼、河和湖边、沟渠水边、沼泽化草甸。海拔 600~2 000 m。

产东天山、东北天山、准噶尔阿拉套山、北天山、东南天山。中国、哈萨克斯坦、朝鲜、日本、蒙古、俄罗斯;亚洲、欧洲有分布。

有毒、药用。

382. 天山泽芹属 Berula Koch

(2978) 天山泽芹 **Berula erecta** (Hudson) Coville

多年生草本。生于低山和平原池沼、河和湖边、沟渠边。海拔 100~1 100 m。

产东天山、准噶尔阿拉套山、北天山、东南天山、中央天山、内天山、西天山、西南天山。中国、哈萨克斯坦、吉尔吉斯斯坦、乌兹别克斯坦、巴基斯坦、俄罗斯;亚洲、欧洲有分布。

药用。

383. 泽芹属 Sium L.

（2979）欧泽芹 **Sium latifolium L.**

多年生草本。生于河、湖边湿地。海拔 400~650 m。

产准噶尔阿拉套山。中国、哈萨克斯坦、俄罗斯;亚洲、欧洲有分布。

有毒、蜜源。

（2980）中亚泽芹 **Sium medium Fisch. et C. A. Mey.**

多年生草本。生于芦苇沼泽、湿草甸、河漫滩湿地、沟渠边。海拔 500~1 400 m。

产东天山、东北天山、准噶尔阿拉套山、北天山、内天山、西天山、西南天山。中国、哈萨克斯坦、吉尔吉斯斯坦、乌兹别克斯坦、俄罗斯;亚洲有分布。

药用。

（2981）新疆泽芹（拟泽芹）**Sium sisaroideum DC.**

多年生草本。生于山地河谷、沼泽草甸、河漫滩湿地、沟渠边。海拔 300~1 300 m。

产东天山、东北天山、东南天山、中央天山、内天山、西天山、西南天山。中国、哈萨克斯坦、吉尔吉斯斯坦、乌兹别克斯坦、俄罗斯;亚洲、欧洲有分布。

饲料、食用、植化原料（挥发油）、油料、药用。

（2982）乌苏里泽芹 **Sium tenue（Kom.）Kom.**

多年生草本。生于河谷沼泽、沼泽草甸、沟渠边。海拔 100~1 100 m。

产东天山、东北天山、东南天山。中国、俄罗斯;亚洲有分布。

药用。

384. 苞裂芹属 Schultzia Spreng.

（2983）白花苞裂芹 **Schultzia albiflora（Kar. et Kir.）M. Pop.**

多年生草本。生于高山荒漠、高山和亚高山草甸、高山沼泽草甸、山地林缘、山地草甸。海拔 2 100~4 600 m。

产东天山、准噶尔阿拉套山、北天山、东南天山、中央天山、内天山、西天山、西南天山。中国、哈萨克斯坦、吉尔吉斯斯坦、乌兹别克斯坦、阿富汗、巴基斯坦、印度;亚洲有分布。

（2984）长毛苞裂芹 **Schultzia crinita（Pall.）Spreng.**

多年生草本。生于山地林下、林缘、灌丛、山地草甸。海拔 2 000~2 900 m。

产东天山、东北天山、北天山、东南天山、内天山、西天山、西南天山。中国、哈萨克斯坦、吉尔吉斯斯坦、乌兹别克斯坦、蒙古、俄罗斯;亚洲有分布。

（2985）天山苞裂芹 **Schultzia prostrata M. Pimen. et Kljuykov**

多年生草本。生于亚高山草甸。海拔 3 000 m 上下。

产东天山、东南天山、内天山。中国、吉尔吉斯斯坦;亚洲有分布。

385. 茴芹属 Pimpinella L.

*（2986）外来茴芹 **Pimpinella peregrina L.**

二年生草本。生于山地森林草甸、械树林下、矿石堆、山地草原、杜加依林下、灌丛、渠边、河边。

海拔 800~2 100 m。

产西天山、西南天山、内天山。哈萨克斯坦、吉尔吉斯斯坦、乌兹别克斯坦、俄罗斯;亚洲、欧洲有分布。

(2987) 微毛茴芹 **Pimpinella puberula**（DC.）**Boiss.**

一年生草本。生于山地河谷、山坡草地。海拔 1 000~1 800 m。

产东天山、北天山、内天山、西天山、西南天山。中国、哈萨克斯坦、吉尔吉斯斯坦、乌兹别克斯坦、俄罗斯、巴基斯坦;亚洲有分布。

386. 羊角芹属 Aegopodium L.

(2988) 东北羊角芹 **Aegopodium alpestre Ledeb.**

多年生草本。生于山地林下、林缘、山地草甸、山谷水边。海拔 1 300~3 300 m。

产东天山、东北天山、准噶尔阿拉套山、北天山、中央天山、内天山、西天山、西南天山。中国、哈萨克斯坦、吉尔吉斯斯坦、乌兹别克斯坦、朝鲜、日本、蒙古、俄罗斯;亚洲有分布。

食用、药用、染料、饲料、蜜源。

(2989) 克什米尔羊角芹 **Aegopodium kashmiricum**（R. R. Stewart ex Dunn）**M. G. Pimenov**

多年生草本。生于亚高山草甸、山地林下、林缘、河漫滩草甸、山谷水边。海拔 1 300~3 000 m。

产东天山、东北天山、北天山、内天山、西天山、西南天山。中国、哈萨克斯坦、吉尔吉斯斯坦、乌兹别克斯坦、俄罗斯;亚洲有分布。

(2990) 羊角芹 **Aegopodium podagraria L.**

多年生草本。生于山地林下、林缘、山地河谷、山坡草地。海拔 1 300~2 400 m。

产东天山、准噶尔阿拉套山、北天山、内天山、西天山、西南天山。中国、哈萨克斯坦、吉尔吉斯斯坦、乌兹别克斯坦、土耳其、俄罗斯;亚洲、欧洲有分布。

药用、食用、饲料、蜜源。

(2991) 塔什克羊角芹 **Aegopodium tadshikorum Schischk.**

多年生草本。生于山地林下、林缘、山坡草地、山谷水边、山地灌丛。海拔 1 000~2 500 m。

产东天山、东北天山、北天山、西天山。中国、乌兹别克斯坦;亚洲有分布。

饲料、食用。

387. 绒果芹属 Eriocycla Lindl.

(2992) 新疆绒果芹 **Eriocycla pelliotii**（H. Boiss.）**H. Wolff** = *Seseli pelliotii*（H. Boiss.）M. G. Pimenov et E. V. Kljuykov = *Platytaenia depauperata* Schischk. = *Seseli depauperatum*（Schischk.）V. M. Vinogr. ex M. G. Pimenov et V. N. Tikhomirov

多年生草本。生于高山和亚高山草甸、砾石质山坡、河谷岩石缝、山麓洪积扇。海拔 1 800~3 200 m。

产东南天山、中央天山、内天山。中国、吉尔吉斯斯坦、塔吉克斯坦;亚洲有分布。

388. 西归芹属 Seselopsis Schischk.

(2993) 西归芹 **Seselopsis tianschanica Schischk.**

多年生草本。生于亚高山草甸、山地林缘、山地灌丛、山地草甸。海拔 1 500~2 500 m。

产东天山、东北天山、准噶尔阿拉套山、北天山、东南天山、中央天山。中国、哈萨克斯坦、吉尔吉斯斯坦;亚洲有分布。

389. 斑膜芹属 Hyalolaena Bunge（Hymenolyma Korov.）

（2994）柴胡状斑膜芹 **Hyalolaena bupleuroides**（Schrenk）**Pimenov et E. V. Kljuykov**

多年生草本。生于低山黄土丘陵、荒漠草原、河谷草甸、河漫滩、田边、荒地。海拔 600 ~ 1 300 m。

产东天山、东北天山、北天山、内天山。中国、哈萨克斯坦、吉尔吉斯斯坦；亚洲有分布。

*（2995）集花斑膜芹 **Hyalolaena depauperata Korov.**

多年生草本。生于石膏荒漠、石灰岩裂隙。海拔 600 ~ 1 000 m。

产西南天山。乌兹别克斯坦；亚洲有分布。

*（2996）中间斑膜芹 **Hyalolaena intermedia M. G. Pimenov et Kljuykov**

多年生草本。生于石膏荒漠、石灰岩丘陵。海拔 800 ~ 1 200 m。

产西天山、内天山。哈萨克斯坦、吉尔吉斯斯坦；亚洲有分布。

*（2997）伊塞克斑膜芹 **Hyalolaena issykkulensis M. G. Pimenov et E. V. Kljuykov**

多年生草本。生于山地草原、荒漠草原、细石质沙地。海拔 600 ~ 1 500 m。

产内天山。吉尔吉斯斯坦；亚洲有分布。

*（2998）锡尔河斑膜芹 **Hyalolaena jaxartica Bunge** = *Hyalolaena pramontana* Korov.

多年生草本。生于低山黄土丘陵、荒漠草原、山麓洪积扇、沙地。海拔 300 ~ 1 400 m。

产北天山、西天山、西南天山。哈萨克斯坦、乌兹别克斯坦；亚洲有分布。

（2999）斑膜芹 **Hyalolaena trichophylla**（Schrenk）**Pimenov et Kljuykov**

多年生草本。生于山地林缘、山地灌丛、山坡草地、砾石质山坡。海拔 600 ~ 1 900 m。

产东天山、东北天山、北天山、西天山、西南天山。中国、哈萨克斯坦、吉尔吉斯斯坦、塔吉克斯坦；亚洲有分布。

（3000）楚伊犁斑膜芹 **Hyalolaena tschuiliensis**（Pavl. ex Korov.）**M. G. Pimen. et E. V. Kljuykov**

多年生草本。生于山地荒漠草原、山麓草地。海拔 600 ~ 1 300 m。

产北天山。中国、哈萨克斯坦；亚洲有分布。

（3001）张明理斑膜芹 **Hyalolaena zhang-mingli Lyskov et Kljuykov**

多年生草本。生于山地草原、砾质坡地。海拔 1 400 ~ 1 850 m。

产北天山。中国；亚洲有分布。

中国特有成分。

390. 岩风属 Libanotis Hill.

（3002）阔鞘岩风 **Libanotis acaulis Shan et Sheh**

多年生草本。生于山地冲积和洪积平原、沼泽。海拔 2 300 ~ 2 600 m。

产东南天山。中国；亚洲有分布。

（3003）岩风 **Libanotis buchtormensis**（Fisch.）**DC.** = *Seseli buchtormense*（Fisch.）Koch

多年生草本。生于向阳的砾石质山坡、岩石缝。海拔 1 100 ~ 3 000 m。

产东天山、准噶尔阿拉套山、北天山、东南天山、内天山。中国、哈萨克斯坦、吉尔吉斯斯坦、蒙古、俄罗斯；亚洲有分布。

药用、蜜源。

(3004) 密花岩风 **Libanotis condensata（L.）Crantz.** =*Seseli condensatum*（L.）Reichenb.

　　多年生草本。生于山地林下、林缘、林间草地、河谷草甸、山坡草地。海拔 1 400～2 800 m。

　　产东天山、东南天山、准噶尔阿拉套山、中央天山。中国、哈萨克斯坦、蒙古、俄罗斯；亚洲、欧洲有分布。

　　植化原料（挥发油）、蜜源。

(3005) 绵毛岩风 **Libanotis eriocarpa Schrenk** =*Seseli eriocarpum*（Schrenk）B. Fedtsch.

　　多年生草本。生于砾石质山坡、石质干山坡。海拔 1 600～2 450 m。

　　产东天山、北天山、东南天山。中国、哈萨克斯坦、蒙古、俄罗斯；亚洲有分布。

(3006) 伊犁岩风 **Libanotis iliensis（Lipsky）Korov.** =*Seseli iliense*（Lipsky）Lipsky=*Seseli vaillantii* H. de Boiss.

　　多年生草本。生于砾石质山坡、砾质沙地。海拔 300～2 100 m。

　　产东天山、东北天山、准噶尔阿拉套山、北天山、中央天山。中国、哈萨克斯坦、吉尔吉斯斯坦；亚洲有分布。

　　药用。

＊(3007) 木根岩风 **Libanotis fasciculata Eug.** =*Seseli fasciculatum*（Korov.）Korov.

　　多年生草本。生于低山带石质草地。海拔 900～1 700 m。

　　产北天山、西天山、西南天山。哈萨克斯坦、吉尔吉斯斯坦、乌兹别克斯坦；亚洲有分布。

(3008) 坚挺岩风 **Libanotis schrenkiana C. A. Mey.** =*Seseli schrenkianum*（C. A. Mey.）M. Pimen.

　　多年生草本。生于山地林缘石缝、山地草原、石质干山坡、山溪边、灌丛。海拔 1 200～2 600 m。

　　产东天山、准噶尔阿拉套山、北天山、东南天山、内天山、西天山、西南天山。中国、哈萨克斯坦、吉尔吉斯斯坦、乌兹别克斯坦、塔吉克斯坦；亚洲有分布。

＊(3009) 网脉岩风 **Libanotis setifera（Eug. Kor.）Schischk.** =*Seseli setiferum* M. Pimen.

　　多年生草本。生于高山草甸、草原、亚高山草甸、山地岩石缝、坡积物、倒石堆。海拔 2 900～3 600 m。

　　产西天山、西南天山、内天山。吉尔吉斯斯坦、乌兹别克斯坦；亚洲有分布。

(3010) 亚洲岩风 **Libanotis sibirica（L.）C. A. Mey.** =*Seseli libanotis*（L.）W. D. J. Koch

　　多年生草本。生于山地石质阳坡、灌丛、岩石缝。海拔 1 100～2 600 m。

　　产北天山、西天山、西南天山。中国、哈萨克斯坦、吉尔吉斯斯坦、乌兹别克斯坦；亚洲有分布。

　　香料、药用、蜜源。

＊(3011) 塔拉斯岩风 **Libanotis talassica Eug.** =*Pilopleura tordyloides*（Korov.）M. Pimen.

　　多年生草本。生于山地草原带石质山坡、丘陵。海拔 1 500～2 800 m。

　　产西南天山。乌兹别克斯坦；亚洲有分布。

391. 西风芹属 Seseli L.

(3012) 狼山西风芹 **Seseli abolinii（Korov.）Schischk.** =*Libanotis abolinii*（Korov.）Korov. =*Libanotis michaylovae* Korov. =*Libanotis soongarica*（Schischk.）Korov.

　　多年生草本。生于山地林缘岩石缝、山坡草地、干旱石质山坡。海拔 1 500～2 700 m。

　　产东天山、准噶尔阿拉套山、北天山、东南天山、中央天山。中国、哈萨克斯坦；亚洲有分布。

356

（3013）大果西风芹 **Seseli aemulans Popov**

多年生草本。生于砾石质山坡、山地岩石缝、蒿属荒漠。海拔 700~2 835 m。

产东天山、北天山、东南天山。中国、哈萨克斯坦；亚洲有分布。

*（3014）阿富汗西风芹 **Seseli afghanicum（Podlech）M. G. Pimenov** = *Libanotis afghanica* Podlech

多年生草本。生于山崖岩石缝、细石质-碎石质山坡、河岸阶地。海拔 2 200~2 700 m。

产西南天山、内天山。吉尔吉斯斯坦、乌兹别克斯坦；亚洲有分布。

（3015）微毛西风芹 **Seseli asperulum（Traytv.）Schischk.**

多年生草本。生于砾石质山坡、山麓洪积-冲积扇。海拔 420~1 500 m。

产准噶尔阿拉套山。中国、哈萨克斯坦；亚洲有分布。

*（3016）石灰西风芹 **Seseli calycinum（Korov.）Pimenov et Sdobnina** = *Libanotis calycina* Korov.

多年生草本。生于石灰岩丘陵、山崖岩石缝、山地河谷。海拔 1 400~2 200 m。

产西天山、西南天山、内天山。吉尔吉斯斯坦、乌兹别克斯坦；亚洲有分布。

（3017）柱冠西风芹 **Seseli coronatum Ledeb.**

多年生草本。生于低山坡麓、石质山坡。海拔 750~1 300 m。

产准噶尔阿拉套山。中国、哈萨克斯坦、俄罗斯；亚洲有分布。

*（3018）毛序西风芹 **Seseli eriocephalum（Pall. ex Spreng.）Schischk.**

多年生草本。生于潮湿盐碱地、蒿属荒漠。海拔 420~1 600 m。

产准噶尔阿拉套山。哈萨克斯坦、俄罗斯；亚洲有分布。

*（3019）雪西风芹 **Seseli eryngioides（Korov.）M. G. Pimenov et V. N. Tichomirov** = *Sphenocarpus eryngioides* Korov.

多年生草本。生于冰碛堆、石灰岩山坡、岩石缝、石灰岩丘陵。海拔 1 200~3 500 m。

产西天山、西南天山、内天山。吉尔吉斯斯坦、乌兹别克斯坦；亚洲有分布。

（3020）膜盘西风芹 **Seseli glabratum Willd. ex Schult.**

多年生草本。生于砾石质干旱山坡、沙砾质戈壁。海拔 420~1 500 m。

产东天山、北天山、西天山。中国、哈萨克斯坦、乌兹别克斯坦、俄罗斯；亚洲有分布。

*（3021）高西风芹 **Seseli giganteum Lipsky**

多年生草本。生于中山带石质坡地、干河床、砾石质草地。海拔 1 500~2 500 m。

产西天山、内天山。吉尔吉斯斯坦、乌兹别克斯坦；亚洲有分布。

（3022）锐棱西风芹 **Seseli grubovii V. M. Vinogradova et Ch. Sanchir** = *Libanotis grubovii*（V. M. Vinogradova et Sanchir）M. L. Sheh et M. F. Watson

多年生草本。生于砾石质山坡、山谷岩石缝、山麓荒漠。海拔 1 600~2 400 m。

产东天山。中国、蒙古；亚洲有分布。

（3023）短尖西风芹 **Seseli mucronatum（Schrenk）Pimenov et Sdobnina** = *Ligusticum mucronatum*（Schrenk）Leute

多年生草本。生于山地林下、林缘、山谷湿地、山坡草甸、河边。海拔 1 500~3 200 m。

产东天山、东北天山、准噶尔阿拉套山、北天山、东南天山、中央天山、内天山、西天山。中国、哈萨克斯坦、吉尔吉斯斯坦、乌兹别克斯坦、塔吉克斯坦；亚洲有分布。

*（3024）卡拉山西风芹 **Seseli karateginum Lipsky**

多年生草本或半灌木。生于山谷砾石堆、河谷、草甸草原、山地草原。海拔 2 000~2 500 m。

产西南天山、内天山。吉尔吉斯斯坦、乌兹别克斯坦；亚洲有分布。

*（3025）考绕维西风芹 **Seseli korovinii Schischk.** = *Libanotis korovinii* (Schischk.) Korov.

多年生草本或半灌木。生于河谷峭壁、山地荒漠草原、灌丛。海拔 1 600~2 900 m。

产西南天山、内天山。吉尔吉斯斯坦、乌兹别克斯坦；亚洲有分布。

*（3026）考氏西风芹 **Seseli korshinskyi** (**Schischk.**) **M. G. Pimenov** = *Pimpinella korshinskyi* Schischk.

多年生草本。生于石灰岩丘陵、山崖岩石缝、旱生灌丛、山麓洪积扇。海拔 1 500~2 800 m。

产西天山、西南天山、内天山。吉尔吉斯斯坦、乌兹别克斯坦；亚洲有分布。

*（3027）李曼西风芹 **Seseli lehmannianum** (**Bunge**) **Boiss.**

多年生草本或半灌木。生于细土质山坡、山谷碎石堆、山崖岩石缝、干旱砾岩堆、山地草原、稀树草原、灌丛。海拔 1 300~2 900 m。

产西天山、西南天山、内天山。吉尔吉斯斯坦、乌兹别克斯坦；亚洲有分布。

*（3028）金黄西风芹 **Seseli luteolum Pimenov**

多年生草本。生于山谷碎石堆、细石质山坡、干河床、旱生灌丛。海拔 1 300~1 900 m。

产西天山、西南天山、内天山。哈萨克斯坦、吉尔吉斯斯坦；亚洲有分布。

*（3029）流苏瓣西风芹 **Seseli marginatum** (**Korov.**) **Pimenov et Sdobnina** = *Libanotis marginata* Korov.

多年生草本或半灌木。生于干旱碎石质山坡、石灰岩丘陵、河谷灌丛。海拔 700~1 500 m。

产西天山、西南天山、内天山。吉尔吉斯斯坦、乌兹别克斯坦；亚洲有分布。

*（3030）梅尔克西风芹 **Seseli merkulowiczii** (**Korov.**) **M. Pimen. et Sdobnina** = *Libanotis merkulowiczii* Korov.

多年生草本。生于碎石质山坡、山崖岩石缝、山坡砾岩堆、河岸阶地。海拔 1 200~2 200 m。

产西南天山。乌兹别克斯坦；亚洲有分布。

*（3031）森林西风芹 **Seseli nemorosum** (**Korov.**) **M. G. Pimenov** = *Pachypleurum nemorosum* (Korov.) Korov.

多年生草本。生于亚高山草甸、碎石质山坡、河谷草甸湿地。海拔 2 300~3 200 m。

产北天山、西天山、西南天山。哈萨克斯坦、吉尔吉斯斯坦、乌兹别克斯坦；亚洲有分布。

*（3032）库给山西风芹 **Seseli nevskii** (**Korov.**) **Pimenov et Sdobnina** = *Libanotis nevskii* Korov.

多年生草本。生于山崖岩石缝、山地灌丛。海拔 1 500~2 500 m。

产西南天山。乌兹别克斯坦；亚洲有分布。

*（3033）硬叶西风芹 **Seseli sclerophyllum E. P. Korov.**

多年生草本。生于亚高山草甸、山地碎石堆、河谷岩石缝。海拔 1 500~2 500 m。

产西南天山、乌兹别克斯坦；亚洲有分布。

*（3034）孜拉普善西风芹 **Seseli seravschanicum** (**Schischk.**) **Pimenov et Sdobnina**

多年生草本。生于高山和亚高山草甸、山崖岩石缝、石质山坡、山地灌丛。海拔 2 400~3 600 m。

产西南天山、内天山。吉尔吉斯斯坦、乌兹别克斯坦;亚洲有分布。

（3035）无柄西风芹 **Seseli sessiliflorum Schrenk**

多年生草本。生于砾石质山坡。海拔 1 700 m 上下。

产东天山、北天山。中国、哈萨克斯坦、吉尔吉斯斯坦;亚洲有分布。

*（3036）细枝西风芹 **Seseli tenellum Pimenov**

多年生草本。生于碎石质山崖、旱生灌丛。海拔 800~2 400 m。

产西天山、内天山。吉尔吉斯斯坦、乌兹别克斯坦;亚洲有分布。

*（3037）细裂西风芹 **Seseli tenuisectum Regel et Schmalh.** = *Libanotis juncea* Korov.

多年生草本。生于石质坡地、石灰岩峭壁、盐化草甸。海拔 600~1 800 m。

产西南天山。乌兹别克斯坦;亚洲有分布。

*（3038）螺状西风芹 **Seseli turbinatum Korov.**

多年生草本。生于石质化山坡、山崖岩石缝、山地河谷。海拔 1 800~2 900 m。

产西南天山。乌兹别克斯坦;亚洲有分布。

*（3039）单枝西风芹 **Seseli unicaule（Korov.）Pimenov** = *Libanotis unicaulis* Korov.

多年生草本。生于干旱山坡、砾岩堆、河岸阶地、坡积碎石堆。海拔 900~1 800 m。

产西天山、西南天山、内天山。吉尔吉斯斯坦、乌兹别克斯坦;亚洲有分布。

（3040）叉枝西风芹 **Seseli valentinae Popov**

多年生草本。生于山地草原、砾石质山坡、沙砾质河滩。海拔 1 700~3 300 m。

产准噶尔阿拉套山、北天山、中央天山、内天山。中国、哈萨克斯坦、吉尔吉斯斯坦;亚洲有分布。

392. 狭腔芹属 Stenocoelium Ledeb.

（3041）狭腔芹 **Stenocoelium athamantoides（M. Bieb.）Ledeb.**

多年生草本。生于山地林下、阴湿草地、陡峭崖壁、岩石缝。海拔 1 300~2 400 m。

产东天山、东北天山、准噶尔阿拉套山。中国、哈萨克斯坦、蒙古、俄罗斯;亚洲有分布。

（3042）毛果狭腔芹 **Stenocoelium trichocarpum Schrenk**

多年生草本。生于山地砾石质山坡。海拔 2 100 m 上下。

产准噶尔阿拉套山、东南天山。中国、哈萨克斯坦;亚洲有分布。

393. 蛇床属 Cnidium Cuss.

（3043）碱蛇床 **Cnidium salinum Turcz.** = *Kadenia salina*（Turcz.）Lavrova et Tichomirov

多年生草本。生于盐碱地、潮湿草甸、沟渠边。海拔 1 900 m 上下。

产东天山。中国、蒙古、俄罗斯;亚洲有分布。

394. 空棱芹属 Cenolophium Koch

（3044）空棱芹 **Cenolophium denudatum（Fisch. ex Hornem.）Tutin**

多年生草本。生于山地林下、河漫滩草甸、河岸草地、山地草甸。海拔 420~1 800 m。

产准噶尔阿拉套山、北天山。中国、哈萨克斯坦、蒙古、俄罗斯;亚洲、欧洲有分布。

香料、饲料、蜜源。

395. 藁本属 Ligusticum L.

（3045）异色藁本 **Ligusticum discolor Ledeb.** =*Paraligusticum discolor*（Ledeb.）Tichomirov

多年生草本。生于山地林下、林缘、山地灌丛、河谷草甸。海拔 1 200～2 200 m。

产北天山、西天山、西南天山。中国、哈萨克斯坦、吉尔吉斯斯坦、乌兹别克斯坦、俄罗斯；亚洲有分布。

药用。

396. 厚棱芹属 Pachypleurum Ledeb.

（3046）高山厚棱芹 **Pachypleurum alpinum Ledeb.**

多年生草本。生于高山和亚高山草甸、山地林下、林缘、山地河谷、山地草甸。海拔 1 600～4 020 m。

产东天山、东北天山、北天山、东南天山、中央天山、内天山。中国、哈萨克斯坦、蒙古、俄罗斯；亚洲、欧洲有分布。

397. 山芎属 Conioselinum Fisch. ex Hoffm.

（3047）鞘山芎 **Conioselinum vaginatum**（**Spreng.**）**Thell.** =*Conioselinum tataricum* Hoffm. =*Conioselinum schugnanicum* B. Fedtsch.

多年生草本。生于山地林缘、山地草甸、山地草原、山地河谷、山地灌丛、山地荒漠草原。海拔 1 100～4 100 m。

产东天山、准噶尔阿拉套山、北天山、内天山、西天山、西南天山。中国、哈萨克斯坦、乌兹别克斯坦、塔吉克斯坦、蒙古、俄罗斯；亚洲、欧洲有分布。

药用。

398. 古当归属 Archangelica N. M. Wolf.

（3048）短茎古当归（矮茎古当归）**Archangelica brevicaulis**（**Rupr.**）**Rchb.** =*Angelica brevicaulis*（Rupr.）B. Fedtsch.

多年生草本。生于高山和亚高山草甸、山地林下、林缘、山坡草地、河谷草甸、沙砾质河漫滩、山溪边。海拔 900～3 680 m。

产东天山、东北天山、准噶尔阿拉套山、北天山、东南天山、内天山、西天山、西南天山。中国、哈萨克斯坦、吉尔吉斯斯坦、乌兹别克斯坦；亚洲有分布。

药用、饲料。

（3049）下延叶古当归 **Angelica decurrens**（**Ledeb.**）**B. Fedtsch.** =*Archangelica decurrens* Ledeb.

多年生草本。生于山地林下、林缘、山地河谷草甸、山坡阴湿处。海拔 1 100～2 800 m。

产东天山、东北天山、准噶尔阿拉套山、北天山。中国、哈萨克斯坦、蒙古、俄罗斯；亚洲有分布。

药用、香料、油料、蜜源。

399. 当归属 Angelica L.

（3050）多茎当归 **Angelica multicaulis M. Pimenov**

多年生草本。生于山地林缘、河谷林下、河谷草甸、山溪边。海拔 1 000～2 500 m。

产东天山、东北天山、北天山、东南天山、中央天山。中国、吉尔吉斯斯坦、俄罗斯；亚洲有分布。

（3051）三小叶当归 **Angelica ternata Regel et Schmalh.**

多年生草本。生于高山河谷碎石质山坡、冲沟、河谷阶地阴湿处。海拔 2850～3 300 m。

产东南天山、内天山、西天山、西南天山。中国、吉尔吉斯斯坦、乌兹别克斯坦、塔吉克斯坦;亚洲有分布。

药用、食用、饲料、有毒。

*(3052) 齐木干当归 **Angelica tschimganica**（**Korov.**）**Tichomirov.** =*Archangelica tschimganica*（Korov.） Schischk.

多年生草本。生于山崖砾岩堆、山溪边、山谷石质-细石质草甸湿地、河谷灌丛、山麓河岸湿地。 海拔 1 500～2 500 m。

产西天山、西南天山、内天山。哈萨克斯坦、吉尔吉斯斯坦、乌兹别克斯坦;亚洲有分布。

400. 阿魏属 Ferula L.

(3053) 山地阿魏 **Ferula akitschkensis B. Fedtsen. ex Koso-Pol.** =*Ferula transitoria* Korov.

多年生草本。生于山谷岩石缝、山坡草地、河谷、草甸草原、灌丛、荒漠冲沟、沙地。海拔 600～ 2 800 m。

产东天山、准噶尔阿拉套山、北天山。中国、哈萨克斯坦、吉尔吉斯斯坦;亚洲有分布。

*(3054) 安寄林阿魏 **Ferula angreni Korov.**

多年生草本。生于山坡草地、山地草甸草原、灌丛、山地草原、河流出山口阶地。海拔 1 000～ 2 500 m。

产西天山、西南天山、内天山。吉尔吉斯斯坦、乌兹别克斯坦;亚洲有分布。

*(3055) 拟臭阿魏 **Ferula assa-foetida L.** =*Ferula foetida* St. Lag.

多年生草本。生于山地荒漠草原、山麓洪积扇、冲积平原。海拔 600～1 500 m。

产北天山、西天山、西南天山。哈萨克斯坦、乌兹别克斯坦;亚洲有分布。

*(3056) 波氏阿魏 **Ferula botschantzevii Korov.**

多年生草本。生于碎石质山坡、风化石灰岩丘陵岩石缝。海拔 600～1 200 m。

产西南天山。乌兹别克斯坦;亚洲有分布。

(3057) 灰色阿魏 **Ferula canescens**（**Ledeb.**）**Ledeb.**

多年生草本。生于低山砾石质荒漠、平原沙砾质戈壁。海拔 800 m 上下。

产东北天山、准噶尔阿拉套山、北天山。中国、哈萨克斯坦;亚洲有分布。

(3058) 里海阿魏 **Ferula caspica Bieb.** =*Ferula gracilis*（Ledeb.）Ledeb.

多年生草本。生于山地河岸阶地、荒漠草原、冲沟、沙丘、沙地。海拔 550～2 160 m。

产东天山、东北天山、北天山。中国、哈萨克斯坦、蒙古、俄罗斯;亚洲、欧洲有分布。

饲料、药用、胶脂、燃料。

*(3059) 角果阿魏 **Ferula ceratophylla Regel et Schmalh.**

多年生草本。生于中山带石质山坡、山地河谷、山崖岩石缝。海拔 1 300～2 900 m。

产北天山、东南天山、中央天山、内天山、西天山、西南天山。哈萨克斯坦、吉尔吉斯斯坦、乌兹 别克斯坦;亚洲有分布。

*(3060) 铁线莲叶阿魏 **Ferula clematidifolia Koso-Pol.**

多年生草本。生于槭树林下、河谷灌丛、河岸阶地、针茅草原、黄土丘陵、碎石质荒漠草原、灌 丛。海拔 600～2 200 m。

产西天山、西南天山、内天山。吉尔吉斯斯坦、乌兹别克斯坦；亚洲有分布。

(3061) 圆锥茎阿魏 **Ferula conocaula Korov.**

多年生一次结实草本。生于山谷碎石堆、沙砾质山坡、谷地冲沟边。海拔 2 700~3 000 m。

产东天山、内天山、西天山、西南天山。中国、乌兹别克斯坦、塔吉克斯坦；亚洲有分布。

中国特有成分。药用、胶脂。

*(3062) 恰特卡勒阿魏 **Ferula czatkalensis M. G. Pimenov**

多年生草本。生于石质山坡、河岸阶地、河谷。海拔 800~210 m。

产西天山、西南天山、内天山。吉尔吉斯斯坦、乌兹别克斯坦；亚洲有分布。

*(3063) 软柄阿魏 **Ferula decurrens Korov.**

多年生草本。生于山地红色沙质土山坡、阿月浑子林下、霸王灌丛。海拔 600~1 700 m。

产西天山、西南天山、内天山。吉尔吉斯斯坦、乌兹别克斯坦；亚洲有分布。

(3064) 全裂叶阿魏 **Ferula dissecta（Ledeb.）Ledeb.**

多年生草本。生于砾石质山坡、蒿属荒漠。海拔 1 000~1 700 m。

产准噶尔阿拉套山。中国、哈萨克斯坦、蒙古、俄罗斯；亚洲有分布。

*(3065) 异脉阿魏 **Ferula diversivittata Regel et Schmalh.**

多年生草本。生于山地林下、灌丛、山麓平原荒漠、短生植物群落。海拔 700~1 500 m。

产西天山、西南天山、内天山。吉尔吉斯斯坦、乌兹别克斯坦；亚洲有分布。

*(3066) 木贼阿魏 **Ferula equisetacea Koso-Pol.**

多年生草本。生于山崖峭壁、碎石质山坡、槭树林下、河谷灌丛、山地荒漠草原。海拔 1 300~2 500 m。

产西南天山、内天山。吉尔吉斯斯坦、乌兹别克斯坦；亚洲有分布。

*(3067) 费帝尔阿魏 **Ferula fedoroviorum M. G. Pimenov**

多年生草本。生于细石质-碎石质山坡、河流出山口阶地、旱生灌丛、山地草原。海拔 1 400~1 900 m。

产西天山、西南天山、内天山。吉尔吉斯斯坦、乌兹别克斯坦；亚洲有分布。

*(3068) 费帝钦克阿魏 **Ferula fedtschenkoana Koso-Pol.**

多年生草本。生于石灰岩丘陵、山崖岩石缝、垫状旱生灌丛。海拔 200~1 600 m。

产西南天山、内天山。吉尔吉斯斯坦、乌兹别克斯坦；亚洲有分布。

*(3069) 费尔干纳阿魏 **Ferula ferganensis Lipsky ex Korov.**

多年生草本。生于陡峭山崖、砾石质山坡。海拔 1 800~2 700 m。

产西南天山、内天山。吉尔吉斯斯坦、乌兹别克斯坦；亚洲有分布。

(3070) 多伞阿魏 **Ferula ferulioides（Steud.）Korov.**

多年生一次结实草本。生于荒漠草原、蒿属荒漠、盐化草甸、覆沙砾质戈壁、沙丘、沙地。海拔 430~1 600 m。

产东天山、东北天山、北天山。中国、哈萨克斯坦；亚洲有分布。

饲料、药用、胶脂、燃料。

＊（3071）烈臭阿魏 **Ferula foetida**（Bunge）**Regel**

多年生草本。生于黄土丘陵、河岸阶地、固定沙丘、沙地、梭梭林下。海拔 200～1 500 m。

产西天山、北天山、西南天山、内天山。哈萨克斯坦、吉尔吉斯斯坦、乌兹别克斯坦；亚洲有分布。

（3072）宽叶臭阿魏 **Ferula foetidissima Regel et Schmalh.**

多年生一次结实草本。生于山地荒漠、冲沟、碎石质山坡。海拔 2 700～3 000 m。

产内天山、西天山、西南天山。中国、吉尔吉斯斯坦、乌兹别克斯坦、塔吉克斯坦；亚洲有分布。

（3073）阜康阿魏 **Ferula fujianensis K. M. Shen**

多年生一次结实草本。生于低山蒿属荒漠、山前倾斜平原冲沟边。海拔 700 m 上下。

产东天山。中国；亚洲有分布。

中国特有成分。

＊（3074）巨阿魏 **Ferula gigantea B. Fedtsch.**

多年生草本。生于黄土丘陵、山地草原、山地荒漠草原、短生植物群落、灌丛。海拔 600～
2 800 m。

产西南天山、内天山。吉尔吉斯斯坦、乌兹别克斯坦；亚洲有分布。

＊（3075）格氏阿魏 **Ferula grigoriewii B. Fedtsch.**

多年生草本。生于山坡倒石堆、砾岩碎石堆、河谷灌丛、荒漠灌丛。海拔 2 100～3 700 m。

产西南天山、内天山。吉尔吉斯斯坦、乌兹别克斯坦；亚洲有分布。

＊（3076）石膏土阿魏 **Ferula gypsacea Korov.**

多年生草本。生于黏土坡地、低山荒漠。海拔 300～1 800 m。

产西天山、内天山。哈萨克斯坦、吉尔吉斯斯坦、乌兹别克斯坦；亚洲有分布。

（3077）伊犁阿魏 **Ferula iliensis Krasn. ex Korov.** = *Ferula popovii* Korov.

多年生一次结实草本。生于砾石质山坡、砾石质黏土荒漠。海拔 300～1 700 m。

产准噶尔阿拉套山、北天山、西天山、西南天山。中国、哈萨克斯坦、吉尔吉斯斯坦、乌兹别克
斯坦；亚洲有分布。

＊（3078）齿裂阿魏 **Ferula incisoserrata M. G. Pimenov et Yu. V. Baranova**

多年生草本。生于山地林下、灌丛、山坡草地、河岸阶地、荒漠草原。海拔 1 400～2 200 m。

产西天山、西南天山、内天山。吉尔吉斯斯坦、乌兹别克斯坦；亚洲有分布。

＊（3079）刺柏阿魏 **Ferula juniperina Forovin**

多年生草本。生于亚高山草甸、山坡草地、河谷、草甸草原。海拔 1 200～2 900 m。

产北天山、西天山。哈萨克斯坦、吉尔吉斯斯坦、乌兹别克斯坦；亚洲有分布。

＊（3080）黑山阿魏 **Ferula karatavica Regel et Schmalh.**

多年生草本。生于山地草原、河岸阶地。海拔 900～2 100 m。

产北天山、西天山、西南天山。哈萨克斯坦、吉尔吉斯斯坦、乌兹别克斯坦；亚洲有分布。

（3081）短柄阿魏 **Ferula karataviensis**（Regel et Schmalh.）**Korov.** = *Dorema karataviense* Korov.

多年生草本。生于山地砾石质山坡、山麓洪积-冲积扇、黏土荒漠草地。海拔 800～2 300 m。

产北天山、内天山、西天山、西南天山。中国、哈萨克斯坦、吉尔吉斯斯坦、乌兹别克斯坦；亚洲
有分布。

*（3082）卡拉山阿魏 **Ferula karategina Lipsky ex Korov.**

多年生草本。生于高山和亚高山草甸、冰碛堆、山崖岩石缝、山地阴坡、稀树草原、山地荒漠草原。海拔 1 800~3 500 m。

产西南天山、内天山。吉尔吉斯斯坦、乌兹别克斯坦；亚洲有分布。

（3083）山蛇床阿魏 **Ferula kirialovii M. G. Pimenov**

多年生草本。生于砾石质山坡、灌丛、山坡草地、草甸草原、河滩。海拔 1 200~2 800 m。

产东北天山、北天山、内天山、西天山、西南天山。中国、哈萨克斯坦、吉尔吉斯斯坦、乌兹别克斯坦；亚洲有分布。

胶脂、植化原料（挥发油、酒精）。

*（3084）凯氏阿魏 **Ferula kelifi Korov.**

多年生草本。生于山坡草地、低山丘陵、盐化荒漠草地。海拔 700~2 000 m。

产西南天山、内天山。吉尔吉斯斯坦、乌兹别克斯坦；亚洲有分布。

*（3085）塔拉斯阿魏 **Ferula kelleri Koso. Pol.**

多年生草本。生于亚高山草甸、山地阔叶林下、山坡草地、山地草甸草原、河谷灌丛。海拔 1 300~2 500 m。

产北天山、西天山、西南天山、内天山。哈萨克斯坦、吉尔吉斯斯坦、乌兹别克斯坦；亚洲有分布。

*（3086）库卡妮阿魏 **Ferula kokanica Regel et Schmalh.**

多年生草本。生于山坡草地、稀树草原、山地草原、山麓洪积扇。海拔 1 300~3 600 m。

产西南天山、内天山。吉尔吉斯斯坦、乌兹别克斯坦；亚洲有分布。

*（3087）考尔钦阿魏 **Ferula korshinskyi Korov.**

多年生草本。生于山地阔叶林下、山崖岩石缝、山溪边、低山丘陵。海拔 1 000~1 900 m。

产西天山、西南天山、内天山。吉尔吉斯斯坦、乌兹别克斯坦；亚洲有分布。

*（3088）库紫普阿魏 **Ferula koso-poljanskyi Korov.**

多年生草本。生于岩石峭壁碎石堆、干旱山坡、山崖石缝、河谷。海拔 1 900~2 800 m。

产西南天山、内天山。吉尔吉斯斯坦、乌兹别克斯坦；亚洲有分布。

（3089）托里阿魏 **Ferula krylovii Korov.**

多年生一次结实草本。生于盐化草甸、低山蒿属荒漠。海拔 600~1 000 m。

产东北天山、北天山。中国、哈萨克斯坦、俄罗斯；亚洲有分布。

*（3090）库黑斯阿魏 **Ferula kuhistanica Korov.**

多年生草本。生于高山和亚高山草甸、山地林缘、林间草地、落叶阔叶林下、河岸阶地。海拔 900~3 500 m。

产西天山、西南天山、内天山。哈萨克斯坦、吉尔吉斯斯坦、乌兹别克斯坦；亚洲有分布。

*（3091）宽裂阿魏 **Ferula latiloba Korov.**

多年生草本。生于低山丘陵、荒漠草原、山麓洪积扇。海拔 700~1 700 m。

产西天山、内天山。吉尔吉斯斯坦、乌兹别克斯坦；亚洲有分布。

（3092）**大果阿魏 Ferula lehmannii Boiss.**

多年生一次结实草本。生于干旱山坡、蒿属荒漠、沙砾质黏土荒漠、冲沟。海拔550~1 100 m。

产东天山、东北天山、北天山、西天山。中国、哈萨克斯坦、乌兹别克斯坦、伊朗、巴基斯坦；亚洲有分布。

药用。

（3093）**光叶阿魏 Ferula leiophylla Korov.**

多年生草本。生于山坡草地。海拔1 700 m上下。

产北天山、西天山、西南天山。中国、哈萨克斯坦、吉尔吉斯斯坦、乌兹别克斯坦；亚洲有分布。

＊（3094）**白条阿魏 Ferula leucographa Korov.** = *Ferula involucrata* Korov.

多年生草本。生于荒漠草原、山麓洪积扇、河岸阶地。海拔700~2 500 m。

产北天山、西天山、西南天山。哈萨克斯坦、吉尔吉斯斯坦、乌兹别克斯坦；亚洲有分布。

＊（3095）**林奇阿魏 Ferula linczevskii Korov.**

多年生草本。生于细土质-碎石质山坡、山崖阴坡、河流出山口阶地。海拔1 900~2 800 m。

产西南天山、内天山。吉尔吉斯斯坦、乌兹别克斯坦；亚洲有分布。

＊（3096）**李普氏阿魏 Ferula lipskyi Korov.**

多年生草本。生于疏林下、灌丛、山地荒漠草原、石膏荒漠、山麓洪积扇、河岸阶地。海拔500~900 m。

产西南天山、内天山。吉尔吉斯斯坦、乌兹别克斯坦；亚洲有分布。

＊（3097）**喜岩阿魏 Ferula lithophila M. G. Pimenov**

多年生草本。生于山脊、山崖石缝、山地河谷、山坡草地。海拔1 200~2 800 m。

产北天山、西天山。哈萨克斯坦、吉尔吉斯斯坦、乌兹别克斯坦；亚洲有分布。

＊（3098）**软叶阿魏 Ferula malacophylla M. G. Pimenov et Yu. V. Baranova**

多年生草本。生于沙质-轻微盐化湖边草地、荒漠灌丛。海拔500~1 600 m。

产内天山。吉尔吉斯斯坦；亚洲有分布。

＊（3099）**密氏阿魏 Ferula michaelii M. Panahi, Piwczynski, Puchalka et Spalik** = *Dorema aitchisonii* Korov. ex M. Pimenov

多年生草本。生于阿月浑子林下、野扁桃林下、山地荒漠草原、石膏质-石灰岩质山坡。海拔800~1 600 m。

产西天山、西南天山、内天山。吉尔吉斯斯坦、乌兹别克斯坦；亚洲有分布。

＊（3100）**小果阿魏 Ferula microcarpum Korov.**

多年生草本。生于碎石质山坡、石膏质沙地。海拔200~1 500 m。

产西天山、西南天山、内天山。吉尔吉斯斯坦、乌兹别克斯坦；亚洲有分布。

＊（3101）**漠古勒山阿魏 Ferula mogoltavica Lipsky ex Korov.**

多年生草本。生于山地干旱山坡、河岸阶地。海拔900~1 500 m。

产西南天山。乌兹别克斯坦；亚洲有分布。

＊（3102）**柔毛阿魏 Ferula mollis Korov.**

多年生草本。生于低山石质坡地、碎石堆、山麓洪积扇。海拔600~1 600 m。

产西天山、西南天山、内天山。吉尔吉斯斯坦、乌兹别克斯坦；亚洲有分布。

(3103) 麝香阿魏 **Ferula moschata（Reinsch）Koso-Pol.** = *Ferula sumbul*（Kauffman）Hook. f.
多年生草本。生于森林带砾石质山坡。海拔 1 550 m 上下。
产北天山、西天山、西南天山。中国、哈萨克斯坦、吉尔吉斯斯坦、乌兹别克斯坦、塔吉克斯坦；
亚洲有分布。
药用、香料。

*（3104）库给山阿魏 **Ferula nevskii Korov.**
多年生草本。生于山坡草地、灌丛。海拔 1 500~2 100 m。
产西南天山。乌兹别克斯坦；亚洲有分布。

*（3105）努拉山阿魏 **Ferula nuratavica M. G. Pimenov**
多年生草本。生于石灰岩丘陵、山崖岩石缝、灌丛。海拔 1 200~1 600 m。
产西南天山、内天山。吉尔吉斯斯坦、乌兹别克斯坦；亚洲有分布。

*（3106）欧钦阿魏 **Ferula ovczinnikovii M. G. Pimenov**
多年生草本。生于细石质山坡、山崖岩石缝、荒漠草原。海拔 700~2 100 m。
产西南天山、内天山。吉尔吉斯斯坦、乌兹别克斯坦；亚洲有分布。

（3107）羊食阿魏 **Ferula ovina（Boiss.）Boiss.** = *Ferula lapidosa* Korov.
多年生草本。生于砾质山坡、山坡草地、蒿属荒漠。海拔 1 200~1 700 m。
产准噶尔阿拉套山、北天山、西南天山。中国、哈萨克斯坦、吉尔吉斯斯坦、塔吉克斯坦、阿富
汗、伊朗、巴基斯坦；亚洲有分布。

*（3108）粗野阿魏 **Ferula pachyphylla Korov.**
多年生草本。生于山地草原、山坡草地、河岸阶地。海拔 1 300~2 800 m。
产北天山、西天山、西南天山。哈萨克斯坦、吉尔吉斯斯坦、乌兹别克斯坦；亚洲有分布。

*（3109）白阿魏 **Ferula pallida Korov.**
多年生草本。生于山地裸岩堆、山坡草地、灌丛。海拔 1 000~2 400 m。
产北天山、西天山、西南天山。哈萨克斯坦、吉尔吉斯斯坦、乌兹别克斯坦；亚洲有分布。

*（3110）凸脉阿魏 **Ferula penninervis Regel et Schmalh.**
多年生草本。生于山麓洪积扇、干河谷、河岸阶地。海拔 700~1 400 m。
产北天山、内天山、西天山、西南天山。哈萨克斯坦、吉尔吉斯斯坦、乌兹别克斯坦；亚洲有
分布。

*（3111）普氏阿魏 **Ferula potaninii Korov. et Pavl.**
多年生草本。生于山地林缘、山坡草地、山地草原。海拔 1 200~2 700 m。
产北天山。哈萨克斯坦；亚洲有分布。

*（3112）脆叶阿魏 **Ferula prangifolia Korov.**
多年生草本。生于森林带石质坡地、山地河谷。海拔 1 300~2 900 m。
产西天山、西南天山、内天山。哈萨克斯坦、吉尔吉斯斯坦、乌兹别克斯坦；亚洲有分布。

*（3113）那伦阿魏 Ferula renardii（Regel et Schmalh.）M. G. Pimenov

多年生草本。生于碎石质山坡、砾石质坡地、砾岩堆、山麓洪积扇。海拔 400~3 200 m。

产西天山、北天山。哈萨克斯坦、吉尔吉斯斯坦；亚洲有分布。

*（3114）雅丹阿魏 Ferula rubroarenosa Korov.

多年生草本。生于红色土丘陵、荒漠草原。海拔 700~1 600 m。

产西天山、西南天山、内天山。哈萨克斯坦、吉尔吉斯斯坦、乌兹别克斯坦；亚洲有分布。

*（3115）撒马尔罕阿魏 Ferula samarkandica Korov.

多年生草本。生于中山带石质山坡、低山丘陵。海拔 550~1 700 m。

产北天山、西天山、西南天山。哈萨克斯坦、吉尔吉斯斯坦、乌兹别克斯坦；亚洲有分布。

*（3116）孜拉普善阿魏 Ferula seravschanica M. G. Pimenov

多年生草本。生于山地荒漠草原、短生、类短生植物荒漠、石膏荒漠草地。海拔 1 400~
2 000 m。

产西南天山、内天山。吉尔吉斯斯坦、乌兹别克斯坦；亚洲有分布。

（3117）新疆阿魏 Ferula sinkiangensis K. M. Shen

多年生一次结实草本。生于干旱山坡、蒿属荒漠、山前倾斜平原黏土荒漠、冲沟。海拔 700~
850 m。

产东天山、东北天山、北天山。中国；亚洲有分布。

中国特有成分。药用、食用、胶脂、饲料。

（3118）准噶尔阿魏 Ferula soongarica Pall. ex Schult. = *Ferula arida*（Korov.）Korov.

多年生草本。生于山坡草地、灌丛、荒漠草原、河流出山口阶地、固定沙丘。海拔 600~
1 800 m。

产准噶尔阿拉套山、北天山。中国、哈萨克斯坦、蒙古、俄罗斯；亚洲有分布。

*（3119）细茎阿魏 Ferula subtilis Korov.

多年生草本。生于砾石质坡地、荒漠草原、灌丛。海拔 600~1 900 m。

产西天山、西南天山、内天山。吉尔吉斯斯坦、乌兹别克斯坦；亚洲有分布。

（3120）荒地阿魏 Ferula syreitschikowii Koso-Pol.

多年生草本。生于荒漠草原、黄土丘陵、干旱低山坡、田边、路边、渠边、沙地边。海拔 540~
1 800 m。

产东天山、东北天山、准噶尔阿拉套山、北天山。中国、哈萨克斯坦、乌兹别克斯坦；亚洲有
分布。

*（3121）塔吉克阿魏 Ferula tadshikorum Pimenov

多年生草本。生于黄土丘陵、山地荒漠草原、河谷、灌丛。海拔 650~1 800 m。

产西南天山、内天山。吉尔吉斯斯坦、乌兹别克斯坦；亚洲有分布。

*（3122）细裂阿魏 Ferula tenuisecta Korov. ex Pavlov

多年生草本。生于中山带石质坡地、山地草原、河床。海拔 1 300~2 800 m。

产北天山、西天山、西南天山。哈萨克斯坦、吉尔吉斯斯坦、乌兹别克斯坦；亚洲有分布。

（3123）臭阿魏 **Ferula teterrima Kar. et Kir.**

多年生一次结实草本。生于砾石质荒漠、干河滩。海拔 900 m 上下。

产北天山。中国、哈萨克斯坦;亚洲有分布。

*（3124）齐木干阿魏 **Ferula tschimganica Lipsky ex Korov.**

多年生草本。生于亚高山碎石质山坡、坡积物、灌丛。海拔 2 800~3 100 m。

产北天山、内天山、西天山、西南天山。哈萨克斯坦、吉尔吉斯斯坦、乌兹别克斯坦;亚洲有分布。

*（3125）楚伊犁阿魏 **Ferula tschuiliensis Baitenov**

多年生草本。生于石质山坡、石灰岩丘陵、山麓洪积扇。海拔 800~1 800 m。

产北天山。哈萨克斯坦;亚洲有分布。

*（3126）块茎阿魏 **Ferula tuberifera Korov.**

多年生草本。生于亚高山草甸、灌丛、黏土质-石质山坡、山地荒漠草原。海拔 1 700~2 800 m。

产西南天山、内天山。吉尔吉斯斯坦、乌兹别克斯坦;亚洲有分布。

*（3127）乌加明阿魏 **Ferula ugamica Korov. ex Baranov**

多年生草本。生于草甸草原、黄土丘陵。海拔 1 000~2 500 m。

产西南天山。乌兹别克斯坦;亚洲有分布。

乌兹别克斯坦特有成分。

*（3128）变异阿魏 **Ferula varia（Schrenk）Trautv.** = *Ferula schair* Borszcz.

多年生草本。生于山地草原、砾石质荒漠草原、龟裂土荒漠、沙地。海拔 500~2 600 m。

产西天山。哈萨克斯坦;亚洲有分布。

*（3129）替代阿魏 **Ferula vicaria Korov.**

多年生草本。生于低山带石质坡地、河岸阶地、荒漠草原。海拔 800~1 800 m。

产西天山、西南天山。乌兹别克斯坦;亚洲有分布。

*（3130）紫花阿魏 **Ferula violacea Korov.**

多年生草本。生于细土质-石质山坡、阿月浑子林下、稀树草原、河谷、灌丛。海拔 1 000~1 900 m。

产西南天山、内天山。吉尔吉斯斯坦、乌兹别克斯坦;亚洲有分布。

*（3131）旱生阿魏 **Ferula xeromorpha Korov.** = *Ferula ligulata* Korov.

多年生草本。生于低山丘陵、平原绿洲、河岸阶地。海拔 400~1 600 m。

产北天山、内天山、西天山、西南天山。哈萨克斯坦、吉尔吉斯斯坦、乌兹别克斯坦;亚洲有分布。

401. 球根阿魏属 Schumannia Kuntze

（3132）球根阿魏 **Schumannia karelinii（Bunge）Korov.** = *Ferula karelinii*（Bunge）Korov.

多年生草本。生于固定和半固定沙丘、沙地。海拔 550~1 100 m。

产东天山、东北天山、准噶尔阿拉套山、北天山、西天山、西南天山。中国、哈萨克斯坦、乌兹别克斯坦、塔吉克斯坦、伊朗、巴基斯坦;亚洲有分布。

单种属植物。食用、药用、饲料。

402. 簇花芹属 Soranthus Ledeb.

（3133）簇花芹 **Soranthus meyeri Ledeb.** = *Ferula sibirica* Willd.

多年生草本。生于石质山坡、荒漠、固定和半固定沙丘、沙地。海拔 80～950 m。

产东天山、东北天山、北天山。中国、哈萨克斯坦、俄罗斯;亚洲有分布。

单种属植物。

403. 前胡属 Peucedanum L.

（3134）镰叶前胡 **Peucedanum falcaria Turcz.** = *Haloselinum falcaria*（Turcz.）Pimenov

多年生草本。生于山地草原。海拔 1 900 m 上下。

产东天山。中国、蒙古、俄罗斯;亚洲有分布。

（3135）准噶尔前胡 **Peucedanum morisonii Besser** = *Peucedanum songoricum* Schischk.

多年生草本。生于山地草甸、山坡草地、山地草原。海拔 1 200～2 400 m。

产准噶尔阿拉套山、北天山。中国、哈萨克斯坦、俄罗斯;亚洲有分布。

药用。

404. 伊犁芹属 Talassia Korov.

（3136）伊犁芹 **Talassia transiliensis（Rgl. et Herd.）Korov.** = *Ferula transiliensis*（Herd.）M. Pimen.

多年生草本。生于山地林缘、砾石质山坡、河谷岩石缝、亚高山草甸。海拔 1 850～3 300 m。

产北天山、内天山、西天山、西南天山。中国、哈萨克斯坦、吉尔吉斯斯坦、乌兹别克斯坦、塔吉克斯坦;亚洲有分布。

寡种属植物。

405. 艾叶芹属 Zosima Hoffm.

（3137）艾叶芹 **Zosima korovinii M. G. Pimenov**

多年生草本。生于山地林缘、砾质-黏土质山坡草地。海拔 1 200～2 700 m。

产内天山。中国、哈萨克斯坦、吉尔吉斯斯坦、塔吉克斯坦;亚洲有分布。

406. 冰防风属 Pastinacopsis Golosk.

（3138）冰防风 **Pastinacopsis glacialis Golosk.**

多年生草本。生于高山冰碛石堆、高山和亚高山草甸、山麓沙砾质山坡。海拔 2 800～3 600 m。

产北天山、中央天山。中国、哈萨克斯坦、吉尔吉斯斯坦;亚洲有分布。

单种属植物。

407. 四带芹属 Tetrataenium（DC.）Manden.

（3139）大叶四带芹 **Tetrataenium olgae（Rgl. et Schmalh.）I. P. Mandenova** = *Heracleum olgae* Regel et Schmalhausen

多年生草本。生于砾石质山坡。海拔 3 000 m 上下。

产内天山、西天山、西南天山。中国、乌兹别克斯坦、塔吉克斯坦、阿富汗;亚洲有分布。

408. 独活属 Heracleum L.

（3140）兴安独活 **Heracleum dissectum Ledeb.**

多年生草本。生于山地林缘、林间草地、山地灌丛、河谷草甸、山地草原。海拔 900～2 800 m。

产东天山、东北天山、准噶尔阿拉套山、北天山、东南天山、中央天山、西天山、西南天山。中国、哈萨克斯坦、吉尔吉斯斯坦、乌兹别克斯坦、朝鲜、蒙古、俄罗斯;亚洲有分布。

食用、饲料、药用、蜜源。

*（3141）列赫曼尼独活 **Heracleum lehmannianum Bunge**

多年生草本。生于亚高山草甸、山地林下、山地河谷、山坡草地、山地草原。海拔 1 500 ~ 3 000 m。

产西南天山、西天山、内天山。哈萨克斯坦、吉尔吉斯斯坦、乌兹别克斯坦;亚洲有分布。

（3142）裂叶独活 **Heracleum millefolium Diels** = *Semenovia torilifolia* （H. Boiss.） Pimenov

多年生草本。生于高寒荒漠、高山和亚高山沙砾质山坡、高寒草原。海拔 2 700 ~ 4 850 m。

产东南天山。中国;亚洲有分布。

药用。

409. 大瓣芹属 Semenovia Rgl. et Herd.

*（3143）布哈拉大瓣芹 **Semenovia bucharica** （**B. Fedtsch. ex Schischk.**） **I. P. Mandenova** = *Platytaenia bucharica* Schischk. = *Zosima bucharica* （B. Fedtsch. ex Schischk.） M. Hiroe

多年生草本。生于高山垫状植物群落、山崖岩石缝、山地断层缝隙、灌丛。海拔 2 000 ~ 2 900 m。

产西南天山、内天山。吉尔吉斯斯坦、乌兹别克斯坦;亚洲有分布。

（3144）毛果大瓣芹 **Semenovia dasycarpa** （**Regel et Schmalh.**） **Korov. ex M. G. Pimenov et V. N. Tikhomirov**

多年生草本。生于山地林缘、山坡草地。海拔 1 800 ~ 2 600 m。

产北天山、东南天山、中央天山、西天山、西南天山。中国、哈萨克斯坦、吉尔吉斯斯坦、乌兹别克斯坦;亚洲有分布。

*（3145）叉枝大瓣芹 **Semenovia furcata Korov.**

多年生草本。生于高山和亚高山草甸、石质山坡、河谷、灌丛、山地草原。海拔 2 500 ~ 3 700 m。

产西南天山、内天山。吉尔吉斯斯坦、乌兹别克斯坦;亚洲有分布。

*（3146）异瓣大瓣芹 **Semenovia heterodonta** （**Korov.**） **I. P. Mandenova** = *Platytaenia heterodonta* Korov. = *Zosima heterodonta* （Korov.） M. Hiroe

多年生草本。生于冰碛石堆、砾岩堆、高山和亚高山草甸、高山垫状植物群落、灌丛。海拔 2 700 ~ 4 300 m。

产西南天山、内天山。吉尔吉斯斯坦、乌兹别克斯坦;亚洲有分布。

*（3147）帕米尔大瓣芹 **Semenovia pamirica** （**Lipsky**） **I. P. Mandenova** = *Platytaenia pamirica* （Lipsky） Nevski et Vved. = *Neoplatytaenia pamirica* （Lipsky） Geldykhanov

多年生草本。生于高山草甸、高山垫状植被群落、冰碛堆、河谷。海拔 3 100 ~ 4 200 m。

产西南天山、内天山。吉尔吉斯斯坦、乌兹别克斯坦;亚洲有分布。

（3148）密毛大瓣芹 **Semenovia pimpinellioides** （**Nevski**） **I. P. Mandenova**

多年生草本。生于高山和亚高山阳坡砾石质草地。海拔 2 600 ~ 3 100 m。

产内天山、北天山。中国;哈萨克斯坦;亚洲有分布。

（3149）光果大瓣芹 **Semenovia rubtzovii**（Schischk.）I. P. Mandenova

多年生草本。生于山地林缘、砾石质山坡、山坡岩石缝。海拔 1 600 m 上下。

产准噶尔阿拉套山、北天山、内天山。中国、哈萨克斯坦；亚洲有分布。

（3150）大瓣芹 **Semenovia transiliensis** Regel et Herd.

多年生草本。生于亚高山草甸、山地林缘、林间草地、山地灌丛、河谷泛滥地、山坡草地。海拔 1 700~3 300 m。

产东天山、东北天山、准噶尔阿拉套山、北天山、东南天山、中央天山、西天山、西南天山。中国、哈萨克斯坦、吉尔吉斯斯坦、乌兹别克斯坦；亚洲有分布。

*（3151）扎夫大瓣芹 **Semenovia zaprjagaevii** Korov.

多年生草本。生于山崖峭壁、石灰岩丘陵、灌丛。海拔 1 900~2 500 m。

产西南天山、乌兹别克斯坦；亚洲有分布。

410. 胡萝卜属 Daucus L.

（3152）野胡萝卜 **Daucus carota** L.

二年生草本。生于山地林缘、山坡草甸、河漫滩、田间、路边。海拔 400~2 000 m。

产东天山、东北天山、准噶尔阿拉套山、北天山、西天山、西南天山。中国、哈萨克斯坦、吉尔吉斯斯坦、乌兹别克斯坦、俄罗斯；亚洲、欧洲有分布。

药用、食用、香料、油料、饲料。

411. 莳萝属 Anethum L.

（3153）莳萝 **Anethum graveolens** L.　=*Anethum involucratum* Korov.

多年生草本。生于山地草原、山谷、灌丛。海拔 900~1 600 m。

产西南天山。中国（栽培）、乌兹别克斯坦；亚洲、欧洲有分布。

食用、药用。

* 412. 沼伞芹属 Helosciadium W. D. J. Koch

*（3154）长瓣沼伞芹 **Helosciadium nodiflorum**（L.）Koch=*Apium nodiflorum*（L.）Lag.

多年生草本。生于浅水河流沿岸、山溪边、低山草甸湿地、湿润山谷、沼泽地。海拔 700~1 500 m。

产西南天山、内天山。吉尔吉斯斯坦、乌兹别克斯坦；亚洲有分布。

* 413. 无孔芹属 Astomaea Reichenb.

*（3155）无孔芹 **Astomaea galiocarpa**（Korov.）M. G. Pimenov et E. V. Kljuykov

多年生草本。生于冰碛碎石堆、细土质山坡、山溪边。海拔 2 200~3 100 m。

产西南天山。乌兹别克斯坦；亚洲有分布。

414. 槽子芹属 Aulacospermum Ledeb.

*（3156）普氏槽子芹 **Aulacospermum popovii**（Korov.）E. V. Klyuikov, M. G. Pimenov et V. N. Tikhomirov

多年生草本。生于石灰岩山地岩石缝。海拔 500~1 600 m。

产西天山、西南天山、内天山。吉尔吉斯斯坦、乌兹别克斯坦；亚洲有分布。

(3157) 单茎槽子芹 **Aulacospermum simplex Rupr.** = *Pleurospermum rupester*（Popov）K. T. Fu et Y. C. Ho = *Aulacospermum rupestre* Popov = *Pleurospermum simplex*（Rupr.）Benth. et Hook. f. ex Drude

多年生草本。生于高山和亚高山草甸、林间草甸、河漫滩草甸、沼泽草甸、山地岩石缝、山坡草地。海拔 1 600～3 600 m。

产东天山、东南天山、准噶尔阿拉套山、北天山、内天山。中国、哈萨克斯坦；亚洲有分布。

*(3158) 花柱宿存槽子芹 **Aulacospermum stylosum**（C. B. Cl.）**Rech. f. et Riedl** = *Aulacospermum darvasicum*（Lipsky）Schischk. = *Hymenolaena darwasica* Lipsky

多年生草本。生于冰川冰碛堆、河谷石质草甸湿地。海拔 2 500～3 000 m。

产西天山、西南天山、内天山。吉尔吉斯斯坦、乌兹别克斯坦；亚洲有分布。

*(3159) 细裂槽子芹 **Aulacospermum tenuisectum Korov.**

多年生草本。生于高山石质坡地、高山和亚高山草甸、山地林缘、草甸草原。海拔 1 300～3 300 m。

产西南天山。乌兹别克斯坦；亚洲有分布。

(3160) 天山槽子芹 **Aulacospermum tianschanicum**（Korov.）**C. Norman**

多年生草本。生于高山和亚高山草甸、山地林缘石缝。海拔 1 800～3 100 m。

产东天山、北天山、东南天山。中国、哈萨克斯坦；亚洲分布。

*(3161) 土耳其槽子芹 **Aulacospermum turkestanicum**（Franch.）**Schischk.**

多年生草本。生于石质坡地、灌丛、河床、河漫滩、山地草原。海拔 800～1 600 m。

产西天山、西南天山、内天山。哈萨克斯坦、吉尔吉斯斯坦、乌兹别克斯坦；亚洲有分布。

* **415. 假瘤果芹属 Pseudotrachydium**（Kljuykov, Pimenov et V. N. Tikhom.）**Pimenov et Kljuykov**

*(3162) 二叉假瘤果芹 **Pseudotrachydium dichotomum**（Korov.）**M. G. Pimenov et E. V. Kljuykov** = *Aulacospermum dichotomum*（Korov.）Kljuykov

多年生草本。生于高山和亚高山草甸、碎石质山坡、坡积物、灌丛。海拔 2 000～3 900 m。

产内天山、西南天山、内天山。吉尔吉斯斯坦、乌兹别克斯坦；亚洲有分布。

* **416. 钩果芹属 Caucalis L.**

*(3163) 宽果钩果芹 **Caucalis platycarpos L.** = *Caucalis lappula*（Web.）Grande

一年生草本。生于山麓洪积扇、轻度盐渍化草地、田边。海拔 300～1 500 m。

产北天山、西天山、西南天山。哈萨克斯坦、吉尔吉斯斯坦、乌兹别克斯坦、俄罗斯；亚洲、欧洲有分布。

* **417. 头基芹属 Cephalopodum Korov.**

*(3164) 头基芹 **Cephalopodum badachshanicum Korov.**

多年生草本。生于山崖岩石缝、碎石山坡、山地草原。海拔 1 600～2 800 m。

产西天山、西南天山、内天山。吉尔吉斯斯坦、乌兹别克斯坦；亚洲有分布。

* **418. 孜然芹属 Cuminum L.**

*(3165) 卡拉山孜然芹 **Cuminum borsczowii**（Regel et Schmalh.）**Koso-Pol.**

一年生草本。生于山坡草地、荒漠草原、荒漠。海拔 250～1 300 m。

产西天山、西南天山、内天山。吉尔吉斯斯坦、乌兹别克斯坦、哈萨克斯坦；亚洲有分布。

*（3166）硬毛孜然芹 **Cuminum setifolium**（Boiss.）Koso-Pol.

一年生草本。生于低山丘陵、旱生灌丛、盐化草地、盐湖边、固定和半固定沙丘。海拔 300～1 800 m。

产准噶尔阿拉套山、北天山、西南天山、西天山。哈萨克斯坦、吉尔吉斯斯坦、乌兹别克斯坦;亚洲有分布。

（3167）长毛孜然芹 **Cuminum borszczowii**（Regel et Schmalh.）Koso-Pol.

一年生或二年生草本。生于黏土荒漠山坡。海拔 800 m 上下。

产东北山、北天山。中国、哈萨克斯坦;亚洲有分布。

* **419. 异伞芹属 Dimorphosciadium M. Pimen.**

*（3168）异伞芹 **Dimorphosciadium gayoides**（Regel et Schmalh.）Pimenov

多年生草本。生于高山和亚高山草甸、冰碛堆、山地林缘、河谷、山地草原。海拔 2 900～4 000 m。

产西天山、西南天山、内天山。吉尔吉斯斯坦、乌兹别克斯坦;亚洲有分布。

* **420. 笼果芹属 Echinophora L.**

*（3169）斯博套笼果芹 **Echinophora tenuifolia** subsp. **sibthorpiana**（Guss.）Tutin = *Echinophora sibthorpiana* Guss.

多年生草本。生于石质化黄土丘陵、山麓洪积扇、冲积平原、路旁、渠边。海拔 600～1 700 m。

产西天山、西南天山、内天山。吉尔吉斯斯坦、乌兹别克斯坦、俄罗斯;亚洲有分布。

* **421. 镰叶芹属 Falcaria Fabr.**

*（3170）普通镰叶芹 **Falcaria vulgaris** Bernh. = *Falcaria sioides*（Wib.）Aschers.

二年生草本。生于山地林缘、灌丛、山地草原、山麓洪积扇、盐化草地、沙地、路旁、田间。海拔 500～2 500 m。

产北天山、西天山、西南天山。哈萨克斯坦、吉尔吉斯斯坦、乌兹别克斯坦;亚洲有分布。

* **422. 金归芹属（天山芹属）Galagania Lipsky**

*（3171）费尔干纳天山芹 **Galagania ferganensis**（Korov.）M. G. Vassiljeva et M. G. Pimenov

多年生草本。生于黄土丘陵、河岸阶地、荒漠草原。海拔 1 100～2 300 m。

产北天山、西天山、西南天山。哈萨克斯坦、吉尔吉斯斯坦、乌兹别克斯坦;亚洲有分布。

*（3172）香天山芹 **Galagania fragrantissima** Lipsky

多年生草本。生于草甸草原、山地草原。海拔 200～2 800 m。

产北天山、西天山、西南天山。哈萨克斯坦、吉尔吉斯斯坦、乌兹别克斯坦;亚洲有分布。

*（3173）直生天山芹 **Galagania gracilis**（Kamelin et Pimenov）R. V. Kamelin et M. G. Pimenov

多年生草本。生于山地阔叶林-灌丛下、黄土丘陵、细土质-石质山坡、河岸阶地。海拔 1 300～1 800 m。

产西天山、西南天山、内天山。吉尔吉斯斯坦、乌兹别克斯坦;亚洲有分布。

*（3174）小天山芹 **Galagania neglecta** M. G. Vassiljeva et E. V. Klyuikov

多年生草本。生于黄土丘陵、石膏质荒漠草原。海拔 800～1 200 m。

产西天山、西南天山、内天山。吉尔吉斯斯坦、乌兹别克斯坦;亚洲有分布。

＊（3175）细叶天山芹 **Galagania tenuisecta**（Regel et Schmalh.）**M. G. Vassiljeva et M. G. Pimenov**

多年生草本。生于黄土丘陵、山地草原、山麓洪积扇、短生植物荒漠。海拔 600~1 800 m。

产北天山、西天山、西南天山。哈萨克斯坦、吉尔吉斯斯坦、乌兹别克斯坦；亚洲有分布。

＊**423. 膜胞芹属 Hymenolaena DC.**

＊（3176）巴达赫山膜胞芹 **Hymenolaena badachschanica Pissjaukova**

多年生草本。生于高山冰碛堆、坡积物、细石质坡地。海拔 3 000~4 600 m。

产西天山、西南天山、内天山。吉尔吉斯斯坦、乌兹别克斯坦；亚洲有分布。

＊（3177）矮膜胞芹 **Hymenidium nanum**（Rupr.）**M. G. Pimenov et E. V. Kljuykov** = *Hymenolaena nana* Rupr. = *Hymenolaena pimpinellifolia* Rupr.

多年生草本。生于冰碛石堆、倒石堆、山崖岩石缝、碎石滩、高山和亚高山草甸、山溪边。海拔 2 700~4 800 m。

产北天山、西天山、西南天山、内天山。哈萨克斯坦、吉尔吉斯斯坦、乌兹别克斯坦；亚洲有分布。

＊**424. 弯瓣芹属 Korshinskia Lipsky**

＊（3178）长毛弯瓣芹 **Korshinskia bupleuroides Korov.**

多年生草本。生于石灰岩丘陵、荒漠草原、山麓洪积扇。海拔 600~1 800 m。

产西天山、西南天山、内天山。吉尔吉斯斯坦、乌兹别克斯坦；亚洲有分布。

＊（3179）弯瓣芹 **Korshinskia olgae**（Regel et Schmalh.）**Lipsky**

多年生草本。生于落叶阔叶林下、山地河谷、河岸边。海拔 900~1 800 m。

产西天山、西南天山、内天山。吉尔吉斯斯坦、乌兹别克斯坦；亚洲有分布。

＊**425. 鳞苞芹属 Kozlovia Lipsky**

＊（3180）具稃鳞苞芹 **Kozlovia paleacea**（Regel et Schmalh.）**Lipsky** = *Albertia paleacea* Regel et Schmalh.

多年生草本。生于阿月浑子林下、稀树草原、黄土丘陵、荒漠草地。海拔 650~2 050 m。

产西天山、西南天山、内天山。吉尔吉斯斯坦、乌兹别克斯坦；亚洲有分布。

＊**426. 金灰芹属 Ladyginia Lipsky**

＊（3181）金灰芹 **Ladyginia bucharica Lipsky**

多年生草本。生于森林草甸、灌丛草甸、山地河谷。海拔 400~1 900 m。

产西天山、西南天山、内天山。吉尔吉斯斯坦、乌兹别克斯坦；亚洲有分布。

＊**427. 鬃石芹属 Lipskya Nevski**

＊（3182）突显鬃石芹 **Lipskya insignis**（Lipsky）**Nevski**

多年生草本。生于砾岩堆、荒漠草地、山麓荒漠、灌丛。海拔 800~1 300 m。

产西天山、西南天山、内天山。吉尔吉斯斯坦、乌兹别克斯坦；亚洲有分布。

＊**428. 节果芹属 Lomatocarpa M. Pimen.**

＊（3183）考氏节果芹 **Lomatocarpa korovinii M. G. Pimenov**

多年生草本。生于高山草甸、高山倒石堆、山脊分水岭。海拔 3 000~3 600 m。

产西天山、内天山。吉尔吉斯斯坦、乌兹别克斯坦；亚洲有分布。

*429. 乳食芹属 Mediasia M. Pimenov

　　*（3184）大叶乳食芹 **Mediasia macrophylla**（Regel et Schmalh.）**Pimenov**

　　　　　多年生草本。生于细石质山坡、山崖岩石缝、灌丛、河床、河岸阶地。海拔 1 300~2 800 m。

　　　　　产西天山、西南天山、内天山。吉尔吉斯斯坦、乌兹别克斯坦；亚洲有分布。

*430. 芒缕芹属 Mogoltavia Korovin

　　*（3185）纳尔茵芒缕芹 **Mogoltavia narynensis M. G. Pimenov et E. V. Klyuikov**

　　　　　多年生草本。生于山崖岩石缝、山地草原、灌丛。海拔 900~2 100 m。

　　　　　产北天山、西天山。哈萨克斯坦、吉尔吉斯斯坦；亚洲有分布。

　　*（3186）赛维氏芒缕芹 **Mogoltavia sewerzowii**（Regel）**Korov.**

　　　　　多年生草本。生于黏土质草地、荒漠草原、山麓洪积扇。海拔 600~2 300 m。

　　　　　产西天山、西南天山、内天山。吉尔吉斯斯坦、乌兹别克斯坦；亚洲有分布。

*431. 胀基芹属 Oedibasis Koso-Pol.

　　*（3187）顶花胀基芹 **Oedibasis apiculata**（Kar. et Kir.）**Koso-Pol.**

　　　　　多年生草本。生于黄土丘陵、山麓洪积扇、荒漠地带黏质土平原。海拔 600~2 100 m。

　　　　　产北天山、西天山、西南天山。哈萨克斯坦、吉尔吉斯斯坦、乌兹别克斯坦；亚洲有分布。

　　*（3188）宽果胀基芹 **Oedibasis platycarpa**（Lipsky）**Koso-Pol.**

　　　　　多年生草本。生于细石质山地草原、荒漠草原、河岸阶地。海拔 800~2 500 m。

　　　　　产西天山、西南天山、内天山。哈萨克斯坦、吉尔吉斯斯坦、乌兹别克斯坦；亚洲有分布。

　　*（3189）塔玛尔胀基芹 **Oedibasis tamerlanii**（Lipsky）**Korov. ex Nevski**

　　　　　多年生草本。生于黄土丘陵、石灰岩丘陵、石膏质荒漠、山地草原、荒漠。海拔 500~2 800 m。

　　　　　产西南天山。乌兹别克斯坦；亚洲有分布。

432. 水芹属 Oenanthe L.

　　*（3190）菲氏水芹 **Oenanthe fedtschenkoana Koso-Pol.**

　　　　　多年生草本。生于石质坡地、沟渠边。海拔 300~500 m。

　　　　　产西南天山。乌兹别克斯坦；亚洲有分布。

　　*（3191）异果水芹 **Oenanthe heterococca Korov.**

　　　　　多年生草本。生于绿洲-农田湿地。海拔 300~500 m。

　　　　　产西南天山。乌兹别克斯坦；亚洲有分布。

*433. 细叶芹属 Chaerophyllum L.

　　*（3192）具结节细叶芹 **Chaerophyllum nodosum**（L.）**Crantz** = *Physocaulis nodosus*（L.）Koch

　　　　　多年生草本。生于河漫滩、山地河谷、山地阴坡草地。海拔 500~1 500 m。

　　　　　产西天山、西南天山、内天山。吉尔吉斯斯坦、乌兹别克斯坦、俄罗斯；亚洲、欧洲有分布。

*434. 毛棱芹属 Pilopleura Schischk.

　　*（3193）毛棱芹 **Pilopleura goloskokovii**（Korov.）**M. G. Pimenov**

　　　　　多年生草本。生于山崖岩石缝、石质山坡、山地草原、麻黄荒漠。海拔 1 200~2 000 m。

　　　　　产北天山。哈萨克斯坦；亚洲有分布。

*（3194）套蒂劳毛棱芹 **Pilopleura tordyloides**（Korov.）**M. G. Pimenov** = *Pilopleura kozo-poljanskii* Schischk.

多年生草本。生于碎石堆、山崖石缝、石质山坡、山地河谷。海拔 1 200～3 600 m。

产西天山、西南天山、内天山。哈萨克斯坦、吉尔吉斯斯坦、乌兹别克斯坦；亚洲有分布。

*435. 石果芹属 Schtschurowskia Regel et Schmalh.

*（3195）玛格丽特石果芹 **Schtschurowskia margaritae Korov.**

多年生草本。生于山地草原、低山丘陵细石质坡地。海拔 700～2 300 m。

产西天山、西南天山、内天山。哈萨克斯坦、吉尔吉斯斯坦、乌兹别克斯坦；亚洲有分布。

*（3196）美佛里石果芹 **Schtschurowskia meifolia Regel et Schmalh.**

多年生草本。生于高山和亚高山草甸、石质山坡、山地河谷。海拔 2 400～3 300 m.

产西天山、西南天山、内天山。哈萨克斯坦、吉尔吉斯斯坦、乌兹别克斯坦；亚洲有分布。

*436. 萼钩芹属 Sclerotiaria Korovin

*（3197）萼钩芹 **Sclerotiaria pentaceros**（Korov.）**Korov.**

多年生草本。生于山崖石质坡地、碎石堆。海拔 1 700～1 900 m。

产西天山、西南天山、内天山。吉尔吉斯斯坦、乌兹别克斯坦；亚洲有分布。

*437. 楔裂芹属 Sphaenolobium Pimen.

*（3198）革叶楔裂芹 **Sphaenolobium coriaceum**（Korov.）**M. G. Pimenov** = *Selinum coriaceum* Korov.

多年生草本。生于山地灌丛、石质坡地、干旱山崖。海拔 1 500～2 400 m。

产西天山、西南天山、内天山。吉尔吉斯斯坦、乌兹别克斯坦；亚洲有分布。

*（3199）吴加明楔裂芹 **Sphaenolobium tenuisectum**（Korov.）**Pimenov** = *Selinum tenuisectum* Korov.

多年生草本。生于山崖岩石缝、山坡草地、低山丘陵。海拔 1 500～2 000 m。

产西天山、内天山。吉尔吉斯斯坦、乌兹别克斯坦；亚洲有分布。

*（3200）天山楔裂芹 **Sphaenolobium tianschanicum**（Korov.）**Pimenov** = *Selinum tianschanicum* Korov.

多年生草本。生于山地林下、山地草甸、河谷灌丛、稀树草原。海拔 1 500～2 600 m。

产西天山、西南天山、内天山。哈萨克斯坦、吉尔吉斯斯坦、乌兹别克斯坦；亚洲有分布。

*438. 球伞芹属 Sphaerosciadium M. Pimen. et Kljuykov

*（3201）球伞芹 **Sphaerosciadium denaense**（Schischk.）**M. G. Pimenov et E. V. Klyuikov**

多年生草本。生于山崖岩石缝、河谷森林-灌丛、山崖阴湿处、山坡草地、山地荒漠草原。海拔 900～1 500 m。

产西南天山、内天山。吉尔吉斯斯坦、乌兹别克斯坦；亚洲有分布。

439. 窃衣属 Torilis Adans.

*（3202）田间窃衣 **Torilis arvensis**（Hudson）**Link**

一年生草本。生于山麓洪积扇、冲积平原、田间、沟渠边。海拔 400～2 100 m。

产北天山、西天山。哈萨克斯坦、吉尔吉斯斯坦、乌兹别克斯坦、俄罗斯；亚洲、欧洲有分布。

*（3203）凯泰倍里窃衣 **Trinia kitaibelii M. Bieb.** = *Trinia ramosissima* Ledeb.

多年生草本。生于山地草甸草原、山地草原、灌丛。海拔 900～1 800 m。

产北天山。哈萨克斯坦、俄罗斯；亚洲有分布。

*（3204）厚叶窃衣 **Torilis leptophylla**（**L.**）**Rchb. f.**

一年生草本。生于山麓洪积扇、冲积平原、田间、河边。海拔 500~1 700 m。

产西天山、西南天山、内天山。哈萨克斯坦、吉尔吉斯斯坦、乌兹别克斯坦、俄罗斯；亚洲、欧洲有分布。

*（3205）块茎窃衣 **Torilis nodosa**（**L.**）**Gaertner** = *Torilis nodosa*（**L.**）Gaertn.

一年生草本。生于灌丛、细土质山坡、路旁、田边、草地。海拔 600~1 300 m。

产西天山、西南天山、内天山。乌兹别克斯坦、塔吉克斯坦、土库曼斯坦、俄罗斯；亚洲、欧洲有分布。

*440. 羽山芎属 Vvedenskya Korovin

*（3206）羽状叶羽山芎 **Vvedenskya pinnatifolia Korov.** = *Conioselinum pinnatifolium*（Korov.）Schischk.

多年生草本。生于高山和亚高山草甸、山崖阴湿处、河漫滩湿地。海拔 2 900~4 000 m。

产西南天山、内天山。吉尔吉斯斯坦、乌兹别克斯坦；亚洲有分布。

*441. 金河芹属 Zeravschania Korovin

*（3207）金河芹 **Zeravschania regeliana Korov.**

多年生草本。生于山地河谷、山崖岩石缝、倒石堆、旱生灌丛。海拔 1 400~2 700 m。

产西南天山、内天山。吉尔吉斯斯坦、乌兹别克斯坦；亚洲有分布。

*（3208）硬叶金河芹 **Zeravschania scabrifolia M. G. Pimenov**

多年生草本。生于细土质山坡、沙砾质山坡。海拔 100~2 400 m。

产西南天山。乌兹别克斯坦；亚洲有分布。

III. 被子植物门 Angiospermae
双子叶植物纲 Dicotyledoneae
合瓣花亚纲 Sympetalae

五十四、鹿蹄草科 Pyrolaceae（杜鹃花科 Ericaceae）

442. 鹿蹄草属 Pyrola L.

（3209）短柱鹿蹄草 **Pyrola minor** L.

常绿草本状小半灌木。生于山地林下、林缘、河谷、灌丛、山地草甸。海拔 1 400~3 900 m。

产东天山、准噶尔阿拉套山、北天山、东南天山。中国、哈萨克斯坦、吉尔吉斯斯坦、俄罗斯、朝鲜；亚洲、欧洲、北美洲有分布。

药用。

（3210）圆叶鹿蹄草 **Pyrola rotundifolia** L.

常绿草本状小半灌木。生于山地林下、林缘、灌丛、山地草甸、河谷。海拔 1 000~3 400 m。

产东天山、东北天山、准噶尔阿拉套山、北天山、东南天山、中央天山、内天山、西天山、西南天山。中国、哈萨克斯坦、吉尔吉斯斯坦、乌兹别克斯坦、蒙古、俄罗斯；亚洲、欧洲有分布。

药用、食用。

（3211）新疆鹿蹄草 **Pyrola xinjiangensis** Y. L. Chou et R. C. Zhou

常绿草本状小半灌木。生于亚高山草甸、山地草甸。海拔 1 800~2 800 m。

产东天山、东北天山、东南天山。中国；亚洲有分布。

443. 独丽花属 Moneses Salisb. ex S. F. Gray.

（3212）独丽花 **Moneses uniflora**（L.）A. Gray.

常绿草本状小半灌木。生于山地林下、林缘、河谷潮湿处、灌丛。海拔 900~3 800 m。

产东天山、东北天山、准噶尔阿拉套山、北天山。中国、哈萨克斯坦、吉尔吉斯斯坦、日本、朝鲜、俄罗斯；亚洲、欧洲、北美洲有分布。

单种属植物。

444. 单侧花属 Orthilia Rafin.

（3213）钝叶单侧花（圆叶单侧花）**Orthilia obtusata**（Turcz.）**H. Hara**

多年生常绿草本。生于亚高山草甸、山地林下、林缘、山地河谷阴湿处、山地草甸、灌丛。海拔900~3 400 m。

产东天山、东北天山、准噶尔阿拉套山、北天山、东南天山、中央天山。中国、哈萨克斯坦、吉尔吉斯斯坦、蒙古、俄罗斯；亚洲、欧洲、北美洲有分布。

（3214）单侧花 **Orthilia secunda**（L.）**House.**

多年生草本。生于山地林下、山地河谷阴湿处、山地草甸、灌丛。海拔800~2 800 m。

产东天山、东北天山、北天山。中国、哈萨克斯坦、吉尔吉斯斯坦、蒙古、朝鲜、日本、俄罗斯；亚洲、欧洲、北美洲有分布。

445. 水晶兰属 Monotropa Linn.（松下兰属 Hypopitys Hill）

（3215）水晶兰（松下兰）**Monotropa hypopitys L.** =*Hypopitys monotropa* Gr.

多年生腐生草本。生于山地林下潮湿处、山地草原、河谷阴湿处。海拔1 400~2 700 m。

产东天山、准噶尔阿拉套山、北天山、中央天山、内天山、西天山、西南天山。中国、哈萨克斯坦、吉尔吉斯斯坦、乌兹别克斯坦、朝鲜、日本、俄罗斯；亚洲、欧洲有分布。

药用。

五十五、杜鹃花科 Ericaceae

446. 北极果属 Arctous Nied.（熊果属 Arctostaphylos Adans.）

（3216）北极果 **Arctous alpina**（L.）**Niedenzu** =*Arctostaphylos alpinus*（L.）Sprengel

落叶匍匐矮灌木。生于高山和亚高山草甸、山地林下、林缘。海拔1 900~3 000 m。

产东天山、东北天山、准噶尔阿拉套山、北天山、东南天山、中央天山。中国、哈萨克斯坦、吉尔吉斯斯坦、俄罗斯；亚洲、欧洲、美洲有分布。

有毒、鞣料、染料、药用。

五十六、报春花科 Primulaceae

447. 琉璃繁缕属 Anagallis L.

（3217）琉璃繁缕 **Anagallis arvensis L.** =*Lysimachia arvensis*（L.）U. Manns et Anderb.

一年生草本。生于石质山坡、河谷灌丛、山地草原、黄土丘陵、荒漠草原、河边、渠边、路旁、田野。海拔800~2 600 m。

产北天山、西天山、西南天山。中国（南方）、哈萨克斯坦、吉尔吉斯斯坦、乌兹别克斯坦、俄罗斯；亚洲、欧洲有分布。

＊（3218）佛叶米纳琉璃繁缕 **Anagallis foemina Mill.** =*Lysimachia foemina*（Mill.）U. Manns et Anderb.

一年生草本。生于石质山坡、黄土丘陵、荒漠草原、田野、渠边、河旁。海拔800~2 700 m。

产北天山、西天山、内天山。哈萨克斯坦、吉尔吉斯斯坦、乌兹别克斯坦、俄罗斯；亚洲、欧洲有分布。

448. 海乳草属 Glaux L.

（3219）海乳草 **Glaux maritima L.** =*Lysimachia maritima*（L.）Galasso，Banfi et Soldano

多年生草本。生于河谷河漫滩草甸、潮湿草甸、平原荒漠、河和湖岸边沼泽、盐化草甸。海拔200~4 800 m。

产东天山、东北天山、准噶尔阿拉套山、北天山、东南天山、中央天山、内天山、西天山、西南天山。中国、哈萨克斯坦、吉尔吉斯斯坦、乌兹别克斯坦、蒙古、阿富汗、巴基斯坦、印度、伊朗、俄罗斯；亚洲、欧洲、美洲有分布。

单种属植物。饲料、有毒、食用、药用。

449. 假报春属 Cortusa L.

（3220）阿尔泰假报春 **Cortusa altaica A. Los.** =*Primula matthioli* subsp. *altaica*（Losinsk.）Kovt.

多年生草本。生于高山草甸、石质山坡。海拔2 500~3 000 m。

产北天山、准噶尔阿拉套山。中国、哈萨克斯坦、俄罗斯；亚洲、欧洲有分布。

药用、食用、饲料、观赏、蜜源。

（3221）假报春 **Cortusa brotheri Pax ex Lipsky** =*Primula matthioli* subsp. *brotheri*（Pax ex Lipsky）Kovt.

多年生草本。生于山地林下、林缘、林间草地、河滩灌丛、山坡石缝。海拔1 200~3 800 m。

产东天山、东北天山、准噶尔阿拉套山、北天山、东南天山、中央天山、内天山、西天山、西南天山。中国、哈萨克斯坦、吉尔吉斯斯坦、乌兹别克斯坦、蒙古、阿富汗、俄罗斯；亚洲有分布。

观赏。

*（3222）土耳其假报春 **Cortusa turkestanica A. Los.** =*Primula matthioli* subsp. *turkestanica*（Losinsk.）Kovt.

多年生草本。生于山地林缘、河谷、山溪边。海拔2 500 m 上下。

产北天山、内天山、西天山、西南天山。吉尔吉斯斯坦、乌兹别克斯坦；亚洲有分布。

450. 珍珠菜属 Lysimachia L.

*（3223）可疑珍珠菜 **Lysimachia dubia Solander**

一年生或多年生草本。生于亚高山草甸、山地林下、草甸草原。海拔1 700~2 900 m。

产准噶尔阿拉套山、北天山、西天山、西南天山。哈萨克斯坦、吉尔吉斯斯坦、乌兹别克斯坦、俄罗斯；亚洲有分布。

（3224）珍珠菜（毛黄连花） **Lysimachia vulgaris L.**

多年生草本。生于山地林缘、林下、灌丛、山地草甸、河谷、沼泽草甸、沙质河漫滩、芦苇丛。海拔300~1 700 m。

产东天山、东北天山、准噶尔阿拉套山、北天山。中国、哈萨克斯坦、吉尔吉斯斯坦、俄罗斯；亚洲、欧洲有分布。

药用、染料。

451. 金钟花属（金钟报春属）Kaufmannia Regel

（3225）金钟花 **Kaufmannia semenovii**（Herd.）Regel

多年生草本。生于亚高山草甸、阴坡岩石缝、山地林下、河谷。海拔800~2 800 m。

产准噶尔阿拉套山、北天山。中国、哈萨克斯坦、吉尔吉斯斯坦；亚洲有分布。

452. 点地梅属 Androsace L.

(3226) 阿克点地梅 Androsace akbajtalensis Derganc ex O. Fedtsch.

多年生草本。生于高山和亚高山草甸、碎石质山坡、山谷、河滩。海拔 2 200~4 300 m。

产北天山、东南天山、内天山、西天山、西南天山。中国、哈萨克斯坦、吉尔吉斯斯坦、乌兹别克斯坦;亚洲有分布。

*(3227) 阿莱点地梅 Androsace alaicum Czerniak.

垫状灌木。生于山谷、沙质土坡地。海拔 2 500~3 500 m。

产西南天山。乌兹别克斯坦;亚洲有分布。

*(3228) 埃里克斯点地梅 Androsace alexandri Fed.

垫状小灌木。生于高山和亚高山草甸、碎石质坡地。海拔 2 900~3 500 m。

产西南天山。乌兹别克斯坦;亚洲有分布。

*(3229) 波罗丁点地梅 Androsace borodinii Krassn.

垫状灌木。生于高寒地带的多石细土山坡。海拔 2 800~3 600 m。

产西南天山。乌兹别克斯坦;亚洲有分布。

(3230) 旱生点地梅 Androsace bungeana Schischk. et Bobr. in Kom.

多年生草本。生于山地干旱山坡、山地河谷、亚高山草甸。海拔 1 600~3 000 m。

产东天山、东北天山、准噶尔阿拉套山、北天山、内天山。中国、俄罗斯、蒙古;亚洲有分布。

*(3231) 球状点地梅 Androsace compactum Korov. in Tr.

垫状小灌木。生于石质细土山坡。海拔 1 500~2 000 m。

产西南天山。乌兹别克斯坦;亚洲有分布。

乌兹别克斯坦特有成分。

(3232) 毛叶点地梅 Androsace dasyphylla Bunge = *Androsace villosa* var. *dasyphylla*（Bunge）Kar. et Kir.

多年生草本。生于亚高山草甸、砾石质山坡、山地林缘、山地草甸。海拔 2 200~3 200 m。

产东天山、准噶尔阿拉套山、内天山。中国、哈萨克斯坦、蒙古、俄罗斯;亚洲有分布。

*(3233) 叶卡提点地梅 Androsace ekatherinae（B. Fedtsch.）Czerniak.

垫状小灌木。生于高山和亚高山带石质山坡。海拔 2 900~3 400 m。

产西天山、内天山、西南天山。哈萨克斯坦、吉尔吉斯斯坦、乌兹别克斯坦;亚洲有分布。

(3234) 短葶点地梅 Androsace fedtschenkoi Ovcz.

一年生草本。生于高寒荒漠、高山和亚高山草甸、山地林下、林间草地、山地草甸、河漫滩草甸、河边、灌丛。海拔 1 600~4 500 m。

产东北天山、北天山、东南天山、内天山、西天山、西南天山。中国、哈萨克斯坦、吉尔吉斯斯坦、乌兹别克斯坦、蒙古、俄罗斯;亚洲有分布。

药用。

*(3235) 费氏点地梅 Androsace fetissovii Rgl.

垫状小灌木。生于高山带石灰岩山坡。海拔 3 000~3 500 m。

产西南天山、北天山、西天山、内天山。哈萨克斯坦、吉尔吉斯斯坦、乌兹别克斯坦;亚洲有分布。

（3236）南疆点地梅（黄花点地梅）**Androsace flavescens Maxim.**

多年生草本。生于高山岩石缝、高山和亚高山草甸、山地草甸、沙砾质河漫滩、石质山坡。海拔 2 600～4 100 m。

产东天山、东北天山、北天山、中央天山、内天山。中国；亚洲有分布。

中国特有成分。

（3237）东北点地梅（丝状点地梅）**Androsace filiformis Retz.**

一年生草本。生于山地林缘、山地河谷、山谷草甸、河边、灌丛、山坡岩石缝。海拔 800～2 584 m。

产东南天山。中国、哈萨克斯坦、朝鲜、蒙古、俄罗斯；亚洲、欧洲有分布。

药用。

＊（3238）赫丁点地梅 **Androsace hedinii Ostenf. in Hedin.**

垫状灌木。生于高寒地带的多石细土山坡。海拔 3 000～3 600 m。

产西南天山、内天山。吉尔吉斯斯坦、乌兹别克斯坦；亚洲有分布。

＊（3239）尖叶点地梅 **Androsace lactiflora Pall.** = *Androsace amurensis* Probat.

二年生草本。生于山地草原、河谷、灌丛。海拔 1 600～2 800 m。

产准噶尔阿拉套山、北天山。哈萨克斯坦、吉尔吉斯斯坦；亚洲有分布。

（3240）旱生点地梅 **Androsace lehmanniana Spreng.**

多年生草本。生于细石质山坡、高山冰川冰碛堆。海拔 2 800～3 600 m。

产北天山、西天山、西南天山。中国、哈萨克斯坦、吉尔吉斯斯坦、乌兹别克斯坦；亚洲有分布。

（3241）大苞点地梅 **Androsace maxima L.** = *Androsace turczaninovii* Freyn

一年生草本。生于高寒荒漠、高山和亚高山草甸、山地林缘、森林草甸、山坡草地、河漫滩草甸、低山荒漠。海拔 500～4 500 m。

产东天山、东北天山、准噶尔阿拉套山、北天山、东南天山、西天山、西南天山。中国、哈萨克斯坦、吉尔吉斯斯坦、乌兹别克斯坦、塔吉克斯坦、阿富汗、蒙古、俄罗斯；亚洲、欧洲、非洲有分布。

药用。

＊（3242）米凯西点地梅 **Androsace mikeschinii Lincz.**

垫状小灌木。生于石质山坡和高原。海拔 1 000～2 900 m。

产西天山、西南天山。哈萨克斯坦、吉尔吉斯斯坦、乌兹别克斯坦；亚洲有分布。

（3243）苔状点地梅 **Androsace muscoides Duby**

多年生草本。生于亚高山草甸、冰碛碎石堆。海拔 3 000 m 上下。

产内天山。中国、巴基斯坦；亚洲有分布。

（3244）高山点地梅 **Androsace olgae Ovcz.** = *Androsace lehmanniana* Spreng. = *Androsace bungeana* Schischkin et Bobrov

多年生草本。生于高山冰川冰碛堆、高山和亚高山草甸、山地草甸、山坡草地、山地河谷。海拔 1 600～4 500 m。

产东天山、东北天山、准噶尔阿拉套山、北天山、东南天山、中央天山、内天山、西天山、西南天山。中国、哈萨克斯坦、吉尔吉斯斯坦、乌兹别克斯坦、蒙古、俄罗斯；亚洲、欧洲有分布。

（3245）天山点地梅 **Androsace ovczinnikovii Schischk. et Bobrov**

多年生草本。生于高山和亚高山草甸、山地林缘、山地草甸、山地草原、河漫滩。海拔 1 100～3 700 m。

产东天山、准噶尔阿拉套山、北天山、东南天山、中央天山、内天山。中国、哈萨克斯坦、吉尔吉斯斯坦、蒙古、俄罗斯；亚洲有分布。

*（3246）匹斯堪点地梅 **Androsace pskemense Lincz.**

小灌木。生于山地石质山坡、灌丛、河床。海拔 2 700～3 200 m。

产西天山、西南天山。乌兹别克斯坦、吉尔吉斯斯坦；亚洲有分布。

（3247）北方点地梅（北点地梅）**Androsace septentrionalis L.**

一年生草本。生于高寒荒漠、高山和亚高山草甸、碎石质坡地、山地林下、林间草地、河漫滩、山谷草甸、河边、灌丛。海拔 900～4 500 m。

产东天山、东北天山、准噶尔阿拉套山、北天山、东南天山。中国、哈萨克斯坦、吉尔吉斯斯坦、朝鲜、日本、蒙古、伊朗、阿富汗、俄罗斯；亚洲、欧洲、美洲有分布。

药用。

（3248）绢毛点地梅 **Androsace sericea Ovczinn.**

多年生草本。生于高寒荒漠、高山和亚高山草甸、山地林缘、山地草甸、山地草原、河漫滩、砾石质山坡。海拔 1 700～4 300 m。

产东天山、准噶尔阿拉套山、北天山、东南天山、内天山。中国、哈萨克斯坦、吉尔吉斯斯坦；亚洲有分布。

（3249）鳞叶点地梅 **Androsace squarrosula Maxim.** = *Primula squarrosula* (Maxim.) Derganc

落叶灌木。生于石质山坡、草甸草原、河谷。海拔 1 500～3 300 m。

产西天山、北天山、西南天山。中国、哈萨克斯坦、吉尔吉斯斯坦、乌兹别克斯坦；亚洲有分布。

（3250）垫状点地梅 **Androsace tapete Maxim.**

多年生草本。生于高山岩石缝、高山和亚高山草甸、山谷河边、山坡草地。海拔 1 200～4 300 m。

产东天山、内天山。中国、尼泊尔；亚洲有分布。

*（3251）中亚天山点地梅 **Androsace tianschanicum Czerniak. in Tr.**

垫状灌木。生于高寒地带的多石细土山坡。海拔 2 900～3 500 m。

产西天山、西南天山。哈萨克斯坦、吉尔吉斯斯坦、乌兹别克斯坦；亚洲有分布。

*（3252）扎普热点地梅 **Androsace zaprjagaevii Lincz.**

垫状小灌木。生于高山地带的岩石和石质斜坡。海拔 2 800～3 400 m。

产西南天山。乌兹别克斯坦；亚洲有分布。

453. 报春花属 Primula L.

（3253）寒地报春 **Primula algida Adams** = *Primula algida* Rgl.

多年生草本。生于高寒荒漠、高山和亚高山草甸、山地林下、林缘、灌丛、森林草甸、河边、沼泽草甸。海拔 1 100～4 700 m。

产东天山、东北天山、准噶尔阿拉套山、北天山、东南天山、中央天山、内天山、西天山、西南天山。

中国、哈萨克斯坦、吉尔吉斯斯坦、乌兹别克斯坦、伊朗、阿富汗、蒙古、俄罗斯;亚洲有分布。
药用。

*(3254) 拟报春 Pirimula cortusoides L.

多年生草本。生于亚高山草甸、山地林下、沼泽地、石质坡地。海拔1 500~3 000 m。
产北天山。哈萨克斯坦;亚洲有分布。

*(3255) 垂萼报春 Pirimula drosocalyx P. Pol. et Lincz.

多年生草本。生于高山和亚高山山崖、碎石堆。海拔2 900~3 400 m。
产西天山、西南天山。吉尔吉斯斯坦、乌兹别克斯坦;亚洲有分布。

(3256) 阿尔泰报春 Primula pallasii Lehm. = *Primula elatio*r subsp. *pallasii*（Lehm.）W. W. Sm.
et Forrest

多年生草本。生于山地林下、林缘、河谷草甸。海拔1 400~2 200 m。
产北天山。中国、哈萨克斯坦、俄罗斯;亚洲、欧洲有分布。
药用、食用、饲料、观赏、蜜源。

(3257) 粉报春 Primula farinosa L.

多年生草本。生于亚高山草甸、沟谷灌丛、低湿草甸、沼泽化草甸。海拔1 800~3 000 m。
产北天山。中国、蒙古、俄罗斯;亚洲、欧洲有分布。

*(3258) 费氏报春 Primula fedtschencoi Regel

多年生草本。生于圆柏灌丛、黄土丘陵、沙质山坡、河谷、灌丛、山麓细石质山坡。海拔1 500~
2 800 m。
产西天山、北天山。哈萨克斯坦、乌兹别克斯坦;亚洲有分布。

*(3259) 伊利金报春 Pirimula iljinskii Fedorov

多年生草本。生于高山沼泽湿地、灌丛、潮湿草甸。海拔1 600~3 400 m。
产西南天山。乌兹别克斯坦;亚洲有分布。

*(3260) 卡夫曼报春 Primula kaufmanniana Regel

多年生草本。生于高山冰碛堆、高山和亚高山草甸、圆柏灌丛、山地林下、山崖阴坡、灌丛。海
拔1 600~3 600 m。
产北天山、西天山、西南天山。哈萨克斯坦、吉尔吉斯斯坦、乌兹别克斯坦;亚洲有分布。

(3261) 天山报春 Primula knorringiana Fedorov

多年生草本。生于山地林缘、山坡草地、河谷、溪边。海拔1 800~2 000 m。
产准噶尔阿拉套山、北天山、东南天山、内天山。中国、哈萨克斯坦、吉尔吉斯斯坦;亚洲有
分布。
药用、观赏、蜜源。

*(3262) 乳白报春 Pirimula lactiflora Turkevcz

多年生草本。生于山地林下、林缘、草甸草原、灌丛。海拔1 700~2 900 m。
产西天山、西南天山。吉尔吉斯斯坦、乌兹别克斯坦;亚洲有分布。

(3263) 长葶报春 Primula longiscapa Ledeb.

多年生草本。生于山地草甸、河漫滩草甸、渠边、盐化沼泽草甸。海拔600~2 800 m。

产东天山、准噶尔阿拉套山、北天山、西天山。中国、哈萨克斯坦、吉尔吉斯斯坦、乌兹别克斯坦、蒙古、俄罗斯;亚洲、欧洲有分布。

观赏。

(3264) 大萼报春 **Primula macrocalyx Bunge** = *Primula veris* subsp. *macrocalyx* (Bunge) Lüdi

多年生草本。生于山地林下、林缘、山地草甸、河谷。海拔 700~2 200 m。

产准噶尔阿拉套山、北天山。中国、哈萨克斯坦、吉尔吉斯斯坦、伊朗、俄罗斯;亚洲、欧洲有分布。

(3265) 大叶报春 **Primula macrophylla D. Don.**

多年生草本。生于高山沼泽草甸、水边。海拔 4 000~5 200 m。

产西南天山、内天山。中国、吉尔吉斯斯坦、塔吉克斯坦、阿富汗、巴基斯坦、伊朗、印度、尼泊尔、不丹;亚洲有分布。

*(3266) 穆尔卡报春 **Primula moorkroftiana Wall. ex Klatt** = *Primula macrophylla* var. *moorcroftiana* (Wall. ex Klatt) W. W. Sm. et H. R. Fletcher

多年生草本。生于高山冰缘、冰碛碎石堆、高山草甸沼泽湿地、潮湿河谷。海拔 3 000~3 600 m。

产西南天山。乌兹别克斯坦;亚洲有分布。

*(3267) 闽克报春 **Primula minkwitziae W. W. Smith** = *Primula drosocalyx* Poljak. et Lincz.

多年生草本。生于高山冰缘碎石堆、高山和亚高山草甸、山崖岩石缝。海拔 2 900~3 600 m。

产西天山、西南天山。吉尔吉斯斯坦、乌兹别克斯坦;亚洲有分布。

(3268) 雪地报春 **Primula nivalis Pall.**

多年生草本。生于高山和亚高山草甸、山地草甸、河谷、渠边、湖边。海拔 2 100~3 400 m。

产准噶尔阿拉套山、北天山。中国、哈萨克斯坦、吉尔吉斯斯坦、俄罗斯;亚洲有分布。

药用、观赏。

(3269) 准噶尔报春 **Primula nivalis var. farinosa Schrenk** = *Primula nivalis* var. *farianosa* Schrenk

多年生草本。生于高山和亚高山草甸、山地草甸、河谷、山坡、草地。海拔 1 270~4 900 m。

产准噶尔阿拉套山、北天山。中国、哈萨克斯坦、吉尔吉斯斯坦;亚洲有分布。

药用、观赏。

(3270) 中亚雪地报春 **Primula nivalis subsp. turkestanica** (**Schmidt**) **Kovt.** = *Primula turkestanica* (Regel) E. A. White

多年生草本。生于高寒荒漠、高山和亚高山草甸、山地林下、林缘、河谷草甸。海拔 1 000~4 500 m。

产东天山、准噶尔阿拉套山、北天山、东南天山、中央天山、西天山、西南天山。中国、哈萨克斯坦、吉尔吉斯斯坦、乌兹别克斯坦;亚洲有分布。

药用。

(3271) 少花报春 **Primula nutans Georgi**

多年生草本。生于高山荒漠、高山和亚高山草甸、山地林缘、沼泽、山地河和湖周边。海拔 1 800~4 200 m。

产东天山、东北天山、准噶尔阿拉套山、北天山、东南天山、内天山。中国、哈萨克斯坦、吉尔吉斯斯坦、蒙古、俄罗斯；亚洲、美洲有分布。

药用。

（3272）帕米尔报春 **Primula pamirica Fedorov**

多年生草本。生于高山荒漠、高山和亚高山草甸、沼泽化草甸、河漫滩、淡水湖边。海拔1 800~4 200 m。

产东天山、北天山、东南天山、中央天山、内天山。中国、吉尔吉斯斯坦、塔吉克斯坦、阿富汗；亚洲有分布。

药用、观赏。

*（3273）羽叶报春 **Primula pinnata Popov et Fedorov**

多年生草本。生于高山和亚高山草甸、湿地草甸。海拔2 800~3 400 m。

产北天山。哈萨克斯坦；亚洲有分布。

554. 羽叶点地梅属 Pomatosace Maxim.

（3274）羽叶点地梅 **Pomatosace filicula Maxim.**

一年生或二年生草本。生于高山荒漠、高山草甸、高山沙砾地、山地河滩沙地。海拔2 100~4 500 m。

产东天山。中国；亚洲有分布。

中国特有成分。单种属植物。

555. 水茴草属 Samolus L.

（3275）水茴香 **Samolus valerandi L.** =*Samoius valerandii* L.

多年生草本。生于盐渍化草甸草原、河漫滩、渠边、湖边、杜加依林下。海拔100~1 800 m。

产西南天山、西天山。中国、吉尔吉斯斯坦、乌兹别克斯坦、俄罗斯；亚洲、欧洲有分布。

五十七、白花丹科 Plumbaginaceae

556. 鸡娃草属 Plumbagella Spach.

（3276）鸡娃草 **Plumbagella micrantha（Ledeb.）Spach**

一年生草本。生于山地林缘阳坡、山地草甸、山地草原、灌丛。海拔1 200~3 600 m。

产东天山、东北天山、准噶尔阿拉套山、北天山、东南天山、西天山。中国、哈萨克斯坦、吉尔吉斯斯坦、乌兹别克斯坦、俄罗斯；亚洲有分布。

单种属植物。药用。

457. 彩花属 Acantholimon Boiss.

*（3277）阿莱彩花 **Acantholimon alaicum E. Czern.**

小灌木。生于沙质-细石质山坡、山地草甸草原带阳坡。海拔2 500~3 500 m。

产西南天山。乌兹别克斯坦；亚洲有分布。

（3278）刺叶彩花 **Acantholimon alatavicum Bunge**

垫状小灌木。生于高山和亚高山草甸、山麓洪积扇、砾石质荒漠。海拔700~3 300 m。

产东天山、准噶尔阿拉套山、北天山、东南天山、中央天山、内天山、西天山。中国、哈萨克斯坦、吉尔吉斯斯坦、乌兹别克斯坦;亚洲有分布。

观赏。

*(3279) **阿氏彩花 Acantholimon albertii Regel**

灌木。生于亚高山碎石堆、山坡草地、山地草原、河谷。海拔 1 000～2 500 m。

产北天山、内天山、西天山、西南天山。哈萨克斯坦、吉尔吉斯斯坦、乌兹别克斯坦;亚洲有分布。

*(3280) **阿里克赛彩花 Acantholimon alexandri Fedorov**

矮灌木。生于亚高山草甸、细石质山坡、河谷。海拔 2 900～3 100 m。

产西南天山。乌兹别克斯坦;亚洲有分布。

*(3281) **欧莉叶彩花 Acantholimon aulieatense Czerniakowska**

垫状灌木。生于山地石质坡地、低山丘陵、碎石堆。海拔 2 100 m 上下。

产北天山、内天山、西天山、西南天山。哈萨克斯坦、吉尔吉斯斯坦、乌兹别克斯坦;亚洲有分布。

(3282) **细叶彩花 Acantholimon borodinii Krasnov**

垫状小灌木。生于干旱砾石山坡、河谷阳坡、倒石堆。海拔 1 700～3 500 m。

产准噶尔阿拉套山、北天山、西天山。中国、哈萨克斯坦、吉尔吉斯斯坦;亚洲有分布。

*(3283) **密枝彩花 Acantholimon compactum Korovin**

小灌木。生于细土质山坡、细石质-石质坡地、砾岩堆。海拔 1 000～2 100 m。

产西南天山、内天山。吉尔吉斯斯坦、乌兹别克斯坦;亚洲有分布。

(3284) **小叶彩花 Acantholimon diapensioides Boiss.**

垫状小灌木。生于高山石质荒漠、山地荒漠草原。海拔 3 000～4 000 m。

产东天山、东南天山、中央天山、内天山。中国、塔吉克斯坦、阿富汗;亚洲有分布。

*(3285) **艾卡提力彩花 Acantholimon ekatherinae（B. Fedtsch.）E. Czern.**

灌木。生于高山和亚高山石质山坡。海拔 2 950～3 400 m。

产西天山、西南天山、内天山。吉尔吉斯斯坦、乌兹别克斯坦;亚洲有分布。

*(3286) **红枝彩花 Acantholimon erythraeum Bunge**

小灌木。生于高山和亚高山草甸、河谷、山地荒漠草原。海拔 1 000～3 700 m。

产西南天山、内天山。吉尔吉斯斯坦、乌兹别克斯坦;亚洲有分布。

*(3287) **绿皮彩花 Acantholimon fetissovii Regel**

灌木。生于高山石质山坡、风化花岗岩石缝。海拔 1 700～2 900 m。

产内天山、西天山、西南天山。吉尔吉斯斯坦、乌兹别克斯坦;亚洲有分布。

(3288) **彩花 Acantholimon hedinii Ostenf. ex Hedin**

垫状小灌木。生于高山和亚高山草甸。海拔 2 600～4 000 m。

产东南天山、中央天山、内天山。中国、塔吉克斯坦、乌兹别克斯坦;亚洲有分布。

*(3289) **黑河彩花 Acantholimon karabajeviorum Lazkov**

小灌木。生于山坡草地、河谷。海拔 1 200～2 900 m。

产西南天山、内天山。吉尔吉斯斯坦、乌兹别克斯坦;亚洲有分布。

*(3290) 黑山彩花 **Acantholimon karatavicum N. V. Pavlov**
灌木。生于石质山坡。海拔 600~1 500 m。
产北天山、内天山。吉尔吉斯斯坦;亚洲有分布。

(3291) 喀什彩花 **Acantholimon kaschgaricum I. A. Lincz.**
垫状小灌木。生于低山荒漠、石质坡地。海拔 1 700~3 100 m。
产内天山。中国;亚洲有分布。

*(3292) 凯诺彩花 **Acantholimon knorringianum Lincz.**
近半球形灌木。生于亚高山草甸、山地林缘、灌丛、石质山坡、山崖岩石缝。海拔 800~
3 100 m。
产西南天山。乌兹别克斯坦;亚洲有分布。

(3293) 浩罕彩花 **Acantholimon kokandense Bunge ex Regel**
垫状小灌木。生于山地砾石荒漠。海拔 1 800~3 000 m。
产内天山。中国、乌兹别克斯坦;亚洲有分布。

*(3294) 库马洛威彩花 **Acantholimon komarovii E. Czern.**
小灌木。生于高山和亚高山草甸、细土质-细石质山坡、河谷。海拔 2 500~3 400 m。
产西南天山、内天山。吉尔吉斯斯坦、乌兹别克斯坦;亚洲有分布。

*(3295) 考氏彩花 **Acantholimon korolkowii (Regel) Korov.**
紧密半球形灌木。生于石质山坡、倒石堆。海拔 2 000~4 000 m。
产西天山、西南天山、内天山。哈萨克斯坦、吉尔吉斯斯坦、乌兹别克斯坦;亚洲有分布。

*(3296) 库拉明彩花 **Acantholimon kuramense I. A. Lincz.**
小灌木。生于石质山坡、河谷、坡积物。海拔 2 100~2 800 m。
产西南天山、内天山。吉尔吉斯斯坦、乌兹别克斯坦;亚洲有分布。

(3297) 光萼彩花 **Acantholimon laevigatum (Z. X. Peng) Kamelin** = *Acantholimon alatavicum* var.
laevigatum Z. X. Peng
垫状小灌木。生于多石山坡、荒漠草原。海拔 1 300~2 500 m。
产准噶尔阿拉套山。中国;亚洲有分布。

*(3298) 蓝加尔彩花 **Acantholimon langaricum O. et B. Fedtsch.**
小灌木。生于山地阳坡草甸草原、山谷、石质山坡。海拔 1 900~3 200 m。
产西南天山。乌兹别克斯坦;亚洲有分布。

*(3299) 三角叶彩花 **Acantholimon laxum Czerniakowska**
灌木。生于亚高山石质山坡、碎石堆。海拔 2 500 m 上下。
产北天山、西天山。吉尔吉斯斯坦、乌兹别克斯坦;亚洲有分布。

*(3300) 哈拉泰山彩花 **Acantholimon linczevskii Pavlov**
小半灌木。生于山坡草地、石质坡地、山脊裸岩堆。海拔 700~2 000 m。
产北天山、内天山、西天山、西南天山。吉尔吉斯斯坦、哈萨克斯坦、乌兹别克斯坦;亚洲有分布。

*（3301）恰特卡勒彩花 **Acantholimon litvinovii Lincz.**

小灌木。生于亚高山草甸、山地阳坡草甸草原、山脊裸岩堆。海拔 500～3 100 m。

产西天山、西南天山。吉尔吉斯斯坦、乌兹别克斯坦；亚洲有分布。

*（3302）麻叶威彩花 **Acantholimon majewianum Regel**

小灌木。生于干旱山坡、碎石质坡地。海拔 1 300～2 400 m。

产西南天山。乌兹别克斯坦；亚洲有分布。

*（3303）珍珠状彩花 **Acantholimon margaritae Korovin**

半球形灌木。生于山地林缘、石质山坡、山地草原。海拔 800～2 300 m。

产西天山、西南天山。吉尔吉斯斯坦、乌兹别克斯坦；亚洲有分布。

*（3304）米氏彩花 **Acantholimon mikeschinii Lincz.**

垫状灌木。生于中低山山坡。海拔 1 000 m 上下。

产北天山、内天山、西天山、西南天山。哈萨克斯坦、吉尔吉斯斯坦、乌兹别克斯坦；亚洲有分布。

*（3305）多头彩花 **Acantholimon minshelkense N. V. Pavlov**

灌木。生于山崖岩石缝、碎石堆。海拔 2 000 m 上下。

产北天山、西天山。吉尔吉斯斯坦、乌兹别克斯坦；亚洲有分布。

*（3306）木哈买德江彩花 **Acantholimon muchamedshanovii Lincz.**

小灌木。生于山崖岩石缝、石质山坡、碎石堆。海拔 2 700～3 000 m。

产西南天山。乌兹别克斯坦；亚洲有分布。

*（3307）纳比彩花 **Acantholimon nabievii Lincz.**

小灌木。生于山地荒漠草原、洪积扇、山麓平原荒漠草地。海拔 600～1 200 m。

产西天山、北天山。哈萨克斯坦、吉尔吉斯斯坦；亚洲有分布。

*（3308）努拉山彩花 **Acantholimon nuratavicum Zakirov**

小灌木。生于石质山坡、干旱河谷。海拔 900～1 900 m。

产西南天山。乌兹别克斯坦；亚洲有分布。

（3309）帕米尔彩花 **Acantholimon pamiricum E. Czern.**

垫状小灌木。生于砾石质山坡。海拔 2 900～3 400 m。

产内天山。中国、吉尔吉斯斯坦、伊朗；亚洲有分布。

*（3310）细花彩花 **Acantholimon parviflorum Regel**

小灌木。生于石质山坡、山地干旱草原、河谷。海拔 1 200～2 800 m。

产西南天山。乌兹别克斯坦；亚洲有分布。

（3311）乌恰彩花 **Acantholimon popovii Czern.**

垫状小灌木。生于石质荒漠草原。海拔 1 800～2 843 m。

产内天山。中国；亚洲有分布。

*（3312）匹斯堪彩花 **Acantholimon pskemense Lincz.**

小灌木。生于山地灌丛、山坡草地、山地草原、荒漠草地。海拔 800～2 400 m。

产西南天山、内天山。吉尔吉斯斯坦、乌兹别克斯坦；亚洲有分布。

*（3313）球形彩花 **Acantholimon purpureum Korovin**

垫状灌木。生于高山和亚高山草甸、冰碛堆。海拔 2 900~3 500 m。

产北天山、西天山。吉尔吉斯斯坦、乌兹别克斯坦；亚洲有分布。

*（3314）茹皮赫彩花 **Acantholimon ruprechtii Bunge**

矮灌木。生于高山和亚高山草甸、草甸湿地、裸露山脊、坡积石堆。海拔 2 950~3 400 m。

产西天山、西南天山。哈萨克斯坦、吉尔吉斯斯坦、乌兹别克斯坦；亚洲有分布。

*（3315）萨坎彩花 **Acantholimon sackenii Bunge**

半球形灌木。生于石质山坡、山崖岩石缝、河谷。海拔 1 500~2 500 m。

产西天山、西南天山。哈萨克斯坦、吉尔吉斯斯坦、乌兹别克斯坦；亚洲有分布。

*（3316）孜拉普善彩花 **Acantholimon saravschanicum Regel**

小灌木。生于细石质-粗石质山坡、河岸阶地。海拔 1 500~2 500 m。

产西南天山、内天山。吉尔吉斯斯坦、乌兹别克斯坦；亚洲有分布。

*（3317）黄山彩花 **Acantholimon sarytavicum I. A. Linczevski**

小灌木。生于石灰岩丘陵、山崖岩石缝、山地阳坡草原。海拔 1 500~2 100 m。

产西南天山、内天山。吉尔吉斯斯坦、乌兹别克斯坦；亚洲有分布。

*（3318）夏衣麦尔丹彩花 **Acantholimon schachimardanicum Lincz.**

小灌木。生于细石质-砾石质山坡、干旱河谷。海拔 600~1 800 m。

产西南天山。乌兹别克斯坦；亚洲有分布。

*（3319）燕麦状彩花 **Acantholimon subavenaceum Lincz.**

小灌木。生于石质山坡、河流阶地。海拔 1 000~2 300 m。

产西南天山。乌兹别克斯坦；亚洲有分布。

（3320）粗刺彩花 **Acantholimon squarrosum N. V. Pavlov**

垫状小灌木。生于山地荒漠草原石质山坡、河谷。海拔 1 000~1 900 m。

产中央天山。中国、哈萨克斯坦、吉尔吉斯斯坦、乌兹别克斯坦；亚洲有分布。

*（3321）鞑靼彩花 **Acantholimon tataricum Boiss.**

小灌木。生于山崖岩石缝、细土质-石质山坡、碎石堆。海拔 2 000~2 800 m。

产西南天山、内天山。吉尔吉斯斯坦、乌兹别克斯坦；亚洲有分布。

（3322）天山彩花 **Acantholimon tianschanicum Czern.**

垫状小灌木。生于山地石质荒漠、干旱砾石山坡。海拔 1 700~4 100 m。

产中央天山、内天山。中国、塔吉克斯坦、乌兹别克斯坦；亚洲有分布。

*（3323）提托威彩花 **Acantholimon titovii Lincz.**

半球形灌木。生于石质山坡。海拔 900~1 500 m。

产北天山、哈萨克斯坦；亚洲有分布。

*（3324）柔滑彩花 **Acantholimon velutinum F. Czern.**

小灌木。生于山崖岩石缝、岩石峭壁、石质坡地。海拔 2 300~4 600 m。

产西南天山、内天山。乌兹别克斯坦；亚洲有分布。

458. 伊犁花属 Ikonnikovia Lincz.

(3325) 伊犁花 Ikonnikovia kaufmanniana（Regel）Lincz.

矮小灌木或多年生草本。生于山地草原、灌丛、石质坡地。海拔 1 000~2 200 m。

产准噶尔阿拉套山、北天山、西天山、西南天山。中国、哈萨克斯坦、吉尔吉斯斯坦、乌兹别克斯坦;亚洲有分布。

单种属植物。

459. 驼舌草属 Goniolimon Boiss.

(3326) 疏花驼舌草（美丽驼舌草）Goniolimon callicomum（C. A. Mey.）Boiss.

多年生草本。生于山地林缘阳坡、山地草原、河谷。海拔 1 200~2 000 m。

产东天山、东北天山、准噶尔阿拉套山、北天山、西天山。中国、哈萨克斯坦、吉尔吉斯斯坦、乌兹别克斯坦、俄罗斯;亚洲有分布。

*（3327）多刺驼舌草 Goniolimon cuspidatum Gamajun.

多年生草本。生于山地荒漠草原、干旱山坡、山麓石质草地。海拔 700~1 600 m。

产准噶尔阿拉套山、北天山、西天山。哈萨克斯坦、吉尔吉斯斯坦、乌兹别克斯坦;亚洲有分布。

(3328) 大叶驼舌草（准噶尔驼舌草）Goniolimon dschungaricum（Regel）O. Fedtsch. et B. Fedtsch.

多年生草本。生于山地草原、沙地。海拔 280~1 500 m。

产东天山、准噶尔阿拉套山、北天山。中国、哈萨克斯坦;亚洲有分布。

*（3329）高驼舌草 Goniolimon elatum（Fisch. ex Spreng.）Boiss.

多年生草本。生于石灰岩山坡、低山荒漠草原。海拔 700~1 600 m。

产北天山、内天山、西天山、西南天山。哈萨克斯坦、吉尔吉斯斯坦、乌兹别克斯坦、俄罗斯;亚洲、欧洲有分布。

(3330) 团花驼舌草 Goniolimon eximium（Schrenk）Boiss. = *Goniolimon orthocladum* Rupr.

多年生草本。生于山地林缘阳坡、山坡草地、山地草原、河谷。海拔 450~2 700 m。

产东天山、东北天山、准噶尔阿拉套山、北天山、东南天山、中央天山、内天山、西天山、西南天山。中国、哈萨克斯坦、吉尔吉斯斯坦、乌兹别克斯坦;亚洲有分布。

*（3331）粗根驼舌草 Goniolimon sewerzovii Herder

多年生草本。生于低山荒漠草原、山麓洪积扇。海拔 600~1 700 m。

产内天山、西天山、西南天山。吉尔吉斯斯坦、乌兹别克斯坦;亚洲有分布。

(3332) 驼舌草 Goniolimon speciosum（L.）Boiss.

多年生草本。生于山地林缘阳坡、干旱山坡、山地草原、河边。海拔 1 800~2 800 m。

产东天山、东北天山、准噶尔阿拉套山、北天山、东南天山、中央天山。中国、哈萨克斯坦、蒙古、俄罗斯;亚洲、欧洲有分布。

药用、观赏、饲料。

(3333) 直杆驼舌草 Goniolimon speciosum var. strictum（Regel）T. H. Peng = *Goniolimon strictum*（Regel）Lincz.

多年生草本。生于山地草原、山坡草地、灌丛、山地荒漠、河谷、山麓洪积扇。海拔 600~2 600 m。

产准噶尔阿拉套山、北天山、东南天山。中国、哈萨克斯坦、吉尔吉斯斯坦;亚洲有分布。

*（3334）鞑靼驼舌草 **Goniolimon tataricum**（**L.**）**Boiss.**

多年生草本。生于低山荒漠草原、石质坡地。海拔 500~1 500 m。

产准噶尔阿拉套山。哈萨克斯坦、俄罗斯;亚洲有分布。

460. 补血草属 Limonium Mill.

（3335）黄花补血草 **Limonium aureum**（**L.**）**Hill**

多年生草本。生于中、低山干旱山坡。海拔 1 600 m 上下。

产北天山。中国、蒙古、俄罗斯;亚洲有分布。

观赏、药用、饲料。

（3336）美花补血草 **Limonium callianthum**（**Z. X. Peng**）**Kamelin** = *Limonium drepanostachyum* subsp. *callianthum* Z. X. Peng

多年生草本。生于低山丘陵、山麓荒漠。海拔 1 200 m 上下。

产内天山。中国;亚洲有分布。

中国特有成分。

*（3337）肉叶补血草 **Limonium carnosum**（**Boiss.**）**O. Kuntze**

多年生草本。生于低山盐碱地、石膏荒漠。海拔 500~1 600 m。

产西天山。吉尔吉斯斯坦、乌兹别克斯坦;亚洲有分布。

（3338）簇枝补血草 **Limonium chrysocomum**（**Kar. et Kir.**）**Kuntze** = *Limonium chrysocomum* var. *chrysocephalum*（Regel）Peng = *Limonium chrysocomum* var. *sedoides*（Regel）Z. X. Peng

多年生草本或草本状半灌木。生于石质山坡、山地荒漠、荒漠草原、蒿属荒漠。海拔 190~3 000 m。

产东天山、东北天山、准噶尔阿拉套山、东南天山。中国、哈萨克斯坦、蒙古、俄罗斯;亚洲有分布。

观赏。

（3339）大簇补血草 **Limonium chrysocomum subsp. semenowii**（**Herder**）**Kamelin** = *Limonium semeniwii*（Herder）Z. X. Peng

多年生草本或草本状半灌木。生于石质山坡、低山荒坡。海拔 500~2 700 m。

产准噶尔阿拉套山、北天山。中国、哈萨克斯坦、吉尔吉斯斯坦;亚洲有分布。

绿化。

（3340）珊瑚补血草 **Limonium coralloides**（**Tausch**）**Lincz.**

多年生草本。生于低山河岸阶地、平原盐碱地。海拔 400~1 500 m。

产东天山、东北天山、准噶尔阿拉套山、北天山。中国、哈萨克斯坦、蒙古、俄罗斯;亚洲有分布。

观赏。

*（3341）双花补血草 **Limonium dichroanthum**（**Rupr.**）**Ikonn. -Gal. ex Lincz.**

多年生草本。生于山地阳坡荒漠、河岸阶地。海拔 600~1 700 m。

产北天山、西天山。哈萨克斯坦、吉尔吉斯斯坦、乌兹别克斯坦;亚洲有分布。

*（3342）弯穗补血草 **Limonium drepanostachyum Ikonn. -Gal.**

多年生草本。生于低山丘陵、低山砾石坡地、山麓平原、盐碱地、沙地。海拔 900~1 000 m。

产西天山、西南天山。吉尔吉斯斯坦、乌兹别克斯坦、塔吉克斯坦;亚洲有分布。

＊(3343) 菲兹补血草 Limonium fajzievii Zak. ex Lincz.

多年生草本。生于山麓洪积扇、平原荒漠、干河床。海拔600～1 600 m。

产西南天山。乌兹别克斯坦;亚洲有分布。

乌兹别克斯坦特有成分。

(3344) 大叶补血草 Limonium gmelinii（Willd.）Kuntze

多年生草本。生于山地草原、山地河和湖岸边盐碱地、平原盐化低地、盐化草甸。海拔200～2 000 m。

产东天山、东北天山、准噶尔阿拉套山、北天山、东南天山、中央天山。中国、哈萨克斯坦、吉尔吉斯斯坦、蒙古、俄罗斯;亚洲、欧洲有分布。

观赏、药用。

(3345) 喀什补血草 Limonium kaschgaricum（Rupr.）Ikonn.-Gal.

多年生草本。生于石质山坡、山地草原、荒漠草原。海拔1 200～3 000 m。

产东天山、西天山、准噶尔阿拉套山、东南天山、中央天山、内天山。中国、吉尔吉斯斯坦;亚洲有分布。

(3346) 精河补血草(细裂补血草) Limonium leptolobum（Regel）Kuntze

多年生草本。生于石质山坡、沙化草原、平原荒漠、石质戈壁、固定沙丘。海拔310～2 700 m。

产东天山、东北天山、准噶尔阿拉套山、北天山、东南天山、中央天山。中国、哈萨克斯坦、吉尔吉斯斯坦;亚洲有分布。

观赏。

＊(3347) 长叶补血草 Limonium leptophyllum（Schrenk）O. Kuntze

半灌木。生于山地荒漠草原、龟裂土荒漠、砾石质沙地。海拔300～1 600 m。

产准噶尔阿拉套山、北天山、西天山、西南天山。哈萨克斯坦、吉尔吉斯斯坦、乌兹别克斯坦;亚洲有分布。

＊(3348) 麦伊尔补血草 Limonium meyeri（Boiss.）Kuntze

多年生草本。生于盐碱地、潮湿盐土、咸水湖边、海岸、盐碱洼地。海拔300～1 500 m。

产北天山。哈萨克斯坦;亚洲有分布。

＊(3349) 米氏补血草 Limonium michelsonii Lincz.

多年生草本。生于中、低山草地、石质山地、黄土丘陵。海拔500～1 700 m。

产北天山。哈萨克斯坦、吉尔吉斯斯坦;亚洲有分布。

(3350) 繁枝补血草 Limonium myrianthum（Schrenk）Kuntze

多年生草本。生于荒漠河谷、盐化荒漠、沙地、河岸阶地。海拔280～950 m。

产东天山、东北天山、准噶尔阿拉套山、北天山。中国、哈萨克斯坦、吉尔吉斯斯坦;亚洲有分布。

观赏。

(3351) 耳叶补血草 Limonium otolepis（Schrenk）Kuntze

多年生草本。生于河岸盐化草甸、沼泽草甸、平原荒漠、沙质盐碱地、沙地。海拔280～1 400 m。

产东天山、东北天山、准噶尔阿拉套山、北天山、中央天山。中国、哈萨克斯坦、伊朗、阿富汗;

亚洲有分布。

观赏。

*（3352）波波夫补血草 **Limonium popovii Kubanskaya**

多年生草本。生于低山丘陵、河岸阶地、山麓洪积扇、沙地。海拔 400~1 600 m。

北天山。哈萨克斯坦；亚洲有分布。

*（3353）匍生补血草 **Limonium reniforme**（Girard）**Lincz.**

多年生草本。生于盐土、盐渍土、河谷、农田灌溉沟渠边。海拔 700~2 600 m。

产北天山、西天山、西南天山。哈萨克斯坦、吉尔吉斯斯坦、乌兹别克斯坦；亚洲有分布。

*（3354）若赞补血草 **Limonium rezniczenkoanum Lincz.**

多年生草本。生于石质山坡、山麓洪积扇、砾石质戈壁。海拔 400~1 800 m。

产北天山。哈萨克斯坦；亚洲有分布。

（3355）灰杆补血草 **Limonium roborowskii Ik. -Gal.** =*Limonium lacostei*（Danguy）Kamelin

多年生草本或草本状半灌木。生于山麓洪积扇、山地荒漠、荒漠草原、蒿属荒漠、砾石质戈壁。

海拔 300~2 500 m。

产东天山、东北天山、准噶尔阿拉套山、北天山、东南天山、内天山。中国；亚洲有分布。

*（3356）粗根补血草 **Limonium sogdianum Ikonn. -Gal.**

多年生草本。生于山脊草地、山麓洪积扇、干涸湖盆、盐碱地。海拔 600~1 400 m。

产西天山、北天山、西南天山。哈萨克斯坦、吉尔吉斯斯坦、乌兹别克斯坦；亚洲有分布。

（3357）木本补血草 **Limonium suffruticosum**（L.）**Kuntze**

半灌木。生于砾石质山坡、山麓平原、盐化草甸、戈壁盐碱地、盐化沙地。海拔 400~3 000 m。

产东天山、东北天山、准噶尔阿拉套山、北天山、中央天山。中国、哈萨克斯坦、蒙古、伊朗、阿富汗、俄罗斯；亚洲、欧洲有分布。

观赏。

五十八、木樨科 Oleaceae

461. 梣属（白蜡树属）Fraxinus L.

*（3358）热保卡帕梣 **Fraxinus raibocarpa Regel**

乔木。生于中低山带石质山坡、河谷。海拔 600~1 700 m。

产西南天山。乌兹别克斯坦；亚洲有分布。

（3359）小叶白蜡（天山梣）**Fraxinus sogdiana Bunge**

落叶乔木。生于低山坡麓、河谷沿岸。海拔 500~1 800 m。

产北天山、西天山。中国、哈萨克斯坦、吉尔吉斯斯坦、乌兹别克斯坦；亚洲有分布。

观赏、绿化、木材、药用、鞣料。

*（3360）宽翅梣 **Fraxinus syriaca Boiss.** =*Fraxinus angustifolia* subsp. *syriaca*（Boiss.）Yalt.

落叶乔木。生于石质山坡、山谷河漫滩。海拔 1 600~2 500 m。

产北天山。哈萨克斯坦；亚洲有分布。

五十九、龙胆科 Gentianaceae

462. 百金花属 Centaurium Hill.

（3361）美丽百金花 **Centaurium pulchellum**（Sw.）**Druce**

一年生草本。生于山地林缘、河谷、河漫滩、山地草原。海拔 500～1 200 m。

产东天山、准噶尔阿拉套山、北天山、东南天山、中央天山、内天山、西天山、西南天山。中国、哈萨克斯坦、吉尔吉斯斯坦、乌兹别克斯坦、蒙古、俄罗斯、埃及;亚洲、欧洲、非洲有分布。

药用。

（3362）百金花 **Centaurium pulchellum var. altaicum**（Griseb.）**Kitagawa et Hara**

一年生草本。生于沼泽、河漫滩沙地、水边。海拔 500～1 200 m。

产东天山、东南天山。中国、哈萨克斯坦、印度、俄罗斯;亚洲、欧洲有分布。

药用。

（3363）穗状熔银花 **Centaurium spicatum**（L.）**Fritsch.** = *Schenkia spicata*（L.）G. Mansion = *Gentiana spicata* L.

一年生草本。生于低山河谷、河漫滩、水边。海拔 1 100～1 500 m。

产北天山、内天山、北天山、西天山、西南天山。中国、哈萨克斯坦、吉尔吉斯斯坦、乌兹别克斯坦、俄罗斯;亚洲、欧洲有分布。

药用。

*（3364）伞形百金花 **Centaurium umbellatum Gilib.** = *Centaurium erythraea* Rafn

二年生草本。生于山地河边、草地、石质河滩。海拔 600～1 500 m。

产西天山、西南天山。乌兹别克斯坦、俄罗斯;亚洲、欧洲有分布。

*（3365）沼泽百金花 **Centaurium uliginosum**（Waldst. et Kit.）**Beck.** = *Centaurium littorale* subsp. *compressum*（Hayne）J. Kirschner

一年生草本。生于山地河边、林缘、山地草甸。海拔 600～2 600 m。

产北天山、西天山、西南天山。哈萨克斯坦、吉尔吉斯斯坦、乌兹别克斯坦、俄罗斯;亚洲、欧洲有分布。

463. 龙胆属 Gentiana（Tourn.）L.

（3366）高山龙胆 **Gentiana algida Pall.**

多年生草本。生于高山和亚高山草甸、山地林下、林缘、山地草甸、河谷。海拔 1 200～4 000 m。

产东天山、东北天山、准噶尔阿拉套山、北天山、东南天山。中国、哈萨克斯坦、俄罗斯;亚洲有分布。

药用、有毒、观赏。

（3367）水生龙胆 **Gentiana aquatica L.**

一年生或二年生草本。生于高山和亚高山草甸、沼泽草甸、河漫滩、山溪边。海拔 2 900～3 100 m。

产东北天山、准噶尔阿拉套山、北天山。中国、哈萨克斯坦、吉尔吉斯斯坦、蒙古、日本、俄罗斯;亚洲、美洲有分布。

（3368）西域龙胆 **Gentiana clarkei Kusnez.**

一年生草本。生于山地河谷、山坡草地、山溪边、高山草甸。海拔 2 800~4 300 m。

产东南天山。中国、印度、尼泊尔；亚洲有分布。

＊（3369）十字形龙胆 **Gentiana cruciata L.**

多年生草本。生于山地草甸湿地、平原草甸湿地。海拔 900~2 800 m。

产西天山。吉尔吉斯斯坦、乌兹别克斯坦、俄罗斯；亚洲、欧洲有分布。

（3370）达乌里秦艽 **Gentiana dahurica Fisch.**

多年生草本。生于高山和亚高山草甸、山地林缘、山地草甸、山地草原、灌丛。海拔 800~3 200 m。

产东天山、东北天山、准噶尔阿拉套山、北天山、东南天山、中央天山、内天山。中国、蒙古、俄罗斯；亚洲有分布。

药用、饲料。

（3371）斜升秦艽 **Gentiana decumbens L. f.**

多年生草本。生于亚高山草甸、山地林下、林缘、山地草甸、灌丛、沙质河滩。海拔 800~2 800 m。

产东天山、准噶尔阿拉套山、北天山、东南天山、中央天山。中国、哈萨克斯坦、蒙古、俄罗斯；亚洲、欧洲有分布。

药用。

＊（3372）迪斯昆嘎尔龙胆 **Gentiana dschungarica Regel**

多年生草本。生于中山带河岸、草甸湿地、草甸草原。海拔 1 400~2 800 m。

产北天山。哈萨克斯坦；亚洲有分布。

＊（3373）费氏龙胆 **Gentiana fischeri P. Smirn.**

多年生草本。生于山地林缘、河谷、灌丛、高山草甸。海拔 1 900~3 000 m。

产准噶尔阿拉套山。哈萨克斯坦、俄罗斯；亚洲有分布。

（3374）大花龙胆 **Gentiana grandiflora Laxm.**

多年生草本。生于亚高山草甸、山地草甸。海拔 1 500~2 500 m。

产东天山、东北天山、准噶尔阿拉套山。中国、哈萨克斯坦、蒙古、俄罗斯；亚洲有分布。

（3375）新疆龙胆(卡氏龙胆) **Gentiana karelinii Griseb.** =*Gentiana prostrata* var. *karelinii* (Grisebach) Kusnezow

一年生或二年生草本。生于高山和亚高山草甸、山地林缘、山地草甸。海拔 1 800~3 800 m。

产东天山、东北天山、准噶尔阿拉套山、北天山、内天山、西天山、西南天山。中国、哈萨克斯坦、吉尔吉斯斯坦、乌兹别克斯坦、俄罗斯；亚洲有分布。

（3376）中亚秦艽 **Gentiana kaufmanniana Regel et Schmalh.**

多年生草本。生于高山和亚高山草甸、山地林下、林缘、山地草甸。海拔 1 100~3 700 m。

产东天山、东北天山、准噶尔阿拉套山、北天山、东南天山、中央天山、内天山、西天山。中国、哈萨克斯坦、吉尔吉斯斯坦、乌兹别克斯坦、俄罗斯；亚洲有分布。

药用、观赏。

*（3377）克氏龙胆 **Gentiana krylovii Grossh.**

多年生草本。生于高山草甸、倒石堆、裸露山脊。海拔 2 900～3 600 m。

产北天山。哈萨克斯坦；亚洲有分布。

（3378）蓝白龙胆 **Gentiana leucomelaena Maxim.**

一年生草本。生于高寒荒漠、高山和亚高山草甸、山地林缘草甸、河漫滩草甸。海拔 1 900～4 400 m。

产东天山、东北天山、准噶尔阿拉套山、北天山、东南天山、内天山、西天山、西南天山。中国、哈萨克斯坦、吉尔吉斯斯坦、乌兹别克斯坦、蒙古、俄罗斯；亚洲有分布。

药用。

（3379）秦艽 **Gentiana macrophylla Pall.**

多年生草本。生于亚高山草甸、山地林下、林缘、山地草甸、河谷。海拔 1 300～2 500 m。

产东天山、东北天山、准噶尔阿拉套山、北天山、东南天山、中央天山。中国、哈萨克斯坦、蒙古、俄罗斯；亚洲有分布。

药用、饲料。

（3380）大花秦艽 **Gentiana macrophylla var. fetissowii（Regel et Winkler）Ma et K. C. Hsia** = *Gentiana fetissowii* Regel et Winkl.

多年生草本。生于高山草甸、河谷草地、山溪边。海拔 1 500～3 700 m。

产准噶尔阿拉套山。中国、哈萨克斯坦、俄罗斯；亚洲有分布。

药用。

（3381）垂花龙胆 **Gentiana nutans Bunge** = *Gentiana prostrata* Haenke

一年生或多年生草本。生于高山冻原、高山和亚高山草甸、山地林缘、山地草甸、河谷。海拔 1 300～4 300 m。

产东天山、东北天山、准噶尔阿拉套山、北天山、东南天山、中央天山、内天山。中国、哈萨克斯坦、蒙古、伊朗、印度、尼泊尔、俄罗斯；亚洲、欧洲、美洲有分布。

（3382）奥氏龙胆 **Gentiana olgae Regel et Schmalh.**

多年生草本。生于高山和亚高山草甸。海拔 2 000～3 300 m。

产北天山、东南天山、西天山、西南天山。中国、哈萨克斯坦、吉尔吉斯斯坦、塔吉克斯坦；亚洲有分布。

药用。

（3383）集花龙胆 **Gentiana olivieri Griseb.**

多年生草本。生于高山和亚高山草甸、山地林缘、山地草甸。海拔 1 500～3 000 m。

产东天山、准噶尔阿拉套山、北天山、东南天山、中央天山、内天山。中国、哈萨克斯坦、吉尔吉斯斯坦、乌兹别克斯坦、俄罗斯；亚洲有分布。

药用。

*（3384）肺花龙胆 **Gentiana pneumonanthe L.**

多年生草本。生于山地河谷、山地草甸、灌丛、盐渍化草甸。海拔 1 600～2 600 m。

产北天山、西天山、西南天山。哈萨克斯坦、吉尔吉斯斯坦、乌兹别克斯坦、俄罗斯；亚洲、欧洲有分布。

（3385）假水生龙胆 **Gentiana pseudoaquatica Kuzn.**

一年生草本。生于高山和亚高山草甸、林缘草甸、山地草原。海拔 1 000～4 300 m。

产东天山、北天山、东南天山、中央天山、内天山。中国、哈萨克斯坦、吉尔吉斯斯坦、乌兹别克斯坦、蒙古、俄罗斯、朝鲜；亚洲有分布。

药用。

（3386）河边龙胆 **Gentiana riparia Kar. et Kir.**

一年生或二年生草本。生于高山和亚高山草甸、沼泽草甸、河漫滩。海拔 700～3 000 m。

产东天山、准噶尔阿拉套山、北天山、东南天山、内天山、中国、哈萨克斯坦、吉尔吉斯斯坦、蒙古、俄罗斯、阿富汗；亚洲有分布。

＊（3387）西伯利亚龙胆 **Gentiana sibirica（Kusn.）Grossh.** = *Gentianella sibirica*（Kuzn.）Holub = *Gentiana pamirica* Grossh.

一年生或多年生草本。生于高山和亚高山草甸、冰碛碎石堆、山地林缘、灌丛。海拔 2 900～3 600 m。

产准噶尔阿拉套山、北天山、西天山、西南天山。哈萨克斯坦、吉尔吉斯斯坦、乌兹别克斯坦；亚洲有分布。

（3388）鳞叶龙胆 **Gentiana squarrosa Ledeb.**

一年生或二年生草本。生于高山和亚高山草甸、山地草甸、沼泽草甸、河漫滩、山泉边。海拔 600～3 500 m。

产东天山、东北天山、准噶尔阿拉套山、北天山、东南天山、中央天山、西天山、西南天山。中国、哈萨克斯坦、吉尔吉斯斯坦、乌兹别克斯坦、蒙古、朝鲜、日本、俄罗斯；亚洲有分布。

药用、饲料、有毒。

＊（3389）稍多龙胆 **Gentiana susamyrensis Pachom.**

多年生草本。生于亚高山草甸、山地林缘、草甸草原、草原灌丛。海拔 1 500～2 800 m。

产西天山、西南天山。哈萨克斯坦、吉尔吉斯斯坦、乌兹别克斯坦；亚洲有分布。

（3390）天山龙胆（天山秦艽）**Gentiana tianschanica Rupr.** = *Gentiana krylovii* Turez.

多年生草本。生于亚高山草甸、山地林下、林缘、山地草原、灌丛、沙质河滩。海拔 1 000～3 200 m。

产东天山、准噶尔阿拉套山、北天山、东南天山、中央天山、内天山、西天山、西南天山。中国、哈萨克斯坦、吉尔吉斯斯坦、乌兹别克斯坦、俄罗斯；亚洲有分布。

药用、观赏。

（3391）单花龙胆 **Gentiana uniflora Georgi** = *Gentiana krylovii* Grossh.

多年生草本。生于高山和亚高山草甸、山地林缘、山脊裸地、山地草甸、河谷、灌丛。海拔 1 400～3 600 m。

产东天山、准噶尔阿拉套山、北天山。中国、哈萨克斯坦、俄罗斯；亚洲有分布。

药用。

（3392）新疆秦艽 **Gentiana walujewii Regel et Schmalh.**

多年生草本。生于高山和亚高山草甸、山地林下、林缘、山地草甸。海拔 1 200～3 500 m。

产东天山、东北天山、准噶尔阿拉套山、北天山、东南天山、中央天山、内天山。中国、哈萨克斯

坦;亚洲有分布。

药用。

(3393) 早春龙胆 **Gentiana verna** subsp. **pontica**（Soltok.）**Hayek**

多年生草本。生于森林草甸、山地阴坡、湖边。海拔 1 800~2 600 m。

产北天山、准噶尔阿拉套山。中国、哈萨克斯坦;亚洲有分布。

464. 扁蕾属 Gentianopsis Ma

(3394) 扁蕾 **Gentianopsis barbata**（Froel.）**Ma**

一年生或二年生草本。生于高山和亚高山草甸、山地林下、林缘、河漫滩草甸、山地草原、沙砾质河滩。海拔 1 400~4 100 m。

产东天山、东北天山、准噶尔阿拉套山、北天山、东南天山、中央天山、内天山、西天山、西南天山。中国、哈萨克斯坦、吉尔吉斯斯坦、乌兹别克斯坦、蒙古、俄罗斯;亚洲、欧洲有分布。

药用、饲料。

(3395) 新疆扁蕾 **Gentianopsis stricta**（Klotzsch）**Ikonn.** = *Gentianopsis vvedenskyi*（Grossh.）V. V. Pis'yaukova

一年生或二年生草本。生于亚高山草甸、山地林下、林缘、河漫滩草甸、灌丛、沙砾质河滩。海拔 1 100~2 700 m。

产东天山、东北天山、准噶尔阿拉套山、北天山、东南天山、内天山。中国、塔吉克斯坦、阿富汗、尼泊尔、巴基斯坦;亚洲有分布。

药用。

465. 喉毛花属 Comastoma（Wettst.）Toyokuni

(3396) 镰萼喉毛花 **Comastoma falcatum**（Turcz.）**Toyokuni**

一年生草本。生于高山和亚高山草甸、沼泽化草甸。海拔 2 100~5 300 m。

产东天山、东北天山、准噶尔阿拉套山、北天山、东南天山、中央天山、内天山、西天山、西南天山。中国、哈萨克斯坦、吉尔吉斯斯坦、乌兹别克斯坦、印度、尼泊尔、蒙古、俄罗斯;亚洲、欧洲有分布。

药用。

(3397) 柔弱喉毛花 **Comastoma tenellum**（Rottb.）**Toyokuni**

一年生草本。生于山地草甸、沼泽化草甸。海拔 2 600~2 900 m。

产东天山、北天山、东南天山、内天山、西天山、西南天山。中国、哈萨克斯坦、吉尔吉斯斯坦、乌兹别克斯、俄罗斯;亚洲、欧洲、北美洲有分布。

*(3398) 伊琳娜喉毛花 **Comastoma irinae**（Pachom.）**S. K. Czerepanov**

一年生草本。生于山地林缘半阳坡、山地河谷、山地草甸。海拔 1 200~2 700 m。

产北天山。哈萨克斯坦;亚洲有分布。

466. 假龙胆属 Gentianella Moench.

(3399) 尖叶假龙胆 **Gentianella acuta**（Michx.）**Hiit.** = *Gentianella amarella* subsp. *acuta*（Michx.）Gillett

一年生草本。生于山地林缘、山地草甸、河谷、灌丛。海拔 1 500~2 200 m。

产内天山。中国、哈萨克斯坦、吉尔吉斯斯坦、蒙古、俄罗斯;亚洲、北美洲有分布。

药用。

（3400）黑边假龙胆 **Gentianella azurea**（Bunge）**Holub**

一年生草本。生于高山流石滩、高山和亚高山草甸、山地林下、山地河谷。海拔 800~4 900 m。
产东天山、准噶尔阿拉套山、北天山、内天山。中国、哈萨克斯坦、不丹、蒙古、俄罗斯;亚洲有分布。
药用。

（3401）矮假龙胆 **Gentianella pygmaea**（Regel et Schmalh.）**H. Smith apud S. Nilsson**

一年生草本。生于高山流石滩荒漠、高山和亚高山草甸、山地河谷。海拔 3 200~5 300 m。
产内天山。中国、吉尔吉斯斯坦、塔吉克斯坦、印度;亚洲有分布。
药用。

（3402）新疆假龙胆 **Gentianella turkestanorum**（Gandoger）**Holub**

一年生或二年生草本。生于高山和亚高山草甸、山地林下、林缘、河谷、灌丛。海拔 1 100~3 730 m。
产东天山、东北天山、准噶尔阿拉套山、北天山、东南天山、中央天山、内天山、西天山、西南天山。中国、哈萨克斯坦、吉尔吉斯斯坦、乌兹别克斯坦、蒙古、俄罗斯;亚洲有分布。
药用。

467. 肋柱花属 Lomatogonium A. Br.

（3403）肋柱花(宽叶肋柱花) **Lomatogonium carinthiacum**（Wulfen.）**Reichenb.**

一年生草本。生于高山荒漠、高山和亚高山草甸。海拔 430~5 400 m。
产东天山、东北天山、准噶尔阿拉套山、北天山、东南天山、中央天山、内天山。中国、哈萨克斯坦、吉尔吉斯斯坦、乌兹别克斯坦、俄罗斯;亚洲、欧洲、北美洲、大洋洲有分布。
药用。

（3404）辐状肋柱花(肋柱花) **Lomatogonium rotatum**（L.）**Fries ex Fem.**

一年生草本。生于高山和亚高山草甸。海拔 1 400~4 200 m。
产东天山、准噶尔阿拉套山、北天山、东南天山、西天山、西南天山。中国、哈萨克斯坦、吉尔吉斯斯坦、乌兹别克斯坦、蒙古、俄罗斯、日本;亚洲、欧洲、美洲有分布。
药用。

468. 獐牙菜属 Swertia L.

（3405）星萼獐牙菜 **Swertia asterocalyx T. N. Ho et S. W. Liu** =*Swertia cuneata* var. *asterocalyx*（T. N. Ho et S. W. Liu）T. N. Ho et S. W. Liu

多年生草本。生于亚高山草甸、山坡草地、森林草甸、河边。海拔 1 600~3 200 m。
产北天山、东南天山。中国;亚洲有分布。

（3406）短筒獐牙菜 **Swertia connata Schrenk**

多年生草本。生于山地林缘、山地草甸。海拔 1 600~2 650 m。
产准噶尔阿拉套山、北天山、东南天山。中国、哈萨克斯坦、吉尔吉斯斯坦;亚洲有分布。
药用。

（3407）歧伞獐牙菜 **Swertia dichotoma L.** =*Anagallidium dichotomum*（L.）Griseb.

一年生草本。生于山地草甸、草甸草原。海拔 1 050~3 100 m。
产东天山、东北天山、准噶尔阿拉套山、北天山、内天山。中国、哈萨克斯坦、吉尔吉斯斯坦、蒙古、日本、俄罗斯；亚洲有分布。

药用。

(3408) 细花獐牙菜 Swertia graciliflora Gontsch.

多年生草本。生于高山流石滩、高山和亚高山草甸、山地河谷、水边。海拔 2 500~4 500 m。

产东天山、东北天山、北天山、东南天山、内天山。中国、吉尔吉斯斯坦、塔吉克斯坦；亚洲有分布。

*(3409) 伊祖普獐牙菜 Swertia juzepczukii Pissjaukova

多年生草本。生于高山和亚高山草甸、森林灌丛、山地草甸草原、沼泽草地、河边湿地。海拔 2 500~3 600 m。

产西天山、西南天山、内天山。哈萨克斯坦、吉尔吉斯斯坦、乌兹别克斯坦；亚洲有分布。

*(3410) 淡白獐牙菜 Swertia lactea A. Bunge

多年生草本。生于亚高山草甸、河漫滩、草甸湿地、石质山坡、岩石缝、河边。海拔 1 700~3 000 m。

产北天山、西天山、西南天山、内天山。哈萨克斯坦、吉尔吉斯斯坦、乌兹别克斯坦；亚洲有分布。

(3411) 膜边獐牙菜 Swertia marginata Schrenk

多年生草本。生于高山荒漠、高山和亚高山草甸、山地林下、林间草地。海拔 1 500~4 600 m。

产东天山、东北天山、准噶尔阿拉套山、北天山、东南天山、内天山、西天山、西南天山。中国、哈萨克斯坦、吉尔吉斯斯坦、塔吉克斯坦、巴基斯坦、蒙古、俄罗斯；亚洲有分布。

药用。

(3412) 互叶獐牙菜 Swertia obtusa Ledeb.

多年生草本。生于高山和亚高山草甸、山地林缘。海拔 1 900~3 500 m。

产东天山、准噶尔阿拉套山、北天山、东南天山。中国、哈萨克斯坦、蒙古、俄罗斯；亚洲、欧洲有分布。

药用。

(3413) 多年生獐牙菜 Swertia perennis L.

多年生草本。生于高山和亚高山草甸、山地林缘。海拔 1 300~3 000 m。

产东天山。中国；亚洲、欧洲有分布。

药用。

*(3414) 舒尼亚獐牙菜 Swertia schugnanica Pissjaukova

多年生草本。生于山地草甸、河边、沼泽草甸、山崖岩石缝。海拔 1 500~3 000 m。

产内天山、西南天山。乌兹别克斯坦；亚洲有分布。

(3415) 华北獐牙菜 Swertia wolfgangiana Gruning

多年生草本。生于高山和亚高山草甸、灌丛、沼泽草甸。海拔 1 500~2 600 m。

产东天山、东北天山、东南天山。中国；亚洲有分布。

中国特有成分。药用。

469. 花锚属 Halenia Borkh.

(3416) 花锚 Halenia corniculata（L.）Cornaz

一年生草本。生于亚高山草甸、山地林下及林缘、山地河谷、山坡草地。海拔 200~3 100 m。

401

产准噶尔阿拉套山。中国、哈萨克斯坦、俄罗斯、蒙古、朝鲜、日本、加拿大；亚洲、欧洲、北美洲有分布。

（3417）椭圆叶花锚 **Halenia elliptica D. Don**

一年生草本。生于高山和亚高山草甸、河漫滩草甸、山地草原。海拔 700~4 100 m。

产准噶尔阿拉套山、北天山。中国、哈萨克斯坦、吉尔吉斯斯坦、尼泊尔、不丹、印度；亚洲有分布。

药用、饲料。

六十、睡菜科（莕菜科） Menyanthaceae

470. 睡菜属 Menyanthes L.

（3418）睡菜 **Menyanthes trifoliata L.**

多年生水生草本。生于沼泽、浅水湖泊、平原洼地。海拔 300~3 600 m。

产准噶尔阿拉套山。中国、哈萨克斯坦、俄罗斯；亚洲、欧洲有分布。

单种属植物。饲料。

471. 莕菜属（莕菜属） Nymphoides Seguier

（3419）莕菜 **Nymphoides peltata（S. G. Gmelin）O. Kuntze** = *Nymphoides peltatum*（S. G. Geml.）Britten et Rendle

多年生沼生草本。生于浅水河边、湖边、池塘、积水低洼地。海拔 600~1 800 m。

产东天山、准噶尔阿拉套山、东南天山。中国、哈萨克斯坦、蒙古、朝鲜、日本、伊朗、印度、俄罗斯；亚洲、欧洲有分布。

药用。

六十一、夹竹桃科 Apocynaceae

472. 罗布麻属 Apocynum L.（Trachomitum Woodson）

（3420）罗布麻 **Apocynum venetum L.**

直立半灌木或草本。生于低山河谷、平原盐碱地、河和湖边盐化草甸。海拔 110~3 250 m。

产东天山、东北天山、准噶尔阿拉套山、北天山、东南天山、中央天山、内天山。中国、俄罗斯；亚洲有分布。

药用、纤维、胶脂、油料、鞣料、观赏、蜜源、饲料、燃料。

473. 红麻属 Trachomitum Woodson

*（3421）披针叶红麻 **Trachomitum lancifolium（Russan.）Pobed.** = *Poacynum lancifolium*（Russanov）Mavrodiev, Laktionov et Yu. E. Alexeev

多年生草本。生于河岸沙地、卵石滩、砾石或石质坡地。海拔 200~1 600 m。

产北天山。哈萨克斯坦；亚洲有分布。

*（3422）粗红麻 **Trachomitum scabrum（Russan.）Pobed.** = *Poacynum scabrum*（Russanov）Mavrodiev, Laktionov et Yu. E. Alexeev

多年生草本。生于河岸、河漫滩、草甸湿地、冲积扇。海拔 250~1 900 m。

产北天山。哈萨克斯坦;亚洲有分布。

474. 白麻属 Poacynum Baill.

(3423) 白麻 Poacynum pictum（Schrenk）Baill.

直立半灌木或草本。生于平原盐碱地、河和湖边盐化草甸。海拔 200~1 850 m。

产东天山、东北天山、准噶尔阿拉套山、北天山、东南天山、中央天山。中国、哈萨克斯坦、吉尔吉斯斯坦、塔吉克斯坦;亚洲有分布。

药用、纤维、观赏、蜜源。

(3424) 大叶白麻 Poacynum hendersonii（Hook. f.）Woodson.

直立半灌木或草本。生于平原盐碱地、河和湖边盐化草甸、沙漠边缘。海拔 200~1 200 m。

产东天山、东北天山、准噶尔阿拉套山、北天山、东南天山、中央天山、内天山。中国、哈萨克斯坦、吉尔吉斯斯坦、塔吉克斯坦;亚洲有分布。

药用、纤维、观赏、蜜源、饲料。

六十二、萝藦科 Asclepiadaceae

475. 鹅绒藤属 Cynanchum L.

(3425) 戟叶鹅绒藤 Cynanchum acutum subsp. sibiricum（Willd.）K. H. Rechinger = *Cynanchum sibiricum* Willd. = *Cynanchum cathayense* Tsiang et H. D. Zhang

多年生缠绕藤本。生于荒漠河岸林中、荒漠灌丛、盐碱荒漠、村落周边、田边、河边、路边、固定沙丘。海拔 50~2 900 m。

产东天山、东北天山、准噶尔阿拉套山、北天山、东南天山、中央天山、内天山、西天山、西南天山。中国、哈萨克斯坦、吉尔吉斯斯坦、乌兹别克斯坦、蒙古、俄罗斯;亚洲有分布。

药用。

(3426) 羊角子草 Cynanchum cathayense Tsiang et Zhang.

多年生缠绕藤本。生于荒漠河岸林中、荒漠灌丛、盐碱荒漠、固定沙丘、村落周边、田边、河边、路边。海拔 50~2 900 m。

产东天山、东北天山、准噶尔阿拉套山、北天山、东南天山、中央天山。中国;亚洲有分布。

中国特有成分。药用。

(3427) 喀什牛皮消 Cynanchum kaschgaricum Y. X. Liou

多年生草本。生于山地荒漠、河岸盐化草甸、荒漠、沙地、沙丘。海拔 750~1 200 m。

产中央天山。中国;亚洲有分布。

中国特有成分。药用。

(3428) 地梢瓜 Cynanchum thesioides（Freyn）K. Schumann = *Vincetoxicum sibiricum*（L.）Decne.

多年生草本。生于低山干旱山坡、平原绿洲、沙地。海拔 200~2 100 m。

产东北天山、北天山。中国、哈萨克斯坦、蒙古、俄罗斯、朝鲜;亚洲有分布。

药用、食用、胶脂、纤维、饲料。

476. 白前属 Vincetoxicum N. M. Wolf

*（3429）药用白前 **Vincetoxicum officinale Moench** = *Vincetoxicum hirundinaria* Medicus

多年生草本。生于山地林缘、河谷、山地草甸、山溪边。海拔 1 600~2 700 m。

产准噶尔阿拉套山、北天山。哈萨克斯坦、吉尔吉斯斯坦；亚洲、欧洲有分布。

药用。

六十三、旋花科 Convolvulaceae

477. 打碗花属 Calystegia R. Br.

（3430）打碗花 **Calystegia hederacea Wall. ex Roxb.**

一年生草本。生于村落周边、田边、路边、水渠边。海拔 800~1 700 m。

产东天山、东北天山、中央天山。中国、哈萨克斯坦、俄罗斯、印度尼西亚、埃塞俄比亚、马来西亚；亚洲、欧洲、大洋洲、美洲有分布。

药用、食用、饲料。

（3431）藤长苗 **Calystegia pellita（Ledeb.）G. Don** = *Calystegia dahurica* Herb. ex Choisy

多年生草本。生于平原绿洲、村落周边、田边、路边、水渠边。海拔 380~1 700 m。

产东天山。中国、蒙古、朝鲜、日本、俄罗斯；亚洲有分布。

药用。

（3432）旋花（篱打碗花）**Calystegia sepium（L.）R. Br.**

多年生草本。生于村落周边、田边、路边、水渠边。海拔 140~2 600 m。

产东天山、东北天山、准噶尔阿拉套山、北天山、东南天山、中央天山、内天山、西天山、西南天山。中国、哈萨克斯坦、吉尔吉斯斯坦、乌兹别克斯坦、俄罗斯、印度尼西亚、澳大利亚、新西兰；亚洲、欧洲、大洋洲、美洲有分布。

药用、有毒、鞣料、胶脂。

478. 旋花属 Convolvulus L.

（3433）银灰旋花 **Convolvulus ammannii Desr.**

多年生草本。生于山麓洪积扇、山地草原、荒漠草原、干旱山坡、砾质戈壁。海拔 600~2 020 m。

产东天山、东北天山、准噶尔阿拉套山、北天山。中国、哈萨克斯坦、朝鲜、蒙古、俄罗斯；亚洲有分布。

药用、饲料。

（3434）田旋花 **Convolvulus arvensis L.**

多年生草本。生于低山河谷、山坡草地、平原绿洲、村落周边、撂荒地、田边、路边。海拔 400~2 000 m。

产东天山、东北天山、准噶尔阿拉套山、北天山、东南天山、中央天山、内天山、西天山、西南天山。中国、哈萨克斯坦、吉尔吉斯斯坦、乌兹别克斯坦、俄罗斯；全球温带均有分布。

药用、有毒、饲料、观赏。

*（3435）叉枝旋花 **Convolvulus divaricatus Regel et Schmslh.**

半灌木。生于黏土荒漠、固定沙丘、沙漠、沙地。海拔 400~1 500 m。

产北天山、西天山。哈萨克斯坦、乌兹别克斯坦、塔吉克斯坦;亚洲有分布。

* (3436) 考氏旋花 Convolvulus korolkowii Regel et Schmalh. = *Convolvulus eremophilus* Boiss. et Buhse

半灌木。生于低山石质阳坡、山麓洪积扇、平原砾石质戈壁。海拔 600~2 000 m。

产北天山、西天山。哈萨克斯坦、乌兹别克斯坦;亚洲有分布。

* (3437) 青旋花 Convolvulus erinaceus Ledeb.

灌木。生于石灰岩丘陵阳坡。海拔 800~2 100 m。

产北天山。哈萨克斯坦;亚洲有分布。

(3438) 灌木旋花 Convolvulus fruticosus Pall.

半灌木或小灌木。生于山地荒漠草原、低山丘陵、山麓荒漠、砾石质戈壁。海拔 300~2 300 m。

产东天山、东北天山、准噶尔阿拉套山、北天山、中央天山、内天山、西天山、西南天山。中国、哈萨克斯坦、吉尔吉斯斯坦、乌兹别克斯坦、蒙古、伊朗、俄罗斯;亚洲有分布。

(3439) 鹰爪柴 Convolvulus gortschakovii Schrenk

半灌木或小灌木。生于山麓荒漠、砾石质戈壁、沙地。海拔 350~1 850 m。

产东天山、东北天山、准噶尔阿拉套山、内天山。中国、哈萨克斯坦、蒙古、俄罗斯;亚洲有分布。

饲料、药用。

* (3440) 荒漠旋花 Convolvulus hamadae (Vved.) V. Petrov

多年生草本。生于山麓荒漠草原、河岸阶地、沙地。海拔 600~1 700 m。

产北天山、西天山、西南天山。哈萨克斯坦、吉尔吉斯斯坦、乌兹别克斯坦;亚洲有分布。

* (3441) 锡尔河旋花 Convolus krauseanus Regel et Schmalh.

多年生草本或半灌木。生于低山丘陵、河漫滩、碎石质山麓平原、黏土荒漠。海拔 500~2 300 m。

产北天山、西天山、西南天山。哈萨克斯坦、吉尔吉斯斯坦、乌兹别克斯坦;亚洲有分布。

(3442) 线叶旋花 Convolvulus lineatus L.

多年生草本。生于石质山坡、山地草原、沙砾质河漫滩。海拔 540~1 700 m。

产准噶尔阿拉套山、北天山、西天山、西南天山。中国、哈萨克斯坦、吉尔吉斯斯坦、乌兹别克斯坦、阿富汗、巴基斯坦、俄罗斯;亚洲、欧洲、非洲有分布。

药用、饲料。

* (3443) 宽叶旋花 Convolvulus pilosellifolius Desr.

多年生草本。生于山麓洪积扇、山谷河岸、灌溉沟渠边、田边。海拔 200~1 600 m。

产西天山、北天山。哈萨克斯坦、吉尔吉斯斯坦、乌兹别克斯坦;亚洲有分布。

(3444) 直立旋花 Convolvulus pseudocantabrica Schrenk

多年生草本或半灌木。生于山地草原、荒漠草原。海拔 950~1 500 m。

产东天山、准噶尔阿拉套山、北天山、内天山、西天山、西南天山。中国、哈萨克斯坦、吉尔吉斯斯坦、乌兹别克斯坦、阿富汗;亚洲有分布。

药用、有毒、植化原料(生物碱)。

(3445) 展毛旋花 Convolvulus spinifer M. Popov

小灌木。生于碎石质山坡、河滩、岩石缝。海拔 1 500~2 900 m。

产东南天山、中央天山、内天山、西天山、西南天山。中国、吉尔吉斯斯坦、乌兹别克斯坦;亚洲有分布。

*(3446)毛旋花 **Convolvulus subhirsutus Regel et Schmslh.** = *Convolvulus dorycnium* subsp. *subhirsutus* (Regel et Schmalh.) Sa'ad

多年生草本。生于黄土丘陵、山麓坡地。海拔 600~1 800 m。

产北天山、西天山、西南天山。哈萨克斯坦、吉尔吉斯斯坦、乌兹别克斯坦;亚洲有分布。

(3447)伏毛旋花 **Convolvulus subsericeus Schrenk** = *Convolvulus hamadae* (Vved.) V. Petrov in Bull.

半灌木。生于山麓洪积平原、流动沙丘、沙地。海拔 300~1 600 m。

产北天山。中国、哈萨克斯坦、吉尔吉斯斯坦、乌兹别克斯坦;亚洲有分布。

(3448)刺旋花 **Convolvulus tragacanthoides Turcz.**

亚灌木。生于低山丘陵、山麓洪积扇、荒漠草原、砾石质戈壁。海拔 280~2 450 m。

产东天山、东北天山、准噶尔阿拉套山、北天山、东南天山、中央天山、内天山。中国、哈萨克斯坦、吉尔吉斯斯坦、蒙古;亚洲有分布。

饲料、药用。

*(3449)西木甘刺旋花 **Convolvulus tschimganicus Popow et Vved.**

多年生草本。生于低山石质坡地、黏土质山坡、山麓洪积平原。海拔 500~2 500 m。

产西天山、西南天山。吉尔吉斯斯坦、乌兹别克斯坦;亚洲有分布。

479. 菟丝子属 Cuscuta L.

(3450)杯花菟丝子 **Cuscuta approximata Bab.** = *Cuscuta cupulata* Engelm.

一年生寄生草本。生于山地草原、山地灌丛、平原绿洲、田边、路边、苜蓿地。寄生于菊科和豆科多种草本植物及灌木上。海拔 300~2 600 m。

产东天山、东北天山、准噶尔阿拉套山、北天山、内天山、西天山、西南天山。中国、哈萨克斯坦、吉尔吉斯斯坦、乌兹别克斯坦;亚洲、欧洲、非洲有分布。

药用。

(3451)南方菟丝子 **Cuscuta australis R. Br.** = *Cuscuta scandens* Brot.

一年生寄生草本。生于山麓至平原绿洲。寄生于豆科和菊科等草本或小灌木上。海拔 50~2 600 m。

产东天山、东北天山、准噶尔阿拉套山、北天山、东南天山、中央天山、内天山、西天山、西南天山。中国、哈萨克斯坦、吉尔吉斯斯坦、乌兹别克斯坦、俄罗斯、马来西亚、印度尼西亚;亚洲、欧洲、大洋洲有分布。

药用。

*(3452)巴比伦菟丝子 **Cuscuta babylonica Auch. ex Choisy**

一年生寄生草本。生于山地荒原、河漫滩、棉田、苜蓿地。寄生于一年生、多年生、半灌木植物上。海拔 400~1 600 m。

产西天山、内天山、西南天山。哈萨克斯坦、乌兹别克斯坦;亚洲有分布。

*(3453)短柱菟丝子 **Cuscuta brevistyla A. Braun**

一年生寄生草本。生于山麓石质坡地、灌丛、荒漠化草原、平原荒漠。海拔 500~1 700 m。

产北天山、内天山、西天山、西南天山。哈萨克斯坦、吉尔吉斯斯坦、乌兹别克斯坦、俄罗斯；亚洲、欧洲有分布。

*（3454）田间菟丝子 **Cuscuta campestris Yunck.** = *Cuscuta pentagona* Engelm.

一年生寄生草本。寄生于多种农作物上。海拔 300~2 200 m。

产北天山、西天山、西南天山。哈萨克斯坦、吉尔吉斯斯坦、乌兹别克斯坦、俄罗斯；亚洲、欧洲有分布。

（3455）菟丝子 **Cuscuta chinensis Lam.**

一年生寄生草本。生于山麓坡地、平原绿洲。寄生于豆科、菊科和蒺藜科等多种草本或小灌木上。海拔 200~3 000 m。

产东天山、东北天山、准噶尔阿拉套山、北天山、东南天山、内天山。中国、哈萨克斯坦、伊朗、朝鲜、日本、阿富汗、俄罗斯、斯里兰卡、马达加斯加、澳大利亚；亚洲、大洋洲有分布。

药用。

*（3456）卷花菟丝子 **Cuscuta convallariiflora Pavlov**

一年生寄生草本。寄生于各类灌木、草本植物上。海拔 400~1 800 m。

产准噶尔阿拉套山、内天山、西天山、西南天山。哈萨克斯坦、吉尔吉斯斯坦、乌兹别克斯坦；亚洲有分布。

*（3457）楚河菟丝子 **Cuscuta elpassiana N. Pavlov**

一年生寄生草本。寄生于黄芪属植物上。海拔 600~2 300 m。

产北天山。哈萨克斯坦；亚洲有分布。

哈萨克斯坦特有成分。

*（3458）粗茎菟丝子 **Cuscuta englmannii Korch.** = *Cuscuta gigantea* var. *engelmannii* (Korsh.) Yunck.

一年生或多年生寄生草本。生于林地、农田。寄生于各类瓜果、多年生草本及各种乔、灌木上。海拔 500~2 800 m。

产准噶尔阿拉套山、北天山、内天山、西天山、西南天山。哈萨克斯坦、吉尔吉斯斯坦、乌兹别克斯坦；亚洲有分布。

*（3459）细茎菟丝子 **Cuscuta epithymum (L.) L.**

一年生寄生草本。寄生于苜蓿、百里香、蒿等植物上。海拔 300~1 400 m。

产准噶尔阿拉套山、北天山、内天山、西天山、西南天山。哈萨克斯坦、吉尔吉斯斯坦、乌兹别克斯坦、俄罗斯；亚洲、欧洲有分布。

（3460）亚麻菟丝子 **Cuscuta epilinum Weiche.**

一年生寄生草本。寄生于亚麻或亚麻荠上。海拔 400~1 700 m。

产北天山、内天山、西天山、西南天山。哈萨克斯坦、吉尔吉斯斯坦、乌兹别克斯坦、俄罗斯；亚洲、欧洲有分布。

（3461）欧洲菟丝子 **Cuscuta europaea L.**

一年生寄生草本。生于山地草原、山地灌丛、平原绿洲、田边、路边。寄生于菊科、豆科、藜科等多种草本植物上。海拔 840~3 100 m。

产东天山、东北天山、准噶尔阿拉套山、北天山、东南天山、中央天山、内天山、西天山、西南天

山。中国、哈萨克斯坦、吉尔吉斯斯坦、乌兹别克斯坦、俄罗斯;亚洲、欧洲、非洲、美洲有分布。
药用、香料。

*（3462）费尔干纳菟丝子 **Cuscuta ferganensis Butkov**

多年生寄生草本。寄生于荨麻、啤酒花、大麻、烟草、苜蓿、醋栗、丁香等草本、灌木和幼树上。
海拔 200~2 600 m。

产北天山、西天山。哈萨克斯坦、吉尔吉斯斯坦、乌兹别克斯坦;亚洲有分布。

*（3463）大菟丝子 **Cuscuta gigantea Griff.**

多年生寄生草本。寄生于山地河谷沙柳、杨树、沙棘等树种和多年生草本植物上。海拔 300~
1 800 m。

产西南天山、内天山。乌兹别克斯坦;亚洲有分布。

（3464）金灯藤 **Cuscuta japonica Choisy**

一年生寄生缠绕草本。寄生于平原或沙地各种草本或灌木上。海拔 200~1 900 m。

产东天山、准噶尔阿拉套山、北天山。中国、越南、朝鲜、日本、俄罗斯;亚洲有分布。

药用、香料。

*（3465）喀拉套菟丝子 **Cuscuta karatavica Pavl.**

一年生寄生草本。寄生于马鞭草等植物上。海拔 300~1 600 m。

产西天山、西南天山。乌兹别克斯坦;亚洲有分布。

乌兹别克斯坦特有成分。

*（3466）黎曼菟丝子 **Cuscuta lehmanniana A. Bunge**

一年生寄生草本。寄生于各类瓜果、灌木与乔木上。海拔 500~1 800 m。

产北天山、内天山、西天山、西南天山。哈萨克斯坦、吉尔吉斯斯坦、乌兹别克斯坦;亚洲有分布。

*（3467）毛萼菟丝子 **Cuscuta lophosepala Butkov**

一年生寄生草本。生于碎石质山坡、山谷、石灰岩丘陵、蒿属荒漠。寄生于多年生草本和半灌
木上。海拔 400~2 600 m。

产西天山、内天山。哈萨克斯坦、吉尔吉斯斯坦、乌兹别克斯坦;亚洲有分布。

（3468）啤酒花菟丝子 **Cuscuta lupuliformis Krock.**

一年生寄生草本。生于山地草原、山地灌丛、河漫滩。寄生于多种乔灌木和多年生草本植物
上。海拔 400~2 000 m。

产东天山、东北天山、准噶尔阿拉套山、北天山、内天山、西天山、西南天山。中国、哈萨克斯
坦、吉尔吉斯斯坦、乌兹别克斯坦、蒙古、俄罗斯;亚洲、欧洲有分布。

药用。

（3469）单柱菟丝子 **Cuscuta monogyna Vahl**

一年生寄生草本。生于山地草原、山地灌丛、田边、路边。寄生于多种乔灌木和多年生草本植
物上。海拔 500~1 900 m。

产东天山、东北天山、准噶尔阿拉套山、北天山、东南天山、西天山、西南天山。中国、哈萨克斯
坦、吉尔吉斯斯坦、乌兹别克斯坦、蒙古、俄罗斯;亚洲、欧洲有分布。

药用。

*（3470）帕米尔菟丝子 Cuscuta pamirica Butkov

一年生寄生草本。生于高山和亚高山石质坡地。寄生于麻黄属植物上。海拔 2 900~3 100 m。

产西天山、内天山。乌兹别克斯坦；亚洲有分布。

*（3471）长柄菟丝子 Cuscuta pedicellata Ledeb.

一年生寄生草本。寄生于老鹳草、黄芪、百里香等植物上。海拔 1 700~2 500 m。

产准噶尔阿拉套山、北天山、内天山、西天山、西南天山。哈萨克斯坦、吉尔吉斯斯坦、乌兹别克斯坦、俄罗斯；亚洲、欧洲有分布。

*（3472）透明菟丝子 Cuscuta pellucida Butkov

多年生寄生草本。生于山地石质坡地、平原绿洲。寄生于一年生、多年生或半灌木植物上。海拔 300~2 900 m。

产北天山、西天山、西南天山、内天山。哈萨克斯坦、吉尔吉斯斯坦、乌兹别克斯坦；亚洲有分布。

*（3473）狭萼菟丝子 Cuscuta stenocalycina Palib.

一年生寄生草本。生于山地石质坡地。寄生于多年生草本或半灌木上。海拔 1 400~3 000 m。

产北天山、西天山、西南天山。哈萨克斯坦、吉尔吉斯斯坦、乌兹别克斯坦；亚洲有分布。

*（3474）细萼菟丝子 Cuscuta syrtorum Arnaeeva

一年生寄生草本。生于中高山带。寄生于唇形科的多年生植物上。海拔 1 500~3 000 m。

产西天山。吉尔吉斯斯坦；亚洲有分布。

*（3475）天山菟丝子 Cuscuta tianschanica Palib.

多年生寄生草本。生于山地河漫滩、河谷、黄土丘陵。寄生于各种多年生草本与灌木上。海拔 500~2 500 m。

产北天山、西天山、西南天山。哈萨克斯坦、吉尔吉斯斯坦、乌兹别克斯坦；亚洲有分布。

六十四、花荵科 Polemoniaceae

480. 花荵属 Polemonium L.

（3476）花荵 Polemonium caeruleum L

多年生草本。生于山地林下、林缘、山地灌丛、山地草甸、山地河谷、山地草原。海拔 1 000~3 700 m。

产东天山、东北天山、准噶尔阿拉套山、北天山、东南天山。中国、哈萨克斯坦、日本、蒙古、俄罗斯；亚洲、欧洲、北美洲有分布。

药用、有毒、观赏、蜜源。

六十五、紫草科 Boraginaceae

481. 天芥菜属 Heliotropium L.

（3477）尖花天芥菜 Heliotropium acutiflorum Karelin et Kirilov

一年生草本。生于低山丘陵、路边、荒漠戈壁、固定和半固定沙丘、沙地。海拔 500~1 200 m。

产东天山、东北天山、准噶尔阿拉套山、北天山。中国、哈萨克斯坦;亚洲有分布。
药用。

（3478）新疆天芥菜 **Heliotropium arguzioides** Karelin et Kirilov = *Heliotropium xinjiangense* Y. L. Liu
灌木状多年生草本。生于固定和半固定沙丘、沙地。海拔800 m上下。
产北天山。中国、哈萨克斯坦;亚洲、欧洲有分布。

*（3479）木质天芥菜 **Heliotropium dasycarpum** Ledeb.
多年生草本。生于山麓洪积扇、河流阶地、沙地。海拔600～1 500 m。
产北天山、西天山、西南天山。哈萨克斯坦、吉尔吉斯斯坦、乌兹别克斯坦;亚洲有分布。

（3480）椭圆叶天芥菜 **Heliotropium ellipticum** Ledeb.
多年生草本。生于低山荒漠、沟谷、路边、河边、固定和半固定沙丘、沙地。海拔100～1 100 m。
产东天山、东北天山、准噶尔阿拉套山、北天山、东南天山、内天山、西天山、西南天山。中国、哈萨克斯坦、吉尔吉斯斯坦、乌兹别克斯坦、伊朗、巴基斯坦、俄罗斯;亚洲、欧洲有分布。
药用。

（3481）天芥菜 **Heliotropium europaeum** L.
一年生草本。生于固定和半固定沙丘、沙地。海拔600 m上下。
产东天山。中国、阿富汗、巴基斯坦、印度、俄罗斯;亚洲、欧洲、非洲有分布。
药用。

*（3482）大天芥菜 **Heliotropium grande** M. Pop.
多年生草本。生于荒漠草原、黄土丘陵。海拔500～2 000 m。
产西天山、西南天山。哈萨克斯坦、乌兹别克斯坦;亚洲有分布。

*（3483）毛果天芥菜 **Heliotropium lasiocarpum** Fisch. et C. A. Mey.
一年生草本。生于黄土丘陵、山麓洪积扇、细石质坡地、砾岩堆、平原荒漠、沙地、河滩。海拔600～1 800 m。
产北天山、西天山、内天山、西南天山。哈萨克斯坦、吉尔吉斯斯坦、乌兹别克斯坦;亚洲有分布。

（3484）小花天芥菜 **Heliotropium micranthos**（Pall.）Bunge
一年生草本。生于固定和半固定沙丘、沙地。海拔450～1 200 m。
产东天山、东北天山、准噶尔阿拉套山、北天山。中国、哈萨克斯坦、俄罗斯;亚洲、欧洲有分布。

*（3485）奥勒加天芥菜 **Heliotropium olgae** Bunge
一年生草本。生于山麓洪积-冲积扇、平原沙地。海拔400～1 700 m。
产北天山、西天山、西南天山。吉尔吉斯斯坦、乌兹别克斯坦;亚洲有分布。

*（3486）稍小天芥菜 **Heliotropium parvulum** Popov
多年生草本。生于山麓洪积扇、荒漠草原。海拔600～1 700 m。
产北天山、内天山、西天山、西南天山。吉尔吉斯斯坦、乌兹别克斯坦;亚洲有分布。

*（3487）弯枝天芥菜 **Heliotropium supinum** L.
一年生草本。生于山麓洪积扇、荒漠区洪水泛滥地、轻微盐碱化荒地。海拔700～2 100 m。
产西天山、西南天山。吉尔吉斯斯坦、乌兹别克斯坦;亚洲有分布。

*（3488）阿姆河天芥菜 **Heliotropium transoxanum Bunge** = *Heliotropium dasycarpum* subsp. *transoxanum* （Bunge）H. Akhani et H. Förther

多年生草本。生于低山细石质坡地、山麓洪积扇、固定沙漠。海拔 300~1 500 m。

产北天山、内天山。哈萨克斯坦、乌兹别克斯坦；亚洲有分布。

482. 田紫草属 Buglossoides Moench

*（3489）细叶田紫草 **Buglossoides tenuiflora**（L. fil.）**I. M. Johnst.** = *Rhytispermum tenuiflorum*（L. fil.）Rchb. fil.

一年生草本。生于山坡草地、山地河谷、低山丘陵、山地草原、路边、盐碱地。海拔 700~2 900 m。

产北天山、西天山、西南天山。哈萨克斯坦、吉尔吉斯斯坦、乌兹别克斯坦、土库曼斯坦、俄罗斯；亚洲、欧洲有分布。

483. 紫草属 Lithospermum L.

（3490）田紫草 **Lithospermum arvense L.** = *Buglossoides arvensis*（L.）I. M. Johnst. = *Rhytispermum arvense*（L.）Link

一年生草本。生于山地林缘草地、山地草甸、山坡碎岩堆、低山丘陵、河谷、山麓洪积扇、绿洲、河边。海拔 500~2 700 m。

产准噶尔阿拉套山、北天山、西天山、西南天山。中国、哈萨克斯坦、吉尔吉斯斯坦、乌兹别克斯坦、朝鲜、日本、俄罗斯；亚洲、欧洲有分布。

药用、染料、油料、食用、蜜源。

（3491）紫草 **Lithospermum erythrorhizon Sieb. et Zucc.**

多年生草本。生于山地草原、荒漠草原、灌丛。海拔 1 150 m 上下。

产东北天山。中国、俄罗斯、朝鲜、日本；亚洲有分布。

药用。

（3492）小花紫草 **Lithospermum officinale L.**

多年生草本。生于亚高山草甸、山地林缘、灌丛、山地草原、河漫滩、田边。海拔 700~3 200 m。

产东天山、东北天山、北天山、西天山、西南天山。中国、哈萨克斯坦、吉尔吉斯斯坦、乌兹别克斯坦、俄罗斯；亚洲、欧洲有分布。

药用、染料、油料。

* 484. 掸紫草属 Macrotomia DC. ex Meisn.

*（3493）掸紫草 **Macrotomia euchroma**（Royle.）**Pauls.**

多年生草本。生于石质山坡、高山山崖、河谷。海拔 700~2 900 m。

产北天山、西天山、西南天山。哈萨克斯坦、吉尔吉斯斯坦、乌兹别克斯坦；亚洲有分布。

*（3494）乌加明掸紫草 **Macrotomia ugamensis M. Pop.**

多年生草本。生于碎石质山坡、灌丛、河床、高山山崖石缝。海拔 800~2 900 m。

产西天山、西南天山。吉尔吉斯斯坦、乌兹别克斯坦；亚洲有分布。

485. 软紫草属 Arnebia Forsk.

(3495) 硬萼软紫草 **Arnebia decumbens（Vent.）Coss. et Kral.**

一年生草本。生于低山山坡、平原荒漠、沙砾质戈壁、固定和半固定沙丘、沙地。海拔 330～2 800 m。

产东天山、东北天山、准噶尔阿拉套山、北天山、东南天山、内天山、西天山、西南天山。中国、哈萨克斯坦、吉尔吉斯斯坦、乌兹别克斯坦;亚洲、非洲、欧洲有分布。

药用。

(3496) 软紫草 **Arnebia euchroma（Royle）I. M. Johnst.** =*Lithospermum euchromon* Royle

多年生草本。生于高山和亚高山草甸、石质山坡、山地草甸、山地草原、河谷、山麓洪积扇。海拔 700～4 300 m。

产东天山、东北天山、准噶尔阿拉套山、北天山、东南天山、中央天山、内天山、西天山、西南天山。中国、哈萨克斯坦、吉尔吉斯斯坦、乌兹别克斯坦、伊朗、阿富汗、巴基斯坦、印度、俄罗斯;亚洲有分布。

药用、染料。

*(3497) 大软紫草 **Arnebia grandiflora（Trautv.）M. Pop.** =*Arnebia coerulea* Schipcz.

一年生草本。生于山地石质坡地、低山丘陵、荒漠草原、山麓冲积平原、沙漠。海拔 200～2 700 m。

产北天山、西天山、西南天山、内天山。哈萨克斯坦、吉尔吉斯斯坦、乌兹别克斯坦;亚洲有分布。

(3498) 黄花软紫草 **Arnebia guttata Bunge** =*Arnebia tibetana* Kurz

多年生草本。生于高山和亚高山石质山坡、倒石堆、低山丘陵、山麓荒漠、河谷阶地、沙砾质河滩。海拔 500～3 400 m。

产东天山、东北天山、准噶尔阿拉套山、北天山、东南天山、中央天山、内天山、西天山、西南天山。中国、哈萨克斯坦、吉尔吉斯斯坦、乌兹别克斯坦、蒙古、巴基斯坦、伊朗、印度、阿富汗、俄罗斯;亚洲有分布。

药用、饲料、观赏。

*(3499) 小软紫草 **Arnebia minima Wettst. ex Stapf**

一年生草本。生于细石质草原、荒漠草原、黄土丘陵。海拔 500～1 700 m。

产北天山、西天山、西南天山。哈萨克斯坦、吉尔吉斯斯坦、乌兹别克斯坦;亚洲有分布。

(3500) 紫筒草 **Arnebia obovata Bunge**

二年生或多年生草本。生于干旱山坡、灌丛、山地草原、荒漠草原。海拔 1 500～2 750 m。

产北天山、中央天山、内天山。中国、哈萨克斯坦;亚洲有分布。

*(3501) 疏刚毛软紫草 **Arnebia paucisetosa A. Li**

一年生草本。生于石灰岩丘陵、山麓洪积扇、冲积平原。海拔 500～2 300 m。

产北天山、西天山、西南天山、内天山。哈萨克斯坦、吉尔吉斯斯坦、乌兹别克斯坦;亚洲有分布。

*(3502) 西藏软紫草 **Arnebia tibetana Kurz**

多年生草本。生于亚高山石质山坡、坡积物、河谷。海拔 1 000～2 300 m。

产西天山、西南天山、内天山。吉尔吉斯斯坦、乌兹别克斯坦;亚洲有分布。

*（3503）里海软紫草 **Arnebia transcaspica M. Pop.**

一年生草本。生于荒漠草原、沙漠、山麓平原。海拔 200～1 700 m。

产北天山、西天山、西南天山、内天山。哈萨克斯坦、吉尔吉斯斯坦、乌兹别克斯坦；亚洲有分布。

（3504）天山软紫草 **Arnebia tschimganica**（**B. Fedtsch.**）**G. L. Chu** = *Ulugbekia tschimganica*（B. Fedtsch.）Zakirov = *Lithospermum tschimganicum* B. Fedtsch.

多年生草本。生于山地林缘、山地草甸、荒漠草原、灌丛、山坡草地、河谷。海拔 1 000～2 800 m。

产北天山、西天山、西南天山。中国、哈萨克斯坦、吉尔吉斯斯坦、乌兹别克斯坦；亚洲有分布。

药用。

*（3505）乌加明软紫草 **Arnebia ugamensis**（**M. Pop.**）**Riedl**

多年生草本。生于山崖岩石缝、碎石质山坡、灌丛、河谷。海拔 800～2 900 m。

产西天山、西南天山。吉尔吉斯斯坦、乌兹别克斯坦；亚洲有分布。

486. 滇紫草属 Onosma L.

*（3506）白茎滇紫草 **Onosma albicaulis Popow**

多年生草本。生于山坡草地、低山丘陵、荒漠草原、山麓冲积平原。海拔 800～2 500 m。

产西南天山、内天山。乌兹别克斯坦；亚洲有分布。

（3507）细尖滇紫草 **Onosma apiculatum Riedl**

多年生草本。生于山地林缘、山地草甸、山地河谷。海拔 1 800～2 100 m。

产北天山。中国；亚洲有分布。

*（3508）蓝绿滇紫草 **Onosma azureum Schipcz.**

多年生草本。生于山地草甸、山地草原、草甸湿地、细石质山坡。海拔 1 300～2 800 m。

产西天山、西南天山。吉尔吉斯斯坦、乌兹别克斯坦；亚洲有分布。

*（3509）巴氏滇紫草 **Onosma barsczewskii Lipsky**

多年生草本。生于山地草甸、灌丛、山麓洪积扇。海拔 700～2 500 m。

产西天山、西南天山。乌兹别克斯坦；亚洲有分布。

*（3510）短毛滇紫草 **Onosma brevipilosum Schischk. apud Popov**

多年生草本。生于石质山坡草地、山地河谷。海拔 1 200～2 600 m。

产西天山、西南天山。乌兹别克斯坦；亚洲有分布。

*（3511）二叉滇紫草 **Onosma dichroanthum Boiss.**

多年生草本。生于黄土丘陵、盐化草甸、固定沙丘。海拔 300～1 400 m。

产准噶尔阿拉套山。哈萨克斯坦；亚洲有分布。

（3512）昭苏滇紫草 **Onosma echioides**（**L.**）**L.**

多年生草本。生于砾石质山坡、山地草甸、山地草原。海拔 1 000～2 400 m。

产准噶尔阿拉套山、北天山、东南天山。中国、俄罗斯、法国；亚洲、欧洲有分布。

药用。

*（3513）费尔干纳滇紫草 **Onosma ferganense Popov**

多年生草本。生于石质山坡草地、山地河谷、灌丛。海拔 1 200～2 700 m。

产西天山、西南天山、内天山。吉尔吉斯斯坦、乌兹别克斯坦;亚洲有分布。

(3514) 黄花滇紫草 **Onosma gmelinii Ledeb.**

半灌木状草本。生于山地草甸、山地草原、石质山坡。海拔 800~2 600 m。

产东天山、准噶尔阿拉套山、北天山、东南天山、西天山、西南天山。中国、哈萨克斯坦、吉尔吉斯斯坦、乌兹别克斯坦、俄罗斯;亚洲有分布。

染料、药用。

(3515) 疏毛滇紫草 **Onosma irritans Popov ex Pavlov**

半灌木状草本。生于山地草原、石质山坡、灌丛。海拔 1 400~1 700 m。

产准噶尔阿拉套山、北天山、西天山、西南天山。中国、哈萨克斯坦、吉尔吉斯斯坦、乌兹别克斯坦、俄罗斯;亚洲、欧洲有分布。

染料。

*(3516) 里万滇紫草 **Onosma liwanowii Popow**

多年生草本。生于山坡草地、低山丘陵。海拔 700~2 500 m。

产西南天山。乌兹别克斯坦、塔吉克斯坦;亚洲有分布。

*(3517) 马拉坎滇紫草 **Onosma maracandicum Zakirov**

多年生草本。生于石质山坡、碎石质草地、山地河谷。海拔 800~2 300 m。

产西南天山。乌兹别克斯坦;亚洲有分布。

(3518) 刚毛滇紫草 **Onosma setosum Ledeb.**

多年生草本。生于石质山坡、田边、路边、荒地。海拔 700 m 上下。

产准噶尔阿拉套山、北天山、东南天山。中国、哈萨克斯坦、蒙古、俄罗斯;亚洲、欧洲有分布。

(3519) 单茎滇紫草 **Onosma simplicissimum L.**

半灌木或多年生草本。生于黄土丘陵、石质山坡、山麓荒漠。海拔 600~1 600 m。

产准噶尔阿拉套山。中国、哈萨克斯坦、俄罗斯;亚洲、欧洲有分布。

*(3520) 疣果滇紫草 **Onosma trachycarpum Levin**

多年生草本。生于山地岩石缝、山坡草地、山地草原、灌丛、河谷、河漫滩。海拔 100~2 700 m。

产西天山、西南天山。吉尔吉斯斯坦、乌兹别克斯坦;亚洲有分布。

487. 蓝蓟属 Echium L.

*(3521) 意大利蓝蓟 **Echium italicum L.**

二年生草本。生于石质坡地、山麓洪积扇、路边、田边。海拔 300~1 600 m。

产北天山、西天山、西南天山。哈萨克斯坦、吉尔吉斯斯坦、乌兹别克斯坦、俄罗斯;亚洲、欧洲有分布。

(3522) 蓝蓟 **Echium vulgare L.**

二年生草本。生于山地草原、山坡草地、荒漠草原、田边、路边。海拔 600~1 800 m。

产东天山、准噶尔阿拉套山、北天山、内天山、西天山、西南天山。中国、哈萨克斯坦、吉尔吉斯斯坦、乌兹别克斯坦;亚洲、欧洲有分布。

药用。

488. 玻璃苣属 Borago L.

＊（3523）药用玻璃苣 **Borago officinalis L.**

二年生草本。生于田间、田边。海拔 300～1 800 m。

产北天山、西天山。哈萨克斯坦、吉尔吉斯斯坦、乌兹别克斯坦、俄罗斯；亚洲、欧洲有分布。
药用。

489. 肺草属 Pulmonaria L.

（3524）腺毛肺草 **Pulmonaria mollissima A. Kerner** =*Pulmonaria dacica*（Simonkai）Simonkai

多年生草本。生于冰缘碎石堆、高山和亚高山草甸、山地林缘、山地灌丛、低山丘陵。海拔
600～3 600 m。

产东天山、准噶尔阿拉套山、北天山。中国、哈萨克斯坦、俄罗斯；亚洲、欧洲有分布。

490. 牛舌草属 Anchusa L.

（3525）牛舌草 **Anchusa ovata Lehm.** =*Lycopsis arvensis* subsp. *orientalis*（L.）Kuzn. =*Lycopsis orientalis* L.

一年生草本。生于山坡草地、平原绿洲、田边、路边。海拔 400～1 900 m。

产东天山、东北天山、准噶尔阿拉套山、北天山、东南天山、中央天山。中国、哈萨克斯坦、阿富
汗、巴基斯坦、叙利亚、伊朗、俄罗斯；亚洲、北非、欧洲有分布。
药用。

＊（3526）意大利牛舌草 **Anchusa italica Retz.** =*Anchusa azurea* Mill.

多年生草本。生于平原绿洲、渠边、田边、路边。海拔 300～1 600 m。

产北天山、西天山、西南天山。哈萨克斯坦、吉尔吉斯斯坦、乌兹别克斯坦、俄罗斯；亚洲、欧洲
有分布。
蜜源、有毒、药用。

＊（3527）黄白牛舌草 **Anchusa ochroleuca M. Bieb.**

二年生或多年生草本。生于盐碱地、路旁、田边。海拔 500～1 700 m。
产准噶尔阿拉套山、北天山。哈萨克斯坦；亚洲有分布。

＊（3528）药用牛舌草 **Anchusa officinalis L.**

二年生草本。生于路旁、田边、村落周边。海拔 300～1 800 m。
产准噶尔阿拉套山、北天山。哈萨克斯坦、吉尔吉斯斯坦、俄罗斯；亚洲、欧洲有分布。
药用。

491. 假狼紫草属 Nonea Medic.

（3529）假狼紫草 **Nonea caspica（Willd.）G. Don.**

一年生草本。生于河谷阶地、山坡草地、山地荒漠草原、山麓洪积扇、河滩沙地、园林草地、路
旁、半固定沙丘。海拔 200～2 900 m。
产东天山、东北天山、准噶尔阿拉套山、北天山、东南天山、中央天山、内天山、西天山、西南天
山。中国、哈萨克斯坦、吉尔吉斯斯坦、乌兹别克斯坦、伊朗、俄罗斯；亚洲、欧洲有分布。
药用。

＊（3530）粗柄假狼紫草 **Nonea macropoda Popov**

一年生草本。生于山崖岩石缝、山地河谷。海拔 1 200～2 900 m。

产西天山、北天山、内天山。哈萨克斯坦、吉尔吉斯斯坦、乌兹别克斯坦;亚洲有分布。

*(3531) 细果假狼紫草 Nonea melanocarpa Boiss.

一年生草本。生于平原绿洲、村落周边。海拔 300~1 400 m。

产西天山、西南天山。吉尔吉斯斯坦、乌兹别克斯坦;亚洲有分布。

*(3532) 灰假狼紫草 Nonea pulla（L.）DC.

多年生草本。生于山地草原、路边、荒漠。海拔 500~1 200 m。

产准噶尔阿拉套山、北天山。哈萨克斯坦、吉尔吉斯斯坦;亚洲有分布。

(3533) 土库曼假狼紫草 Nonea turcomanica M. Popov

一年生草本。生于半荒漠。海拔 723 m 上下。

产北天山、西南天山、西天山。中国、吉尔吉斯斯坦、伊朗、阿富汗、巴基斯坦;亚洲有分布。

492. 腹脐草属 Gastrocotyle Bunge

(3534) 腹脐草 Gastrocotyle hispida（Forsk.）Bunge

一年生草本。生于山麓洪积-冲积扇、平原荒漠、盐碱地。海拔 400~1 500 m。

产北天山、东天山、东南天山。中国、哈萨克斯坦、乌兹别克斯坦、巴基斯坦、阿富汗、伊朗、印度、叙利亚、伊拉克;亚洲、非洲有分布。

寡种属植物。

493. 聚合草属 Symphytum L.

(3535) 聚合草 Symphytum officinale L.

多年生草本。生于山地林缘、山地草甸、河谷、灌丛。海拔 460~2 800 m。

产准噶尔阿拉套山、北天山、中央天山。中国、哈萨克斯坦、俄罗斯;亚洲、欧洲有分布。

药用、有毒、蜜源、饲料。

494. 勿忘草属 Myosotis L.

(3536) 高山勿忘草 Myosotis alpestris F. W. Schmidt

多年生草本。生于高山和亚高山草甸、山地林缘、林间草地、灌丛、河谷草甸。海拔 1 100~3 600 m。

产东天山、东北天山、准噶尔阿拉套山、北天山、东南天山。中国、哈萨克斯坦、朝鲜、日本、蒙古、俄罗斯;亚洲有分布。

药用。

(3537) 亚洲勿忘草 Myosotis asiatica（Vesterg.）Schischkin et Sergievskaja

多年生草本。生于山地草甸。海拔 1 500~1 800 m。

产东天山、东北天山、准噶尔阿拉套山、北天山、西天山、西南天山。中国、哈萨克斯坦、吉尔吉斯斯坦、乌兹别克斯坦、蒙古、俄罗斯;亚洲、欧洲、美洲有分布。

(3538) 湿地勿忘草 Myosotis caespitosa Schultz

多年生草本。生于山地林缘、山地草甸、河谷草甸、河漫滩草甸、灌丛。海拔 500~2 600 m。

产东天山、东北天山、准噶尔阿拉套山、北天山、东南天山、中央天山、西天山、西南天山。中国、哈萨克斯坦、吉尔吉斯斯坦、乌兹别克斯坦、俄罗斯;亚洲、欧洲、北非、北美洲有分布。

药用。

416

*（3539）拟勿忘草 **Myosotis imitata Sergievskaja**

多年生草本。生于冰碛石堆、碎石质山坡、岩石缝、山地草甸、山地草原、灌丛。海拔 900～
3 600 m。

产北天山、西天山、内天山。哈萨克斯坦、吉尔吉斯斯坦、乌兹别克斯坦；亚洲有分布。

*（3540）克氏勿忘草 **Myosotis krylovii Sergievskaya**

多年生草本。生于山地林下、林缘、森林草甸。海拔 1 600～2 800 m。

产准噶尔阿拉套山。哈萨克斯坦、俄罗斯；亚洲有分布。

（3541）小花勿忘草 **Myosotis micrantha Pall. ex Lehm.** = *Myosotis stricta* Link ex Roem. et Schult.

一年生草本。生于山地林缘、山地草甸。海拔 500～2 300 m。

产东天山、东北天山、准噶尔阿拉套山、北天山、西天山、西南天山。中国、哈萨克斯坦、吉尔吉
斯斯坦、乌兹别克斯坦、伊朗、俄罗斯；亚洲、欧洲有分布。

药用。

*（3542）沼地勿忘草 **Myosotis palustris Benth.** = *Myosotis laxa* subsp. *cespitosa*（C. F. Schultz）Nordh.

一年生草本。生于山地林下、林缘、河和湖边湿地。海拔 1 800～2 600 m。

产准噶尔阿拉套山、北天山。哈萨克斯坦、吉尔吉斯斯坦；亚洲有分布。

*（3543）尖叶勿忘草 **Myosotis refracta Boiss.**

一年生草本。生于山地阴坡、低山草地、山谷草甸。海拔 1 500～2 600 m。

产准噶尔阿拉套山、北天山。哈萨克斯坦、吉尔吉斯斯坦；亚洲、欧洲有分布。

（3544）勿忘草 **Myosotis silvatica Ehrh. ex Hoffm.** = *Myosotis sylvatica* Ehrh. ex Hoffm.

多年生草本。生于高山和亚高山草甸、山地林下、林缘、山谷草甸、山坡草地。海拔
1 900～3 600 m。

产东天山、准噶尔阿拉套山、北天山、东南天山、西天山、西南天山。中国、哈萨克斯坦、吉尔吉
斯斯坦、乌兹别克斯坦、巴基斯坦、印度、伊朗、俄罗斯；亚洲、欧洲有分布。

药用。

（3545）稀花勿忘草 **Myosotis sparsiflora Mikan** = *Myosotis sparsiflora* Pohl

一年生草本。生于山地林缘、山地草甸、山地河谷。海拔 900～1 700 m。

产东天山、东北天山、北天山、西天山、西南天山。中国、哈萨克斯坦、吉尔吉斯斯坦、乌兹别克
斯坦、俄罗斯；亚洲、欧洲有分布。

（3546）草原勿忘草 **Myosotis suaveolens Waldst. et Kit. ex Willd.** = *Myosotis alpestris* subsp. *suaveolens*
（Waldst. et Kit. ex Willd.）A. Strid

多年生草本。生于亚高山草甸、山地林缘、林间草地、灌丛。海拔 860～3 200 m。

产东天山、东北天山、准噶尔阿拉套山、北天山、东南天山、内天山、西天山、西南天山。中国、
哈萨克斯坦、吉尔吉斯斯坦、乌兹别克斯坦；亚洲、欧洲有分布。

药用。

495. 附地菜属 Trigonotis Stev.

（3547）附地菜 **Trigonotis peduncularis**（Trevisan）**Benth. ex Baker et S. Moore**

一年生草本。生于山地林缘、草甸草原、平原绿洲。海拔 400～1 200 m。

产东天山、准噶尔阿拉套山、中央天山。中国、哈萨克斯坦、俄罗斯;亚洲、欧洲有分布。

药用。

496. 假鹤虱属 Hackelia Opiz.

(3548) 反折假鹤虱 **Hackelia deflexa**(Wahlenb.)**Opiz.**

一年生草本。生于山地草甸、灌丛、河漫滩草甸、砾石质山坡。海拔 900~2 100 m。

产东天山、准噶尔阿拉套山、北天山、东南天山、内天山。中国、哈萨克斯坦、吉尔吉斯斯坦、蒙古、俄罗斯;亚洲、欧洲有分布。

药用。

497. 滨紫草属 Mertensia Roth.

(3549) 蓝花滨紫草 **Mertensia dshagastanica Regel**

多年生草本。生于亚高山草甸。海拔 3 000 m 上下。

产北天山、内天山。中国、哈萨克斯坦、塔吉克斯坦;亚洲有分布。

(3550) 短花滨紫草 **Mertensia meyeriana J. F. Macbr.** = *Mertensia popovii* Rubtzov

多年生草本。生于亚高山草甸、林缘、河谷草甸。海拔 1 200~2 900 m。

产北天山。中国、哈萨克斯坦、蒙古;亚洲有分布。

(3551) 薄叶滨紫草 **Mertensia pallasii**(Ledeb.)**G. Don.** = *Lithospermum pallasii* Ledeb.

多年生草本。生于山地陡峭岩壁。海拔 1 300~2 800 m。

产北天山。中国、哈萨克斯坦、俄罗斯;亚洲有分布。

(3552) 浅裂滨紫草 **Mertensia tarbagataica B. Fedtsch.**

多年生草本。生于亚高山草甸。海拔 2 500~2 800 m。

产北天山。中国、哈萨克斯坦;亚洲有分布。

498. 齿缘草属 Eritrichium Schrad.

(3553) 密花齿缘草 **Eritrichium confertiflorum W. T. Wang**

多年生草本。生于山坡岩石缝。海拔 1 900~3 700 m。

产东天山、东北天山。中国;亚洲有分布。

中国特有成分。药用。

(3554) 三角刺齿缘草 **Eritrichium deltodentum Y. S. Lian et J. Q. Wang**

多年生草本。生于山地河谷草甸。海拔 2 000 m 上下。

产东南天山。中国;亚洲有分布。

中国特有成分。

(3555) 短梗齿缘草 **Eritrichium fetisovii Regel**

多年生草本。生于山地河谷陡峭岩壁、山溪边、灌丛。海拔 2 400~3 300 m。

产北天山、东南天山、内天山。中国、吉尔吉斯斯坦;亚洲有分布。

(3556) 宽叶齿缘草 **Eritrichium latifolium Karelin et Kirilov**

多年生草本。生于亚高山草甸、山地林下、山地灌丛。海拔 2 000~3 200 m。

产东天山、东北天山、准噶尔阿拉套山、东南天山、北天山、中央天山。中国、哈萨克斯坦;亚洲有分布。

418

（3557） 疏刺齿缘草 **Eritrichium oligocanthum Y. S. Lian et J. Q. Wang**

多年生草本。生于山地草甸、山坡草地。海拔 700~2 500 m。

产东南天山。中国；亚洲有分布。

中国特有成分。

（3558） 帕米尔齿缘草 **Eritrichium pamiricum B. Fedtsch.**

多年生草本。生于高山草甸、山坡草地。海拔 3 000~3 300 m。

产西天山、西南天山、内天山。中国、哈萨克斯坦、吉尔吉斯斯坦、乌兹别克斯坦、塔吉克斯坦、俄罗斯；亚洲有分布。

（3559） 垂果齿缘草 **Eritrichium pendulifructum Y. S. Lian et J. Q. Wang**

多年生草本。生于亚高山草甸。海拔 1 600~2 500 m。

产北天山、东南天山。中国；亚洲有分布。

中国特有成分。

（3560） 对叶齿缘草 **Eritrichium pseudolatifolium Popov**

多年生草本。生于高山岩石缝、山谷冰碛堆、河谷湿地。海拔 1 100~3 800 m。

产东北天山、准噶尔阿拉套山、中央天山。中国、哈萨克斯坦；亚洲有分布。

药用。

*（3561） 喜岩齿缘草 **Eritrichium relictum G. M. Kudabaeva**

多年生草本。生于陡峭山坡、山崖岩石缝、山地河谷。海拔 1 200~2 500 m。

产北天山。哈萨克斯坦；亚洲有分布。

（3562） 石生齿缘草 **Eritrichium rupestre（Pall. ex Georgi）Bunge** = *Amblynotus rupestris*（Pall. ex Georgi）Popov ex L. Sergievskaja = *Amblynotus obovatus*（Ledeb.）I. M. Johnst. = *Eritrichium pauciflorum*（Ledebour）de Candolle

多年生草本。生于山崖岩石缝、石质坡地、山地林缘、山地草甸、山地河谷。海拔 700~2 600 m。

产北天山。中国、哈萨克斯坦、蒙古、俄罗斯；亚洲有分布。

（3563） 小果齿缘草 **Eritrichium sinomicrocarpum W. T. Wang**

多年生草本。生于高山荒漠、高山垫状植被带、高山草甸。海拔 4 500~5 200 m。

产东南天山。中国；亚洲有分布。

中国特有成分。

（3564） 长毛齿缘草 **Eritrichium villosum（Ledeb.）Bunge** = *Eritrichium villosum*（Ledeb.）DC.

一年生或多年生草本。生于高山荒漠、高山和亚高山草甸、山地灌丛、山地砾石质阳坡。海拔 1 000~4 800 m。

产东天山、准噶尔阿拉套山、北天山、中央天山、东南天山。中国、哈萨克斯坦、日本、蒙古、阿富汗、巴基斯坦、印度、俄罗斯；亚洲、欧洲有分布。

药用。

*499. 天山鹤虱属 Tianschaniella B. Fedtsch. ex M. Pop.

*（3565）具伞天山鹤虱 Tianschaniella umbellulifera B. Fedtsch. = *Eritrichium umbelluliferum*（B. Fedtsch.）

多年生草本。生于山崖石缝、山地河谷、河边草地。海拔 1 800~2 900 m。

产西天山。吉尔吉斯斯坦；亚洲有分布。

*500. 中亚附地菜属 Stephanocaryum M. Popov

*（3566）奥勒加中亚附地菜 Stephanocaryum olgae（B. Fedtsch.）Popov

多年生草本。生于高山和亚高山带圆柏灌丛、峭壁、黄土丘陵。海拔 900~3 400 m。

产西天山、内天山、西南天山。吉尔吉斯斯坦、乌兹别克斯坦；亚洲有分布。

*（3567）波氏中亚附地菜 Stephanocaryum popovii Kamelin

多年生草本。生于山地林缘、灌丛、碎石堆。海拔 700~1 800 m。

产西天山。吉尔吉斯斯坦、乌兹别克斯坦；亚洲有分布。

501. 微孔草属 Microula Benyh.

（3568）西藏微孔草 Microula tibetica Benth.

二年生草本。生于高山荒漠、高山山坡、倒石堆、山谷冰碛堆。海拔 3 000~5 300 m。

产东天山。中国、印度；亚洲有分布。

（3569）小花西藏微孔草 Microula tibetica var. pratensis（Maxim.）W. T. Wang

二年生草本。生于高山山坡、倒石堆、山谷冰碛堆。海拔 2 500~5 300 m。

产东天山、东南天山。中国；亚洲有分布。

中国特有成分。

502. 鹤虱属 Lappula V. Wolf.

（3570）阿拉套鹤虱 Lappula alatavica（M. Pop.）Golosk. = *Lepechiniella alatavica*（Popov ex Golosk.）Ovczinnikova

二年生草本。生于山地草甸、山地草原、山麓冲积平原。海拔 800~4 580 m。

产准噶尔阿拉套山、北天山、东南天山。中国、哈萨克斯坦；亚洲有分布。

药用。

*（3571）阿克套鹤虱 Lappula aktaviensis Popov et Zakirov

一年生或二年生草本。生于山口干河谷、山麓洪积扇。海拔 500~1 400 m。

产北天山、西天山。哈萨克斯坦、乌兹别克斯坦；亚洲有分布。

（3572）畸形果鹤虱 Lappula anocarpa C. J. Wang

一年生草本。生于高寒荒漠、高山和亚高山草甸、山坡草地、平原荒漠、田边、路边。海拔 1 200~4 200 m。

产东天山、准噶尔阿拉套山、东南天山。中国；亚洲有分布。

中国特有成分。

*（3573）拜藤鹤虱 Lappula baitenovii G. M. Kudabaeva

二年生草本。生于碎石质山坡、河谷。海拔 700~1 800 m。

产北天山。哈萨克斯坦；亚洲有分布。

（3574）密枝鹤虱 **Lappula balchaschensis M. Popov ex Goloskokov** = *Lappula balchaschensis* Popov ex Pavlov

一年生草本。生于山地荒漠草原、沙地。海拔 450～1 700 m。

产东天山。中国、哈萨克斯坦、俄罗斯；亚洲有分布。

药用。

（3575）短刺鹤虱 **Lappula brachycentra（Ledeb.）Gurke**

一年生或二年生草本。生于高山和亚高山石质山坡、山脊草地、林间草地、山地阳坡草地、山地草原、山地河谷、低山丘陵。海拔 700～4 200 m。

产东天山、东北天山、准噶尔阿拉套山、北天山、东南天山、中央天山、内天山、西天山、西南天山。中国、哈萨克斯坦、吉尔吉斯斯坦、乌兹别克斯坦、俄罗斯；亚洲有分布。

药用。

（3576）蓝刺鹤虱 **Lappula consanguinea（Fischer et C. A. Meyer）Gerke**

一年生或二年生草本。生于山地草原、山地灌丛、干旱山坡、田边、路边。海拔 300～2 200 m。

产东天山、东北天山、准噶尔阿拉套山、北天山、东南天山、内天山、西天山、西南天山。中国、哈萨克斯坦、吉尔吉斯斯坦、乌兹别克斯坦、蒙古、俄罗斯；亚洲、欧洲有分布。

药用。

（3577）杯翅鹤虱 **Lappula consanguinea var. cupuliformis C. J. Wang**

一年生或二年生草本。生于山地草甸、低山干旱山坡。海拔 800～2 100 m。

产东天山、东北天山、北天山。中国；亚洲有分布。

中国特有成分。

＊（3578）德罗鹤虱 **Lappula drobovii（M. Pop.）M. Pop. ex Pavl.，Lipschitz et Nevski**

二年生草本。生于山地河谷悬崖、黏土质或砾石质坡地。海拔 400～1 600 m。

产北天山、西天山、西南天山、内天山。哈萨克斯坦、吉尔吉斯斯坦、乌兹别克斯坦；亚洲有分布。

（3579）两形果鹤虱 **Lappula duplicicarpa Pavlov**

一年生草本。生于山地草甸、山地阳坡草地、低山丘陵、砾质戈壁。海拔 700～2 500 m。

产东天山、东北天山、准噶尔阿拉套山、北天山、东南天山、中央天山。中国、哈萨克斯坦、俄罗斯；亚洲、欧洲有分布。

（3580）费尔干鹤虱 **Lappula ferganensis（Popov）Kamelin et G. L. Chu** = *Lepechiniella ferganensis* Popov

二年生草本。生于高山和亚高山草甸、高山石质山坡。海拔 2 700～4 200 m。

产内天山。中国；亚洲有分布。

（3581）粒状鹤虱 **Lappula granulata（Krylov）Popov**

一年生草本。生于山地草甸、平原绿洲、田边、路边。海拔 1 500～2 000 m。

产准噶尔阿拉套山、东北天山、东南天山、北天山。中国；亚洲有分布。

（3582）异刺鹤虱 **Lappula heteracantha（Ledeb.）Gürke** = *Lappula squarrosa* subsp. *heterocantha*（Ledeb.）Chater

二年生草本。生于山地草原、灌丛、山地河谷。海拔 1 100～2 200 m。

产东天山、东北天山、准噶尔阿拉套山、北天山。中国、巴基斯坦、印度、伊朗、俄罗斯;亚洲、欧洲有分布。

*(3583) 柯特曼鹤虱 **Lappula ketmenica G. M. Kudabaeva**

一年生草本。生于低山石质坡地、山麓洪积扇。海拔 800~1 700 m。

产北天山。哈萨克斯坦;亚洲有分布。

*(3584) 库氏鹤虱 **Lappula korshinskyi Popov**

多年生草本。生于悬崖峭壁、砾石质山坡、干河床、黄土丘陵。海拔 1 500~2 500 m。

产西天山、西南天山。吉尔吉斯斯坦、乌兹别克斯坦;亚洲有分布。

(3585) 粗梗鹤虱 **Lappula lipschitzii Popov**

一年生草本。生于山地草原、山坡草地、灌丛、低山荒漠、沙地。海拔 700~1 800 m。

产准噶尔阿拉套山、北天山。中国、哈萨克斯坦;亚洲有分布。

(3586) 白花鹤虱 **Lappula macra Popov ex Pavlov**

二年生草本。生于山地草甸、山地草原、低山丘陵、蒿属荒漠。海拔 530~2 000 m。

产东北天山、北天山。中国、哈萨克斯坦、俄罗斯;亚洲有分布。

药用。

(3587) 膜翅鹤虱(粒状鹤虱) **Lappula marginata(M. Bieb.)Gurke**

一年生草本。生于山地草甸、山地阳坡草地、灌丛。海拔 1 500~2 500 m。

产东天山、准噶尔阿拉套山、东南天山、内天山。中国、俄罗斯;亚洲、欧洲有分布。

药用。

*(3588) 米凯利斯鹤虱 **Lappula michaelis(Golosk.)M. M. Nabiev** = *Lepechiniella michaelis* Golosk.

多年生草本。生于山崖岩石缝、悬崖峭壁、河谷。海拔 800~1 900 m。

产北天山。哈萨克斯坦;亚洲有分布。

(3589) 小果鹤虱 **Lappula microcarpa(Ledeb.)Gürke**

二年生草本。生于山地草原、林缘阳坡草地、河谷、砾质戈壁。海拔 540~2 500 m。

产东天山、东北天山、准噶尔阿拉套山、北天山、东南天山、中央天山、内天山、西天山、西南天山。中国、哈萨克斯坦、吉尔吉斯斯坦、乌兹别克斯坦、伊朗、阿富汗、俄罗斯;亚洲有分布。

药用。

(3590) 鹤虱 **Lappula myosotis Moench** = *Lappula squarrosa*(Retz.)Dumoet. = *Lappula echinata*(L.)Gilip.

一年生草本。生于低山荒漠、砾石质山坡、沙质河滩、撂荒地。海拔 500~1 800 m。

产东天山、东北天山、准噶尔阿拉套山、北天山、中央天山。中国、哈萨克斯坦、阿富汗、巴基斯坦;亚洲、欧洲、北美洲有分布。

药用、油料。

(3591) 隐果鹤虱 **Lappula occultata Popov**

一年生草本。生于砾石质山坡、干旱阳坡草地、低山荒漠。海拔 1 400~2 500 m。

产东天山、东北天山、准噶尔阿拉套山、北天山、西天山、西南天山。中国、哈萨克斯坦、吉尔吉

斯斯坦、乌兹别克斯坦；亚洲有分布。

药用。

（3592）卵果鹤虱 **Lappula patula**（Lehm.）**Guerke**

一年生草本。生于干旱山坡、低山丘陵、河滩、平原荒漠、半固定沙丘。海拔 200~2 000 m。

产东天山、东北天山、准噶尔阿拉套山、北天山、内天山。中国、哈萨克斯坦、伊朗、阿富汗、巴基斯坦、印度、俄罗斯；亚洲、欧洲、非洲有分布。

*（3593）帕甫洛夫鹤虱 **Lappula pavlovii Goloskokov**

一年生草本。生于干河谷、河漫滩、沙漠。海拔 600~1 500 m。

产北天山。哈萨克斯坦；亚洲有分布。

*（3594）碟状鹤虱 **Lappula petrophylla Pavl.** =*Microparacaryum intermedium*（Fresen.）Hilger et Podlech

一年生草本。生于石质山坡、阳坡灌丛。海拔 900~1 600 m。

产西天山。吉尔吉斯斯坦、乌兹别克斯坦；亚洲有分布。

*（3595）膨毛鹤虱 **Lappula physacantha Goloskokov**

一年生草本。生于高山和亚高山碎石质山坡、山地河谷。海拔 2 900~3 200 m。

产西天山、西南天山。吉尔吉斯斯坦、哈萨克斯坦、乌兹别克斯坦；亚洲有分布。

（3596）草地鹤虱 **Lappula pratensis C. J. Wang**

二年生草本。生于高山和亚高山草甸、山地林缘、山坡草地。海拔 1 200~3 700 m。

产北天山。中国；亚洲有分布。

药用。

（3597）多枝鹤虱 **Lappula ramulosa C. J. Wang et X. D. Wang**

一年生或二年生草本。生于山地阳坡草地、山地河谷、低山丘陵。海拔 1 600~2 500 m。

产东天山、东北天山、东南天山。中国；亚洲有分布。

中国特有成分。

（3598）卵盘鹤虱 **Lappula redowskii**（Hornem.）**Greene**

一年生草本。生于山地林下、山地灌丛、山地草甸、干旱山坡、山地荒漠、河滩。海拔 350~2 500 m。

产东天山、东北天山、准噶尔阿拉套山、北天山、东南天山。中国、蒙古、俄罗斯；亚洲有分布。

药用。

*（3599）岩生鹤虱 **Lappula rupestris**（Schrenk.）**Gurke**

二年生或多年生草本。生于山崖岩石缝、低山石质山坡、山地河谷、山麓洪积扇。海拔 500~2 700 m。

产准噶尔阿拉套山、北天山、西天山、西南天山。哈萨克斯坦、吉尔吉斯斯坦、乌兹别克斯坦；亚洲有分布。

*（3600）孜拉普善鹤虱 **Lappula sarawschanica**（Lipsky）**M. M. Nabiev** =*Lepechiniella sarawschanica*（Lipsky）Popov

多年生草本。生于高山和亚高山细石质山坡、山崖岩石缝、碎石堆。海拔 2 800~3 400 m。

产西天山、西南天山、内天山。吉尔吉斯斯坦、乌兹别克斯坦；亚洲有分布。

*（3601）窄翅鹤虱 **Lappula semialata Popov**

二年生草本。生于碎石质山坡、低山石膏土丘陵、荒漠草原。海拔600~1 800 m。

产西南天山、内天山。乌兹别克斯坦；亚洲有分布。

（3602）狭果鹤虱 **Lappula semiglabra（Ledeb.）Guerke**

一年生草本。生于高山石质坡地、低山丘陵、荒漠草原、砾质戈壁、冲积平原、半固定沙丘。海拔330~3 520 m。

产东天山、东北天山、准噶尔阿拉套山、北天山、东南天山、内天山、西天山、西南天山。中国、哈萨克斯坦、吉尔吉斯斯坦、乌兹别克斯坦、阿富汗、巴基斯坦、伊朗、印度；亚洲有分布。

药用。

*（3603）直花鹤虱 **Lappula sessiliflora（Boiss.）Gurke**

一年生草本。生于砾石质山坡、山麓洪积扇。海拔900~1 600 m。

产北天山、内天山、西天山、西南天山。哈萨克斯坦、吉尔吉斯斯坦、乌兹别克斯坦、俄罗斯；亚洲有分布。

（3604）绢毛鹤虱 **Lappula sericata Popov**

多年生草本。生于林间草地、山地草原、河谷草甸、沙砾质河滩。海拔400~2 900 m。

产东天山、东北天山、准噶尔阿拉套山、北天山、东南天山、中央天山、内天山。中国、哈萨克斯坦、蒙古；亚洲有分布。

药用。

（3605）短萼鹤虱 **Lappula sinaica（DC.）Aschers. ex Schweinf.**

一年生草本。生于山地林缘、山地草原、山地河谷、蒿属荒漠。海拔1 600~2 100 m。

产东天山、东北天山、准噶尔阿拉套山、东南天山、内天山、西天山、西南天山。中国、哈萨克斯坦、吉尔吉斯斯坦、乌兹别克斯坦、伊朗、巴基斯坦、阿富汗、印度、伊拉克、埃及；亚洲、非洲有分布。

药用。

（3606）石果鹤虱 **Lappula spinocarpos（Forsk.）Ascherson** = *Lappula spinocarpa*（Forsk.）Aschers. ex Kuntze

一年生草本。生于山地草原、山坡草地、低山荒漠。海拔600~2 100 m。

产东天山、东北天山、准噶尔阿拉套山、北天山、西天山、西南天山。中国、哈萨克斯坦、吉尔吉斯斯坦、乌兹别克斯坦、俄罗斯；亚洲、欧洲、非洲有分布。

药用。

（3607）劲直鹤虱 **Lappula stricta（Ledeb.）Guerke**

一年生草本。生于山地草甸、山地河谷、灌丛、荒漠草原。海拔900~2 850 m。

产东天山、东北天山、准噶尔阿拉套山、北天山、东南天山。中国、哈萨克斯坦、俄罗斯；亚洲、欧洲有分布。

（3608）平滑果鹤虱 **Lappula stricta var. leiocarpa Popov**

一年生草本。生于半固定沙丘。海拔200~1 500 m。

产准噶尔阿拉套山；中国、哈萨克斯坦、俄罗斯；亚洲有分布。

*（3609）木茎鹤虱 **Lappula subcaespitosa M. Popov ex Goloskokov**

二年生或多年生草本。生于山崖岩石缝、河谷草甸、山地灌丛。海拔 1 600～2 500 m。

产北天山、内天山、西天山、西南天山。吉尔吉斯斯坦、乌兹别克斯坦；亚洲有分布。

*（3610）塔吉克鹤虱 **Lappula tadshikorum Popov**

二年生草本。生于亚高山碎石堆、山崖岩石缝、低山干河床。海拔 800～3 000 m。

产西天山、内天山。哈萨克斯坦、吉尔吉斯斯坦、乌兹别克斯坦；亚洲有分布。

（3611）短梗鹤虱 **Lappula tadshikorum Popov**

二年生草本。生于高山和亚高山草甸、河谷草甸、山地草原。海拔 900～4 350 m。

产东天山、北天山、中央天山、内天山、西天山、西南天山。中国、吉尔吉斯斯坦、乌兹别克斯坦；亚洲有分布。

药用。

（3612）细刺鹤虱 **Lappula tenuis（Ledeb.）Guerke**

一年生草本。生于亚高山草甸、山地草甸、蒿属荒漠、砾石质戈壁。海拔 500～2 600 m。

产东天山、东北天山、准噶尔阿拉套山、北天山、东南天山。中国、哈萨克斯坦、俄罗斯；亚洲、欧洲有分布。

药用。

（3613）天山鹤虱 **Lappula tianschanica Popov et Zakirov**

二年生草本。生于山地阳坡草地、山地草原、低山丘陵。海拔 950～2 100 m。

产东天山、准噶尔阿拉套山、北天山、西天山、西南天山。中国、哈萨克斯坦、吉尔吉斯斯坦、乌兹别克斯坦；亚洲有分布。

药用。

（3614）阿尔泰鹤虱 **Lappula tianschanica var. altaica C. J. Wang**

二年生草本。生于山地草原、低山丘陵。海拔 900～2 500 m。

产东天山。中国；亚洲有分布。

中国特有成分。药用。

*（3615）乌拉霍鹤虱 **Lappula ulacholica Popov** =*Lepechiniella ulacholica*（Popov）Ovczinnikova

二年生草本。生于高山和亚高山草甸、碎石质坡地、河谷、山崖岩石缝。海拔 2 900～3 400 m。

产西天山。吉尔吉斯斯坦、哈萨克斯坦；亚洲有分布。

503. 异果鹤虱属 Heterocaryum DC.

*（3616）裸果异果鹤虱 **Heterocaryum laevigatum（Kar. et Kir.）A. DC.** =*Lappula laevigata*（Kar. et Kir.）B. Fedtsch.

一年生草本。生于山地阳坡草地、砾石质山坡、山地草原。海拔 1 700～2 800 m。

产准噶尔阿拉套山、北天山、西天山、西南天山。哈萨克斯坦、吉尔吉斯斯坦、乌兹别克斯坦；亚洲有分布。

*（3617）大果异果鹤虱 **Heterocaryum macrocarpum Zak.** =*Pseudoheterocaryum macrocarpum*（Zakirov）Kaz. Osaloo et Saadati

一年生草本。生于山地干旱山坡、石质坡地、低山丘陵。海拔 700～1 600 m。

产北天山、西天山、西南天山。哈萨克斯坦、吉尔吉斯斯坦、乌兹别克斯坦、俄罗斯；亚洲有分布。

*（3618）细刺异果鹤虱 **Heterocaryum oligacanthum（Boiss.）Bornm.** = *Pseudoheterocaryum subsessile* （Vatke）Kaz. Osaloo et Saadati

一年生草本。生于山地干旱山坡、黄土丘陵、砾石质荒漠。海拔 400~1 700 m。

产准噶尔阿拉套山、北天山、西天山、西南天山。哈萨克斯坦、吉尔吉斯斯坦、乌兹别克斯坦；亚洲有分布。

（3619）异果鹤虱 **Heterocaryum rigidum A. DC.** = *Pseudoheterocaryum rigidum*（A. DC.）Kaz. Osaloo et Saadati

一年生草本。生于干旱山坡、蒿属荒漠、半固定沙丘。海拔 500~1 500 m。

产东天山、东北天山、北天山、西天山、西南天山。中国、哈萨克斯坦、吉尔吉斯斯坦、乌兹别克斯坦、巴基斯坦、阿富汗、伊朗；亚洲有分布。

药用。

*（3620）粗短柄异果鹤虱 **Heterocaryum subsessile Vatke**

一年生草本。生于细石质沙质山坡、山麓石膏荒漠、绿洲周围盐渍化草地。海拔 200~1 600 m。

产北天山、西南天山、内天山。哈萨克斯坦、吉尔吉斯斯坦、乌兹别克斯坦；亚洲有分布。

*（3621）粗枝异果鹤虱 **Heterocaryum szovitsianum（Fisch. er C. A. Mey.）A. DC.** = *Pseudoheterocaryum szovitsianum*（Fisch. et C. A. Mey.）Kaz. Osaloo et Saadati

一年生草本。生于黄土丘陵、砾石质山坡、山麓洪积扇。海拔 500~1 800 m。

产北天山、西天山、西南天山。哈萨克斯坦、吉尔吉斯斯坦、乌兹别克斯坦、俄罗斯；亚洲有分布。

504. 糙草属 Asperugo L.

（3622）糙草 **Asperugo procumbens L.**

一年生蔓生草本。生于山地林缘、灌丛、山地草甸、山地草原、河谷、平原绿洲。海拔 400~2 800 m。

产东天山、东北天山、准噶尔阿拉套山、北天山、东南天山、中央天山、内天山、西天山、西南天山。中国、哈萨克斯坦、吉尔吉斯斯坦、乌兹别克斯坦、俄罗斯；亚洲、欧洲、非洲有分布。

单种属植物。药用。

505. 孪果鹤虱属 Rochelia Reichb.

（3623）孪果鹤虱 **Rochelia bungei Trautv.**

一年生草本。生于荒漠草原、河滩、干旱山坡、盐碱地、沙丘。海拔 500~1980 m。

产东天山、东北天山、准噶尔阿拉套山、北天山、内天山、西天山、西南天山。中国、哈萨克斯坦、吉尔吉斯斯坦、乌兹别克斯坦；亚洲、欧洲有分布。

*（3624）桔梗孪果鹤虱 **Rochelia campanulata Popov et Zakirov**

一年生草本。生于低山丘陵、山坡草地、山麓砾石质坡地。海拔 700~1 800 m。

产北天山、内天山、西天山、西南天山。吉尔吉斯斯坦、乌兹别克斯坦；亚洲有分布。

*（3625） 心萼孪果鹤虱 **Rochelia cardiosepala Bunge**

一年生或多年生草本。生于低山坡地、河岸阶地、灌丛、山麓洪积扇、杂草丛、田间、路边。海拔 300～2 100 m。

产准噶尔阿拉套山、北天山、西天山、西南天山。哈萨克斯坦、吉尔吉斯斯坦、乌兹别克斯坦、俄罗斯；亚洲有分布。

*（3626） 双果孪果鹤虱 **Rochelia disperma（L. f.）C. Koch**

一年生草本。生于低山砾石质坡地、山麓洪积扇、田间。海拔 400～1 700 m。

产北天山、内天山、西天山、西南天山。吉尔吉斯斯坦、乌兹别克斯坦、俄罗斯；亚洲有分布。

（3627） 光果孪果鹤虱 **Rochelia leiocarpa Ledeb.**

一年生草本。生于干旱山坡、荒漠草原、盐化沙地。海拔 350～2 100 m。

产东天山、东北天山、准噶尔阿拉套山、北天山、西天山、西南天山。中国、哈萨克斯坦、吉尔吉斯斯坦、乌兹别克斯坦、巴基斯坦、俄罗斯；亚洲有分布。

*（3628） 露果孪果鹤虱 **Rochelia leiosperma（Popov）Golosk.**

一年生草本。生于山地石质阳坡、低山丘陵、荒漠草原。海拔 900～1 800 m。

产准噶尔阿拉套山。哈萨克斯坦；亚洲有分布。

（3629） 总梗孪果鹤虱 **Rochelia peduncularis Boiss.**

一年生或多年生草本。生于草甸草原、干旱山坡、荒漠草原。海拔 500～2 600 m。

产东天山、东北天山、准噶尔阿拉套山、北天山、内天山、西天山、西南天山。中国、哈萨克斯坦、吉尔吉斯斯坦、乌兹别克斯坦、阿富汗；亚洲有分布。

*（3630） 波斯孪果鹤虱 **Rochelia persica Bunge ex Boiss.**

一年生草本。生于山地碎石质坡地、河谷。海拔 700～1 800 m。

产北天山。哈萨克斯坦；亚洲有分布。

*（3631） 星毛孪果鹤虱 **Rochelia retorta（Pall.）Lipsky**

一年生草本。生于山地石质坡地、低山丘陵、田间。海拔 500～1 800 m。

产准噶尔阿拉套山、北天山、西天山、西南天山。哈萨克斯坦、吉尔吉斯斯坦、乌兹别克斯坦、俄罗斯；亚洲、欧洲有分布。

506. 琉璃草属 Cynoglossum L.

*（3632） 卡普思琉璃草 **Cynoglossum capusii（Franch.）Pazij** = *Cynoglossum tianschanicum* M. Pop.

多年生草本。生于山坡草地、碎石堆、河谷、河漫滩、山地荒漠草原。海拔 800～2 900 m。

产内天山、西天山、西南天山。吉尔吉斯斯坦、乌兹别克斯坦；亚洲有分布。

*（3633） 单枝琉璃草 **Cynoglossum creticum Mill.**

一年生草本。生于砾石质山坡、山麓平原、沙地。海拔 600～1 800 m。

产内天山、西天山、西南天山。吉尔吉斯斯坦、乌兹别克斯坦、俄罗斯；亚洲、欧洲有分布。

（3634） 大果琉璃草 **Cynoglossum divaricatum Stephan ex Lehmann**

多年生草本。生于山地林缘、山地草原、干旱山坡、河谷灌丛、平原荒漠。海拔 600～2 500 m。

产东天山、东北天山、北天山。中国、蒙古、俄罗斯；亚洲有分布。

药用。

*（3635）全缘琉璃草 **Cynoglossum integerrimum**（**Myrz.**）**Greuter et Stier** = *Paracaryum integerrimum* P. Myrzakulov = *Paracaryum glochidiatum*（Bunge）H. Riedl

多年生草本。生于低山细石质山坡、山麓洪积扇、干河床。海拔 900～1 800 m。

产西天山、西南天山。吉尔吉斯斯坦、乌兹别克斯坦；亚洲有分布。

*（3636）克氏琉璃草 **Cynoglossum korolkowii**（**Lipsky**）**Greuter et Stier** = *Trachelanthus korolkowii* Lipsky

多年生草本。生于山崖岩石缝、河谷灌丛。海拔 1 200～2 800 m。

产西天山、西南天山、内天山。吉尔吉斯斯坦、乌兹别克斯坦；亚洲有分布。

（3637）红花琉璃草（药用琉璃草）**Cynoglossum officinale L.**

二年生草本。生于林间草地、山地草甸、山地沟谷、灌丛、荒漠草原、河漫滩沙地。海拔 700～3 900 m。

产东天山、东北天山、准噶尔阿拉套山、北天山、东南天山、内天山。中国、哈萨克斯坦、吉尔吉斯斯坦、俄罗斯；亚洲、欧洲有分布。

药用、有毒、染料。

*（3638）塞氏琉璃草 **Cynoglossum seravschanicum**（**Fedtsch.**）**Popow**

多年生草本。生于山地草甸草原、黄土丘陵。海拔 900～1 800 m。

产西南天山、西天山。吉尔吉斯斯坦、乌兹别克斯坦、塔吉克斯坦；亚洲有分布。

（3639）绿花琉璃草 **Cynoglossum viridiflorum Pall. ex Lehmann**

多年生草本。生于沙化草原、平原荒漠。海拔 460～2 000 m。

产东天山、东北天山、准噶尔阿拉套山、北天山。中国、哈萨克斯坦、吉尔吉斯斯坦、俄罗斯；亚洲有分布。

药用。

507. 长柱琉璃草属 Lindelofia Lehm.

*（3640）粗根长柱琉璃草 **Lindelofia macrostyla**（**Bunge**）**Popov** = *Cynoglossum anchusoides* Lindl.

多年生草本。生于山地荒漠、河漫滩、低山石质山坡。海拔 600～1 800 m。

产北天山、西天山、西南天山。吉尔吉斯斯坦、乌兹别克斯坦；亚洲有分布。

*（3641）奥勒加琉璃草 **Lindelofia olgae**（**Regel et Smirn.**）**Brand** = *Cynoglossum olgae*（Regel et Smirn.）Greuter et Stier = *Lindelofia tschimganica*（Lipsky）M. Pop. ex Pazij

多年生草本。生于高山和亚高山草甸、冰碛碎石堆、山坡草地、山崖潮湿处、河谷灌丛。海拔 800～3 500 m。

产北天山、内天山、西天山、西南天山。吉尔吉斯斯坦、乌兹别克斯坦、塔吉克斯坦；亚洲有分布。

（3642）长柱琉璃草 **Lindelofia stylosa**（**Karelin et Kirilov**）**Brand** = *Cynoglossum stylosum* Karelin et Kirilov

多年生草本。生于山地林缘、山地草原、山地荒漠、低山石质山坡、灌丛、河漫滩草甸。海拔 800～4 250 m。

产东天山、东北天山、准噶尔阿拉套山、北天山、东南天山、中央天山、内天山、西天山、西南天山。中国、哈萨克斯坦、吉尔吉斯斯坦、乌兹别克斯坦；亚洲有分布。

＊（3643）齐木甘长柱琉璃草 **Lindelofia tschimganica**（Lipsky）**M. Popov**

多年生草本。生于高山和亚高山草甸、冰碛碎石堆湿地。海拔 3 100～3 500 m。

产北天山、内天山、西天山、西南天山。吉尔吉斯斯坦、乌兹别克斯坦；亚洲有分布。

508. 翅果草属 Rindera Pall.

＊（3644）硬毛翅果草 **Rindera austroechinata Popov** = *Cynoglossum austroechinatum*（Popov）Greuter et Stier

多年生草本。生于山麓平原、山口干河谷。海拔 500～1 700 m。

产西天山、西南天山、内天山。吉尔吉斯斯坦、乌兹别克斯坦；亚洲有分布。

＊（3645）鸡冠翅果草 **Rindera cristulata Lipsky** = *Cynoglossum cristulatum*（Lipsky）Greuter et Stier

多年生草本。生于山地石质山坡、山地河谷。海拔 900～1 700 m。

产内天山、西南天山。乌兹别克斯坦；亚洲有分布。

＊（3646）多刺翅果草 **Rindera echinata Regel** = *Cynoglossum hystrix* Greuter et Stier

多年生草本。生于低山丘陵、石质坡地、半固定沙漠。海拔 300～1 700 m。

产北天山、内天山、西天山、西南天山。哈萨克斯坦、吉尔吉斯斯坦、乌兹别克斯坦；亚洲有分布。

＊（3647）费尔干纳翅果草 **Rindera ferganica Popov** = *Cynoglossum ferganicum*（Popov）Greuter et Stier

多年生草本。生于山崖岩石峰、碎石质山坡。海拔 800～2 600 m。

产内天山、西南天山。乌兹别克斯坦；亚洲有分布。

＊（3648）大萼翅果草 **Rindera fornicata Pazij.** = *Cynoglossum fornicatum*（Pazij）Greuter et Stier

多年生草本。生于山崖岩石缝、倒石堆、灌丛。海拔 1 000～2 600 m。

产西南天山、内天山、西天山。吉尔吉斯斯坦、乌兹别克斯坦；亚洲有分布。

＊（3649）无毛翅果草 **Rindera glabrata Pazij.** = *Cynoglossum glabratum*（Pazij）Greuter et Stier

多年生草本。生于高山和亚高山草甸、碎石质坡地、河谷。海拔 1 900～3 200 m。

产西天山、内天山、西南天山。吉尔吉斯斯坦、乌兹别克斯坦；亚洲有分布。

＊（3650）孔雀翅果草 **Rindera holochiton Popov** = *Cynoglossum holochiton*（Popov）Greuter et Stier

多年生草本。生于亚高山砾石质山坡、河谷、灌丛。海拔 900～2 900 m。

产西天山、西南天山、内天山。吉尔吉斯斯坦、乌兹别克斯坦；亚洲有分布。

＊（3651）长叶翅果草 **Rindera oblongifolia Popov** = *Cynoglossum oblongifolium*（Popov）Greuter et Stier

多年生草本。生于山崖岩石缝、碎石堆、石质坡地、山麓洪积扇。海拔 600～1 800 m。

产西天山、内天山、西南天山。吉尔吉斯斯坦、乌兹别克斯坦；亚洲有分布。

＊（3652）欧什翅果草 **Rindera oschensis Popov** = *Cynoglossum oschense*（Popov）Greuter et Stier

多年生草本。生于山地细石质山坡、河谷。海拔 800～2 600 m。

产西天山、内天山。吉尔吉斯斯坦、乌兹别克斯坦；亚洲有分布。

（3653）翅果草 **Rindera tetraspis Pall.** = *Cynoglossum tetraspis*（Pall.）W. Greuter et Burdet = *Rindera cyclodonta* Bunge = *Rindera baldshuanica* Kusn.

多年生草本。生于山地林缘、山地草甸、低山丘陵、荒漠草原、河谷、灌丛、山麓洪积扇、沙地。海拔 300～1 800 m。

产东天山、准噶尔阿拉套山、北天山、东南天山、内天山、西天山、西南天山。中国、哈萨克斯坦、吉尔吉斯斯坦、乌兹别克斯坦、俄罗斯；亚洲、欧洲有分布。

*（3654）天山翅果草 **Rindera tianshanica Popov** = *Cynoglossum capusii*（Franch.）Pazij

多年生草本。生于干旱山坡、山地荒漠、河岸阶地。海拔 1 200~2 800 m。

产内天山、西天山、西南天山。吉尔吉斯斯坦、乌兹别克斯坦；亚洲有分布。

*（3655）恰特卡勒翅果草 **Rindera tschotkalensis Popov** = *Cynoglossum tschotkalense*（Popov）Greuter et Stier

多年生草本。生于山地碎石质坡地、河谷、山崖岩石缝。海拔 1 000~2 300 m。

产西天山、内天山、西南天山。吉尔吉斯斯坦、乌兹别克斯坦；亚洲有分布。

509. 长蕊琉璃草属 Solenanthus Ldb.

（3656）长蕊琉璃草 **Solenanthus circinnatus Ledeb.** = *Cynoglossum circinnatum*（Ledeb.）Greuter et Burdet

多年生草本。生于山地林缘、河谷、山地草甸、山地草原。海拔 800~2 300 m。

产准噶尔阿拉套山、北天山、西天山、西南天山。中国、哈萨克斯坦、吉尔吉斯斯坦、乌兹别克斯坦、巴基斯坦、伊朗、俄罗斯；亚洲有分布。

*（3657）黑山长蕊琉璃草 **Solenanthus karateginus Lipsky** = *Cynoglossum karateginum*（Lipsky）Greuter et Stier

多年生草本。生于高山和亚高山草甸、冰碛碎石堆。海拔 2 950~3 600 m。

产北天山、内天山、西天山、西南天山。哈萨克斯坦、吉尔吉斯斯坦、乌兹别克斯坦；亚洲有分布。

*510. 秀蕊草属 Caccinia Savi

*（3658）拟秀蕊草 **Caccinia dubia Bunge**

多年生草本。生于砾石质坡地、山崖倒石堆、石灰岩丘陵、黄土丘陵、低山荒漠。海拔 400~1 700 m。

产北天山、西天山、西南天山、内天山。哈萨克斯坦、吉尔吉斯斯坦、乌兹别克斯坦；亚洲有分布。

*（3659）大药秀蕊草 **Caccinia macranthera**（Banks et Soland.）**Brand**

多年生草本。生于山麓石膏荒漠、沙质荒漠、固定沙丘。海拔 200~1 600 m。

产西天山、内天山、西南天山。吉尔吉斯斯坦、乌兹别克斯坦；亚洲有分布。

511. 毛束草属 Trichodesma R. Br.

*（3660）灰毛毛束草 **Trichodesma incanum Bunge**

多年生草本。生于碎石质山坡、细石质坡地、黄土丘陵、石灰岩丘陵、河谷、山麓洪积扇、渠边。海拔 600~1 800 m。

产西天山、内天山、西南天山。吉尔吉斯斯坦、乌兹别克斯坦；亚洲有分布。

512. 狼紫草属 Lycopsis L.

（3661）狼牙草 **Lycopsis arvensis L.**

一年生草本。生于石质山坡、水边、田边、荒地。海拔 720~1 900 m。

产东天山、东北天山、北天山。中国、俄罗斯；亚洲、欧洲有分布。

（3662）狼紫草 **Lycopsis orientalis L.** = *Lycopsis arvensis* subsp. *orientalis*（L.）Kuzn.

一年生草本。生于石质山坡、沟谷、河滩、田边。海拔 700~3 600 m。

产东天山、东北天山、准噶尔阿拉套山、北天山、东南天山、中央天山、内天山、西天山、西南天山。中国、哈萨克斯坦、吉尔吉斯斯坦、乌兹别克斯坦、阿富汗、巴基斯坦、伊朗、俄罗斯；亚洲、欧洲有分布。

食用、油料、药用。

六十六、马鞭草科 Verbenaceae

513. 马鞭草属 Verbena L.

（3663）马鞭草 **Verbena officinalis L.**

多年生草本。生于低山河谷、平原绿洲。海拔 800~1 200 m。

产东天山、北天山、西天山、西南天山。中国、哈萨克斯坦、吉尔吉斯斯坦、乌兹别克斯坦、俄罗斯；全球温带、热带地区均有分布。

药用、香料、有毒、蜜源。

*（3664）苏皮娜马鞭草 **Verbena supina L.**

灌木。生于河边、山麓沙质-细土质坡地。海拔 300~1 200 m。

产西南天山。乌兹别克斯坦、亚洲、欧洲有分布。

六十七、唇形科 Labiatae

514. 香科科属 Teucrium L.

（3665）沼泽香科科 **Teucrium scordioides Schreb.** = *Teucrium scordium* subsp. *scordioides*（Schreb.）Arcang.

多年生草本。生于平原绿洲、沼泽草甸、盐化草甸、水渠边。海拔 400~1 000 m。

产东天山、东北天山、准噶尔阿拉套山、北天山、西天山、西南天山。中国、哈萨克斯坦、吉尔吉斯斯坦、乌兹别克斯坦、伊朗、俄罗斯；亚洲、欧洲有分布。

药用、香料、食用。

（3666）蒜味香科科 **Teucrium scordium L.**

多年生草本。生于山地河谷、平原绿洲、沼泽草甸、水渠边。海拔 500~1 900 m。

产东天山、东北天山、东南天山。中国、哈萨克斯坦、俄罗斯；亚洲、欧洲有分布。

药用。

515. 水棘针属 Amethystea L.

（3667）水棘针 **Amethystea coerulea L.**

一年生草本。生于山地河谷、山溪边、水渠边、低湿地。海拔 500~2 000 m。

产东天山、准噶尔阿拉套山、北天山。中国、哈萨克斯坦、朝鲜、日本、蒙古、伊朗、俄罗斯；亚洲有分布。

单种属植物。饲料、药用。

516. 黄芩属 Scutellaria L.

*（3668）鳞腺黄芩 Scutellaria adenostegia Briq.

多年生草本。生于山地干旱山坡、干河床、山麓洪积扇。海拔 500～1 700 m。

产北天山、西天山、西南天山。哈萨克斯坦、吉尔吉斯斯坦、乌兹别克斯坦；亚洲有分布。

*（3669）斜生黄芩 Scutellaria adsurgens Popov

半灌木。生于山崖岩石缝、石质山坡、碎石堆。海拔 1 500～2 900 m。

产北天山、西天山、西南天山。哈萨克斯坦、吉尔吉斯斯坦、乌兹别克斯坦；亚洲有分布。

*（3670）阿氏黄芩 Scutellaria alberti Juz.

半灌木。生于荒漠化草地、砾石质山坡、洪积扇。海拔 500～2 300 m。

产北天山。哈萨克斯坦；亚洲有分布。

（3671）阿尔泰黄芩 Scutellaria altaica Fisch. ex Sweet

多年生草本。生于山地林缘、山地草原、阳坡草地。海拔 1 600～2 500 m。

产北天山。中国、吉尔吉斯斯坦、哈萨克斯坦、俄罗斯；亚洲有分布。

中国特有成分。

*（3672）克孜河黄芩 Scutellaria andrachnoides Vved.

多年生草本。生于悬崖峭壁、山地河谷、山地灌丛。海拔 1 900～2 800 m。

产北天山、西天山、西南天山。吉尔吉斯斯坦、乌兹别克斯坦；亚洲有分布。

*（3673）安氏黄芩 Scutellaria androssovii Juz.

多年生草本。生于低山丘陵石质坡地、荒漠草原、平原盐渍化草甸。海拔 600～1 700 m。

产西天山。乌兹别克斯坦；亚洲有分布。

*（3674）冠毛黄芩 Scutellaria comosa Juz.

半灌木。生于山坡草地、岩石堆、山崖岩石缝、灌丛。海拔 1 100～2 600 m。

产北天山、内天山、西天山、西南天山。哈萨克斯坦、吉尔吉斯斯坦、乌兹别克斯坦；亚洲有分布。

*（3675）心叶黄芩 Scutellaria cordifrons Juz.

小灌木。生于山地河谷、坡地倒石堆、灌丛。海拔 1 600～2 850 m。

产北天山、西天山、西南天山。吉尔吉斯斯坦、乌兹别克斯坦；亚洲有分布。

*（3676）细柱黄芩 Scutellaria filicaulis Regel

多年生草本。生于高山冰碛堆、山崖岩石缝。海拔 2 500～3 800 m。

产内天山、西天山、西南天山。吉尔吉斯斯坦、乌兹别克斯坦；亚洲有分布。

*（3677）扇叶黄芩 Scutellaria flabellulata Juz.

多年生草本。生于山地河谷、石灰岩丘陵、山麓碎石堆。海拔 600～1 700 m。

产西南天山。乌兹别克斯坦；亚洲有分布。

乌兹别克斯坦特有成分。

（3678）盔状黄芩 Scutellaria galericulata L.

多年生草本。生于平原绿洲、河漫滩、水边、湖边、沼泽化草甸。海拔 440～1 900 m。

产东天山、东北天山、准噶尔阿拉套山、北天山、西天山、西南天山。中国、哈萨克斯坦、吉尔吉

斯斯坦、乌兹别克斯坦、日本、蒙古、俄罗斯；亚洲、欧洲有分布。

药用、染料、观赏。

*（3679）光叶黄芩 **Scutellaria glabrata Vved.**

半灌木。生于石质山坡、砾岩堆、碎石质坡地。海拔 800~2 900 m。

产西天山、西南天山。吉尔吉斯斯坦、乌兹别克斯坦；亚洲有分布。

*（3680）贡卡黄芩 **Scutellaria gontscharovii Juz.**

多年生草本。生于石质-砾石质山坡、山崖岩石缝。海拔 1 400~2 000 m。

产西南天山。乌兹别克斯坦；亚洲有分布。

*（3681）褐根黄芩 **Scutellaria haematochlora Juz.**

半灌木。生于山麓碎石质坡地、干河床、荒漠草地。海拔 600~2 100 m。

产北天山、西天山、西南天山。哈萨克斯坦、吉尔吉斯斯坦、乌兹别克斯坦；亚洲有分布。

*（3682）西阿莱黄芩 **Scutellaria haesitabunda Juz. ex Kochk.**

小灌木。生于高山和亚高山草甸、石质山坡。海拔 2 500~3 000 m。

产西南天山。乌兹别克斯坦；亚洲有分布。

*（3683）无斑点黄芩 **Scutellaria immaculata Nevski ex Juz.**

半灌木。生于山崖石缝、峡谷悬崖峭壁、河谷。海拔 900~2 800 m。

产北天山、西天山、西南天山。哈萨克斯坦、吉尔吉斯斯坦、乌兹别克斯坦；亚洲有分布。

*（3684）中黄芩 **Scutellaria intermedia Popov**

半灌木。生于低山石质山坡、碎石堆。海拔 800~1 600 m。

产内天山、西南天山。吉尔吉斯斯坦、乌兹别克斯坦；亚洲有分布。

*（3685）无规黄芩 **Scutellaria irregularis Juz.**

多年生草本。生于亚高山草甸带、石质斜坡、山崖。海拔 2 600~3 000 m。

产北天山。哈萨克斯坦；亚洲有分布。

哈萨克斯坦特有成分。

*（3686）斯堪德黄芩 **Scutellaria iskanderi Juz.**

半灌木。生于山地圆柏林下、林缘、河谷。海拔 1 600~3 000 m。

产西南天山。乌兹别克斯坦；亚洲有分布。

（3687）乌恰黄芩 **Scutellaria jodudiana B. Fedtsch.**

多年生草本。生于高山山坡草地。海拔 3 300 m 上下。

产内天山。中国、吉尔吉斯斯坦、俄罗斯；亚洲有分布。

*（3688）卡拉套黄芩 **Scutellaria karatavica Juz.**

多年生草本。生于亚高山碎石堆、山坡石质化草地、岩石缝。海拔 2 700~3 100 m。

产西天山。乌兹别克斯坦；亚洲有分布。

*（3689）金诺黄芩 **Scutellaria knorringiae Juz.**

半灌木。生于亚高山草甸、山坡草地。海拔 2 900~3 200 m。

产西南天山。乌兹别克斯坦；亚洲有分布。

433

（3690）宽苞黄芩 **Scutellaria krylovii Juz.** = *Scutellaria sieversii* Bunge = *Scutellaria alberti* Juz.

多年生草本或半灌木。生于山地林下、林缘、低山丘陵、灌丛、干旱山坡、荒漠草原、山麓洪积扇、戈壁、荒地、平原沙地。海拔 280~2 500 m。

产东天山、东北天山、准噶尔阿拉套山、北天山。中国、哈萨克斯坦、蒙古、俄罗斯；亚洲有分布。

饲料、观赏。

＊（3691）库噶尔黄芩 **Scutellaria kugarti Juz.**

多年生草本。生于亚高山石质山坡、碎石堆。海拔 2 600~3 100 m。

产西南天山。乌兹别克斯坦；亚洲有分布。

＊（3692）库尔萨黄芩 **Scutellaria kurssanovii Pavlov**

多年生草本。生于山地石质坡地、碎石堆。海拔 600~2 400 m。

产西天山。乌兹别克斯坦；亚洲有分布。

＊（3693）线萼黄芩 **Scutellaria lanipes Juz.**

半灌木。生于亚高山草甸、石质山坡。海拔 1 400~3 100 m。

产北天山、西天山、西南天山。吉尔吉斯斯坦、乌兹别克斯坦；亚洲有分布。

＊（3694）林氏黄芩 **Scutellaria linczewskii Juz.**

半灌木。生于亚高山岩石缝、碎石堆。海拔 2 600~3 000 m。

产北天山、西天山、西南天山。吉尔吉斯斯坦、乌兹别克斯坦；亚洲有分布。

＊（3695）中鳞黄芩 **Scutellaria mesostegia Juz.**

多年生草本。生于亚高山石质山坡、碎石堆、河谷。海拔 1 600~2 800 m。

产北天山、西天山、西南天山。哈萨克斯坦、吉尔吉斯斯坦、乌兹别克斯坦；亚洲有分布。

＊（3696）黄萼黄芩 **Scutellaria microdasys Juz.**

多年生草本。生于山地碎石质山坡、河谷、河漫滩。海拔 1 300~2 600 m。

产西天山、西南天山。乌兹别克斯坦；亚洲有分布。

＊（3697）细萼黄芩 **Scutellaria microphysa Juz.**

多年生草本。生于石灰岩丘陵、砾岩堆、河岸阶地。海拔 1 200~3 000 m。

产西南天山、西天山。吉尔吉斯斯坦、乌兹别克斯坦；亚洲有分布。

＊（3698）大旗黄芩 **Scutellaria navicularis Juz.**

半灌木。生于黄土丘陵、山麓洪积扇、沙地。海拔 500~1 800 m。

产准噶尔阿拉套山。哈萨克斯坦；亚洲有分布。

哈萨克斯坦特有成分。

＊（3699）荆芥状黄芩 **Scutellaria nepetoides Popov ex Juz.**

多年生草本。生于石质山坡、岩屑、倒石堆。海拔 900~2 900 m。

产西南天山。乌兹别克斯坦；亚洲有分布。

（3700）少齿黄芩 **Scutellaria oligodonta Juz.**

半灌木。生于高山和亚高山草甸、石质山坡、山地林缘、灌木草原、河漫滩。海拔 1 000~3 400 m。

产东天山、东北天山、北天山、东南天山、中央天山、内天山、西天山、西南天山。中国、哈萨克斯坦、吉尔吉斯斯坦、乌兹别克斯坦;亚洲有分布。

*(3701) 球萼黄芩 **Scutellaria orbicularis Bunge**

半灌木。生于山崖岩石缝、石质坡地、山麓洪积扇。海拔 600~2 900 m。

产西南天山、西天山。吉尔吉斯斯坦、乌兹别克斯坦;亚洲有分布。

(3702) 展毛黄芩 **Scutellaria orthotricha C. Y. Wu et H. W. Li**

半灌木。生于山地林带阳坡草地、山地草原。海拔 1 200~2 300 m。

产东天山。中国;亚洲有分布。

中国特有成分。药用。

*(3703) 尖鳞黄芩 **Scutellaria oxystegia Juz.**

半灌木。生于山坡草地、碎石堆、石质化草地。海拔 900~2 600 m。

产内天山、西南天山。吉尔吉斯斯坦、乌兹别克斯坦;亚洲有分布。

*(3704) 窄萼黄芩 **Scutellaria parrae Fern. Alonso** = *Scutellaria leptosiphon* Epling

半灌木。生于山崖岩石缝、石灰岩丘陵、黏土质-石质山坡。海拔 700~2 800 m。

产西南天山。乌兹别克斯坦;亚洲有分布。

*(3705) 椭圆冠黄芩 **Scutellaria phyllostachya Juz.**

半灌木。生于高山和亚高山草甸、山崖岩石缝、河谷灌丛。海拔 2 200~3 400 m。

产北天山、西天山、西南天山。吉尔吉斯斯坦、乌兹别克斯坦;亚洲有分布。

*(3706) 包萼黄芩 **Scutellaria physocalyx Regel et Schmalh.**

多年生草本。生于亚高山草甸、山地砾岩堆、山崖岩石缝。海拔 1 800~2 900 m。

产西南天山、西天山。吉尔吉斯斯坦、乌兹别克斯坦;亚洲有分布。

*(3707) 杂色黄芩 **Scutellaria picta Juz.**

多年生草本。生于中高山石质山坡、山地河谷、山地草甸、山地草原。海拔 800~2 800 m。

产西南天山。乌兹别克斯坦;亚洲有分布。

*(3708) 杂色叶黄芩 **Scutellaria poecilantha Nevski ex Juz.**

半灌木。生于石质山坡、山地河谷、倒石堆。海拔 1 400~2 900 m。

产西天山、西南天山。吉尔吉斯斯坦、乌兹别克斯坦;亚洲有分布。

*(3709) 波波夫黄芩 **Scutellaria popovii Vved.**

多年生草本。生于高山和亚高山冰碛堆。海拔 2 900~3 200 m。

产北天山、西天山。吉尔吉斯斯坦、乌兹别克斯坦;亚洲有分布。

(3710) 平卧黄芩 **Scutellaria prostrata Jacquem. ex Benth.**

多年生草本。生于低山干旱山坡、山地草原。海拔 1 700 m 上下。

产东天山、东北天山、准噶尔阿拉套山、北天山、内天山。中国、印度;亚洲有分布。

(3711) 深裂叶黄芩 **Scutellaria przewalskii Juz.**

多年生草本或半灌木。生于山地林缘、灌丛、山地草甸、山坡草地、河谷草甸、河谷阶地、干河床。海拔 500~2 650 m。

产东天山、东北天山、准噶尔阿拉套山、北天山、东南天山、内天山、西天山。中国、哈萨克斯坦、吉尔吉斯斯坦;亚洲有分布。

观赏、药用。

*(3712) 密枝黄芩 **Scutellaria pycnoclada Juz.**

多年生草本或半灌木。生于中高山带沟谷、峡谷溪边、石质山坡、干涸河床、河岸阶地、山坡草地。海拔 900~2 900 m。

产内天山、西天山、西南天山。哈萨克斯坦、吉尔吉斯斯坦、乌兹别克斯坦;亚洲有分布。

*(3713) 多枝黄芩 **Scutellaria ramosissima Popov**

半灌木。生于高山和亚高山草甸、山坡碎石堆。海拔 2 900~3 200 m。

产北天山、西天山、西南天山。哈萨克斯坦、乌兹别克斯坦;亚洲有分布。

*(3714) 红点花瓣黄芩 **Scutellaria rubromaculata Juz. et Vved.**

半灌木。生于山崖岩石缝、山地河谷、山地草原、山地荒漠草原。海拔 2 000~2 200 m。

产西南天山。乌兹别克斯坦;亚洲有分布。

*(3715) 夏赫斯坦黄芩 **Scutellaria schachristanica Juz.**

多年生草本。生于亚高山草甸、石质山坡、山地河谷。海拔 800~2 900 m。

产西南天山。乌兹别克斯坦;亚洲有分布。

*(3716) 舒古南黄芩 **Scutellaria schugnanica B. Fedtsch.**

小半灌木。生于高山和亚高山草甸、山崖岩石缝、砾石质坡地。海拔 1 300~3 500 m。

产西南天山。乌兹别克斯坦;亚洲有分布。

*(3717) 准噶尔黄芩 **Scutellaria soongarica Juz.**

多年生草本。生于山麓砾石质戈壁、黄土丘陵。海拔 500~1 300 m。

产准噶尔阿拉套山。哈萨克斯坦;亚洲有分布。

*(3718) 大花准噶尔黄芩 **Scutellaria soongarica var. grandiflora C. Y. Wu et H. W. Li**

多年生草本或半灌木。生于干旱砾质半荒漠的阳坡。海拔 700~720 m。

产北天山。中国;亚洲有分布。

中国特有成分。

*(3719) 粗糙黄芩 **Scutellaria squarrosa Nevski**

半灌木。生于山崖岩石峰、石质坡地、红色沙丘。海拔 500~1 800 m。

产西南天山。乌兹别克斯坦;亚洲有分布。

*(3720) 木茎黄芩 **Scutellaria subcaespitosa Pavl.**

多年生草本。生于亚高山草甸、山地林缘、林间草地、河谷灌丛。海拔 1 500~2 900 m。

产北天山、西天山、西南天山。吉尔吉斯斯坦、乌兹别克斯坦;亚洲有分布。

*(3721) 似心形黄芩 **Scutellaria subcordata Juz.**

半灌木。生于亚高山草甸、碎石堆、山地河谷。海拔 2 800~3 100 m。

产北天山、西天山、西南天山。吉尔吉斯斯坦、乌兹别克斯坦;亚洲有分布。

*（3722）矮黄芩 **Scutellaria supina L.** = *Scutellaria irregularis* Juz.

多年生草本或半灌木。生于亚高山草甸、碎石堆、山坡草地、山地河谷、山地草原、河漫滩。海拔 600～3 000 m。

产准噶尔阿拉套山、北天山、西天山、西南天山。哈萨克斯坦、吉尔吉斯斯坦、乌兹别克斯坦、俄罗斯；亚洲、欧洲有分布。

*（3723）塔拉斯黄芩 **Scutellaria talassica Juz.**

多年生草本。生于亚高山草甸、山地河谷、悬崖峭壁。海拔 2 600～3 000 m。

产准噶尔阿拉套山。哈萨克斯坦；亚洲有分布。

*（3724）楚伊犁黄芩 **Scutellaria titovii Juz.**

多年生草本。生于中山带石质坡地。海拔 600～1 900 m。

产北天山。哈萨克斯坦；亚洲有分布。

*（3725）塞尔加斯黄芩 **Scutellaria toguztoravensis Juz.**

多年生草本。生于高山悬崖、岩石缝。海拔 2 900～3 400 m。

产北天山、吉尔吉斯斯坦；亚洲有分布。

*（3726）齐米干黄芩 **Scutellaria tschimganica Juz.**

多年生草本。生于山坡碎石堆、干河谷、草原。海拔 900～2 300 m。

产西天山、西南天山。吉尔吉斯斯坦、乌兹别克斯坦；亚洲有分布。

*（3727）外伊犁黄芩 **Scutellaria transiliensis Juz.**

多年生草本。生于石灰丘陵、碎石堆、荒漠化草原。海拔 1 500～2 100 m。

产准噶尔阿拉套山、北天山、西天山。哈萨克斯坦、吉尔吉斯斯坦、乌兹别克斯坦；亚洲有分布。

*（3728）荨麻叶黄芩 **Scutellaria urticifolia Juz. et Vved.**

多年生草本。生于石质山坡、河岸阶地、山坡草地。海拔 800～1 800 m。

产内天山、西南天山。乌兹别克斯坦；亚洲有分布。

*（3729）金萼黄芩 **Scutellaria xanthosiphon Juz.**

半灌木。生于亚高山草甸。海拔 2 900～3 100 m。

产西南天山。乌兹别克斯坦；亚洲有分布。

517. 欧夏至草属 Marrubium L.

*（3730）高原欧夏至草 **Marrubium altemidens Rech. f.**

多年生草本。生于干河谷、蒿属荒漠、草甸草原。海拔 1 300～2 600 m。

产西天山、内天山。哈萨克斯坦、吉尔吉斯斯坦、乌兹别克斯坦；亚洲有分布。

*（3731）异齿欧夏至草 **Marrubium anisodon K. Koch**

多年生草本。生于山地林下、山地草甸、山地草原、山地河谷、干河床、灌丛、蒿属荒漠、石质化草地、沟渠边。海拔 500～2 600 m。

产北天山、内天山、西天山、西南天山。哈萨克斯坦、吉尔吉斯斯坦、乌兹别克斯坦、俄罗斯；亚洲有分布。

（3732）欧夏至草 **Marrubium vulgare L.**

多年生草本。生于山地林下、林缘、山地草原、山地阳坡草地、河谷、田边、路边。海拔 400～2 100 m。

产东天山、准噶尔阿拉套山、北天山、东南天山。中国、哈萨克斯坦、巴基斯坦、印度、伊朗、俄罗斯;亚洲、欧洲有分布。

药用、染料、蜜源。

*518. 镰果荆芥属 Drepanocaryum Pojark.

*（3733）镰果荆芥 **Drepanocaryum sewerzowii** （Regel） Pojark.

一年生草本。生于中山至平原石质山坡、阳坡草地、荒漠草原、村落周边。海拔 600~2 300 m。

产北天山、内天山、西天山、西南天山。哈萨克斯坦、吉尔吉斯斯坦、乌兹别克斯坦;亚洲有分布。

519. 夏至草属 Lagopsis Bge. ex Benth.

（3734）毛穗夏至草 **Lagopsis eriostachya** （Benth.） Ikonn. -Gal.

多年生草本。生于山地河谷、山坡草地、干旱阳坡。海拔 1 600~4 700 m。

产东天山、北天山。中国、蒙古、俄罗斯;亚洲有分布。

药用。

（3735）黄花夏至草 **Lagopsis flava** Kar. et Kir.

多年生草本。生于山地林缘、林间草地、山地阳坡草地、山地草原。海拔 1 500~2 800 m。

产东天山、东北天山、准噶尔阿拉套山、东南天山。中国、哈萨克斯坦;亚洲有分布。

药用。

*（3736）似夏至草 **Lagopsis marrubiastrum** （Stephan） Ikonn. -Gal.

多年生草本。生于石质坡地、山地碎石堆。海拔 1 200~2 700 m。

产准噶尔阿拉套山、北天山。哈萨克斯坦、俄罗斯;亚洲有分布。

（3737）仰卧夏至草（夏至草） **Lagopsis supina** （Stephan ex Willd.） Ikonn. -Gal.

多年生草本。生于山地草原、山地河谷、平原绿洲、田边、渠边、路边。海拔 1 900 m 上下。

产东北天山、准噶尔阿拉套山、北天山。中国、朝鲜、日本、蒙古、俄罗斯;亚洲有分布。

药用。

520. 硬萼草属（毒马草属） Sideritis L.

（3738）山地硬萼草（毒马草） **Sideritis montana** L.

一年生草本。生于山地草甸、低山丘陵、山地草原、灌丛。海拔 500~1 600 m。

产东天山、准噶尔阿拉套山、北天山、西天山、西南天山。中国、哈萨克斯坦、吉尔吉斯斯坦、乌兹别克斯坦、阿富汗、伊朗、俄罗斯;亚洲、欧洲有分布。

（3739）密序硬萼草（紫花毒马草） **Sideritis balansae** Boiss. = *Stachys woronowii* （Schischk. ex Grossh.） R. R. Mill

一年生草本。生于山地草原、灌丛。海拔 1 700 m 上下。

产北天山。中国、俄罗斯;亚洲有分布。

521. 扭藿香属 Lophanthus Adans.

（3740）中华扭藿香（扭藿香） **Lophanthus chinensis** Benth.

多年生草本。生于山地林缘、山地草甸、山地草原。海拔 400~2 700 m。

产东天山、东北天山、北天山、东南天山。中国、蒙古、俄罗斯;亚洲有分布。

药用。

（3741）阿尔泰扭藿香 Lophanthus krylovii Lipsky

多年生草本。生于山地林缘、山地岩石缝、山地草原。海拔 1 400~2 700 m。

产东天山、准噶尔阿拉套山、北天山。中国、哈萨克斯坦、蒙古、俄罗斯；亚洲有分布。

药用。

*（3742）欧尔乌密坦扭藿香 Lophanthus ouroumitanensis（Franch.）Kochk. et Zuckerw.

多年生草本。生于中山带细土质山坡、山地河谷、渠边、灌丛。海拔 900~2 800 m。

产西南天山、内天山。吉尔吉斯斯坦、乌兹别克斯坦；亚洲有分布。

（3743）天山扭藿香 Lophanthus schrenkii Levin

多年生草本。生于山地林下、林缘草地、灌丛、山地草甸、山地岩石缝。海拔 500~2 900 m。

产东天山、准噶尔阿拉套山、内天山、西天山、西南天山。中国、哈萨克斯坦、吉尔吉斯斯坦、乌兹别克斯坦；亚洲有分布。

药用。

*（3744）斯科特扭藿香 Lophanthus schtschurowskianus（Regel）Lipsky

多年生草本。生于中山带干河床、砾岩堆、灌丛。海拔 1 600~2 800 m。

产西南天山。乌兹别克斯坦；亚洲有分布。

（3745）帕米尔扭藿香 Lophanthus subnivalis Lipsky＝Lophanthus virescens（Lipsky）Koczk.

多年生草本。生于亚高山灌丛、山坡草甸、山地草原、河谷、河滩。海拔 1 100~3 200 m。

产西南天山、内天山。中国、吉尔吉斯斯坦、乌兹别克斯坦；亚洲有分布。

药用。

*（3746）齐木干扭藿香 Lophanthus tschimganicus Lipsky

多年生草本。生于中山带倒石堆、石质山坡、山地河谷。海拔 1 700~2 800 m。

北天山、西天山、西南天山。哈萨克斯坦、吉尔吉斯斯坦、乌兹别克斯坦；亚洲有分布。

*（3747）变异扭藿香 Lophanthus varzobicus Kochk.

多年生草本。生于山地石质山坡。海拔 900~1 600 m。

产内天山。吉尔吉斯斯坦；亚洲有分布。

522. 裂叶荆芥属 Schizonepeta Briq.

（3748）小裂叶荆芥 Schizonepeta annua（Pall.）Schischk.＝Nepeta annua Pall.

一年生草本。生于砾石质山坡、山地草原、荒漠草原、河谷阶地。海拔 500~2 900 m。

产东天山、东北天山、准噶尔阿拉套山、东南天山。中国、俄罗斯；亚洲有分布。

香料、植化原料（百里香酚）。

（3749）多裂叶荆芥 Schizonepeta multifida（L.）Briq.＝Nepeta multifida L.

多年生草本。生于山地干旱山坡、山谷。海拔 1 300~2 000 m。

产东天山、东南天山、中央天山。中国、俄罗斯；亚洲有分布。

香料、食用、药用、蜜源。

523. 荆芥属 Nepeta L.

*（3750）阿拉山荆芥 Nepeta alatavica Lipsky

多年生草本。生于亚高山草甸、石质山坡、河谷、草甸湿地。海拔 1 600~3 000 m。

产北天山、西天山、西南天山。吉尔吉斯斯坦、乌兹别克斯坦;亚洲有分布。

*(3751) 布哈拉荆芥 **Nepeta bucharica Lipsky**

多年生草本。生于亚高山带石质坡地、山溪边、山地草甸。海拔 1 600~2 900 m。

产北天山、西天山、西南天山。哈萨克斯坦、吉尔吉斯斯坦、乌兹别克斯坦;亚洲有分布。

*(3752) 球花荆芥 **Nepeta bracteata Benth.** = *Nepeta globifera* Bunge

一年生草本。生于中低山带石质坡地、山坡草地、河岸阶地。海拔 600~2 600 m。

产西南天山。乌兹别克斯坦;亚洲有分布。

(3753) 荆芥 **Nepeta cataria L.**

多年生草本。生于山地草甸、山地河谷、阳坡草地、山地草原。海拔 900~2 700 m。

产东天山、准噶尔阿拉套山、北天山、东南天山、中央天山、西天山、西南天山。中国、哈萨克斯坦、吉尔吉斯斯坦、乌兹别克斯坦、日本、阿富汗、俄罗斯;亚洲、欧洲有分布。

药用、香料、蜜源。

(3754) 密花荆芥 **Nepeta densiflora Kar. et Kir.**

多年生草本。生于山地林缘、山地草甸、山地草原。海拔 1 500~2 500 m。

产北天山。中国、哈萨克斯坦、蒙古、俄罗斯;亚洲有分布。

药用。

*(3755) 美丽荆芥 **Nepeta formosa Kudrjasch.**

多年生草本。生于中山带细土质山坡、山地草甸、山地草原。海拔 1 500~2 700 m。

产西天山、西南天山。哈萨克斯坦、吉尔吉斯斯坦、乌兹别克斯坦;亚洲有分布。

(3756) 腺荆芥 **Nepeta glutinosa Benth.**

多年生草本。生于高山砾石质山坡。海拔 3 500~4 200 m。

产内天山。中国、塔吉克斯坦、阿富汗、俄罗斯;亚洲有分布。

(3757) 绢毛荆芥 **Nepeta kokamirica Regel**

多年生草本。生于高山石质山坡、冰碛石堆。海拔 3 000~4 000 m。

产准噶尔阿拉套山、内天山。中国、哈萨克斯坦、吉尔吉斯斯坦;亚洲有分布。

(3758) 绒毛荆芥 **Nepeta kokanica Regel**

多年生草本。生于高山石质山坡、冰碛石堆。海拔 4 300 m 上下。

产内天山。中国、吉尔吉斯斯坦;亚洲有分布。

*(3759) 李普荆芥 **Nepeta lipskyi Kudrjasch.**

多年生草本。生于石质山坡、山地河谷、山地草原。海拔 800~2 900 m。

产西南天山、西天山。吉尔吉斯斯坦、乌兹别克斯坦;亚洲有分布。

(3760) 长苞荆芥 **Nepeta longibracteata Benth.**

多年生草本。生于高山荒漠、山地石质坡地。海拔 1 600~5 500 m。

产内天山。中国、塔吉克斯坦、俄罗斯;亚洲有分布。

(3761) 高山荆芥 **Nepeta mariae Regel** = *Nepeta pulchella* Pojark.

多年生草本。生于高山和亚高山草甸、石质山坡。海拔 1 100~4 000 m。

产东南天山、北天山、西天山、西南天山。中国、哈萨克斯坦、吉尔吉斯斯坦、乌兹别克斯坦；亚洲有分布。

药用。

*（3762） 木沙尔荆芥 Nepeta maussarifii Lipsky

多年生草本。生于石质山坡、河流阶地、山麓洪积扇。海拔 700～2 400 m。

产西南天山。乌兹别克斯坦；亚洲有分布。

（3763） 小花荆芥 Nepeta micrantha Bunge

一年生草本。生于山地草甸、荒漠草原、荒地、固定和半固定沙丘、沙地。海拔 250～2 100 m。

产东天山、东北天山、准噶尔阿拉套山、北天山、西天山、西南天山。中国、哈萨克斯坦、吉尔吉斯斯坦、乌兹别克斯坦、俄罗斯；亚洲有分布。

药用。

*（3764） 睫毛荆芥 Nepeta olgae Regel

多年生草本。生于山地荒漠草原、石膏土荒漠、干河滩。海拔 400～2 700 m。

产北天山、西天山、西南天山。哈萨克斯坦、吉尔吉斯斯坦、乌兹别克斯坦；亚洲有分布。

（3765） 直齿荆芥 Nepeta pannonica L. = *Nepeta nuda* L.

多年生草本。生于山地林缘、林间草地、山地草甸。海拔 900～2 700 m。

产东天山、东北天山、准噶尔阿拉套山、北天山、东南天山、西天山、西南天山。中国、哈萨克斯坦、吉尔吉斯斯坦、乌兹别克斯坦、蒙古、俄罗斯；亚洲、欧洲有分布。

药用、蜜源。

*（3766） 假克氏荆芥 Nepeta pseudokokanica Pojark.

多年生草本。生于亚高山带山崖岩石缝、河谷、石质山坡。海拔 2 900～3 200 m。

产西南天山。乌兹别克斯坦；亚洲有分布。

（3767） 刺尖荆芥 Nepeta pungens（Bunge）Benth. = *Nepeta fedtschenkoi* Pojark.

一年生草本。生于山地草原、山坡草地、沙丘。海拔 400～1 500 m。

产东天山、东北天山、准噶尔阿拉套山、北天山、内天山、西天山、西南天山。中国、哈萨克斯坦、吉尔吉斯斯坦、乌兹别克斯坦、蒙古、伊朗、阿富汗、俄罗斯；亚洲有分布。

药用。

*（3768） 帕米尔荆芥 Nepeta pamirensis Franch.

多年生草本。生于冰碛堆、高山草甸、砾石质山坡、碎石堆、岩屑。海拔 2 900～3 600 m。

产西南天山。乌兹别克斯坦；亚洲有分布。

*（3769） 垂穗荆芥 Nepeta podostachys Benth.

多年生草本。生于石质山坡、碎石堆、石灰岩丘陵。海拔 800～2 700 m。

产西南天山、西天山、内天山。吉尔吉斯斯坦、乌兹别克斯坦；亚洲有分布。

*（3770） 费尔干纳荆芥 Nepeta saturejoides Boiss.

一年生草本。生于山地干河床、河岸阶地、干旱山坡、沙地。海拔 300～1 900 m。

产西天山、西南天山。乌兹别克斯坦；亚洲有分布。

*（3771）矛状荆芥 **Nepeta subhastata Regel**

多年生草本。生于石质山坡、山地河谷、倒石堆。海拔 800~2 800 m。

产西南天山。乌兹别克斯坦；亚洲有分布。

（3772）平卧荆芥 **Nepeta supina Steven**

多年生草本。生于山地草甸、山谷阴湿处。海拔 2 400 m 上下。

产东天山、北天山。中国、巴基斯坦、俄罗斯；亚洲有分布。

（3773）伊犁荆芥 **Nepeta transiliensis Pojark.**

多年生草本。生于山地草甸、山地林缘、山地草原。海拔 1860 m 上下。

产准噶尔阿拉套山、北天山。中国、哈萨克斯坦；亚洲有分布。

药用。

*（3774）细花荆芥 **Nepeta tytthantha Pojark.**

多年生草本。生于干旱山坡、干河漫滩、河岸阶地。海拔 800~2 600 m。

产西南天山。乌兹别克斯坦；亚洲有分布。

（3775）尖齿荆芥 **Nepeta ucranica L.**

多年生草本。生于山崖岩石缝、干河床、山地草原、荒漠草原。海拔 600~2 300 m。

产准噶尔阿拉套山、北天山、内天山、西天山、西南天山。中国、哈萨克斯坦、吉尔吉斯斯坦、乌兹别克斯坦、俄罗斯；亚洲、欧洲有分布。

药用。

（3776）帚枝荆芥 **Nepeta virgata C. Y. Wu et S. J. Hsuan** = *Nepeta rubella* A. L. Budantzev

多年生草本。生于山地草原、山间盆地。海拔 2 000 m 上下。

产北天山、东南天山。中国；亚洲有分布。

药用。

524. 活血丹属 Glechoma L.

（3777）欧活血丹 **Glechoma hederacea L.**

多年生草本。生于山地草甸、山地河谷、山坡草地、沙砾质河滩。海拔 700~1 850 m。

产东天山、准噶尔阿拉套山、北天山、东南天山、西天山。中国、哈萨克斯坦、吉尔吉斯斯坦、乌兹别克斯坦、俄罗斯；亚洲、欧洲、北美洲有分布。

药用、香料、蜜源。

525. 长蕊青兰属 Fedtschenkiella Kudr.

（3778）长蕊青兰 **Fedtschenkiella staminea（Kar. et Kir.）Kudr.** = *Dracocephalum stamineum* Kar. et Kir.

多年生草本。生于高山和亚高山草甸、石质山坡、山地草原、沙砾质河滩。海拔 1 200 ~ 4 300 m。

产东天山、东北天山、北天山、东南天山、内天山、西天山、西南天山。中国、哈萨克斯坦、吉尔吉斯斯坦、乌兹别克斯坦；亚洲有分布。

单种属植物。

526. 风轮菜属 Clinopodium L.

*（3779）极全缘风轮菜 Clinopodium integerrimum Boriss.

多年生草本。生于中山带山崖岩石缝、山地河边、灌丛、野核桃林下。海拔1 000~2 700 m。

产北天山、西天山、西南天山、内天山。哈萨克斯坦、吉尔吉斯斯坦、乌兹别克斯坦;亚洲有分布。

*527. 荆芥铁茶属 Hypogomphia Bunge（棉铁茶属 Zietenia Gled）

*（3780）荆芥铁茶 Hypogomphia bucharica Vved.

一年生草本。生于山地草甸草原、黄土丘陵、荒漠草原、固定沙丘、绿洲周边。海拔500~1 500 m。

产西天山、西南天山。乌兹别克斯坦;亚洲有分布。

*（3781）土耳其荆芥铁茶 Hypogomphia turkestana Bunge

一年生草本。生于黄土丘陵、荒漠草原、河谷、山麓洪积扇。海拔400~1 000 m。

产北天山、西天山、内天山、西南天山。哈萨克斯坦、吉尔吉斯斯坦、乌兹别克斯坦;亚洲有分布。

528. 蜜蜂花属 Melissa L.

*（3782）香蜂花 Melissa officinalis L.

多年生草本。生于山地阔叶林下、灌丛、河漫滩。海拔900~2 400 m。

产西天山、西南天山。哈萨克斯坦、吉尔吉斯斯坦、乌兹别克斯坦、俄罗斯;亚洲、欧洲有分布。

*529. 蚌萼苏属 Otostegia Benth.

*（3783）蚌萼苏 Otostegia bucharica B. Fedtsch. =Moluccella bucharica（B. Fedtsch.）Ryding

半灌木。生于石灰岩丘陵、山地荒漠草原、石膏荒漠。海拔700~1 800 m。

产西南天山。乌兹别克斯坦;亚洲有分布。

*（3784）光萼蚌萼苏 Otostegia glabricalyx Vved. =Moluccella fedtschenkoana（Kudr.）Ryding

半灌木。生于山地荒漠草原、山麓洪积扇。海拔500~2 200 m。

产西南天山。乌兹别克斯坦;亚洲有分布。

*（3785）奥勒加蚌萼苏 Otostegia olgae（Rgl.）Korsh. =Moluccella olgae（Regel）Ryding=Otostegia nikitinae Scharasch=Otostegia schennikovii Scharaschova

草本或半灌木。生于山地阳坡草地、山崖灌丛、碎石堆、裸露山脊、干河床、荒漠草原、山麓洪积扇、河漫滩。海拔400~2 100 m。

产西天山、西南天山、内天山。哈萨克斯坦、吉尔吉斯斯坦、乌兹别克斯坦;亚洲有分布。

*（3786）巴巴山蚌萼苏 Otostegia sogdiana Kudr. =Moluccella sogdiana（Kudr.）Ryding

半灌木。生于山地荒漠草原、山麓洪积扇、岩石堆。海拔500~1 700 m。

产西南天山、内天山。吉尔吉斯斯坦、乌兹别克斯坦;亚洲有分布。

*530. 短唇沙穗属 Pseudomarrubium M. Popov

*（3787）短唇沙穗 Pseudomarrubium eremostachydioides Popov

多年生草本。生于细石质山坡、山地河谷、山地草原、荒漠草原。海拔500~2 800 m。

产西天山。吉尔吉斯斯坦;亚洲有分布。

531. 青兰属 Dracocephalum L.

(3788) 光萼青兰 Dracocephalum argunense Fisch. ex Link

多年生草本。生于山地草甸、山坡草地、山地草原。海拔180~2637 m。

产东南天山。中国、朝鲜、俄罗斯;亚洲有分布。

药用。

(3789) 羽叶青兰(羽叶枝子花) Dracocephalum bipinnatum Rupr.

多年生草本。生于林间草地、山坡草地、砾石山坡、山地草原。海拔1 300~2 920 m。

产东天山、东北天山、准噶尔阿拉套山、北天山、东南天山、中央天山、西天山、西南天山。中国、哈萨克斯坦、吉尔吉斯斯坦、乌兹别克斯坦;亚洲有分布。

药用。

*(3790) 二色青兰 Dracocephalum discolor Bunge

多年生草本。生于高山草甸、冰碛石堆、石质坡地。海拔3 000~3 500 m。

产北天山、西天山、西南天山。哈萨克斯坦、吉尔吉斯斯坦、乌兹别克斯坦、俄罗斯;亚洲有分布。

*(3791) 异化青兰 Dracocephalum diversifolium Rupr.

多年生草本。生于中高山带碎石质山坡、河漫滩、荒漠化草原。海拔800~2 700 m。

产北天山、西天山、西南天山。哈萨克斯坦、吉尔吉斯斯坦、乌兹别克斯坦;亚洲有分布。

*(3792) 美丽青兰 Dracocephalum formosum Gontsch.

多年生草本。生于高山草甸、石质山坡、河谷。海拔3 300~3 700 m。

产西南天山。乌兹别克斯坦;亚洲有分布。

*(3793) 格罗斯青兰 Dracocephalum goloskokovii Roldug.

半灌木。生于中山带石质山坡、山地草甸、河谷。海拔900~2 500 m。

产北天山。哈萨克斯坦;亚洲有分布。

(3794) 大花青兰(大花毛建草) Dracocephalum grandiflorum L.

多年生草本。生于亚高山草甸、山地林缘、林间草地、碎石质山坡。海拔1 600~3 000 m。

产东天山、准噶尔阿拉套山、北天山。中国、哈萨克斯坦、吉尔吉斯斯坦、蒙古、俄罗斯;亚洲有分布。

观赏、蜜源、药用。

(3795) 异叶青兰(白花枝子花) Dracocephalum heterophyllum Benth.

多年生草本。生于高山和亚高山草甸、石质山坡、沙砾质河滩、山地草原。海拔1 000~5 000 m。

产东天山、东北天山、准噶尔阿拉套山、北天山、东南天山、中央天山、内天山、西天山、西南天山。中国、哈萨克斯坦、吉尔吉斯斯坦、乌兹别克斯坦、阿富汗、尼泊尔、印度、俄罗斯;亚洲有分布。

药用、食用、饲料。

(3796) 光青兰(无髭毛建草) Dracocephalum imberbe Bunge

多年生草本。生于高山和亚高山草甸、山地林下、林缘、砾石质山坡。海拔1 100~4 000 m。

产东天山、东北天山、准噶尔阿拉套山、北天山、东南天山、中央天山、内天山。中国、哈萨克斯坦、吉尔吉斯斯坦、俄罗斯;亚洲有分布。

观赏、植化原料(挥发油)、药用。

(3797) 全叶青兰(全缘叶青兰) **Dracocephalum integrifolium Bunge** = *Dracocephalum goloskokovii* Roldug.

多年生草本。生于山地林缘阳坡、森林草甸、山地草甸、石质山坡、山地草原。海拔1 000~2 800 m。

产东天山、东北天山、准噶尔阿拉套山、北天山、东南天山、中央天山、内天山、西天山、西南天山。中国、哈萨克斯坦、吉尔吉斯斯坦、乌兹别克斯坦、俄罗斯;亚洲有分布。

药用。

(3798) 白花全叶青兰 **Dracocephalum integrifolium var. album G. J. Liu** = *Dracocephalum integrifolium* Bunge

多年生草本。生于山地草原、山地阴坡石质坡地。海拔1 000~1 300 m。

产北天山。中国;亚洲有分布。

中国特有成分。药用。

*(3799) 黑山青兰 **Dracocephalum karataviense N. Pavl.**

半灌木。生于中低山带山崖岩石缝、山脊倒石堆。海拔1 500~3 000 m。

产内天山、西天山、西南天山。吉尔吉斯斯坦、乌兹别克斯坦;亚洲有分布。

*(3800) 库氏青兰 **Dracocephalum komarovii Lipsky**

半灌木。生于高山和亚高山草甸、冰碛石堆、悬崖岩石缝。海拔2 300~3 600 m。

产西南天山。乌兹别克斯坦;亚洲有分布。

*(3801) 阿拉木图青兰 **Dracocephalum moldavica L.**

一年生草本。生于山地荒漠草原、山麓洪积扇、田边。海拔300~1 500 m。

产北天山。哈萨克斯坦、俄罗斯;亚洲、欧洲有分布。

(3802) 多节青兰 **Dracocephalum nodulosum Rupr.**

多年生草本。生于亚高山草甸、砾石质山坡、山地荒漠草原、山地荒漠。海拔1 200~3 300 m。

产准噶尔阿拉套山、北天山、内天山、西天山、西南天山。中国、哈萨克斯坦、吉尔吉斯斯坦、乌兹别克斯坦;亚洲有分布。

药用。

(3803) 垂花青兰 **Dracocephalum nutans L.**

多年生草本。生于亚高山草甸、山地林下、林缘阳坡、林间草地、山地草原、沙砾质河滩。海拔500~2 900 m。

产东天山、准噶尔阿拉套山、北天山、东南天山、西天山、西南天山。中国、哈萨克斯坦、吉尔吉斯斯坦、乌兹别克斯坦、俄罗斯;亚洲、欧洲有分布。

药用、蜜源。

*(3804) 长叶青兰 **Dracocephalum oblongifolium Regel**

半灌木。生于高山荒漠、冰碛石堆、山地草甸。海拔2 200~4 100 m。

产内天山、西天山、西南天山。吉尔吉斯斯坦、乌兹别克斯坦；亚洲有分布。

(3805) 铺地青兰 Dracocephalum origanoides Stephan ex Willd.

多年生草本。生于高山和亚高山草甸、山地林缘、林间草地、碎石质山坡。海拔 1 400～
3 500 m。

产东天山、东北天山、准噶尔阿拉套山、北天山、东南天山。中国、哈萨克斯坦、蒙古、俄罗斯；
亚洲有分布。

药用。

(3806) 掌叶青兰 Dracocephalum palmatoides C. Y. Wu et W. T. Wang

多年生草本。生于山地林缘、山地草甸、山地草原。海拔 1 200～2 800 m。

产东天山、准噶尔阿拉套山。中国；亚洲有分布。

中国特有成分。药用。

(3807) 宽齿青兰 Dracocephalum paulsenii Briq.

多年生草本。生于高山和亚高山草甸、高寒草原。海拔 2 100～4 200 m。

产东天山、准噶尔阿拉套山、东南天山。中国、哈萨克斯坦、俄罗斯；亚洲有分布。

饲料、食用、药用。

*(3808) 帕伏罗夫青兰 Dracocephalum pavlovii Roldug.

落叶灌木。生于中山带草甸、石质坡地、河岸阶地。海拔 900～2 100 m。

产西天山、西南天山。吉尔吉斯斯坦、乌兹别克斯坦；亚洲有分布。

(3809) 刺齿青兰(刺齿枝子花) Dracocephalum peregrinum L.

多年生草本。生于山地林缘阳坡、森林草甸、山地草甸。海拔 1 400～2 500 m。

产东天山、准噶尔阿拉套山、北天山、东南天山。中国、哈萨克斯坦、吉尔吉斯斯坦、乌兹别克
斯坦、俄罗斯；亚洲有分布。

药用、香料、饲料、观赏、蜜源。

(3810) 青兰 Dracocephalum ruyschiana L.

多年生草本。生于高山和亚高山草甸、山地草原。海拔 1 300～3 200 m。

产东天山、准噶尔阿拉套山、北天山。中国、哈萨克斯坦、俄罗斯；亚洲、欧洲有分布。

药用、观赏、蜜源。

*(3811) 蜂窝果青兰 Dracocephalum scrobiculatum Regel

半灌木。生于高山荒漠、冰碛石堆。海拔 2 200～3 800 m。

产西南天山。乌兹别克斯坦；亚洲有分布。

*(3812) 刺萼青兰 Dracocephalum spinulosum Popov

多年生草本。生于高山石质坡地、碎石堆。海拔 2 700～3 100 m。

产西天山、西南天山。乌兹别克斯坦；亚洲有分布。

*(3813) 细花青兰 Dracocephalum thymiflorum L.

一年生草本。生于山地林缘、山地草甸、山麓洪积扇。海拔 1 600～2 900 m。

产北天山。哈萨克斯坦、俄罗斯；亚洲、欧洲有分布。

532. 扁柄草属 Lallemantia Fisch. et Mey.

*（3814）巴勒江扁柄草 Lallemantia baldshuanica Gontsch.

一年生草本。生于细土质山坡、山麓荒漠草地。海拔 600～2 400 m。

产西南天山、西天山。吉尔吉斯斯坦、乌兹别克斯坦；亚洲有分布。

（3815）大花扁柄草 Lallemantia peltata（L.）Fisch. et C. A. Mey.

一年生草本。生于低山荒漠、干旱山坡、平原荒漠。海拔 500～2 000 m。

产北天山、内天山。中国、塔吉克斯坦、俄罗斯；亚洲有分布。

（3816）扁柄草 Lallemantia royleana（Benth.）Benth.

一年生草本。生于低山荒漠、干旱山坡、沙漠边缘。海拔 400～1 500 m。

产东天山、东北天山、准噶尔阿拉套山、北天山、西天山、西南天山。中国、哈萨克斯坦、吉尔吉斯斯坦、乌兹别克斯坦、巴基斯坦、印度、俄罗斯；亚洲、欧洲有分布。

药用。

533. 夏枯草属 Prunella L.

（3817）夏枯草 Prunella vulgaris L.

多年生草本。生于山地林下、灌丛、山地河谷、溪边湿地。海拔 1 000～3 000 m。

产东天山、准噶尔阿拉套山、北天山、西天山、西南天山。中国、哈萨克斯坦、吉尔吉斯斯坦、乌兹别克斯坦、巴基斯坦、尼泊尔、印度、俄罗斯；亚洲、欧洲、大洋洲、北非有分布。

药用、食用、蜜源。

＊534. 管沙穗属 Paraeremostachys

*（3818）准噶尔管沙穗 Paraeremostachys dshungarica（Popov）Adylov, Kamelin et Makhm. = *Phlomoides eriocalyx*（Regel）Adylov, Kamelin et Makhm.

多年生草本。生于石质坡地、平原黏土-细沙土荒漠。海拔 500～1 600 m。

产北天山、西天山、西南天山。哈萨克斯坦、吉尔吉斯斯坦、乌兹别克斯坦；亚洲有分布。

*（3819）瑟维氏管沙穗 Pseuderemostachys sewerzowii（Herd.）M. Popov

多年生草本。生于中高山带碎石质坡地、河谷、灌丛。海拔 900～2 100 m。

产西天山、西南天山。吉尔吉斯斯坦、乌兹别克斯坦；亚洲有分布。

535. 沙穗属 Eremostachys Bunge

*（3820）黑山沙穗 Eremostachys affinis Schrenk = *Phlomoides affinis*（Schrenk）Salmaki

多年生草本。生于山麓洪积扇、低山石质黏土荒漠、黏土盐化草地。海拔 600～1 500 m。

产北天山、内天山。吉尔吉斯斯坦；亚洲有分布。

*（3821）铃萼沙穗 Eremostachys codonocalyx Pazij et Vved.

多年生草本。生于前山与中山带碎石山坡、荒漠草地。海拔 1 500～2 800 m。

产西天山、西南天山。乌兹别克斯坦；亚洲有分布。

（3822）光亮沙穗 Eremostachys fulgens Bunge = *Phlomoides fulgens*（Bunge）Adylov, Kamelin et Makhm.

多年生草本。生于山地林缘、山地灌丛、山坡草地、山地草原。海拔 600～2 700 m。

产北天山、西天山、西南天山。中国、吉尔吉斯斯坦、乌兹别克斯坦；亚洲有分布。

447

* （3823）平瓣沙穗 **Eremostachys isochila Pazij et Vved.** = *Phlomoides isochila*（Pazij et Vved.）Salmaki

多年生草本。生于山地林缘、低山碎石堆、河谷、干河床、平原荒漠。海拔 700~2 000 m。

产北天山、西天山、西南天山。哈萨克斯坦、吉尔吉斯斯坦、乌兹别克斯坦；亚洲有分布。

（3824）喀拉套沙穗 **Eremostachys karatavica N. Pavl.** = *Paraeremostachys karatavica*（Pavl.）Adyl.

多年生草本。生于低山带砾石质坡地。海拔 1 300 m 上下。

产东天山、准噶尔阿拉套山。中国、哈萨克斯坦、吉尔吉斯斯坦、乌兹别克斯坦；亚洲有分布。

（3825）沙穗 **Eremostachys molucelloides Bunge** = *Phlomoides molucelloides*（Bunge）Salmaki

多年生草本。生于山地林缘、山地草原、低山荒漠、沙砾质戈壁。海拔 300~1 700 m。

产东天山、准噶尔阿拉套山、北天山。中国、哈萨克斯坦、伊朗、巴基斯坦、印度、蒙古、俄罗斯；亚洲有分布。

药用。

（3826）糙苏状沙穗 **Eremostachys phlomoides Bunge** = *Paraeremostachys phlomoides*（Bge.）Adyl.

多年生草本。生于低山干旱山坡、砾石质山坡、平原沙地。海拔 500 m 上下。

产准噶尔阿拉套山、北天山。中国、哈萨克斯坦；亚洲有分布。

药用。

* （3827）轮状沙穗 **Eremostachys rotata Schrenk ex Fisch.**

多年生草本。生于山麓平原固定沙丘。海拔 300~700 m。

产准噶尔阿拉套山。哈萨克斯坦；亚洲有分布。

（3828）美丽沙穗 **Eremostachys speciosa Rupr.** = *Phlomoides speciosa*（Rupr.）Adyl.

多年生草本。生于山地草原、干旱山坡、砾石质山坡。海拔 1 200~3 300 m。

产准噶尔阿拉套山、北天山、内天山、西天山、西南天山。中国、哈萨克斯坦、吉尔吉斯斯坦、乌兹别克斯坦、伊朗；亚洲有分布。

（3429）光沙穗 **Eremostachys zenaidae Popov** = *Phlomoides zenaidae*（Popov）Adylov, Kamelin et Makhm.

多年生草本。生于山地草甸、山地河谷、低山干旱山坡、砾石质山坡、山麓洪积扇、干河床、荒漠草原。海拔 600~2 600 m。

产北天山、西天山。中国、哈萨克斯坦、吉尔吉斯斯坦；亚洲有分布。

药用。

536. 木糙苏属（糙苏属、橙花糙苏属）Phlomis L.

（3830）耕地糙苏 **Phlomis agraria Bunge** = *Phlomoides agraria*（Bunge）Adylov, Kamelin et Makhm.

多年生草本。生于山地林下、林间草地、山地草甸、灌丛、山地草原。海拔 900~2 850 m。

产东天山、东北天山、准噶尔阿拉套山、北天山、东南天山、中央天山。中国、哈萨克斯坦、吉尔吉斯斯坦、蒙古；亚洲有分布。

药用。

（3831）高山糙苏 **Phlomis alpina Pall.** = *Phlomoides alpina*（Pall.）Adylov, Kamelin et Makhm.

多年生草本。生于亚高山草甸、山地林缘、林间草地。海拔 1 400~2 900 m。

产东天山、东北天山、准噶尔阿拉套山、北天山、东南天山。中国、哈萨克斯坦、吉尔吉斯斯坦、俄罗斯;亚洲有分布。

药用。

(3832) 青河糙苏(清河糙苏) **Phlomis chinghoensis C. Y. Wu** =*Phlomoides chinghoensis* (C. Y. Wu) Kamelin et Makhm.

多年生草本。生于山地林下、林间草地、山地草原、低山丘陵。海拔 1 300~2 650 m。

产东天山、准噶尔阿拉套山、北天山、中央天山。中国;亚洲有分布。

药用。

*(3833) 绿萼糙苏 **Phlomis hypoleuca Vved.**

多年生草本。生于山麓石质山坡、碎石堆。海拔 700~1 600 m。

产北天山、西天山、西南天山。吉尔吉斯斯坦、乌兹别克斯坦;亚洲有分布。

(3834) 山地糙苏 **Phlomis oreophila Kar. et Kir.** =*Phlomoides oreophila* (Kar. et Kir.) Adylov, Kamelin et Makhm. =*Phlomis oreophila* var. *evillosa* C. Y. Wu

多年生草本。生于高山和亚高山草甸、山地林缘、林间草地、河谷、山地草原。海拔 800~3 600 m。

产东天山、东北天山、准噶尔阿拉套山、北天山、东南天山、中央天山、内天山、西天山、西南天山。中国、哈萨克斯坦、吉尔吉斯斯坦、乌兹别克斯坦、俄罗斯;亚洲有分布。

药用。

(3835) 草原糙苏 **Phlomis pratensis Kar. et Kir.** =*Phlomoides pratensis* (Kar. et Kir.) Adylov, Kamelin et Makhm.

多年生草本。生于亚高山草甸、山地林缘、林间草地、山地草原。海拔 200~3 000 m。

产东天山、东北天山、准噶尔阿拉套山、北天山、东南天山、中央天山、内天山、西天山、西南天山。中国、哈萨克斯坦、吉尔吉斯斯坦、乌兹别克斯坦;亚洲有分布。

药用。

*(3836) 涅氏糙苏 **Phlomis regelii Popov**

多年生草本。生于低山石质坡地、河岸阶地、山麓洪积扇、平原荒漠草地、沙地。海拔 300~1 900 m。

产北天山、西天山、西南天山。吉尔吉斯斯坦、乌兹别克斯坦;亚洲有分布。

*(3837) 柳叶糙苏 **Phlomis salicifolia Regel**

多年生草本。生于山坡草地、山麓石质荒漠、干河滩、平原荒漠草地。海拔 400~2 300 m。

产内天山、北天山、西天山、西南天山。吉尔吉斯斯坦、乌兹别克斯坦;亚洲有分布。

*(3838) 北方糙苏 **Phlomis sewerzovii Regel**

多年生草本。生于中山带石质山坡。海拔 1 500~2 800 m。

产北天山、内天山、西天山、西南天山。吉尔吉斯斯坦、乌兹别克斯坦;亚洲有分布。

(3839) 块根糙苏 **Phlomis tuberosa L.** =*Phlomoides tuberosa* (L.) Moench.

多年生草本。生于山地林下、林间草地、山地草甸、低山丘陵。海拔 1 100~2 900 m。

产东天山、东北天山、准噶尔阿拉套山、北天山、西天山。中国、哈萨克斯坦、吉尔吉斯斯坦、乌

兹别克斯坦、蒙古、伊朗、俄罗斯;亚洲、欧洲有分布。
药用。

*537. 假糙苏属 Phlomoides Moench.

*（3840）田间假糙苏 Phlomoides agraria（Bunge）Adylov, Kamelin et Makhm.

多年生草本。生于山地阳坡灌丛、低山丘陵、平原干河谷。海拔700~2 500 m。

产准噶尔阿拉套山、北天山。哈萨克斯坦、吉尔吉斯斯坦、俄罗斯;亚洲有分布。

*（3841）阿莱假糙苏 Phlomoides alaica（Knorring）Adylov, Kamelin et Makhm.

多年生草本。生于山地阔叶林-灌丛、山地草甸、低山丘陵、杜加依林下。海拔500~1 800 m。

产西天山、西南天山、内天山。乌兹别克斯坦;亚洲有分布。

*（3842）高山假糙苏 Phlomoides alpina（Pall.）Adylov, Kamelin et Makhm.

多年生草本。生于亚高山草甸、山地林缘、山地草原。海拔1 400~2 900 m。

产准噶尔阿拉套山、西天山。哈萨克斯坦、吉尔吉斯斯坦;亚洲有分布。

*（3843）含糊假糙苏 Phlomoides ambigua（Popov ex Pazij et Vved.）Adylov, Kamelin et Makhm.

多年生草本。生于石质-细土质山坡、砾岩堆、山地草原。海拔1 900~2 900 m。

产西南天山、内天山。乌兹别克斯坦;亚洲有分布。

*（3844）乌加明假糙苏 Phlomoides angreni（M. Pop.）Adyl.

多年生草本。生于高山石质坡地、碎石堆、悬崖。海拔2 900~3 200 m。

产西天山、西南天山。吉尔吉斯斯坦、乌兹别克斯坦;亚洲有分布。

*（3845）牛蒡叶假糙苏 Phlomoides arctifolia（Popov）Adylov, Kamelin et Makhm.

多年生草本。生于山地森林-灌丛、山地草原、沙质山坡。海拔1 300~1 600 m。

产西南天山、内天山。乌兹别克斯坦;亚洲有分布。

*（3846）巴布若假糙苏 Phlomoides baburii（Adylov）Adylov

多年生草本。生于山地荒漠草地、山麓平原荒漠草地。海拔500~900 m。

产西南天山。乌兹别克斯坦;亚洲有分布。

*（3847）巴勒江假糙苏 Phlomoides baldschuanica（Regel）Adylov, Kamelin et Makhm.

多年生草本。生于山坡草地、河岸阶地。海拔900~2 300 m。

产西南天山、内天山。乌兹别克斯坦;亚洲有分布。

*（3848）伯斯假糙苏 Phlomoides boissieriana（Regel）Adylov, Kamelin et Makhm.

多年生草本。生于山地河谷、山麓洪积扇、沙漠。海拔300~600 m。

产西天山、西南天山。吉尔吉斯斯坦、乌兹别克斯坦;亚洲有分布。

*（3849）短苞假糙苏 Phlomoides brachystegia（Bunge）Adylov, Kamelin et Makhm.

多年生草本。生于中山带山坡、河床、灌丛。海拔1 600~2 800 m。

产西南天山、内天山。吉尔吉斯斯坦、乌兹别克斯坦;亚洲有分布。

*（3850）灰白假糙苏 Phlomoides canescens（Regel）Adylov, Kamelin et Makhm. = Phlomoides tyt-
thaster（Vved.）Adylov, Kamelin et Makhm.

多年生草本。生于亚高山草甸、山坡草地、河谷、灌丛。海拔900~3 000 m。

产西天山、西南天山、内天山。吉尔吉斯斯坦、乌兹别克斯坦;亚洲有分布。

*(3851) 无毛假糙苏 **Phlomoides cephalariifolia**（M. Pop.）**Adyl.**
多年生草本。生于碎石质山坡、洪积扇、荒漠草原。海拔 500～2 500 m。
产西天山、西南天山。吉尔吉斯斯坦、乌兹别克斯坦有分布。

*(3852) 心叶假糙苏 **Phlomoides cordifolia**（Regel）**Adylov, Kamelin et Makhm.**
多年生草本。生于中山带山崖、石质坡地、干河谷、河流阶地。海拔 800～2 600 m。
产西南天山、内天山。吉尔吉斯斯坦、乌兹别克斯坦;亚洲有分布。

*(3853) 楚河假糙苏 **Phlomoides czuiliensis**（Golosk.）**Adylov, Kamelin et Makhm.**
多年生草本。生于山地草甸、低山蒿属荒漠。海拔 1 200～2 500 m。
产北天山。哈萨克斯坦;亚洲有分布。

*(3854) 无苞假糙苏 **Phlomoides ebracteolata**（Popov）**Adylov, Kamelin et Makhm.**
多年生草本。生于中山带山碎石堆、洪积扇。海拔 700～1 800 m。
产西天山、西南天山。乌兹别克斯坦;亚洲有分布。

*(3855) 毛萼假糙苏 **Phlomoides eriocalyx**（Regel）**Adylov, Kamelin et Makhm.**
多年生草本。生于山地草甸、河漫滩、低山丘陵、山麓平原、干河谷。海拔 500～2 000 m。
产西天山、西南天山、内天山。乌兹别克斯坦;亚洲有分布。

*(3856) 费尔干纳假糙苏 **Phlomoides ferganensis**（Popov）**Adylov, Kamelin et Makhm.**
多年生草本。生于亚高山阳坡草地、山地灌丛。海拔 1 600～2 900 m。
产西南天山。吉尔吉斯斯坦、乌兹别克斯坦;亚洲有分布。

*(3857) 菲氏假糙苏 **Phlomoides fetisowii**（Regel）**Adylov, Kamelin et Makhm.**
多年生草本。生于山地草甸、山地河谷、山地灌丛。海拔 1 600～2 500 m。
产北天山、西天山、西南天山。哈萨克斯坦、吉尔吉斯斯坦、乌兹别克斯坦;亚洲有分布。

*(3858) 露萼假糙苏 **Phlomoides gymnocalyx**（Schrenk）**Adylov, Kamelin et Makhm.**
多年生草本。生于山地草甸、山麓洪积扇、蒿属荒漠。海拔 1 000～2 600 m。
产北天山。哈萨克斯坦;亚洲有分布。

*(3859) 伊犁假糙苏 **Phlomoides iliensis**（Regel）**Adylov, Kamelin et Makhm.**
多年生草本。生于低山山坡草地、山麓洪积扇。海拔 600～1 900 m。
产准噶尔阿拉套山。哈萨克斯坦;亚洲有分布。

*(3860) 凹叶脉假糙苏 **Phlomoides imperessa**（Pazij et Vved.）**Adyl.**
多年生草本。生于山麓平原、丘陵石质草地。海拔 500～2 000 m。
产西天山、西南天山。乌兹别克斯坦;亚洲有分布。

*(3861) 玛卡假糙苏 **Phlomoides integior**（Pazij et Vved.）**Adylov, Kamelin et Makhm.**
多年生草本。生于低山碎石堆、山地草原、荒漠草原。海拔 600～1 500 m。
产西天山、西南天山。乌兹别克斯坦;亚洲有分布。

*(3862) 卡夫曼假糙苏 **Phlomoides kaufmanniana**（Regel）**Adylov, Kamelin et Makhm.**
多年生草本。生于石质-细土质山坡、河流阶地。海拔 500～1 700 m。

产西南天山、内天山。乌兹别克斯坦;亚洲有分布。

*（3863）吉尔吉斯假糙苏 **Phlomoides kirghisorum Adylov, Kamelin et Makhm.**
多年生草本。生于低山草坡、山地草原、荒漠草原、山麓洪积扇。海拔 600~1 800 m。
产西天山、西南天山。乌兹别克斯坦;亚洲有分布。

*（3864）杜加依假糙苏 **Phlomoides knorringiana（M. Pop.）Adyl.**
多年生草本。生于低山带阔叶林下、灌丛下、杜加依林下。海拔 500~1 700 m。
产西天山、西南天山。乌兹别克斯坦;亚洲有分布。

*（3865）克洛维假糙苏 **Phlomoides korovinii（Popov）Adylov, Kamelin et Makhm.**
多年生草本。生于亚高山草甸、碎石质坡地。海拔 2 800~3 200 m。
产北天山。哈萨克斯坦;亚洲有分布。

*（3866）大唇假糙苏 **Phlomoides labiosa（Bunge）Adylov, Kamelin et Makhm.** = *Phlomoides napuligera*（Franch.）Adylov, Kamelin et Makhm.
多年生草本。生于低山丘陵、山麓平原、荒漠草地。海拔 200~1 700 m。
产北天山、西南天山、西天山、内天山。哈萨克斯坦、吉尔吉斯斯坦、乌兹别克斯坦;亚洲有分布。

*（3867）毛叶假糙苏 **Phlomoides lanatifolia Machmedov**
多年生草本。生于中山带山崖、石质坡地。海拔 1 000~2 600 m。
产西南天山。吉尔吉斯斯坦、乌兹别克斯坦;亚洲有分布。

*（3868）利赫曼假糙苏 **Phlomoides lehmanniana（Bunge）Adylov, Kamelin et Makhm.**
多年生草本。生于山地草甸、石质山坡、灌丛、荒漠草原。海拔 800~2 500 m。
产西南天山、内天山。乌兹别克斯坦;亚洲有分布。

*（3869）米海利斯假糙苏 **Phlomoides michaelis Adylov, Kamelin et Makhm.**
多年生草本。生于山坡草地、荒漠草地。海拔 300~1 900 m。
产西南天山、西天山、内天山。吉尔吉斯斯坦、乌兹别克斯坦;亚洲有分布。

*（3870）漠根河假糙苏 **Phlomoides mogianica（Popov）Salmaki** = *Eremostachys mogianica* Popov
多年生草本。生于山坡草地、山地草原、山麓洪积扇。海拔 900~2 100 m。
产西南天山、西天山。乌兹别克斯坦;亚洲有分布。

*（3871）无叶假糙苏 **Phlomoides nuda（Regel）Adylov, Kamelin et Makhm.**
多年生草本。生于中山带荒漠、山麓荒漠。海拔 900~2 600 m。
产内天山、西天山、西南天山。吉尔吉斯斯坦、乌兹别克斯坦;亚洲有分布。

*（3872）山地假糙苏 **Phlomoides oreophila（Kar. et Kir.）Adylov, Kamelin et Makhm.**
多年生草本。生于冰碛碎石堆、山地草甸、山地林缘、灌丛、山地草原。海拔 1 400~3 500 m。
产准噶尔阿拉套山、北天山、西天山、西南天山、内天山。哈萨克斯坦、吉尔吉斯斯坦、乌兹别克斯坦;亚洲有分布。

*（3873）斯氏假糙苏 **Phlomoides ostrowskiana（Regel）Adylov, Kamelin et Makhm.**
多年生草本。生于高山和亚高山草甸、山地阳坡灌丛。海拔 3 000~3 500 m。

产西南天山。吉尔吉斯斯坦、乌兹别克斯坦;亚洲有分布。

*（3874）沙穗假糙苏 **Phlomoides pectinata**（Popov）**Adylov, Kamelin et Makhm.**

多年生草本。生于山麓洪积扇、荒漠草原。海拔 800~1 800 m。

产西天山。乌兹别克斯坦;亚洲有分布。

*（3875）波波夫假糙苏 **Phlomoides popovii**（Gontsch.）**Adylov, Kamelin et Makhm.**

多年生草本。生于山坡草地、山地荒漠草原。海拔 700~1 800 m。

产西南天山、西天山、内天山。吉尔吉斯斯坦、乌兹别克斯坦;亚洲有分布。

*（3876）草原假糙苏 **Phlomoides pratensis**（Kar. et Kir.）**Adylov, Kamelin et Makhm.**

多年生草本。生于灌丛-草甸、山地草甸、灌丛。海拔 900~2 900 m。

产准噶尔阿拉套山、北天山、西天山。哈萨克斯坦、吉尔吉斯斯坦;亚洲有分布。

*（3877）稍美假糙苏 **Phlomoides pulchra**（Popov）**Adylov, Kamelin et Makhm.**

多年生草本。生于山坡草地、低山丘陵、山麓碎石堆。海拔 500~2 100 m。

产西南天山、内天山。乌兹别克斯坦;亚洲有分布。

*（3878）热吉利假糙苏 **Phlomoides regeliana**（Aitch. et Hemsl.）**Adylov, Kamelin et Makhm.**

多年生草本。生于山麓平原草地、固定沙丘。海拔 300~1 000 m。

产西南天山、西天山。吉尔吉斯斯坦、乌兹别克斯坦;亚洲有分布。

*（3879）舒古南假糙苏 **Phlomoides schugnanica**（Popov）**Adylov, Kamelin et Makhm.**

多年生草本。生于山坡草地、山崖、干河谷。海拔 1 700~2 800 m。

产西南天山、内天山。乌兹别克斯坦;亚洲有分布。

*（3880）北方假糙苏 **Phlomoides septentrionalis**（Popov）**Adylov, Kamelin et Makhm.**

多年生草本。生于石质山坡、山麓洪积-冲积扇。海拔 900~1 600 m。

产北天山。哈萨克斯坦;亚洲有分布。

*（3881）孜拉普善假糙苏 **Phlomoides seravschanica**（Regel）**Adylov, Kamelin et Makhm.**

多年生草本。生于山崖阴湿处、潮湿山谷、河谷、山地荒漠草原、河漫滩。海拔 900~2 800 m。

产西南天山、内天山。乌兹别克斯坦;亚洲有分布。

*（3882）天山假糙苏 **Phlomoides tianschanica**（Popov）**Adylov, Kamelin et Makhm.**

多年生草本。生于亚高山草甸、山脊碎石堆、悬崖、灌丛。海拔 2 500~3 100 m。

产西天山、西南天山。乌兹别克斯坦;亚洲有分布。

*（3883）齐木干假糙苏 **Phlomoides tschimganica**（Vved.）**Adylov, Kamelin et Makhm.**

多年生草本。生于中山带石质山坡、碎石堆。海拔 1 600~2 800 m。

产西南天山。乌兹别克斯坦;亚洲有分布。

*（3884）块根假糙苏 **Phlomoides tuberosa**（L.）**Moench**

多年生草本。生于山麓坡地、平原荒漠。海拔 600~900 m。

产准噶尔阿拉套山、北天山、西天山。哈萨克斯坦、吉尔吉斯斯坦;亚洲有分布。

*（3885）单花假糙苏 **Phlomoides uniflora**（Regel）**Adylov, Kamelin et Makhm.**

多年生草本。生于沙质-砾质山坡、山麓洪积扇。海拔 500~1 400 m。

产西南天山、内天山。乌兹别克斯坦;亚洲有分布。

*(3886) 尾状萼假糙苏 **Phlomoides urodonta**（Popov）**Adylov, Kamelin et Makhm.**

多年生草本。生于山地森林-灌丛、山坡草地、山地草原。海拔 1 200~2 700 m。

产西天山。哈萨克斯坦、吉尔吉斯斯坦、乌兹别克斯坦;亚洲有分布。

*(3887) 瓦维洛夫假糙苏 **Phlomoides vavilovii**（Popov）**Adylov, Kamelin et Makhm.**

多年生草本。生于亚高山灌丛、碎石堆、山崖、山地草甸。海拔 2 800~3 200 m。

产北天山、西天山。吉尔吉斯斯坦、乌兹别克斯坦;亚洲有分布。

538. 鼬瓣花属 Galeopsis L.

(3888) 鼬瓣花 **Galeopsis bifida Boenn.**

一年生草本。生于山地林间草地、山地草甸、河谷灌丛、河漫滩草甸。海拔 1 100~4 000 m。

产准噶尔阿拉套山、北天山。中国、哈萨克斯坦、吉尔吉斯斯坦、朝鲜、日本、蒙古、俄罗斯;亚洲、欧洲、北美洲有分布。

有毒、油料、药用、蜜源。

*(3889) 田间鼬瓣花 **Galeopsis ladanum L.**

一年生草本。生于荒野、田边、路边。海拔 1 500~2 400 m。

产西天山。乌兹别克斯坦;亚洲有分布。

539. 野芝麻属 Lamium L.

(3890) 短柄野芝麻 **Lamium album L.**

多年生草本。生于亚高山草甸、山地林下、林间草地、山地草甸、河谷草甸、灌丛。海拔 800~2 800 m。

产东天山、东北天山、准噶尔阿拉套山、北天山、东南天山、内天山、西天山、西南天山。中国、哈萨克斯坦、吉尔吉斯斯坦、乌兹别克斯坦、伊朗、印度、日本、蒙古、俄罗斯、加拿大;亚洲、欧洲、北美洲有分布。

药用、食用、香料、蜜源。

(3891) 宝盖草 **Lamium amplexicaule L.**

一年生草本。生于砾石质山坡、平原绿洲、田间、撂荒地。海拔 800~4 000 m。

产东天山、东北天山、准噶尔阿拉套山、北天山、东南天山、内天山、西天山、西南天山。中国、哈萨克斯坦、吉尔吉斯斯坦、乌兹别克斯坦、俄罗斯;亚洲、欧洲有分布。

药用。

540. 元宝草属（菱叶元宝草属）Alajja S. Ikonn.

(3892) 异叶元宝草 **Alajja anomala**（Juz.）**Ikonn.**

多年生草本。生于山地草甸、干旱山坡、砾石质山坡。海拔 900~3 400 m。

产东天山、北天山、内天山、西天山、西南天山。中国、哈萨克斯坦、吉尔吉斯斯坦、乌兹别克斯坦;亚洲有分布。

*(3993) 阿富汗元宝草 **Alajja afghanica**（Rech. f.）**Ikonn.**

多年生草本。生于砾石质山坡、岩石峭壁、山地河谷。海拔 1 900~3 000 m。

产西南天山、内天山。乌兹别克斯坦;亚洲有分布。

541. 鬃尾草属 Chaiturus Ehrh. ex Willd.

　　(4894) 鬃尾草 **Chaiturus marrubiastrum**（L.）**Ehrh. ex Rchb.**

　　　　二年生或多年生草本。生于平原绿洲、田边、水边。海拔 500～800 m。

　　　　产东北天山、准噶尔阿拉套山、北天山、西天山、西南天山。中国、哈萨克斯坦、吉尔吉斯斯坦、

　　　　乌兹别克斯坦、俄罗斯;亚洲、欧洲有分布。

　　　　药用。

542. 假水苏属 Stachyopsis M. Popov et Vved.

　　(3895) 心叶假水苏 **Stachyopsis lamiiflora**（Rupr.）**Popov et Vved.** = *Eriophyton lamiiflorum*（Rupr.）

　　　　Bräuchler

　　　　多年生草本。生于山地林缘、林间草地、山地草甸、河谷、灌丛。海拔 1 700～2 700 m。

　　　　产准噶尔阿拉套山、北天山、西天山、西南天山。中国、哈萨克斯坦、吉尔吉斯斯坦、乌兹别克

　　　　斯坦;亚洲有分布。

　　(3896) 多毛假水苏 **Stachyopsis marrubioides**（Regel）**Ikonn. -Gal.** = *Stachyopsis canescens*（Regel）

　　　　Adylov et Tulyag. = *Eriophyton marrubioides*（Regel）Ryding

　　　　多年生草本。生于亚高山草甸、山地林缘、林间草地、山地草甸、河谷、阔叶林下、灌丛。海拔

　　　　1 200～3 000 m。

　　　　产准噶尔阿拉套山、北天山、内天山、西天山、西南天山。中国、哈萨克斯坦、吉尔吉斯斯坦、乌

　　　　兹别克斯坦;亚洲有分布。

　　　　药用。

　　(3897) 假水苏 **Stachyopsis oblongata**（Schrenk）**Popov et Vved.** = *Eriophyton oblongatum*（Schrenk）

　　　　Bendiksby

　　　　多年生草本。生于亚高山草甸、山地林缘、林间草地、山地草甸、河谷、灌丛。海拔 500～

　　　　3 000 m。

　　　　产东天山、东北天山、准噶尔阿拉套山、北天山、西天山、西南天山。中国、哈萨克斯坦、吉尔吉

　　　　斯斯坦、乌兹别克斯坦;亚洲有分布。

　　　　药用。

543. 益母草属 Leonurus L.

　　*(3898) 灰叶益母草 **Leonurus glaucescens Bunge**

　　　　多年生草本。生于石质山坡、河边、村落周边。海拔 200～900 m。

　　　　产准噶尔阿拉套山、西天山、北天山。哈萨克斯坦、吉尔吉斯斯坦;亚洲有分布。

　　*(3899) 灰花益母草 **Leonurus incanus V. I. Krecz. et Kurian.**

　　　　多年生草本。生于亚高山草甸、山崖、河谷、灌丛。海拔 1 700～2 800 m。

　　　　产准噶尔阿拉套山。哈萨克斯坦;亚洲有分布。

　　(3900) 益母草 **Leonurus artemisia**（Lour.）**S. Y. Hu** = *Leonurus japonicus* Houtt.

　　　　一年生或二年生草本。生于山地林缘、山地草甸、河谷草甸。海拔 1 400～3 400 m。

　　　　产东天山、东北天山。中国、朝鲜、日本、蒙古、俄罗斯;亚洲、非洲、美洲有分布。

　　　　药用、植化原料(芳香油)。

*（3901）短瓣益母草 **Leonurus panzerioides Popov**

多年生草本。生于高山冰碛石碓、碎石堆、悬崖岩石缝。海拔 2 900～3 400 m。

产内天山、西天山、西南天山。吉尔吉斯斯坦、乌兹别克斯坦;亚洲有分布。

（3902）新疆益母草（土耳其益母草）**Leonurus turkestanicus V. I. Krecz. et Kuprian**

多年生草本。生于山地林缘、山地草原、河谷草甸。海拔 540～2 000 m。

产东天山、东北天山、准噶尔阿拉套山、北天山、东南天山、内天山、西天山、西南天山。中国、
哈萨克斯坦、吉尔吉斯斯坦、乌兹别克斯坦;亚洲有分布。

药用、蜜源。

544. 脓疮草属 Panzeria Moench. （Panzerina Sojak）

（3903）小花脓疮草 **Panzeria parviflora C. Y. Wu et H. W. Li** = *Panzerina lanata* var. *parviflora* H. W. Li

多年生草本。生于低山石质山坡、山坡冲沟。海拔 900～1 900 m。

产东天山。中国;亚洲有分布。

中国特有成分。药用。

545. 兔唇花属 Lagochilus Bunge

*（3904）黑山兔唇花 **Lagochilus androssowii Knorring**

小半灌木。生于山麓碎石坡地、砾石质荒漠。海拔 900～1 600 m。

产西天山。乌兹别克斯坦;亚洲有分布。

（3905）无毛兔唇花（阿尔泰兔唇花）**Lagochilus bungei Benth.**

多年生草本。生于低山石质山坡、荒漠。海拔 390～1 316 m。

产东天山、准噶尔阿拉套山、北天山。中国、哈萨克斯坦、吉尔吉斯斯坦、俄罗斯;亚洲有分布。
药用。

（3906）二刺兔唇花 **Lagochilus diacanthophyllus（Pall.）Benth.**

多年生草本。生于干旱砾石质山坡、荒漠草原、山麓洪积扇、平原沙砾质戈壁。海拔 530～
3 300 m。

产东天山、东北天山、准噶尔阿拉套山、北天山、内天山、西天山。中国、哈萨克斯坦、吉尔吉斯
斯坦、乌兹别克斯坦、蒙古;亚洲有分布。
药用。

*（3907）德洛夫兔唇花 **Lagochilus drobovii Kamelin et Tzukerv.**

小半灌木。生于山麓洪积-冲积扇、荒漠化草原。海拔 600～1 700 m。

产西天山、西南天山。乌兹别克斯坦;亚洲有分布。

（3908）大花兔唇花 **Lagochilus grandiflorus C. Y. Wu et S. J. Hsuan**

多年生草本。生于碎石质山坡、山地草原、山麓荒漠。海拔 500～2 300 m。

产东天山、东北天山、准噶尔阿拉套山、北天山。中国;亚洲有分布。
药用。

*（3909）石膏兔唇花 **Lagochilus gypsaceus Vved.**

小半灌木。生于山麓碎石堆、细石质-砾石质坡地、石膏荒漠。海拔 500～1 600 m。

产西天山、西南天山、内天山。吉尔吉斯斯坦、乌兹别克斯坦;亚洲有分布。

＊(3910) 硬毛兔唇花 **Lagochilus hirsutissimus Vved.**
小半灌木。生于山麓干旱石质坡地、龟裂土荒漠、盐渍化沙地。海拔 300~1 700 m。
产准噶尔阿拉套山、北天山。哈萨克斯坦;亚洲有分布。

＊(3911) 长毛兔唇花 **Lagochilus hirtus Fisch. et C. A. Mey.**
小半灌木。生于山麓砾石质荒漠、龟裂土荒漠、盐渍化沙地。海拔 300~1 600 m。
产准噶尔阿拉套山、北天山。哈萨克斯坦;亚洲有分布。

＊(3912) 斜枝兔唇花 **Lagochilus inebrians Bunge**
小半灌木。生于黄土丘陵、山麓洪积扇、河谷阶地。海拔 300~1 200 m。
产内天山。吉尔吉斯斯坦;亚洲有分布。

(3913) 喀什兔唇花 **Lagochilus kaschgaricus Rupr.**
多年生草本。生于干旱砾石质山坡、河谷阶地、山麓洪积扇、砾质戈壁。海拔 800~3 100 m。
产东天山、北天山、内天山。中国、哈萨克斯坦、吉尔吉斯斯坦;亚洲有分布。
药用。

＊(3914) 毛萼兔唇花 **Lagochilus knorringianus Pavlov**
小半灌木。生于中山带石质山坡、山麓石膏荒漠。海拔 900~1 700 m。
产北天山、内天山、西天山、西南天山。吉尔吉斯斯坦、乌兹别克斯坦;亚洲有分布。

＊(3915) 克西吐山兔唇花 **Lagochilus kschtutensis Knorring**
小半灌木。生于山地荒漠草原、砾石堆、山麓洪积扇。海拔 500~2 100 m。
产西南天山、内天山。乌兹别克斯坦;亚洲有分布。

(3916) 毛节兔唇花 **Lagochilus lanatonodus C. Y. Wu et S. J. Hsuan**
多年生草本。生于低山丘陵、砾石质山坡、荒漠草原。海拔 470~2 900 m。
产东天山、东北天山、准噶尔阿拉套山、北天山、东南天山。中国;亚洲有分布。
中国特有成分。药用。

＊(3917) 光刺兔唇花 **Lagochilus leacanthus Fisch. et C. A. Mey.**
半灌木。生于山崖峭壁、碎石质山坡、黄土丘陵、山麓洪积扇。海拔 600~2 300 m。
产西天山、西南天山。吉尔吉斯斯坦、乌兹别克斯坦;亚洲有分布。

＊(3918) 长刺小兔唇花 **Lagochilus longidentatus Knorring**
半灌木。生于碎石质山坡、山麓碎石堆、干河床、荒漠草地。海拔 1 600~2 300 m。
产西天山。哈萨克斯坦、乌兹别克斯坦;亚洲有分布。

＊(3919) 诺斯基兔唇花 **Lagochilus nevskii Knorring**
小半灌木。生于石质山坡、砾岩堆、石灰岩丘陵、山地荒漠草原、石膏荒漠。海拔 700~
2 100 m。
产西南天山、内天山。乌兹别克斯坦;亚洲有分布。

＊(3920) 藏花兔唇草 **Lagochilus occultiflorus Rupr.**
半灌木。生于石质山坡、岩石堆、山地河谷、黄土丘陵、山地草原。海拔 1 800~2 800 m。

产北天山、西天山、西南天山。哈萨克斯坦、吉尔吉斯斯坦、乌兹别克斯坦;亚洲有分布。

*(3921) 伏尔加兔唇花 **Lagochilus olgae Kamelin**

小半灌木。生于山地阴坡草地、干草原、干旱山坡。海拔 800~1 800 m。

产西南天山、内天山。乌兹别克斯坦;亚洲有分布。

*(3922) 帕勒森兔唇花 **Lagochilus paulsenii Briq.**

小半灌木。生于山地碎石堆、山崖峭壁、石灰岩丘陵。海拔 500~2 100 m。

产西南天山、内天山。乌兹别克斯坦;亚洲有分布。

(3923) 阔刺兔唇花 **Lagochilus platyacanthus Rupr.** = *Lagochilus iliensis* C. Y. Wu et S. J. Hsuan = *Lagochilus macrodentus* Knorr.

多年生草本或半灌木。生于砾质山坡、河漫滩、干河床、河岸阶地、山地荒漠草原、山麓洪积扇。海拔 800~2 800 m。

产东天山、准噶尔阿拉套山、北天山、东南天山、内天山、西天山、西南天山。中国、哈萨克斯坦、吉尔吉斯斯坦、乌兹别克斯坦;亚洲有分布。

药用。

*(3924) 宽萼兔唇花 **Lagochilus platycalyx Schrenk ex Fisch. et C. A. Mey.**

小半灌木。生于中山带草地、黄土丘陵、山麓石灰岩荒漠。海拔 600~2 800 m。

产准噶尔阿拉套山、北天山、西天山、西南天山。哈萨克斯坦、吉尔吉斯斯坦、乌兹别克斯坦;亚洲有分布。

*(3925) 绒毛兔唇花 **Lagochilus pubescens Vved.**

小半灌木。生于石灰岩丘陵、山麓碎石质荒漠。海拔 600~1 200 m。

产西南天山。乌兹别克斯坦;亚洲有分布。

*(3926) 美丽兔唇花 **Lagochilus pulcher Knorring**

小半灌木。生于中山至低山带黄土石质坡地、山麓洪积扇。海拔 1 600~2 700 m。

产准噶尔阿拉套山、北天山。哈萨克斯坦、吉尔吉斯斯坦;亚洲有分布。

(3927) 锐刺兔唇花 **Lagochilus pungens Schrenk**

多年生草本。生于山地砾石质山坡、山地荒漠草原。海拔 450~1 300 m。

产准噶尔阿拉套山、北天山。中国、哈萨克斯坦;亚洲有分布。

药用。

*(3928) 孜拉夫善兔唇花 **Lagochilus seravschanicus Knorring**

小半灌木。生于山坡草地、洪积扇砾石质坡地、石膏荒漠。海拔 500~1 900 m。

产内天山、西南天山。吉尔吉斯斯坦、乌兹别克斯坦;亚洲有分布。

*(3929) 粗毛兔唇花 **Lagochilus setulosus Vved.**

小半灌木。生于干旱砾石质山坡、河谷阶地、山麓洪积扇、砾质戈壁。海拔 900~1 500 m。

产西天山。乌兹别克斯坦;亚洲有分布。

*(3930) 软毛兔唇花 **Lagochilus subhispidus Knorring**

小半灌木。生于石灰岩丘陵、山麓洪积扇荒漠。海拔 500~1 700 m。

产西天山、西南天山。乌兹别克斯坦;亚洲有分布。

*（3931）中亚兔唇花 **Lagochilus turkestanicus Knorring**

小半灌木。生于碎石质山坡、砾岩堆、河流出山口阶地。海拔 500~1 900 m。

产西南天山。乌兹别克斯坦;亚洲有分布。

（3932）新疆兔唇花 **Lagochilus xianjiangensis G. J. Liu**

多年生草本。生于低山砾石山坡、荒漠草原。海拔 800~1 100 m。

产东天山。中国;亚洲有分布。

中国特有成分。

546. 水苏属 Stachys L.

*（3933）一年生水苏 **Stachys annua（L.）L.**

一年生草本。生于田间、路边、渠边。海拔 500~1 700 m。

产北天山。哈萨克斯坦、俄罗斯;亚洲、欧洲有分布。

*（3934）美丽水苏 **Stachys betoniciflora Rupr. ex O. Fedtsch. et B. Fedtsch.** = *Betonica betoniciflora* （Rupr. ex O. Fedtsch. et B. Fedtsch.）Sennikov

多年生草本。生于山地林下、林缘、灌丛、山地草甸、石质山坡。海拔 1 800~2 900 m。

产北天山、西天山、西南天山。哈萨克斯坦、吉尔吉斯斯坦、乌兹别克斯坦;亚洲有分布。

*（3935）黑赛尔水苏 **Stachys hissarica Regel**

多年生草本。生于山地林下、河漫滩、碎石堆、荒漠河岸林下。海拔 1 300~2 800 m。

产北天山、西天山、西南天山。吉尔吉斯斯坦、乌兹别克斯坦;亚洲有分布。

（3936）沼生水苏 **Stachys palustris L.**

多年生草本。生于山地林间草地、林缘、山地草甸、水边、湿地。海拔 400~2 900 m。

产东天山、东北天山、准噶尔阿拉套山、北天山。中国、哈萨克斯坦、印度、蒙古、日本、俄罗斯;亚洲、欧洲、北美洲有分布。

药用、油料、有毒、蜜源。

*（3937）刚毛水苏 **Stachys setifera C. A. Mey.**

多年生草本。生于山地河边湿地、沟谷灌丛、河漫滩、杜加依林下。海拔 1 600~2 800 m。

产内天山、西天山、西南天山。吉尔吉斯斯坦、乌兹别克斯坦;亚洲有分布。

（3938）林地水苏 **Stachys sylvatica L.**

多年生草本。生于山地林下、林缘、山地草甸、沟谷灌丛。海拔 400~2 300 m。

产东天山、北天山、东南天山、内天山、西天山、西南天山。中国、哈萨克斯坦、吉尔吉斯斯坦、乌兹别克斯坦、俄罗斯;亚洲、欧洲有分布。

药用、有毒、染料、蜜源。

547. 箭叶水苏属 Metastachydium Airy-Shaw.

（3939）箭叶水苏 **Metastachydium sagittatum（Regel）C. Y. Wu et H. W. Li**

多年生草本。生于山地草甸草原。海拔 1 800 m 上下。

产北天山。中国、哈萨克斯坦、吉尔吉斯斯坦;亚洲有分布。

药用。

548. 矮刺苏属 Chamaesphacos Schrenk

（3940）矮刺苏 **Chamaesphacos ilicifolius Schrenk**

一年生草本。生于沙漠边缘、半固定沙丘。海拔 400~2 100 m。

产东天山、东北天山、准噶尔阿拉套山、北天山、西天山、西南天山。中国、哈萨克斯坦、吉尔吉斯斯坦、乌兹别克斯坦、伊朗、阿富汗、蒙古；亚洲有分布。

549. 鼠尾草属 Salvia L.

*（3941）平萼鼠尾草 **Salvia aequidens Botsch.**

半灌木。生于山麓洪积-冲积扇、平原荒漠草地。海拔 500~1 600 m。

产西南天山、内天山。吉尔吉斯斯坦、乌兹别克斯坦；亚洲有分布。

*（3942）非洲鼠尾草 **Salvia aethiopis L.**

多年生草本。生于山坡草地、山地草原、低山丘陵。海拔 1 200~2 800 m。

产北天山、西天山。吉尔吉斯斯坦、乌兹别克斯坦、俄罗斯；亚洲、欧洲有分布。

*（3943）布哈拉鼠尾草 **Salvia bucharica Popov**

半灌木。生于山地河流阶地、干河谷、山地荒漠草原、低山丘陵、山麓洪积扇。海拔 600~2 100 m。

产西南天山、内天山。哈萨克斯坦、吉尔吉斯斯坦、乌兹别克斯坦；亚洲有分布。

（3944）新疆鼠尾草 **Salvia deserta Schangin**

多年生草本。生于山地林缘、山地草甸、河谷沿岸、山地草原、平原绿洲、田边、路边。海拔 400~2 100 m。

产东天山、东北天山、准噶尔阿拉套山、北天山、东南天山、内天山、西天山、西南天山。中国、哈萨克斯坦、吉尔吉斯斯坦、乌兹别克斯坦、俄罗斯；亚洲、欧洲有分布。

油料、药用、蜜源。

（3945）白花鼠尾草 **Salvia deserta var. albiflora G. J. Liu**

多年生草本。生于山地林缘、山地草原、山地草甸、河谷沿岸、平原绿洲、田边、路边。海拔 1 800 m 上下。

产东天山、东北天山、北天山。中国；亚洲有分布。

*（3946）德罗夫鼠尾草 **Salvia drobovii Botsch.**

半灌木。生于石质山坡、干河谷、荒漠草地。海拔 600~1 700 m。

产西南天山。乌兹别克斯坦；亚洲有分布。

*（3947）光茎鼠尾草 **Salvia glabricaulis Pobed.**

多年生草本。生于山坡草地、河谷、山麓洪积扇。海拔 500~1 800 m。

产西天山、西南天山、内天山。哈萨克斯坦、吉尔吉斯斯坦、乌兹别克斯坦；亚洲有分布。

*（3948）巴巴山鼠尾草 **Salvia insignis Kudr.**

多年生草本。生于山地荒漠草原、低山丘陵、荒漠草地。海拔 400~800 m。

产西南天山。乌兹别克斯坦；亚洲有分布。

*（3949）库马洛夫鼠尾草 **Salvia komarovii Pobed.**

多年生草本。生于山坡草地、低山丘陵。海拔 600~2 100 m。

产西南天山、内天山。吉尔吉斯斯坦、乌兹别克斯坦;亚洲有分布。

*(3950) 鼠尾草 **Salvia korolkovii Regel et Schmalh.**
一年生草本。生于山地林缘、山地草甸、山地草原。海拔 1 500～2 200 m。
产内天山、北天山、西天山、西南天山。吉尔吉斯斯坦、乌兹别克斯坦;亚洲有分布。

*(3951) 白兰鼠尾草 **Salvia lilacinocoerulea Nevski**
多年生草本。生于山坡草地、石质坡地、河岸阶地。海拔 700～1 900 m。
产西南天山。乌兹别克斯坦;亚洲有分布。

*(3952) 长萼鼠尾草 **Salvia macrosiphon Boiss.**
多年生草本。生于山坡草地、山地河谷、干河床、低山丘陵、黏土荒漠、荒漠草原。海拔 500～
2 100 m。
产内天山、西天山、西南天山。吉尔吉斯斯坦、乌兹别克斯坦;亚洲有分布。

*(3953) 玛加里塔鼠尾草 **Salvia margaritae Botsch.**
半灌木。生于山脊裸露草地、山坡草地、山地草原、山麓荒漠。海拔 500～1 800 m。
产西南天山。吉尔吉斯斯坦、乌兹别克斯坦;亚洲有分布。

*(3954) 长药鼠尾草 **Salvia schmalbausenii Regel**
灌木。生于山地林缘、山地灌丛、崖屑堆。海拔 1 200～1 800 m。
产西南天山。乌兹别克斯坦;亚洲有分布。

*(3955) 肉质鼠尾草 **Salvia sclarea L.**
多年生草本。生于山地林缘、山崖岩石缝、碎石山坡、河边、渠边、村落周边。海拔 900～
1 800 m。
产北天山、内天山、西天山、西南天山。哈萨克斯坦、吉尔吉斯斯坦、乌兹别克斯坦;亚洲有
分布。

*(3956) 孜拉普善鼠尾草 **Salvia seravschanica Regel et Schmalh.**
多年生草本。生于山地河流阶地、干河谷、石灰岩丘陵、花岗岩碎石堆、砾漠草地。海拔 500～
2 100 m。
产西南天山、内天山。吉尔吉斯斯坦、乌兹别克斯坦;亚洲有分布。

*(3957) 刺叶鼠尾草 **Salvia spinosa L.**
多年生草本。生于山坡草地、低山丘陵、山地荒漠草地、平原荒漠。海拔 200～1 700 m。
产西天山、西南天山、内天山。吉尔吉斯斯坦、乌兹别克斯坦;亚洲有分布。

*(3958) 尖叶鼠尾草 **Salvia submutica Botsch. et Vved.**
多年生草本。生于山坡碎石堆、山麓洪积-冲积扇。海拔 900～1 800 m。
产西南天山、内天山。乌兹别克斯坦;亚洲有分布。

*(3959) 天山鼠尾草 **Salvia tianschanica Machm.**
多年生草本。生于山地林缘、山地河谷、山崖岩石缝。海拔 1 600～2 700 m。
产西天山、西南天山。乌兹别克斯坦;亚洲有分布。

*（3960）短药鼠尾草 **Salvia trautvetteri Regel**

多年生草本。生于山坡草地、山地林缘、河流阶地、石质坡地。海拔 1 400~2 700 m。

产北天山、西天山、西南天山。吉尔吉斯斯坦、乌兹别克斯坦；亚洲有分布。

*（3961）土库曼鼠尾草 **Salvia turcomanica Pobed.**

多年生草本。生于河边、盐碱地、村落庭院、阔叶林下。海拔 300~900 m。

产西南天山、西天山。吉尔吉斯斯坦、乌兹别克斯坦；亚洲有分布。

*（3962）林地鼠尾草 **Salvia virgata Jacq.**

一年生草本。生于山坡草地、山地林下、林缘、河谷、渠边、平原绿洲。海拔 1 600~2 900 m。

产内天山、北天山、西天山、西南天山。哈萨克斯坦、吉尔吉斯斯坦、乌兹别克斯坦；亚洲、欧洲有分布。

*（3963）威氏鼠尾草 **Salvia vvedenskii Nikitina**

多年生草本。生于山地林缘、干河谷、河流阶地、荒漠草地。海拔 700~2 200 m。

产北天山、西天山、西南天山。哈萨克斯坦、吉尔吉斯斯坦、乌兹别克斯坦；亚洲有分布。

550. 分药花属 Perovskia Kar.

*（3964）青蒿叶分药花 **Perovskia abrotanoides Kar.**

半灌木。生于山地林缘、干河漫滩、河谷碎石堆。海拔 1 500~2 800 m。

产北天山、内天山、西南天山。吉尔吉斯斯坦、乌兹别克斯坦；亚洲有分布。

*（3965）窄叶分药花 **Perovskia angustifolia Kudrjasch.**

半灌木。生于山地草甸、山地河谷、砾石质山坡、山麓荒漠。海拔 1 200~2 500 m。

产西天山、西南天山。乌兹别克斯坦；亚洲有分布。

*（3966）伯氏分药花 **Perovskia botschantzevii Kovalevsk. et Kochk.**

半灌木。生于石灰岩丘陵、山地河谷、山麓平原荒漠。海拔 500~1 700 m。

产西天山、西南天山。乌兹别克斯坦；亚洲有分布。

*（3967）库氏分药花 **Perovskia kudrjaschevii Gorschk. et Pjataeva**

半灌木。生于山地河谷、灌丛、山麓荒漠。海拔 600~1 500 m。

产西天山、西南天山。乌兹别克斯坦；亚洲有分布。

*（3968）林兹维斯科分药花 **Perovskia linczevskii Kudrjasch.**

半灌木。生于山崖岩石缝、砾岩堆、山地荒漠草地。海拔 600~1 600 m。

产西南天山、内天山。吉尔吉斯斯坦、乌兹别克斯坦；亚洲有分布。

*（3969）马先蒿叶分药花 **Perovskia scrophulariifolia Bunge**

半灌木。生于山地林缘、山地河谷、山地草原、山麓碎石堆。海拔 1 500~2 700 m。

产西天山、西南天山。乌兹别克斯坦；亚洲有分布。

*（3970）帚状分药花 **Perovskia virgata Kudrjasch.**

半灌木。生于山地岩屑堆、干河谷、山麓碎石堆。海拔 800~1 400 m。

产西南天山、内天山、吉尔吉斯斯坦、乌兹别克斯坦；亚洲有分布。

*551. 枝棉苏属 Phlomidoschema Vved.（棉铁茶属 Zietenia Gled.）

　*（3971）小花枝棉苏 Phlomidoschema parviflorum（Benth.）Vved.

　　　　多年生草本。生于石质山坡、河流阶地、山地荒漠草地。海拔 700～1 200 m。

　　　　产西南天山。乌兹别克斯坦;亚洲有分布。

552. 新塔花属 Ziziphora L.

　*（3972）光萼新塔花 Ziziphora capitata L.

　　　　一年生草本。生于亚高山石质山坡、山地草甸、山地河谷。海拔 2 400～2 800 m。

　　　　产西天山、西南天山。吉尔吉斯斯坦、乌兹别克斯坦、俄罗斯;亚洲、欧洲有分布。

　（3973）芳香新塔花 Ziziphora clinopodioides Lam.

　　　　半灌木。生于砾质山坡、山地草原、荒漠草原。海拔 600～2 700 m。

　　　　产东天山、北天山、准噶尔阿拉套山、北天山、东南天山、中央天山、内天山、西天山、西南天山。

　　　　中国、哈萨克斯坦、吉尔吉斯斯坦、乌兹别克斯坦、蒙古、俄罗斯;亚洲有分布。

　　　　药用、香料、食用、蜜源。

　*（3974）裂萼新塔花 Ziziphora interrupta Juz.

　　　　半灌木。生于山地河边沙地、山地草甸。海拔 800～1 700 m。

　　　　产内天山、西天山、西南天山。吉尔吉斯斯坦、乌兹别克斯坦;亚洲有分布。

　（3975）帕米尔新塔花（南疆新塔花）Ziziphora pamiroalaica Juz.

　　　　半灌木。生于砾质山坡、山地冲沟、河滩沙地。海拔 3 200 m 上下。

　　　　产北天山、内天山、西天山、西南天山。中国、哈萨克斯坦、吉尔吉斯斯坦、乌兹别克斯坦;亚洲

　　　　有分布。

　　　　香料、药用、饲料。

　*（3976）长柄新塔花 Ziziphora pedicellata Pazij et Vved.

　　　　半灌木。生于山地林缘、石质山坡。海拔 1 600～2 400 m。

　　　　产北天山、内天山、西天山、西南天山。哈萨克斯坦、吉尔吉斯斯坦、乌兹别克斯坦;亚洲有

　　　　分布。

　*（3977）波斯新塔花 Ziziphora persica Bunge

　　　　一年生草本。生于山地碎石堆、干河谷、山坡草地。海拔 500～1 500 m。

　　　　产西南天山、内天山。乌兹别克斯坦;亚洲有分布。

　*（3978）亚灌木新塔花 Ziziphora suffruticosa Pazij et Vved.

　　　　半灌木。生于石质山坡、黏土荒漠、低山坡地、平原荒漠。1 000～2 900 m。

　　　　产西天山、西南天山。吉尔吉斯斯坦、乌兹别克斯坦;亚洲有分布。

　（3979）小新塔花 Ziziphora tenuior L.

　　　　一年生草本。生于低山砾质山坡、荒漠草原。海拔 500～1 700 m。

　　　　产东北天山、准噶尔阿拉套山、北天山、内天山、西天山、西南天山。中国、哈萨克斯坦、吉尔吉

　　　　斯斯坦、乌兹别克斯坦、伊朗、俄罗斯、叙利亚;亚洲、欧洲有分布。

　　　　香料、食用、药用、饲料、蜜源。

*（3980）紫萼新塔花 **Ziziphora vichodceviana Tkatsch. ex Tulyag.**

半灌木。生于砾石质山坡、山麓碎石质草地、河边沙地。海拔800~1 600 m。

产北天山、西天山、西南天山。哈萨克斯坦、吉尔吉斯斯坦、乌兹别克斯坦；亚洲有分布。

553. 新风轮属 **Calamintha Hill.**

（3981）新风轮 **Clinopodium debile（Bunge）Kuntze** = *Calamintha debilis*（Bunge）Benth. = *Antonina debilis*（Bunge）Vved.

多年生草本。生于山地草甸、山地灌丛、山地草原、低山石质山坡。海拔500~2 300 m。

产东天山、东北天山、准噶尔阿拉套山、北天山、内天山、西天山、西南天山。中国、哈萨克斯坦、吉尔吉斯斯坦、乌兹别克斯坦；亚洲有分布。

药用。

554. 神香草属 **Hyssopus L.**

*（3982）拟神香草 **Hyssopus ambiguus（Trautv.）Iljin ex Prochorov. et Lebel**

半灌木。生于低山石质沙地、平原石质沙地、干河床。海拔500~1 200 m。

产准噶尔阿拉套山。哈萨克斯坦；亚洲有分布。

*（3983）尖柄拟神香草 **Hyssopus cuspidatus Boriss.**

半灌木。生于山地风化花岗岩碎石堆、砾石质荒漠。海拔1 200 m上下。

产准噶尔阿拉套山。哈萨克斯坦；亚洲有分布。

（3984）大花神香草 **Hyssopus macranthus Boriss.**

小半灌木。生于石质山坡、山地草甸、山地草原。海拔1 000~2 800 m。

产东北天山、准噶尔阿拉套山。中国、哈萨克斯坦；亚洲有分布。

药用。

*（3985）费尔干纳神香草 **Hyssopus seravschanicus（Dubj.）Pazij**

半灌木。生于山地林缘、山崖碎石堆。海拔1 600~2 500 m。

产内天山、西天山、西南天山。吉尔吉斯斯坦、乌兹别克斯坦；亚洲有分布。

*555. 隐蕊荆芥属 **Kudrjaschevia Pojark.**（荆芥属 **Nepeta L.**）

*（3986）亚库比隐蕊荆芥 **Kudrjaschevia jacubii（Lipsky）Pojark.**

一年生草本。生于石质山坡、山地草原、石灰岩丘陵。海拔900~2 300 m。

产西南天山、内天山。吉尔吉斯斯坦、乌兹别克斯坦；亚洲有分布。

556. 牛至属 **Origanum L.**

（3987）牛至 **Origanum vulgare L.**

多年生草本。生于亚高山草甸、山地林缘、山地草甸、山地河谷。海拔1 000~2 400 m。

产东天山、东北天山、准噶尔阿拉套山、北天山、东南天山、中央天山、内天山、西天山、西南天山。中国、哈萨克斯坦、吉尔吉斯斯坦、乌兹别克斯坦；亚洲、欧洲、北非有分布。

药用、香料、食用、染料、蜜源。

（3988）小花牛至 **Origanum tyttanthum Gontsch.** = *Origanum vulgare* subsp. *gracile*（K. Koch）Ietsw.

多年生草本。生于山地林缘、林间草地、山地草甸。海拔1 500~2 000 m。

产北天山、内天山、西天山、西南天山。中国、哈萨克斯坦、吉尔吉斯斯坦、乌兹别克斯坦;亚洲有分布。

香料、药用、染料、蜜源。

557. 百里香属 Thymus L.

(3989) 阿尔泰百里香 **Thymus altaicus Klokov et Des. -Shost.**

半灌木。生于山地林缘、林间草地、山地草甸、砾石质山坡。海拔 1 200~2 500 m。

产东天山、准噶尔阿拉套山、北天山、东南天山。中国、哈萨克斯坦、蒙古、俄罗斯;亚洲有分布。
药用。

(3990) 高山百里香 **Thymus diminutus Klokov**

多年生草本或半灌木。生于山地林缘、山地草甸、岩石峭壁、山坡草地、河边、草甸湿地。海拔
12 000~3 800 m。

产准噶尔阿拉套山、北天山、东南天山、内天山、西天山、西南天山。中国、哈萨克斯坦、吉尔吉
斯斯坦、乌兹别克斯坦;亚洲有分布。

*(3991) 帝氏百里香 **Thymus dmitrievae Gamajun.**

半灌木。生于山地林缘、林间草地、石灰岩山坡草地。海拔 1 400~2 800 m。

产北天山、内天山、西天山、西南天山。哈萨克斯坦、吉尔吉斯斯坦、乌兹别克斯坦;亚洲有分布。

*(3992) 未定百里香 **Thymus incertus Klokov**

半灌木。生于亚高山草甸、山地林缘、山崖岩石缝、山谷碎石质坡地。海拔 700~2 900 m。

产北天山、内天山、西天山、西南天山。哈萨克斯坦、吉尔吉斯斯坦、乌兹别克斯坦;亚洲有
分布。

*(3993) 卡拉套百里香 **Thymus karatavicus Dmitrieva**

半灌木。生于低山石质山坡、山麓碎石堆。海拔 1 500~2 900 m。

产内天山、西天山、西南天山。吉尔吉斯斯坦、乌兹别克斯坦;亚洲有分布。

(3994) 异株百里香 **Thymus marschallianus Willd.** = *Thymus pulegioides* subsp. *pannonicus* (All.) Kerguélen

半灌木。生于山地林下、林缘、山地草甸、砾石质山坡。海拔 900~2 400 m。

产东天山、东北天山、准噶尔阿拉套山、北天山、中央天山、内天山、西天山、西南天山。中国、
哈萨克斯坦、吉尔吉斯斯坦、乌兹别克斯坦、俄罗斯;亚洲、欧洲有分布。

香料、药用、鞣料、蜜源。

*(3995) 喜石百里香 **Thymus petraeus Serg.**

半灌木。生于山地石质河谷、灌丛、山地草原。海拔 1 200~2 500 m。

产准噶尔阿拉套山。哈萨克斯坦、俄罗斯;亚洲有分布。

(3996) 拟百里香 **Thymus proximus Serg.**

半灌木。生于山地林下、林缘、林间草地、山地草甸、沙砾质河漫滩、砾石质山坡。海拔 900~
2 400 m。

产东天山、东北天山、准噶尔阿拉套山、北天山、东南天山、中央天山。中国、哈萨克斯坦、吉尔
吉斯斯坦、俄罗斯;亚洲有分布。

药用。

（3997）亚洲地椒 **Thymus quinquecostatus var. asiaticus**（Kitag.）C. Y. Wu et Y. C. Huang =
Thymus dahuricus Serg.

半灌木。生于干山坡草地、山地草甸。海拔 1 300 m 上下。

产东南天山。中国；亚洲有分布。

中国特有成分。药用。

（3998）光叶百里香 **Thymus rasitatus Klokov**

半灌木。生于山崖岩石缝、山坡草地、低山石质山坡、山麓洪积扇。海拔 690~1 800 m。

产准噶尔阿拉套山、北天山。中国、哈萨克斯坦、俄罗斯；亚洲有分布。

药用。

（3999）玫瑰百里香 **Thymus roseus Schipcz.**

半灌木。生于山地林间草地、山地草甸、山地灌丛。海拔 1 100~2 500 m。

产东天山、准噶尔阿拉套山、北天山。中国、哈萨克斯坦、俄罗斯；亚洲有分布。

药用。

（4000）乌恰百里香 **Thymus seravschanicus Klokov** = *Thymus cuneatus* Klokov

半灌木。生于山坡草地、河谷阶地、山麓洪积-冲积扇。海拔 800~1 700 m。

产北天山、内天山、准噶尔阿拉套山、西天山、西南天山。中国、哈萨克斯坦、吉尔吉斯斯坦、乌
兹别克斯坦；亚洲有分布。

香料、食用。

＊（4001）西伯利亚百里香 **Thymus sibiricus**（Serg.）**Klokov et Des. -Shost.**

半灌木。生于山崖岩石缝、山地河谷、山地草甸、灌丛。海拔 1 500~2 300 m。

产准噶尔阿拉套山。哈萨克斯坦、俄罗斯；亚洲有分布。

＊（4002）无脉百里香 **Thymus subnervosus Vved.**

小半灌木。生于山崖岩石缝、河谷。海拔 600~1 100 m。

产西南天山、内天山。乌兹别克斯坦；亚洲有分布。

558. 薄荷属 Mentha L.

＊（4003）阿莱薄荷 **Mentha alaica Boriss.**

多年生草本。生于高山草甸、冰碛堆、山地草甸、山地灌丛。海拔 3 100~3 300 m。

产西南天山、内天山。乌兹别克斯坦；亚洲有分布。

＊（4004）田间薄荷 **Mentha arvensis L.**

多年生草本。生于山地湿地、山地河谷、沼泽化草甸、灌丛、平原湿地。海拔 600~2 900 m。

产准噶尔阿拉套山、北天山、内天山、西天山、西南天山。哈萨克斯坦、吉尔吉斯斯坦、乌兹别克
斯坦、俄罗斯；亚洲、欧洲有分布。

（4005）大瓦扎薄荷 **Mentha darvasica Boriss.**

多年生草本。生于山地森林草甸、灌丛、山地草原。海拔 800~1 700 m。

产西南天山。乌兹别克斯坦；亚洲有分布。

（4006）薄荷 **Mentha canadensis L.** = *Mentha haplocalyx* Briq.

多年生草本。生于山溪边、平原绿洲、农田边、湿地、山地河边、路边。海拔 300~1 500 m。

产东天山、东北天山、准噶尔阿拉套山、北天山、东南天山、中央天山、内天山。中国、日本、俄罗斯;亚洲、欧洲有分布。

药用、香料、食用、蜜源。

(4007) 欧洲薄荷(欧薄荷) **Mentha longifolia** (L.) **Huds.**

多年生草本。生于河岸边、湿地、田边、撂荒地。海拔 170~1 400 m。

产东天山、北天山、中央天山。中国、俄罗斯;亚洲、欧洲有分布。

药用、香料、食用、蜜源。

(4008) 假薄荷 **Mentha asiatica Boriss.** = *Mentha longifolia* var. *asiatica* (Boriss.) Rech. f.

多年生草本。生于山地溪水边、平原绿洲、泉水溢出带、农田边、湖边。海拔 400~1 900 m。

产东天山、东北天山、准噶尔阿拉套山、北天山、东南天山、中央天山、内天山、西天山、西南天山。中国、哈萨克斯坦、吉尔吉斯斯坦、乌兹别克斯坦、俄罗斯;亚洲有分布。

药用。

*(4009) 帕米尔-阿莱薄荷 **Mentha pamiroalaica Boriss.**

多年生草本。生于山地草甸湿地、山地河谷、河边。海拔 800~1 800 m。

产西南天山、西天山。吉尔吉斯斯坦、乌兹别克斯坦;亚洲有分布。

*(4010) 胡椒味薄荷 **Mentha piperita L.**

多年生草本。生于山地河边、平原绿洲、渠边、田间。海拔 300~1 600 m。

产北天山、内天山、西天山、西南天山。哈萨克斯坦、吉尔吉斯斯坦、乌兹别克斯坦、俄罗斯;亚洲、欧洲有分布。

(4011) 留兰香 **Mentha spicata L.**

多年生草本。生于山地林下、山地河谷、砾石质河滩、河边。海拔 1 000~3 700 m。

产北天山、内天山。中国、俄罗斯;亚洲、欧洲有分布。

药用。

*(4012) 轮生薄荷 **Mentha verticillata L.** = *Mentha interrupta* Opiz ex Strail

多年生草本。生于山地圆柏灌丛、河漫滩、沼泽湿地、河谷碎石堆、渠边。海拔 1 800~2 900 m。

产准噶尔阿拉套山、北天山、西天山、西南天山。哈萨克斯坦、吉尔吉斯斯坦、乌兹别克斯坦;亚洲、欧洲有分布。

559. 地笋属 Lycopus L.

(4013) 欧洲地笋(欧地笋) **Lycopus europaeus L.**

多年生草本。生于山地河边、平原绿洲、田边、沼泽草甸、湿地。海拔 400~1 900 m。

产东天山、东北天山、准噶尔阿拉套山、北天山、东南天山、中央天山、内天山、西天山、西南天山。中国、哈萨克斯坦、吉尔吉斯斯坦、乌兹别克斯坦、蒙古、俄罗斯;亚洲、欧洲有分布。

药用、染料、蜜源。

(4014) 高株地笋(深裂欧地笋) **Lycopus exaltatus L. f.** = *Lycopus europaeus* var. *exaltatus* (L. f.) Hook. f.

多年生草本。生于山地河谷、平原绿洲、田边、水边、沼泽草甸、湿地。海拔 340~2 000 m。

产东天山、东北天山、准噶尔阿拉套山、北天山、中央天山、内天山、西天山、西南天山。中国、哈萨克斯坦、吉尔吉斯斯坦、乌兹别克斯坦、蒙古、俄罗斯;亚洲、欧洲有分布。

药用。

*(3515) 东方地笋 **Lycopus orientalis L.** =*Lycopsis arvensis* subsp. *orientalis*（L.）Kuzn.

一年生草本。生于平原绿洲、田间、沟渠边。海拔 250~1 500 m。

产北天山、西天山、西南天山。哈萨克斯坦、吉尔吉斯斯坦、乌兹别克斯坦;亚洲有分布。

560. 香薷属 Elsholtzia Willd.

（4016）香薷 **Elsholtzia ciliata**（Thunb.）**Hyl.**

一年生草本。生于林间草地、河谷沿岸、湿地草甸、灌丛、田边、海拔 1 000~3 400 m。

产东天山、东北天山、北天山。中国、朝鲜、日本、蒙古、印度、俄罗斯;亚洲有分布。

药用、油料、饲料。

（4017）密花香薷 **Elsholtzia densa Benth.**

多年生草本。生于山地林缘、林间草地、山地草甸、河谷湿地、灌丛。海拔 1 000~4 100 m。

产东天山、东北天山、北天山、东南天山、内天山、西南天山。中国、吉尔吉斯斯坦、巴基斯坦、阿富汗、印度、尼泊尔、蒙古;亚洲有分布。

药用。

六十八、茄科 Solanaceae

561. 枸杞属 Lycium L.

（4018）宁夏枸杞 **Lycium barbarum L.**

灌木。生于干旱山坡、河岸阶地、渠边、盐碱地、村落周边、田边、路边。海拔 150~2 640 m。

产东天山、东北天山、北天山、中央天山、内天山。中国、哈萨克斯坦、吉尔吉斯斯坦、乌兹别克斯坦、俄罗斯;亚洲、欧洲有分布。

药用、食用、油料、饲料、绿化。

（4019）西北枸杞(北方枸杞) **Lycium chinense var. potaninii**（Pojarkova）**A. M. Lu**

灌木。生于低山荒漠、干旱山坡、田边、路边。

产东天山、东北天山。中国;亚洲有分布。

药用。

（4020）柱筒枸杞 **Lycium cylindricum Kuang et A. M. Lu**

灌木。生于山地荒漠、平原荒漠、田边、路边。海拔 1 300 m 上下。

产东天山、北天山。中国;亚洲有分布。

药用。

（4021）新疆枸杞 **Lycium dasystemum Pojarkova**

灌木。生于低山荒漠、山地草原、河谷、干旱山坡。海拔 500~2 700 m。

产东天山、东北天山、准噶尔阿拉套山、北天山、东南天山、内天山、西天山、西南天山。中国、哈萨克斯坦、吉尔吉斯斯坦、乌兹别克斯坦;亚洲有分布。

药用。

468

(4022) 曲枝枸杞(柔茎枸杞) **Lycium flexicaule Pojark.**

灌木。生于平原荒漠、田边、路边。

产东天山、北天山、内天山、西天山、西南天山。中国、哈萨克斯坦、吉尔吉斯斯坦、乌兹别克斯坦;亚洲有分布。

(4023) 截萼枸杞 **Lycium truncatum Y. C. Wang**

灌木。生于干旱山坡、田边、路边。海拔 800~1 500 m。

产东天山。中国;亚洲有分布。

药用。

(4024) 黑果枸杞 **Lycium ruthenicum Murray**

灌木。生于低山坡麓、平原荒漠、盐碱地、盐化沙地、河湖沿岸、干河床、田边、路边。海拔−76~ 2 940 m。

产东天山、东北天山、准噶尔阿拉套山、北天山、东南天山、中央天山、内天山、西天山、西南天山。中国、哈萨克斯坦、吉尔吉斯斯坦、乌兹别克斯坦、俄罗斯;亚洲、欧洲有分布。

饲料、有毒、药用。

562. 天仙子属 Hyoscyamus L.

(4025) 小天仙子 **Hyoscyamus bohemicus F. W. Schmidt.**

一年生草本。生于山地草甸、水边、村落周边。海拔 800~2 050 m。

产东天山、准噶尔阿拉套山。中国;亚洲有分布。

药用。

(4026) 天仙子 **Hyoscyamus niger L.**

一年或二年生草本。生于山地河谷、河漫滩、山地草甸、山地草原、山坡草地、村落周边、荒地、田边、路边、沟渠边、沙地。海拔 600~2 500 m。

产东天山、东北天山、准噶尔阿拉套山、北天山、中央天山、内天山、西天山、西南天山。中国、哈萨克斯坦、吉尔吉斯斯坦、乌兹别克斯坦、蒙古、印度、俄罗斯;亚洲、欧洲有分布。

药用、有毒、油料、植化原料(生物碱)。

(4027) 中亚天仙子 **Hyoscyamus pusillus L.**

一年生草本。生于低山荒漠、石质山坡、平原荒漠、荒漠灌丛、固定沙丘。海拔−160~2 000 m。

产东天山、东北天山、准噶尔阿拉套山、北天山、中央天山、内天山、西天山、西南天山。中国、哈萨克斯坦、吉尔吉斯斯坦、乌兹别克斯坦、印度、俄罗斯;亚洲、欧洲有分布。

药用。

*(4028) 土库曼天仙子 **Hyoscyamus turcomanicus Pojark.**

多年生草本。生于细石质山坡、山崖岩石缝、路旁、郊区、田间。海拔 300~1 500 m。

产内天山、西南天山。乌兹别克斯坦;亚洲有分布。

563. 泡囊草属(脬囊草属) Physochlaina G. Don.

*(4029) 阿莱泡囊草 **Physochlaina alaica Korotkova**

多年生草本。生于山崖阴暗处、岩石峭壁、圆柏灌丛、灌丛草甸。海拔 1 200~3 100 m。

产西南天山、内天山。乌兹别克斯坦;亚洲有分布。

(4030) 伊犁泡囊草 **Physochlaina capitata A. M. Lu**

多年生草本。生于山地林下、林缘、山地草原、山地灌丛。海拔 1 000~2 000 m。

产北天山。中国;亚洲有分布。

中国特有成分。

(4031) 泡囊草 **Physochlaina physaloides (L.) G. Don**

多年生草本。生于山地林缘、山地草原。海拔 1 100~1 300 m。

产东天山、准噶尔阿拉套山、东南天山。中国、哈萨克斯坦、蒙古、俄罗斯;亚洲有分布。

药用、有毒、植化原料(阿托品)。

*(4032) 瑟密诺泡囊草 **Physochlaina semenowii Regel**

多年生草本。生于山崖岩石峰、草甸草原、灌丛。海拔 600~2 100 m。

产准噶尔阿拉套山、北天山、西天山、西南天山。哈萨克斯坦、吉尔吉斯斯坦、乌兹别克斯坦;亚洲有分布。

564. 茄属 **Solanum L.**

*(4033) 中亚龙葵 **Solanum asiae-mediae Pojark.**

半灌木。生于杜加依林下、平原绿洲、渠边、田间。海拔 300~1 600 m。

产内天山、西南天山。吉尔吉斯斯坦、乌兹别克斯坦;亚洲有分布。

*(4034) 甜苦茄 **Solanum dulcamara L.**

半灌木。生于山谷、灌丛、杜加依林下、渠边。海拔 300~1 200 m。

产西天山、西南天山、内天山。哈萨克斯坦、吉尔吉斯斯坦、乌兹别克斯坦、俄罗斯;亚洲、欧洲有分布。

(4035) 野海茄 **Solanum japonense Nakai**

草质藤本。生于疏林下、山谷、山坡荒地、水边、路边。海拔 250~2 800 m。

产东天山。中国;亚洲有分布。

(4036) 光白英 **Solanum kitagawae Schonbeck-Temesy**

攀援亚灌木。生于山地林缘、山地灌丛、河谷、山地草原、田园。海拔 400~1 500 m。

产东天山、东北天山、准噶尔阿拉套山、北天山。中国、哈萨克斯坦、俄罗斯;亚洲、欧洲有分布。

*(4037) 纯黄茄 **Solanum luteum Mill.**

一年生草本。生于田边、路旁盐渍化土地。海拔 300~1 000 m。

产北天山、西天山、西南天山。哈萨克斯坦、吉尔吉斯斯坦、乌兹别克斯坦有分布。

(4038) 龙葵 **Solanum nigrum L.**

一年生草本。生于平原绿洲、庭院、田边、路边、荒地。海拔 200~1 530 m。

产东天山、东北天山、准噶尔阿拉套山、北天山、东南天山、中央天山、内天山、西天山、西南天山。中国、哈萨克斯坦、吉尔吉斯斯坦、乌兹别克斯坦、俄罗斯;亚洲、欧洲、美洲有分布。

药用、有毒、食用、染料。

*(4039) 奥勒加龙葵 **Solanum olgae Poljark.**

一年生草本。生于绿洲边缘、盐渍化草地、河边石质化草地、沟渠边。海拔 300~1 500 m。

产准噶尔阿拉套山、北天山、西天山、西南天山。哈萨克斯坦、吉尔吉斯斯坦、乌兹别克斯坦;亚洲有分布。

*(4040) 波斯茄 Solanum persicum Willd.

半灌木。生于山崖岩石缝、山谷、河边、渠边。海拔 200~700 m。

产西天山、西南天山。吉尔吉斯斯坦、乌兹别克斯坦、俄罗斯;亚洲、欧洲有分布。

(4041) 黄花刺茄 Solanum rustratum Dunal

一年生草本。生于低山荒地、干旱草原、田边、路旁。海拔 −12~1 143 m。

产东天山、东北天山。中国;亚洲、美洲有分布。

有毒。

(4042) 红果龙葵 Solanum villosum Miller = *Solanum luteum* Mill.

一年生草本。生于山地荒漠、平原绿洲、田边、路边、荒地。海拔 300~2 300 m。

产东天山、准噶尔阿拉套山、北天山、东南天山、中央天山、内天山、西天山、西南天山。中国、哈萨克斯坦、吉尔吉斯斯坦、乌兹别克斯坦、俄罗斯;亚洲、欧洲有分布。

有毒、药用。

565. 曼陀罗属 Datura L.

(4043) 毛曼陀罗 Datura innoxia P. Miller

一年生草本。生于平原绿洲、荒野、水边、路边、村落周边。海拔 300~1 500 m。

产东天山。中国;亚洲、欧洲、美洲有分布。

有毒、药用、油料、植化原料(生物碱)。

(4044) 曼陀罗 Datura stramonium L.

草本或半灌木状草本。生于平原绿洲、荒野、水边、路边、村落周边。海拔 150~1 800 m。

产东天山、东北天山、准噶尔阿拉套山、北天山、东南天山、中央天山、内天山、西天山、西南天山。中国、哈萨克斯坦、吉尔吉斯斯坦、乌兹别克斯坦、俄罗斯;世界各地广布。

药用、有毒、油料。

*(4045) 紫花曼陀罗 Datura stramonium tatula (L.) D. Geerinck et E. Walravens = *Datura tatula* L.

一年生草本。生于农田、路边、村落周边。海拔 300~1 600 m。

产北天山、西天山、西南天山。哈萨克斯坦、吉尔吉斯斯坦、乌兹别克斯坦、俄罗斯;亚洲、欧洲有分布。

566. 假酸浆属 Nicandra Adans.

(4046) 假酸浆 Nicandra physalodes (L.) Gaertn.

一年生草本。生于农田、荒野、村落周边、花园。海拔 400~1 200 m。

产东天山、北天山、西天山、西南天山。中国、哈萨克斯坦、吉尔吉斯斯坦、乌兹别克斯坦、俄罗斯;亚洲、欧洲有分布。

567. 酸浆属 Physalis L.

(4047) 酸浆 Physalis alkekengi L. = *Alkekengi officinarum* Moench

多年生草本。生于核桃林、槭树林下、盐碱地。海拔 700~1 700 m。

产西南天山。乌兹别克斯坦、俄罗斯;亚洲、欧洲有分布。

（4048）灯笼果（挂金灯）**Physalis alkekengi L. var. francheti（Mast.）Makino** = *Physalis praetermissa* Pojarkova

多年生草本。生于山坡草地、林下、田野、沟边、花园、田间、渠边、路旁水边;亦普遍栽培。海拔300~1 500 m。

产东天山、东北天山、北天山、西天山、西南天山、内天山。中国、哈萨克斯坦、吉尔吉斯斯坦、乌兹别克斯坦、朝鲜、日本;亚洲有分布。

食用、药用。

六十九、玄参科 Scrophulariaceae

568. 毛蕊花属 Verbascum L.

*（4049）龙牙草叶毛蕊花 **Verbascum agrimoniifolium（C. Koch）Huber-Morath**

二年生草本。生于山地河谷林下、低山石质坡地。海拔600~2 500 m。

产准噶尔阿拉套山、内天山、西天山、西南天山。哈萨克斯坦、吉尔吉斯斯坦、乌兹别克斯坦;亚洲有分布。

*（4050）澳大利亚毛蕊花 **Verbascum austriacum Schott ex Roem. et Schult.**

多年生草本。生于荒漠草原、山麓洪积-冲积扇、平原石质化草地。海拔700~1 600 m。

产准噶尔阿拉套山、北天山。哈萨克斯坦、吉尔吉斯斯坦;亚洲有分布。

（4051）毛瓣毛蕊花 **Verbascum blattaria L.**

一年生或二年生草本。生于平原绿洲、河滩、沼泽草甸、路边。海拔600~800 m。

产东天山、准噶尔阿拉套山、北天山、内天山、西天山、西南天山。中国、哈萨克斯坦、吉尔吉斯斯坦、乌兹别克斯坦、俄罗斯;亚洲、欧洲有分布。

药用。

（4052）东方毛蕊花 **Verbascum chaixii subsp. orientale（Bieb.）Hayek.** = *Verbascum marschallianum* Ivanina et N. N. Tzvel.

多年生草本。生于林间草地、核桃林下、河谷、山地草原、盐化草甸。海拔500~2 000 m。

产准噶尔阿拉套山、北天山、西天山、西南天山。中国、哈萨克斯坦、吉尔吉斯斯坦、乌兹别克斯坦、俄罗斯;亚洲、欧洲有分布。

药用。

*（4053）绒毛毛蕊花 **Verbascun erianthum Benth.** = *Verbascum sinaiticum* Benth.

二年生草本。生于绿洲边缘、渠边、荒漠草原、阳坡石质草地、碎石堆。海拔600~1 800 m。

产内天山、西天山、西南天山。吉尔吉斯斯坦、乌兹别克斯坦;亚洲有分布。

*（4054）大果毛蕊花 **Verbascum macrocarpum Boiss.**

多年生草本。生于野核桃林下、河岸草甸、沼泽湿地、沙化草地。海拔200~1 800 m。

产准噶尔阿拉套山、北天山、西天山、西南天山。哈萨克斯坦、吉尔吉斯斯坦、乌兹别克斯坦、俄罗斯;亚洲有分布。

（4055）紫毛蕊花 **Verbascum phoeniceum L.**

多年生草本。生于山地草甸、山地草原、河谷、河流湿地、沼泽地、荒地。海拔900~2 700 m。

产东天山、东北天山、准噶尔阿拉套山、北天山、西天山、西南天山。中国、哈萨克斯坦、吉尔吉斯斯坦、乌兹别克斯坦、俄罗斯;亚洲、欧洲有分布。

药用。

（4056）准噶尔毛蕊花 **Verbascum songaricum Schrenk**

多年生草本。生于山地草原、平原绿洲、芨芨草草甸、沙砾质河滩、田边、湿地、荒地。海拔 400~2 000 m。

产东天山、准噶尔阿拉套山、北天山、西天山、西南天山。中国、哈萨克斯坦、吉尔吉斯斯坦、乌兹别克斯坦、俄罗斯;亚洲、欧洲有分布。

有毒、药用。

（4057）毛蕊花 **Verbascum thapsus L.**

二年生草本。生于山地林缘、灌丛、河谷、山地阳坡草地、山地草原。海拔 1 100~3 200 m。

产东天山、东北天山、准噶尔阿拉套山、北天山、东南天山、内天山、西天山、西南天山。中国、哈萨克斯坦、吉尔吉斯斯坦、乌兹别克斯坦;亚洲、欧洲有分布。

药用、有毒、染料、观赏、蜜源。

*（4058）土库曼毛蕊花 **Verbascum turcomanicum Murb.**

二年生草本。生于石灰岩丘陵、石质坡地。海拔 700~1 800 m。

产西天山、西南天山。吉尔吉斯斯坦、乌兹别克斯坦;亚洲有分布。

*（4059）土耳其毛蕊花 **Verbascum turkestanicum Franch.**

二年生草本。生于石灰岩丘陵、砾石质荒漠草地、平原绿洲。海拔 600~1 900 m。

产内天山、西天山、西南天山。吉尔吉斯斯坦、乌兹别克斯坦;亚洲有分布。

569. 玄参属 Scrophularia L.

*（4060）喜湿玄参 **Scrophularia canescens Bong.**

多年生草本。生于山地草甸、山地草原、花岗岩碎石堆、山麓平原、湖泊周边。海拔 600~1 800 m。

产北天山。哈萨克斯坦、吉尔吉斯斯坦、俄罗斯;亚洲有分布。

*（4061）准噶尔玄参 **Scrophularia dshungarica Golosk. et Tzogol.**

多年生草本。生于山地林间草地、荒漠草原。海拔 700~1 600 m。

产准噶尔阿拉套山。哈萨克斯坦;亚洲有分布。

*（4062）贡卡尔玄参 **Scrophularia gontscharovii Gorschk.**

多年生草本。生于山坡草地、山地河谷、倒石堆。海拔 800~2 500 m。

产西南天山、内天山。乌兹别克斯坦;亚洲有分布。

*（4063）吉氏玄参 **Scrophularia griffithii Benth.**

多年生草本。生于山地森林-草甸、河谷、河漫滩。海拔 900~2 800 m。

产内天山、西南天山。吉尔吉斯斯坦、乌兹别克斯坦;亚洲有分布。

（4064）新疆玄参 **Scrophularia heucheriiflora Schrenk ex Fisch. et C. A. Mey.**

多年生草本。生于山地河谷、山坡阴湿处、水边、湿地。海拔 800~2 000 m。

产东天山、东北天山、准噶尔阿拉套山、北天山、东南天山、内天山、西天山、西南天山。中国、哈萨克斯坦、吉尔吉斯斯坦、乌兹别克斯坦;亚洲有分布。

药用。

（4065）砾玄参 **Scrophularis incisa Weinm.**

半灌木状草本。生于山地林缘、林间草地、岩石缝、河谷、沙砾质山坡。海拔 700~3 950 m。

产东天山、东北天山、准噶尔阿拉套山、北天山、东南天山、中央天山、内天山、西天山、西南天
山。中国、哈萨克斯坦、吉尔吉斯斯坦、乌兹别克斯坦、蒙古、俄罗斯;亚洲有分布。

药用。

*（4066）全叶玄参 **Scrophularia integrifolia Pavlov**

多年生草本。生于山地圆柏灌丛、山崖岩石缝、石灰岩丘陵。海拔 1 500~2 900 m。

产北天山、内天山、西天山、西南天山。哈萨克斯坦、吉尔吉斯斯坦、乌兹别克斯坦;亚洲有分布。

（4067）羽裂玄参 **Scrophularia kiriloviana Schischk.**

半灌木状草本。生于山地林缘、林间草地、河谷、岩石缝、山溪边、沙砾质山坡。海拔 520~
3 700 m。

产东天山、东北天山、准噶尔阿拉套山、北天山、东南天山、内天山、西天山、西南天山。中国、哈萨
克斯坦、吉尔吉斯斯坦、乌兹别克斯坦;亚洲有分布。

药用。

*（4068）白枝玄参 **Scrophularia leucoclada Bunge**

多年生草本。生于荒漠草原、山麓沙地、干河床、龟裂土荒漠。海拔 600~1 700 m。

产北天山、内天山、西天山、西南天山。哈萨克斯坦、吉尔吉斯斯坦、乌兹别克斯坦;亚洲有
分布。

*（4069）努兰玄参 **Scrophularia nuraniae Tzogol.**

多年生草本。生于山坡石质化草地、碎石堆、石质山坡、山麓洪积扇。海拔 1 600~2 700 m。

产西南天山。乌兹别克斯坦;亚洲有分布。

*（4070）帕米尔-阿莱玄参 **Scrophularia pamiroalaica Gorschk.**

多年生草本。生于山坡草地、山地灌丛。海拔 1 500~3 000 m。

产西南天山、内天山。乌兹别克斯坦;亚洲有分布。

*（4071）塔拉斯玄参 **Scrophularia talassica Tzagol.**

多年生草本。生于山地河谷、石质山坡。海拔 900~1 800 m。

产西南天山。乌兹别克斯坦;亚洲有分布。

（4072）喜阴玄参 **Scrophularia umbrosa Dum.**

多年生草本。生于山地草甸、林间草地、山溪边、山坡草地、灌丛、水沟边、沼泽湿地、湖边。海
拔 400~2 600 m。

产东天山、准噶尔阿拉套山、北天山、内天山、西天山、西南天山、内天山。中国、哈萨克斯坦、
吉尔吉斯斯坦、乌兹别克斯坦、俄罗斯;亚洲、欧洲有分布。

*（4073）轮生玄参 **Scrophularia verticillata Gontsch.**

多年生草本。生于山崖岩石缝、河谷、山地草原。海拔 900~1 800 m。

产西南天山、内天山。乌兹别克斯坦;亚洲有分布。

*（4074）威氏玄参 **Scrophularia vvedenskyi Bondarenko et Filat.**

多年生草本。生于山崖岩石缝、山坡草地、砾石质坡地、荒漠化草原。海拔 300~2 100 m。

产西天山、西南天山。吉尔吉斯斯坦、乌兹别克斯坦；亚洲有分布。

*（4075）黄舌玄参 **Scrophularia xanthoglossa Boiss.**

多年生草本。生于山地河谷、河岸阶地、山坡草地。海拔 900~2 400 m。

产西南天山、内天山。乌兹别克斯坦；亚洲有分布。

*570. 石玄参属 Nathaliella B. Fedtsch.

（4076）石玄参 **Nathaliella alaica B. Fedtsch.**

多年生草本。生于山地阳坡岩石缝。海拔 1 500~2 800 m。

产东南天山、内天山。中国、吉尔吉斯斯坦；亚洲有分布。

*571. 本格草属 Bungea C. A. Mey.

*（4077）膨萼本格草 **Bungea vesiculifera（Herd.）Pavl. et Lipsch.**

多年生草本。生于河流阶地、荒漠草原、山麓细石质坡地。海拔 800~2 500 m。

产西天山、西南天山。吉尔吉斯斯坦、乌兹别克斯坦；亚洲有分布。

572. 芯芭属（大黄花属）Cymbaria L.

（4078）蒙古芯芭 **Cymbaria mongolica Maxim.**

多年生草本。生于山地草原、荒漠草原、干旱山坡。海拔 600~1 800 m。

产东天山。中国；亚洲有分布。

573. 野胡麻属 Dodartia L.

（4079）野胡麻 **Dodartia orientalis L.**

多年生草本。生于山坡草地、低山荒漠、平原绿洲、田边、路边、沙漠边缘、固定和半固定沙丘。海拔 400~2 300 m。

产东天山、东北天山、准噶尔阿拉套山、北天山、东南天山、中央天山、内天山、西天山、西南天山。中国、哈萨克斯坦、吉尔吉斯斯坦、乌兹别克斯坦、伊朗、俄罗斯；亚洲、欧洲有分布。

药用、有毒、胶脂、饲料。

574. 水八角属 Gratiola L.

（4080）药用水八角 **Gratiola officinalis L.**

多年生草本。生于河边、沼泽地。海拔 300~1 200 m。

产准噶尔阿拉套山、北天山、西天山、西南天山。中国、哈萨克斯坦、吉尔吉斯斯坦、乌兹别克斯坦、伊朗、俄罗斯；亚洲、欧洲、美洲有分布。

575. 水茫草属 Limosella L.

（4081）水茫草 **Limosella aquatica L.**

一年生湿生或水生草本。生于林缘湿地、河边、湖边湿地。海拔 600~4 000 m。

产北天山。中国、哈萨克斯坦、俄罗斯；全球温带广泛分布。

576. 柳穿鱼属 Linaria Hill.

*（4082）尖萼柳穿鱼 **Linaria acutiloba Fisch. ex Rchb.**

多年生草本。生于山地草原、干河谷草甸、山麓洪积扇。海拔 500~1 700 m。

产准噶尔阿拉套山。哈萨克斯坦、俄罗斯;亚洲、欧洲有分布。

*(4083) 阿莱柳穿鱼 **Linaria alaica S. Yu. Yunusov**

多年生草本。生于砾岩堆、河谷碎石堆、干河床。海拔 900~1 800 m。

产西南天山、内天山。乌兹别克斯坦;亚洲有分布。

*(4084) 阿尔泰柳穿鱼 **Linaria altaica Fischer ex Ledeb.**

多年生草本。生于山地林缘、山地草甸、山地草原。海拔 1 500~2 900 m。

产准噶尔阿拉套山、北天山。哈萨克斯坦、吉尔吉斯斯坦、俄罗斯;亚洲有分布。

(4085) 紫花柳穿鱼 **Linaria bungei Kuprian.**

多年生草本。生于亚高山草甸、山地林缘、林间草地、河谷、灌丛、蒿属荒漠。海拔 500~
3 000 m。

产东天山、准噶尔阿拉套山、北天山、东南天山。中国、哈萨克斯坦、俄罗斯;亚洲有分布。

药用。

*(4086) 无叶柳穿鱼 **Linaria genistifolia (L.) Mill.**

多年生草本。生于山麓黄土草坡、荒漠草原、固定沙丘。海拔 600~1 700 m。

产准噶尔阿拉套山。哈萨克斯坦、俄罗斯;亚洲、欧洲有分布。

*(4087) 单花被柳穿鱼 **Linaria incompleta Kuprian.**

多年生草本。生于山地草原、黄土丘陵、荒漠草原。海拔 800~1 600 m。

产准噶尔阿拉套山。哈萨克斯坦;亚洲有分布。

*(4088) 锡尔河柳穿鱼 **Linaria jaxartica I. G. Levichev**

多年生草本。生于低山黄土丘陵、山麓平原。海拔 700~1 500 m。

产西南天山、西天山。哈萨克斯坦、吉尔吉斯斯坦、乌兹别克斯坦;亚洲有分布。

*(4089) 宽叶柳穿鱼 **Linaria kokanica Regel**

多年生草本。生于山崖峭壁、河谷、山麓碎石堆。海拔 600~2 100 m。

产西南天山、内天山。乌兹别克斯坦;亚洲有分布。

(4090) 帕米尔柳穿鱼 **Linaria kulabensis B. Fedtsch.**

多年生草本。生于山坡草地、砾石质山坡、山麓洪积扇。海拔 2 000~3 000 m。

产内天山。中国、塔吉克斯坦;亚洲有分布。

(4091) 长距柳穿鱼 **Linaria longicalcarata D. Y. Hong**

多年生草本。生于石质山坡、河谷草甸、山地草原。海拔 800~2 500 m。

产东天山、准噶尔阿拉套山、北天山。中国;亚洲有分布。

药用。

*(4092) 小花柳穿鱼 **Linaria micrantha (Cav.) Hoffmgg. et Link**

一年生或二年生草本。生于山地草原、河谷草甸。海拔 900~1 500 m。

产西天山、西南天山。乌兹别克斯坦、俄罗斯;亚洲有分布。

*(4093) 波波夫柳穿鱼 **Linaria popovii Kuprian.**

多年生草本。生于山地砾石质山坡、河谷草甸。海拔 1 500~2 700 m。

产北天山、内天山、西天山、西南天山。吉尔吉斯斯坦、乌兹别克斯坦；亚洲有分布。

*（4094）塔拉斯柳穿鱼 **Linaria saposhnikovii E. Nik.**

多年生草本。生于亚高山石质坡地、山崖峭壁、山地林缘、山坡草地、山地荒漠草原、河谷沙地。海拔 1 000～2 800 m。

产北天山、西天山、西南天山。哈萨克斯坦、吉尔吉斯斯坦、乌兹别克斯坦；亚洲有分布。

*（4095）直立柳穿鱼 **Linaria sessilis Kuprian.**

多年生草本。生于亚高山草甸、石质山坡、河谷、荒漠草原、山麓平原。海拔 600～2 900 m。

产北天山、西南天山。吉尔吉斯斯坦、乌兹别克斯坦、俄罗斯；亚洲、欧洲有分布。

*（4096）外伊犁柳穿鱼 **Linaria transiliensis Kurian.** = *Linaria fedorovii* Kamelin = *Linaria tianschanica* N. L. Semiotrocheva

多年生草本。生于亚高山草甸、山地林缘、林间空地、草甸草原、山麓洪积扇、河谷灌丛、干河床、沙地。海拔 600～2 900 m。

产北天山、西天山、西南天山。哈萨克斯坦、吉尔吉斯斯坦、乌兹别克斯坦；亚洲有分布。

（4097）新疆柳穿鱼 **Linaria vulgaris subsp. acutiloba（Fisch. ex Rchb.）Hong.**

多年生草本。生于山地草甸、山地灌丛、河谷、山地草原、低山坡地、砾质平原、田边、路边。海拔 400～2 300 m。

产东天山、东北天山、准噶尔阿拉套山、北天山、内天山、西天山、西南天山。中国、哈萨克斯坦、吉尔吉斯斯坦、乌兹别克斯坦、俄罗斯；亚洲、欧洲有分布。

药用、有毒、观赏、蜜源。

577. 兔耳草属 Lagotis J. Gaertn.

（4098）短筒兔耳草 **Lagotis brevituba Maxim.**

多年生草本。生于高山和亚高山草甸、砾石质山坡。海拔 2 400～4 500 m。

产东天山。中国；亚洲有分布。

药用。

（4099）倾卧兔耳草 **Lagotis decumbens Rupr.**

多年生草本。生于高山荒漠、高山冰碛碎石堆、碎石山坡。海拔 1 500～4 700 m。

产东天山、东北天山、准噶尔阿拉套山、北天山、东南天山、内天山。中国、吉尔吉斯斯坦；亚洲有分布。

药用。

*（4100）塔拉斯兔耳草 **Lagotis ikonnikovii Schischk.**

多年生草本。生于高山草甸、冰碛碎石堆、山溪边、河谷湿地。海拔 3 100～3 600 m。

产西南天山。吉尔吉斯斯坦、乌兹别克斯坦；亚洲有分布。

（4101）全叶兔耳草（亚中兔耳草）**Lagotis integrifolia（Willd.）Schischk. ex Vikulova**

多年生草本。生于高山和亚高山草甸、山地林缘。海拔 1 500～3 600 m。

产东天山、东北天山、准噶尔阿拉套山、北天山、东南天山。中国、哈萨克斯坦、吉尔吉斯斯坦、日本、蒙古、俄罗斯；亚洲有分布。

药用。

*（4102）考尔考夫兔耳草 **Lagotis korolkowii**（Regel et Schmalh.）**Maxim.**

多年生草本。生于高山和亚高山草甸、冰碛碎石堆河谷、灌丛、石质山坡。海拔 1 200～3 600 m。

产西天山、西南天山。吉尔吉斯斯坦、乌兹别克斯坦；亚洲有分布。

578. 方茎草属 Leptorhabdos Schrenk

（4103）方茎草 **Leptorhabdos parviflora**（Benth.）**Benth.**

一年生草本。生于低山荒漠、干旱山坡、河谷、平原河和湖岸边、低洼地。海拔 650～1 500 m。

产东天山、东北天山、准噶尔阿拉套山、北天山、内天山、西天山、西南天山。中国、哈萨克斯坦、吉尔吉斯斯坦、乌兹别克斯坦、伊朗、俄罗斯；亚洲有分布。

药用。

579. 鼻花属 Rhinanthus L.

（4104）鼻花 **Rhinanthus glaber Lam.** = *Rhinanthus minor* L.

一年生半寄生草本。生于山地林缘、山地草甸、河漫滩湿地、灌丛。海拔 400～2 400 m。

产东天山、准噶尔阿拉套山、北天山、东南天山、中央天山。中国、俄罗斯；亚洲、欧洲有分布。

药用。

*（4105）准噶尔鼻花 **Rhinanthus songaricus**（Sterneck.）**B. Fedtsch.**

一年生草本。生于山地草甸湿地、山地草甸、河边、湖边。海拔 500～2 900 m。

产北天山、内天山、西天山、西南天山。哈萨克斯坦、吉尔吉斯斯坦、乌兹别克斯坦有、俄罗斯；亚洲、欧洲有分布。

580. 婆婆纳属 Veronica L.

（4106）阿拉套婆婆纳 **Veronica alatavica Popov**

多年生草本。生于亚高山草甸、山地林缘、石质山坡、灌丛、低山丘陵、山地草原、河谷、干河床。海拔 600～2 900 m。

产东北天山、北天山、西天山。中国、哈萨克斯坦、吉尔吉斯斯坦；亚洲有分布。

药用。

（4107）北水苦荬 **Veronica anagallis-aquatica L.**

多年生草本。生于山地河谷、平原湿地、沼泽、水边。海拔 100～2 800 m。

产东天山、东北天山、准噶尔阿拉套山、北天山、东南天山、中央天山、内天山、西天山、西南天山。中国、哈萨克斯坦、吉尔吉斯斯坦、乌兹别克斯坦、俄罗斯；全球温带广泛分布。

药用、食用。

（4108）长果水苦荬 **Veronica anagalloides Guss.**

一年生草本。生于山地河谷、湿地、水边、平原沼泽。海拔 500～1 900 m。

产东天山、东北天山、准噶尔阿拉套山、北天山、东南天山、内天山、西天山、西南天山。中国、哈萨克斯坦、吉尔吉斯斯坦、乌兹别克斯坦、俄罗斯；亚洲、欧洲有分布。

药用。

*（4109）尖叶婆婆纳 **Veronica arguteserrata Regel et Schmalch.**

一年生草本。生于亚高山草甸、山地河谷、河漫滩草甸、沼泽、平原湿地、水边、田边。海拔 600～3 000 m。

产准噶尔阿拉套山、北天山、内天山、西天山、西南天山。哈萨克斯坦、吉尔吉斯斯坦、乌兹别克斯坦、俄罗斯;亚洲有分布。

(4110) 直立婆婆纳 **Veronica arvensis L.**

一年生草本。生于低山荒漠、河谷、路边、荒野。海拔 2 000 m 上下。

产东天山、准噶尔阿拉套山、北天山。中国、哈萨克斯坦、吉尔吉斯斯坦、乌兹别克斯坦、俄罗斯;北温带广泛分布。

药用。

(4111) 直柄水苦荬(有柄水苦荬) **Veronica beccabunga L.**

多年生草本。生于山地河谷、河滩草甸、沼泽、平原湿地、水边。海拔 500~2 000 m。

产东天山、东北天山、准噶尔阿拉套山、北天山、内天山、西天山、西南天山。中国、哈萨克斯坦、吉尔吉斯斯坦、乌兹别克斯坦、俄罗斯;亚洲、欧洲、美洲有分布。

药用。

(4112) 二裂婆婆纳(两裂婆婆纳) **Veronica biloba Schreb.**

一年生草本。生于高山和亚高山草甸、山地林下、林缘、山地草甸、河边、平原绿洲。海拔 400~3 600 m。

产东天山、东北天山、准噶尔阿拉套山、北天山、东南天山、内天山、西天山、西南天山。中国、哈萨克斯坦、吉尔吉斯斯坦、乌兹别克斯坦、印度、俄罗斯;亚洲有分布。

药用。

*(4113) 布哈拉婆婆纳 **Veronica bucharica B. Fedtsch.**

一年生草本。生于山坡岩石堆、山脊裸露坡地。海拔 600~1 800 m。

产西南天山、内天山。乌兹别克斯坦;亚洲有分布。

(4114) 弯果婆婆纳 **Veronica campylopoda Boiss.**

一年生草本。生于山地草原、荒漠草原、河谷、固定沙丘。海拔 600~2 200 m。

产东天山、东北天山、准噶尔阿拉套山、北天山、西天山、西南天山。中国、哈萨克斯坦、吉尔吉斯斯坦、乌兹别克斯坦、俄罗斯;亚洲有分布。

*(4115) 毛枝婆婆纳 **Veronica capillipes Nevski**

一年生草本。生于山地倒石堆、山地河谷、河岸阶地、山地草原。海拔 1 200~2 900 m。

产北天山、西天山、西南天山。吉尔吉斯斯坦、乌兹别克斯坦;亚洲有分布。

*(4116) 盒状婆婆纳 **Veronica capsellicarpa Dubovik**

多年生草本。生于山地草原、丘陵坡地、河漫滩草甸。海拔 700~1 600 m。

产准噶尔阿拉套山。哈萨克斯坦;亚洲、欧洲有分布。

(4117) 心果婆婆纳 **Veronica cardiocarpa (Kar. et Kir.) Walp.**

多年生草本。生于山地疏林下、林缘、灌丛、山地草原。海拔 1 200~2 300 m。

产东天山、东北天山、准噶尔阿拉套山、北天山、东南天山、西天山、西南天山。中国、哈萨克斯坦、吉尔吉斯斯坦、乌兹别克斯坦、伊朗、俄罗斯;亚洲有分布。

*(4118) 花卉婆婆纳 **Veronica chamaedrys L.**

多年生草本。生于山地草甸、山地针叶阔叶林下、林缘、村落周边。海拔 700~2 900 m。

产准噶尔阿拉套山。哈萨克斯坦;亚洲有分布。

(4119) 纤毛婆婆纳(长果婆婆纳) **Veronica ciliata Fisch.**

多年生草本。生于高山荒漠、高山和亚高山草甸、沙砾质山坡、河谷湿地、沼泽草甸。海拔 2 000~4 300 m。

产东天山、东北天山、准噶尔阿拉套山、北天山、东南天山。中国、哈萨克斯坦、吉尔吉斯斯坦、蒙古、俄罗斯;亚洲有分布。

药用。

(4120) 密花婆婆纳 **Veronica densiflora Ledeb.**

多年生草本。生于高山和亚高山草甸、林缘、灌丛、河谷、山地草原。海拔 1 200~3 500 m。

产东天山、东北天山、准噶尔阿拉套山、北天山。中国、哈萨克斯坦、蒙古、俄罗斯;亚洲有分布。

(4121) 婆婆纳 **Veronica didyma Tenore.** = *Veronica polita Fries*

一年生草本。生于山地疏林下、灌丛、河谷、水边、湿地、村落周边。海拔 500~1 800 m。

产东天山、准噶尔阿拉套山、北天山、内天山、西天山、西南天山。中国、哈萨克斯坦、吉尔吉斯斯坦、乌兹别克斯坦、俄罗斯;欧亚大陆广泛分布。

食用、药用、饲料。

*(4122) 草原婆婆纳 **Veronica dillenii Crantz.**

一年生草本。生于山坡草地、山地草原、石质山坡。海拔 600~1 800 m。

产准噶尔阿拉套山。哈萨克斯坦、俄罗斯;亚洲、欧洲有分布。

*(4123) 费氏婆婆纳 **Veronica fedtschenkoi A. Boriss.**

多年生草本。生于亚高山草甸、潮湿碎石堆。海拔 2 900~3 200 m。

产北天山、内天山。吉尔吉斯斯坦;亚洲有分布。

*(4124) 费尔干婆婆纳 **Veronica ferganica M. Popov**

一年生草本。生于高山和亚高山草甸、碎石堆、草甸湿地、冰碛石堆、冰蚀湖边。海拔 2 900~3 500 m。

产准噶尔阿拉套山、北天山、内天山、西天山、西南天山。哈萨克斯坦、吉尔吉斯斯坦、乌兹别克斯坦、俄罗斯;亚洲有分布。

*(4125) 古氏婆婆纳 **Veronica gorbunovii Gontsch.**

多年生草本。生于山地草甸、草甸湿地、细土质-细石质山坡。海拔 1 900~2 800 m。

产西南天山、内天山。乌兹别克斯坦;亚洲有分布。

*(4126) 短萼婆婆纳 **Veronica hederifolia L.**

一年生草本。生于山坡石质草地、村落周边、田边、渠边、防护林下。海拔 400~3 000 m。

产北天山、内天山、西天山、西南天山。哈萨克斯坦、吉尔吉斯斯坦、乌兹别克斯坦、俄罗斯;亚洲、欧洲有分布。

*(4127) 刚毛婆婆纳 **Veronica hispidula Boiss. et Huet**

一年生草本。生于山地石质河滩、河岸阶地、低山丘陵坡地。海拔 500~2 800 m。

产准噶尔阿拉套山、北天山、内天山、西天山、西南天山。哈萨克斯坦、吉尔吉斯斯坦、乌兹别克斯坦、俄罗斯;亚洲、欧洲有分布。

*（4128）斜生婆婆纳 **Veronica humifusa Dickson** = *Veronica serpyllifolia* subsp. *humifusa*（Dicks.）Syme

多年生草本。生于山地河边、湖边湿地、阴湿处。海拔 1 800~2 900 m。

产准噶尔阿拉套山、北天山、西天山。哈萨克斯坦、吉尔吉斯斯坦、乌兹别克斯坦、俄罗斯；亚洲、欧洲有分布。

*（4129）中婆婆纳 **Veronica intercedens Bornm.**

一年生草本。生于石质山坡、山麓碎石堆、山地草原。海拔 1 000~2 900 m。

产北天山、内天山、西天山、西南天山。哈萨克斯坦、吉尔吉斯斯坦、乌兹别克斯坦、俄罗斯；亚洲有分布。

*（4130）美丽婆婆纳 **Veronica laeta Kar. et Kir.**

多年生草本。生于山麓沙地、河谷、石质阴坡。海拔 500~1 900 m。

产准噶尔阿拉套山、北天山、西天山、西南天山。哈萨克斯坦、吉尔吉斯斯坦、乌兹别克斯坦、俄罗斯；亚洲有分布。

（4131）细叶婆婆纳 **Veronica linariifolia Pall. ex Link.**

多年生草本。生于山地疏林下、林缘、山地草甸、灌丛。海拔 2 000~2 400 m。

产北天山。中国、哈萨克斯坦、日本、蒙古、俄罗斯；亚洲有分布。

药用。

（4132）兔儿尾苗 **Veronica longifolia L.**

多年生草本。生于山地林缘、山地草甸、河谷、灌丛。海拔 1 200~2 500 m。

产东天山、东北天山、准噶尔阿拉套山、北天山。中国、哈萨克斯坦、吉尔吉斯斯坦、俄罗斯；亚洲、欧洲有分布。

食用、药用、饲料、观赏、蜜源。

*（4133）芦提克婆婆纳 **Veronica luetkeana Rupr.**

多年生草本。生于亚高山山崖峭壁、河谷、河岸草甸、湿地、河漫滩、潮湿草地。海拔 1 400~2 900 m。

产北天山、西天山、西南天山、内天山。哈萨克斯坦、吉尔吉斯斯坦、乌兹别克斯坦；亚洲有分布。

*（4134）粗蕊婆婆纳 **Veronica macrostemon Bunge ex Ledeb.**

多年生草本。生于亚高山碎石堆、石质山坡草地、草甸湿地。海拔 900~2 900 m。

产准噶尔阿拉套山、北天山。哈萨克斯坦、俄罗斯；亚洲有分布。

*（4135）米卡婆婆纳 **Veronica michauxii Lam.**

多年生草本。生于薹草-苔藓草地、河谷湿地、河边、温泉湿地、湖边。海拔 900~3 100 m。

产西南天山、内天山。乌兹别克斯坦；亚洲有分布。

（4136）尖果水苦荬 **Veronica oxycarpa Boiss.**

多年生草本。生于山地疏林下、河滩湿地、沼泽、水边。海拔 600~2 900 m。

产东天山、东北天山、准噶尔阿拉套山、北天山、内天山、西天山、西南天山。中国、哈萨克斯坦、吉尔吉斯斯坦、乌兹别克斯坦、伊朗、俄罗斯；亚洲有分布。

药用。

（4137）侏倭婆婆纳 **Veronica perpusilla Boiss.** = *Veronica acinifolia* L.

一年生草本。生于高山和亚高山草甸。海拔 3 500 m 上下。

产东天山、北天山、西天山、西南天山。中国、哈萨克斯坦、吉尔吉斯斯坦、乌兹别克斯坦、俄罗斯；亚洲、欧洲有分布。

（4138）阿拉伯婆婆纳 **Veronica persica Poir.**

一年生草本。生于平原绿洲、郊区、花园、路旁、田边、渠边、河岸、水边、荒野。海拔 200 ~ 2 100 m。

产东天山、准噶尔阿拉套山、北天山、西天山、西南天山。中国、哈萨克斯坦、吉尔吉斯斯坦、乌兹别克斯坦、俄罗斯；亚洲、欧洲、非洲有分布。

药用。

（4139）羽叶婆婆纳 **Veronica pinnata L.**

多年生草本。生于山地林下、林缘、灌丛、山地草甸、河漫滩、荒漠草原。海拔 600 ~ 2 700 m。

产东天山、东北天山、准噶尔阿拉套山、北天山、中国、哈萨克斯坦、蒙古、俄罗斯；亚洲有分布。

药用。

*（4140）磨光婆婆纳 **Veronica polita Fries.**

一年生草本。生于居民点周围、荒漠草地、田间、山麓平原沙地。海拔 300 ~ 1 600 m。

产北天山、西天山、西南天山、内天山。哈萨克斯坦、吉尔吉斯斯坦、乌兹别克斯坦；亚洲有分布。

*（4141）紫婆婆纳 **Veronica porphyriana Pavl.** = *Veronica spicata* subsp. *porphyriana*（Pavl.）A. Jelen.

多年生草本。生于高山和亚高山冰碛石堆、山地林缘、山地草甸、山麓碎石堆。海拔 300 ~ 3 600 m。

产准噶尔阿拉套山、北天山。哈萨克斯坦、吉尔吉斯斯坦、俄罗斯；亚洲有分布。

*（4142）红叶婆婆纳 **Veronica rubrifolia Boiss.**

一年生草本。生于高山和亚高山草甸、冰碛石堆、冰蚀湖边、草甸湿地。海拔 2 900 ~ 3 500 m。

产准噶尔阿拉套山、北天山、内天山、西天山、西南天山。哈萨克斯坦、吉尔吉斯斯坦、乌兹别克斯坦、俄罗斯；亚洲有分布。

（4143）小婆婆纳 **Veronica serpyllifolia L.**

多年生草本。生于高山和亚高山草甸、山地林下、林缘。海拔 2 100 ~ 3 600 m。

产东天山、准噶尔阿拉套山、北天山、内天山。中国、哈萨克斯坦、俄罗斯；北半球温带、亚热带高山有分布。

药用。

（4144）穗花婆婆纳 **Veronica spicata L.**

多年生草本。生于山地疏林下、林缘、灌丛、河谷、山地草原。海拔 500 ~ 2 500 m。

产东天山、东北天山、准噶尔阿拉套山、北天山、东南天山。中国、哈萨克斯坦、俄罗斯；亚洲、欧洲有分布。

药用。

（4145）轮叶婆婆纳 **Veronica spuria L.**

多年生草本。生于山地林缘、灌丛、河谷、山地草甸、山地草原。海拔 1 200~2 500 m。

产东天山、准噶尔阿拉套山、北天山、东南天山、西天山、西南天山。中国、哈萨克斯坦、吉尔吉斯斯坦、乌兹别克斯坦、俄罗斯；亚洲、欧洲有分布。

药用。

*（4146）长柄婆婆纳 **Veronica stylophora Popov ex Vedensky**

一年生草本。生于细土质-细石质山坡、山麓坡地、渠边、居民区周边。海拔 500~1 700 m。

产西南天山、内天山。乌兹别克斯坦；亚洲有分布。

（4147）细茎婆婆纳（丝茎婆婆纳）**Veronica tenuissima A. Boriss.**

一年生草本。生于山地草原、河谷、灌丛、黏土平原。海拔 500~1 500 m。

产东天山、准噶尔阿拉套山、北天山。中国、哈萨克斯坦、吉尔吉斯斯坦、伊朗；亚洲有分布。

（4148）卷毛婆婆纳 **Veronica teucrium L.**

多年生草本。生于山地草原、河谷、灌丛。海拔 500~2 000 m。

产北天山。中国、俄罗斯；亚洲、欧洲有分布。

药用。

*（4149）天山婆婆纳 **Veronica tianschanica Lincz.**

多年生草本。生于高山和亚高山草甸、河谷、灌丛、河岸湿地。海拔 2 700~3 000 m。

产北天山、西南天山。哈萨克斯坦、吉尔吉斯斯坦、乌兹别克斯坦；亚洲有分布。

（4150）水苦荬 **Veronica undulata Wall.**

多年生草本。生于山地河谷、阴湿处、河滩草甸、沼泽、水边。海拔 300~3 000 m。

产东天山、东北天山、北天山。中国；亚洲有分布。

药用。

（4151）裂叶婆婆纳 **Veronica verna L.**

一年生草本。生于山地林缘、山地草甸、灌丛、河谷、山地草原、田边、路边。海拔 900~2 500 m。

产东天山、准噶尔阿拉套山、北天山、西天山、西南天山。中国、哈萨克斯坦、吉尔吉斯斯坦、乌兹别克斯坦、印度、俄罗斯；亚洲、欧洲有分布。

581. 小米草属 Euphrasia L.

*（4152）巴江小米草 **Euphrasia bajankolica Juz.**

一年生草本。生于山地林缘、山地草甸、灌丛、河谷碎石堆、山地草原。海拔 1 500~2 900 m。

产北天山。哈萨克斯坦、吉尔吉斯斯坦；亚洲有分布。

*（4153）圆叶小米草 **Euphrasia cyclophylla Juz.**

一年生草本。生于山地林缘、阔叶林下、圆柏灌丛、山地草甸、山地草原。海拔 1 200~2 900 m。

产北天山、西天山。哈萨克斯坦、吉尔吉斯斯坦；亚洲有分布。

*（4154）硬叶小米草 **Euphrasia drosophylla Juz.**

一年生草本。生于亚高山草甸、山地阳坡圆柏灌丛。海拔 2 900~3 200 m。

产准噶尔阿拉套山、北天山、西南天山。哈萨克斯坦、吉尔吉斯斯坦、乌兹别克斯坦；亚洲有分布。

（4155）长腺小米草 **Euphrasia hirtella Jordan ex Reuter**

一年生草本。生于山地林下、林缘、石质山坡、山地草甸、灌丛、河漫滩。海拔1 100～2 500 m。

产东天山、东北天山、准噶尔阿拉套山、北天山、东南天山、中央天山。中国、乌兹别克斯坦、朝鲜、俄罗斯；亚洲、欧洲有分布。

药用。

*（4156）全叶小米草 **Euphrasia integriloba Dmitr. et Rubtzov**

一年生草本。生于山地草甸、河岸阶地、荒漠草原。海拔700～2 900 m。

产准噶尔阿拉套山。哈萨克斯坦；亚洲有分布。

*（4157）卡拉塔乌小米草 **Euphrasia karataviensis Govoruchin**

一年生草本。生于山地草原、河谷、干旱山坡草地。海拔900～1 700 m。

产北天山、西天山、西南天山。吉尔吉斯斯坦、乌兹别克斯坦；亚洲有分布。

*（4158）大萼小米草 **Euphrasia macrocalyx Juz.**

一年生草本。生于亚高山石质坡地、圆柏林下。海拔2 600～3 000 m。

产北天山、西天山。吉尔吉斯斯坦、乌兹别克斯坦；亚洲有分布。

（4159）小米草 **Euphrasia pectinata Ten.**

一年生草本。生于高山和亚高山草甸、山地林下、林缘、灌丛。海拔700～3 400 m。

产东天山、东北天山、准噶尔阿拉套山、北天山、东南天山、中央天山、内天山、西天山、西南天山。中国、哈萨克斯坦、吉尔吉斯斯坦、乌兹别克斯坦、蒙古、俄罗斯；亚洲、欧洲有分布。

药用。

*（4160）粗柄小米草 **Euphrasia peduncularis Juz.**

一年生草本。生于亚高山草甸、山地林缘。海拔1 400～3 100 m。

产准噶尔阿拉套山、北天山、西天山、西南天山。哈萨克斯坦、吉尔吉斯斯坦、乌兹别克斯坦；亚洲有分布。

（4161）短腺小米草 **Euphrasia regelii Wettst.**

一年生草本。生于高山和亚高山草甸、山地林下、林缘、灌丛。海拔500～3 600 m。

产东天山、东北天山、准噶尔阿拉套山、北天山、东南天山、中央天山、内天山、西天山、西南天山。中国、哈萨克斯坦、吉尔吉斯斯坦、乌兹别克斯坦；亚洲有分布。

药用。

*（4162）舒古南小米草 **Euphrasia schugnanica Juz.**

一年生草本。生于高山和亚高山草甸湿地、山地草甸、山溪边。海拔3 000～3 400 m。

产西南天山、内天山。乌兹别克斯坦；亚洲有分布。

*（4163）塔兰柬小米草 **Euphrasia tranzschelii Juz.**

一年生草本。生于山地草甸、山地草原、河谷。海拔900～2 100 m。

产西南天山、内天山。吉尔吉斯斯坦、乌兹别克斯坦；亚洲有分布。

582. 疗齿草属 Odontites Ludwig.

（4164）疗齿草 **Odontites serotina**（Lam.）**Dumort.** = *Odontites vulgaris* Moench

一年生草本。生于山地林下、林缘、山地草甸、灌丛、河谷湿地、河漫滩、水边。海拔420～2 100 m。

产东天山、东北天山、准噶尔阿拉套山、北天山、东南天山、中央天山、内天山、西天山、西南天山。中国、哈萨克斯坦、吉尔吉斯斯坦、乌兹别克斯坦、蒙古、俄罗斯；亚洲、欧洲有分布。

药用、有毒、饲料。

583. 马先蒿属 Pedicularis L.

(4165) 蒿叶马先蒿 Pedicularis abrotanifolia M. Bieb. ex Steven

多年生草本。生于高山荒漠、高山沼泽草甸、山地林缘、山地草甸、灌丛、沙砾质河滩。海拔1 600~4 600 m。

产东天山、东北天山、北天山、东南天山、内天山。中国、俄罗斯；亚洲有分布。

药用。

(4166) 蓍叶马先蒿(蓍草叶马先蒿) Pedicularis achilleifolia Stephan ex Willd.

多年生草本。生于高山和亚高山草甸。海拔1 500~3 200 m。

产东天山、准噶尔阿拉套山、北天山、东南天山、中央天山。中国、哈萨克斯坦、吉尔吉斯斯坦、蒙古、俄罗斯；亚洲有分布。

药用。

*(4167) 阿莱马先蒿 Pedicularis alaica A. D. Li

多年生草本。生于细土质-碎石质山坡、山地草甸、河谷。海拔2 900~3 100 m。

产西南天山。乌兹别克斯坦；亚洲有分布。

*(4168) 阿拉套马先蒿 Pedicularis alatavica Stadlm. ex Vved.

多年生草本。生于高山和亚高山石质坡地、灌丛。海拔2 900~3 400 m。

产准噶尔阿拉套山、北天山、西天山、西南天山。哈萨克斯坦、吉尔吉斯斯坦、乌兹别克斯坦；亚洲有分布。

(4169) 阿氏马先蒿(阿洛马先蒿) Pedicularis albertii Regel

多年生草本。生于亚高山草甸、山地针叶林下。海拔1 400~3 800 m。

产北天山、西天山、东天山、准噶尔阿拉套山。中国、哈萨克斯坦、吉尔吉斯斯坦；亚洲有分布。

中国特有成分。

*(4170) 弯柄马先蒿 Pedicularis allorrhampha Vved.

多年生草本。生于亚高山草甸、碎石山坡、沼泽湿地、河谷湿地。海拔900~3 200 m。

产北天山、内天山、西天山、西南天山。哈萨克斯坦、吉尔吉斯斯坦、乌兹别克斯坦；亚洲有分布。

(4171) 阿尔泰马先蒿 Pedicularis altaica Stephan ex Steven

多年生草本。生于高山和亚高山草甸、山地林下、林缘、灌丛、山地草原。海拔1 600~4 200 m。

产东天山、东北天山、准噶尔阿拉套山、北天山、东南天山、中央天山、内天山。中国、哈萨克斯坦、蒙古、俄罗斯；亚洲有分布。

药用。

*(4172) 美丽马先蒿 Pedicularis amoena Adams ex Steven

多年生草本。生于亚高山草甸、石质山坡、河谷、碎石堆。海拔2 900~3 200 m。

产准噶尔阿拉套山、北天山、西天山。哈萨克斯坦、吉尔吉斯斯坦、乌兹别克斯坦、俄罗斯；亚洲、欧洲有分布。

*(4173)优雅瓣马先蒿 Pedicularis amoeniflora Vved.

多年生草本。生于高山和亚高山峭壁、石质山坡、草甸湿地。海拔 2 400~3 550 m。

产西南天山、内天山。乌兹别克斯坦;亚洲有分布。

(4174)春黄菊叶马先蒿 Pedicularis anthemifolia Fisch. ex Colla

多年生草本。生于亚高山草甸。海拔 1 700~2 500 m。

产北天山。中国、蒙古、俄罗斯;亚洲、欧洲有分布。

药用。

(4175)短花马先蒿 Pedicularis breviflora Regel

多年生草本。生于山地林下、山地草甸、河谷、灌丛。海拔 1 200~2 000 m。

产东天山、北天山。中国;亚洲有分布。

(4176)碎叶马先蒿(碎米蕨叶马先蒿) Pedicularis cheilanthifolia Schrenk

多年生草本。生于高山和亚高山草甸、沼泽草甸、山地灌丛。海拔 1 700~4 900 m。

产东天山、东北天山、准噶尔阿拉套山、北天山、东南天山、内天山。中国、哈萨克斯坦、吉尔吉斯斯坦;亚洲有分布。

药用。

*(4177)楚伊犁马先蒿 Pedicularis czuiliensis Semiotr.

多年生草本。生于低山丘陵石质坡地、石质山坡草地、河漫滩。海拔 800~1 700 m。

产北天山。哈萨克斯坦;亚洲有分布。

(4178)毛穗马先蒿 Pedicularis dasystachys Schrenk

多年生草本。生于高山和亚高山草甸、山地林间草地、灌丛、山地阳坡草地。海拔 2 100~4 700 m。

产东天山、东北天山、准噶尔阿拉套山、东南天山、中央天山。中国、哈萨克斯坦、蒙古、俄罗斯;亚洲、欧洲有分布。

药用、有毒。

(4179)长根马先蒿 Pedicularis dolichorhiza Schrenk

多年生草本。生于高山荒漠、高山和亚高山草甸、山地林下、林缘、林间草甸、山坡草地、河谷。海拔 900~4 580 m。

产东天山、东北天山、准噶尔阿拉套山、北天山、东南天山、中央天山、内天山、西天山、西南天山。中国、哈萨克斯坦、吉尔吉斯斯坦、乌兹别克斯坦;亚洲有分布。

药用。

*(4180)拟马先蒿 Pedicularis dubia B. Fedtsch.

多年生草本。生于亚高山草甸、湿地草甸、山坡草地。海拔 2 900~3 100 m。

产西南天山、内天山。乌兹别克斯坦;亚洲有分布。

(4181)高升马先蒿 Pedicularis elata Willd.

多年生草本。生于山地林下、林缘、山地草甸、河谷、灌丛。海拔 600~2 600 m。

产东天山、东南天山。中国、哈萨克斯坦、俄罗斯;亚洲有分布。

（4182）费氏马先蒿 Pedicularis fetisowii Regel

多年生草本。生于山地河谷、山坡草地。海拔 2 000～2 700 m。

产东天山、北天山、东南天山。中国；亚洲有分布。

中国特有成分。

*（4183）外伊犁马先蒿 Pedicularis gypsicola Vved.

多年生草本。生于山崖岩石缝、山地林缘、河谷。海拔 2 800 m 上下。

产北天山。哈萨克斯坦；亚洲有分布。

*（4184）库格山马先蒿 Padicularis inconspicus Vved.

多年生草本。生于山谷湿地草甸、河漫滩、河谷。海拔 900～2 100 m。

产内天山。乌兹别克斯坦；亚洲有分布。

*（4185）羽状马先蒿 Pedicularis interrupta Steph. ex Stev.

多年生草本。生于山地草甸、石质坡地、山麓洪积扇。海拔 600～2 900 m。

产准噶尔阿拉套山。哈萨克斯坦；亚洲有分布。

（4186）甘肃马先蒿 Pedicularis kansuensis Maxim.

一年生或二年生草本。生于高山和亚高山草甸、高寒草原、河和湖边湿地、田边湿地。海拔 1
800～4 600 m。

产东天山、东南天山。中国；亚洲有分布。

中国特有成分。

*（4187）卡拉套马先蒿 Pedicularis karatavica Pavlov

多年生草本。生于山地石质坡地、山地草甸、黄土丘陵、灌丛、山地草原、河谷。海拔 700～
2 100 m。

产北天山、内天山、西天山。哈萨克斯坦、吉尔吉斯斯坦；亚洲有分布。

*（4188）考克帕马先蒿 Pedicularis kokpakensis Semiotr.

多年生草本。生于山地河流沿岸沙质地。海拔 2 300 m 上下。

产准噶尔阿拉套山、北天山。哈萨克斯坦、吉尔吉斯斯坦；亚洲有分布。

*（4189）考氏马先蒿 Pedicularis korolkowii Regel

多年生草本。生于亚高山草甸、山地林缘、碎石质草地。海拔 1 900～2 800 m。

产北天山、内天山、西天山、西南天山。吉尔吉斯斯坦、乌兹别克斯坦；亚洲有分布。

*（4190）柯氏马先蒿 Pedicularis krylowii Bonati

多年生草本。生于山地草甸、山地草原、河谷。海拔 800～1 700 m。

产西天山、西南天山。乌兹别克斯坦；亚洲有分布。

*（4191）库利亚马先蒿 Pedicularis kuljabensis L. I. Ivaniva

多年生草本。生于亚高山草甸、高原草甸湿地、细土质山坡。海拔 2 900～3 100 m。

产内天山。乌兹别克斯坦；亚洲有分布。

（4192）小根马先蒿 Pedicularis leptorhiza Ruprecht

一年生草本。生于高山荒漠、高山和亚高山草甸、山地林缘、河边湿地、灌丛、山麓洪积扇。海
拔 1 400～4 850 m。

产东天山、东北天山、准噶尔阿拉套山、北天山、东南天山、内天山。中国、哈萨克斯坦、土耳其斯坦;亚洲有分布。

药用。

*(4193) 陆地瓦戈马先蒿 **Pedicularis ludwigii Regel**

一年生或二年生草本。生于亚高山草甸、山地河谷、河流阶地、沼泽湿地、灌丛。海拔 1 000~2 800 m。

产准噶尔阿拉套山、北天山、西天山、西南天山、内天山。哈萨克斯坦、吉尔吉斯斯坦、乌兹别克斯坦;亚洲有分布。

*(4194) 大唇马先蒿 **Pedicularis macrchila Vved.** = *Pedicularis anthemifolia* subsp. *elatior*（Regel）Tsoong

多年生草本。生于亚高山草甸、山地林缘、河谷、山地草原。海拔 1 600~3 000 m。

产准噶尔阿拉套山、北天山、西天山、西南天山。哈萨克斯坦、吉尔吉斯斯坦、乌兹别克斯坦;亚洲有分布。

(4195) 玛丽马先蒿 **Pedicularis mariae Regel**

多年生草本。生于山地草甸、河谷、灌丛。海拔 1 600~2 500 m。

产北天山、中央天山。中国、哈萨克斯坦、吉尔吉斯斯坦;亚洲有分布。

*(4196) 马莎马先蒿 **Pedicularis masalskyi Semiotr.**

多年生草本。生于山地林缘、山地草甸、河床。海拔 2 500~3 000 m。

产西南天山。乌兹别克斯坦;亚洲有分布。

(4197) 马氏马先蒿 **Pedicularis maximowiczii Krasn.**

多年生草本。生于高山和亚高山草甸湿地、冰川冰碛碎石堆。海拔 2 600~3 600 m。

产北天山。中国、哈萨克斯坦、吉尔吉斯斯坦;亚洲有分布。

药用。

(4198) 万叶马先蒿 **Pedicularis myriophylla Pall.**

一年生草本。生于亚高山草甸、山地林缘、山地灌丛。海拔 1 300~2 900 m。

产东北天山、北天山、东南天山。中国、蒙古、俄罗斯;亚洲有分布。

药用。

(4199) 欧氏马先蒿 **Pedicularis oederi Vahl**

多年生草本。生于高山荒漠、高山和亚高山草甸、山地林缘、林间草地。海拔 1 400~4 500 m。

产东天山、东北天山、准噶尔阿拉套山、北天山、东南天山、中央天山、内天山。中国、哈萨克斯坦、吉尔吉斯斯坦、俄罗斯;亚洲、欧洲、美洲、北极有分布。

药用。

*(4200) 奥勒加马先蒿 **Pedicularis olgae Regel**

多年生草本。生于亚高山草甸、山地林缘、低山丘陵。海拔 1 400~3 100 m。

产北天山、内天山、西天山、西南天山。哈萨克斯坦、吉尔吉斯斯坦、乌兹别克斯坦;亚洲有分布。

*(4201) 膨萼马先蒿 **Pedicularis physocalyx Bunge**

多年生草本。生于山地草甸、河谷草甸、沼泽草甸、石质山坡。海拔 900~2 600 m。

产准噶尔阿拉套山、北天山。中国、哈萨克斯坦、吉尔吉斯斯坦、俄罗斯；亚洲、欧洲有分布。

药用。

*（4202）波波夫马先蒿 **Pedicularis popovii Vved.**

多年生草本。生于亚高山石质山坡、山地草甸、河床。海拔 900~3 000 m。

产西南天山、内天山。乌兹别克斯坦；亚洲有分布。

（4203）鼻喙马先蒿 **Pedicularis proboscidea Steven**

多年生草本。生于亚高山草甸、山坡草地。海拔 600~2 900 m。

产准噶尔阿拉套山、东南天山、西南天山。中国、哈萨克斯坦、吉尔吉斯斯坦、俄罗斯；亚洲分布。

药用。

（4204）假弯管马先蒿 **Pedicularis pseudocurvituba Tsoong**

多年生草本。生于高山和亚高山草甸。海拔 1 700~4 300 m。

产东天山、北天山、东南天山、内天山。中国；亚洲有分布。

*（4205）毛华马先蒿 **Pedicularis pubiflora Vved.**

多年生草本。生于高山和亚高山草甸、草地湿地、石质灌丛。海拔 2 900~3 200 m。

产准噶尔阿拉套山、北天山、内天山、西天山、西南天山。哈萨克斯坦、吉尔吉斯斯坦、乌兹别克斯坦；亚洲有分布。

（4206）拟鼻花马先蒿 **Pedicularis rhinanthoides Schrenk ex Fisch. et C. A. Mey.**

多年生草本。生于高山荒漠、高山和亚高山草甸、山地沼泽、河谷草甸。海拔 2 200~5 000 m。

产东天山、东北天山、准噶尔阿拉套山、北天山、东南天山、内天山、西天山、西南天山。中国、哈萨克斯坦、吉尔吉斯斯坦、塔吉克斯坦、伊朗、阿富汗、土耳其；亚洲有分布。

药用。

*（4207）粗柄马先蒿 **Pedicularis pedincularis M. Popov** = *Pedicularis rhinanthoides* subsp. *rotundata* Vved.

多年生草本。生于亚高山草甸、沼泽化湿地。海拔 2 800~3 200 m。

产内天山、西天山、西南天山。吉尔吉斯斯坦、乌兹别克斯坦；亚洲有分布。

*（4208）孜拉普善马先蒿 **Pedicularis sarawschanica Regel**

多年生草本。生于亚高山草甸、潮湿石质山坡、河漫滩湿地。海拔 1 600~2 400 m。

产内天山。乌兹别克斯坦；亚洲有分布。

*（4209）舒古南马先蒿 **Pedicularis schugnana B. Fedtsch.**

多年生草本。生于草甸湿地、山地草甸、灌丛、山地草原、杜加依林下。海拔 400~1 700 m。

产西南天山、内天山。乌兹别克斯坦；亚洲有分布。

（4210）西敏诺夫马先蒿（赛氏马先蒿）**Pedicularis semenowii Regel** = *Pedicularis semenovii Regel*

多年生草本。生于高山和亚高山草甸、山地林缘、河谷草甸、灌丛。海拔 1 200~3 700 m。

产东北天山、准噶尔阿拉套山、北天山、东南天山、西南天山。中国、哈萨克斯坦、吉尔吉斯斯坦、塔吉克斯坦、阿富汗；亚洲有分布。

药用。

(4211) 准噶尔马先蒿 Pedicularis songarica Schrenk ex Fisch. et C. A. Mey.

多年生草本。生于亚高山草甸、山地林下、林缘、山地岩石缝、河谷、沼泽、灌丛。海拔 1 100~2 900 m。

产东天山、准噶尔阿拉套山、北天山、东南天山、中央天山。中国、哈萨克斯坦;亚洲有分布。

药用。

*(4212) 塔拉斯马先蒿 Pedicularis talassica Vved.

多年生草本。生于山地草甸、河流沿岸、石质山坡。海拔 900~1 800 m。

产北天山、内天山、西天山、西南天山。吉尔吉斯斯坦、乌兹别克斯坦;亚洲有分布。

(4213) 天山马先蒿 Pedicularis tianschanica Rupr.

多年生草本。生于山地草甸、沼泽草甸。海拔 2 300~2 750 m。

产东南天山、内天山、西天山、西南天山。中国、吉尔吉斯斯坦、乌兹别克斯坦;亚洲有分布。

*(4214) 横萼马先蒿 Pedicularis transversa Zh. Baimukhambetova

多年生草本。生于高原沼泽、亚高山草甸、山地草甸湿地。海拔 1 800~2 900 m。

产西天山。哈萨克斯坦、吉尔吉斯斯坦;亚洲有分布。

*(4215) 暗淡马先蒿 Pedicularis tristis L.

多年生草本。生于亚高山草甸、山地草甸湿地。海拔 2 900~3 200 m。

产准噶尔阿拉套山。哈萨克斯坦、俄罗斯;亚洲有分布。

(4216) 水泽马先蒿 Pedicularis uliginosa Bunge

多年生草本。生于高山荒漠、高山和亚高山草甸、河谷、灌丛。海拔 1 200~4 600 m。

产东天山、准噶尔阿拉套山、北天山、东南天山、内天山。中国、哈萨克斯坦、吉尔吉斯斯坦、蒙古、俄罗斯;亚洲有分布。

(4217) 秀丽马先蒿 Pedicularis venusta Schangan ex Bunge

多年生草本。生于山地疏林下、山地草甸、河谷、灌丛。海拔 1 500~2 100 m。

产东天山、北天山、东南天山。中国、蒙古、俄罗斯;亚洲有分布。

药用。

*(4218) 魏拉马先蒿 Padicularis verae Vved.

多年生草本。生于亚高山草甸、高原湿地、潮湿石质山坡。海拔 1 900~2 800 m。

产西南天山、内天山。乌兹别克斯坦;亚洲有分布。

(4219) 轮叶马先蒿 Pedicularis verticillata L.

多年生草本。生于高山荒漠、高山和亚高山草甸、沼泽草甸。海拔 1 200~4 600 m。

产东天山、东北天山、北天山。中国、哈萨克斯坦、吉尔吉斯斯坦、日本、蒙古;亚洲、欧洲、美洲、北极有分布。

药用。

(4220) 堇色马先蒿 Pedicularis violascens Schrenk

多年生草本。生于高山和亚高山草甸、山地林下、林缘、山地草甸、河谷沼泽草甸、山地草原。海拔 1 500~4 300 m。

产东天山、东北天山、准噶尔阿拉套山、北天山、东南天山、内天山、西天山、西南天山。中国、

490

哈萨克斯坦、吉尔吉斯斯坦、乌兹别克斯坦、俄罗斯;亚洲有分布。

药用。

*（4221）瓦力德马先蒿 **Padicularis waldheimii Bonati**

多年生草本。生于亚高山草甸、碎石质山坡、河谷。海拔 2 900～3 100 m。

产西南天山、内天山。乌兹别克斯坦;亚洲有分布。

七十、列当科 Orobanchaceae

584. 肉苁蓉属 Cistanche Hoffmg. et Link.

（4222）肉苁蓉 **Cistanche deserticola Ma**

多年生寄生草本。寄生于梭梭属植物根部。海拔 200～1 150 m。

产东天山、东北天山、准噶尔阿拉套山、北天山。中国、哈萨克斯坦、蒙古;亚洲有分布。

药用、食用、观赏。

（4223）盐生肉苁蓉 **Cistanche salsa**（C. A. Mey.）G. Beck

多年生寄生草本。寄生于盐爪爪属、假木贼属、猪毛菜属、白刺属、琵琶柴属等植物根部。海拔 260～2 750 m。

产东天山、东北天山、北天山、内天山。中国、哈萨克斯坦、伊朗、俄罗斯;亚洲、欧洲有分布。

药用、食用、观赏。

*（4224）可疑肉苁蓉 **Cistanche trivalvis Trautv.** = *Cistanche ambigua*（Bunge）G. Beck = *Phelipaea ambigua* Bunge

多年生寄生草本。生于山地荒漠灌丛、龟裂土荒漠、梭梭林下、沙漠、固定沙丘。海拔 200～1 200 m。

产西南天山、内天山、西天山。哈萨克斯坦、吉尔吉斯斯坦、乌兹别克斯坦、土库曼斯坦;亚洲有分布。

（4225）管花肉苁蓉 **Cistanche tubulosa**（Schrenk）R. Wight

多年生寄生草本。寄生于柽柳属植物根部。海拔 350～1 350 m。

产东天山、北天山。中国、哈萨克斯坦、巴基斯坦、印度;亚洲、非洲有分布。

药用、食用、观赏。

585. 列当属 Orobanche L.

（4226）分枝列当 **Orobanche aegyptiaca Pers.** = *Phelipanche aegyptiaca*（Pers.）Pomel

一年或多年生寄生草本。生于农田、花园、果园、菜园。寄生于西瓜、甜瓜、向日葵、烟草、葡萄、苜蓿、芝麻、番茄等农作物及部分野生植物根部。海拔 140～2 750 m。

产东天山、东北天山、准噶尔阿拉套山、北天山、东南天山、中央天山、内天山、西天山、西南天山。中国、哈萨克斯坦、吉尔吉斯斯坦、乌兹别克斯坦、巴基斯坦、伊朗、俄罗斯;亚洲、欧洲、非洲有分布。

药用。

*（4227）伞科列当 **Orobanche alsatica Kirschl.**

二年生或多年生寄生草本。生于亚高山石质坡地、山地荒漠草原、林地。寄生于 *Libanotis*, *Peu-*

cedanum，*Heraclium*，*Aegopodium* 等属植物根部。海拔 600~2 900 m。

产准噶尔阿拉套山。哈萨克斯坦、俄罗斯;亚洲、欧洲有分布。

（4228）美丽列当 **Orobanche amoena C. A. Mey.**

二年生或多年生寄生草本。生于低山丘陵、荒漠草原、灌丛。常寄生于蒿属植物的根部。海拔 700~2 800 m。

产东天山、东北天山、准噶尔阿拉套山、北天山、内天山、西天山、西南天山。中国、哈萨克斯坦、吉尔吉斯斯坦、乌兹别克斯坦、伊朗、阿富汗、巴基斯坦、俄罗斯;亚洲、欧洲有分布。
药用。

*（4229）短茎列当 **Orobanche brachypoda Novopokr.** =*Phelipanche brachypoda*（Novopokr.）Sojak.

多年生寄生草本。生于石质山坡、干河谷。海拔 800~1 300 m。

产西南天山、内天山。吉尔吉斯斯坦、乌兹别克斯坦;亚洲有分布。

（4230）毛列当 **Orobanche caesia Reichenb.** = *Phelipanche lanuginose*（C. A. Mey.）Holub = *Phelipanche caesia*（Rchb.）Soják

二年生或多年生寄生草本。生于山地草原、灌丛、岩石堆、石质坡地、低山丘陵、荒漠草原、灌丛。寄生于蒿属、小檗属等植物根部。海拔 700~2 900 m。

产东天山、东北天山、准噶尔阿拉套山、北天山、东南天山、西天山、西南天山。中国、哈萨克斯坦、吉尔吉斯斯坦、乌兹别克斯坦、伊朗、阿富汗、巴基斯坦、俄罗斯;亚洲、欧洲有分布。

*（4231）卡拉套列当 **Orobanche camptolepis Boiss. et Reuter**

二年生或多年生寄生草本。生于山麓荒漠草原、草原。寄生于木蓼属、蓼属等属植物根部。海拔 500~1 700 m。

产北天山、西天山、西南天山。吉尔吉斯斯坦、乌兹别克斯坦;亚洲有分布。

（4232）丝毛列当 **Orobanche caryophyllacea F. Smith.** = *Orobanche gracilis* Sm. = *Orobanche vulgaris* Gaud.

多年生寄生草本。生于山地林下、林缘、山地草原、石质山坡、灌丛。常寄生于拉拉藤属植物的根部。海拔 1 300~2 300 m。

产东天山、北天山。中国、乌兹别克斯坦、伊朗、俄罗斯;亚洲、欧洲有分布。

（4233）弯管列当 **Orobanche cernua Loefl.**

一年生、二年生或多年生寄生草本。生于低山丘陵、荒漠草原、灌丛。常寄生于蒿属植物的根部。海拔 300~3 000 m。

产东天山、东北天山、准噶尔阿拉套山、北天山、东南天山、中央天山。中国、哈萨克斯坦、蒙古、俄罗斯;亚洲、欧洲有分布。
药用。

*（4234）克拉克列当 **Orobanche clarkei Hook. f.**

二年生或多年生寄生草本。寄生于蒿属、绢蒿属等属植物根部。海拔 600~1 800 m。

产北天山、西天山、西南天山。哈萨克斯坦、吉尔吉斯斯坦、乌兹别克斯坦;亚洲有分布。

（4235）长齿列当 **Orobanche coelestis**（Reuter）**G. Beck** =*Phelipanche coelestis*（Boiss. et Reut.）Soják

二年或多年生寄生草本。生于黏土质-细石质山坡、石灰岩丘陵、山地荒漠草原。寄生于矢车

492

菊属、菊蒿属、蒿属、刺芹属、糙苏属、百里香属、刺头菊属、鸦葱属等属植物的根部。海拔 600~
1 700 m。

产东天山、西南天山、西天山。中国、哈萨克斯坦、吉尔吉斯斯坦、乌兹别克斯坦、伊朗、巴基斯
坦、土耳其、俄罗斯;亚洲有分布。

药用。

(4236) 列当 **Orobanche coerulescens Stephan**

二年生或多年生寄生草本。生于荒漠、固定和半固定沙丘。常寄生于蒿属植物根部。海拔
500~4 000 m。

产东天山、准噶尔阿拉套山。中国、哈萨克斯坦、朝鲜、日本、俄罗斯;亚洲、欧洲有分布。

药用。

*(4237) 向日葵列当 **Orobanche cumana Wallr.**

一年生、二年生或多年生寄生草本。生于荒漠草原、砾石质沙地。寄生于菊科植物根部。海拔
300~1 600 m。

产准噶尔阿拉套山、北天山、西天山、西南天山。哈萨克斯坦、吉尔吉斯斯坦、乌兹别克斯坦、俄
罗斯;亚洲、欧洲有分布。

(4238) 高列当(短唇列当) **Orobanche elatior Sutton** = *Orobanche major* L.

多年生寄生草本。生于山地草甸、山地林缘、低山丘陵、灌丛、山地草原、山坡草地。寄生于菊
科植物根部。海拔 600~3 450 m。

产东天山、东南天山、准噶尔阿拉套山、北天山、西天山、西南天山。中国、哈萨克斯坦、吉尔吉
斯斯坦、乌兹别克斯坦、伊朗、印度、俄罗斯;亚洲、欧洲有分布。

*(4239) 大列当 **Orobanche gigantea(Beck)Gontsch.**

二年生或多年生寄生草本。生于山地草原、石质坡地、灌丛。海拔 700~1 600 m。

产北天山、西天山、西南天山。哈萨克斯坦、吉尔吉斯斯坦、乌兹别克斯坦;亚洲有分布。

*(4240) 格里高利列当 **Orobanche grigorjevii Novopokr.**

多年生寄生草本。生于亚高山草甸、砾石质坡地。寄生于牛至属植物根部。海拔 600~
2 800 m。

产北天山、西南天山、西天山。哈萨克斯坦、吉尔吉斯斯坦、乌兹别克斯坦;亚洲有分布。

*(4241) 汉斯列当 **Orobanche hansii A. Kern.**

二年生寄生草本。生于砾石质荒漠草原。寄生于 *Causinia* 植物的根部。海拔 400~1 600 m。

产北天山、西天山、西南天山。哈萨克斯坦、吉尔吉斯斯坦、乌兹别克斯坦;亚洲有分布。

*(4242) 百花列当 **Orobanche karatavica Pavlov** = *Phelipanche pallens*(Bunge ex Ledeb.)Soják =
Phelipanche karatavica(Pavl.)Sojak

多年生寄生草本。生于石质山坡、山地草原、灌丛。寄生于蒿属植物根部。海拔 600~
2 100 m。

产准噶尔阿拉套山、北天山、西天山、西南天山。哈萨克斯坦、吉尔吉斯斯坦、乌兹别克斯坦;
亚洲有分布。

*（4243）克氏列当 **Orobanche kelleri Novopokr.** =*Phelipanche kelleri*（Novopokr.）Sojak

多年生寄生草本。生于黏土质山坡、细石质坡地。寄生于地肤属植物根部。海拔 200～1 800 m。

产北天山。哈萨克斯坦；亚洲有分布。

（4244）缢筒列当 **Orobanche kotschyi Reut.**

二年生或多年生寄生草本。生于山坡草地、山地草原。寄生于刺芹属、栓翅芹属等植物根部。海拔 500～2 100 m。

产准噶尔阿拉套山、西天山、西南天山。中国、哈萨克斯坦、吉尔吉斯斯坦、乌兹别克斯坦、伊朗、阿富汗、巴基斯坦；亚洲有分布。

药用。

*（4245）克瑞列当 **Orobanche krylovii G. Beck**

多年生寄生草本。生于山地草甸、山地林缘、山地草原。寄生于唐松草属植物根部。海拔 1 400～2 600 m。

产准噶尔阿拉套山、北天山。哈萨克斯坦、吉尔吉斯斯坦、俄罗斯；亚洲、欧洲有分布。

*（4246）苜蓿列当 **Orobanche lutea Baumg.**

多年生寄生草本。生于石质山坡、灌丛、田边。寄生于苜蓿等豆科植物和牛至根部。海拔 900～2 200 m。

产西天山、西南天山。吉尔吉斯斯坦、乌兹别克斯坦；亚洲有分布。

（4247）黄花列当 **Orobanche pycnostachya Hance**

二年生或多年生寄生草本。生于山地草原、沙丘。寄生于蒿属植物根部。海拔 250～2 500 m。

产东天山、北天山。中国、朝鲜、俄罗斯；亚洲有分布。

药用。

*（4248）东方列当 **Orobanche orientalis G. Beck** =*Phelipanche orientalis*（G. Beck.）Sojak

多年生寄生草本。生于细土质-石质山坡、山地荒漠草原、灌丛。寄生于巴旦杏根部。海拔 500～1 700 m。

产西天山、西南天山、内天山。吉尔吉斯斯坦、乌兹别克斯坦；亚洲有分布。

*（4249）多枝列当 **Orobanche ramosa L.** =*Phelipanche ramosa*（L.）Pomel

一年或多年生寄生草本。生于村落周边、果园、花园。寄生于烟草、向日葵、番茄等植物根部。海拔 300～1 500 m。

产准噶尔阿拉套山、北天山、西天山、西南天山、内天山。哈萨克斯坦、吉尔吉斯斯坦、乌兹别克斯坦；亚洲有分布。

*（4250）网状列当 **Orobanche reticulata Wallr.**

多年生寄生草本。生于石质山坡、河谷、山地草原。寄生于牛至根部。海拔 500～2 000 m。

产西南天山、西天山、内天山。吉尔吉斯斯坦、乌兹别克斯坦；亚洲有分布。

*（4251）长蕊琉璃列当 **Orobanche solenanthi Novopokr. et Pissjauk.**

多年生寄生草本。生于山崖岩石缝、河谷、干河床。寄生于长蕊琉璃草根部。海拔 700～1 700 m。

产西天山、西南天山。哈萨克斯坦、吉尔吉斯斯坦、乌兹别克斯坦;亚洲有分布。

* (4252) 暗黄列当 **Orobanche sordida C. A. Mey.**

　　多年生寄生草本。生于石质山坡、山脊坡地、灌丛。寄生于蔷薇科绣线菊属植物和伞形科植物根部。海拔 300~2 600 m。

　　产准噶尔阿拉套山、北天山、西天山、内天山、西南天山。哈萨克斯坦、吉尔吉斯斯坦、乌兹别克斯坦;亚洲有分布。

* (4253) 阿魏列当 **Orobanche spectabilis Reut.**

　　多年生寄生草本。生于河流出山口阶地、灌丛、山谷草甸湿地、山地荒漠草地。寄生于阿魏属植物根部。海拔 600~2 100 m。

　　产北天山、西天山、内天山、西南天山。哈萨克斯坦、吉尔吉斯斯坦、乌兹别克斯坦;亚洲有分布。

* (4254) 灰黄列当 **Orobanche sulphurea Gontsch.**

　　多年生寄生草本。生于黏土质山坡。寄生于两节荠根部。海拔 500~1 800 m。

　　产西南天山、西天山、内天山。吉尔吉斯斯坦、乌兹别克斯坦;亚洲有分布。

(4255) 多齿列当 **Orobanche uralensis Beck** = *Phelipanche pallens* (Bunge ex Ledeb.) Soják = *Phelipanche uralensis* (Beck) Czerep.

　　多年生寄生草本。生于石质山坡、山地草甸、山地草原、灌丛。寄生于蒿属植物根部。海拔 200~2 600 m。

　　产准噶尔阿拉套山、北天山、西天山、西南天山。中国、哈萨克斯坦、吉尔吉斯斯坦、乌兹别克斯坦、俄罗斯;亚洲、欧洲有分布。

　　药用。

七十一、狸藻科 Lentibulariaceae

586. 狸藻属 Utricularia L.

* (4256) 中狸藻 **Utricularia intermedia Hayne**

　　多年生草本。生于泥炭沼泽、湖边。海拔 500~1 500 m。

　　产北天山、西天山。哈萨克斯坦、吉尔吉斯斯坦、俄罗斯;亚洲、欧洲有分布。

(4257) 细叶狸藻 **Utricularia minor L.**

　　多年生、淡水生食虫草本。生于山地和平原低湿草地、沼泽草甸、河湾和湖边静水处。海拔 300~4 000 m。

　　产准噶尔阿拉套山、内天山、西南天山。中国、吉尔吉斯斯坦;北温带地区广泛分布。

(4258) 狸藻 **Utricularia vulgaris L.**

　　多年生、淡水生食虫草本。生于山地和平原低湿草地、沼泽草甸、河湾和湖边静水处。海拔 200~3 500 m。

　　产东天山、东北天山、准噶尔阿拉套山、北天山、东南天山、西天山、西南天山。中国、哈萨克斯坦、吉尔吉斯斯坦、乌兹别克斯坦、朝鲜、日本、俄罗斯;亚洲、欧洲有分布。

七十二、车前科 Plantaginaceae

587. 车前属 Plantago L.

（4259）绒毛车前（蛛毛车前）**Plantago arachnoidea Schrenk**

多年生草本。生于高山和亚高山草甸、山地草甸、河谷草甸、河漫滩、水边。海拔 600 ~ 3 500 m。

产东天山、东北天山、准噶尔阿拉套山、北天山、东南天山、内天山、西天山、西南天山。中国、哈萨克斯坦、吉尔吉斯斯坦、乌兹别克斯坦；亚洲有分布。

药用。

（4260）亚洲车前（车前）**Plantago asiatica L.**

多年生草本。生于山地草甸、平原绿洲、田边、路边、草甸湿地。海拔 600~2 000 m。

产东天山、东北天山、准噶尔阿拉套山、北天山、东南天山、内天山。中国、哈萨克斯坦、吉尔吉斯斯坦、朝鲜、日本、尼泊尔、马来西亚、俄罗斯；亚洲、欧洲有分布。

药用、食用、饲料、油料、胶脂。

（4261）柯尔车前 **Plantago cornuti Gouan.**

多年生草本。生于山地河谷、水边草地、平原绿洲、盐化草甸。海拔 300~2 400 m。

产东天山、东北天山、准噶尔阿拉套山、北天山、东南天山、中央天山、内天山。中国、哈萨克斯坦、阿富汗、印度、俄罗斯；亚洲、欧洲有分布。

药用。

*（4262）羽状裂车前 **Plantago coronopus L.**

一年生或二年生草本。生于龟裂土荒漠、山麓洪积扇、盐渍化草甸。海拔 200~1 300 m。

产西天山、内天山。乌兹别克斯坦、俄罗斯；亚洲、欧洲有分布。

（4263）平车前 **Plantago depressa Willd.**

一年生草本。生于高山和亚高山草甸、林下草地、山地草甸、河边草甸、平原绿洲。海拔 500~ 3 800 m。

产东天山、东北天山、准噶尔阿拉套山、北天山、东南天山、中央天山、内天山。中国、哈萨克斯坦、吉尔吉斯斯坦、朝鲜、日本、伊朗、阿富汗、蒙古、俄罗斯；亚洲有分布。

药用、饲料。

*（4264）格尔夫车前 **Plantago griffithii Decne.** =*Plantago himalaica* Pilg.

多年生草本。生于亚高山草甸、草地湿地、草甸沼泽、河边。海拔 900~2 900 m。

产西南天山、内天山。乌兹别克斯坦、塔吉克斯坦；亚洲有分布。

（4265）翅柄车前 **Plantago komarovii Pavlov**

多年生草本。生于亚高山草甸、碎石堆。海拔 2 900~3 200 m。

产准噶尔阿拉套山。中国、哈萨克斯坦、蒙古；亚洲有分布。

（4266）披针叶车前（长叶车前）**Plantago lanceolata L.**

多年生草本。生于高山和亚高山草甸、河边草地、河漫滩、平原绿洲、路边。海拔 500 ~ 3 500 m。

产东天山、东北天山、北天山、内天山、西天山、西南天山。中国、哈萨克斯坦、吉尔吉斯斯坦、乌兹别克斯坦、朝鲜、日本、伊朗、印度、俄罗斯;亚洲、欧洲有分布。

药用。

(4267) 大车前 **Plantago major L.**

多年生草本。生于山地林缘、河谷阶地、平原绿洲、河边湿地、田边、路边。海拔 -150 ~ 2 000 m。

产东天山、东北天山、准噶尔阿拉套山、北天山、东南天山、中央天山、内天山、西天山、西南天山。中国、哈萨克斯坦、吉尔吉斯斯坦、乌兹别克斯坦、俄罗斯;亚洲、欧洲有分布。

药用、食用、油料、饲料、蜜源。

(4268) 盐生车前 **Plantago maritima var. salsa（Pall.）Pilg.** = *Plantago maritima* subsp. *ciliata* Printz = *Plantago salsa* Pall.

多年生草本。生于山地草甸、荒漠戈壁、平原盐化草甸、潮湿盐碱地。海拔 200 ~ 2 000 m。

产东天山、东北天山、准噶尔阿拉套山、北天山、中央天山。中国、哈萨克斯坦、吉尔吉斯斯坦、蒙古、俄罗斯;亚洲、欧洲有分布。

药用。

(4269) 巨车前 **Plantago maxima Juss. et Jucq.**

多年生草本。生于山地草甸、平原盐化草甸。海拔 600 ~ 1 600 m。

产东天山、北天山、中央天山。中国、哈萨克斯坦、俄罗斯;亚洲、欧洲有分布。

药用。

(4270) 中车前（北车前）**Plantago media L.**

多年生草本。生于山地林缘、山地草甸、灌丛、河谷、林间草地、水边。海拔 550 ~ 2 300 m。

产东天山、东北天山、准噶尔阿拉套山、北天山、西天山。中国、哈萨克斯坦、吉尔吉斯斯坦、乌兹别克斯坦、伊朗、俄罗斯;亚洲、欧洲有分布。

药用、鞣料、蜜源。

(4271) 小车前 **Plantago minuta Pall.** = *Plantago lessingii* Fisch. et Mey.

一年生草本。生于高山和亚高山草甸、低山荒漠、戈壁荒漠、盐碱地、平原绿洲、田边、沟渠边。海拔 600 ~ 3 400 m。

产东天山、东北天山、准噶尔阿拉套山、北天山、东南天山、西天山、西南天山。中国、哈萨克斯坦、吉尔吉斯斯坦、乌兹别克斯坦、蒙古、俄罗斯;亚洲、欧洲有分布。

药用。

*(4272) 硬毛车前 **Plantago scabra Moench.** = *Plantago arenaria* Waldst. et Kit.

一年生草本。生于山麓沙地、路边。海拔 600 ~ 1 400 m。

产北天山、西南天山。哈萨克斯坦、吉尔吉斯斯坦、乌兹别克斯坦、俄罗斯;亚洲、欧洲有分布。

*(4273) 草原车前 **Plantago urvillei Decne.** = *Plantago australis* Lam.

多年生草本。生于山地针叶林下、山坡草地、山地草原。海拔 1 400 ~ 2 800 m。

产准噶尔阿拉套山、北天山。哈萨克斯坦、吉尔吉斯斯坦、俄罗斯;亚洲、欧洲有分布。

七十三、茜草科 Rubiaceae

588. 车叶草属 Asperula L.

*（4274）白花车叶草 Asperula albiflora Popov

小半灌木。生于冰川冰碛石碓、山崖峭壁、石质山坡、峡谷岩石缝。海拔 2 900～3 600 m。

产西南天山、内天山。吉尔吉斯斯坦、乌兹别克斯坦；亚洲有分布。

*（4275）田间车叶草 Asperula arvensis L.

半灌木。生于山地河谷阶地、山谷河边沙地、平原绿洲、果园。海拔 1 200～2 800 m。

产西南天山。吉尔吉斯斯坦、乌兹别克斯坦、俄罗斯；亚洲、欧洲有分布。

*（4276）博氏车叶草 Asperula botschantzevii Pachom.

小半灌木。生于山崖岩石缝、山地河谷、山麓平原石质荒漠。海拔 900～3 000 m。

产西南天山、内天山。吉尔吉斯斯坦、乌兹别克斯坦；亚洲有分布。

*（4277）无毛车叶草 Asperula congesta Tschern.

半灌木。生于山地石质坡地、山地河谷。海拔 1 500～3 000 m。

产西南天山。乌兹别克斯坦；亚洲有分布。

*（4278）曲克文车叶草 Asperula czukavinae Pachom. et Karim

小半灌木。生于山地石质坡地、山地草原、荒漠草原。海拔 900～2 800 m。

产西南天山、内天山。吉尔吉斯斯坦、乌兹别克斯坦；亚洲有分布。

*（4279）菲德钦克车叶草 Asperula fedtschenkoi Ovcz. et Tschernov

小半灌木。生于山地峡谷岩石缝、干旱石质山坡、山溪边、干河床。海拔 2 500～3 000 m。

产西南天山、内天山。吉尔吉斯斯坦、乌兹别克斯坦；亚洲有分布。

*（4280）费尔干纳车叶草 Asperula ferganica Pobed. = Asperula glomerata subsp. pamirica（Pobed.） Ehrend. et Schönb. -Tem.

多年生草本。生于山崖岩石缝、山地林缘、山地阳坡、河谷碎石堆、灌丛。海拔 1 500～2 700 m。

产西南天山。吉尔吉斯斯坦、乌兹别克斯坦；亚洲有分布。

*（4281）车叶草 Asperula glabrata Tschern.

半灌木。生于低山和中山带山崖石缝、河谷坡地、碎石堆、河岸。海拔 1 200～2 900 m。

产西天山、西南天山。乌兹别克斯坦；亚洲有分布。

*（4282）卡拉提更车叶草 Asperula karategini Pachom. et Karim

小半灌木。生于山地峡谷、山地草原、苜蓿地。海拔 800～1 900 m。

产西南天山、内天山。吉尔吉斯斯坦、乌兹别克斯坦；亚洲有分布。

*（4283）柯尔克孜车叶草 Asperula kirghisorum Filatova = Asperula pamirica Pobed. = Asperula glomerata subsp. pamirica（Pobed.） Ehrend. et Schönb. -Tem.

多年生草本。生于高山冰碛石堆、山地林下、林缘、山坡草地、灌丛、山地草原、河谷林下。海拔 600～3 200 m。

产西南天山、内天山、西天山。吉尔吉斯斯坦、乌兹别克斯坦；亚洲有分布。

＊（4284）光叶车叶草 **Asperula laevis Schischk.** ＝*Asperula oppositifolia* subsp. *pseudocynanchica* Ehrend.

　　一年生草本。生于高山山崖、碎石堆、灌丛、山地草甸、山地草原。海拔 1 500～2 900 m。

　　产西南天山。乌兹别克斯坦；亚洲有分布。

＊（4285）努拉山车叶草 **Asperula nuratensis Pachom.**

　　小半灌木。生于石质山坡、山地草原。海拔 700～1 600 m。

　　产西南天山、内天山。吉尔吉斯斯坦、乌兹别克斯坦；亚洲有分布。

＊（4286）对生车叶草 **Asperula oppositifolia Regel et Schmalh.**

　　半灌木。生于山地草甸、石质山坡、山崖岩石缝、山地林缘、山坡碎石堆、灌丛。海拔 1 500～
2 800 m。

　　产内天山、西天山、西南天山。吉尔吉斯斯坦、乌兹别克斯坦；亚洲有分布。

＊（4287）稀花车叶草 **Asperula pauciflora Tschern.**

　　小半灌木。生于山崖石质坡地、山地草甸、山地河谷。海拔 600～2 300 m。

　　产西南天山、内天山。吉尔吉斯斯坦、乌兹别克斯坦；亚洲有分布。

＊（4288）刚毛车叶草 **Asperula setosa Jaub. et Spach.**

　　一年生草本。生于石质山坡、河谷碎石堆、山地草甸、山地草原。海拔 1 200～2 700 m。

　　产北天山、内天山。吉尔吉斯斯坦、俄罗斯；亚洲有分布。

＊（4289）短毛车叶草 **Asperula strishovae Pachom. et Karim.**

　　小半灌木。生于山地草甸、山地河谷、山脊裸露坡地、石灰岩丘陵、山地荒漠草原。海拔 700～
2 800 m。

　　产西南天山、内天山。乌兹别克斯坦；亚洲有分布。

589. 拉拉藤属 Galium L.

＊（4290）尖叶拉拉藤 **Galium amblyophyllum Schrenk**

　　多年生草本。生于亚高山草甸、山溪边、沼泽草甸、湿地。海拔 1 400～2 800 m。

　　产准噶尔阿拉套山、北天山、西天山、西南天山。哈萨克斯坦、吉尔吉斯斯坦、乌兹别克斯坦、俄
罗斯；亚洲有分布。

（4291）拉拉藤 **Galium aparine var. echinospermum（Wallr.）Cuf.**

　　蔓生或攀援状草本。生于山地林下、林缘、山地草甸、河谷、亚高山和高山草甸。海拔 700～
3 200 m。

　　产东天山、东北天山、北天山、东南天山。中国、日本；亚洲、欧洲、非洲、美洲有分布。

　　药用、食用、染料、饲料。

（4292）光果拉拉藤 **Galium aparine var. leiospermum（Wallr.）Cud.** ＝*Galium aparine* var. *leiospermum*（Wallr.）T. Durand

　　蔓生草本。生于山地干草原。海拔 600～1 100 m。

　　产北天山。中国、日本；亚洲、欧洲有分布。

（4293）猪殃殃 **Galium aparine var. tenerum（Gren. et Godr.）Rchb.**

　　蔓生草本。生于山地林下、林缘、山地草甸、河谷。海拔 1 600～2 900 m。

产东北天山、北天山。中国、巴基斯坦、朝鲜、日本;亚洲有分布。

药用、饲料。

(4294) 北方拉拉藤 **Galium boreale L.**

多年生草本。生于山地河谷、灌丛、亚高山和高山草甸。海拔 400~3 000 m。

产东天山、东北天山、准噶尔阿拉套山、北天山、东南天山。中国、哈萨克斯坦、朝鲜、日本、巴基斯坦、印度、俄罗斯;亚洲、欧洲、美洲有分布。

药用、染料、饲料、蜜源。

(4295) 硬毛拉拉藤 **Galium boreale var. ciliatum Nakai**

多年生草本。生于山地草原、亚高山和高山草甸。海拔 1 500~3 300 m。

产北天山。中国、日本、俄罗斯、芬兰、罗马尼亚;亚洲、欧洲、美洲有分布。

药用。

(4296) 斐梭浦砧草 **Galium boreale var. hyssopifolium（Pres.）DC.** = *Galium kasachstanicum* Pachom.

多年生草本。生于山地草原、草甸草原。海拔 1 700~2 500 m。

产准噶尔阿拉套山、北天山。中国、哈萨克斯坦;亚洲、欧洲有分布。

(4297) 新砧草 **Galium boreale var. intermedium DC.**

多年生草本。生于山坡、荒地、林下、草地。海拔 1 500~1 800 m。

产北天山。中国、俄罗斯;亚洲、欧洲有分布。

(4298) 堪察加拉拉藤 **Galium boreale var. kamtschaticum（Maxim.）Nakai** = *Galium kamtschaticum* Stell. ex Schult.

多年生草本。生于山地林缘、山地草原、河漫滩。海拔 1 200~2 500 m。

产东天山、东北天山、北天山。中国、朝鲜、俄罗斯;亚洲有分布。

(4299) 光果砧草 **Galium boreale var. lanceolatum Nakai**

多年生草本。生于山坡、田野、草地。海拔 980~1 850 m。

产北天山。中国、朝鲜、俄罗斯;亚洲、欧洲有分布。

(4300) 披针叶砧草 **Galium boreale var. lancilimbum W. C. Chen**

多年生草本。生于山地草甸、山坡、草地、沟旁、荒地。海拔 1 800~3 200 m。

产北天山。中国;亚洲有分布。

(4301) 宽叶拉拉藤 **Galium boreale var. latifolium Turcz.**

多年生草本。生于山地林缘、山地草原、河谷、亚高山草甸。海拔 600~2 800 m。

产东天山、东北天山、准噶尔阿拉套山、北天山、内天山。中国、哈萨克斯坦、吉尔吉斯斯坦、塔吉克斯坦、朝鲜;亚洲有分布。

(4302) 假茜砧草 **Galium boreale var. pseudo-rubioides Schur** = *Galium rubioides* L.

多年生草本。生于山坡、草地。海拔 1 400 m 上下。

产准噶尔阿拉套山、北天山。中国、俄罗斯;亚洲、欧洲有分布。

(4303) 茜砧草 **Galium boreale var. rubioides（L.）Celak.** = *Galium rubioides* L.

多年生草本。生于山地河谷、山地草原、灌丛。海拔 1 100~1 800 m。

产准噶尔阿拉套山、北天山。中国、俄罗斯；亚洲、欧洲有分布。

（4304）泡果拉拉藤 **Galium bullatum Lipsky**

多年生草本。生于山麓草地。海拔 530 m 上下。

产北天山。中国、俄罗斯；亚洲有分布。

*（4305）阿莱拉拉藤 **Galium decaisnei Boiss.** = *Galium setaceum* Lam.

一年生草本。生于山地草甸、山地草原、荒漠草原、河漫滩、杜加依林下。海拔 400~2 800 m。

产西南天山、西天山、内天山。吉尔吉斯斯坦、乌兹别克斯坦、俄罗斯；亚洲有分布。

*（4306）山羊拉拉藤 **Galium ibicinum Boiss. et Hausskn.** = *Galium spurium* subsp. *ibicinum*（Boiss. et Hausskn.）Ehrend.

一年生草本。生于高山和亚高山草甸、山地林缘、圆柏灌丛、阴坡碎石堆、山崖岩石缝、山地草原。海拔 1 400~3 400 m。

产北天山。吉尔吉斯斯坦；亚洲有分布。

（4307）蔓生拉拉藤 **Galium humifusum M. Bieb.** = *Asperula humifusa*（M. Bieb.）Besser

多年生草本。生于山地林缘、山地草甸、灌丛、河谷沙地、河湖岸边、盐化草甸、荒地、杜加依林下、渠边、农田。海拔 350~2 900 m。

产东天山、东北天山、准噶尔阿拉套山、北天山、西天山、西南天山。中国、哈萨克斯坦、吉尔吉斯斯坦、乌兹别克斯坦、俄罗斯；亚洲、欧洲有分布。

药用。

（4308）粗沼拉拉藤 **Galium karakulense Pobed.**

多年生草本。生于山地草甸、山坡草地、平原潮湿草地、沼泽。海拔 700~2 000 m。

产北天山、西天山、西南天山。中国、哈萨克斯坦、吉尔吉斯斯坦、乌兹别克斯坦；亚洲有分布。

*（4309）哈萨克斯坦拉拉藤 **Galium kasachstanicum Pachom.**

多年生草本。生于山地森林草甸、盐渍化草甸、河岸阶地、山麓洪积扇。海拔 600~2 900 m。

产北天山。哈萨克斯坦、吉尔吉斯斯坦；亚洲有分布。

（4310）卷边拉拉藤 **Galium majmechense Bordz.** = *Galium consanguineum* Boiss.

多年生草本。生于山地林下、林缘、山地草甸、灌丛、河谷。海拔 1 500~2 000 m。

产北天山、内天山。中国、伊朗、俄罗斯；亚洲有分布。

*（4311）异瓣拉拉藤 **Galium nupercreatum Popov**

一年生草本。生于细土质-碎石质河谷、砾岩堆、河边。海拔 500~1 600 m。

产西南天山、内天山。吉尔吉斯斯坦、乌兹别克斯坦；亚洲有分布。

（4312）沼生拉拉藤 **Galium palustre L.**

多年生草本。生于低山沼泽、平原沼泽、草甸湿地、田边。海拔 400~1 600 m。

产东南天山、西南天山、内天山。中国、乌兹别克斯坦；亚洲有分布。

药用。

*（4313）帕米尔拉拉藤 **Galium pseudorivale Tzvelev** = *Asperula aparine* M. Bieb.

多年生草本。生于山地草甸、山崖岩石峰、山地林缘、灌丛。海拔 700~2 900 m。

产西南天山、内天山。吉尔吉斯斯坦、乌兹别克斯坦、俄罗斯；亚洲、欧洲有分布。

* (4314) 河岸生拉拉藤 **Galium rivale** (**Sibth. et Smith**) **Griseb.** = *Asperula rivalis* Sm.

多年生草本。生于山地林缘、山地草原、河边灌丛、石质沙滩。海拔 900～1 500 m。

产准噶尔阿拉套山。哈萨克斯坦、俄罗斯;亚洲、欧洲有分布。

* (4315) 俄罗斯拉拉藤 **Galium ruthenicum Willd.**

多年生草本。生于山地干旱石质坡地、河谷、草甸草原、河边、碎石堆。海拔 400～2 800 m。

产准噶尔阿拉套山、北天山、西天山、西南天山。哈萨克斯坦、吉尔吉斯斯坦、乌兹别克斯坦、俄罗斯;亚洲、欧洲有分布。

(4316) 萨吾尔拉拉藤(狭序拉拉藤) **Galium saurense Litv.** = *Galium densiflorum* var. *rosmarinifolium* (Bunge) Tzvel.

多年生草本。生于高山和亚高山草甸、冰碛石堆、山地草甸、灌丛。海拔 2 000～3 200 m。

产准噶尔阿拉套山、北天山。中国、哈萨克斯坦、俄罗斯;亚洲有分布。

药用。

(4317) 准噶尔拉拉藤 **Galium songaricum Schrenk**

一年生草本。生于亚高山草甸、山地草甸、山地林下、山地草原。海拔 1 200～2 700 m。

产东天山、东北天山、准噶尔阿拉套山、北天山、东南天山、内天山、西天山、西南天山。中国、哈萨克斯坦、吉尔吉斯斯坦、乌兹别克斯坦、俄罗斯;亚洲有分布。

药用。

* (4318) 地皮拉拉藤 **Galiun spurium L.**

一年生草本。生于高山冰蚀湖边、石质坡地、倒石堆、冰碛堆、灌丛、田间。海拔 600～3 500 m。

产准噶尔阿拉套山、北天山、西天山、西南天山。哈萨克斯坦、吉尔吉斯斯坦、乌兹别克斯坦、俄罗斯;亚洲、欧洲有分布。

(4319) 纤细拉拉藤 **Galium tenuissimum M. Bieb.**

一年生草本。生于山地阳坡草地、平原绿洲。海拔 300～2 200 m。

产准噶尔阿拉套山、北天山、西天山、西南天山。中国、哈萨克斯坦、吉尔吉斯斯坦、乌兹别克斯坦、俄罗斯;亚洲、欧洲有分布。

药用。

* (4320) 天山拉拉藤 **Galium tianschanicum Popov**

多年生草本。生于山地砾石质山坡、山地草原、河岸阶地、黄土丘陵。海拔 600～1 800 m。

产准噶尔阿拉套山、北天山。哈萨克斯坦、俄罗斯;亚洲有分布。

* (4321) 外高加索拉拉藤 **Galium transcaucasicum Stapf** = *Galium ghilanicum* Stapf

一年生草本。生于山地阳坡林下、山崖岩石缝、山地灌丛、河流阶地、平原沟渠边。海拔 700～2 800 m。

产北天山、西天山、西南天山。哈萨克斯坦、吉尔吉斯斯坦、乌兹别克斯坦、俄罗斯;亚洲有分布。

* (4322) 毛柄拉拉藤 **Galium trichophorum Kar. et Kir.** = *Galium tenuissimum* f. *trichophorum* (Kar. et Kir.) Ehrend. et Schönb. -Tem.

一年生草本。生于细土质-碎石质山坡、灌丛、山谷。海拔。海拔 600～1 500 m。

产准噶尔阿拉套山、北天山、西天山、西南天山。哈萨克斯坦、吉尔吉斯斯坦、乌兹别克斯坦；亚洲有分布。

（4323）弯梗拉拉藤（麦仁珠） **Galium tricorne Stokes** = *Galium verrucosum* Huds.

一年生草本。生于高山和亚高山草甸。海拔 2 900~3 200 m。

产东北天山、北天山、西天山、西南天山。中国、哈萨克斯坦、吉尔吉斯斯坦、乌兹别克斯坦、巴基斯坦、印度、俄罗斯；亚洲、欧洲、非洲、美洲有分布。

*（4324）三角拉拉藤 **Galium tricornutum Dandy**

一年生草本。生于野核桃林下、碎石质山坡、山地草原、山麓洪积扇、渠边、平原荒漠草地。海拔 600~1 700 m。

产西天山、西南天山、内天山。哈萨克斯坦、吉尔吉斯斯坦、乌兹别克斯坦；亚洲有分布。

（4325）土耳其拉拉藤（中亚拉拉藤） **Galium turkestanicum Pobed.**

多年生草本。生于亚高山草甸、山地林缘、灌丛、湖边。海拔 1 400~3 000 m。

产东天山、北天山、东南天山、西天山、西南天山。中国、哈萨克斯坦、吉尔吉斯斯坦、乌兹别克斯坦；亚洲有分布。

药用。

*（4326）湿生拉拉藤 **Galium uliginosum L.**

多年生草本。生于草甸湿地、山地河谷、山麓冲积扇。海拔 300~1 800 m。

产西南天山、内天山。乌兹别克斯坦；亚洲有分布。

*（4327）瓦氏拉拉藤 **Galium vassilczenkoi Pobed.**

多年生草本。生于山地潮湿坡地、桦树林下、柳树林下、河谷、碎石质山坡、沼泽。海拔 900~2 900 m。

产西南天山、内天山。吉尔吉斯斯坦、乌兹别克斯坦；亚洲有分布。

（4328）蓬子菜 **Galium verum L.** = *Galium ruthenicum* Willd.

多年生草本。生于高山和亚高山草甸、山地林下、林缘、碎石堆、山地草原、山坡草地、河谷、河边、河漫滩、灌丛。海拔 400~3 300 m。

产东天山、东北天山、准噶尔阿拉套山、北天山、东南天山、内天山、西天山、西南天山。中国、哈萨克斯坦、吉尔吉斯斯坦、乌兹别克斯坦、土库曼斯坦、巴基斯坦、朝鲜、日本、俄罗斯；亚洲、欧洲、非洲、美洲有分布。

药用、染料、饲料、蜜源。

（4329）毛蓬子菜 **Galium verum var. tomentosum（Nakai）Nakai.**

多年生草本。生于山地林下、林缘、山地草原、干旱山坡、灌丛、亚高山草甸。海拔 1 500~3 200 m。

产东天山、东北天山、准噶尔阿拉套山、北天山、东南天山、内天山。中国、哈萨克斯坦、日本、土库曼斯坦、俄罗斯；亚洲有分布。

（4330）毛果蓬子菜 **Galium verum var. trachycarpum DC.**

多年生草本。生于山地林下、林缘、山地草原、石质山坡、河漫滩、灌丛、亚高山草甸。海拔 700~3 000 m。

产东天山、东北天山、准噶尔阿拉套山、北天山、东南天山。中国、哈萨克斯坦、乌兹别克斯坦、日本;亚洲有分布。

(4331) 粗糙蓬子菜 **Galium verum** var. **trachyphllum Walr.**
多年生草本。生于山地林下、林缘、山地草原、山坡草地、河漫滩、灌丛、亚高山和高山草甸。海拔 800~3 200 m。
产东天山、东北天山、准噶尔阿拉套山、北天山、东南天山、内天山。中国、朝鲜;亚洲、欧洲有分布。

(4332) 新疆拉拉藤 **Galium xinjiangense W. C. Chen** = *Galium paniculatum*（Bunge）Pobed.
多年生草本。生于山地林缘、山地草甸、山地草原、河谷。海拔 1 300~1 900 m。
产北天山。中国;亚洲有分布。

590. 茜草属 Rubia L.

*（4333）阿莱茜草 **Rubia alaica Pachom.**
多年生草本。生于石质山坡、漂砾堆、山谷、灌丛。海拔 600~2 100 m。
产西南天山、内天山。吉尔吉斯斯坦、乌兹别克斯坦;亚洲有分布。

（4334）高原茜草 **Rubia chitralensis Ehrend.**
多年生亚灌木状草本。生于山坡草地、沙漠边缘、沙地。海拔 900~2 300 m。
产东天山、东北天山、西天山、西南天山。中国、乌兹别克斯坦、巴基斯坦、阿富汗、印度;亚洲有分布。
药用。

（4335）沙生茜草 **Rubia deserticola Pojark.**
多年生攀援或直立草本。生于山地草甸、平原绿洲、沙地。海拔 1 800 m 上下。
产准噶尔阿拉套山、北天山、东南天山。中国、哈萨克斯坦、吉尔吉斯斯坦;亚洲有分布。
药用。

（4336）长叶茜草 **Rubia dolichophylla Schrenk**
多年生草本。生于山地林下、林缘、灌丛、平原湿地。海拔 1 330 m 上下。
产东北天山、准噶尔阿拉套山、北天山、中央天山。中国、哈萨克斯坦、伊朗、阿富汗;亚洲有分布。
染料、药用。

*（4337）光滑茜草 **Rubia laevissima Tschern.**
半灌木。生于山地草甸、河岸阶地、山地草原、山麓碎石堆。海拔 1 600~2 800 m。
产西南天山。乌兹别克斯坦;亚洲有分布。

*（4338）稀花茜草 **Rubia laxiflora Gontsch.**
小半灌木。生于碎石质山坡、山崖岩石缝、灌丛、山麓荒漠草地。海拔 600~2 100 m。
产西南天山、内天山。吉尔吉斯斯坦、乌兹别克斯坦;亚洲有分布。

*（4339）普氏茜草 **Rubia pavlovii Bajtenov et Myrz.**
多年生草本。生于山地草甸、山地林缘、山谷碎石堆。海拔 700~2 700 m。
产西天山、西南天山。吉尔吉斯斯坦、乌兹别克斯坦;亚洲有分布。

*（4340）若氏茜草 **Rubia regelii Pajark.**

半灌木。生于亚高山草甸、山地石质坡地、山崖坡积锥、岩石缝、河谷、山地草原。海拔 900～2 900 m。

产北天山、西天山、西南天山。哈萨克斯坦、吉尔吉斯斯坦、乌兹别克斯坦；亚洲有分布。

（4341）四叶茜草 **Rubia schugnanica B. Fedtsch. ex Pojark.**

亚灌木状草本。生于沙漠边缘、沙地。海拔 300 m 上下。

产东天山、东北天山、北天山、东南天山、中央天山。中国、塔吉克斯坦；亚洲有分布。

药用。

（4342）西藏茜草 **Rubia tibetica Hook. f.**

多年生草本。生于高山和亚高山冰碛堆、石质山坡、沙砾质河滩。海拔 2 900～3 900 m。

产内天山、西南天山。中国、吉尔吉斯斯坦、乌兹别克斯坦、巴基斯坦；亚洲有分布。

药用。

（4343）染色茜草 **Rubia tinctorum L.**

攀援草本。生于山地草甸、山地林缘、灌丛、水渠边、沙地。海拔 800～3 800 m。

产东天山、准噶尔阿拉套山、北天山、东南天山、中央天山、内天山、西天山、西南天山。中国、哈萨克斯坦、吉尔吉斯斯坦、乌兹别克斯坦、印度、阿富汗、伊朗、巴基斯坦、俄罗斯；亚洲、欧洲有分布。

染料、药用、鞣料、蜜源。

591. 胪果茜草属（泡果茜草属） Microphysa Schrenk

（4344）胪果茜草（泡果茜草） **Microphysa elongata（Schrenk）Pobed.**

多年生草本。生于河边、草地。海拔 530 m 上下。

产准噶尔阿拉套山、北天山。中国、哈萨克斯坦；亚洲有分布。

592. 里普草属（乐土草属） Leptunis Steven

（4345）毛车叶草 **Leptunis trichoides（J. Gay ex DC.）Schischk.** = *Asperula trichodes* J. Gay ex DC.

一年生草本。生于山地草原、山地阳坡草地、灌丛、河边、荒漠草原。海拔 1 050～1 300 m。

产东天山、准噶尔阿拉套山、北天山、内天山、西南天山。中国、哈萨克斯坦、吉尔吉斯斯坦、乌兹别克斯坦、伊朗、俄罗斯；亚洲有分布。

593. 盾包茜属 Callipeltis Steven

（4346）盾包茜 **Callipeltis cucullaris（L.）DC.** = *Callipeltis aperta* Boiss. et Buhse

一年生草本。生于山地荒漠草原、山坡草地、灌丛、河岸沙砾地。海拔 200～1 250 m。

产准噶尔阿拉套山、北天山、内天山、西天山、西南天山。中国、哈萨克斯坦、吉尔吉斯斯坦、乌兹别克斯坦、俄罗斯；亚洲有分布。

*594. 密穗茜属 Crucianella L.

*（4347）巴勒江密穗茜 **Crucianella baldschuanica Krasch.**

一年生草本。生于山地细石质坡地、岩石堆。海拔 500～1 700 m。

产西南天山、内天山。乌兹别克斯坦；亚洲有分布。

*（4348）绿穗密穗茜 **Crucianella chlorostachys Fisch. et C. A. Mey.**

一年生草本。生于干旱山坡、碎石质坡地、田间。海拔 800~1 500 m。

产西南天山、西天山。吉尔吉斯斯坦、乌兹别克斯坦；亚洲有分布。

*（4349）粗糙密穗茜 **Crucianella exasperata Fisch. et C. A. Mey.**

一年生草本。生于山地草甸、山崖峭壁、山地林下、灌丛、河岸阶地、砾质坡地。海拔 500~
2 300 m。

产西天山、北天山、西南天山、内天山。哈萨克斯坦、吉尔吉斯斯坦、乌兹别克斯坦；亚洲有分布。

*（4350）细叶密穗茜 **Crucianella filifolia Regel et Schmalh.**

一年生草本。生于低山丘陵细石质-砾石质坡地、岩石堆、沟渠边、固定和半固定沙丘、沙地。
海拔 300~1 600 m。

产西天山、西南天山、内天山。吉尔吉斯斯坦、乌兹别克斯坦；亚洲有分布。

*（4351）巴巴山密穗茜 **Crucianella gilanica Trin.**

多年生草本。生于山地林下、灌丛、砾石质山坡、细石质盆地、碎石堆。海拔 500~2 100 m。

产西南天山、内天山。乌兹别克斯坦；亚洲有分布。

*（4352）西林克密穗茜 **Crucianella schischkinii Lincz.**

一年生草本。生于山谷河漫滩、河流出山口阶地、山麓平原黏土荒漠、固定沙丘。海拔 900~
1 800 m。

产西天山、西南天山、内天山。吉尔吉斯斯坦、乌兹别克斯坦；亚洲有分布。

*595. 十字草属 Cruciata Mill.

*（4353）山梗十字草 **Cruciata platyphylla Ehrend. et Schönb. -Tem.**

一年生草本。生于山麓洪积扇、盐渍化河岸沙地。海拔 600~1 700 m。

产北天山、西天山、西南天山。哈萨克斯坦、吉尔吉斯斯坦、乌兹别克斯坦；亚洲有分布。

*596. 垂柳楠属 Plocama W. Aiton

*（4354）博氏垂柳楠 **Plocama botschantzevii**（Lincz.）**M. Backlund et Thulin** = *Neogaillonia botscha-*
ntzevii Lincz.

小半灌木。生于山地荒漠草原、河流出山口阶地、固定沙丘。海拔 500~1 000 m。

产西南天山、内天山。乌兹别克斯坦；亚洲有分布。

*（4355）布哈拉垂柳楠 **Plocama bucharica**（B. Fedtsch. et Des. -Shost.）**M. Backlund et Thulin** =
Neogaillonia bucharica（B. Fedtsch. et Des. -Shost.）Lincz.

小半灌木。生于红色黏土荒漠、石膏荒漠、山麓洪积扇。海拔 600~1 700 m。

产西南天山、内天山。乌兹别克斯坦；亚洲有分布。

*（4356）伊氏垂柳楠 **Plocama iljinii**（Lincz.）**M. Backlund et Thulin** = *Neogaillonia ilijinii* Lincz.

多年生草本。生于山崖峭壁、河谷碎石堆、细土质黄土丘陵。海拔 900~2 100 m。

产西南天山、内天山。吉尔吉斯斯坦、乌兹别克斯坦；亚洲有分布。

*（4357）毛叶垂柳楠 **Plocama trichophylla**（Popov）**M. Backlund et Thulin** = *Neogaillonia trichophylla*
（Popov）Lincz.

小半灌木。生于山地荒漠草地、山麓洪积扇、盐渍化沙质草地。海拔 500~1 400 m。

产西南天山、内天山。乌兹别克斯坦；亚洲有分布。

*（4358）垂柳楠 **Plocama vassilczenkoi**（Lincz.）**M. Backlund et Thulin** = *Neogaillonia vassilczenkoi* Lincz.

多年生草本。生于山地草甸、河流阶地、荒漠草原、山麓洪积扇。海拔 1 200~2 600 m。

产西南天山、西天山。吉尔吉斯斯坦、乌兹别克斯坦；亚洲有分布。

*597. 星羽木属 Neogaillonia Lincz.（Gaillonia A. Rich. ex DC.）

*（4359）瓦斯勒泽考星羽木 **Neogaillonia vassilczenkoi Lincz.**

多年生草本。生于荒漠草原、洪积扇、河流阶地。海拔 1 200~2 600 m。

产西南天山、西天山。吉尔吉斯斯坦、乌兹别克斯坦；亚洲有分布。

七十四、忍冬科 Caprifoliaceae

*598. 六道木属（糯米条属）Zabelia（Rehder）Makino（Abelia R. Br.）

*（4360）伞房花序六道木 **Zabelia corymbosa**（Regel et Schmalh.）**Makino** = *Abelia corymbosa* Regel et Schmalh.

灌木。生于山地阔叶林下、石灰岩山坡、灌丛。海拔 1 200~2 500 m。

产西天山、西南天山。吉尔吉斯斯坦、乌兹别克斯坦；亚洲有分布。

599. 忍冬属 Lonicera L.

（4361）沼生忍冬 **Lonicera alberti Regel**

落叶矮灌木或灌木。生于高山倒石堆、砾岩堆、山崖石缝、山地河谷、河谷灌丛、山地草甸、山地草原、沼泽。海拔 1 600~3 600 m。

产北天山、中央天山、内天山、西天山、西南天山。中国、哈萨克斯坦、吉尔吉斯斯坦、乌兹别克斯坦、塔吉克斯坦；亚洲有分布。

药用。

（4362）截萼忍冬 **Lonicera altmannii Regel et Schmalh.**

落叶灌木。生于山地林下、林缘、林间草地、山地草甸、山地灌丛。海拔 900~2 400 m。

产东天山、东北天山、准噶尔阿拉套山、北天山、西天山、西南天山。中国、哈萨克斯坦、吉尔吉斯斯坦、乌兹别克斯坦；亚洲有分布。

药用。

*（4363）安尼忍冬 **Lonicera anisotricha Bondarenko**

落叶灌木。生于山地林缘、石质河滩、山崖石缝。海拔 1 700~2 700 m。

产西天山、西南天山。乌兹别克斯坦；亚洲有分布。

*（4364）包花忍冬 **Lonicera bracteolaris Boiss. et Buhse**

落叶灌木。生于山地林缘、山崖石缝、山地草甸、山地河谷。海拔 1 700~2 800 m。

产北天山、西天山、西南天山。吉尔吉斯斯坦、乌兹别克斯坦、俄罗斯；亚洲有分布。

（4365）阿尔泰忍冬 **Lonicera caerulea subsp. altaica**（**Pall.**）**Gladkova**=*Lonicera caerulea* var. *altaica* Pall. =*Lonicera altaica* Pall.

落叶灌木。生于山地林下、林缘、林间草地、山地草甸、山地河谷、山地灌丛。海拔 1 200～3 500 m。

产东天山、东北天山、北天山。中国、蒙古、俄罗斯；亚洲、欧洲有分布。

药用、食用、观赏、蜜源。

（4366）异叶忍冬 **Lonicera heterophylla Decne.** =*Lonicera karelinii* Bunge ex P. Kir.

落叶灌木。生于高山和亚高山草甸、山地林缘、林间草地、河谷灌丛。海拔 1 500～3 300 m。

产东天山、东北天山、准噶尔阿拉套山、北天山、东南天山、中央天山、内天山、西天山、西南天山。中国、哈萨克斯坦、吉尔吉斯斯坦、乌兹别克斯坦；亚洲有分布。

*（4367）异毛忍冬 **Lonicera heterotricha Pojark. et Zakirov**

灌木。生于高山和亚高山石质坡地、山坡倒石堆。海拔 2 800～3 200 m。

产西南天山。乌兹别克斯坦；亚洲有分布。

（4368）刚毛忍冬 **Lonicera hispida Pall. ex Roem. et Schult.**

落叶灌木。生于高山和亚高山草甸、山地林下、林缘、林间草地、河谷灌丛、山地灌丛。海拔 1 200～3 100 m。

产东天山、东北天山、准噶尔阿拉套山、北天山、东南天山、中央天山、内天山、西天山、西南天山。中国、哈萨克斯坦、吉尔吉斯斯坦、乌兹别克斯坦、印度、蒙古、俄罗斯；亚洲有分布。

药用、观赏、蜜源。

（4369）矮小忍冬 **Lonicera humilis Kar. et Kir.**

落叶矮灌木。生于高山和亚高山岩石缝、石质坡地、山地灌丛。海拔 2 700～3 100 m。

产东北天山、准噶尔阿拉套山、北天山。中国、哈萨克斯坦、吉尔吉斯斯坦；亚洲有分布。

药用。

（4370）伊犁忍冬 **Lonicera iliensis Pojark.**

落叶灌木。生于山地林缘、林间草地、河谷灌丛、河漫滩、低山丘陵、山地草原。海拔 900～2 500 m。

产东天山、东北天山、准噶尔阿拉套山、北天山、中央天山。中国、哈萨克斯坦、吉尔吉斯斯坦；亚洲有分布。

药用。

*（4371）库氏忍冬 **Lonicera korolkowii Stapf**

落叶灌木。生于山地林缘、山地草甸、河谷灌丛、山坡碎石堆。海拔 700～2 700 m。

产北天山、西天山、西南天山。哈萨克斯坦、吉尔吉斯斯坦、乌兹别克斯坦；亚洲有分布。

（4372）金银忍冬 **Lonicera maackii**（**Rupr.**）**Maxim.**

落叶灌木。生于山地林下、林缘、溪边灌丛。海拔 800 m 上下。

产东天山、北天山。中国、俄罗斯；亚洲有分布。

药用。

（4373）紫花忍冬 **Lonicera maximowiczii**（Rupr.）**Regel**

落叶灌木。生于山地林下、林缘、河谷灌丛。海拔 40~1 750 m。

产准噶尔阿拉套山。中国、俄罗斯；亚洲有分布。

（4374）小叶忍冬 **Lonicera microphylla Willd. ex Roem. et Schult.**

落叶灌木。生于高山和亚高山草甸、山地林下、林缘、河谷灌丛、山地灌丛。海拔 1 100~3 700 m。

产东天山、东北天山、准噶尔阿拉套山、北天山、东南天山、中央天山、内天山、西天山、西南天山。中国、哈萨克斯坦、吉尔吉斯斯坦、塔吉克斯坦、印度、阿富汗、蒙古、俄罗斯；亚洲有分布。

药用、观赏、水土保持、蜜源。

*（4375）粗枝忍冬 **Lonicera nummulariifolia Jaub. et Spach**

落叶灌木。生于山地林下、山地灌丛、山地河谷、河岸阶地。海拔 1 300~2 800 m。

产北天山、西天山、西南天山。哈萨克斯坦、吉尔吉斯斯坦、乌兹别克斯坦；亚洲有分布。

*（4376）欧氏忍冬 **Lonicera olgae Regel et Schmalh.**

落叶灌木。生于石质坡地、河谷碎石堆、山崖岩石缝、山地草原。海拔 1 500~2 700 m。

产北天山、西天山、西南天山。哈萨克斯坦、吉尔吉斯斯坦、乌兹别克斯坦；亚洲有分布。

*（4377）帕米尔忍冬 **Lonicera pamirica Pojark.**

灌木。生于山崖岩石缝、石质山坡、山地灌丛、山麓洪积扇。海拔 1 800~3 100 m。

产内天山。乌兹别克斯坦；亚洲有分布

*（4378）阿莱忍冬 **Lonicera paradoxa Pojark.**

灌木。生于石灰岩丘陵、石质山坡、山地河谷。海拔 1 200~2 900 m。

产西南天山、内天山、西天山。吉尔吉斯斯坦、乌兹别克斯坦；亚洲有分布。

（4379）藏西忍冬 **Lonicera semenovii Regel**

落叶矮灌木。生于高山冰碛堆、倒石堆、砾石质山坡、山坡岩石缝。海拔 2 800~4 500 m。

产东南天山、中央天山、内天山。中国、哈萨克斯坦、吉尔吉斯斯坦、乌兹别克斯坦、伊朗、阿富汗；亚洲有分布。

（4380）杈枝忍冬 **Lonicera simulatrix Pojark.**

落叶灌木。生于高山和亚高山草甸、山地林下、林缘、河谷灌丛、山地草原。海拔 1 200~3 200 m。

产东天山、准噶尔阿拉套山、北天山、东南天山、中央天山、内天山、西天山、西南天山。中国、哈萨克斯坦、吉尔吉斯斯坦、塔吉克斯坦、伊朗、阿富汗；亚洲有分布。

药用。

*（4381）吉尔吉斯忍冬 **Lonicera sovetkinae Tkatsch.**

落叶灌木。生于山地林下、林缘、河谷灌丛、山地灌丛。海拔 1 600~2 800 m。

产北天山、西天山。吉尔吉斯斯坦、乌兹别克斯坦；亚洲有分布。

（4382）棘枝忍冬 **Lonicera spinosa**（Jacquem. ex Decne.）**Walp.**

落叶灌木。生于河岸阶地、锦鸡儿灌丛。海拔 1 620~4 600 m。

产北天山。中国、哈萨克斯坦、吉尔吉斯斯坦、乌兹别克斯坦；亚洲有分布。

（4383）狭花忍冬 **Lonicera stenantha Pojark.** =*Lonicera caerulea* subsp. *stenantha*（Pojark.）Hultén ex A. K. Skvortsov

落叶灌木。生于山地林下、林缘、山地河谷。海拔 300~2 300 m。

产东天山、东北天山、准噶尔阿拉套山、北天山、东南天山、中央天山、西天山、西南天山。中国、哈萨克斯坦、吉尔吉斯斯坦、乌兹别克斯坦、俄罗斯;亚洲有分布。

（4384）新疆忍冬 **Lonicera tatarica L.**

落叶灌木。生于山地林缘、林间草地、山地草甸、河谷灌丛、山地草原。海拔 1 000~2 400 m。

产东天山、准噶尔阿拉套山、北天山。中国、哈萨克斯坦、吉尔吉斯斯坦、俄罗斯;亚洲、欧洲有分布。

药用、观赏、蜜源、有毒。

（4385）灰毛忍冬 **Lonicera cinerea Pojark.** =*Lonicera zaravschanica*（Rehd.）Pojark.

落叶矮灌木。生于高山和亚高山倒石堆、山地林缘、山地草甸、河谷灌丛、沙砾质山坡。海拔 2 100~4 500 m。

产东天山、北天山、内天山、西天山、西南天山。中国、吉尔吉斯斯坦、乌兹别克斯坦、阿富汗;亚洲有分布。

七十五、五福花科 Adoxaceae

600. 荚蒾属 Viburnum L.

（4386）欧荚蒾 **Viburnum opulus L.**

落叶灌木。生于山地林缘、河谷林下、林间草地。海拔 1 100~1 800 m。

产准噶尔阿拉套山、北天山。中国、哈萨克斯坦、俄罗斯;亚洲、欧洲有分布。

药用、食用、木材、染料、蜜源。

601. 五福花属 Adoxa L.

（4387）五福花 **Adoxa moschatellina L.**

多年生草本。生于亚高山草甸、山地林下、林缘、山溪边、湿地、平原绿洲。海拔 700~3 000 m。

产东天山、东北天山、准噶尔阿拉套山、北天山、东南天山。中国、哈萨克斯坦、吉尔吉斯斯坦、日本、朝鲜;亚洲、欧洲、北美洲有分布。

单种属。药用。

七十六、败酱科 Valerianaceae

602. 败酱属 Patrinia Juss.

（4388）中败酱 **Patrinia intermedia（Hornem.）Roem. et Schult.**

多年生草本。生于亚高山草甸、山地林缘、砾石质山坡、山地草原、灌丛。海拔 750~3 000 m。

产东天山、东北天山、准噶尔阿拉套山、北天山、东南天山、中央天山、内天山、西天山、西南天山。中国、哈萨克斯坦、吉尔吉斯斯坦、乌兹别克斯坦、蒙古、俄罗斯;亚洲有分布。

药用、食用、植化原料（皂角苷）。

（4389）西伯利亚败酱 **Patrinia sibirica**（L.）**Juss.**

多年生草本。生于高山和亚高山草甸、山地林缘、山地河谷、山坡灌丛。海拔 1 200～3 500 m。

产东天山、北天山。中国、哈萨克斯坦、朝鲜、日本、蒙古、俄罗斯；亚洲、欧洲有分布。

药用。

603. 歧缬草属（新缬草属） Valerianella Mill.

*（4390）阿克苏歧缬草 **Valerianella aksaensis M. N. Abdullaeva**

一年生草本。生于石质山坡、河流阶地、荒漠草原。海拔 800～2 400 m。

产西南天山、内天山。乌兹别克斯坦；亚洲有分布。

*（4391）毛茎歧缬草 **Valerianella anodon Lincz.**

一年生草本。生于低山丘陵、荒漠草地、山麓洪积扇。海拔 700～2 100 m。

产西天山、西南天山。哈萨克斯坦、吉尔吉斯斯坦、乌兹别克斯坦；亚洲有分布。

*（4392）美丽歧缬草 **Valerianella coronata**（L.）**DC.**

一年生草本。生于山坡草地、河流阶地、山麓洪积扇。海拔 1 200～2 900 m。

产北天山、西天山、西南天山。哈萨克斯坦、吉尔吉斯斯坦、乌兹别克斯坦、俄罗斯；亚洲、欧洲有分布。

（4393）歧缬草 **Valerianella cymbicarpa C. A. Mey.**

一年生草本。生于干旱石质山坡。海拔 600～2 600 m。

产内天山、西天山、西南天山。中国、哈萨克斯坦、吉尔吉斯斯坦、乌兹别克斯坦、伊朗、土耳其、俄罗斯；亚洲有分布。

*（4394）掌叶歧缬草 **Valerianella dactylophylla Boiss. et Hohen.**

一年生草本。生于山地碎石堆、河谷灌丛。海拔 1 600～2 500 m。

产北天山、西天山、西南天山。哈萨克斯坦、吉尔吉斯斯坦、乌兹别克斯坦；亚洲有分布。

*（4395）绵毛果歧缬草 **Valerianella eriocarpa Desv.** = *Valerianella muricata*（Stev. ex Bieb.）J. W. Loudon

一年生草本。生于黏土质黄土丘陵、石质低山丘陵、石灰岩丘陵、山麓洪积扇。海拔 500～1 200 m。

产西天山、西南天山、内天山。吉尔吉斯斯坦、乌兹别克斯坦；亚洲有分布。

*（4396）菲氏歧缬草 **Valeriana fedtschenkoi Coincy**

多年生草本。生于冰碛堆、高山苔藓冻土带、亚高山草甸、岩石缝、碎石质坡地、沙质河岸。海拔 1 500～3 900 m。

产准噶尔阿拉套山、北天山、西天山、西南天山。哈萨克斯坦、吉尔吉斯斯坦、乌兹别克斯坦；亚洲有分布

*（4397）二叉歧缬草 **Valeriana ficariifolia Boiss.**

一年生草本。生于冰碛堆、山地峡谷潮湿草地、山地草甸、山地林缘、河边湿地、灌丛、山地草原、石灰岩丘陵、碎石质坡地、沟渠边。海拔 650～3 400 m。

产准噶尔阿拉套山、北天山、西天山、西南天山。哈萨克斯坦、吉尔吉斯斯坦、乌兹别克斯坦；亚洲有分布。

*（4398）库奇歧缬草 **Valerianella kotschyi Boiss.**

一年生草本。生于细石质山坡、干河谷、山麓洪积扇。海拔 600~900 m。

产西南天山、内天山。乌兹别克斯坦；亚洲有分布。

*（4399）光果歧缬草 **Valerianella leiocarpa（C. Koch）O. Kuntze**

一年生草本。生于沙质-黏土质坡地、盐渍化荒漠。海拔 300~800 m。

产西天山、西南天山、乌兹别克斯坦；亚洲有分布。

*（4400）尖柄歧缬草 **Valerianella oxyrrhyncha Fisch. et C. A. Mey.** =*Valerianella diodon* Boiss.

一年生草本。生于山坡草地、干河床、山地荒漠草原、低山丘陵、山麓洪积扇、河边。海拔 200~
1 800 m。

产北天山、西天山、西南天山、内天山。哈萨克斯坦、吉尔吉斯斯坦、乌兹别克斯坦、俄罗斯；亚
洲有分布。

*（4401）欧钦歧缬草 **Valerianella ovczinnikovii B. A. Sharipova**

一年生草本。生于山地针叶林带阳坡、山地灌丛、碎石质坡地。海拔 2 100~2 700 m。

产西南天山、西天山、内天山。吉尔吉斯斯坦、乌兹别克斯坦；亚洲有分布。

*（4402）线瓣歧缬草 **Valerianella plagiostephana Fisch. et C. A. Mey.**

一年生草本。生于中山带山坡、低山丘陵。海拔 800~1 600 m。

产北天山、西天山、西南天山。哈萨克斯坦、吉尔吉斯斯坦、乌兹别克斯坦、俄罗斯；亚洲有
分布。

*（4403）三果歧缬草 **Valerianella sclerocarpa Fisch. et C. A. Mey.**

一年生草本。生于山坡草地、山地荒漠草原、山麓洪积扇。海拔 800~1 200 m。

产西南天山、内天山、乌兹别克斯坦；亚洲有分布。

*（4404）索氏歧缬草 **Valerianella szovitsiana Fisch. et C. A. Mey.**

一年生草本。生于山地碎石堆、河谷灌丛。海拔 1 500~2 000 m。

产北天山、西天山、西南天山。哈萨克斯坦、吉尔吉斯斯坦、乌兹别克斯坦、俄罗斯；亚洲有
分布。

*（4405）块根歧缬草 **Valerianella tuberculata Boiss.**

一年生草本。生于山地荒漠草原、低山丘陵、山麓洪积扇、干河谷。海拔 800~2 100 m。

产西南天山、西天山、内天山。吉尔吉斯斯坦、乌兹别克斯坦；亚洲有分布。

*（4406）土耳其歧缬草 **Valerianella turkestanica Regel et Schmalh. ex Regel**

一年生草本。生于石质坡地、河岸阶地。海拔 900~1 700 m。

产北天山、西天山、西南天山。哈萨克斯坦、吉尔吉斯斯坦、乌兹别克斯坦；亚洲有分布。

*（4407）二歧歧缬草 **Valerianella uncinata（Bieb.）Dufresne**

一年生草本。生于石质坡地、山地灌丛、田间、休耕地。海拔 2 000 m 上下。

产西南天山。乌兹别克斯坦；亚洲有分布。

*（4408）威氏歧缬草 **Valerianella vvedenskyi Lincz.**

一年生草本。生于山地河谷、山麓黏土质坡地。海拔 600~1 200 m。

产西南天山。乌兹别克斯坦；亚洲有分布。

604. 缬草属 Valeriana L.

*（4409）雪地缬草 **Valeriana chionophila Popov et Kult.**

多年生草本。生于山地草甸、河谷草甸、山崖石缝、山坡草地。海拔 700~2 800 m。

产北天山、西天山、西南天山。哈萨克斯坦、吉尔吉斯斯坦、乌兹别克斯坦；亚洲有分布。

*（4410）块根缬草 **Valeriana tuberosa L.** = *Valeriana dioscoridis* Sibth. et Sm. = *Valeriana tuberosa* Sprun. ex Nym.

多年生草本。生于山地草甸、山地草原、盐渍化草甸。海拔 600~1 600 m。

产准噶尔阿拉套山。哈萨克斯坦、俄罗斯；亚洲、欧洲有分布。

（4411）中亚缬草 **Valeriana turkestanica Sumnev.** = *Valeriana dubia* Bunge

多年生草本。生于冰川冰碛碎石山坡、高山和亚高山草甸、峡谷岩石缝、森林草甸、山地林下、林缘、灌丛、河谷草甸、山地草原、荒漠草原、杜加依林下。海拔 600~3 600 m。

产东天山、东北天山、准噶尔阿拉套山、北天山、内天山、西天山、西南天山。中国、哈萨克斯坦、吉尔吉斯斯坦、乌兹别克斯坦、蒙古、俄罗斯；亚洲有分布。

药用

（4412）新疆缬草 **Valeriana fedtschenkoi Coincy** = *Valeriana minuta* Wendelbo

多年生草本。生于山地冰碛垄、冰碛碎石堆、苔藓冻土带、流石滩、高山和亚高山草甸、草甸湿地、山地林下、山地河谷、岩石缝、河滩、灌丛。海拔 1 400~4 300 m。

产东天山、东北天山、准噶尔阿拉套山、北天山、东南天山、中央天山、内天山、西天山、西南天山。中国、哈萨克斯坦、吉尔吉斯斯坦、乌兹别克斯坦、塔吉克斯坦、俄罗斯；亚洲有分布。

饲料、药用、蜜源。

（4413）毛茛叶缬草 **Valeriana ficariifolia Boiss.**

多年生草本。生于冰碛堆、峡谷湿草地、山地林下、林缘、山地草甸、石质坡地、灌丛、山地岩石缝、山地草原、低山丘陵、草甸湿地、河边、沟渠边、阔叶林下。海拔 650~3 400 m。

产东天山、东北天山、准噶尔阿拉套山、北天山、西天山、西南天山。中国、哈萨克斯坦、吉尔吉斯斯坦、乌兹别克斯坦、伊朗；亚洲有分布。

药用、蜜源。

*（4414）卡米林缬草 **Valeriana kamelinii B. A. Sharipova**

多年生草本。生于高山和亚高山草甸、倒石堆、山地草甸、河谷、灌丛。海拔 2 550~3 200 m。

产西南天山、内天山。吉尔吉斯斯坦、乌兹别克斯坦；亚洲有分布。

*（4415）珍珠缬草 **Valeriana martjanovii Krylov**

多年生草本。生于冰碛碎石堆、高山草甸、苔原、石质坡地、山地岩石缝、草甸湿地、山地草原。海拔 1 300~3 600 m。

产准噶尔阿拉套山、北天山。哈萨克斯坦、俄罗斯；亚洲有分布。

（4416）缬草 **Valeriana officinalis L.**

多年生草本。生于山地林缘、森林草甸、山地草甸、灌丛、河谷草甸。海拔 900~2 850 m。

产东天山、东北天山、东南天山、北天山。中国；亚洲、欧洲有分布。

药用、香料、油料。

513

*（4417）乌卡山缬草 **Valeriana schachristanica R. Kam. et B. A. Sharipova**

多年生草本。生于山地草甸、灌丛、河谷。海拔 2 500~2 700 m。

产西南天山、西天山、内天山。吉尔吉斯斯坦、乌兹别克斯坦；亚洲有分布。

（4418）芥叶缬草 **Valeriana sisymbriifolia Vahl**

多年生草本。生于山地林缘、森林草甸、山地阳坡草地、灌丛、山地草原。海拔 1 500~2 100 m。

产东天山、东北天山、北天山。中国、土库曼斯坦、俄罗斯；亚洲有分布。

药用、蜜源。

七十七、川续断科 Dipsacaceae（忍冬科 Caprifoliaceae）

605. 刺参属 Morina L.

*（4419）塔拉斯刺参 **Morina kokanica Regel**

多年生草本。生于山地石质草甸、山地阳坡圆柏灌丛。海拔 1 600~2 500 m。

产北天山、西天山、西南天山。哈萨克斯坦、吉尔吉斯斯坦、乌兹别克斯坦；亚洲有分布。

（4420）小花刺参 **Morina parviflora Kar. et Kir.**

多年生草本。生于高山草甸、高山石质坡地、高山垫状植被带。海拔 3 000~3 800 m。

产准噶尔阿拉套山、北天山。中国、哈萨克斯坦、吉尔吉斯斯坦；亚洲有分布。

606. 蓬首花属 Pterocephalus Vaill. ex Adans.

*（4421）阿富汗蓬首花 **Pterocephalus afghanicus（Aitch. et Hemsl.）Aitch. et Hemsl.**

多年生草本。生于石质山坡、山崖岩石缝、山地荒漠草原。海拔 600~2 100 m。

产西南天山、内天山。乌兹别克斯坦；亚洲有分布。

607. 蓝盆花属 Scabiosa L.（星首花属 Lomelosia Raf.）

（4422）高山蓝盆花 **Scabiosa alpestris Kar. et Kir.** =*Lomelosia alpestris*（Kar. et Kir.）J. Soják

多年生草本。生于亚高山草甸。海拔 2 000~3 000 m。

产东天山、准噶尔阿拉套山、北天山、西天山、西南天山。中国、哈萨克斯坦、吉尔吉斯斯坦、乌兹别克斯坦；亚洲有分布。

药用。

*（4423）光瓣蓝盆花 **Scabiosa flavida Boiss. et Haussk.** =*Lomelosia flavida*（Boiss. et Hausskn.）J. Soják

一年生草本。生于山地草甸、河流阶地、干河谷。海拔 1 400~2 900 m。

产北天山、西天山、西南天山。吉尔吉斯斯坦、乌兹别克斯坦、俄罗斯；亚洲有分布。

*（4424）真小花蓝盆花 **Scabiosa micrantha Desf.** =*Lomelosia micrantha*（Desf.）W. Greuter et Burdet

一年生草本。生于山地石质山坡、山麓洪积扇、山地草原。海拔 600~1 500 m。

产北天山、西天山、西南天山。哈萨克斯坦、吉尔吉斯斯坦、乌兹别克斯坦、俄罗斯；亚洲、欧洲有分布。

（4425）黄盆花 **Scabiosa ochroleuca L.**

多年生草本。生于山地林缘、林间草地、山地草甸、灌丛、河谷草甸。海拔 1 300~2 200 m。

产准噶尔阿拉套山、北天山。中国、哈萨克斯坦、吉尔吉斯斯坦、蒙古、俄罗斯;亚洲、欧洲有分布。药用。

（4426）小花蓝盆花 **Scabiosa olivieri Coulter** = *Lomelosia olivieri*（Coult.）W. Greuter et Burdet

一年生草本。生于低山砾石山坡、沙漠边缘。

产东北天山、准噶尔阿拉套山、北天山、西天山、西南天山。中国、哈萨克斯坦、吉尔吉斯斯坦、乌兹别克斯坦、阿富汗、巴基斯坦、伊朗、印度、俄罗斯;亚洲有分布。药用。

*（4427）红花蓝盆花 **Scabiosa rhodantha Kar. et Kir.** = *Lomelosia rhodantha*（Kar. et Kir.）J. Soják

一年生草本。生于干旱河谷、沙质-细石质河岸、农田。海拔 300~1 200 m。

产准噶尔阿拉套山、北天山、西天山、西南天山。哈萨克斯坦、吉尔吉斯斯坦、乌兹别克斯坦;亚洲有分布。

（4428）准噶尔蓝盆花 **Scabiosa songarica Schrenk** = *Lomelosia songarica*（Schrenk ex Fischer et Meyer）J. Soják

多年生草本。生于山地林缘、山地草甸、灌丛。海拔 1 400~2 000 m。

产东天山、准噶尔阿拉套山、北天山。中国、哈萨克斯坦、阿富汗;亚洲有分布。药用。

*（4429）乌鲁克别克蓝盆花 **Scabiosa ulugbekii Zakirov** = *Lomelosia ulugbekii*（Zak. ex Bobrov）J. Soják

多年生草本。生于细土质-细石质山坡、沙质坡地、荒漠草原。海拔 700~1 300 m。

产西南天山、内天山。吉尔吉斯斯坦、乌兹别克斯坦;亚洲有分布。

***608. 刺头草属 Cephalaria Schrad. ex Roem. et Schult.**

*（4430）叙利亚刺头草 **Cephalaria syriaca**（L.）**Schrad.**

一年生草本。生于坡积物、山麓平原、农田。海拔 400~1 200 m。

产西天山。乌兹别克斯坦有栽培。

609. 川续断属 Dipsacus L.

*（4431）似起绒草川续断 **Dipsacus dipsacoides**（**Kar. et Kir.**）**V. I. Bochantsev** = *Dipsacus azureus* Schrenk

多年生草本。生于细石质山地草原、草甸湿地、灌丛。海拔 800~1 800 m。

产北天山、西天山、西南天山。哈萨克斯坦、吉尔吉斯斯坦、乌兹别克斯坦;亚洲有分布。

*（4432）细裂川续断 **Dipsacus laciniatus L.**

多年生草本。生于山地灌丛、低山河谷、山麓洪积扇、田边。海拔 600~1 500 m。

产北西天山、西南天山。哈萨克斯坦、吉尔吉斯斯坦、乌兹别克斯坦;亚洲有分布。

七十八、葫芦科 Cucurbitaceae

610. 喷瓜属 Ecballium A. Rich.

（4433）喷瓜 **Ecballium elaterium**（L.）**A. Rich.**

蔓生草本。生于平原绿洲、田边、沟边。海拔 300~1 500 m。

515

产东天山、西天山。中国、哈萨克斯坦、吉尔吉斯斯坦、俄罗斯;亚洲、欧洲有分布。
观赏、药用、有毒。

七十九、桔梗科 Campanulaceae

*611. 丽桔梗属 Ostrowskia Regel

*(4434) 丽桔梗 Ostrowskia magnifica Regel

多年生草本。生于山地草甸、山地林下、林缘、山崖岩石峰。海拔1 500~2 900 m。
产西南天山。乌兹别克斯坦;亚洲有分布。

612. 党参属 Codonopsis Wall.

(4435) 新疆党参 Codonopsis clematidea (Schrenk) C. B. Clarke

多年生草本。生于亚高山草甸、山地林缘、疏林下、灌丛、河谷、山地草原。海拔900~2 950 m。
产东天山、东北天山、准噶尔阿拉套山、北天山、东南天山、中央天山、内天山、西天山、西南天山。中国、哈萨克斯坦、吉尔吉斯斯坦、乌兹别克斯坦、印度、巴基斯坦、阿富汗;亚洲有分布。
药用。

613. 风铃草属 Campanula L.

(4436) 新疆风铃草 Campanula alberti Trautv. = *Campanula stevenii* subsp. *alberti* (Trautv.) Victorov
多年生草本。生于山地林缘、林间草地、山坡草地、河谷。海拔1 000~2 500 m。
产东天山、准噶尔阿拉套山、北天山、西天山、西南天山。中国、哈萨克斯坦、吉尔吉斯斯坦、乌兹别克斯坦;亚洲有分布。
药用。

(4437) 南疆风铃草 Campanula austro-xinjiangensis Y. K. Yang, J. K. Wu et J. Z. Li
多年生草本。生于山地草甸、河谷林下、灌丛、山地草原。海拔900~2 800 m。
产东天山、东南天山。中国;亚洲有分布。
中国特有成分。

*(4438) 克什米尔风铃草 Campanula cashmeriana Royle
多年生草本。生于山崖岩石缝、河谷、坡积物。海拔800~2 100 m。
产北天山、西天山、西南天山。哈萨克斯坦、吉尔吉斯斯坦、乌兹别克斯坦;亚洲有分布。

*(4439) 塔拉斯风铃草 Campanula eugeniae Fed.
多年生草本。生于山地峡谷、山崖岩石缝、河谷。海拔900~2 800 m。
产西天山。吉尔吉斯斯坦、乌兹别克斯坦;亚洲有分布。

(4440) 巩留风铃草 Campanula fedtschenkoana Trautv. = *Campanula incanescens* Boiss.
多年生草本。生于亚高山草甸、山坡草地、山地草原。海拔800~3 100 m。
产北天山、西天山、西南天山。中国、哈萨克斯坦、吉尔吉斯斯坦、乌兹别克斯坦;亚洲有分布。

(4441) 聚花风铃草 Campanula glomerata L.
多年生草本。生于亚高山草甸、山地林缘、林间草地、灌丛、河谷。海拔1 200~2 700 m。
产东天山、东北天山、准噶尔阿拉套山、北天山、东南天山、西天山、西南天山。中国、哈萨克斯

坦、吉尔吉斯斯坦、乌兹别克斯坦、俄罗斯；亚洲、欧洲有分布。

药用、饲料。

*（4442）列氏风铃草 **Campanula lehmanniana Bunge**

多年生草本。生于山地草甸、岩石缝、河谷碎石堆。海拔 1 400～2 700 m。

产北天山、西天山、西南天山。吉尔吉斯斯坦、乌兹别克斯坦；亚洲有分布。

*（4443）全缘风铃草 **Campanula rapunculoides L.**

多年生草本。生于山地灌丛、山麓洪积扇、干河床、河谷。海拔 500～1 700 m。

产北天山、西天山。哈萨克斯坦、吉尔吉斯斯坦；亚洲有分布。

（4444）西伯利亚风铃草（刺毛风铃草）**Campanula sibirica L.**

二年生草本。生于山地林缘、山地草甸、灌丛、河漫滩。海拔 900～2 100 m。

产东天山、准噶尔阿拉套山。中国、哈萨克斯坦、俄罗斯；亚洲、欧洲有分布。

药用。

（4445）长柄风铃草 **Campanula wolgensis P. A. Smirn.** = *Campanula stevenii* subsp. *wolgensis*（P. A. Smirn.）Fed.

多年生草本。生于山地草甸、河谷、山地草原。海拔 1 700 m 上下。

产准噶尔阿拉套山、北天山。中国、哈萨克斯坦、吉尔吉斯斯坦、俄罗斯；亚洲、欧洲有分布。

614. 沙参属 Adenophora Fisch.

（4446）喜马拉雅沙参 **Adenophora himalayana Feer**

多年生草本。生于亚高山草甸、山地林缘、灌丛、河谷。海拔 1 200～2 830 m。

产东天山、东北天山、准噶尔阿拉套山、北天山、东南天山、内天山。中国、哈萨克斯坦；亚洲有分布。

药用。

（4447）天山沙参 **Adenophora lamarckii Fisch.**

多年生草本。生于山地林下、林缘、山地草甸、灌丛、河谷。海拔 1 900 m 上下。

产东天山、准噶尔阿拉套山、北天山、西天山、西南天山。中国、哈萨克斯坦、吉尔吉斯斯坦、乌兹别克斯坦、蒙古、俄罗斯；亚洲有分布。

药用。

（4448）新疆沙参 **Adenophora liliifolia（L.）A. DC.**

多年生草本。生于高山和亚高山草甸、山地林下、林间草地、灌丛、河谷、山地草原。海拔 1 200～3 600 m。

产东天山、准噶尔阿拉套山、北天山。中国、哈萨克斯坦、吉尔吉斯斯坦、俄罗斯；亚洲、欧洲有分布。

药用、食用、胶脂。

*615. 锥风铃属 Cylindrocarpa Regel

*（4449）锥风铃 **Cylindrocarpa sewerzowii（Regel）Regel**

多年生草本。生于山地草甸、石质山坡。海拔 1 500～2 800 m。

产西天山、西南天山。乌兹别克斯坦；亚洲有分布。

517

*616. 长药风铃属（樱虾属）Sergia Fed.

　　*（4450）短瓣樱虾 **Sergia regelii**（Trautv.）Fed.

　　　　多年生草本。生于山崖岩石缝、石质河谷。海拔 200～2 900 m。

　　　　产西南天山、内天山。吉尔吉斯斯坦、乌兹别克斯坦；亚洲有分布。

　　*（4451）塞维氏樱虾 **Sergia sewerzowii**（Regel）Fed.

　　　　多年生草本。生于亚高山草甸、山地林缘、山崖岩石堆。海拔 2 900～3 200 m。

　　　　产西天山、西南天山。乌兹别克斯坦；亚洲有分布。

617. 牧根草属 Asyneuma Griseb. et Schenk

　　*（4452）尖萼牧根草 **Asyneuma argutum**（Regel）Bornm.

　　　　多年生草本。生于山地林缘、河谷灌丛。海拔 1 400～2 800 m。

　　　　产北天山、西天山、西南天山。哈萨克斯坦、吉尔吉斯斯坦、乌兹别克斯坦；亚洲有分布。

　　*（4453）斜生牧根草 **Asyneuma attenuatum**（Franch.）Bornm.

　　　　多年生草本。生于山地河谷石缝。海拔 2 800 m 上下。

　　　　产北天山、西天山、西南天山。吉尔吉斯斯坦、乌兹别克斯坦；亚洲有分布。

　　*（4454）巴勒江牧根草 **Asyneuma baldshuanicum**（O. Fedtsch. et B. Fedtsch.）Fed. = *Asyneuma argutum* subsp. *baldshuanicum*（O. Fedtsch. et B. Fedtsch.）Damboldt

　　　　多年生草本。生于亚高山草甸、山地草原、林缘、河谷、石质山地。海拔 1 200～2 900 m。

　　　　产西南天山、西天山。吉尔吉斯斯坦、乌兹别克斯坦；亚洲有分布。

　　*（4455）多枝牧根草 **Asyneuma ramasum** Pavl.

　　　　多年生草本。生于山地林缘、山崖岩石缝。海拔 1 500～2 900 m。

　　　　产西南天山。乌兹别克斯坦；亚洲有分布。

　　*（4456）塔尔牧根草 **Asyneuma trutvetteri**（B. Fedtsch.）Bornm.

　　　　多年生草本。生于山地林缘、碎石坡地。海拔 1 800～2 900 m。

　　　　产内天山、西南天山。吉尔吉斯斯坦、乌兹别克斯坦；亚洲有分布。

*618. 短钟花属 Cryptocodon Fed.

　　*（4457）短钟花 **Cryptocodon monocephalus**（Trautv.）Fed.

　　　　多年生草本。生于山地草甸、石质坡地、河谷、山地草原。海拔 900～1 700 m。

　　　　产西天山、西南天山。乌兹别克斯坦；亚洲有分布。

八十、菊科 Compositae（Asteraceae）

619. 一枝黄花属 Solidago L.

　　（4458）加拿大一枝黄花 **Solidago canadensis** L.

　　　　多年生草本。生于低山丘陵、山麓冲积扇、河流阶地、河滩、荒地、路旁、农田边、村落宅院周边。海拔 800～3 000 m。

　　　　产东天山、东北天山、北天山。中国、哈萨克斯坦；亚洲有分布。为入侵种。原产北美洲,归化于北温带地区。

观赏、有害、药用。

（4459）毛果一枝黄花 **Solidago virgaurea L.**

多年生草本。生于山地草甸、山地林下、林缘、灌丛、河谷草甸、山地草原。海拔 950~3 000 m。

产东天山、东北天山、准噶尔阿拉套山、北天山。中国、哈萨克斯坦、蒙古、俄罗斯；亚洲、欧洲
有分布。

药用、蜜源、染料、有毒。

（4460）寡毛一枝黄花 **Solidago virgaurea var. dahurica Kitag.** =*Solidago dahurica*（Kitag.）Kitag. ex
Juz.

多年生草本。生于山地林下、林间草地、山坡草丛、山地半阳坡。海拔 1 500~2 900 m。

产东天山、东北天山、准噶尔阿拉套山、北天山、内天山、西天山、西南天山。中国、哈萨克斯
坦、吉尔吉斯斯坦、乌兹别克斯坦、俄罗斯；亚洲有分布。

620. 狗娃花属 Heteropappus Less.

（4461）阿尔泰狗娃花 **Heteropappus altaicus**（Willd.）**Novopokr.**

多年生草本。生于高山和亚高山草甸、干旱山坡、戈壁滩、荒地、河岸、路旁。海拔 400~
3 800 m。

产东天山、准噶尔阿拉套山、北天山、东南天山、西天山、西南天山。中国、哈萨克斯坦、吉尔吉
斯斯坦、乌兹别克斯坦、蒙古、俄罗斯；亚洲有分布。

药用、饲料、观赏。

（4462）灰白阿尔泰狗娃花 **Heteropappus altaicus var. canescens**（Nees）**Serg.** =*Heteropappus canes-
cens*（Nees）Novopokr. ex Nevski

多年生草本。生于亚高山草甸、干旱砾石山坡、荒漠。海拔 500~2 800 m。

产东天山、准噶尔阿拉套山、东南天山。中国、哈萨克斯坦、伊朗、印度、俄罗斯；亚洲有分布。

（4463）无舌狗娃花 **Heteropappus hispidus var. eligufiflorus J. Q. Fu**

多年生草本。生于生于荒地、路旁、林缘及草地。海拔 1 020~1 800 m。

产北天山。中国；亚洲有分布。

中国特有成分。

621. 紫菀属 Aster L.

（4464）高山紫菀 **Aster alpinus L.**

多年生草本。生于冰碛石堆、高山和亚高山草甸、山地林缘、山间河谷。海拔 540~4 900 m。

产东天山、准噶尔阿拉套山、北天山、东南天山、中央天山、内天山、西天山、西南天山。中国、
哈萨克斯坦、吉尔吉斯斯坦、乌兹别克斯坦、俄罗斯；亚洲、欧洲有分布。

药用、观赏、饲料、蜜源。

（4465）异苞高山紫菀 **Aster alpinus var. diversisquamus Y. Ling**

多年生草本。生于高山和亚高山草甸、山地林缘、山坡草地。海拔 1 300~4 100 m。

产东天山、准噶尔阿拉套山、东南天山。中国；亚洲有分布。

中国特有成分。

(4466) 蛇岩高山紫菀 **Aster alpinus var. serpentimontanus**（Tamamschjan）**Y. Ling** = *Aster serpenti-montanus* Tamamsch.

多年生草本。生于亚高山草甸、岩石缝。海拔 1 900~2 900 m。

产东天山、准噶尔阿拉套山、东南天山、中央天山。中国、哈萨克斯坦、蒙古、俄罗斯；亚洲、欧洲有分布。

*(4467) 托氏紫菀 **Aster alpinus subsp. tolmatschevii**（Tamamsch.）**A. et D. Löve** = *Aster tolmatschev-ii* Tamamsch.

多年生草本。生于亚高山草甸、石灰岩丘陵、石质山坡。海拔 1 200~2 800 m。

产北天山、西天山、西南天山。哈萨克斯坦、吉尔吉斯斯坦、乌兹别克斯坦、俄罗斯；亚洲、欧洲有分布。

*(4468) 异化紫菀 **Aster asteroides**（DC.）**Kuntze** = *Erigeron heterochaeta*（Benth. ex Clarke）Botsch.

多年生草本。生于高山和亚高山草甸、碎石质坡地。海拔 2 800~4 700 m。

产准噶尔阿拉套山、北天山、西天山、西南天山。哈萨克斯坦、吉尔吉斯斯坦、乌兹别克斯坦；亚洲有分布。

*(4469) 草原紫菀 **Aster eremophilus Bunge**

多年生草本。生于山地草原、干旱山坡、荒漠草地。海拔 600~2 600 m。

产准噶尔阿拉套山。哈萨克斯坦；亚洲有分布。

(4470) 萎软紫菀 **Aster flaccidus Bunge**

多年生草本。生于高山和亚高山草甸、山坡草地、流石滩。海拔 2 000~4 500 m。

产东天山、准噶尔阿拉套山、东南天山。中国、巴基斯坦、印度、尼泊尔、蒙古、俄罗斯；亚洲有分布。

药用、观赏、蜜源。

*(4471) 柠檬紫菀 **Aster limonifolia**（Less.）**B. Fedtschenko** = *Aster lingii* G. J. Zhang et T. G. Gao

多年生草本。生于山地花岗岩石缝、碎石堆、山崖。海拔 1 300~2 800 m。

产准噶尔阿拉套山、北天山、西天山。哈萨克斯坦、吉尔吉斯斯坦、乌兹别克斯坦；亚洲有分布。

*(4472) 波波夫紫菀 **Aster popovii Botsch.** = *Krylovia popovii*（Botsch.）Tamamsch. = *Rhinactinidia popo-vii* Botsch

多年生草本。生于山地石灰岩山坡、山地河谷。海拔 1 600~2 700 m。

产北天山、西天山、西南天山。哈萨克斯坦、吉尔吉斯斯坦、乌兹别克斯坦；亚洲有分布。

*(4473) 杨紫菀 **Aster salignus Willd.** = *Symphyotrichum salignum*（Willd.）G. L. Nesom

多年生草本。生于山地草甸、山地草原、山麓坡地。海拔 600~1 800 m。

产北天山、西天山、西南天山。哈萨克斯坦、吉尔吉斯斯坦、乌兹别克斯坦；亚洲有分布。

*(4474) 托勒玛特柯夫紫菀 **Aster tolmatschevii Tamamsch.**

多年生草本。生于石灰质丘陵、石质山坡。海拔 1 200~2 800 m。

产北天山、西天山、西南天山。哈萨克斯坦、吉尔吉斯斯坦、乌兹别克斯坦、俄罗斯；亚洲、欧洲有分布。

*（4475）威氏紫菀 **Aster vvedenskyi Bondarenko**

多年生草本。生于砾石质山坡、山地草原、干山坡。海拔 800~2 100 m。

产北天山、西天山。哈萨克斯坦、吉尔吉斯斯坦；亚洲有分布。

622. 紫菀木属 Asterothamnus Novopokr.

（4476）紫菀木 **Asterothamnus alysooides（Turcz.）Novopokr.**

矮小半灌木。生于荒漠草原、干旱河谷、低山荒漠、沙砾地。海拔 2 390 m 上下。

产东南天山、内天山。中国、蒙古；亚洲有分布。

（4477）中亚紫菀木 **Asterothamnus centraliasiaticus Novopokr.**

半灌木。生于山地林缘、山地草原。海拔 900~1 700 m。

产东天山。中国、蒙古；亚洲有分布。

饲料。

（4478）高大中亚紫菀木 **Asterothamnus centraliasiaticus var. phocerior Novopokr.**

多分枝的半灌木。生于低山荒漠、山地草原、高山和亚高山草甸。海拔 1 800~3 400 m。

产东南天山。中国；亚洲有分布。

中国特有成分。

（4479）灌木紫菀木 **Asterothamnus fruticosus（C. Winkl.）Novopokr.**

多分枝半灌木。生于高山和亚高山草甸、荒漠草原、干旱山地。海拔 1 000~3 300 m。

产东天山、准噶尔阿拉套山、东南天山、中央天山、内天山。中国、哈萨克斯坦；亚洲有分布。

饲料、药用。

（4480）毛叶紫菀木 **Asterothamnus poliifolius Novopokr.**

多分枝的半灌木。生于荒漠草原、山麓戈壁荒漠。海拔 1 000 m 上下。

产东天山。中国、蒙古、俄罗斯；亚洲有分布。

*（4481）希思肯紫菀木 **Asterothamnus schischkinii Tamamsch.**

半灌木。生于砾石质山坡、砾岩碎石堆。海拔 1 900~2 800 m。

产内天山。吉尔吉斯斯坦；亚洲有分布。

623. 乳菀属 Galatella Cass.

（4482）阿尔泰乳菀 **Galatella altaica Tzvel.**

多年生草本。生于多砾石山坡草地、山地林缘。海拔 950~2 300 m。

产东天山、北天山。中国、蒙古、俄罗斯；亚洲有分布。

（4483）窄叶乳菀 **Galatella angustissima（Tausch.）Novopokr.**

多年生草本。生于河谷灌丛、石质山坡、山地草原。海拔 700~12 000 m。

产北天山、准噶尔阿拉套山。中国、哈萨克斯坦、俄罗斯；亚洲、欧洲有分布。

药用。

（4484）盘花乳菀 **Galatella biflora（L.）Nees** = *Galatella rossica* Novopokr.

多年生草本。生于山坡草地。海拔 800~2 300 m。

产准噶尔阿拉套山、北天山。中国、哈萨克斯坦、俄罗斯；亚洲有分布。

药用。

（4485）博格达乳菀 **Galatella bogidaica Y. Wei et Z. X. An**

多年生草本。生于山地林缘、山坡草地。海拔 1 700 m。

产东天山。中国；亚洲有分布。

中国特有成分。药用。

（4486）紫缨乳菀 **Galatella chromopappa Novopokr.**

多年生草本。生于多砾石山坡、山地林缘、山坡草地、河谷、阴坡灌丛。海拔 900～2 300 m。

产东天山、北天山、中央天山、内天山、西天山、西南天山。中国、哈萨克斯坦、吉尔吉斯斯坦、乌兹别克斯坦、蒙古；亚洲有分布。

饲料、药用。

*（4487）革质乳菀 **Galatella coriacea Novopokr.**

多年生草本。生于山地草甸、山地林缘、林间草地、山崖岩石缝、河谷灌丛。海拔 1 400～2 800 m。

产北天山、西天山、西南天山。哈萨克斯坦、吉尔吉斯斯坦、乌兹别克斯坦；亚洲有分布。

（4488）达呼里乳菀（兴安乳菀）**Galatella dahurica DC.** = *Galatella songorica* var. *angustifolia* Novopokr.

多年生草本。生于山地草甸、山谷草甸、河谷灌丛、荒漠、河岸阶地、潮湿地。海拔 600～2 300 m。

产东北天山、准噶尔阿拉套山、北天山。中国、哈萨克斯坦、俄罗斯；亚洲有分布。

（4489）帚枝乳菀 **Galatella fastigiiformis Novopokr.**

多年生草本。生于山坡草地。海拔 700～2 500 m。

产东北天山、准噶尔阿拉套山、北天山。中国、哈萨克斯坦；亚洲有分布。

饲料、药用。

（4490）鳞苞乳菀 **Galatella hauptii（Ledeb.）Lindl. ex DC.**

多年生草本。生于山坡草地、河边、低地草甸。海拔 400～1 800 m。

产准噶尔阿拉套山。中国、哈萨克斯坦、蒙古、俄罗斯；亚洲有分布。

药用。

*（4491）黑沙尔山乳菀 **Galatella hissarica Novopokr.**

多年生草本。生于石质山坡、河岸阶地。海拔 800～2 700 m。

产西南天山、内天山。吉尔吉斯斯坦、乌兹别克斯坦；亚洲有分布。

*（4492）李氏乳菀 **Galatella litvinovii Novopokr.**

多年生草本。生于山地河边、山溪边、灌丛。海拔 600～2 100 m。

产西南天山。乌兹别克斯坦；亚洲有分布。

*（4493）大盆乳菀 **Galatella macrosciadia Gandog.**

多年生草本。生于山地草原、河谷灌丛、草甸、河岸阶地。海拔 700～1 600 m。

产准噶尔阿拉套山。哈萨克斯坦、俄罗斯；亚洲有分布。

*（4494）远志乳菀 **Galatella polygaloides Novopokr.**

多年生草本。生于山地林缘、山坡倒石堆。海拔 1 600～2 900 m。

产北天山。哈萨克斯坦、吉尔吉斯斯坦;亚洲有分布。

（4495）乳菀 **Galatella punctata**（**Waldstein et Kitaibel**）**Nees** = *Galatella rossica* Novopokr.

多年生草本。生于山地林缘、山坡草地、河谷灌丛。海拔 850～2 700 m。

产东天山、东北天山、北天山、准噶尔阿拉套山、东南天山、西天山。中国、哈萨克斯坦、吉尔吉斯斯坦、乌兹别克斯坦、俄罗斯;亚洲、欧洲有分布。

药用。

（4496）昭苏乳菀 **Galatella regelii Tzvel.**

多年生草本。生于山地林缘、山坡草地。海拔 1 000～1 800 m。

产北天山。中国、哈萨克斯坦、吉尔吉斯斯坦;亚洲有分布。

药用。

＊（4497）石生乳菀 **Galatella saxatilis Novopokr.**

多年生草本。生于山地石质山坡、山崖岩石缝、河谷、河岸阶地。海拔 750～2 600 m。

产北天山。哈萨克斯坦、吉尔吉斯斯坦;亚洲有分布。

＊（4498）卷缘乳菀 **Galatella scoparia**（**Kar. et Kir.**）**Novopokr.** = *Linosyris scoparia* Kar. et Kir.

多年生草本。生于砾石质山坡、山地荒漠草原、山麓洪积扇。海拔 600～1 600 m。

产北天山、西天山、西南天山。中国、哈萨克斯坦、吉尔吉斯斯坦、乌兹别克斯坦;亚洲有分布。

＊（4499）似蒿乳菀 **Galatella sedifolia subsp. dracunculoides**（**Lam.**）**Greuter**

多年生草本。生于山地盐化草甸、荒漠草原。海拔 500～2 100 m。

产准噶尔阿拉套山。哈萨克斯坦;亚洲有分布。

（4500）新疆乳菀 **Galatella songorica Novopokr.**

多年生草本。生于山地林缘、砾质山坡。海拔 40～1 900 m。

产东天山、东北天山、北天山。中国、蒙古;亚洲有分布。

饲料、药用。

（4501）窄叶新疆乳菀 **Galatella songorica var. angustifolia Novopokr.**

多年生草本。生于山谷。海拔 1 100～1 200 m。

产北天山。中国;亚洲有分布。

中国特有成分。

（4502）盘花新疆乳菀 **Galatella songorica var. discoidea Ling et Y. L. Chen**

多年生草本。生于荒漠。海拔 600～2 300 m。

产东北天山、北天山。中国;亚洲有分布。

中国特有成分。

（4503）宽叶新疆乳菀 **Galatella songorica var. latifolia Ling et Y. L. Chen**

多年生草本。生于潮湿地带。海拔 600～1 200 m。

产东北天山、北天山。中国;亚洲有分布。

中国特有成分。

＊（4504）鞑靼乳菀 **Galatella tatarica**（**Lees.**）**Novopokr.** = *Linosyris tatarica*（Less.）C. A. Mey.

多年生草本。生于山地盐渍化草原、荒漠草原。海拔 500～2 100 m。

产准噶尔阿拉套山。哈萨克斯坦;亚洲有分布。

(4505) 天山乳菀 **Galatella tianschanica Novopokr.**

多年生草本。生于河谷沼泽。海拔 1 200 m 上下。

产北天山、中央天山。中国、哈萨克斯坦、吉尔吉斯斯坦;亚洲有分布。

*(4506) 长柔毛乳菀 **Galatella villosa**（L.）**Rchb. f.**

多年生草本。生于山谷河滩、碎石堆、山地草原、盐化荒漠。海拔 600~2 300。

产准噶尔阿拉套山。哈萨克斯坦、俄罗斯;亚洲、欧洲有分布。

*(4507) 短毛乳菀 **Galatella villosula Nvopokr.**

多年生草本。生于山地草甸、石灰岩山坡、灌丛、沙地。海拔 1 500~2 800 m。

产北天山、内天山、西天山、西南天山。吉尔吉斯斯坦、乌兹别克斯坦;亚洲有分布。

624. 麻菀属 Linosyris Cass.

(4508) 灰毛麻菀 **Linosyris villosa**（L.）**DC.** = *Galatella villosa*（L.）Reichenb.

多年生草本。生于山地草原、盐化荒漠、河滩碎石堆。海拔 600~2 300 m。

产准噶尔阿拉套山。中国、哈萨克斯坦、俄罗斯;亚洲、欧洲有分布。

(4509) 新疆麻菀 **Linosyris tatarica**（Less.）**C. A. Meyer**

多年生草本。生于沙质碱土、半荒漠、砾石干旱山坡,海拔 700~1 200 m。

产准噶尔阿拉套山。中国、哈萨克斯坦、俄罗斯;亚洲、欧洲有分布。

*625. 拟麻菀属 Crinitaria Cass.

*(4510) 葛尔莫拟麻菀 **Crinitaria grimmii**（**Regel et Schmalh.**）**Grierson** = *Pseudolinosyris grimmii*（Regel et Schmalh.）Novopokr. = *Pseudolinosyris microcephala*（Novopokr.）Tamamsch.

多年生草本或半灌木。生于冰碛碎石堆、山地碎石堆、山地草甸、岩石缝、河谷、山地草原。海拔 800~3 500 m。

产北天山、内天山、西天山、西南天山。吉尔吉斯斯坦、乌兹别克斯坦;亚洲有分布。

626. 碱菀属 Tripolium Nees

(4511) 碱菀 **Tripolium vulgare Nees** = *Tripolium pannonicum*（Jacq.）Dobroczajeva

一年生草本。生于山地林缘、山坡草地、沼泽、河边、盐碱地。海拔 500~1 396 m。

产东天山、东北天山、北天山、东南天山、西天山、西南天山。中国、哈萨克斯坦、吉尔吉斯斯坦、乌兹别克斯坦、朝鲜、日本、伊朗、俄罗斯;亚洲、欧洲、非洲、美洲有分布。

627. 联毛紫菀属 Symphyotrichum Nees（短星菊属 Brachyactis Ledeb.）

(4512) 短星菊 **Symphyotrichum ciliatum**（Ledeb.）**G. L. Nesom** = *Brachyactis ciliata* Ledeb.

一年生草本。生于山谷河滩、山坡草地、沼泽、盐化湿地、农田、河边、沙地。海拔 490~1 500 m。

产东北天山、北天山、西天山、西南天山。中国、哈萨克斯坦、吉尔吉斯斯坦、乌兹别克斯坦、朝鲜、日本、蒙古、俄罗斯;亚洲、欧洲有分布。

饲料。

628. 藏短星菊属 Neobrachyactis Brouillet

（4513）腺毛短星菊 **Neobrachyactis pubescens**（DC.）**Brouillet** = *Brachyactis pubescens*（DC.）Aitch. et C. B. Cl.

一年生草本。生于山地干旱山坡。海拔 2 400~5 127 m。

产东北天山、东南天山。中国、印度、巴基斯坦、阿富汗;亚洲有分布。

（4514）西疆短星菊 **Neobrachyactis roylei**（DC.）**Brouillet** = *Brachyactis roylei*（DC.）Wendelbo = *Erigeron umbrosum*（Kar. et Kir.）Boiss.

一年生草本。生于山谷河边、山坡草地、山地林下、山崖岩石缝、碎石堆、河谷、山溪边、河边。海拔 500~3 200 m。

产东天山、东北天山、准噶尔阿拉套山、北天山、东南天山、内天山、西南天山。中国、哈萨克斯坦、吉尔吉斯斯坦、乌兹别克斯坦、印度、巴基斯坦、阿富汗;亚洲有分布。

629. 飞蓬属 Erigeron L.

（4515）飞蓬 **Erigeron acer L.**

二年生或多年生草本。生于山地林下、林缘、山坡草地、山地草甸、低山丘陵、山麓洪积扇、盐渍化草地、河旁、渠边。海拔 500~3 500 m。

产东天山、准噶尔阿拉套山、北天山、东南天山、内天山、西天山、西南天山。中国、哈萨克斯坦、吉尔吉斯斯坦、乌兹别克斯坦、日本、蒙古、俄罗斯;亚洲、欧洲、美洲有分布。

饲料、药用。

（4516）异色飞蓬 **Erigeron allochrous Botsch.**

多年生草本。生于高山和亚高山草甸。海拔 2 800~3 300 m。

产东天山、东北天山、准噶尔阿拉套山、北天山、东南天山。中国、哈萨克斯坦、吉尔吉斯斯坦;亚洲有分布。

药用。

（4517）阿尔泰飞蓬 **Erigerom altaicue Popov**

多年生草本。生于高山和亚高山草甸、山地林缘、灌丛。海拔 2 000~2 945 m。

产东天山、东北天山、准噶尔阿拉套山、东南天山、内天山。中国、哈萨克斯坦、俄罗斯;亚洲有分布。

药用。

（4518）一年蓬 **Erigerou annuus**（L.）**Pers.** = *Phalacroloma annuum*（L.）Dumort.

一年生或二年生草本。生于河岸林下、山坡草地、荒野、路边、田埂。海拔 420~1 000 m。

产东北天山。中国;亚洲有分布。原产于北美洲,世界各地广泛引种并扩散。

药用、饲料。

（4519）橙花飞蓬 **Erigeron aurantiacus Regel**

多年生草本。生于高山和亚高山草甸、山地林缘。海拔 1 200~3 400 m。

产东天山、东北天山、准噶尔阿拉套山、北天山、东南天山、中央天山、西天山、西南天山。中国、哈萨克斯坦、吉尔吉斯斯坦、乌兹别克斯坦;亚洲有分布。

饲料、药用。

*（4520）紫飞蓬 **Erigeron azureus Regel ex Popov**

多年生草本。生于高山和亚高山草甸、山地林缘。海拔 1 400～3 500 m。

产准噶尔阿拉套山、北天山、西天山、西南天山。哈萨克斯坦、吉尔吉斯斯坦、乌兹别克斯坦；亚洲有分布。

*（4521）雏菊状飞蓬 **Erigeron bellidiformis Popov**

多年生草本。生于山地圆柏灌丛、碎石堆、岩壁、河谷。海拔 1 500～2 900 m。

产西南天山、内天山。吉尔吉斯斯坦、乌兹别克斯坦；亚洲有分布。

*（4522）喀布尔飞蓬 **Erigeron cabulicus（Boiss.）Botsch.**

多年生草本。生于山地裸露石质坡地、高山草甸。海拔 1 500～3 900 m。

产北天山、内天山、西天山、西南天山。吉尔吉斯斯坦、乌兹别克斯坦；亚洲有分布。

（4523）小蓬草 **Erigeron canadensis L.** ＝*Conyza canadensis*（L.）Cronq

一年生或多年生草本。生于森林草甸、山地林下、山地荒漠草原、河滩、农田、渠边、田边、村落周边、林园。海拔 300～2 900 m。

产东天山、准噶尔阿拉套山、北天山、西天山、西南天山。中国、哈萨克斯坦、吉尔吉斯斯坦、俄罗斯；亚洲、欧洲有分布。原产北美洲。

药用、植物化学原料（挥发油）、饲料、绿肥。

*（4524）高飞蓬 **Erigeron chorossanicus Boiss.** ＝*Erigeron khorassanicus* Boiss.

多年生草本。生于山地林缘、灌丛、亚高山草甸、山麓洪积扇。海拔 1 200～2 800 m。

产北天山、西天山、西南天山。哈萨克斯坦、吉尔吉斯斯坦、乌兹别克斯坦；亚洲有分布。

（4525）长茎飞蓬 **Erigeron elongatus Ledeb.** ＝*Erigeron acris* subsp. *politus*（Fr.）H. Lindb. ＝*Erigeron politus* R. E. Fr.

二年或多年生草本。生于山地林缘、山坡草地、河滩、沟渠边。海拔 700～3 200 m。

产东天山、准噶尔阿拉套山、北天山、东南天山、内天山。中国、哈萨克斯坦、吉尔吉斯斯坦、朝鲜、蒙古、俄罗斯；亚洲、欧洲有分布。

药用。

*（4526）绒毛飞蓬 **Erigeron eriocalyx（Ledeb.）Vierhapper**

多年生草本。生于高山和亚高山草甸、冰碛石堆、山溪边。海拔 2 900～3 600 m。

产准噶尔阿拉套山。哈萨克斯坦、俄罗斯；亚洲、欧洲有分布。

*（4527）异化飞蓬 **Erigeron heterochaeta（Benth.）Botsch.**

多年生草本。生于高山草甸、碎石质坡地、亚高山草甸。海拔 2 800～4 700 m。

产准噶尔阿拉套山、北天山、西天山、西南天山。哈萨克斯坦、吉尔吉斯斯坦、乌兹别克斯坦；亚洲有分布。

*（4528）黑塞尔飞蓬 **Erigeron hissaricus Botsch.**

多年生草本。生于石质山坡、山崖岩石缝、砾岩堆。海拔 600～2 100 m。

产西南天山、内天山。吉尔吉斯斯坦、乌兹别克斯坦；亚洲有分布。

（4529）堪察加飞蓬 **Erigeron kamtschaticus DC.** ＝*Erigeron acris* subsp. *kamtschaticus*（DC.）H. Hara

二年生草本。生于山坡草地、山地林缘。海拔 1 800～2 200 m。

产东天山、东北天山。中国、蒙古、俄罗斯;亚洲有分布。

*(4530) 卡拉套飞蓬 **Erigeron karatavicus Pavl.** = *Erigeron alexeenkoi* Krasch.
多年生草本。生于低山碎石质山坡、岩石缝、荒漠草原。海拔600~1 800 m。
产西天山、西南天山。乌兹别克斯坦;亚洲有分布。

(4531) 西疆飞蓬 **Erigeron krylovii Sergievsk.**
多年生草本。生于亚高山草甸、山坡草地、山地林缘。海拔1 700~2 800 m。
产东天山、准噶尔阿拉套山、北天山、东南天山、中央天山。中国、哈萨克斯坦、吉尔吉斯斯坦、俄罗斯;亚洲有分布。
药用。

(4532) 毛苞飞蓬 **Erigeron lachnocephalus Botsch.**
多年生草本。生于高山和亚高山草甸、多石山坡。海拔1 750~3 300 m。
产东天山、准噶尔阿拉套山、西天山、西南天山。中国、哈萨克斯坦、吉尔吉斯斯坦、乌兹别克斯坦;亚洲有分布。
药用。

(4533) 光山飞蓬 **Erigeron leioreades Popov**
多年生草本。生于高山和亚高山草甸、山地林下、林缘。海拔1 700~3 400 m。
产东天山、东北天山、准噶尔阿拉套山。中国、哈萨克斯坦、俄罗斯;亚洲有分布。
药用。

*(4534) 白叶飞蓬 **Erigeron leucophyllus (Bge.) Boiss.** = *Erigeron amorphoglossus* Boiss.
多年生草本。生于山地林缘、阳坡草地、山崖石缝。海拔1 500~3 000 m。
产北天山、西天山、西南天山。哈萨克斯坦、吉尔吉斯斯坦、乌兹别克斯坦;亚洲有分布。

*(4535) 长叶飞蓬 **Erigeron lonchophyllus Hook.**
一年生或二年生草本。生于山地河边草地、河谷、湖边、河边、平原沼泽湿地。海拔500~1 800 m。
产准噶尔阿拉套山、北天山、西天山。哈萨克斯坦、吉尔吉斯斯坦、俄罗斯;亚洲有分布。

*(4536) 冷飞蓬 **Erigeron olgae Rgl. et Schmslh.**
多年生草本。生于高山草甸、冰碛石堆、冰蚀湖边。海拔3 100~3 600 m。
产准噶尔阿拉套山、北天山、西天山、西南天山。哈萨克斯坦、吉尔吉斯斯坦、乌兹别克斯坦;亚洲有分布。

*(4537) 山地飞蓬 **Erigeron oreades (Schrehk) Fisch. et C. A. Mey.**
多年生草本。生于高山和亚高山草甸、山地林缘、山溪边。海拔1 500~3 300 m。
产准噶尔阿拉套山、北天山。哈萨克斯坦、吉尔吉斯斯坦、俄罗斯;亚洲有分布。

*(4538) 白飞蓬 **Erigeron pallidus Popov**
多年生草本。生于高山和亚高山草甸、冰碛石堆、冰蚀湖边。海拔2 400~3 800 m。
产北天山、西天山、西南天山。哈萨克斯坦、吉尔吉斯斯坦、乌兹别克斯坦;亚洲有分布。

*(4539) 帕米尔飞蓬 **Erigeron pamiricus V. P. Bochantsev et T. F. Kochkareva**
多年生草本。生于高山和亚高山草甸、山崖岩石缝、河谷、石质山坡。海拔2 700~4 500 m。

产西南天山、内天山。吉尔吉斯斯坦、乌兹别克斯坦;亚洲有分布。

(4540) 柄叶飞蓬 **Erigeron petiolaris Vierhapper** = *Erigeron pseudoneglectus* Popov

多年生草本。生于高山和亚高山草甸、山地林缘、河谷、山地草原。海拔 1 500~3 400 m。

产东天山、东北天山、准噶尔阿拉套山、北天山、内天山、西天山、西南天山。中国、哈萨克斯坦、吉尔吉斯斯坦、乌兹别克斯坦、俄罗斯;亚洲有分布。

*(4541) 骆驼飞蓬 **Erigeron petroiketes Rech. f.**

多年生草本。生于亚高山草甸、山崖岩石缝、山地河谷。海拔 1 100~2 600 m。

产西南天山、西天山、内天山。吉尔吉斯斯坦、乌兹别克斯坦;亚洲有分布。

*(4542) 毛果飞蓬 **Erigeron podolicus Bess.** = *Erigeron acris* subsp. *podolicus*（Bess.）Nym.

二年生或多年生草本。生于山地林下、河漫滩草甸、山地草原、盐化荒漠、沙漠。海拔 300~2 100 m。

产准噶尔阿拉套山、北天山、西天山、西南天山。哈萨克斯坦、吉尔吉斯斯坦、乌兹别克斯坦、俄罗斯;亚洲、欧洲有分布。

*(4543) 孜拉普善飞蓬 **Erigeron popovii Botsch.**

二年生或多年生草本。生于山坡草地、山地河谷、山地草原。海拔 600~1 800 m。

产西南天山、内天山。吉尔吉斯斯坦、乌兹别克斯坦;亚洲有分布。

*(4544) 细萼飞蓬 **Erigeron pseuderigeron（Bge.）Popov**

多年生草本。生于山地河谷、林缘、草甸草原、山崖、山地灌丛、高山和亚高山草甸。海拔 1 400~3 200 m。

产北天山、西天山、西南天山。哈萨克斯坦、吉尔吉斯斯坦、乌兹别克斯坦;亚洲有分布。

*(4545) 毛头飞蓬 **Erigeron pseuderiocephalus Popov**

多年生草本。生于冰碛碎石堆、石质坡地、倒石堆。海拔 2 950~3 500 m。

产西天山、西南天山、内天山。吉尔吉斯斯坦、乌兹别克斯坦;亚洲有分布。

*(4546) 假黑飞蓬 **Erigeron pseudoneglectus Popov**

多年生草本。生于山地森林带、山地草原、河谷。海拔 1 500~2 900 m。

产北天山、西天山、西南天山、内天山。哈萨克斯坦、吉尔吉斯斯坦、乌兹别克斯坦;亚洲有分布。有分布。

(4547) 假泽山飞蓬 **Erigeron pseudoseravschanicus Botsch.**

多年生草本。生于亚高山草甸、山地林缘、山地河谷。海拔 1 350~2 800 m。

产东天山、准噶尔阿拉套山、东南天山、中央天山、内天山、西天山、西南天山。中国、哈萨克斯坦、吉尔吉斯斯坦、乌兹别克斯坦、俄罗斯;亚洲有分布。
药用。

(4548) 革叶飞蓬 **Erigeron schmalhausenii Popov**

多年生草本。生于冰碛石堆、砾质山坡、山地林缘、河谷草甸、河滩。海拔 900~3 300 m。

产东天山、东北天山、准噶尔阿拉套山、北天山、东南天山、中央天山、内天山、西天山、西南天山。中国、哈萨克斯坦、吉尔吉斯斯坦、乌兹别克斯坦、俄罗斯;亚洲有分布。
药用。

(4549) 泽山飞蓬 **Erigeron seravschanicus** Popov

多年生草本。生于亚高山草甸、山地林下、林缘。海拔 1 700~2 800 m。

产东天山、北天山、东南天山、西天山、西南天山。中国、哈萨克斯坦、吉尔吉斯斯坦、乌兹别克斯坦;亚洲有分布。

药用。

*(4550) 索格定飞蓬 **Erigeron sogdianus** Popov

多年生草本。生于高山和亚高山草甸、冰碛碎石堆、山崖岩石缝。海拔 2 900~3 600 m。

产西天山、西南天山、内天山。吉尔吉斯斯坦、乌兹别克斯坦;亚洲有分布。

(4551) 天山飞蓬 **Erigeron tianschanicus** Botsch.

多年生草本。生于山地阳坡草地、山地草甸、山谷河滩。海拔 1 850~2 300 m。

产准噶尔阿拉套山、北天山、中央天山、内天山、西天山、西南天山。中国、哈萨克斯坦、吉尔吉斯斯坦、乌兹别克斯坦;亚洲有分布。

*(4552) 三基飞蓬 **Erigeron trimorphopsis** Botsch.

多年生草本。生于高山和亚高山草甸、山崖岩石缝、山地河谷。海拔 2 800~3 100 m。

产西天山、西南天山、内天山。吉尔吉斯斯坦、乌兹别克斯坦;亚洲有分布。

*(4553) 美丽飞蓬 **Erigeron vicarius** Botsch.

多年生草本。生于高山和亚高山草甸、石质山坡、坡积碎石堆。海拔 2 900~4 000 m。

产西南天山、内天山。吉尔吉斯斯坦、乌兹别克斯坦;亚洲有分布。

*(4554) 堇菜飞蓬 **Erigeron violaceus** Popov

多年生草本。生于亚高山草甸、石质山坡、碎石堆。海拔 2 600~3 100 m。

产准噶尔阿拉套山、北天山。哈萨克斯坦、吉尔吉斯斯坦;亚洲有分布。

630. 寒蓬属 Psychrogeton Boiss.

*(4555) 不定形寒蓬 **Psychrogeton amorphoglossus** (Boiss.) Novopokr. =*Erigeron leucophyllus* (Bunge) Boiss. =*Erigeron amorphoglossus* Boiss.

多年生草本。生于山地林缘、阳坡草地、山崖岩石缝。海拔 1 500~3 000 m。

产北天山、西天山、西南天山。哈萨克斯坦、吉尔吉斯斯坦、乌兹别克斯坦;亚洲有分布。

*(4556) 黑塞尔寒蓬 **Psychrogeton andryaloides** (DC.) Novopokr. ex Krasch. =*Erigeron andryaloides* (DC.) Boiss.

多年生草本。生于石质山坡、山地草甸、山地草原。海拔 600~2 900 m。

产西南天山、内天山。吉尔吉斯斯坦、乌兹别克斯坦;亚洲有分布。

*(4557) 阿乌柯尔寒蓬 **Psychrogeton aucheri** (DC.) Grierson =*Erigeron khorassanicus* Boiss.

多年生草本。生于亚高山草甸、山地林缘、灌丛、山麓洪积扇。海拔 1 200~2 800 m。

产北天山、西天山、西南天山。哈萨克斯坦、吉尔吉斯斯坦、乌兹别克斯坦;亚洲有分布。

*(4558) 双茎寒蓬 **Psychrogeton biramosus** (Botsch.) Grierson =*Erigeron biramosus* Botsch.

多年生草本。生于亚高山草甸、细土质山坡。海拔 2 500~3 000 m。

产西南天山。乌兹别克斯坦;亚洲有分布。

*（4559）喀布尔寒蓬 **Psychrogeton cabulicus Boiss.** = *Erigeron cabulicus*（Boiss.）Botsch.

多年生草本。生于亚高山草甸、山地裸露石质坡地。海拔 1 500~3 900 m。

产北天山、内天山、西天山、西南天山。吉尔吉斯斯坦、乌兹别克斯坦；亚洲有分布。

*（4560）冷寒蓬 **Psychrogeton olgae**（**Regel et Schmalh.**）**Novopokr. ex Nevski** = *Erigeron olgae* Regel et Schmalh. ex Regel

多年生草本。生于高山和亚高山草甸、冰碛石堆、冰蚀湖边。海拔 3 100~3 600 m。

产准噶尔阿拉套山、北天山、西天山、西南天山。哈萨克斯坦、吉尔吉斯斯坦、乌兹别克斯坦；亚洲有分布。

*（4561）细萼寒蓬 **Psychrogeton pseuderigeron**（**Bunge**）**Novopokr. ex Nevski** = *Erigeron pseuderigeron*（Bunge）Popov ex Novopokr.

多年生草本。生于高山和亚高山草甸、山地林缘、河谷、山地草甸、岩石缝、山地灌丛。海拔 1 400~3 200 m。

产北天山、西天山、西南天山。哈萨克斯坦、吉尔吉斯斯坦、乌兹别克斯坦；亚洲有分布。

*（4562）报春寒蓬 **Psychrogeton primuloides**（**M. Pop.**）**Grierson** = *Erigeron primuloides* Popov

多年生草本。生于亚高山草甸、山崖岩石缝、石质山坡、河谷。海拔 1 000~2 800 m。

产西南天山、内天山。吉尔吉斯斯坦、乌兹别克斯坦；亚洲有分布。

631. 牛膝菊属 Galinsoga Ruiz et Pavon

*（4563）细花牛膝菊 **Galinsoga parviflora Cav.**

一年生草本。生于村落周边、林园、渠边、路边。海拔 300~1 600 m。

产准噶尔阿拉套山、北天山。哈萨克斯坦、吉尔吉斯斯坦、俄罗斯；亚洲、欧洲有分布。

（4564）粗毛牛膝菊 **Galinsoga quadriradiata Ruiz et Pav.**

一年生草本。生于路边草地、渠边、人工林下。海拔 600 m 上下。

产东北天山。中国、俄罗斯；亚洲；欧洲有分布。原产美洲。

632. 花花柴属 Karelinia Less.

（4565）花花柴 **Karelinia caspia**（**Pall.**）**Less.**

多年生草本。生于盐化草甸、覆沙或不覆沙的盐渍化低地、农田边。海拔 441~2 210 m。

产东天山、东北天山、准噶尔阿拉套山、北天山、东南天山、中央天山、内天山。中国、哈萨克斯坦、蒙古、伊朗、土耳其；亚洲、欧洲有分布。

单种属植物。饲料、药用、改良盐碱土。

633. 絮菊属 Filago L.

（4566）絮菊 **Filago arvensis L.** = *Logfia arvensis*（L.）Holub *Filago lagopus*（Steph.）Parl. ex Willd.

一年生草本。生于山地阳坡草地、山麓洪积扇、戈壁荒漠。海拔 400~2 000 m。

产东天山、东北天山、准噶尔阿拉套山、北天山、西天山、西南天山。中国、哈萨克斯坦、吉尔吉斯斯坦、乌兹别克斯坦、蒙古、伊朗、阿富汗、俄罗斯；亚洲、欧洲有分布。

*（4567）胡多瓦絮菊 **Filago hurdwarica**（**Wall. ex DC.**）**Wagenitz**

一年生草本。生于山谷、河岸阶地、山地草原、荒漠草原。海拔 500~1 800 m。

产西天山、西南天山、内天山。吉尔吉斯斯坦、乌兹别克斯坦；亚洲有分布。

*（4568）兔絮菊 Felago lagopus（Steph.）Parl.

一年生草本。生于石质山坡、石灰岩山坡、山麓细石质坡地。海拔 600~1 800 m。

产西天山、西南天山。吉尔吉斯斯坦、乌兹别克斯坦、俄罗斯；亚洲有分布。

*（4569）山地絮菊 Felago montana L.

一年生草本。生于山地林缘、山地草原、沙地、干旱山坡、农田。海拔 700~1 300 m。

产北天山、西天山、西南天山。哈萨克斯坦、吉尔吉斯斯坦、乌兹别克斯坦、俄罗斯；亚洲有分布。

*（4570）莫果乐絮菊 Felago paradoxa Wagenitz = *Logfia paradoxa*（Wagenitz）Anderberg

一年生草本。生于细石质山坡、河流阶地、洪积-冲积物。海拔 550~1 600 m。

产西天山、西南天山。吉尔吉斯斯坦、乌兹别克斯坦；亚洲有分布。

（4571）匙叶絮菊 Filago spathulata C. Presl.

一年生草本。生于山地草原、干旱山坡、沙砾质河滩。海拔 900~1 000 m。

产北天山、内天山、西天山、西南天山。中国、吉尔吉斯斯坦、乌兹别克斯坦、伊朗、阿富汗、俄罗斯；亚洲、欧洲有分布。

*（4572）伏尔加絮菊 Filago vulgaris Lam.

一年生草本。生于杂类草草地、干旱砾石质坡地、山麓洪积扇。海拔 500~1 700 m。

产西天山、西南天山、内天山。吉尔吉斯斯坦、乌兹别克斯坦、俄罗斯；亚洲、欧洲有分布。

*634. 灰肉菊属 Otanthus Hoffmanns. et Link

*（4573）山地灰肉菊 Otanthus maritimus（L.）Hoffm. et Lk. = *Felago maritana* L.

一年生草本。生于山地林缘、山地草原、干旱山坡、农田、沙地。海拔 700~1 300 m。

产北天山、西天山、西南天山。哈萨克斯坦、吉尔吉斯斯坦、乌兹别克斯坦、俄罗斯；亚洲有分布。

635. 蝶须属 Antennaria Gaertn.

（4574）蝶须 Antennaria dioica（L.）Gaertn.

多年生草本。生于高山和亚高山草甸、干旱山坡、沙砾地。海拔 2 100~4 300 m。

产准噶尔阿拉套山。中国、哈萨克斯坦、蒙古、俄罗斯；亚洲、欧洲、美洲有分布。

药用。

636. 火绒草属 Leontopodium R. Br.

（4575）短星火绒草 Leontopodium brachyactis Gand.

多年生草本。生于高山和亚高山草甸、冰碛碎石堆。海拔 3 000~4 500 m。

产东天山、东南天山、西南天山、内天山。中国、吉尔吉斯斯坦、乌兹别克斯坦、阿富汗、印度；亚洲有分布。

药用。

（4576）山野火绒草 Leontopodium campestre（Ledeb.）Hand.–Mazz. = *Leontopodium fedtschenkoanum* Beauverd

多年生草本。生于高山和亚高山草甸、森林草甸、林间草地、岩石缝、砾石坡地、山地灌丛、河谷阶地、干旱草原。海拔 1 400~4 600 m。

产东天山、东北天山、准噶尔阿拉套山、北天山、东南天山、中央天山、内天山、西天山、西南天

531

山。中国、哈萨克斯坦、吉尔吉斯斯坦、乌兹别克斯坦、蒙古、俄罗斯;亚洲有分布。
药用、饲料、观赏。

(4577) 火绒草 **Leontopodium leontopodioides（Willd.）Beauv.**
多年生草本。生于高山沼泽、砾石山坡、山地草甸、干旱草原。海拔 1 500~4 500 m。
产东天山、东北天山、准噶尔阿拉套山、北天山、东南天山、中央天山。中国、朝鲜、日本、蒙古、伊朗、俄罗斯;亚洲、欧洲有分布。
药用、饲料。

(4578) 矮火绒草 **Leontopodium nanum（Hook. f. et Thomson）Hand.-Mazz.**
矮小多年生草本。生于高山和亚高山草甸、湿润山坡草地、砾石质山坡。海拔 3 100~4 300 m。
产内天山、西南天山。中国、吉尔吉斯斯坦、乌兹别克斯坦、印度;亚洲有分布。
饲料、药用。

(4579) 黄白火绒草 **Leontopodium ochroleucum Beauv.**
多年生草本。生于高山和亚高山草甸、森林草甸、山坡草地、沙砾石地、山地草原。海拔 1 400~4 570 m。
产东天山、东北天山、准噶尔阿拉套山、北天山、东南天山、中央天山、内天山、西天山、西南天山。中国、哈萨克斯坦、吉尔吉斯斯坦、乌兹别克斯坦、蒙古、印度、俄罗斯;亚洲有分布。
饲料、药用。

(4580) 弱小火绒草 **Leontopodium pusillum（Beauv.）Hand.-Mazz.**
矮小的多年生草本。生于高山和亚高山草甸、砾石质坡地。海拔 3 000~4 500 m。
产内天山。中国、印度;亚洲有分布。
药用。

*637. 鳞冠菊属 Lepidolopha C. Winkl.

*(4581) 郭氏鳞冠菊 **Lepidolopha gomolitzkii S. S. Kovalevsk. et N. A. Safralieva**
小灌木。生于山谷、石质坡地、山地荒漠草原。海拔 600~1 500 m。
产西天山、北天山。哈萨克斯坦、吉尔吉斯斯坦;亚洲有分布。

*(4582) 卡拉山鳞冠菊 **Lepidolopha karatavica Pavlov**
灌木。生于细石质山坡、低山丘陵。海拔 1 200~1 700 m。
产西天山、西南天山、内天山。吉尔吉斯斯坦、乌兹别克斯坦;亚洲有分布。

*(4583) 鳞冠菊 **Lepidolopha komarowii C. Winkl.**
灌木。生于细石质山坡、砾石质坡地、山麓洪积扇。海拔 600~2 000 m。
产西天山、西南天山、内天山。吉尔吉斯斯坦、乌兹别克斯坦;亚洲有分布。

*(4584) 克氏鳞冠菊 **Lepidolopha krascheninnikovii Czil. ex S. S. Kovalevsk. et N. A. Safralieva**
灌木。生于山脊裸露坡地、石质山坡、河谷。海拔 600~1 500 m。
产西天山、西南天山、内天山。吉尔吉斯斯坦、乌兹别克斯坦;亚洲有分布。

*(4585) 漠古勒山鳞冠菊 **Lepidolopha mogoltavica（Krasch.）Krasch.**
灌木。生于石质山坡、河岸阶地、石灰岩丘陵。海拔 800~1 200 m。

产西天山、西南天山、内天山。吉尔吉斯斯坦、乌兹别克斯坦;亚洲有分布。

*(4586) 努拉山鳞冠菊 **Lepidolopha nuratavica Krasch.**

　　灌木。生于细土质-石质山坡、石灰岩丘陵、花岗岩碎石堆。海拔 800~2 000 m。

　　产西南天山、内天山。吉尔吉斯斯坦、乌兹别克斯坦;亚洲有分布。

*(4587) 塔拉斯鳞冠菊 **Lepidolopha talassica S. S. Kovalevsk. et N. A. Safralieva**

　　灌木。生于砾石质山坡、河岸阶地、山麓洪积扇。海拔 1 200~1 700 m。

　　产西南天山。乌兹别克斯坦;亚洲有分布。

*638. 土鳞菊属 Lepidolopsis Poljak.

*(4588) 塔吉克斯坦土鳞菊 **Lepidolopsis tadshikorum**（Kudrj.）**P. Poljakov** = *Polychrysum tadshikorum*（Kudrj.）S. Kovalevsk.

　　多年生草本。生于石质-石膏质坡地、细土质山坡、石灰岩丘陵、砾岩堆。海拔 600~1 800 m。

　　产西南天山、内天山。吉尔吉斯斯坦、乌兹别克斯坦、塔吉克斯坦;亚洲有分布。

*(4589) 中亚土鳞菊 **Lepidolopsis turkestanica**（Regel et Schmalh.）**P. Poljakov**

　　多年生草本。生于干旱黄土丘陵、细石质坡地、砾岩堆。海拔 500~2 200 m。

　　产西天山、西南天山、内天山。吉尔吉斯斯坦、乌兹别克斯坦;亚洲有分布。

*639. 绵果蒿属 Mausolea Bunge ex Podlech

*(4590) 绵果蒿 **Mausolea eriocarpa**（Bunge）**Poljak. ex D. Podl.**

　　半灌木。生于灌丛、梭梭林下、固定和半固定沙漠。海拔 150~300 m。

　　产准噶尔阿拉套山。哈萨克斯坦、土库曼斯坦;亚洲有分布。

640. 粘冠草属 Myriactis Less.

(4591) 粘冠草（狐狸草）**Myriactis wallichii Less.**

　　一年生生草本。生于山崖岩石缝、山地林下、山坡草地、草甸湿地。海拔 900~3 600 m。

　　产西南天山、西天山、内天山。中国、吉尔吉斯斯坦、乌兹别克斯坦、印度、尼泊尔、俄罗斯;亚洲有分布。

641. 香青属 Anaphalis DC.

*(4592) 聚头香青 **Anaphalis depauperata A. Boriss.**

　　多年生草本或半灌木。生于高山和亚高山草甸、细石质山坡、碎石堆。海拔 2 700~3 200 m。

　　产西南天山。乌兹别克斯坦;亚洲有分布。

*(4593) 毛香青 **Anaphalis racemifera Franch.**

　　多年生草本。生于石质山坡、山地河谷。海拔 800~2 400 m。

　　产西天山、西南天山、内天山。哈萨克斯坦、吉尔吉斯斯坦、乌兹别克斯坦;亚洲有分布。

*(4594) 粉红香青 **Anaphalis roseoalba Krasch.**

　　半灌木。生于圆柏灌丛、阔叶林林缘、石质山坡、山坡砾岩堆。海拔 1 800~3 500 m。

　　产北天山、西天山、西南天山。哈萨克斯坦、吉尔吉斯斯坦、乌兹别克斯坦;亚洲有分布。

*(4595) 孜拉普善香青 **Anaphalis serawschanica**（C. Winkl.）**B. Fedtsch.**

　　多年生草本。生于冰冻风化碎石堆、石质山坡、岩石峭壁。海拔 3 000~3 700 m。

　　产西南天山。乌兹别克斯坦;亚洲有分布。

*（4596）丘陵香青 **Anaphalis velutina Krasch.**

半灌木。生于砾石质-细石质山坡、山地林缘、山溪边、灌丛。海拔 2 200~3 000 m。

产西天山、西南天山、内天山。吉尔吉斯斯坦、乌兹别克斯坦；亚洲有分布。

（4597）帚枝香青 **Anaphalis virgata Thomson**

多枝亚灌木。生于高山和亚高山草甸、山地草甸、河谷、石质山坡。海拔 2 400~4 000 m。

产西南天山、西天山。中国、乌兹别克斯坦、伊朗；亚洲有分布。

642. 蜡菊属 Helichrysum Mill.

（4598）沙生蜡菊 **Helichrysum arenarium（L.）Moench**

多年生草本。生于荒漠草原、山坡草地、农田。海拔 500~1 800 m。

产准噶尔阿拉套山、北天山、西天山、西南天山。中国、哈萨克斯坦、吉尔吉斯斯坦、乌兹别克斯坦、蒙古、俄罗斯；亚洲、欧洲有分布。

药用、染料、观赏。

*（4599）撒马尔罕蜡菊 **Helichrysum maracandicum Popov ex Kirpicz.**

多年生草本。生于山地草甸、山地林缘、灌丛、河谷。海拔 600~2 500 m。

产北天山、西天山、西南天山。吉尔吉斯斯坦、乌兹别克斯坦；亚洲有分布。

*（4600）木斯蜡菊 **Helichrysum mussae Nevski**

多年生草本。生于石质山坡、石灰岩丘陵、荒漠草原。海拔 1 200~2 500 m。

产西天山、西南天山、内天山。吉尔吉斯斯坦、乌兹别克斯坦；亚洲有分布。

*（4601）努拉山蜡菊 **Helichrysum nuratavicum Krasch.**

多年生草本。生于石质-碎石质山坡、山地荒漠草地、石灰岩丘陵。海拔 1 200~2 500 m。

产西南天山、西天山、内天山。吉尔吉斯斯坦、乌兹别克斯坦；亚洲有分布。

（4602）天山蜡菊 **Helichrysum thianschanicum Regel**

多年生草本。生于山地林下、山坡草地。海拔 720~2 000 m。

产北天山。中国、哈萨克斯坦、吉尔吉斯斯坦；亚洲有分布。

药用。

643. 苇谷草属 Pentanema Cass.

*（4603）白苇谷草 **Pentanema albertoregelia（C. Winkl.）Gorschk.** =*Vicoa albertoregelia* C. Winkl.

二年生草本。生于山地草甸、山地林缘、圆柏灌丛、阔叶林下、山崖岩石缝、岩石峭壁。海拔 1 600~2 600 m。

产西天山、内天山。哈萨克斯坦、吉尔吉斯斯坦、乌兹别克斯坦；亚洲有分布。

（4604）新疆苇谷草 **Pentanema asperum（Poir.）comb. ined.** =*Inula aspera* Poir.

多年生草本。生于山地草甸、山谷、平原林间草地。海拔 450~1 800 m。

产准噶尔阿拉套山、北天山。中国、哈萨克斯坦、吉尔吉斯斯坦、伊朗、土耳其、俄罗斯；亚洲、欧洲有分布。

*（4605）叉枝苇谷草 **Pentanema divaricatum Cass.** =*Vicoa divaricata*（Cass.）O. et B. Fedtsch.

一年生草本。生于山麓平原石膏荒漠、黏土质沙地。海拔 200~1 700 m。

产西天山、西南天山、内天山。吉尔吉斯斯坦、乌兹别克斯坦；亚洲有分布。

*（4606）克拉申苇谷草 Pentanema krascheninnikovii（Kamelin）S. K. Cherepanov = *Vicoa kraschenin-*
　　　　nikovii R. Kam.

　　　　多年生草本。生于冰川冰碛石堆、山崖岩石缝、峡谷。海拔 3 000~3 200 m。

　　　　产西南天山、乌兹别克斯坦；亚洲有分布。

644. 旋覆花属 Inula L.

（4607）欧亚旋覆花 **Inula britanica** L. = *Pentanema britannicum*（L.）D. Gut. Larr., Santos-Vicente,
　　　　Anderb., E. Rico et M. M. Mart. Ort.

　　　　多年生草本。生于河流沿岸、湿润草地、田埂路边。海拔 350~2 100 m。

　　　　产东天山、东北天山、准噶尔阿拉套山、北天山、东南天山、中央天山。中国、哈萨克斯坦、吉尔
　　　　吉斯斯坦、朝鲜、日本、俄罗斯；亚洲、欧洲有分布。

　　　　药用、蜜源。

（4608）窄叶旋覆花（狭叶欧亚旋覆花）**Inula britanica var. angustifolia** Beck.

　　　　多年生草本。生于河流沿岸、湿润草地、田埂路边。海拔 230~2 100 m。

　　　　产东天山、准噶尔阿拉套山、北天山、东南天山、内天山。中国；亚洲有分布。

　　　　中国特有成分。

（4609）多枝旋覆花（多枝欧亚旋覆花）**Inula britanica var. ramosissima** Ledeb.

　　　　多年生草本。生于河流沿岸、湿润草地、田埂路边。海拔 500~1 500 m。

　　　　产东天山、东北天山、北天山、东南天山。中国；亚洲有分布。

　　　　中国特有成分。

（4610）绵毛旋覆花（棉毛欧亚旋覆花）**Inula britanica var. sublanata** Kom.

　　　　多年生草本。生于河流沿岸、湿润草地、田埂路边。海拔 500~1 740 m。

　　　　产东天山、东北天山、准噶尔阿拉套山、北天山。中国；亚洲有分布。

　　　　中国特有成分。

（4611）里海旋覆花 **Inula caspica** Ledeb. = *Inula caspica* var. *paniculaca* Z. X. An

　　　　二年生草本。生于低洼地、干旱荒地、盐化草甸、田边、路边、河滩、荒地。海拔 400~2 300 m。

　　　　产东天山、东北天山、准噶尔阿拉套山、北天山、东南天山、中央天山、西天山、西南天山。中
　　　　国、哈萨克斯坦、吉尔吉斯斯坦、乌兹别克斯坦、伊朗、俄罗斯；亚洲、欧洲有分布。

　　　　药用。

（4612）圆锥旋覆花 **Inula caspica var. paniculaca** Z. X. An

　　　　二年生草本。生于洼地、干旱荒地、盐化草甸。海拔 530~1 040 m。

　　　　产北天山。中国；亚洲有分布。

　　　　中国特有成分。

（4613）糙叶旋覆花（少毛里海旋覆花）**Inula caspica var. scaberrima** Trautv.

　　　　二年生草本。生于低洼地、干旱荒地、盐化草甸。海拔 370~1 400 m。

　　　　产东天山、东北天山、准噶尔阿拉套山、北天山、东南天山。中国；亚洲有分布。

　　　　中国特有成分。

*(4614) 蓝灰旋覆花 **Inula glauca C. Winkl.**

多年生草本。生于石灰岩丘陵、河流阶地、干旱草原。海拔 600~2 500 m。

产西南天山、西天山。乌兹别克斯坦;亚洲有分布。

*(4615) 大旋覆花 **Inula grandis Schrenk ex Fisch. et C. A. Mey.** = *Inula macrophylla* Kar. et Kir.

多年生草本。生于山地森林-草甸、河谷沙地、灌丛。海拔 1 500~2 500 m。

产准噶尔阿拉套山、西天山、西南天山、内天山。哈萨克斯坦、吉尔吉斯斯坦、乌兹别克斯坦;亚洲有分布。

(4616) 土木香 **Inula helenium L.**

多年生草本。生于山地草甸、河谷草甸。海拔 1 100~1 800 m。

产准噶尔阿拉套山、北天山、东南天山、西天山。中国、哈萨克斯坦、吉尔吉斯斯坦、乌兹别克斯坦、蒙古、俄罗斯;亚洲、欧洲、美洲有分布。

药用、食用、香料、蜜源、染料、驱虫。

*(4617) 黑塞尔旋覆花 **Inula hissarica R. M. Nabiev**

多年生草本。生于山地河谷、低山草原、细土质坡地。海拔 500~1 600 m。

产西南天山。乌兹别克斯坦;亚洲有分布。

(4618) 旋覆花 **Inula japonica Thunb.** = *Inula britanica* var. *japonica*（Thunb.）Franch. et Sav.

多年生草本。生于河流沿岸、潮湿草地、田埂、路边。海拔 490~1 500 m。

产东天山、东北天山、北天山。中国、朝鲜、日本、俄罗斯;亚洲有分布。

药用。

(4619) 总状土木香 **Inula racemosa Hook. f.**

多年生草本。生于山地林缘、湿润山坡草甸、水边、河边。海拔 490~5 350 m。

产东天山、东北天山、北天山、东南天山。中国;亚洲有分布。

药用。

(4620) 羊眼花 **Inula rhizocephala Schrenk**

多年生草本。生于山地林下、林缘、山地草甸、河谷泛滥地、灌丛。海拔 580~3 060 m。

产准噶尔阿拉套山、北天山、内天山。中国、哈萨克斯坦、吉尔吉斯斯坦、乌兹别克斯坦、阿富汗、伊朗;亚洲有分布。

药用。

*(4621) 沙生旋覆花 **Inula sabuletorum Czern. ex Lavrenko**

多年生草本。生于低山丘陵、河漫滩草甸、杜加依林下、沙地。海拔 500~1 700 m。

产北天山、西天山、西南天山。哈萨克斯坦、吉尔吉斯斯坦、乌兹别克斯坦、俄罗斯;亚洲、欧洲有分布。

(4622) 柳叶旋覆花 **Inula salicina L.**

多年生草本。生于山脊分水岭、山谷、山坡草地。海拔 250~1 500 m。

产北天山、西天山、西南天山。中国、哈萨克斯坦、吉尔吉斯斯坦、乌兹别克斯坦、朝鲜、俄罗斯;亚洲、欧洲有分布。

药用。

536

（4623）蓼子朴 **Inula salsoloides**（**Turcz.**）**Ostenf.** =*Limbarda salsoloides*（Turcz.）Ikonn.

半灌木。生于农田边、河和湖岸边、固定沙丘。海拔 500~3 100 m。

产东天山、东南天山、中央天山、内天山。中国、塔吉克斯坦、蒙古；亚洲有分布。

药用、饲料、固沙。

*（4624）外阿莱旋覆花 **Inula schmalhausenii C. Winkl.**

多年生草本。生于山崖岩石缝、山地河谷、倒石堆、山地草甸、山地草原。海拔 1 900~3 600 m。

产西南天山。乌兹别克斯坦；亚洲有分布。

645. 蚤草属 Pulicaria Gaertn.

（4625）蚤草 **Pulicaria prostrata**（**Gilib.**）**Aschers.** =*Pulicaria vulgaris* Gaertn.

一年生草本。生于山地草甸、荒漠草原、沟渠边、路边、沙地。海拔 600~2 800 m。

产北天山、西天山。中国、哈萨克斯坦、乌兹别克斯坦、蒙古、伊朗、俄罗斯；亚洲、欧洲有分布。

（4626）鼠尾蚤草 **Pulicaria salviifolia Bunge**

多年生草本。生于碎石质砾岩堆、山地岩石峭壁。海拔 600~1 700 m。

产北天山、西南天山、西天山。中国、哈萨克斯坦、吉尔吉斯斯坦、乌兹别克斯坦；亚洲有分布。

646. 天名精属 Carpesium L.

（4627）天名精 **Carpesium abrotanoides L.**

多年生草本。生于山地林缘、山地草甸。海拔 1 800 m 上下。

产东天山、北天山。中国、朝鲜、日本、越南、缅甸、印度、伊朗、俄罗斯；亚洲有分布。

药用、饲料、有毒。

（4628）烟管头草 **Carpesium cernuum L.**

多年生草本。生于山地林下、林缘、水边。海拔 200~1 800 m。

产北天山。中国、吉尔吉斯斯坦、乌兹别克斯坦、日本、朝鲜、俄罗斯；亚洲、欧洲有分布。

药用、饲料。

647. 苍耳属 Xanthium L.

（4629）意大利苍耳 **Xanthium orientale subsp. italicum**（**Moretti**）**Greuter** =*Xanthium italicum* Moertti

一年生草本。生于田间、路旁、荒地、河岸、湿润草地、沙滩。海拔 300~800 m。

产东天山、东北天山、准噶尔阿拉套山、北天山。中国；亚洲、欧洲有分布。为入侵种。原产欧洲和北美洲。

（4630）苍耳 **Xanthium sibiricum Patrin. ex Widder**

一年生草本。生于平原、低山丘陵、路边、农田、乱石沟、半固定沙地。海拔 350~1 886 m。

产东天山、东北天山、准噶尔阿拉套山、北天山、东南天山、中央天山、内天山。中国、哈萨克斯坦、吉尔吉斯斯坦、乌兹别克斯坦、伊朗、印度、俄罗斯；亚洲、欧洲有分布。

药用、有毒、食用、油料、染料、蜜源。

（4631）稀刺苍耳(近无刺苍耳) **Xanthium sibiricum var. subinerme**（**Winkl.**）**Widder.**

一年生草本。生于干旱山坡、旱田边盐碱地、干涸河床、路旁。海拔 850 m 上下。

产东天山。中国；亚洲有分布。

(4632) 刺苍耳 **Xanthium spinosum L.**

一年生草本。生于路旁、荒地、旱田。海拔 300~1 500 m。

产东北天山、北天山。中国、哈萨克斯坦、吉尔吉斯斯坦、乌兹别克斯坦、俄罗斯;亚洲、欧洲有分布。原产美洲。

药用。

*(4633) 碘苍耳 **Xanthium strumarium L.**

一年生草本。生于荒漠、田野、路旁。海拔 500~1 800 m。

产准噶尔阿拉套山、北天山。哈萨克斯坦、俄罗斯;亚洲、欧洲有分布。

648. 豚草属 Ambrosia L.

(4634) 豚草(蒿叶豚草) **Ambrosia artemisiifolia L.**

一年生草本。生于荒地、路边、水沟旁、农田。海拔 200~900 m。

产北天山。中国、哈萨克斯坦、吉尔吉斯斯坦、乌兹别克斯坦、俄罗斯;亚洲、欧洲有分布。为入侵种。原产中美洲和北美洲;归化于欧洲和亚洲。

(4635) 三裂叶豚草 **Ambrosia trifida L.**

一年生草本。生于荒地、路边、水沟旁、田边、田间。海拔 300~900 m。

产北天山。中国、俄罗斯;亚洲、欧洲有分布。为入侵种。原产北美洲。

649. 博雅菊属 Poljakovia Grubov et Filat.（Adenostylrs Cass.）

(4636) 喀什博雅菊 **Poljakovia kaschgarica（Krasch.）Grubov et Filatova**

半灌木。生于干旱砾石质山坡。海拔 1 700~2 200 m。

产东南天山。中国;亚洲有分布。

中国特有成分。

650. 鬼针草属 Bidens L.

(4637) 柳叶鬼针草 **Bidens cernua L.**

一年生草本。生于草甸、沼泽边缘、水渠边、有时沉于水中。海拔 500~900 m。

产东天山、东北天山、准噶尔阿拉套山、北天山、内天山、西天山、西南天山。中国、哈萨克斯坦、吉尔吉斯斯坦、乌兹别克斯坦、俄罗斯;亚洲、欧洲、美洲有分布。

饲料、药用。

(4638) 薄叶鬼针草 **Bidens leptophylla Z. X. An**

一年生草本。生于山地草甸、农田边。海拔 1 250~1 500 m。

产东天山、北天山。中国;亚洲有分布。

中国特有成分。药用。

(4639) 小花鬼针草 **Bidens leptophylla var. microcephalus Z. X. An**

一年生草本。生于干河床、沙砾地。海拔 700~1 200 m。

产东南天山。中国;亚洲有分布。

中国特有成分。饲料、药用。

(4640) 大羽鬼针草(大羽叶鬼针草) **Bidens radiata Thuill.**

一年生草本。生于田野、水渠、水沟边。海拔 930~1 000 m。

产东天山、准噶尔阿拉套山、北天山、东南天山。中国、哈萨克斯坦、吉尔吉斯斯坦、俄罗斯；亚洲、欧洲有分布。

药用、饲料、染料、蜜源。

（4641）狼巴草 **Bidens tripartita L.**

一年生草本。生于田野、沼泽、沟渠边、稻田边、沙地。海拔 350~1 800 m。

产东天山、东北天山、准噶尔阿拉套山、北天山、东南天山。中国、哈萨克斯坦、吉尔吉斯斯坦、俄罗斯；亚洲、欧洲、非洲、大洋洲有分布。

药用、饲料、染料、油料、绿肥。

（4642）五裂狼巴草 **Bidens tripartita var. quinqueloba C. H. An** = *Bidens tripartita* L.

一年生草本。生于山地草丛、水边、沼泽、沟渠边、戈壁。海拔 300~1 718 m。

产东天山、东北天山、北天山、中央天山。中国；亚洲有分布。

中国特有成分。

药用。

651. 春黄菊属 Anthemis L.（全黄菊属 Cota J. Gay ex Guss.）

*（4643）高春黄菊 **Anthemis altissima L.** = *Cota altissima*（L.）Gay

一年生草本。生于山麓洪积扇、林园、花园、路旁。海拔 400~1 300 m。

产西南天山、内天山。吉尔吉斯斯坦、乌兹别克斯坦、俄罗斯；亚洲、欧洲有分布。

*（4644）短毛春黄菊 **Anthemis hirtella C. Winkl.**

一年生草本。生于河流出山口阶地、荒漠草地、平原荒漠、盐渍化沙地。海拔 200~700 m。

产西天山。乌兹别克斯坦；亚洲有分布。

*（4645）细花春黄菊 **Anthemis microcephala（Schrenk）B. Fedtsch.**

一年生草本。生于河边沙砾地、河漫滩、盐渍化草地。海拔 200~1 200 m。

产西天山、西南天山、内天山。哈萨克斯坦、吉尔吉斯斯坦、乌兹别克斯坦；亚洲有分布。

*（4646）黄花春黄菊 **Anthemis subtinctoria Dobrocz.** = *Cota tinctoria*（L.）J. Gay

多年生草本。生于山麓平原、原野、村落周边、田间。海拔 300~1 300 m。

产北天山、西天山、西南天山。哈萨克斯坦、吉尔吉斯斯坦、乌兹别克斯坦、俄罗斯；亚洲、欧洲有分布。

*652. 矮奴菊属 Anura（Juz.）Tscherneva

*（4647）矮奴菊 **Anura pallidivirens（Kult.）Tscherneva**

多年生草本。生于石质山坡、山谷、河流阶地。海拔 600~1 700 m。

产西南天山。乌兹别克斯坦；亚洲有分布。

653. 蓍属 Achillea L.

（4648）亚洲蓍 **Achillea asiatica Serg.**

多年生草本。生于山地草甸、林缘草地、河边、山麓荒漠。海拔 590~2 600 m。

产东天山、东北天山、准噶尔阿拉套山、北天山、东南天山。中国、哈萨克斯坦、吉尔吉斯斯坦、蒙古、俄罗斯；亚洲、欧洲有分布。

药用、香料、饲料。

*（4649） 薰叶蓍 **Achillea bieberstianii Afan.** =*Achillea arabica* Kotschy

多年生草本。生于山地黏土沙地、石质沙地、河谷、山麓平原。海拔 500～3 100 m。

产准噶尔阿拉套山、北天山、西天山、西南天山。哈萨克斯坦、吉尔吉斯斯坦、乌兹别克斯坦、俄罗斯;亚洲、欧洲有分布。

*（4650） 绣线菊蓍 **Achillea filipendulina Lam.**

多年生草本。生于山地林缘、灌丛、河边沙地、渠边、荒漠草原。海拔 500～2 900 m。

产北天山、西天山、西南天山。哈萨克斯坦、吉尔吉斯斯坦、乌兹别克斯坦、俄罗斯;亚洲、欧洲有分布。

（4651） 蓍 **Achillea millefolium L.**

多年生草本。生于山地草甸、河漫滩、河谷草甸。海拔 500～3 000 m。

产东天山、东北天山、准噶尔阿拉套山、北天山、东南天山、西天山、西南天山。中国、哈萨克斯坦、吉尔吉斯斯坦、乌兹别克斯坦、蒙古、伊朗、俄罗斯;亚洲、欧洲、美洲有分布。为归化种。

药用、饲料、食用、香料、油料、有毒。

*（4652） 止疼蓍 **Achillea wilhelmsii C. Koch** =*Achillea santolinoides* subsp. *wilhelmsii*（K. Koch）Greuter

多年生草本。生于黏土质山坡、黄土丘陵、石膏荒漠、山麓洪积扇、龟裂土荒漠草地、盐渍化草甸、农田。海拔 300～1 500 m。

产西天山、西南天山、内天山。吉尔吉斯斯坦、乌兹别克斯坦、俄罗斯;亚洲有分布。

（4653） 丝叶蓍 **Achillea setacea Waldst. et Kit.**

多年生草本。生于山地林缘、山地草甸、河谷。海拔 500～2 800 m。

产东天山、东北天山、准噶尔阿拉套山、北天山、东南天山。中国、哈萨克斯坦、俄罗斯;亚洲、欧洲、非洲有分布。

药用。

654. 天山蓍属 Handelia Heimerl

（4654） 天山蓍 **Handelia trichophylla**（Schrenk ex Fisch. et C. A. Mey.）**Heimerl**

多年生草本。生于山地草甸、河谷低地草甸。海拔 1 500～2 150 m。

产北天山、西天山、西南天山。中国、哈萨克斯坦、吉尔吉斯斯坦、乌兹别克斯坦;亚洲有分布。

单种属植物。

655. 短舌菊属 Brachanthemum DC.

（4655） 吉尔吉斯短舌菊 **Brachanthemum kirghisorum Krasch.**

半灌木或矮小灌木。生于石质山坡、砾岩堆、山地荒漠草原。海拔 500～1 300 m。

产内天山、西天山。中国、哈萨克斯坦、吉尔吉斯斯坦;亚洲有分布。

（4656） 蒙古短舌菊 **Brachanthemum mongolicum Krasch.**

小半灌木。生于山地林缘、山地草甸。海拔 1 450～1 630 m。

产东天山、北天山。中国、蒙古;亚洲有分布。

饲料。

*（4657） 提托短舌菊 **Brachanthemum titovii Krasch.**

半灌木。生于山地草原、荒漠草原、山麓洪积扇、砾石质戈壁。海拔 700～1 700 m。

产北天山。哈萨克斯坦;亚洲有分布。

656. 母菊属 Matricaria L.

*（4658）碟状母菊 **Matricaria disciformis**（**C. A. Mey.**）**DC.** = *Tripleurospermum disciforme*（C. A. Mey.）Sch. Bip.

二年生草本。生于砾岩堆、山地草原、荒漠草原、山麓平原、渠边、河旁、黏土质沙地。海拔 500~1 600 m。

产西天山、西南天山、内天山。吉尔吉斯斯坦、乌兹别克斯坦、俄罗斯;亚洲有分布。

*（4659）大母菊 **Matricaria matricarioides**（**Less.**）**Porter ex Britt.** = *Lepidanthus suaveolens*（Pursh）Nutt.

一年生草本。生于山地河谷、山麓洪积-冲积扇、荒野。海拔 500~1 800 m。

产准噶尔阿拉套山、北天山。哈萨克斯坦、吉尔吉斯斯坦;亚洲有分布。

（4660）母菊 **Matricaria recutita L.** = *Matricaria chamomilla* L.

一年生草本。生于山地河谷、荒野、田边。海拔 900~2 100 m。

产准噶尔阿拉套山、北天山。中国、哈萨克斯坦、吉尔吉斯斯坦、俄罗斯;亚洲、欧洲有分布。

药用、观赏。

*（4661）全圆母菊 **Microcephala subglobosa**（**Krasch.**）**Pobed.**

一年生草本。生于山麓砾质荒漠、梭梭林下、沙漠。海拔 300~1 500 m。

产准噶尔阿拉套山、北天山。哈萨克斯坦;亚洲有分布。

*（4662）土库曼母菊 **Matricaria turcomanica**（**C. Winkl.**）**Pobed.** = *Matricaria lamellata* Bunge

一年生草本。生于细石质山坡、山地草原、荒漠草原、固定沙丘。海拔 400~1 700 m。

产西天山、西南天山、内天山。吉尔吉斯斯坦、乌兹别克斯坦;亚洲有分布。

*657. 小头菊属（草地风毛菊属）Microcephala Pobed.

*（4663）薄片状小头菊 **Microcephala lamellata**（**Bunge**）**Pobed.**

一年生草本。生于荒漠草原、山麓龟裂土荒漠。海拔 500~1 700 m。

产北天山、西天山。哈萨克斯坦、乌兹别克斯坦;亚洲有分布。

658. 三肋果属 Tripleurospermum Sch. -Bip.

（4664）褐苞三肋果 **Tripleurospermum ambiguum**（**Ledeb.**）**Franch. et Sav.**

多年生草本。生于高山和亚高山草甸、山地草甸、山地阳坡草地、河谷低地草甸。海拔 930~3 300 m。

产东天山、准噶尔阿拉套山、北天山、东南天山、中央天山。中国、哈萨克斯坦、吉尔吉斯斯坦、蒙古、伊朗、俄罗斯;亚洲有分布。

药用。

（4665）新疆三肋果 **Tripleurospermum inodorum**（**L.**）**Sch. -Bip.** = *Tripleurospermum perforatum*（Merat）M. Lainz = *Matricaria indora* L.

一年生或二年生草本。生于山地河谷、低地草甸。海拔 540~1 900 m。

产北天山、西天山、西南天山。中国、哈萨克斯坦、吉尔吉斯斯坦、乌兹别克斯坦、俄罗斯;亚洲、欧洲有分布。

有毒、油料、饲料、药用。

659. 匹菊属 Pyrethrum Zinn.

(4666) 丝叶匹菊 **Pyrethrum abrotanifolium Bge.** = *Tanacetum abrotanoides* K. Bremer et C. J. Humphries

多年生草本。生于山地林缘、山坡草地、亚高山草甸。海拔 1 800~2 800 m。

产准噶尔阿拉套山、北天山。中国、哈萨克斯坦、吉尔吉斯斯坦、蒙古、俄罗斯;亚洲有分布。

(4667) 新疆匹菊 **Pyrethrum alatavicum**（**Herd.**）**O. Fedtsch. et B. Fedtsch.** = *Tanacetum alatavicum* Herd.

多年生草本。生于亚高山草甸、山地林缘、山地草甸、山坡草地。海拔 1 800~2 700 m。

产准噶尔阿拉套山、北天山、东南天山。中国、哈萨克斯坦、吉尔吉斯斯坦、俄罗斯;亚洲有分布。

(4668) 光滑匹菊 **Pyrethrum arrasanicum**（**Winkl.**）**O. et B. Fedtsch.** = *Pyrethrum djilgense* (Franch.) Tzvel.

多年生草本。生于山地林缘、山地草甸、灌丛。海拔 1 100~3 800 m。

产东天山、内天山。中国、哈萨克斯坦、吉尔吉斯斯坦、乌兹别克斯坦;亚洲有分布。

(4669) 匹菊 **Pyrethrum corymbiforme Tzvel.** = *Tanacetum corymbiforme*（Tzvel.）K. Bremer et C. J. Humphries

多年生草本。生于亚高山草甸、山地草甸、山地林缘、灌丛。海拔 800~2 900 m。

产准噶尔阿拉套山。中国、哈萨克斯坦;亚洲有分布。

*(4670) 毛匹菊 **Pyrethrum corymbosum**（**L.**）**Scop.**

多年生草本。生于山地林缘、草原、灌丛。海拔 1 400~2 800 m。

产准噶尔阿拉套山。哈萨克斯坦、俄罗斯;亚洲、欧洲有分布。

*(4671) 卡氏匹菊 **Pyrethrum karelinii Krasch.**

多年生草本。生于山地石质山坡、草原、冰碛石堆。海拔 1 400~3 200 m。

产准噶尔阿拉套山、北天山。哈萨克斯坦、吉尔吉斯斯坦;亚洲有分布。

(4672) 托毛匹菊 **Pyrethrum kaschgaricum Krasch.** = *Tanacetum kaschgarianum* K. Bremer et Humphries

多年生草本。生于森林带的山坡。海拔 2 000~2 580 m。

产东天山。中国;亚洲有分布。

中国特有成分。

(4673) 黑苞匹菊 **Pyrethrum krylovianum Krasch.** = *Tanacetum krylovianum*（Krascheninnikov）K. Bremer et Humphries

多年生草本。生于高山和亚高山草甸、山坡草地、林缘、盐碱地。海拔 1 100~3 800 m。

产东天山、北天山、东南天山、内天山。中国、俄罗斯;亚洲有分布。

药用。

(4674) 火绒匹菊 **Pyrethrum leontopodium**（**C. Winkl.**）**Tzvel.** = *Richteria leontopodium* Winkl.

多年生草本。生于高山和亚高山草甸、山地阳坡草地。海拔 4 600 m 以下。

产东天山、北天山、西南天山。中国、哈萨克斯坦、吉尔吉斯斯坦、乌兹别克斯坦;亚洲有分布。

药用。

*（4675）伞房匹菊 **Pyrethrum parthenifolium Willd.**

多年生草本。生于山崖阴坡、河漫滩、林缘、灌丛。海拔 2 000~2 500 m。

产准噶尔阿拉套山、北天山。哈萨克斯坦、吉尔吉斯斯坦、俄罗斯；亚洲、欧洲有分布。

*（4676）小灰叶匹菊 **Pyrethrum neglectum Tzvel.** = *Richteria neglecta*（Tzvel.）Sennikov

多年生草本。生于山崖岩石缝、石质山坡、山地河谷。海拔 1 000~2 300 m。

产西天山、西南天山、内天山。哈萨克斯坦、吉尔吉斯斯坦、乌兹别克斯坦；亚洲有分布。

*（4677）似梅花草叶匹菊 **Pyrethrum partheniifolium Willd.** = *Tanacetum partheniifolium*（Willd.）Sch. Bip.

多年生草本。生于山崖阴坡、山地林缘、河漫滩、灌丛。海拔 2 000~2 500 m。

产准噶尔阿拉套山、北天山。哈萨克斯坦、吉尔吉斯斯坦、俄罗斯；亚洲、欧洲有分布。

（4678）美丽匹菊 **Pyrethrum pulchrum Ledeb.** = *Tanacetum pulchrum*（Ledeb.）Sch. Bip.

多年生草本。生于高山和亚高山草甸、山坡草地。海拔 1 750~4 020 m。

产东天山、准噶尔阿拉套山、北天山、内天山。中国、哈萨克斯坦、吉尔吉斯斯坦、蒙古、俄罗斯；亚洲有分布。

药用。

（4679）灰叶匹菊 **Pyrethrum pyrethroides**（Kar. et Kir.）**B. Fedtsch. ex Krasch.** = *Richteria pyrethroides* Kar. et Kir.

多年生草本。生于高山和亚高山草甸、山坡砾石堆。海拔 1 200~4 100 m。

产东天山、东北天山、准噶尔阿拉套山、北天山、东南天山、中央天山、内天山、西天山、西南天山。中国、哈萨克斯坦、吉尔吉斯斯坦、乌兹别克斯坦、伊朗、印度、俄罗斯；亚洲有分布。

药用。

（4680）单头匹菊 **Pyrethrum richterioides**（C. Winkl.）**Krassn.** = *Chrysanthemum richterioides* C. Winkl. = *Tanacetum richterioides*（C. Winkl.）K. Bremer et C. J. Humphries

多年生草本。生于亚高山和高山草甸、山坡草地、林下。海拔 1 000~3 400 m。

产东天山、东北天山、东南天山。中国；亚洲有分布。

药用。

*（4681）西敏诺夫匹菊 **Pyrethrum semenovii**（Herd.）**Winkl. ex O. et B. Fedtsch.** = *Richteria semenovii*（Herder）Sonboli et Oberpr.

多年生草本。生于山地荒漠草原、山崖、石膏土荒漠。海拔 600~2 700 m。

产北天山。哈萨克斯坦、吉尔吉斯斯坦；亚洲有分布。

（4682）准噶尔匹菊 **Pyrethrum songaricum Tzvel.**

多年生草本。生于山地草原、花岗岩碎石堆。海拔 1 400~2 900 m。

产准噶尔阿拉套山、北天山、西天山、西南天山。中国、哈萨克斯坦、吉尔吉斯斯坦、乌兹别克斯坦；亚洲有分布。

*（4683）索维提匹菊 **Pyrethrum sovetkinae Kovalevsk.** = *Richteria sovetkinae*（Kovalevsk.）Sennikov

多年生草本。生于砾石质山坡、花岗岩岩石峭壁。海拔 800~1 900 m。

产西天山、西南天山、内天山。吉尔吉斯斯坦、乌兹别克斯坦；亚洲有分布。

（4684）白花匹菊 **Pyrethrum transiliense**（Herd.）**Rgl. et Schmalh.** = *Tanacetum richterioides*（C. Winkler）K. Bremer et Humphries

多年生草本。生于亚高山和高山草甸、林缘草甸、草原。海拔 2 000~3 760 m。

产准噶尔阿拉套山、北天山、东南天山、中央天山、西天山、西南天山。中国、哈萨克斯坦、吉尔吉斯斯坦、乌兹别克斯坦；亚洲有分布。

（4685）天山匹菊 **Pyrethrum tianschanicum Krasch.** = *Xylanthemum tianschanicum*（Krasch.）Muradjan = *Richteria tianschanica*（Krasch.）Sonboli et Oberpr.

小半灌木。生于山地草原。海拔 1 700 m 上下。

产北天山、西天山、西南天山。中国、哈萨克斯坦、吉尔吉斯斯坦、乌兹别克斯坦；亚洲有分布。

*660. 伪舌草属 Pseudoglossanthis P. Poljakov

*（4686）准噶尔阿拉套伪舌草 **Pseudoglossanthis arctodshungarica**（Golosk.）**R. V. Kamelin** = *Pyrethrum arctodzhungaricum* Goloskokov

半灌木。生于山崖岩石缝、砾岩堆、河谷。海拔 500~1 500 m。

产准噶尔阿拉套山。哈萨克斯坦；亚洲有分布。

*（4687）神山毛伪舌草 **Pseudoglossanthis aulieatensis**（B. Fedtsch.）**R. V. Kamelin** = *Trichanthemis aulieatensis*（B. Fedtsch.）Krasch.

多年生草本。生于山地干旱石质坡地、山麓洪积扇。海拔 900~1 600 m。

产北天山、西天山。哈萨克斯坦、吉尔吉斯斯坦；亚洲有分布。

*（4688）恰特卡勒伪舌草 **Pseudoglossanthis butkovii**（Kovalevsk.）**R. V. Kamelin** = *Trichanthemis butkovii* S. Kovalevsk.

多年生草本。生于山崖岩石缝、河谷、山地草原。海拔 700~1 800 m。

产西天山、内天山。吉尔吉斯斯坦、乌兹别克斯坦；亚洲有分布。

*（4689）假毛伪舌草 **Pseudoglossanthis simulans**（Pavlov）**R. V. Kamelin** = *Trichanthemis simulans* Pavlov

多年生草本。生于山地石质山坡、干河谷、山麓洪积扇。海拔 600~1 700 m。

产西天山、西南天山。乌兹别克斯坦；亚洲有分布。

*661. 干花菊属 Xeranthemum L.

*（4690）长冠毛干花菊 **Xeranthemum longepapposum Fisch. et C. A. Mey.**

一年生草本。生于山麓平原盐渍化草地、细石质坡地、黄土丘陵。海拔 600~2 100 m。

产准噶尔阿拉套山、北天山、西天山、西南天山、内天山。哈萨克斯坦、吉尔吉斯斯坦、乌兹别克斯坦、俄罗斯；亚洲有分布。

662. 菊蒿属 Tanacetum L.

（4691）阿尔泰菊蒿 *Tanacetum barclayanum* **DC.** = *Tanacetum turlanicum*（Pavlov）Tzvel.

多年生草本。生于亚高山草甸、山地河谷、山地草原、荒漠草原。海拔 540~2 900 m。

产东天山、准噶尔阿拉套山、西天山、西南天山、内天山。中国、哈萨克斯坦、吉尔吉斯斯坦、乌兹别克斯坦；亚洲有分布。

药用。

*（4692）北方菊蒿 **Tanacetum boreale Fisch. Ex DC.**

多年生草本。生于山地草原、山地河湖边、河谷灌丛。海拔 700～2 700 m。

产准噶尔阿拉套山、北天山。哈萨克斯坦、吉尔吉斯斯坦、俄罗斯；亚洲、欧洲有分布。

*（4693）毛菊蒿 **Tanacetum corymbosum（L.）Sch. Bip.** = *Pyrethrum corymbosum*（L.）Scop.

多年生草本。生于亚高山草甸、山地林缘、灌丛。海拔 1 400～2 800 m。

产准噶尔阿拉套山。哈萨克斯坦、俄罗斯；亚洲、欧洲有分布。

（4694）密头菊蒿 **Tanacetum crassipes（Stschegl.）Tzvel.**

多年生草本。生于山地林缘、山崖岩石峰、山地草甸、山地草原。海拔 800～2 200 m。

产准噶尔阿拉套山。中国、哈萨克斯坦、俄罗斯；亚洲有分布。

药用。

*（4695）灰菊蒿 **Tanacetum galae（Popov）Nevski** = *Pyrethrum galae* Popov

多年生草本。生于圆柏灌丛、黏土质-细石质山坡、石灰岩丘陵、荒漠草地。海拔 600～
2 100 m。

产西南天山。乌兹别克斯坦；亚洲有分布。

*（4696）格尔费驰菊蒿 **Tanacetum griffithii（C. B. Cl.）Muradyan** = *Spathipappus griffithii*（C. B.
Cl.）Tzvel.

多年生草本。生于冰碛碎石堆、山崖砾岩堆、石质山坡、山地河谷。海拔 2 900～3 500 m。

产西南天山、内天山。吉尔吉斯斯坦、乌兹别克斯坦；亚洲有分布。

*（4697）黑塞尔菊蒿 **Tanacetum hissaricum（Krasch.）K. Bremer et C. J. Humphries** = *Pyrethrum
hissaricum* Krasch.

多年生草本。生于山地岩石缝、倒石堆、荒漠草地。海拔 700～1 800 m。

产西南天山。乌兹别克斯坦；亚洲有分布。

*（4698）中亚菊蒿 **Tanacetum karelinii Tzvel.**

多年生草本。生于山地石质坡地、山地河谷、低山坡地。海拔 500～2 000 m。

产准噶尔阿拉套山。哈萨克斯坦、俄罗斯；亚洲有分布。

*（4699）千叶菊蒿 **Tanacetum kittaryanum（C. A. Mey.）Tzvel.**

多年生草本。生于山地草原、荒漠草原、山麓洪积扇。海拔 400～1 500 m。

产准噶尔阿拉套山。哈萨克斯坦、俄罗斯；亚洲、欧洲有分布。

*（4700）脊岩菊蒿 **Tanacetum mindshelkense S. S. Kovalevsk.**

多年生草本。生于石质山坡、山地河谷、干旱山坡。海拔 700～1 700 m。

产西天山、西南天山、内天山。吉尔吉斯斯坦、乌兹别克斯坦；亚洲有分布。

*（4701）蓍叶菊蒿 **Tanacetum pseudoachillea Winkl.**

多年生草本。生于山地草原、林缘、圆柏灌丛、高山草甸。海拔 1 500～3 000 m。

产内天山、西天山、西南天山。吉尔吉斯斯坦、乌兹别克斯坦；亚洲有分布。

*（4702）土鳞菊 **Tanacetum pseudachillea C. Winkl.** = *Lepidolopsis pseudoachillea*（C. Winkl.）P. Poljakov

多年生草本。生于亚高山草甸、山地林缘、圆柏灌丛。海拔 1 500～3 000 m。

产内天山、西天山、西南天山。吉尔吉斯斯坦、乌兹别克斯坦；亚洲有分布。

(4703) 散头菊蒿 **Tanacetum santolina C. Winkl.** = *Pyrethrum kasakhstanicum* Krasch.

多年生草本。生于山地草甸、山地林缘、山地石质阳坡、山地草原、荒漠草原。海拔 500～2 580 m。

产东天山、北天山。中国、哈萨克斯坦;亚洲有分布。

药用。

(4704) 伞房菊蒿 **Tanacetum tanacetoides (DC.) Tzvel.**

多年生草本。生于砾石质山坡草地、山地草原、低山丘陵阳坡。海拔 600～1 800 m。

产准噶尔阿拉套山。中国、哈萨克斯坦、俄罗斯;亚洲有分布。

药用。

(4705) 菊蒿 **Tanacetum vulgare L.** = *Tanacetum boreale* Fisch. ex DC.

多年生草本。生于山地草甸、山地林下、山地河湖边、河谷灌丛、山坡草地、河滩、山地草原。海拔 500～3 000 m。

产东北天山、准噶尔阿拉套山、北天山。中国、哈萨克斯坦、吉尔吉斯斯坦、日本、朝鲜、蒙古、俄罗斯;亚洲、欧洲、美洲有分布。

药用、饲料、有毒。

*663. 拟天山蓍属 Pseudohandelia Tzvel.

* (4706) 拟天山蓍 **Pseudohandelia umbellifera (Boiss.) Tzvel.**

二年生或多年生草本。生于山地草甸、山麓砾石质荒漠、平原沙地。海拔 200～2 900 m。

产北天山、西天山、西南天山。哈萨克斯坦、吉尔吉斯斯坦、乌兹别克斯坦;亚洲有分布。

664. 扁芒菊属 Waldheimia Kar. et Kir. (Allardia Decne.)

(4707) 西藏扁芒菊 **Waldheimia glabra (DC.) Regel** = *Allardia glabra* DC.

多年生草本。生于高山岩石缝、高寒荒漠、高山草甸。海拔 4 700～5 500 m。

产东天山、产西南天山、内天山。中国、吉尔吉斯斯坦、乌兹别克斯坦、巴基斯坦、阿富汗、印度;亚洲有分布。

* (4708) 广布扁芒菊 **Waldheimia stoliczkae (C. B. Cl.) Ostenf.** = *Allardia stoliczkae* C. B. Cl.

多年生草本。生于山地草甸、山地林缘、山地草原、荒漠草原、村落周边。海拔 300～2 800 m。

产北天山、西天山、西南天山。吉尔吉斯斯坦、乌兹别克斯坦;亚洲有分布。

* (4709) 毡果扁芒菊 **Waldheimia tomentosa (DC.) Regel** = *Allardia tomentosa* DC.

多年生草本。生于高山和亚高山岩石堆、冰碛石堆、冰蚀湖周边。海拔 2 800～3 800 m。

产北天山、西天山、西南天山。哈萨克斯坦、吉尔吉斯斯坦、乌兹别克斯坦;亚洲有分布。

* (4710) 外阿莱扁芒菊 **Waldheimia transalaica Tzvel.** = *Allardia transalaica* (Tzvel.) K. Bremer et C. J. Humphries

多年生草本。生于山崖峭壁、山地河谷、山地草原。海拔 1 200～2 900 m。

产西南天山、内天山。吉尔吉斯斯坦、乌兹别克斯坦;亚洲有分布。

(4711) 扁芒菊 **Waldheimia tridactylites Kar. et Kir.** = *Allardia tridactylites* (Kar. et Kir.) Sch. Bip.

多年生草本。生于高山和亚高山草甸、河谷低地草甸、山地草原。海拔 1 100～4 700 m。

产东天山、准噶尔阿拉套山、北天山。中国、哈萨克斯坦、蒙古、俄罗斯;亚洲有分布。

∗665. 垂甘菊属 Ugamia Pavlov

∗(4712) 垂甘菊 Ugamia angrenica（Krasch.）Pavlov

半灌木。生于亚高山草甸、山地河谷。海拔 2 800～3 100 m。

产北天山、西天山、西南天山。吉尔吉斯斯坦、乌兹别克斯坦;亚洲有分布。

∗666. 毛春黄菊属 Trichanthemis Regel et Schmslh.

∗(4713) 金黄春黄菊 Trichanthemis aurea Krasch.

多年生草本。生于石质山坡、砾岩碎石堆、低山丘陵。海拔 500～1 800 m。

产西南天山。乌兹别克斯坦;亚洲有分布。

∗(4714) 卡拉山毛春黄菊 Trichanthemis karataviensis Regel et Schmalh.

多年生草本。生于山地河谷、河漫滩草甸、灌丛。海拔 700～2 400 m。

产北天山、西天山、西南天山。哈萨克斯坦、吉尔吉斯斯坦、乌兹别克斯坦;亚洲有分布。

∗(4715) 毛春黄菊 Trichanthemis paradoxos（C. Winkl.）Tzvel.

多年生草本。生于山地草甸、山地草原、荒漠草原、低山黄土丘陵。海拔 900～2 500 m。

产北天山。哈萨克斯坦、吉尔吉斯斯坦;亚洲有分布。

∗(4716) 辐毛春黄菊 Trichanthemis radiata Krasch. et Vedensky

多年生草本。生于山地草甸、河谷沙地、灌丛。海拔 1 200～2 700 m。

产北天山、西天山、西南天山。哈萨克斯坦、吉尔吉斯斯坦、乌兹别克斯坦;亚洲有分布。

667. 女蒿属 Hippolytia Poljak.

(4717) 新疆女蒿 Hippolytia herdri（Regel et Schmalh.）Poljak.

多年生草本。生于亚高山草甸。海拔 2 900 m 上下。

产准噶尔阿拉套山、北天山。中国、哈萨克斯坦、吉尔吉斯斯坦;亚洲有分布。

(4718) 喀什女蒿 Hippolytia kaschgarica（Krasch.）Poljak.

半灌木。生于砾质干旱山坡、河谷沙砾地。海拔 1 700～2 300 m。

产东南天山。中国;亚洲有分布。

中国特有成分。

(4719) 大花女蒿 Hippolytia megacephala（Rupr.）Poljak.

多年生草本。生于高山和亚高山草甸。海拔 3 300 m 上下。

产北天山、内天山、西天山、西南天山。中国、哈萨克斯坦、吉尔吉斯斯坦、乌兹别克斯坦;亚洲有分布。

668. 紊蒿属 Elachanthemum Ling et Y. R. Ling

(4720) 紊蒿 Elachanthemum intricatum（Franch.）Ling et Y. R. Ling

一年生草本。生于山地草原、荒漠草原、山麓冲积扇、荒漠。海拔 600～1 600 m。

产东天山。中国、蒙古;亚洲有分布。

饲料、药用。

669. 小甘菊属 Cancrinia Kar. et Kir.

(4721) 黄头小甘菊 Cancrinia chrysocephala Kar. et Kir.

多年生草本。生于高山和亚高山草甸、石质山坡、砾质河漫滩。海拔 2 900～3 700 m。

产东天山、东北天山、准噶尔阿拉套山。中国、哈萨克斯坦;亚洲有分布。
药用。

(4722) 小甘菊 **Cancrinia discoidea（Ledeb.）Poljakov ex Tzvel.**

二年生草本。生于低山丘陵、荒漠、戈壁、沙地。海拔 450～2 200 m。

产东天山、东北天山、准噶尔阿拉套山、北天山、东南天山。中国、哈萨克斯坦、蒙古、俄罗斯;
亚洲有分布。
药用。

(4723) 灌木小甘菊 **Cancrinia maximowiczii C. Winkl.**

半灌木。生于亚高山草甸、山坡砾石地。海拔 2 100～3 000 m。

产东天山。中国;亚洲有分布。
中国特有成分。药用。

(4724) 天山小甘菊 **Cancrinia tianschanica（Krasch.）Tzvel.**

多年生草本。生于高山草甸、石质山坡、倒石堆。海拔 3 200～3 800 m。

产东南天山、北天山、西天山。中国、哈萨克斯坦、吉尔吉斯斯坦;亚洲有分布。
药用。

*670. 木甘菊属 Cancriniella Tzvel.

(4725) 楚河木甘菊 **Cancriniella krascheninnikovii（Rubtzov）Tzvel.**

一年生草本。生于砾石质山坡、河岸阶地、河谷。海拔 600～1 700 m。

产北天山。哈萨克斯坦;亚洲有分布。

671. 亚菊属 Ajania Poljakov

*(4726) 阿博林亚菊 **Ajania abolinii S. S. Kovalevsk.**

多年生草本。生于山崖岩石缝、砾石质坡地。海拔 1 200～2 100 m。

产北天山。哈萨克斯坦;亚洲有分布。

(4727) 短冠亚菊 **Ajania brachyantha C. Shih**

多年生草本。生于石质山坡草地、路边草丛。海拔 350～3 600 m。

产东天山、东北天山。中国;亚洲有分布。

(4728) 新疆亚菊 **Ajania fastigiata（C. Winkl.）Poljakov**

多年生草本。生于石质山坡草地、荒漠草原、低山丘陵。海拔 540～3 900 m。

产东天山、东北天山、准噶尔阿拉套山、北天山、东南天山、西天山、西南天山。中国、哈萨克斯
坦、吉尔吉斯斯坦、乌兹别克斯坦、蒙古、俄罗斯;亚洲有分布。
饲料、药用。

(4729) 灌木亚菊 **Ajania fruticulosa（Ledeb.）Poljakov**

小半灌木。生于高山沙砾质坡地、山地荒漠、山麓荒漠草原。海拔 550～4 500 m。

产东天山、东北天山、北天山、东南天山、内天山。中国、哈萨克斯坦、吉尔吉斯斯坦、俄罗斯;
亚洲有分布。
饲料、香料、药用、杀虫。

（4730）铺散亚菊 **Ajania khartensis**（**Dunn**）**Shih**

多年生草本。生于高山和亚高山碎石堆、沙砾质山坡。海拔 2 080~5 300 m。

产东天山。中国、印度；亚洲有分布。

药用。

*（4731）考氏亚菊 **Ajania korovinii S. S. Kovalevsk.**

多年生草本。生于山地草原、荒漠草原、山麓平原、盐渍化草地。海拔 700~1 600 m。

产内天山。吉尔吉斯斯坦；亚洲有分布。

（4732）单头亚菊 **Ajania scharnhorstii**（**Regel et Schmalh.**）**Tzvel.**

小半灌木。生于高山和亚高山碎石堆、山地草甸、山地灌丛。海拔 1 750~5 100 m。

产东天山、东北天山、北天山、东南天山、内天山。中国、吉尔吉斯斯坦；亚洲有分布。

药用。

（4733）细叶亚菊 **Ajania tenuifolia**（**J. Jacq.**）**Tzvel.**

多年生草本。生于高山和亚高山碎石质坡地、石质山坡草地、沟谷草地。海拔 2 000~4 580 m。

产东天山。中国、印度；亚洲有分布。

药用。

（4734）西藏亚菊 **Ajania tibetica**（**Hook. f. et Thomson**）**Tzvel.** = *Chrysanthemum tibeticum*（Hook. f. et Thomson ex C. B. Cl.）R. V. Kamelin

多年生草本或小半灌木。生于高山砾岩堆、冰碛碎石堆、岩石缝、沙砾质山坡、山谷河漫滩、山麓碎石堆。海拔 2 210~5 200 m。

产东天山、西南天山。中国、乌兹别克斯坦、印度；亚洲有分布。

药用。

（4735）白花亚菊 **Ajania transiliense**（**Herd.**）**Regel**

多年生草本。生于高山和亚高山沙砾质坡地、山地林缘草甸。海拔 2 000~3 450 m。

产东南天山、中央天山、内天山。中国、哈萨克斯坦；亚洲有分布。

（4736）矮亚菊 **Ajania trilobata Poljakov ex Tzvel.**

多年生草本或小半灌木。生于高山和亚高山岩石缝。海拔 2 800~4 800 m。

产内天山。中国、吉尔吉斯斯坦；亚洲有分布。

672. 喀什菊属 Kaschgaria Poljakov

（4737）密枝喀什菊 **Kaschgaria brachanthemoides**（**C. Winkl.**）**Poljakov**

半灌木。生于山地草原、荒漠草原。海拔 700~1 500 m。

产东天山、北天山、东南天山。中国、哈萨克斯坦、吉尔吉斯斯坦；亚洲有分布。

（4738）喀什菊 **Kaschgaria komarovii**（**Krasch. et N. Rubtz.**）**Poljakov**

半灌木。生于山地草甸、山地草原、低山荒漠。海拔 700~2 400 m。

产东天山、准噶尔阿拉套山、东南天山、西天山。中国、哈萨克斯坦、吉尔吉斯斯坦、蒙古；亚洲有分布。

673. 栉叶蒿属 Neopallasia Poljakov

（4739）栉叶蒿 **Neopallasia pectinata**（Pall.）**Poljakov** =*Artemisia pectinata* Pall.

一年生或二年生草本。生于高山和亚高山砾石质山坡、山地草原、荒漠草原、河谷沙地。海拔 600~3 800 m。

产东天山、东北天山、内天山、北天山、东南天山。中国、哈萨克斯坦、吉尔吉斯斯坦、蒙古、俄罗斯；亚洲有分布。

单种属植物。饲料、药用。

674. 蒿属 Artemisia L.

*（4740）荷麻叶蒿 **Artemisia abrotanum L.** =*Artemisia procera* Willd.

半灌木。生于河边、湖边、盐渍化草甸。海拔 200~600 m。

产北天山。哈萨克斯坦、俄罗斯；亚洲、欧洲有分布。

（4741）中亚苦蒿 **Artemisia absinthium L.**

多年生草本。生于山地林下、灌丛、山地草甸、低山荒漠草地。海拔 500~2 088 m。

产东天山、东北天山、准噶尔阿拉套山、北天山、西天山、西南天山。中国、哈萨克斯坦、吉尔吉斯斯坦、乌兹别克斯坦、伊朗、阿富汗、印度、巴基斯坦、俄罗斯；亚洲、欧洲有分布。

药用、香料、蜜源、有毒。

*（4742）白蒿 **Artemisia albida Willd.** =*Artemisia compacta* Fisch. ex DC.

多年生草本。生于山地草原、山麓沙地、盐渍化草甸、低山丘陵。海拔 500~1 800 m。

产准噶尔阿拉套山、北天山。哈萨克斯坦、吉尔吉斯斯坦；亚洲有分布。

*（4743）阿拉克蒿 **Artemisia alcockii Pamp.** =*Artemisia rupestris* L.

多年生草本。生于石质山坡、山地草甸、山地河谷。海拔 800~2 800 m。

产北天山、西天山、西南天山、内天山。哈萨克斯坦、吉尔吉斯斯坦、乌兹别克斯坦；亚洲有分布。

（4744）黄花蒿 **Artemisia annua L.**

一年生草本。生于山坡草地、农田、路边、荒地。海拔 480~2 600 m。

产东天山、东北天山、准噶尔阿拉套山、北天山、东南天山、内天山、西天山、西南天山。中国、哈萨克斯坦、吉尔吉斯斯坦、乌兹别克斯坦、俄罗斯；亚洲、欧洲、美洲有分布。

药用、油料、饲料、纤维。

（4745）艾 **Artemisia argyi H. Lév. et Vaniot**

多年生草本或略呈半灌木状。生于森林草甸、山地草甸、低山山坡、荒野、路旁、河边。海拔 2 226 m 上下。

产内天山。中国、蒙古、朝鲜、俄罗斯；亚洲、欧洲有分布。

药用、食用、饲料、香料。

（4746）褐头蒿 **Artemisia aschurbajewii C. Winkl.**

多年生草本。生于山地草甸、山地林缘、山坡草地。海拔 1 000~2 500 m。

产东天山、准噶尔阿拉套山、北天山、西天山、西南天山。中国、哈萨克斯坦、吉尔吉斯斯坦、乌兹别克斯坦；亚洲有分布。

药用。

（4747） 银蒿 **Artemisia austriaca Jacq.**

多年生草本或呈半灌木状。生于高山和亚高山草甸、山地林缘、山谷草坡、滩地、低山荒漠。海拔 535~3 600 m。

产东天山、准噶尔阿拉套山、北天山、东南天山。中国、哈萨克斯坦、吉尔吉斯斯坦、伊朗、俄罗斯；亚洲、欧洲有分布。

药用、饲料、香料。

（4748） 荒野蒿 **Artemisia campestris L.**

小灌木。生于砾质山坡、山地草原、荒漠草原、低山荒坡、沙漠边缘。海拔 500~2 000 m。

产北天山。中国、哈萨克斯坦、俄罗斯；亚洲、欧洲、美洲有分布。

药用。

*（4749） 山道年 **Artemisia cina Berg. ex Poljakov** = *Seriphidium cinum* （Berg ex Poljakov） Poljakov = *Artemisia cina* Berg. et Schmidt

多年生草本或半灌木。生于荒漠草原、盐渍化草甸、河漫滩。海拔 600~2 700 m。

产北天山、内天山、西天山、西南天山。哈萨克斯坦、吉尔吉斯斯坦、乌兹别克斯坦；亚洲有分布。

*（4750） 黄叶蒿 **Artemisia czukavinae N. S. Filat.** = *Artemisia czukavinae* Filatova = *Artemisia glanduligera* Krasch. ex Poljakov

半灌木。生于山坡草地、石灰岩丘陵、荒漠草原、黏沙质坡地、戈壁。海拔 500~2 800 m。

产西天山、西南天山、内天山。吉尔吉斯斯坦、乌兹别克斯坦、土库曼斯坦；亚洲有分布。

（4751） 纤杆蒿 **Artemisia demissa Krasch.**

二年生草本。生于高山和亚高山山坡、谷地、路旁、沙砾质草地。海拔 900~4 800 m.

产东南天山。中国、塔吉克斯坦；亚洲有分布。

药用。

（4752） 中亚草原蒿 **Artemisia depauperata Krasch.** = *Artemisia pycnorhiza* var. *depauperata* （Krasch.） Poljakov

多年生草本。生于高山和亚高山草甸、砾质坡地。海拔 2 000~4 000 m。

产东天山。中国、哈萨克斯坦、蒙古、俄罗斯；亚洲有分布。

饲料、药用。

*（4753） 垂枝蒿 **Artemisia diffusa Krasch. ex P. Poljakov** = *Seriphidium diffusum* （Krasch. ex Poljak.） Y. R. Ling

半灌木。生于固定沙漠、盐渍化草地、山麓细石质坡地。海拔 400~1 600 m。

产内天山、西天山、西南天山。吉尔吉斯斯坦、乌兹别克斯坦；亚洲有分布。

（4754） 龙蒿 **Artemisia dracunculus L.**

半灌木状草本。生于高山和亚高山草甸、山地林缘、河和湖边。海拔 1 000~4 500 m。

产东天山、北天山、准噶尔阿拉套山、北天山、东南天山、内天山、西天山、西南天山。中国、哈萨克斯坦、吉尔吉斯斯坦、乌兹别克斯坦、蒙古、阿富汗、印度、巴基斯坦、俄罗斯；亚洲、欧洲、美洲有分布。

食用、药用、香料、饲料。

（4755）杭爱龙蒿 **Artemisia dracunculus var. changaica**（**Krasch.**）**Y. R. Ling**

半灌木状草本。生于高山和亚高山草甸、山地草原、戈壁。海拔 300~4 000 m。

产东天山、北天山、东南天山、内天山。中国、蒙古；亚洲有分布。

（4756）帕米尔龙蒿 **Artemisia dracunculus var. pamirica**（**C. Winkl.**）**Y. R. Ling et Humphries** = *Artemisia pamirica* C. Winkl.

半灌木状草本。生于高山和亚高山草甸、砾石质坡地。海拔 2 700~4 200 m。

产准噶尔阿拉套山、内天山。中国、哈萨克斯坦、塔吉克斯坦、巴基斯坦、阿富汗；亚洲有分布。

（4757）宽裂龙蒿 **Artemisia dracunculus var. turkestanica Krasch.**

半灌木状草本。生于山地草甸、山地林缘、山地河谷、路边。海拔 500~2 900 m。

产东天山、准噶尔阿拉套山、北天山、西天山。中国、哈萨克斯坦、吉尔吉斯斯坦；亚洲有分布。

*（4758）喜沙蒿 **Artemisia eremophila Krasch. et Butk. ex Poljakov** = *Seriphidium eremophilum*（Poljakov）Bremer et Humphries ex Y. R. Ling

半灌木。生于低山黄土丘陵、盐渍化荒漠草原、石膏荒漠。海拔 500~1 600 m。

产西天山、西南天山、内天山。吉尔吉斯斯坦、乌兹别克斯坦；亚洲有分布。

（4759）冷蒿 **Artemisia frigida Willd.**

多年生草本，略呈半灌木状。生于山地草甸、干旱山坡、山地草原、荒漠草原、路边、戈壁。海拔 490~2 500 m。

产东天山、准噶尔阿拉套山、北天山。中国、哈萨克斯坦、吉尔吉斯斯坦、蒙古、土耳其、伊朗、俄罗斯；亚洲、欧洲有分布。

药用、植化原料（龙脑）、饲料。

*（4760）灰黄蒿 **Artemisia fulvella Filat. et Ladygina** = *Seriphidium fulvellum*（Filatova et Ladygina）K. Bremer et Humphries

多年生草本。生于山麓盐渍化草地、石质山坡、低山丘陵、河流阶地。海拔 800~2 800 m。

产北天山、西天山、西南天山、内天山。哈萨克斯坦、吉尔吉斯斯坦、乌兹别克斯坦；亚洲有分布。

*（4761）蓝灰蒿 **Artemisia glaucina Krasch. ex Poljakov** = *Seriphidium glaucinum*（Krasch. ex Poljakov）Bremer et Humphries ex Y. R. Ling

半灌木。生于细石质山坡、黏土质山坡、黄土丘陵。海拔 500~2 800 m。

产北天山、西天山、西南天山。哈萨克斯坦、吉尔吉斯斯坦、乌兹别克斯坦；亚洲有分布。

（4762）细裂叶莲蒿 **Artemisia gmelinii Weber ex Stechmann**

半灌木状草本。生于砾石质山坡、山地草甸、山地草原、灌丛、滩地。海拔 1 000~4 000 m。

产东天山、准噶尔阿拉套山、北天山、东南天山、内天山。中国、哈萨克斯坦、吉尔吉斯斯坦、蒙古、俄罗斯；亚洲有分布。

药用、香料、饲料。

*（4763）扯叶蒿 **Artemisia gorjaevii Poljakov**

半灌木。生于黏土质荒漠、洪积扇、荒漠草原、黄土丘陵。海拔 700~2 100 m。

产北天山、西天山、西南天山。哈萨克斯坦、吉尔吉斯斯坦、乌兹别克斯坦；亚洲有分布。

（4764）臭蒿 **Artemisia hedinii Ostenf. et Paulson**

　　一年生草本。生于高山和亚高山草甸、砾质坡地、山地林缘、河滩、路边。海拔 660～3 200 m。

　　产北天山。中国、塔吉克斯坦、印度、巴基斯坦、尼泊尔；亚洲有分布。

　　药用。

*（4765）假白蒿 **Artemisia heptapotamica Poljakov** = *Seriphidium heptapotamicum*（Poljakov）Ling et Y. R. Ling

　　多年生草本。生于山地草甸、山地草原、荒漠草原。海拔 1 000～1 500 m。

　　产准噶尔阿拉套山、北天山。哈萨克斯坦、吉尔吉斯斯坦；亚洲有分布。

*（4766）卡拉套蒿 **Artemisia karatavica Krasch. et Abolin ex Poljakov** = *Seriphidium karatavicum*（Krasch. et Abolin ex Poljakov）Ling et Y. R. Ling

　　半灌木。生于山地草原、荒漠草原、山麓洪积扇。海拔 600～1 600 m。

　　产西天山。乌兹别克斯坦；亚洲有分布。

　　乌兹别克斯坦特有成分。

*（4767）克氏蒿 **Artemisia korshinskyi Krasch. ex P. Poljakov** = *Seriphidium korshinskyi*（Krasch. ex Poljakov）Y. R. Ling

　　半灌木。生于砾石质山坡、低山石膏荒漠。海拔 600～1 500 m。

　　产西南天山。乌兹别克斯坦；亚洲有分布。

*（4768）库沙开蒿 **Artemisia kuschakewiczii C. Winkl.**

　　半灌木。生于高山冰碛碎石堆、山地湖边、木蓼灌丛、山麓洪积扇。海拔 3 500～4 200 m。

　　产西南天山、西天山、内天山。吉尔吉斯斯坦、乌兹别克斯坦；亚洲有分布。

*（4769）粗根蒿 **Artemisia laciniata Willd.**

　　多年生草本。生于山地森林-草甸、林缘、山地草甸、河谷灌丛、湖边、山地草原、荒漠草原。海拔 700～2 900 m。

　　产准噶尔阿拉套山。哈萨克斯坦、俄罗斯；亚洲、欧洲有分布。

（4770）野艾蒿 **Artemisia lavandulifolia DC.**

　　多年生草本，有时为半灌木状。生于山地林缘、山坡草地、灌丛、农田。海拔 350～2 100 m。

　　产东天山、东北天山、准噶尔阿拉套山、北天山。中国、朝鲜、日本、蒙古、俄罗斯；亚洲有分布。

　　药用、食用、饲料。

*（4771）光蒿 **Artemisia leucodes Schrenk** = *Seriphidium leucodes*（Schrenk）Poljakov

　　一年生或多年生草本。生于细石质山坡、山谷沙地、山地草原、荒漠草原、固定和半固定沙漠。海拔 400～1 800 m。

　　产北天山、西天山、西南天山。哈萨克斯坦、吉尔吉斯斯坦、乌兹别克斯坦；亚洲有分布。

*（4772）列氏蒿 **Artemisia lehmanniana A. Bunge** = *Seriphidium lehmannianum*（Bunge）Poljakov

　　半灌木。生于亚高山草甸、山地河谷、灌丛。海拔 2 300～3 000 m。

　　产北天山、内天山、西天山、西南天山。吉尔吉斯斯坦、乌兹别克斯坦；亚洲有分布。

（4773）白叶蒿 **Artemisia leucophylla（Turcz. ex Bess.）C. B. Cl.**

　　多年生草本。生于高山和亚高山草甸、山地林缘、山坡草地、河谷、路边。海拔 490～3 400 m。

产东天山、北天山、东南天山、中央天山、内天山。中国、朝鲜、蒙古、俄罗斯;亚洲、欧洲有分布。
药用。

*(4774) 李普氏蒿 **Artemisia lipskyi Poljakov**
半灌木。生于沙质坡地、山地草甸、山地河谷、山地草原。海拔 1 500~2 000 m。
产西南天山、西天山、内天山。吉尔吉斯斯坦、乌兹别克斯坦;亚洲有分布。

(4775) 亚洲大花蒿 **Artemisia macrantha Ledeb.**
半灌木状草本。生于高山和亚高山草甸、山坡草地、灌丛、山地草原、荒漠草原、路边。海拔
500~4 900 m。
产东天山、东北天山、北天山。中国、哈萨克斯坦、蒙古、俄罗斯;亚洲、欧洲有分布。
药用。

(4776) 大花蒿 **Artemisia macrocephala Jacquem. ex Bess.**
一年生草本。生于高山和亚高山草甸、山地河谷、河滩、山地草原、荒漠草原、路边、农田。海
拔 500~4 300 m。
产东天山、东北天山、准噶尔阿拉套山、北天山、东南天山、内天山、西天山、西南天山。中国、
哈萨克斯坦、吉尔吉斯斯坦、乌兹别克斯坦、蒙古、伊朗、阿富汗、巴基斯坦、印度、俄罗斯;亚洲
有分布。
药用、香料、饲料。

*(4777) 晚熟蒿 **Artemisia maracandica Bunge** = *Atremisia serotina* Bunge
半灌木。生于山地河流阶地、砾岩堆、渠边、龟裂土荒漠、盐渍化草甸。海拔 500~1 600 m。
产北天山、西天山、西南天山、内天山。哈萨克斯坦、吉尔吉斯斯坦、乌兹别克斯坦;亚洲有分布。

(4778) 中亚旱蒿 **Artemisia marschalliana Spreng.** = *Artemisia albida* Willd. ex Ledeb. = *Artemisia compacta* Fisch. ex DC.
多年生半灌木状草本或近小灌木状。生于山地草甸、森林草甸、砾质坡地、低山丘陵、山麓沙
地、盐渍化草甸。海拔 500~2 500 m。
产东北天山、准噶尔阿拉套山、北天山。中国、哈萨克斯坦、吉尔吉斯斯坦、俄罗斯;亚洲、欧洲
有分布。
染料、纤维、饲料。

(4779) 绢毛旱蒿 **Artemisia marschalliana var. sericophylla (Rupr.) Y. R. Ling**
半灌木状草本或近小灌木状。生于山地荒漠、沙漠边缘。海拔 400~1 600 m。
产东北天山、北天山。中国、哈萨克斯坦、俄罗斯;亚洲有分布。
饲料。

(4780) 蒙古蒿 **Artemisia mongolica (Fischer ex Bess.) Nakai**
多年生草本。生于山地草甸、山地林缘、山坡草地、灌丛、路边。海拔 490~2 000 m。
产东天山、东北天山、北天山、东南天山。中国、朝鲜、日本、蒙古、俄罗斯;亚洲有分布。
药用、香料、造纸、饲料。

*(4781) 尖苞蒿 **Artemisia mucronulata Poljakov** = *Seriphidium mucronulatum* (Poljakov) Y. R. Ling
多年生草本。生于山地草甸、山地草原。海拔 2 000 m 上下。

产西天山、西南天山。乌兹别克斯坦;亚洲有分布。

*(4782) 那满干蒿 **Artemisia namanganica Poljakov** =*Seriphidium namanganicum*（Poljakov）Poljakov
半灌木。生于冰碛碎石堆、砾石堆、细石质坡地、黄土丘陵、山麓平原。海拔 600~3 400 m。
产西天山、西南天山、内天山。吉尔吉斯斯坦、乌兹别克斯坦;亚洲有分布。

*(4783) 黑蒿 **Artemisia nigricans N. S. Filatova et G. M. Ladygina** =*Seriphidium nigricans*（Filat. et Ladyg.）Bremer et Humphries ex Y. R. Ling
半灌木。生于山地针茅草原、石灰岩丘陵、花岗岩风化碎石堆。海拔 700~1 700 m。
产西天山、西南天山、内天山。吉尔吉斯斯坦、乌兹别克斯坦;亚洲有分布。

*(4784) 流苏蒿 **Artemisia pectinata Pall.**
一年生草本。生于山地荒漠草原、河谷沙地、山地草原石质坡地。海拔 600~2 600 m。
产北天山、内天山。吉尔吉斯斯坦;亚洲有分布。

*(4785) 波斯蒿 **Artemisia persica Boiss.**
半灌木。生于山地砾岩堆、山麓石质坡地。海拔 800~1 800 m。
产西天山、西南天山、内天山。吉尔吉斯斯坦、乌兹别克斯坦;亚洲有分布。

(4786) 纤梗蒿 **Artemisia pewzowii C. Winkl.**
一年生或多年生草本。生于高山和亚高山草甸、山谷河边、山地草原、荒漠草原。海拔 1 000~3 800 m。
产北天山、东南天山、西南天山、内天山。中国、吉尔吉斯斯坦、乌兹别克斯坦;亚洲有分布。
药用。

(4787) 褐苞蒿 **Artemisia phaeolepis Krasch.**
多年生草本。生于山地草甸、山地林缘、灌丛、沟谷草地。海拔 500~3 600 m。
产东天山、准噶尔阿拉套山、北天山、东南天山。中国、蒙古、俄罗斯;亚洲有分布。
药用。

*(4788) 长叶蒿 **Artemisia porrecta Krasch. ex Poljakov** =*Seriphidium porrectum*（Krasch. ex Poljak.）Poljak.
多年生草本。生于细石质坡地、山地草原、荒漠草原、盐渍化草甸。海拔 600~1 500 m。
产北天山、内天山、西天山、西南天山。哈萨克斯坦、吉尔吉斯斯坦、乌兹别克斯坦;亚洲有分布。

*(4789) 远伸蒿 **Artemisia prolixa Krasch. ex Poljakov** =*Seriphidium prolixum*（Krasch. ex Poljakov）Poljakov
半灌木。生于砾石质山坡、山地草甸、山地河谷、干河床。海拔 2 000~2 500 m。
产北天山、西天山、西南天山。哈萨克斯坦、吉尔吉斯斯坦、乌兹别克斯坦;亚洲有分布。

(4790) 岩蒿(一枝蒿) **Artemisia rupestris L.** =*Artemisia atrata* Lam.
多年生草本。生于高山和亚高山草甸、山地林缘、灌丛。海拔 1840~4 000 m。
产东天山、东北天山、准噶尔阿拉套山、北天山、东南天山、西天山、西南天山。中国、哈萨克斯坦、吉尔吉斯斯坦、乌兹别克斯坦、蒙古、俄罗斯;亚洲、欧洲有分布。
药用、饲料。

（4791）香叶蒿 **Artemisia rutifolia Steph. ex Spreng.**

半灌木状草本,有时呈小灌木状。生于山地砾石质坡地、森林草甸、干河谷、山地草原、荒漠草原。海拔 1 200~3 500 m。

产东天山、准噶尔阿拉套山、北天山、东南天山、内天山、西天山、西南天山。中国、哈萨克斯坦、吉尔吉斯斯坦、乌兹别克斯坦、蒙古、阿富汗、伊朗、巴基斯坦、俄罗斯;亚洲有分布。

饲料、药用。

（4792）阿尔泰香叶蒿 **Artemisia rutifolia var. altaica（Krylov）Krascheninnikov**

半灌木状草本,有时呈小灌木状。生于山地草原、荒漠草原、戈壁。海拔 600~1 500 m。

产东天山。中国、蒙古;亚洲有分布。

饲料。

*（4793）细裂毛莲蒿 **Artemisia santolinifolia Turcz. ex Bess.**

半灌木。生于细石质山坡、河谷、河床。海拔 800~2 600 m。

产北天山、西天山、西南天山。哈萨克斯坦、吉尔吉斯斯坦、乌兹别克斯坦、俄罗斯;亚洲、欧洲有分布。

*（4794）萨氏蒿 **Artemisia saposhnikovii Krasch. ex Poljakov**

多年生草本。生于石质山谷、河流阶地、砾岩堆。海拔 800~1 600 m。

产内天山。吉尔吉斯斯坦;亚洲有分布。

（4795）猪毛蒿 **Artemisia scoparia Waldst. et Kit.**

一年生、二年生或多年生草本。生于山地荒漠、山坡草地、河滩。海拔 480~3 600 m。

产东天山、准噶尔阿拉套山、北天山、西天山、西南天山。中国、哈萨克斯坦、吉尔吉斯斯坦、乌兹别克斯坦、朝鲜、日本、伊朗、土耳其、阿富汗、巴基斯坦、印度、俄罗斯;亚洲、欧洲有分布。

药用、香料、饲料。

*（4796）丝毛蒿 **Artemisia sericea（Bess.）Weber**

多年生草本。生于亚高山草甸、灌丛、山地草原、荒漠草原。海拔 800~2 900 m。

产北天山。哈萨克斯坦、俄罗斯;亚洲、欧洲有分布。

*（4797）秋蒿 **Artemisia serotina Bunge**

多年生草本。生于山地荒漠化草原、细石质坡地、砾石质平原、河流阶地、路边。海拔 500~1 600 m。

产准噶尔阿拉套山、北天山、西天山、西南天山。哈萨克斯坦、吉尔吉斯斯坦、乌兹别克斯坦;亚洲有分布。

（4798）大籽蒿 **Artemisia sieversiana Ehrh. ex Willd.**

二年生草本。生于山地草甸、山地林下、河谷、山地草原、荒漠草原、路边、戈壁。海拔 490~3 000 m。

产东天山、东北天山、准噶尔阿拉套山、北天山、东南天山、中央天山、内天山。中国、哈萨克斯坦、吉尔吉斯斯坦、蒙古、巴基斯坦、印度、俄罗斯;亚洲、欧洲有分布。

药用、食用、饲料、香料、油料、植化原料(挥发油)。

*（4799）索氏蒿 **Artemisia sogdiana Bunge**
　　　半灌木。生于山麓平原、干河谷、河流阶地、荒漠草原。海拔 500～1 800 m。
　　　产西南天山。乌兹别克斯坦；亚洲有分布。

（4800）准噶尔沙蒿 **Artemisia songarica Schrenk**
　　　小灌木。生于低山丘陵干旱坡地、流动或半流动沙丘。海拔 490～1 650 m。
　　　产东天山、东南天山、北天山、西天山。中国、哈萨克斯坦、吉尔吉斯斯坦；亚洲有分布。
　　　药用。

*（4801）斯特克蒿 **Artemisia stechmanniana Bess.** =*Artemisia santolinifolia*（Pamp.）Turcz. ex Krasch.
　　　半灌木。生于细石质山坡、山地河谷、干河床。海拔 800～2 600 m。
　　　产北天山、西天山、西南天山。哈萨克斯坦、吉尔吉斯斯坦、乌兹别克斯坦、俄罗斯；亚洲、欧洲有分布。

（4802）宽叶山蒿 **Artemisia stolonifera**（**Maxim.**）**Kom.**
　　　多年生草本。生于山地林缘、森林草甸、疏林地、沟谷、路旁、荒地。海拔 600～2 900 m。
　　　产北天山。中国、朝鲜、日本、俄罗斯；亚洲有分布。

*（4803）草原蒿 **Artemisia sublessingiana**（**Kell.**）**Krasch.**
　　　多年生草本。生于山地荒漠草原、洪积扇、干河床。海拔 900～1 500 m。
　　　产准噶尔阿拉套山、北天山。哈萨克斯坦、吉尔吉斯斯坦、俄罗斯；亚洲有分布。

*（4804）盐蒿 **Artemisia subsalsa N. S. Filatova**
　　　半灌木。生于干河谷、盐渍化草地、杜加依林下、湖边盐碱地。海拔 600～1 800 m。
　　　产北天山、西天山、西南天山。哈萨克斯坦、吉尔吉斯斯坦、乌兹别克斯坦；亚洲有分布。

（4805）俄罗斯肉质叶蒿 **Artemisia succulenta Ledeb.**
　　　一年生或二年生草本，有时呈半灌木状。生于山间洼地、沼泽、田边。海拔 1 000～1 300 m。
　　　产东天山、北天山、东南天山。中国、哈萨克斯坦、俄罗斯；亚洲有分布。

*（4806）全裂叶蒿 **Artemisia tenuisecta Nevski** =*Seriphidium tenuisectum*（Nevski）Poljakov
　　　半灌木。生于山崖、河谷、砾岩和细石质山坡、裸露山坡。海拔 700～1 800 m。
　　　产西天山、西南天山、内天山。吉尔吉斯斯坦、乌兹别克斯坦；亚洲有分布。

*（4807）天山蒿 **Artemisia tianschanica Krasch. ex Poljakov** =*Seriphidium tianschanicum*（Krasch. ex Poljakov）Y. R. Ling
　　　半灌木。生于山地草原、河谷坡地、荒漠草原、山麓洪积扇。海拔 900～1 700 m。
　　　产北天山、内天山、西天山、西南天山。哈萨克斯坦、吉尔吉斯斯坦、乌兹别克斯坦；亚洲有分布。

*（4808）粗毛蒿 **Artemisia tomentella Trautv.**
　　　多年生草本。生于山地草原、荒漠草原、山麓洪积扇、干河滩。海拔 400～1 600 m。
　　　产北天山。哈萨克斯坦、吉尔吉斯斯坦、俄罗斯；亚洲有分布。

（4809）湿地蒿 **Artemisia tournefortiana Rchb.** =*Artemisia biennis* Willd.
　　　一年生草本。生于山地草甸、山地林缘、山坡草地、河谷、农田、荒地。海拔 560～3 000 m。
　　　产东北天山、准噶尔阿拉套山、北天山、东南天山、西天山、西南天山。中国、哈萨克斯坦、吉尔吉斯斯坦、乌兹别克斯坦、蒙古、阿富汗、伊朗、巴基斯坦、俄罗斯;亚洲、欧洲有分布。
药用。

*(4810) 吐兰蒿 **Artemisia turanica Krasch.** =*Seriphidium turanicum*（Krasch.）Poljakov

多年生草本。生于山地荒漠化草原、山麓砾石质坡地、沙漠周边。海拔 400~1 700 m。

产北天山、西天山。哈萨克斯坦、乌兹别克斯坦;亚洲有分布。

*(4811) 坚枝蒿 **Artemisia valida Krasch. ex Poljakov** =*Seriphidium validum*（Krasch. ex Poljakov）Pol-jakov

多年生草本。生于山地草原、荒漠草原、龟裂土荒漠。海拔 500~1 600 m。

产北天山、内天山、西天山、西南天山。吉尔吉斯斯坦、乌兹别克斯坦;亚洲有分布。

*(4812) 库来蒿 **Artemisia verlotiorum Lamotte**

多年生草本。生于山地草甸、山地林缘、河谷、渠边、山麓洪积扇、村落周边。海拔 400~
2 600 m。

产北天山、西天山、西南天山、内天山。哈萨克斯坦、吉尔吉斯斯坦、乌兹别克斯坦、俄罗斯;亚
洲、欧洲有分布。

(4813) 毛莲蒿 **Artemisia vestita Wall. ex Bess.**

半灌木状草本。生于山坡草地、山地草原、山地灌丛、河谷。海拔 1 000~1 500 m。

产东天山。中国、印度、巴基斯坦、尼泊尔;亚洲有分布。

药用。

(4814) 北艾 **Artemisia vulgaris L.**

多年生草本。生于山地森林-草甸、林缘、草甸、山谷、荒地、路边。海拔 500~2 400 m。

产东天山、东北天山、准噶尔阿拉套山、北天山、东南天山、中央天山、内天山、西天山、西南
天山。中国、哈萨克斯坦、吉尔吉斯斯坦、乌兹别克斯坦、蒙古、俄罗斯;亚洲、欧洲、美洲
分布。

药用、食用、香料、饲料、染料。

(4815) 内蒙古旱蒿 **Artemisia xerophytica Krasch.**

小灌木。生于干旱山坡、山地草原、荒漠戈壁、半固定沙丘。海拔 1 300~2 700 m。

产东北天山。中国、蒙古;亚洲有分布。

固沙、饲料。

675. 绢蒿属 Seriphidium（Bess.）Poljakov

*(4816) 巴勒江绢蒿 **Seriphidium baldshuanicum**（Krasch. et Zapr.）**Poljakov** =*Artemisia baldshuanica*
Krasch. et Zopr.

半灌木。生于细土质-细石质山坡、黏土质坡地、黄土丘陵、石灰岩丘陵、山地荒漠草原、山麓洪
积扇、林园、路旁。海拔 500~2 100 m。

产西南天山、西天山、内天山。吉尔吉斯斯坦、乌兹别克斯坦;亚洲有分布。

(4817) 博乐绢蒿（博洛塔绢蒿）**Seriphidium borotalense**（Poljakov）**Ling et Y. R. Ling** =*Artemisia
borotalensis* Poljakov

多年生草本。生于山坡草地、山地草原、荒漠草原、荒漠、戈壁。海拔 900~1 720 m。

产东天山、东北天山、准噶尔阿拉套山、东南天山、内天山。中国、哈萨克斯坦、吉尔吉斯斯坦；亚洲有分布。

饲料。

*（4818）杜碧江绢蒿 **Seriphidium dubjanskyanum（Krasch. ex Poljakov）Poljakov** = *Artemisia dubjanskyana* Krasch. ex Poljakov

多年生草本。生于细石质山坡、山地针茅草原、荒漠草原。海拔 1 600～2 400 m。

产北天山、西天山、西南天山。哈萨克斯坦、吉尔吉斯斯坦、乌兹别克斯坦；亚洲有分布。

（4819）短叶博乐绢蒿 **Seriphidium elongata（Filat. et Ladyg）Z. X. An** = *Artemisia elongata* Filat. et Ladyg

半灌木。生于山坡草地、山地草甸灌丛、山地草原。海拔 1 700～2 400 m。

产东天山、准噶尔阿拉套山。中国、哈萨克斯坦；亚洲有分布。

（4820）苍绿绢蒿 **Seriphidium fedtschenkoanum（Krasch.）Poljakov** = *Artemisia fedtschenkoana* Krasch.

多年生草本。生于石质山坡、山地河谷、山地草原、荒漠草原、山麓坡地、路边。海拔 500～2 300 m。

产内天山。中国；亚洲有分布。

药用。

（4821）费尔干绢蒿 **Seriphidium ferganense（Krasch. ex Poljakov）Poljakov** = *Artemisia ferganensis* Krasch. ex Poljakov

多年生草本。生于山地草原、干旱河谷、荒漠草原、山麓洪积扇、沙地。海拔 700～2 100 m。

产北天山、东南天山、内天山、西天山、西南天山。中国、哈萨克斯坦、吉尔吉斯斯坦、乌兹别克斯坦；亚洲有分布。

饲料、植化原料（樟脑）。

*（4822）小腺体绢蒿 **Seriphidium glanduligerum（Krasch. ex Poljakov）Poljakov** = *Artemisia glanduligera* Krasch. ex Poljakov

半灌木。生于石质山坡、石灰岩山坡、荒漠草原、沙质坡地、砾石质戈壁。海拔 500～2 800 m。

产西天山、西南天山、内天山。吉尔吉斯斯坦、乌兹别克斯坦；亚洲有分布。

（4823）纤细绢蒿 **Seriphidium gracilescens（Krasch. et Iljin）Poljakov** = *Artemisia gracilescens* Krasch. et Iljin

半灌木状草本。生于石质坡地、河谷阶地、山地草原、荒漠草原、路旁。海拔 500～3 000 m。

产东天山、东北天山、北天山。中国、哈萨克斯坦、蒙古、俄罗斯；亚洲、欧洲有分布。

饲料。

（4824）伊塞克绢蒿 **Seriphidium issykkulense（Poljakov）Poljakov** = *Artemisia issykkulensis* Poljakov

半灌木状草本。生于石质山坡、山地草原、荒漠草原、荒漠、戈壁。海拔 500～2 400 m。

产准噶尔阿拉套山、北天山、内天山。中国；亚洲有分布。

药用。

（4825）三裂叶绢蒿 **Seriphidium junceum**（**Kar. et Kir.**）**Poljakov** = *Artemisia junsea* Kar. et Kir.
半灌木状草本。生于砾质山坡、干河床、山地草原、荒漠草原、荒漠、戈壁。海拔 600～1 800 m。
产准噶尔阿拉套山、北天山、西天山、西南天山。中国、哈萨克斯坦、吉尔吉斯斯坦、乌兹别克
斯坦；亚洲有分布。
药用。

（4826）新疆绢蒿 **Seriphidium kaschgaricum**（**Krasch.**）**Poljakov** = *Artemisia kaschgarica* Kresch.
半灌木状草本。生于石质山坡、干河谷、山地草原、荒漠草原、戈壁。海拔 50～3 100 m。
产东天山、东北天山、准噶尔阿拉套山、北天山、东南天山、中央天山。中国、哈萨克斯坦；亚洲
有分布。
饲料、药用。

（4827）准噶尔绢蒿 **Seriphidium kaschgaricum var. dshungaricum**（**Filatova**）**Y. R. Ling**
半灌木状草本。生于山坡草地、干河谷、荒漠草原、戈壁。海拔 500～1 200 m。
产东天山、东北天山、准噶尔阿拉套山、北天山。中国、哈萨克斯坦；亚洲有分布。

*（4828）克诺力绢蒿 **Seriphidium knorringianum**（**Krasch.**）**Poljakov** = *Artemisia knorringiana* Krasch.
半灌木。生于石质山坡、山麓洪积扇、沙质盆地。海拔 900～1 700 m。
产西南天山、西天山、内天山。吉尔吉斯斯坦、乌兹别克斯坦；亚洲有分布。

*（4829）地肤绢蒿 **Seriphidium kochiiforme**（**Krasch. et Lincz. ex Poliakov**）**Poljakov** = *Artemisia kochiiformis* Krasch. et Lincz. ex Poljakov
半灌木。生于石质山坡、山地河流沿岸、黏土-黄土质丘陵、石灰岩山坡、荒漠草原、轻度盐渍
化草地。海拔 500～1 900 m。
产西南天山、西天山、内天山。吉尔吉斯斯坦、乌兹别克斯坦；亚洲有分布。

（4830）昆仑绢蒿 **Seriphidium korovinii**（**Poljakov**）**Poljakov** = *Artemisia korovinii* Poljakov
多年生草本。生于沙砾质山坡、山地草原、荒漠草原、戈壁。海拔 1 400～4 000 m。
产北天山、内天山。中国；亚洲有分布。

*（4831）白毛绢蒿 **Seriphidium leucotrichum**（**Krasch. ex Ladyg.**）**Bremer et Humphries ex Y. R. Ling** = *Artemisia leucotricha* Krasch. ex Ladygina
半灌木。生于砾石质山坡、裸露山坡草地、山溪边、砾岩堆。海拔 2 000～2 900 m。
产西南天山。乌兹别克斯坦；亚洲有分布。

（4832）民勤绢蒿 **Seriphidium minchuenense Y. R. Ling**
多年生草本。生于低山丘陵、沙砾质坡地。海拔 1 300～1 380 m。
产东天山。中国；亚洲有分布。
中国特有成分。

（4833）西北绢蒿 **Seriphidium nitrosum**（**Weber ex Stechm.**）**Poljakov** = *Artemisia nitrosa* Weber ex Stechm.
多年生草本或半灌木状。生于山地林缘、山地草原、荒漠草原、戈壁、路边。海拔 500～1 500 m。

产东天山、东北天山、准噶尔阿拉套山、北天山、东南天山。中国、哈萨克斯坦、蒙古、俄罗斯；亚洲、欧洲有分布。

饲料。

（4834）戈壁绢蒿 **Seriphidium nitrosum var. gobicum**（Krasch.）**Y. R. Ling**

多年生草本或半灌木状。生于山地林缘、山地草原、荒漠草原、戈壁、路边。海拔 500～1 500 m。

产东天山、东北天山、准噶尔阿拉套山、北天山、东南天山。中国、蒙古、俄罗斯；亚洲有分布。

*（4835）奥氏绢蒿 **Seriphidium oliverianum**（Gay ex Bess.）**Bremer et Humphries ex Y. R. Ling** = *Artemisia serotina* Bunge = *Artemisia sogdiana* Bunge

多年生草本或半灌木。生于山地荒漠化草原、干河谷、河流阶地、山麓平原、路边。海拔 500～1 800 m。

产准噶尔阿拉套山、北天山、西天山、西南天山。哈萨克斯坦、吉尔吉斯斯坦、乌兹别克斯坦；亚洲有分布。

（4836）高山绢蒿 **Seriphidium rhodanthum**（Rupr.）**Poljakov** = *Artemisia rhodantha* Rupr.

多年生草本。生于高寒草原、山地草原、荒漠草原、山麓冲积扇、河谷。海拔 1 000～4 500 m。

产内天山。中国、吉尔吉斯斯坦；亚洲有分布。

饲料、药用。

（4837）沙漠绢蒿 **Seriphidium santolinum**（Schrenk）**Poljakov** = *Artemisia santolina* Schrenk

半灌木状草本。生于山地草原、荒漠草原、山麓洪积-冲积扇、固定或半流动沙丘、沙地。海拔 300～1 700 m。

产东天山、准噶尔阿拉套山、北天山。中国、哈萨克斯坦、吉尔吉斯斯坦、伊朗、俄罗斯；亚洲有分布。

饲料、药用、固沙。

（4838）沙湾绢蒿 **Seriphidium sawanense Y. R. Ling et C. J. Humphries**

半灌木状草本。生于山地草原、荒漠草原、戈壁。海拔 500～1 500 m。

产东北天山。中国；亚洲有分布。

中国特有成分。

（4839）草原绢蒿 **Seriphidium schrenkianum**（Ledeb.）**Poljakov** = *Artemisia schrenkiana* Ledeb.

多年生草本。生于石质山坡、山地草甸、山地草原、荒漠草原、盐化荒漠。海拔 500～3 700 m。

产北天山、准噶尔阿拉套山、中央天山、内天山、西天山、西南天山。中国、哈萨克斯坦、吉尔吉斯斯坦、乌兹别克斯坦、蒙古、俄罗斯；亚洲有分布。

药用。

（4840）帚状绢蒿 **Seriphidium scopiforme**（Ledeb.）**Poljakov** = *Artemisia scopiformis* Ledeb.

多年生草本。生于石质山坡、山地草原、荒漠草原、湖边盐化草地、河岸阶地、戈壁。海拔 300～2 100 m。

产东天山、北天山、西天山。中国、吉尔吉斯斯坦、乌兹别克斯坦；亚洲有分布。

＊（4841）外阿莱绢蒿 **Seriphidium skorniakovii（C. Winkl.）K. Bremer et Humphries** = *Artemisia skorniakovii* C. Winkl.

小半灌木。生于冰碛碎石堆、砾岩堆、细土质-石质山坡、山地河谷。海拔 2 700~3 600 m。

产西南天山、西天山。乌兹别克斯坦；亚洲有分布。

（4842）金苞绢蒿 **Seriphidium subchrysolepis K. Bremer et Humphries** = *Seriphidium subchrysolepis* （Filat.）Z. X. An = *Artemisia subchrysolepis* N. S. Filatova

半灌木。生于山地草原、荒漠草原、低山石质坡地。海拔 600~1 700 m。

产东天山、准噶尔阿拉套山。中国、哈萨克斯坦；亚洲有分布。

＊（4843）针裂叶绢蒿 **Seriphidium sublessingianum（B. Keller）Poljakov** = *Artemisia sublessingiana* （Keller）Krasch. ex Poljakov = *Artemisia gorjaevii* Poljakov

多年生草本或半灌木。生于石质山坡、山地草原、荒漠草原、黄土丘陵、山麓洪积扇、黏土荒漠、干河床。海拔 700~2 100 m。

产准噶尔阿拉套山、北天山、西天山、西南天山。中国、哈萨克斯坦、吉尔吉斯斯坦、乌兹别克斯坦、俄罗斯；亚洲有分布。

药用。

（4844）白茎绢蒿 **Seriphidium terrae-albae（Krasch.）Poljakov** = *Artemisia terrae-albae* Krasch.

半灌木状草本。生于干旱山坡、戈壁、沙漠、半固定沙丘。海拔 470~2 000 m。

产东天山、东北天山、准噶尔阿拉套山、北天山、西天山、西南天山。中国、哈萨克斯坦、吉尔吉斯斯坦、乌兹别克斯坦、蒙古；亚洲、欧洲有分布。

药用。

（4845）伊犁绢蒿 **Seriphidium transiliense（Poljakov）Poljakov** = *Artemisia transiliensis* Poljakov

半灌木状或近小灌木状草本。生于石质山坡、山间谷地、河谷、山地草原、荒漠草原、河滩、戈壁。海拔 500~3 200 m。

产东天山、东北天山、准噶尔阿拉套山、北天山、东南天山、内天山。中国、哈萨克斯坦、吉尔吉斯斯坦；亚洲有分布。

药用、饲料、植化原料（山道年）。

杀虫、药用、饲料、固沙。

676. 款冬属 Tussilago L.

（4846）款冬 **Tussilago farfara L.**

多年生草本。生于山地林缘、山地河谷、绿洲边缘。海拔 600~2 700 m。

产东天山、东北天山、准噶尔阿拉套山、北天山、内天山、西天山、西南天山。中国、哈萨克斯坦、吉尔吉斯斯坦、乌兹别克斯坦、伊朗、印度、俄罗斯；亚洲、欧洲、美洲有分布。

药用、食用、饲料、蜜源。

677. 多榔菊属 Doronicum L.

（4847）阿尔泰多榔菊 **Doronicum altaicum Pall.**

多年生草本。生于山地林缘、山地草甸、山地河谷。海拔 1 280~2 910 m。

产东天山、东北天山、准噶尔阿拉套山、北天山。中国、哈萨克斯坦、吉尔吉斯斯坦、蒙古、俄罗斯;亚洲有分布。

药用。

(4848) 长圆叶多榔菊 **Doronicum oblongifolium A. DC.**

多年生草本。生于山地林下、林缘、山地草甸、山溪边、山地草原。海拔 700~3 400 m。

产东天山、准噶尔阿拉套山、北天山、西天山、西南天山。中国、哈萨克斯坦、吉尔吉斯斯坦、乌兹别克斯坦、俄罗斯;亚洲有分布。

(4849) 天山多榔菊 **Doronicum tianshanicum Z. X. An**

多年生草本。生于山地草原、草甸、林缘。海拔 2 000~2 700 m。

产东天山、准噶尔阿拉套山、北天山。中国;亚洲有分布。

中国特有成分。药用。

(4850) 中亚多榔菊 **Doronicum turkestanicum Cavillier**

多年生草本。生于山地林下、林缘、山地草甸、山坡草地、山沟草丛。海拔 1 800~3 300 m。

产东天山、准噶尔阿拉套山、北天山、东南天山、西天山、西南天山。中国、哈萨克斯坦、吉尔吉斯斯坦、乌兹别克斯坦、俄罗斯;亚洲有分布。

药用。

678. 千里光属 **Senecio L.**

(4851) 亚洲千里光 **Senecio asiatica Schischk. et Serg.** =*Tephroseris praticola*（Schischk. et Serg.）Holub.

多年生草本。生于山地草甸。海拔 1 400 m 上下。

产内天山。中国、哈萨克斯坦、蒙古、俄罗斯;亚洲有分布。

(4852) 北千里光 **Senecio dubitabilis C. Jeffrey et Y. L. Chen** =*Senecio dubius* Ledeb.

一年生草本。生于山地草甸、沟谷、石质山坡、黄土丘陵阳坡草地、荒漠草原、山麓盐渍化沙地、杜加依林下、盐化草甸、沼泽边缘、轮歇地。海拔 350~2 800 m。

产东天山、准噶尔阿拉套山、北天山、东南天山、西天山、西南天山。中国、哈萨克斯坦、吉尔吉斯斯坦、乌兹别克斯坦、蒙古、印度、俄罗斯;亚洲、欧洲有分布。

饲料、药用。

(4853) 密头千里光 **Senecio dubitabilis var. densicapitata Z. X. An**

一年生草本。生于山地草原、沟谷。海拔 2 000 m 上下。

产东天山。中国;亚洲有分布。

中国特有成分。

(4854) 线叶千里光 **Senecio dubitabilis var. linearifolius Z. X. An et S. L. Keng**

一年生草本。生于山地荒漠、平原荒漠、沼泽边缘。海拔 350~2 300 m。

产准噶尔阿拉套山。中国;亚洲有分布。

中国特有成分。

*(4855) 拟千里光 **Senecio dubius Ledeb.**

一年生草本。生于山地草原、山麓盐渍化沙地、杜加依林下、黄土丘陵阳坡。海拔 600~2 800 m。

产准噶尔阿拉套山、北天山、西天山、西南天山。哈萨克斯坦、吉尔吉斯斯坦、乌兹别克斯坦;亚洲有分布。

(4856) 芸芥千里光 **Senecio erucifolius L.** = *Jacobaea erucifolia*（L.）Gaertn. Mey. et Scherb.

多年生草本。生于山地草甸、山地林缘、山坡草地。海拔 800~1 800 m。

产东天山、东北天山、准噶尔阿拉套山、北天山、西天山、西南天山。中国、哈萨克斯坦、吉尔吉斯斯坦、乌兹别克斯坦、蒙古、俄罗斯;亚洲、欧洲有分布。

药用。

*(4857) 费尔干纳千里光 **Senecio ferganensis Schischk.** = *Jacobaea ferganensis*（Schischk.）B. Nord. et Greuter

二年生或多年生草本。生于山地砾岩堆、林间草地、石灰岩山坡草地。海拔 600~2 500 m。

产准噶尔阿拉套山、北天山、西天山、西南天山、内天山。哈萨克斯坦、吉尔吉斯斯坦、乌兹别克斯坦;亚洲、欧洲有分布。

*(4858) 巴巴山千里光 **Senecio franchetii C. Winkl.**

多年生草本。生于山地阿月浑子林下、石质山坡、山地草原。海拔 1 000~2 100 m。

产西南天山、西天山、内天山。吉尔吉斯斯坦、乌兹别克斯坦;亚洲有分布。

*(4859) 伊氏千里光 **Senecio iljinii Schischk.**

多年生草本。生于山崖岩石缝、石质山坡草地。海拔 700~2 800 m。

产准噶尔阿拉套山。哈萨克斯坦;亚洲有分布。

哈萨克斯坦特有成分。

(4860) 异果千里光（新疆千里光）**Senecio jacobaea L.** = *Jacobaea vulgaris* Gaertn.

多年生草本。生于山地草甸、田边、渠边、路旁、山沟撂荒地。海拔 480~4 000 m。

产东天山、东北天山、准噶尔阿拉套山、北天山。中国、哈萨克斯坦、吉尔吉斯斯坦、蒙古、俄罗斯;欧洲有分布。

有毒、药用、蜜源。

*(4861) 卡利林千里光 **Senecio karelinioides C. Winkl.**

多年生草本。生于山地河谷、河流阶地、山地草原、荒漠草原。海拔 600~1 700 m。

产西南天山。乌兹别克斯坦;亚洲有分布。

(4862) 细梗千里光 **Senecio krascheninnikovii Schischk.**

一年生草本。生于高山和亚高山草甸、山地草原、低山丘陵。海拔 560~4 000 m。

产东天山、准噶尔阿拉套山、北天山、东南天山、内天山、西天山、西南天山。中国、哈萨克斯坦、吉尔吉斯斯坦、乌兹别克斯坦、阿富汗;亚洲有分布。

药用。

(4863) 林荫千里光 **Senecio nemorensis L.**

多年生草本。生于高山和亚高山草甸、山地林下、林缘、灌草丛、河滩、山地草原。海拔 700~3 000 m。

产东天山、东北天山、准噶尔阿拉套山、北天山、东南天山。中国、哈萨克斯坦、吉尔吉斯斯坦、蒙古、俄罗斯;亚洲、欧洲有分布。

564

药用、饲料、有毒、胶脂。

*（4864）诺亚千里光 **Senecio noeanus Rupr.** =*Senecio glaucus* subsp. *coronopifolius*（Maire）C. Alexander
一年生草本。生于岩石峭壁、石质山坡草地、山地草原、荒漠草原、盐渍化草地。海拔 700～
2 700 m。
产北天山、西天山、西南天山、内天山。哈萨克斯坦、吉尔吉斯斯坦、乌兹别克斯坦、俄罗斯；亚
洲、欧洲有分布。

*（4865）努兰千里光 **Senecio nuranicae Roldugin**
一年生草本。生于亚高山草甸、碎石山坡。海拔 2 800～3 200 m。
产北天山、西天山、西南天山。吉尔吉斯斯坦、乌兹别克斯坦；亚洲有分布。

*（4866）奥勒加千里光 **Senecio olgae Regel et Schmalh. ex Regel**
多年生草本。生于石质山坡、山地草原、荒漠草原、山麓荒漠。海拔 700～1 600 m。
产西南天山。乌兹别克斯坦；亚洲有分布。

*（4867）帕吾森千里光 **Senecio paulsenii O. Hoffm. ex Paulsen**
多年生草本。生于细石质山坡、砾岩堆、山地草甸、山地草原、低山荒漠。海拔 700～2 600 m。
产西南天山、内天山。吉尔吉斯斯坦、乌兹别克斯坦；亚洲有分布。

*（4868）光果千里光 **Senecio pyroglossus Kar. et Kir.** =*Tephroseris pyroglossa*（Kar. et Kir.）Holub.
多年生草本。生于山地草甸、冰碛石堆、冻原。海拔 2 200～3 300 m。
产准噶尔阿拉套山。哈萨克斯坦；亚洲有分布。

*（4869）穗状千里光 **Senecio racemulifer Pavl.**
多年生草本。生于山崖岩石缝、石质山坡、山地河谷。海拔 2 300～2 400 m。
产北天山、西天山、西南天山。哈萨克斯坦、吉尔吉斯斯坦、乌兹别克斯坦；亚洲有分布。

（4870）木樨叶千里光 **Senecio resedifolius Less.** =*Packera cymbalaria*（Pursh）W. A. Weber et Á. Löve
多年生草本。生于高山和亚高山草甸、山地森林-草甸。海拔 2 100～3 500 m。
产北天山、东南天山。中国、哈萨克斯坦、吉尔吉斯斯坦、蒙古、俄罗斯；亚洲有分布。

*（4871）萨氏千里光 **Senecio saposhnikovii H. Krasch. et N. Schipcz.**
多年生草本。生于山地草甸、山崖岩石缝、碎石质山坡。海拔 1 400～2 400 m。
产北天山。哈萨克斯坦、吉尔吉斯斯坦；亚洲有分布。

（4872）千里光 **Senecio scandens Buch. -Ham. ex D. Don.**
多年生攀援草本。生于山地草甸、山地林下、灌丛、岩石缝、山溪边。海拔 50～3 200 m。
产东南天山。中国、日本、印度、不丹、尼泊尔、缅甸、菲律宾；亚洲有分布。
药用。

（4873）近全缘千里光 **Senecio subdentatus Ledeb.**
一年生草本。生于山地林缘、山地草原、荒漠草原、水边、沟渠边、农田边、沙丘背风坡、沙地。
海拔 422～1 650 m。
产东天山、东北天山、准噶尔阿拉套山、北天山、西天山、西南天山。中国、哈萨克斯坦、吉尔吉
斯斯坦、乌兹别克斯坦、蒙古、俄罗斯；亚洲、欧洲有分布。
药用。

(4874) 天山千里光 **Senecio thianschanicus Regel et Schmalh.**

多年生植物。生于高山和亚高山草甸、山地林缘、山地草原。海拔 1 250~4 000 m。

产东天山、东北天山、北天山、东南天山、中央天山、内天山。中国、哈萨克斯坦、吉尔吉斯斯坦;亚洲有分布。

饲料、药用。

*(4875) 早春千里光 **Senecio vernalis Waldst. et Kit.**

二年生草本。生于山地草甸、细石质山坡、山溪边、山地草原、黄土丘陵。海拔 700~2 800 m。

产西天山。乌兹别克斯坦、俄罗斯;亚洲、欧洲有分布。

*(4876) 塔什干千里光 **Senecio vulgaris L.**

一年生草本。生于阔叶林下、农田、路边、河边沙地。海拔 300~1 200 m。

产西天山、西南天山。乌兹别克斯坦、俄罗斯;亚洲、欧洲有分布。

679. 狗舌草属 Tephroseris（Reichenb.）Reichenb.

(4877) 草原狗舌草 **Tephroseris praticola（Sisk. et Serg.）Holub**

多年生草本。生于山地草甸、石质山坡、沟谷草地。海拔 3 000 m 上下。

产内天山。中国、吉尔吉斯斯坦、蒙古、俄罗斯;亚洲有分布。

药用。

680. 橐吾属 Ligularia Cass.

(4878) 帕米尔橐吾 **Ligularia alpigena Pojark.**

多年生草本。生于高山和亚高山草甸、山坡草地。海拔 1 900~4 300 m。

产准噶尔阿拉套山、北天山、内天山。中国、哈萨克斯坦、吉尔吉斯斯坦;亚洲有分布。

药用。

(4879) 阿尔泰橐吾 **Ligularia altaica DC.**

多年生草本。生于亚高山草甸、山地林缘草地。海拔 1 400~3 000 m。

产准噶尔阿拉套山、内天山。中国、哈萨克斯坦、蒙古、俄罗斯;亚洲有分布。

药用。

(4880) 哈密橐吾 **Ligularia hamiica C. H. An** =*Ligularia hamiica* Z. X. An

多年生草本。生于荒郊坡地。海拔 700~2 100 m。

产东天山。中国;亚洲有分布。

(4881) 异叶橐吾 **Ligularia heterophylla Rupr.**

多年生草本。生于亚高山草甸、山地林缘。海拔 1 200~2 750 m。

产东天山、准噶尔阿拉套山、北天山、内天山、西天山、西南天山。中国、哈萨克斯坦、吉尔吉斯斯坦、乌兹别克斯坦;亚洲有分布。

药用。

*(4882) 卡拉山橐吾 **Ligularia karataviensis（Lipsch.）Pojark.**

多年生草本。生于山地砾岩堆、山坡倒石堆、山麓冲积扇。海拔 700~1 800 m。

产北天山、西天山、西南天山。吉尔吉斯斯坦、乌兹别克斯坦;亚洲有分布。

（4883）特克斯橐吾 **Ligularia knorringiana Pojark.** =*Ligularia thyrsoidea*（Ledeb.）DC.

多年生草本。生于高山和亚高山草甸、山地林缘。海拔 3 600 m 上下。

产北天山。中国、哈萨克斯坦、吉尔吉斯斯坦；亚洲有分布。

药用。

（4884）大叶橐吾 **Ligularia macrophylla**（Ledeb.）**DC.**

多年生草本。生于山地林缘、山地阴坡草地、河谷水边、芦苇沼泽。海拔 700~2 950 m。

产东天山、东北天山、准噶尔阿拉套山、北天山、东南天山、内天山、西天山、西南天山。中国、哈萨克斯坦、吉尔吉斯斯坦、乌兹别克斯坦、俄罗斯；亚洲有分布。

有毒、药用、饲料。

（4885）山地橐吾（天山橐吾）**Ligularia narynensis**（C. G. A. Winkl.）**O. Fedtsch. et B. Fedtsch.**

多年生草本。生于亚高山草甸、山地林下、林缘、山坡草地、灌丛。海拔 850~2 940 m。

产东天山、东北天山、准噶尔阿拉套山、北天山、东南天山、中央天山。中国、哈萨克斯坦、吉尔吉斯斯坦；亚洲有分布。

药用。

*（4886）帕乌洛夫橐吾 **Ligularia pavlovii**（Lipsch.）**Cretz.**

多年生草本。生于山崖岩石缝、石质山坡、河谷沙地。海拔 1 200~2 700 m。

产西天山。乌兹别克斯坦；亚洲有分布。

（4887）高山橐吾 **Ligularia schischkinii Rubtzov**

多年生草本。生于高山和亚高山草甸。海拔 2 300~3 200 m。

产东天山、准噶尔阿拉套山、北天山、内天山。中国、哈萨克斯坦、吉尔吉斯斯坦；亚洲有分布。

*（4888）西伯利亚橐吾 **Ligularia sibirica**（L.）**Cass.**

多年生草本。生于山地草甸、湖边、河边、山麓平原。海拔 600~1 800 m。

产北天山。哈萨克斯坦；亚洲有分布。

（4889）准噶尔橐吾 **Ligularia songarica**（Fisch.）**Ling**

多年生草本。生于山地草甸、山地林缘、山地草原。海拔 500~2 200 m。

产东天山、准噶尔阿拉套山、北天山、西天山、西南天山。中国、哈萨克斯坦、吉尔吉斯斯坦、乌兹别克斯坦；亚洲有分布。

药用。

*（4890）塔拉斯橐吾 **Ligularia talassica Pajark.**

多年生草本。生于亚高山草甸、河谷草甸、碎石质山坡。海拔 2 800~3 100 m。

产北天山、西天山、西南天山。吉尔吉斯斯坦、乌兹别克斯坦；亚洲有分布。

（4891）西域橐吾 **Ligularia thomsonii**（C. B. Cl.）**Pojark.**

多年生草本。生于亚高山草甸、山地沼泽、河漫滩。海拔 2 000~3 000 m。

产准噶尔阿拉套山、北天山、西天山、西南天山。中国、哈萨克斯坦、吉尔吉斯斯坦、乌兹别克斯坦；亚洲有分布。

药用。

（4892）塔序橐吾 **Ligularia thyrsoidea**（Ledeb.）DC.

多年生草本。生于高山和亚高山草甸、山地林下、林缘、山坡草地。海拔 500~2 900 m。

产东天山、准噶尔阿拉套山、北天山、东南天山。中国、哈萨克斯坦、吉尔吉斯斯坦、俄罗斯；亚洲有分布。

药用。

（4893）天山橐吾 **Ligularia tianshanica C. Y. Yang et S. L. Keng**

多年生草本。生于亚高山草甸。海拔 1 840~2 700 m。

产东天山、东北天山、东南天山。中国；亚洲有分布。

中国特有成分。药用。

（4894）吐鲁番橐吾 **Ligularia tulupanica C. H. An** = *Ligularia tulupanica* Z. X. An

多年生草本。生于山地阳坡草地、岩石缝。海拔 2 440~2 650 m。

产东天山。中国；亚洲有分布。

中国特有成分。

（4895）新疆橐吾 **Ligularia xinjiangensis C. Y. Yang et S. L. Keng**

多年生草本。生于亚高山草甸、山地林缘、山坡草地。海拔 700~2 800 m。

产东天山。中国；亚洲有分布。

中国特有成分。药用。

681. 棘苞菊属 Acantholepis Less.

*（4896）东方棘苞菊 **Acantholepis orientalis Less.** = *Echinops acantholepis* Jaub. et Spach

一年生草本。生于山地草甸、山地草原、荒漠草原、盐渍化草甸、石质沙地。海拔 600~2 300 m。

产北天山、西天山、西南天山。哈萨克斯坦、吉尔吉斯斯坦、乌兹别克斯坦、俄罗斯；亚洲有分布。

682. 蓝刺头属 Echinops L.

（4897）白茎蓝刺头 **Echinops albicaulis Kar. et Kir.** = *Echiops kasakorum* Pavl.

多年生草本。生于低山丘陵、覆沙砾质戈壁、沙地。海拔 400~1 400 m。

产东天山、北天山、西天山。中国、哈萨克斯坦、吉尔吉斯斯坦；亚洲有分布。

药用。

*（4898）巴巴山蓝刺头 **Echinops babatagensis Cherneva**

多年生草本。生于石膏荒漠、石灰岩丘陵。海拔 600~1 800 m。

产西南天山。乌兹别克斯坦；亚洲有分布。

（4899）汉塔蓝刺头 **Echinops chantavicus Trautv.**

多年生草本。生于山地草甸、山地林下、山地草原、荒地。海拔 1 300~2 233 m。

产东天山、准噶尔阿拉套山、北天山、西天山、西南天山。中国、哈萨克斯坦、吉尔吉斯斯坦、乌兹别克斯坦；亚洲有分布。

药用。

＊（4900）毛瓣蓝刺头 Echinops dasyanthus Regel et Schmalh. ex Regel

　　多年生草本。生于碎石质山坡、山地阳坡草地、山地草原、山麓荒漠。海拔 800~1 800 m。

　　产西南天山、西天山、内天山。吉尔吉斯斯坦、乌兹别克斯坦；亚洲有分布。

（4901）平头蓝刺头 Echinops fastigiatus Kamelin et Cherneva

　　多年生草本。生于石质山坡、河岸阶地、山坡沙地。海拔 800~2 200 m。

　　产西天山、西南天山、内天山。吉尔吉斯斯坦、乌兹别克斯坦；亚洲有分布。

（4902）砂蓝刺头 Echinops gmelinii Turcz.

　　一年生草本。生于山谷阴坡、沙质山坡草地、山地草原、荒漠草原、固定和半固定沙丘、沙地。
海拔 450~4 700 m。

　　产东天山、东北天山、北天山。中国、哈萨克斯坦、蒙古、俄罗斯；亚洲有分布。

　　药用、饲料。

（4903）全缘叶蓝刺头 Echinops integrifolius Kar. et Kir.

　　多年生草本。生于石质山坡、林间草地、山谷、低山沙砾质坡地、田边。海拔 480~2 400 m。

　　产东天山、准噶尔阿拉套山、东南天山。中国、哈萨克斯坦、蒙古、俄罗斯；亚洲有分布。

　　药用。

＊（4904）喀拉山蓝刺头 Echinops karatavicus Regel et Schmalh.

　　多年生草本。生于山地草甸、灌丛、河谷。海拔 1 400~2 100 m。

　　产北天山、内天山、西天山、西南天山。哈萨克斯坦、吉尔吉斯斯坦、乌兹别克斯坦；亚洲有
分布。

＊（4905）克诺尔蓝刺头 Echinops knorringianus Iljin

　　一年生草本。生于细石质山坡、山麓平原。海拔 600~2 100 m。

　　产西天山、西南天山、内天山。吉尔吉斯斯坦、乌兹别克斯坦；亚洲有分布。

＊（4906）李普氏蓝刺头 Echinops lipskyi Iljin

　　多年生草本。生于河流阶地、山坡草地、河谷。海拔 600~2 100 m。

　　产西南天山、内天山。吉尔吉斯斯坦、乌兹别克斯坦；亚洲有分布。

＊（4907）马拉坎蓝刺头 Echinops maracandicus Bunge

　　多年生草本。生于细石质山坡、山地草原、荒漠草原、沙地。海拔 500~2 100 m。

　　产西天山、西南天山、内天山。吉尔吉斯斯坦、乌兹别克斯坦；亚洲有分布。

（4908）丝毛蓝刺头 Echinops nanus Bunge

　　一年生草本。生于山地草甸、石质山坡、低山丘陵、荒漠草原、沙砾地、沙地。海拔 1 200~
3 100 m。

　　产东天山、准噶尔阿拉套山、北天山、东南天山、中央天山、内天山、西天山、西南天山。中国、
哈萨克斯坦、吉尔吉斯斯坦、乌兹别克斯坦、蒙古、俄罗斯；亚洲有分布。

　　饲料、药用。

＊（4909）努拉山蓝刺头 Echinops nuratavicus A. D. Li

　　多年生草本。生于山崖岩石缝、石灰岩丘陵、风化石灰岩碎石堆。海拔 700~1 500 m。

　　产西南天山、内天山。吉尔吉斯斯坦、乌兹别克斯坦；亚洲有分布。

*（4910）马卡蒂蓝刺头 **Echinops pseudomaracandicus M. R. Rasulova et B. A. Sharipova**

多年生草本。生于石质山坡、干旱河谷、低山丘陵。海拔 900~1 600 m。

产西天山、西南天山、内天山。吉尔吉斯斯坦、乌兹别克斯坦；亚洲有分布。

*（4911）鳞毛蓝刺头 **Echinops pubisquameus Iljin**

多年生草本。生于碎石质山坡、河岸阶地。海拔 1 200~2 800 m。

产西天山、乌兹别克斯坦；亚洲有分布。

乌兹别克斯坦特有成分。

（4912）硬叶蓝刺头 **Echinops ritro L.**

多年生草本。生于干旱砾石质山坡、河谷、河滩、戈壁。海拔 400~2 400 m。

产东天山、北天山。中国、哈萨克斯坦、蒙古、俄罗斯；亚洲、欧洲有分布。

药用、观赏、有毒、油料、植化原料（生物碱）、蜜源。

（4913）蓝刺头 **Echinops sphaerocephalus L.**

多年生草本。生于山地林缘、田边、水边、沙漠丘间低地。海拔 1 420~2 226 m。

产东天山、东北天山。中国、哈萨克斯坦、俄罗斯；亚洲、欧洲有分布。

药用、有毒、植化原料（生物碱）、蜜源、饲料。

（4914）林生蓝刺头 **Echinops sylvicola C. Shih**

多年生草本。生于山地林下、林缘、沟谷。海拔 1 130~1 800 m。

产北天山。中国；亚洲有分布。

中国特有成分。

（4915）大蓝刺头 **Echinops talassicus Golosk.**

多年生草本。生于山坡草地、低山丘陵。海拔 600~2 300 m。

产东天山、北天山、西天山、西南天山。中国、哈萨克斯坦、吉尔吉斯斯坦、乌兹别克斯坦；亚洲有分布。

药用。

（4916）天山蓝刺头 **Echinops tjanschanicus Bobrov**

多年生草本。生于山地林缘、山坡草地。海拔 1590~2 200 m。

产东天山、准噶尔阿拉套山、北天山、西天山、西南天山。中国、哈萨克斯坦、吉尔吉斯斯坦、乌兹别克斯坦；亚洲有分布。

药用。

*（4917）外伊犁蓝刺头 **Echinops transiliensis Golosk.**

多年生草本。生于河谷灌丛、山地草原、山麓沙地。海拔 600~1 900 m。

产北天山。哈萨克斯坦；亚洲有分布。

（4918）薄叶蓝刺头 **Echinops tricholepis Schrenk**

多年生草本。生于森林草甸、林下草地、河谷草甸、河边。海拔 980~1 800 m。

产东天山、准噶尔阿拉套山。中国、哈萨克斯坦；亚洲有分布。

药用。

*（4919）西米干蓝刺头 Echinops tschimganicus B. Fedtsch.

　　　　多年生草本。生于山地沙砾质坡地、河谷、山麓平原。海拔 800~2 300 m。

　　　　产西天山、西南天山、内天山。吉尔吉斯斯坦、乌兹别克斯坦；亚洲有分布。

683. 苓菊属 Jurinea Cass.

*（4920）阿波林苓菊 Jurinia abolinii Iljin

　　　　多年生草本。生于山地草甸、山地草原、荒漠草原、石膏荒漠。海拔 400~2 200 m。

　　　　产内天山。吉尔吉斯斯坦；亚洲有分布。

*（4921）阿波绕莫苓菊 Jurinea abramowii Regel et Herd. ex Regel

　　　　多年生草本。生于山地草原、荒漠草原、低山丘陵、山麓洪积扇。海拔 700~1 600 m。

　　　　产西天山、西南天山、内天山。哈萨克斯坦、吉尔吉斯斯坦、乌兹别克斯坦；亚洲有分布。

*（4922）黄果苓菊 Jurinea adenocarpa Schrenk

　　　　多年生草本。生于石质山坡、山麓荒漠、沙地。海拔 300~1 700 m。

　　　　产准噶尔阿拉套山。哈萨克斯坦；亚洲有分布。

　　　　哈萨克斯坦特有成分。

（4923）矮小苓菊 Jurinea algida Iljin

　　　　多年生草本。生于高山和亚高山砾石质山坡。海拔 3 020 m 上下。

　　　　产北天山、内天山、西天山、西南天山。中国、吉尔吉斯斯坦、塔吉克斯坦；亚洲有分布。

*（4924）阿拉木图苓菊 Jurinia almaatensis Iljin

　　　　多年生草本。生于山崖岩石缝、河谷、细石质山坡。海拔 1 500~2 800 m。

　　　　产北天山。哈萨克斯坦；亚洲有分布。

*（4925）安氏苓菊 Jurinia androssovii Iljin

　　　　多年生草本。生于山崖岩石缝、石质坡地。海拔 1 800~2 600 m。

　　　　产内天山。吉尔吉斯斯坦；亚洲有分布

*（4926）柏松苓菊 Jurinia baissunensis Iljin

　　　　多年生草本。生于山地荒漠草原、干河谷、石膏荒漠。海拔 700~2 100 m。

　　　　产西南天山。乌兹别克斯坦；亚洲有分布。

*（4927）巴勒江苓菊 Jurinia baldschuanica C. Winkl.

　　　　多年生草本。生于细土质-砾石质山坡、低山丘陵。海拔 800~1 900 m。

　　　　产西南天山、内天山。吉尔吉斯斯坦、乌兹别克斯坦；亚洲有分布。

*（4928）羽状叶苓菊 Jurinia bipinnatifida C. Winkl.

　　　　多年生草本。生于黄土丘陵、山麓沙质荒漠、红色沙丘。海拔 600~2 100 m。

　　　　产西南天山、内天山。吉尔吉斯斯坦、乌兹别克斯坦；亚洲有分布。

*（4929）包花苓菊 Jurinia bracteata Regel et Schmalh.

　　　　半灌木。生于山地碎石质坡地、山麓洪积扇。海拔 500~2 100 m。

　　　　产准噶尔阿拉套山。哈萨克斯坦；亚洲有分布。

　　　　哈萨克斯坦特有成分。

＊（4930）木状苓菊 **Jurinia caespitans Iljin**

半灌木。生于砾石质山坡、河岸阶地。海拔 700～2 300 m。

产西南天山。乌兹别克斯坦；亚洲有分布。

＊（4931）卡氏苓菊 **Jurinea capusii（Franch.）Franch.**

半灌木。生于亚高山石质坡地、山地草甸。海拔 2 500～3 000 m。

产北天山、内天山、西天山、西南天山。吉尔吉斯斯坦、乌兹别克斯坦；亚洲有分布。

＊（4932）飞廉状苓菊 **Jurinea carduicephala Iljin** = *Saussurea carduicephala*（Iljin）Iljin ex Lipsch. = *Lipschitziella carduicephala*（Iljin.）R. V. Kamelin

多年生草本。生于石质山坡、河谷、山地草原、荒漠草原。海拔 700～2 100 m。

产西南天山、内天山。吉尔吉斯斯坦、乌兹别克斯坦；亚洲有分布。

＊（4933）光柄苓菊 **Jurinia cephalopoda Iljin**

半灌木。生于悬崖岩石缝、山坡草地、河谷沙滩、山麓洪积扇、平原沙地。海拔 800～2 600 m。

产西天山、内天山。吉尔吉斯斯坦、乌兹别克斯坦；亚洲有分布。

（4934）刺果苓菊 **Jurinea chaetocarpa（Ledeb.）Ledeb.**

多年生草本。生于山地冲沟边、砾质戈壁、沙地、沙丘。海拔 500～1 000 m。

产东天山、准噶尔阿拉套山、北天山。中国、哈萨克斯坦、蒙古；亚洲有分布。

＊（4935）近亲苓菊 **Jurinea consanguinea DC.** = *Jurinia densis* Iljin

多年生草本。生于石质山坡、山崖岩石缝、河谷。海拔 700～1 600 m。

产西南天山、内天山。吉尔吉斯斯坦、乌兹别克斯坦；亚洲有分布。

＊（4936）奇力克苓菊 **Jurinia czilikinoana Iljin**

半灌木。生于低山丘陵碎石质坡地、固定沙丘。海拔 300～1 500 m。

产西天山。乌兹别克斯坦；亚洲有分布。

乌兹别克斯坦特有成分。

（4937）天山苓菊 **Jurinea dshungarica（N. I. Rubtzov）Iljin**

多年生草本。生于山地阳坡草地、山地林缘。海拔 2 100 m 上下。

产准噶尔阿拉套山、北天山。中国、哈萨克斯坦；亚洲有分布。

＊（4938）高苓菊 **Lurinia eduardi-regelii Iljin**

半灌木。生于石质山坡、河谷、灌丛、山地草原、荒漠草原。海拔 600～1 800 m。

产北天山、内天山、西天山、西南天山。吉尔吉斯斯坦、乌兹别克斯坦；亚洲有分布。

＊（4939）美丽苓菊 **Jurinea eximia Tekutj.**

多年生草本。生于石质山坡、河漫滩、山谷碎石质坡地。海拔 1 000～2 600 m。

产西天山。乌兹别克斯坦；亚洲有分布。

乌兹别克斯坦特有成分。

＊（4940）费尔干纳苓菊 **Jurinea ferganica Iljin**

多年生草本。生于石质山坡、低山荒漠、山麓洪积扇。海拔 800～2 100 m。

产西南天山、内天山。吉尔吉斯斯坦、乌兹别克斯坦；亚洲有分布。

（4941）软叶苓菊 **Jurinea flaccida Shih**

　　多年生草本。生于荒草地和路边。海拔 1 200～1 710 m。

　　产北天山。中国;亚洲有分布。

　　中国特有成分。药用。

*（4942）多叶苓菊 **Jurinia foliosa（Iljin）Iljin** = *Jurinea modesti* S. K. Cherepanov

　　多年生草本。生于山地草甸、山地林缘、石质坡地、山地草原。海拔 1 300～3 000 m。

　　产北天山、西天山。吉尔吉斯斯坦、乌兹别克斯坦;亚洲有分布。

*（4943）丛生苓菊 **Jurinia grumosa Iljin**

　　多年生草本。生于山地砾岩堆、山地河谷。海拔 1 800～2 700 m。

　　产内天山。吉尔吉斯斯坦;亚洲有分布。

*（4944）细枝苓菊 **Jurinea hamulosa Rubtzov**

　　多年生草本。生于山谷、石质坡地、河流阶地。海拔 700～1 800 m。

　　产北天山。哈萨克斯坦;亚洲有分布。

*（4945）蜡叶苓菊 **Jurinea helichrysifolia Popov ex Iljin**

　　多年生草本。生于石质山坡、河谷、山地草原、荒漠草原。海拔 700～1 800 m。

　　产西南天山、内天山。吉尔吉斯斯坦、乌兹别克斯坦;亚洲有分布。

*（4946）凸脉苓菊 **Jurinea impressinervis Iljin**

　　多年生草本。生于石质山坡、干旱河谷、山地草原、荒漠草原。海拔 700～1 800 m。

　　产西南天山、西天山。乌兹别克斯坦;亚洲有分布。

*（4947）喀麦琳苓菊 **Jurinia kamelinii Iljin**

　　多年生草本。生于石质山坡、洪积扇、山崖石缝。海拔 2 100～3 000 m。

　　产西南天山、西天山、内天山。吉尔吉斯斯坦、乌兹别克斯坦;亚洲有分布。

*（4948）宽叶苓菊 **Jurinea karategina（Lipsky）O. Fedtsch.** = *Pilostemon karateginii*（Lipsky）Iljin

　　多年生草本。生于石质山坡、山地河谷、沙质‑黏土质干河床、砾石质荒漠。海拔 900～
2 600 m。

　　产西天山、西南天山、内天山。吉尔吉斯斯坦、乌兹别克斯坦;亚洲有分布。

（4949）南疆苓菊 **Jurinea kaschgarica Iljin**

　　多年生草本。生于山地砾石质山坡、山谷、水边。海拔 2 300～3 700 m。

　　产内天山。中国;亚洲有分布。

　　中国特有成分。

*（4950）凯氏苓菊 **Jurinia knorringiana Iljin**

　　半灌木。生于石质山坡、山麓平原沙地。海拔 700～1 600 m。

　　产西天山、西南天山、内天山。吉尔吉斯斯坦、乌兹别克斯坦;亚洲有分布。

*（4951）库坎苓菊 **Jurinia kokanica Iljin**

　　多年生草本。生于碎石质山坡、河谷、山谷。海拔 600～2 400 m。

　　产西天山、内天山。吉尔吉斯斯坦、乌兹别克斯坦;亚洲有分布。

573

＊（4952）库马洛夫苓菊 **Jurinia komarovii Iljin**

多年生草本。生于石质山坡、砾岩堆、山麓洪积扇。海拔 600～2 100 m。

产西南天山、内天山。吉尔吉斯斯坦、乌兹别克斯坦；亚洲有分布。

＊（4953）库拉明苓菊 **Jurinia kuraminensis Iljin**

多年生草本。生于山崖岩石缝、石质山沟。海拔 700～2 300 m。

产西天山、西南天山、内天山。吉尔吉斯斯坦、乌兹别克斯坦；亚洲有分布。

（4954）绵毛柄苓菊（绒毛苓菊）**Jurinea lanipes Rupr.** = *Jurinea flaccida* C. Shih

多年生草本。生于高山和亚高山草甸、森林草甸、山坡草地、荒野、路边。海拔 1 200～2 840 m。

产准噶尔阿拉套山、北天山。中国、哈萨克斯坦、吉尔吉斯斯坦；亚洲有分布。

药用。

＊（4955）毛柄苓菊 **Jurinia lasiopoda Trautv.**

多年生草本。生于石灰岩丘陵、山地荒漠草原、山麓荒漠。海拔 500～1 600 m。

产西南天山、内天山。吉尔吉斯斯坦、乌兹别克斯坦；亚洲有分布。

（4956）苓菊 **Jurinea lipskyi Iljin**

多年生草本。生于山地草甸、山地草原、河岸荒地。海拔 1 300～1 900 m。

产准噶尔阿拉套山、北天山。中国、哈萨克斯坦、吉尔吉斯斯坦；亚洲有分布。

中国特有成分。

＊（4957）石生苓菊 **Jurinea lithophila Rubtzov**

多年生草本。生于山谷、石质坡地、河流阶地。海拔 600～1 700 m。

产北天山。哈萨克斯坦；亚洲有分布。

＊（4958）粗根苓菊 **Jurinia macranthodia Iljin**

多年生草本。生于干旱河谷、山地草原、河流阶地。海拔 500～1 500 m。

产西南天山、内天山。吉尔吉斯斯坦、乌兹别克斯坦；亚洲有分布。

＊（4959）黑山苓菊 **Jurinia margalensis Iljin**

多年生草本。生于山谷河漫滩、山地草原、荒漠草原、山麓洪积扇。海拔 500～1 800 m。

产西天山。乌兹别克斯坦；亚洲有分布。

乌兹别克斯坦特有成分。

＊（4960）马氏苓菊 **Jurinia mariae Pavlov**

多年生草本。生于亚高山石质坡地。海拔 2 700～3 100 m。

产北天、内天山、西天山、西南天山。哈萨克斯坦、吉尔吉斯斯坦、乌兹别克斯坦；亚洲有分布。

＊（4961）大苓菊 **Jurinia maxima C. Winkl.**

多年生草本。生于干旱河谷草地、倒石堆、山地草原、荒漠草原。海拔 600～1 500 m。

产西南天山、内天山。吉尔吉斯斯坦、乌兹别克斯坦；亚洲有分布。

＊（4962）山地苓菊 **Jurinia monticola Iljin**

多年生草本。生于山地碎石堆、河谷沙地。海拔 600～2 100 m。

产西天山。乌兹别克斯坦；亚洲有分布。

乌兹别克斯坦特有成分。

*(4963) 多头苓菊 **Jurinia multiceps Iljin**

半灌木。生于山崖岩石缝、山地草甸、河流阶地。海拔 700~2 600 m。

产西天山、乌兹别克斯坦；亚洲有分布。

乌兹别克斯坦特有成分。

*(4964) 多花苓菊 **Jurinia multiflora（L.）B. Fedtsch.**

多年生草本。生于山地草甸、河谷草甸、山地阳坡草地。海拔 1 300~2 600 m。

产准噶尔阿拉套山。哈萨克斯坦、俄罗斯；亚洲、欧洲有分布。

*(4965) 多裂苓菊 **Jurinia multiloba Iljin**

多年生草本。生于石质山坡、石灰岩丘陵、河谷灌丛、山麓洪积扇。海拔 500~2 400 m。

产准噶尔阿拉套山、北天山、西天山、西南天山。哈萨克斯坦、吉尔吉斯斯坦、乌兹别克斯坦；亚洲有分布。

*(4966) 雪苓菊 **Jurinia nivea C. Winkl.**

多年生草本。生于石质山崖、山间谷地、山地草原。海拔 700~1 700 m。

产西南天山。乌兹别克斯坦；亚洲有分布。

*(4967) 欧氏苓菊 **Jurinia olgae Regel et Schmalh. ex Regel**

多年生草本。生于山崖岩石缝、河谷、黏土质坡地。海拔 700~2 400 m。

产西天山、西南天山、内天山。吉尔吉斯斯坦、乌兹别克斯坦；亚洲有分布。

*(4968) 东方苓菊 **Jurinia orientalis（Iljin）Iljin**

半灌木。生于石质山坡、荒漠草原、山麓细石质坡地。海拔 500~2 100 m。

产西天山、西南天山、内天山。吉尔吉斯斯坦、乌兹别克斯坦；亚洲有分布。

(4969) 帕米尔苓菊 **Jurinea pamirica C. Shih**

多年生草本。生于山地石质坡地、荒漠、砾质戈壁。海拔 2 850 m 上下。

产内天山。中国；亚洲有分布。

中国特有成分。

(4970) 羽冠苓菊 **Jurinea pilostemonoides Iljin** = *Jurinea filifolia（Regel et Schmalh.）C. G. A. Winkl.* = *Pilostemon filifolius（Regel et Schmalh.）Iljin*

多年生草本。生于石质山坡、山谷、河漫滩、沟边湿地、平原荒漠、沙地。海拔 500~2 300 m。

产东天山、准噶尔阿拉套山。中国、哈萨克斯坦、吉尔吉斯斯坦；亚洲有分布。

*(4971) 禾叶苓菊 **Jurinia poacea Iljin**

多年生草本。生于石质化盆地、山崖岩石缝。海拔 800~1 800 m。

产西天山、西南天山、内天山。吉尔吉斯斯坦、乌兹别克斯坦；亚洲有分布。

*(4972) 翼枝苓菊 **Jurinia pteroclada Iljin** = *Modestia pteroclada（Iljin）R. V. Kamelin*

多年生草本。生于河谷草地、山地荒漠草原、荒漠。海拔 500~900 m。

产西南天山、内天山。吉尔吉斯斯坦、乌兹别克斯坦；亚洲有分布。

*(4973) 大根苓菊 **Jurinia rhizomatoidea Iljin**

多年生草本。生于石质山坡、悬崖岩石缝、河谷、山地草原、荒漠草原。海拔 500~2 800 m。

产西天山。乌兹别克斯坦；亚洲有分布。

乌兹别克斯坦特有成分。

*（4974）强苓菊 **Jurinia robusta Schischk**

  多年生草本。生于山地草甸、山崖岩石缝、河谷、碎石质坡地。海拔 1 300~2 800 m。

  产北天山。哈萨克斯坦；亚洲有分布。

  哈萨克斯坦特有成分。

（4975）长葶苓菊 **Jurinea scapiformis C. Shih**

  多年生草本。生于山地草坡。海拔 1 740 m 上下。

  产北天山。中国；亚洲有分布。

*（4976）夏衣麦尔丹苓菊 **Jurinea schachimardanica Iljin**

  多年生草本。生于砾石质山坡、黏土质坡地、沙化草地。海拔 500~2 100 m。

  产西南天山、内天山。吉尔吉斯斯坦、乌兹别克斯坦；亚洲有分布。

*（4977）西米诺夫苓菊 **Jurinia semenovii（Herd.）Winkl.**

  多年生草本。生于山地细石质草地、河漫滩、碎石堆。海拔 700~2 100 m。

  产准噶尔阿拉套山。哈萨克斯坦；亚洲有分布。

*（4978）窄叶苓菊 **Jurinia stenophylla Iljin**

  多年生草本。生于山崖岩石峰、干旱山坡、山地草原、荒漠草原。海拔 700~2 300 m。

  产西天山、西南天山、内天山。吉尔吉斯斯坦、乌兹别克斯坦；亚洲有分布。

*（4979）灌木苓菊 **Jurinia suffruticosa Regel**

  半灌木。生于山地碎石堆、圆柏灌丛、河漫滩。海拔 600~2 800 m。

  产北天山、内天山、西天山、西南天山。哈萨克斯坦、吉尔吉斯斯坦、乌兹别克斯坦；亚洲有分布。

（4980）霍城苓菊（绥定苓菊）**Jurinea suidunensis Korsh.**

  多年生草本。生于低山丘陵、沙丘、沙地。海拔 500~1 200 m。

  产准噶尔阿拉套山、北天山。中国、哈萨克斯坦；亚洲有分布。

*（4981）密生苓菊 **Jurinia tapetodes Iljin**

  多年生草本。生于砾岩堆、石质山坡、河谷、山麓洪积扇。海拔 600~1 500 m。

  产西南天山。乌兹别克斯坦；亚洲有分布。

*（4982）西天山苓菊 **Jurinia thianschanica Regel et Schmalh.**

  多年生草本。生于石质山坡、山麓石质盆地、平原沙地。海拔 700~2 600 m。

  产北天山、西天山。哈萨克斯坦、吉尔吉斯斯坦；亚洲有分布。

*（4983）喜石苓菊 **Jurinia tithophila N. Rubtz.**

  多年生草本。生于山地悬崖岩石缝、碎石质山坡、河谷。海拔 700~2 400 m。

  产准噶尔阿拉套山。哈萨克斯坦；亚洲有分布。

  哈萨克斯坦特有成分。

*（4984）弯萼苓菊 **Jurinia tortisquamea Iljin**

  多年生草本。生于亚高山草甸、山地草甸、河谷、灌丛。海拔 1 400~2 900 m。

产北天山、内天山、西天山、西南天山。哈萨克斯坦、吉尔吉斯斯坦、乌兹别克斯坦;亚洲有分布。

*(4985) 努拉山苓菊 **Jurinea trautvetteriana** Regel et Schmalh. ex Regel

多年生草本。生于砾岩裂缝、黏土质丘陵、沙质坡地。海拔 500~1 600 m。

产西南天山、西天山、内天山。吉尔吉斯斯坦、乌兹别克斯坦;亚洲有分布。

*(4986) 三叉苓菊 **Jurinea trifurcata** Iljin

多年生草本。生于山崖岩石缝、碎石质坡地、低山丘陵。海拔 700~2 300 m。

产西天山、西南天山、内天山。吉尔吉斯斯坦、乌兹别克斯坦;亚洲有分布。

*(4987) 温克苓菊 **Jurinia winkleri** Iljin

多年生草本。生于石质山坡、黄土丘陵、荒漠草原、沙地。海拔 500~2 500 m。

产西天山、西南天山、内天山。吉尔吉斯斯坦、乌兹别克斯坦;亚洲有分布。

*(4988) 神苓菊 **Jurinea xeranthemoides** Iljin

多年生草本。生于山地沙砾质坡地、山麓沙砾质荒漠、固定沙丘。海拔 500~1 800 m。

产西南天山、西天山、内天山。吉尔吉斯斯坦、乌兹别克斯坦;亚洲有分布。

*(4989) 扎凯尔苓菊 **Jurinia zakirovii** Iljin

多年生草本。生于山地河谷、黄土丘陵、山地草原、荒漠草原。海拔 600~1 800 m。

产西南天山。乌兹别克斯坦;亚洲有分布。

684. 风毛菊属 Saussurea DC.

(4990) 新疆风毛菊 **Saussurea alberti** Regel et Winkler

多年生草本。生于高山和亚高山草甸。海拔 2 800~3 300 m。

产北天山、内天山。中国、吉尔吉斯斯坦;亚洲有分布。

(4991) 高山风毛菊 **Saussurea alpina**（L.）DC.

多年生草本。生于高山和亚高山岩石缝、山坡碎石堆、砾石质山坡。海拔 1 800~3 000 m。

产东天山、准噶尔阿拉套山、北天山、西天山、西南天山。中国、哈萨克斯坦、吉尔吉斯斯坦、乌兹别克斯坦、蒙古、俄罗斯;亚洲、欧洲有分布。

药用。

(4992) 草地风毛菊 **Saussurea amara**（L.）DC.

多年生草本。生于山地草甸、河滩草地、河和湖岸边盐碱地、路边、荒地、沙地。海拔 510~3 200 m。

产东天山、准噶尔阿拉套山、东南天山。中国、哈萨克斯坦、蒙古、俄罗斯;亚洲、欧洲有分布。

药用、饲料。

(4993) 美丽风毛菊(绿风毛菊) **Saussurea blanda** Schrenk

多年生草本。生于砾石质山坡、阴湿峭壁。海拔 1 590~2 200 m。

产准噶尔阿拉套山、北天山、东南天山。中国、哈萨克斯坦、吉尔吉斯斯坦;亚洲有分布。

(4994) 博格达雪莲 **Saussurea bogedaensis** Yu-J. Wang et Jie Chen

多年生草本。生于高山岩石缝。海拔 3 381~3 471 m。

产东天山。中国;亚洲有分布。

中国特有成分。药用。

*（4995）木质风毛菊 Saussurea caespitans Iljin

多年生草本。生于碎石质山坡、荒漠草原、盐渍化草甸。海拔 500~1 800 m。

产北天山。哈萨克斯坦、吉尔吉斯斯坦;亚洲有分布。

（4996）灰白风毛菊 Saussurea cana Ledeb.

多年生草本。生于砾石质山坡、山地林缘、山地草原。海拔 1 500~1 800 m。

产东天山、准噶尔阿拉套山、北天山。中国、哈萨克斯坦、俄罗斯;亚洲有分布。

（4997）伊犁风毛菊（伊宁风毛菊） Saussurea canescens C. Winkl.

多年生草本。生于砾石质山坡。海拔 1 800~2 500 m。

产东天山、准噶尔阿拉套山、北天山、东南天山。中国、哈萨克斯坦;亚洲有分布。

药用。

*（4998）忍冬叶风毛菊 Saussurea caprifolia Iljin et Zaprjagaev

多年生草本。生于石质山坡、河流阶地、山地草原、荒漠草原。海拔 900~1 900 m。

产西天山、西南天山、内天山。吉尔吉斯斯坦、乌兹别克斯坦;亚洲有分布。

*（4999）蜡菊叶风毛菊 Saussurea chondrilloides C. Winkl.

多年生草本。生于砾岩堆、山崖岩石缝、低山丘陵、山地草原、荒漠草原、山麓洪积扇。海拔 600~1 800 m。

产西天山、西南天山、内天山。吉尔吉斯斯坦、乌兹别克斯坦;亚洲有分布。

（5000）副冠风毛菊 Saussurea coronata Schrenk

多年生草本。生于砾石质山坡。海拔 1 400~2 100 m。

产准噶尔阿拉套山、北天山。中国、哈萨克斯坦;亚洲有分布。

（5001）达乌里风毛菊 Saussurea daurica Adams

多年生草本。生于盐化低湿地。海拔 1 000 m 上下。

产东天山。中国、蒙古、俄罗斯;亚洲有分布。

（5002）优雅风毛菊 Saussurea elegans Ledeb.

多年生草本。生于高山和亚高山草甸、森林草甸、砾石质山坡、田间。海拔 500~3 200 m。

产东天山、东北天山、准噶尔阿拉套山、北天山、东南天山、中央天山、内天山、西天山、西南天山。中国、哈萨克斯坦、吉尔吉斯斯坦、乌兹别克斯坦、俄罗斯;亚洲有分布。

药用。

（5003）中新风毛菊 Saussurea famintziniana Krasnov

多年生草本。生于高山和亚高山草甸、砾石质山坡、盐化沙砾地。海拔 2 800~3 700 m。

产内天山。中国、吉尔吉斯斯坦、塔吉克斯坦;亚洲有分布。

药用。

（5004）狭翼风毛菊 Saussurea frondosa Hand.-Mazz.

多年生草本。生于山地林下、林缘、山地草甸。海拔 1 450~2 300 m。

产北天山。中国、哈萨克斯坦;亚洲有分布。

（5005）冰川雪兔子 Saussurea glacialis Hand.

多年生草本。生于高山流石滩、高山和亚高山草甸、砾石质山坡、河滩沙砾地。海拔 3 820~4 800 m。

产东天山、北天山。中国、哈萨克斯坦、吉尔吉斯斯坦、蒙古、俄罗斯；亚洲有分布。

药用。

(5006) 鼠麴雪兔子 **Saussurea gnaphalodes**（Royle）**Sch. -Bip.**

多年生草本。生于高山流石滩、山坡岩石缝、河滩沙砾地。海拔 3 000~5 000 m。

产东天山、东北天山、准噶尔阿拉套山、北天山、东南天山、内天山。中国、哈萨克斯坦、吉尔吉斯斯坦、巴基斯坦、印度、尼泊尔；亚洲有分布。

药用、饲料。

(5007) 蒙新风毛菊 **Saussurea grubovii Lipsch.**

多年生草本。生于河谷滩地、河岸阶地、灌丛、平原盐化草甸。海拔 420~1 900 m。

产东天山。中国、蒙古、俄罗斯；亚洲有分布。

药用。

(5008) 雪莲（雪莲花）**Saussurea involucrata**（Kar. et Kir.）**Sch. Bip.** = *Saussurea ischnoides* J. S. Li

多年生草本。生于高山冰碛堆、高山流石滩、悬崖峭壁岩石缝。海拔 2 400~4 100 m。

产东天山、东北天山、准噶尔阿拉套山、北天山、西天山、西南天山。中国、哈萨克斯坦、吉尔吉斯斯坦、乌兹别克斯坦、蒙古、俄罗斯；亚洲有分布。

中国特有成分。药用。

(5009) 腋序雪莲 **Saussurea involucratea var. axillicalathina J. S. Li** = *Saussurea nikoensis* var. *involucrata*（Matsum. et Koidz.）Kitam.

多年生草本。生于亚高山阴坡流石滩。海拔 3 000 m 上下。

产北天山、东南天山。中国；亚洲有分布。

中国特有成分。药用、香料、有毒。

(5010) 狭苞雪莲 **Saussurea ischnoides J. S. Li**

多年生草本。生于高山流石滩，常与天山雪莲混生。海拔 3 000~3 200 m。

产北天山。中国；亚洲有分布。

中国特有成分。药用。

*(5011) 塔拉斯风毛菊 **Saussurea ispajensis Iljin**

多年生草本。生于碎石质山坡、山地河谷沙滩。海拔 1 500~2 800 m。

产西南天山。乌兹别克斯坦；亚洲有分布。

*(5012) 圆柏风毛菊 **Saussurea kara-artscha Saposchn.**

多年生草本。生于山崖岩石缝、山地阳坡草地、灌丛、山溪边、河边。海拔 1 800~2 900 m。

产内天山。吉尔吉斯斯坦；亚洲有分布。

(5013) 喀什风毛菊 **Saussurea kaschgarica Rupr.**

多年生草本。生于高山流石滩、山谷河滩、河流出山口碎石堆。海拔 3 000~4 000 m。

产内天山。中国、吉尔吉斯斯坦；亚洲有分布。

(5014) 藏新风毛菊 **Saussurea kuschakewiczii C. Winkl.** = *Saussurea elliptica* C. B. Cl. ex Hook. f.

多年生草本。生于冰碛石堆、高山和亚高山草甸。海拔 2 500~3 700 m。

产准噶尔阿拉套山、北天山、内天山。中国、哈萨克斯坦、吉尔吉斯斯坦;亚洲有分布。
药用。

(5015) 裂叶风毛菊 **Saussurea laciniata Ledeb.**

多年生草本。生于砾石质山坡、盐湖边草甸、盐碱地。海拔 470~2 200 m。
产东天山、准噶尔阿拉套山、北天山。中国、哈萨克斯坦、蒙古、俄罗斯;亚洲有分布。

(5016) 高盐地风毛菊 **Saussurea lacostei Danguy**

多年生草本。生于高山盐碱地、山坡阴湿处。海拔 2 000~3 000 m。
产内天山。中国;亚洲有分布。
中国特有成分。药用。

(5017) 天山风毛菊 **Saussurea larionowii C. Winkl.**

多年生草本。生于高山和亚高山草甸、砾石质山坡、山地林下、灌草丛。海拔 1 800~3 800 m。
产东天山、东北天山、北天山、东南天山、中央天山、内天山。中国、哈萨克斯坦、吉尔吉斯斯坦;亚洲有分布。
药用。

(5018) 宽叶风毛菊 **Saussurea latifolia Ledeb.**

多年生草本。生于亚高山草甸、山地林下、林缘。海拔 2 500~2 700 m。
产准噶尔阿拉套山、东南天山。中国、哈萨克斯坦、俄罗斯;亚洲有分布。
药用。

(5019) 白叶风毛菊 **Saussurea leucophylla Schrenk**

多年生草本。生于高山和亚高山草甸、砾石质山坡、沼泽草甸。海拔 2 300~4 000 m。
产东天山、东北天山、准噶尔阿拉套山、北天山、东南天山、内天山。中国、哈萨克斯坦、吉尔吉斯斯坦、蒙古、俄罗斯;亚洲有分布。
药用。

*(5020) 里普风毛菊 **Saussurea lipschitzii Filat.**

多年生草本。生于山地石质坡地、河谷碎石堆。海拔 700~2 100 m。
产准噶尔阿拉套山。哈萨克斯坦;亚洲有分布。

(5021) 苞鳞风毛菊(纹苞风毛菊) **Saussurea lomatolepis Lipsch.**

多年生草本。生于山地草甸、山地草原。海拔 1 300~2 700 m。
产北天山、东南天山。中国;亚洲有分布。
中国特有成分。药用。

*(5022) 卡拉套风毛菊 **Saussurea mikeschinii Iljin**

半灌木。生于山地碎石质坡地、河谷碎石堆、山崖岩石缝。海拔 1 000~2 500 m。
产西天山。乌兹别克斯坦;亚洲有分布。

(5023) 尖苞风毛菊(小尖风毛菊) **Saussurea mucronulata Lipsch.**

多年生草本。生于砾石质山坡。海拔 2 100~3 000 m。
产准噶尔阿拉套山、东南天山。中国;亚洲有分布。
中国特有成分。药用。

*（5024）尼奈风毛菊 Saussurea ninae Iljin

　　　　多年生草本。生于山崖岩石缝、石质山沟、灌丛。海拔 1 000~2 400 m。

　　　　产准噶尔阿拉套山。哈萨克斯坦；亚洲有分布。

　　　　哈萨克斯坦特有成分。

（5025）乌恰风毛菊 Saussurea ovata Benth.

　　　　多年生草本。生于高山和亚高山草甸、砾石质山坡。海拔达 2 900~4 300 m。

　　　　产内天山。中国、吉尔吉斯斯坦、塔吉克斯坦；亚洲有分布。

　　　　药用。

（5026）小花风毛菊 Saussurea parviflora（Poir.）DC.

　　　　多年生草本。生于山地阳坡草地、山地草甸、河谷沿岸、沼泽。海拔 1 400~1 900 m。

　　　　产北天山。中国、哈萨克斯坦、蒙古、俄罗斯；亚洲、欧洲有分布。

　　　　药用。

（5027）簇枝雪莲 Saussurea polylada J. S. Li

　　　　多年生草本。生于高山岩石缝、沼泽草甸，常与天山雪莲混生。海拔 3 200 m 上下。

　　　　产东天山、北天山、东南天山。中国；亚洲有分布。

　　　　中国特有成分。药用。

（5028）乌鲁木齐风毛菊 Saussurea popovii Lipsch.

　　　　多年生草本。生于砾石质戈壁。海拔 600 m 以上。

　　　　产东天山、东北天山。中国、蒙古；亚洲有分布。

（5029）展序风毛菊 Saussurea prostrata C. Winkl.

　　　　二年生或多年生草本。生于水边、泛滥地草甸、芨芨草草甸、盐碱地、路旁。海拔 530 ~
　　　　1 700 m。

　　　　产准噶尔阿拉套山、北天山、内天山。中国、哈萨克斯坦、吉尔吉斯斯坦；亚洲有分布。

　　　　药用。

*（5030）软苞风毛菊 Saussurea pseudoblanda Lipsch. ex Filat

　　　　多年生草本。生于山崖岩石缝、河谷沙滩、碎石堆。海拔 600~2 100 m。

　　　　产准噶尔阿拉套山。哈萨克斯坦；亚洲有分布。

　　　　哈萨克斯坦特有成分。

（5031）假盐地风毛菊 Saussurea pseudosalsa Lipsch.

　　　　多年生草本。生于亚高山草甸、砾质山坡、盐碱地。海拔 1 020~2 900 m。

　　　　产中央天山。中国、蒙古；亚洲有分布。

　　　　药用。

（5032）垫状风毛菊 Saussurea pulviniformis C. Winkl.

　　　　多年生垫状草本。生于高山和亚高山草甸、云杉林下、砾石质山坡、岩石缝。海拔 2 150 ~
　　　　3 500 m。

　　　　产东天山、东北天山、内天山。中国；亚洲有分布。

　　　　中国特有成分。

（5033）强壮风毛菊 Saussurea robusta Ledeb.

多年生草本。生于山地荒坡、砾石质戈壁、盐化草甸。海拔 650~2 000 m。

产东天山、准噶尔阿拉套山、北天山、内天山、西天山、西南天山。中国、哈萨克斯坦、吉尔吉斯斯坦、乌兹别克斯坦、蒙古、俄罗斯;亚洲有分布。

药用。

（5034）倒羽叶风毛菊 Saussurea runcinata DC.

多年生草本。生于河漫滩草甸、荒漠草原、盐碱地、盐渍低地、沟渠边岩石缝。海拔 700~1 300 m。

产东天山。中国、哈萨克斯坦、俄罗斯;亚洲有分布。

（5035）赛里木风毛菊（倒卵叶风毛菊）Saussurea salemannii C. Winkl.

多年生草本。生于山地砾石质山坡、岩石缝、沟谷。海拔 1 600~2 200 m。

产准噶尔阿拉套山、北天山。中国、哈萨克斯坦;亚洲有分布。

药用。

（5036）柳叶风毛菊 Saussurea salicifolia（L.）DC.

多年生草本。生于高山和亚高山草甸、灌丛、山谷阴湿处。海拔 1 600~3 800 m。

产东天山。中国、蒙古、俄罗斯;亚洲有分布。

（5037）盐地风毛菊 Saussurea salsa（Pall.）Spreng.

多年生草本。生于山坡草地、荒漠草原、沼泽化草甸、盐化低地、平原荒漠、戈壁、盐化沙地、杜加依林下。海拔 190~3 285 m。

产东天山、东北天山、准噶尔阿拉套山、中央天山、内天山、北天山、西天山。中国、哈萨克斯坦、吉尔吉斯斯坦、乌兹别克斯坦、蒙古、俄罗斯;亚洲、欧洲有分布。

*（5038）喜岩风毛菊 Saussurea saxosa Lipsch.

多年生草本。生于山地河谷、山脊石质坡地、山地草原、荒漠草原。海拔 900~2 300 m。

产西南天山、西天山、内天山。吉尔吉斯斯坦、乌兹别克斯坦;亚洲有分布。

（5039）暗苞风毛菊 Saussurea schanginiana（Wydl.）Fisch. ex Herd.

多年生草本。生于高山和亚高山草甸、山坡草地。海拔 2 100~3 400 m。

产准噶尔阿拉套山、北天山、东南天山。中国、哈萨克斯坦、吉尔吉斯斯坦、蒙古、俄罗斯;亚洲有分布。

药用。

（5040）污花风毛菊 Saussurea sordida Kar. et Kir. = Saussurea tuoliensis G. M. Shen

多年生草本。生于高山和亚高山草甸、砾石质山坡、山地林下。海拔 1 800~2 800 m。

产东天山、东北天山、准噶尔阿拉套山、北天山、东南天山、西天山、西南天山。中国、哈萨克斯坦、吉尔吉斯斯坦、乌兹别克斯坦;亚洲有分布。

药用。

（5041）太加风毛菊 Saussurea turgaiensis B. Fedtsch.

多年生草本。生于山坡草地、河和渠岸边盐化草甸、路旁、蒿属荒漠。海拔 280~2 300 m。

产东天山、东北天山、准噶尔阿拉套山、北天山、西天山、西南天山。中国、哈萨克斯坦、吉尔吉

斯斯坦、乌兹别克斯坦、俄罗斯;亚洲、欧洲有分布。

*(5042) 威氏风毛菊 **Saussurea vvedenskyi Lipsch.**

半灌木。生于山坡碎石堆、碎石质-细土质山坡。海拔 1 500~2 600 m。

产北天山、西天山、西南天山。哈萨克斯坦、吉尔吉斯斯坦、乌兹别克斯坦;亚洲有分布。

(5043) 羌塘雪兔子 **Saussurea wellbyi Hensl.**

多年生草本。生于高山荒漠、高山流石滩、冰缘沙砾地、高山草甸、砾石质山坡。海拔 4 500~
5 000 m。

产北天山、东南天山。中国;亚洲有分布。

中国特有成分。

685. 齿冠菊属 Frolovia（DC.）Lipsch.

*(5044) 粗根齿冠菊 **Frolovia asbukini（Iljin）Lipsch.** = *Saussurea asbukini* Iljin

多年生草本。生于山地草甸、河谷、山麓石质坡地。海拔 600~2 700 m。

产北天山、内天山、西天山、西南天山。吉尔吉斯斯坦、乌兹别克斯坦;亚洲有分布。

(5045) 大序齿冠菊 **Frolovia frolowii（Ledeb.）Raab-Straube** = *Saussurea frolowii* Ledeb.

多年生草本。生于高山和亚高山草甸、山地林缘。海拔 2 060 m 上下。

产东天山、准噶尔阿拉套山。中国、哈萨克斯坦、俄罗斯;亚洲有分布。

*(5046) 具槽齿冠菊 **Frolovia sulcata（Iljin）Lipsch.** = *Saussurea sulcata* Iljin

多年生草本。生于山坡草地、河流出山口阶地、山麓平原荒漠。海拔 2 600~3 100 m。

产西天山、内天山。吉尔吉斯斯坦、乌兹别克斯坦;亚洲有分布。

*686. 棘头花属 Acanthocephalus Kar. et Kir.

*(5047) 包茎棘头花 **Acanthocephalus amplexifolius Kar. et Kir.**

一年生草本。生于盐渍化草地、杜加依林下、村落周边。海拔 400~2 100 m。

产准噶尔阿拉套山、北天山、西天山、西南天山。哈萨克斯坦、吉尔吉斯斯坦、乌兹别克斯坦;亚洲有分布。

*(5048) 本塔米棘头花 **Acanthocephalus benthamianus Regel et Schmalh.**

一年生草本。生于山坡岩石缝、山坡倒石堆、河边、灌丛、山地草原、山麓荒漠。海拔 500~
1 600 m。

产准噶尔阿拉套山、北天山、西天山、西南天山。哈萨克斯坦、吉尔吉斯斯坦、乌兹别克斯坦;亚洲有分布。

687. 刺头菊属 Cousinia Cass.

*(5049) 阿包林刺头菊 **Cousinia abolinii Kult. ex Cherneva** = *Arctium abolinii*（Kult. ex Cherneva）S. López, Romasch., Susanna et N. Garcia

多年生草本。生于砾石质山坡。海拔 2 100~2 900 m。

产内天山。吉尔吉斯斯坦;亚洲有分布。

吉尔吉斯斯坦特有成分。

*(5050) 具腺刺头菊 **Cousinia adenophora Juz.**

多年生草本。生于石灰岩山坡、河岸阶地、低山丘陵。海拔 1 400~2 600 m。

产西南天山。乌兹别克斯坦;亚洲有分布。

(5051)刺头菊 **Cousinia affinis Schrenk**

多年生草本。生于山坡草地、砾质戈壁、田间地边、沙丘、沙地。海拔 480～2 120 m。

产东天山、东北天山、准噶尔阿拉套山、北天山、东南天山。中国、哈萨克斯坦、吉尔吉斯斯坦、蒙古;亚洲有分布。

*(5052)阿莱刺头菊 **Cousinia alaica Juz. ex Cherneva**

多年生草本。生于细石质山坡、干旱河谷、山麓洪积-冲积扇。海拔 900～2 500 m。

产西南天山。乌兹别克斯坦;亚洲有分布。

(5053)翼茎刺头菊 **Cousinia alata Schrenk ex Fischer et C. A. Meyer**

二年生草本。生于半固定沙丘、沙地。海拔 540～700 m。

产东北天山、噶尔阿拉套山、北天山。中国、哈萨克斯坦、吉尔吉斯斯坦、伊朗;亚洲有分布。

*(5054)阿氏刺头菊 **Cousinia albertii Regel et Schmalh.** = *Arctium albertii*（Regel et Schmalh.）S. López, Romasch., Susanna et N. Garcia

多年生草本。生于细石质干旱山坡、碎石坡地。海拔 600～1 600 m。

产北天山、内天山、西天山、西南天山。哈萨克斯坦、吉尔吉斯斯坦、乌兹别克斯坦;亚洲有分布。

*(5055)白色高贵刺头菊 **Cousinia albertoregelia C. Winkl.**

多年生草本。生于黏土质荒漠、低山丘陵、山麓洪积扇。海拔 300～1 300 m。

产北天山、西天山。哈萨克斯坦、土库曼斯坦;亚洲有分布。

*(5056)不明显刺头菊 **Cousinia ambigens Juz.**

多年生草本。生于低山丘陵、山麓平原、河漫滩、山崖石缝。海拔 2 500～2 900 m。

产内天山、西南天山、西天山。吉尔吉斯斯坦、乌兹别克斯坦;亚洲有分布。

*(5057)可爱刺头菊 **Cousinia amoena C. Winkl.**

多年生草本。生于细石质山坡、河岸阶地、低山丘陵。海拔 1 200～2 900 m。

产西南天山。乌兹别克斯坦;亚洲有分布。

*(5058)蛛丝状刺头菊 **Cousinia arachnoidea Fisch. et C. A. Mey. ex DC.**

多年生草本。生于山麓细石质坡地、盐渍化荒漠。海拔 900～1 300 m。

产准噶尔阿拉套山、北天山。哈萨克斯坦;亚洲有分布。

*(5059)绒毛刺头菊 **Cousinia aspera**（Kult.）**Karmyscheva**

多年生草本。生于亚高山草甸、碎石质坡地。海拔 2 300～2 700 m。

产北天山、内天山、西天山、西南天山。吉尔吉斯斯坦、乌兹别克斯坦;亚洲有分布。

*(5060)星状刺头菊 **Cousinia astracanica**（Spreag.）**Tamamsch.**

多年生草本。生于黏土质-细石质低山丘陵、山麓沙砾质草地、沙地、固定沙丘。海拔 200～600 m。

产北天山、西天山。哈萨克斯坦、吉尔吉斯斯坦;亚洲有分布。

*(5061)耳状刺头菊 **Cousinia auriculata Boiss.** = *Cousinia semidecurrens C. Winkl.*

多年生草本。生于石质山坡、低山丘陵。海拔 2 100～2 900 m。

产西天山、西南天山、内天山。乌兹别克斯坦、吉尔吉斯斯坦;亚洲有分布。

*(8062) 羊刺头菊 **Cousinia baranovii Cherneva**

多年生草本。生于干旱山坡、山麓洪积扇。海拔 600~1 600 m。

产西南天山。乌兹别克斯坦;亚洲有分布。

乌兹别克斯坦特有成分。

*(5063) 波普洛夫刺头菊 **Cousinia bobrovii Juz.**

多年生草本。生于黄土丘陵、荒漠草原。海拔 600~1 300 m。

产北天山。哈萨克斯坦;亚洲有分布。

*(5064) 琼库勒刺头菊 **Cousinia bonvalotii Fransch.**

多年生草本。生于高山草甸、山崖岩石缝、山脊碎石堆。海拔 3 000 m 上下。

产北天山、内天山、西天山、西南天山。哈萨克斯坦、吉尔吉斯斯坦、乌兹别克斯坦;亚洲有
分布。

(5065) 丛生刺头菊 **Cousinia caespitosa C. Winkl.**

多年生草本。生于高山和亚高山草甸、砾石质山坡。海拔 2 500~3 300 m。

产北天山、内天山、西天山、西南天山。中国、吉尔吉斯斯坦、乌兹别克斯坦;亚洲有分布。

*(5066) 弯嘴刺头菊 **Cousinia campyloraphis Cherneva**

多年生草本。生于亚高山草甸、河谷、圆柏灌丛。海拔 1 500~2 900 m。

产北天山、西天山、西南天山。吉尔吉斯斯坦、乌兹别克斯坦、哈萨克斯坦;亚洲有分布。

*(5067) 白亮刺头菊 **Cousinia candicans Juz.**

多年生草本。生于山地阳坡草地、石灰岩丘陵、山麓洪积扇。海拔 1 400~2 900 m。

产北天山、西天山、内天山、西南天山。哈萨克斯坦、吉尔吉斯斯坦、乌兹别克斯坦;亚洲有
分布。

*(5068) 绿花刺头菊 **Cousinia chlorantha Kult.** = *Arctium chloranthum* (Kult.) S. López, Romasch., Su-
sanna et N. Garcia

多年生草本。生于砾石质山坡、丘陵草地。海拔 1 000~1 800 m。

产西天山、西南天山。乌兹别克斯坦;亚洲有分布。

乌兹别克斯坦特有成分。

*(5069) 黄花刺头菊 **Cousinia chrysacantha Jaub. et Spach**

多年生草本。生于山地草甸、山崖岩石缝、碎石质坡地。海拔 1 700~2 500 m。

产北天山、内天山、西天山、西南天山。吉尔吉斯斯坦、乌兹别克斯坦;亚洲有分布。

*(5070) 长叶刺头菊 **Cousinia dolichophylla Kult.** = *Arctium dolichophyllum* (Kult.) S. López, Rom-
asch., Susanna et N. Garcia

多年生草本。生于山地草甸、山崖岩石缝、河谷。海拔 1 500~2 800 m。

产西天山。乌兹别克斯坦;亚洲有分布。

*(5071) 二岐刺头菊 **Cousinia dichotoma Bunge**

一年生草本。生于低山丘陵、山麓平原沙漠、固定沙丘。海拔 200~1 600 m。

产北天山、西天山。哈萨克斯坦;亚洲有分布。

585

*（5072）有色刺头菊 Cousinia dichromata Kult.

多年生草本。生于山坡草地、黄土丘陵、石灰岩山坡、荒漠草原。海拔 900~2 600 m。

产西南天山。乌兹别克斯坦；亚洲有分布。

*（5073）裂苞刺头菊 Cousinia dissecta Kar. et Kir.

二年生草本。生于荒漠草原、河漫滩、沙地。海拔 300~1 200 m。

产北天山、内天山、西天山、西南天山。哈萨克斯坦、吉尔吉斯斯坦、乌兹别克斯坦；亚洲有分布。

*（5074）极叉开刺头菊 Cousinia divaricata C. Winkl.

多年生草本。生于砾石质山坡、干旱河谷。海拔 800~1 600 m。

产西南天山。乌兹别克斯坦；亚洲有分布。

乌兹别克斯坦特有成分。

*（5075）毛叶刺头菊 Cousinia dolicholepis Schrenk

多年生草本。生于山地草甸、山地草原、荒漠草原、固定沙丘。海拔 600~2 400 m。

产北天山、内天山、西天山、西南天山。哈萨克斯坦、吉尔吉斯斯坦、乌兹别克斯坦；亚洲有分布。

*（5076）可疑刺头菊 Cousinia dubia Popov

二年生草本。生于山地草甸、砾石质山坡、河流阶地。海拔 1 600~2 800 m。

产西南天山。乌兹别克斯坦；亚洲有分布。

*（5077）发拉克斯刺头菊 Cousinia fallax C. Winkl.

多年生草本。生于砾石质山坡、河岸阶地、低山丘陵。海拔 1 100~2 700 m。

产西天山、北天山、西南天山。吉尔吉斯斯坦、乌兹别克斯坦；亚洲有分布。

*（5078）费氏刺头菊 Cousinia fedtschenkoana Bornm. = *Arctium fedtschenkoanum*（Bornm.）S. López, Romasch., Susanna et N. Garcia

多年生草本。生于亚高山草甸、河谷、山脊草坡。海拔 2 800~3 100 m。

产西天山、北天山、西南天山、内天山。吉尔吉斯斯坦、乌兹别克斯坦、哈萨克斯坦；亚洲有分布。

*（5079）菲氏刺头菊 Cousinia fetissowii C. Winkl.

二年生草本。生于亚高山草甸、山溪边、河谷、石质山坡。海拔 2 000~3 000 m。

产北天山、内天山、西天山、西南天山。哈萨克斯坦、吉尔吉斯斯坦、乌兹别克斯坦；亚洲有分布。

*（5080）格氏刺头菊 Cousinia glaphyrocephala Juz. ex Cherneva

多年生草本。生于山地河谷、河流阶地、灌丛。海拔 900~2 600 m。

产西南天山、西天山。乌兹别克斯坦；亚洲有分布。

乌兹别克斯坦特有成分。

*（5081）多枝刺头菊 Cousinia gomolitzkii Juz. ex Cherneva

多年生草本。生于山崖岩石缝、石质山坡。海拔 700~1 800 m。

产北天山、内天山、西天山、西南天山。吉尔吉斯斯坦、乌兹别克斯坦；亚洲有分布。

*（5082）高氏刺头菊 Cousinia gontscharowii Juz.

多年生草本。生于山地石质坡地。海拔 800~1 700 m。

产北天山。哈萨克斯坦；亚洲有分布。

*（5083）大叶刺头菊 **Cousinia grandifolia Kult.** =*Arctium grandifolium*（Kult.）S. López, Romasch., Susanna et N. Garcia

多年生草本。生于山坡岩石缝、山地草原、荒漠草原、山麓洪积扇。海拔 600~1 400 m。

产北天山、内天山、西天山、西南天山。哈萨克斯坦、吉尔吉斯斯坦、乌兹别克斯坦；亚洲有分布。

*（5084）海思塔刺头菊 **Cousinia haesitabunda Juz.** = *Arctium haesitabundum*（Juz.）S. López, Romasch., Susanna et N. Garcia

多年生草本。生于山地草甸、山地林缘、灌丛。海拔 1 500~2 800 m。

产西南天山。乌兹别克斯坦；亚洲有分布

*（5085）钩状刺头菊 **Cousinia hamadae Juz.**

多年生草本。生于低山沙质坡地、石灰岩荒漠。海拔 500~2 110 m。

产北天山。哈萨克斯坦；亚洲有分布。

*（5086）戟形叶刺头菊 **Cousinia hastifolia C. Winkl.**

二年生或多年生草本。生于山地石质坡地、黄土丘陵。海拔 600~1 900 m。

产西南天山。乌兹别克斯坦；亚洲有分布。

*（5087）浩普劳费勒刺头菊 **Cousinia hoplophylla Cherneva**

多年生草本。生于亚高山草甸、山地河谷。海拔 1 600~2 900 m。

产西天山、北天山、西南天山。乌兹别克斯坦、吉尔吉斯斯坦；亚洲有分布。

*（5088）丑刺头菊 **Cousinia horrescens Juz.** =*Arctium horrescens*（Juz.）S. López, Romasch., Susanna et N. Garcia

多年生草本。生于低山带石质山坡、山地草原、荒漠草原。海拔 900~1 800 m。

产北天山、内天山、西天山、西南天山。哈萨克斯坦、吉尔吉斯斯坦、乌兹别克斯坦；亚洲有分布。

*（5089）全缘叶刺头菊 **Cousinia integrifolia Franch.**

二年生草本。生于山地草甸、山地林缘、河谷。海拔 1 300~2 800 m。

产西天山、西南天山、北天山。哈萨克斯坦、吉尔吉斯斯坦、乌兹别克斯坦；亚洲有分布。

*（5090）卡拉山刺头菊 **Cousinia karatavica Regel et Schmalh.** =*Arctium karatavicum*（Regel et Schmalh.）Kuntze

多年生草本。生于山麓石质坡地、山溪边、低山河谷、河漫滩、山麓洪积-冲积扇。海拔 800~2 800 m。

产北天山、内天山、西天山、西南天山。哈萨克斯坦、吉尔吉斯斯坦、乌兹别克斯坦；亚洲有分布。

*（5091）哈萨克刺头菊 **Cousinia kazachorum Juz. ex Cherneva**

多年生草本。生于山地石质坡地、黄土丘陵、山麓洪积-冲积扇。海拔 700~2 100 m。

产北天山、内天山、西天山、西南天山。哈萨克斯坦、吉尔吉斯斯坦、乌兹别克斯坦；亚洲有分布。

*（5092）浩罕刺头菊 **Cousinia kokanica Regel et Schmalh. ex Regel**

二年生草本。生于山地砾石质干旱坡地。海拔 900~2 500 m。

产西南天山、西天山。乌兹别克斯坦；亚洲有分布。

＊（5093）考氏刺头菊 **Cousinia korolkowii Regel et Schmalh.** ＝*Arctium korolkowii*（Regel et Schmalh.）Kuntze
多年生草本。生于低山丘陵、山地草原、荒漠草原、黏土荒漠。海拔 900~1 900 m。
产北天山、西天山。哈萨克斯坦、吉尔吉斯斯坦；亚洲有分布。

＊（5094）科茹瑟安刺头菊 **Cousinia krauseana Regel et Schmalh. ex Regel**
二年生草本。生于亚高山草甸、石质坡地、山地草甸。海拔 2 500~3 100 m。
产北天山、西天山、西南天山。吉尔吉斯斯坦、乌兹别克斯坦；亚洲有分布。

＊（5095）绵毛刺头菊 **Cousinia lanata C. Winkl.**
多年生草本。生于山地河流阶地、黄土丘陵、山麓洪积扇。海拔 900~2 500 m。
产西南天山、西天山。乌兹别克斯坦；亚洲有分布。

（5096）丝毛刺头菊 **Cousinia lasiophylla C. Shih**
二年生草本。生于高山草甸、河谷、冲沟边。海拔 3 000~3 250 m。
产内天山。中国；亚洲有分布。
中国特有成分。

（5097）光苞刺头菊 **Cousinia leiocephala（Regel）Juz.**
二年生草本。生于山地砾石质坡地。海拔 1 180~3 200 m。
产北天山、内天山。中国、哈萨克斯坦、吉尔吉斯斯坦；亚洲有分布。

＊（5098）高刺头菊 **Cousinia lappacea Schrenk** ＝*Arctium lappaceum*（Schrenk）Kuntze
多年生草本。生于中山带石质山坡、河岸阶地、山麓洪积扇。海拔 1 200~2 500 m。
产北天山、西天山。哈萨克斯坦、乌兹别克斯坦；亚洲有分布。

＊（5099）薄刺刺头菊 **Cousinia leptacma Cherneva**
多年生草本。生于砾石质坡地、河谷、灌丛。海拔 2 300~2 900 m。
产北天山、西天山、西南天山。吉尔吉斯斯坦、乌兹别克斯坦、哈萨克斯坦；亚洲有分布。

＊（5100）细枝刺头菊 **Cousinia leptoclada Kuit.**
多年生草本。生于山地草甸、山地河谷、河流阶地、岩石缝。海拔 1 500~2 900 m。
产西南天山、西天山。乌兹别克斯坦；亚洲有分布。

＊（5101）细茎刺头菊 **Cousinia leptocladoides Cherneva**
多年生草本。生于山地草甸、林间草地、山地河谷、灌丛。海拔 1 500~2 800 m。
产北天山、西天山、西南天山。吉尔吉斯斯坦、乌兹别克斯坦、哈萨克斯坦；亚洲有分布。

＊（5102）李特维诺维刺头菊 **Cousinia litwinowiana Bornm.**
多年生草本。生于山地草甸、山崖岩石缝、灌丛。海拔 1 800~2 700 m。
产西南天山、西天山。乌兹别克斯坦；亚洲有分布。

＊（5103）瘦弱刺头菊 **Cousinia macilenta Winkl.** ＝*Arctium macilentum*（C. Winkl.）S. López, Romasch., Susanna et N. Garcia
多年生草本。生于中山带砾石质山坡。海拔 1 500~2 900 m。
产西南天山。乌兹别克斯坦；亚洲有分布。

*（5104）中央刺头菊 **Cousinia medians Juz.** = *Arctium medians*（Juz.）S. López, Romasch., Susanna et N. Garcia

多年生草本。生于山地草甸、山地林缘、河谷。海拔 1 500～2 800 m。

产北天山、西天山、西南天山。吉尔吉斯斯坦、哈萨克斯坦、乌兹别克斯坦；亚洲有分布。

*（5105）壮大刺头菊 **Cousinia magnifica Juz.**

多年生草本。生于山崖岩石缝、山地河谷、碎石质山坡。海拔 2 000～2 800 m。

产西天山、西南天山、内天山。吉尔吉斯斯坦、乌兹别克斯坦；亚洲有分布。

*（5106）马然坎迪科刺头菊 **Cousinia maracandica Juz.**

多年生草本。生于山地河谷、石灰岩丘陵、山麓平原。海拔 700～2 600 m。

产西天山、西南天山。乌兹别克斯坦；亚洲有分布。

*（5107）珍珠状刺头菊 **Cousinia margaritae Kult.**

二年生草本。生于山地细石质坡地。海拔 2 100～2 900 m。

产北天山、西天山、西南天山、内天山。吉尔吉斯斯坦、乌兹别克斯坦、哈萨克斯坦；亚洲有分布。

*（5108）小果刺头菊 **Cousinia microcarpa Boiss.**

多年生草本。生于山地石质坡地、河谷、灌丛、河岸阶地。海拔 1 800～2 100 m。

产北天山、内天山、西天山、西南天山。哈萨克斯坦、吉尔吉斯斯坦、乌兹别克斯坦；亚洲有分布。

*（5109）垫状刺头菊 **Cousinia mindshelkensis B. Fedtsch.**

多年生草本。生于山地石质坡地、灌丛。海拔 600～1 900 m。

产北天山、内天山、西天山、西南天山。吉尔吉斯斯坦、乌兹别克斯坦；亚洲有分布。

*（5110）粗根刺头菊 **Cousinia minkwitziae Bornm.**

多年生草本。生于山地草甸、山谷、碎石堆、河谷、灌丛、山地草原。海拔 1 400～2 800 m。

产北天山、内天山、西天山、西南天山。哈萨克斯坦、吉尔吉斯斯坦、乌兹别克斯坦；亚洲有分布。

*（5111）软刺头菊 **Cousinia mollis Schrehk**

二年生草本。生于石质山坡、山麓洪积扇。海拔 500～1 700 m。

产北天山、内天山、西天山、西南天山。吉尔吉斯斯坦、乌兹别克斯坦；亚洲有分布。

*（5112）忽视刺头菊 **Cousinia neglecta Juz.**

二年生草本。生于山地石质坡地、河流阶地、河谷。海拔 900～2 500 m。

产西天山、西南天山、内天山。乌兹别克斯坦、吉尔吉斯斯坦；亚洲有分布。

*（5113）脐状刺头菊 **Cousinia omphalodes Cherneva**

二年生草本。生于山地草坡、河岸阶地、低山丘陵。海拔 1 500～2 500 m。

产西南天山、西天山。乌兹别克斯坦；亚洲有分布。

*（5114）卵状刺头菊 **Cousinia oopoda Juz.**

多年生草本。生于黄土丘陵、砾石质山坡。海拔 900～1 500 m。

产北天山。哈萨克斯坦；亚洲有分布。

*（5115）山景刺头菊 **Cousinia oreodoxa Bornm. et Sint.**

多年生草本。生于山地石质坡地。海拔 900~2 500 m。

产北天山、西天山。哈萨克斯坦、吉尔吉斯斯坦、土库曼斯坦；亚洲有分布。

*（5116）毡毛状刺头菊 **Cousinia pannosiformis Cherneva**

多年生草本。生于石质山坡、河漫滩、河岸阶地。海拔 1 200~2 700 m。

产西天山、西南天山、内天山。吉尔吉斯斯坦、乌兹别克斯坦；亚洲有分布。

*（5117）五刺刺头菊 **Cousinia pentacantha Regel et Schmalh.** = *Arctium pentacanthum*（Regel et Schmalh.）Kuntze

多年生草本。生于石质山坡、山地草甸、山崖岩石缝、山地草原。海拔 1 600~2 900 m。

产北天山、西天山、西南天山、内天山。吉尔吉斯斯坦、乌兹别克斯坦、哈萨克斯坦；亚洲有分布。

*（5118）毛茎刺头菊 **Cousinia perovskiensis（Bornm.）Juz. ex Cherneva**

二年生草本。生于山地草甸、山地草原、山麓荒漠、沙丘。海拔 600~2 500 m。

产准噶尔阿拉套山。哈萨克斯坦；亚洲有分布。

哈萨克斯坦特有成分。

（5119）宽苞刺头菊 **Cousinia platylepis Schrenk ex Fisch. et C. A. Mey.**

二年生草本。生于黏土质山坡、河岸。海拔 700~2 100 m。

产北天山、西天山、西南天山。中国、哈萨克斯坦、吉尔吉斯斯坦、乌兹别克斯坦；亚洲有分布。

*（5120）阔内种皮刺头菊 **Cousinia platystegia Cherneva**

多年生草本。生于山坡草地、河流阶地、灌丛、荒漠草原。海拔 1 000~2 500 m。

产西天山、西南天山。乌兹别克斯坦；亚洲有分布。

乌兹别克斯坦特有成分。

（5121）多花刺头菊 **Cousinia polycephala Rupr.**

多年生草本。生于低山砾石质山坡。海拔 600~1 700 m。

产准噶尔阿拉套山、北天山、西天山。中国、哈萨克斯坦、吉尔吉斯斯坦、乌兹别克斯坦；亚洲有分布。

*（5122）近轴刺头菊 **Cousinia proxima Juz.**

多年生草本。生于山地草甸、山地林缘、河谷。海拔 1 600~2 800 m。

产西天山、西南天山。乌兹别克斯坦；亚洲有分布。

乌兹别克斯坦特有成分。

*（5123）假刺头菊 **Cousinia pseudaffinis Kult.**

多年生草本。生于山地草甸、山麓石质坡地。海拔 1 200~2 400 m。

产北天山、内天山、西天山、西南天山。吉尔吉斯斯坦、乌兹别克斯坦；亚洲有分布。

*（5124）假北极刺头菊 **Cousinia pseudarctium Bornm**=*Arctium pseudarctium*（Bornm.）H. Duistermaat.

多年生草本。生于山地草甸、河谷、山地草原、荒漠草原。海拔 900~2 500 m。

产北天山。哈萨克斯坦；亚洲有分布

*（5125）假被毛刺头菊 **Cousinia pseudolanata M. Pop. ex Cherneva**

多年生草本。生于山地草甸、砾石质山坡、河谷、山地草原。海拔 1 400~2 800 m。

产北天山、西天山。吉尔吉斯斯坦、乌兹别克斯坦;亚洲有分布。

*(5126) 伪软刺头菊 **Cousinia pseudomollis C. Winkl.**
　　多年生草本。生于低山石质坡地、干河滩。海拔 600~1 700 m。
　　产北天山、内天山、西天山、西南天山。哈萨克斯坦、吉尔吉斯斯坦、乌兹别克斯坦;亚洲有分布。

*(5127) 光果刺头菊 **Cousinia pterolepida Kult.** =*Arctium pterolepidum*（Kult.）S. López, Romasch. , Susanna et N. Garcia
　　多年生草本。生于亚高山草甸、河谷、山崖岩石缝。海拔 2 800~3 100 m。
　　产北天山、内天山、西天山、西南天山。吉尔吉斯斯坦、乌兹别克斯坦;亚洲有分布。

*(5128) 稍美丽刺头菊 **Cousinia pulchella Bunge**
　　二年生草本。生于山地草甸、细石质坡地。海拔 900~2 700 m。
　　产西天山、西南天山。乌兹别克斯坦;亚洲有分布。

*(5129) 锐利刺头菊 **Cousinia pungens Juz.**
　　多年生草本。生于山地草甸、低山丘陵、河谷。海拔 1 200~2 800 m。
　　产西南天山。乌兹别克斯坦;亚洲有分布。

*(5130) 矮小刺头菊 **Cousinia pygmaea C. Winkl.**
　　一年生草本。生于黄土丘陵、山麓荒漠。海拔 600~1 600 m。
　　产北天山、西天山、西南天山。吉尔吉斯斯坦、哈萨克斯坦;亚洲有分布。

*(5131) 骤折刺头菊 **Cousinia refracta（Bornm.）Juz.** =*Arctium refractum*（Bornm.）S. López, Romasch. , Susanna et N. Garcia
　　多年生草本。生于中山带草甸、山地林下、河谷。海拔 1 600~3 000 m。
　　产西天山、西南天山、内天山。吉尔吉斯斯坦、乌兹别克斯坦;亚洲有分布。

*(5132) 球根刺头菊 **Cousinia resinosa Juz.**
　　多年生草本。生于山地石质坡地、河流阶地、细石质沙滩。海拔 800~2 400 m。
　　产北天山、内天山、西天山、西南天山。吉尔吉斯斯坦、乌兹别克斯坦;亚洲有分布。

*(5133) 硬叶刺头菊 **Cousinia rigida Kult.**
　　多年生草本。生于石质坡地、河谷、灌丛、河岸沙地。海拔 800~1 900 m。
　　产北天山、内天山、西天山、西南天山。哈萨克斯坦、吉尔吉斯斯坦、乌兹别克斯坦;亚洲有分布。

*(5134) 粗糙刺头菊 **Cousinia scabrida Juz.**
　　多年生草本。生于山地草甸、低山丘陵、河谷沙地。海拔 1 800~2 000 m。
　　产北天山、内天山、西天山、西南天山。吉尔吉斯斯坦、乌兹别克斯坦;亚洲有分布。

*(5135) 阿赫苏刺头菊 **Cousinia schepsaica Karmysch.**
　　多年生草本。生于亚高山草甸、细石质山坡、河谷。海拔 2 400~2 700 m。
　　产北天山、内天山、西天山、西南天山。吉尔吉斯斯坦、乌兹别克斯坦;亚洲有分布。

*(5136) 斯凯氏刺头菊 **Cousinia schmalhausenii C. Winkl.** =*Arctium schmalhausenii*（C. Winkl.）Kuntze
　　多年生草本。生于低山石质坡地、山地草原、荒漠草原、山麓洪积扇。海拔 900~1 800 m。

产西南天山、西天山。乌兹别克斯坦;亚洲有分布。

*(5137) 硬刺刺头菊 **Cousinia scleracantha Kult. ex Cherneva**

　　多年生草本。生于山地草甸、黄土丘陵。海拔 700~2 600 m。

　　产北天山。哈萨克斯坦;亚洲有分布。

(5138) 硬苞刺头菊 **Cousinia sclerolepis C. Shih**

　　二年生草本。生于亚高山石质坡地、山地草甸。海拔 3 000~3 200 m。

　　产内天山。中国;亚洲有分布。

　　中国特有成分。

*(5139) 半尖锐刺头菊 **Cousinia semilacera Juz.**

　　多年生草本。生于中低山带砾质坡地。海拔 1 200~2 900 m。

　　产西天山、西南天山。乌兹别克斯坦;亚洲有分布。

*(5140) 赛氏刺头菊 **Cousinia severzovii Regel**

　　多年生草本。生于中山带石质-细石质坡地。海拔 2 000 m。

　　产北天山、内天山、西天山、西南天山。哈萨克斯坦、吉尔吉斯斯坦、乌兹别克斯坦;亚洲有分布。

*(5141) 相仿刺头菊 **Cousinia simulatrix C. Winkl.**

　　二年生草本。生于中山带砾石质坡地。海拔 1 600~2 500 m。

　　产西天山、西南天山、内天山。吉尔吉斯斯坦、乌兹别克斯坦;亚洲有分布。

*(5142) 斯皮氏刺头菊 **Cousinia spiridonovii Juz.**

　　多年生草本。生于细石质山坡、河谷、黏土荒漠。海拔 600~2 600 m。

　　产北天山、西天山、西南天山。乌兹别克斯坦、哈萨克斯坦;亚洲有分布。

*(5143) 斯普氏刺头菊 **Cousinia spryginii Kult.**

　　二年生草本。生于石质坡地、黄土丘陵、荒漠草原。海拔 800~2 600 m。

　　产西南天山。乌兹别克斯坦;亚洲有分布。

*(5144) 劲直刺头菊 **Cousinia stricta Cherneva**

　　多年生草本。生于细石质坡地、黄土丘陵。海拔 800~2 100 m。

　　产北天山、西天山、西南天山、内天山。乌兹别克斯坦、吉尔吉斯斯坦、哈萨克斯坦;亚洲有分布。

*(5145) 近下垂刺头菊 **Cousinia subappendiculata Kult.**

　　多年生草本。生于石质山坡、河谷、山崖岩石缝。海拔 1 200~2 600 m。

　　产西南天山。乌兹别克斯坦;亚洲有分布。

*(5146) 近钝头刺头菊 **Cousinia submutica Franch.**

　　二年生草本。生于中山带砾石质坡地。海拔 1 500~2 900 m。

　　产西南天山、西天山、内天山。乌兹别克斯坦、吉尔吉斯斯坦;亚洲有分布。

*(5147) 塔拉斯刺头菊 **Cousinia talassica（Kult.）Juz. ex Cherneva**

　　多年生草本。生于山崖砾岩堆、山麓沙砾质坡地。海拔 500~2 600 m。

产北天山、西天山、西南天山。哈萨克斯坦、吉尔吉斯斯坦、乌兹别克斯坦;亚洲有分布。

*(5148) 似柽柳刺头菊 **Cousinia tamarae Juz.**

二年生草本。生于中山带沟谷、河岸阶地、砾质-黏土质坡地。海拔 1 600~2 800 m。

产北天山、西天山、西南天山。哈萨克斯坦、吉尔吉斯斯坦、乌兹别克斯坦;亚洲有分布。

(5149) 细弱刺头菊 **Cousinia tenella Fisch. et C. A. Mey.**

一年生草本。生于山地草甸、山坡草地、山麓平原荒漠、沙丘边缘。海拔 500~2 800 m。

产东北天山、北天山、内天山、西天山、西南天山。中国、哈萨克斯坦、吉尔吉斯斯坦、乌兹别克斯坦、伊朗、阿富汗、俄罗斯;亚洲、欧洲有分布。

*(5150) 特努瑟柯塔刺头菊 **Cousinia tenuisecta Juz.**

多年生草本。生于细石质山坡、河岸阶地、山地草原。海拔 800~2 100 m。

产北天山、内天山。吉尔吉斯斯坦;亚洲有分布。

*(5151) 纤刺刺头菊 **Cousinia tenuispina Rech. f.** = *Cousinia leptacantha* Rech. f. et Koeie

多年生草本。生于石质坡地、河漫滩。海拔 900~2 700 m。

产北天山。哈萨克斯坦;亚洲有分布。

*(5152) 天山刺头菊 **Cousinia tianschanica Kult.**

二年生草本。生于中山带石质坡地、河岸阶地、山崖岩石缝。海拔 1 600~1 900 m。

产北天山、内天山、西天山、西南天山。哈萨克斯坦、吉尔吉斯斯坦、乌兹别克斯坦;亚洲有分布。

*(5153) 小茸毛刺头菊 **Cousinia tomentella C. Winkl.**

多年生草本。生于山地草甸、山坡草地、河谷。海拔 1 800~2 800 m。

产北天山、西天山、西南天山。吉尔吉斯斯坦、乌兹别克斯坦、哈萨克斯坦;亚洲有分布。

*(5154) 粗糙叶刺头菊 **Cousinia trachyphylla Juz.**

多年生草本。生于碎石质坡地、灌丛。海拔 1 700~2 500 m。

产内天山、西南天山。乌兹别克斯坦;亚洲有分布。

乌兹别克斯坦特有成分。

*(5155) 外伊犁刺头菊 **Cousinia transiliensis Juz.**

多年生草本。生于黄土丘陵、山麓平原。海拔 700~1 800 m。

产北天山、西南天山。哈萨克斯坦、乌兹别克斯坦;亚洲有分布。

*(5156) 透明黄刺头菊 **Cousinia transoxana Cherneva**

多年生草本。生于山坡草地、荒漠草原、山麓平原。海拔 700~2 500 m。

产北天山、西天山、西南天山。哈萨克斯坦、乌兹别克斯坦、吉尔吉斯斯坦;亚洲有分布。

*(5157) 三花刺头菊 **Cousinia triflora Schrenk** = *Arctium triflorum* (Schrenk) Kuntze

多年生草本。生于细石质山坡、河谷、山地草原、荒漠草原。海拔 600~2 000 m。

产北天山、内天山。哈萨克斯坦、吉尔吉斯斯坦;亚洲有分布。

*(5158) 土耳其刺头菊 **Cousinia turkestanica (Regel) Juz.** = *Cousinia syrdarjensis* Kult.

多年生草本。生于山地草甸、山地草原、石灰岩坡地、山麓洪积扇、平原荒漠、沙地。海拔 800~2 100 m。

产北天山、内天山、西天山、西南天山。哈萨克斯坦、吉尔吉斯斯坦、乌兹别克斯坦;亚洲有分布。

*(5159) 乌加明刺头菊 **Cousinia ugamensis Karmysch.** =*Arctium ugamense* (Karmysch.) S. López, Romasch. , Susanna et N. Garcia

多年生草本。生于亚高山草甸、石质山坡、河床。海拔 1 800~2 900 m。

产西南天山。乌兹别克斯坦;亚洲有分布。

乌兹别克斯坦特有成分。

*(5160) 卷毛刺头菊 **Cousinia ulotoma Bornm.**

二年生草本。生于山地草甸、山谷、河漫滩、河流阶地。海拔 900~2 500 m。

产西天山、西南天山。乌兹别克斯坦;亚洲有分布。

*(5161) 粗茎刺头菊 **Cousinia vavilovii Kult.** =*Arctium vavilovii* (Kult.) S. López, Romasch. , Susanna et N. Garcia

多年生草本。生于亚高山草甸、碎石质山坡。海拔 2 600~2 900 m。

产北天山、内天山。吉尔吉斯斯坦;亚洲有分布。

吉尔吉斯斯坦特有成分。

*(5162) 黑毛刺头菊 **Cousinia vicaria Kult.**

多年生草本。生于细石质坡地、碎石堆、干河床。海拔 900~1 800 m。

产北天山、内天山、西天山、西南天山。哈萨克斯坦、吉尔吉斯斯坦、乌兹别克斯坦;亚洲有分布。

*(5163) 维登思凯刺头菊 **Cousinia vvedenskyi Cherneva**

二年生草本。生于中山带砾石质坡地、山麓洪积扇。海拔 1 200~2 700 m。

产北天山、西天山。哈萨克斯坦、吉尔吉斯斯坦、乌兹别克斯坦;亚洲有分布。

*(5164) 金黄刺头菊 **Cousinia xanthina Bornm.**

多年生草本。生于山地细石质坡地、碎石堆、山地河谷。海拔 1 800~2 700 m。

产西天山、西南天山。乌兹别克斯坦;亚洲有分布。

*(5165) 大头刺头菊 **Cousinia xanthiocephala Cherneva**

多年生草本。生于黄土丘陵、石灰岩坡地、红色高岭土荒漠。海拔 600~2 300 m。

产北天山、西天山、西南天山。哈萨克斯坦、乌兹别克斯坦;亚洲有分布。

*688. 蓝刺菊属 Cousiniopsis Nevski

*(5166) 卡萨克蓝刺菊 **Cousinia kazachorum Juz. ex Cherneva**

多年生草本。生于干旱山坡、黄土丘陵、山麓平原。海拔 900~2 700 m。

产西天山、北天山。哈萨克斯坦;亚洲有分布。

689. 虎头蓟属 Schmalhausenia C. Winkl.

(5167) 虎头蓟 **Schmalhausenia nidulans** (Regel) Petr.

多年生草本。生于高山和亚高山草甸、干旱石质-黏土质山坡、砾岩堆、山地草原。海拔 1 600~3 600 m。

产北天山、内天山、西天山、西南天山。中国、哈萨克斯坦、吉尔吉斯斯坦、乌兹别克斯坦;亚洲有分布。

单种属植物。

690. 牛蒡属 Arctium L.

*（5168）灰背牛蒡 **Arctium evidens**（Cherneva）**S. López, Romasch., Susanna et N. Garcia** =*Hypac-anthium evidens* O. V. Cherneva

多年生草本。生于砾石质山坡、河岸阶地。海拔 700~2 700 m。

产西天山、西南天山、内天山。吉尔吉斯斯坦、乌兹别克斯坦;亚洲有分布。

（5169）牛蒡 **Arctium lappa L.**

二年生草本。生于山坡草地、山谷、山地林缘、林间草地、水边湿地、村落周边、路旁、田间、荒地。海拔 420~3 500 m。

产东天山、东北天山、准噶尔阿拉套山、北天山、东南天山、中央天山、内天山。中国、哈萨克斯坦、俄罗斯;亚洲、欧洲有分布。

药用、食用、油料、饲用、纤维、蜜源。

*（5170）光果牛蒡 **Arctium leiospermum Juz. et C. Sergievsk.**

二年生草本。生于山地草坡、河谷、山溪边、渠边、路旁。海拔 500~2 800 m。

产北天山、西天山、西南天山。哈萨克斯坦、吉尔吉斯斯坦、乌兹别克斯坦、俄罗斯;亚洲有分布。

*（5171）苍白牛蒡 **Arctium pallidivirens**（Kult.）**S. López, Romasch., Susanna et N. Garcia**

多年生草本。生于石质山坡、山谷、河流阶地。海拔 600~1 700 m。

产西南天山。乌兹别克斯坦;亚洲有分布。

（5172）毛头牛蒡 **Arctium tomentosum Mill.**

二年生草本。生于山坡草甸、河谷、山地林下、林间草地、水边、湿地、荒地、田间、田边、路旁。海拔 530~4 200 m。

产东天山、东北天山、准噶尔阿拉套山、北天山、东南天山。中国、哈萨克斯坦、吉尔吉斯斯坦、俄罗斯;亚洲、欧洲有分布。

药用、食用、饲料、蜜源。

691. 顶羽菊属 Acroptilon Cass.（漏芦属 Rhaponticum Vaill.）

（5173）顶羽菊 **Acroptilon repens**（L.）**DC.** =*Rhaponticum repens*（L.）Hidalgo

多年生草本。生于山谷石砾地、荒漠草原、砾质荒漠、盐渍化草甸、湖边盐渍化洼地、山坡草地、水旁、沟边、盐碱地、田边、荒地、沙地。海拔 -90~2 950 m。

产东天山、东北天山、准噶尔阿拉套山、北天山、东南天山、中央天山、内天山、西天山。中国、哈萨克斯坦、吉尔吉斯斯坦、蒙古、俄罗斯;亚洲、欧洲有分布。

单种属植物。药用、饲料、胶脂、有毒。

692. 猬菊属 Olgaea Iljin

*（5174）毛头猬菊 **Olgaea eriocephala**（C. Winkl.）**Iljin**

多年生草本。生于冰川冰碛碎石堆、石质坡地、河谷。海拔 2 900~3 600 m。

产西南天山、内天山。吉尔吉斯斯坦、乌兹别克斯坦;亚洲有分布。

（5175）九眼菊 **Olgaea laniceps**（C. G. A. Winkl.）**Iljin**

多年生草本。生于山谷砾石河滩、沙砾质山坡。海拔 1 825~2 100 m。

产东南天山、中央天山。中国;亚洲有分布。

中国特有成分。药用。

*（5176）长叶猬菊 **Olgaea longifolia**（**C. Winkl.**）**Iljin**

　　多年生草本。生于高山和亚高山草甸、石质山坡、河谷、山崖岩石缝。海拔 2 800~3 100 m。

　　产西南天山、内天山。吉尔吉斯斯坦、乌兹别克斯坦；亚洲有分布。

*（5177）冷猬菊 **Olgaea nivea**（**C. Winkl.**）**Iljin**

　　多年生草本。生于砾石质山坡、干旱山坡、山地草原、山麓洪积扇。海拔 2 600~3 100 m。

　　产西南天山、内天山。吉尔吉斯斯坦、乌兹别克斯坦；亚洲有分布。

（5178）新疆猬菊 **Olgaea pectinata Iljin**

　　多年生草本。生于砾石质山坡。海拔 2 900 m 上下。

　　产北天山、内天山、西天山、西南天山。中国、哈萨克斯坦、吉尔吉斯斯坦、乌兹别克斯坦；亚洲有分布。

　　药用。

*（5179）原始岩生猬菊 **Olgaea petri-primi B. A. Sharipova**

　　多年生草本。生于石质山坡、山地阔叶林下、灌丛草甸。海拔 1 300~2 800 m。

　　产西南天山、内天山。吉尔吉斯斯坦、乌兹别克斯坦；亚洲有分布。

（5180）假九眼菊 **Olgaea roborowskyi Iljin**

　　多年生草本。生于砾石荒漠、山坡草地。海拔 2 627~2 730 m。

　　产内天山。中国；亚洲有分布。

　　中国特有成分。药用。

*（5181）刺猬菊 **Olgaea spinifera Iljin**

　　多年生草本。生于石质山坡、河谷、山地草原。海拔 800~1 800 m。

　　产西南天山、内天山。吉尔吉斯斯坦、乌兹别克斯坦；亚洲有分布。

*（5182）维登思凯猬菊 **Olgaea vvedenskyi Iljin**

　　多年生草本。生于细石质山坡、河谷。海拔 700~1 500 m。

　　产西天山、西南天山、内天山。吉尔吉斯斯坦、乌兹别克斯坦；亚洲有分布。

693. 翅膜菊属 Alfredia Cass.

（5183）薄叶翅膜菊 **Alfredia acantholepis Kar. et Kir.**

　　多年生草本。生于山地草甸、山地林下、林缘、阴湿处、山地草原。海拔 1 650~3 250 m。

　　产东天山、东北天山、准噶尔阿拉套山、北天山、东南天山、内天山。中国、哈萨克斯坦、吉尔吉斯斯坦；亚洲有分布。

　　药用。

（5184）糙毛翅膜菊 **Alfredia aspera C. Shih**

　　多年生草本。生于山地草甸、山地林缘、林间草地。海拔 1 700~3 100 m。

　　产东天山、东南天山。中国；亚洲有分布。

　　中国特有成分。药用。

（5185）翅膜菊 **Alfredia cernua**（**L.**）**Cass.**

　　多年生草本。生于山地岩石缝、山地森林带阳坡草地、沼泽草甸。海拔 1 400~2 300 m。

产准噶尔阿拉套山、北天山。中国、哈萨克斯坦、俄罗斯;亚洲有分布。

药用。

(5186) 长叶翅膜菊 **Alfredia fetissowii Iljin**

多年生草本。生于亚高山草甸、山地草甸、山谷、山坡草地。海拔 2 100~2 750 m。

产北天山、东南天山、中央天山。中国、吉尔吉斯斯坦、乌兹别克斯坦;亚洲有分布。

药用。

*(5187) 全叶翅膜菊 **Alfredia integrifolia（Iljin）Tuljaganova**

多年生草本。生于中山带石质盆地、河谷。海拔 700~2 100 m。

产北天山。哈萨克斯坦;亚洲有分布。

(5188) 厚叶翅膜菊 **Alfredia nivea Kar. et Kir.**

多年生草本。生于山地草甸、砾石山坡、山地云杉林下、河谷草甸、路旁。海拔 1 200~2 850 m。

产东天山、准噶尔阿拉套山、北天山、东南天山。中国、哈萨克斯坦、吉尔吉斯斯坦;亚洲有分布。

药用。

*694. 线嘴菊属 Steptorhamphus Bunge

*(5189) 海缘菜叶线嘴菊 **Steptorhamphus crambifolius Bunge**

多年生草本。生于石质山坡、荒漠草原、山口阶地、山崖石缝、洪积扇。海拔 900~1 900 m。

产西天山、西南天山。吉尔吉斯斯坦、乌兹别克斯坦;亚洲有分布。

*(5190) 粗枝线嘴菊 **Steptorhamphus crassifolius（Trautv.）Kirp.**

多年生草本。生于细石质山坡、砾岩、山崖石缝、山坡裸露石堆、石灰岩丘陵。海拔 700~2 700 m。

产北天山、西天山、西南天山。哈萨克斯坦、吉尔吉斯斯坦、乌兹别克斯坦;亚洲有分布。

*695. 纤刺菊属 Stizolophus Cass.

*(5191) 多汁斯特菊 **Stizolophus balsamita（Lam.）Cass.**

一年生草本。生于山坡草地、山麓平原、轻度盐碱化草地、路旁。海拔 500~2 400 m。

产北天山、西南天山、西天山。哈萨克斯坦、吉尔吉斯斯坦、乌兹别克斯坦、俄罗斯;亚洲有分布。

696. 疆菊属 Syreitschikovia Pavl.

*(5192) 刺疆菊 **Syreitschikovia spinulosa（Franch.）Pavlov**

多年生草本。生于山地圆柏灌丛、岩石缝、碎石质山坡。海拔 2 600~3 000 m。

产北天山、内天山、西天山、西南天山。哈萨克斯坦、吉尔吉斯斯坦、乌兹别克斯坦;亚洲有分布。

(5193) 疆菊 **Syreitschikovia tenuifolia（Bong.）Pavl.**

多年生草本。生于山地草甸、砾石质山坡、山地草原。海拔 1 200~2 400 m。

产准噶尔阿拉套山、北天山。中国、哈萨克斯坦、吉尔吉斯斯坦;亚洲有分布。

寡种属植物。

697. 蓟属 Cirsium Hill.

(5194) 准噶尔蓟 **Cirsium alatum（S. G. Gmel.）Bobrov**

多年生草本。生于山前平原盐化草甸、河和湖边草甸、蒿属荒漠、路旁、田间。海拔 420～2 200 m。

产东天山、东北天山、准噶尔阿拉套山、北天山、西天山、西南天山。中国、哈萨克斯坦、吉尔吉斯斯坦、乌兹别克斯坦、俄罗斯;亚洲、欧洲有分布。

药用。

(5195) 天山蓟 **Cirsium alberti Regel et Schmalh.**

多年生草本。生于山坡草地、山地林缘、林间草地、河滩草地、水边。海拔 1 000～2 400 m。

产东天山、东北天山、准噶尔阿拉套山、北天山、东南天山、中央天山。中国、哈萨克斯坦;亚洲有分布。

饲料、药用。

*(5196) 尖头蓟 **Cirsium apiculatum DC.** ＝ *Cirsium libanoticum* DC.

多年生草本。生于山地河边湿地。海拔 400～2 400 m。

产西天山、内天山。吉尔吉斯斯坦、乌兹别克斯坦;亚洲有分布。

(5197) 丝路蓟 **Cirsium arvense（L.）Scop.** ＝ *Cirsium ochrolepideum* Juz.

多年生草本。生于砾石质山坡、荒漠戈壁、荒漠草原、荒地、河滩、绿洲、渠边、路旁、田间、沙地。海拔 170～2 500 m。

产东天山、东北天山、准噶尔阿拉套山、北天山、东南天山、西天山、西南天山。中国、哈萨克斯坦、吉尔吉斯斯坦、乌兹别克斯坦、俄罗斯;亚洲、欧洲有分布。

油料、蜜源、有毒、饲料、药用。

*(5198) 巴巴山蓟 **Cirsium badakhschanicum Charadze**

多年生草本。生于山地草甸、河谷、山地草原。海拔 800～3 100 m。

产西天山、西南天山、内天山。吉尔吉斯斯坦、乌兹别克斯坦;亚洲有分布。

*(5199) 短冠毛蓟 **Cirsium brevipapposum Tscherneva**

多年生草本。生于山地草甸湿地、沼泽草甸、河谷。海拔 800～2 900 m。

产西南天山、内天山。吉尔吉斯斯坦、乌兹别克斯坦、俄罗斯;亚洲有分布。

(5200) 莲座蓟 **Cirsium esculentum（Siev.）C. A. Mey.**

多年生草本。生于高山和亚高山草甸、山溪边、山间谷地、灌丛、山坡潮湿地、河漫滩、沼泽地、沟渠边、盐渍化湖边、村落周边。海拔 200～3 600 m。

产东天山、东北天山、准噶尔阿拉套山、北天山、东南天山、内天山、西天山、西南天山。中国、哈萨克斯坦、吉尔吉斯斯坦、乌兹别克斯坦、蒙古、俄罗斯;亚洲、欧洲有分布。

药用、饲料。

*(5201) 光叶蓟 **Cirsium glaberrimum（Petr.）Petr.**

二年或多年生草本。生于山地草甸、山崖岩石缝、山地圆柏灌丛、石质河滩。海拔 800～2 800 m。

产准噶尔阿拉套山、西天山、西南天山、内天山。哈萨克斯坦、吉尔吉斯斯坦、乌兹别克斯坦;亚洲有分布。

(5202) 无毛蓟 **Cirsium glabrifolium**（**C. G. A. Winkl.**）**O. Fedtsch. et B. Fedtsch.**

多年生草本。生于山坡草地、山谷砾石质河岸边、田间、路边。海拔 1 600~2 500 m。

产东天山、东北天山、准噶尔阿拉套山、北天山、西天山、西南天山。中国、哈萨克斯坦、吉尔吉斯斯坦、乌兹别克斯坦、印度；亚洲有分布。

药用。

*（5203） 旋复蓟 **Cirsium helenioides**（**L.**）**Hill**

多年生草本。生于山地草甸、山地林缘、山谷河边。海拔 1 400~2 800 m。

产准噶尔阿拉套山。哈萨克斯坦、俄罗斯；亚洲、欧洲有分布。

（5204） 阿尔泰蓟 **Cirsium incanum**（**S. G. Gmel.**）**Fisch. ex M. Bieb.** = *Cirsium arvense* var. *vestitum* Wimmer et Grabowski

多年生草本。生于亚高山草甸、沟谷水边、山地草原、湿地、河滩、沙漠、田间。海拔 300 ~ 2 156 m。

产东天山、北天山、西天山、西南天山。中国、哈萨克斯坦、吉尔吉斯斯坦、乌兹别克斯坦、俄罗斯；亚洲、欧洲有分布。

饲料。

*（5205） 粗枝蓟 **Cirsium lamyroides Tamamsch.** = *Lamyropsis macracantha*（Schrenk）Dittrich

多年生草本。生于山地河谷、石质山坡、阶地。海拔 500~1 900 m。

产准噶尔阿拉套山、北天山、西天山、西南天山。哈萨克斯坦、吉尔吉斯斯坦、乌兹别克斯坦；亚洲有分布。

（5206） 藏蓟 **Cirsium lanatum**（**Roxb. ex Willd.**）**Spreng.** = *Cirsium arvense* var. *alpestre* Nägeli

多年生草本。生于高山和亚高山草甸、河、湖岸边、水渠边、湿地、村落周边、路旁、农田。海拔 500~4 300 m。

产东天山、东北天山、东南天山、中央天山、内天山。中国、印度；亚洲有分布。

药用。

*（5207） 里巴滓提蓟 **Cirsium libanoticum DC.** = *Cirsium apiculatum* DC.

多年生草本。生于山地河流湿地。海拔 400~2 400 m。

产西天山。吉尔吉斯斯坦、乌兹别克斯坦；亚洲有分布。

*（5208） 高蓟 **Cirsium ochrolepideum Juz.**

多年生草本。生于绿洲、田边、渠边。海拔 300~1 200 m。

产准噶尔阿拉套山、北天山、西天山、西南天山。哈萨克斯坦、吉尔吉斯斯坦、乌兹别克斯坦；亚洲有分布。

*（5209） 如苏罗蓟 **Cirsium rassulovii B. A. Sharipova**

多年生草本。生于山地圆柏灌丛、草甸灌丛、河谷草地、黏土质山坡。海拔 2 300~2 500 m。

产西南天山、内天山。吉尔吉斯斯坦、乌兹别克斯坦；亚洲有分布。

（5210） 赛里木蓟 **Cirsium sairamense**（**C. G. A. Winkl.**）**O. Fedtsch. et B. Fedtsch.**

多年生草本。生于山地草甸、山地林下、石质河滩、山谷、山坡草地、水边、路旁。海拔 1 700~ 3 030 m。

产东天山、东北天山、准噶尔阿拉套山、北天山、内天山、西天山、西南天山。中国、哈萨克斯坦、吉尔吉斯斯坦、乌兹别克斯坦;亚洲有分布。

药用。

(5211) 新疆蓟 **Cirsium semenovii Regel et Schmalh.**

多年生草本。生于山地草甸、林间草地、山坡草地、山谷河边。海拔 1 500~3 800 m。

产东天山、东北天山、准噶尔阿拉套山、北天山、东南天山、内天山。中国、哈萨克斯坦、吉尔吉斯斯坦、乌兹别克斯坦;亚洲有分布。

药用。

*(5212) 细齿蓟 **Cirsium serrulatum**(**M. Bieb.**)**Fischer**

二年生草本。生于盐渍化草甸、路边、河边。海拔 400~1 200 m。

产北天山。哈萨克斯坦、吉尔吉斯斯坦、俄罗斯;亚洲、欧洲有分布。

(5213) 刺儿菜 **Cirsium setosum**(**Willd.**)**M. Bieb.** = *Cirsium arvense* var. *integrifolium* Wimmer et Grabowski

多年生草本。生于山地林缘、林间草地、河谷、水边、平原荒地、田间、路旁。海拔 170~2 584 m。

产东天山、东北天山、准噶尔阿拉套山、北天山、东南天山、中央天山、内天山。中国、哈萨克斯坦、吉尔吉斯斯坦、朝鲜、日本、蒙古、俄罗斯;亚洲、欧洲有分布。

药用、食用、饲料。

(5214) 附片蓟 **Cirsium sieversii**(**Fisch. et C. A. Mey.**)**Petr.** = *Cirsium polyacanthum* Kar. et Kir.

多年生草本。生于山地林缘、山坡草地、水边、潮湿地。海拔 1 600~2 850 m。

产东天山、准噶尔阿拉套山、北天山、东南天山、西天山、西南天山。中国、哈萨克斯坦、吉尔吉斯斯坦、乌兹别克斯坦、俄罗斯;亚洲有分布。

药用。

*(5215) 土耳其蓟 **Cirsium turkestanicum**(**Regel**)**Petr.**

多年生草本。生于石质山坡、河谷、山崖岩石缝。海拔 2 200~3 500 m。

产北天山、内天山、西天山、西南天山。哈萨克斯坦、吉尔吉斯斯坦、乌兹别克斯坦、俄罗斯;亚洲有分布。

(5216) 翼蓟 **Cirsium vulgare**(**Savi**)**Ten.**

二年生草本。生于山谷、河滩草地、水边、湿地。海拔 470~2 170 m。

产东天山、东北天山、准噶尔阿拉套山、北天山、西天山、西南天山。中国、哈萨克斯坦、吉尔吉斯斯坦、乌兹别克斯坦、俄罗斯;亚洲、欧洲、非洲、美洲有分布。

药用。

698. 肋果蓟属 Ancathia DC.

(5217) 肋果蓟 **Ancathia igniaria**(**Spreng.**)**DC.**

多年生草本。生于沙砾质山坡、山谷、荒漠戈壁。海拔 500~2 100 m。

产东天山、准噶尔阿拉套山。中国、哈萨克斯坦、蒙古、俄罗斯;亚洲有分布。

单种属植物。

699．大翅蓟属 Onopordum L.

（5218）大翅蓟 **Onopordum acanthium L.**

二年生草本。生于山地荒坡、干旱河谷、田间、水沟边、路边。海拔 420～1 200 m。

产东天山、东北天山、北天山、西天山、西南天山。中国、哈萨克斯坦、吉尔吉斯斯坦、乌兹别克斯坦、伊朗、俄罗斯；亚洲、欧洲有分布。

油料、食用、药用。

*（5219）羽冠大翅蓟 **Onopordum leptolepis DC.**

二年生草本。生于沙砾质山坡、河谷、荒地。海拔 800～2 900 m。

产北天山、内天山、西天山、西南天山。哈萨克斯坦、吉尔吉斯斯坦、乌兹别克斯坦；亚洲有分布。

*（5220）孜拉普善蓟 **Onopordum seravschanicum Tamamsch.**

二年生草本。生于山地草甸、细石质山坡、砾岩堆、河谷。海拔 800～2 950 m。

产西南天。乌兹别克斯坦；亚洲有分布。

700．鼠麴草属 Gnaphalium L.

*（5221）鼠麴草 **Gnaphalium norvegicum Gunn.** = *Omalotheca norvegica*（Gunn.）Sch. Bip. et F. W. Schultz

多年生草本。生于高山和亚高山草甸、山地林缘、山地草原。海拔 1 400～3 100 m。

产北天山、西天山。哈萨克斯坦、吉尔吉斯斯坦；亚洲有分布。

701．飞廉属 Carduus L.

*（5222）白飞廉 **Carduus albicus Bieb.** = *Carduus pycnocephalus* subsp. *albidus*（M. Bieb.）Kazmi

一年生草本。生于干旱山谷、河谷、灌丛、荒漠草原、山麓洪积扇、渠边、河旁。海拔 400～2 300 m。

产北天山、西天山、西南天山、内天山。哈萨克斯坦、吉尔吉斯斯坦、乌兹别克斯坦、俄罗斯；亚洲、欧洲有分布。

*（5223）灰叶飞廉 **Carduus cinereus Bieb.** = *Carduus pycnocephalus* subsp. *cinereus*（M. Bieb.）Davis

一年生草本。生于低山丘陵、山麓洪积扇、平原轻度盐渍化草地、荒漠草地。海拔 500～1 400 m。

产西南天山、内天山。吉尔吉斯斯坦、乌兹别克斯坦、俄罗斯；亚洲、欧洲有分布。

（5224）丝毛飞廉 **Carduus crispus L.**

二年生或多年生草本。生于山坡草地、山地灌丛、田间、路旁、荒漠河岸边、固定和半固定沙丘。海拔 400～3 600 m。

产准噶尔阿拉套山、北天山。中国、哈萨克斯坦、吉尔吉斯斯坦、朝鲜、蒙古、俄罗斯；亚洲、欧洲、美洲有分布。

药用、食用、油料、饲料、蜜源。

（5225）飞廉 **Carduus nutans L.** = *Carduus schischkinii* Tammsch.

二年生或多年生草本。生于山地林缘、山地草甸、砾石质山坡、山谷水边、田边。海拔 500～2 300 m。

产东天山、东北天山、准噶尔阿拉套山、北天山、西天山、西南天山。中国、哈萨克斯坦、吉尔吉

斯斯坦、乌兹别克斯坦、俄罗斯；亚洲、欧洲、非洲有分布。

饲料、食用、药用、油料、蜜源。

*（5226）鹰嘴飞廉 **Carduus uncinatus** Bieb.

多年生草本。生于山地草甸、干河谷、山溪边、山地草原。海拔 900~2 600 m。

产北天山、内天山、西天山、西南天山。哈萨克斯坦、吉尔吉斯斯坦、乌兹别克斯坦；亚洲有分布。

*702. 水飞蓟属 Silybum Adans.

（5227）水飞蓟 **Silybum marianum**（L.）Gaertn.

一年生或二年生草本。生于山地河谷、山崖石缝、绿洲、路旁。海拔 300~2 400 m。

产北天山。中国（栽培）、哈萨克斯坦、俄罗斯；亚洲、欧洲、北非有分布。

药用。

703. 寡毛菊属 Oligochaeta C. Koch.

（5228）寡毛菊 **Oligochaeta minima**（Boiss.）Briq.

一年生草本。生于低山砾石质山坡、平原砾石戈壁、覆沙地、沙地。海拔 200~500 m。

产东北天山。中国、土库曼斯坦、伊朗；亚洲有分布。

寡种属植物。

704. 半毛菊属 Crupina Cass.

（5229）半毛菊 **Crupina vulgaris**（Pers.）Cass.

一年生草本。生于砾石质山坡。海拔 1 100 m 上下。

产北天山、西天山、西南天山。中国、哈萨克斯坦、吉尔吉斯斯坦、乌兹别克斯坦、俄罗斯；亚洲、欧洲有分布。

705. 麻花头属 Klasea Cass.

*（5230）光柄麻花头 **Klasea aphyllopoda**（Iljin）Holub ＝ *Serratula aphyllopoda* Iljin

多年生草本。生于荒漠草原、山麓平原。海拔 500~1 300 m。

产西天山、西南天山、内天山。吉尔吉斯斯坦、乌兹别克斯坦；亚洲有分布。

（5231）分枝麻花头 **Klasea cardunculus**（Pall.）Holub ＝ *Serratula cardunculus*（Pall.）Schischk.

多年生草本。生于山地草甸、沟谷草地。海拔 1 400~2 600 m。

产准噶尔阿拉套山、北天山、内天山。中国、哈萨克斯坦、吉尔吉斯斯坦、蒙古、俄罗斯；亚洲、欧洲有分布。

*（5232）纸质叶麻花头 **Klasea chartacea**（C. Winkl.）L. Martins ＝ *Serratula chartacea* C. Winkl.

多年生草本。生于山地阳坡草地、灌丛、细土质-细石质坡地。海拔 800~2 500 m。

产西南天山、内天山。吉尔吉斯斯坦、乌兹别克斯坦；亚洲有分布。

*（5233）叉毛麻花头 **Klasea dissecta**（Ledeb.）L. Martins ＝ *Serratula dissecta* Ledeb. ＝ *Serratula angulata* Kar. et Kir.

多年生草本。生于石质山坡、山地草甸、细石质坡地、沙砾地、平原草地、沙漠。海拔 300~2 800 m。

产准噶尔阿拉套山、北天山。哈萨克斯坦；亚洲有分布。

哈萨克斯坦特有成分。

*（5234）塔拉斯麻花头 **Klasea hastifolia**（**Korovin et Kult. ex Iljin**）**L. Martins** = *Serratula hastifolia* Korovin et Kult. ex Iljin

　　　　多年生草本。生于山地石质坡地、河谷。海拔 700~1 700 m。

　　　　产西南天山。乌兹别克斯坦;亚洲有分布。

（5235）无茎麻花头 **Klasea lyratifolia**（**Schrenk**）**L. Martins** = *Serratula rugulosa* Iljin = *Serratula tianschanica* Saposhn. et E. Nikit. = *Serratula lyratifolia* Schrenk

　　　　多年生草本。生于山崖岩石缝、冰碛石堆、山地阴坡草甸、砾石质山坡、沟谷、河滩、山间盆地、山地草原、荒漠草原。海拔 600~3 600 m。

　　　　产东天山、东北天山、准噶尔阿拉套山、东南天山、中央天山、北天山、西天山。中国、哈萨克斯坦、吉尔吉斯斯坦;亚洲有分布。

　　　　饲料。

（5236）具边缘麻花头 **Klasea marginata**（**Tausch**）**Kitag.** = *Serratula algida* Iljin = *Serratula dshungarica* Iljin = *Serratula marginata* Tausch

　　　　多年生草本。生于亚高山草甸、山地草甸、山地林下、林缘、山地阳坡、石质坡地、阳坡灌丛。海拔 600~3 000 m。

　　　　产东天山、东北天山、准噶尔阿拉套山、北天山、西天山、西南天山。中国、哈萨克斯坦、吉尔吉斯斯坦、乌兹别克斯坦、俄罗斯;亚洲有分布。

（5237）歪斜麻花头 **Klasea procumbens**（**Regel**）**Holub** = *Serratula procumbens* Regel

　　　　多年生草本。生于砾石质山坡、砾石质河滩、河谷沙地。海拔 2 600~3 500 m。

　　　　产北天山、内天山。中国、哈萨克斯坦、吉尔吉斯斯坦;亚洲有分布。

（5238）阿拉套麻花头 **Klasea sogdiana**（**Bunge**）**L. Martins** = *Serratula alatavica* C. A. Mey. = *Serratula sogdiana* Bunge

　　　　多年生草本。生于砾质山坡、山地草甸、圆柏灌丛、碎石堆、干河床、河岸阶地。海拔 1 400~3 000 mm。

　　　　产准噶尔阿拉套山、北天山、内天山、西天山、西南天山。中国、哈萨克斯坦、吉尔吉斯斯坦、乌兹别克斯坦;亚洲有分布。

（5239）木根麻花头 **Klasea suffruticulosa**（**Schrenk**）**L. Martins** = *Serratula suffruticosa* Schrenk

　　　　多年生草本。生于砾石质山坡。海拔 1 000~1 500 m。

　　　　产东天山、准噶尔阿拉套山。中国、哈萨克斯坦;亚洲有分布。

706. 伪泥胡菜属(麻花头属) Serratula L.

（5240）全叶麻花头 **Serratula algida Iljin**

　　　　多年生草本。生于高山草甸、草原、林下、山地阳坡、砾石山坡。海拔 1 400~2 600 m。

　　　　产东天山、东北天山、北天山、西天山、西南天山。中国、哈萨克斯坦、吉尔吉斯斯坦、乌兹别克斯坦、俄罗斯;亚洲有分布。

　　　　药用。

*（5241）楚河伪泥胡菜 **Serratula angulata Kar. et Kir.**

　　　　多年生草本。生于沙漠、石质沙滩、山地草原。海拔 300~1 600 m。

　　　　产准噶尔阿拉套山、北天山。哈萨克斯坦;亚洲有分布。

（5242）伪泥胡菜 **Serratula coronata L.**

多年生草本。生于山地林下、林缘、草原、山坡、灌丛、草甸、河滩。海拔 1 100~2 000 m。

产北天山。中国、哈萨克斯坦、吉尔吉斯斯坦、日本、蒙古、俄罗斯；亚洲、欧洲有分布。

药用、饲料、染料、蜜源。

*（5243）准噶尔麻花头（准噶尔伪泥胡菜）**Serratula dschugarica Iljin**

多年生草本。生于山地草原、石质山坡。海拔 600~1 600 m。

产准噶尔阿拉套山、北天山。哈萨克斯坦、吉尔吉斯斯坦；亚洲有分布。

*（5244）吉尔吉斯伪泥胡菜 **Serratula kirghisorum Iljin**

多年生草本。生于石质山坡草地、山地草原、荒漠草原。海拔 600~1 800 m。

产准噶尔阿拉套山。哈萨克斯坦、俄罗斯；亚洲有分布。

*（5245）钝叶伪泥胡菜 **Serratula lancifolia Zakirov**

多年生草本。生于山地草甸、细土质-石质山坡、河谷、山地草原。海拔 900~1 800 m。

产西南天山、内天山。吉尔吉斯斯坦、乌兹别克斯坦；亚洲有分布。

*（5246）莫迪伪泥胡菜 **Serratula modesti Boriss.**

多年生草本。生于中山带石质山坡、河谷、荒漠草原。海拔 600~1 900 m。

产北天山。哈萨克斯坦；亚洲有分布。

（5247）新疆麻花头（新疆伪泥胡菜）**Serratula rugosa Iljin**

多年生莲座状小草本。生于山地阴坡草甸、山地草原、砾石质山坡、碎石堆、沟谷空地、山间盆地。海拔 2 100~3 600 m。

产东天山、东北天山、东南天山、中央天山。中国；亚洲有分布。

药用。

*（5248）天山伪泥胡菜 **Serratula tianschanica Saposhn. et E. Nikit.**

多年生草本。生于山崖、河谷、草甸草原、冰川冰碛石堆。海拔 1 200~3 400 m。

产北天山、西天山。哈萨克斯坦、吉尔吉斯斯坦；亚洲有分布。

707. 豨莶属 Sigesbeckia L.

（5249）豨莶 **Sigesbeckia orientalis L.**

一年生草本。生于山坡草地、林园、山麓平原、路边、河流沿岸盐渍化沙地。海拔 600~2 700 m。

产北天山、西天山、西南天山。中国、哈萨克斯坦、吉尔吉斯斯坦、乌兹别克斯坦、俄罗斯、朝鲜、日本；亚洲、欧洲、北美洲有分布。

药用。

708. 纹苞菊属 Russowia Winkl.

（5250）纹苞菊 **Russowia sogdiana（Bunge）B. Fedtsch.**

一年生草本。生于胡杨林下、柽柳灌丛、多砾石滩地、沙地。海拔约 1 000 m。

产东天山、东北天山、北天山。中国、哈萨克斯坦、吉尔吉斯斯坦；亚洲有分布。

单种属植物。

709. 斜果菊属 Plagiobasis Schrenk

（5251）斜果菊 **Plagiobasis centauroides Schrenk**

多年生草本。生于低山砾石质山坡、红土山坡、山地冲沟。海拔 1 200~1 500 m。

产东北天山、准噶尔阿拉套山、北天山。中国、哈萨克斯坦、吉尔吉斯斯坦；亚洲有分布。

单种属植物。

710. 藏掖花属 Cnicus L.

（5252）藏掖花 **Cnicus benedictus L.**

一年生草本。生于黏土荒漠、荒地、杂草丛。海拔 200~1 500 m。

产北天山、内天山、西天山、西南天山。中国、哈萨克斯坦、吉尔吉斯斯坦、乌兹别克斯坦、印度、俄罗斯；亚洲、欧洲有分布。

单种属植物。药用。

711. 红花属 Carthamus L.

（5253）毛红花 **Carthamus lanatus L.**

一年生草本。生于山地草原、农田、路旁、低山山麓。海拔 500~2 800 m。

产北天山、西天山、西南天山。中国（栽培）、哈萨克斯坦、吉尔吉斯斯坦、乌兹别克斯坦、俄罗斯；亚洲、欧洲有分布。

*（5254）中亚红花 **Carthamus lanatus subsp. turkestanicus（Popov）Hanelt** = *Carthamus turkestanicus* Popov

一年生草本。生于低山干旱丘陵、垃圾堆。海拔 500~2 400 m。

产西天山、西南天山、内天山。吉尔吉斯斯坦、乌兹别克斯坦；亚洲有分布。

*（5255）尖叶红花 **Carthamus oxyacanthus M. Bieb.**

一年生草本。生于砾岩堆、山麓洪积扇、荒漠沙地。海拔 200~1 600 m。

产西天山、西南天山、内天山。哈萨克斯坦、吉尔吉斯斯坦、乌兹别克斯坦、俄罗斯；亚洲有分布。

712. 珀菊属 Amberboa（Pers.）Less.

*（5256）布哈拉珀菊 **Amberboa bucharica Iljin**

一年生草本。生于黄土丘陵、荒漠草原、平原细石质荒地。海拔 300~2 800 m。

产西天山、西南天山、内天山。吉尔吉斯斯坦、乌兹别克斯坦；亚洲有分布。

（5257）黄花珀菊 **Amberboa turanica Iljin**

一年生草本。生于低山荒地、休耕地、农田边、沙丘丘间低地、固定沙丘背风坡。海拔 300~1 600 m。

产东天山、东北天山、北天山、西天山、西南天山。中国、哈萨克斯坦、吉尔吉斯斯坦、乌兹别克斯坦、伊朗、俄罗斯；亚洲、欧洲有分布。

713. 矢车菊属 Centaurea L.

（5258）糙叶矢车菊 **Centaurea adpressa Ledeb.** = *Centaurea scabiosa* subsp. *adpressa*（Ledeb.）Gugler

多年生草本。生于山坡草地、山地河谷、砾石戈壁、荒地、河滩、田间、水边、沙地。海拔 420~1 800 m。

产东天山、东北天山、准噶尔阿拉套山、北天山、西天山、西南天山。中国、哈萨克斯坦、吉尔吉

斯斯坦、乌兹别克斯坦、俄罗斯;亚洲、欧洲有分布。
药用。

*(5259) 阿莱矢车菊 **Centaurea alaica Iljin**
多年生草本。生于砾石质山坡、山麓洪积扇。海拔 600~2 100 m。
产西南天山。乌兹别克斯坦;亚洲有分布。

*(5260) 白蓝矢车菊 **Centaurea belangeriana（DC.）Stapf** = *Centaurea bruguierana* subsp. *belangeriana*
（DC.）Bornm.
一年生草本。生于细石质沙地、黏土质山坡、盐渍化沙地。海拔 200~2 100 m。
产北天山、西天山、西南天山。哈萨克斯坦、吉尔吉斯斯坦、乌兹别克斯坦、俄罗斯;亚洲有
分布。

*(5261) 黄紫矢车菊 **Centaurea cyanus L.**
一年生草本。生于疏松碎石堆、荒漠草原、绿洲、农田。海拔 300~1 600 m。
产北天山、西天山、西南天山。哈萨克斯坦、吉尔吉斯斯坦、乌兹别克斯坦、俄罗斯;亚洲、欧洲
有分布。

*(5262) 凹果矢车菊 **Centaurea depressa M. Bieb.**
一年生草本。生于绿洲、盐渍化草地、渠边。海拔 300~1 400 m。
产北天山、西天山、西南天山。哈萨克斯坦、吉尔吉斯斯坦、乌兹别克斯坦;亚洲有分布。

(5263) 准噶尔黄矢车菊 **Centaurea dschungarica C. Shih** = *Rhaponticoides dschungarica*（C. Shih）
L. Martins
多年生草本。生于石质-砾石质山坡。海拔 1 600~2 000 m。
产东天山、东北天山、北天山。中国;亚洲有分布。
中国特有成分。药用、饲料。

*(5264) 巩卡热矢车菊 **Centaurea gontscharovii Iljin**
多年生草本。生于碎石质山坡、河岸阶地、山地草原、荒漠草原。海拔 600~1 700 m。
产西南天山。乌兹别克斯坦;亚洲有分布。

(5265) 针刺矢车菊 **Centaurea iberica Trev. ex Spreng.**
二年生草本。生于山地河谷、山坡草地、草甸、荒地、沟渠边。海拔 500~1 200 m。
产准噶尔阿拉套山、北天山、东南天山、西天山、西南天山。中国、哈萨克斯坦、吉尔吉斯斯坦、
乌兹别克斯坦、印度、巴基斯坦、伊朗、俄罗斯;亚洲、欧洲有分布。
药用。

(5266) 天山黄矢车菊 **Centaurea kasakorum Iljin** = *Rhaponticoides kasakorum*（Iljin）M. V. Agab.
et Greuter
多年生草本。生于砾石质山坡。海拔 1 700 m 上下。
产准噶尔阿拉套山、北天山、西天山。中国、哈萨克斯坦、吉尔吉斯斯坦、乌兹别克斯坦、俄罗
斯;亚洲、欧洲有分布。

*(5267) 卡拉套矢车菊 **Centaurea kultiassovii Iljin**
多年生草本。生于低山石质山坡、荒漠草原。海拔 800~1 700 m。

产西天山。乌兹别克斯坦；亚洲有分布。

乌兹别克斯坦特有成分。

*（5268）毛果矢车菊 **Centaurea lasiopoda Popov et Kult.**

多年生草本。生于低山石质山坡、河谷、黄土丘陵。海拔 700~1 600 m。

产北天山、西天山、西南天山。哈萨克斯坦、吉尔吉斯斯坦、乌兹别克斯坦；亚洲有分布。

*（5269）长柄矢车菊 **Centaurea phyllopoda Iljin**

多年生草本。生于中山至低山石质山坡、黄土丘陵、荒漠草原。海拔 900~1 800 m。

产北天山、西天山、西南天山。哈萨克斯坦、吉尔吉斯斯坦、乌兹别克斯坦；亚洲有分布。

（5270）欧亚矢车菊 **Centaurea ruthenica Lam.** =*Rhaponticoides ruthenica*（Lam.）M. V. Agab. et Greuter=*Centaurea modestii* Fedorov

多年生草本。生于亚高山草甸、山地石质坡地、山地草甸、林缘、灌丛、山沟、水边、沙砾地。海拔 600~2 700 m。

产东天山、东北天山、准噶尔阿拉套山、北天山、西天山、西南天山。中国、哈萨克斯坦、吉尔吉斯斯坦、乌兹别克斯坦、俄罗斯；亚洲、欧洲有分布。

食用、药用、油料、饲料、胶脂、蜜源。

*（5271）粗糙矢车菊 **Centaurea scabiosa L.**

多年生草本。生于山地草原、灌丛、山麓细石质平原、路边。海拔 1 200~2 500 m。

产准噶尔阿拉套山、北天山。哈萨克斯坦、吉尔吉斯斯坦、俄罗斯；亚洲、欧洲有分布。

（5272）矮小矢车菊 **Centaurea sibirica L.** = *Centaurea turgaica* Klok = *Psephellus sibiricus*（L.）G. Wagenitz

多年生草本。生于山地草原、荒漠草原、山坡草地、石质坡地、河谷灌丛。海拔 800~1 800 m。

产北天山、准噶尔阿拉套山。中国、哈萨克斯坦、俄罗斯；亚洲、欧洲有分布。

*（5273）喜盐矢车菊 **Centaurea solstitialis L.**

二年生草本。生于黏土质-细石质山坡、渠边、果园、花园、路旁。海拔 400~1 700 m。

产西南天山、西天山、内天山。吉尔吉斯斯坦、乌兹别克斯坦；亚洲有分布。

（5274）小花矢车菊 **Centaurea squarrosa Willd.** = *Centaurea virgata* subsp. *squarrosa*（Willd.）Gugler

二年生或多年生草本。生于砾石质山坡、戈壁、荒地、河边、路旁、田边。海拔 420~1 500 m。

产准噶尔阿拉套山、北天山、西天山、西南天山。中国、哈萨克斯坦、吉尔吉斯斯坦、乌兹别克斯坦、阿富汗、伊朗、俄罗斯；亚洲有分布。

（5275）中亚矢车菊 **Centaurea turkestanica Franch.**

多年生草本。生于山地草甸、山地草原。海拔 1 400 m 上下。

产东天山、北天山、西天山、西南天山。中国、哈萨克斯坦、吉尔吉斯斯坦、乌兹别克斯坦；亚洲有分布。

714. 白刺菊属 Schischkinia Iljin

（5276）白刺菊 **Schischkinia albispina**（Bunge）**Iljin**

一年生草本。生于低山山坡、沙地。海拔 1 600 m 上下。

产东北天山、北天山、西天山、西南天山。中国、哈萨克斯坦、吉尔吉斯斯坦、乌兹别克斯坦、伊朗;亚洲有分布。

单种属植物。

715. 薄鳞菊属 Chartolepis Boiss.

(5277) 薄鳞菊 **Chartolepis intermedia Boiss.** = *Centaurea glastifolia* subsp. *intermedia*（Boiss.）L. Martins

多年生草本。生于河谷、湖边、荒坡草地、灌丛、盐化草甸。海拔 420~520 m。

产东北天山、北天山、西天山、西南天山。中国、哈萨克斯坦、吉尔吉斯斯坦、乌兹别克斯坦、俄罗斯;亚洲、欧洲有分布。

716. 琉苞菊属 Hyalea（DC.）Jaub. et Spach.

(5278) 琉苞菊 **Hyalea pulchella（Ledeb.）C. Koch** = *Centaurea pulchella* Ledeb.

一年生草本。生于砾石质山地、干旱山坡、沙质戈壁、沙地、固定和半固定沙丘、河滩。海拔 390~2 400 m。

产东天山、东北天山、北天山、西天山、西南天山。中国、哈萨克斯坦、吉尔吉斯斯坦、乌兹别克斯坦、伊朗、俄罗斯;亚洲、欧洲有分布。

寡种属植物。

*717. 灰背虎头蓟属 Hypacanthium Juz.

*(5279) 蓝刺头状灰背虎头蓟 **Hypacanthium echinopifolium（Bornm.）Juz.**

多年生草本。生于砾石质山坡、砾岩堆、洪积扇。海拔 800~1 900 m。

产西南天山、内天山。吉尔吉斯斯坦、乌兹别克斯坦;亚洲有分布。

*(5280) 灰背虎头蓟 **Hypacanthium evidens Tscherneva**

多年生草本。生于砾石质山坡、阶地。海拔 700~2 700 m。

产西天山、西南天山。吉尔吉斯斯坦、乌兹别克斯坦;亚洲有分布。

718. 菊苣属 Cichorium L.

(5281) 腺毛菊苣 **Cichorium glandulosum Boiss. et Huet**

一年生或二年生草本。生于林间草地。海拔 1 400 m 上下。

产中央天山。中国、俄罗斯;亚洲有分布。

药用。

(5282) 菊苣 **Cichorium intybus L.**

多年生草本。生于山地阳坡草地、山地林下、山地草甸、草甸沼泽、山沟水边、山麓平原、沙砾质戈壁、荒地、河边、农田边。海拔 420~3 800 m。

产东天山、东北天山、准噶尔阿拉套山、北天山、西天山、西南天山。中国、哈萨克斯坦、吉尔吉斯斯坦、乌兹别克斯坦、俄罗斯;亚洲、欧洲、非洲、大洋洲有分布。

药用、食用、油料、饲料蜜源。

719. 蝎尾菊属 Koelpinia Pall.

(5283) 蝎尾菊 **Koelpinia linearis Pall.**

一年生草本。生于山坡草地、山麓戈壁、平原荒漠、农田边、湿地、沙丘。海拔 450~1 900 m。

产东天山、东北天山、准噶尔阿拉套山、北天山、西天山、西南天山。中国、哈萨克斯坦、吉尔吉斯斯坦、乌兹别克斯坦、伊朗、阿富汗、俄罗斯;亚洲、欧洲有分布。

优良饲料、药用。

*(5284) 细叶蝎尾菊 **Koelpinia tenuissima Pavl. et Lipsch.**

一年生草本。生于干旱山坡、荒漠草原、山麓洪积扇、沙漠。海拔 800~1 400 m。

产准噶尔阿拉套山、西天山。哈萨克斯坦、乌兹别克斯坦;亚洲有分布。

*(5285) 吐兰蝎尾菊 **Koelpinia turanica Vassilcz.**

一年生草本。生于砾石质山坡、盐渍化沙地、黏土荒漠、固定沙丘。海拔 300~1 700 m。

产西南天山。乌兹别克斯坦;亚洲有分布。

720. 小疮菊属 Garhadiolus Jaub. et Spach.

*(5286) 棱果小疮菊 **Garhadiolus angulosus Jaub.** = *Garhadiolus hedypnois* (Fisch. et C. A. Mey.) Jaub. et Spach

一年生草本。生于山麓平原、黄土丘陵。海拔 500~1 300 m。

产北天山、西天山、西南天山。哈萨克斯坦、吉尔吉斯斯坦、乌兹别克斯坦、俄罗斯;亚洲有分布。

(5287) 小疮菊 **Garhadiolus papposus Boiss. et Buhse.**

一年生草本。生于山坡草丛、湿地、戈壁、荒漠、沙地。海拔 570~1 300 m。

产东天山、东北天山、准噶尔阿拉套山、北天山、西天山、西南天山。中国、哈萨克斯坦、吉尔吉斯斯坦、乌兹别克斯坦、伊朗、土耳其、俄罗斯;亚洲有分布。

药用。

*721. 风滚菊属 Gundelia L.

*(5288) 吐尔涅风滚菊 **Gundelia tournefortii L.**

多年生草本。生于山坡草地、山麓荒漠草地。海拔 500~800 m。

产西南天山。乌兹别克斯坦、俄罗斯;亚洲有分布。

722. 异喙菊属 Heteracia Fisch. et Mey.

(5289) 异喙菊 **Heteracia szovitsii Fisch. et C. A. Mey.**

一年生草本。生于黏土荒漠、河谷、干河沟、沙砾地、草地、田边、路边、沙地。海拔 540~1 300 m。

产东天山、东北天山、准噶尔阿拉套山、北天山。中国、哈萨克斯坦、吉尔吉斯斯坦、伊朗、土耳其、俄罗斯;亚洲、欧洲有分布。

单种属植物。

*723. 异果苣属 Heteroderis (Bge.) Boiss.

*(5290) 细小异果苣 **Heteroderis pusilla (Boiss.) Boiss.**

一年生草本。生于山坡草地、盐渍化荒漠、山麓洪积扇。海拔 300~2 100 m。

产西天山、西南天山、内天山。吉尔吉斯斯坦、乌兹别克斯坦;亚洲有分布。

724. 毛连菜属 Picris L.

(5291) 毛连菜 **Picris hieracioides L.**

二年生草本。生于山坡草地、山地林下、沟边、田间、撂荒地、沙滩地。海拔 560~3 400 m。

产东天山、准噶尔阿拉套山、北天山。中国、哈萨克斯坦、伊朗、俄罗斯;亚洲、欧洲有分布。
药用。

（5292）日本毛连菜 **Picris japonica Thunb.**
多年生草本。生于高山和亚高山草甸、山地林缘、林下、灌丛、山坡草地、荒地、田边、河边、沟渠边。海拔 650~3 650 m。
产东天山、准噶尔阿拉套山、北天山、西天山、西南天山。中国、哈萨克斯坦、吉尔吉斯斯坦、乌兹别克斯坦、日本、俄罗斯;亚洲有分布。
药用。

（5293）新疆毛连菜 **Picris similis Vass.** = *Picris nuristanica* Bornm.
一年生或二年生草本。生于云杉林下、石质山坡、河漫滩沙砾地、黏土质坡地、河流阶地、沙地。海拔 250~2 300 m。
产东天山、准噶尔阿拉套山、北天山、西天山、西南天山。中国、哈萨克斯坦、吉尔吉斯斯坦、乌兹别克斯坦;亚洲有分布。
药用。

725. 假小喙菊属 **Paramicrorhynchus Kirp**

（5294）假小喙菊 **Paramicrorhynchus procumbens**（Roxb.）**Kirpicz.** = *Launaea procumbens*（Roxb.）Amin
二年生或多年生草本。生于盐碱地、草甸、河漫滩、农田、绿洲。海拔 200~1 500 m。
产东南天山、西天山、西南天山。中国、哈萨克斯坦、乌兹别克斯坦、伊朗、阿富汗、印度、巴基斯坦、伊拉克;亚洲有分布。

*726. 密苞蓟属 **Picnomon Adans.**

*（5295）密苞蓟 **Picnomon acarna**（L.）**Cass.**
一年生或多年生草本。生于砾石质山坡、干河谷、路旁、渠边、村落周边。海拔 500~2 300 m。
产西天山、西南天山、内天山。吉尔吉斯斯坦、乌兹别克斯坦、俄罗斯;亚洲、欧洲有分布。

727. 婆罗门参属 **Tragopogon L.**

*（5296）巴山婆罗门参 **Tragopogon badachschanicus A. Boriss.**
二年生草本。生于亚高山草甸、石质山坡、山麓洪积扇。海拔 2 000~3 100 m。
产西南天山、内天山。吉尔吉斯斯坦、乌兹别克斯坦;亚洲有分布。

（5297）头状婆罗门参 **Tragopogon capitatus Nikitin**
一年生或二年生草本。生于山地草甸、山地草原、田埂、沙砾质荒漠。海拔 700~1 900 m。
产东天山、东北天山、准噶尔阿拉套山、北天山、西天山、西南天山。中国、哈萨克斯坦、吉尔吉斯斯坦、乌兹别克斯坦;亚洲有分布。
药用。

*（5298）天蓝婆罗门参 **Tragopogon coelesyriacus Boiss.** = *Tragopogon krascheninnikovii* Nikitin
二年生草本。生于石质坡地、山坡倒石堆、山地草原、荒漠草原。海拔 500~1 300 m。
产北天山、西天山、西南天山。哈萨克斯坦、吉尔吉斯斯坦、乌兹别克斯坦、俄罗斯;亚洲有分布。

＊（5299）卷叶婆罗门参 **Tragopogon conduplicatus Nikitin**

多年生草本。生于干旱石质山坡、河谷、山地草原、荒漠草原。海拔 800～2 100 m。

产西南天山、西天山、内天山。吉尔吉斯斯坦、乌兹别克斯坦；亚洲有分布。

＊（5300）拟婆罗门参 **Tragopogon dubius Scop.**

二年生草本。生于山地草原、灌丛、荒漠草原、低山坡麓、沙漠。海拔 350～1 200 m。

产北天山、西天山、西南天山。哈萨克斯坦、吉尔吉斯斯坦、乌兹别克斯坦、俄罗斯；亚洲、欧洲有分布。

（5301）长茎婆罗门参 **Tragopogon elongatus Nikitin**

多年生草本。生于荒漠草原、干旱山坡、荒地。海拔 620～1 200 m。

产东天山、东北天山、准噶尔阿拉套山、北天山。中国、哈萨克斯坦、俄罗斯；亚洲有分布。

药用。

＊（5302）纤细婆罗门参 **Tragopogon gracilis D. Don**

多年生草本。生于山地河谷、山地草甸、石质山坡、山地草原、荒漠草原。海拔 900～2 300 m。

产西南天山、内天山。吉尔吉斯斯坦、乌兹别克斯坦；亚洲有分布。

＊（5303）细茎婆罗门参 **Tragopogon karelinii Nikitin**

二年生或多年生草本。生于山地草甸、石质山坡。海拔 800～2 700 m。

产准噶尔阿拉套山。哈萨克斯坦；亚洲有分布。

（5304）中亚婆罗门参 **Tragopogon kasachstanicus S. A. Nikitin**

多年生草本。生于山地草甸、林地、灌丛、低山丘陵、山地草原、荒漠草原、戈壁、荒漠。海拔 390～1 800 m。

产东天山、东北天山、准噶尔阿拉套山、北天山、西天山、西南天山。中国、哈萨克斯坦、吉尔吉斯斯坦、乌兹别克斯坦、俄罗斯；亚洲、欧洲有分布。

药用。

＊（5305）库氏婆罗门参 **Tragopogon kultiassovii Popov**

多年生草本。生于山地草甸、砾石质-细石质山坡。海拔 2 100～2 900 m。

产西天山、西南天山、内天山。吉尔吉斯斯坦、乌兹别克斯坦；亚洲有分布。

＊（5306）马利克婆罗门参 **Tragopogon malicus Nikitin**

多年生草本。生于山地草甸、细石质山坡。海拔 300～2 500 m。

产西天山、西南天山、内天山。吉尔吉斯斯坦、乌兹别克斯坦；亚洲有分布。

（5307）膜缘婆罗门参 **Tragopogon marginifolius Pawl.** = *Tragopogon marginifolius* Pavlov

多年生草本。生于山坡草地、低山荒漠、荒地、路边。海拔 450～1 600 m。

产东天山、东北天山、准噶尔阿拉套山、北天山、西天山、西南天山。中国、哈萨克斯坦、吉尔吉斯斯斯坦、乌兹别克斯坦；亚洲、欧洲有分布。

药用。

（5308）山地婆罗门参 **Tragopogon montanus S. Nikitin**

多年生草本。生于山坡草地、荒地。海拔 1860 m 上下。

产准噶尔阿拉套山、北天山、西天山、西南天山。中国、哈萨克斯坦、吉尔吉斯斯坦、乌兹别克斯坦;亚洲有分布。

药用。

(5309) 东方婆罗门参(黄花婆罗门参) **Tragopogon orientalis** L.

二年生或多年生草本。生于山地林下、林缘、山地草甸、山地草原、荒漠草原、山坡草地、农田。海拔 800~2 500 m。

产东天山、北天山、东南天山、西天山、西南天山。中国、哈萨克斯坦、吉尔吉斯斯坦、乌兹别克斯坦、俄罗斯;亚洲、欧洲有分布。

药用、蜜源。

*(5310) 西帕米尔婆罗门参 **Tragopogon paradoxus** Nikitin

二年生草本。生于山地细石质山坡、河谷、山坡倒石堆。海拔 800~2 100 m。

产西南天山、内天山。吉尔吉斯斯坦、乌兹别克斯坦;亚洲有分布。

(5311) 蒜叶婆罗门参 **Tragopogon porrifolius** L.

一年生或二年生草本。生于河滩、农田。海拔 730~2 400 m 。

产东天山、北天山。中国;亚洲、欧洲有分布。

药用。

(5312) 草地婆罗门参(婆罗门参) **Tragopogon pratensis** L.

二年生或多年生草本。生于山地草甸、山地林下、林缘、灌丛、河滩、山坡。海拔 600~3 200 m。

产东天山、东北天山、准噶尔阿拉套山、北天山、东南天山、中央天山、内天山。中国、俄罗斯;亚洲、欧洲有分布。

药用。

(5313) 粗脖婆罗门参(北疆婆罗门参) **Tragopogon pseudomajor** Nikitin

二年生草本。生于山地草甸、河谷、干旱山坡、山麓平原。海拔 600~2 700 m。

产东天山、东北天山、准噶尔阿拉套山、北天山、西天山、西南天山。中国、哈萨克斯坦、吉尔吉斯斯坦、乌兹别克斯坦;亚洲有分布。

药用。

(5314) 红花婆罗门参 **Tragopogon ruber** S. G. Gmel.

多年生草本。生于山地林缘、灌丛、山地草原、砾质荒漠、田边、路旁、沙漠。海拔 350~1 830 m。

产东天山、东北天山、准噶尔阿拉套山、北天山、西天山、西南天山。中国、哈萨克斯坦、吉尔吉斯斯坦、乌兹别克斯坦、俄罗斯;亚洲、欧洲有分布。

药用。

(5315) 沙生婆罗门参(沙婆罗门参) **Tragopogon sabulosus** Krascheninnikov et S. A. Nikitin

二年生草本。生于山地草甸、干河谷、戈壁、沙丘。海拔 1 200~2 700 m 。

产内天山。中国、哈萨克斯坦、蒙古、俄罗斯;亚洲有分布。

药用。

＊(5316) 粗根婆罗门参 **Tragopogon scoparius Nikitin**
二年生草本。生于山地草甸、山坡碎石堆、河谷、河滩、河岸阶地。海拔 1 300～2 100 m。
产准噶尔阿拉套山。哈萨克斯坦;亚洲有分布。
哈萨克斯坦特有成分。

＊(5317) 孜拉普善婆罗门参 **Tragopogon serawschanicus Nikitin**
二年生或多年生草本。生于山地草甸、山谷、石质坡地、山地草原、荒漠草原。海拔 700～
2 000 m。
产西南天山、内天山。乌兹别克斯坦;亚洲有分布。

(5318) 西伯利亚婆罗门参 **Tragopogon sibiricus Ganesch.**
二年生草本。生于山地林下、林间草地、山地阳坡草甸、山地草原。海拔 1 180～1 700 m。
产东天山、北天山。中国、俄罗斯;亚洲、欧洲有分布。
药用。

(5319) 准噶尔婆罗门参 **Tragopogon songoricus Nikitin**
二年生草本。生于山地草甸、山谷、山地草原、田埂、路边。海拔 1 200～4 200 m。
产东天山、东北天山、准噶尔阿拉套山、北天山、内天山、西天山、西南天山。中国、哈萨克斯
坦、吉尔吉斯斯坦、乌兹别克斯坦、蒙古、俄罗斯;亚洲有分布。
药用。

＊(5320) 高山婆罗门参 **Tragopogon subalpinus Nikitin**
二年生或多年生草本。生于高山和亚高山草甸、山坡坡积石堆、河谷。海拔 2 700～3 100 m。
产北天山、西天山、西南天山。哈萨克斯坦、吉尔吉斯斯坦、乌兹别克斯坦;亚洲有分布。

＊(5321) 土耳其婆罗门参 **Tragopogon turkestanicus Nikitin**
二年生草本。生于山地草甸、山地林缘、石质山坡石缝。海拔 1 000～2 600 m。
产北天山、西天山、西南天山。哈萨克斯坦、吉尔吉斯斯坦、乌兹别克斯坦;亚洲有分布。
哈萨克斯坦特有成分。

＊(5322) 粗茎婆罗门参 **Tragopogon vvedenskyi M. Pop. ex Pavlov**
二年生草本。生于亚高山草甸、山地林缘、石质山坡、灌丛、岩石缝。海拔 1 400～2 900 m。
产北天山、西天山、西南天山。哈萨克斯坦、吉尔吉斯斯坦、乌兹别克斯坦;亚洲有分布。

＊**728. 类菊蒿属 Tanacetopsis（Tzve.）Kovalevsk.**

＊(5323) 费尔干纳类菊蒿 **Tanacetopsis ferganensis（Kovalevsk.）Kovalevsk.**
多年生草本。生于山崖岩石缝、石质山坡、荒漠草原。海拔 600～2 900 m。
产西天山、西南天山、内天山。吉尔吉斯斯坦、乌兹别克斯坦;亚洲有分布。

＊(5324) 格罗斯类菊蒿 **Tanacetopsis goloskokovii（Poljakov）Karmysch.**
多年生草本。生于石质山坡、碎石堆、山麓洪积扇。海拔 700～2 500 m。
产北天山。哈萨克斯坦;亚洲有分布。

＊(5325) 黑山类菊蒿 **Tanacetopsis handeliiformis Kovalevsk.**
多年生草本。生于石质坡地、荒漠草原、山麓洪积扇。海拔 500～900 m。
产西天山、西南天山、内天山。吉尔吉斯斯坦、乌兹别克斯坦;亚洲有分布。

*（5326）卡氏类菊蒿 **Tanacetopsis kamelinii** S. S. Kovalevsk.

多年生草本。生于山地草甸、石质坡地。海拔 900~2 100 m。

产西南天山。乌兹别克斯坦；亚洲有分布。

*（5327）卡拉套类菊蒿 **Tanacetopsis karataviensis**（S. Kovalevsk.）S. Kovalevsk.

多年生草本。生于砾石质山坡、山谷。海拔 800~1 200 m。

产西天山、内天山。吉尔吉斯斯坦、乌兹别克斯坦；亚洲有分布。

*（5328）克罗文类菊蒿 **Tanacetopsis korovinii** S. S. Kovalevsk.

多年生草本。生于中山至低山带山坡、河谷。海拔 600~2 300 m。

产西南天山。乌兹别克斯坦；亚洲有分布。

*（5329）尖叶类菊蒿 **Tanacetopsis mucronata**（Regel et Schmalh.）S. Kovalevsk.

多年生草本。生于山崖岩石缝、山地草甸、山谷、山地草原。海拔 900~2 900 m。

产西南天山。乌兹别克斯坦；亚洲有分布。

*（5330）帕米尔类菊蒿 **Tanacetopsis pamiralaica**（S. Kovalevsk.）S. Kovalevsk.

多年生草本。生于砾岩堆、山谷碎石堆、碎石质山坡。海拔 1 000~2 900 m。

产西南天山。乌兹别克斯坦；亚洲有分布。

*（5331）帕塔韦类菊蒿 **Tanacetopsis pjataevae**（S. Kovalevsk.）Karmysch.

多年生草本。生于碎石质山坡、山谷砾岩堆。海拔 700~2 300 m。

产西天山、内天山。吉尔吉斯斯坦、乌兹别克斯坦；亚洲有分布。

*（5332）波氏类菊蒿 **Tanacetopsis popovii** R. Kam. et S. S. Kovalevsk.

多年生草本。生于坡积碎石堆、山坡草地。海拔 600~2 200 m。

产西天山、内天山。吉尔吉斯斯坦、乌兹别克斯坦；亚洲有分布。

*（5333）山托类菊蒿 **Tanacetopsis santoana**（Krasch., Popov et Vved.）S. Kovalevsk.

二年生或多年生草本。生于细石质山坡、山谷砾岩堆、荒漠草原、石膏荒漠。海拔 900~2 400 m。

产北天山、西南天山。哈萨克斯坦、吉尔吉斯斯坦、乌兹别克斯坦；亚洲有分布。

*（5334）刚毛类菊蒿 **Tanacetopsis setacea**（Regel et Schmalh.）S. Kovalevsk.

多年生草本。生于山地草坡、河岸阶地、山麓洪积扇。海拔 900~2 800 m。

产西南天山、内天山。吉尔吉斯斯坦、乌兹别克斯坦；亚洲有分布。

*（5335）膜叶类菊蒿 **Tanacetopsis submarginata**（S. Kovalevsk.）S. Kovalevsk.

多年生草本。生于砾石质山坡、山崖岩石缝、风化坡积碎石堆。海拔 900~2 800 m。

产西天山、西南天山、内天山。吉尔吉斯斯坦、乌兹别克斯坦；亚洲有分布。

*（5336）吾古腾类菊蒿 **Tanacetopsis urgutensis**（Popov ex Tzvel.）S. Kovalevsk.

多年生草本。生于碎石质山坡、干河谷、山地荒漠草原。海拔 1 000~2 700 m。

产西南天山、内天山。乌兹别克斯坦；亚洲有分布。

729. 火石花属 Gerbera L.（大丁草属 Gerbera Cass.）

*（5337）浩罕火石花 **Gerbera kokanica Regel et Schmalh. ex Regel** = *Oreoseris kokanica*（Regel et Schmalh.）J. Wen et W. Zheng = *Uechtritzia kokanica*（Regel et Schmalh.）Pobed.

多年生草本。生于岩石峭壁、碎石堆、黏土质山坡、灌丛。海拔 600~2 200 m。

产西南天山。乌兹别克斯坦；亚洲有分布。

*730. 掌片菊属 Zoegea L.

*（5338）掌片菊 **Zoegea baldschuanica C. Winkl.** = *Zoegea crinita* subsp. *baldschuanica*（C. Winkl.）Rech. f.

一年生草本。生于石质山坡、山地荒漠、黄土丘陵、山麓洪积扇。海拔 500~1 500 m。

产西南天山、内天山。乌兹别克斯坦；亚洲有分布。

731. 鸦葱属 Scorzonera L.

*（5339）刺枝鸦葱 **Scorzonera acanthoclada Franch.**

半灌木。生于石质-砾石质山坡、山坡草地、河谷、山地草原。海拔 700~2 900 m。

产西南天山、内天山。吉尔吉斯斯坦、乌兹别克斯坦；亚洲有分布。

*（5340）阿莱鸦葱 **Scorzonera alaica Lipsch.** = *Achyroseris alaica*（Lipsch.）R. V. Kamelin et I. U. Tagaev

多年生草本。生于山地草甸、坡积碎石堆、细土质-细石质坡地。海拔 600~2 400 m。

产西天山、西南天山、内天山。哈萨克斯坦、吉尔吉斯斯坦、乌兹别克斯坦；亚洲有分布。

*（5341）赛尔套鸦葱 **Scorzonera albertoregelia C. Winkl.** = *Achyroseris albertoregelia*（C. Winkl.）R. V. Kamelin et I. U. Tagaev

多年生草本。生于山地草甸、圆柏灌丛、山地草原。海拔 1 100~2 500 m。

产西南天山、内天山。吉尔吉斯斯坦、乌兹别克斯坦；亚洲有分布。

（5342）阿尼安鸦葱 **Scorzonera aniana N. Kilian** = *Scorzonera elongata* C. H. An et X. L. He

多年生草本。生于山麓荒漠、沙丘。海拔 500~800 m。

产东天山。中国；亚洲有分布。

（5343）鸦葱 **Scorzonera austriaca Willd.**

多年生草本。生于山地草甸、山地草原、低山丘陵。海拔 700~2 000 m。

产准噶尔阿拉套山。中国、哈萨克斯坦、蒙古、俄罗斯；亚洲、欧洲有分布。

药用、饲料。

（5344）毛果鸦葱 **Scorzonera austriaca var. hebecarpus Z. X. An et X. L. He**

多年生草本。生于山地林缘、山谷、水边。海拔 1 300 m 上下。

产准噶尔阿拉套山。中国；亚洲有分布。

中国特有成分。

*（5345）大包叶鸦葱 **Scorzonera bracteosa C. Winkl.** = *Achyroseris bracteata*（C. Winkl.）R. V. Kamelin et I. U. Tagaev.

多年生草本。生于细土质-细石质山坡、山地草原、山麓洪积扇。海拔 500~2 100 m。

产西南天山。乌兹别克斯坦；亚洲有分布。

（5346）波皱球根鸦葱 **Scorzonera circumflexa Krasch. et Lipsch.**

多年生草本。生于低山丘陵、荒漠草原。海拔 1 100 m 上下。

产北天山、西天山、西南天山。中国、哈萨克斯坦、吉尔吉斯斯坦、乌兹别克斯坦、阿富汗；亚洲有分布。

（5347）剑叶鸦葱 **Scorzonera ensifolia Bieb.**

多年生草本。生于沙地、沙丘、荒地。海拔 500~600 m。

产东天山。中国、哈萨克斯坦、俄罗斯；亚洲、欧洲有分布。

饲料、药用、固沙。

＊（5348）费尔干鸦葱 **Scorzonera ferganica Krasch.**

多年生草本。生于细土质-细石质山坡、河谷、山地草甸、荒漠草原。海拔 700~2 300 m。

产西南天山、内天山。吉尔吉斯斯坦、乌兹别克斯坦；亚洲有分布。

＊（5349）范氏鸦葱 **Scorzonera franchetii Lipsch.**

多年生草本。生于山地草甸、低山荒漠草原、盐渍化草甸。海拔 900~1 800 m。

产西天山。乌兹别克斯坦；亚洲有分布。

乌兹别克斯坦特有成分。

＊（5350）林缘鸦葱 **Scorzonera gracilis Lipsch.** ＝*Scorzonera pubescens* subsp. *gracilis*（Lipsch.）Tagaev

多年生草本。生于石质山坡、山地草原、荒漠草原、山麓洪积扇、黏土质荒漠、平原荒漠草地、盐渍化草甸。海拔 700~2 100 m。

产准噶尔阿拉套山、北天山、西南天山、内天山。哈萨克斯坦、吉尔吉斯斯坦、乌兹别克斯坦；亚洲有分布。

＊（5351）黑赛尔鸦葱 **Scorzonera hissarica C. Winkl.**

多年生草本。生于细石质山坡、石灰岩丘陵、荒漠草原。海拔 900~2 500 m。

产西南天山、西天山、内天山。吉尔吉斯斯坦、乌兹别克斯坦；亚洲有分布。

（5352）和田鸦葱 **Scorzonera hotanica Z. X. An**

多年生草本。生于荒漠地带的河边、沙砾地，海拔 1 020~2 650 m。

产东南天山、内天山。中国；亚洲有分布。。

中国特有成分。药用。

（5353）伊犁鸦葱（北疆鸦葱）**Scorzonera iliensis Krasch.**

多年生草本。生于山坡草地、山地阳坡草甸、荒漠草原、戈壁。海拔 300~1 700 m。

产东天山、准噶尔阿拉套山、北天山、西天山、西南天山。中国、哈萨克斯坦、吉尔吉斯斯坦、乌兹别克斯坦；亚洲有分布。

药用。

（5354）皱叶鸦葱 **Scorzonera inconspicua Lipsch.** ＝*Scorzonera chantavica* Pavlov

多年生草本。生于山地草原、路边、荒漠、河漫滩、山麓洪积扇。海拔 650~1 700 m。

产东天山、东北天山、准噶尔阿拉套山、北天山、西天山、西南天山。中国、哈萨克斯坦、吉尔吉斯斯坦、乌兹别克斯坦、俄罗斯；亚洲有分布。

药用。

*（5355）卡拉套鸦葱 **Scorzonera karataviensis Kult.** =*Scorzonera tau-saghyz* subsp. *karataviensis*（Kult.）R. Kam.

多年生草本。生于砾石质山坡、河谷、山谷碎石堆。海拔 700~1 500 m。

产西南天山、西天山、内天山。吉尔吉斯斯坦、乌兹别克斯坦；亚洲有分布。

*（5356）李氏鸦葱 **Scorzonera litwinowii Krasch. et Lipsch.**

多年生草本。生于细石质山坡、石灰岩丘陵、黏土质荒漠。海拔 800~1 700 m。

产西南天山、西天山、内天山。吉尔吉斯斯坦、乌兹别克斯坦；亚洲有分布。

*（5357）山脂鸦葱 **Scorzonera longipes Kult.** =*Scorzonera tau-saghyz* subsp. *longipes*（Kult.）R. Kam.

半灌木。生于山地砾石质河谷、山脊黏土质坡地、山地草原、荒漠草原。海拔 600~1 800 m。

产西南天山、内天山。吉尔吉斯斯坦、乌兹别克斯坦；亚洲有分布。

（5358）轮台鸦葱 **Scorzonera luntaiensis C. Shih**

多年生草本。生于山地草甸、湿地、沼泽、水边。海拔 1 100~4 740 m。

产东天山、东南天山。中国；亚洲有分布。

中国特有成分。

（5359）蒙古鸦葱 **Scorzonera mongolica Maxim.**

多年生草本。生于高山和亚高山草甸、河边、盐碱地、湖盆边缘、荒漠、沙砾地。海拔 -90~3 200 m。

产东天山、准噶尔阿拉套山、北天山、东南天山、内天山。中国、哈萨克斯坦、蒙古；亚洲有分布。

药用、饲料、有毒。

*（5360）卵形鸦葱 **Scorzonera ovata Trautv.**

多年生草本。生于细石质-黏土质山坡、龟裂地、山麓洪积扇。海拔 800~2 500 m。

产西南天山、西天山、内天山。吉尔吉斯斯坦、乌兹别克斯坦；亚洲有分布。

（5361）光鸦葱 **Scorzonera parviflora Jacq.**

多年生草本。生于山坡草地、沼泽、盐化草甸、湿地、水边、荒漠。海拔 400~2 000 m。

产东天山、东北天山、准噶尔阿拉套山、北天山、东南天山、内天山。中国、哈萨克斯坦、吉尔吉斯斯坦、蒙古、阿富汗、伊朗、俄罗斯；亚洲、欧洲有分布。

药用。

*（5362）普氏鸦葱 **Scorzonera petrovii Lipsch.**

多年生草本。生于山地石质坡地、河谷、灌丛。海拔 1 000~2 500 m。

产北天山、西天山、西南天山。哈萨克斯坦、吉尔吉斯斯坦、乌兹别克斯坦、俄罗斯；亚洲有分布。

（5363）帚枝鸦葱（帚状鸦葱）**Scorzonera pseudodivaricata Lipsch.**

多年生草本。生于高山和亚高山草甸、荒漠草原、荒漠、戈壁、河滩、石滩、冲沟边。海拔 800~3 500 m。

产东天山、东南天山、中央天山、北天山、内天山。中国、哈萨克斯坦、吉尔吉斯斯坦、蒙古；亚洲有分布。

饲料、药用。

（5364）基枝鸦葱 **Scorzonera pubescens DC.**

多年生草本。生于山坡草地、山地林下、荒漠草原、戈壁。海拔 650~2 020 m。

产东天山、东北天山、准噶尔阿拉套山、北天山。中国、哈萨克斯坦、吉尔吉斯斯坦、俄罗斯；亚洲有分布。

药用。

*（5365）紫褐鸦葱 **Scorzonera purpurea L.**

多年生草本。生于山地草甸、河谷灌丛、石质山坡、山地草原。海拔 900~1 800 m。

产准噶尔阿拉套山、北天山。哈萨克斯坦、吉尔吉斯斯坦；亚洲有分布。

（5366）细叶鸦葱 **Scorzonera pusilla Pall.**

多年生草本。生于高山和亚高山草甸、荒漠、砾石地、沙地。海拔 350~3 370 m。

产东天山、东北天山、准噶尔阿拉套山、北天山、中央天山。中国、哈萨克斯坦、蒙古、伊朗、俄罗斯；亚洲、欧洲有分布。

饲料。

（5367）宽叶鸦葱 **Scorzonera pusilla var. latifolia Lipsch.**

多年生草本。生于荒漠、砾石地、沙地。海拔 1 000~1 700 m。

产东天山、东南天山。中国；亚洲有分布。

（5368）毛梗鸦葱 **Scorzonera radiata Fisch. ex Colla**

多年生草本。生于亚高山草甸、山地林下、林缘、山坡草地、山地草原、荒漠草原。海拔 950~3 000 m。

产北天山。中国、蒙古、俄罗斯；亚洲有分布。

饲料、药用。

（5369）灰枝鸦葱 **Scorzonera sericeolanata（Bunge）Krasch. et Lipsch.**

多年生草本。生于荒漠草原、固定和半固定沙丘、沙地。海拔 350~620 m。

产东天山、北天山。中国、哈萨克斯坦、吉尔吉斯斯坦、乌兹别克斯坦、俄罗斯；亚洲、欧洲有分布。

药用。

*（5370）准噶尔鸦葱 **Scorzonera songorica（Kar. et Kir.）Lipsch. et Vassilcz.** =*Podospermum songoricum（Kar. et Kir.）Tzvel.*

多年生草本。生于山地草甸、山地草原、盐渍化草地。海拔 900~1 600 m。

产准噶尔阿拉套山、北天山、西天山、西南天山。中国、哈萨克斯坦、吉尔吉斯斯坦、乌兹别克斯坦；亚洲有分布。

（5371）小鸦葱 **Scorzonera subacaulis（Regel）Lipsch.**

多年生草本。生于高山和亚高山草甸、山地林缘、森林草甸。海拔 2 200~3 100 m。

产东天山、准噶尔阿拉套山、北天山、东南天山、西天山、西南天山。中国、哈萨克斯坦、吉尔吉斯斯坦、乌兹别克斯坦；亚洲有分布。

药用。

*（5372）塔吉克鸦葱 **Scorzonera tadshikorum Krasch. et Lipsch.**

多年生草本。生于石质山坡、细石质河谷、河流阶地。海拔 600～1 800 m。

产西南天山、内天山。吉尔吉斯斯坦、乌兹别克斯坦；亚洲有分布。

*（5373）橡胶鸦葱 **Scorzonera tau-saghyz Lipsch. et Bosse**

多年生草本。生于沙砾质山坡草地、山地草甸、细石质山坡。海拔 1 400～2 500 m。

产西天山。乌兹别克斯坦；亚洲有分布。

（5374）天山鸦葱 **Scorzonera tianshanensis Z. X. An**

多年生草本。生于草原带的路边、河滩。海拔 1 400 m 上下。

产北天山。中国；亚洲有分布。

中国特有成分。药用。

*（5375）长毛鸦葱 **Scorzonera tragopogonoides Regel et Schmalh.**

多年生草本。生于山地草甸、石质坡地、河谷、山地草原。海拔 1 300～2 700 m。

产准噶尔阿拉套山、北天山、西天山、西南天山。哈萨克斯坦、吉尔吉斯斯坦、乌兹别克斯坦；亚洲有分布。

（5376）橙黄鸦葱 **Scorzonera transiliensis Popov**

多年生草本。生于山地草甸。海拔 1 700 m 上下。

产北天山。中国、哈萨克斯坦、吉尔吉斯斯坦；亚洲有分布。

（5377）块根鸦葱 **Scorzonera tuberosa Pall.**

多年生草本。生于山麓洪积-冲积扇、沙质荒漠。海拔 350～1 100 m。

产北天山。中国、哈萨克斯坦、俄罗斯；亚洲、欧洲有分布。

食用、药用、固沙。

*（5378）中亚鸦葱 **Scorzonera turkestanica Franch.**

多年生草本。生于山地草甸、河谷灌丛、碎石堆、细石质山坡、山地草原。海拔 1 200～2 700 m。

产北天山、西天山、西南天山。哈萨克斯坦、吉尔吉斯斯坦、乌兹别克斯坦；亚洲有分布。

*（5379）乌兹别克鸦葱 **Scorzonera uzbekistanica Czevr. et Bondarenko** = *Scorzonera tau-saghyz* subsp. *usbekistanica* （Czevr. et Bondar.） Tagaev

多年生草本。生于砾石质山坡、河岸阶地。海拔 600～1 600 m。

产西南天山。乌兹别克斯坦；亚洲有分布。

*（5380）瓦氏鸦葱 **Scorzonera vavilovii Kult.**

多年生草本。生于石灰岩丘陵、石质山坡。海拔 800～2 300 m。

产西南天山、内天山。吉尔吉斯斯坦、乌兹别克斯坦；亚洲有分布。

732. 河西菊属 Hexinia H. L. Yang

（5381）河西菊 **Hexinia polydichotoma** （Ostenf.） **H. L. Yang** = *Launaea polydichotoma* （Ostenf） Amin ex N. Kilian = *Chondrilla polydichotoma* Ostenf. = *Zollikoferia polydichotoma* （Ostenf.） Iljin

多年生草本。生于平坦沙地、丘间低地、戈壁冲沟、农田。海拔-90～2 300 m。

产东天山、东南天山、中央天山、内天山。中国；亚洲有分布。

饲料。

733. 鼠毛菊属 Epilasia（Bunge）Benth.

　（5382）顶毛鼠毛菊 Epilasia acrolasia（Bunge）C. B. Cl.

　　　　一年生草本。生于盐渍化沙地、固定和半固定沙丘。海拔 200～1 400 m。

　　　　产东天山、东北天山、西南天山。中国、吉尔吉斯斯坦、乌兹别克斯坦、伊朗、阿富汗、印度；亚洲有分布。

　（5383）腰毛鼠毛菊 Epilasia hemilasia（Bunge）C. B. Cl.

　　　　一年生草本。生于沙质草地、黏土质草地。海拔 500 m 上下。

　　　　产东天山。中国、哈萨克斯坦、乌兹别克斯坦、伊朗、阿富汗；亚洲有分布。

734. 泽兰属 Eupatorium L.

　（5384）大麻叶白头婆 Eupatorium cannabinum L.

　　　　多年生草本。生于山地河岸、低山湿地。海拔 200～600 m。

　　　　产西南天山。中国（归化）、乌兹别克斯坦、俄罗斯；亚洲、欧洲有分布。

735. 蒲公英属 Taraxacum Wigg.

　＊（5385）阿莱蒲公英 Taraxacum alaicum Schischk.

　　　　多年生草本。生于砾石质山坡、砾岩堆、山地草甸、河谷。海拔 1 700～3 100 m。

　　　　产西南天山、内天山。吉尔吉斯斯坦、乌兹别克斯坦；亚洲有分布。

　（5386）阿尔泰蒲公英 Taraxacum alatavicum Schischk.

　　　　多年生草本。生于山地草甸、森林草甸、河谷、岩石缝、山地草原。海拔 800～3 500 m。

　　　　产东天山、东北天山、准噶尔阿拉套山、内天山、西天山、西南天山。中国、哈萨克斯坦、吉尔吉斯斯坦、乌兹别克斯坦、俄罗斯；亚洲有分布。

　（5387）翼柄蒲公英 Taraxacum alatopetiolum D. T. Zhai et Z. X. An

　　　　多年生草本。生于高山和亚高山草甸。海拔 3 400 m 上下。

　　　　产东天山。中国；亚洲有分布。

　　　　中国特有成分。

　＊（5388）阿拉木图蒲公英 Taraxacum almaatense Schischk.

　　　　多年生草本。生于山地草甸、林间草地、山坡草地。海拔 600～1 600 m。

　　　　产北天山。哈萨克斯坦；亚洲有分布。

　＊（5389）生高山蒲公英 Taraxacum alpigenum Dshanaeva

　　　　多年生草本。生于高山草甸湿地、冰川冰碛石堆。海拔 2 900～3 500 m。

　　　　产北天山、西天山、西南天山。哈萨克斯坦、吉尔吉斯斯坦、乌兹别克斯坦；亚洲有分布。

　＊（5390）黑苞蒲公英 Taraxacum atrans Schischk.

　　　　多年生草本。生于亚高山草甸、河谷、碎石质坡地、砾岩堆。海拔 2 900～3 200 m。

　　　　产北天山。哈萨克斯坦、吉尔吉斯斯坦；亚洲有分布。

　（5391）窄苞蒲公英 Taraxacum bessarabicum（Hornem.）Hand. -Mazz.

　　　　多年生草本。生于河漫滩草甸、盐碱地、农田、水边、路旁。海拔 420～1 400 m。

　　　　产东天山、准噶尔阿拉套山、北天山、西天山、西南天山。中国、哈萨克斯坦、吉尔吉斯斯坦、乌兹别克斯坦、蒙古、伊朗、俄罗斯;亚洲、欧洲有分布。

药用。

(5392) 双角蒲公英 **Taraxacum bicorne Dahlst.**

多年生草本。生于高山和亚高山草甸、河漫滩草甸、盐碱地、农田、水渠边。海拔350～3 400 m。

产东天山、东北天山、北天山、中央天山、内天山、西天山、西南天山。中国、哈萨克斯坦、吉尔吉斯斯坦、乌兹别克斯坦、伊朗、俄罗斯;亚洲、欧洲有分布。

药用。

*(5393) 波氏蒲公英 **Taraxacum botschantzevii Schischk.**

多年生草本。生于砾岩碎石堆、山地草原、路旁。海拔600～2 100 m。

产西天山、西南天山、内天山。吉尔吉斯斯坦、乌兹别克斯坦;亚洲有分布。

*(5394) 短耳蒲公英 **Taraxacum brevicorniculatum V. Korol.**

多年生草本。生于盐渍化草甸、荒漠草原。海拔900～2 500 m。

产北天山。哈萨克斯坦、吉尔吉斯斯坦;亚洲有分布。

*(5395) 短茎蒲公英 **Taraxacum brevirostre Hand.-Mazz.**

多年生草本。生于高山和亚高山草甸、细石质山坡草地、河谷。海拔3 000～3 400 m。

产北天山、西天山、西南天山。哈萨克斯坦、吉尔吉斯斯坦、乌兹别克斯坦;亚洲有分布。

*(5396) 拟橡胶蒲公英 **Taraxacum calcareum V. A. Korol.**

多年生草本。生于山地石灰岩山坡、河谷。海拔800～1 600 m。

产北天山。哈萨克斯坦、吉尔吉斯斯坦;亚洲有分布。

*(5397) 乡村蒲公英 **Taraxacum comitans Kovalevsk.**

多年生草本。生于杜加依林下、沼泽草甸、河边。海拔250～1 800 m。

产西天山、西南天山。乌兹别克斯坦;亚洲有分布。

*(5398) 垂头蒲公英 **Taraxacum contristans Kovalevsk.**

多年生草本。生于沼泽、杜加依林下、荒野、绿洲周边。海拔300～1 600 m。

产西南天山。乌兹别克斯坦;亚洲有分布。

(5399) 朝鲜蒲公英 **Taraxacum compactum Schischk.**

多年生草本。生于森林草甸、砾岩堆、河谷、山地草原、低山丘陵、荒漠草原。海拔600～2 800 m。

产东北天山、准噶尔阿拉套山、北天山、西天山。中国、哈萨克斯坦、吉尔吉斯斯坦、俄罗斯;亚洲有分布。

药用。

*(5400) 达瓦扎蒲公英 **Taraxacum darvasicum T. I. Vainberg**

多年生草本。生于山地岩矿堆、农田、荒野。海拔400～1 500 m。

产西天山、西南天山、内天山。吉尔吉斯斯坦、乌兹别克斯坦;亚洲有分布。

(5401) 粉绿蒲公英 **Taraxacum dealbatum Hand.-Mazz.**

多年生草本。生于高山和亚高山草甸、河谷、河漫滩草甸、砾石质坡地、盐化沼泽、农田、水渠边、路旁。海拔 400~4 300 m。

产东天山、东北天山、东南天山、准噶尔阿拉套山、北天山、中央天山、内天山。中国、哈萨克斯坦、蒙古、俄罗斯;亚洲有分布。

药用。

(5402) 多裂蒲公英 **Taraxacum dissectum**(Ledeb.)Ledeb.

多年生草本。生于高山和亚高山草甸、河漫滩草甸、农田边、水渠旁。海拔 2 380~4 100 m。

产东南天山、北天山。中国、哈萨克斯坦、蒙古、俄罗斯;亚洲有分布。

药用。

(5403) 无角蒲公英 **Taraxacum ecornutum** Kovalevsk.

多年生草本。生于低山荒漠草原、农田边、渠边、路旁。海拔 500 m 上下。

产东天山、北天山。中国、哈萨克斯坦;亚洲有分布。

药用。

*(5404) 乌加明蒲公英 **Taraxacum elongatum** Kovalevsk.

多年生草本。生于山地草甸、林间草地、山崖石缝、河谷、河旁、渠边。海拔 2 100~2 900 m。

产西南天山、西天山、内天山。吉尔吉斯斯坦、乌兹别克斯坦;亚洲有分布。

*(5405) 毛厚蒲公英 **Taraxacum eriobasis** Kovalevsk.

多年生草本。生于山麓平原、路旁。海拔 300~1 300 m。

产西南天山。乌兹别克斯坦;亚洲有分布。

(5406) 红果蒲公英 **Taraxacum erythrospermum** Andrz. ex Bess.

多年生草本。生于山地草甸、森林草甸、山地草原、河谷、渠边。海拔 1 500~2 584 m。

产东天山、东南天山。中国、俄罗斯;亚洲、欧洲有分布。

药用。

*(5407) 菲氏蒲公英 **Taraxacum fedtschenkoi** Hand. -Mazz.

多年生草本。生于亚高山草甸、冰碛石堆、碎石质山坡。海拔 2 800~3 100 m。

产北天山、西天山、西南天山。哈萨克斯坦、吉尔吉斯斯坦、乌兹别克斯坦;亚洲有分布。

*(5408) 头状蒲公英 **Taraxacum glabellum** Schischk.

多年生草本。生于亚高山草甸、碎石堆、山崖岩石缝、河谷。海拔 2 500~2 900 m。

产北天山、西天山、西南天山。哈萨克斯坦、吉尔吉斯斯坦、乌兹别克斯坦;亚洲有分布。

(5409) 光果蒲公英 **Taraxacum glabrum** DC.

多年生草本。生于高山和亚高山草甸、河谷。海拔 2 300~4 200 m。

产东天山、准噶尔阿拉套山、北天山、东南天山、内天山。中国、哈萨克斯坦、俄罗斯;亚洲、欧洲有分布。

药用。

*(5410) 灰花蒲公英 **Taraxacum glaucanthum**(Ledeb.)Nakai ex Koidz.

多年生草本。生于盐渍化沼泽草甸、湿地、河和湖边、盐渍化荒漠、河漫滩。海拔 500~1 700 m。

产北天山。哈萨克斯坦、俄罗斯;亚洲、欧洲有分布。

*（5411）淡蓝蒲公英 **Taraxacum glaucivirens Schischk.**

多年生草本。生于冰川冰碛石堆、石质坡地、山地草甸、石灰岩丘陵、山麓洪积扇。海拔 1 700～3 400 m。

产北天山、西天山、西南天山。哈萨克斯坦、吉尔吉斯斯坦、乌兹别克斯坦；亚洲有分布。

（5412）小叶蒲公英 **Taraxacum goloskokovii Schischk.** = *Taraxacum alpigenum* Dshan.

多年生草本。生于高山和亚高山草甸、冰川冰碛石堆、河谷草地、河漫滩草甸、沼泽草甸、积水洼地。海拔 2 700～3 700 m。

产东天山、准噶尔阿拉套山、北天山、西天山、西南天山。中国、哈萨克斯坦、吉尔吉斯斯坦、乌兹别克斯坦；亚洲有分布。

药用。

*（5413）溪岸蒲公英 **Taraxacum heptapotamicum Schischk.**

多年生草本。生于草甸湿地、石质山坡、砾岩堆。海拔 1 700～2 900 m。

产西天山、内天山。吉尔吉斯斯坦；亚洲有分布。

*（5414）优子果蒲公英 **Taraxacum juzepczukii Schischk.**

多年生草本。生于细石质坡地、低山丘陵、荒野、路旁、海拔 400～1 800 m。

产西天山、西南天山、内天山。吉尔吉斯斯坦、乌兹别克斯坦；亚洲有分布。

*（5415）卡拉套蒲公英 **Taraxacum karatavicum Pavlov**

多年生草本。生于山地草甸、砾岩堆、河谷碎石堆、山地草原。海拔 700～1 800 m。

产西天山。乌兹别克斯坦；亚洲有分布。

乌兹别克斯坦特有成分。

*（5416）柯尔克孜蒲公英 **Taraxacum kirghizicum Schischk.**

多年生草本。生于山地草甸、石质山坡、河岸、山崖岩石缝、山地草原。海拔 1 100～2 500 m。

产北天山、西天山、西南天山、内天山。哈萨克斯坦、吉尔吉斯斯坦、乌兹别克斯坦；亚洲有分布。

（5417）橡胶草 **Taraxacum kok-saghyz Rodin** = *Taraxacum brevicorniculatum* V. A. Korol.

多年生草本。生于山地草甸、河漫滩草甸、盐碱化草甸、荒漠草原、农田水渠边。海拔 700～2 500 m。

产东天山、准噶尔阿拉套山、北天山。中国、哈萨克斯坦、吉尔吉斯斯坦；亚洲、欧洲有分布。

药用、胶脂、橡胶、植化原料（酒精）。

*（5418）考瓦洛夫蒲公英 **Taraxacum kovalevskiae T. I. Vainberg**

多年生草本。生于细土质-石质山坡、山崖岩石缝、黏土质坡地。海拔 800～1 900 m。

产西南天山、内天山、西天山。吉尔吉斯斯坦、乌兹别克斯坦；亚洲有分布。

（5419）白花蒲公英 **Taraxacum leucanthum**（Legeb.）**Ledeb.**

多年生草本。生于高山和亚高山草甸、河谷、河漫滩草甸、沼泽。海拔 2 100～4 492 m。

产东天山、准噶尔阿拉套山。中国、哈萨克斯坦、俄罗斯；亚洲、欧洲有分布。

药用。

（5420）紫花蒲公英 **Taraxacum lilacinum Krassn. ex Schischk.**

多年生草本。生于高山和亚高山草甸、森林草甸、山地草甸、河边。海拔 2 400~3 300 m。

产东天山、东北天山、准噶尔阿拉套山、北天山、东南天山、中央天山、西天山、西南天山。中国、哈萨克斯坦、吉尔吉斯斯坦、乌兹别克斯坦；亚洲有分布。

药用。

*（5421）林氏蒲公英 **Taraxacum linczevskii Schischk.**

多年生草本。生于亚高山草甸、草甸沼泽、湿地。海拔 2 900~3 100 m。

产北天山、西天山、西南天山。哈萨克斯坦、吉尔吉斯斯坦、乌兹别克斯坦；亚洲有分布。

（5422）小果蒲公英 **Taraxacum lipskyi Schischk.** = *Taraxacum afghanicum* van Soest

多年生草本。生于河滩、渠边、湿地。海拔 860~4 550 m。

产东天山。中国、土库曼斯坦；亚洲有分布。

（5423）长锥蒲公英 **Taraxacum longipyramidatum Schischk.**

多年生草本。生于山地草甸、河谷灌丛、山地草原、盐渍化草甸、汇水洼地、沼泽、农田、水渠边、路旁。海拔 450~2 800 m。

产东天山、东北天山、准噶尔阿拉套山、北天山、西天山、西南天山。中国、哈萨克斯坦、吉尔吉斯斯坦、乌兹别克斯坦；亚洲有分布。

药用。

*（5424）长嘴蒲公英 **Taraxacum longirostre Schischk.**

多年生草本。生于盐渍化草甸、山地草原、河谷灌丛。海拔 1 500~2 800 m。

产北天山、西天山、西南天山。哈萨克斯坦、吉尔吉斯斯坦、乌兹别克斯坦；亚洲有分布。

（5425）红角蒲公英 **Taraxacum luridum Hagl.**

多年生草本。生于河谷草甸、汇水洼地。海拔 3 150 m 以下。

产东天山、准噶尔阿拉套山。中国、哈萨克斯坦；亚洲有分布。

药用。

（5426）大果蒲公英 **Taraxacum macrochlamydeum Kovalevsk.**

多年生草本。生于砾岩堆、河岸阶地、湿地、盐渍化草甸。海拔 600~2 200 m。

产东天山、北天山。中国、哈萨克斯坦、吉尔吉斯斯坦；亚洲有分布。

*（5427）大蒲公英 **Taraxacum magnum V. A. Korol.**

多年生草本。生于山地草原、荒漠草原、盐渍化草甸。海拔 600~1 900 m。

产北天山。哈萨克斯坦、吉尔吉斯斯坦；亚洲有分布。

*（5428）高大蒲公英 **Taraxacum majus Schischk.**

多年生草本。生于山地草甸、山地林缘、河谷、山地草原。海拔 600~2 500 m。

产北天山、西天山、西南天山。哈萨克斯坦、吉尔吉斯斯坦、乌兹别克斯坦；亚洲有分布。

*（5429）撒马尔罕蒲公英 **Taraxacum maracandicum Kovalevsk.**

多年生草本。生于山地草原、河床、渠边、居民区。海拔 400~2 800 m。

产西天山、西南天山。吉尔吉斯斯坦、乌兹别克斯坦；亚洲有分布。

*（5430）细果蒲公英 **Taraxacum microspermum Schischk.**

　　多年生草本。生于荒漠草原、砾岩堆、低山丘陵。海拔 600~2 800 m。

　　产北天山、西天山。哈萨克斯坦、吉尔吉斯斯坦；亚洲有分布。

*（5431）微小蒲公英 **Taraxacum minutilobum M. Pop. ex Kovalevsk.**

　　一年生草本。生于高山和亚高山草甸、冰碛碎石堆、山溪边、干旱石质山坡。海拔 2 800~
3 400 m。

　　产北天山、西天山、西南天山。哈萨克斯坦、吉尔吉斯斯坦、乌兹别克斯坦；亚洲有分布。

*（5432）宽叶蒲公英 **Taraxacum modestum Schischk.**

　　多年生草本。生于亚高山草甸、山地草原、黄土丘陵。海拔 1 500~2 500 m。

　　产北天山、西天山、西南天山。哈萨克斯坦、吉尔吉斯斯坦、乌兹别克斯坦；亚洲有分布。

　（5433）荒漠蒲公英 **Taraxacum monochlamydeum Hand. -Mazz.**

　　多年生草本。生于山坡草地、山地草原、荒漠湿地、河滩、积水洼地、盐化草甸、农田、水边、路旁。海拔 100~1 700 m。

　　产东天山、东北天山、准噶尔阿拉套山、东南天山、西天山、西南天山。中国、哈萨克斯坦、吉尔吉斯斯坦、乌兹别克斯坦、巴基斯坦、印度、伊朗；亚洲有分布。

　　药用。

*（5434）山地生蒲公英 **Taraxacum montanum（C. A. Mey.）DC.**

　　多年生草本。生于碎石质山坡、细石质阴坡、洪积扇、河岸阶地。海拔-700~600 m。

　　产北天山、西天山、西南天山。哈萨克斯坦、吉尔吉斯斯坦、乌兹别克斯坦、俄罗斯；亚洲有分布。

　（5435）多葶蒲公英 **Taraxacum multiscaposum Schischk.**

　　多年生草本。生于山地草甸、河谷草甸、林缘草甸、汇水洼地、河滩、农田、水边、路旁。海拔
880~2 660 m。

　　产东天山、东北天山、北天山、东南天山、西天山、西南天山。中国、哈萨克斯坦、吉尔吉斯斯坦、乌兹别克斯坦、阿富汗、伊朗；亚洲有分布。

　　药用。

*（5436）尼氏蒲公英 **Taraxacum nevskii Juz.**

　　多年生草本。生于山地草甸、山脊岩屑堆、石质山坡。海拔 2 000~2 800 m。

　　产西天山、内天山。吉尔吉斯斯坦；亚洲有分布。

*（5437）努拉山蒲公英 **Taraxacum nuratavicum Schischk.**

　　多年生草本。生于山地沼泽湿地、草甸湿地、河边。海拔 800~2 300 m。

　　产西南天山、内天山。吉尔吉斯斯坦、乌兹别克斯坦；亚洲有分布。

　（5438）药蒲公英 **Taraxacum officinale Weber ex Wigg.**

　　多年生草本。生于山地草甸、森林草甸、山坡草地、河谷林下、河漫滩草甸、荒漠、河边、渠边、田间、路旁。海拔 500~2 730 m。

　　产东天山、东北天山、准噶尔阿拉套山、北天山、东南天山、内天山、西天山、西南天山。中国、哈萨克斯坦、吉尔吉斯斯坦、乌兹别克斯坦、俄罗斯；亚洲、欧洲、美洲有分布。

药用、食用、饲料、蜜源。

*（5439）奥什蒲公英 **Taraxacum oschense Schischk.**
　　　多年生草本。生于山地草甸、砾岩堆、河谷草甸、山崖岩石缝、山地草原。海拔 1 200～3 100 m。
　　　产西南天山、内天山。吉尔吉斯斯坦、乌兹别克斯坦；亚洲有分布。

*（5440）帕维洛夫蒲公英 **Taraxacum pavlovii Orazova**
　　　多年生草本。生于高山和亚高山石质坡地、山地草甸、河谷、灌丛。海拔 3 400 m 上下。
　　　产北天山。哈萨克斯坦、吉尔吉斯斯坦；亚洲有分布。

*（5441）小蒲公英 **Taraxacum perpusillum Schischk.**
　　　多年生草本。生于亚高山草甸、河谷、碎石质山坡、灌丛。海拔 2 500～3 000 m。
　　　产准噶尔阿拉套山。哈萨克斯坦；亚洲有分布。
　　　哈萨克斯坦特有成分。

*（5442）皮特蒲公英 **Taraxacum petri-primi T. I. Vainberg**
　　　多年生草本。生于冰碛石堆、高山倒石堆、坡积石堆、河谷。海拔 2 900～3 500 m。
　　　产西天山、西南天山、内天山。吉尔吉斯斯坦、乌兹别克斯坦；亚洲有分布。

（5443）尖角蒲公英 **Taraxacum pingue Schischk.**
　　　多年生草本。生于高寒荒漠、高山和亚高山草甸。海拔 2 300～3 300 m。
　　　产准噶尔阿拉套山、东南天山。中国、哈萨克斯坦、俄罗斯；亚洲有分布。
　　　药用。

*（5444）波波夫蒲公英 **Taraxacum popovii Kovalevsk. ex T. I. Vainberg**
　　　多年生草本。生于冰碛碎石堆、砾岩堆、高山和亚高山草甸、湿地。海拔 2 900～3 400 m。
　　　产西南天山、西天山、内天山。吉尔吉斯斯坦、乌兹别克斯坦；亚洲有分布。

（5445）玫瑰色蒲公英 **Taraxacum potaninii Tzvel.**
　　　多年生草本。生于山地草原、亚高山草甸。海拔 2 000～2 400 m。
　　　产东天山。中国；亚洲有分布。
　　　中国特有成分。

*（5446）山麓蒲公英 **Taraxacum promontoriorum Dshan.**
　　　多年生草本。生于细石质山坡、裸露山坡、河岸阶地。海拔 900～1 700 m。
　　　产西天山、内天山。吉尔吉斯斯坦；亚洲有分布。

（5447）假高山蒲公英 **Taraxacum pseudoalpinum Schischk. ex Oraz.**
　　　多年生草本。生于亚高山草甸、森林草甸。海拔 1 400～2 400 m。
　　　产东天山、准噶尔阿拉套山、北天山。中国、哈萨克斯坦；亚洲有分布。

（5448）窄边蒲公英 **Taraxacum pseudoatratum Orazova**
　　　多年生草本。生于高山和亚高山草甸、山谷。海拔 2 800～3 500 m。
　　　产东天山、准噶尔阿拉套山、北天山、东南天山。中国、哈萨克斯坦、吉尔吉斯斯坦、俄罗斯；亚洲有分布。

*(5449) 短柄蒲公英 **Taraxacum pseudobrevirostre T. I. Vainberg**

多年生草本。生于高山碎石堆、山崖岩石缝、河谷、石质山坡。海拔 2 500～3 500 m。

产西天山、内天山。吉尔吉斯斯坦、乌兹别克斯坦;亚洲有分布。

(5450) 葱岭蒲公英 **Taraxacum pseudominutilobum Kovalevsk.**

多年生草本。生于山地草甸、河谷草甸、积水洼地。海拔 1 200～2 900 m。

产北天山、内天山、西天山、西南天山。中国、哈萨克斯坦、吉尔吉斯斯坦、乌兹别克斯坦;亚洲有分布。

药用。

(5451) 绯红蒲公英 **Taraxacum pseudoroseum Schischk.**

多年生草本。生于高山和亚高山草甸、砾岩堆、森林草甸、山坡草地。海拔 1 200～3 260 m。

产东天山、东北天山、北天山、内天山、西天山、西南天山。中国、哈萨克斯坦、吉尔吉斯斯坦、乌兹别克斯坦;亚洲有分布。

药用。

(5452) 血果蒲公英 **Taraxacum repandum Pavlov**

多年生草本。生于亚高山草甸、森林草甸。海拔 2 900 m 上下。

产北天山、内天山、西天山、西南天山。中国、哈萨克斯坦、吉尔吉斯斯坦、乌兹别克斯坦;亚洲有分布。

药用。

*(5453) 红花蒲公英 **Taraxacum rubidum Schischk.**

多年生草本。生于黏土质河岸、山溪边、盐渍化草甸、湿地。海拔 2 500～3 000 m。

产西南天山。乌兹别克斯坦;亚洲有分布。

*(5454) 鲁氏蒲公英 **Taraxacum rubtzovii Schischk.**

多年生草本。生于岩石峭壁碎石堆、河谷。海拔 900～2 800 m。

产北天山。哈萨克斯坦;亚洲有分布。

*(5455) 沙氏蒲公英 **Taraxacum saposhnikovii Schischk.**

多年生草本。生于石质山坡、砾岩碎石堆。海拔 600～1 800 m。

产北天山。哈萨克斯坦;亚洲有分布。

*(5456) 特克斯蒲公英 **Taraxacum schischkinii V. A. Korol.**

多年生草本。生于山地草原、盐渍化草甸、湿地。海拔 400～1 600 m。

产北天山。哈萨克斯坦、吉尔吉斯斯坦;亚洲有分布。

*(5457) 孜拉普善蒲公英 **Taraxacum seravschanicum Schischk.**

多年生草本。生于山地草甸、河谷草甸、森林草甸。海拔 900～2 300 m。

产西南天山。乌兹别克斯坦;亚洲有分布。

(5458) 东天山蒲公英 **Taraxacum sinotianschanicum Tzvel.**

多年生草本。高山草甸。海拔 3440 m 上下。

产东南天山。中国;亚洲有分布。

中国特有成分。

*（5459）索考迪蒲公英 **Taraxacum sonchoides**（D. Don）Sch. Bip. = *Taraxacum montanum*（C. A. Mey.）DC.

多年生草本。生于碎石质山坡、低山细石质坡地、河岸阶地、山麓洪积扇。海拔 600~2 500 m。

产北天山、西天山、西南天山。哈萨克斯坦、吉尔吉斯斯坦、乌兹别克斯坦、俄罗斯；亚洲有分布。

*（5460）准噶尔蒲公英 **Taraxacum songoricum** Schischk. = *Taraxacum rubtzovii* Schischk.

多年生草本。生于高山和亚高山草甸、山地碎石堆、碎石质坡地、河谷灌丛。海拔 900~3 100 m。

产准噶尔阿拉套山、北天山。哈萨克斯坦、吉尔吉斯斯坦；亚洲有分布。

（5461）深裂蒲公英 **Taraxacum stenolobum** Stschegl.

多年生草本。生于河谷草甸、山地草甸、山坡草地。海拔 1 840 m 上下。

产东天山、中央天山。中国、俄罗斯；亚洲有分布。

药用。

*（5462）什托瓦蒲公英 **Taraxacum strizhoviae** T. I. Vainberg

多年生草本。生于高山和亚高山湿草地、草甸湿地、盐渍化草地。海拔 2 100~3 200 m。

产西南天山、内天山。吉尔吉斯斯坦、乌兹别克斯坦；亚洲有分布。

*（5463）球状蒲公英 **Taraxacum strobilocephalum** Kovalevsk.

多年生草本。生于沼泽、渠边、花园、杜加依林下。海拔 300~1 700 m。

产西南天山。乌兹别克斯坦；亚洲有分布。

（5464）滇北蒲公英 **Taraxacum suberiopodum** van Soest

多年生草本。生于高山和亚高山草甸、山地林缘、山坡草地。海拔 2 800~3 400 m。

产东南天山。中国；亚洲有分布。

*（5465）冷蒲公英 **Taraxacum subglaciale** Schischk.

多年生草本。生于高山和亚高山草甸、冰碛石堆、碎石质湿地。海拔 2 900~3 500 m。

产准噶尔阿拉套山、北天山。哈萨克斯坦、吉尔吉斯斯坦；亚洲有分布。

（5466）紫果蒲公英 **Taraxacum sumneviczii** Schischk.

多年生草本。生于亚高山草甸、森林草甸、河漫滩草甸。海拔 2 800 m 上下。

产准噶尔阿拉套山、北天山、东南天山、西天山、西南天山。中国、哈萨克斯坦、吉尔吉斯斯坦、乌兹别克斯坦、俄罗斯；亚洲有分布。

药用。

*（5467）叙利亚蒲公英 **Taraxacum syriacum** Boiss.

多年生草本。生于山地石质坡地、河漫滩、山崖岩石缝、山麓碎石堆。海拔 700~2 500 m。

产准噶尔阿拉套山、北天山、西天山、西南天山。哈萨克斯坦、吉尔吉斯斯坦、乌兹别克斯坦、俄罗斯；亚洲有分布。

*（5468）高原蒲公英 **Taraxacum syrtorum** Dshan.

多年生草本。生于山地草甸、石质山坡、轻度盐渍化草甸湿地。海拔 1 900~2 900 m。

产西天山、内天山。吉尔吉斯斯坦；亚洲有分布。

628

*（5469）塔吉克蒲公英 **Taraxacum tadshicorum Ovczinn.**

多年生草本。生于细土质-细石质山坡、路旁、花园、农田。海拔 400~1 800 m。

产西南天山、西天山、内天山。吉尔吉斯斯坦、乌兹别克斯坦；亚洲有分布。

（5470）天山蒲公英 **Taraxacum tianschanicum Pavl.**

多年生草本。生于山地草甸、森林草甸、河边、山地草原、荒漠草原、田间、路边、水旁。海拔 115~2 500 m。

产东天山、东北天山、准噶尔阿拉套山、北天山、东南天山、西天山、西南天山。中国、哈萨克斯坦、吉尔吉斯斯坦、乌兹别克斯坦；亚洲有分布。

饲料、药用。

*（5471）吐尤克苏蒲公英 **Taraxacum tujuksuense Orazova**

多年生草本。生于高山草甸、细石质山坡、高山河谷、山崖岩石缝。海拔 3 000~3 400 m。

产北天山。哈萨克斯坦；亚洲有分布。

*（5472）茨威洛夫蒲公英 **Taraxacum tzvelevii Schischk.**

多年生草本。生于山地草甸、山地河谷、河边、山地草原、荒漠草原。海拔 700~2 900 m。

产西南天山、内天山。吉尔吉斯斯坦、乌兹别克斯坦；亚洲有分布。

*（5473）吐尔干蒲公英 **Taraxacum vitalii Orazova**

多年生草本。生于亚高山草甸、山地草甸、山地林缘、灌丛、山地草原、低山丘陵。海拔 1 500~3 100 m。

产北天山。哈萨克斯坦、吉尔吉斯斯坦；亚洲有分布。

（5474）新源蒲公英 **Taraxacum xinyuanicum D. T. Zhai et Z. X. An**

多年生草本。生于山地森林草甸。海拔 1 500 m 上下。

产北天山。中国；亚洲有分布。

中国特有成分。药用。

736. 粉苞菊属 Chondrilla L.

（5475）沙地粉苞菊 **Chondrilla ambigua Fischer ex Kar. et Kir.**

多年生草本。生于流动沙丘或半固定沙丘、沙地、戈壁、水渠边。海拔 300~2 300 m。

产东天山、准噶尔阿拉套山、北天山、东南天山。中国、哈萨克斯坦、俄罗斯；亚洲、欧洲有分布。

饲料、胶脂。

*（5476）粗茎粉苞菊 **Chondrilla aspera Poir.**

多年生草本。生于碎石质山坡、干河床、山溪边、山地草原、荒漠草原。海拔 1 000~2 000 m。

产北天山、西天山、西南天山。哈萨克斯坦、吉尔吉斯斯坦、乌兹别克斯坦、俄罗斯；亚洲有分布。

（5477）短喙粉苞菊 **Chondrilla brevirostris Fisch. et C. A. Mey.**

多年生草本。生于砾石质山坡、河谷林下、河边、冲沟。海拔 1 340~2 900 m。

产东天山、准噶尔阿拉套山、北天山、东南天山、内天山。中国、哈萨克斯坦、俄罗斯；亚洲、欧洲有分布。

饲料、胶脂。

*（5478）灰白粉苞菊 **Chondrilla canescens Kar. et Kir.**

多年生草本。生于黄土丘陵、黏土质-沙质荒漠、平原荒漠河岸。海拔 500~1 700 m。

产准噶尔阿拉套山、北天山。哈萨克斯坦、俄罗斯;亚洲、欧洲有分布。

*（5479）偏肿粉苞菊 **Chondrilla gibbirostris M. Popov**

多年生草本。生于砾岩堆、石质山坡、低山丘陵。海拔 700~1 800 m。

产西南天山、西天山、内天山。吉尔吉斯斯坦、乌兹别克斯坦;亚洲有分布。

*（5480）库氏粉苞菊 **Chondrilla kusnezovii Iljin**

多年生草本。生于低山丘陵、黏土沙地。海拔 400~1 600 m。

产北天山。吉尔吉斯斯坦;亚洲有分布。

（5481）宽冠粉苞菊 **Chondrilla laticoronata Leonova**

多年生草本。生于低山旱田边、砾质戈壁。海拔 720~2 200 m。

产北天山。中国、哈萨克斯坦、吉尔吉斯斯坦、俄罗斯;亚洲有分布。

（5482）北疆粉苞菊 **Chondrilla lejosperma Kar. et Kir.**

多年生草本。生于石质-碎石质山坡。海拔 2 200~2 900 m。

产东天山、准噶尔阿拉套山、北天山、中央天山、内天山、西天山、西南天山。中国、哈萨克斯坦、吉尔吉斯斯坦、乌兹别克斯坦、蒙古;亚洲有分布。

*（5483）撒马尔罕粉苞菊 **Chondrilla maracandica Bunge**

多年生草本。生于砾岩堆、石质山坡、河谷、山地草原。海拔 1 100~2 800 m。

产西南天山、乌兹别克斯坦;亚洲有分布。

（5484）中亚粉苞菊 **Chondrilla ornata Iljin**

多年生草本。生于低山丘陵、山麓砾质戈壁、田边、人工草地。海拔 400~1 841 m。

产东天山、东北天山、准噶尔阿拉套山、西天山。中国、吉尔吉斯斯坦;亚洲有分布。

（5485）少花粉苞菊 **Chondrilla pauciflora Ledeb.**

多年生草本。生于山坡沙质草地、固定沙丘、沙地。海拔 500~1 500 m。

产准噶尔阿拉套山。中国、哈萨克斯坦、俄罗斯;亚洲、欧洲有分布。

饲料、胶脂。

（5486）暗苞粉苞菊 **Chondrilla phaeocephala Rupr.**

多年生草本。生于高山碎石堆、山地草甸、山间谷地、砾石山坡、低山山麓。海拔 1 600~4 000 m。

产东天山、东北天山、北天山、中央天山、西天山、西南天山。中国、哈萨克斯坦、吉尔吉斯斯坦、乌兹别克斯坦、阿富汗;亚洲有分布。

（5487）粉苞菊 **Chondrilla piptocoma Fisch. Mey. et Ave-Lall.**

多年生草本。生于石质山坡、河湖沿岸、田埂、渠边、山麓戈壁、沙地。海拔 400~2 600 m。

产东天山、东北天山、准噶尔阿拉套山、北天山、东南天山、内天山。中国、哈萨克斯坦、吉尔吉斯斯坦、俄罗斯;亚洲有分布。

饲料。

630

（5488）基节粉苞菊 **Chondrilla rouillieri Kar. et Kir.**

多年生草本。生于干河谷、沙砾地林下、农田。海拔 700~1 749 m。

产北天山、东南天山。中国、哈萨克斯坦、俄罗斯；亚洲有分布。

*（5489）薄喙粉苞菊 **Chondrilla tenuiramosa U. Pratov et I. U. Tagaev**

多年生草本。生于砾石质坡地、河流阶地、黏土质山坡。海拔 1 200~2 300 m。

产西天山、内天山。吉尔吉斯斯坦；亚洲有分布。

737. 苦苣菜属 Sonchus L.

（5490）苣荬菜 **Sonchus arvensis L.** = *Sonchus arvensis* subsp. *uliginosus* (M. Bieb.) Nym.

多年生草本。生于山地草甸、山地林下、林缘、山谷、山坡草地、平原荒漠草地、河边、湖边、田野。海拔 400~4 000 m。

产东天山、东北天山、准噶尔阿拉套山、北天山、东南天山、内天山、西天山、西南天山。中国、哈萨克斯坦、吉尔吉斯斯坦、乌兹别克斯坦、巴基斯坦、阿富汗、尼泊尔、俄罗斯；世界各地有分布。

药用、食用、油料、饲料、蜜源。

（5491）花叶滇苦菜 **Sonchus asper** (L.) **Hill**

一年生草本。生于山地草甸、平原区田边、渠边、撂荒地、灌丛。海拔 80~2 700 m。

产东天山、准噶尔阿拉套山、北天山、东南天山、西天山、西南天山。中国、哈萨克斯坦、吉尔吉斯斯坦、乌兹别克斯坦、俄罗斯；世界各地有分布。

药用。

（5492）长裂苦苣菜 **Sonchus brachyotus DC.**

一年生草本。生于山坡草地、河边、田野、盐碱地。海拔 350~2 260 m。

产东天山、东南天山。中国、俄罗斯；亚洲、欧洲有分布。

药用。

（5493）苦苣菜 **Sonchus oleraceus L.**

一年生草本。生于山地草甸、山地河谷、河边、田野。海拔 535~3 840 m。

产东天山、东北天山、准噶尔阿拉套山、北天山、东南天山、中央天山、内天山、西天山、西南天山。中国、哈萨克斯坦、吉尔吉斯斯坦、乌兹别克斯坦、俄罗斯；世界各地有分布。

药用、食用、饲料、蜜源。

（5494）沼生苦苣菜 **Sonchus palustris L.**

多年生草本。生于山地草甸湿地、山地林缘、河谷、沼泽边、湖边、农田、渠边。海拔 500~2 700 m。

产东天山、准噶尔阿拉套山、北天山、内天山。中国、哈萨克斯坦、吉尔吉斯斯坦、俄罗斯；亚洲、欧洲有分布。

药用。

（5495）全叶苦苣菜 **Sonchus transcaspicus Nevski**

多年生草本。生于山地草甸、山地林缘、山地草坡、湖边、河边、湿地、田边。海拔 200~4 000 m。

产准噶尔阿拉套山、北天山、中央天山、内天山。中国、乌兹别克斯坦、伊朗、印度、俄罗斯；亚洲有分布。

(5496) 短裂苦苣菜 **Sonchus uliginosus M. B.** = *Sonchus arvensis* subsp. *uliginosus* (Bieb.) Nym.

多年生草本。生于山沟、山坡、平地、河边或田边。海拔 400~4 000 m。

产东天山、东北天山、北天山。中国、哈萨克斯坦、吉尔吉斯斯坦、乌兹别克斯坦、巴基斯坦、阿富汗、尼泊尔、俄罗斯;亚洲、欧洲有分布。

738. 绢毛苣属 Soroseris Stebb.

(5497) 团花绢毛苣(绢毛苣) **Soroseris glomerata** (DC.) **Stebbins**

多年生草本。生于高山砾石坡地、流石滩。海拔 4 800~5 500 m。

产中央天山。中国;亚洲有分布。

739. 莴苣属 Lactuca L.

(5498) 阿尔泰莴苣 **Lactuca altaica Fisch. et C. A. Meyer**

一年生或二年生草本。生于山谷、河漫滩、河谷、灌丛、林下、田边、路旁。海拔 350~1 400 m。

产东天山、东北天山、准噶尔阿拉套山、北天山、东南天山。中国、哈萨克斯坦、土耳其、俄罗斯;欧洲有分布。

*(5499) 阿莱莴苣 **Lactuca alaica S. S. Kovalevsk.** = *Lactuca taraxacifolia* Khalkuziev

多年生草本。生于山脊碎石堆、冰碛石堆。海拔 3 000~3 400 m。

产西南天山、内天山。乌兹别克斯坦;亚洲有分布。

*(5500) 达瓦扎莴苣 **Lactuca albertoregelia** (**C. Winkl.**) = *Scariola albertoregelia* (C. Winkl.) Kirp.

多年生草本。生于山坡草地、石质山坡、河谷。海拔 600~1 700 m。

产西南天山。乌兹别克斯坦;亚洲有分布。

(5501) 大头叶莴苣(裂叶莴苣) **Lactuca dissecta D. Don** = *Lactuca auriculata* DC.

一年生草本。生于低山灌丛、山麓荒漠。海拔 330~1 800 m。

产东天山、东北天山、准噶尔阿拉套山、北天山、西天山、西南天山。中国、哈萨克斯坦、吉尔吉斯斯坦、乌兹别克斯坦、伊朗、印度;亚洲有分布。

药用。

*(5502) 雪莴苣 **Lactuca mira Pavl.** = *Prenanthes mira* (Pavlov) R. V. Kamelin

多年生草本。生于高山冰碛堆、石质坡地、岩石缝、河床。海拔 3 200~3 500 m。

产西南天山。乌兹别克斯坦;亚洲有分布。

*(5503) 东方莴苣 **Lactuca orientalis** (**Boiss.**) **Boiss.** = *Scariola orientalis* (Boiss.) Sojak

多年生草本或半灌木。生于细石质山坡、干旱黄土丘陵、荒漠草原、灌丛。海拔 200~2 300 m。

产北天山、西天山、西南天山。哈萨克斯坦、吉尔吉斯斯坦、乌兹别克斯坦、俄罗斯;亚洲有分布。

*(5504) 柳叶莴苣 **Lactuca saligna L.**

一年生或二年生草本。生于砾岩堆、河谷、细石质坡地、山麓洪积扇、轻度盐渍化草地、绿洲周边、渠边、河边、荒野。海拔 300~2 800 m。

产北天山、西天山、西南天山、内天山。哈萨克斯坦、吉尔吉斯斯坦、乌兹别克斯坦、俄罗斯;亚洲、欧洲有分布。

（5505）锯齿莴苣（野莴苣）**Lactuca seriola Tomer ex L.**

一年生或二年生草本。生于低山坡地、山谷、河漫滩、河谷、灌丛、林下、路旁、农田边。海拔 200~1 680 m。

产东天山、东北天山、准噶尔阿拉套山、北天山、东南天山。中国、哈萨克斯坦、蒙古、伊朗、印度、土耳其、俄罗斯；亚洲、欧洲、大洋洲有分布。

药用。

*（5506）密刺莴苣 **Lactuca spinidens Nevski**

一年生或二年生草本。生于石质山坡、山麓平原、田间、地边。海拔 500~1 600 m。

产西南天山、内天山。吉尔吉斯斯坦、乌兹别克斯坦；亚洲有分布。

（5507）蒙山莴苣 **Lactuca tatarica（L.）C. A. Meyer**

多年生草本。生于山地草甸、山地林缘、河谷、荒野、盐碱地、盐化草甸、路边、农田、渠边、庭院、荒地。海拔 230~4 000 m。

产东天山、东北天山、准噶尔阿拉套山、北天山、东南天山、中央天山、内天山。中国、哈萨克斯坦、蒙古、伊朗、印度、俄罗斯；亚洲、欧洲有分布。

饲料、药用。

（5508）飘带莴苣（飘带果）**Lactuca undulata Ledeb.**

一年生草本。生于山地草甸、山谷溪边、山地草原、荒漠草原、沼泽、农田、戈壁、沙漠。海拔 390~1 700 m。

产东天山、东北天山、准噶尔阿拉套山、北天山。中国、哈萨克斯坦、吉尔吉斯斯坦、伊朗、土耳其、俄罗斯；亚洲、欧洲有分布。

药用。

（5509）白茎莴苣 **Lactuca undulata var. albicaulis Z. X. An**

一年生草本。生于山地草丛。海拔 1 670 m。

产北天山。中国；亚洲有分布。

中国特有成分。

740. 山莴苣属 Lagedium Sojak.

（5510）山莴苣 **Lagedium sibiricum（L.）Sojak** =*Lactuca sibirica（L.）Maxim.* =*Lactuca sibiricum（L.）Sojak*

多年生草本。生于山地林下、林缘、林间草地、河岸、湖边湿地。海拔 850~1 500 m。

产东天山。中国、俄罗斯、蒙古、日本；亚洲、欧洲有分布。

*741. 类兔苣属 Lagoseriopsis Kirp.

*（5511）类兔苣 **Lagoseriopsis popovii（Krasch.）Kirpicz.**

一年生草本。生于山麓细石质沙地、龟裂土荒漠。海拔 200~800 m。

产西南天山、西天山。乌兹别克斯坦；亚洲有分布。

*742. 宽叶肋果蓟属 Lamyropappus Knorr. et Tamamsch.

*（5512）宽叶肋果蓟 **Lamyropappus schakaptaricus（B. Fedtsch.）Knorr. et Tamamsch.**

多年生草本。生于白垩纪沉积物、山麓洪积扇、黏土质荒漠。海拔 300~1 400 m。

产北天山、西天山。哈萨克斯坦、吉尔吉斯斯坦；亚洲有分布。

633

*743. 多肋稻槎菜属 Lapsana L.

　*（5513）多肋稻槎菜 **Lapsana communis L.**

　　　一年生草本。生于村落周边、园林、渠边、绿洲。海拔 300～1 400 m。

　　　产北天山、西天山、西南天山。哈萨克斯坦、吉尔吉斯斯坦、乌兹别克斯坦、俄罗斯；亚洲、欧洲有分布。

744. 大丁草属 Leibnitzia Cass.

　*（5514）科淖尔茵格大丁草 **Leibnitzia knorringiana（B. Fedtsch.）Pobed.**

　　　多年生草本。生于山崖阴暗处、针叶林下、潮湿河谷。海拔 1 200～2 800 m。

　　　产北天山、西南天山、西天山。哈萨克斯坦、吉尔吉斯斯坦、乌兹别克斯坦；亚洲有分布。

*745. 矮蓬属 Chamaegeron Schrenk

　*（5515）小头矮蓬 **Chamaegeron oligocephalus Sckrenk**

　　　一年生草本。生于山地湖泊周边、湿地、河谷、盐渍化草甸。海拔 900～2 700 m。

　　　产北天山。哈萨克斯坦；亚洲有分布。

*746. 外翅菊属 Chardinia Desf.

　*（5516）外翅菊 **Chardinia orientalis（L.）O. Kuntze**

　　　一年生草本。生于山地河谷细石质坡地、黄土丘陵、石灰岩丘陵、荒漠草原。海拔 600～2 500 m。

　　　产西天山、西南天山、内天山。吉尔吉斯斯坦、乌兹别克斯坦、俄罗斯；亚洲有分布。

747. 岩参属 Cicerbita Wallr.

　（5517）岩参 **Cicerbita azurea（Ledeb.）Beauv.**

　　　多年生草本。生于亚高山草甸、森林草甸、林缘、林间草地、山坡草地。海拔 1 200～3 200 m。

　　　产东天山、东北天山、准噶尔阿拉套山、北天山、东南天山、西天山、西南天山。中国、哈萨克斯坦、吉尔吉斯斯坦、乌兹别克斯坦、蒙古、俄罗斯；亚洲、欧洲有分布。

　*（5518）科瓦洛夫岩参 **Cicerbita kovalevskiana Kirp.** = *Kovalevskiella kovalevskiana（Kirp.）R. V. Kamelin*

　　　多年生草本。生于细石质山坡、野核桃林下、河边、湖边。海拔 800～2 500 m。

　　　产西天山、西南天山、内天山。吉尔吉斯斯坦、乌兹别克斯坦；亚洲有分布。

　*（5519）红花岩参 **Cicerbita rosea（Popov et Vved.）Krasch. ex S. Kovalevsk.**

　　　多年生草本。生于山崖岩石缝、山地林缘、河谷灌丛。海拔 1 000～2 500 m。

　　　产北天山、西天山、西南天山。哈萨克斯坦、吉尔吉斯斯坦、乌兹别克斯坦；亚洲有分布。

　（5520）天山岩苣（天山岩参）**Cicerbita tianschanica（Regel et Schmalh.）Beauv.**

　　　多年生草本。生于山地森林草甸、林下、山谷、河边。海拔 1 400～2 300 m。

　　　产东北天山、准噶尔阿拉套山、北天山。中国、哈萨克斯坦、吉尔吉斯斯坦；亚洲有分布。
　　　药用。

748. 头嘴菊属 Cephalorrhynchus Boiss.

　*（5521）海缘菜叶头嘴菊 **Steptorhamphus crambifolius Bunge** = *Cicerbita crambifolia（Bunge）Beauv.*

　　　多年生草本。生于石质山坡、山崖岩石缝、河流出山口河岸阶地、荒漠草原、山麓洪积扇。海拔 900～1 900 m。

产西天山、西南天山、内天山。吉尔吉斯斯坦、乌兹别克斯坦;亚洲有分布。

* (5522) 粗枝头嘴菊 **Steptorhamphus crassicaulis**（Trautv.）**Kirpicz.** = *Cicerbita crassicaulis* Beauv.

多年生草本。生于细石质山坡、砾岩堆、山崖岩石缝、山坡裸露石堆、石灰岩丘陵。海拔 700～
2 700 m。

产北天山、西天山、西南天山。哈萨克斯坦、吉尔吉斯斯坦、乌兹别克斯坦;亚洲有分布。

(5523) 头嘴菊（准噶尔头嘴菊）**Cephalorrhynchus soongaricus**（Regel）**S. Kovalevsk.** = *Cicerbita songarica*（Regel）Krasch.

多年生草本。生于山地草甸、山地林下、山谷、河边、山坡草地、灌丛。海拔 2 700～4 000 m。
产东北天山、北天山、西天山、西南天山。中国、哈萨克斯坦、吉尔吉斯斯坦、乌兹别克斯坦、印
度;亚洲有分布。

* (5524) 吉赛尔头嘴菊 **Cephalorrhynchus subplumosus S. Kovalevsk.**

多年生草本。生于山地草甸、山地林下、细土质-石质山坡、山地草原。海拔 900～2 800 m。
产西天山、西南天山、内天山。吉尔吉斯斯坦、乌兹别克斯坦;亚洲有分布。

749. 黄鹌菜属 Youngia Cass.

* (5525) 阿尔泰黄鹌菜 **Youngia altaica**（Babc. et Stebb.）**Czer.** = *Crepis altaica*（Bong. et Mey.）Roldug.

多年生草本。生于山地林缘、荒漠草原、高山岩石缝、山坡。海拔 800～2 600 m。
产准噶尔阿拉套山、北天山。中国、哈萨克斯坦、俄罗斯;亚洲有分布。

* (5526) 角果黄鹌菜 **Yungia corniculata**（Regel et Schmalh.）**R. V. Kamelim** = *Crepis corniculata* Regel et Schmalh. ex Regel

多年生草本。生于山地砾岩堆、石质河岸。海拔 800～2 800 m。
产西天山、西南天山、内天山。吉尔吉斯斯坦、乌兹别克斯坦;亚洲有分布。

(5527) 长果黄鹌菜 **Youngia serawschanica**（B. Fedtsch.）**Babc. et Stebbins** = *Creois seravschanica* B. Fetdsch.

多年生草本。生于山地草甸、林缘、河谷灌丛、河谷、碎石质坡地。海拔 2 800～3 500 m。
产北天山、内天山、西天山、西南天山。中国、哈萨克斯坦、吉尔吉斯斯坦、乌兹别克斯坦;亚洲
有分布。

750. 假还阳参属 Crepidiastrum Nakai

(5528) 异叶黄鹌菜（细裂黄鹌菜）**Crepidiastrum diversifolium**（Ledeb. ex Spreng.）**J. W. Zhang et N. Kilian** = *Youngia diversifolia*（Ledeb. ex Spreng.）Ledeb.

多年生草本。生于高山草甸、林下、林缘、山崖石缝、山地灌丛、草丛、沟谷。海拔 900～3 980 m。
产东天山、东北天山、准噶尔阿拉套山、北天山、东南天山、中央天山、内天山。中国、哈萨克斯
坦、吉尔吉斯斯坦、乌兹别克斯坦、俄罗斯;亚洲有分布。
饲料。

(5529) 抱茎假还阳参 **Crepidiastrum sonchifolium**（Maxim.）**J. H. Pak et Kawano** = *Ixeridium sonchifolium*（Maxim.）C. Shih

多年生草本。生于山地草甸、山地林下、山坡草地、岩石缝、路旁、河滩、庭院。海拔 100～2 700 m。

产北天山。中国、朝鲜、日本;亚洲有分布。

药用。

(5530) 细茎假还阳参 **Crepidiastrum tenuifolium**(Willd.)**A. N Sennikov** = *Youngia tenuifolia*(Willd.)Babc. et Stebbins = *Youngia altaica*(Babc. et Stebbins)Czer. = *Crepis altaica*(Bong. et Mey.)Roldug.

多年生草本。生于山坡岩石缝、山地林缘、山坡草地、砾石质山坡、山崖岩石缝、砾石质河谷、河漫滩草甸、水边、荒漠草原。海拔 600~2 900 m。

产东天山、准噶尔阿拉套山、北天山、西天山。中国、哈萨克斯坦、吉尔吉斯斯坦、蒙古、俄罗斯;亚洲有分布。

751. 小苦荬属 Ixeridium(A. Gray)Tzvel.

(5531) 中华小苦荬 **Ixeridium chinensis**(Thunb.)**Tzvel.** = *Ixeris chinensis*(Thunb.)Kitag.

多年生草本。生于田野、山坡路旁、摞荒地、村落周边、河边灌丛、岩石缝隙。海拔 500~1 000 m。

产东天山、东北天山。中国、朝鲜、日本、俄罗斯;亚洲有分布。

(5532) 窄叶小苦荬 **Ixeridium gramineum**(Fisch.)**Tzvel.** = *Ixeris chinensis* subsp. *versicolor*(Fisch. ex Link)Kitam.

多年生草本。生于山坡草地、林缘、林下、河边、沟边、荒地、沙地。海拔 100~4 000 m。

产东天山、东北天山。中国、朝鲜、蒙古、俄罗斯;亚洲有分布。

药用、食用、饲料。

(5533) 抱茎小苦荬 **Ixeridium sonchfolia**(Maxim.)**Shih**

多年生草本。生于山坡、平原路旁、林下、河滩、岩石缝、庭院。海拔 100~2 700 m。

产北天山。中国、朝鲜、日本;亚洲有分布。

药用。

752. 还阳参属 Crepis L.

(5534) 红齿还阳参 **Crepis alaica Krasch.** = *Askellia alaica*(Krasch. et Popov)W. A. Weber

多年生草本。生于沟谷草甸。海拔 1 700 m 上下。

产北天山。中国、塔吉克斯坦;亚洲有分布。

(5535) 金黄还阳参 **Crepis chrysantha**(Ledeb.)**Turcz.**

多年生草本。生于高山草甸、岩石缝、林下、河滩砾石地、石质坡地。海拔 1 800~2 900 m。

产东天山、北天山、内天山。中国、哈萨克斯坦、蒙古、俄罗斯;亚洲、欧洲有分布。

药用。

(5536) 北方还阳参 **Crepis crocea**(Lam.)**Babc.**

多年生草本。生于山地草甸、山坡阳坡草地、黄土丘陵、摞荒地。海拔 850~2 900 m。

产东北天山、北天山。中国、蒙古、俄罗斯;亚洲有分布。

*(5537) 塔拉斯还阳参 **Crepis darvazica Krasch.**

多年生草本。生于山地碎石堆、河谷、山崖岩石缝、灌丛。海拔 1 500~2 200 m。

产准噶尔阿拉套山、北天山、西天山、西南天山。哈萨克斯坦、吉尔吉斯斯坦、乌兹别克斯坦;亚洲有分布。

（5538）弯茎还阳参 **Crepis flexuosa**（Ledeb.）**W. A. Weber** =*Askellia flexuosa*（Ledeb.）W. A. Weber

多年生草本。生于高山和亚高山草甸、山地草原、荒漠草原、河谷、农田。海拔 500～4 300 m。

产东天山、东北天山、准噶尔阿拉套山、北天山、东南天山、中央天山、内天山、西天山、西南天山。中国、哈萨克斯坦、吉尔吉斯斯坦、乌兹别克斯坦、蒙古、俄罗斯；亚洲有分布。

（5539）乌恰还阳参 **Crepis karelinii M. Popov** =*Askellia karelinii*（M. Pop. et Schischk.）W. A. Weber

多年生草本。生于砾石地、河滩地。海拔 1 800～3 500 m。

产准噶尔阿拉套山、北天山、内天山、西天山。中国、哈萨克斯坦、吉尔吉斯斯坦、乌兹别克斯坦、俄罗斯；亚洲有分布。

﹡（5540）克氏还阳参 **Crepis kotschyana**（Boiss.）**Boiss.** =*Barkhausia kotschyana* Boiss.

一年生草本。生于细石质山坡、石灰岩山坡、荒漠草原。海拔 600～1 800 m。

产西天山、西南天山、内天山。吉尔吉斯斯坦、乌兹别克斯坦；亚洲有分布。

（5541）黑药还阳参 **Crepis melantherus Z. X. An** =*Crepis melanthera* C. H. An

多年生草本。生于荒漠草原。海拔 800 m 上下。

产东天山。中国；亚洲有分布。

中国特有成分。

（5542）多茎还阳参 **Crepis multicaulis Ledeb.**

多年生草本。生于山地草甸、山地林缘、山坡草地。海拔 1 000～3 100 m。

产东天山、东北天山、准噶尔阿拉套山、北天山、东南天山、中央天山、西天山、西南天山。中国、哈萨克斯坦、吉尔吉斯斯坦、乌兹别克斯坦、蒙古、俄罗斯；亚洲、欧洲有分布。

药用。

（5543）小还阳参 **Crepis nana Richardson** =*Askellia pygmaea*（Ledeb.）Sennikov

多年生草本。生于河漫滩、砾石地、石质山坡、山麓碎石地。海拔 2 600～4 650 m。

产准噶尔阿拉套山、北天山、内天山。中国、哈萨克斯坦、蒙古、俄罗斯；亚洲、美洲有分布。

（5544）山地还阳参 **Crepis oreades Schrenk**

多年生草本。生于石质山坡、荒漠草原。海拔 700～2 000 m。

产东天山、准噶尔阿拉套山、北天山、东南天山。中国、哈萨克斯坦、吉尔吉斯斯坦、乌兹别克斯坦、蒙古、阿富汗；亚洲有分布。

（5545）毛还阳参 **Crepis polytricha**（Ledeb.）**Turcz.**

多年生草本。生于山谷河漫滩、砾石地。海拔 2 000～2 450 m。

产东天山、东北天山、东南天山。中国、哈萨克斯坦、蒙古、俄罗斯；亚洲有分布。

（5546）长苞还阳参 **Crepis pseudonaniformis Shih** =*Askellia pseudonaniformis*（C. Shih）Sennikov

多年生草本。生于山坡草地。海拔 2 000 m 上下。

产北天山。中国；亚洲有分布。

中国特有成分。

﹡（5547）美丽还阳参 **Crepis pulchra L.** =*Phaecasium pulchrum*（L.）Reich.

一年生草本。生于山坡碎石堆、山崖阴暗处、灌丛、河边、黄土丘陵、渠边、路旁、荒野。海拔 400～2 800 m。

产北天山、西天山、西南天山、内天山。哈萨克斯坦、吉尔吉斯斯坦、乌兹别克斯坦、俄罗斯;亚洲、欧洲有分布。

(5548) 沙湾还阳参 **Crepis shawanica Shih**

多年生草本。生于山地阳坡。海拔 1 750 m 上下。

产北天山。中国;亚洲有分布。

中国特有成分。

(5549) 西伯利亚还阳参 **Crepis sibirica L.**

多年生草本。生于山地林缘、林间草地、灌丛、山地草原。海拔 1 200~1 800 m。

产准噶尔阿拉套山、北天山、西天山、西南天山。中国、哈萨克斯坦、吉尔吉斯斯坦、乌兹别克斯坦、俄罗斯;亚洲、欧洲有分布。

药用、饲料、蜜源。

(5550) 天山还阳参 **Crepis tianshanica C. Shih**

多年生小草本。生于山坡草地。海拔 2 600 m 上下。

产东北天山。中国;亚洲有分布。

中国特有成分。

753. 山柳菊属 Hieracium L.

*(5551) 阿拉套山柳菊 **Hieracium alatavicum (Zahn) Üksip**

多年生草本。生于山地草甸、山崖岩石缝、山地林缘、河谷、山地草原。海拔 800~2 500 m。

产准噶尔阿拉套山。哈萨克斯坦、俄罗斯;亚洲有分布。

(5552) 亚洲山柳菊 **Hieracium asiaticum (Naeg. et Peter.) Juxip**

多年生草本。生于山地草原、山坡草地。海拔 800~1 800 m。

产准噶尔阿拉套山、北天山。中国、哈萨克斯坦、俄罗斯;亚洲、欧洲有分布。

药用。

*(5553) 粉红山柳菊 **Hieractiaium aurancum L.**

多年生草本。生于山地草甸、草原、河床、山崖、河谷灌丛。海拔 1 600~2 600 m。

产准噶尔阿拉套山。哈萨克斯坦、俄罗斯;亚洲、欧洲有分布。

*(5554) 丛簇山柳菊 **Hieracium caespitosum Dumort.** = *Hieracium pratense* Tausch = *Pilosella caespitosa* (Dumort.) P. D. Sell et C. West

多年生草本。生于山地草甸、山坡灌丛、河谷沙地、山地草原。海拔 1 400~2 800 m。

产北天山。哈萨克斯坦、吉尔吉斯斯坦、俄罗斯;亚洲、欧洲有分布。

(5555) 基叶山柳菊 **Hieracium dublitzkii B. Fedtsch. et Nevski** = *Pilosella dublitzkii* (B. Fedtsch. et Nevski) N. N. Tupitzina

多年生草本。生于森林带的林下、河谷、草甸。海拔 1 400~2 000 m。

产准噶尔阿拉套山、北天山。中国、哈萨克斯坦、吉尔吉斯斯坦、俄罗斯;亚洲有分布。

药用。

*（5556）蓝蓟状山柳菊 **Hieracium echioides Lumn.** = *Pilosella echioides*（Lumn.）Sch. Bip., F. W. Schultz et Sch. Bip.

多年生草本。生于山地草原、草甸草原、山坡灌丛、山麓平原。海拔 600~2 000 m。

产准噶尔阿拉套山、北天山、西天山、西南天山。哈萨克斯坦、吉尔吉斯斯坦、乌兹别克斯坦、俄罗斯；亚洲、欧洲有分布。

*（5557）甘氏山柳菊 **Hieracium ganeschinii Zahn**

多年生草本。生于山地草甸、山地林下、森林草甸、山地草原。海拔 1 400~2 900 m。

产准噶尔阿拉套山、北天山。哈萨克斯坦、吉尔吉斯斯坦、俄罗斯；亚洲有分布。

*（5558）吉尔吉斯山柳菊 **Hieracium kirghisorum Üksip**

多年生草本。生于山地草甸、山地林缘、林间草地、圆柏灌丛、石质山坡。海拔 1 000~2 700 m。

产北天山、内天山、西天山、西南天山。哈萨克斯坦、吉尔吉斯斯坦、乌兹别克斯坦；亚洲有分布。

（5559）高山柳菊（新疆山柳菊）**Hieracium korshinskyi Zahn** = *Crepis shawanensis* C. Shih = *Crepis shawanica* Shih

多年生草本。生于山地草甸、山地林下、林间草地、山地阳坡草地。海拔 1 100~2 500 m。

产东天山、东北天山、准噶尔阿拉套山、北天山。中国、哈萨克斯坦、吉尔吉斯斯坦、俄罗斯；亚洲有分布。

药用。

（5560）大花山柳菊 **Hieracium krylovii Nevski ex Krylov**

多年生草本。生于山地半阳坡草地。海拔 1 300~2 000 m。

产东天山、东北天山、准噶尔阿拉套山、北天山。中国、哈萨克斯坦、吉尔吉斯斯坦、俄罗斯；亚洲、欧洲有分布。

药用。

*（5561）昆盖阿拉山山柳菊 **Hieracium kumbelicum B. Fetdsch et Nevski.** = *Pilosella kumbelica*（B. Fedtsch. et Nevski）A. N. Sennikov

多年生草本。生于山地森林草甸、河谷灌丛。海拔 1 700~2 100 m。

产北天山。吉尔吉斯斯坦；亚洲有分布。

*（5562）紫茎山柳菊 **Hieracium prenanthoides subsp. strictissimum**（Froel.）**Zahn** = *Hieracium strictissimum* Froel.

多年生草本。生于山地石质灌丛、河谷、山地草原。海拔 1 000~2 600 m。

产准噶尔阿拉套山、北天山。哈萨克斯坦、吉尔吉斯斯坦、俄罗斯；亚洲有分布。

（5563）柳叶山柳菊（卵叶山柳菊）**Hieracium regelianum**（**Zahn**）**Greuter** = *Hieracium regelianum* Zahn.

多年生草本。生于山地林缘、干旱山坡。海拔 800~2 000 m。

产准噶尔阿拉套山、北天山、西天山、西南天山。中国、哈萨克斯坦、吉尔吉斯斯坦、乌兹别克斯坦、俄罗斯；亚洲、欧洲有分布。

药用。

（5564）新疆山柳菊 **Hieracium robustum Fries**

多年生草本。生于森林带。海拔 2 000~2 500 m。

产北天山。中国、哈萨克斯坦、日本、伊朗、印度、土耳其、俄罗斯；亚洲、欧洲有分布。

药用。

*（5565）草原山柳菊 **Hieracium pratense Tausch.** = *Hieracium caespitosum* Dumort.

多年生草本。生于山地草原、山坡灌丛、河谷沙滩。海拔 1 400~2 800 m。

产北天山。哈萨克斯坦、吉尔吉斯斯坦、俄罗斯；亚洲、欧洲有分布。

*（5566）美丽山柳菊 **Hieracium procerum（Fries.）Naeg.** = *Hieracium procerum* R. E. Fr. = *Hieracium procerum* Fries Symb. = *Pilosella procera*（Fr.）Sch. Bip.，F. W. Schultz et Sch. Bip.

多年生草本。生于山地草甸、草原、灌丛、河谷。海拔 1 900~2 600 m。

产准噶尔阿拉套山、北天山。哈萨克斯坦、吉尔吉斯斯坦、俄罗斯；亚洲、欧洲有分布。

*（5567）红果山柳菊 **Hieracium transiens subsp. erythrocarpum（Peter）Greuter** = *Hieracium erythrocarpum* Peter

多年生草本。生于冰碛石堆、石质山坡、山地林下。海拔 2 600~3 100 m。

产西南天山。乌兹别克斯坦、俄罗斯；亚洲有分布。

*（5568）土库曼山柳菊 **Hieracium turcomanicum Gand.** = *Hieracium procerum* Fries，Symb.

多年生草本。生于干旱山坡、干河谷、山地草原、山崖石缝、灌丛、圆柏灌丛。海拔 600~2 900 m。

产北天山、西天山、西南天山。哈萨克斯坦、吉尔吉斯斯坦、乌兹别克斯坦；亚洲有分布。

*（5569）中亚山柳菊 **Hieracium turkestanicum（Zahn）Üksip**

多年生草本。生于山地草甸、山地林下、林缘、河谷。海拔 700~2 900 m。

产北天山、西天山。哈萨克斯坦、吉尔吉斯斯坦；亚洲有分布。

（5570）山柳菊 **Hieracium umbellatum L.**

多年生草本。生于山地林缘、林下、森林采伐迹地、山坡草地、湿润草地、河漫滩沙地。海拔 450~2 100 m。

产东天山、东北天山、北天山、西天山、西南天山。中国、哈萨克斯坦、吉尔吉斯斯坦、乌兹别克斯坦、日本、土耳其、印度、蒙古、俄罗斯；亚洲、欧洲、美洲有分布。

药用、染料、饲料、蜜源。

（5571）毒山柳菊（粗毛山柳菊） **Hieracium virosum Pall.**

多年生草本。生于山地林缘、林间草地、干旱河谷。海拔 800~4 000 m。

产东天山、东北天山、北天山、西天山、西南天山。中国、哈萨克斯坦、吉尔吉斯斯坦、乌兹别克斯坦、日本、蒙古、土耳其、伊朗、俄罗斯；亚洲、欧洲有分布。

（5572）宽叶毒山柳菊 **Hieracium virosum var. latifolium Trautv.**

多年生草本。生于山地林下、林缘、山地草甸、山地草原。海拔 1 500~2 200 m。

产北天山。中国、朝鲜；亚洲有分布。

Ⅲ. 被子植物门 Angiospermae
单子叶植物纲 Monocotyledoneae

八十一、香蒲科 Typhaceae

754. 香蒲属 Typha L.

(5573) 长苞香蒲 **Typha angustata Bory et Chaub.** =*Typha domingensis* Pers.

多年生水生或沼生草本。生于湖泊、河边、池塘浅水处、河滩积水沼泽、沟渠。海拔 300~
3 050 m。

产东天山、东北天山、北天山、东南天山、中央天山、内天山、西天山、西南天山。中国、哈萨克
斯坦、吉尔吉斯斯坦、乌兹别克斯坦、日本、印度、俄罗斯;亚洲、欧洲有分布。

药用、食用、观赏。

(5574) 水烛 **Typha angustifolia L.** =*Typha foveolata* Pobed.

多年生水生或沼生草本。生于湖泊、河流、池塘、沼泽、沟渠、湿地、稻田。海拔 200~1 600 m。

产东天山、东北天山、准噶尔阿拉套山、北天山、东南天山、中央天山、西天山、西南天山。中
国、哈萨克斯坦、吉尔吉斯斯坦、乌兹别克斯坦、日本、尼泊尔、印度、巴基斯坦、俄罗斯;亚洲、
欧洲、美洲、大洋洲有分布。

药用、食用、编织、填充物、造纸、蜜源、观赏。

(5575) 短序香蒲 **Typha gracilis Jord.** =*Typha lugdunensis* P. Chabert

多年生沼生或水生草本。生于沟边、沼泽、溪水边、低洼湿地、积水沼泽、河漫滩草甸。海拔
300~1 500 m。

产北天山、东南天山、中央天山。中国;亚洲、欧洲有分布。

(5576) 宽叶香蒲 **Typha latifolia L.**

多年生水生或沼生草本。生于湖泊、溪边、河滩浅水、池塘、沟渠、湿地、沼泽。海拔 2~1 300 m。

产东北天山、准噶尔阿拉套山、北天山、东南天山、西天山、西南天山。中国、哈萨克斯坦、吉尔
吉斯斯坦、乌兹别克斯坦、日本、巴基斯坦、俄罗斯;亚洲、欧洲、美洲、大洋洲有分布。

药用、食用、编织、填充物、造纸、饲料、蜜源、观赏。

(5577) 无苞香蒲 **Typha laxmannii Lepech.**

多年生沼生或水生草本。生于平原绿洲的湖泊、池塘、溪渠、河滩浅水及水稻田中。海拔 490~
2 091 m。

产东天山、东北天山、准噶尔阿拉套山、北天山、东南天山、中央天山、内天山、西天山、西南天山。中国、哈萨克斯坦、吉尔吉斯斯坦、乌兹别克斯坦、巴基斯坦、俄罗斯;亚洲、欧洲有分布。药用、食用、编织、填充物、造纸、蜜源、观赏。

(5578) 小香蒲 **Typha minima Funk**

多年生沼生或水生草本。生于河滩、积水沼泽、池塘、水泡子、水溪边、水沟、湿地、低洼处。海拔700~1 000 m。

产准噶尔阿拉套山、北天山、东南天山、中央天山、西天山、西南天山。中国、哈萨克斯坦、吉尔吉斯斯坦、乌兹别克斯坦、巴基斯坦、俄罗斯;亚洲、欧洲有分布。

药用。

(5579) 球序香蒲 **Typha pallida Pobed.**

多年生沼生或水生草本。生于河沟、塘边、水泡子、河漫滩、积水沼泽、水溪边、沼泽及低洼湿地。海拔250~600 m。

产准噶尔阿拉套山、北天山、西天山、西南天山。中国、哈萨克斯坦、吉尔吉斯斯坦、乌兹别克斯坦、俄罗斯;欧洲有分布。

药用。

八十二、黑三棱科 Sparganiaceae

755. 黑三棱属 Sparganium L.

(5580) 矮黑三棱 **Sparganium microcarpum**（Neuman）**Celak.** = *Sparganium erectum* subsp. *microcarpum*（Neuman）Domin

多年生水生或沼生草本。生于积水沼泽、沟渠边。海拔490~1 200 m。

产北天山、东南天山。中国、哈萨克斯坦、俄罗斯;亚洲、欧洲有分布。

*(5581) 蓝黑三棱 **Sparganium neglectum Beeby** = *Sparganium erectum* subsp. *neglectum*（Beeby）K. Richt.

多年生草本。生于山地沼泽、河边、湖边。海拔200~1 600 m。

产准噶尔阿拉套山。哈萨克斯坦、俄罗斯;亚洲、欧洲有分布。

(5582) 小黑三棱 **Sparganium simplex Huds.** = *Sparganium emersum* Rehmann.

多年生草本。生于河滩浅水沼泽、湿草地、溪水边。海拔50~800 m。

产准噶尔阿拉套山、北天山。中国、哈萨克斯坦、俄罗斯;亚洲、欧洲、美洲有分布。

药用、观赏。

(5583) 黑三棱 **Sparganium stoloniferum**（Graebn.-Ham. ex Graebn.）**Buch.-Ham. ex Juz.**

多年生水生或沼生草本。生于浅水沼泽、湿草地及山溪水边。海拔490~1 500(3 600) m。

产东天山、东北天山、准噶尔阿拉套山、北天山、东南天山、西天山、西南天山。中国、哈萨克斯坦、吉尔吉斯斯坦、乌兹别克斯坦、日本、朝鲜、阿富汗、俄罗斯;亚洲、欧洲、非洲有分布。

药用、观赏。

八十三、眼子菜科 Potamogetonaceae

756. 眼子菜属 Potamogeton L.

(5584) 菹草 **Potamogeton crispus L.**

多年生沉水草本。生于缓流水域、积水池、沟渠。海拔 500~1 400 m。

产东天山、准噶尔阿拉套山、东南天山、中央天山、西天山、西南天山。中国、哈萨克斯坦、吉尔吉斯斯坦、乌兹别克斯坦、俄罗斯;世界各地广泛分布。

食用、饲料、绿肥。

(5585) 丝叶眼子菜 **Potamogeton filiformis Pers.** = *Stuckenia filiformis*（Pers.）Börner

多年生沉水草本。生于微碱性沟塘、湖沼等静水水域。海拔 100~2 500 m。

产东北天山、准噶尔阿拉套山。中国、哈萨克斯坦、蒙古、俄罗斯;亚洲、欧洲、美洲有分布。

*(5586) 禾叶眼子菜 **Potamogeton heterophyllus Schreb.** = *Potamogeton gramineus* L.

多年生水生草本。生于静水湿地、缓流水域、池塘。海拔 600~2 950 m。

产准噶尔阿拉套山、北天山。哈萨克斯坦、俄罗斯;欧洲有分布。

(5587) 光叶眼子菜 **Potamogeton lucens L.**

多年生沉水草本。生于湖泊、河湾、积水池、水中。海拔 1 100~1 040 m。

产东天山、东北天山、准噶尔阿拉套山、北天山、东南天山。中国、哈萨克斯坦、吉尔吉斯斯坦、俄罗斯;世界各地广泛分布。

饲料。

(5588) 竹节眼子菜 **Potamogeton malaianus Miq.**

多年生沉水草本。生于湖泊、水库、沟渠、水中。海拔 400~1 500 m。

产北天山、东南天山。中国、哈萨克斯坦、俄罗斯、朝鲜、日本、蒙古、印度;亚洲有分布。

(5589) 浮叶眼子菜 **Potamogeton natans L.**

多年生浮水或沉水草本。生于湖泊、河滩、池沼、积水中。海拔 420~1 400 m。

产东天山、东北天山、准噶尔阿拉套山、东南天山。中国、哈萨克斯坦、俄罗斯;北半球温带地区广泛分布。

食用、药用。

(5590) 小节眼子菜 **Potamogeton nodosus Poir.**

多年生浮水或沉水草本。生于湖泊、水库、河滩、沟渠、池沼、积水洼地、水田。海拔 220~1 580 m。

产东天山、东北天山、北天山、东南天山、中央天山。中国、哈萨克斯坦、蒙古、俄罗斯、朝鲜、日本、印度;亚洲、欧洲有分布。

饲料、药用。

(5591) 钝叶眼子菜 **Potamogeton obtusifolius Mert. et W. D. J. Koch**

多年生沉水草本。生于湖泊、河边浅水中。海拔 400~2 000 m。

产东北天山、准噶尔阿拉套山、北天山、西天山、西南天山。中国、哈萨克斯坦、吉尔吉斯斯坦、乌兹别克斯坦、蒙古、日本、俄罗斯;欧洲、美洲有分布。

（5592）帕米尔眼子菜 **Potamogeton pamiricus Baagoe** = *Stuckenia pamirica*（Baagoe）Z. Kaplan

多年生沉水草本。生于山地湖泊、沼泽、溪水边、河漫滩。海拔 1 100～4 200 m。

产东北天山、准噶尔阿拉套山、北天山、东南天山、中央天山、内天山。中国、哈萨克斯坦；亚洲有分布。

饲料。

（5593）篦齿眼子菜 **Potamogeton pectinatus L.** = *Stuckenia pectinata*（L.）Börner

多年生沉水草本。生于湖泊、水池、沟渠。海拔 500～3 600 m。

产东天山、准噶尔阿拉套山、北天山、东南天山、中央天山、西天山、西南天山。中国、哈萨克斯坦、吉尔吉斯斯坦、乌兹别克斯坦、俄罗斯；全球温带地区均有分布。

药用、饲料、绿肥。

（5594）穿叶眼子菜 **Potamogeton perfoliatus L.**

多年生沉水草本。生于涝坝、湖泊、沟渠、稻田。海拔 500～1 400 m。

产东天山、准噶尔阿拉套山、北天山、东南天山、中央天山、西天山、西南天山。中国、哈萨克斯坦、吉尔吉斯斯坦、乌兹别克斯坦、俄罗斯；亚洲、欧洲、非洲、美洲有分布。

药用、饲料。

（5595）蓼叶眼子菜 **Potamogeton polygonifolius Pour.**

多年生水生草本。生于湖泊、河湾、池沼等静水水域。海拔 1 400～1 800 m。

产东北天山、中央天山。中国、日本、蒙古、印度；亚洲、欧洲、美洲有分布。

（5596）小眼子菜 **Potamogeton pusillus L.**

多年生沉水草本。生于湖泊、池沼、水库、渔塘、沟渠。海拔 500～3 000 m。

产东天山、东北天山、准噶尔阿拉套山、北天山、东南天山、西天山、西南天山。中国、哈萨克斯坦、吉尔吉斯斯坦、乌兹别克斯坦、蒙古、俄罗斯；亚洲、欧洲有分布。

饲料。

（5597）鞘叶眼子菜 **Potamogeton vaginatus Turcz.** = *Stuckenia vaginata*（Turcz.）Holub

多年生沉水草本。生于山地湖泊、沼泽、溪边。海拔 1 680～4 200 m。

产东天山、准噶尔阿拉套山。中国、蒙古、俄罗斯；亚洲有分布。

饲料。

757. 角果藻属 Zannichellia L.

（5598）角果藻 **Zannichellia palustris L.** = *Zannichellia repens* Boenn.

多年生沉水草本。生于湖泊、河湾、沟渠、积水洼地。海拔 50～800 m。

产东天山、准噶尔阿拉套山、北天山、西天山、西南天山。中国、哈萨克斯坦、吉尔吉斯斯坦、乌兹别克斯坦、俄罗斯；世界各地广泛分布。

（5599）长柄角果藻 **Zannichellia palustris subsp. pedicellata**（**Rosén et Wahlenb.**）**Hook. f.** = *Zannichellia palustris* var. *pedicellata* Rosén et Wahlenb.

多年生沉水草本。生于湖泊、河湾、沟渠、积水洼地。海拔 40～500 m。

产东天山、东北天山、准噶尔阿拉套山、北天山、东南天山、中央天山。中国、哈萨克斯坦、吉尔吉斯斯坦、乌兹别克斯坦、俄罗斯；世界各地广泛分布。

八十四、茨藻科 Najadaceae

758. 茨藻属 Najas L.

*（5600）禾叶茨藻 **Najas graminea Delile** = *Caulinia graminea*（Delile）Tzvel.

一年生草本。生于湖泊、稻田。海拔 200~600 m。

产北天山、西天山、西南天山。哈萨克斯坦、吉尔吉斯斯坦、乌兹别克斯坦；亚洲有分布。

（5601）大茨藻 **Najas marina L.**

一年生沉水草本。生于池塘、湖泊、缓流河、沟渠、积水洼地。海拔可达 2 690 m。

产准噶尔阿拉套山、北天山、东南天山、西天山、西南天山。中国、哈萨克斯坦、吉尔吉斯斯坦、乌兹别克斯坦、朝鲜、日本、印度、马来西亚、俄罗斯；亚洲、欧洲、非洲、美洲有分布。

绿肥、饲料。

（5602）短果茨藻 **Najas marina var. brachycarpa Trautv.** = *Najas marina* var. *brachycarpa*（Trautv.）Trautv.

一年生沉水草本。生于池塘、湖泊、缓流河、沟渠、积水洼地。海拔 300~2 600 m。

产西天山、北天山。中国、哈萨克斯坦、吉尔吉斯斯坦、乌兹别克斯坦；亚洲有分布。

（5603）小茨藻 **Najas minor All.** = *Caulinia minor*（All.）Coss. et Germ.

一年生沉水草本。生于池塘、湖泊、水沟、沟渠、河漫滩积水洼地、稻田。海拔可达 2 690 m。

产东天山、北天山、中央天山、西天山、西南天山。中国、哈萨克斯坦、吉尔吉斯斯坦、乌兹别克斯坦、俄罗斯；亚洲、欧洲、非洲、美洲有分布。

八十五、水麦冬科 Juncaginaceae

759. 水麦冬属 Triglochin L.

（5604）海韭菜 **Triglochin maritimum L.**

多年生草本。生于河流、湖泊、溪边、盐化草甸、沼泽草甸。海拔 40~4 000 m。

产东天山、东北天山、准噶尔阿拉套山、北天山、东南天山、中央天山、内天山、西天山、西南天山。中国、哈萨克斯坦、吉尔吉斯斯坦、乌兹别克斯坦、俄罗斯；北半球温带与寒带有分布。

药用。

（5605）水麦冬 **Triglochin palustris L.**

多年生草本。生于林下、林缘、山谷、河湖、溪水边、沼泽化草甸、盐化草甸、戈壁、稻田边。海拔 40~4 200 m。

产东天山、东北天山、准噶尔阿拉套山、北天山、东南天山、中央天山、内天山、西天山、西南天山。中国、哈萨克斯坦、吉尔吉斯斯坦、乌兹别克斯坦、日本、蒙古、俄罗斯；亚洲、欧洲、美洲有分布。

药用。

八十六、泽泻科 Alismataceae

760. 泽泻属 Alisma L.

（5606）草泽泻 **Alisma gramineum Lej.** =*Alisma loeselii* Gorski.

多年生水生或沼生草本。生于河、湖、渠边、沼泽地。海拔 300～1 125 m。

产东北天山、准噶尔阿拉套山、北天山、东南天山。中国、哈萨克斯坦、吉尔吉斯斯坦、乌兹别克斯坦、俄罗斯；亚洲、欧洲、非洲有分布。

药用。

（5607）膜果泽泻 **Alisma lanceolatum With.**

多年生水生或沼生草本。生于河边浅水水域、草甸沼泽。海拔 500～850 m。

产东天山、北天山。中国、哈萨克斯坦、俄罗斯；亚洲、欧洲有分布。

药用。

（5608）东方泽泻 **Alisma orientale（Sam.）Juz.** =*Alisma plantago-aquatica* subsp. *orientale*（Sam.）Sam.

多年生水生或沼生草本。生于湖泊、水塘、沟渠、沼泽、稻田。海拔 450～2 500 m。

产东天山、东南天山、中央天山。中国、朝鲜、日本、蒙古、印度、俄罗斯；亚洲有分布。

药用。

（5609）泽泻 **Alisma plantago-aquatica L.**

多年生水生或沼生草本。生于河边、湖边等浅水水域、沼泽。海拔 480～900 m。

产东天山、东北天山、准噶尔阿拉套山、北天山、东南天山、西天山、西南天山。中国、哈萨克斯坦、吉尔吉斯斯坦、乌兹别克斯坦、俄罗斯；亚洲、欧洲有分布。

药用。

761. 慈姑属 Sagittaria L.

（5610）欧洲慈姑 **Sagittaria sagittifolia L.**

多年生湿生草本。生于河边静水水域、湿地、渠边、池塘、稻田。海拔 400～800 m。

产北天山、西天山、西南天山。中国、哈萨克斯坦、吉尔吉斯斯坦、乌兹别克斯坦、俄罗斯；亚洲、欧洲、大洋洲有分布。

药用。

（5611）野慈姑 **Sagittaria trifolia L.**

多年生水生或沼生草本。生于湖泊、池塘、沼泽、沟渠、水田等水域。海拔 550 m 上下。

产准噶尔阿拉套山、北天山、东南天山、西天山、西南天山。中国、哈萨克斯坦、吉尔吉斯斯坦、乌兹别克斯坦、俄罗斯；亚洲、欧洲有分布。

药用。

八十七、花蔺科 Butomaceae

762. 花蔺属 Butomus L.

（5612）花蔺 **Butomus umbellatus L.**

多年生水生草本。生于河、湖、渠边浅水水域、沼泽。海拔300~3 000 m。

产东北天山、准噶尔阿拉套山、北天山、东南天山、西天山、西南天山。中国、哈萨克斯坦、吉尔吉斯斯坦、乌兹别克斯坦、俄罗斯；亚洲、欧洲、美洲、非洲有分布。

单种属植物。

八十八、水鳖科 Hydrocharitaceae

763. 苦草属 Vallisneria L.

（5613）螺旋状苦草（苦草）**Vallisneria spiralis L.**

多年生沉水草本。生于溪水边、河流、池塘、湖泊。海拔200~800 m。

产东天山、东南天山、中央天山。中国、哈萨克斯坦、吉尔吉斯斯坦、乌兹别克斯坦、日本、俄罗斯；全球温带地区有分布。

药用。

764. 水鳖属 Hydrocharis L.

＊（5614）水鳖 **Hydrocharis morsus-ranae L.**

多年生浮水草本。生于池塘、湖泊。海拔300~900 m。

产准噶尔阿拉套山。哈萨克斯坦；亚洲有分布。

八十九、禾本科 Gramineae

765. 假稻属 Leersia Soland. ex Sw.

（5615）新源假稻（蓉草）**Leersia oryzoides（L.）Sw.**

多年生草本。生于河流沿岸河漫滩积水地、溪水边。海拔800 m上下。

产北天山、西天山、西南天山。中国、哈萨克斯坦、吉尔吉斯斯坦、乌兹别克斯坦、俄罗斯；亚洲、欧洲、美洲有分布。

766. 芦苇属 Phragmites Adans.

（5616）芦苇 **Phragmites australis（Cav.）Trin. ex Steud.**

多年生草本。生于山谷河岸、冲积-洪积扇扇缘、平原低地、河滩洼地、河流三角洲、古老河床、低地草甸、盐化草甸、湖滨周围、湖泊、盐碱滩、戈壁、沙漠。海拔200~4 000 m。

产东天山、东北天山、准噶尔阿拉套山、北天山、东南天山、中央天山、内天山、西天山、西南天山。中国、哈萨克斯坦、吉尔吉斯斯坦、乌兹别克斯坦、俄罗斯；世界温带地区有分布。

饲料、造纸、编织、工艺、建材、药用、固沙、固堤。

（5617）高芦苇 **Phragmites australis subsp. altissimus**（Benth.）Clayton ＝ *Phragmites australis* subsp. *isiacus*（Arcang.）ined. ＝ *Phragmites altissimus*（Benth.）Mabille

多年生草本。生于山谷、草甸、田野、果园、林地、盐碱地、戈壁、浅水湖泊。海拔 300～1 200 m。

产东天山、东北天山、准噶尔阿拉套山、北天山、东南天山、中央天山。中国、哈萨克斯坦、吉尔吉斯斯坦、乌兹别克斯坦、蒙古、伊朗、俄罗斯；亚洲、欧洲有分布。

饲料、造纸、编织、工艺、建材、药用、固沙、固堤。

767. 三芒草属 Aristida L.

（5618）三芒草 **Aristida adscensionis L.** ＝ *Aristida heymannii* Regel

一年生草本。生于山地荒漠、荒漠草原、干旱坡地、干沟、荒野、沙质壤土、农田、地边、草地、果园、河边、沙漠、沙地。海拔 400～2 900 m。

产东天山、东北天山、准噶尔阿拉套山、北天山、东南天山、中央天山、内天山。中国、哈萨克斯坦、吉尔吉斯斯坦、日本、蒙古、伊朗、俄罗斯；亚洲有分布。

饲料、药用、固沙。

（5619）大颖针禾 **Aristida grandiglumis Roshev.** ＝ *Stipagrostis grandiglumis* Roshev

多年生草本。生于山麓洪积扇、流动沙丘、沙地。海拔 800～2 500 m。

产东南天山、中央天山。中国、蒙古；亚洲有分布。

药用。

（5620）羽毛针禾 **Aristida pennata Trin.** ＝ *Stipagrostis pennata*（Trin.）De Winter

多年生草本。生于河谷林、沙地、流动沙丘、沙垄。海拔 300～1 600 m。

产东天山、东北天山、准噶尔阿拉套山、北天山。中国、哈萨克斯坦、俄罗斯；亚洲有分布。

饲料、药用。

768. 齿稃草属 Schismus Beauv.

（5621）齿稃草 **Schismus arabicus Nees**

一年生矮小草本。生于荒漠草原、田野、冲沟、戈壁、薄沙地、沙漠边缘。海拔 150～2 500 m。

产东天山、东北天山、准噶尔阿拉套山、北天山、中央天山、西天山、西南天山。中国、哈萨克斯坦、吉尔吉斯斯坦、乌兹别克斯坦、巴基斯坦、印度、俄罗斯；亚洲、欧洲有分布。

饲料。

＊（5622）髯毛齿稃草 **Schismus barbatus**（L.）Thell.

多年生草本。生于固定和半固定沙漠。海拔 200～650 m。

产西天山。吉尔吉斯斯坦、乌兹别克斯坦、俄罗斯；亚洲有分布。

769. 臭草属 Melica L.

（5623）高臭草 **Melica altissima L.**

多年生草本。生于山地灌丛、山地林下、林缘、山地草原。海拔 1 200～1 700 m。

产准噶尔阿拉套山、北天山、西天山、西南天山。中国、哈萨克斯坦、吉尔吉斯斯坦、乌兹别克斯坦、俄罗斯；亚洲、欧洲有分布。

＊（5624）喀涅斯臭草 **Melica canescens**（Regel）Lavr.

多年生草本。生于砾石质山坡、石灰岩丘陵、河流阶地。海拔 700～2 500 m。

产西天山、西南天山。吉尔吉斯斯坦、乌兹别克斯坦；亚洲有分布。

*(5625) 浩合纳茨科臭草 **Melica hohenackeri Boiss.**

多年生草本。生于干山坡、河漫滩、河谷。海拔 800~1 800 m。

产西天山、吉尔吉斯斯坦、乌兹别克斯坦、俄罗斯；亚洲有分布。

*(5626) 异鳞臭草 **Melica inaequiglumis Boiss.**

多年生草本。生于低山黄土丘陵、洪积扇、石质坡地。海拔 900~2 400 m。

产北天山、西天山、西南天山。哈萨克斯坦、吉尔吉斯斯坦、乌兹别克斯坦、俄罗斯；亚洲有分布。

*(5627) 斜生臭草 **Melica jacquemontii Decne.**

多年生草本。生于山地碎石质坡地、洪积扇、阶地、河漫滩。海拔 800~1 900 m。

产北天山、西天山、西南天山。哈萨克斯坦、吉尔吉斯斯坦、乌兹别克斯坦、俄罗斯；亚洲有分布。

(5628) 小穗臭草 **Melica taurica K. Koch**=*Melica ciliata* L.

多年生草本。生于山谷草地。海拔 1 500 m 上下。

产东天山。中国、土库曼斯坦、俄罗斯；亚洲、欧洲有分布。

(5629) 俯垂臭草 **Melica nutans L.**

多年生草本。生于山地草甸、森林草甸、山谷灌丛、河谷林下。海拔 1 300~2 800 m。

产准噶尔阿拉套山、北天山。中国、哈萨克斯坦、俄罗斯；亚洲、欧洲有分布。

药用。

*(5630) 桃叶臭草 **Melica persica Kunth**

多年生草本。生于山地草甸、山坡草地、石质坡地、河谷、河漫滩、河流阶地、低山丘陵、山麓洪积扇。海拔 700~2 500 m。

产北天山、西天山、西南天山。哈萨克斯坦、吉尔吉斯斯坦、乌兹别克斯坦、俄罗斯；亚洲有分布。

*(5631) 斯卡伏喀提穗臭草 **Melica schafkati Bondarenko**

多年生草本。生于山地草原、灌丛、石质盆地。海拔 900~1 800 m。

产西天山。乌兹别克斯坦；亚洲有分布。

(5632) 偏穗臭草 **Melica secunda Regel**

多年生草本。生于山地草甸、山坡草地、石质山坡。海拔 2 400~3 300 m。

产北天山、西天山、西南天山。中国、哈萨克斯坦、吉尔吉斯斯坦、乌兹别克斯坦、印度、巴基斯坦、阿富汗、伊朗；亚洲有分布。

(5633) 德兰臭草 **Melica transsilvanica Schur**

多年生草本。生于山地草甸、河谷灌丛、山地草原。海拔 730~1 800 m。

产东天山、准噶尔阿拉套山、北天山。中国、哈萨克斯坦、吉尔吉斯斯坦、俄罗斯；亚洲、欧洲有分布。

饲料、药用。

770. 甜茅属 Glyceria R. Br.

(5634) 折甜茅 **Glyceria plicata（Fr.）Fr.**=*Glyceria notata* Chevall.

多年生草本。生于河边、沼泽地、浅水水域。海拔 1 300 m 上下。

产东天山、准噶尔阿拉套山、北天山、西天山、西南天山。中国、哈萨克斯坦、吉尔吉斯斯坦、乌兹别克斯坦、俄罗斯;亚洲、欧洲有分布。

771. 沿沟草属 Catabrosa Beauvois

（5635）沿沟草 Catabrosa aquatica（L.）P. Beauv. = *Catabrosa capusii* Franch.

多年生草本。生于山地河谷、林缘、河边、湖边、溪边、沼泽湿地。海拔 1 200～3 100 m。

产东天山、东北天山、准噶尔阿拉套山、北天山、内天山、东南天山、西天山、西南天山。中国、哈萨克斯坦、吉尔吉斯斯坦、乌兹别克斯坦、俄罗斯;亚洲、欧洲、美洲有分布。

饲料。

772. 小沿沟草属 Catabrosella（Tzvel.）Tzvel.

（5636）矮小沿沟草 Catabrosella humilis（M. Bieb.）Tzvelev

多年生草本。生于山地林缘、林间草地、荒滩草地、沟谷台地、山麓洪积扇、路旁。海拔 480～1 700 m。

产东天山、东北天山、北天山。中国、哈萨克斯坦、吉尔吉斯斯坦、俄罗斯;亚洲、欧洲有分布。

773. 旱禾属 Eremopoa Roshev.

（5637）阿尔泰旱禾 Eremopoa altaica（Trin.）Roshev. = *Poa diaphora* Trin. = *Eremopoa oxyglumis*（Boiss.）Roshev. = *Eremopoa songarica*（Schrenk.）Roshev. = *Eremopoa glareosa* Gamajun. = *Catabrosella songarica*（Schrenk）Czerep.

一年生草本。生于高山和亚高山砾石质坡地、干河床、河边、山地草原、荒漠草原、山麓洪积-冲积扇、湖边、盐化沼泽草地。海拔 500～4 000 m。

产北天山、西天山、西南天山。中国、哈萨克斯坦、吉尔吉斯斯坦、乌兹别克斯坦、俄罗斯;亚洲有分布。

饲料。

774. 羊茅属 Festuca L.

（5638）帕米尔羊茅 Festuca alaica Drobow

多年生草本。生于高山荒漠、高山和亚高山草甸。海拔 3 000～3 600 m。

产准噶尔阿拉套山、北天山、西天山、西南天山。中国、哈萨克斯坦、吉尔吉斯斯坦、乌兹别克斯坦、俄罗斯;亚洲有分布。

优质饲料。

（5639）阿拉套羊茅 Festuca alatavica（St.-Yves）Roshev. = *Festuca tianschanica* Roshev.

多年生草本。生于高山和亚高山草甸、林缘草甸、山地阳坡草地。海拔 2 400～3 200 m。

产东北天山、准噶尔阿拉套山、北天山、东南天山、中央天山、西天山。中国、哈萨克斯坦、吉尔吉斯斯坦、乌兹别克斯坦;亚洲有分布。

（5640）阿尔泰羊茅 Festuca altaica Trin.

多年生草本。生于亚高山草甸。海拔 2 000～2 800 m。

产东天山、准噶尔阿拉套山。中国、哈萨克斯坦、蒙古、俄罗斯;亚洲、美洲有分布。

饲料。

（5641）葱岭羊茅 **Festuca amblyodes V. I. Krecz. et Bobrov** = *Festuca amblyodes* subsp. *erectiflora* （Pavl.）Tzvel.

多年生草本。生于高山和亚高山阳坡细土质或砾质坡地。海拔 1 700~3 500 m。

产东天山、准噶尔阿拉套山、内天山。中国、哈萨克斯坦；亚洲有分布。

（5642）苇状羊茅 **Festuca arundinacea Schreb.** = *Lolium arundinaceum* （Schreb.）Darbysh.

多年生草本。生于亚高山草甸、河谷草甸、森林草甸、盐化草地、山麓洪积扇、平原。海拔 440~ 2 800 m。

产东天山、北天山、准噶尔阿拉套山、中央天山、西天山、西南天山。中国、哈萨克斯坦、吉尔吉斯斯坦、乌兹别克斯坦、蒙古、俄罗斯；亚洲、欧洲、美洲有分布。

优等饲料。

（5643）东方羊茅 **Festuca arundinacea subsp. orientalis** （Hack.）**Tzvel.** = *Festuca regeliana* Pavlov = *Festuca orientalis* （Hack.）V. I. Krecz. Bobrov

多年生草本。生于河谷草甸、森林草甸、盐化草地、洪积扇。海拔 440~2 500 m。

产北天山、准噶尔阿拉套山、中央天山、西天山、西南天山。中国、哈萨克斯坦、吉尔吉斯斯坦、乌兹别克斯坦、俄罗斯；亚洲、欧洲有分布。

优等饲料。

（5644）短药羊茅（短叶羊茅）**Festuca brachyphylla Schult. et Schult. f.**

多年生草本。生于高寒草原、高山草甸、山坡草地。海拔 2 100~3 800 m。

产东天山、准噶尔阿拉套山、东南天山。中国、哈萨克斯坦、俄罗斯；亚洲、欧洲、美洲有分布。

（5645）矮羊茅 **Festuca coelestis** （St. -Yves）**V. I. Krecz. et Bobrov**

多年生草本。生于高山和亚高山草甸、高山碎石坡地、山地草原。海拔 1 650~4 100 m。

产东天山、东北天山、准噶尔阿拉套山、北天山、东南天山、中央天山、内天山、西天山。中国、哈萨克斯坦、吉尔吉斯斯坦、乌兹别克斯坦；亚洲有分布。

（5646）大羊茅 **Festuca gigantea** （L.）**Vill.** = *Lolium giganteum* （L.）Darbysh.

多年生草本。生于山谷阔叶林下、林缘草甸、灌丛。海拔 1 000~1 700 m。

产准噶尔阿拉套山、北天山、西天山、西南天山。中国、哈萨克斯坦、吉尔吉斯斯坦、乌兹别克斯坦、俄罗斯；亚洲、欧洲有分布。

优等饲料。

（5647）寒生羊茅 **Festuca kryloviana Reverd.**

多年生草本。生于高寒草甸、高寒草原、高山和亚高山草甸、砾石质山坡、山地草原、荒漠草原。海拔 730~3 400 m。

产东天山、准噶尔阿拉套山、北天山、东南天山、中央天山、内天山、西天山、西南天山。中国、哈萨克斯坦、吉尔吉斯斯坦、乌兹别克斯坦、蒙古、俄罗斯；亚洲有分布。

优质饲料。

（5648）三界羊茅 **Festuca kurtschumica E. B. Alexeev**

多年生草本。生于亚高山草甸、山地林缘。海拔 2 600~2 800 m。

产东天山。中国、蒙古、俄罗斯；亚洲有分布。

优质饲料。

（5649）微药羊茅 **Festuca nitidula Stapf**

多年生草本。生于高山和亚高山草甸、山坡草地、河漫滩草甸、林间草地、沼泽草甸。海拔
2 500～5 300 m。

产内天山。中国、印度;亚洲有分布。

优质饲料。

（5650）羊茅 **Festuca ovina L.** = *Festuca ovina* subsp. *sphagnicola*（B. Keller）Tzvel. = *Festuca sphagnico-la* B. Keller

多年生草本。生于高寒草原、高山和亚高山草甸、沼泽草甸、山地草甸、山地草原、荒漠草原、
山麓洪积扇。海拔730～4 000 m。

产东天山、东北天山、准噶尔阿拉套山、北天山、东南天山、中央天山、内天山。中国、哈萨克斯
坦、蒙古、俄罗斯;亚洲、欧洲、美洲有分布。

优质饲料。

＊（5651）帕米尔高原羊茅 **Festuca pamirica Tzvelev**

多年生草本。生于山地草甸、河谷、山地草原。海拔700～2 100 m。

产西南天山。乌兹别克斯坦;亚洲有分布。

（5652）草甸羊茅 **Festuca pratensis Huds.** = *Lolium pratense*（Huds.）Darbysh.

多年生草本。生于河谷草甸、山地草甸。海拔650～2 000 m。

产准噶尔阿拉套山、北天山、西天山、西南天山。中国、哈萨克斯坦、吉尔吉斯斯坦、乌兹别克
斯坦、俄罗斯;亚洲、欧洲有分布。

优等饲料。

（5653）假羊茅 **Festuca pseudovina Hack. ex Wiesb.** = *Festuca pulchra* Schur = *Festuca valesiaca* subsp.
pseudovina（Hack. ex Wiesb.）Hegi

多年生草本。生于亚高山草甸、山地草甸、林缘、灌丛、山地草原、荒漠草原。海拔 1 000～
2 800 m。

产东天山、准噶尔阿拉套山、东南天山。中国、哈萨克斯坦、俄罗斯;亚洲、欧洲有分布。

优质饲料。

（5654）紫羊茅 **Festuca rubra L.**

多年生草本。生于高寒草原、亚高山草甸、森林草甸、山坡草地、沟谷、山地草原。海拔 1 200～
3 020 m。

产东天山、东北天山、准噶尔阿拉套山、北天山、东南天山、西天山、西南天山。中国、哈萨克斯
坦、吉尔吉斯斯坦、乌兹别克斯坦、俄罗斯;北半球寒温带有分布。

（5655）毛稃羊茅 **Festuca rubra subsp. arctica**（Hack.）**Govr.** = *Festuca richardsonii* Hook.

多年生草本。生于高寒草原、亚高山草甸、森林草甸、河谷草甸、林间草地、低地草甸。海拔
1 650～4 300 m。

产东天山、东北天山、准噶尔阿拉套山、北天山、东南天山、内天山、西天山、西南天山。中国、
哈萨克斯坦、吉尔吉斯斯坦、乌兹别克斯坦、蒙古、俄罗斯;亚洲、欧洲、美洲有分布。

优质饲料。

（5656）沟羊茅（沟叶羊茅）**Festuca rupicola Heuff.** = *Festuca valesiaca* subsp. *sulcata*（Hack.）Asch. et Graebn.

多年生草本。生于山地草甸、森林带阳坡草地、山地草原。海拔 1 500~4 500 m。

产东天山、准噶尔阿拉套山、北天山。中国、哈萨克斯坦、俄罗斯；亚洲、欧洲有分布。

优质饲料。

*（5657）匍生羊茅 **Festuca supina Schur.** = *Festuca airoides* Lam.

多年生草本。生于高山和亚高山草甸、河床、灌丛。海拔 2 900~3 200 m。

产准噶尔阿拉套山、北天山。哈萨克斯坦、俄罗斯；亚洲、欧洲有分布。

（5658）黑穗羊茅 **Festuca tristis Kryl. et Ivanitzk.**

多年生草本。生于高山和亚高山草甸、山地沼泽边缘。海拔 2 300~2 900 m。

产东天山、北天山、东南天山。中国、哈萨克斯坦、蒙古、俄罗斯；亚洲有分布。

饲料。

*（5659）恰特卡勒羊茅 **Festuca tschatkalica E. B. Alexeev**

多年生草本。生于山地草甸、干旱山坡、细石质低山丘陵。海拔 600~2 400 m。

产西天山、西南天山。吉尔吉斯斯坦、乌兹别克斯坦；亚洲有分布。

（5660）瑞士羊茅 **Festuca valesiaca Schleich. ex Gaudin**

多年生草本。生于山地草甸、林缘、灌丛、山地草原、荒漠草原。海拔 900~2 500 m。

产东天山、东北天山、准噶尔阿拉套山、北天山。中国、哈萨克斯坦、蒙古、俄罗斯；亚洲、欧洲有分布。

优质饲料。

775. 银穗草属 Leucopoa Griseb.

（5661）中亚银穗草 **Leucopoa caucasica（Boiss.）V. Krecz. et Bobrov** = *Festuca caucasica*（Boiss.）Hack. ex Boiss.

多年生草本。生于高山和亚高山草甸。海拔 2 600~3 500 m。

产内天山、西南天山。中国、俄罗斯；亚洲有分布。

（5662）高山银穗草 **Leucopoa karatavica（Bge.）Krecz. et Borb.** = *Festuca karatavica*（Bunge）B. Fedtsch.

多年生草本。生于亚高山草甸、山地林缘、山地河谷。海拔 2 500~3 000 m。

产北天山、西天山、西南天山。中国、哈萨克斯坦、吉尔吉斯斯坦、乌兹别克斯坦、阿富汗、伊朗、俄罗斯；亚洲有分布。

（5663）新疆银穗草（西山银穗草）**Leucopoa olgae（Regel）V. I. Krecz. et Bobrov** = *Festuca olgae*（Regel）Krivot.

多年生草本。生于高寒草原、亚高山草甸、山地草甸、林缘、河边。海拔 2 000~4 200 m。

产北天山、东北天山、东南天山、中央天山、内天山、西天山、西南天山。中国、哈萨克斯坦、吉尔吉斯斯坦、乌兹别克斯坦；亚洲有分布。

（5664）拟硬叶羊茅 **Leucopoa pseudosclerophylla（Kriv.）Borb.** = *Festuca pseudosclerophylla* Krivot.

多年生草本。生于高山草甸、灌丛、山地河谷。海拔 3 000 m 上下。

产北天山。中国、伊朗;亚洲有分布。

776. 早熟禾属 Poa L.

(5665) 早熟禾 **Poa annua** L.

一年生或二年生草本。生于落叶阔叶林下、林缘、河谷草甸、山溪边、山麓洪积扇平原、渠边、田边地埂。海拔 535~2 650 m。

产东天山、东北天山、准噶尔阿拉套山、北天山、西天山、西南天山。中国、哈萨克斯坦、吉尔吉斯斯坦、乌兹别克斯坦、俄罗斯;北半球广泛分布。

饲料、绿化。

(5666) 雪地早熟禾 **Poa alberti subsp. kunlunensis**(N. R. Cui)Olonova et G. H. Zhu = *Poa rangkulensis* Ovcz. et Czuk. = *Poa indattenuata* Keng ex Keng f. et G. Q. Song

多年生草本。生于高山和亚高山草甸、沼泽化草甸、山地草甸、河谷草甸、山地草原、荒漠草原、路边。海拔 1 400~4 800 m。

产东天山、准噶尔阿拉套山、东南天山、中央天山。中国、哈萨克斯坦、印度;亚洲有分布。
饲料。

(5667) 高原早熟禾 **Poa alpigena** Lindm.

多年生草本。生于高寒草原、山地草甸。海拔 3 500~4 500 m。
产东南天山、内天山。中国、印度、俄罗斯;亚洲、欧洲有分布。
饲料。

(5668) 高山早熟禾 **Poa alpina** L.

多年生草本。生于高山和亚高山草甸、高山沼泽草甸、河谷草甸、山坡草地、沼泽边、农田边、渠边、草滩。海拔 1 900~4 171 m。

产东天山、东北天山、准噶尔阿拉套山、北天山、东南天山、内天山、西天山、西南天山。中国、哈萨克斯坦、吉尔吉斯斯坦、乌兹别克斯坦、蒙古、俄罗斯;亚洲、欧洲有分布。
饲料、药用、绿化。

(5669) 阿尔泰早熟禾 **Poa altaica** Trin. = *Poa glauca* subsp. *altaica*(Trin.)Olonova et G. H. Zhu = *Poa tristis* Trin.

多年生草本。生于山地草甸草原、森林草甸、高山和亚高山草甸、沼泽。海拔 1 300~3 700 m。
产东天山、准噶尔阿拉套山、北天山、中央天山、内天山、西天山、西南天山。中国、哈萨克斯坦、吉尔吉斯斯坦、乌兹别克斯坦、蒙古、俄罗斯;亚洲、欧洲有分布。
饲料。

(5670) 细叶早熟禾 **Poa angustifolia** L.

多年生草本。生于山地草甸、山地林缘、林间草地、林下、河谷、山地草原、荒漠草原、山麓洪积扇扇缘、河边、田边、地埂。海拔 450~3 370 m。

产东天山、东北天山、准噶尔阿拉套山、北天山、东南天山、内天山、西天山、西南天山。中国、哈萨克斯坦、吉尔吉斯斯坦、乌兹别克斯坦、蒙古、俄罗斯;亚洲、欧洲有分布。
饲料、药用、绿化。

(5671) 极地早熟禾 **Poa arctica R. Br.**

多年生草本。生于山坡湿草甸、山谷河岸阶地、河滩。海拔 800~4 300 m。

产北天山、中央天山、西天山、西南天山。中国、哈萨克斯坦、吉尔吉斯斯坦、乌兹别克斯坦、俄罗斯;亚洲、欧洲、美洲有分布。

饲料。

(5672) 渐狭早熟禾 **Poa attenuata Trin.** =*Poa attenuata* subsp. *botryoides*（Trin. ex Griseb.）Tzvelev = *Poa attenuata* subsp. *argunensis*（Roshev.）Tzvelev = *Poa argunensis* Roshev.

多年生草本。生于高寒草原、高山和亚高山草甸、山地草甸、山地林缘、谷地、山地草原。海拔 1 300~4 100 m。

产东天山、东北天山、准噶尔阿拉套山、北天山、东南天山、西天山、西南天山。中国、哈萨克斯坦、吉尔吉斯斯坦、乌兹别克斯坦、蒙古、俄罗斯;亚洲有分布。

饲料、绿化。

(5673) 荒漠胎生早熟禾（荒漠早熟禾）**Poa bactriana Roshev.** =*Poa spicata* Drobow = *Poa drobovii*（Tzvel.）Czer

多年生草本。生于荒漠、农田、林下、渠边、荒草地。海拔 350~3 500 m。

产东天山、东北天山、北天山、西天山、西南天山。中国、哈萨克斯坦、吉尔吉斯斯坦、乌兹别克斯坦、伊朗;亚洲有分布。

饲料、药用、绿化。

(5674) 巴顿早熟禾 **Poa badensis Haenke ex Willd.**

多年生草本。生于山地阳坡草地。海拔 2 000 m 上下。

产北天山、西天山、西南天山。中国、哈萨克斯坦、吉尔吉斯斯坦、乌兹别克斯坦、匈牙利、保加利亚、罗马尼亚;亚洲、欧洲有分布。

饲料。

(5675) 葡系早熟禾 **Poa botryoides**（**Trin. ex Griseb.**）**Kom.** =*Poa attenuata* subsp. *botryoides*（Trin. ex Griseb.）Tzvelev

多年生草本。生于山地草原、高寒草原、高山和亚高山草甸。海拔 1 300~4 000 m。

产东天山、东北天山、准噶尔阿拉套山、北天山、东南天山。中国、哈萨克斯坦、蒙古、俄罗斯;亚洲有分布。

饲料。

*(5676) 布哈拉早熟禾 **Poa bucharica Roshev.**

多年生草本。生于山地草甸、细石质山坡。海拔 700~3 100 m。

产西天山。哈萨克斯坦、吉尔吉斯斯坦、乌兹别克斯坦;亚洲有分布。

(5677) 鳞茎早熟禾 **Poa bulbosa L.** =*Poa nevskii* Roshev. ex Ovcz.

多年生草本。生于山地草原、荒漠草原、砾质戈壁、山坡草丛、丘陵沟边、冲积平原、洪积扇扇缘草地。海拔 440~3 000 m。

产东天山、东北天山、准噶尔阿拉套山、北天山、内天山、西天山、西南天山。中国、哈萨克斯坦、吉尔吉斯斯坦、乌兹别克斯坦、伊朗、俄罗斯;亚洲有分布。

饲料、药用。

(5678) 美丽早熟禾(花丽早熟禾) **Poa calliopsis Litv. ex Ovcz.**

多年生草本。生于高山和亚高山草甸、山地草甸、山地草原。海拔 1 800~4 000 m。

产东天山、北天山、东南天山、中央天山。中国、哈萨克斯坦、吉尔吉斯斯坦；亚洲有分布。

饲料。

(5679) 扁鞘早熟禾 **Poa chaixii Vill.**

多年生草本。生于亚高山草甸、山地林缘。海拔 1 600~3 000 m。

产北天山、西天山、西南天山。中国、哈萨克斯坦、吉尔吉斯斯坦、乌兹别克斯坦；亚洲、欧洲、美洲有分布。

饲料。

(5680) 多花早熟禾 **Poa florida N. R. Cui**

多年生草本。生于高寒草原。海拔 2 400 m 上下。

产北天山、东南天山。中国；亚洲有分布。

中国特有成分。饲料。

(5681) 光滑早熟禾 **Poa glabriflora Roshev.** = *Poa bactriana* subsp. *glabriflora*（Roshev.）Tzvelev

多年生草本。生于高山和亚高山草甸、干旱山坡草地。海拔 1 200~4 000 m。

产北天山、西天山、西南天山。吉尔吉斯斯坦、乌兹别克斯坦、巴基斯坦、伊朗、俄罗斯；亚洲有分布。

饲料。

(5682) 灰绿早熟禾 **Poa glauca Vahl** = *Poa litwinowiana* Ovcz. = *Poa marginata* Ovcz. = *Poa tremuloides* Litw.

多年生草本。生于高山和亚高山草甸、河谷草甸、灌丛、山坡草地、河滩。海拔 1 550~4 700 m。

产东天山、北天山、西天山、西南天山。中国、哈萨克斯坦、吉尔吉斯斯坦、乌兹别克斯坦、蒙古、俄罗斯；亚洲有分布。

饲料、药用。

(5683) 哈亚早熟禾 **Poa hayachinensis Koidz.** = *Dupontiopsis hayachinensis*（Koidz.）Soreng, L. J. Gillespie et Koba

多年生草本。生于山地阴坡草地、云杉林缘。海拔 2 500 m 上下。

产东南天山。中国、日本；亚洲有分布。

饲料。

(5684) 黑萨尔早熟禾 **Poa hissarica Roshev.** = *Poa laudanensis* Roshev.

多年生草本。生于高山草甸、高山石质坡地。海拔 3 050~4 000 m。

产北天山、西天山、西南天山。中国、吉尔吉斯斯坦、乌兹别克斯坦、俄罗斯；亚洲有分布。

饲料。

(5685) 杂早熟禾 **Poa hybrida Gaudin**

多年生草本。生于高山和亚高山草甸、山地草甸。海拔 1 200~3 100 m。

产北天山。中国、吉尔吉斯斯坦、俄罗斯；亚洲、欧洲有分布。

饲料。

（5686）显稃早熟禾 **Poa iniginis Litew. ex Roshev.** =*Poa sibirica* subsp. *uralensis* Tzvel.

多年生草本。生于山坡草地、林缘草甸。海拔 2 000~2 800 m。

产北天山、准噶尔阿拉套山。中国、哈萨克斯坦、俄罗斯；亚洲有分布。

饲料。

*（5687）考克苏早熟禾 **Poa koksuensis Golosk.**

多年生草本。生于高山沼泽、草甸湿地、冰蚀湖周边。海拔 3 100~3 600 m。

产准噶尔阿拉套山。哈萨克斯坦；亚洲有分布。

（5688）考顺早熟禾 **Poa korshunensis Golosk.** =*Poa nemoralis* subsp. *korshunensis*（Golosk.）Tzvelev

多年生草本。生于亚高山草甸、山地草甸草原、林缘草甸、河谷草甸、草原、河边、林缘、水边。

海拔 1 000~3 200 m。

产东天山、东北天山、准噶尔阿拉套山、北天山、中央天山、西天山、西南天山。中国、哈萨克斯坦、吉尔吉斯斯坦、乌兹别克斯坦、俄罗斯；亚洲有分布。

饲料。

（5689）克瑞早熟禾 **Poa krylovii Reverd.**

多年生草本。生于高寒草原、高山和亚高山草甸、山地林下、山地草甸。海拔 2 000~3 700 m。

产东天山、北天山、东南天山。中国、蒙古、俄罗斯；亚洲有分布。

饲料。

（5690）膜苞早熟禾（绵毛早熟禾）**Poa lanata Scribn. et Merr.** =*Poa bracteosa* Kom. =*Poa malacantha* Kom.

多年生草本。生于高山草甸、河谷草甸。海拔 3 500 m 上下。

产内天山。中国、俄罗斯；亚洲、北美洲有分布。

饲料。

（5691）疏穗早熟禾 **Poa lipskyi Roshev.** =*Poa macroanthera* subsp. *meilitzyka* D. F. Cui

多年生草本。生于森林草甸、亚高山草甸。海拔 2 200~3 020 m。

产准噶尔阿拉套山、北天山、东南天山。中国；亚洲有分布。

中国特有成分。饲料、绿化。

（5692）大药早熟禾 **Poa macroanthera D. F. Cui**

多年生草本。生于森林草甸、林间草地。海拔 2 500~2 660 m。

产东北天山、北天山、东南天山、西天山、西南天山。中国、哈萨克斯坦、吉尔吉斯斯坦、乌兹别克斯坦；亚洲有分布。

饲料。

（5693）大早熟禾 **Poa major D. F. Cui** =*Poa nemoraliformis* Roshev.

多年生草本。生于山地草甸。海拔 2 300 m 上下。

产北天山。中国；亚洲有分布。

中国特有成分。饲料。

（5694）膜颖早熟禾 **Poa membranigluma D. F. Cui**

多年生草本。生于山地草甸、山坡草地。海拔 2 000~2 700 m。

产中央天山。中国；亚洲有分布。

中国特有成分。饲料。

（5695）林地早熟禾 **Poa nemoralis L.**

多年生草本。生于高山和亚高山草甸、河谷草甸、林间草地、林缘、林下、山谷、河谷、峡谷、河漫滩草甸。海拔 1 200～3 200 m。

产东天山、东北天山、准噶尔阿拉套山、北天山、西天山、西南天山。中国、哈萨克斯坦、吉尔吉斯斯坦、乌兹别克斯坦、日本、蒙古、俄罗斯；亚洲、欧洲、美洲有分布。

饲料、药用。

（5696）疏穗林地早熟禾 **Poa nemoralis subsp. parca N. R. Cui**

多年生草本。生于森林草甸、林缘、林下、山谷草地。海拔 1 200～2 600 m。

产东天山、北天山、东南天山。中国；亚洲有分布。

中国特有成分。饲料。

（5697）沼生早熟禾（泽地早熟禾） **Poa palustris L.** ＝*Poa serotina* Ehrh. ex Hoffm.

多年生草本。生于高山和亚高山草甸、森林草甸、林缘、河谷草甸、山地草甸、河谷、河漫滩草甸。海拔 500～3 200 m。

产东天山、东北天山、准噶尔阿拉套山、北天山、东南天山、中央天山、西天山、西南天山。中国、哈萨克斯坦、吉尔吉斯斯坦、乌兹别克斯坦、蒙古、俄罗斯；亚洲、欧洲、美洲有分布。

饲料。

（5698）草地早熟禾 **Poa pratensis L.**

多年生草本。生于高寒草原、高山和亚高山草甸、山地灌丛、山地草甸、林缘草甸、林下、峡谷、河滩、戈壁、渠边、农田边。海拔 1 250～3 750 m。

产东天山、东南天山、准噶尔阿拉套山、北天山、东南天山、内天山、西天山、西南天山。中国、哈萨克斯坦、吉尔吉斯斯坦、乌兹别克斯坦、俄罗斯。北半球温带地区有分布。

饲料、药用、绿化。

（5699）新疆早熟禾 **Poa relaxa Ovcz.**

多年生草本。生于高寒草原、高寒沼泽化草甸、高山草甸、山地草甸、河谷草甸、林缘草甸、林下、山坡草地、峡谷、农田边。海拔 350～4 300 m。

产东天山、东北天山、准噶尔阿拉套山、北天山、东南天山、中央天山、内天山、西天山、西南天山。中国、哈萨克斯坦、吉尔吉斯斯坦、乌兹别克斯坦；亚洲有分布。

饲料。

（5700）疏序早熟禾 **Poa remota Forselles**

多年生草本。生于林缘潮湿草甸、河谷灌丛、山坡草地。海拔 1 600 m 上下。

产准噶尔阿拉套山、北天山、东南天山。中国、哈萨克斯坦、俄罗斯；亚洲、欧洲有分布。

饲料。

（5701）西伯利亚早熟禾 **Poa sibirica Roshev.**

多年生草本。生于高山和亚高山草甸、山地草甸、山坡草地、河谷草甸、林缘草甸、山地草原。海拔 1 300～4 800 m。

产准噶尔阿拉套山、北天山、东南天山、西天山、西南天山。中国、哈萨克斯坦、吉尔吉斯斯坦、

658

乌兹别克斯坦、蒙古、俄罗斯；亚洲、欧洲有分布。

饲料、药用。

（5702）单花早熟禾 **Poa simpliciflora N. R. Cui** = *Eragrostis simpliciflora*（J. Presl）Steud.

多年生草本。生于亚高山草甸、山坡草地、低山荒漠。海拔 140~2 700 m。

产东天山、准噶尔阿拉套山、北天山。中国；亚洲有分布。

饲料。

（5703）西奈早熟禾 **Poa sinaica Steud.**

多年生草本。生于高山和亚高山草甸、石质山坡、山地草原、山麓洪积扇。海拔 1 800~3 200 m。

产准噶尔阿拉套山、北天山、西南天山、内天山。中国、哈萨克斯坦、吉尔吉斯斯坦、乌兹别克斯坦、巴基斯坦、伊朗、俄罗斯；亚洲、欧洲有分布。

饲料。

（5704）斯米诺早熟禾（史米诺早熟禾）**Poa smirnowii Roshev.**

多年生草本。生于山坡阴坡、河边草地。海拔 2 000~2 600 m。

产北天山。中国、蒙古、俄罗斯；亚洲有分布。

饲料。

（5705）仰卧早熟禾 **Poa supina Schrad.**

多年生草本。生于亚高山草甸、河漫滩草甸、林间草地、林缘、林下、河边草地、渠边。海拔 850~3 000 m。

产东天山、准噶尔阿拉套山、北天山、东南天山、中央天山、西天山、西南天山。中国、哈萨克斯坦、吉尔吉斯斯坦、乌兹别克斯坦、蒙古、俄罗斯；亚洲、欧洲有分布。

饲料、药用。

（5706）天山早熟禾 **Poa tianschanica（Regel）Hack. ex O. Fedtsch.**

多年生草本。生于高寒草甸草原、山地草甸、森林草甸、林缘、山坡草地、河漫滩、渠边。海拔 1 700~4 200 m。

产东天山、准噶尔阿拉套山、北天山、西天山、西南天山。中国、哈萨克斯坦、吉尔吉斯斯坦、乌兹别克斯坦、蒙古、俄罗斯；亚洲有分布。

饲料、药用。

（5707）西藏早熟禾 **Poa tibetica Munro ex Stapf** = *Arctopoa tibetica*（Munro ex Stapf）Prob. = *Poa fedtschenkoi* Roshev.

多年生草本。生于森林草甸、山坡草地、山谷、河谷草甸、河边草地、沼泽。海拔 1 300~3 500 m。

产东天山、准噶尔阿拉套山、东南天山、北天山、内天山。中国、哈萨克斯坦、吉尔吉斯斯坦、乌兹别克斯坦、蒙古、俄罗斯；亚洲有分布。

饲料、药用。

（5708）厚鞘早熟禾 **Poa timoleontis Heldr. ex Boiss.**

多年生草本。生于干旱山坡草地。海拔 500~2 000 m。

产北天山。中国、哈萨克斯坦、俄罗斯、伊拉克、伊朗、土耳其；亚洲有分布。

饲料。

（5709）普通早熟禾 Poa trivialis L.

多年生草本。生于潮湿山坡草地。海拔 900~2 600 m。

产准噶尔阿拉套山、北天山、西天山、西南天山。中国、哈萨克斯坦、吉尔吉斯斯坦、乌兹别克斯坦、日本、伊朗、俄罗斯；亚洲、欧洲、美洲有分布。

饲料。

（5710）乌苏里早熟禾 Poa urssulensis Trin.

多年生草本。生于高山和亚高山草甸、山地草甸、森林草甸、林下、林缘草甸、山谷草地、河谷草甸、河边草地、山地草原。海拔 500~3 520 m。

产东天山、东北天山、准噶尔阿拉套山、北天山、中央天山、内天山、西天山、西南天山。中国、哈萨克斯坦、吉尔吉斯斯坦、乌兹别克斯坦、蒙古、俄罗斯；亚洲有分布。

饲料。

（5711）威登早熟禾 Poa vedenskyi Drobow

多年生草本。生于高山和亚高山草甸、山地河谷、山坡倒石堆。海拔 1 200~3 200 m。

产内天山。中国、吉尔吉斯斯坦、乌兹别克斯坦、伊朗、阿富汗；亚洲有分布。

（5712）低山早熟禾（变色早熟禾）Poa versicolor Besser = *Poa versicolor* subsp. *stepposa*（Krglov）Tzvelev = *Poa transbaicalica* Roshev.

多年生草本。生于山地草甸、山地草原、荒漠草地。海拔 530~2 300 m。

产东天山、北天山、东南天山、西天山、西南天山。中国、哈萨克斯坦、吉尔吉斯斯坦、乌兹别克斯坦、蒙古、俄罗斯；亚洲、欧洲有分布。

饲料、药用。

777. 碱茅属 Puccinellia Parl.

（5713）鳞茎碱茅 Puccinellia bulbosa（Grossh.）Grossh.

多年生草本。生于山地干旱草原、盐化沙土地。海拔 1 100~2 500 m。

产北天山、内天山、西天山、西南天山。中国、哈萨克斯坦、吉尔吉斯斯坦、乌兹别克斯坦、阿富汗、土耳其、伊朗、俄罗斯；亚洲、欧洲有分布。

饲料、改土。

（5714）细穗碱茅 Puccinellia capillaris（Lilj.）Jans

多年生草本。生于撂荒地。海拔 680 m 上下。

产北天山。中国、俄罗斯；亚洲、欧洲有分布。

饲料、改土。

（5715）朝鲜碱茅 Puccinellia chinampoensis Ohwi

多年生草本。生于湿润盐碱地、湖边、滨海盐碱地。海拔 500~3 500 m。

产准噶尔阿拉套山、北天山。中国、哈萨克斯坦、日本、蒙古、俄罗斯；亚洲有分布。

饲料、改土。

（5716）展穗碱茅 Puccinellia diffusa（V. I. Krecz.）V. I. Krecz. ex Drobov

多年生草本。生于干旱河滩砾石沙地、盐碱草地。海拔 50~4 300 m。

产北天山、西天山。中国、哈萨克斯坦、吉尔吉斯斯坦、乌兹别克斯坦；亚洲有分布。

饲料、改土。

（5717）碱茅 **Puccinellia distans**（**Jacq.**）**Parl.** = *Puccinellia capilaris*（Lilj.）Jansen = *Puccinellia glauca*（Regel.）Krecz.

多年生草本。生于森林草甸、山地林缘、山谷、河谷草甸、山地草原、湿地、盐化低地草甸、河边、水边、渠边、田间、撂荒地、沙地。海拔 430~4 000 m。

产东天山、准噶尔阿拉套山、东南天山、北天山、中央天山、内天山、西天山、西南天山。中国、哈萨克斯坦、吉尔吉斯斯坦、乌兹别克斯坦、俄罗斯；亚洲、欧洲有分布。

饲料、改土。

*（5718）楚河碱茅 **Puccinellia dolicholepis**（**V. I. Krecz.**）**Pavlov**

多年生草本。生于山地荒漠草原、沙丘间低地。海拔 400~2 100 m。

产北天山。哈萨克斯坦、俄罗斯；亚洲、欧洲有分布。

（5719）多花碱茅（玖花碱茅） **Puccinellia florida D. F. Cui**

多年生草本。生于河漫滩、水沟边。海拔 800~2 600 m。

产东天山。中国；亚洲有分布。

中国特有成分。饲料、改土。

（5720）大碱茅 **Puccinellia gigantea**（**Grossh.**）**Grossh.** = *Puccinellia sclerodes*（V. I. Krecz.）V. I. Krecz. ex Drobov

多年生草本。生于干旱盐化草原、盐化草甸、河和湖岸边。海拔 1 200~3 500 m。

产东天山、北天山、西天山、西南天山。中国、哈萨克斯坦、吉尔吉斯斯坦、乌兹别克斯坦、伊朗、阿富汗、巴基斯坦、俄罗斯；亚洲、欧洲有分布。

饲料、改土。

（5721）格海碱茅 **Puccinellia grossheimiana V. I. Kecz.**

多年生草本。生于河岸盐化湿地。海拔 2 000 m 上下。

产北天山、西天山。中国、哈萨克斯坦、吉尔吉斯斯坦、伊朗、土耳其、俄罗斯；亚洲有分布。

饲料、改土。

（5722）高山碱茅 **Puccinellia hackeliana**（**V. I. Krecz.**）**V. I. Krecz. ex Drobov** = *Puccinellia humilis*（Litw. ex Krecz.）Bor

多年生草本。生于高山草坡、山坡草地。海拔 1 200~4 200 m。

产准噶尔阿拉套山、北天山、西天山、西南天山。中国、哈萨克斯坦、吉尔吉斯斯坦、乌兹别克斯坦、俄罗斯；亚洲有分布。

饲料、改土。

（5723）鹤甫碱茅 **Puccinellia hauptiana**（**V. I. Krecz.**）**Kitag.** = *Puccinellia hauptiana* Krecz.

多年生草本。生于河谷草甸、盐化草甸、湿草地、水边、荒野、林园、田边地埂、沙地。海拔 650~4 800 m。

产东天山、北天山、中央天山、西天山。中国、哈萨克斯坦、吉尔吉斯斯坦、蒙古、日本、俄罗斯；亚洲、欧洲、美洲有分布。

饲料、改土。

（5724）喜马拉雅碱茅 **Puccinellia himalaica Tzvelev**

多年生草本。生于山地草甸、山谷、湿草地、湖滨沼泽湿地、沙砾地、沟边、河滩。海拔 600 ~ 5 000 m。

产东天山。中国、伊朗、阿富汗、印度、巴基斯坦；亚洲有分布。

饲料、改土。

（5725）矮碱茅 **Puccinellia humilis Litw. ex Krecz.**

多年生草本。生于高山草甸、山坡草地。海拔 3 000 ~ 4 200 m。

产准噶尔阿拉套山、北天山、西天山、西南天山。中国、哈萨克斯坦、吉尔吉斯斯坦、乌兹别克斯坦；亚洲有分布。

饲料、改土。

（5726）伊犁碱茅 **Puccinellia iliensis Krecz.** = *Puccinellia iliensis*（V. I. Krecz.）Serg.

多年生草本。生于河谷沙岸、湿草地。海拔 650 ~ 2 000 m。

产北天山、西天山。中国、哈萨克斯坦、吉尔吉斯斯坦、俄罗斯；亚洲有分布。

饲料、改土。

（5727）昆仑碱茅 **Puccinellia kuenlunica Tzvelev**

多年生草本。生于山地草原、荒漠草原、戈壁。海拔 1 000 ~ 2 700 m。

产东南天山。中国；亚洲有分布。

饲料、改土。

＊（5728）粗柄碱茅 **Puccinellia macropus V. I. Krecz.**

多年生草本。生于盐渍化草甸、沙漠。海拔 500 ~ 2 600 m。

产北天山、哈萨克斯坦；亚洲有分布。

哈萨克斯坦特有成分。

（5729）小药碱茅 **Puccinellia micranthera D. F. Cui**

多年生草本。生于沼泽草甸、山谷水边。海拔 1 300 ~ 2 000 m。

产内天山。中国；亚洲有分布。

中国特有成分。饲料、改土。

（5730）裸花碱茅 **Puccinellia nudiflora**（Hack.）**Tzvelev** = *Poa nudiflora* Hask.

多年生草本。生于高山草甸、沼泽草甸、沼泽湿地、水渠边。海拔 2 300 ~ 4 780 m。

产东天山、北天山、东南天山、内天山、西天山、西南天山。中国、哈萨克斯坦、吉尔吉斯斯坦、乌兹别克斯坦、蒙古；亚洲有分布。

饲料、改土。

（5731）帕米尔碱茅 **Puccinellia pamirica**（Roshev.）**V. I. Krecz. ex Ovcz. et Czukav.**

多年生草本。生于高山和亚高山草甸、河谷草甸、山谷、河滩、水边。海拔 2 700 ~ 4 000 m。

产北天山、内天山、西天山、西南天山。中国、哈萨克斯坦、吉尔吉斯斯坦、乌兹别克斯坦；亚洲有分布。

饲料、改土。

*（5732）疏枝碱茅 Puccinellia pauciramea（Hack.）V. I. Krecz. ex Ovcz. et Czukav.

多年生草本。生于高山草甸、砾石质坡地、盐渍化沙地。海拔 400~3 500 m。

产准噶尔阿拉套山。哈萨克斯坦；亚洲有分布。

（5733）斑稃碱茅 Puccinellia poecilantha（K. Koch.）Grossh.

多年生草本。生于干旱草原、水沟边、盐碱地、盐湖岸边、戈壁。海拔 50~3 000 m。

产东天山、北天山、西天山、西南天山。中国、哈萨克斯坦、吉尔吉斯斯坦、乌兹别克斯坦、阿富汗、伊朗、俄罗斯；亚洲、欧洲有分布。

饲料、改土。

（5734）斯碱茅 Puccinellia schischkinii Tzvelev

多年生草本。生于河谷草甸、盐化低地草甸、荒漠、河岸、渠边。海拔 600~4 500 m。

产东天山、东南天山、北天山、中央天山、西天山、西南天山。中国、哈萨克斯坦、吉尔吉斯斯坦、乌兹别克斯坦、蒙古、俄罗斯；亚洲有分布。

饲料、改土。

（5735）西伯利亚碱茅 Puccinellia sibirica Holmb.

多年生草本。生于山地草甸、田边。海拔 1 650 m 上下。

产内天山。中国、俄罗斯；亚洲、欧洲有分布。

饲料、改土。

（5736）穗序碱茅 Puccinellia subspicata V. I. Krecz. ex Ovcz. et Czukav.

多年生草本。生于高山和亚高山草甸湿地。海拔 2 800~3 200 m。

产北天山、西天山、西南天山。中国、哈萨克斯坦、吉尔吉斯斯坦、乌兹别克斯坦；亚洲有分布。

饲料、改土。

（5737）星星草 Puccinellia tenuiflora（Griseb.）Scribn. et Merr.

多年生草本。生于山地草甸、河谷草甸、盐化低地草甸、沙地、水边、农田。海拔 450~3 500 m。

产东天山、东北天山、准噶尔阿拉套山、东南天山。中国、哈萨克斯坦、蒙古、俄罗斯；亚洲有分布。

饲料、改土。

778. 鸭茅属 Dactylis L.

（5738）鸭茅 Dactylis glomerata L.

多年生草本。生于山地草甸、山坡草地、林缘草甸、河谷草甸。海拔 480~2 900 m。

产东天山、东北天山、准噶尔阿拉套山、北天山、东南天山、西天山、西南天山。中国、哈萨克斯坦、吉尔吉斯斯坦、乌兹别克斯坦、俄罗斯；亚洲、欧洲有分布。

饲料。

779. 黑麦草属 Lolium L.

*（5739）多花黑麦草 Lolium multiflorum Lam.

一年生或二年生草本。生于盐渍化草地、田野。海拔 400~2 000 m。

产北天山、西天山、西南天山。哈萨克斯坦、吉尔吉斯斯坦、乌兹别克斯坦、俄罗斯；亚洲、欧洲有分布。

*(5740) 黑麦草 **Lolium perenne L.**

多年生草本。生于山地草原、盐渍化草地、田边。海拔 400~1 700 m。

产北天山、西天山、西南天山。哈萨克斯坦、吉尔吉斯斯坦、乌兹别克斯坦、俄罗斯;亚洲、欧洲
有分布。

(5741) 欧毒麦(欧黑麦草) **Lolium persicum Boiss. et Hohen**

一年生草本。生于山地草原、农田、荒野、河边。海拔 1 580~3 000 m。

产东天山、内天山、西天山、西南天山。中国、哈萨克斯坦、吉尔吉斯斯坦、乌兹别克斯坦、俄罗
斯;亚洲、欧洲有分布。

有毒。

(5742) 疏花黑麦草 **Lolium remotum Schrank**

一年生草本。生于荒漠草原。海拔 850 m 上下。

产北天山、西天山、西南天山。中国、哈萨克斯坦、吉尔吉斯斯坦、乌兹别克斯坦、俄罗斯;亚
洲、欧洲有分布。

(5743) 毒麦 **Lolium temulentum L.**

一年生草本。生于荒野、农田、渠边。海拔 300~1 500 m。

产北天山、西天山、西南天山。中国、哈萨克斯坦、吉尔吉斯斯坦、乌兹别克斯坦、俄罗斯;亚
洲、欧洲有分布。

有毒。

780. 雀麦属 Bromus L.

*(5744) 安格雀麦 **Bromus angrenicus Drobow** = *Bromopsis angrenica* Drob.

多年生草本。生于碎石质山坡、河谷、灌丛。海拔 1 200~2 800 m。

产北天山、西天山、西南天山。吉尔吉斯斯坦、乌兹别克斯坦;亚洲有分布。

(5745) 密丛雀麦 **Bromus benekenii** (**Lange**) **Trimen** = *Bromopsis benekenii* (Lange) Holub = *Bromus ramosus benekenii* (Lange) Tzvelev

多年生草本。生于林缘草甸、河谷草甸、河漫滩草甸、山地草原。海拔 1 050 m 上下。

产准噶尔阿拉套山、北天山、西天山、西南天山。中国、哈萨克斯坦、吉尔吉斯斯坦、乌兹别克
斯坦、土库曼斯坦、俄罗斯;亚洲、欧洲有分布。

优等饲料。

(5746) 丹托雀麦(三芒雀麦) **Bromus danthoniae Trin.**

一年生草本。生于山地草原、荒漠草原、洪积扇、绿洲周围、田边。海拔 300~1 600 m。

产准噶尔阿拉套山、北天山、西天山、西南天山。中国、哈萨克斯坦、吉尔吉斯斯坦、乌兹别克
斯坦、俄罗斯;亚洲、欧洲有分布。

*(5747) 双雄雀麦 **Bromus diandrus Roth** = *Anisantha diandra* (Roth) Tutin ex Tzvlev

多年生草本。生于山地草甸、山地林缘、山地草原、河谷。海拔 110~2 600 m。

产内天山。吉尔吉斯斯坦、俄罗斯;亚洲、欧洲有分布。

(5748) 束生雀麦 **Bromus fasciculatus C. Presl**

多年生草本。生于山地草坡。海拔 1 200~2 900 m。

产北天山、西天山。中国、哈萨克斯坦、吉尔吉斯斯坦、乌兹别克斯坦;亚洲、欧洲有分布。

优良饲料。

（5749）直芒雀麦 **Bromus gedrosianus Penzes**

一年生草本。生于山地阳坡草地、沟渠边、荒漠草地。海拔 900～2 800 m。

产东天山、北天山、东南天山。中国、伊朗、阿富汗、巴基斯坦、印度;亚洲有分布。

优良饲料。

（5750）细雀麦 **Bromus gracillimus Bunge** = *Nevskiella gracillima*（Bunge）V. I. Krecz. et Vved.

一年生草本。生于山地干草原、石灰岩丘陵、碎石堆、河谷。海拔 900～2 700 m。

产北天山、西天山。中国、哈萨克斯坦、吉尔吉斯斯坦、乌兹别克斯坦;亚洲有分布。

（5751）无芒雀麦 **Bromus inermis Leyss.** = *Bromopsis inermis*（Leyss.）Holub

多年生草本。生于山地森林草甸、林缘草甸、河谷草甸、山地草原、河岸、山沟水边、农田边、路边、草丛。海拔 500～2 400 m。

产东天山、东北天山、准噶尔阿拉套山、北天山、西天山、西南天山。中国、哈萨克斯坦、吉尔吉斯斯坦、乌兹别克斯坦、蒙古、俄罗斯;亚洲、欧洲有分布。

优等饲料、药用。

（5752）雀麦 **Bromus japonicus Houtt.** = *Bromus japonicus* Thunb.

一年生草本。生于山地林下、林缘、农田边、水渠旁、山坡草地、地埂、路边。海拔 500～3 100 m。

产东天山、东北天山、准噶尔阿拉套山、北天山、内天山、西天山、西南天山。中国、哈萨克斯坦、吉尔吉斯斯坦、乌兹别克斯坦、朝鲜、日本、蒙古、俄罗斯;亚洲、欧洲有分布。

优良饲料、药用。

＊（5753）披针形雀麦 **Bromus lanceolatus Roth** = *Bromus macrostachys* Desf.

一年生草本。生于山麓倾斜平原、固定和半固定沙漠、湖边沼泽湿地。海拔 300～2 100 m。

产内天山、西天山、西南天山。吉尔吉斯斯坦、乌兹别克斯坦、俄罗斯;亚洲有分布。

＊（5754）大穗雀麦 **Bromus macrostachys Desf.** = *Bromus pseudodanthoniae* Drob.

一年生草本。生于山麓平原、固定和半固定沙漠、湖边沼泽湿地。海拔 300～2 100 m。

产西天山、西南天山。吉尔吉斯斯坦、乌兹别克斯坦、塔吉克斯坦、俄罗斯;亚洲有分布。

＊（5755）莫氏雀麦 **Bromus moeszii Pénzes** = *Anisantha sericea* Nevski

多年生草本。生于山地草甸、林间草地、山谷。海拔 1 200～2 600 m。

产内天山。吉尔吉斯斯坦;亚洲有分布。

（5756）尖齿雀麦 **Bromus oxyodon Schrenk**

一年生草本。生于山地草甸、山地草原、荒漠草原、旱田边、撂荒地、割草场。海拔 820～2 550 m。

产东天山、准噶尔阿拉套山、北天山、内天山、西天山、西南天山。中国、哈萨克斯坦、吉尔吉斯斯坦、乌兹别克斯坦、蒙古、俄罗斯;亚洲、欧洲有分布。

优良饲料。

（5757）波申雀麦 **Bromus paulsenii Hack.** =*Bromus turkestanicus* Grobow =*Bromus angrenicus* Drob. = *Bromopsis angrenica*（Drobow）Holub

多年生草本。生于亚高山坡地、碎石山坡、河谷、灌丛、山地草原。海拔 1 200~2 900 m。

产北天山、西天山、西南天山。中国、吉尔吉斯斯坦、乌兹别克斯坦;亚洲有分布。

优良饲料。

（5758）波陂雀麦 **Bromus popovii Drob.** =*Bromus racemosus* L.

一年生草本。生于山地河谷、灌丛、山麓平原、盐渍化草地。海拔 400~2 500 m。

产北天山、西天山、西南天山。中国、哈萨克斯坦、吉尔吉斯斯坦、乌兹别克斯坦、俄罗斯;亚洲、欧洲有分布。

*（5759）总状花序雀麦 **Bromus racemosus L.**

一年生草本。生于山地河谷、灌丛、山麓平原、盐渍化草地。海拔 400~2 500 m。

产北天山、西天山、西南天山。哈萨克斯坦、吉尔吉斯斯坦、乌兹别克斯坦、俄罗斯;亚洲、欧洲有分布。

*（5760）红穗雀麦 **Bromus rubens L.** =*Anisantha rubens*（L.）Nevski

多年生草本。生于山地草甸、河谷草甸、河岸阶地、山地草原、荒漠草原。海拔 800~2 100 m。

产内天山。吉尔吉斯斯坦、俄罗斯;亚洲有分布。

（5761）黑麦状雀麦 **Bromus secalinus L.**

一年生草本。生于绿洲周围、郊区、田边、渠边。海拔 400~1 800 m。

产北天山、西天山、西南天山。中国、哈萨克斯坦、吉尔吉斯斯坦、乌兹别克斯坦、俄罗斯;亚洲、欧洲有分布。

（5762）帚雀麦 **Bromus scoparius L.**

多年生草本。生于山坡草地、荒野湿地。海拔 400~2 300 m。

产准噶尔阿拉套山、北天山、西天山、西南天山。中国、哈萨克斯坦、吉尔吉斯斯坦、乌兹别克斯坦、印度、俄罗斯;亚洲、欧洲、非洲有分布。

优良饲料。

*（5763）锈色雀麦 **Bromus secalinus L.**

一年生草本。生于绿洲周边、田边、渠边。海拔 400~1 800 m。

产北天山、西天山、西南天山。哈萨克斯坦、吉尔吉斯斯坦、乌兹别克斯坦、俄罗斯;亚洲、欧洲有分布。

（5764）密穗雀麦 **Bromus sewerzowii Regel**

一年生草本。生于山地草原、低山荒漠。海拔 700~1 400 m。

产东天山、东北天山、准噶尔阿拉套山、北天山、西天山、西南天山。中国、哈萨克斯坦、吉尔吉斯斯坦、乌兹别克斯坦、蒙古;亚洲有分布。

优良饲料、药用。

*（5765）贫育雀麦 **Bromus sterilis L.** =*Anisantha sterilis* L.

一年生草本。生于核桃林下、山地草原、干河床。海拔 1 600~2 800 m。

产北天山、西天山、西南天山。吉尔吉斯斯坦、乌兹别克斯坦、俄罗斯;亚洲、欧洲有分布。

（5766）偏穗雀麦 **Bromus squarrosus L.** =*Bromus wolgensis* Fisch. ex J. Jacq.

一年或多年生草本。生于山地草甸、山地林下、山地草原、荒漠、黏土质沙地、盐渍化草地、农田边、撂荒地、沟渠边。海拔 500~2 000 m。

产东天山、东北天山、准噶尔阿拉套山、北天山、东南天山、西天山、西南天山。中国、哈萨克斯坦、吉尔吉斯斯坦、乌兹别克斯坦、俄罗斯;亚洲、欧洲有分布。

优良饲料、药用。

（5767）旱雀麦 **Bromus tectorum L.** =*Anisantha tectorum* L.

一年生草本。生于低山丘陵、山麓洪积扇、绿洲、砾石戈壁、农田、路边、村落周边、覆沙地、沙丘。海拔 530~2 600 m。

产东天山、东北天山、内天山、西天山、西南天山。中国、哈萨克斯坦、吉尔吉斯斯坦、乌兹别克斯坦、俄罗斯;亚洲、欧洲有分布。

优良饲料、药用。

（5768）裂稃雀麦 **Bromus tytthanthus Nevski** =*Bromus pulchellus* Fig. et De Not =*Bromus gytthanthus* Nevski

一年或多年生草本。生于山地草甸、山地灌丛、砾石质草坡、低山石质山坡、河岸阶地。海拔 1 200~2 800 m。

产北天山、西天山、西南天山。中国、哈萨克斯坦、吉尔吉斯斯坦、乌兹别克斯坦、伊朗、俄罗斯;亚洲有分布。

优良饲料。

（5769）土沙雀麦 **Bromus tyttholepis（Nevski）Nevski** =*Bromopsis tyttholepis*（Nevski）Holub

多年生草本。生于高山和亚高山草甸、干旱石质山坡。海拔 2 800~3 200 m。

产北天山、西天山、西南天山。中国、哈萨克斯坦、吉尔吉斯斯坦、乌兹别克斯坦;亚洲有分布。

优良饲料。

＊（5770）伏尔加雀麦 **Bromus wolgensis Fisch. ex Jacq. f.**

一年生草本。生于黏土质沙地、草甸、山地草原、盐渍化草地。海拔 700~1 600 m。

产西天山、西南天山。哈萨克斯坦、吉尔吉斯斯坦、乌兹别克斯坦、俄罗斯;亚洲、欧洲有分布。

781. 水蔗草属 Apluda L.

（5771）水蔗草 **Apluda mutica L.**

一年生草本。生于河边、渠边、沼泽湿地。海拔 400~1 500 m。

产内天山、西南天山。中国(南方)、吉尔吉斯斯坦、乌兹别克斯坦;亚洲有分布。

单种属植物。

＊782. 丝须草属 Apera Adans.

＊（5772）短柄丝须草 **Apera interrupta（L.）P. Beauv.**

一年生草本。生于杜加依林下、盐渍化草地、山麓平原荒漠草地。海拔 600~1 500 m。

产北天山、西天山、西南天山。哈萨克斯坦、吉尔吉斯斯坦、乌兹别克斯坦、俄罗斯;亚洲、欧洲有分布。

＊（5773）穗状花序丝须草 **Apera spica-venti（L.）P. Beauv.**

一年生草本。生于盐渍化草地、田边、荒野、沙地。海拔 400~1 700 m。

产北天山、西天山。哈萨克斯坦、土库曼斯坦、俄罗斯;亚洲、欧洲有分布。

783. 短柄草属 Brachypodium Beauv.

（5774）二穗短柄草 **Brachypodium distachyon**（L.）P. Beauv. = *Trachynia distachya*（L.）Link

一年生草本。生于山坡草地、低山丘陵、山麓平原。海拔 600~2 300 m。

产内天山。中国、吉尔吉斯斯坦、土库曼斯坦、俄罗斯；亚洲、欧洲有分布。

（5775）短芒短柄草（羽状短柄草）**Brachypodium pinnatum**（L.）P. Beauv.

多年生草本。生于山地草甸、山地草原。海拔 1 400~2 900 m。

产东天山、东北天山、准噶尔阿拉套山、北天山、西天山、西南天山。中国、哈萨克斯坦、吉尔吉斯斯坦、乌兹别克斯坦、蒙古、俄罗斯；亚洲、欧洲有分布。

优良饲料。

（5776）短柄草 **Brachypodium sylvaticum**（Huds.）P. Beauv.

多年生草本。生于山地林缘草甸、阔叶林下、山地草原。海拔 1 200~1 450 m。

产准噶尔阿拉套山、北天山、西天山、西南天山。中国、哈萨克斯坦、吉尔吉斯 斯坦、乌兹别克斯坦、俄罗斯；亚洲、欧洲有分布。

优良饲料。

784. 山羊草属 Aegilops L.

*（5777）粗茎山羊草 **Aegilops crassa** Boiss. ex Hohen.

一年生草本。生于细石质山坡、山地阳坡干旱草地、山麓洪积扇。海拔 900~2 700 m。

产北天山、西天山、西南天山。吉尔吉斯斯坦、乌兹别克斯坦、俄罗斯；亚洲有分布。

*（5778）圆锥山羊草（圆柱山羊草）**Aegilops cylindrica** Host.

一年生草本。生于山地河流沿岸、山麓洪积扇、田野、沙质地。海拔 900~2 600 m。

产北天山、西天山、西南天山。哈萨克斯坦、吉尔吉斯斯坦、乌兹别克斯坦、俄罗斯；亚洲、欧洲有分布。

*（5779）毛穗山羊草 **Aegilops juvenalis**（Thell.）Eig

一年生草本。生于干旱山坡草地、河岸阶地、山麓洪积扇。海拔 1 000~2 800 m。

产北天山、西天山、西南天山。哈萨克斯坦、吉尔吉斯斯坦、乌兹别克斯坦；亚洲有分布。

*（5780）粗鳞山羊草 **Aegilops squarrosa** L.

一年生草本。生于山地干旱河谷、坡积石堆、低山丘陵、山麓平原、黏质沙地。海拔 500~2 800 m。

产北天山、西天山、西南天山。哈萨克斯坦、吉尔吉斯斯坦、乌兹别克斯坦、俄罗斯；亚洲、欧洲有分布。

（5781）节节麦 **Aegilops tauschii** Coss.

越年生草本。生于山地草甸、山地草原、荒漠草原、河谷草甸、路旁、田边。海拔 600~2 000 m。

产北天山、西天山、西南天山。中国、哈萨克斯坦、吉尔吉斯斯坦、乌兹别克斯坦、伊朗、阿富汗、俄罗斯；亚洲、欧洲有分布。

抗病基因种质资源。

（5782）三芒山羊草 **Aegilops triuncialis** L.

一年生草本。生于山麓平原、低山丘陵、矿山碎石堆。海拔 500~2 300 m。

产西天山。中国、吉尔吉斯斯坦、乌兹别克斯坦；亚洲有分布。

785. 小麦属 Triticum L.

（5783）新疆小麦 Triticum petropavlovskyi Udachin et Migusch.

一年生草本。混生于各地小麦田中。海拔 1 000～1 140 m。

产东天山、东南天山、中央天山、内天山。中国；亚洲有分布。

中国特有成分。小麦和大麦的近缘种，优良饲料。

786. 黑麦属 Secale L.

（5784）黑麦 Secale cereale L.

越年生草本。生于农田。海拔 500～2 700 m。

产东北天山、内天山。中国、哈萨克斯坦、吉尔吉斯斯坦、乌兹别克斯坦、俄罗斯；亚洲有分布。

德国、匈牙利、美国有栽培。

抗逆基因种质资源，饲料。

＊（5785）盐田黑麦 Secale segetale（Zhuk.）Roshev.

一年生草本。生于农田。海拔 500～1 300 m。

产西天山、北天山、西南天山。哈萨克斯坦、吉尔吉斯斯坦、乌兹别克斯坦、俄罗斯；亚洲有分布。

（5786）野黑麦 Secale sylvestre Host.

一年生草本。生于山地干草原、低山丘陵。海拔 900～1 800 m。

产北天山。中国（栽培）、哈萨克斯坦、俄罗斯；亚洲、欧洲有分布。

787. 偃麦草属 Elytrigia Desv.

（5787）曲芒偃麦草 Elytrigia aegilopoides（Drob.）Peschkova ＝ Elytrigia gmelinii（Trin.）Nevski ＝ Agrophyron aegilopoides Drob. ＝ Agropyron propinquum Nevski.

多年生草本。生于森林草甸、山地干草原、石质山坡、洪积扇。海拔 700～2 500 m。

产东天山、准噶尔阿拉套山。中国、哈萨克斯坦、蒙古、俄罗斯；亚洲有分布。

小麦和大麦的近缘种，优良饲料。

＊（5788）具翼偃麦草 Elytrigia alatavica（Drobow）Nevski ＝ Kengyilia alatavica（Drobow）J. L. Yang, C. Yen et B. R. Baum ＝ Agropyron alatavicum Drobow ＝ Elytrigia alatavica（Drob.）Nevski

多年生草本。生于山地石质坡地、干河床、山坡草地、河岸阶地、沟谷草地。海拔 800～2 800 m。

产准噶尔阿拉套山、北天山、西天山。哈萨克斯坦、吉尔吉斯斯坦；亚洲有分布。

＊（5789）吐兰偃麦草 Elytrigia trichophora（Link）Nevski ＝ Agropyron aucheri Boiss

多年生草本。生于石质山坡、冲积扇、山地干阳坡。海拔 500～2 100 m。

产北天山、西天山、西南天山。哈萨克斯坦、吉尔吉斯斯坦、乌兹别克斯坦；亚洲有分布。

＊（5790）巴塔林偃麦草 Elytrigia batalinii（Krasn.）Nevski ＝ Agropyron batalinii（Krassn.）Roshev.

多年生草本。生于荒漠草原、砾石质山坡、干河床。海拔 800～2 700 m。

产北天山、西天山、西南天山。哈萨克斯坦、吉尔吉斯斯坦、乌兹别克斯坦；亚洲有分布。

（5791）长穗偃麦草 Elytrigia elongatiformis（Drob.）Nevski ＝ Agrophyron elongatiformis Drob.

多年生草本。生于山地草原、河谷草甸、灌丛、沼泽草地、果园、田野、水渠。海拔 600～2 500 m。

产东天山、北天山、东南天山、内天山、西天山、西南天山。中国、哈萨克斯坦、吉尔吉斯斯坦、乌兹别克斯坦、俄罗斯;亚洲、欧洲有分布。

小麦和大麦的近缘种,优良饲料。

(5792) 费尔干偃麦草 **Elytrigia ferganensis** (Drob.) **Nevski** = *Elytrigia cognata* (Hack.) Holub = *Agrophyron ferganensis* Drob. = *Agropyron dshungaricum* Nevski.

多年生草本。生于石质山坡、山地草原、灌丛、落叶阔叶林带的阳坡、田边、渠边。海拔 800~2 700 m。

产准噶尔阿拉套山、北天山、内天山、西天山、西南天山。中国、哈萨克斯坦、吉尔吉斯斯坦、乌兹别克斯坦;亚洲有分布。

小麦和大麦的近缘种,优良牧草。

(5793) 中间偃麦草 **Elytrigia intermedia** (Host) **Nevski** = *Elytrigia trichophora* (Link) Nevski = *Thinopyrum intermedium* (Host) Barkworth et D. R. Dewey = *Agropyron aucheri* Boiss. = *Agropyron intermedium* (Host) P. Beauv.

多年生草本。生于山地草甸、山地草原、山地阳坡草地、石质山坡、低山丘陵、荒漠草地、山麓冲积平原。海拔 500~2 500 m。

产准噶尔阿拉套山、北天山、西天山、西南天山。中国(栽培)、哈萨克斯坦、吉尔吉斯斯坦、乌兹别克斯坦、俄罗斯;亚洲、欧洲有分布。

*(5794) 美丽偃麦草 **Elytrigia pulcherrima** (Grossh.) **Nevski** = *Agropyron pulcherrimum* Grossh.

多年生草本。生于山地草原、荒漠草原、冲积平原、丘陵阳坡。海拔 900~2 600 m。

产北天山、西天山、西南天山。哈萨克斯坦、吉尔吉斯斯坦、乌兹别克斯坦;亚洲有分布。

(5795) 偃麦草 **Elytrigia repens** (L.) **Nevski** = *Agrophyron repens* (L.) Beauv. = *Agrophyron caesium* J. et C. Preal = *Agrophyron sachalinense* Honda. = *Elymus repens* (L.) Gould

多年生草本。生于亚高山草甸、森林草甸、山谷、河谷草甸、岩石缝、荒地、田边、地埂、路旁、果园。海拔 300~3 100 m。

产东天山、东北天山、准噶尔阿拉套山、北天山、东南天山、中央天山、内天山。中国、哈萨克斯坦、蒙古、俄罗斯;亚洲、欧洲有分布。

小麦和大麦的近缘种,优良饲料。

(5796) 芒偃麦草 **Elytrigia repens subsp. longearistata N. R. Cui**

多年生草本。生于河谷草甸、山坡草地、山谷、草原、平缓阳坡、田边、渠旁。海拔 1 400~2 580 m。

产东天山、北天山、内天山。中国;亚洲有分布。

中国特有成分。小麦和大麦的近缘种,优良饲料。

788. 冰草属 Agropyron Gaertn.

*(5797) 阿柏里冰草 **Agropyron abolinii Drob.** = *Agropyron ugamicum* Drob.

多年生草本。生于山地草甸、山崖、河谷。海拔 1 000~2 600 m。

产准噶尔阿拉套山、北天山。哈萨克斯坦、吉尔吉斯斯坦;亚洲有分布。

*(5798) 吐兰冰草 **Agropyron aucheri Boiss** = *Elytrigia trichophora* (Link) Nevski

多年生草本。生于石质山坡、冲积扇、山地干阳坡。海拔 500~2 100 m。

产北天山、西天山、西南天山。哈萨克斯坦、吉尔吉斯斯坦、乌兹别克斯坦;亚洲有分布。

＊（5799）巴旦冰草 **Agropyron badamense Drobow**

　　多年生草本。生于亚高山阳坡草地、山坡草地、山地草原。海拔 1 400～2 900 m。

　　产西南天山。乌兹别克斯坦；亚洲有分布。

＊（5800）巴塔林冰草 **Agropyron batalinii**（Krasn.）**Roshev.** ＝*Kengyilia batalinii*（Krasn.）J. L. Yang,
　　C. Yen et B. R. Baum＝*Elytrigia batalinii*（Krasn.）Nevski＝*Agropyron argenteum*（Nevski）Pavlov

　　多年生草本。生于山坡草地、碎石堆、山地阳坡草地、山地草原。海拔 700～2 700 m。

　　产北天山、内天山、西天山、西南天山。哈萨克斯坦、吉尔吉斯斯坦、乌兹别克斯坦；亚洲有分布。

＊（5801）绿茎冰草 **Agropyron caninum**（L.）**P. B.**

　　多年生草本。生于山地林下、灌丛、山地阴坡。海拔 1 400～2 900 m。

　　产北天山、西天山、西南天山。哈萨克斯坦、吉尔吉斯斯坦、乌兹别克斯坦；亚洲有分布。

　（5802）冰草 **Agropyron cristatum**（L.）**Gaertn.** ＝*Agropyron pectinatum*（M. Bieb.）P. Beauv. ＝*Agropyron pectiniforme* Roem. et Schult. ＝*Agropyron karataviense* Pavlov

　　多年生草本。生于高寒草原、山地草原、荒漠草原、碎石戈壁、林缘、农田、河滩。海拔 600～
　　4 000 m。

　　产东天山、东北天山、准噶尔阿拉套山、北天山、东南天山、中央天山、内天山。中国、哈萨克斯
　　坦、蒙古、俄罗斯；亚洲有分布。

　　小麦和大麦的近缘种,优等饲料。

＊（5803）奇氏冰草 **Agropyron czimganicum Drob.**

　　多年生草本。生于山地草甸草原、山地石质坡地、高山碎石质坡地。海拔 1 400～3 100 m。

　　产北天山、西天山、西南天山。哈萨克斯坦、吉尔吉斯斯坦、乌兹别克斯坦；亚洲有分布。

　（5804）沙生冰草 **Agropyron desertorum**（Fisch. ex Link）**Schult.**

　　多年生草本。生于亚高山草甸、山地林缘、砾石质山坡、山地草原、低山丘陵、荒漠草原、沙地、
　　沙漠丘间低地。海拔 460～3 000 m。

　　产东天山、东北天山、准噶尔阿拉套山、北天山、东南天山、中央天山、内天山、西天山、西南天
　　山。中国、哈萨克斯坦、乌兹别克斯坦、蒙古、俄罗斯；亚洲、欧洲、美洲有分布。

　　小麦和大麦的近缘种,优良饲料。

＊（5805）都氏冰草 **Agropyron drobovii Nevski.**

　　多年生草本。生于山地草原、河谷灌丛、山崖。海拔 1 200～2 600 m。

　　产北天山、西天山、西南天山。哈萨克斯坦、吉尔吉斯斯坦、乌兹别克斯坦；亚洲有分布。

＊（5806）卡斯克冰草 **Agropyron kasteki Popov**

　　多年生草本。生于石质山坡、低山丘陵。海拔 600～2 500 m。

　　产北天山、西天山。哈萨克斯坦、吉尔吉斯斯坦；亚洲有分布。

　（5807）沙芦草 **Agropyron mongolicum Keng**

　　多年生草本。多生于亚高山草甸、山地林缘、砾石质山坡、山地草原、低山丘陵、沙地、沙漠丘
　　间低地。海拔 460～3 000 m。

　　产东天山、准噶尔阿拉套山、东南天山、中央天山、内天山。中国、蒙古、俄罗斯；亚洲、美洲有
　　分布。

小麦和大麦的近缘种,优良饲料。

*(5808) 帕夫洛夫冰草 **Agropyron pavlovii Nevski.** =*Elyhordeum pavlovii*(Nevski.)Tzvel. =*Agropyrum popovii* Nevskii. in Bull.

多年生草本。生于山地草甸草原、石质山坡、阶地。海拔 1 300~2 600 m。

产准噶尔阿拉套山、北天山。哈萨克斯坦;亚洲有分布。

哈萨克斯坦特有成分。

(5809) 篦穗冰草 **Agropyron pectinatum**(**M. Bieb.**)**Beauv.** =*Agropyron pectiniforme* Roem. =*Agropyron karataviense* N. Pavl.

多年生草本。生于山地草甸草原、黄土丘陵、河流阶地。海拔 900~2 700 m。

产准噶尔阿拉套山、北天山、西天山。中国、哈萨克斯坦、乌兹别克斯坦、蒙古、俄罗斯;亚洲、欧洲有分布。

小麦和大麦的近缘种,优等饲料。

*(5810) 美丽冰草 **Agropyron pulcherrimum Grossh.** =*Elytrigia pulcherrima*(Grossh.)Nevski =*Kengyilia pulcherrima*(Grossh.)C. Yen, J. L. Yang et B. R. Baum

多年生草本。生于山地草原、荒漠草原、冲积平原、丘陵阳坡。海拔 900~2 600 m。

产北天山、西天山、西南天山。哈萨克斯坦、吉尔吉斯斯坦、乌兹别克斯坦;亚洲有分布。

(5811) 新疆冰草 **Agropyron sinkiangense D. F. Cui**

多年生草本。生于亚高山草甸。海拔 2 700 m 上下。

产东南天山。中国;亚洲有分布。

中国特有成分。小麦和大麦的近缘种,优良饲料。

789. 旱麦草属 Eremopyrum (Ldb.) Jaub. et Spach

(5812) 光穗旱麦草 **Eremopyrum bonaepartis**(**Spreng.**)**Nevski**

一年生草本。生于山地草原、荒漠草原、黏土荒漠、山麓荒漠、固定沙丘。海拔 300~1 400 m。

产东天山、北天山、西天山。中国、哈萨克斯坦、吉尔吉斯斯坦、乌兹别克斯坦、俄罗斯;亚洲有分布。

小麦的近缘种,有益基因种质资源,优良饲料。

(5813) 毛穗旱麦草 **Eremopyrum distans**(**K. Koch**)**Nevski**

一年生草本。生于砾石质山坡、山麓荒漠、路边、人工林内。海拔 470~590 m。

产东天山、东北天山、北天山。中国、哈萨克斯坦、吉尔吉斯斯坦、乌兹别克斯坦、俄罗斯;亚洲、欧洲有分布。

小麦的近缘种,有益基因种质资源,优良饲料。

(5814) 东方旱麦草 **Eremopyrum orientale**(**L.**)**Jaub. et Spach**

一年生草本。生于山地草原、荒漠草原、沙质和砾质荒漠。海拔 400~1 500 m。

产东天山、东北天山、准噶尔阿拉套山、北天山、西天山、西南天山。中国、哈萨克斯坦、吉尔吉斯斯坦、乌兹别克斯坦、伊朗、俄罗斯;亚洲、欧洲有分布。

小麦的近缘种,有益基因种质资源,优良饲料。

（5815） 旱麦草 **Eremopyrum triticeum**（Geartn.）**Nevski**

一年生草本。生于石砾质山坡、荒漠草原、山麓荒漠、路边、荒地、固定沙丘。海拔 230～820 m。

产东天山、东北天山、北天山。中国、哈萨克斯坦、伊朗、俄罗斯；亚洲、欧洲有分布。

小麦的近缘种，有益基因种质资源，优良饲料。

790. 披碱草属 Elymus L.

（5816） 大穗披碱草 **Elymus abolinii**（Drobow）**Tzvelev** = *Agropyron abolinii* Drobow

多年生草本。生于森林草甸、沟谷、林缘草甸。海拔 1 250～2 700 m。

产东天山、北天山、东南天山、西天山、西南天山。中国、哈萨克斯坦、吉尔吉斯斯坦、乌兹别克斯坦；亚洲有分布。

小麦和大麦的近缘种，优良饲料。

（5817） 长芒大穗披碱草 **Elymus abolinii var. divaricans**（Nevski）**Tzvel.**

多年生草本。生于林缘草甸、沟谷。海拔 1 300～1 900 m。

产准噶尔阿拉套山、北天山。中国；亚洲有分布。

小麦和大麦的近缘种，优良饲料。

（5818） 多花大穗披碱草 **Elymus abolinii var. plurifloridus D. F. Cui**

多年生草本。生于山地林缘草甸。海拔 900～2 900 m。

产北天山。中国；亚洲有分布。

中国特有成分。小麦和大麦的近缘种，优良饲料。

（5819） 阿拉善披碱草 **Elymus alashanicus**（Keng）**S. L. Chen**

多年生草本。生于山地草甸、石质化山坡、灌丛、山地草原、荒漠草原。海拔 1 300～3 100 m。

产东天山、准噶尔阿拉套山。中国；亚洲有分布。

小麦和大麦的近缘种，重要饲料。

（5820） 毛稃披碱草 **Elymus alatavicus**（Drob.）**A. Löve.** = *Elytrigia alatavica*（Drob.）Nevski = *Agropyron alatavicum* Drob.

多年生草本。生于山地草甸、山地草原。海拔 1 500～3 000 m。

产东天山、北天山、内天山。中国、哈萨克斯坦、吉尔吉斯斯坦有分布。

小麦和大麦的近缘种，优良饲料。

（5821） 高株披碱草 **Elymus altissimus**（Keng et S. L. Chen）**A. Löve. ex B. Rong Lu**

多年生草本。生于山地草甸、林缘草甸、山地草原。海拔 1 700～1 900 m。

产东天山、中国；亚洲有分布。

中国特有成分。小麦和大麦的近缘种，优良饲料。

*（5822） 弯茎披碱草 **Elymus arcuatus**（Golosk.）**Tzvelev** = *Agropyron arcuatum* Golosk.

多年生草本。生于亚高山草甸、山地阳坡草原、山地草原。海拔 1 200～2 800 m。

产北天山。哈萨克斯坦、吉尔吉斯斯坦；亚洲有分布。

（5823） 芒颖披碱草 **Elymus aristiglumis**（Keng et S. L. Chen）**S. L. Chen**

多年生草本。生于高山和亚高山草甸。海拔 2 500～3 500 m。

产东天山、准噶尔阿拉套山、北天山、东南天山。中国；亚洲有分布。

中国特有成分。小麦和大麦的近缘种,优良饲料。

(5824) 巴塔披碱草 **Elymus batalinii**(Krasn.)**A. Löve.** = *Elytrigia batalinii*(Krasn.)Nevski = *Agropyron batalinii*(Krasn.)Roshev.

多年生草本。生于高山草甸、山地草原。海拔 2 100～3 500 m。

产东天山、北天山、西天山、西南天山。中国、哈萨克斯坦、吉尔吉斯斯坦、乌兹别克斯坦;亚洲有分布。

小麦和大麦的近缘种,优良饲料。

(5825) 少花披碱草 **Elymus borealus**(Turcz.)**D. F. Cui**

多年生草本。生于草原灌丛、草甸草原、林缘草甸。海拔 600～1 800 m。

产东天山。中国、蒙古、俄罗斯;亚洲有分布。

小麦和大麦的近缘种,优良饲料。

(5826) 短颖披碱草 **Elymus breviglumis**(Keng)**A. Löve.**

多年生草本。生于亚高山草甸、森林草甸、山谷草甸草原。海拔 2 100～2 700 m。

产东天山、北天山、东南天山、中央天山。中国;亚洲有分布。

小麦和大麦的近缘种,优良饲料。

(5827) 本格披碱草 **Elymus bungeanus**(Trin.)**Melderis** = *Elytrigia ferganensis*(Drob.)Nevski

多年生草本。生于山地草甸、林缘阳坡草地、石质山坡、灌丛、山地草原、渠边。海拔 800～2 700 m。

产准噶尔阿拉套山、北天山、内天山、西天山、西南天山。中国、哈萨克斯坦、吉尔吉斯斯坦、乌兹别克斯坦;亚洲有分布。

小麦和大麦的近缘种,优良牧草。

(5828) 布日坎披碱草 **Elymus burchan-buddae**(Nevski)**Tzvelev** = *Elymus pseudonutans* A. Löve = *Elymus breviglumis*(Keng et S. L. Chen)A. Löve.

多年生草本。生于高寒草原、高山和亚高山草甸、山地草甸、森林草甸、林缘草甸、山谷草甸、山坡草地、河谷、河漫滩、山间谷地、林园。海拔 1 270～4 200 m。

产东天山、准噶尔阿拉套山、北天山、东南天山、中央天山、内天山。中国、吉尔吉斯斯坦;亚洲有分布。

小麦和大麦的近缘种,优良饲料。

(5829) 犬草 **Elymus caninus**(L.)**L.** = *Agropyron caninum*(L.)P. Bauv.

多年生草本。生于山地草甸、森林草甸、山地林下、灌丛、山地阴坡草地、山地草原、田野、果园、农田边、渠边、地埂。海拔 1 200～3 200 m。

产东天山、准噶尔阿拉套山、北天山、东南天山、中央天山、内天山、西天山、西南天山。中国、哈萨克斯坦、吉尔吉斯斯坦、乌兹别克斯坦、蒙古、伊朗、俄罗斯;亚洲、欧洲有分布。

小麦和大麦的近缘种,优良饲料。

(5830) 短芒荞草 **Elymus confusus**(Roshev.)**Tzvelev** = *Elymus confusus* var. *breviaristatus*(Keng)S. L. Chen

多年生草本。生于山地草甸、山坡草地、河边、湖边。海拔 1 600～2 700 m。

产东南天山、中央天山。中国;亚洲有分布。

中国特有成分。小麦和大麦的近缘种,优良饲料。

(5831) 大芒披碱草 **Elymus curvatus**(Nevski)**D. F. Cui** = *Elymus fedtschenkoi* Tzvel.

多年生草本。生于山地草原、亚高山草甸、草原灌丛、林缘草甸。海拔 1 300~2 900 m。

产北天山。中国、哈萨克斯坦、蒙古、俄罗斯;亚洲有分布。

小麦和大麦的近缘种,优良饲料。

(5832) 圆柱披碱草 **Elymus cylindricus**(Franch.)**Honda** = *Elymus dahuricus* Turcz. ex Griseb.

多年生草本。生于森林草甸、山地沟谷、山麓草甸、果园、林下、田野、河边。海拔 520~
2 400 m。

产东天山、东北天山、北天山、中央天山、内天山。中国、哈萨克斯坦、吉尔吉斯斯坦、乌兹别克
斯坦、俄罗斯;亚洲有分布。

小麦和大麦的近缘种,优良饲料。

(5833) 斯兹里肯披碱草 **Elymus czilikensis**(Drobow)**Tzvelev** = *Agropyron czilikense* Drobow

多年生草本。生于亚高山草甸、山地林缘草甸。海拔 1 600~3 000 m。

产东天山、东北天山、北天山。中国、哈萨克斯坦、吉尔吉斯斯坦、乌兹别克斯坦;亚洲有分布。

小麦和大麦的近缘种,优良饲料。

(5834) 斯兹莫嘎尼披碱草 **Elymus czimganicus**(Drobow)**Tzvelev** = *Elymus tschimganicus*(Drobow)
Tzvelev = *Agropyron czimganicum* Drobow

多年生草本。生于高山和亚高山草甸、山地草甸、山坡草地、森林草甸、林缘、河谷草甸、河边。
海拔 1 400~4 300 m。

产东天山、东北天山、准噶尔阿拉套山、北天山、东南天山、中央天山、内天山、西天山、西南天
山。中国、哈萨克斯坦、吉尔吉斯斯坦、乌兹别克斯坦;亚洲有分布。

小麦和大麦的近缘种,优良饲料。

(5835) 披碱草 **Elymus dahuricus Griseb.** = *Elymus cylindricus* Honda = *Elymus excelsus* Turcz. ex
Griseb. = *Elymus tangutorum*(Nevski)Hand. -Mazz.

多年生草本。生于高山和亚高山草甸、山地草甸、森林草甸、林缘、沟谷草甸、岩石缝、山坡草
地、河谷、山地草原、河漫滩、河边、渠边、果园、田边、地埂。海拔 450~3 950 m。

产东天山、东北天山、东南天山、准噶尔阿拉套山、北天山、中央天山、内天山、西天山、西南天
山。中国、哈萨克斯坦、吉尔吉斯斯坦、乌兹别克斯坦、朝鲜、日本、印度、土耳其、俄罗斯;亚洲
有分布。

小麦和大麦的近缘种,优良饲料、药用。

(5836) 具齿披碱草 **Elymus dentatus**(Hook. f.)**Tzvelev** = *Elymus nevskii* Tzvelev = *Elymus lachnophyl-
lus*(Ovcz. et Sidorenko)Tzvelev = *Roegneria lachnophylla* Ovcz. et Sidorenko = *Agropyron ugamicum*
Drobow

多年生草本。生于山地草甸、阳坡草地、山地林缘草甸、灌丛、草甸灌丛、草原灌丛、坡积物。
海拔 1 100~3 200 m。

产准噶尔阿拉套山、北天山、东南天山、中央天山、内天山、西天山、西南天山。中国、哈萨克斯
坦、吉尔吉斯斯坦、乌兹别克斯坦、俄罗斯;亚洲有分布。

小麦和大麦的近缘种,优等饲料。

*（5837）叉开披碱草 **Elymus divaricatus Drob.**

多年生草本。生于冲积-洪积扇、河漫滩草甸、田边。海拔 500～2 100 m。

产北天山、西天山、西南天山。哈萨克斯坦、吉尔吉斯斯坦、乌兹别克斯坦;亚洲有分布。

*（5838）德氏披碱草 **Elymus drobovii（Nevski）Tzvel.** = *Roegneria drobovii*（Nevski）Nevski = *Agropyron drobovii* Nevski

多年生草本。生于山地草甸、山坡草地、河谷灌丛。海拔 800～2 600 m。

产北天山、西天山、西南天山。哈萨克斯坦、吉尔吉斯斯坦、乌兹别克斯坦;亚洲有分布。

（5839）硬披碱草（岷山披碱草）**Elymus durus（Keng）S. L. Chen** = *Elymus sclerus* A. Löve.

多年生草本。生于高山和亚高山草甸、高寒草原、河谷草甸、山坡草地、山谷草地、田边、地埂、河边。海拔 2 300～4 500 m。

产东北天山、准噶尔阿拉套山、北天山、东南天山、中央天山。中国;亚洲有分布。

小麦和大麦的近缘种,优良饲料。

（5840）光穗披碱草 **Elymus glaberrimus（Keng et S. L. Chen）S. L. Chen**

多年生草本。生于亚高山草甸、山地草甸、森林草甸、林缘草甸、山坡草地、草原灌丛。海拔 1 650 m 上下。

产东天山。中国;亚洲有分布。

中国特有成分。小麦和大麦的近缘种,优良饲料。

（5841）短芒光穗披碱草 **Elymus glaberrimus var. breviaristus S. L. Chen ex D. F. Cui**

多年生草本。生于山地草甸草原。海拔 1 650 m 上下。

产东天山。中国;亚洲有分布。

中国特有成分。小麦和大麦的近缘种,优良饲料。

*（5842）灰披碱草 **Elymus glaucissimus（Popov）Tzvelev** = *Agropyron glaucissimum* Popov

多年生草本。生于山地草甸、山坡砾岩堆、干河床。海拔 900～2 600 m。

产北天山。哈萨克斯坦、吉尔吉斯斯坦;亚洲有分布。

（5843）直穗披碱草 **Elymus gmelinii（Trin.）Tzvelev** = *Agropyron gmelinii*（Trin.）Scribn. et J. G. Sm. = *Agropyron turzcaninovii* Drobov

多年生草本。生于山地草甸、林缘草甸、山地河谷、山坡草地、灌丛、山地草原、河滩、田边、地埂、割草场。海拔 900～2 500 m。

产东天山、东北天山、准噶尔阿拉套山、北天山、西天山、西南天山。中国、哈萨克斯坦、吉尔吉斯斯坦、乌兹别克斯坦、蒙古、俄罗斯;亚洲有分布。

小麦和大麦的近缘种,优良饲料。

*（5844）喜马拉雅披碱草 **Elymus himalayanus（Nevski）Tzvelev** = *Roegneria himalayana* Nevski = *Agropyron himalayanum*（Nevski）Melderis

多年生草本。生于高山和亚高山草甸、草甸湿地。海拔 2 900～3 500 m。

产内天山。吉尔吉斯斯坦;亚洲有分布。

*（5845）灯芯草状披碱草 **Elymus junceus Fisch.**

多年生草本。生于荒漠草原、盐化草原、洪积扇。海拔 1 400～2 500 m。

产北天山。哈萨克斯坦;亚洲有分布。

(5846) 鹅观草 **Elymus kamojus**（**Ohwi**）**S. L. Chen**

多年生草本。生于高山和亚高山草甸、灌丛、林缘草甸。海拔 1 400~3 200 m。

产东天山、东北天山、北天山、中央天山。中国;亚洲有分布。

小麦和大麦的近缘种,优良饲料。

*(5847) 卡拉套披碱草 **Elymus karataviensis Roshev.**

多年生草本。生于山崖、石质山坡、荒漠草原。海拔 900~2 400 m。

产准噶尔阿拉套山、西天山。哈萨克斯坦、乌兹别克斯坦;亚洲有分布。

(5848) 喀什披碱草 **Elymus kaschgaricus D. F. Cui**

多年生草本。生于高寒草原。海拔 2 800~3 800 m。

产内天山。中国;亚洲有分布。

中国特有成分。小麦和大麦的近缘种,优良饲料。

(5849) 偏穗披碱草 **Elymus komarovii**（**Nevski**）**Tzvel.**

多年生草本。生于林缘草甸、草原灌丛。海拔 1 800~2 100 m。

产东天山、准噶尔阿拉套山。中国、哈萨克斯坦、蒙古、俄罗斯;亚洲有分布。

小麦和大麦的近缘种,优良饲料。

*(5850) 具长芒披碱草 **Elymus longearistatus**（**Boiss.**）**Tzvelev** = *Agropyron longearistatum*（Boiss.）Boiss. = *Roegneria longearistata*（Boiss.）Drobow

多年生草本。生于中高山带石质盆地、河谷、岩石峭壁。海拔 700~3 100 m。

产内天山。吉尔吉斯斯坦、土库曼斯坦;亚洲有分布。

*(5851) 长粗毛披碱草 **Elymus macrochaetus**（**Nevski**）**Tzvelev** = *Roegneria macrochaeta* Nevski = *Agropyron macrochaetum*（Nevski）Bondarenko

多年生草本。生于山地草甸、山地灌丛、河谷、石质山坡。海拔 900~2 800 m。

产西天山、西南天山。吉尔吉斯斯坦、乌兹别克斯坦;亚洲有分布。

(5852) 长尾披碱草 **Elymus macrourus**（**Turcz.**）**Tzvelev** = *Elymus borealis*（Turcz.）D. F. Cui

多年生草本。生于林缘草甸、草原灌丛、山地草原。海拔 600~1 800 m。

产东天山。中国、蒙古、俄罗斯;亚洲有分布。

小麦和大麦的近缘种,优良饲料。

(5853) 大丛披碱草 **Elymus magnicaespes D. F. Cui**

多年生草本。生于山地草甸、石质化山坡。海拔 2 100 m 上下。

产东南天山。中国;亚洲有分布。

中国特有成分。小麦和大麦的近缘种,优良饲料。

*(5854) 多枝披碱草 **Elymus multicaulis Kar. et Kir.**

多年生草本。生于山麓盐化草甸、盐化沙滩、洪积扇。海拔 900~1 700 m。

产北天山。哈萨克斯坦;亚洲有分布。

（5855）狭颖披碱草 **Elymus mutabilis**（**Drobow**）**Tzvelev** = *Elymus praecaespitosus*（Nevski）Tzvelev = *Agropyron praecaespitosum* Nevski = *Agropyron angustiglume* Nevski = *Agropyron transiliense* Popov

多年生草本。生于森林草甸、林缘草甸、山地草甸、山坡、草原、田边、地埂。海拔 900~2 400 m。

产东天山、准噶尔阿拉套山、北天山、东南天山、中亚天山。中国、哈萨克斯坦、吉尔吉斯斯坦、蒙古、俄罗斯；亚洲、欧洲、美洲有分布。

小麦和大麦的近缘种，优良饲料。

（5856）林缘狭颖披碱草 **Elymus mutabilis var. nemoralis S. L. Chen ex D. F. Cui**

多年生草本。生于山地林缘草甸。海拔 1 850 m 上下。

产东天山。中国；亚洲有分布。

中国特有成分。小麦和大麦的近缘种，优良饲料。

（5857）聂威披碱草 **Elymus nevskii Tzvel.**

多年生草本。生于山地林缘草甸、草甸草原、灌丛草甸、灌丛草甸草原。海拔 1 100~2 400 m。

产准噶尔阿拉套山、北天山、东南天山、中央天山。中国、哈萨克斯坦、俄罗斯；亚洲有分布。

小麦和大麦的近缘种，优等饲料。

（5858）垂穗披碱草 **Elymus nutans Griseb.**

多年生草本。生于高寒草原、山地草甸、河谷草甸、山地草原。海拔 1 700~4 500 m。

产东天山、东北天山、北天山、东南天山、中央天山、内天山、西天山、西南天山。中国、哈萨克斯坦、吉尔吉斯斯坦、乌兹别克斯坦、蒙古、土耳其、印度；亚洲有分布。

小麦和大麦的近缘种，优良饲料。

*（5859）帕氏披碱草 **Elymus paboanus Claus.**

多年生草本。生于盐化沙地、盐化草甸、山麓平原沙地。海拔 300~1 600 m。

产准噶尔阿拉套山。哈萨克斯坦；亚洲有分布。

哈萨克斯坦特有成分。

（5860）缘毛披碱草 **Elymus pendulinus**（**Nevski**）**Tzvelev** = *Roegneria pendulina* Nevski

多年生草本。生于山地草甸、山地林下、灌丛、山坡草地、山谷、河边、路旁。海拔 500~3 500 m。

产东天山、东北天山、准噶尔阿拉套山。中国、日本、俄罗斯；亚洲有分布。

小麦和大麦的近缘种，优良饲料。

*（5861）有毛披碱草 **Elymus pilifer Sol.** = *Heteranthelium piliferum*（Sol.）Hochst. ex Jaub. et Spach

一年生草本。生于河流出山口阶地、石质山坡、山地草原、山麓平原。海拔 600~1 800 m。

产西天山、西南天山、内天山。哈萨克斯坦、吉尔吉斯斯坦、乌兹别克斯坦、俄罗斯；亚洲有分布。

（5862）宽叶披碱草 **Elymus platyphyllus**（**Keng**）**A. Löve.**

多年生草本。生于山地林缘草甸。海拔 1 400~1 900 m。

产东天山。中国；亚洲有分布。

中国特有成分。小麦和大麦的近缘种，优良饲料。

（5863）密丛披碱草 **Elymus praecaespitosus**（Nevski）**Tzvel.** = *Agropyron praecaespitosum* Nevski

多年生草本。生于林缘草甸、草原灌丛、山地林下、山地草甸、河床。海拔 1 250～2 800 m。

产东天山、北天山、东南天山、中央天山、西天山、西南天山。中国、哈萨克斯坦、吉尔吉斯斯坦、乌兹别克斯坦、蒙古；亚洲有分布。

小麦和大麦的近缘种，优良饲料。

（5864）假披碱草 **Elymus pseudonutans A. Löve.**

多年生草本。生于高山和亚高山草甸、高寒草原、林缘草甸、碎石山坡、河谷、河边、草原、山间谷地、河滩、林缘、果园、草场。海拔 1 270～4 200 m。

产东天山、准噶尔阿拉套山、北天山、东南天山、中央天山、内天山。中国、吉尔吉斯斯坦；亚洲有分布。

小麦和大麦的近缘种，优良饲料。

（5865）反折披碱草 **Elymus reflexiaristatus**（Nevski）**Melderis** = *Elytrigia aegilopoides*（Drobow）Peschkova = *Elytrigia gmelinii*（Trin. ex Schrad.）Nevski = *Agropyron aegilopoides* Drobow = *Agropyron propinquum* Nevski

多年生草本。生于森林草甸、石质山坡、山地草原、山麓洪积扇。海拔 700～2 500 m。

产东天山、准噶尔阿拉套山。中国、哈萨克斯坦、蒙古、俄罗斯；亚洲有分布。

小麦和大麦的近缘种，优良饲料。

*（5866）双穗披碱草 **Elymus regelii Roshev.**

多年生草本。生于沙质草原、沙质河滩、河漫滩。海拔 400～1 800 m。

产准噶尔阿拉套山。哈萨克斯坦；亚洲有分布。

（5867）葡匐披碱草 **Elymus repens**（L.）**Gould** = *Elytrigia repens*（L.）Nevski = *Agropyron repens*（L.）P. Beauv. = *Agropyron caesium* J. Presl et C. Preal = *Agropyron sachalinense* Honda = *Elytrigia repens* subsp. *longearistata* N. R. Cui

多年生草本。生于亚高山草甸、森林草甸、山坡草地、山谷、平缓阳坡草地、河谷草甸、岩石缝、山地草原、荒地、田边、地埂、路旁、渠旁、果园。海拔 300～3 100 m。

产东天山、东北天山、准噶尔阿拉套山、北天山、东南天山、中央天山、内天山。中国、哈萨克斯坦、蒙古、俄罗斯；亚洲、欧洲有分布。

小麦和大麦的近缘种，优良饲料。

（5868）长穗披碱草 **Elymus repens subsp. elongatiformis**（Drobow）**Melderis** = *Elytrigia elongatiformis*（Drob.）Nevski = *Agropyron elongatiforme* Drobow

多年生草本。生于山地草甸、河谷草甸、灌丛、沼泽草地、果园、田野、水渠边。海拔 600～2 500 m。

产东天山、北天山、东南天山、内天山、西天山、西南天山。中国、哈萨克斯坦、吉尔吉斯斯坦、乌兹别克斯坦、俄罗斯；亚洲、欧洲有分布。

小麦和大麦的近缘种，优良饲料。

（5869）扭轴披碱草 **Elymus schrenkianus**（Fisch. et C. A. Mey. ex Schrenk）**Tzvelev** = *Agropyron schrenkianum*（Fisch. et C. A. Mey. ex Schrenk）P. Candargy = *Agropyron pseudostrigosum* P. Candargy

多年生草本。生于高寒草原、高山草甸、山地草甸、灌丛、山地草原。海拔 800～4 100 m。

产东天山、准噶尔阿拉套山、北天山、东南天山、中央天山。中国、哈萨克斯坦、吉尔吉斯斯坦、乌兹别克斯坦、俄罗斯；亚洲有分布。

小麦和大麦的近缘种，优良饲料。

*（5870）西林克披碱草 **Elymus schrenkianus**（**Fisch. et Mey.**）**Tzvel.** = *Agropyron schrenkianum*（Fisch. et Mey.）Drob.

多年生草本。生于山地草甸、草原、灌丛、山崖。海拔 800~2 600 m。

产准噶尔阿拉套山、北天山。哈萨克斯坦；亚洲有分布。

*（5871）斯库披碱草 **Elymus schugnanicus**（**Nevski**）**Tzvelev** = *Roegneria schugnanica*（Nevski）Nevski

多年生草本。生于高山和亚高山草甸、山溪边、山坡草地。海拔 1 400~3 200 m。

产北天山、西天山、西南天山、内天山。哈萨克斯坦、吉尔吉斯斯坦、乌兹别克斯坦；亚洲有分布。

（5872）岷山披碱草 **Elymus sclerus A. Löve.**

多年生草本。生于高山和亚高山草甸、高寒草甸草原、河谷草甸、山坡草地、山谷草地、田边、地埂、河边。海拔 2 300~4 500 m。

产东北天山、准噶尔阿拉套山、北天山、东南天山、中央天山。中国；亚洲有分布。

小麦和大麦的近缘种，优良饲料。

（5873）老芒麦 **Elymus sibiricus L.**

多年生草本。生于亚高山草甸、山谷林下、林缘草甸、河边、山地草原。海拔 1 200~3 200 m。

产东天山、东北天山、准噶尔阿拉套山、北天山、东南天山。中国、哈萨克斯坦、吉尔吉斯斯坦、朝鲜、日本、俄罗斯；亚洲、欧洲有分布。

小麦和大麦的近缘种，饲料、药用。

（5874）新疆披碱草 **Elymus sinkiangensis D. F. Cui**

多年生草本。生于山地草甸、林缘草甸。海拔 1 800~2 700 m。

产东天山、北天山。中国；亚洲有分布。

中国特有成分。小麦和大麦的近缘种，优良饲料。

（5875）肃草 **Elymus strictus**（**Keng**）**S. L. Chen** = *Roegneria stricta* Keng = *Elymus stracta* var. *macranthera* Keng et S. L. Che

多年生草本。生于山坡草地、山沟冲积锥、路边干燥台地。海拔 1 380~2 200 m。

产东天山。中国；亚洲有分布。

小麦和大麦的近缘种，优良饲料、药用。

（5876）林地披碱草 **Elymus sylvaticus**（**Keng et S. L. Chen**）**S. L. Chen**

多年生草本。生于山地草甸、山地林缘。海拔 1 300~2 200 m。

产东天山、东北天山、准噶尔阿拉套山、北天山。中国；亚洲有分布。

中国特有成分。小麦和大麦的近缘种，优良饲料。

（5877）麦宾草 **Elymus tangutorum**（**Nevski**）**Hand. –Mazz.**

多年生草本。生于山地草甸、森林草甸、林缘、果园、田野、田边、地埂、渠边、河边。海拔 900~2 400 m。

680

产东天山、东北天山、准噶尔阿拉套山、北天山、东南天山、中央天山。中国;亚洲有分布。

小麦和大麦的近缘种,优良饲料、药用。

*(5878) 天山披碱草 **Elymus tianschanigenus**（Drob.）**Czer.** =*Agropyron tianschanicum* Drob.

多年生草本。生于山地草原、草甸草原、河谷灌丛。海拔 900~2 600 m。

产北天山、西天山、西南天山。哈萨克斯坦、吉尔吉斯斯坦、乌兹别克斯坦;亚洲有分布。

*(5879) 透明披碱草 **Elymus transhyrcanus**（Nevski）**Tzvelev** =*Agropyron leptourum*（Nevski）Grossh. =*Agropyron leptourum*（Nevski.）N. Pavl.

多年生草本。生于亚高山草甸、碎石质坡地。海拔 2 900~3 100 m。

产北天山、西天山、西南天山。吉尔吉斯斯坦、乌兹别克斯坦;亚洲有分布。

(5880) 曲芒披碱草 **Elymus tschimganicus**（Drob.）**Tzvel.** =*Agropyron tschimuganica* Drob.

多年生草本。生于山地草原、河谷草甸、高山和亚高山草甸、森林草甸、林缘、河边。海拔 1 400~4 300 m。

产东天山、东北天山、准噶尔阿拉套山、北天山、东南天山、中央天山、内天山。中国、哈萨克斯坦;亚洲有分布。

小麦和大麦的近缘种,优良饲料。

(5881) 筑波披碱草 **Elymus tsukushiensis Honda** =*Elymus kamojus*（Ohwi）S. L. Chen

多年生草本。生于高山和亚高山草甸、灌丛、林缘草甸。海拔 1 400~3 200 m。

产东天山、东北天山、北天山、中央天山。中国;亚洲有分布。

小麦和大麦的近缘种,优良饲料、药用。

*(5882) 乌加明披碱草 **Elymus ugamicus Drob.** =*Elymus alaicus* Korsh.

多年生草本。生于中山带石质坡地、黄土丘陵、阶地。海拔 1 000~2 300 m。

产北天山、西天山、西南天山。哈萨克斯坦、吉尔吉斯斯坦、乌兹别克斯坦;亚洲有分布。

(5883) 乌拉尔披碱草 **Elymus uralensis**（Nevski）**Tzvelev** =*Elymus platyphyllus*（Keng et S. L. Chen）A. Löve. =*Agropyron tianschanicum* Drobow

多年生草本。生于山地草甸、森林草甸、林缘草甸、草原灌丛、河谷灌丛。海拔 900~2 600 m。

产东天山、准噶尔阿拉套山、北天山、西天山、西南天山。中国、哈萨克斯坦、吉尔吉斯斯坦、乌兹别克斯坦、蒙古、俄罗斯;亚洲有分布。

小麦和大麦的近缘种,优良饲料。

(5884) 绿穗披碱草 **Elymus viridulus**（Keng et S. L. Chen）**S. L. Chen**

多年生草本。生于森林草甸、山地林缘。海拔 1 600~2 000 m。

产东天山、北天山、东南天山。中国;亚洲有分布。

中国特有成分。小麦和大麦的近缘种,优良饲料。

791. 以礼草属 Kengyilia Yen et J. L. Yang

(5885) 阿拉套以礼草(毛稃以礼草) **Kengyilia alatavica**（Drobow）**J. L. Yang, C. Yen et B. R. Baum** =*Elymus alatavicus*（Drobow）A. Löve =*Agropyron alatavicum* Drobow =*Agropyron alatavicum* Drobow =*Elytrigia alatavica*（Drobow）Nevski

多年生草本。生于山地草甸、山坡草地、山地草原、干河床、路旁。海拔 1 000~3 040 m。

产东天山、准噶尔阿拉套山、北天山、内天山。中国、哈萨克斯坦、吉尔吉斯斯坦;亚洲有分布。
小麦和大麦的近缘种,优良饲料。

(5886) 巴塔以礼草 **Kengyilia batalinii** (Krasn.) **J. L. Yang, C. Yen et B. R. Baum** = *Elymus batalinii*
(Krash.) A. Löve = *Agropyron batalinii* (Krasn.) Roshev. = *Elytrigia batalinii* (Krasn.) Nevski
多年生草本。生于山地草甸、山坡草地、干河床、山地草原、荒漠草原。海拔 800~3 500 m。
产东天山、北天山、西天山、西南天山。中国、哈萨克斯坦、吉尔吉斯斯坦、乌兹别克斯坦;亚洲
有分布。
小麦和大麦的近缘种,优良饲料。

(5887) 显芒以礼草 **Kengyilia cbviaristata** (L. B. Cai) **L. B. Cai**
多年生草本。生于山地草甸、山坡草地、河岸、沼泽。海拔 2 100~3 200 m。
产东天山、北天山。中国;亚洲有分布。

(5888) 硬毛以礼草(糙毛以礼草) **Kengyilia hirsuta** (Keng) **J. L. Yang, C. Yen et B. R. Baum** =
Elymus yilianus S. L. Chen
多年生草本。生于山谷草甸。海拔 2 160 m 上下。
产东南天山;中国;亚洲有分布。
中国特有成分。小麦和大麦的近缘种,优良饲料。

(5889) 和静以礼草 **Kengyilia hejingensis** L. B. Cai et D. F. Cui
多年生草本。生于山地草甸、山坡草地。海拔 2 200~2 600 m。
产东南天山。中国;亚洲有分布。

(5890) 喀什以礼草 **Kengyilia kaschgarica** (D. F. Cui) **L. B. Cai** = *Elymus kaschgaricus* D. F. Cui
多年生草本。生于高寒草原、山坡草地。海拔 2 300~4 100 m。
产内天山。中国;亚洲有分布。
中国特有成分。小麦和大麦的近缘种,优良饲料。

(5891) 长颖以礼草 **Kengyilia longiglumis** Yen et J. L. Yang
多年生草本。生于山坡、草原、路旁砾石堆。海拔 2 100~3 040 m。
产内天山。中国;亚洲有分布。
中国特有成分。

(5892) 帕米尔以礼草 **Kengyilia pamirica** J. L. Yang et Yen
多年生草本。生于干旱山坡草地。海拔 2 870 m 上下。
产内天山。中国;亚洲有分布。

(5893) 沙湾以礼草 **Kengyilia shawanensis** L. B. Cai
多年生草本。生于干旱山坡草地。海拔 2 700 m 上下。
产东北天山。中国;亚洲有分布。

(5894) 塔克拉玛干以礼草 **Kengyilia tahelaeans** L. B. Cai
多年生草本。生于多石山坡。海拔 2 450 m 上下。
产中央天山。中国;亚洲有分布。

(5895) 昭苏以礼草 **Kengyilia zhaosuensis J. L. Yang，C. Yen et B. R. Baum**

多年生草本。生于山坡草地、山地草原。海拔 1 800～2 000 m。

产北天山。中国；亚洲有分布。

792. 新麦草属 Psathyrostachys Nevski

(5896) 紫药新麦草 **Psathyrostachys hyalantha（Rupr.）Tzvelev** = *Psathyrostachys juncea* subsp. *hyalantha*（Rupr.）Tzvelev

多年生草本。生于山地草甸、山谷草地、山地阳坡沙砾质坡地、山地草原。海拔 1 150～2 000 m。

产东天山、准噶尔阿拉套山、北天山、西天山、西南天山。中国、乌兹别克斯坦、俄罗斯；亚洲有分布。

小麦和大麦的近缘种，抗逆基因种质资源，优良饲料。

(5897) 新麦草 **Psathyrostachys juncea（Fisch.）Nevski**

多年生草本。生于山地草甸、森林草甸、山谷、灌丛、林缘、山地草原、盐化草甸、山麓洪积扇、路边、河滩地。海拔 850～2 700 m。

产东天山、东北天山、准噶尔阿拉套山、北天山、东南天山、西天山、西南天山。中国、哈萨克斯坦、吉尔吉斯斯坦、乌兹别克斯坦、蒙古、俄罗斯；亚洲、欧洲有分布。

小麦和大麦的近缘种，抗逆基因种质资源，优良饲料。

(5898) 单花新麦草 **Psathyrostachys kronenburgii（Hack.）Nevski** = *Elymus kronenburgii*（Hack.）Nikif. = *Hordeum kronenburgii* Hack.

多年生草本。生于山地草甸、山地阳坡草地、河谷、山地草原、山麓洪积扇冲沟、果园。海拔 1 000～3 100 m。

产东天山、准噶尔阿拉套山、北天山、中央天山、西天山、西南天山。中国、哈萨克斯坦、吉尔吉斯斯坦、乌兹别克斯坦；亚洲有分布。

小麦和大麦的近缘种，抗逆基因种质资源，优良饲料。

(5899) 毛穗新麦草 **Psathyrostachys lanuginosa（Trin.）Nevski**

多年生草本。生于山地阳坡石质坡地、山地草原、荒漠草原。海拔 1 200 m 上下。

产北天山。中国、哈萨克斯坦、吉尔吉斯斯坦、俄罗斯；亚洲有分布。

小麦和大麦的近缘种，抗逆基因种质资源，优良饲料。

793. 大麦属 Hordeum L.

(5900) 布顿大麦 **Hordeum bogdanii Wilensky**

多年生草本。生于森林草甸、山地林下、河漫滩、山谷草丛、山谷路旁、库塘边湿地、水渠边、沼泽化草甸、农田边。海拔 480～2 500 m。

产东天山、东北天山、北天山、东南天山、中央天山。中国、哈萨克斯坦、蒙古、俄罗斯；亚洲、欧洲有分布。

优良饲料、药用。

(5901) 短芒大麦 **Hordeum brevisubulatum（Trin.）Link** = *Hordeum brevisubulatum* var. *nevskianum*（Bowd.）Tzvel. = *Hordeum nevskianum* Bowd.

多年生草本。生于高寒草原、高山和亚高山草甸、山地林缘、森林草甸、山地河谷草甸、低地草甸、河漫滩草甸、沼泽草甸、潮湿低地草甸、河谷、河边、草丛、水渠边、农田边。海拔 600~4 000 m。

产东天山、东北天山、准噶尔阿拉套山、北天山、东南天山、中央天山、内天山、西天山、西南天山。中国、哈萨克斯坦、吉尔吉斯斯坦、乌兹别克斯坦、伊朗、巴基斯坦、蒙古、俄罗斯;亚洲、欧洲有分布。

优良饲料、药用。

(5902) 鳞茎大麦(球茎大麦) **Hordeum bulbosum L.**

多年生草本。生于山地草甸、山地阳坡石质草地、山坡冲积堆。海拔 1 000~2 700 m。

产北天山、西天山、西南天山。哈萨克斯坦、吉尔吉斯斯坦、乌兹别克斯坦、俄罗斯;亚洲、欧洲有分布。

*(5903) 尖舌大麦 **Hordeum geniculatum All.** = *Hordeum marinum* subsp. *gussoneanum*（Parl.）Thell. = *Hordeum hystrix* Roth.

一年生草本。生于干旱山坡冲积堆、盐渍化沙地、沙漠。海拔 800~2 100 m。

产北天山、西天山、西南天山。哈萨克斯坦、吉尔吉斯斯坦、乌兹别克斯坦、俄罗斯;亚洲、欧洲有分布。

*(2904) 毛穗大麦 **Hordeum kronenburgii Hack.**

多年生草本。生于中高山石质坡地、山崖、河谷。海拔 1 000~3 100 m。

产准噶尔阿拉套山。哈萨克斯坦;亚洲有分布。

*(5905) 兔唇大麦 **Hordeum leporinum Link** = *Hordeum murinum* subsp. *leporinum*（Link）Arcang.

一年生草本。生于山地阳坡石质坡地、冲积堆、荒漠草原。海拔 900~1 800 m。

产北天山、西天山、西南天山。哈萨克斯坦、吉尔吉斯斯坦、乌兹别克斯坦、俄罗斯;亚洲、欧洲有分布。

(5906) 聂威大麦 **Hordeum nevskianum Bowd.** = *Hordeum brevisubulatum* var. *nevskianum*（Bowd.）Tzvel.

多年生草本。生于山地河谷草甸、河漫滩草甸、潮湿低地草甸。海拔 1 200~2 900 m。

产东天山、东北天山、准噶尔阿拉套山、北天山、东南天山。中国、哈萨克斯坦、俄罗斯;亚洲、欧洲有分布。

优良饲料。

(5907) 诺谢维奇大麦 **Hordeum roshevitzii Bowden**

多年生草本。生于山地草甸、山坡草地、山地草原。海拔 1 800~2 648 m。

产北天山、东南天山、内天山。中国、哈萨克斯坦、吉尔吉斯斯坦、蒙古、俄罗斯;亚洲有分布。

优良饲料。

(5908) 钝稃野大麦 **Hordeum spontaneum C. Koch.**

一年生草本。生于山地阳坡石质坡地、山麓洪积扇、河岸阶地。海拔 800~4 000 m。

产北天山、西天山、西南天山。中国、哈萨克斯坦、吉尔吉斯斯坦、乌兹别克斯坦、俄罗斯;亚洲有分布。

684

（5909）糙稃大麦草 **Hordeum turkestanicum Nevski**

多年生草本。生于高寒草甸、草甸草原、山沟草丛、河谷草甸、沼泽草甸、水边。海拔 3 500~ 4 000 m。

产东天山、准噶尔阿拉套山、北天山、东南天山、中央天山、内天山、西天山、西南天山。中国、哈萨克斯坦、吉尔吉斯斯坦、乌兹别克斯坦、蒙古、伊朗、俄罗斯；亚洲、欧洲有分布。

（5910）紫大麦草 **Hordeum violaceum Boiss. et Huet**

多年生草本。生于森林草甸、河谷草甸、沼泽化草甸、河谷、水渠边。海拔 800~3 000 m。

产东天山、准噶尔阿拉套山、北天山、东南天山、中央天山。中国、伊朗、俄罗斯；亚洲有分布。

优良饲料。

*794. 带芒草属 Taeniatherum Nevski

*（5911）头状带芒草 **Taeniatherum caput-medusae**（L.）**Nevski** = *Hordeum crinitum*（Schreb.）Desf. = *Taeniatherum asperum*（Simonk.）Nevski

一年生草本。生于山地草甸、山地阳坡石质坡地、山地草原、荒漠草原、山麓洪积扇、冲积平原、路旁、盐碱化草地。海拔 500~2 900 m。

产北天山、西天山、西南天山。哈萨克斯坦、吉尔吉斯斯坦、乌兹别克斯坦、俄罗斯；亚洲、欧洲有分布。

*（5912）长毛带芒草 **Taeniatherum crinitum**（Schreb.）**Nevski**

一年生草本。生于山麓细石质坡地、山麓平原、洪积扇、路旁、盐碱化草地。海拔 500~1 600 m。

产北天山、西天山、西南天山。哈萨克斯坦、吉尔吉斯斯坦、乌兹别克斯坦、俄罗斯；亚洲、欧洲有分布。

*795. 粗刺禾属 Trachynia Link

*（5913）二穗粗刺禾 **Trachynia distachya**（L.）**Link**

一年生草本。生于低山带石质坡地、山麓平原。海拔 600~2 300 m。

产北天山、西天山、西南天山。土库曼斯坦、吉尔吉斯斯坦、乌兹别克斯坦、俄罗斯；亚洲、欧洲有分布。

796. 赖草属 Leymus Hochst.

*（5914）卡拉套赖草 **Leymus aemulans**（Nevski）**Tzvelev** = *Agropyron aemulans*（Nevski）Kusn.

多年生草本。生于山脊草坡、岩石堆、干河床。海拔 100~2 800 m。

产北天山、西天山。吉尔吉斯斯坦、乌兹别克斯坦；亚洲有分布。

*（5915）阿莱赖草 **Leymus alaicus**（Korsh.）**Tzvelev** = *Leymus karataviensis*（Roshev.）Tzvelev = *Elymus karataviensis* Roshev. = *Elymus ugamicus* Drobow = *Elymus alaicus* Korsh.

多年生草本。生于山脊草坡、山地草甸、灌丛、河谷、河岸阶地、山地草原、低山丘陵、荒漠草原。海拔 800~2 600 m。

产准噶尔阿拉套山、北天山、西天山、西南天山。哈萨克斯坦、吉尔吉斯斯坦、乌兹别克斯坦；亚洲有分布。

（5916）窄颖赖草 **Leymus angustus**（Trin.）**Pilg.** = *Leymus angustus* subsp. *maeroantherus* D. F. Cui = *Elymus angustus* Trin

多年生草本。生于山地沟谷、石质山坡、林缘、草原灌丛、荒漠草原、低山丘陵、河漫滩、河边、渠边、盐化草甸、荒野。海拔 500~2 100 m。

产东天山、准噶尔阿拉套山、北天山、西天山、西南天山。中国、哈萨克斯坦、吉尔吉斯斯坦、乌兹别克斯坦、俄罗斯;亚洲、欧洲有分布。

小麦和大麦的近缘种,优良饲料。

(5917) 大药赖草 **Leymus angustus subsp. maeroantherus D. F. Cui**

多年生草本。生于沟谷、盐化低地草甸。海拔 730~2 050 m。

产东天山、准噶尔阿拉套山。中国;亚洲有分布。

中国特有成分。小麦和大麦的近缘种,优良饲料。

(5918) 羊草 **Leymus chinensis（Trin.）Tzvelev** = *Leymus pseudoagropyrum*（Griseb.）Tzvelev = *Agropyron chinense*（Trin.）Ohwi

多年生草本。生于山地草甸、阔叶林林缘、砾质地灌丛、山地草原、荒漠草原、田边、果园、路边、河边。海拔 480~2 500 m。

产东天山、东北天山、准噶尔阿拉套山、北天山、内天山。中国、日本、朝鲜、俄罗斯;亚洲有分布。

小麦和大麦的近缘种,优良饲料。

*(5919) 叉开赖草 **Leymus divaricatus（Drobow）Tzvelev** = *Leymus regelii*（Roshev.）Tzvelev = *Elymus divaricatus* Drobow = *Elymus regelii* Roshev.

多年生草本。生于山地草甸、河漫滩、河边、湖边、荒漠草原、山麓洪积-冲积扇、田间、盐渍化草甸。海拔 400~2 300 m。

产准噶尔阿拉套山、北天山、西天山、西南天山。哈萨克斯坦、吉尔吉斯斯坦、乌兹别克斯坦;亚洲有分布。

*(5920) 卡拉山赖草 **Leymus karataviensis（Roshev.）Tzvel.** = *Elymus karataviensis* Roshev.

多年生草本。生于砾石质山坡、河谷、阶地。海拔 800~2 500 m。

产北天山。哈萨克斯坦;亚洲有分布。

(5921) 卡瑞赖草 **Leymus karelinii（Turcz.）Tzvelev**

多年生草本。生于亚高山草甸、林缘、山谷、山地岩石缝、荒漠草原、路边。海拔 500~2 700 m。

产东天山、准噶尔阿拉套山、北天山。中国、哈萨克斯坦、俄罗斯;欧洲有分布。

小麦和大麦的近缘种,优良牧草。

*(5922) 被棉毛赖草 **Leymus lanatus（Korsh.）Tzvelev** = *Elymus lanatus* Korsh.

多年生草本。生于高山和亚高山草甸、石质坡地。海拔 2 800~3 200 m。

产内天山。吉尔吉斯斯坦;亚洲有分布。

*(5923) 宽颖赖草 **Leymus latiglumis Tzvelev** = *Elymus latiglumis* Nikif.

多年生草本。生于山地草甸、河流出山口阶地、山地草原。海拔 1 200~2 800 m。

产内天山。吉尔吉斯斯坦;亚洲有分布。

(5924) 多枝赖草 **Leymus multicaulis（Kar. et Kir.）Tzvelev** = *Elymus multicaulis* Kar. et Kir.

多年生草本。生于山地森林草甸、山地草原、荒漠草原、山麓洪积扇、盐化草甸、田边、地埂、盐化沙地、戈壁。海拔 420~2 400 m。

产东天山、东北天山、准噶尔阿拉套山、北天山、中央天山、内天山、西天山、西南天山。中国、哈萨克斯坦、吉尔吉斯斯坦、乌兹别克斯坦、俄罗斯;亚洲、欧洲有分布。

小麦和大麦的近缘种,优良饲料。

(5925) 毛穗赖草 **Leymus paboanus**（Claus）**Pilg.** = *Elymus paboanus* Claus.

多年生草本。生于山谷草地、河漫滩草甸、灌丛、河边、农田边、盐化草甸、盐化沙地、沙地。海拔 300~2 150 m。

产东天山、东北天山、准噶尔阿拉套山。中国、哈萨克斯坦、蒙古、俄罗斯;亚洲、欧洲有分布。

小麦和大麦的近缘种,优良饲料。

*(5926) 穗状花序赖草 **Leymus racemosus**（Lam.）**Tzvelev** = *Elymus giganteus* Vahl = *Elymus racemosus* Lam.

多年生草本。生于山地草原、荒漠草原、细石质沙漠、沙地。海拔 400~1 600 m。

产北天山。哈萨克斯坦;亚洲有分布。

(5927) 单穗赖草 **Leymus ramosus**（K. Richt.）**Tzvelev** = *Agropyron ramosum* K. Richt. = *Elymus ramosus*（K. Richt.）Filat.

多年生草本。生于山地草甸、河谷草甸、山地草原、荒漠草原、盐渍化草甸。海拔 300~2 500 m。

产准噶尔阿拉套山、北天山。中国、哈萨克斯坦、俄罗斯;欧洲有分布。

小麦和大麦的近缘种,优良饲料。

(5928) 赖草 **Leymus secalinus**（Georgi）**Tzvelev** = *Leymus ovatus*（Trin.）Tzvelev = *Elymus dasystachys* Trin. = *Leymus dasystachys*（Trin.）Pilg.

多年生草本。生于高寒草原、山地草甸、山谷草甸、河谷沙地、河边、低山丘陵、山地草原、荒漠草原、河漫滩、盐化草甸、河边、农田、路边。海拔 480~4 200 m。

产东天山、东北天山、东南天山、准噶尔阿拉套山、北天山、中央天山、内天山、西天山、西南天山。中国、哈萨克斯坦、吉尔吉斯斯坦、乌兹别克斯坦、蒙古、朝鲜、日本、俄罗斯;亚洲有分布。

小麦和大麦的近缘种,优良饲料。

(5929) 短毛叶赖草 **Leymus secalinus subsp. pubescens**（O. Fedtsch.）**Tzvel.** = *Leymus secalinus* var. *pubescens*（O. Fedtsch.）Ikonn.

多年生草本。生于山地草原、盐化草甸、河漫滩。海拔 1 300~3 500 m。

产东天山、东南天山、内天山。中国、哈萨克斯坦;亚洲有分布。

小麦和大麦的近缘种,优良饲料。

(5930) 天山赖草 **Leymus tianschanicus**（Drobow）**Tzvelev** = *Leymus baldshuanicus*（Roshev.）Tzvelev = *Elymus tianschanicus* Drobow

多年生草本。生于山地草甸、山坡草地、干河床、山地草原、荒漠草原、山麓洪积扇。海拔 900~2 400 m。

产东天山、东北天山、准噶尔阿拉套山、北天山、东南天山、西天山、西南天山。中国、哈萨克斯坦、吉尔吉斯斯坦、乌兹别克斯坦;亚洲有分布。

小麦和大麦的近缘种,优良饲料。

(5931) 伊吾赖草 **Leymus yiunensis N. R. Cui et D. F. Cui**

多年生草本。生于山地草甸、山地草原、田边。海拔 680~2 400 m。

产东天山。中国；亚洲有分布。

中国特有成分。小麦和大麦的近缘种，优良饲料。

797. 燕麦属 Avena L.

*（5932）假燕麦 **Avena clauda Durieu**

一年生草本。生于干旱山坡石质草地、细石质坡地、山麓洪积扇。海拔 500~2 100 m。

产北天山、西天山、西南天山。哈萨克斯坦、吉尔吉斯斯坦、乌兹别克斯坦、俄罗斯；亚洲有分布。

*（5933）具棉毛燕麦 **Avena eriantha Durieu**

一年生草本。生于山地碎石质坡地、山麓洪积扇、平原草地。海拔 800~2 500 m。

产西天山、西南天山。吉尔吉斯斯坦、乌兹别克斯坦、俄罗斯；亚洲、欧洲有分布。

（5934）野燕麦 **Avena fatua L.**

一年生草本。生于山地草甸、森林草甸、河滩草丛、山谷、低山丘陵、荒地、撂荒地、农田、荒野、河边。海拔 500~2 600 m。

产东天山、准噶尔阿拉套山、北天山、东南天山、内天山、西天山、西南天山。中国、哈萨克斯坦、吉尔吉斯斯坦、乌兹别克斯坦、阿富汗、俄罗斯；亚洲、欧洲、非洲、美洲有分布。

优质饲料、药用、造纸。

（5935）光稃野燕麦 **Avena fatua var. glabrata Peterm.**

一年生草本。生于低山丘陵。海拔 2 000 m 以下。

产北天山、东南天山。中国；亚洲、欧洲、非洲有分布。

优质饲料、造纸。

（5936）长颖燕麦 **Avena ludoviciana Dur.** =*Avena persica* Steud.

一年生草本。生于山地草原、栗钙土丘陵、田间。海拔 500~1 600 m。

产北天山、西天山、西南天山。中国（栽培）、哈萨克斯坦、吉尔吉斯斯坦、乌兹别克斯坦、俄罗斯；亚洲、欧洲有分布。

（5937）南燕麦 **Avena meridionalis（Malz.）Roshev.**

一年生草本。生于农田边。海拔 1 950 m 上下。

产东天山、北天山、西天山、西南天山。中国、哈萨克斯坦、吉尔吉斯斯坦、乌兹别克斯坦、阿富汗、俄罗斯；亚洲、非洲、美洲有分布。

优质饲料、造纸。

*（5938）不孕燕麦 **Avena sterilis L.**

一年生草本。生于山地碎石质坡地、山麓洪积扇、平原草地。海拔 800~2 600 m。

产西天山、西南天山、内天山。吉尔吉斯斯坦、乌兹别克斯坦、俄罗斯；亚洲、欧洲有分布。

*（5939）毛叶燕麦 **Avena trichophylla C. Koch** =*Avena sterilis* subsp. *ludoviciana*（Durieu）Gillet et Magne =*Avena persica* Steud. =*Avena ludoviciana* Durieu

一年生草本。生于山地草甸、山坡草地、山地草原、荒漠草原、低山丘陵、山麓洪积扇、田间。海拔 500~2 600 m。

产北天山、西天山、西南天山。哈萨克斯坦、吉尔吉斯斯坦、乌兹别克斯坦、俄罗斯;亚洲、欧洲有分布。

798. 异燕麦属 Helictotrichon Bess.

(5940) 阿尔泰异燕麦 **Helictotrichon altaicum Tzvel.** = *Helictotrichon desertorum* (Less.) Pilg.

多年生草本。生于山地草甸、山坡草地、林下、林缘草甸、河谷、山麓平原。海拔 600~2 700 m。

产准噶尔阿拉套山、北天山、西天山、西南天山。中国、哈萨克斯坦、蒙古、俄罗斯、吉尔吉斯斯坦、乌兹别克斯坦;亚洲、欧洲有分布。

(5941) 达呼尔异燕麦(大穗异燕麦) **Helictochloa dahurica** (Kom.) Romero Zarco = *Helictotrichon dahuricum* (Kom.) Kitag.

多年生草本。生于林缘草甸、灌丛、荒漠草地。海拔 700~2 300 m。

产北天山。中国、朝鲜、俄罗斯;亚洲、欧洲有分布。

饲料。

*(5942) 荒野异燕麦 **Helictotrichon desertorum** (Less.) Nevski

多年生草本。生于干旱草原、干河谷、山麓平原。海拔 600~2 700 m。

产北天山、西天山、西南天山。哈萨克斯坦、吉尔吉斯斯坦、乌兹别克斯坦、俄罗斯;亚洲、欧洲有分布。

*(5943) 费氏异燕麦 **Helictotrichon fedtschenkoi** (Hack.) Henrard

多年生草本。生于山地草甸、山地阴坡草地、山地草原。海拔 900~2 800 m。

产西天山。吉尔吉斯斯坦、乌兹别克斯坦;亚洲有分布。

(5944) 细叶异燕麦 **Helictotrichon hissaricum** (Roshev.) Henrard

多年生草本。生于山地草甸、林缘草甸、平缓山坡草地。海拔 2 400~2 730 m。

产东天山、东北天山、北天山、东南天山。中国、哈萨克斯坦、吉尔吉斯斯坦、乌兹别克斯坦;亚洲有分布。

饲料。

(5945) 蒙古异燕麦 **Helictotrichon mongolicum** (Roshev.) Henrard

多年生草本。生于亚高山草甸、山坡草地、山地林缘草甸、河谷、灌丛、山地草原。海拔 1 400~2 860 m。

产东天山、东北天山、准噶尔阿拉套山、北天山、东南天山、中央天山。中国、哈萨克斯坦、蒙古、俄罗斯;亚洲有分布。

饲料。

(5946) 毛轴异燕禾 **Helictotrichon pubescens** (Huds.) Pilg. = *Avenula pubescens* (Huds.) Dumort.

多年生草本。生于亚高山草甸、山地林下、林缘草甸、河边草地、山地草原。海拔 1 400~2 700 m。

产东天山、东北天山、准噶尔阿拉套山、北天山、东南天山、中央天山。中国、哈萨克斯坦、蒙古、俄罗斯;亚洲、欧洲有分布。

饲料。

（5947）亚洲异燕麦（异燕麦）**Helictotrichon schellianum**（Hack.）**Kitag.** = *Helictochloa hookeri*（Scribn.）Romero Zarco = *Helictotrichon hookeri*（Scribn.）Henrrd = *Helictotrichon hookeri* subsp. *schellianum*（Hack.）Tzvelev

多年生草本。生于亚高山草甸、山坡草地、森林草甸、林下、林缘草甸、山地草原。海拔1 500~2 900 m。

产东天山、东北天山、东南天山、准噶尔阿拉套山、北天山、中央天山、西天山、西南天山。中国、哈萨克斯坦、吉尔吉斯斯坦、乌兹别克斯坦、蒙古、俄罗斯；亚洲、欧洲有分布。

饲料。

（5948）天山异燕麦 **Helictotrichon tianschanicum**（Roshev.）**Henrard**

多年生草本。生于亚高山草甸、山地林缘草甸。海拔2 500~2 580 m。

产东北天山、北天山。中国、哈萨克斯坦；亚洲有分布。

饲料。

（5949）藏异燕麦 **Helictotrichon tibeticum**（Roshev.）**Keng f.**

多年生草本。生于山地草甸、山地草原。海拔900~2 100 m。

产东北天山、北天山。中国；亚洲有分布。

饲料。

799. 三毛草属 Trisetum Pers.

（5950）高山三毛草 **Trisetum altaicum Roshev.**

多年生草本。生于高山和亚高山草甸、林缘草甸。海拔1 700~3 900 m。

产东天山、东北天山、准噶尔阿拉套山、北天山、西天山、西南天山。中国、哈萨克斯坦、吉尔吉斯斯坦、乌兹别克斯坦、土耳其、俄罗斯有分布。

优良饲料。

（5951）长穗三毛草 **Trisetum clarkei**（Hook. f.）**R. R. Stewart**

多年生草本。生于高山和亚高山草甸、山地草甸、林缘草甸。海拔1 700~2 900 m。

产东天山、东北天山、北天山、东南天山。中国、巴基斯坦；亚洲有分布。

优良饲料。

（5952）西伯利亚三毛草 **Trisetum sibiricum Rupr.**

多年生草本。生于亚高山草甸、山地草甸、林缘草甸。海拔1 400~2 700 m。

产东天山、东北天山、准噶尔阿拉套山、北天山、西天山、西南天山。中国、哈萨克斯坦、吉尔吉斯斯坦、乌兹别克斯坦、俄罗斯；亚洲、欧洲有分布。

优良饲料。

（5953）穗三毛 **Trisetum spicatum**（L.）**K. Richt.** = *Trisetum spicatum* subsp. *virescens*（Regel）Tzvelev = *Trisetum seravschanicum* Roshev.

多年生草本。生于高山冰缘、高山和亚高山草甸、山坡草地、森林草甸、林缘、河谷、河滩、山地草原。海拔1 300~4 800 m。

产东天山、东北天山、东南天山、准噶尔阿拉套山、北天山、内天山、西天山、西南天山。中国、哈萨克斯坦、吉尔吉斯斯坦、乌兹别克斯坦、蒙古、俄罗斯；亚洲有分布。

优良牧草。

（5954）蒙古穗三毛 **Trisetum spicatum subsp. mongolicum Hult.** = *Trisetum mongolicum*（Hult.）Peschkova

多年生草本。生于高山和亚高山草甸、山坡草地、河滩。海拔 2 300~4 200 m。

产东天山、准噶尔阿拉套山、北天山、东南天山。中国、哈萨克斯坦、蒙古、俄罗斯;亚洲有分布。

优良饲料。

800. 溚草属 Koeleria Pers.

（5955）阿尔泰溚草 **Koeleria altaica**（Domin）**Krylov**

多年生草本。生于亚高山草甸、山坡草地、林缘草甸。海拔 1 800~2 700 m。

产东天山、准噶尔阿拉套山、东南天山。中国、哈萨克斯坦、俄罗斯;亚洲有分布。

饲料。

（5956）芒溚草 **Koeleria litvinowii Domin** = *Koeleria argentea* Griseb. = *Trisetum litwinowii*（Domin）Nevski = *Trisetum litvinowii*（Domin）Nevski

多年生草本。生于高寒草原、高山和亚高山草甸、山间谷地、山谷、河边。海拔 2 000~4 300 m。

产东天山、东北天山、准噶尔阿拉套山、北天山、中央天山、西天山、西南天山。中国、哈萨克斯坦、吉尔吉斯斯坦、乌兹别克斯坦;亚洲有分布。

饲料。

（5957）溚草 **Koeleria cristata**（L.）**Bertol.** = *Rostraria cristata*（L.）Tzvelev = *Koeleria gracilis* Pers.

多年生草本。生于高寒草原、高山和亚高山草甸、山地草甸、山坡草地、河谷草甸、山溪边、灌丛、山地草原、荒漠草原、农田边、山麓戈壁。海拔 850~3 500 m。

产东天山、东北天山、准噶尔阿拉套山、北天山、东南天山、中央天山、内天山。中国、哈萨克斯坦、俄罗斯;亚洲、欧洲有分布。

饲料。

（5958）大花溚草 **Koeleria cristata var. poaeformis**（Dmin）**Tzvelev** = *Koeleria macrantha*（Ledeb.）Schult. = *Koeleria transiliensis* Reverd. ex Gamajun.

多年生草本。生于高山和亚高山草甸、山地草甸、山坡草地。海拔 900~3 600 m。

产北天山、西天山。中国、哈萨克斯坦、吉尔吉斯斯坦、日本、蒙古、俄罗斯;亚洲有分布。

饲料。

801. 白茅属 Imperata Cyr.

*（5959）圆锥白茅 **Imperata cylindrica**（L.）**P. Beauv.**

多年生草本。生于山谷草地、湖边、渠边、山麓洪积扇。海拔 300~1 300 m。

产西天山、西南天山、内天山。吉尔吉斯斯坦、乌兹别克斯坦、俄罗斯;亚洲有分布。

*802. 燕鼠茅属 Loliolum V. I. Krecz. et Bobrov

*（5960）钻形燕鼠茅 **Loliolum subulatum**（Banks et Sol.）**Eig**

一年生草本。生于砾岩堆、黏土质沙地、龟裂土荒漠。海拔 500~2 400 m。

产北天山、西天山、西南天山、内天山。哈萨克斯坦、吉尔吉斯斯坦、乌兹别克斯坦、俄罗斯;亚洲有分布。

803. 乱子草属 Muhlenbergia Schreb.

　　*（5961）胡氏乱子草 Muhlenbergia huegelii Trin.

　　　　多年生草本。生于山崖岩石缝、山谷阴坡草地。海拔 900～2 300 m。

　　　　产内天山。吉尔吉斯斯坦、俄罗斯；亚洲有分布。

*804. 鼠茅属 Vulpia C. C. Gmel.（Nardurus Reichenb.）

　　*（5962）喜沙鼠茅 Vulpia ciliata Dumort.

　　　　一年生草本。生于山地砾岩堆、山坡碎石堆、低山丘陵。海拔 500～2 400 m。

　　　　产西天山、西南天山、内天山。哈萨克斯坦、吉尔吉斯斯坦、乌兹别克斯坦、俄罗斯；亚洲、欧洲有分布。

　　*（5963）毛鼠茅草 Vulpia myuros（L.）C. C. Gmel.

　　　　一年生草本。生于山地砾岩堆、山坡草地、山麓洪积扇、平原草地。海拔 600～2 800 m。

　　　　产西天山、西南天山、内天山。吉尔吉斯斯坦、乌兹别克斯坦、俄罗斯；亚洲、欧洲有分布。

　　*（5964）波斯鼠茅 Vulpia persica（Boiss. et Buhse）V. I. Krecz. et Bobrov

　　　　一年生草本。生于山地林下、河谷草地、垃圾堆。海拔 550～2 800 m。

　　　　产西天山、西南天山、内天山。吉尔吉斯斯坦、乌兹别克斯坦、俄罗斯；亚洲有分布。

　　*（5965）单侧鼠茅 Vulpia unilateralis（L.）Stace ＝ *Nardurus krausei*（Regel）V. Krecz. et Bobr.

　　　　一年生草本。生于山地砾岩堆、山坡草地、山地林下、河谷阶地、低山丘陵。海拔 500～2 700 m。

　　　　产北天山、西天山、西南天山、内天山。哈萨克斯坦、吉尔吉斯斯坦、乌兹别克斯坦；亚洲有分布。

*805. 聚头草属 Rhizocephalus Boiss.

　　*（5966）聚头草 Rhizocephalus orientalis Boiss.

　　　　一年生草本。生于山坡草地、黏土质荒漠、沙地。海拔 300～2 100 m。

　　　　产西南天山。乌兹别克斯坦、俄罗斯；亚洲有分布。

806. 甘蔗属 Saccharum L.

　　（5967）甜根子草 Saccharum spontaneum L.

　　　　多年生草本。生于山地林下、河谷草地、河漫滩、湖边、山麓洪积扇。海拔 200～1 400 m。

　　　　产内天山、西天山。中国（南方）、吉尔吉斯斯坦、乌兹别克斯坦；亚洲有分布。

*807. 拟毒麦属 Sphenopus Trin.

　　*（5968）拟毒麦 Sphenopus divaricatus（Gouan）Rchb.

　　　　一年生草本。生于盐渍化草地、沙地、沙漠。海拔 300～1 800 m。

　　　　产西天山、西南天山、内天山。吉尔吉斯斯坦、乌兹别克斯坦、俄罗斯；亚洲有分布。

808. 发草属 Deschampsia Beauv.

　　（5969）发草 Deschampsia caespitosa（L.）Beauv. ＝ *Deschampsia cespitosa*（L.）Beauv.

　　　　多年生草本。生于高山和亚高山草甸、山地草甸、森林草甸、林下、山溪边、谷地、山坡草地、山地草原、河边、渠边。海拔 1 300～3 500 m。

　　　　产东天山、东北天山、准噶尔阿拉套山、北天山、东南天山、西天山、西南天山。中国、哈萨克斯坦、吉尔吉斯斯坦、乌兹别克斯坦、俄罗斯；全球温带和寒带有分布。

　　　　饲料。

（5970）穗发草 **Deschampsia koelerioides** Regel

多年生草本。生于高山和亚高山沼泽化草甸、高山碎石坡地。海拔 2 600～4 800 m。

产东天山、准噶尔阿拉套山、北天山、东南天山、内天山、西天山、西南天山。中国、哈萨克斯坦、吉尔吉斯斯坦、乌兹别克斯坦、蒙古、俄罗斯；亚洲有分布。

饲料。

（5971）帕米尔发草 **Deschampsia pamirica** Roshev. =*Deschampsia cespitosa* subsp. *pamirica*（Roshev.）Tzvelev

多年生草本。生于高山和亚高山沼泽化草甸、山地草甸。海拔 1 850～3 200 m。

产东天山、东南天山、内天山。中国、吉尔吉斯斯坦；亚洲有分布。

饲料。

809. 黄花茅属 Anthoxanthum Linn.

（5972）高山黄花茅 **Anthoxanthum odoratum subsp. alpinum**（Á. Löve et D. Löve）B. M. G. **Jones et Melderis** =*Anthoxanthum alpinum* Á. Löve et D. Löve.

多年生草本。生于亚高山草甸、山地草甸、森林草甸、林下、山坡草地、河谷、山溪边。海拔 730～3 100 m。

产东天山、准噶尔阿拉套山、北天山、西天山、西南天山。中国、哈萨克斯坦、吉尔吉斯斯坦、乌兹别克斯坦、蒙古、俄罗斯；亚洲、欧洲有分布。

（5973）黄花茅 **Anthoxanthum odoratum** L.

多年生草本。生于亚高山草甸、山地草甸、山坡草地。海拔 900～2 500 m。

产北天山。中国、哈萨克斯坦、俄罗斯；亚洲、欧洲有分布。

*810. 鞭麦草属 Henrardia C. E. Hubb.

*（5974）波斯鞭麦草 **Henrardia persica**（Boiss.）C. E. Hubb.

一年生草本。生于黏土质干旱山坡、山麓沙质坡地、田间。海拔 500～2 400 m。

产北天山、西天山、西南天山。哈萨克斯坦、吉尔吉斯斯坦、乌兹别克斯坦、俄罗斯；亚洲、欧洲有分布。

811. 虉草属 Phalaris L.

（5975）虉草 **Phalaris arundinacea** L. =*Digraphis arundinacea*（L.）Trin. = *Typhoides arundinacea*（L.）Moench.

多年生草本。生于山地林缘、山谷草地、河漫滩、河谷、山地草原、渠边。海拔 500～1 700 m。

产东天山、东北天山、北天山。中国、哈萨克斯坦、俄罗斯；亚洲、欧洲有分布。

优良饲料、药用。

812. 梯牧草属 Phleum L.

（5976）高山梯牧草 **Phleum alpinum** L.

多年生草本。生于亚高山草甸、山地草甸、山坡草地。海拔 2 000～2 800 m。

产东天山、准噶尔阿拉套山、北天山。中国、哈萨克斯坦、俄罗斯；亚洲、欧洲、美洲有分布。

优良饲料。

（5977）鬼蜡烛 **Phleum paniculatum Huds.**

一年生草本。生于山麓地带洪积-冲积扇山坡、道旁、田野、沼泽旁。海拔 1 800 m 以下。

产准噶尔阿拉套山、北天山、西天山、西南天山。中国、哈萨克斯坦、吉尔吉斯斯坦、乌兹别克斯坦、俄罗斯；亚洲、欧洲有分布。

优良饲料。

（5978）假梯牧草 **Phleum phleoides（L.）H. Karst.**

多年生草本。生于亚高山草甸、山地草甸、林间草地、林缘、山谷、山坡草地、山地草原、湖边、碎石滩。海拔 730~2 960 m。

产东天山、东北天山、准噶尔阿拉套山、北天山、东南天山。中国、哈萨克斯坦、俄罗斯；亚洲、欧洲有分布。

优良饲料。

（5979）梯牧草 **Phleum pratense L.** =*Phleum roschevitzii* N. Pavlov

多年生草本。生于山地草甸、河谷草甸、阔叶林缘、人工草地、湿地、沼泽。海拔 900~2 400 m。

产东天山、东北天山、准噶尔阿拉套山、北天山、西天山、西南天山。中国、哈萨克斯坦、吉尔吉斯斯坦、乌兹别克斯坦、俄罗斯；亚洲、欧洲有分布。

优良饲料。

813. 看麦娘属 Alopecurus L.

（5980）看麦娘 **Alopecurus aequalis Sobol.**

一年生或多年生草本。生于亚高山草甸、沼泽化草甸、湖边、河谷、渠边。海拔 480~2 900 m。

产准噶尔阿拉套山、北天山。中国、哈萨克斯坦、吉尔吉斯斯坦、俄罗斯；亚洲、欧洲、北美洲有分布。

优良饲料、药用。

＊（5981）瓣颖看麦娘 **Alopecurus apiatus Ovcz.**

多年生草本。生于高山和亚高山草甸湿地、山坡潮湿倒石堆。海拔 2 900~3 400 m。

产内天山、西天山、西南天山。吉尔吉斯斯坦、乌兹别克斯坦；亚洲有分布。

（5982）苇状看麦娘 **Alopecurus arundinaceus Poir.** =*Alopecurus ventricosus* Pers.

一年生或多年生草本。生于山地河谷草甸、低地草甸、沼泽化草甸、水边、湿地。海拔 420~3 300 m。

产东天山、准噶尔阿拉套山、北天山、东南天山。中国、哈萨克斯坦、俄罗斯；亚洲、欧洲有分布。

优良饲料、药用。

（5983）短穗看麦娘 **Alopecurus brachystachyus M. Bieb.**

一年生或多年生草本。生于高山和亚高山草甸、河滩草地、山谷湿地。海拔 2 450~3 800 m。

产北天山。中国、俄罗斯；亚洲有分布。

优良饲料。

（5984）喜马拉雅看麦娘 **Alopecurus himalaicus Hook. f**

多年生草本。生于山地河谷沼泽化草甸。海拔 1 740~4 100 m。

产东天山、东南天山、西南天山。中国、乌兹别克斯坦、俄罗斯、伊朗；亚洲有分布。

优良饲料。

*（5985）尖颖看麦娘 **Alopecurus mucronatus** Hack.

多年生草本。生于高山和亚高山草甸、山地沼泽。海拔 2 800~3 100 m。

产内天山、西天山、西南天山。吉尔吉斯斯坦、乌兹别克斯坦；亚洲有分布。

*（5986）燕麦状看麦娘 **Alopecurus myosuroides** Huds.

一年生草本。生于渠边、河边、盐化草地。海拔 600~1 500 m。

产北天山、西天山、西南天山。哈萨克斯坦、吉尔吉斯斯坦、乌兹别克斯坦、俄罗斯；亚洲、欧洲有分布。

*（5987）尼泊尔看麦娘 **Alopecurus nepalensis** Trin. ex Steud.

一年生草本。生于河边、湖边、渠边、居民区周边潮湿草地。海拔 200~1 300 m。

产西天山、西南天山。哈萨克斯坦、乌兹别克斯坦；亚洲有分布。

（5988）大看麦娘 **Alopecurus pratensis** L.

一年生或多年生草本。生于山地草甸、森林草地、林缘、河谷阶地、水边、山地草原、低洼地、田边。海拔 1 250~3 200 m。

产东天山、东北天山、准噶尔阿拉套山、北天山。中国、哈萨克斯坦、俄罗斯；亚洲、欧洲有分布。

优良饲料。

814. 野青茅属 Deyeuxia Clarion

（5989）野青茅 **Deyeuxia arundinacea**（L.）Beauv. = *Calamagrostis arundinacea*（L.）Roth = *Deyeuxia pyramidalis*（Host）Veldkamp

多年生草本。生于山地草甸。海拔 2 400~2 600 m。

产东天山、准噶尔阿拉套山、北天山。中国、哈萨克斯坦、吉尔吉斯斯坦、乌兹别克斯坦、俄罗斯；亚洲、欧洲有分布。

优良饲料。

（5990）大叶章 **Deyeuxia langsdorffii**（Link.）Kunth = *Calamagrostis langsdorffii*（Link.）Trin. = *Deyeuxia purpurea*（Trinius）Kunth

多年生草本。生于山地林下、林缘草甸、灌丛、山谷湿草地、溪水边。海拔 680~2 700 m。

产准噶尔阿拉套山、北天山、东南天山。中国、俄罗斯；亚洲、欧洲有分布。

优良饲料。

（5991）天山野青茅 **Deyeuxia tianschanica**（Rupr.）Bor = *Calamagrostis tianschanica* Rupr.

多年生草本。生于高寒草原、高寒草甸、河谷、灌丛、山坡草地。海拔 2 450~4 000 m。

产东天山、东南天山。中国、哈萨克斯坦、吉尔吉斯斯坦、乌兹别克斯坦；亚洲有分布。

优良饲料。

（5992）小花野青茅 **Deyeuxia neglecta**（Ehrh.）Kunth = *Calamagrostis neglecta*（Ehrh.）Gaertn.

多年生草本。生于山地草甸、高寒草甸、草原。海拔 2 000~4 200 m。

产北天山、东南天山。中国、蒙古、俄罗斯；亚洲、欧洲有分布。

优良饲料。

（5993）瘦野青茅 **Deyeuxia macilenta**（Griseb.）Keng

多年生草本。生于山区草地。海拔 1 100~4 500 m。

产内天山。中国、蒙古、俄罗斯;亚洲有分布。

优良饲料。

815. 拂子茅属 Calamagrostis Adans.

*（5994）阿赖拂子茅 **Calamagrostis alajica Litv.**

多年生草本。生于山坡草地、山地河谷、山溪边、河边。海拔 700~3 000 m。

产内天山、西天山、西南天山。哈萨克斯坦、吉尔吉斯斯坦、乌兹别克斯坦;亚洲有分布。

优良饲料。

*（5995）香拂子茅 **Calamagrostis anthoxanthoides**（Munro. ex Hook. f.）**Regel** = *Calamagrostis laguroides* Regel

多年生草本。生于高山和亚高山草甸、山坡灌丛、山脊草坡、河谷。海拔 2 300~3 400 m。

产北天山、内天山。哈萨克斯坦、吉尔吉斯斯坦;亚洲有分布。

*（5996）茂盛拂子茅 **Calamagrostis compacta**（Munro ex Hook. f.）**Hack.**

多年生草本。生于高山河流岸边石质河滩、山谷。海拔 1 400~3 100 m。

产西天山。吉尔吉斯斯坦;亚洲有分布。

（5997）拂子茅 **Calamagrostis epigejos**（L.）**Roth**

多年生草本。生于山地草甸、山坡草地、河谷草甸、山地草原、田边、河边、河滩湿地、平原草甸、荒野、沙地。海拔 420~2 600 m。

产东天山、东北天山、准噶尔阿拉套山、北天山、中央天山。中国、哈萨克斯坦、俄罗斯;亚洲、欧洲有分布。

优良饲料、药用。

（5998）绒毛拂子茅 **Calamagrostis holciformis Jaub. et Spoch.**

多年生草本。生于高寒草甸、高寒草原、山坡草地、河滩沙地。海拔 2 400~4 800 m。

产东天山、东南天山、西天山、西南天山。中国、哈萨克斯坦、吉尔吉斯斯坦、乌兹别克斯坦、阿富汗、印度;亚洲有分布。

优良饲料。

*（5999）蒜叶拂子茅 **Calamagrostis laguroides Regel**

多年生草本。生于高山石质山脊、河谷。海拔 2 300~3 100 m。

产内天山。吉尔吉斯斯坦;亚洲有分布。

（6000）大拂子茅 **Calamagrostis macrolepis Litv.**

多年生草本。生于高山和亚高山草甸、河边、湿草地、沼泽、沟渠。海拔 500~3 900 m。

产东天山、准噶尔阿拉套山、北天山、中央天山、内天山。中国、哈萨克斯坦、蒙古、俄罗斯;亚洲、欧洲有分布。

优良饲料。

*（6001）尖穗拂子茅 **Calamagrostis obtusata Trin.**

多年生草本。生于亚高山草甸、山地林下、林缘、山地草原。海拔 1 400~2 900 m。

产准噶尔阿拉套山。哈萨克斯坦;亚洲有分布。

*（6002）帕米尔拂子茅 **Calamagrostis pamirica Litv.** = *Calamagrostis grandiflora* Hask.

多年生草本。生于山麓平原沙地、河边、湖边、渠边、盐化草甸。海拔 300~1 200 m。

产北天山。哈萨克斯坦；亚洲有分布。

*（6003）帕夫洛夫拂子茅 **Calamagrostis pavlovii Roschev.**

多年生草本。生于山地草甸、山地林缘、草甸湿地。海拔 1 500~3 000 m。

产准噶尔阿拉套山、北天山、西天山。哈萨克斯坦、吉尔吉斯斯坦、乌兹别克斯坦；亚洲有分布。

（6004）假苇拂子茅 **Calamagrostis pseudophragmites（Haller. f.）Koeler** = *Calamagrostis glauca*（M. Bieb.）Rchb. = *Calamagrostis tatarica*（Hook. f.）D. F. Cui

多年生草本。生于高河漫滩、低阶地、山间谷地、水边、平原草甸、河谷草甸、灌丛、田边、渠边、湿地、绿洲边缘、固定沙丘。海拔 200~2 600 m。

产东天山、东北天山、准噶尔阿拉套山、北天山、东南天山、中央天山。中国、哈萨克斯坦、吉尔吉斯斯坦、乌兹别克斯坦、俄罗斯；亚洲、欧洲有分布。

优良牧草、药用。

（6005）可疑拂子茅 **Calamagrostis pseudophragmites subsp. dubia（Bunge）Tzvel.** = *Calamagrostis dubia* Bunge

多年生草本。生于田边、地埂、水渠边。海拔 400~1 800 m。

产东天山、东北天山、内天山、北天山、准噶尔阿拉套山、西南天山、西天山。中国、吉尔吉斯斯坦、哈萨克斯坦、乌兹别克斯坦、蒙古；亚洲、欧洲有分布。

优良饲料。

*（6006）紫穗拂子茅 **Calamagrostis purpurea（Trin.）Trin.**

多年生草本。生于山地草甸、河谷草地、林间草地、山地草原。海拔 1 300~2 900 m。

产北天山。哈萨克斯坦；亚洲有分布。

（6007）短芒拂子茅 **Calamagrostis tatarica（Hook. f.）D. F. Cui**

多年生草本。生于山地、中低山河谷草甸。海拔 700~3 200 m。

产东天山、东北天山、北天山、内天山。中国；亚洲有分布。

优良饲料。

（6008）土耳其拂子茅（中亚拂子茅）**Calamagrostis turkestanica Hack.**

多年生草本。生于高山草甸、山坡草坡。海拔 3 100~3 500 m。

产内天山。中国、吉尔吉斯斯坦、俄罗斯；亚洲有分布。

优良饲料。

816. 剪股颖属 Agrostis L.

（6009）巨序剪股颖 **Agrostis gigantea Roth**

多年生草本。生于山地草甸、河谷草甸、林缘草甸、林下、山地草原、湖边、河漫滩、田边、路边。海拔 450~2 700 m。

产东天山、东北天山、东南天山、中央天山、准噶尔阿拉套山、北天山。中国、哈萨克斯坦、俄罗斯；亚洲、欧洲有分布。

药用。

*（6010）高山剪股颖 **Agrostis hissarica Roshev.** = *Polypogon hissaricus*（Roshev.）Bor

多年生草本。生于亚高山草甸、草甸湿地、山溪边。海拔 2 800~3 100 m。

产北天山、西天山、西南天山。哈萨克斯坦、吉尔吉斯斯坦、乌兹别克斯坦；亚洲有分布。

*（6011）帕鲁斯剪股颖 **Agrostis paulsenii Hack.**

多年生草本。生于山坡草地、山溪边、山地河谷。海拔 800~2 900 m。

产内天山。吉尔吉斯斯坦；亚洲有分布。

*（6012）轮生剪股颖 **Agrostis semiverticillata（Forsk.）C. Christ.** = *Polypogon viridis*（Gouan）Breistr.

多年生草本。生于渠边、河边、草甸、湿地、灌丛、盐化稻田。海拔 200~900 m。

产北天山、西天山、西南天山。哈萨克斯坦、吉尔吉斯斯坦、乌兹别克斯坦；亚洲有分布。

（6013）线序剪股颖 **Agrostis sinkiangensis Y. C. Yang** = *Agrostis dshungarica*（Tzvelev）Tzvelev

多年生草本。生于山地草甸、山坡草地、岩石缝。海拔 90~2 800 m。

产北天山。中国；亚洲有分布。

（6014）匍匐剪股颖 **Agrostis stolonifera L.** = *Agrostis transcaspica* Litv.

多年生草本。生于山地草甸、湿地、草甸草原、河漫滩、沼泽草甸、山溪边、渠边。海拔 450~2 800 m。

产北天山、准噶尔阿拉套山、内天山、西天山。中国、哈萨克斯坦、吉尔吉斯斯坦、乌兹别克斯坦、日本、俄罗斯；亚洲、欧洲有分布。

（6015）细弱剪股颖 **Agrostis tenuis Sibth.** = *Agrostis capillaris* L.

多年生草本。生于山地河谷草甸、山地草原、绿洲。海拔 800~2 300 m。

产东天山、准噶尔阿拉套山、东南天山、中央天山。中国、哈萨克斯坦、俄罗斯；亚洲、欧洲有分布。
药用。

*（6016）高加索剪股颖 **Agrostis transcaspica Litv.**

多年生草本。生于山地草甸、湿地、草甸草原。海拔 1 700~2 800 m。

产北天山、西天山。吉尔吉斯斯坦、乌兹别克斯坦；亚洲有分布。

（6017）北疆剪股颖 **Agrostis turkestanica Drobow** = *Agrostis vinealis* Schreb.

多年生草本。生于山地草甸、林间草地、洪积扇。海拔 2 130~2 690 m。

产东天山、北天山、西天山、西南天山。中国、哈萨克斯坦、吉尔吉斯斯坦、乌兹别克斯坦；亚洲有分布。

817. 棒头草属 Polypogon Desf.

（6018）棒头草 **Polypogon fugax Nees ex Steud.** = *Polypogon demissus* Steud.

一年生草本。生于河边、农田、田边、溪边、谷地、草甸。海拔 200~3 500 m。

产东天山、内天山。中国、哈萨克斯坦、吉尔吉斯斯坦、乌兹别克斯坦、朝鲜、日本、印度、不丹、缅甸、俄罗斯；亚洲有分布。
药用。

（6019）裂颖棒头草 **Polypogon maritimus Willd.**

多年生草本。生于山溪边、河谷湿地、平原湿草地。海拔 450~2 100 m。

产东天山、准噶尔阿拉套山、北天山、西天山、西南天山。中国、哈萨克斯坦、吉尔吉斯斯坦、乌兹别克斯坦、蒙古、俄罗斯;亚洲、欧洲有分布。

药用。

（6020）长芒棒头草 **Polypogon monspeliensis**（L.）**Desf.**

一年生草本。生于高山和亚高山草甸、山溪边、河边、湿地、田边。海拔 150~3 800 m。

产东天山、准噶尔阿拉套山、东南天山、中央天山、内天山。中国、哈萨克斯坦、俄罗斯;全世界的热带、温带地区广布。

药用。

818. 菵草属 Beckmannia Host

*（6021）粗茎菵草 **Beckmannia eruciformis**（L.）**Host**

多年生草本。生于盐渍化湿地、盐渍化草甸、渠边。海拔 250~1 700 m。

产准噶尔阿拉套山、北天山。哈萨克斯坦、俄罗斯;亚洲、欧洲有分布。

（6022）菵草 **Beckmannia syzigachne**（Steud.）**Fernald**

一年或越年生草本。生于河谷林下、草甸湿地、水边、河滩、草丛、渠边、沼泽、湿地、田野、荒地。海拔 480~2 320 m。

产东天山、准噶尔阿拉套山、北天山。中国、哈萨克斯坦、俄罗斯;全世界广泛分布。

（6023）毛颖菵草 **Beckmannia syzigachne var. hirsutiflora Roshev.** = *Beckmannia hirsutiflora*（Roshev.）Probat.

一年或越年生草本。生于草甸、渠边、林下、湿地。海拔 480~2 200 m。

产东天山。中国、俄罗斯;亚洲有分布。

819. 粟草属 Milium L.

（6024）粟草 **Milium effusum L.**

多年生草本。生于沟谷林下、林缘草甸、河边草地。海拔 1 300~2 700 m。

产东天山、东北天山、准噶尔阿拉套山、北天山、西天山、西南天山。中国、哈萨克斯坦、吉尔吉斯斯坦、乌兹别克斯坦、俄罗斯;全世界温带地区有分布。

优良饲料。

*（6025）早春粟草 **Milium vernale M. Bieb.**

一年生草本。生于山地草甸、灌丛、河床、山地草原。海拔 1 200~2 700 m。

产准噶尔阿拉套山、北天山、西天山、西南天山。哈萨克斯坦、吉尔吉斯斯坦、乌兹别克斯坦、俄罗斯;亚洲、欧洲有分布。

820. 落芒草属 Piptatherum Beauv.

*（6026）高山落芒草 **Piptatherum alpestre**（Geig.）**Roshev.**

多年生草本。生于高山碎石堆、高山和亚高山草甸、山脊细石质坡地、河谷、冰沼湿地、河漫滩草甸、湿地。海拔 1 200~3 500 m。

产北天山、西天山、西南天山。哈萨克斯坦、吉尔吉斯斯坦、乌兹别克斯坦;亚洲有分布。

*（6027）费尔干纳落芒草 **Piptatherum ferganense**（Litw.）**Roshev.**

多年生草本。生于亚高山草甸、石质山坡、低山丘陵阴坡草地、河谷。海拔 900~2 800 m。

产准噶尔阿拉套山、北天山、西天山、西南天山。哈萨克斯坦、吉尔吉斯斯坦、乌兹别克斯坦;亚洲有分布。

*（6028）具种脐落芒草 **Piptatherum hilariae Pazi** = *Piptatherum badachshanicum*（Tzvelev）Ikonn.

多年生草本。生于高山和亚高山草甸、山脊坡地、山谷草地、灌丛、河谷。海拔 900~3 500 m。

产内天山、西南天山。吉尔吉斯斯坦;亚洲有分布。

*（6029）绒毛落芒草 **Piptatherum holciforme**（**M. Bieb.**）**Roem. et Schult.** = *Piptatherum kokanicum*（Regel）Nevski

多年生草本。生于中山带石质山坡、岩石峭壁碎石堆、干河床、洪积扇、阶地。海拔 100~2 600 m。

产北天山、西天山、西南天山。哈萨克斯坦、吉尔吉斯斯坦、乌兹别克斯坦、俄罗斯;亚洲、欧洲有分布。

*（6030）侧穗落芒草 **Piptatherum laterale**（**Regel**）**Nevski**

多年生草本。生于高山碎石堆、岩石峭壁石质坡地、细石质山坡。海拔 1 200~3 600 m。

产北天山、西天山、西南天山。哈萨克斯坦、吉尔吉斯斯坦、乌兹别克斯坦;亚洲有分布。

*（6031）宽叶落芒草 **Piptatherum latifolium**（**Roshev.**）**Nevski**

多年生草本。生于亚高山草甸、山地草甸、阔叶林下、灌丛、草甸湿地、细石质山坡、黄土丘陵、荒漠草原。海拔 700~2 700 m。

产北天山、西天山、西南天山。吉尔吉斯斯坦、乌兹别克斯坦;亚洲有分布。

*（6032）小果落芒草 **Piptatherum microcarpum**（**Pilg.**）**Tzvelev** = *Piptatherum vicarium*（Grig.）Roshev.

多年生草本。生于亚高山草甸、石质山坡、石灰岩丘陵、荒漠草原。海拔 600~2 700 m。

产西南天山、西天山、内天山。吉尔吉斯斯坦、乌兹别克斯坦;亚洲有分布。

*（6033）阿莱落芒草 **Piptatherum pamiralaicum**（**Grig.**）**Roshev.**

多年生草本。生于高山冰碛碎石堆、山脊草坡、砾岩质山坡。海拔 800~3 600 m。

产内天山、西南天山。吉尔吉斯斯坦;亚洲有分布。

*（6034）宽穗落芒草 **Piptatherum platyanthum Nevski**

多年生草本。生于冰碛碎石堆、山坡砾岩堆、干旱石质山坡、河流阶地、河谷、荒漠草原。海拔 500~3 500 m。

产内天山、西南天山。吉尔吉斯斯坦;亚洲有分布。

*（6035）紫穗落芒草 **Piptatherum purpurascens**（**Hack. ex Paulsen**）**Roshev.**

多年生草本。生于高山冰碛碎石堆、山崖岩屑堆、砾石质山坡、河谷、荒漠草原。海拔 600~3 600 m。

产内天山、西南天山。吉尔吉斯斯坦;亚洲有分布。

*（6036）罗希落芒草 **Piptatherum roshevitsianum Tzvelev**

多年生草本。生于亚高山草甸、山地河谷。海拔 3 100 m 上下。

产内天山。吉尔吉斯斯坦;亚洲有分布。

*（6037）索格达落芒草 **Piptatherum sogdianum**（**Grig.**）**Roshev.** = *Piptatherum fedtschenkoi* Roshev.

多年生草本。生于岩石峭壁砾岩堆、山崖岩石缝、亚高山草甸、山地草甸、山地草原、湿地、山坡草地、河流出山口阶地。海拔 600~3 100 m。

产北天山、内天山、西天山、西南天山。哈萨克斯坦、吉尔吉斯斯坦、乌兹别克斯坦；亚洲有分布。

（6038）新疆落芒草 **Piptatherum songaricum**（**Trin. et Rupr.**）**Roshev.** = *Piptatherum kokanicum*（Regel）Nevski

多年生草本。生于山地草甸、山脊坡地、山坡草地、石质化坡地、灌丛、河谷、河流阶地、低山丘陵。海拔 500~3 100 m。

产东天山、东北天山、准噶尔阿拉套山、北天山、内天山、中央天山、西天山、西南天山。中国、哈萨克斯坦、吉尔吉斯斯坦、乌兹别克斯坦、伊朗、俄罗斯；亚洲有分布。

（6039）天山落芒草 **Piptatherum songaricum subsp. tianschanicum**（**Drob. et Vved.**）**Tzvel.**

多年生草本。生于石质化坡地、灌丛、河床、干旱坡地。海拔 600~2 100 m。

产东天山、东北天山、准噶尔阿拉套山、北天山、西天山、西南天山。中国、吉尔吉斯斯坦、乌兹别克斯坦、伊朗；亚洲有分布。

*（6040）粗硬落芒草 **Piptatherum vicarium**（**Grig.**）**Roshev. ex E. Nikit.**

多年生草本。生于石质山坡、荒漠草原、石灰岩丘陵、裸露山脊。海拔 600~2 700 m。

产西南天山、西天山、内天山。吉尔吉斯斯坦、乌兹别克斯坦；亚洲有分布。

821. 针茅属 Stipa L.

*（6041）阿莱针茅 **Stipa alaica Pazij**

多年生草本。生于山地草甸、山坡草地、荒漠草原、山麓洪积扇。海拔 600~2 500 m。

产内天山。吉尔吉斯斯坦；亚洲有分布。

*（6042）阿拉伯针茅 **Stipa arabica Trin. et Rupr.**

多年生草本。生于山地草甸、河谷、河岸阶地、山地草原、荒漠草原、沙地。海拔 500~2 700 m。

产北天山。哈萨克斯坦、俄罗斯；亚洲、欧洲有分布。

*（6043）巴达克针茅 **Stipa badachschanica Roshev.**

多年生草本。生于山坡草地、低山丘陵、山地草原、黏土荒漠。海拔 400~1 500 m。

产准噶尔阿拉套山、北天山、中央天山、内天山、西天山、西南天山；哈萨克斯坦、吉尔吉斯斯坦、乌兹别克斯坦；亚洲有分布。

（6044）狼针茅 **Stipa baicalensis Roshev.**

多年生草本。生于山地草甸、山地草原。海拔 700~4 000 m。

产东南天山。中国、日本、蒙古、俄罗斯；亚洲有分布。

优良饲料。

（6045）短花针茅 **Stipa breviflora Griseb.**

多年生草本。生于高寒草原、山地草原、荒漠草原。海拔 1 000~2 900 m。

产东天山、北天山、东南天山。中国、哈萨克斯坦、吉尔吉斯斯坦、乌兹别克斯坦；亚洲有分布。

优良饲料。

（6046）长芒草 **Stipa bungeana Trin.**

多年生草本。生于山地草原、荒漠草原。海拔 1 000~1 700 m。

产东天山、北天山、东南天山。中国、吉尔吉斯斯坦、日本、蒙古；亚洲有分布。

优良饲料。

（6047）针茅 **Stipa capillata L.**

多年生草本。生于山地阳坡草地、山坡草地、山地草原、河边、荒漠、戈壁。海拔 830~2 350 m。

产东天山、东北天山、准噶尔阿拉套山、北天山、东南天山、中央天山。中国、哈萨克斯坦、蒙古、俄罗斯；亚洲、欧洲有分布。

优良饲料。

（6048）镰芒针茅 **Stipa caucasica Schmalh.** = *Stipa glareosa* P. A. Smirn. = *Stipa caucasica* subsp. *desertorum*（Roshev.）Tzvelev = *Stipa desertorum*（Roshev.）Ikonn.

多年生草本。生于高山和亚高山草甸、林缘、山地草甸、山地草原、荒漠草原、草原化荒漠、河漫滩草甸、石质山丘、平缓山地、山谷、河边草甸、沙砾质戈壁、路边。海拔 500~4 500 m。

产东天山、东北天山、准噶尔阿拉套山、北天山、东南天山、中央天山、内天山、西天山、西南天山。中国、哈萨克斯坦、吉尔吉斯斯坦、乌兹别克斯坦、蒙古、俄罗斯；亚洲有分布。

优良饲料。

（6049）荒漠镰芒针茅 **Stipa caucasica subsp. desertorum**（Roshev.）**Tzvel.** = *Stipa desertorum*（Roshev.）Ikonn

多年生草本。生于山地荒漠草原、草原化荒漠、石质山丘、平缓山地。海拔 1 600~3 500 m。

产东天山、准噶尔阿拉套山、北天山、东南天山、内天山。中国、哈萨克斯坦、蒙古、俄罗斯；亚洲有分布。

优良饲料。

（6050）近亲针茅 **Stipa consanguinea Trin. et Rupr.**

多年生草本。生于山坡草地、山地草原。海拔 1 550~2 500 m。

产东南天山。中国、俄罗斯；亚洲有分布。

优良饲料。

（6051）沙生针茅 **Stipa glareosa P. Smirn.**

多年生草本。生于亚高山草甸、荒漠草原、沙砾质戈壁、山谷、河边草甸、林缘、路旁。海拔 500~4 500 m。

产东天山、东北天山、准噶尔阿拉套山、北天山、东南天山、中央天山、内天山。中国、吉尔吉斯斯坦、乌兹别克斯坦、蒙古、俄罗斯；亚洲有分布。

优良饲料。

*（6052）库给套针茅 **Stipa gnezdilloi Pazij**

多年生草本。生于山坡草地、河流阶地。海拔 700~2 500 m。

产内天山。吉尔吉斯斯坦；亚洲有分布。

*（6053）粗针茅 **Stipa gracilis Roshev.**

多年生草本。生于山脊草坡、山谷、坡积石堆。海拔 800~2 500 m。

产西天山。吉尔吉斯斯坦；亚洲有分布。

*（6054）七脉针茅 **Stipa heptapotamica Golosk.**

多年生草本。生于山地阴坡草地、河谷。海拔 600~2 700 m。

产北天山。哈萨克斯坦；亚洲有分布。

*（6055）果根针茅 **Stipa hohenackeriana Trin. et Rupr.**

多年生草本。生于山坡草地、山地草原、荒漠草原。海拔 800~2 600 m。

产准噶尔阿拉套山、北天山。哈萨克斯坦、俄罗斯；亚洲有分布。

*（6056）卡拉套山针茅 **Stipa karataviensis Roshev.**

多年生草本。生于山坡草地、山地草原、荒漠草原、山麓洪积扇、山麓平原。海拔 700~
1 500 m。

产北天山、西天山、内天山。哈萨克斯坦、吉尔吉斯斯坦、乌兹别克斯坦；亚洲有分布。

（6057）长羽针茅 **Stipa kirghisorum P. Smirn.** = *Stipa violacea* Nikitina

多年生草本。生于山地草甸、山崖、山坡草地、灌丛、山地草原、河边、戈壁、沙地。海拔 350~
2 000 m。

产东天山、东北天山、准噶尔阿拉套山、北天山、东南天山、内天山、西天山、西南天山。中国、
哈萨克斯坦、吉尔吉斯斯坦、乌兹别克斯坦、蒙古、俄罗斯；亚洲有分布。

优良饲料。

（6058）西北针茅 **Stipa krylovii Roshev.** = *Stipa sareptana* subsp. *krylovii* (Roshev.) D. F. Cui

多年生草本。生于高寒草原、高山和亚高山阳坡石质坡地、山地草甸、山地草原、荒漠草原、农
田边。海拔 440~4 510 m。

产东天山、准噶尔阿拉套山、北天山、东南天山、中央天山。中国、哈萨克斯坦、蒙古、俄罗斯；
亚洲有分布。

优良饲料。

*（6059）昆盖针茅 **Stipa kungeica Golosk.**

多年生草本。生于荒漠草原、河流阶地、山口河谷、石膏土荒漠草地。海拔 800~1 900 m。

产西天山。吉尔吉斯斯坦；亚洲有分布。

（6060）细叶针茅 **Stipa lessingiana Trin. et Rupr.**

多年生草本。生于山地草原、荒漠草原。海拔 800~1 700 m。

产东天山、东北天山、准噶尔阿拉套山、北天山、西天山、西南天山。中国、哈萨克斯坦、吉尔吉
斯斯坦、乌兹别克斯坦、伊朗、俄罗斯；亚洲、欧洲有分布。

优良饲料。

*（6061）舌颖针茅 **Stipa lingua Junge** = *Stipa ovczinnikovii* Roshev.

多年生草本。生于细石质坡地、河流阶地、山地草原。海拔 500~1 800 m。

产内天山。吉尔吉斯斯坦；亚洲有分布。

*（6062）李普氏针茅 **Stipa lipskyi Roshev.**

多年生草本。生于山坡草地、低山丘陵、荒漠草原。海拔 500~2 300 m。

产西天山、西南天山、内天山。吉尔吉斯斯坦、乌兹别克斯坦；亚洲有分布。

*（6063）壮大针茅 **Stipa magnifica Junge**

多年生草本。生于山崖岩石缝、山谷、山坡碎石堆。海拔 700～2 300 m。

产内天山。吉尔吉斯斯坦；亚洲有分布。

*（6064）马吉兰针茅 **Stipa margelanica P. A. Smirn.**

多年生草本。生于山坡草地、细石质山坡、山地草原。海拔 500～2 400 m。

产西天山、西南天山、内天山。吉尔吉斯斯坦、乌兹别克斯坦；亚洲有分布。

（6065）东方针茅 **Stipa orientalis Trin.**

多年生草本。生于山地草甸、山坡草地、山地草原。海拔 300～4 300 m。

产东天山、东北天山、准噶尔阿拉套山、北天山、内天山、西天山、西南天山。中国、哈萨克斯坦、吉尔吉斯斯坦、乌兹别克斯坦、蒙古、印度、俄罗斯；亚洲、欧洲有分布。

优良饲料。

（6066）疏花针茅 **Stipa penicillata Hand.-Mazz.**

多年生草本。生于高寒草原、山地草甸、山坡草地、低山丘陵。海拔 2 200～3 000 m。

产东天山、北天山、东南天山。中国；亚洲有分布。

优良饲料。

*（6067）羽状针茅 **Stipa pennata L.** =*Stipa joannis* Celak.

多年生草本。生于山地草甸、山地草原、低山河谷。海拔 800～2 700 m。

产准噶尔阿拉套山、北天山、西天山、西南天山。哈萨克斯坦、吉尔吉斯斯坦、乌兹别克斯坦、俄罗斯；亚洲、欧洲有分布。

*（6068）线叶针茅 **Stipa pseudocapillata Roshev.**

多年生草本。生于山地草原。海拔 400～600 m。

产准噶尔阿拉套山。哈萨克斯坦、俄罗斯；亚洲有分布。

*（6069）美丽针茅 **Stipa pulcherrima K. Koch**

多年生草本。生于山地草甸、山坡草地、灌丛、低山丘陵。海拔 1 200～2 600 m。

产准噶尔阿拉套山、北天山。哈萨克斯坦、俄罗斯；亚洲、欧洲有分布。

（6070）紫花针茅 **Stipa purpurea Griseb.** =*Ptilagrostis purpurea* (Griseb.) Roshev.

多年生草本。生于高山和亚高山草甸、高寒草原。海拔 2 500～4 800 m。

产北天山、东南天山、内天山、西天山。中国、哈萨克斯坦、吉尔吉斯斯坦、乌兹别克斯坦；亚洲有分布。

优良饲料。

（6071）狭穗针茅 **Stipa regeliana Hack.**

多年生草本。生于高山和亚高山阳坡草地、山地草甸、山坡草地。海拔 2 400～3 500 m。

产东天山、准噶尔阿拉套山、北天山、东南天山。中国、哈萨克斯坦；亚洲有分布。

优良饲料。

（6072）瑞氏针茅 **Stipa richteriana Kar. et Kir.** =*Stipa kuhitangii* Drobow

多年生草本。生于山地草甸、山坡草地、山地草原、荒漠草原、低山丘陵、草原化荒漠。海拔 550～3 000 m。

产东天山、准噶尔阿拉套山、北天山、东南天山、内天山、西天山、西南天山。中国、哈萨克斯坦、吉尔吉斯斯坦、乌兹别克斯坦、俄罗斯；亚洲有分布。

优良饲料。

(6073) 昆仑针茅 **Stipa roborowskyi Roshev.**

多年生草本。生于荒漠草原、山地草原。海拔 2 600~3 400 m。

产内天山。中国、哈萨克斯坦、吉尔吉斯斯坦、乌兹别克斯坦；亚洲有分布。

饲料。

(6074) 红针茅 **Stipa rubens P. A. Smirn.**

多年生草本。生于山地草甸、山地草原、荒漠草原、山麓平原、固定沙漠、沙地。海拔200~2 600 m。

产东天山、准噶尔阿拉套山、北天山。中国、哈萨克斯坦、土库曼斯坦、蒙古、俄罗斯；亚洲、欧洲有分布。

优良饲料。

(6075) 新疆针茅 **Stipa sareptana Beck**

多年生草本。生于山地草甸、山地林缘、灌丛、山地草原。海拔 450~2 700 m。

产东天山、东北天山、准噶尔阿拉套山、北天山、西天山、西南天山。中国、哈萨克斯坦、吉尔吉斯斯坦、乌兹别克斯坦、蒙古、俄罗斯；亚洲有分布。

优良饲料。

(6076) 西伯利亚针茅 **Stipa sibirica（L.）Lam.**

多年生草本。生于山地半阴坡草地。海拔 3 100 m 上下。

产准噶尔阿拉套山、北天山、东南天山。中国、哈萨克斯坦、俄罗斯；亚洲有分布。

饲料。

(6077) 座花针茅 **Stipa subsessiliflora（Rupr.）Roshev.** =*Ptilagrostis subsessiliflora*（Rupr.）Roshev.

多年生草本。生于高寒草原、高山和亚高山草甸、山地草甸、灌丛、山地草原、河滩沙地。海拔 1 200~4 300 m。

产准噶尔阿拉套山、北天山、东南天山、中央天山、内天山、西天山、西南天山。中国、哈萨克斯坦、吉尔吉斯斯坦、乌兹别克斯坦、俄罗斯；亚洲有分布。

优良饲料。

*(6078) 索维奇针茅 **Stipa szovitsiana Trin.**

多年生草本。生于黄土丘陵、细石质低山山坡、山麓黏土质沙地。海拔 400~1 500 m。

产北天山、准噶尔阿拉套山、东南天山、中央天山、西天山、西南天山。哈萨克斯坦、吉尔吉斯斯坦、乌兹别克斯坦；亚洲有分布。

*(6079) 塔拉斯针茅 **Stipa talassica Pazij.**

多年生草本。生于山地草甸、山地林下、河谷、山地草原。海拔 1 200~2 900 m。

产西南天山。乌兹别克斯坦；亚洲有分布。

(6080) 天山针茅 **Stipa tianschanica Roshev.**

多年生草本。生于山地草甸、山地林缘、山地草原、荒漠草原、草原化荒漠、灌丛。海拔 800~3 000 m。

产东天山、准噶尔阿拉套山、东南天山、中央天山、西天山、西南天山。中国、哈萨克斯坦、吉尔吉斯斯坦、乌兹别克斯坦、蒙古、俄罗斯；亚洲、欧洲有分布。

优良饲料。

（6081）戈壁针茅 **Stipa tianschanica subsp. gobica**（Roshev.）**D. F. Cui** = *Stipa gobica* Roshev.

多年生草本。生于荒漠草原、草原化荒漠、灌丛。海拔 800～2 000 m。

产东天山、准噶尔阿拉套山、东南天山、中央天山。中国、蒙古、俄罗斯；亚洲有分布。

优良饲料。

*（6082）土耳其针茅 **Stipa turkestanica Hack.**

多年生草本。生于山崖、岩石峭壁、山坡草地、河流阶地、山地草原。海拔 1 200～1 700 m。

产内天山。吉尔吉斯斯坦；亚洲有分布。

（6083）长舌针茅 **Stipa turkestanica subsp. macroglossa**（P. A. Smirn.）**R. Gonzalo** = *Stipa macroglossa* P. A. Smirn.

多年生草本。生于山地草甸、河流阶地、河谷草地、山地草原、荒漠草原。海拔 730～3 400 m。

产东天山、东北天山、内天山、准噶尔阿拉套山、北天山、西天山、西南天山。中国、哈萨克斯坦、吉尔吉斯斯坦、乌兹别克斯坦；亚洲有分布。

优良饲料。

*（6084）毛穗针茅 **Stipa turkestanica subsp. trichoides**（P. A. Smirn.）**Tzvelev** = *Stipa trichoides* P. A. Smirn.

多年生草本。生于山坡草地、山地草原、荒漠草原。海拔 700～1 700 m。

产西天山、西南天山、内天山。吉尔吉斯斯坦、乌兹别克斯坦；亚洲有分布。

*（6085）扎李克针茅 **Stipa zalesskii Wilensky** = *Stipa ucrainica* P. Smirn.

多年生草本。生于固定沙漠、荒漠草原、细石质山麓平原。海拔 200～1 300 m。

产准噶尔阿拉套山、北天山。哈萨克斯坦、土库曼斯坦；亚洲有分布。

822. 硬草属 Sclerochloa Beauv.

*（6086）硬草 **Sclerochloa dura**（L.）**Beauv.**

一年生草本。生于石质山地、渠边、路旁、居民区周边。海拔 200～1 500 m。

产内天山、西天山、西南天山。哈萨克斯坦、吉尔吉斯斯坦、乌兹别克斯坦、土库曼斯坦、伊朗、俄罗斯；亚洲、欧洲有分布。

823. 芨芨草属 Achnatherum Beauv.

（6087）锦鸡儿芨芨（小芨芨草）**Achnatherum caragana**（Tri. et Rupr.）**Nevwski** = *Lasiagrostis caragana*（Trin.）Trin. et Rupr. = *Stipa caragana* Trin.

多年生草本。生于丘陵、荒漠草原、草原化荒漠、干旱荒地、湖边、碱水沟旁。海拔 650～2 400 m。

产东天山、东北天山、准噶尔阿拉套山。中国、哈萨克斯坦、俄罗斯；亚洲有分布。

优良饲料、药用。

（6088）远东芨芨草 **Achnatherum extremiorientale**（Hara）**Keng ex P. C. Kuo.**

多年生草本。生于山坡草地、山谷草丛、林缘、灌丛、路旁。海拔 800～3 600 m。

产东北天山。中国、朝鲜、俄罗斯；亚洲有分布。

（6089）醉马草 **Achnatherum inebrians**（Hance）**Keng**

多年生草本。生于山地草甸、山坡草地、盐化草甸、沟谷、河岸阶地。海拔 395~2 400 m。

产东天山、东北天山、东南天山。中国；亚洲有分布。

有毒、药用。

（6090）北京芨芨草（京芒草）**Achnatherum pekinense**（Hance）**Ohwi**

多年生草本。生于山坡草地、山谷草丛、林缘、灌丛、路旁。海拔 800~3 600 m。

产东北天山。中国、朝鲜、俄罗斯；亚洲有分布。

（6091）光颖芨芨草（羽茅）**Achnatherum sibiricum**（L.）**Keng ex Tzvelev** = *Stipa sibirica*（L.）Lam.

多年生草本。生于山坡草地、林缘草甸、盐化草甸、盐碱地。海拔 600~3 420 m。

产东天山、东北天山、东南天山。中国、哈萨克斯坦、吉尔吉斯斯坦、乌兹别克斯坦、俄罗斯；亚洲有分布。

优良饲料。

（6092）芨芨草 **Achnatherum splendens**（Trin.）**Nevski** = *Lasiagrostis splendens*（Trin.）Kunt. = *Stipa splendens* Trin.

多年生草本。生于低地草甸、河谷草甸、山谷、沙砾质戈壁、平原林下、林缘、山坡、田野、渠边、路边。海拔 380~4 200 m。

产东天山、东北天山、准噶尔阿拉套山、北天山、东南天山、中央天山、内天山、西天山、西南天山。中国、哈萨克斯坦、吉尔吉斯斯坦、乌兹别克斯坦、蒙古、俄罗斯；亚洲、欧洲有分布。

优良饲料、药用。

824. 细柄茅属 Ptilagrostis Griseb.

（6093）优雅细柄茅（太白细柄茅）**Ptilagrostis concinna**（Hook. f.）**Roshev.** = *Ptilagrostis schischkinii*（Tzvel.）Czerep.

多年生草本。生于山地草甸、山坡草地。海拔 2 420~5 100 m。

产东天山、准噶尔阿拉套山、北天山、东南天山。中国、哈萨克斯坦、俄罗斯；亚洲有分布。

优良饲料。

（6094）细柄茅 **Ptilagrostis mongholica**（Turcz. ex Trin.）**Griseb.**

多年生草本。生于亚高山草甸、高寒草原、山地草原、戈壁。海拔 1 680~4 600 m。

产东天山、东北天山、准噶尔阿拉套山、北天山、东南天山、中央天山、内天山、西天山、西南天山。中国、哈萨克斯坦、吉尔吉斯斯坦、乌兹别克斯坦、蒙古、俄罗斯；亚洲有分布。

优良饲料。

（6095）中亚细柄茅 **Ptilagrostis pelliotii**（Danguy）**Grubow**

多年生草本。生于石质坡地、河漫滩、山地草原、荒漠草原。海拔 1 000~3 460 m。

产东天山、内天山、中央天山。中国、蒙古、土耳其；亚洲有分布。

优良饲料。

825. 扇穗茅属 Littledalea Hemsl.

（6096）帕米尔扇穗茅 **Littledalea alaica**（Korsh.）**Petrov ex Kom**

多年生草本。生于山坡草地、山地河谷。海拔 1 200~2 800 m。

产内天山。中国、吉尔吉斯斯坦；亚洲有分布。

*826. 脆穗茅属（细头茅属）Psilurus Trin.

> *（6097）脆穗茅 **Psilurus incurvus**（Gouan）**Schinz et Thell.** = *Nardus incurva* Gouan
>
> 一年生草本。生于山坡草地、细石质黄土丘陵。海拔 700~2 800 m。
>
> 产内天山。吉尔吉斯斯坦、土库曼斯坦;亚洲有分布。

827. 钝基草属 Timouria Roshev.

> （6098）钝基草 **Timouria saposhnikowii Roshev.** = *Stipa saposhnikowii*（Roshev.）Kitag. = *Achnatherum saposhnikovii*（Roshev.）Nevski
>
> 多年生草本。生于高山和亚高山草甸、山坡草地、山地草原。海拔 1 500~3 500 m。
>
> 产东天山、东北天山、北天山、东南天山、中央天山、西天山、西南天山。中国、哈萨克斯坦、吉尔吉斯斯坦、乌兹别克斯坦、蒙古;亚洲有分布。
>
> 单种属植物。优等饲料。

828. 冠毛草属 Stephanachne Keng

> （6099）冠毛草 **Stephanachne pappophorea**（Hack.）**Keng** = *Pappagrostis pappophorea*（Hack.）Roshev.
>
> 多年生草本。生于高山和亚高山草甸、山坡草地、山地草原、草原化荒漠、渠边、田边。海拔 1 710~3 800 m。
>
> 产东天山、内天山。中国、吉尔吉斯斯坦;亚洲有分布。

829. 九顶草属 Enneapogon Desv. ex Beauv.

> （6100）九顶草 **Enneapogon borealis**（Griseb.）**Honda** = *Enneapogon desvauxii* P. Beauv.
>
> 多年生草本。生于山地草原、荒漠草原。海拔 500~1 500 m。
>
> 产东天山、准噶尔阿拉套山、北天山。中国、哈萨克斯坦、蒙古、俄罗斯;亚洲有分布。
>
> *（6101）波斯九顶草 **Enneapogon persicus Boiss.**
>
> 多年生草本。生于干旱山坡草地、石质坡地、河漫滩。海拔 500~1 600 m。
>
> 产北天山、西天山、西南天山。哈萨克斯坦、吉尔吉斯斯坦、乌兹别克斯坦、俄罗斯;亚洲有分布。

830. 獐毛属 Aeluropus Trin.

> *（6102）中獐毛 **Aeluropus intermedius Gegel**
>
> 多年生草本。生于盐渍化沙地、山麓盐碱地。海拔 400~1 500 m。
>
> 产西天山、西南天山、内天山。哈萨克斯坦、吉尔吉斯斯坦、乌兹别克斯坦、俄罗斯;亚洲、欧洲有分布。
>
> *（6103）兔足獐毛 **Aeluropus lagopoides**（L.）**Thwaites** = *Aeluropus repens*（Desf.）Parl.
>
> 多年生草本。生于盐化草甸、盐化沙地。海拔 400~1 200 m。
>
> 产西天山。乌兹别克斯坦、俄罗斯;亚洲有分布。
>
> *（6104）盐生獐毛 **Aeluropus littoralis**（Gouan.）**Parl.**
>
> 多年生草本。生于盐化草甸草原、盐化荒漠草原。海拔 300~900 m。
>
> 产北天山。哈萨克斯坦、俄罗斯;亚洲、欧洲有分布。
>
> （6105）密穗小獐毛（微药獐毛）**Aeluropus micrantherus Tzvel.**
>
> 多年生草本。生于盐化低地草甸、果园沙地、河滩、苗圃、盐碱地。海拔 450~3 500 m。

产东天山、北天山。中国、蒙古；亚洲有分布。

优良饲料。

(6106) 毛叶獐毛 **Aeluropus pilosus**（**X. L. Yang**）**S. L. Chen et X. L. Yang**

多年生草本。生于盐化低地草甸。海拔 560 m 上下。

产准噶尔阿拉套山。中国；亚洲有分布。

中国特有成分。

(6107) 小獐毛 **Aeluropus pungens**（**Bieb.**）**C. Koch**

多年生草本。生于砾质戈壁、冲积扇扇缘低地、湖滨周围、河边、河旁阶地、盐化草甸、路边、林下、渠边、田野、撂荒地。海拔 395~1 841 m。

产东天山、东北天山、准噶尔阿拉套山、北天山、东南天山、中央天山、内天山。中国、哈萨克斯坦、吉尔吉斯斯坦、乌兹别克斯坦、蒙古、伊朗、印度、俄罗斯；亚洲、欧洲有分布。

优良饲料。

*(6108) 黑山獐毛 **Aeluropus repens**（**Desf.**）**Parl.**

多年生草本。生于盐渍化沙漠、盐化草甸草原。海拔 400~1 200 m。

产西天山。乌兹别克斯坦、俄罗斯；亚洲有分布。

(6109) 獐毛 **Aeluropus sinensis**（**Debeaux**）**Tzvelev** = *Aeluropus littoralis*（Gouan.）Parl. = *Aeluropus pungens* K. Koch. = *Aeluropus micrantherus* Tzvelev = *Aeluropus intermedius* Regel

多年生草本。生于山地林下、砾质戈壁、冲积扇扇缘草地、盐碱地、湖滨、海边、河边、河岸阶地、盐化草甸、盐渍化沙地、路边、渠边、田野、果园、沙地、苗圃、撂荒地、荒漠河岸林下。海拔 0~3 500 m。

产东天山、东北天山、准噶尔阿拉套山、北天山、东南天山、中央天山、内天山、西天山、西南天山。中国、哈萨克斯坦、吉尔吉斯斯坦、乌兹别克斯坦、蒙古、伊朗、印度、俄罗斯；亚洲、欧洲有分布。

优良饲料、沿海固沙。

*831. 剪棒草属 Agropogon Fourn.

*(6110) 滨海剪棒草 **Agropogon littoralis C. E. Hubb.** = *Agropogon lutosus*（Poir.）P. Fourn.

多年生草本。生于山麓洪积-冲积扇、盐渍化草地。海拔 400~2 100 m。

产西天山、西南天山。哈萨克斯坦、吉尔吉斯斯坦、乌兹别克斯坦；亚洲有分布。

832. 画眉草属 Eragrostis Wolf

(6111) 大画眉草 **Eragrostis cilianensis**（**All.**）**Janch** = *Eragrostis megastachya*（Koelev）Link = *Eragrostis starosseiskyi* Grossh.

一年生草本。生于高山和亚高山草甸、山地草甸、山坡草地、河谷、河流阶地、盐化草甸、盐碱地、渠边、农田、路旁、沙地、荒地。海拔 400~3 700 m。

产东天山、东北天山、准噶尔阿拉套山、北天山、东南天山、中央天山、西天山、西南天山。中国、哈萨克斯坦、吉尔吉斯斯坦、乌兹别克斯坦、俄罗斯。全世界有分布。

饲料、药用。

(6112) 戈壁画眉草 **Eragrostis collina Trin.** = *Eragrostis arundinacea*（L.）Roshev.

一年生草本。生于山坡草地、河滩、盐化草地、戈壁。海拔 300~1 200 m。

产准噶尔阿拉套山、北天山、西天山。中国、哈萨克斯坦、乌兹别克斯坦、俄罗斯;亚洲有分布。
饲料、药用。

（6113）小画眉草 **Eragrostis minor Host** =*Eragrostis suaveolens* A. K. Becker ex Claus
一年生草本。生于山坡草地、山谷、河边、河谷草甸、干旱山沟、河漫滩、渠边、路边、宅旁、田边、荒地。海拔 100~1 800 m。
产东天山、东北天山、准噶尔阿拉套山、北天山、东南天山。中国、哈萨克斯坦、俄罗斯。全球暖温带有分布。
饲料、药用。

（6114）画眉草 **Eragrostis pilosa**（L.）**P. Beauv.**
一年生草本。生于山坡草地、干沟、河岸、路边、渠边、田边、宅旁、荒地、荒漠、戈壁。海拔 500~1 630 m。
产东天山、东北天山、准噶尔阿拉套山、北天山。中国、哈萨克斯坦、俄罗斯;全球温暖带均有分布。
饲料、药用。

*（6115）斯达村画眉草 **Eragrostis starosseiskyi Grossh.** =*Eragrostis cilianensis*（All.）Link. ex Lutati.
一年生草本。生于山地草原、草原陡山坡、河流阶地。海拔 900~1 600 m。
产准噶尔阿拉套山。哈萨克斯坦、吉尔吉斯斯坦、乌兹别克斯坦、俄罗斯;亚洲有分布。

833. 隐子草属 Cleistogenes Keng

*（6116）晚熟隐子草 **Cleistogenes serotina**（L.）**Keng**
多年生草本。生于干旱山坡、岩石峭壁、砾石质河谷。海拔 800~2 100 m。
产北天山。哈萨克斯坦、土库曼斯坦、俄罗斯;亚洲、欧洲有分布。

（6117）无芒隐子草 **Cleistogenes songorica**（Roshev.）**Ohwi.**
多年生草本。生于山坡草地、山谷、山地草原、荒漠草原、山麓洪积-冲积扇、戈壁。海拔 440~2 000 m。
产东天山、准噶尔阿拉套山、北天山、东南天山。中国、哈萨克斯坦、吉尔吉斯斯坦、日本、俄罗斯;亚洲有分布。
优良饲料。

（6118）糙隐子草 **Cleistogenes squarrosa**（Trin.）**Keng**
多年生草本。生于山坡草地、山地草原、草原化荒漠、荒漠草原、河漫滩、荒漠戈壁。海拔 480~2 000 m。
产准噶尔阿拉套山、北天山。中国、哈萨克斯坦、蒙古、俄罗斯;亚洲、欧洲有分布。
优良饲料。

834. 草沙蚕属 Tripogon Roem. et Schult.

（6119）玫瑰紫草沙蚕 **Tripogon purpurascens Duthie**
多年生草本。生于山地草坡、山地草原、草原化荒漠、荒漠草原。海拔 1 380~2 000 m。
产东南天山。中国、蒙古;亚洲有分布。

835. 虎尾草属 Chloris Sw.

(6120) 虎尾草 Chloris virgata Sw.

一年生草本。生于山坡草地、河岸沙地、河滩、田间、渠边、果园、路边、荒野。海拔 360 ~ 2 000 m。

产东天山、东北天山、准噶尔阿拉套山、北天山、东南天山、中央天山、内天山。中国、哈萨克斯坦、吉尔吉斯斯坦、俄罗斯;全球热带及温带有分布。

836. 狗牙根属 Cynodon Rich.

(6121) 狗牙根 Cynodon dactylon (L.) Pers.

多年生草本。生于山地林下、荒山坡、河岸、河水泛滥地、沟谷、村落周边、路旁、田间、渠边、低洼地、盐碱地。海拔 200 ~ 1 505 m。

产东天山、东北天山、准噶尔阿拉套山、北天山。中国、哈萨克斯坦、吉尔吉斯斯坦、俄罗斯;全球暖温带有分布。

饲料、药用、水土保持、绿化。

837. 隐花草属 Crypsis Ait.

(6122) 隐花草 Crypsis aculeata (L.) Ait. = *Sporobolus aculeatus* (L.) P. M. Peterson

一年生草本。生于河漫滩、水泛地、汇水洼地、沼泽化草甸、田野、湿草地。海拔 300 ~ 1 202 m。

产东天山、准噶尔阿拉套山、北天山、东南天山、中央天山、西天山、西南天山。中国、哈萨克斯坦、吉尔吉斯斯坦、乌兹别克斯坦、俄罗斯;亚洲、欧洲有分布。

(6123) 蔺状隐花草 Crypsis schoenoides (L.) Lam = *Sporobolus schoenoides* (L.) P. M. Peterson

一年生草本。生于河漫滩、水边湿地、沼泽化低地草甸、山沟、湖边、稻田边、田野、湿地。海拔 350 ~ 1 500 m。

产东天山、东北天山、准噶尔阿拉套山、北天山、东南天山、中央天山、西天山、西南天山。中国、哈萨克斯坦、吉尔吉斯斯坦、乌兹别克斯坦、俄罗斯;亚洲、欧洲、美洲有分布。

*(6124) 土耳其隐花草 Crypsis turkeanica Eig = *Sporobolus turkestanicus* (Eig) P. M. Peterson

一年生草本。生于龟裂土荒漠、盐渍化沙地。海拔 200 ~ 600 m。

产北天山、西天山、西南天山。哈萨克斯坦、吉尔吉斯斯坦、乌兹别克斯坦、俄罗斯;亚洲、欧洲有分布。

838. 黍属 Panicum L.

(6125) 稷黍 Panicum miliaceum subsp. ruderale (Kitag.) Tzvel.

一年生草本。生于河谷草甸、河边、林缘草甸。海拔 480 m 上下。

产北天山。中国;亚洲、欧洲、美洲、非洲等温暖地区都有栽培。

839. 稗属 Echinochloa P. Beauv.

(6126) 长芒稗 Echinochloa caudata Roshev.

一年生草本。生于田边、路旁、河边湿润处。海拔 30 ~ 2 000 m。

产中央天山。中国、俄罗斯、朝鲜、日本;亚洲有分布。

优良饲料、食用、制糖、酿酒。

（6127）光头稗 **Echinochloa colona（L.）Link** = *Echinochloa crus-galli* var. *mitis*（Pursh）Peterm. = *Echinochloa occidentalis*（Wiegand）Rydb.

一年生草本。生于田边、路边、水稻田、河岸、原野、渠边、林内、河滩地、湿草地。海拔200~1 580 m。

产东天山、东北天山、北天山、东南天山、内天山、西天山、西南天山。中国、哈萨克斯坦、吉尔吉斯斯坦、乌兹别克斯坦、俄罗斯；全球各大洲有分布。

优良饲料、食用、制糖、酿酒。

（6128）稗 **Echinochloa crusgalli（L.）P. Beauv.** = *Echinochloa caudata* Roshev.

一年生草本。生于田间、路旁、河边、原野、渠边、果园、防护林下、河滩、水边、湿草地、戈壁。海拔480~1 400 m。

产东天山、东北天山、北天山、东南天山、中央天山。中国、哈萨克斯坦、吉尔吉斯斯坦、乌兹别克斯坦、朝鲜、日本、俄罗斯；全球各大洲有分布。

优良饲料、食用、药用、制糖、酿酒。

（6129）无芒稗 **Echinochloa crusgalli var. mitis（Pursh）Peterm.** = *Echinochloa occidentalis*（Wiegand）Rydb.

一年生草本。生于农田、河岸、田野、渠边、果园、防护林、路边、戈壁、河滩地、湿草地。海拔480~1 400 m。

产东天山、东北天山、北天山、东南天山、中央天山。中国、哈萨克斯坦、吉尔吉斯斯坦、乌兹别克斯坦、俄罗斯；全球各大洲有分布。

（6130）旱稗 **Echinochloa hispidula（Retz.）Nees**

一年生草本。生于田野水湿处。海拔70~2 000 m。

产东北天山。中国、朝鲜、日本、印度；亚洲有分布。

*（6131）小果稗 **Echinohloa macrocarpa Vasing.**

一年生草本。生于田边、河边、沼泽湿地。海拔900~2 300 m。

产内天山。吉尔吉斯斯坦；亚洲有分布。

（6132）水田稗 **Echinochloa oryzoides（Ard.）Fritsch** = *Echinochloa macrocarpa* Vasinger = *Echinochloa oryzicola* Vasinger

一年生草本。生于河边、沼泽湿地、稻田、田边、湿草地。海拔200~2 300 m。

产中央天山、内天山、西南天山。中国、哈萨克斯坦、吉尔吉斯斯坦、乌兹别克斯坦、俄罗斯；亚洲有分布。

优良饲料、食用、药用、制糖、酿酒。

***840. 猬禾属 Echinaria Desf.**

*（6133）猬禾 **Echinaria capitata（L.）Desf.**

一年生草本。生于石质干山坡、山麓平原。海拔500~1 500 m。

产西天山、西南天山、内天山。吉尔吉斯斯坦、乌兹别克斯坦、俄罗斯；亚洲、欧洲有分布。

*841. 三毛禾属 Trisetaria Forssk.

*(6134) 劳叶富林嘎三毛禾 **Trisetaria loeflingiana**（**L.**）**Paunero** = *Trisetaria cavanillesii* Maire = *Trisetum cavanillesii* Trin.

一年生草本。生于山坡草地、砾岩堆、固定沙漠。海拔 300～2 300 m。

产西天山、内天山。吉尔吉斯斯坦、乌兹别克斯坦、俄罗斯;亚洲有分布。

*(6135) 尖颖三毛禾 **Trisetaria cavanillesii subsp. sabulosa Tzvel.**

一年生草本。生于石质低山坡、砾岩堆、固定沙漠。海拔 300～900 m。

产西天山。吉尔吉斯斯坦、乌兹别克斯坦、俄罗斯;亚洲有分布。

842. 马唐属 Digitaria Hall.

(6136) 升马唐 **Digitaria ciliaris**（**Retz.**）**Koelev**

一年生草本。生于原野、农田、防护林下。海拔 400 m 上下。

产东天山。中国;全球各大洲有分布。

优良饲料。

(6137) 止血马唐 **Digitaria ischaemum**（**Schreb.**）**Muhl.** = *Digitaria asiatica* Tzvel. = *Digitaria linearis* Crep.

一年生草本。生于沙质坡地、干河床、山麓洪积扇、田野、河边湿地。海拔 800～1 900 m。

产内天山、北天山、西天山、西南天山。中国、哈萨克斯坦、吉尔吉斯斯坦、乌兹别克斯坦、俄罗斯;亚洲、欧洲有分布。

优良饲料。

(6138) 马唐 **Digitaria sanguinalis**（**L.**）**Scop.** = *Digitaria aegyptiaca* Willd.

一年生草本。生于盐化荒漠、平原沙地、渠边、田野、垃圾堆。海拔 300～1 500 m。

产准噶尔阿拉套山、北天山、中央天山、内天山、西天山、西南天山。中国、哈萨克斯坦、吉尔吉斯斯坦、乌兹别克斯坦、俄罗斯;亚洲、欧洲有分布。

药用。

(6139) 昆仑马唐 **Digitaria stewartiana Bor**

一年生草本。生于低山带农区田间、地边。海拔 850～2 000 m。

产东南天山。中国、印度;亚洲有分布。

饲料、药用。

(6140) 紫马唐 **Digitaria violascens Link**

一年生草本。生于荒野、田边、宅旁、渠边。海拔 982～1 200 m。

产东天山、东南天山。中国;亚洲、美洲有分布。

优良饲料、药用。

843. 蒺藜草属 Cenchrus L.

(6141) 柔软蒺藜草 **Cenchrus flaccidus**（**Griseb.**）**Morrone** = *Pennisetum flaccidum* Griseb.

多年生草本。生于山谷草甸、低山河谷、沙质河滩、农田、果园、渠边、田边、路边、撂荒地、固定沙地、丘间低地。海拔 210～3 200 m。

产东天山、东南天山、中央天山、内天山、西天山。中国、吉尔吉斯斯坦、乌兹别克斯坦、日本、印度、俄罗斯;亚洲有分布。

844. 狗尾草属 Setaria Beauv.

*（6142）大狗尾草 Setaria faberii R. A. W. Herrm. =*Setaria macrocarpa* Lucznik

一年生草本。生于盐化草甸、稻田。海拔 300～700 m。

产北天山、西天山、西南天山。哈萨克斯坦、吉尔吉斯斯坦、乌兹别克斯坦、俄罗斯；亚洲、欧洲有分布。

（6143）金色狗尾草 Setaria glauca（L.）P. Beauv. =*Cenchrus americanus*（L.）Morrone

一年生草本。生于河谷草甸、田间、地边、渠边、路边、荒野。海拔 540～1 360 m。

产东天山、东北天山、准噶尔阿拉套山、北天山、东南天山、中央天山、内天山。中国、哈萨克斯坦、俄罗斯；亚洲、欧洲有分布。

优良饲料。

*（6144）轮生狗尾草 Setaria verticillata（L.）P. Beauv.

一年生草本。生于居民区周边、田间。海拔 300～1 600 m。

产准噶尔阿拉套山、北天山、中央天山、内天山、西天山、西南天山。哈萨克斯坦、吉尔吉斯斯坦、乌兹别克斯坦、俄罗斯；亚洲、欧洲有分布。

（6145）狗尾草 Setaria viridis（L.）P. Beauv. =*Setaria viridis* subsp. *pycnocoma*（Steud.）Tzvelev =*Setaria pycnocoma*（Steud.）Henrard ex Nakai

一年生草本。生于山地草甸、山坡草地、山地河谷林下、山地草原、盐化沼泽草甸、田间、地边、渠边、路边、果园、瓜菜地、荒野、荒漠河岸林下。海拔 40～4 000 m。

产东天山、东北天山、准噶尔阿拉套山、北天山、东南天山、中央天山、内天山、西天山、西南天山。中国、哈萨克斯坦、吉尔吉斯斯坦、乌兹别克斯坦、俄罗斯；全球温带和亚热带有分布。

饲料、药用、杀虫、植化原料（糠醛）。

845. 狼尾草属 Pennisetum Rich.

（6146）白草 Pennisetum centrasiaticum Tzvel. =*Pennisetum flaccidum* Grisebach

多年生草本。生于谷地草甸、固定沙地、沙丘间洼地、农田、果园、田野、渠边、田边、地埂、路边、撂荒地。海拔 210～3 200 m。

产东天山、东南天山、中央天山、内天山。中国、日本、印度、俄罗斯；亚洲有分布。

*（6147）光狼尾草 Pennisetum flaccidum Griseb.

多年生草本。生于沙质河滩、路旁、低山带河谷。海拔 300～2 100 m。

产西天山。吉尔吉斯斯坦；亚洲有分布。

*（6148）东方狼尾草 Pennisetum orientale Rich.

多年生草本。生于山地干旱坡地、河边、山麓平原。海拔 300～1 800 m。

产西天山。吉尔吉斯斯坦、俄罗斯；亚洲有分布。

846. 荩草属 Arthraxon P. Beauv.

（6149）中亚荩草 Arthraxon hispidus var. centrasiaticum（Griseb.）Handa =*Arthraxon hispidus* subsp. *centrasiaticus*（Griseb.）Tzvel.

一年生草本。生于水边、沼泽化草甸、草甸湿地。海拔 400～1 500 m。

产东天山、北天山、西天山、西南天山。中国、哈萨克斯坦、吉尔吉斯斯坦、乌兹别克斯坦、日本；亚洲有分布。

（6150）荩草 **Arthraxon hispidus**（Thunb.）**Makino**

一年生草本。生于山坡草地、山沟、河畔、绿洲周边、水边、沼泽化草甸、草甸湿地、渠边。海拔100~1 500 m。

产东天山、东北天山、东南天山、北天山、中央天山、西天山、西南天山。中国、哈萨克斯坦、吉尔吉斯斯坦、乌兹别克斯坦、日本、俄罗斯;亚洲、欧洲有分布。

药用。

*（6151）细枝荩草 **Arthraxon langsdroffii**（Trin.）**Host.**

一年生草本。生于绿洲边缘、渠边。海拔400~1 500 m。

产北天山、西天山、西南天山。哈萨克斯坦、吉尔吉斯斯坦、乌兹别克斯坦、俄罗斯;亚洲有分布。

847. 芦竹属 **Arundo L.**

（6152）芦竹 **Arundo donax L.**

多年生草本。生于山溪边、湖边、沟渠边。海拔200~2 100 m。

产内天山。中国(南方)、吉尔吉斯斯坦、俄罗斯、西班牙;亚洲、欧洲、非洲、大洋洲有分布。

848. 孔颖草属 **Bothriochloa Kuntze**

（6153）臭根子草 **Bothriochloa bladhii**（Retz.）**S. T. Blake**

多年生草本。生于山地草甸、山坡草地、山地草原、灌丛、人工草场。海拔980~2 000 m。

产东天山、北天山、内天山、西天山、西南天山。中国、吉尔吉斯斯坦、乌兹别克斯坦、俄罗斯;亚洲、非洲、大洋洲有分布。

优良饲料。

（6154）白羊草 **Bothriochloa ischaemum**（L.）**Keng**

多年生草本。生于山坡草地、山地草甸、低山丘陵、河畔、渠边、果园、原野、戈壁。海拔480~2 600 m。

产东天山、东北天山、准噶尔阿拉套山、北天山、中央天山、内天山。中国、哈萨克斯坦、俄罗斯;全球温暖地区有分布。

优良饲料。

849. 臂形草属 **Brachiaria**（Trin.）**Griseb.**

（6155）臂形草 **Brachiaria eruciformis**（Sm.）**Griseb.**

一年生草本。生于山地草原、山麓平原、沼泽湿地、山坡草地、旱田中。海拔300~1 500 m。

产西南天山。中国(南方)、乌兹别克斯坦、印度、俄罗斯;亚洲有分布。

九十、莎草科 Cyperaceae

850. 藨草属 **Scirpus L.**

（6156）剑苞藨草 **Scirpus ehrenbergii Bocklr**

多年生草本。生于水边及沼泽草甸。海拔500~1 600 m。

产东天山、北天山。中国、哈萨克斯坦、俄罗斯;亚洲、欧洲有分布。

（6157）萤蔺 **Scirpus juncoides Roxb.** =*Hymenochaeta juncoides*（Roxb.）Nakai
一年生草本。生于河滩、水边、湖泊、沼泽。海拔300~2 000 m。
产东南天山、中央天山。中国、印度、缅甸、马来西亚、俄罗斯；亚洲、澳洲、北美洲有分布。

（6158）沼生蔍草 **Scirpus lacustris L.** =*Hymenochaeta lacustris*（L.）Nakai
多年生草本。生于积水沼泽、河湖边浅水处。海拔388 m以上。
产东北天山、准噶尔阿拉套山。中国、哈萨克斯坦、俄罗斯；亚洲、欧洲有分布。

（6159）羽状刚毛蔍草 **Scirpus litoralis Schrad.**
多年生草本。生于水边、浅水沼泽。海拔827~2 510 m。
产东天山、东北天山、北天山、东南天山、中央天山、内天山。中国、哈萨克斯坦、印度、俄罗斯；亚洲、欧洲有分布。

（6160）北水毛花 **Scirpus mucronatus L.**
多年生草本。生于水边、河谷湿草地、草甸湿地、湖边。海拔400~2 000 m。
产内天山。中国、哈萨克斯坦、吉尔吉斯斯坦、乌兹别克斯坦、俄罗斯；亚洲、欧洲有分布。
编织。

（6161）矮蔍草 **Scirpus pumilus Vahl** = *Trichophorum pumilus*（Vahl）Schinz et Thrll. = *Baeothryon pumilus*（Vahl）A. et D. Love
多年生草本。生于水边、河谷湿草地。海拔700~1 500 m。
产东天山、北天山。中国、哈萨克斯坦、吉尔吉斯斯坦、乌兹别克斯坦、俄罗斯、伊朗；亚洲、欧洲有分布。

（6162）细秆蔍草 **Scirpus setaceus L.**
一年生草本。生于水边、沼泽化草甸。海拔1 000~2 400 m。
产准噶尔阿拉套山。中国（青河县）、哈萨克斯坦、俄罗斯；亚洲、欧洲有分布。

（6163）仰卧秆蔍草 **Scirpus supinus L.**
多年生草本。生于水边、河谷湿草甸。海拔600~2 300 m。
产中央天山。中国、俄罗斯；亚洲、欧洲有分布。

（6164）林生蔍草 **Scirpus sylvaticus L.**
多年生草本。生于沼泽草甸、湖边、灌丛、林缘、湿地。海拔200~2 700 m。
产准噶尔阿拉套山。中国、哈萨克斯坦、蒙古、俄罗斯；亚洲、欧洲有分布。

（6165）水葱 **Scirpus tabernaemontani Gmel.**
多年生草本。生于积水沼泽、水边湿草地、水稻田。海拔100~3 700 m。
产东天山、东北天山、准噶尔阿拉套山、北天山、东南天山、中央天山、内天山。中国、哈萨克斯坦、日本、朝鲜、俄罗斯；亚洲、欧洲、美洲、大洋洲有分布。
编织、造纸。

（6166）蔍草 **Scirpus triqueter L.**
多年生草本。生于山地草原、水边、沼泽草甸、稻田。海拔900~1 800 m。
产东天山、准噶尔阿拉套山、北天山、东南天山、中央天山、内天山、西天山、西南天山。中国、哈萨克斯坦、吉尔吉斯斯坦、乌兹别克斯坦、日本、朝鲜、俄罗斯；亚洲、欧洲、美洲有分布。

*（6167）三棱形薦草 **Scirpus triquetriformis**（**V. Krecz.**）**Egor.** = *Schoenoplectus triquetriformis* V. Krecz.

一年生草本。生于河边、湖边湿地、盐渍化草甸。海拔 400~2 500 m。

产准噶尔阿拉套山。哈萨克斯坦、吉尔吉斯斯坦、乌兹别克斯坦;亚洲有分布。

851. 三棱草属 Bolboschoenus（Asch.）Palla

（6168）滨海三棱草 **Bolboschoenus maritimus**（**L.**）**Palla** = *Scirpus maritimus* L.

多年生草本。生于山溪边、沼泽草甸、河边、湖边、水稻田。海拔 1 000~1965 m。

产东天山、东北天山、北天山、东南天山、内天山、西天山、西南天山。中国、哈萨克斯坦、吉尔吉斯斯坦、乌兹别克斯坦、俄罗斯;亚洲、欧洲有分布。

（6169）球穗三棱草 **Bolboschoenus affinis**（**Roth**）**Drobow** = *Bolboschoenus maritimus* subsp. *affinis*（Roth）T. Koyama = *Scirpus strobilinus* Roxb. = *Bolboschoenus popovii* T. V. Egorova

多年生草本。生于山溪边、浅水沼泽、河边、湖边湿草地。海拔 2 000 m 上下。

产东天山、准噶尔阿拉套山、东南天山、中央天山、内天山。中国、哈萨克斯坦、吉尔吉斯斯坦、乌兹别克斯坦、伊朗、印度、俄罗斯;亚洲、欧洲有分布。

药用。

（6170）扁秆三棱草 **Bolboschoenus planiculmis**（**F. Schmidt**）**T. V. Egorova** = *Scirpus planiculmis* Fr. Schmidt

多年生草本。生于山溪边、浅水沼泽、河边、湖边湿草地、水稻田。海拔 600~2 500 m。

产东天山、东北天山、准噶尔阿拉套山、北天山、东南天山、中央天山、内天山。中国、朝鲜、日本、俄罗斯;亚洲有分布。

药用。

852. 针蔺属（蔺薦草属）Trichophorum Pers.

（6171）矮针蔺 **Trichophorum pumilus**（**Vahl**）**Schinz et Thrll.** = *Scirpus pumilus* Vahl = *Baeothryon pumilus*（Vahl）A. et D. Love

多年生草本。生于水边、河谷湿地。海拔 700~1 500 m。

产东天山、北天山。中国、哈萨克斯坦、吉尔吉斯斯坦、乌兹别克斯坦、俄罗斯、伊朗;亚洲、欧洲有分布。

853. 细莞属 Isolepis R. Br.

（6172）细莞 **Isolepis setacea**（**L.**）**R. Br.** = *Scirpus setaceus* L.

一年生草本。生于水边、沼泽化草甸。海拔 1 000~2 400 m。

产准噶尔阿拉套山。中国、哈萨克斯坦、俄罗斯;亚洲、欧洲有分布。

854. 扁穗草属 Blysmus Panz.

（6173）扁穗草 **Blysmus compressus**（**L.**）**Panz. ex Link**

多年生草本。生于山地草甸、河谷草甸、湖沼、水边、沼泽草甸、积水洼地、河流与湖泊沿岸、沙丘间低地。海拔 480~3 600 m。

产东天山、东北天山、准噶尔阿拉套山、北天山、东南天山、中央天山、内天山、西天山、西南天山。中国、哈萨克斯坦、吉尔吉斯斯坦、乌兹别克斯坦、俄罗斯;亚洲、欧洲有分布。

优良饲料。

（6174）华扁穗草 **Blysmus sinocompressus Tang et F. T. Wang**

多年生草本。生于河谷湿地、水边沼泽草甸。海拔 500~3 800 m。

产东天山、准噶尔阿拉套山、北天山、中央天山。中国、哈萨克斯坦、俄罗斯;亚洲有分布。

优良饲料。

855. 荸荠属 Eleocharis R. Br.（Heleocharis R. Br）

（6175）牛毛毡 **Eleocharis acicularis（L.）Roem. et Schult.**

多年生草本。生于水边、沼泽草甸、池塘边。海拔 0~3 000 m。

产东天山。中国、朝鲜、日本、印度、缅甸、越南、俄罗斯;亚洲、欧洲有分布。

（6176）银鳞荸荠 **Eleocharis argyrolepis Kierulff**

多年生草本。生于水边、沼泽草甸、田野。海拔 500~2 100 m。

产东天山、东北天山、北天山、东南天山、中央天山、内天山、西天山、西南天山。中国、哈萨克斯坦、吉尔吉斯斯坦、乌兹别克斯坦、俄罗斯;亚洲有分布。

（6177）中间型荸荠 **Eleocharis intersita Zinserl.**

多年生草本。生于沼泽草甸、河滩、水边、湿地。海拔 490~800 m。

产东天山、东北天山、准噶尔阿拉套山、北天山、东南天山、中央天山、内天山、西天山、西南天山。中国、哈萨克斯坦、吉尔吉斯斯坦、乌兹别克斯坦、蒙古、俄罗斯;亚洲、欧洲、美洲有分布。

（6178）南方荸荠 **Eleocharis meridionalis Zinserl.** =*Eleocharis quinqueflora*（Hartmann）O. Schwarz

多年生草本。生于沼泽草甸。海拔 1 160~3 500 m。

产东天山、准噶尔阿拉套山、北天山、中央天山、内天山、西天山、西南天山。中国、哈萨克斯坦、吉尔吉斯斯坦、乌兹别克斯坦、俄罗斯;亚洲有分布。

（6179）木贼荸荠 **Eleocharis mitracarpa Steud.**

多年生草本。生于水边、沼泽草甸、河边、潮湿地、水稻田。海拔 350~1 680 m。

产东天山、东北天山、准噶尔阿拉套山、北天山、东南天山、内天山、西天山、西南天山。中国、哈萨克斯坦、吉尔吉斯斯坦、乌兹别克斯坦、俄罗斯;亚洲、欧洲有分布。

药用。

*（6180）羊荸荠 **Eleocharis ovata（Roth）Roem. et Schult.**

多年生草本。生于山地河谷、山溪边、沼泽草甸。海拔 900~2 400 m。

产西天山、西南天山、内天山。哈萨克斯坦、吉尔吉斯斯坦、乌兹别克斯坦、俄罗斯;亚洲、欧洲有分布。

（6181）沼泽荸荠 **Eleocharis palustris（L.）Roem. et Schult.**

多年生草本。生于河滩、水边、沼泽草甸。海拔 490~800 m。

产东天山、东北天山、准噶尔阿拉套山、北天山。中国、蒙古、俄罗斯;亚洲、欧洲、美洲有分布。

药用。

（6182）单鳞苞荸荠 **Eleocharis uniglumis（Link）Schult.**

多年生草本。生于山谷湿地、河边、水边、沼泽草甸。海拔 100~2 000 m。

产东天山、东北天山、准噶尔阿拉套山、北天山、东南天山、中央天山。中国、哈萨克斯坦、蒙古、印度、俄罗斯;亚洲、欧洲有分布。

（6183）具刚毛荸荠 Eleocharis valleculosa var. setosa Ohwi.

多年生草本。生于山地沼泽草甸、河谷水边。海拔 1 350~4 000 m。

产准噶尔阿拉套山、内天山。中国、朝鲜、日本;亚洲有分布。

药用。

856. 飘拂草属 Fimbristylis Vahl

（6184）两岐飘拂草 Fimbristylis dichotoma（L.）Vahl

一年生草本。生于山地河谷湿地、水边、沼泽化草甸。海拔 1 000~2 700 m。

产东南天山。中国、俄罗斯;亚洲、欧洲有分布。

*（6185）中亚飘拂草 Fimbristylis turkestanica（Regel）B. Fedtsch.

一年生草本。生于山地河谷湿地、山溪边。海拔 900~2 500 m。

产西天山、西南天山、内天山。吉尔吉斯斯坦、乌兹别克斯坦;亚洲有分布。

857. 莎草属 Cyperus L.

（6186）密穗莎草（异型莎草） Cyperus difformis L.

一年生草本。生于山地河谷湿地、水边、沼泽湿地。海拔 600~2 800 m。

产东北天山、准噶尔阿拉套山、北天山、西天山、西南天山。中国、哈萨克斯坦、吉尔吉斯斯坦、乌兹别克斯坦、朝鲜、日本、俄罗斯;亚洲、欧洲、非洲、大洋洲、美洲有分布。

*（6187）稍黄莎草 Cyperus flavidus Retz. ＝Pycreus nilagiricus（Hochst. ex Steud.）E. G. Camus ＝Pycreus flavidus（Retz.）T. Koyama

一年生草本。生于山溪边、河谷湿地、水边、河边、湖边湿地、沼泽湿地。海拔 300~2 800 m。

产准噶尔阿拉套山、内天山、西天山、西南天山。哈萨克斯坦、吉尔吉斯斯坦、乌兹别克斯坦、俄罗斯;亚洲、欧洲有分布。

（6188）褐穗莎草 Cyperus fuscus L.

一年生草本。生于水边、沼泽化草甸、河滩、沼泽地。海拔 80~1 200 m。

产东天山、准噶尔阿拉套山、北天山、东南天山、内天山、西天山、西南天山。中国、哈萨克斯坦、吉尔吉斯斯坦、乌兹别克斯坦、印度、越南、俄罗斯;亚洲、欧洲有分布。

药用。

（6189）头穗莎草（头状穗莎草） Cyperus glomeratus L.

一年生草本。生于河滩、山溪边、水边、沼泽化草甸。海拔 140~800 m。

产东天山、北天山。中国、俄罗斯;亚洲、欧洲有分布。

药用。

*（6190）圆叶莎草 Cyperus rotundus L.

一年生草本。生于山地河流沿岸、河漫滩、沼泽湿地。海拔 300~2 900 m。

产西天山、西南天山、内天山。哈萨克斯坦、吉尔吉斯斯坦、乌兹别克斯坦、俄罗斯;亚洲有分布。

（6191）晚熟莎草 Cyperus serotinus Rottb. ＝Juncellus serotinus（Rottb.）C. B. Clarke

多年生草本。生于河谷湿地、水边、渠边、沼泽草甸。海拔 500~2 100 m。

产东天山、东北天山、准噶尔阿拉套山、北天山、内天山、西天山、西南天山。中国、哈萨克斯坦、吉尔吉斯斯坦、乌兹别克斯坦、朝鲜、日本、印度、俄罗斯;亚洲、欧洲有分布。

*（6192）细叶莎草 **Cyperus tenuispica Steud.**

    一年生草本。生于山溪边、河流湿地、河谷。海拔 500~2 500 m。

    产北天山。哈萨克斯坦；亚洲有分布。

858. 水莎草属 Juncellus（Griseb.）C. B. Clarke

（6193）花穗水莎草 **Juncellus pannonicus**（**Jacq.**）**C. B. Clarke** = *Cyperus pannonicus* Jacq.

    多年生草本。生于河滩水边、积水沼泽、沟边、稻田边、盐碱地。海拔 600~1 942 m。

    产北天山、东南天山、中央天山、内天山、西天山、西南天山。中国、哈萨克斯坦、吉尔吉斯斯坦、乌兹别克斯坦、俄罗斯；亚洲、欧洲有分布。

（6194）水莎草 **Juncellus serotinus**（**Rottb.**）**C. B. Clarke**

    多年生草本。生于水边、渠边、沼泽草甸、河谷湿地。海拔 500~2 100 m。

    产东天山、东北天山、准噶尔阿拉套山、北天山、内天山、西天山、西南天山。中国、哈萨克斯坦、吉尔吉斯斯坦、乌兹别克斯坦、朝鲜、日本、印度、俄罗斯；亚洲、欧洲有分布。

859. 扁莎属 Pycreus Beauv.

*（6195）广布扁莎 **Pycreus flavidus**（**Retz.**）**T. Koyama**

    一年生草本。生于山溪边、河流湿地、沼泽湿地、河边。海拔 300~2 800 m。

    产西天山、西南天山、内天山。哈萨克斯坦、吉尔吉斯斯坦、乌兹别克斯坦、俄罗斯；亚洲有分布有分布。

*（6196）黑紫鳞扁莎 **Pycreus nilagiricus**（**Hochst. ex Steud.**）**E. G. Camus**

    一年生草本。生于水边、河滩湿地、河和湖边湿地。海拔 500~2 400 m。

    产准噶尔阿拉套山。哈萨克斯坦、俄罗斯；亚洲、欧洲有分布。

（6197）红鳞扁莎 **Pycreus sanguinolentus**（**Vahl**）**Nees** = *Cyperus sanguinolentus* Vahl

    一年生草本。生于水边、河滩、湿地、次生林下。海拔 400~2 835 m。

    产准噶尔阿拉套山、北天山、东南天山、中央天山、内天山、西天山、西南天山。中国、哈萨克斯坦、吉尔吉斯斯坦、乌兹别克斯坦、俄罗斯有分布。世界东半球温暖地区有分布。

    药用。

*860. 球蔍草属 Scirpoides Seguier

*（6198）全被毛球蔍草 **Scirpoides holoschoenus**（**L.**）**Sojak**

    一年生草本。生于沼泽湿地、河漫滩、山溪边。海拔 300~2 500 m。

    产西天山、西南天山、内天山。哈萨克斯坦、吉尔吉斯斯坦、乌兹别克斯坦、俄罗斯；亚洲、欧洲有分布。

861. 嵩草属 Kobresia Willd.

（6199）线叶嵩草 **Kobresia capillifolia**（**Decne.**）**C. B. Clarke**

    多年生草本。生于高山阴坡、山间谷地和泉边、溪旁、河滩。海拔 2 300~4 400 m。

    产东天山、东北天山、准噶尔阿拉套山、北天山、东南天山、中央天山、内天山。中国、哈萨克斯坦、吉尔吉斯斯坦、阿富汗、尼泊尔、巴基斯坦、印度、俄罗斯；亚洲有分布。

    优良饲料、药用。

（6200）矮生嵩草 **Kobresia humilis**（**C. A. Mey. ex Trautv.**）**Serg.**

多年生草本。生于亚高山和高山草甸、山间谷地。海拔 2 000~4 000 m。

产东天山、东北天山、准噶尔阿拉套山、北天山、东南天山、中央天山、内天山、西天山、西南天山。中国、哈萨克斯坦、吉尔吉斯斯坦、乌兹别克斯坦；亚洲有分布。

优质饲料、药用。

（6201）嵩草 **Kobresia myosuroides**（**Vill.**）**Fiori** = *Kobresia bellardii*（**All.**）**Degl.**

多年生草本。生于潮湿的山坡及河滩、低阶地。海拔 2 300~3 700 m。

产东天山、东北天山、准噶尔阿拉套山。中国、哈萨克斯坦、朝鲜、日本、蒙古、俄罗斯；亚洲、欧洲、美洲有分布。

优良饲料。

（6202）高原嵩草 **Kobresia pucilla Ivan.**

多年生草本。生于高山草甸或沼泽草甸。海拔 3 200~5 300 m。

产准噶尔阿拉套山。中国；亚洲有分布。

（6203）喜马拉雅嵩草 **Kobresia royleana**（**Nees**）**Boeck.**

多年生草本。生于高寒草甸、山脊鞍形部位、河谷细土质坡地、河流阶地沙质土。海拔 2 600~4 400 m。

产东天山、东北天山、北天山、东南天山、内天山、西天山、西南天山。中国、哈萨克斯坦、吉尔吉斯斯坦、乌兹别克斯坦、尼泊尔、不丹、阿富汗、印度；亚洲有分布。

优良饲料、药用。

（6204）塔城嵩草 **Kobresia smirnovii Ivanova**

多年生草本。生于亚高山草甸、缓坡、台地。海拔 2 300~2 800 m。

产准噶尔阿拉套山。中国、哈萨克斯坦、俄罗斯；亚洲有分布。

（6205）窄果嵩草（细果嵩草）**Kobresia stenocarpa**（**Kar. et Kir.**）**Steud.**

多年生草本。生于高山河谷、河漫滩、水溪边、草甸、草地。海拔 2 700~3 312 m。

产东天山、东北天山、准噶尔阿拉套山、北天山、东南天山。中国、俄罗斯；亚洲有分布。

良好饲料。

862. 薹草属 Carex L.

（6206）刺叶薹草 **Carex acutiformis Ehrh.**

多年生草本。生于山地河谷、湖滨、水边沼泽草甸。海拔 1 040~2 000 m。

产东北天山、准噶尔阿拉套山、北天山、东南天山、内天山、西天山、西南天山。中国、哈萨克斯坦、吉尔吉斯斯坦、乌兹别克斯坦、伊朗、俄罗斯；亚洲、欧洲有分布。

饲料。

（6207）矮生薹草 **Carex alatauensis S. R. Zhang** = *Kobresia humilis*（**C. A. Mey. ex Trautv.**）**Serg.**

多年生草本。生于高山和亚高山草甸、山坡草地、谷地。海拔 2 000~4 000 m。

产东天山、东北天山、准噶尔阿拉套山、北天山、东南天山、中央天山、内天山、西天山、西南天山。中国、哈萨克斯坦、吉尔吉斯斯坦、乌兹别克斯坦；亚洲有分布。

优质饲料。

*（6208）阿莱薹草 **Carex alajica Litv.**

多年生草本。生于高山和亚高山草甸、草甸湿地。海拔 2 700~3 400 m。

产内天山。吉尔吉斯斯坦;亚洲有分布。

（6209）白薹草(白鳞薹草) **Carex alba Scop.**

多年生草本。生于高山和亚高山草甸、山地林缘草甸。海拔 2 000~4 000 m。

产东天山、准噶尔阿拉套山。中国、哈萨克斯坦、俄罗斯;亚洲、欧洲有分布。

饲料、药用。

（6210）刺苞薹草 **Carex alexeenkoana Litv.**

多年生草本。生于山地草甸草原、高寒草原、林缘草甸、草地、水旁。海拔 888~4 500 m。

产东天山、东北天山、准噶尔阿拉套山、北天山、东南天山、中央天山、内天山、西天山、西南天山。中国、哈萨克斯坦、吉尔吉斯斯坦、乌兹别克斯坦;亚洲有分布。

饲料。

*（6211）安加拉薹草 **Carex angarae Steud.** = *Carex media* R. Br.

多年生草本。生于山地草甸湿地、灌丛、泥炭湿地、湖边湿地。海拔 1 100~3 600 m。

产准噶尔阿拉套山。哈萨克斯坦、俄罗斯;亚洲、欧洲有分布。

（6212）歪嘴薹草 **Carex aneurocarpa V. Krecz.**

多年生草本。生于山地草甸草原、森林草甸、林缘草甸、林缘山坡、林间草地。海拔 1 300~3 900 m。

产东天山、准噶尔阿拉套山、北天山、东南天山、中央天山、西天山、西南天山。中国、哈萨克斯坦、吉尔吉斯斯坦、乌兹别克斯坦、俄罗斯;亚洲有分布。

饲料。

*（6213）阿斯兰薹草 **Carex anisoneura V. I. Krecz.**

多年生草本。生于山地草甸、草甸湿地。海拔 900~2 900 m。

产西天山、西南天山。乌兹别克斯坦;亚洲有分布。

（6214）北疆薹草 **Carex arcatica Meinsh.**

多年生草本。生于高山和亚高山草甸、山谷草甸湿地、沼泽草甸、河岸阶地、水边。海拔 100~3 250 m。

产东北天山、北天山、西天山、西南天山。中国、哈萨克斯坦、吉尔吉斯斯坦、乌兹别克斯坦、俄罗斯;亚洲有分布。

（6215）大桥薹草 **Carex aterrima Hoppe**

多年生草本。生于高山和亚高山草甸、山地林缘、河谷、湖滨、山溪边、沼泽草甸。海拔 1 750~4 800 m。

产东天山、准噶尔阿拉套山、北天山、东南天山。中国、哈萨克斯坦、蒙古、俄罗斯;亚洲、欧洲有分布。

饲料。

（6216）直穗薹草 **Carex atherodes Spreng.**

多年生草本。生于河谷草甸、林缘草甸、农区。海拔 800~2 050 m。

722

产东天山、北天山、内天山、西天山、西南天山。中国、哈萨克斯坦、吉尔吉斯斯坦、乌兹别克斯坦、蒙古、俄罗斯;亚洲、欧洲有分布。

饲料。

(6217) 白尖薹草(暗褐薹草) **Carex atrofusca Schkuhr**

多年生草本。生于高山和亚高山草甸、山地草甸、山坡草地、水边。海拔 800~4 300 m。

产东天山、东北天山、准噶尔阿拉套山、北天山、东南天山、中央天山。中国、哈萨克斯坦、阿富汗、俄罗斯;亚洲、欧洲有分布。

饲料、药用。

(6218) 箭叶薹草 **Carex bigelowii Torr. ex Schwein.**

多年生草本。生于高山和亚高山草甸、山地草甸、山坡草地、水沟边、山溪边、湖滨、沼泽草甸。海拔 500~3 890 m。

产东天山、东北天山、准噶尔阿拉套山、东南天山。中国、蒙古、俄罗斯;亚洲、美洲有分布。

饲料。

*(6219) 包合米卡薹草 **Carex bohemica Schreb.** = *Carex cyperoides* L.

多年生草本。生于湖边沙地、河滩、沼泽草甸、湿地。海拔 300~2 400 m。

产准噶尔阿拉套山。哈萨克斯坦、俄罗斯;亚洲、欧洲有分布。

(6220) 北极圈薹草 **Carex borealipolaris S. R. Zhang** = *Kobresia smirnovii* N. A. Ivanova

多年生草本。生于亚高山草甸、平缓坡地、台地。海拔 2 300~2 800 m。

产准噶尔阿拉套山。中国、哈萨克斯坦、俄罗斯;亚洲有分布。

*(6221) 泥炭薹草 **Carex brunnescens (Pers.) Poir.**

多年生草本。生于泥炭沼泽、森林沼泽、林缘、林间草地、山地草原。海拔 1 200~2 900 m。

产北天山。哈萨克斯坦、俄罗斯;亚洲、欧洲有分布。

*(6222) 布哈拉薹草 **Carex bucharica Kuk.**

多年生草本。生于高山和亚高山草甸、河谷草地。海拔 900~3 000 m。

产内天山。吉尔吉斯斯坦;亚洲有分布。

(6223) 丛生薹草(丛薹草) **Carex caespitosa L.**

多年生草本。生于山坡草地、山地河谷、湖边、沼泽草甸、河漫滩。海拔 1 800~2 700 m。

产东天山、东北天山、北天山、内天山、西天山、西南天山。中国、哈萨克斯坦、吉尔吉斯斯坦、乌兹别克斯坦、俄罗斯;亚洲、欧洲有分布。

饲料。

(6224) 线叶薹草 **Carex capillifolia (Decne.) S. R. Zhang** = *Kobresia capillifolia* (Decne.) C. B. Clarke

多年生草本。生于高山和亚高山阴坡草地、山间谷地、山泉边、山溪旁、河漫滩。海拔 2 300~4 400 m。

产东天山、东北天山、准噶尔阿拉套山、北天山、东南天山、中央天山、内天山。中国、哈萨克斯坦、吉尔吉斯斯坦、阿富汗、尼泊尔、巴基斯坦、印度、俄罗斯;亚洲有分布。

优良饲料。

（6225）高加索薹草 **Carex caucasica Steven**

多年生草本。生于河谷沼泽草甸、山地草甸。海拔2 000 m上下。

产东北天山、准噶尔阿拉套山、北天山、中央天山、内天山、西天山、西南天山。中国、哈萨克斯坦、吉尔吉斯斯坦、乌兹别克斯坦、俄罗斯；亚洲、欧洲有分布。

饲料。

*（6226）弦根薹草 **Carex chordorrhiza L. f**

多年生草本。生于山地苔藓湿地、苔藓草甸。海拔2 500~3 100 m。

产准噶尔阿拉套山。哈萨克斯坦、俄罗斯；亚洲、欧洲有分布。

*（6227）集花薹草 **Carex compacta Lam.**

多年生草本。生于山地草原、林缘、灌丛、河床。海拔1 300~2 800 m。

产准噶尔阿拉套山、北天山、内天山、西天山、西南天山。哈萨克斯坦、吉尔吉斯斯坦、乌兹别克斯坦；亚洲有分布。

（6228）考尼努克斯薹草 **Carex coninux（F. T. Wang et Tang）S. R. Zhang** = *Kobresia pusilla* N. A. Ivanova

多年生草本。生于高寒荒漠、高山草甸、沼泽草甸。海拔3 200~5 300 m。

产准噶尔阿拉套山。中国；亚洲有分布。

（6229）扁囊薹草 **Carex coriophora Fisch. et C. A. Mey. ex Kunth**

多年生草本。生于高山和亚高山草甸、河岸湿地草甸、沼泽草甸、山坡草地。海拔700~3 500 m。

产东天山、东北天山、准噶尔阿拉套山、北天山、东南天山。中国、蒙古、俄罗斯；亚洲有分布。

饲料。

*（6230）莎草状薹草 **Carex cyperoides L.** = *Carex bohemica* Schreb.

多年生草本。生于湖边沙地、河滩、沼泽草甸、湿地。海拔300~2 400 m。

产准噶尔阿拉套山。哈萨克斯坦、俄罗斯；亚洲、欧洲有分布。

*（6231）粗茎薹草 **Carex decaulescens V. Krecz.** = *Carex popovii* V. Krecz.

多年生草本。生于山地河谷、河床、碎石堆、冰碛石堆。海拔900~3 600 m。

产北天山、内天山、西天山、西南天山。吉尔吉斯斯坦、乌兹别克斯坦；亚洲有分布。

（6232）小穗薹草 **Carex dichroa Freyn**

多年生草本。生于河谷、湖滨沼泽。海拔2 200~3 575 m。

产东天山、东北天山、准噶尔阿拉套山、东南天山。中国、哈萨克斯坦、蒙古、俄罗斯；亚洲有分布。

（6233）八脉薹草 **Carex diluta M. Bieb.**

多年生草本。生于山地河谷、湖滨、山溪边沼泽、沼泽化草甸、河边湿地。海拔900~2 400 m。

产东天山、东北天山、北天山、西天山、西南天山。中国、乌兹别克斯坦、俄罗斯；亚洲、欧洲有分布。

饲料。

*（6234）双排薹草 **Carex disticha Huds.**

多年生草本。生于湖滨、草甸湿地、沼泽草甸。海拔 200～3 000 m。

产准噶尔阿拉套山。哈萨克斯坦、俄罗斯；亚洲、欧洲有分布。

（6235）寸草 **Carex duriuscula C. A. Mey.**

多年生草本。生于山坡草地、路边、河边湿草地。海拔 250～700 m。

产东天山、北天山。中国、哈萨克斯坦、朝鲜、蒙古、俄罗斯；亚洲有分布。

饲料。

（6236）无脉薹草 **Carex enervis C. A. Mey.**

多年生草本。生于高山和亚高山草甸、河谷草甸、林缘、水边湿草地。海拔 600～4 000 m。

产东天山、准噶尔阿拉套山。中国、哈萨克斯坦、蒙古、俄罗斯；亚洲有分布。

饲料。

*（6237）萨赖薹草 **Carex fedia Nees**

多年生草本。生于山地荒漠草原、黄土丘陵。海拔 900 m 上下。

产内天山。吉尔吉斯斯坦；亚洲有分布。

（6238）山薹草 **Carex griffithii Boott**

多年生草本。生于河谷、沼泽化草甸。海拔 2 000～3 500 m。

产北天山、内天山、西天山、西南天山。中国、哈萨克斯坦、吉尔吉斯斯坦、乌兹别克斯坦；亚洲有分布。

饲料。

*（6239）舒格楠薹草 **Carex infuscata Nees**

多年生草本。生于亚高山草甸、山地草甸、裸露山坡草地。海拔 800～3 100 m。

产内天山。吉尔吉斯斯坦；亚洲有分布。

（6240）血红色薹草（红嘴薹草）**Carex haematostoma Nees** =*Carex alexeenkoana* Litv.

多年生草本。生于高寒荒漠、高山和亚高山草甸、山地草甸、林缘草甸、山坡草地、水旁。海拔 800～4 500 m。

产东天山、东北天山、准噶尔阿拉套山、北天山、东南天山、中央天山、内天山、西天山、西南天山。中国、哈萨克斯坦、吉尔吉斯斯坦、乌兹别克斯坦；亚洲有分布。

饲料、药用。

（6241）点叶薹草 **Carex hancockiana Maxim.**

多年生草本。生于亚高山草甸、山谷溪水边、湖滨沼泽、河漫滩、水边。海拔 1 400～2 700 m。

产东天山、东北天山、准噶尔阿拉套山。中国、朝鲜、蒙古、俄罗斯；亚洲有分布。

饲料。

（6242）小粒薹草 **Carex karoi Freyn**

多年生草本。生于亚高山草甸、河漫滩草甸、山溪边、沼泽湿地、湿草地。海拔 1 700～3 100 m。

产东天山、东北天山、准噶尔阿拉套山、北天山、东南天山、内天山、西天山、西南天山。中国、哈萨克斯坦、吉尔吉斯斯坦、乌兹别克斯坦、蒙古、俄罗斯；亚洲、欧洲有分布。

饲料。

（6243）浩罕薹草 Carex kokanica（Regel）S. R. Zhang＝*Kobresia royleana*（Nees）Boeckeler＝*Kobresia stenocarpa*（Kar. et Kir.）Steud.

多年生草本。生于高山和亚高山草甸、山地草甸、河谷、河流阶地、河漫滩、山溪边、山坡草地。海拔 2 600~4 400 m。

产东天山、东北天山、准噶尔阿拉套山、北天山、东南天山、内天山、西天山、西南天山。中国、哈萨克斯坦斯、乌兹别克斯坦、尼泊尔、不丹、阿富汗、印度、俄罗斯；亚洲有分布。

良好饲料。

（6244）黄囊薹草 Carex korshinskyi Kom.

多年生草本。生于亚高山草甸、山地草甸、山坡草地、沙丘。海拔 700~2 930 m。

产北天山、东南天山。中国、哈萨克斯坦、吉尔吉斯斯坦、朝鲜、蒙古、俄罗斯；亚洲有分布。

饲料。

（6245）密刺苞薹草 Carex koshewnikowii Litv.

多年生草本。生于高寒草原、高山和亚高山草甸、山地草甸。海拔 2 500~3 100 m。

产东天山、北天山、东南天山、中央天山、内天山、西天山、西南天山。中国、哈萨克斯坦、吉尔吉斯斯坦、乌兹别克斯坦；亚洲有分布。

饲料。

（6246）草原薹草 Carex liparocarpos Gaudin

多年生草本。生于山地草甸、山地草原。海拔 1 300~2 000 m。

产准噶尔阿拉套山、北天山。中国、俄罗斯；亚洲、欧洲有分布。

饲料。

＊（6247）细茎薹草 Carex litvinovii Kuk.

多年生草本。生于石质山坡、山崖岩石缝、山地河谷。海拔 900~1 800 m。

产北天山、内天山、西天山、西南天山。哈萨克斯坦、吉尔吉斯斯坦、乌兹别克斯坦；亚洲有分布。

＊（6248）钝角薹草 Carex macrogyna Turcz. ex Steud.

多年生草本。生于高山带山崖、碎石堆、坡积物。海拔 2 700~3 200 m。

产准噶尔阿拉套山、北天山。哈萨克斯坦、吉尔吉斯斯坦、俄罗斯；亚洲有分布。

＊（6249）中央薹草 Carex media R. Br. ＝*Carex angarae* Steud.

多年生草本。生于山地草甸湿地、灌丛、泥炭湿地、湖边湿地。海拔 1 100~3 600 m。

产准噶尔阿拉套山。哈萨克斯坦、俄罗斯；亚洲、欧洲有分布。

（6250）黑花薹草 Carex melanantha C. A. Mey.

多年生草本。生于高山荒漠、高山草甸、亚高山沼泽草甸、山谷草甸、山谷河漫滩、沼泽、山坡草地。海拔 1 700~4 688 m。

产东天山、东北天山、准噶尔阿拉套山、北天山、东南天山、中央天山、内天山、西天山、西南天山。中国、哈萨克斯坦、吉尔吉斯斯坦、乌兹别克斯坦、蒙古、俄罗斯；亚洲有分布。

饲料、药用。

（6251）尤尔都斯薹草 **Carex melananthiformis Litv.**

多年生草本。生于山谷草甸、湖滨、水边沼泽草甸。海拔 1 100~2 898 m。

产东天山、准噶尔阿拉套山、北天山、东南天山、内天山、西天山、西南天山。中国、哈萨克斯坦、吉尔吉斯斯坦、乌兹别克斯坦、蒙古、俄罗斯;亚洲有分布。

饲料。

（6252）黑鳞薹草 **Carex melanocephala Turcz.**

多年生草本。生于高山和亚高山草甸、山地林缘、森林草甸。海拔 2 350~3 400 m。

产东天山、准噶尔阿拉套山、北天山、内天山、西天山、西南天山。中国、哈萨克斯坦、吉尔吉斯斯坦、乌兹别克斯坦、蒙古、俄罗斯;亚洲有分布。

饲料、药用。

（6253）凹脉薹草 **Carex melanostachya M. Bieb. ex Willd.**

多年生草本。生于河谷草甸、湖滨、水边、沼泽化草甸、干旱坡地。海拔 400~1 400 m。

产东天山、北天山、内天山、西天山、西南天山。中国、哈萨克斯坦、吉尔吉斯斯坦、乌兹别克斯坦、俄罗斯;亚洲、欧洲有分布。

饲料。

（6254）尖苞薹草 **Carex microglochin Wahlenb.**

多年生草本。生于高山和亚高山沼泽草甸、苔藓沼泽。海拔 2 000~3 680 m。

产东天山、准噶尔阿拉套山、北天山、东南天山、内天山、西天山、西南天山。中国、哈萨克斯坦、吉尔吉斯斯坦、乌兹别克斯坦、俄罗斯;亚洲、欧洲有分布。

饲料、药用。

（6255）粗糙薹草 **Carex minutiscabra Kuk. ex V. I. Krecz.**

多年生草本。生于山地草甸、阔叶林林缘草甸。海拔 1 800 m 上下。

产准噶尔阿拉套山、北天山。中国、哈萨克斯坦;亚洲有分布。

饲料。

（6256）似鼠尾草薹草 **Carex myosuroides Vill.** = *Kobresia bellardii*（All.）Degl. = *Kobresia myosuroides*（Vill.）Fiori

多年生草本。生于高山和亚高山草甸、潮湿山坡草地、河漫滩、河岸低阶地。海拔 2 300~3 700 m。

产东天山、东北天山、准噶尔阿拉套山。中国、哈萨克斯坦、朝鲜、日本、蒙古、俄罗斯;亚洲、欧洲、美洲有分布。

优良饲料。

（6257）雪线薹草(喜马拉雅薹草) **Carex nivalis Boott**

多年生草本。生于山地河谷沼泽化草甸。海拔 2 000~3 500 m。

产北天山、内天山、西天山、西南天山。中国、哈萨克斯坦、吉尔吉斯斯坦、乌兹别克斯坦;亚洲有分布。

饲料。

（6258）北薹草 **Carex obtusata Lilj.**

多年生草本。生于高山和亚高山草甸、山地林下、林缘草地、冲积扇扇缘溢出带。海拔2 200～3 030 m。

产准噶尔阿拉套山、内天山。中国、哈萨克斯坦、俄罗斯；亚洲、欧洲、美洲有分布。

饲料。

（6259）圆囊薹草 **Carex orbicularis Boott**

多年生草本。生于高山和亚高山草甸、沼泽草甸、湖滨、山溪边、河漫滩、林间草地、沼泽。海拔600～4 230 m。

产东天山、东北天山、准噶尔阿拉套山、北天山、东南天山、中央天山、内天山、西天山、西南天山。中国、哈萨克斯坦、吉尔吉斯斯坦、乌兹别克斯坦、阿富汗、印度、俄罗斯；亚洲有分布。

饲料。

（6260）粗柱薹草 **Carex pachystylis J. Gay**

多年生草本。生于山坡草地、低山沙质草地、沙丘间低地。海拔1970～2 000 m。

产东天山。中国、哈萨克斯坦、乌兹别克斯坦、阿富汗、俄罗斯；亚洲有分布。

饲料。

*（6261）苍白薹草 **Carex pallescens L.**

多年生草本。生于林间草地、山地草甸、山地河谷草甸。海拔1 300～2 900 m。

产准噶尔阿拉套山、北天山、内天山、西天山、西南天山。哈萨克斯坦、吉尔吉斯斯坦、乌兹别克斯坦、俄罗斯；亚洲、欧洲有分布。

（6262）帕米尔薹草 **Carex pamirensis C. B. Clarke**

多年生草本。生于山地沼泽草甸、河谷湿草地、湖滨沼泽。海拔800～2 400 m。

产东天山、北天山、东南天山。中国、哈萨克斯坦、吉尔吉斯斯坦、乌兹别克斯坦；亚洲有分布。

饲料。

（6263）黍状薹草 **Carex panicea L.**

多年生草本。生于山地河谷、沼泽化草甸。海拔1 800 m上下。

产东北天山、准噶尔阿拉套山、北天山、内天山、西天山、西南天山。中国、哈萨克斯坦、吉尔吉斯斯坦、乌兹别克斯坦、俄罗斯；亚洲、欧洲有分布。

饲料、药用。

*（6264）小薹草 **Carex parva Nees**

多年生草本。生于高山草甸、沼泽湿地。海拔3 400 m上下。

产准噶尔阿拉套山、北天山。哈萨克斯坦；亚洲有分布。

（6265）短柄薹草 **Carex pediformis C. A. Mey.**

多年生草本。生于高山和亚高山草甸、山地草甸、森林草甸、山地林缘、林间草地、山坡草地。海拔1 300～4 260 m。

产东天山、准噶尔阿拉套山、北天山、东南天山、中央天山、内天山、西天山、西南天山。中国、哈萨克斯坦、吉尔吉斯斯坦、乌兹别克斯坦、蒙古、俄罗斯；亚洲、欧洲有分布。

饲料、药用。

*（6266）石生薹草 **Carex petricosa Dewey**

多年生草本。生于亚高山草甸、山崖碎石堆、山坡倒石堆。海拔 2 700~3 200 m。

产准噶尔阿拉套山、北天山。哈萨克斯坦、吉尔吉斯斯坦、俄罗斯；亚洲有分布。

（6267）囊果薹草 **Carex physodes M. Bieb.**

多年生草本。生于沙砾质戈壁、沙漠、沙地。海拔 400~900 m。

产东天山、北天山、内天山、西天山、西南天山。中国、哈萨克斯坦、吉尔吉斯斯坦、乌兹别克斯坦；亚洲、欧洲有分布。

饲料、药用。

（6268）多叶薹草 **Carex polyphylla Kar. et Kir.**

多年生草本。生于山地河谷、灌丛、林下、林缘草甸、河边。海拔 1 200~1 900 m。

产东天山、准噶尔阿拉套山、北天山、内天山、西天山、西南天山。中国、哈萨克斯坦、吉尔吉斯斯坦、乌兹别克斯坦、俄罗斯；亚洲、欧洲有分布。

饲料。

（6269）无味薹草 **Carex pseudofoetida Kuk.** = *Carex slobodovii* V. Krecz.

多年生草本。生于高山和亚高山湖边沼泽草甸、山地河谷。海拔 2 200~3 680 m。

产东南天山、内天山、西天山、西南天山。中国、吉尔吉斯斯坦、乌兹别克斯坦、阿富汗、俄罗斯；亚洲有分布。

饲料。

（6270）早发薹草 **Carex praecox Schreb.**

多年生草本。生于林缘草甸、河谷草甸、河边湿草地、草原灌丛。海拔 800~1 500 m。

产准噶尔阿拉套山、北天山。中国、哈萨克斯坦、俄罗斯；亚洲、欧洲有分布。

饲料。

（6271）假莎草 **Carex pseudocyperus L.**

多年生草本。生于山地河谷、水边沼泽。海拔 1 000 m 上下。

产东北天山、准噶尔阿拉套山、北天山、东南天山、内天山。中国、哈萨克斯坦、吉尔吉斯斯坦、蒙古、俄罗斯；亚洲、欧洲、美洲有分布。

饲料。

（6272）密穗薹草 **Carex pycnostachya Kar. et Kir.**

多年生草本。生于高山和亚高山湖边沼泽草甸、山地河谷、河边。海拔 1 600~3 500 m。

产东天山、准噶尔阿拉套山、北天山、东南天山、中央天山、内天山。中国、哈萨克斯坦、吉尔吉斯斯坦、蒙古、俄罗斯；亚洲有分布。

饲料。

（6273）瘦果薹草 **Carex regeliana（Kuk.）Litv.**

多年生草本。生于高山和亚高山草甸、山地林缘、森林草甸、沼泽、渠边、沙质坡地。海拔 750~4 300 m。

产东天山、东北天山、准噶尔阿拉套山、北天山、东南天山、中央天山、内天山、西天山、西南天山。中国、吉尔吉斯斯坦、乌兹别克斯坦；亚洲有分布。

药用。

（6274）大穗薹草 **Carex rhynchophysa C. A. Mey.** = *Carex utriculata* Boott

多年生草本。生于河漫滩、湖滨沼泽草甸。海拔 1 100～1 700 m。

产东天山、北天山。中国、蒙古、朝鲜、日本、俄罗斯；亚洲、欧洲有分布。

饲料。

（6275）水滨薹草 **Carex riparia Curtis**

多年生草本。生于水边、沼泽草甸。海拔 500～700 m。

产东北天山、准噶尔阿拉套山。中国、哈萨克斯坦、俄罗斯；亚洲、欧洲有分布。

饲料。

（6276）尖嘴薹草 **Carex rostrata Stokes**

多年生草本。生于低山河谷、平原绿洲、沼泽化草甸。海拔 600～1 700 m。

产东北天山、准噶尔阿拉套山、北天山。中国、哈萨克斯坦、蒙古、朝鲜、日本、俄罗斯；亚洲、欧洲、美洲有分布。

饲料。

（6277）粗脉薹草 **Carex rugulosa Kuk.**

多年生草本。生于河漫滩、湖滨沼泽、沼泽化草甸。海拔 500 m 以上。

产东天山、东北天山、北天山、东南天山。中国、哈萨克斯坦、朝鲜、日本、俄罗斯；亚洲有分布。

饲料。

（6278）糙喙薹草 **Carex scabrirostris Kük.**

多年生草本。生于高山荒漠、高山和亚高山草甸、沼泽化湿地、云杉林下。海拔 3 000～4 550 m。

产东天山。中国；亚洲有分布。

饲料。

（6279）晚薹草 **Carex serotina Merat**

多年生草本。生于河谷、湖滨、山溪边、沼泽化草甸、沙地、沙丘间低地。海拔 540～3 600 m。

产东天山、准噶尔阿拉套山、北天山、内天山、西天山、西南天山。中国、哈萨克斯坦、吉尔吉斯斯坦、乌兹别克斯坦、俄罗斯；亚洲、欧洲有分布。

饲料。

＊（6280）垂穗薹草 **Carex slobodovii V. Krecz.**

多年生草本。生于高山带河谷、草甸草原。海拔 2 700～3 500 m。

产内天山。吉尔吉斯斯坦；亚洲有分布。

（6281）准噶尔薹草 **Carex songorica Kar. et Kir.**

多年生草本。生于山谷水边草地、河谷草甸、山麓冲积扇扇缘草甸、水边、沼泽草甸、河滩盐碱地、湖边草地。海拔 430～2 150 m。

产东天山、东北天山、准噶尔阿拉套山、北天山。中国、哈萨克斯坦、吉尔吉斯斯坦、蒙古、俄罗斯；亚洲有分布。

饲料、药用。

（6282）细果薹草 **Carex stenocarpa Turcz. ex V. I. Krecz.**

多年生草本。生于高山和亚高山草甸、山地林缘、森林草甸、山地草甸、山坡草地。海拔 1 700~4 200 m。

产东天山、东北天山、准噶尔阿拉套山、北天山、东南天山、中央天山、内天山、西天山、西南天山。中国、哈萨克斯坦、吉尔吉斯斯坦、乌兹别克斯坦、蒙古、阿富汗、俄罗斯;亚洲有分布。

饲料。

（6283）柄囊薹草 **Carex stenophylla Wahlenb.**

多年生草本。生于山谷草地、河谷、湖滨、水渠边、沼泽草甸、戈壁、田野、路边。海拔 550~3 900 m。

产东天山、东北天山、北天山。中国、哈萨克斯坦、蒙古、俄罗斯;亚洲、欧洲有分布。

饲料。

（6284）针叶薹草 **Carex stenophylloides V. I. Krecz.** = *Carex stenophylla* subsp. *stenophylloides*（V. I. Krecz.）T. V. Egorova

多年生草本。生于高山和亚高山草甸、碎石质山坡、河谷、河漫滩、山地草原、盐渍化草甸、河边、河岸砾石地、沼泽、湖滨、渠边、汇水洼地、草甸湿地、沙地。海拔 390~4 600 m。

产东天山、东北天山、准噶尔阿拉套山、北天山、东南天山、中央天山、内天山。中国、哈萨克斯坦、吉尔吉斯斯坦、乌兹别克斯坦、蒙古、阿富汗、俄罗斯;亚洲有分布。

饲料、药用。

（6285）小囊果薹草 **Carex subphysodes M. Pop. ex V. Krecz.**

多年生草本。生于沙砾质戈壁、沙漠、沙地。海拔 400~900 m。

产北天山。中国、哈萨克斯坦、俄罗斯;亚洲有分布。

饲料、药用。

（6286）藏薹草 **Carex thibetica Franch.** = *Carex dichroa* Freyn

多年生草本。生于高山和亚高山湖边沼泽草地、山地河谷。海拔 2 200~3 575 m。

产东天山、东北天山、准噶尔阿拉套山、东南天山。中国、哈萨克斯坦、蒙古、俄罗斯;亚洲有分布。

饲料。

（6287）天山薹草 **Carex tianschanica T. V. Egorova**

多年生草本。生于山地草甸、山地林下、沼泽化草甸、路边、水边、沼泽。海拔 850~3 100 m。

产东天山、北天山、东南天山、内天山。中国、吉尔吉斯斯坦;亚洲有分布。

饲料、药用。

（6288）山羊薹草 **Carex titovii V. I. Krecz.**

多年生草本。生于山地草甸、山地林缘、山坡草地。海拔 700~2 800 m。

产准噶尔阿拉套山、北天山。中国、哈萨克斯坦、吉尔吉斯斯坦、亚洲有分布。

饲料、药用。

（6289）短柱薹草 **Carex turkestanica Regel**

多年生草本。生于山地草甸、林间草地、灌丛、山谷、水旁、渠边、戈壁。海拔 550~3 000 m。

产东天山、东北天山、准噶尔阿拉套山、北天山、东南天山、中央天山、内天山、西天山、西南天山。

中国、哈萨克斯坦、吉尔吉斯斯坦、乌兹别克斯坦、阿富汗、俄罗斯；亚洲有分布。

饲料、药用。

(6290) 绿囊薹草 Carex ungurensis Litv.

多年生草本。生于山地河谷、山溪边沼泽草甸、湖边沼泽草甸。海拔 500~1 250 m。

产东北天山、北天山、内天山。中国、吉尔吉斯斯坦；亚洲有分布。

饲料、药用。

(6291) 苇陆薹草 Carex wiluica Meinsh. ex Maack.

多年生草本。生于山谷沼泽化草甸、荒漠草原、河边、湖边、林下、水中。海拔 350~2 835 m。

产东天山、北天山、东南天山。中国、哈萨克斯坦、俄罗斯；亚洲、欧洲有分布。

饲料。

(6292) 狐狸薹草 Carex vulpina L.

多年生草本。生于山地草甸、山地林缘、灌丛、河谷、河漫滩湿润草地。海拔 1 300~2 800 m。

产准噶尔阿拉套山。中国、哈萨克斯坦、俄罗斯；亚洲、欧洲有分布。

九十一、天南星科 Araceae

863. 菖蒲属 Acorus L.

(6293) 菖蒲 Acorus calamus L.

多年生挺水草本。生于河边、沼泽草甸。海拔 200~1 600 m。

产北天山、内天山、西天山、西南天山。中国、哈萨克斯坦、吉尔吉斯斯坦、乌兹别克斯坦、俄罗斯；世界温带和亚热带有分布。

药用、食用、香料、鞣料、有毒。

864. 疆南星属 Arum L.

(6294) 考氏疆南星 Arum korolkowii Regel

多年生草本。生于山地草甸、河谷、河流阶地。海拔 1 500~2 900 m。

产内天山。中国、吉尔吉斯斯坦、土库曼斯坦；亚洲有分布。

九十二、浮萍科 Lemnaceae

865. 浮萍属 Lemna L.

*(6295) 弯茎浮萍 Lemna gibba L.

多年生挺水草本。生于静水湿地。海拔 60~150 m。

产北天山、西天山、西南天山。哈萨克斯坦、乌兹别克斯坦、俄罗斯；亚洲、欧洲有分布。

(6296) 浮萍 Lemna minor L.

浮水叶状体。生于池沼、湖泊、沟渠浅水、静水水域、水稻田。海拔 200 m 上下。

产东天山、北天山、东南天山、中央天山、内天山、西天山、西南天山。中国、哈萨克斯坦、吉尔吉斯斯坦、乌兹别克斯坦、俄罗斯；全球各大洲有分布。

药用、饲料。

(6297) 品萍（品藻）**Lemna trisulca L.**

沉水或浮水叶状体。生于池沼、湖泊、沟渠浅水、静水水域。海拔 200 m 上下。

产东天山、北天山、东南天山、中央天山、内天山、西天山、西南天山。中国、哈萨克斯坦、吉尔吉斯斯坦、乌兹别克斯坦、俄罗斯；全球各地有分布。

饲料。

*(6298) 小蓝紫浮萍 **Lemna turionifera Landolt**

多年生挺水草本。生于平原湿地、沼泽草甸。海拔 200~1 600 m。

产北天山。哈萨克斯坦、俄罗斯；亚洲、欧洲有分布。

866. 紫萍属 Spirodela Schleid.

(6299) 紫萍 **Spirodela polyrhiza**（L.）**Schleid.**

浮水草本。生于池沼、水稻田、水塘、湖泊、河流静水水域。海拔 400~2 500 m。

产东天山、北天山、东南天山、中央天山、内天山。中国、哈萨克斯坦、俄罗斯；全球各地有分布。

药用、饲料、绿肥。

九十三、灯心草科 Juncaceae

867. 灯心草属 Juncus L.

(6300) 葱状灯心草 **Juncus allioides Franch.**

多年生草本。生于山溪边、湿草地、林下湿地。海拔 1 800~4 700 m。

产准噶尔阿拉套山。中国；亚洲有分布。

(6301) 棱叶灯心草（小花灯心草）**Juncus articulatus L.**

多年生草本。生于溪水边、山谷河畔、河漫滩、沼泽草甸、路边。海拔 37~3 250 m。

产东天山、东北天山、准噶尔阿拉套山、北天山、东南天山、中央天山、内天山、西天山、西南天山。中国、哈萨克斯坦、吉尔吉斯斯坦、乌兹别克斯坦、蒙古、伊朗、俄罗斯；亚洲、欧洲、美洲有分布。

药用。

(6302) 黑头灯心草 **Juncus atratus Krock.**

多年生草本。生于山溪边、河边、湿草地。海拔 500~2 835 m。

产东天山、准噶尔阿拉套山、北天山、东南天山、内天山、西天山、西南天山。中国、哈萨克斯坦、吉尔吉斯斯坦、乌兹别克斯坦、俄罗斯；亚洲、欧洲有分布。

制刷、药用。

(6303) 大花灯心草（小灯心草）**Juncus bufonius L.** = *Juncus erythropodus* V. Krecz.

一年生草本。生于山地河谷、沼泽草甸、水边、湿草地、河漫滩。海拔 350~2 900 m。

产东天山、东北天山、准噶尔阿拉套山、北天山、东南天山、内天山、西天山、西南天山。中国、哈萨克斯坦、吉尔吉斯斯坦、乌兹别克斯坦、日本、俄罗斯；亚洲、欧洲有分布。

药用。

*(6304) 细葶灯心草 **Juncus capitatus Wrigel**

多年生草本。生于山地草甸、草甸湿地、沼泽草甸。海拔 300~2 500 m。

产西天山。哈萨克斯坦、吉尔吉斯斯坦；亚洲有分布。

(6305) 栗花灯心草 **Juncus castaneus Sm.**

多年生草本。生于山地河谷沼泽草甸、山溪边。海拔 2 100 m 上下。

产东天山。中国、俄罗斯；亚洲、欧洲有分布。

(6306) 扁灯心草(扁茎灯心草) **Juncus compressus Jacq.**

多年生草本。生于山溪边、沼泽草甸、路边。海拔 350~2 400 m。

产东天山、东北天山、准噶尔阿拉套山、北天山、内天山、西天山、西南天山。中国、哈萨克斯坦、吉尔吉斯斯坦、乌兹别克斯坦、蒙古、俄罗斯；亚洲、欧洲有分布。

药用。

(6307) 灯心草 **Juncus effusus L.**

多年生草本。生于山地沼泽草甸、河边、池旁、水沟、稻田旁、沼泽湿地。海拔 1 163~3 400 m。

产北天山、东南天山、内天山、西天山、西南天山。中国、哈萨克斯坦、吉尔吉斯斯坦、乌兹别克斯坦、俄罗斯；全世界温暖地区均有分布。

点灯、药用、编织、造纸。

*(6308) 线叶灯心草 **Juncus filiformis L.**

多年生草本。生于山地草甸湿地、浅水水域、水田。海拔 300~2 600 m。

产北天山、内天山、西天山、西南天山。吉尔吉斯斯坦、乌兹别克斯坦、俄罗斯；亚洲、欧洲有分布。

(6309) 团花灯心草 **Juncus gerardii Loisel.**

多年生草本。生于山地沼泽草甸、溪水边、河谷、积水洼地、沙滩。海拔 500~4 000 m。

产东天山、东北天山、准噶尔阿拉套山、北天山、东南天山、内天山、西天山、西南天山。中国、哈萨克斯坦、吉尔吉斯斯坦、乌兹别克斯坦、俄罗斯；亚洲、欧洲有分布。

饲料、药用、编制、制刷、造纸。

(6310) 少花灯心草(七河灯心草) **Juncus heptopotamicus V. Krecz. et Gontsch.**

多年生草本。生于山地沼泽草甸、溪水边。海拔 1 020~4 000 m。

产北天山、东南天山、内天山。中国、哈萨克斯坦、吉尔吉斯斯坦；亚洲有分布。

*(6311) 喜马拉雅灯心草 **Juncus himalensis Klotzsch**

多年生草本。生于山溪边、山麓平原沼泽湿地。海拔 300~2 800 m。

产西天山。哈萨克斯坦、吉尔吉斯斯坦、塔吉克斯坦；亚洲有分布。

(6312) 无叶灯心草(片髓灯心草) **Juncus inflexus L.**

多年生草本。生于山谷河畔、河谷、沼泽草甸、河边湿草地、水中、沼泽。海拔 300~1 450 m。

产东天山、北天山、中央天山。中国、哈萨克斯坦、吉尔吉斯斯坦、乌兹别克斯坦、俄罗斯；亚洲、欧洲、非洲有分布。

饲料、药用、制刷。

*(6313) 短花灯心草 **Juncus inflexus subsp. brachytepalus (V. Krecz. et Gontsch.) V. Novik** =*Juncus brachytepalus* Krecz. et Gontsch.

多年生草本。生于沼泽湿地、河边、渠边。海拔 200~1 500 m。

产北天山、内天山、西天山、西南天山。哈萨克斯坦、吉尔吉斯斯坦、乌兹别克斯坦；亚洲有分布。

*(6314) 锡尔河灯心草 **Juncus jaxarticus Krecz. et Gontsch.**

多年生草本。生于盐化草甸、盐碱地。海拔 400~1 200 m。

产北天山。哈萨克斯坦;亚洲有分布。

(6315) 长苞灯心草 **Juncus leucomelas Royle ex D. Don**

多年生草本。生于高山沼泽草甸、山溪边。海拔 1 693~4200 m。

产内天山。中国、印度;亚洲有分布。

(6316) 玛纳斯灯心草 **Juncus manasiensis K. F. Wu**

多年丛生草本。生于沼泽草甸及水边湿草地。

产东北天山。中国;亚洲有分布。

中国特有成分。

*(6317) 大药灯心草 **Juncus macrantherus Krecz. et Gontsch.**

多年生草本。生于山地河谷、山溪边、草甸湿地。海拔 600~3 100 m。

产北天山、内天山、西天山、西南天山。哈萨克斯坦、吉尔吉斯斯坦、乌兹别克斯坦;亚洲有分布。

(6318) 簇花灯心草 **Juncus ranarius Songeon et E. P. Perrier** = *Juncus nastanthus* Krecz. et Gontsch.

一年生草本。生于河边湿地、盐化草甸、水沟旁。海拔 50~2 551 m。

产准噶尔阿拉套山、北天山、内天山。中国、哈萨克斯坦、俄罗斯;亚洲、欧洲有分布。

*(6319) 盐生灯心草 **Juncus salsuginosus Turcz.**

多年生草本。生于盐化草甸。海拔 300~1 700 m。

产准噶尔阿拉套山、北天山。哈萨克斯坦、俄罗斯;亚洲有分布。

*(6320) 圆果灯心草 **Juncus sphaerocarpus Nees.**

一年生草本。生于河边湿地、沼泽草甸。海拔 300~2 400 m。

产准噶尔阿拉套山、北天山、内天山、西天山、西南天山。哈萨克斯坦、吉尔吉斯斯坦、乌兹别克斯坦、俄罗斯;亚洲、欧洲有分布。

*(6321) 粗茎灯心草 **Juncus soranthus Schrenk**

多年生草本。生于山坡草地、盐化草甸、沙地。海拔 300~1 700 m。

产北天山、内天山、西天山、西南天山。哈萨克斯坦、吉尔吉斯斯坦、乌兹别克斯坦、俄罗斯;亚洲、欧洲有分布。

(6322) 展苞灯心草 **Juncus thomsonii Buch.**

多年生簇生草本。生于高山和亚高山沼泽草甸、山地河谷草甸、湖边、水边草地、山溪边。海拔 2 029~4 500 m。

产北天山、内天山。中国、哈萨克斯坦、吉尔吉斯斯坦、蒙古;亚洲有分布。

药用。

(6323) 三苞灯心草(贴苞灯心草) **Juncus triglumis L.**

多年生草本。生于山地冰蚀谷地、山地沼泽草甸、山溪边。海拔 2 200~2 800 m。

产东天山、东北天山、准噶尔阿拉套山、北天山、东南天山、内天山、西天山、西南天山。中国、哈萨克斯坦、吉尔吉斯斯坦、乌兹别克斯坦、蒙古、俄罗斯;亚洲、欧洲有分布。

药用。

（6324）沼生灯心草（尖被灯心草）**Juncus turczaninowii（Buch.）Freyn**＝*Juncus articulatus* subsp. *limosus*（Worosch.）Worosch.

多年生草本。生于河边草甸湿地、沼泽草甸。海拔 720～1 350 m。

产东天山。中国、俄罗斯；亚洲有分布。

（6325）土耳其灯心草 **Juncus turkestanicus V. Krecz. et Gontsch.**

一年生草本。生于沼泽草甸、山溪边、河和湖边湿地。海拔 535～2 600 m。

产东天山、准噶尔阿拉套山、北天山、中央天山、内天山、西天山、西南天山。中国、哈萨克斯坦、吉尔吉斯斯坦、乌兹别克斯坦、俄罗斯；亚洲有分布。

＊（6326）威氏灯心草 **Juncus vvedenskyi V. Krecz.**

多年生草本。生于草甸湿地、溪边、浅水水域。海拔 500～1 600 m。

产准噶尔阿拉套山、北天山、内天山、西天山、西南天山。哈萨克斯坦、吉尔吉斯斯坦、乌兹别克斯坦；亚洲有分布。

868. 地杨梅属 Luzula DC.

（6327）抬头地杨梅 **Luzula confusa Lindb.**

多年生草本。生于亚高山草甸阴湿处、山地河谷林下。海拔 2 000～2 900 m。

产准噶尔阿拉套山、北天山。中国、哈萨克斯坦、蒙古、俄罗斯；亚洲、欧洲有分布。

（6328）硬秆地杨梅 **Luzula multiflora subsp. frigida（Buch.）V. I. Krecz.**＝*Luzula multiflora* var. *frigida*（Buchenau）Sam＝*Luzula frigida*（Buchenau）Sam.

多年生草本。生于亚高山草甸、山谷坡地。海拔 1 900～3 000 m。

产北天山。中国、哈萨克斯坦、俄罗斯；亚洲、欧洲有分布。

（6329）西伯利亚地杨梅 **Luzula sibirica（V. I. Krecz.）V. I. Krecz.**＝*Luzula multiflora* subsp. *sibirica* V. I. Krecz.

多年生草本。生于亚高山草甸、林下湿草地。海拔 2 000～2 935 m。

产准噶尔阿拉套山、北天山、东南天山、内天山、西天山、西南天山。中国、哈萨克斯坦、吉尔吉斯斯坦、乌兹别克斯坦、蒙古、俄罗斯；亚洲、欧洲有分布。

（6330）锈地杨梅（淡花地杨梅）**Luzula pallescens（Wahl.）Swartz**

多年生草本。生于山地河谷、河边湿地、林下湿草地。海拔 900～3 100 m。

产准噶尔阿拉套山、北天山、内天山。中国、哈萨克斯坦、吉尔吉斯斯坦、朝鲜、日本、俄罗斯；亚洲、欧洲有分布。

＊（6331）细花地杨梅 **Luzula parviflora（Ehrh.）Desv.**

多年生草本。生于山地草甸湿地、林下湿地、沼泽草甸、河谷草甸湿地。海拔 1 300～2 900 m。

产北天山。哈萨克斯坦、俄罗斯；亚洲、欧洲有分布。

（6332）低头地杨梅（穗花地杨梅）**Luzula spicata（L.）DC.**

多年生草本。生于高山和亚高山草甸阴湿处、山地沼泽草甸、山坡草地。海拔 1 800～3 350 m。

产东天山、东北天山、准噶尔阿拉套山、北天山。中国、哈萨克斯坦、俄罗斯；亚洲、欧洲有分布。

九十四、百合科 Liliaceae

869. 藜芦属 Veratrum L.

（6333）阿尔泰藜芦 **Veratrum lobelianum Bernh.**

多年生草本。生于亚高山草甸、林缘沼泽化草地、河边草甸、草甸湿地。海拔 300~3 100 m。

产准噶尔阿拉套山、北天山、内天山、西天山、西南天山。中国、哈萨克斯坦、吉尔吉斯斯坦、乌兹别克斯坦、俄罗斯；亚洲、欧洲有分布。

药用。

870. 独尾草属 Eremurus M. Bieb.

*（6334）阿氏独尾草 **Eremurus aitchisonii Baker**

多年生草本。生于山坡草地、低山丘陵。海拔 700~2 200 m。

产内天山。吉尔吉斯斯坦；亚洲有分布。

*（6335）阿莱独尾草 **Eremurus alaicus Khalk.**

多年生草本。生于黄土丘陵、山麓洪积扇。海拔 600~2 100 m。

产内天山。吉尔吉斯斯坦；亚洲有分布。

（6336）阿尔泰独尾草 **Eremurus altaicus（Pall.）Steven**

多年生草本。生于山地草甸、砾石质山坡、阳坡谷地、灌丛、河岸、山地草原。海拔 200~2 200 m。

产东天山、东北天山、准噶尔阿拉套山、北天山。中国、哈萨克斯坦、蒙古、俄罗斯；亚洲有分布。

食用、药用、胶脂。

*（6337）多变独尾草 **Eremurus ambigens Vved.**

多年生草本。生于黄土丘陵、阶地、山口坡地。海拔 600~2 100 m。

产内天山。吉尔吉斯斯坦；亚洲有分布。

（6338）异翅独尾草 **Eremurus anisopterus（Kar. et Kir.）Regel**

多年生草本。生于固定和半固定沙丘、沙地。海拔 640~1 450 m。

产东北天山、北天山。中国、哈萨克斯坦、伊朗；亚洲有分布。

胶脂、食用、药用、固沙、观赏。

*（6339）白松独尾草 **Eremurus baissunensis O. Fedtsch.**

多年生草本。生于荒漠草原、干旱山麓。海拔 600~2 300 m。

产内天山。吉尔吉斯斯坦；亚洲有分布。

*（6340）短花丝独尾草 **Eremurus brachystemon Vved.**

多年生草本。生于砾石质山坡。海拔 700~2 000 m。

产内天山。吉尔吉斯斯坦；亚洲有分布。

*（6341）布哈拉独尾草 **Eremurus bucharicus Regel**

多年生草本。生于低山带盆地、山坡碎石堆。海拔 600~2 100 m。

产内天山。吉尔吉斯斯坦；亚洲有分布。

*（6342）丛生独尾草 **Eremurus comosus O. Fedtsch.**

多年生草本。生于山坡草地、荒漠草原。海拔 800~2 400 m。

产内天山。吉尔吉斯斯坦；亚洲有分布。

*（6343）梳状独尾草 **Eremurus cristatus Vved.**

多年生草本。生于山坡草地、低山丘陵、山地草原。海拔 900~1 800 m。

产准噶尔阿拉套山、北天山。哈萨克斯坦、吉尔吉斯斯坦；亚洲有分布。

*（6344）长蕊独尾草 **Eremurus fuscus（O. Fedtsch.）Vved.**

多年生草本。生于山地草甸、陡峭山坡、灌丛。海拔 900~2 800 m。

产北天山、内天山、西天山、西南天山。哈萨克斯坦、吉尔吉斯斯坦、乌兹别克斯坦；亚洲有分布。

*（6345）黑利亚独尾草 **Eremurus hilariae Popov et Vved.**

多年生草本。生于低山坡地。海拔 600~1 500 m。

产北天山、内天山、西天山、西南天山。哈萨克斯坦、吉尔吉斯斯坦、乌兹别克斯坦；亚洲有分布。

*（6346）黑萨尔独尾草 **Eremurus hissaricus Vved.**

多年生草本。生于山坡草地、河流阶地。海拔 500~2 300 m。

产内天山。吉尔吉斯斯坦；亚洲有分布。

*（6347）曲砾白独尾草 **Eremurus iae Vved.**

多年生草本。生于细石质–黏土质山坡草地。海拔 600~2 100 m。

产内天山。吉尔吉斯斯坦；亚洲有分布。

（6348）粗柄独尾草 **Eremurus inderiensis（M. Bieb.）Regel**

多年生草本。生于固定和半固定沙丘、沙地。海拔 300~700 m。

产东天山、东北天山、北天山。中国、哈萨克斯坦、蒙古、伊朗、阿富汗、俄罗斯；亚洲、欧洲有分布。

胶脂、药用、固沙、观赏。

*（6349）卡夫曼独尾草 **Eremurus kaufmannii Regel**

多年生草本。生于山坡草地。海拔 700~2 500 m。

产内天山。吉尔吉斯斯坦；亚洲有分布。

*（6350）考绕维尼独尾草 **Eremurus korovinii B. Fedtsch.** =*Eremurus korowinii* B. Fedtsch.

多年生草本。生于亚高山草甸、山地草原、荒漠草原、石质坡地。海拔 900~2 800 m。

产北天山、西天山、西南天山。哈萨克斯坦、乌兹别克斯坦；亚洲有分布。

*（6351）考氏独尾草 **Eremurus korshinskyi O. Fedtsch.**

多年生草本。生于山坡草地、山麓碎石堆。海拔 500~2 200 m。

产内天山。吉尔吉斯斯坦；亚洲有分布。

*（6352）毛苞片独尾草 **Eremurus lachnostegius Vved.**

多年生草本。生于山坡草地、山地草原、荒漠草原。海拔 600~2 150 m。

产内天山。吉尔吉斯斯坦；亚洲有分布。

*（6353）宽瓣独尾草 **Eremurus lactiflorus** O．Fedtsch．

多年生草本。生于亚高山草甸、山地碎石质坡地、细石质山坡。海拔 1 000~2 900 m。

产北天山、内天山、西天山、西南天山。哈萨克斯坦、吉尔吉斯斯坦、乌兹别克斯坦;亚洲有分布。

*（6354）黄独尾草 **Eremurus luteus Baker**＝*Eremurus baissunensis* O．Fedtsch．

多年生草本。生于山坡草地、山地草原、荒漠草原。海拔 600~2 300 m。

产内天山。吉尔吉斯斯坦;亚洲有分布。

*（6355）细枝独尾草 **Eremurus micranthus Vved．**

多年生草本。生于干旱山坡草地、山麓洪积扇。海拔 450~2 100 m。

产内天山。吉尔吉斯斯坦;亚洲有分布。

*（6356）努拉山独尾草 **Eremurus nuratavicus Khokhr．**

多年生草本。生于山坡草地、山麓碎石堆。海拔 500~200 m。

产内天山。吉尔吉斯斯坦;亚洲有分布。

*（6357）奥勒加独尾草 **Eremurus olgae Regel**

多年生草本。生于山坡草地、砾石质坡地。海拔 600~2 100 m。

产内天山。吉尔吉斯斯坦;亚洲有分布。

*（6358）细花独尾草 **Eremurus parviflorus Regel**

多年生草本。生于山坡草地、河流阶地、山地草原、荒漠草原。海拔 500~2 300 m。

产内天山。吉尔吉斯斯坦;亚洲有分布。

*（6359）软毛独尾草 **Eremurus pubescens Vved．**

多年生草本。生于砾石质山坡。海拔 700~2 300 m。

产内天山。吉尔吉斯斯坦;亚洲有分布。

*（6360）膜边独尾草 **Eremurus regelii Vved．**

多年生草本。生于山地阳坡草地、低山丘陵、河谷、灌丛。海拔 800~1 600 m。

产北天山、内天山、西天山、西南天山。吉尔吉斯斯坦、乌兹别克斯坦;亚洲有分布。

*（6361）高大独尾草 **Eremurus robustus**（**Regel**）**Regel**

多年生草本。生于亚高山草甸、山地草甸、山地草原、山麓沙地。海拔 1 000~3 000 m。

产北天山、内天山、西天山、西南天山。哈萨克斯坦、吉尔吉斯斯坦、乌兹别克斯坦;亚洲有分布。

*（6362）红瓣独尾草 **Eremurus roseolus Vved．**

多年生草本。生于山坡草地、低山碎石堆。海拔 50~2 200 m。

产内天山。吉尔吉斯斯坦;亚洲有分布。

*（6363）细茎独尾草 **Eremurus soogdianus**（**Regel．**）**Benth．et Hook．f**

多年生草本。生于亚高山草甸、山坡草地、山麓平原沙地。海拔 800~2 700 m。

产北天山、内天山、西天山、西南天山。哈萨克斯坦、吉尔吉斯斯坦、乌兹别克斯坦;亚洲有分布。

*（6364）美丽独尾草 **Eremurus spectabilis M. Bieb.**

多年生草本。生于山坡草地、低山丘陵。海拔 700~1 800 m。

产西天山、西南天山。吉尔吉斯斯坦、乌兹别克斯坦、俄罗斯;亚洲、欧洲有分布。

*（6365）安比根斯独尾草 **Eremurus ambigens Vved.** = *Eremurus stenophyllus* subsp. *ambigens* （Vved.）Wendelbo

多年生草本。生于山坡草地、河流阶地、低山丘陵、山麓坡地。海拔 600~2 100 m。

产内天山。吉尔吉斯斯坦;亚洲有分布。

*（6366）苏氏独尾草 **Eremurus suworowii Regel**

多年生草本。生于山坡草地、山麓平原。海拔 700~2 100 m。

产内天山。吉尔吉斯斯坦;亚洲有分布。

*（6367）塔吉克独尾草 **Eremurus tadshikorum Vved.**

多年生草本。生于山坡草地、细石质坡地。海拔 800~2 100 m。

产内天山。吉尔吉斯斯坦;亚洲有分布。

*（6368）天山独尾草 **Esemurus tianschanicus Pazij. et Vved. ex Pavlov**

多年生草本。生于亚高山草甸、低山丘陵、山麓阳坡草地。海拔 600~2 700 m。

产北天山、内天山、西天山、西南天山。哈萨克斯坦、吉尔吉斯斯坦、乌兹别克斯坦;亚洲有分布。

*（6369）土耳其独尾草 **Eremurus turkestanicus Regel**

多年生草本。生于亚高山草甸、山崖岩石缝、山坡草地。海拔 1 200~3 100 m。

产北天山、内天山、西天山、西南天山。哈萨克斯坦、吉尔吉斯斯坦、乌兹别克斯坦;亚洲有分布。

*（6370）孜奈德独尾草 **Eremurus zenaidae Vved.**

多年生草本。生于山坡草地、山麓碎石堆。海拔 600~1 800 m。

产西南天山、内天山。乌兹别克斯坦;亚洲有分布。

*（6371）吉尔吉斯独尾草 **Eremurus zoae Vved.**

多年生草本。生于低山丘陵、荒漠草原。海拔 700~2 100 m。

产西天山。吉尔吉斯斯坦;亚洲有分布。

871. 顶冰花属 Gagea Salisb.

（6372）毛梗顶冰花 **Gagea alberti Regel**

多年生草本。生于高山和亚高山草甸、低山荒漠草原低洼处、山麓平原、灌丛下。海拔 400~3 500 m。

产东天山、东北天山、准噶尔阿拉套山、北天山、中央天山。中国、哈萨克斯坦;亚洲有分布。

*（6373）红沟顶冰花 **Gagea baschkyzylsaica Levichev**

多年生草本。生于山坡草地、河谷、山地草原。海拔 700~2 100 m。

产西天山、内天山。吉尔吉斯斯坦、乌兹别克斯坦;亚洲有分布。

*（6374）比尔维斯套顶冰花 **Gagea brevistolonifera Levichev**

多年生草本。生于山坡草地、山地草原。海拔 700~2 500 m。

产内天山。吉尔吉斯斯坦;亚洲有分布。

（6375）腋球顶冰花 **Gagea bulbifera**（**Pall.**）**Salisb.**

多年生草本。生于低山黄土丘陵、山麓平原。海拔 600~1 860 m。

产东天山、东北天山、北天山、内天山。中国、哈萨克斯坦、吉尔吉斯斯坦、俄罗斯;亚洲、欧洲有分布。

药用。

*（6376）天蓝色顶冰花 **Gagea caelestis Levichev**

多年生草本。生于山地草甸、山地林缘、山坡草地、山地草原。海拔 1 200~2 500 m。

产内天山。吉尔吉斯斯坦;亚洲有分布。

*（6377）美花顶冰花 **Gagea calantha Levichev**

多年生草本。生于山地草甸、灌丛、山坡草地、草地草原。海拔 900~2 300 m。

产西天山。乌兹别克斯坦;亚洲有分布。

*（6378）线叶顶冰花 **Gagea capillifolia Vved.**

多年生草本。生于高山阴坡岩石缝、山崖岩石缝、河谷、瀑布湿地。海拔 3 000~3 500 m。

产北天山、内天山、西天山、西南天山。哈萨克斯坦、吉尔吉斯斯坦、乌兹别克斯坦;亚洲有分布。

*（6379）黄茎顶冰花 **Gagea capusii A. Terracc.** = *Gagea triquetra* Vved. = *Gagea parva* Vved. = *Gagea turkestanica* Pascher

多年生草本。生于山坡草地、低山丘陵、山麓洪积扇、平原草地。海拔 600~2 700 m。

产北天山、内天山、西天山、西南天山。哈萨克斯坦、吉尔吉斯斯坦、乌兹别克斯坦;亚洲有分布。

*（6380）考木顶冰花 **Gagea chomutovae**（**Pascher**）**Pascher**

多年生草本。生于山坡草地、山地草原、平原沙质草地。海拔 300~2 300 m。

产北天山、内天山、西天山、西南天山。哈萨克斯坦、吉尔吉斯斯坦、乌兹别克斯坦;亚洲有分布。

*（6381）环裂顶冰花 **Gagea circumplexa Vved.**

多年生草本。生于山坡草地、低山丘陵、山麓平原。海拔 800~1 900 m。

产内天山。吉尔吉斯斯坦;亚洲有分布。

*（6382）优美顶冰花 **Gagea delicatula Vved.**

多年生草本。生于山地阴湿处、岩石缝、河谷。海拔 1 000~2 100 m。

产内天山。吉尔吉斯斯坦;亚洲有分布。

（6383）叉梗顶冰花 **Gagea divaricata Regel**

多年生草本。生于固定和半固定沙丘。海拔 500 m 上下。

产北天山。中国、哈萨克斯坦;亚洲有分布。

药用。

*（6384）准噶尔顶冰花 **Gagea dschungarica Regel**

多年生草本。生于山地草甸、山地草原。海拔 1 000~2 800 m。

产北天山、内天山、西天山、西南天山。哈萨克斯坦、吉尔吉斯斯坦、乌兹别克斯坦;亚洲有分布。

*（6385）瘦直顶冰花 **Gagea exilis Vved.**

多年生草本。生于冰碛碎石堆、高山和亚高山草甸。海拔 2 900~3 600 m。

产内天山。吉尔吉斯斯坦；亚洲有分布。

（6386）镰叶顶冰花 **Gagea fedtschenkoana Pascher**

多年生草本。生于亚高山草甸、山地草甸、山地林缘、灌丛、山地草原、低山丘陵。海拔 1 000~2 600 m。

产东天山、准噶尔阿拉套山、北天山。中国、哈萨克斯坦、俄罗斯；亚洲有分布。

药用。

*（6387）费尔干纳顶冰花 **Gagea ferganica Levichev**

多年生草本。生于高山和亚高山草甸。海拔 3 100~3 500 m。

产内天山。吉尔吉斯斯坦；亚洲有分布。

（6388）林生顶冰花 **Gagea filiformis（Ledeb.）Kar. et Kir.** = *Gagea pseudorubescens* Pascher = *Gagea pseudoerubenscens* Pascher

多年生草本。生于山地林下、林缘、灌丛、草甸、草原、阴湿地。海拔 1 000~2 500 m。

产东天山、东北天山、准噶尔阿拉套山、北天山。中国、哈萨克斯坦、吉尔吉斯斯坦、乌兹别克斯坦、阿富汗、巴基斯坦、俄罗斯；亚洲有分布。

药用。

（6389）钝瓣顶冰花 **Gagea fragifera（Vill.）E. Bayer et G. López** = *Gagea emarginata* Kar. et Kir.

多年生草本。生于山地潮湿草地、山地草甸、山地林下、林缘、灌丛、河漫滩。海拔 1 600~2 560 m。

产准噶尔阿拉套山、北天山。中国、哈萨克斯坦、俄罗斯；亚洲有分布。

*（6390）密头顶冰花 **Gagea gageoides（Zucc.）Vved.**

多年生草本。生于山坡草地、河流阶地、山麓洪积扇、沙地。海拔 400~2 600 m。

产北天山、内天山、西天山、西南天山。哈萨克斯坦、吉尔吉斯斯坦、乌兹别克斯坦、俄罗斯；亚洲有分布。

*（6391）禾叶顶冰花 **Gagea graminifolia Vved.**

多年生草本。生于山地草原、荒漠草原、黏土质沙地。海拔 500~1 600 m。

产西南天山。乌兹别克斯坦；亚洲有分布。

（6392）粒鳞顶冰花 **Gagea granulosa Turcz**

多年生草本。生于山地林下、灌木、潮湿草地、山地草原。海拔 1 300~2 100 m。

产东北天山、北天山。中国、哈萨克斯坦、俄罗斯；亚洲、欧洲有分布。

*（6393）光柄顶冰花 **Gagea gymnopoda Vved.**

多年生草本。生于高山冰碛碎石堆、山坡草地。海拔 3 000~3 600 m。

产内天山。吉尔吉斯斯坦；亚洲有分布。

*（6394）戈普萨思顶冰花 **Gagea gypsacea Levichev**

多年生草本。生于山地草原、荒漠草原、山麓洪积扇。海拔 600~1 500 m。

产内天山。吉尔吉斯斯坦；亚洲有分布。

*（6395）黑赛尔顶冰花 **Gagea hissarica Lipsky**

多年生草本。生于高山和亚高山草甸。海拔 2 900~3 600 m。

产北天山、西天山、西南天山。哈萨克斯坦、乌兹别克斯坦；亚洲有分布。

*（6396）全唇顶冰花 **Gagea holochiton M. Popov. et Czug.**

多年生草本。生于山地草原、荒漠草原、干旱河谷、山麓洪积扇。海拔 600~1 700 m。

产西南天山、内天山。吉尔吉斯斯坦、乌兹别克斯坦、塔吉克斯坦；亚洲有分布。

*（6397）火红顶冰花 **Gagea ignota Levichev**

多年生草本。生于山麓石质盆地。海拔 500~1 800 m。

产西南天山、西天山、内天山。吉尔吉斯斯坦、乌兹别克斯坦；亚洲有分布。

（6398）高山顶冰花 **Gagea jaeschkei Pascher** = *Gagea pamirica* Grossh.

多年生草本。生于高山冰缘、高山和亚高山草甸、草甸湿地。海拔 2 900~4 500 m。

产准噶尔阿拉套山、北天山、内天山、西天山、西南天山。中国、哈萨克斯坦、吉尔吉斯斯坦、乌兹别克斯坦；亚洲有分布。

药用。

*（6399）具壳顶冰花 **Gagea incrustata Vved.**

多年生草本。生于山麓石质盆地。海拔 600~1 900 m。

产西南天山、西天山、内天山。吉尔吉斯斯坦、乌兹别克斯坦；亚洲有分布。

（6400）多球顶冰花 **Gagea ova Stapf** = *Gagea kunawurensis*（Royle）Greuter = *Gagea stipitata* Merckl. ex Bunge

多年生草本。生于山坡草地、山地草原、低山丘陵、荒漠草原、山麓洪积扇、平原荒漠、阿魏滩、沙砾地。海拔 700~4 100 m。

产东天山、北天山、内天山、西天山、西南天山。中国、哈萨克斯坦、吉尔吉斯斯坦、乌兹别克斯坦、伊朗、阿富汗、俄罗斯；亚洲有分布。

*（6401）库拉米尼卡顶冰花 **Gagea kuraminica Levichev**

多年生草本。生于山坡草地、山地草原、荒漠草原、山麓洪积扇、河岸阶地。海拔 500~2 100 m。

产西天山、西南天山、内天山。吉尔吉斯斯坦、乌兹别克斯坦；亚洲有分布。

*（6402）蓝湖顶冰花 **Gagea leucantha M. Pop. et Czug.**

多年生草本。生于细石质山坡。海拔 600~2 100 m。

产内天山。吉尔吉斯斯坦；亚洲有分布。

*（6403）米哈伊顶冰花 **Gagea michaelis Golosk.**

多年生草本。生于高山冰碛碎石堆、高山草甸、山坡草地、河谷。海拔 1 400~3 500 m。

产北天山、内天山、哈萨克斯坦、吉尔吉斯斯坦；亚洲有分布。

*（6404）细花顶冰花 **Gagea minutiflora Regel**

多年生草本。生于高山草甸、山坡草地、山地草原。海拔 1 200~3 300 m。

产北天山、内天山、西天山、西南天山。哈萨克斯坦、吉尔吉斯斯坦、乌兹别克斯坦；亚洲有分布。

*（6405）细叶顶冰花 **Gagea minutissima Vved.**
多年生草本。生于亚高山草甸、山坡草地、山谷。海拔 900~2 800 m。
产内天山。吉尔吉斯斯坦；亚洲有分布。

（6406）黑鳞顶冰花 **Gagea nigra L. Z. Shue**
多年生草本。生于山前平原、砾质荒漠、低山、阿魏滩。海拔 650~1 000 m。
产东天山、准噶尔阿拉套山。中国、哈萨克斯坦；亚洲有分布。

（6407）乌恰顶冰花 **Gagea olgae Regel**
多年生草本。生于高山和亚高山草甸、阴湿坡地、河谷草地。海拔 2 500~3 500 m。
产内天山、北天山、西天山、西南天山。中国、哈萨克斯坦、吉尔吉斯斯坦、乌兹别克斯坦、巴基斯坦、阿富汗；亚洲有分布。

*（6408）速繁顶冰花 **Gagea paedophila Vved.**
多年生草本。生于山坡草地、河谷阴坡草地。海拔 800~2 300 m。
产内天山。吉尔吉斯斯坦；亚洲有分布。

*（6409）帕米尔顶冰花 **Gagea pamirica Grossh.** = *Gagea jaeschkei* Pascher.
多年生草本。生于高山和亚高山草甸、草甸湿地。海拔 2 900~3 200 m。
产北天山、西天山、西南天山。哈萨克斯坦、吉尔吉斯斯坦、乌兹别克斯坦；亚洲有分布。

*（6410）圆锥顶冰花 **Gagea paniculata Levichev**
多年生草本。生于山坡草地、山麓平原草地。海拔 600~1 900 m。
产西天山。乌兹别克斯坦；亚洲有分布。

*（6411）波氏顶冰花 **Gagea popovii Vved.**
多年生草本。生于亚高山草甸、山坡草地。海拔 1 200~3 000 m。
产北天山、内天山、西天山、西南天山。哈萨克斯坦、吉尔吉斯斯坦、乌兹别克斯坦；亚洲有分布。

*（6412）垂头顶冰花 **Gagea pseudoreticulata Vved.**
多年生草本。生于沙漠、黏土荒漠、山麓平原沙地。海拔 600~1 500 m。
产北天山、内天山、西天山、西南天山。哈萨克斯坦、吉尔吉斯斯坦、乌兹别克斯坦；亚洲有分布。

*（6413）网状顶冰花 **Gagea reticulata（Pall.）Schult. et Schult. f.**
多年生草本。生于山地黏土质坡地、山麓平原沙地、沙漠。海拔 600~1 500 m。
产北天山、内天山、西天山、西南天山。哈萨克斯坦、吉尔吉斯斯坦、乌兹别克斯坦；亚洲有分布。

（6414）囊瓣顶冰花 **Gagea sacculifer Regel**
多年生草本。生于低山丘陵、荒漠。海拔 1 100~1 600 m。
产东北天山、准噶尔阿拉套山、北天山。中国、哈萨克斯坦、俄罗斯；亚洲有分布。

（6415）新疆顶冰花 **Gagea subalpina L. Z. Shue** = *Gagea neopopovii* Golosk. = *Gagea vaginata* Popov. ex Golosk.
多年生草本。生于高山和亚高山草甸、山地草甸、山地半阳坡草地。海拔 2 400~4 310 m。

产东北天山、北天山。中国、哈萨克斯坦、俄罗斯;亚洲有分布。

药用。

*(6416) 具刚毛顶冰花 **Gagea setifolia Baker** = *Gagea ilinensis* Popov

多年生草本。生于山坡草地、山地草原、荒漠草原、沙地。海拔 300~1 400 m。

产准噶尔阿拉套山、北天山、哈萨克斯坦、吉尔吉斯斯坦;亚洲有分布。

(6417) 草原顶冰花 **Gagea stepposa L. Z. Shue**

多年生草本。生于山地干旱山坡。海拔 1 100~2 500 m。

产东天山、准噶尔阿拉套山、北天山。中国;亚洲有分布。

中国特有成分。药用。

*(6418) 多枝顶冰花 **Gagea stipitata Merklin.**

多年生草本。生于黄土丘陵、荒漠草原、洪积扇。海拔 900~2 500 m。

产北天山、内天山、西天山、西南天山。哈萨克斯坦、吉尔吉斯斯坦、乌兹别克斯坦、俄罗斯;亚洲有分布。

*(6419) 魔古山顶冰花 **Gagea subtilis Vved.**

多年生草本。生于山坡草地、山麓洪积-冲积平原。海拔 600~1 700 m。

产西南天山、内天山。吉尔吉斯斯坦、乌兹别克斯坦;亚洲有分布。

(6420) 细弱顶冰花 **Gagea tenera Pascher**

多年生草本。生于山地草原、山麓平原、阿魏滩。海拔 1 500~3 171 m。

产准噶尔阿拉套山、北天山、内天山、西天山、西南天山。中国、哈萨克斯坦、吉尔吉斯斯坦、乌兹别克斯坦、俄罗斯;亚洲有分布。

*(6421) 托山顶冰花 **Gagea toktogulii Levichev**

多年生草本。生于低山坡地。海拔 800~1 300 m。

产内天山。吉尔吉斯斯坦;亚洲有分布。

*(6422) 矮小顶冰花 **Gagea turkestanica Pasch.** = *Gagea parva* Vved.

多年生草本。生于黄土丘陵、山麓黏土坡地、洪积扇。海拔 600~2 200 m。

产北天山、内天山、西天山、西南天山。哈萨克斯坦、吉尔吉斯斯坦、乌兹别克斯坦;亚洲有分布。

*(6423) 乌加明顶冰花 **Gagea ugamica Pavlov**

多年生草本。生于高山山脊、冰碛石堆、山坡草地。海拔 3 100~3 800 m。

产北天山、内天山、西天山、西南天山。哈萨克斯坦、吉尔吉斯斯坦、乌兹别克斯坦;亚洲有分布。

*(6424) 大鞘顶冰花 **Gagea vaginata M. Popov**

多年生草本。生于高山和亚高山草甸、山地阳坡草原。海拔 2 400~3 300 m。

产北天山。哈萨克斯坦、俄罗斯;亚洲有分布。

*(6425) 粗茎顶冰花 **Gagea vegeta Vved.**

多年生草本。生于山坡草地、山地草原。海拔 900~1 400 m。

产西天山、西南天山、内天山。吉尔吉斯斯坦;亚洲有分布。

*（6426）毛瓣顶冰花 **Gagea villosula Vved.**

多年生草本。生于低山丘陵。海拔 800～1 300 m。

产内天山。吉尔吉斯斯坦；亚洲有分布。

*（6427）委氏顶冰花 **Gagea vvedenskyi Grossh.** = *Gagea korshinskyi* Grossh.

多年生草本。生于山地草甸、河谷、低山阴坡草地。海拔 500～2 100 m。

产西天山、西南天山、内天山。哈萨克斯坦、吉尔吉斯斯坦、乌兹别克斯坦；亚洲有分布。

872. 洼瓣花属 Lloydia Salisb.

（6428）洼瓣花 **Lloydia serotina（L.）Rchb.** = *Gagea serotina*（L.）Ker Gawl.

多年生草本。生于亚高山和高山草甸。海拔 1 500～3 600 m。

产东天山、东北天山、准噶尔阿拉套山、北天山、东南天山、中央天山、内天山、西天山、西南天山。中国、哈萨克斯坦、吉尔吉斯斯坦、乌兹别克斯坦、俄罗斯；亚洲、欧洲有分布。

药用。

873. 绵枣儿属 Scilla L.

*（6429）石瑰花 **Scilla puschkinioides Regel** = *Fessia puschkinioides*（Regel）Speta

多年生草本。生于高山冰缘、冰碛石堆、低山丘陵。海拔 200～3 600 m。

产西天山、西南天山、内天山。哈萨克斯坦、吉尔吉斯斯坦、乌兹别克斯坦；亚洲有分布。

874. 猪牙花属 Erythronium L.

（6430）新疆猪牙花 **Erythronium sibiricum（Fisch. et C. A. Mey.）Krylov**

多年生草本。生于亚高山草甸、山地林下、灌丛、山地草原。海拔 1 500～2 000 m。

产东北天山。中国、哈萨克斯坦、俄罗斯；亚洲有分布。

食用、药用。

875. 郁金香属 Tulipa L.

*（6431）白花郁金香 **Tulipa alberti Regel**

多年生草本。生于低山丘陵坡地。海拔 800～1 800 m。

产准噶尔阿拉套山。哈萨克斯坦；亚洲有分布。

哈萨克斯坦特有成分。

*（6432）二花郁金香 **Tulipa biflora Pall.** = *Tulipa callieri* Halacsy et Levier

多年生草本。生于山坡草地、山沟、山地草原、山麓洪积扇、平原荒漠、阿魏滩、路边、农田边、固定沙丘。海拔 400～2 100 m。

产北天山、内天山、西天山、西南天山。哈萨克斯坦、吉尔吉斯斯坦、乌兹别克斯坦、伊朗；亚洲有分布。

*（6433）双叶郁金香 **Tulipa bifloriformis Vved.**

多年生草本。生于山坡碎石堆、山坡草地、低山丘陵、山麓洪积-冲积扇。海拔 700～2 800 m。

产北天山、内天山、西天山、西南天山。哈萨克斯坦、吉尔吉斯斯坦、乌兹别克斯坦；亚洲有分布。

*（6434）垂花郁金香 **Tulipa binutans Vved.**

多年生草本。生于沙质细石质山坡、洪积扇。海拔 600～2 100 m。

产北天山、内天山、西天山、西南天山。哈萨克斯坦、吉尔吉斯斯坦、乌兹别克斯坦;亚洲有分布。

(6435) 柔毛郁金香 **Tulipa buhseana Boiss.**

多年生草本。生于平原荒漠、低山草坡、山沟、固定沙丘、阿魏滩、路边、农田边。海拔 400～1 200 m。

产北天山、内天山、西天山、西南天山。中国、哈萨克斯坦、吉尔吉斯斯坦、乌兹别克斯坦、伊朗;亚洲有分布。

*(6436) 短丝郁金香 **Tulipa brachystemon Regel**

多年生草本。生于碎石质山崖、河谷灌丛。海拔 1 200～2 500 m。

产准噶尔阿拉套山。哈萨克斯坦;亚洲有分布。

哈萨克斯坦特有成分。

(6437) 毛蕊郁金香 **Tulipa dasystemon（Regel）Regel** = *Tulipa dasystemonoides* Vved.

多年生草本。生于高山和亚高山草甸、干河床、山谷、灌丛、山地阳坡草地、阿魏滩、荒漠、路边。海拔 850～3 200 m。

产东北天山、北天山、内天山、西天山、西南天山。中国、哈萨克斯坦、吉尔吉斯斯坦、乌兹别克斯坦;亚洲有分布。

药用。

*(6438) 假郁金香 **Tulipa dubia Vved.** = *Tulipa dubia* Terr.

多年生草本。生于细石质山坡、高山草甸。海拔 2 100～3 100 m。

产北天山、内天山、西天山、西南天山。哈萨克斯坦、吉尔吉斯斯坦、乌兹别克斯坦;亚洲有分布。

*(6439) 费尔干纳郁金香 **Tulipa ferganica Vved.**

多年生草本。生于山坡草地、山谷、河流阶地。海拔 700～2 100 m。

产西天山、西南天山、内天山。吉尔吉斯斯坦、乌兹别克斯坦;亚洲有分布。

*(6440) 格来杰氏郁金香 **Tulipa greigii Regel** = *Tulipa krauseana* Regel

多年生草本。生于山坡草地、低山丘陵、山地草原、荒漠。海拔 100～2 800 m。

产北天山、内天山、西天山、西南天山。哈萨克斯坦、吉尔吉斯斯坦、乌兹别克斯坦;亚洲有分布。

(6441) 异瓣郁金香 **Tulipa heteropetala Ledeb.**

多年生草本。生于山地草甸、山地灌丛、山地草原。海拔 1 200～2 400 m。

产北天山。中国、哈萨克斯坦、俄罗斯;亚洲有分布。

药用。

(6442) 异叶郁金香 **Tulipa heterophylla（Regel）Baker**

多年生草本。生于亚高山草甸、山坡草地、河谷、山地草原、荒漠草原。海拔 900～3 200 m。

产东天山、准噶尔阿拉套山、北天山、东南天山。中国、哈萨克斯坦、吉尔吉斯斯坦;亚洲有分布。

药用。

（6443）伊犁郁金香 **Tulipa iliensis** Regel = *Tulipa thianschanica* var. *sailimuensis* X. Wei et D. Y. Tan = *Tulipa thianschanica* Regel

多年生草本。生于高山和亚高山草甸、森林草甸、林缘、山坡草地、灌丛、山地草原、荒漠草原、冲沟、砾质荒漠、河边、湖边、沙滩、路边、田边。海拔 400~3 600 m。

产东天山、东北天山、东南天山、准噶尔阿拉套山、北天山。中国、哈萨克斯坦、吉尔吉斯斯坦；亚洲有分布。

食用、药用、饲料。

*（6444）高山郁金香 **Tulipa kaufmanniana** Regel

多年生草本。生于亚高山草甸、山崖岩石缝、山坡倒石堆、山坡草地、干河床。海拔 2 800~3 100 m。

产北天山、内天山、西天山、西南天山。哈萨克斯坦、吉尔吉斯斯坦、乌兹别克斯坦；亚洲有分布。

（6445）迟花郁金香 **Tulipa kolpakowskiana** Regel

多年生草本。生于低山丘陵、山地草原、山麓洪积扇。海拔 400~1 820 m。

产东北天山、准噶尔阿拉套山、北天山。中国、哈萨克斯坦；亚洲有分布。

药用。

*（6446）考氏郁金香 **Tulipa korolkowii** Regel

多年生草本。生于山地石质山坡、碎石质河滩、灌丛。海拔 800~2 800 m。

产北天山、内天山、西天山、西南天山。哈萨克斯坦、吉尔吉斯斯坦、乌兹别克斯坦；亚洲有分布。

*（6447）卡拉套郁金香 **Tulipa krauseana** Regel

多年生草本。生于细石质山坡、低山丘陵。海拔 100~2 700 m。

产西天山。乌兹别克斯坦；亚洲有分布。

乌兹别克斯坦特有成分。

*（6448）库氏郁金香 **Tulipa kuraminica** Levichev

多年生草本。生于山地草甸、山坡草地、山谷、山麓坡积物。海拔 800~2 600 m。

产西天山、西南天山、内天山。吉尔吉斯斯坦、乌兹别克斯坦；亚洲有分布。

*（6449）滨海郁金香 **Tulipa littoralis** Artemcz.

多年生草本。生于细石质山坡、河谷、灌丛。海拔 600~2 900 m。

产西天山、西南天山。哈萨克斯坦、吉尔吉斯斯坦、乌兹别克斯坦、俄罗斯；亚洲、欧洲有分布。

*（6450）直茎郁金香 **Tulipa orthopoda** Vved.

多年生草本。生于冲积-洪积扇、山麓石质碎石堆。海拔 800~2 800 m。

产北天山。哈萨克斯坦；亚洲有分布。

*（6451）尖叶郁金香 **Tulipa ostrowskiana** Regel

多年生草本。生于山坡草地、低山丘陵。海拔 900~2 900 m。

产北天山。哈萨克斯坦；亚洲有分布。

（6452）垂蕾郁金香 **Tulipa patens Agardh. ex Schult.** =*Tulipa sylvestris* subsp. *australis*（Link）Pamp.

多年生草本。生于亚高山草甸、林缘、山坡草地、山地草原、灌丛、路边。海拔 1 350~2 400 m。

产准噶尔阿拉套山、北天山。中国、哈萨克斯坦、俄罗斯;亚洲、欧洲有分布。

食用、药用、观赏。

*（6453）单叶郁金香 **Tulipa regelii Krasn.**

多年生草本。生于亚高山草甸、山地坡积物、低山平原。海拔 900~2 500 m。

产北天山、哈萨克斯坦;亚洲有分布。

哈萨克斯坦特有成分。

（6454）新疆郁金香 **Tulipa sinkiangensis Z. M. Mao**

多年生草本。生于低山石质坡地、山麓平原荒漠、砾质荒漠。海拔 5 000~1 800 m。

产东天山、东北天山、北天山。中国;亚洲有分布。

中国特有成分。药用。

*（6455）晚花郁金香 **Tulipa tarda Stapf**=*Tulipa urumiensis* Stapf

多年生草本。生于石质山坡、草原带石质阳坡。海拔 800~2 900 m。

产北天山。哈萨克斯坦;亚洲有分布。

哈萨克斯坦特有成分。

（6456）天山郁金香 **Tulipa tianschanica Regel**

多年生草本。生于山地草原。海拔 1 000~1 800 m。

产北天山。中国;亚洲有分布。

中国特有成分。药用。

（6457）赛里木湖郁金香 **Tulipa tianschanica var. sailimuensis X. Wei et D. Y. Tan**

多年生草本。生于山地草原。海拔 2 100 m 上下。

产北天山。中国;亚洲有分布。

中国特有成分。

*（6458）三叶郁金香 **Tulipa tetraphylla Regel**

多年生草本。生于山地阳坡草地、灌丛、河谷、山地草原。海拔 1 200~2 600 m。

产准噶尔阿拉套山、北天山。哈萨克斯坦;亚洲有分布。

哈萨克斯坦特有成分。

（6459）单花郁金香 **Tulipa uniflora**（L.）**Bess. ex Baker**

多年生草本。生于低山丘陵、砾质荒漠、荒漠草原。海拔 1 400 m 上下。

产东天山、准噶尔阿拉套山、北天山。中国、哈萨克斯坦、蒙古、俄罗斯;亚洲有分布。

观赏、食用、药用。

*（6460）安吉林郁金香 **Tulipa vvedenskyi Botschantz.**

多年生草本。生于山坡草地、灌丛、河谷、山地草原。海拔 900~1 700 m。

产西天山、内天山。吉尔吉斯斯坦、乌兹别克斯坦;亚洲有分布。

876. 贝母属 Fritillaria L.

（6461）乌恰贝母 **Fritillaria ferganensis Losinsk.**

多年生草本。生于山地灌丛。海拔 2 500~3 000 m。

产内天山。中国、哈萨克斯坦、吉尔吉斯斯坦、乌兹别克斯坦；亚洲有分布。

（6462）戈壁贝母（滩贝母）**Fritillaria karelinii（Fisch. ex D. Don）Baker**

多年生草本。生于低山丘陵、平原荒漠、阿魏滩。海拔 400~800 m。

产北天山、西天山、西南天山、内天山。中国、吉尔吉斯斯坦、乌兹别克斯坦；亚洲有分布。
药用。

（6463）伊贝母 **Fritillaria pallidiflora Schrenk** = *Fritillaria pallidiflora* var. *plena* X. Z. Duan et X. J. Zheng.

多年生草本。生于山地草甸、林间草地、灌丛、山地草原。海拔 1 100~2 500 m。

产准噶尔阿拉套山、北天山、内天山。中国、哈萨克斯坦、吉尔吉斯斯坦；亚洲有分布。
药用。

*（6464）达瓦扎贝母 **Fritillaria regelii Losinsk.**

多年生草本。生于细石质山坡、山地草甸、河谷、山地草原。海拔 1 100~2 800 m。
产内天山。吉尔吉斯斯坦；亚洲有分布。

*（6465）赛维氏贝母 **Fritillaria sewerzowii Regel** = *Korolkowia sewerzowii*（Regel）Regel

多年生草本。生于黏土质山坡草地、黄土丘陵、山麓平原。海拔 500~2 800 m。
产北天山、西南天山。哈萨克斯坦、乌兹别克斯坦；亚洲有分布。

（6466）新疆贝母 **Fritillaria walujewii Regel** = *Fritillaria walujewii* var. *plena* X. Z. Duan et X. J. Zheng = *Fritillaria walujewii* var. *shawanensis* X. Z. Duan et X. J. Zheng

多年生草本。生于山地草甸、林下、林缘、灌丛。海拔 1 000~2 500 m。

产东天山、东北天山、准噶尔阿拉套山、北天山、东南天山、内天山、西天山、西南天山。中国、哈萨克斯坦、吉尔吉斯斯坦、乌兹别克斯坦；亚洲有分布。
药用。

（6467）新源贝母 **Fritillaria walujewii var. xinyansis（Y. K. Yan et J. K. Wu）G. J. Liu**

多年生草本。生于山地草甸、山地草原。海拔 1 500 m 上下。
产北天山。中国；亚洲有分布。
中国特有成分。

*（6468）轮生贝母 **Fritillaria verticillata Willd.**

多年生草本。生于细石质山坡、山地草甸、山崖岩石缝。海拔 900~2 900 m。
产北天山、准噶尔阿拉套山。哈萨克斯坦、俄罗斯；亚洲有分布。

*（6469）威提思拉塔贝母 **Fritillaria verticillata Wikstr.**

多年生草本。生于细石质山坡、山地草甸草原、山崖石缝。海拔 900~2 900 m。
产北天山、准噶尔阿拉套山。哈萨克斯坦、俄罗斯；亚洲有分布。

877. 百合属 Lilium L.

（6470）渥丹 **Lilium concolor Salisb.**

多年生草本。生于山坡草地、路边、灌木林下。海拔 350~2 000 m。

产东天山。中国、俄罗斯;亚洲有分布。

食用、酿酒、药用、香料。

*（6471）玛尔塔高百合 **Lilium martagon L.** = *Lilium caucasicum*（Miscz.）Grossh.

多年生草本。生于山地河谷草甸、沼泽湿地。海拔 600~2 700 m。

产准噶尔阿拉套山。哈萨克斯坦、俄罗斯;亚洲有分布。

878. 葱属 Allium L.

*（6472）紫药葱 **Allium aflatunense B. Fedtsch.**

多年生草本。生于亚高山草甸、碎石质山坡、山地草原、河岸阶地。海拔 1 100~2 900 m。

产北天山、内天山、西天山、西南天山。吉尔吉斯斯坦、乌兹别克斯坦;亚洲有分布。

（6473）阿尔泰葱 **Allium altaicum Pall.** = *Allium microbulbum* Prokh.

多年生草本。生于山谷草坡、砾石质坡地、云杉林下、草原灌丛、疏林草地。海拔 1 000~2 450 m。

产东天山、准噶尔阿拉套山。中国、哈萨克斯坦、蒙古、俄罗斯;亚洲有分布。

食用、药用、饲料、蜜源。

*（6474）极高葱 **Allium altissimum Regel**

多年生草本。生于山地岩石缝、山溪边、河滩湿地。海拔 1 200~2 600 m。

产北天山、内天山、西天山、西南天山。哈萨克斯坦、吉尔吉斯斯坦、乌兹别克斯坦;亚洲有分布。

*（6475）东高加索葱 **Allium albanum Grossh.**

多年生草本。生于山麓平原细石质坡地、中山带荒漠草原。海拔 800~2 500 m。

产内天山。吉尔吉斯斯坦、俄罗斯;亚洲、欧洲有分布。

*（6476）阿莱葱 **Allium alaicum Vved.**

多年生草本。生于低山细石质坡地、河流阶地、山麓冲积扇。海拔 700~2 300 m。

产内天山。吉尔吉斯斯坦;亚洲有分布。

*（6477）亚历山大葱 **Allium alexandrae Vved.**

多年生草本。生于山地草甸、河流阶地、山地草原。海拔 1 000~2 700 m。

产西天山、内天山。哈萨克斯坦、吉尔吉斯斯坦、乌兹别克斯坦;亚洲有分布。

*（6478）尖叶葱 **Allium amblyophyllum Kar. et Kir.** = *Allium platyspathum* Schrenk Enum.

多年生草本。生于林缘、亚高山草甸、河床。海拔 800~2 800 m。

产北天山、西天山、西南天山。哈萨克斯坦、吉尔吉斯斯坦、乌兹别克斯坦;亚洲有分布。

*（6479）葡萄葱 **Allium ampeloprasum L.**

多年生草本。生于村落周边碎石堆、垃圾堆。海拔 700~2 300 m。

产内天山。吉尔吉斯斯坦;亚洲有分布。

（6480）直立韭 **Allium amphibolum Ledeb.**

多年生草本。生于山地草甸、山坡草地、山地草原。海拔880~3 000 m。

产东天山。中国、俄罗斯;亚洲有分布。

药用。

*（6481）凸脉葱 **Allium anisotepalum Vved.**

多年生草本。生于山坡草地、碎石堆、低山丘陵。海拔900~2 300 m。

产西南天山、西天山、内天山。吉尔吉斯斯坦、乌兹别克斯坦;亚洲有分布。

（6482）矮韭 **Allium anisopodium Ledeb.**

多年生草本。生于山地草甸、山坡草地、山地草原、荒漠草原、戈壁、沙地、沙丘。海拔550~
2 630 m。

产东天山、准噶尔阿拉套山、北天山、东南天山。中国、哈萨克斯坦、朝鲜、蒙古、俄罗斯;亚洲
有分布。

药用。

*（6483）千葱 **Allium aroides Popov et Vved.**

多年生草本。生于山坡草地、低山丘陵、山麓洪积扇、河岸阶地。海拔690~2 100 m。

产西南天山、内天山。吉尔吉斯斯坦;亚洲有分布。

（6484）蓝苞葱 **Allium atrosanguineum Schrenk**

多年生草本。生于高山和亚高山草甸、山地草甸、林间草地、河岸阶地。海拔2 103~4 500 m。

产东天山、东北天山、准噶尔阿拉套山、北天山、东南天山、内天山、西天山、西南天山。中国、
哈萨克斯坦、吉尔吉斯斯坦、乌兹别克斯坦;亚洲有分布。

食用、药用。

*（6485）紫黑皮葱 **Allium atroviolaceum Boiss.**

多年生草本。生于山麓平原、绿洲、田边。海拔400~1 700 m。

产西天山、西南天山、内天山。吉尔吉斯斯坦、俄罗斯;亚洲、欧洲有分布。

*（6486）巴茨克浩思安葱 **Allium backhousianum Rege** = *Allium gulczense* B. Fedtsch.

多年生草本。生于山坡草地、细石质坡地。海拔800~2 100 m。

产西南天山、西天山、内天山。吉尔吉斯斯坦、乌兹别克斯坦;亚洲有分布。

*（6487）巴氏葱 **Allium barsczewskii Lipsky**

多年生草本。生于山地草甸、山坡草地、灌丛、河漫滩。海拔1 000~2 600 m。

产北天山、内天山、西天山、西南天山。哈萨克斯坦、吉尔吉斯斯坦、乌兹别克斯坦;亚洲有
分布。

（6488）砂韭 **Allium bidentatum Fisch. ex Prokh. et Ikonn. -Gal**

多年生草本。生于山地草甸、山地阳坡砾石质坡地、山地草原。海拔1 100~2 300 m。

产东天山、北天山。中国、哈萨克斯坦、俄罗斯;亚洲有分布。

（6489）白韭 **Allium blandum Wall.**

多年生草本。生于高山湿地、陡峭山坡。海拔2 500~5 000 m。

产西南天山、内天山。中国、吉尔吉斯斯坦、乌兹别克斯坦;亚洲有分布。

*(6490) 博格达葱 **Allium bogdoicolum Regel**

　　多年生草本。生于高山草甸、石质河谷、灌丛。海拔 2 900~3 200 m。

　　产北天山。哈萨克斯坦、俄罗斯;亚洲有分布。

*(6491) 博尔斜葱 **Allium borszczowii Regel**

　　多年生草本。生于山地草甸、低山丘陵、山地草原、荒漠草原。海拔 600~2 600 m。

　　产北天山。哈萨克斯坦;亚洲有分布。

*(6492) 短齿葱 **Allium brevidens Vved.**

　　多年生草本。生于山坡草地、细石质坡地、碎石质山坡。海拔 700~2 400 m。

　　产内天山。吉尔吉斯斯坦;亚洲有分布。

*(6493) 宽齿葱 **Allium brevidentiforme Vved.**

　　多年生草本。生于山坡草地、山地灌丛、河谷。海拔 2 100~2 800 m。

　　产内天山。吉尔吉斯斯坦;亚洲有分布。

(6494) 知母薤 **Allium caesium Schrenk** = *Allium renardii* Regel = *Allium aemulans* Pavlov

　　多年生草本。生于石质山坡草地、山地草原、荒漠草原。海拔 700~3 100 m。

　　产准噶尔阿拉套山、北天山、内天山、西天山、西南天山。中国、哈萨克斯坦、吉尔吉斯斯坦、乌兹别克斯坦、俄罗斯;亚洲有分布。

　　药用。

(6495) 棱叶韭 **Allium caeruleum Pall.**

　　多年生草本。生于高山和亚高山草甸、冰碛石堆、河谷草甸、林缘、山坡草地、山地草原、灌丛、荒漠草原、砾石坡地、路边、荒地。海拔 650~3 200 m。

　　产东天山、东北天山、东南天山、准噶尔阿拉套山、北天山、内天山、西天山、西南天山。中国、哈萨克斯坦、吉尔吉斯斯坦、乌兹别克斯坦;亚洲有分布。

　　食用、药用、饲料。

(6496) 石生韭 **Allium caricoides Regel** = *Allium kokanicum* Regel = *Allium filifolium* Regel

　　多年生草本。生于高山和亚高山草甸、山坡草地、岩石缝、草原化荒漠。海拔 590~3 560 m。

　　产东天山、东北天山、准噶尔阿拉套山、北天山、东南天山、内天山、西天山、西南天山。中国、哈萨克斯坦、吉尔吉斯斯坦、乌兹别克斯坦、阿富汗、巴基斯坦;亚洲有分布。

(6497) 镰叶韭 **Allium carolinianum DC.** = *Allium polyphyllum* Kar. et Kir.

　　多年生草本。生于山崖岩石缝、砾石质山坡、林缘草地、溪边草甸、山坡草地。海拔 1 850~5 000 m。

　　产东天山、东北天山、准噶尔阿拉套山、北天山、东南天山、内天山、西天山、西南天山。中国、哈萨克斯坦、吉尔吉斯斯坦、乌兹别克斯坦;亚洲有分布。

　　食用、药用。

*(6498) 咸海葱 **Allium caspium (Pall.) M. B.**

　　多年生草本。生于平原沙地、固定沙丘。海拔 300~1 200 m。

　　产北天山。哈萨克斯坦、俄罗斯;亚洲、欧洲有分布。

*（6499） 拜苏弄葱 **Allium caspium subsp. baissunense**（Lipsky）**F. O. Khass. et R. M. Fritsch** = *Allium rhodanthum* Vved.

多年生草本。生于山麓平原、固定沙丘。海拔 300~1 600 m。

产内天山。吉尔吉斯斯坦；亚洲有分布。

*（6500） 克特热里葱 **Allium chitralicum F. T. Wang et Tang** = *Allium paulii* Vved.

多年生草本。生于亚高山草甸、山地河谷。海拔 2 800~3 100 m。

产内天山。吉尔吉斯斯坦；亚洲有分布。

（6501） 细叶北韭 **Allium clathratum Ledeb.**

多年生草本。生于石质坡地、干旱山坡。海拔 400~2 000 m。

产北天山。中国、哈萨克斯坦、俄罗斯；亚洲、欧洲有分布。

*（6502） 鲜花葱 **Allium clausum Vved.**

多年生草本。生于石质山坡、山地草原、灌丛。海拔 800~2 700 m。

产内天山。吉尔吉斯斯坦；亚洲有分布。

*（6503） 迪努葱 **Allium coeruleum Pall.**

多年生草本。生于高山草甸、山麓河谷草甸、冰碛石堆。海拔 1 800~3 200 m。

产北天山、内天山、西天山、西南天山。哈萨克斯坦、吉尔吉斯斯坦、乌兹别克斯坦；亚洲有分布。

*（6504） 粗脉葱 **Allium confragosum Vved.**

多年生草本。生于岩石峭壁石缝、山麓碎石堆。海拔 600~2 500 m。

产西天山、内天山。吉尔吉斯斯坦、乌兹别克斯坦；亚洲有分布。

*（6505） 透明葱 **Allium crystallinum Vved.**

多年生草本。生于山地草甸、干旱山坡、山地草原、荒漠草原。海拔 700~2 400 m。

产内天山。吉尔吉斯斯坦；亚洲有分布。

*（6506） 宽柄葱 **Allium cupuliferum Regel**

多年生草本。生于岩石峭壁石缝、碎石堆、河岸阶地。海拔 600~2 700 m。

产内天山。吉尔吉斯斯坦；亚洲有分布。

*（6507） 达尔瓦扎葱 **Allium darwasicum Regel**

多年生草本。生于细石质山坡、砾岩堆、碎石堆。海拔 1 700~2 700 m。

产内天山。吉尔吉斯斯坦；亚洲有分布。

*（6508） 毛叶葱 **Allium dasyphyllum Vved.**

多年生草本。生于岩石峭壁、砾石质山坡、石灰岩丘陵。海拔 800~2 600 m。

产内天山。吉尔吉斯斯坦；亚洲有分布。

（6509） 星花蒜 **Allium decipiens Fisch. ex Schult. et Schult. f.**

多年生草本。生于山地草甸、云杉林下、山地石质坡地、山地草原、砾石质戈壁、阿魏滩、农田、渠边。海拔 1 200~3 400 m。

产东天山、准噶尔阿拉套山、北天山。中国、哈萨克斯坦、俄罗斯；亚洲、欧洲有分布。

（6510）迷人薤 **Allium delicatulum Siev. ex Schult. et Schult. f.**

多年生草本。生于山地草甸、山地草原、干旱山坡、荒漠、湿地、盐碱地。海拔 1 100~2 500 m。

产北天山。中国、哈萨克斯坦、俄罗斯；亚洲、欧洲有分布。

*（6511）十二齿葱 **Allium dodecadontum Vved.**

多年生草本。生于细石质山坡、山地草原。海拔 900~2 800 m。

产西天山、内天山。吉尔吉斯斯坦、乌兹别克斯坦；亚洲有分布。

*（6512）亮葱 **Allium dolichomischum Vved.**

多年生草本。生于山崖岩石缝、山口河漫滩、山地草原、荒漠草原、山麓洪积扇。海拔 800~
2 500 m。

产内天山、西南天山。吉尔吉斯斯坦；亚洲有分布。

*（6513）弹叶葱 **Allium drepanophyllum Vved.**

多年生草本。生于岩石峭壁、山地草甸、山地草原、山麓洪积扇。海拔 600~2 500 m。

产西天山、西南天山、内天山。吉尔吉斯斯坦、乌兹别克斯坦；亚洲有分布。

*（6514）德氏葱 **Allium drobovii Vved.**

多年生草本。生于山地草原、山坡草地。海拔 900~1 700 m。

产北天山、内天山、西天山、西南天山。吉尔吉斯斯坦、乌兹别克斯坦；亚洲有分布。

（6515）贺兰韭 **Allium eduardi Stearn ex Airy Shaw**

多年生草本。生于干旱山坡、山坡草地、山地草原。海拔 2 000 m 上下。

产东天山、北天山。中国、哈萨克斯坦、俄罗斯；亚洲有分布。

药用。

*（6516）高葱 **Allium elatum Regel** = *Allium lucens* E. Nikit.

多年生草本。生于山麓碎石堆、荒漠草原。海拔 700~2 800 m。

产内天山。吉尔吉斯斯坦；亚洲有分布。

*（6517）雅致葱 **Allium elegans Drobow**

多年生草本。生于山坡草地、山地河谷、荒漠草原、山麓洪积扇。海拔 700~2 700 m。

产内天山。吉尔吉斯斯坦；亚洲有分布。

*（6518）荒漠葱 **Allium eremoprasum Vved.**

多年生草本。生于山地草原、荒漠草原、山麓洪积-冲积扇。海拔 600~1 300 m。

产内天山。吉尔吉斯斯坦；亚洲有分布。

*（6519）棉蕊葱 **Allium eriocoleum Vved.**

多年生草本。生于山地河谷、山地草原、荒漠草原。海拔 700~1 900 m。

产西南天山、内天山。吉尔吉斯斯坦、乌兹别克斯坦；亚洲有分布。

*（6520）费尔干纳葱 **Allium ferganicum Vved.**

多年生草本。生于山地草甸、河流阶地、山地草原、荒漠草原、山麓平原。海拔 700~2 300 m。

产西天山、西南天山、内天山。吉尔吉斯斯坦、乌兹别克斯坦；亚洲有分布。

（6521）多籽蒜 **Allium fetisowii Regel**＝*Allium simile* Regel

　　多年生草本。生于山坡草地、山地草原、山麓荒地。海拔 800～1 100 m。

　　产北天山、内天山、西天山、西南天山。中国、哈萨克斯坦、吉尔吉斯斯坦、乌兹别克斯坦；亚洲有分布。

　　药用。

＊（6522）线齿葱 **Allium filidens Regel**

　　多年生草本。生于山地草原、低山丘陵、荒漠草原、山麓洪积扇。海拔 600～1 900 m。

　　产西天山、内天山。哈萨克斯坦、吉尔吉斯斯坦、乌兹别克斯坦；亚洲有分布。

＊（6523）细齿葱 **Allium filidentiforme Vved.**

　　多年生草本。生于山坡草地、山地草原、荒漠草原、山麓碎石堆。海拔 600～2 500 m。

　　产西南天山。乌兹别克斯坦；亚洲有分布。

＊（6524）黄雌葱 **Allium flavellum Vved.**

　　多年生草本。生于岩石峭壁岩石堆、山地草原、荒漠草原、山麓洪积扇。海拔 600～2 300 m。

　　产内天山。吉尔吉斯斯坦；亚洲有分布。

（6525）新疆韭 **Allium flavidum Ledeb.**

　　多年生草本。生于亚高山草甸、山地草甸、林下岩石缝、阳坡草地、河谷、山麓荒漠。海拔 600～2 800 m。

　　产东天山、北天山。中国、哈萨克斯坦、蒙古、俄罗斯；亚洲有分布。

（6526）实葶葱 **Allium galanthum Kar. et Kir.**

　　多年生草本。生于石质山坡、河谷、山地岩石缝。海拔 500～1 700 m。

　　产东天山、东北天山、准噶尔阿拉套山、北天山、内天山。中国、哈萨克斯坦、吉尔吉斯斯坦、俄罗斯；亚洲有分布。

　　食用、药用。

＊（6527）巨葱 **Allium giganteum Regel**

　　多年生草本。生于细石质山坡、山地草原、荒漠草原、山麓平原。海拔 800～2 300 m。

　　产内天山。吉尔吉斯斯坦；亚洲有分布。

＊（6528）冷葱 **Allium glaciale Vved.**

　　多年生草本。生于亚高山石质坡地、山地草甸。海拔 1 700～3 100 m。

　　产内天山。吉尔吉斯斯坦；亚洲有分布。

（6529）头花韭 **Allium glomeratum Prokh.**

　　多年生草本。生于亚高山草甸、山地草甸、林缘、山地草原、荒漠草原、山麓坡地、固定和半固定沙丘。海拔 500～2 800 m。

　　产东天山、东北天山、准噶尔阿拉套山、北天山、东南天山、中央天山、内天山。中国、哈萨克斯坦、吉尔吉斯斯坦；亚洲有分布。

　　药用。

＊（6530）格氏葱 **Allium goloskokovii Vved.**

　　多年生草本。生于山崖岩石缝、山坡草地。海拔 800～2 500 m。

产北天山。哈萨克斯坦；亚洲有分布。

*（6531）莫果乐山葱 **Allium gracillimum Vved.**

多年生草本。生于山崖岩石缝、山坡倒石堆、河谷。海拔 800~2 700 m。

产西天山、内天山。吉尔吉斯斯坦、乌兹别克斯坦；亚洲有分布。

*（6532）石墨葱 **Allium griffithianum Boiss.**

多年生草本。生于河流阶地、山坡草地、山地草原、荒漠草原。海拔 700~1 500 m。

产西天山、西南天山、内天山。吉尔吉斯斯坦、乌兹别克斯坦；亚洲有分布。

（6533）灰皮葱 **Allium grisellum J. M. Xu**

多年生草本。生于沼泽、草甸、草原。海拔 300~1 940 m。

产东南天山。中国；亚洲有分布。

中国特有成分。药用。

*（6534）古千葱 **Allium gultschense B. Fedtsch.**

多年生草本。生于中山带干旱山坡、细石质坡地。海拔 800~2 100 m。

产西南天山、西天山、内天山。吉尔吉斯斯坦、乌兹别克斯坦；亚洲有分布。

*（6535）石膏葱 **Allium gypsaceum Popov et Vved.**

多年生草本。生于山地草甸、山地草原、荒漠草原、山麓石质坡地。海拔 600~2 400 m。

产内天山。吉尔吉斯斯坦；亚洲有分布。

*（6536）巴柏山葱 **Allium gypsodictyum Vved.**

多年生草本。生于山地草甸、山地草原、荒漠草原、山麓石质坡地。海拔 700~2 500 m。

产内天山。吉尔吉斯斯坦；亚洲有分布。

*（6537）六刺葱 **Allium hexaceras Vved.**

多年生草本。生于亚高山草甸、山脊裸露坡地。海拔 900~3 100 m。

产内天山。吉尔吉斯斯坦；亚洲有分布。

*（6538）黑赛尔葱 **Allium hissaricum Vved.**

多年生草本。生于山地草甸、山地草原、荒漠草原。海拔 600~2 400 m。

产内天山。吉尔吉斯斯坦；亚洲有分布。

（6539）北疆韭 **Allium hymenorhizum Ledeb.**

多年生草本。生于亚高山草甸、沼泽边缘、湿润低地、田间。海拔 1 200~2 850 m。

产东天山、准噶尔阿拉套山、北天山、东南天山、内天山、西天山、西南天山。中国、哈萨克斯坦、吉尔吉斯斯坦、乌兹别克斯坦、伊朗、俄罗斯；亚洲有分布。

药用。

（6540）旱生韭 **Allium hymenorhizum var. dentatum J. M. Xu**

多年生草本。生于干旱山坡、山地草原。海拔 1 100~1 700 m。

产北天山。中国；亚洲有分布。

中国特有成分。

*（6541）伊犁葱 **Allium iliense Regel**

多年生草本。生于黏土质坡地、山地草原、荒漠草原、山麓洪积扇。海拔 500～1 500 m。

产北天山。哈萨克斯坦；亚洲有分布。

*（6542）不显著葱 **Allium inconspicuum Vved.**

多年生草本。生于河岸阶地、干旱河谷、山麓洪积扇。海拔 800～1 700 m。

产北天山、内天山、西天山、西南天山。哈萨克斯坦、吉尔吉斯斯坦、乌兹别克斯坦；亚洲有分布。

*（6543）南阿莱葱 **Allium incrustatum Vved.**

多年生草本。生于固定和半固定沙漠。海拔 300～600 m。

产内天山。吉尔吉斯斯坦；亚洲有分布。

*（6544）裁瓣葱 **Allium insufficiens Vved.**

多年生草本。生于山坡草地、山麓沙地。海拔 600～2 500 m。

产内天山。吉尔吉斯斯坦；亚洲有分布。

*（6545）锡尔河葱 **Allium jaxarticum Vved.**

多年生草本。生于山坡草地、山地草原、荒漠草原、山麓洪积扇。海拔 600～2 400 m。

产西天山、西南天山、内天山。吉尔吉斯斯坦、乌兹别克斯坦；亚洲有分布。

*（6546）紫花葱 **Allium jodanthum Vved.**

多年生草本。生于山坡草地、河谷、山地草原。海拔 600～2 700 m。

产西天山、西南天山、内天山。吉尔吉斯斯坦、乌兹别克斯坦；亚洲有分布。

*（6547）香葱 **Allium jucundum Vved.**

多年生草本。生于山崖岩石缝、山脊裸露坡地。海拔 800～2 600 m。

产西天山、西南天山、内天山。吉尔吉斯斯坦、乌兹别克斯坦；亚洲有分布。

*（6548）黑山葱 **Allium karataviense Regel**

多年生草本。生于山坡草地、山地草原、河流阶地、灌丛。海拔 1 200～2 700 m。

产北天山、内天山、西天山、西南天山。哈萨克斯坦、吉尔吉斯斯坦、乌兹别克斯坦；亚洲有分布。

*（6549）卡氏葱 **Allium karelinii Poljak.**

多年生草本。生于高山和亚高山草甸、山地河谷。海拔 2 800～3 100 m。

产北天山。哈萨克斯坦；亚洲有分布。

（6550）草地韭 **Allium kaschianum Regel**

多年生草本。生于山地草甸、山坡草地、山地草原。海拔 1 500～2 500 m。

产准噶尔阿拉套山、北天山、东南天山、内天山、西天山、西南天山。中国、哈萨克斯坦、吉尔吉斯斯坦、乌兹别克斯坦；亚洲有分布。

*（6551）卡斯特葱 **Allium kasteki Popov**

多年生草本。生于河流阶地、山地草原、山麓冲积扇。海拔 900～1 800 m。

产北天山。哈萨克斯坦；亚洲有分布。

*（6552）塔什干阿拉套山葱 **Allium kaufmannii Regel**

多年生草本。生于高山和亚高山草甸、湿地、山脊草地。海拔 2 700～3 000 m。

产西南天山、西天山、内天山。吉尔吉斯斯坦、乌兹别克斯坦；亚洲有分布。

*（6553）孜拉普善葱 **Allium komarowii Lipsky**

多年生草本。生于山坡倒石堆、山麓洪积扇。海拔 500～2 500 m。

产内天山。吉尔吉斯斯坦；亚洲有分布。

（6554）褐皮韭 **Allium korolkowii Regel**

多年生草本。生于山地林下、砾石质滩地、山坡草地、河谷、山地草原。海拔 1 200～2 100 m。

产东天山、北天山、内天山。中国、哈萨克斯坦、吉尔吉斯斯坦；亚洲有分布。

药用。

*（6555）玛莎提葱 **Allium kujukense Vved.**

多年生草本。生于山地草原、河谷、山崖石缝。海拔 1 400～2 800 m。

产北天山、内天山、西天山、西南天山。吉尔吉斯斯坦、乌兹别克斯坦；亚洲有分布。

*（6556）藓叶葱 **Allium lasiophyllum Vved.**

多年生草本。生于山地草甸、山地草原、荒漠草原、山麓洪积扇、河漫滩。海拔 700～2 800 m。

产北天山、内天山、西天山、西南天山。哈萨克斯坦、吉尔吉斯斯坦、乌兹别克斯坦；亚洲有分布。

*（6557）细茎葱 **Allium leptomorphum Vved.**

多年生草本。生于砾岩堆、山坡倒石堆、山麓洪积扇。海拔 1 300～2 900 m。

产内天山。吉尔吉斯斯坦；亚洲有分布。

（6558）北韭 **Allium lineare L.**

多年生草本。生于山地草甸、干旱山坡草地、山地草原、平原荒漠。海拔 810～2 800 m。

产东天山、准噶尔阿拉套山、北天山、东南天山。中国、哈萨克斯坦、蒙古、俄罗斯；亚洲、欧洲有分布。

食用、药用、饲料、蜜源。

*（6559）李普葱 **Allium lipskyanum Vved.**

多年生草本。生于悬崖岩石缝、山脊草坡、山地草甸、山地草原。海拔 800～2 400 m。

产内天山。吉尔吉斯斯坦；亚洲有分布。

*（6560）李氏葱 **Allium litvinovii Drobow ex Vved.**

多年生草本。生于山坡草地、灌丛、山谷。海拔 900～2 700 m。

产西南天山、内天山。吉尔吉斯斯坦、乌兹别克斯坦；亚洲有分布。

*（6561）长柄葱 **Allium longicuspis Rgl.**

多年生草本。生于山地灌丛、山溪边、岩石缝。海拔 1 200～2 800 m。

产北天山、内天山、西天山、西南天山。吉尔吉斯斯坦、乌兹别克斯坦；亚洲有分布。

*（6562）长叶葱 **Allium longiradiatum（Regel）Vved.**

多年生草本。生于亚高山草甸、河谷、河流阶地、黄土丘陵。海拔 600～2 800 m。

759

产西天山、西南天山。乌兹别克斯坦;亚洲有分布。

乌兹别克斯坦特有成分。

*(6563) 黄葱 **Allium lutescens Vved.**

多年生草本。生于碎石质山坡、河谷、山地草原、草甸草原、山麓冲积扇。海拔 800~2 800 m。

产西天山、西南天山。乌兹别克斯坦;亚洲有分布。

乌兹别克斯坦特有成分。

*(6564) 马氏葱 **Allium macleanii Baker** = *Allium elatum* Regel = *Allium lucens* Nikitina

多年生草本。生于山地草甸、山地草原、荒漠草原、山麓石质坡地。海拔 700~2 800 m。

产内天山。吉尔吉斯斯坦;亚洲有分布。

*(6565) 大葱 **Allium majus Vved.**

多年生草本。生于山坡草地、山地草原。海拔 900~2 500 m。

产内天山。吉尔吉斯斯坦;亚洲有分布。

*(6566) 蓝宝葱 **Allium margaritiferum Vved.**

多年生草本。生于砾岩堆、山地草甸、河漫滩。海拔 800~2 700 m。

产内天山。吉尔吉斯斯坦;亚洲有分布。

*(6567) 马仙葱 **Allium margaritae B. Fedtsch.**

多年生草本。生于山崖岩石缝、山地草甸、灌丛。海拔 900~2 600 m。

产北天山。哈萨克斯坦;亚洲有分布。

*(6568) 小葱 **Allium minutum Vved.**

多年生草本。生于岩石峭壁石缝、山地草甸、河流阶地、山地草原。海拔 600~2 600 m。

产内天山。吉尔吉斯斯坦;亚洲有分布。

(6569) 蒙古韭 **Allium mongolicum Regel**

多年生草本。生于干旱山坡草地、岩石缝、砾石地、沙地。海拔 800~1 600 m。

产东天山。中国、蒙古;亚洲有分布。

饲料、食用(调料、蔬菜)、药用。

*(6570) 漠古勒山葱 **Allium mogoltavicum Vved.** = *Allium taeniopetalum* subsp. *mogoltavicum* (Vved.) R. M. Fritsch et F. O. Khass.

多年生草本。生于石质山坡、碎石质坡地。海拔 700~2 500 m。

产西天山、内天山。吉尔吉斯斯坦、乌兹别克斯坦有分布。

(6571) 齿丝山韭 **Allium nutans L.**

多年生草本。生于河谷草甸、山地草甸、岩石缝、山地草原、湖边、湿地、湿润草地。海拔 900~2 120 m。

产东天山、北天山。中国、哈萨克斯坦、俄罗斯;亚洲、欧洲有分布。

食用、药用、饲料、观赏。

(6572) 高葶韭 **Allium obliquum L.**

多年生草本。生于山地草甸、山坡草地、河谷、山地草原。海拔 1 200~2 300 m。

产东天山、东北天山、准噶尔阿拉套山、北天山。中国、哈萨克斯坦、俄罗斯;亚洲、欧洲有分布。
食用。

*(6573) 少华葱 **Allium oliganthum Kar. et Kir.**
多年生草本。生于山坡草地、沼泽草甸、河边、山地草原、荒漠草原。海拔 500~2 300 m。
产内天山。吉尔吉斯斯坦、俄罗斯;亚洲有分布。

*(6574) 斑叶葱 **Allium ophiophyllum Vved.**
多年生草本。生于山坡草地、河流阶地、灌丛、荒漠草原。海拔 500~2 100 m。
产内天山。吉尔吉斯斯坦;亚洲有分布。

*(6575) 网叶葱 **Allium oreodictyum Vved.**
多年生草本。生于岩石峭壁石缝、河谷、山麓洪积扇。海拔 600~2 600 m。
产内天山。吉尔吉斯斯坦;亚洲有分布。

*(6576) 高原葱 **Allium oreophiloides Regel**
多年生草本。生于山崖岩石缝、河谷、山坡草地。海拔 1 600~2 900 m。
产西天山、西南天山、内天山。哈萨克斯坦、吉尔吉斯斯坦、乌兹别克斯坦;亚洲有分布。

(6577) 高地蒜 **Allium oreophilum C. A. Mey.**
多年生草本。生于砾石质山坡。海拔 2 500~3 000 m。
产准噶尔阿拉套山、北天山、内天山、西天山、西南天山。中国、哈萨克斯坦、吉尔吉斯斯坦、乌兹别克斯坦、阿富汗、巴基斯坦、俄罗斯;亚洲有分布。

*(6578) 山地葱 **Allium oreoprasoides Vved.**
多年生草本。生于山崖岩石缝、山坡草地。海拔 1 000~3 100 m。
产北天山、内天山、西天山、西南天山。吉尔吉斯斯坦、乌兹别克斯坦;亚洲有分布。

(6579) 滩地韭 **Allium oreoprasum Schrenk**
多年生草本。生于山坡草地、山地草甸、岩石缝、林间草地、谷地、干旱山坡、草原化荒漠、荒漠草原、砾质戈壁、河滩、河边、路边。海拔 969~4 500 m。
产东天山、东北天山、准噶尔阿拉套山、北天山、东南天山、内天山、西天山、西内天山。中国、哈萨克斯坦、吉尔吉斯斯坦、乌兹别克斯坦;亚洲有分布。
药用。

*(6580) 山蝎韭 **Allium oreoscordum Vved.**
多年生草本。生于山地草甸、山坡草地、河谷、河岸阶地。海拔 700~2 600 m。
产北天山、内天山、西天山、西南天山。哈萨克斯坦、吉尔吉斯斯坦、乌兹别克斯坦;亚洲有分布。

(6581) 小山蒜 **Allium pallasii Murray**
多年生草本。生于山地草甸、干旱坡地、山地草原、山麓荒漠、荒地、沙砾地、沙丘。海拔 400~3 000 m。
产东天山、东北天山、准噶尔阿拉套山、北天山、东南天山、内天山、西天山、西南天山。中国、哈萨克斯坦、吉尔吉斯斯坦、乌兹别克斯坦、俄罗斯;亚洲有分布。
药用。

*（6582）圆锥花序葱 **Allium paniculatum L.** =*Allium praescissum* Rchb.

多年生草本。生于山地草原、低山丘陵、荒漠草原、山麓洪积扇。海拔 800~1 700 m。

产北天山、内天山、西天山、西南天山。哈萨克斯坦、吉尔吉斯斯坦、乌兹别克斯坦、俄罗斯；亚洲、欧洲有分布。

*（6583）天山小韭 **Allium parvulum Vved.** =*Allium dshambulicum* Pavlov

多年生草本。生于山地草甸、山谷干旱阳坡、河漫滩、山地草原、荒漠草原。海拔 900~2 500 m。

产北天山、内天山、西天山、西南天山。哈萨克斯坦、吉尔吉斯斯坦、乌兹别克斯坦；亚洲有分布。

*（6584）帕乌里葱 **Allium paulii Vved.**

多年生草本。生于高山草甸草原、河谷。海拔 2 800~3 100 m。

产内天山。吉尔吉斯斯坦、土库曼斯坦；亚洲有分布。

（6585）石生葱 **Allium petraeum Kar. et Kir.**

多年生草本。生于低山石质坡地、山地草原。海拔 1 300~1 400 m。

产东天山、东北天山、准噶尔阿拉套山、北天山、内天山、西天山、西南天山。中国、哈萨克斯坦、吉尔吉斯斯坦、乌兹别克斯坦；亚洲有分布。

（6586）昆仑韭 **Allium pevtzovii Prokh.**

多年生草本。生于山坡草地。海拔 1 300~1 400 m。

产北天山。中国、哈萨克斯坦；亚洲有分布。

（6587）宽苞韭 **Allium platyspathum Schrenk**

多年生草本。生于高山碎石堆、高山和亚高山草甸、森林草甸、林缘、山地草甸、山坡草地、山地草原、荒漠草原。海拔 900~4 000 m。

产东天山、东北天山、准噶尔阿拉套山、北天山、东南天山、中央天山、内天山、西天山、西南天山。中国、哈萨克斯坦、吉尔吉斯斯坦、乌兹别克斯坦、俄罗斯；亚洲有分布。
药用。

（6588）钝叶韭 **Allium platyspathum subsp. amblyophyllum（Kar. et Kir.）N. Friesen** =*Allium amblyophyllum* Kar. et Kir.

多年生草本。生于高山和亚高山草甸、高山沼泽草甸、林间草地、林缘、干河床、山坡草地、灌丛、湿地草甸、山麓洪积扇。海拔 475~4 850 m。

产东天山、东北天山、北天山、东南天山、内天山、西天山、西南天山。中国、哈萨克斯坦、吉尔吉斯斯坦、乌兹别克斯坦、俄罗斯；亚洲有分布。

（6589）碱韭 **Allium polyrhizum Turcz ex Regel**

多年生草本。生于山地草甸、岩石缝、山谷、山地草原、荒漠草原、平原荒漠、戈壁、农田。海拔 880~2 700 m。

产东天山、东北天山、准噶尔阿拉套山、北天山、东南天山。中国、哈萨克斯坦、俄罗斯；亚洲有分布。

食用、药用、饲料。

*（6590）波氏葱 **Allium popovii Vved.**

多年生草本。生于山地草甸、山地草原、荒漠草原、龟裂土荒漠、山麓细石质平原。海拔 500～2 600 m。

产内天山。吉尔吉斯斯坦;亚洲有分布。

*（6591）笑葱 **Allium praemixtum Vved.**

多年生草本。生于岩石缝、河谷、石灰岩丘陵。海拔 800～2 600 m。

产西天山、内天山。哈萨克斯坦、吉尔吉斯斯坦、乌兹别克斯坦;亚洲有分布。

*（6592）早熟葱 **Allium praescissum Rchb.**

多年生草本。生于荒漠草原、丘陵阳坡、洪积扇。海拔 800～1 700 m。

产北天山、内天山、西天山、西南天山。哈萨克斯坦、吉尔吉斯斯坦、乌兹别克斯坦、俄罗斯;亚洲、欧洲有分布。

（6593）青甘韭 **Allium przewalskianum Regel**

多年生草本。生于高山和亚高山草甸、山地草甸、干旱山坡、岩石缝、灌丛、草原化荒漠、荒漠草原、河滩。海拔 2 000～4 500 m。

产东天山、东南天山。中国、印度、尼泊尔;亚洲有分布。

食用。

*（6594）匹斯坎葱 **Allium pskemense B. Fedtsch.**

多年生草本。生于山崖岩石缝、山地林缘、林间草地、河谷。海拔 1 200～2 900 m。

产北天山、内天山、西天山、西南天山。哈萨克斯坦、吉尔吉斯斯坦、乌兹别克斯坦;亚洲有分布。

（6595）野韭 **Allium ramosum L.** =*Allium odorum* L.

多年生草本。生于山地草甸、山地河谷。海拔 1 000～2 240 m。

产东天山、北天山、东南天山。中国、哈萨克斯坦、吉尔吉斯斯坦、乌兹别克斯坦、俄罗斯;亚洲有分布。

食用、药用、饲料、蜜源。

*（6596）粉红花葱 **Allium rhodanthum Vved.**

多年生草本。生于固定沙丘、山麓平原。海拔 300～1 600 m。

产内天山。吉尔吉斯斯坦;亚洲有分布。

*（6597）罗僧巴赫葱 **Allium rosenbachianum Regel**

多年生草本。生于山崖岩石缝、山地林缘、山地草甸、河谷、山地草原。海拔 1 200～2 800 m。

产内天山。吉尔吉斯斯坦;亚洲有分布。

*（6598）显红色葱 **Allium rubellum M. Bieb.** =*Allium albanum* Grossh.

多年生草本。生于山坡草地、荒漠草原、山麓细石质坡地。海拔 800～2 500 m。

产内天山。吉尔吉斯斯坦、俄罗斯;亚洲、欧洲有分布。

*（6599）红花葱 **Allium rubens Schrad. ex Willd.**

多年生草本。生于山崖岩石缝、山地草甸、山坡草地、河流阶地、低山丘陵。海拔 800～2 700 m。

产北天山、内天山、西天山、西南天山。哈萨克斯坦、吉尔吉斯斯坦、乌兹别克斯坦、俄罗斯；亚洲、欧洲有分布。

（6600）沙地薤 **Allium sabulosum Steven ex Bunge**

多年生草本。生于山地草原、荒漠草原、山麓沙砾地、平原沙地。海拔 400~1 500 m。

产北天山。中国、哈萨克斯坦、吉尔吉斯斯坦、乌兹别克斯坦；亚洲、欧洲有分布。

（6601）长喙葱 **Allium saxatile M. Bieb.** =*Allium globosum* M. Bieb. ex Redoute

多年生草本。生于高山和亚高山草甸、砾石质坡地、山坡草地、林缘、草原灌丛、沙砾质山沟、河边、湖边、干旱山坡草地。海拔 900~3 560 m。

产东天山、东北天山、准噶尔阿拉套山、北天山、东南天山、中央天山。中国、哈萨克斯坦、俄罗斯；亚洲、欧洲有分布。

植化原料（维生素）、药用、饲料。

*（6602）毛柱葱 **Allium scabriscapum Boiss.**

多年生草本。生于碎石质山坡、低山丘陵阳坡草地。海拔 1 200~2 800 m。

产北天山、内天山、西天山、西南天山。哈萨克斯坦、吉尔吉斯斯坦、乌兹别克斯坦；俄罗斯；亚洲有分布。

*（6603）夏衣麦尔丹葱 **Allium schachimardanicum Vved.**

多年生草本。生于山坡草地、山地草原、荒漠草原。海拔 600~2 300 m。

产内天山。吉尔吉斯斯坦；亚洲有分布。

（6604）类北葱 **Allium schoenoprasoides Regel** =*Allium sairamense* Regel

多年生草本。生于高山和亚高山草甸、山地草甸、河谷、灌丛、山谷、河漫滩。海拔 1 700~3 200 m。

产东天山、东北天山、东南天山、准噶尔阿拉套山、北天山、西天山、西南天山。中国、哈萨克斯坦、吉尔吉斯斯坦、乌兹别克斯坦；亚洲有分布。

药用。

（6605）北葱 **Allium schoenoprasum L.** =*Allium sibiricum* L.

多年生草本。生于高山和亚高山草甸、山地草甸、山脊草坡、沼泽草甸。海拔 1 000~3 500 m。

产东天山、东北天山、准噶尔阿拉套山、北天山、东南天山、内天山、西天山、西南天山。中国、哈萨克斯坦、吉尔吉斯斯坦、乌兹别克斯坦、日本、俄罗斯；亚洲、欧洲有分布。

食用、药用、饲料、蜜源、观赏。

（6606）单丝辉韭 **Allium schrenkii Regel** =*Allium bogdoicola* Regel

多年生草本。生于亚高山草甸、灌丛、石质坡地、河谷。海拔 2 400~2 800 m。

产准噶尔阿拉套山、北天山、内天山。中国、哈萨克斯坦、吉尔吉斯斯坦、俄罗斯；亚洲有分布。

*（6607）楚河葱 **Allium schubertii Zucc.**

多年生草本。生于山坡草地、黏土质荒漠、山麓冲积-洪积扇、沙地。海拔 700~2 400 m。

产北天山。哈萨克斯坦；亚洲有分布。

*（6608）顺安葱 **Allium schugnanicum Vved.**

多年生草本。生于山坡砾岩堆、山地草原、荒漠草原、灌丛。海拔 800~2 500 m。

产内天山。吉尔吉斯斯坦;亚洲有分布。

*(6609) 软茎葱 **Allium scrobiculatum Vved.**

多年生草本。生于山地碎石质坡地、栗钙土丘陵。海拔 1 900~2 900 m。

产北天山、西天山。哈萨克斯坦、乌兹别克斯坦;亚洲有分布。

(6610) 管丝韭 **Allium semenovii Regel**

多年生草本。生于高山和亚高山草甸、冰蚀沟谷、阴坡湿草地、沼泽。海拔 1 900~3 500 m。

产东天山、东北天山、准噶尔阿拉套山、北天山、东南天山、中央天山、内天山。中国、哈萨克斯坦、吉尔吉斯斯坦;亚洲有分布。

药用。

(6611) 山韭 **Allium senescens L.**

多年生草本。生于高山和亚高山草甸、砾石质坡地、湿润河沟。海拔 450~3 370 m。

产东天山、东北天山、准噶尔阿拉套山、北天山。中国、哈萨克斯坦、俄罗斯;亚洲、欧洲有分布。

药用。

*(6612) 瑟热甫卡尼葱 **Allium seravschanicum Regel** = *Allium pseudoseravschanicum* Popov et Vved.

多年生草本。生于山地草甸、山地林缘、山崖阴湿处、山坡草地。海拔 1 300~2 900 m。

产内天山。吉尔吉斯斯坦;亚洲有分布。

*(6613) 三河葱 **Allium sergii Vved.**

多年生草本。生于山地草甸、细石质草地、山地草原。海拔 800~2 800 m。

产北天山、内天山、西天山、西南天山。哈萨克斯坦、吉尔吉斯斯坦、乌兹别克斯坦;亚洲有分布。

(6614) 丝叶韭 **Allium setifolium Schrenk**

多年生草本。生于山脊草坡、山地林下、林缘、砾石质坡地、河谷、河边、戈壁。海拔 280~2 900 m。

产东天山、东北天山、准噶尔阿拉套山、北天山、东南天山、内天山。中国、哈萨克斯坦、吉尔吉斯斯坦;亚洲有分布。

药用。

*(6615) 希氏葱 **Allium sewerzowii Regel**

多年生草本。生于山地草原、石灰岩丘陵、荒漠草原。海拔 700~1 700 m。

产北天山、内天山、西天山、西南天山。哈萨克斯坦、吉尔吉斯斯坦、乌兹别克斯坦;亚洲有分布。

(6616) 新疆蒜 **Allium sinkiangense F. T. Wang et Y. C. Tang**

多年生草本。生于山地背阴处、云杉林下、山地草甸、河谷草甸。海拔 1 300~2 600 m。

产北天山、东南天山、内天山。中国;亚洲有分布。

中国特有成分。药用。

*(6617) 杂色葱 **Allium sordidiflorum Vved.**

多年生草本。生于砾石质山坡、山地草原、荒漠草原。海拔 700~2 700 m。

产内天山。吉尔吉斯斯坦;亚洲有分布。

*（6618）拍子葱 **Allium stephanophorum Vved.**

多年生草本。生于山坡草地、山麓平原。海拔 600~2 800 m。

产西天山、西南天山、内天山。吉尔吉斯斯坦、乌兹别克斯坦；亚洲有分布。

*（6619）长柄韭 **Allium stipitatum Regel**

多年生草本。生于山坡草地、山谷。海拔 900~2 700 m。

产西天山、西南天山、内天山。吉尔吉斯斯坦、乌兹别克斯坦；亚洲有分布。

（6620）辉韭 **Allium strictum Schrad.**

多年生草本。生于亚高山草甸、森林草甸、林缘、林下、山地草甸、山谷、山地草原、灌丛、平原荒漠。海拔 650~2 700 m。

产东天山、东北天山、准噶尔阿拉套山、北天山。中国、哈萨克斯坦、吉尔吉斯斯坦、蒙古、俄罗斯；亚洲、欧洲有分布。

药用。

（6621）蜜囊韭 **Allium subtilissimum Led**

多年生草本。生于山地阳坡草地、岩石缝、山谷、水边、山麓倾斜平原、沙砾质戈壁。海拔 1 000~3 400 m。

产东天山、北天山。中国、哈萨克斯坦、俄罗斯；亚洲有分布。

药用。

*（6622）巴八山葱 **Allium sulphureum Vved.**

多年生草本。生于低山盆地、山地草原、荒漠草原、河谷。海拔 700~1 800 m。

产内天山。吉尔吉斯斯坦；亚洲有分布。

*（6623）苏氏葱 **Allium suworowii Regel**

多年生草本。生于碎石质山坡、河漫滩、低山丘陵。海拔 1 000~2 600 m。

产北天山、内天山、西天山、西南天山。哈萨克斯坦、吉尔吉斯斯坦、乌兹别克斯坦；亚洲有分布。

*（6624）伊思帕拉葱 **Allium taciturnum Vved.**

多年生草本。生于山坡草地、山地草原、河流阶地、荒漠草原。海拔 700~2 300 m。

产内天山。吉尔吉斯斯坦；亚洲有分布。

*（6625）线萼葱 **Allium taeniopetalum Popov et Vved.**

多年生草本。生于山崖岩石缝、山坡草地。海拔 600~2 500 m。

产内天山。吉尔吉斯斯坦；亚洲有分布。

*（6626）塔拉斯葱 **Allium talassicum Regel**

多年生草本。生于山地草甸、砾石质阳坡、山麓洪积扇。海拔 800~2 500 m。

产北天山、内天山、西天山、西南天山。哈萨克斯坦、吉尔吉斯斯坦、乌兹别克斯坦；亚洲有分布。

（6627）圆柱状叶韭 **Allium tekesicola Regel** = *Allium deserticola* Popov

多年生草本。生于山地草甸、干旱山坡草地。海拔 2 400 m 上下。

产北天山、中央天山。中国、哈萨克斯坦；亚洲有分布。

*（6628）粗茎葱 **Allium tenuicaule Regel**

　　多年生草本。生于山脊草坡、岩石峭壁石缝、河谷。海拔 600~2 500 m。

　　产内天山。吉尔吉斯斯坦;亚洲有分布。

（6629）西疆韭 **Allium teretifolium Regel**

　　多年生草本。生于石质山坡、山谷、山坡草地、林下、山地草原。海拔 1 200~2 800 m。

　　产东天山、准噶尔阿拉套山、北天山、内天山。中国、哈萨克斯坦、吉尔吉斯斯坦;亚洲有分布。

（6630）天山韭 **Allium tianschanicum Rupr.**

　　多年生草本。生于山地干燥砾石质坡地。海拔 600~2 900 m。

　　产东天山、东北天山、准噶尔阿拉套山、北天山、东南天山、中央天山、内天山、西天山、西南天山。中国、哈萨克斯坦、吉尔吉斯斯坦、乌兹别克斯坦;亚洲有分布。

*（6631）毛茎葱 **Allium trachyscordum Vved.**

　　多年生草本。生于山坡草地、河谷、河岸阶地。海拔 900~2 600 m。

　　产北天山、内天山、西天山、西南天山。哈萨克斯坦、吉尔吉斯斯坦、乌兹别克斯坦;亚洲有分布。

*（6632）夫地尔葱 **Allium trautvetterianum Regel**

　　多年生草本。生于悬崖岩石缝、山坡倒石堆、山地草原、荒漠草原。海拔 700~2 600 m。

　　产内天山。吉尔吉斯斯坦;亚洲有分布。

*（6633）中亚葱 **Allium turkestanicum Regel**

　　多年生草本。生于山地草甸、山地草原、荒漠草原、低山丘陵、山麓洪积扇。海拔 600~2 500 m。

　　产北天山、内天山、西天山、西南天山。哈萨克斯坦、吉尔吉斯斯坦、乌兹别克斯坦;亚洲有分布。

（6634）郁金叶蒜 **Allium tulipifolium Ledeb.**

　　多年生草本。生于灌丛、山坡草地、石质坡地。海拔 600~1 000 m。

　　产准噶尔阿拉套山、北天山。中国、哈萨克斯坦、俄罗斯;亚洲、欧洲有分布。

*（6635）吐尔特斯科葱 **Allium turtschicum Regel**

　　多年生草本。生于山地草甸、灌丛。海拔 900~2 600 m。

　　产西天山、西南天山。乌兹别克斯坦;亚洲有分布。

　　乌兹别克斯坦特有成分。

*（6636）细花葱 **Allium tytthanthum Vved.**

　　多年生草本。生于山崖岩石缝、石质山坡。海拔 500~2 400 m。

　　产内天山。吉尔吉斯斯坦;亚洲有分布。

（6637）坛丝韭 **Allium weschniakowii Regel**

　　多年生草本。生于亚高山草甸、砾石质山坡、沙砾质滩地、河谷灌丛、山地草原。海拔 1 700~3 200 m。

　　产准噶尔阿拉套山、北天山、内天山。中国、哈萨克斯坦、吉尔吉斯斯坦;亚洲有分布。

　　药用。

（6638）伊犁蒜 **Allium winklerianum Regel**

多年生草本。生于山地草甸、山地林缘、灌丛、湿润坡地。海拔100~2 500 m。

产北天山、内天山、西天山、西南天山。中国、哈萨克斯坦、吉尔吉斯斯坦、乌兹别克斯坦、俄罗斯;亚洲有分布。

*（6639）库尔带葱 **Allium valentinae Pavlov**

多年生草本。生于山地草甸、河流阶地、灌丛、山地草原。海拔1 200~2 800 m。

产北天山。哈萨克斯坦;亚洲有分布。

*（6640）轮花葱 **Allium verticillatum（Regel）Regel**

多年生草本。生于山坡草地、山地草甸、低山丘陵。海拔700~2 900 m。

产北天山、内天山、西天山、西南天山。哈萨克斯坦、吉尔吉斯斯坦、乌兹别克斯坦;亚洲有分布。

*（6641）维克托葱 **Allium victoris Vved.**

多年生草本。生于山坡草地、河流阶地、山地草原、荒漠草原。海拔600~2 700 m。

产西天山、西南天山、内天山。吉尔吉斯斯坦、乌兹别克斯坦;亚洲有分布。

*（6642）绿花葱 **Allium viridiflorum Pobed.**

多年生草本。生于山地草甸、山地林缘、河谷、山地草原。海拔800~2 400 m。

产内天山。吉尔吉斯斯坦;亚洲有分布。

*（6643）维氏葱 **Allium vvedenskyanum Pavlov**

多年生草本。生于山地草甸、山地草原、荒漠草原、干河谷、山麓洪积扇。海拔600~2 700 m。

产北天山。哈萨克斯坦;亚洲有分布。

哈萨克斯坦特有成分。

879. 黄精属 **Polygonatum Mill.**

（6644）新疆玉竹 **Polygonatum roseum（Ledeb.）Kunth**

多年生草本。生于山地草甸、云杉林下、阔叶林下、灌木林下、山坡草地、河谷草甸、河漫滩。海拔300~2 500 m。

产东天山、东北天山、准噶尔阿拉套山、北天山、东南天山、内天山。中国、哈萨克斯坦、吉尔吉斯斯坦、俄罗斯;亚洲有分布。

药用、观赏。

*（6645）白花黄精 **Polygonatum sewerzowii Regel**

多年生草本。生于山地林下、灌丛、山地阴坡草地。海拔2 500~2 900 m。

产北天山、内天山、西天山、西南天山。哈萨克斯坦、吉尔吉斯斯坦、乌兹别克斯坦;亚洲有分布。

880. 天门冬属 **Asparagus L.**

（6646）折枝天门冬 **Asparagus angulofractus Iljin**=*Asparagus soongaricus Iljin*

多年生直立草本。生于山坡草地、平原荒漠、水边、沟边、路边、半固定沙丘。海拔200~3 040 m。

产东北天山、准噶尔阿拉套山、北天山、东南天山、内天山。中国、哈萨克斯坦;亚洲有分布。

药用。

*（6647）短叶天门冬 **Asparagus brachyphyllus Turcz.**

多年生草本。生于山地林下、河边、湖边、荒漠草原、盐渍化草甸。海拔 300～2 500 m。

产准噶尔阿拉套山、北天山、西天山、西南天山、内天山。哈萨克斯坦、吉尔吉斯斯坦、乌兹别克斯坦；亚洲有分布。

*（6648）布哈拉天门冬 **Asparagus bucharicus Iljin**

多年生草本。生于细石质坡地、山麓平原沙地。海拔 600～1 800 m。

产内天山。吉尔吉斯斯坦；亚洲有分布。

*（6649）石膏天门冬 **Asparagus gypsaceus Vved.**

多年生草本。生于低山黄土丘陵、石膏荒漠。海拔 500～1 600 m。

产内天山。吉尔吉斯斯坦；亚洲有分布。

（6650）新疆天门冬 **Asparagus neglectus Kar. et Kir.** =*Asparagus misczenkoi* Iljin

多年生直立或攀援草本。生于低山丘陵、荒漠河岸林下、荒漠灌丛。海拔 530～2 000 m。

产东天山、东北天山、准噶尔阿拉套山、北天山。中国、哈萨克斯坦、吉尔吉斯斯坦、俄罗斯；亚洲有分布。

药用。

*（6651）药用天门冬 **Asparagus officinalis L.** =*Asparagus caspius* Schult. et Schult. f.

多年生草本。生于山地草甸、灌丛、山地草原、河漫滩草地、湖边沼泽草甸。海拔 300～2 100 m。

产西南天山、西天山。乌兹别克斯坦、俄罗斯；亚洲、欧洲有分布。

（6652）西北天门冬 **Asparagus persicus Baker** =*Asparagus leptophyllus* Schischk. =*Asparagus oligophyllus* Baker

多年生攀援草本。生于山坡草地、荒漠河岸林下、荒漠灌丛、沙地。海拔-70～2 800 m。

产东天山、东北天山、准噶尔阿拉套山、北天山、东南天山、中央天山、内天山、西天山、西南天山。中国、哈萨克斯坦、吉尔吉斯斯坦、乌兹别克斯坦、俄罗斯；亚洲、欧洲有分布。

药用。

*（6653）维氏天门冬 **Asparagus vvedenskyi Botsch.**

多年生草本。生于荒漠草原、河岸阶地、山麓洪积扇。海拔 400～1 200 m。

产北天山。哈萨克斯坦；亚洲有分布。

九十五、石蒜科 Amaryllidaceae

881. 鸢尾蒜属 Ixiolirion（Fisch.）Herb.

*（6654）费尔干鸢尾蒜 **Ixiolirion ferganicum Kovalevsk. et Vved.**

多年生草本。生于低山丘陵、山麓平原、石膏土荒漠。海拔 400～2 100 m。

产西南天山。乌兹别克斯坦；亚洲有分布。

*（6655）黑山鸢尾蒜 **Ixiolirion karateginum Lipsky**

多年生草本。生于中山带山脊草坡、荒漠草原。海拔 700～2 800 m。

产内天山。吉尔吉斯斯坦；亚洲有分布。

（6656）准噶尔鸢尾蒜 **Ixiolirion songaricum P. Yan**

多年生草本。生于干旱山坡、低山丘陵、山麓冲积扇、田野、荒地、路旁。海拔 450~1 600 m。

产东天山、东北天山、准噶尔阿拉套山、北天山。中国;亚洲有分布。

中国特有成分。药用。

（6657）鸢尾蒜 **Ixiolirion tataricum（Pall.）Schult. et Schult. f.**

多年生草本。生于云杉林下、干旱山坡、河谷阶地、山麓洪积-冲积扇扇缘、路旁、农田边、弃耕地、渠边、原野、荒漠、戈壁。海拔 500~2 400 m。

产东天山、东北天山、准噶尔阿拉套山、北天山、东南天山。中国、哈萨克斯坦、巴基斯坦、俄罗斯;亚洲有分布。

观赏、药用、饲料。

九十六、鸢尾科 Iridaceae

882. 番红花属 Crocus L.

（6658）白番红花 **Crocus alatavicus Regel et Semen.**

多年生草本。生于山地草甸、半阳坡草地、山坡草地。海拔 1 550~2 100 m。

产准噶尔阿拉套山、北天山、内天山、西天山、西南天山。中国、哈萨克斯坦、吉尔吉斯斯坦、乌兹别克斯坦;亚洲有分布。

染料、药用、有毒。

*（6659）淡黄番红花 **Crocus korolkowii Maw et Regel**

多年生草本。生于黄土丘陵、山麓洪积扇。海拔 500~1 600 m。

产北天山、内天山、西天山、西南天山。哈萨克斯坦、吉尔吉斯斯坦、乌兹别克斯坦;亚洲有分布。

883. 剑鸢尾属 Xiphium Mill.（Iridodictyum Rodionenko）

（6660）剑鸢尾 **Xiphium kolpakowskianum（Regel）Baker** = *Iris kolpakowskiana* Regel

多年生草本。生于山地半阴坡草地。海拔 1 100~1 350 m。

产北天山、内天山、西天山、西南天山。中国、哈萨克斯坦、吉尔吉斯斯坦、乌兹别克斯坦;亚洲有分布。

*（6661）维科勒剑鸢尾 **Xiphium winkleri（Regel）Vved.** = *Iris winkleri* Regel.

多年生草本。生于高山和亚高山草甸、草甸湿地。海拔 2 900~3 200 m。

产西南天山。乌兹别克斯坦;亚洲有分布。

884. 鸢尾属 Iris L.

*（6662）阿氏鸢尾 **Iris alberti Regel**

多年生草本。生于山地草甸、山地河谷、低山丘陵、荒漠草原、山麓洪积扇。海拔 900~2 800 m。

产北天山。哈萨克斯坦;亚洲有分布。

哈萨克斯坦特有成分。

（6663） 中亚鸢尾 **Iris bloudowii Ledeb.**

多年生草本。生于亚高山灌丛草甸、山地草甸、河谷草甸、山坡草地、山地林下、林缘、石质山坡。海拔 800~2 800 m。

产东天山、准噶尔阿拉套山、北天山、内天山。中国、哈萨克斯坦、吉尔吉斯斯坦、俄罗斯；亚洲有分布。

药用。

（6664） 弯叶鸢尾 **Iris curvifolia Y. T. Zhao**

多年生草本。生于山地灌丛草甸、山坡草地。海拔 1 000~2 600 m。

产准噶尔阿拉套山、北天山。中国；亚洲有分布。

中国特有成分。药用。

（6665） 玉蝉花 **Iris ensata Thunb.** = *Iris kaempferi* Siebold ex Lam.

多年生草本，生于河谷草甸、河滩、沼泽草甸、冲积平原、田野、荒漠、路旁、低洼荒地。海拔 220~3 000 m。

产东天山、东北天山、北天山、东南天山、中央天山、内天山。中国、哈萨克斯坦、吉尔吉斯斯坦、乌兹别克斯坦、日本、朝鲜、俄罗斯；亚洲有分布。

编织、造纸、油料、药用、观赏、饲料。

*（6666） 弹叶鸢尾 **Iris falcifolia Bunge**

多年生草本。生于山地草原、荒漠草原、山麓平原、沼泽化草地、固定和半固定沙漠。海拔 400~1 500 m。

产内天山。吉尔吉斯斯坦；亚洲有分布。

（6667） 锐果鸢尾 **Iris goniocarpa Baker**

多年生草本。生于山地林下、林缘。海拔 1 800 m 上下。

产北天山。中国、印度、不丹、尼泊尔；亚洲有分布。

（6668） 喜盐鸢尾 **Iris halophila Pall.**

多年生草本。生于山谷湿润草地、干旱山坡、河岸荒地、盐化草甸、低洼荒地、草甸、沼泽、河边、渠边、田边、路边。海拔 500~3 800 m。

产东天山、东北天山、准噶尔阿拉套山、北天山、东南天山、中央天山、内天山、西天山、西南天山。中国、哈萨克斯坦、吉尔吉斯斯坦、乌兹别克斯坦、俄罗斯；亚洲、欧洲有分布。

药用、绿化、观赏。

（6669） 蓝花喜盐鸢尾 **Iris halophila var. sogdiana（Bunge.）Skeels** = *Iris sogdiana* Bunge

多年生草本。生于山地碎石质草地、河谷、山坡草地、荒地、水边草地。海拔 840~2 900 m。

产东天山、东北天山、准噶尔阿拉套山、北天山、中央天山、内天山、西天山、西南天山。中国、哈萨克斯坦、吉尔吉斯斯坦、乌兹别克斯坦；亚洲有分布。

药用。

*（6670） 顾氏鸢尾 **Iris hoogiana Dykes**

多年生草本。生于山地草甸、山地阳坡草地、灌丛。海拔 1 800~3 000 m。

产内天山。吉尔吉斯斯坦、俄罗斯；亚洲有分布。

771

（6671）黄金鸢尾 **Iris flavissima Pall.** = *Iris humilis* Georgi

多年生草本。生于山地草甸、砾石质山坡、路边草丛。海拔1 600~3 820 m。

产东天山、北天山。中国、哈萨克斯坦、蒙古、俄罗斯；亚洲、欧洲有分布。

绿化、观赏。

*（6672）克氏鸢尾 **Iris korolkowii Regel**

多年生草本。生于细石质山坡草地、低山丘陵阳坡草地、山麓平原。海拔900~2 700 m。

产北天山、内天山、西天山、西南天山。哈萨克斯坦、吉尔吉斯斯坦、乌兹别克斯坦；亚洲有分布。

（6673）白花马蔺 **Iris lactea Pall.**

多年生密丛草本。生于山坡草地、河谷林下、平原荒地、路旁草丛、田野、渠边、沼泽边、沙砾质戈壁。海拔450~3 500 m。

产东天山、东北天山、准噶尔阿拉套山、北天山、东南天山。中国、哈萨克斯坦、俄罗斯；亚洲有分布。

饲料、捆扎、造纸、药用、保持水土、绿化。

（6674）天山鸢尾 **Iris loczyi Kanitz** = *Iris thianschanica* (Maxim.) Vved. ex Woronow et Popov

多年生密丛草本。生于高山和亚高山草甸、山地草甸、山地林缘、林间草地、山地草原、沙质坡地。海拔1 400~4 000 m。

产东天山、东北天山、准噶尔阿拉套山、北天山、东南天山、内天山。中国、哈萨克斯坦；亚洲有分布。

饲料、药用、保持水土、绿化。

*（6675）线叶鸢尾 **Iris lineata Foster ex Regel**

多年生草本。生于山地草原、河流阶地、荒漠草原、山麓洪积扇。海拔900~1 400 m。

产内天山。吉尔吉斯斯坦；亚洲有分布。

（6676）马蔺 **Iris lactea var. chinensis** (Fisch.) **Kitag.** = *Iris oxypetala* Bunge

多年生密丛草本。生于山坡草地、山谷溪边、荒漠草原、芨芨草草甸、农田边、路边、庭院、荒野。海拔220~2 147 m。

产东天山、东北天山、北天山、东南天山、中央天山、内天山。中国、朝鲜、印度、俄罗斯；亚洲有分布。

编织、造纸、食用、药用、油料、保持水土、绿化、饲料。

（6677）紫苞鸢尾 **Iris ruthenica Ker Gawl.**

多年生草本。生于高山和亚高山草甸、林间草地、林缘草地、山地河谷草甸。海拔900~3 500 m。

产东天山、东北天山、准噶尔阿拉套山、北天山、中央天山。中国、哈萨克斯坦、俄罗斯；亚洲有分布。

香料、编织、观赏、饲料、药用、有毒、蜜源。

（6678）短筒紫苞鸢尾 **Iris ruthenica var. brevituba** (Maxim.) **Doronkin** = *Iris brevituba* (Maxim.) Vved. ex E. Nikit.

多年生草本。生于山地草甸、山地阴坡草地、山地林下、山地灌丛、河滩草地。海拔1 000~2 800 m。

产东天山、东北天山、准噶尔阿拉套山、北天山、中央天山、内天山、西天山、西南天山。中国、哈萨克斯坦、吉尔吉斯斯坦、乌兹别克斯坦、俄罗斯;亚洲有分布。

(6679)　矮紫苞鸢尾 **Iris ruthenica var. nana Maxim.**

多年生草本。生于山谷溪边。海拔 1 900~1 930 m。

产东北天山。中国;亚洲有分布。

(6680)　膜苞鸢尾 **Iris scariosa Willd. ex Link.**

多年生草本。生于石质山坡、岩石缝、阔叶林林间草地、山谷洪积砾石堆。海拔 520~2 500 m。

产东天山、准噶尔阿拉套山、北天山。中国、哈萨克斯坦、蒙古、俄罗斯;亚洲、欧洲有分布。

药用、观赏、植化原料(维生素)。

(6681)　准噶尔鸢尾 **Iris songarica Schrenk**

多年生密丛草本。生于干旱山坡草地、低山平缓台地、荒漠草原、沙砾质坡地、河边。海拔 750~2 021 m。

产东天山、东北天山、准噶尔阿拉套山、北天山、内天山、西天山、西南天山。中国、哈萨克斯坦、吉尔吉斯斯坦、乌兹别克斯坦、阿富汗、土耳其、巴基斯坦、俄罗斯;亚洲有分布。

纤维、药用、有毒、饲料。

*(6682)　粗柄鸢尾 **Iris stolonifera Maxim.**

多年生草本。生于山地草甸、圆柏灌丛、河谷。海拔 800~2 200 m。

产内天山。吉尔吉斯斯坦、俄罗斯;亚洲有分布。

(6683)　鸢尾 **Iris tectorum Maxim.**

多年生草本。生于山地林缘、山地草原、水边湿地、荒漠草原、路边、固定沙丘。海拔 600~1 500 m。

产内天山。中国;亚洲有分布。

药用、环境监测。

(6684)　细叶鸢尾 **Iris tenuifolia Pall.**

多年生密丛草本。生于山地草原、荒漠草原、戈壁、沙地、半固定沙丘。海拔 350~1 400 m。

产准噶尔阿拉套山、北天山、内天山、西天山、西南天山。中国、哈萨克斯坦、吉尔吉斯斯坦、乌兹别克斯坦、蒙古、阿富汗、土耳其、俄罗斯;亚洲、欧洲有分布。

纤维、药用、有毒。

(6685)　囊花鸢尾 **Iris ventricosa Pall.**

多年生草本。生于沙质草地、固定沙丘。海拔 400~1 400 m。

产东天山。中国、蒙古、俄罗斯;亚洲有分布。

药用。

九十七、兰科 Orchidaceae

885. 鸟巢兰属 Neottia Guett.

（6686）北方鸟巢兰 **Neottia camtschatea**（L.）**Rchb.**

多年生腐生草本。生于亚高山草甸、山地草甸、山坡草地、山地林下、林缘草甸。海拔 1 500～2 700 m。

产东天山、东北天山、准噶尔阿拉套山、北天山、中央天山、内天山。中国、哈萨克斯坦、吉尔吉斯斯坦、蒙古、俄罗斯；亚洲有分布。

（6687）小花鸟巢兰 **Neottia inayatii**（Duthie）**Schltr.**

多年生腐生草本。生于山地林下。海拔 2 160～2 190 m。

产东天山。中国；亚洲有分布。

886. 珊瑚兰属 Corallorhiza Gagnebin

（6688）珊瑚兰 **Corallorhiza trifida Chatel.**

多年生腐生草本。生于林下、灌丛、林缘、湿草地。海拔 1 500～2 700 m。

产东天山、东北天山、准噶尔阿拉套山、北天山、中央天山、内天山。中国、哈萨克斯坦、吉尔吉斯斯坦、日本、蒙古、俄罗斯、尼泊尔；亚洲、欧洲、美洲有分布。

药用。

887. 对叶兰属 Listera R. Br.

（6689）欧洲对叶兰 **Listera ovata**（L.）**R. Br.** = *Neottia ovata*（L.）Bluff et Fingerh.

多年生草本。生于云杉林下、林缘。海拔 1 700～2 900 m。

产准噶尔阿拉套山、北天山。中国、哈萨克斯坦、俄罗斯；亚洲、欧洲有分布。

（6690）天山对叶兰 **Listera tianschanica Grubov** = *Neottia tianschanica*（Grubov）Szlach.

多年生草本。生于山地阴湿林下。海拔 2 500～2 600 m。

产东北天山、北天山、中央天山。中国；亚洲有分布。

888. 火烧兰属 Epipactis Zinn.

（6691）小花火烧兰（火烧兰）**Epipactis helleborine**（L.）**Crantz** = *Epipactis latifolia*（L.）All.

多年生陆生草本。生于山地草甸、山谷草甸、山地林下、草丛、湖畔芦苇丛、沟边。海拔 250～3 600 m。

产东天山、准噶尔阿拉套山、北天山、东南天山、中央天山、内天山、西天山、西南天山。中国、哈萨克斯坦、吉尔吉斯斯坦、乌兹别克斯坦、俄罗斯、不丹、尼泊尔、阿富汗、伊朗；亚洲、欧洲、非洲、北美洲（引入逸为野生）有分布。

药用、观赏。

（6692）新疆火烧兰 **Epipactis palustris**（L.）**Crantz**

多年生陆生草本。生于山地草甸、山地林下、河边、岩石缝、沟谷草地。海拔 995～2 000 m。

产东北天山、准噶尔阿拉套山、北天山、内天山、西天山、西南天山。中国、哈萨克斯坦、吉尔吉斯斯坦、乌兹别克斯坦、俄罗斯；亚洲、欧洲有分布。

药用、观赏。

(6693) 北火烧兰 **Epipactis xanthophaea Schltr.**

多年生陆生草本。生于林下湿地、山地草甸。海拔 300~1 600 m。

产东北天山。中国;亚洲有分布。

观赏。

*(6694) 茹里火烧兰 **Epipactis royleana Lindl.**

多年生草本。生于山地草甸、灌丛、河谷、草甸湿地。海拔 1 200~2 600 m。

产内天山、西南天山、西天山。吉尔吉斯斯坦、乌兹别克斯坦、俄罗斯;亚洲、欧洲有分布。

889. 斑叶兰属 Goodyera R. Br.

(6695) 小斑叶兰 **Goodyera repens**（L.）**R. Br.**

多年生陆生草本。生于山地草甸、岩石缝、山地林下、山坡草地、沟谷草地、湖边。海拔 700~3 800 m。

产东天山、东北天山、准噶尔阿拉套山、北天山、中央天山、内天山、西天山、西南天山。中国、哈萨克斯坦、吉尔吉斯斯坦、乌兹别克斯坦、朝鲜、日本、蒙古、俄罗斯;亚洲、欧洲、美洲有分布。
药用。

890. 舌唇兰属 Platanthera Rich.

(6696) 小花舌唇兰 **Platanthera minutiflora Schltr**

多年生陆生草本。生于山地草甸、山地林下、林缘。海拔 2 000~4 100 m。

产东天山、东北天山、北天山、中央天山、内天山。中国、哈萨克斯坦、吉尔吉斯斯坦;亚洲有分布。

891. 手掌参属(手参属) Gymnadenia R. Br.

(6697) 手参 **Gymnadenia conopsea**（L.）**R. Br.**

多年生陆生草本。生于山坡草地、山地林下、砾石滩草丛。海拔 265~4 700 m。

产北天山。中国、哈萨克斯坦、朝鲜、日本、俄罗斯;亚洲、欧洲有分布。

药用、观赏。

892. 红门兰属 Orchis L.（掌裂兰属 Dactylorhiza Neck. ex Nevski）

(6698) 紫点红门兰 **Orchis cruenta O. F. Muell.** = *Dactylorhiza incarnata* subsp. *cruenta*（O. F. Müll.）P. D. Sell = *Dactylorhiza cruenta*（O. F. Muell.）Soó

多年生陆生草本。生于山坡草地、林间草地、山溪边湿地草甸。海拔 1 000~2 750 m。

产准噶尔阿拉套山、北天山、中央天山。中国、俄罗斯;亚洲、欧洲有分布。

观赏。

(6699) 紫斑叶红门兰 **Orchis fuchsii Druce** = *Dactylorhiza fuchsii*（Druce）Soó

多年生陆生草本。生于山地林下、河边、河谷草甸、泉水边。海拔 600~2 300 m。

产北天山。中国、哈萨克斯坦、蒙古、俄罗斯;亚洲、欧洲有分布。

观赏。

(6700) 宽叶红门兰 **Orchis latifolia L.** = *Dactylorhiza incarnata*（L.）Soó

多年生陆生草本。生于山坡草地、沟边灌丛、草甸沼泽、河谷沼泽、河谷沼泽化草甸、河漫滩草甸、河谷林下、盐化草甸、水边、河滩。海拔 600~4 100 m。

产东天山、东北天山、准噶尔阿拉套山、北天山、东南天山、中央天山、内天山、西天山、西南天山。中国、哈萨克斯坦、吉尔吉斯斯坦、乌兹别克斯坦、蒙古、巴基斯坦、阿富汗、不丹、俄罗斯；亚洲、欧洲、非洲有分布。

药用、蜜源、观赏。

(6701) 北方红门兰 **Orchis roborovskii Maxim.** = *Galearis roborovskii*（Maxim.）S. C. Chen, P. J. Cribb et S. W. Gale

多年生陆生草本。生于高山和亚高山草甸、阴坡岩石缝、山地林下、山地草甸、灌丛。海拔 1 600~4 500 m。

产东天山、北天山。中国、俄罗斯、印度、不丹；亚洲有分布。

(6702) 阴生红门兰 **Orchis umbrosa Kar. et Kir.** = *Dactylorhiza umbrosa*（Kar. et Kir.）Nevski

多年生陆生草本。生于高山沼泽草甸、亚高山草甸、山坡阴湿草地、山地河谷、河滩湿地草甸、河边。海拔 630~4 000 m。

产东天山、东北天山、准噶尔阿拉套山、北天山、东南天山、内天山、西天山、西南天山。中国、哈萨克斯坦、吉尔吉斯斯坦、乌兹别克斯坦、阿富汗、俄罗斯、印度；亚洲有分布。

药用、观赏。

893. 凹舌兰属 Coeloglossum Hartm.

(6703) 凹舌兰 **Coeloglossum viride（L.）Hartm.** = *Dactylorhiza viridis*（L.）R. M. Bateman, Pridgeon et M. W. Chase

多年生陆生草本。生于高山和亚高山草甸、山地草甸、山坡草地、山地林下、山谷林缘湿地、灌丛、河谷草地。海拔 1 200~4 300 m。

产东天山、东北天山、准噶尔阿拉套山、北天山、东南天山、内天山、西天山、西南天山。中国、哈萨克斯坦、吉尔吉斯斯坦、乌兹别克斯坦、朝鲜、日本、尼泊尔、不丹、俄罗斯；亚洲、欧洲、美洲有分布。

药用、观赏。

*894. 倒距兰属 Anacamptis Rich.

*(6704) 疏叶倒距兰 **Anacamptis laxiflora（Lam.）R. M. Bateman, Pridgeon et M. W. Chase** = *Orchis pseudolaxiflora* Czerniak.

多年生草本。生于山麓平原沼泽湿地。海拔 500~1 600 m。

产西天山、西南天山、内天山。哈萨克斯坦、吉尔吉斯斯坦、乌兹别克斯坦、塔吉克斯坦；亚洲有分布。

*895. 掌叶兰属 Dactylorhiza Nevski

*(6705) 斯兹尔尼考掌叶兰 **Dactylorhiza czerniakowskae Aver.**

多年生草本。生于山地草原、沼泽草甸。海拔 400~1 600 m。

产西南天山。乌兹别克斯坦；亚洲有分布。

*(6706) 肉色掌叶兰 **Dactylorhiza incarnata（L.）Soó** = *Orchis incarnata* L. = *Orchis strictifolia* Opiz

多年生草本。生于山地草原、河谷草地、沼泽湿地。海拔 600~1 400 m。

产西天山、西南天山、内天山。哈萨克斯坦、吉尔吉斯斯坦、乌兹别克斯坦、俄罗斯；亚洲、欧洲有分布。

*（6707）大掌叶兰 **Dactylorhiza magna**（**Czerniak.**）**Ikonn.** = *Dactylorhiza baldshuanica* Czerniak.

多年生草本。生于山地草原、沼泽草甸、河谷。海拔 600~1 400 m。

产西南天山。乌兹别克斯坦；亚洲有分布。

*（6708）盐生掌叶兰 **Dactylorhiza salina**（**Turcz. ex Lindl.**）**Soó** = *Orchis salina* Turcz. ex Lindl.

多年生草本。生于山地阴坡草地、沼泽草甸。海拔 700~1 500 m。

产西天山、西南天山、内天山。哈萨克斯坦、吉尔吉斯斯坦、俄罗斯；亚洲有分布。

896. 头蕊兰属 Cephalanthera Rich.

（6709）长叶头蕊兰 **Cephalanthera longifolia**（**L.**）**Fritsch**

多年生陆生草本。生于山地草甸、山地林缘、草甸湿地。海拔 1 900~2 300 m。

产西天山、西南天山、内天山。中国（南方）、哈萨克斯坦、吉尔吉斯斯坦、乌兹别克斯坦、俄罗斯；亚洲、欧洲有分布。

897. 美冠兰属 Eulophia R. Br. ex Lindl.

*（6710）土耳其美冠兰 **Eulophia turkestanica**（**Litv.**）**Schltr.** = *Eulophia dabia*（D. Don）Hochr.

多年生草本。生于山地草甸湿地、河谷、杜加依林下。海拔 400~1 800 m。

产内天山。吉尔吉斯斯坦；亚洲有分布。

898. 角盘兰属 Herminium L.

（6711）角盘兰 **Herminium monorchis**（**L.**）**R. Br.**

多年生草本。生于山地林缘、林间草地、沼泽湿地。海拔 600~4 500 m。

产北天山。中国、哈萨克斯坦、尼泊尔、蒙古、日本、俄罗斯、朝鲜、韩国；亚洲、欧洲有分布。

药用。

参考文献

［1］《中国高等植物彩色图鉴》编委会.中国高等植物彩色图鉴:第2卷[M].北京:科学出版社,2016.

［2］《中国高等植物彩色图鉴》编委会.中国高等植物彩色图鉴:第3卷[M].北京:科学出版社,2016.

［3］《中国高等植物彩色图鉴》编委会.中国高等植物彩色图鉴:第4卷[M].北京:科学出版社,2016.

［4］《中国高等植物彩色图鉴》编委会.中国高等植物彩色图鉴:第5卷[M].北京:科学出版社,2016.

［5］《中国高等植物彩色图鉴》编委会.中国高等植物彩色图鉴:第6卷[M].北京:科学出版社,2016.

［6］《中国高等植物彩色图鉴》编委会.中国高等植物彩色图鉴:第7卷[M].北京:科学出版社,2016.

［7］《中国高等植物彩色图鉴》编委会.中国高等植物彩色图鉴:第8卷[M].北京:科学出版社,2016.

［8］《中国高等植物彩色图鉴》编委会.中国高等植物彩色图鉴:第9卷[M].北京:科学出版社,2016.

［9］蔡联炳,崔大方.中国以礼草属新分类群[J].植物研究,1995,15(4):422-427.

［10］蔡联炳,智力.以礼草属的分类研究[J].植物分类学报,1999,37(5):451-467.

［11］蔡联炳.以礼草属的地理分布[J].植物分类学报,2001,39(3):248-259.

［12］常朝阳,徐朗然,吴振海,黎斌.中国黄芪属植物一些种类的订正[J].西北植物学报,2005,25(12):
2533-2534.

［13］常朝阳,徐朗然,PODLECH D.中国黄芪属(豆科)丁字毛类群2新种:额尔齐斯黄芪和沙地黄芪[J].
西北植物学报,2007,27(1):0168-0172.

［14］常朝阳.中国锦鸡儿属植物分类研究[D].哈尔滨:东北林业大学,2008.

［15］陈冀胜,郑硕.中国有毒植物[M].北京:科学出版社,1987.

［16］陈丽,尹林克,严成,等.博格达山西北麓低山丘陵区种子植物区系研究:以乌鲁木齐东南部"荒山"为
例[J].干旱区研究,2006,23(4):568-576.

［17］陈丽.博格达山西北麓低山丘陵区种子植物区系及植被类型[D].乌鲁木齐:新疆农业大学,2006.

［18］陈蜀江,侯平,李文华,等.新疆艾比湖湿地自然保护区综合科学考察[M].乌鲁木齐:新疆科学技术
出版社,2006.

［19］陈蜀江,海鹰,金海龙,等.新疆夏尔希里自然保护区综合科学考察[M].乌鲁木齐:新疆科学技术出
版社,2006.

［20］崔大方,海鹰,李发重,等.新源县山地草甸类草地自然保护区植物区系[J].干旱区研究,1996,13
(4):76-80.

［21］崔大方,廖文波,羊海军,等.中国伊犁天山野果林区系表征地理成分及区系发生的研究[J].林业科
学研究,2006,19(5):555-560.

［22］崔乃然.新疆主要饲用植物志:第一册[M].乌鲁木齐:新疆人民出版社,1990.

［23］崔乃然.新疆主要饲用植物志:第二册[M].乌鲁木齐:新疆科技卫生出版社(K),1994.

［24］党荣理,潘晓玲.西北干旱荒漠区种子植物科的区系分析[J].西北植物学报,2002,22(1):24-32.

［25］党荣理,潘晓玲,顾峰雪.西北干旱荒漠区植物属的区系分析[J].广西植物,2002,22(2):121-128.

［26］董连新,杨昌友,王明麻,等.中国新疆石竹属一新种［J］.植物研究 2008,28(6):644－647.

［27］杜珍珠,徐文斌,阎平,等.新疆苍耳属3种外来入侵新植物［J］.新疆农业科学,2012,49(5):879－886.

［28］段士民,童莉,康晓珊,等.新疆蕨类植物一新记录:瓶尔小草［J］.干旱区研究,2010.27(1):102－103.

［29］段咸珍,郑秀菊.新疆贝母属植物研究初报［J］.园艺学报,1987,(4):283－284,232.

［30］段成珍.郑秀菊.新疆贝母属植物研究(Ⅱ)［J］.中草药,1990,21(5):35－36.

［31］冯缨,潘伯荣.XJBI 植物模式标本名录［J］.干旱区研究,2001,18(2):76－80.

［32］傅竞秋.中国西北地区菊科新植物［J］.植物研究,1983,3(1):110－128.

［33］付坤俊.中国黄芪属脬萼亚属的新分布［J］.西北植物研究,1981.1(1):20－26.

［34］傅立国.中国高等植物:第二卷［M］.青岛:青岛出版社,2008.

［35］傅立国.中国高等植物:第三卷［M］.青岛:青岛出版社,2008.

［36］傅立国.中国高等植物:第四卷［M］.青岛:青岛出版社,2000.

［37］傅立国.中国高等植物:第五卷［M］.青岛:青岛出版社,2012.

［38］傅立国.中国高等植物:第六卷［M］.青岛:青岛出版社,2003.

［39］傅立国.中国高等植物:第七卷［M］.青岛:青岛出版社,2001.

［40］傅立国.中国高等植物:第八卷［M］.青岛:青岛出版社,2012.

［41］傅立国.中国高等植物:第九卷［M］.青岛:青岛出版社,1999.

［42］傅立国.中国高等植物:第十卷［M］.青岛:青岛出版社,2004.

［43］傅立国.中国高等植物:第十一卷［M］.青岛:青岛出版社,2005.

［44］傅立国.中国高等植物:第十二卷［M］.青岛:青岛出版社,2009.

［45］傅立国.中国高等植物:第十三卷［M］.青岛:青岛出版社,2002.

［46］傅立国.中国高等植物:第十四卷［M］.青岛:青岛出版社,2013.

［47］甘肃植物志编辑委员会.甘肃植物志:第二卷［M］.兰州:甘肃科学技术出版社,2005.

［48］郭静谊,阎平,徐文斌.新疆鄯善野生植物资源调查［J］.石河子大学学报(自然科学版),2008,26(3):270－273.

［49］海鹰.乌鲁木齐河流域植物区系研究［J］.新疆师范大学学报(自然科学版),2011,30(3):1－9.

［50］海鹰,姚建保,兵布加甫,等.新疆夏尔希里自然保护区植物区系研究［J］.干旱区研究,2011,28(1):98－103.

［51］海鹰,曾雅娟,武胜利.新疆霍尔果斯河流域植物区系研究［J］.新疆师范大学学报(自然科学版),2010,29(4):1－7.

［52］海鹰,张洪江,崔大方.新源山地草甸类草地自然保护区植物生活型的研究［J］.新疆师范大学学报(自然科学版),1995,14(1):81－85.

［53］郝丽红,于晓南.贝母属(Fritillaria)植物同物异名现象与思考［J］.中国野生植物资源,2014,33(4):58－63.

［54］郝丽红.新疆贝母属植物资源收集、评价及伊贝母花芽分化研究［J］.北京:北京林业大学,2017.

［55］何善宝,吴振海.中国黄芪属一新种［J］.西北植物学报,1988,8(2):133－134.

［56］贺学礼,安争夕.藏荠属一新种［J］.植物分类学报,1996,34(2):205－206.

［57］侯宽昭.中国种子植物科属词典:修订版［M］.吴德邻,高蕴璋,陈德昭,等,修订.北京:科学出版社,1982.

［58］黄俊华,杨昌友.中国植物区系新记录种［J］.云南植物研究,1999,21(4):427－429.

［59］胡汝骥.中国天山自然地理［M］.北京:中国环境科学出版社,2004.

［60］姜传义.中国杀虫植物志［M］.乌鲁木齐:新疆科技卫生出版社(K),2000.

［61］陈默君,贾慎修.中国饲用植物［M］.北京:中国农业出版社,2002.

［62］冷巧珍.新疆嵩草属植物的研究［M］//中国科学院新疆生物土壤沙漠研究所.新疆植物学研究文集. 北京:科学出版社,1991:116 - 122.

［63］李都,尹林克.中国新疆野生植物［M］.乌鲁木齐:新疆青少年出版社,2006.

［64］李君山,陈虎彪,蔡少青,等.新疆风毛菊属新植物［M］.植物研究,1997,17(1):39 - 41.

［65］李学禹,阎平,马淼.新疆兰科植物的研究［J］.石河子农学院学报,1995,32(4):1 - 8.

［66］李志军,邱爱军,张玲,等.新疆塔里木盆地野生植物名录［M］.北京:科学出版社,2013.

［67］李志军,黄文娟,杨赵平,等.新疆塔里木盆地野生植物图谱［M］.北京:科学出版社,2013.

［68］李志军,杨赵平,邱爱军,等.新疆塔里木盆地野生药用植物图谱［M］.北京:科学出版社,2014.

［69］李志军,张玲,邱爱军,等.新疆塔里木盆地特有和珍稀维管植物［M］.北京:科学出版社,2015.

［70］梁巧玲,陆平.新疆伊犁河谷发现外来杂草:三裂叶豚草和豚草［J］.杂草科学,2014,32(2):38 - 40.

［71］林培均,崔乃然.天山野果林资源:伊犁野果林综合研究［M］.北京:中国林业出版社,2000.

［72］刘建国.新疆毛茛科的订正和增补［M］//中国科学院新疆生物土壤沙漠研究所.新疆植物学研究文 集.北京:科学出版社,1991:123 - 126.

［73］刘尚武.青海植物志:第 1 卷［M］.西宁:青海人民出版社,1997.

［74］刘尚武.青海植物志:第 2 卷［M］.西宁:青海人民出版社,1999.

［75］刘尚武.青海植物志:第 3 卷［M］.西宁:青海人民出版社,1996.

［76］刘尚武.青海植物志:第 4 卷［M］.西宁:青海人民出版社,1999.

［77］刘旭丽.天山托木尔大峡谷野生种子植物区系及自然植被类型［D］.乌鲁木齐:新疆农业大学,2014.

［78］刘媖心.中国沙漠植物志:第一卷［M］.北京:科学出版社,1985.

［79］刘媖心.中国沙漠植物志:第二卷［M］.北京:科学出版社,1987.

［80］刘媖心.中国沙漠植物志:第三卷［M］.北京:科学出版社,1992.

［81］卢学峰,陈桂琛,彭敏,等.乌鲁木齐河上游大西沟地区种子植物区系特征分析［J］.植物研究,2000, 20(2):131 - 142.

［82］马德滋,刘惠兰,胡福秀.宁夏植物志:上卷［M］.2 版.银川:宁夏人民出版社,2007.

［83］马德滋,刘惠兰,胡福秀.宁夏植物志:下卷［M］.2 版.银川:宁夏人民出版社,2007.

［84］马淼,阎平,李学禹.新疆鸢尾科植物的研究［J］.石河子农学院学报,1995,32(4):9 - 16.

［85］马全红,潘晓玲,陈鹏.新疆马先蒿属(*Pedicularis* L.)植物分类初步研究［J］.新疆大学学报(自然科 学版),1999,16(4):70 - 77.

［86］马毓泉.内蒙古植物志:第一卷［M］.2 版.呼和浩特:内蒙古人民出版社,1998.

［87］马毓泉.内蒙古植物志:第二卷［M］.2 版.呼和浩特:内蒙古人民出版社,1991.

［88］马毓泉.内蒙古植物志:第三卷［M］.2 版.呼和浩特:内蒙古人民出版社,1989.

［89］马毓泉.内蒙古植物志:第四卷［M］.2 版.呼和浩特:内蒙古人民出版社,1993.

［90］马毓泉.内蒙古植物志:第五卷［M］.2 版.呼和浩特:内蒙古人民出版社,1994.

［91］米吉提·胡达拜尔地,徐建国.新疆高等植物检索表［M］.乌鲁木齐:新疆大学出版社,2000.

［92］南京大学生物学系,中国科学院植物研究所.中国主要植物图说(禾本科)［M］.北京:科学出版 社,1965.

[93] 努尔巴衣·阿布都沙力克,米吉提·胡达拜尔迪,潘晓玲,等.里普草属:中国茜草科一新纪录属[J].西北植物学,2003,23(4):674.

[94] 潘晓玲,皮锡铭.新疆女娄菜属(石竹科)植物分类研究及生态地理分布[J].新疆大学学报(自然科学版),1992,9(2):80-85.

[95] 潘晓玲,皮锡铭.新疆石竹科蝇子草属和女娄菜属数值分类研究初探[J].新疆大学学报(自然科学版),1992,9(1):62-67.

[96] 潘晓玲,皮锡铭.蝇子草属和女娄菜属分合问题的研究[J].新疆大学学报(自然科学版),1993,10(2):86-94.

[97] 潘晓玲.新疆蝇子草属的分类系统[J].干旱区研究,1993,10(4):19-25.

[98] 潘晓玲,皮锡铭,新疆石竹属(石竹科)植物分类研究[J].新疆大学学报(自然科学版),1993,11(3):86-90.

[99] 潘晓玲,张宏达.准噶尔盆地植被特点与植物区系形成的探讨[J].中山大学学报论丛,1996(2):93-97.

[100] 潘晓玲.中国西北地区种子植物区系相似性研究[J].西北植物学报,1997,17(1):94-102.

[101] 皮锡铭,潘晓玲.新疆绳子草属一新种[J].新疆大学学报(自然科学版),1991,8(1):72-73.

[102] 皮锡铭,潘晓玲.新疆石头花属植物分类研究及其生态地理分布[J].新疆大学学报(自然科学版),1991,8(3):86-91.

[103] 邱爱军,张玲,杨赵平,等.新疆禾本科植物新资料[J].干旱区资源与环境,2012,26(12):151-152.

[104] 邱娟,李文军,杨宗宗,等.长毛孜然芹,中国伞形科一新记录种[J].热带亚热带植物学报,2020,28(1):101-104.

[105] 萨仁.中国岩黄芪属(豆科)植物资料增补[J].西北植物学报,2006,26(6):1256-1258.

[106] 沈观冕.新疆风毛菊属分类的初步研究[M]//中国科学院新疆生物土壤沙漠研究所.新疆植物学研究文集.北京:科学出版社,1991:102-115.

[107] 沈观冕.新疆经济植物及其利用[M].乌鲁木齐:新疆科学技术出版社,2012.

[108] 沈观冕.中国种子植物区系荒漠亚区植物名录[Z].乌鲁木齐:中国科学院新疆生物土壤沙漠研究所,1993.

[109] 石铸.中国菊科新植物[J].植物分类学报,1995,33(2):181-197.

[110] 宋珍珍,谭敦炎,周桂玲.入侵植物黄花刺茄(*Solanum rostratum* Dunal.)在新疆的分布及其群落特点[J].干旱区研究,2013,30(1):129-134.

[111] 苏辉明,牛生明.博格达生物圈野生维管束植物彩色图鉴[M].北京:中国林业出版社,2016.

[112] 谭敦炎,魏星,方瑾,等.新疆郁金香属新分类群[J].植物分类学报,2000,38(3):302-304.

[113] 谭敦炎.新疆的郁金香属种质资源[J].植物杂志,2001(6):1.

[114] 新疆阿尔泰山林业局.阿尔泰山两河源自然保护区综合科学考察[M].乌鲁木齐:新疆科学技术出版社,2004.

[115] 新疆八一农学院.新疆植物检索表:第一册[M].乌鲁木齐:新疆人民出版社,1982.

[116] 新疆八一农学院.新疆植物检索表:第二册[M].乌鲁木齐:新疆人民出版社,1983.

[117] 新疆八一农学院.新疆植物检索表:第三册[M].乌鲁木齐:新疆人民出版社,1985.

[118] 新疆林业科学研究所.新疆主要造林树种[M].乌鲁木齐:新疆人民出版社,1981.

[119] 新疆维吾尔自治区测绘局.新疆维吾尔自治区地图集[M].北京:中国地图出版社,2004.

［120］新疆维吾尔自治区国土整治农业区划局.新疆国土资源:第一分册［M］.乌鲁木齐:新疆人民出版社,1986.

［121］新疆维吾尔自治区畜牧厅.新疆草地植物名录［M］.乌鲁木齐:新疆人民出版社,1990.

［122］新疆植物志编辑委员会.新疆植物志:第一卷［M］.乌鲁木齐:新疆科技卫生出版社（K）,1993.

［123］新疆植物志编辑委员会.新疆植物志:第二卷第一分册［M］.乌鲁木齐:新疆科技卫生出版社（K）,1994.

［124］新疆植物志编辑委员会.新疆植物志:第二卷第二分册［M］.乌鲁木齐:新疆科技卫生出版社（K）,1995.

［125］新疆植物志编辑委员会.新疆植物志:第三卷［M］.乌鲁木齐:新疆科学技术出版社,2011.

［126］新疆植物志编辑委员会.新疆植物志:第四卷［M］.乌鲁木齐:新疆科学技术出版社,2004.

［127］新疆植物志编辑委员会.新疆植物志:第五卷［M］.乌鲁木齐:新疆科技卫生出版社（K）,1999.

［128］新疆植物志编辑委员会.新疆植物志:第六卷［M］.乌鲁木齐:新疆科技卫生出版社（K）,1996.

［129］新疆植物志编辑委员会.新疆植物志简本［M］.乌鲁木齐:新疆人民出版社,2014.

［130］许鹏.新疆草地资源及其利用［M］.乌鲁木齐:新疆科技卫生出版社,1993.

［131］万定荣.中国毒性民族药志:上卷［M］.北京:科学出版社,2016.

［132］万定荣.中国毒性民族药志:下卷［M］.北京:科学出版社,2016.

［133］汪纪武.药用植物辞典［M］.天津:天津科学出版社,2005.

［134］王果平,李晓瑾.新疆贝母属植物鉴定研究进展［C］//中华中医药学会第十届中药鉴定学术会议暨WHO中药材鉴定方法和技术研讨会论文集.西安:中华中医药学会中药鉴定分会,2010:98-101.

［135］王果平,樊丛照,李晓瑾,等.新疆贝母属植物鉴定技术研究进展［J］.中国现代中药,2012,14(9):51-54.

［136］王健.新疆野生观赏植物［M］.乌鲁木齐:新疆科学技术出版社,2012.

［137］王蕾,尹林克,严成,等.乌鲁木齐地区野生种子植物区系研究［J］.新疆农业科学,2012,49(10):1902-1907.

［138］王文采.中国翠雀花属修订(二)［J］.广西植物,2020,40(增刊):1-254.

［139］王文采.中国银莲花属新分类［J］.广西植物,2021,41(增刊):1-118.

［140］王文采,杨宗宗.新疆翠雀花属二新种［J］.植物研究,2020,40(6):801-804.

［141］王文采,杨宗宗.新疆翠雀花属三新种［J］.广西植物,2021,41(3):327-333.

［142］王兆松.新疆北疆地区野生资源植物图谱［M］.乌鲁木齐:新疆科学技术出版社,2006.

［143］魏岩,谭敦炎,朱建雯.天山1号冰川冻原植被带种子植物区系［J］.干旱区研究,1998,15(1):49-53.

［144］吴玉虎.昆仑植物志:第一卷［M］.重庆:重庆出版社,2014.

［145］吴玉虎.昆仑植物志:第二卷［M］.重庆:重庆出版社,2015.

［146］吴玉虎.昆仑植物志:第三卷［M］.重庆:重庆出版社,2012.

［147］吴玉虎.昆仑植物志:第四卷［M］.重庆:重庆出版社,2013.

［148］吴兆洪,秦仁昌.中国蕨类植物科属志［M］.北京:科学出版社,1991.

［149］吴征镒,路安民,汤彦承,等.中国被子植物科属综论［M］.北京:科学出版社,2003.

［150］吴征镒,周浙昆,孙航,等.种子植物分布区类型及其起源和分化［M］.昆明:云南科技出版社,2006.

［151］吴征镒.西藏植物志:第一卷［M］.北京:科学出版社,1983.

［152］吴征镒.西藏植物志:第二卷［M］.北京:科学出版社,1985.

[153] 吴征镒.西藏植物志:第三卷[M].北京:科学出版社,1986.

[154] 吴征镒.西藏植物志:第四卷[M].北京:科学出版社,1985.

[155] 吴征镒.西藏植物志:第五卷[M].北京:科学出版社,1987.

[156] 郗金标,张福锁,田长彦.新疆盐生植物[M].北京:科学出版社,2006.

[157] 徐远杰,陈亚宁,李卫红,等.中国伊犁河谷种子植物区系分析[J].干旱区研究,2010,27(3):331-337.

[158] 熊嘉武.新疆天山东部山地综合科学考察[M].北京:中国林业出版社,2015.

[159] 熊嘉武.新疆天山西部山地综合科学考察[M].北京:中国林业出版社,2017.

[160] 闫凯,张洪江.新疆草原植物图册[M].北京:中国农业出版社,2011.

[161] 杨昌友.新疆树木志[M].北京:中国林业出版社,2012.

[162] 羊海军,崔大方,许正,等.中国天山野果林种子植物组成及资源状况分析[J].植物资源与环境学报,2003,12(2):39-45.

[163] 杨宗宗.乌鲁木齐乌头,新疆毛茛科一新种[J].广西植物,2019,39(9):1143-1146.

[164] 杨宗宗.我国首次发现小花鸟巢兰[J].植物杂志,2000(4):38-39.

[165] 尹林克.伊犁珍稀特有野生植物[M].乌鲁木齐:新疆人民出版社,2014.

[166] 尹林克.新疆珍稀濒危特有高等植物[M].乌鲁木齐:新疆科学技术出版社,2006.

[167] 尹林克.植物世界[M].乌鲁木齐:新疆青少年出版社,2010.

[168] 尹林克,李都.图览新疆野生植物[M].乌鲁木齐:新疆青少年出版社,2016.

[169] 袁国映.新疆生物多样性[M].乌鲁木齐:新疆科学技术出版社,2008.

[170] 张海燕,钱亦兵,段士民,等.东天山喀尔力克山北坡:淖毛湖植物区系[J].干旱区研究,2010,27(4):550-558.

[171] 张高.新疆中天山野生种子植物区系与植被研究[D].乌鲁木齐:新疆师范大学,2013.

[172] 张高,海鹰,曾雅娟.新疆中天山野生种子植物区系分析[J].西北植物学报,2011,31(12):2532-2538.

[173] 张高,海鹰,楚新正,等.巴音布鲁克尤尔都斯盆地野生种子植物区系研究[J].西北植物学报,2013,33(3):599-606.

[174] 张立运,海鹰,夏阳.新疆的一年生植物及其草被[M]//中国科学院新疆生物土壤沙漠研究所.新疆植物学研究文集.北京:科学出版社,1991:8-16.

[175] 张立运,李小明,海鹰,等.乌鲁木齐河中下游的植被及人类活动的影响[M]//中国科学院新疆生物土壤沙漠研究所.新疆植物学研究文集.北京:科学出版社,1991:81-91.

[176] 张瑜,常朝阳.准噶尔西部山地黄芪属丁字毛类群的研究[J].西北植物学报,2007,27(4):0813-0821.

[177] 张元明,李耀明,沈观冕,等.中亚植物资源及其利用[M].北京:气象出版社,2013.

[178] 赵可夫,李发曾,张福锁.中国盐生植物[M].2版.北京:科学出版社,2013.

[179] 赵一之.世界锦鸡儿属植物分类及其区系地理[M].呼和浩特:内蒙古大学出版社,2009.

[180] 周桂玲.新疆高等植物科属检索表[M].乌鲁木齐:新疆大学出版社.2005.

[181] 朱国强,李晓瑾,贾晓光.新疆药用植物名录[M].乌鲁木齐:新疆人民出版社,2014.

[182] 中国科学院登山科学考察队.天山托木尔峰地区的生物[M].乌鲁木齐:新疆人民出版社,1985.

[183] 中国科学院新疆地理研究所.天山山体演化[M].北京:科学出版社,1986.

[184] 中国科学院新疆生物土壤沙漠研究所.新疆植物名录[Z].乌鲁木齐:中国科学院新疆生物土壤沙漠研究所,1975.

[185] 中国科学院新疆生物土壤沙漠研究所.新疆药用植物志:第一册[M].乌鲁木齐:新疆人民出版社,1977.

［186］中国科学院新疆生物土壤沙漠研究所.新疆药用植物志:第二册［M］.乌鲁木齐:新疆人民出版社,1981.

［187］中国科学院新疆生物土壤沙漠研究所.新疆药用植物志:第三册［M］.乌鲁木齐:新疆人民出版社,1984.

［188］中国科学院新疆综合考察队,中国科学院植物研究所.新疆植被及其利用［M］.北京:科学出版社,1978.

［189］中国科学院植物研究所.草类纤维(禾本科)［M］.北京:科学出版社,1973.

［190］中国科学院植物研究所.中国主要植物图说(豆科)［M］.北京:科学出版社,1955.

［191］中国科学院植物研究所.中国高等植物科属检索表［M］.北京:科学出版社,1985.

［192］中国科学院中国植物志编辑委员会.中国植物志:第二卷［M］.北京:科学出版社,1959.

［193］中国科学院中国植物志编辑委员会.中国植物志:第三卷第一分册［M］.北京:科学出版社,1990.

［194］中国科学院中国植物志编辑委员会.中国植物志:第三卷第二分册［M］.北京:科学出版社,1999.

［195］中国科学院中国植物志编辑委员会.中国植物志:第四卷第一分册［M］.北京:科学出版社,1999.

［196］中国科学院中国植物志编辑委员会.中国植物志:第四卷第二分册［M］.北京:科学出版社,1999.

［197］中国科学院中国植物志编辑委员会.中国植物志:第五卷第一分册［M］.北京:科学出版社,2000.

［198］中国科学院中国植物志编辑委员会.中国植物志:第五卷第二分册［M］.北京:科学出版社,1999.

［199］中国科学院中国植物志编辑委员会.中国植物志:第六卷第二分册［M］.北京:科学出版社,2000.

［200］中国科学院中国植物志编辑委员会.中国植物志:第六卷第三分册［M］.北京:科学出版社,2004.

［201］中国科学院中国植物志编辑委员会.中国植物志:第七卷［M］.北京:科学出版社,1978.

［202］中国科学院中国植物志编辑委员会.中国植物志:第八卷［M］.北京:科学出版社,1992.

［203］中国科学院中国植物志编辑委员会.中国植物志:第九卷第二分册［M］.北京:科学出版社,2002.

［204］中国科学院中国植物志编辑委员会.中国植物志:第九卷第三分册［M］.北京:科学出版社,1987.

［205］中国科学院中国植物志编辑委员会.中国植物志:第十卷第一分册［M］.北京:科学出版社,1990.

［206］中国科学院中国植物志编辑委员会.中国植物志:第十卷第二分册［M］.北京:科学出版社,1997.

［207］中国科学院中国植物志编辑委员会.中国植物志:第十一卷［M］.北京:科学出版社,1961.

［208］中国科学院中国植物志编辑委员会.中国植物志:第十二卷［M］.北京:科学出版社,2000.

［209］中国科学院中国植物志编辑委员会.中国植物志:第十三卷第二分册［M］.北京:科学出版社,1978.

［210］中国科学院中国植物志编辑委员会.中国植物志:第十四卷［M］.北京:科学出版社,1980.

［211］中国科学院中国植物志编辑委员会.中国植物志:第十六卷第一分册［M］.北京:科学出版社,1985.

［212］中国科学院中国植物志编辑委员会.中国植物志:第十七卷［M］.北京:科学出版社,1999.

［213］中国科学院中国植物志编辑委员会.中国植物志:第二十卷第二分册［M］.北京:科学出版社,1984.

［214］中国科学院中国植物志编辑委员会.中国植物志:第二十一卷［M］.北京:科学出版社,1979.

［215］中国科学院中国植物志编辑委员会.中国植物志:第二十二卷［M］.北京:科学出版社,1998.

［216］中国科学院中国植物志编辑委员会.中国植物志:第二十三卷第一分册［M］.北京:科学出版社,1998.

［217］中国科学院中国植物志编辑委员会.中国植物志:第二十三卷第二分册［M］.北京:科学出版社,1995.

［218］中国科学院中国植物志编辑委员会.中国植物志:第二十四卷［M］.北京:科学出版社,1988.

［219］中国科学院中国植物志编辑委员会.中国植物志:第二十五卷第一分册［M］.北京:科学出版社,1998.

［220］中国科学院中国植物志编辑委员会.中国植物志:第二十五卷第二分册［M］.北京:科学出版社,1979.

［221］中国科学院中国植物志编辑委员会.中国植物志:第二十六卷［M］.北京:科学出版社,1996.

［222］中国科学院中国植物志编辑委员会.中国植物志:第二十七卷［M］.北京:科学出版社,1979.

［223］ 中国科学院中国植物志编辑委员会. 中国植物志:第二十八卷[M].北京:科学出版社,1980.

［224］ 中国科学院中国植物志编辑委员会. 中国植物志:第二十九卷[M].北京:科学出版社,2001.

［225］ 中国科学院中国植物志编辑委员会. 中国植物志:第三十二卷[M].北京:科学出版社,1999.

［226］ 中国科学院中国植物志编辑委员会. 中国植物志:第三十三卷[M].北京:科学出版社,1987.

［227］ 中国科学院中国植物志编辑委员会. 中国植物志:第三十四卷第一分册[M].北京:科学出版社,1984.

［228］ 中国科学院中国植物志编辑委员会. 中国植物志:第三十四卷第二分册[M].北京:科学出版社,1992.

［229］ 中国科学院中国植物志编辑委员会. 中国植物志:第三十七卷[M].北京:科学出版社,1985.

［230］ 中国科学院中国植物志编辑委员会. 中国植物志:第四十二卷第一分册[M].北京:科学出版社,1992.

［231］ 中国科学院中国植物志编辑委员会. 中国植物志:第四十二卷第二分册[M].北京:科学出版社,1998.

［232］ 中国科学院中国植物志编辑委员会. 中国植物志:第四十三卷第一分册[M].北京:科学出版社,1998.

［233］ 中国科学院中国植物志编辑委员会. 中国植物志:第四十三卷第二分册[M].北京:科学出版社,1997.

［234］ 中国科学院中国植物志编辑委员会. 中国植物志:第四十三卷第三分册[M].北京:科学出版社,1997.

［235］ 中国科学院中国植物志编辑委员会. 中国植物志:第四十四卷第三分册[M].北京:科学出版社,1997.

［236］ 中国科学院中国植物志编辑委员会. 中国植物志:第四十五卷第一分册[M].北京:科学出版社,1980.

［237］ 中国科学院中国植物志编辑委员会. 中国植物志:第四十五卷第三分册[M].北京:科学出版社,1999.

［238］ 中国科学院中国植物志编辑委员会. 中国植物志:第四十六卷[M].北京:科学出版社,1981.

［239］ 中国科学院中国植物志编辑委员会. 中国植物志:第四十七卷第二分册[M].北京:科学出版社,2002.

［240］ 中国科学院中国植物志编辑委员会. 中国植物志:第四十八卷第一分册[M].北京:科学出版社,1997.

［241］ 中国科学院中国植物志编辑委员会. 中国植物志:第四十九卷第二分册[M].北京:科学出版社,1984.

［242］ 中国科学院中国植物志编辑委员会. 中国植物志:第五十卷第二分册[M].北京:科学出版社,1990.

［243］ 中国科学院中国植物志编辑委员会. 中国植物志:第五十一卷[M].北京:科学出版社,1991.

［244］ 中国科学院中国植物志编辑委员会. 中国植物志:第五十二卷第二分册[M].北京:科学出版社,1983.

［245］ 中国科学院中国植物志编辑委员会. 中国植物志:第五十三卷第二分册[M].北京:科学出版社,2000.

［246］ 中国科学院中国植物志编辑委员会. 中国植物志:第五十五卷第二分册[M].北京:科学出版社,1985.

［247］ 中国科学院中国植物志编辑委员会. 中国植物志:第五十五卷第三分册[M].北京:科学出版社,1992.

［248］ 中国科学院中国植物志编辑委员会. 中国植物志:第五十六卷[M].北京:科学出版社,1990.

［249］ 中国科学院中国植物志编辑委员会. 中国植物志:第五十七卷第三分册[M].北京:科学出版社,1991.

［250］ 中国科学院中国植物志编辑委员会. 中国植物志:第五十九卷第一分册[M].北京:科学出版社,1989.

［251］ 中国科学院中国植物志编辑委员会. 中国植物志:第五十九卷第二分册[M].北京:科学出版社,1990.

［252］ 中国科学院中国植物志编辑委员会. 中国植物志:第六十卷第一分册[M].北京:科学出版社,1987.

［253］ 中国科学院中国植物志编辑委员会. 中国植物志:第六十一卷[M].北京:科学出版社,1992.

［254］ 中国科学院中国植物志编辑委员会. 中国植物志:第六十二卷[M].北京:科学出版社,1988.

［255］ 中国科学院中国植物志编辑委员会. 中国植物志:第六十三卷[M].北京:科学出版社,1977.

［256］ 中国科学院中国植物志编辑委员会. 中国植物志:第六十四卷第一分册[M].北京:科学出版社,1979.

［257］ 中国科学院中国植物志编辑委员会. 中国植物志:第六十四卷第二分册[M].北京:科学出版社,1989.

［258］ 中国科学院中国植物志编辑委员会. 中国植物志:第六十五卷第一分册[M].北京:科学出版社,1982.

［259］ 中国科学院中国植物志编辑委员会. 中国植物志:第六十五卷第二分册[M].北京:科学出版社,1977.

［260］ 中国科学院中国植物志编辑委员会. 中国植物志:第六十七卷第一分册[M].北京:科学出版社,1978.

［261］ 中国科学院中国植物志编辑委员会. 中国植物志:第六十七卷第二分册[M].北京:科学出版社,1979.

［262］ 中国科学院中国植物志编辑委员会. 中国植物志:第六十八卷[M].北京:科学出版社,1963.

［263］ 中国科学院中国植物志编辑委员会. 中国植物志:第六十九卷[M].北京:科学出版社,1990.

［264］ 中国科学院中国植物志编辑委员会. 中国植物志:第七十卷[M].北京:科学出版社,2002.

［265］ 中国科学院中国植物志编辑委员会. 中国植物志:第七十一卷第二分册[M].北京:科学出版社,1999.

［266］ 中国科学院中国植物志编辑委员会. 中国植物志:第七十二卷[M].北京:科学出版社,1988.

［267］ 中国科学院中国植物志编辑委员会. 中国植物志:第七十三卷第一分册[M].北京:科学出版社,1986.

［268］ 中国科学院中国植物志编辑委员会. 中国植物志:第七十三卷第二分册[M].北京:科学出版社,1983.

［269］ 中国科学院中国植物志编辑委员会. 中国植物志:第七十四卷[M].北京:科学出版社,1985.

［270］ 中国科学院中国植物志编辑委员会. 中国植物志:第七十五卷[M].北京:科学出版社,1979.

［271］ 中国科学院中国植物志编辑委员会. 中国植物志:第七十六卷第一分册[M].北京:科学出版社,1983.

［272］ 中国科学院中国植物志编辑委员会. 中国植物志:第七十六卷第二分册[M].北京:科学出版社,1991.

［273］ 中国科学院中国植物志编辑委员会. 中国植物志:第七十七卷第一分册[M].北京:科学出版社,1999.

［274］ 中国科学院中国植物志编辑委员会. 中国植物志:第七十七卷第二分册[M].北京:科学出版社,1989.

［275］ 中国科学院中国植物志编辑委员会. 中国植物志:第七十八卷第一分册[M].北京:科学出版社,1987.

［276］ 中国科学院中国植物志编辑委员会. 中国植物志:第七十八卷第二分册[M].北京:科学出版社,1999.

［277］ 中国科学院中国植物志编辑委员会. 中国植物志:第七十九卷[M].北京:科学出版社,1996.

［278］ 中国科学院中国植物志编辑委员会. 中国植物志:第八十卷第一分册[M].北京:科学出版社,1997.

［279］ 中国科学院中国植物志编辑委员会. 中国植物志:第八十卷第二分册[M].北京:科学出版社,1999.

［280］ 中国科学院植物研究所. 中国高等植物图鉴:第一册[M].北京:科学出版社,1980.

［281］ 中国科学院植物研究所. 中国高等植物图鉴:第二册[M].北京:科学出版社,1980.

［282］ 中国科学院植物研究所. 中国高等植物图鉴:第三册[M].北京:科学出版社,1980.

［283］ 中国科学院植物研究所. 中国高等植物图鉴:第四册[M].北京:科学出版社,1980.

［284］ 中国科学院植物研究所. 中国高等植物图鉴:第五册[M].北京:科学出版社,1980.

［285］ 中国科学院植物研究所. 中国高等植物图鉴:补编第一册[M].北京:科学出版社,1994.

［286］ 中国科学院植物研究所. 中国高等植物图鉴:补编第二册[M].北京:科学出版社,1994.

［287］ 中华人民共和国商业部土产废品局,中国科学院植物研究所. 中国经济植物志[M].北京:科学出版社,2012.

［288］ 海鹰,佐藤谦. 中国新疆维吾尔自治区新源山地自然保护区植物地理学研究(1)植物区系地理学[C]//北海学园大学学园论集. 札幌:[出版者不详],1998:94－95.

［289］ 海鹰,佐藤谦. 中国新疆维吾尔自治区新源山地自然保护区植物地理学研究(2)植被地理学[C]//北海学园大学开发论集. 札幌:[出版者不详],1998:61.

［290］ 近田文弘,清水建美. 中国天山の植物[M].大阪:ドンボ出版,1996.

［291］ LYSKOV D, KLIUYKOV E, UKRAISKAIA U, et al. Notes on the genus *Hyalolaena* (Apiaceae) with description of a new species *H. Zhang-minglii* from Xinjiang, western China[J]. Phytotaxa,2019,388 (3):229－238.

［292］ HE J, LYU R D, YAO M, et al. *Clematis mae* (Ranunculaceae), a new species of *C.* sect. *Meclatis* from Xinjiang, China[J]. PhytoKeys,2019,117:133－142.

［293］ YA J D, CAI J, ZHANG Q R. Two genera and five species newly recorded in China[J]. Turkish Journal of Botany,2018, 42: 239－245.

［294］ CHEN J, WANG Y J. New *Saussurea* (Asteraceae) species from Bogeda Mountain, eastern Tianshan, China, and inference of its evolutionary history and medical usage[J]. Plos One,2018,13(7):e0199416.

［295］PIMENOV M G，KLJUYKOV EV. 中国新疆伞形科植物区系新资料［J］.植物分类学报，2001，39（3）：
193 – 202.

［296］CZEREPANOV S K. Vascular plants of Russia and adjacent states［M］. Cambridge：Cambridge University
Press，1995.

［297］Иващенко А А. Сокровища растительного мира Казахстана［M］. Алматикитап：Издательство
академии наук Казахстана，2007.

［298］Иващенко А А. Растительный мир Казахстана［M］. Алматикитап：Издательство академии наук
Казахстана，2006.

［299］Введенский А И. Определитель Пастений Средней Азии：том-1［M］. Ташкент：Издательство
"ФАН" Узбекистан ССР，1968.

［300］Введенский А И. Определитель Пастений Средней Азии：том-2［M］. Ташкент：Издательство
"ФАН" Узбекистан ССР，1971.

［301］Введенский А И. Определитель Пастений Средней Азии：том-3［M］. Ташкент：Издательство
"ФАН" Узбекистан ССР，1972.

［302］Введенский А И. Определитель Пастений Средней Азии：том-4［M］. Ташкент：Издательство
"ФАН" Узбекистан ССР，1974.

［303］Введенский А И. Определитель Пастений Средней Азии：том-5［M］. Ташкент：Издательство
"ФАН" Узбекистан ССР，1976.

［304］Введенский А И. Определитель Пастений Средней Азии：том-6［M］. Ташкент：Издательство
"ФАН" Узбекистан ССР，1981.

［305］Введенский А И. Определитель Пастений Средней Азии：том-7［M］. Ташкент：Издательство
"ФАН" Узбекистан ССР，1983.

［306］Введенский А И. Определитель Пастений Средней Азии：том-8［M］. Ташкент：Издательство
"ФАН" Узбекистан ССР，1986.

［307］Введенский А И. Определитель Пастений Средней Азии：том-9［M］. Ташкент：Издательство
"ФАН" Узбекистан ССР，1987.

［308］Введенский А И. Определитель Пастений Средней Азии：том-10［M］. Ташкент：Издательство
"ФАН" республики узбекистан，1993.

［309］Федченко Б А. Флора Туркмении：том-1［M］. Ленинград：Издание академии наук СССР и
ботанического института туркменской ССР，1932.

［310］Федченко Б А. Флора Туркмении：том-2［M］. Ашхабад：Туркменское государствствениo
издательстельство，1937.

［311］Шишкин Б К. Флора Туркмении：том-3［M］. Ашхабад：Издательство Туркмениского
Филиала академии наук СССР，1948.

［312］Шишкин Б К. Флора Туркмении：том-4［M］. Ашхабад：Издательство Туркмениского
Филиала академии наук СССР，1950.

［313］Шишкин Б К. Флора Туркмении：том-5［M］. Ашхабад：Издательство Туркмениского
Филиала академии наук СССР，1950.

［314］Шишкин Б К. Флора Туркмении：том-6［M］. Ашхабад：Издательство академии наук

Туркмениской ССР，1954.

［315］Шишкин Б К. Флора Туркмении：том-7［M］. Ашхабад：Издательство академии наук Туркмениской ССР，1960.

［316］Голоскоков В П. Флора джунгарского алатау［M］. Алама Ата：Издательство "наука" Казахстана ССР，1984.

［317］Комаров В Л. Флора СССР：Трм-1［M］. Ленинград：Издательство академии наук СССР，1934.

［318］Комаров В Л. Флора СССР：Трм-2［M］. Ленинград：Издательство академии наук СССР，1934.

［319］Комаров В Л. Флора СССР：Трм-3［M］. Ленинград：Издательство академии наук СССР，1935.

［320］Комаров В Л. Флора СССР：Трм-4［M］. Ленинград：Издательство академии наук СССР，1935.

［321］Комаров В Л. Флора СССР：Трм-5［M］. Москва：Издательство академии наук СССР，1936.

［322］Комаров В Л. Флора СССР：Трм-6［M］. Москва：Издательство академии наук СССР，1936.

［323］Комаров В Л. Флора СССР：Трм-7［M］. Москва：Издательство академии наук СССР，1937.

［324］Комаров В Л. Флора СССР：Трм-8［M］. Москва：Издательство академии наук СССР，1937.

［325］Комаров В Л. Флора СССР：Трм-9［M］. Москва：Издательство академии наук СССР，1939.

［326］Комаров В Л. Флора СССР：Трм-10［M］. Москва：Издательство академии наук СССР，1941.

［327］Комаров В Л. Флора СССР：Трм-11［M］. Москва：Издательство академии наук СССР，1945.

［328］Комаров В Л. Флора СССР：Трм-12［M］. Москва：Издательство академии наук СССР，1946.

［329］Комаров В Л. Флора СССР：Трм-13［M］. Москва：Издательство академии наук СССР，1948.

［330］Комаров В Л. Флора СССР：Трм-14［M］. Москва：Издательство академии наук СССР，1949.

［331］Комаров В Л. Флора СССР：Трм-15［M］. Москва：Издательство академии наук СССР，1949.

［332］Комаров В Л. Флора СССР：Трм-16［M］. Москва：Издательство академии наук СССР，1952.

［333］Комаров В Л. Флора СССР：Трм-17［M］. Москва：Издательство академии наук СССР，1952.

［334］Комаров В Л. Флора СССР：Трм-18［M］. Москва：Издательство академии наук СССР，1952.

［335］Комаров В Л. Флора СССР：Трм-19［M］. Москва：Издательство академии наук СССР，1953.

［336］Комаров В Л. Флора СССР：Трм-20［M］. Москва：Издательство академии наук СССР，1954.

［337］Комаров В Л. Флора СССР：Трм-21［M］. Москва：Издательство академии наук СССР，1954.

［338］Комаров В Л. Флора СССР：Трм-22［M］. Москва：Издательство академии наук СССР，1955.

［339］Комаров В Л. Флора СССР：Трм-23［M］. Москва：Издательство академии наук СССР，1955.

［340］Комаров В Л. Флора СССР：Трм-24［M］. Москва：Издательство академии наук СССР，1957.

［341］Комаров В Л. Флора СССР：Трм-25［M］. Москва：Издательство академии наук СССР，1959.

［342］Комаров В Л. Флора СССР：Трм-26［M］. Москва：Издательство академии наук СССР，1959.

［343］Комаров В Л. Флора СССР：Трм-27［M］. Москва：Издательство академии наук СССР，1962.

［344］Комаров В Л. Флора СССР：Трм-28［M］. Москва：Издательство академии наук СССР，1963.

［345］Комаров В Л. Флора СССР：Трм-29［M］. Москва：Издательство академии наук СССР，1963.

［346］Комаров В Л. Флора СССР：Трм-30［M］. Москва：Издательство академии наук СССР，1960.

［347］Овчиннииков П Н. Флора Таджикской ССР：том-1［M］. Москва：Издательство академии наук СССР，1957.

［348］Овчиннииков П Н. Флора Таджикской ССР：том-2［M］. Москва：Издательство академии наук СССР，1963.

［349］Овчиннииков П Н. Флора Таджикской ССР：том-3 ［ M ］. Ленинград： Издательство академии наук СССР，1968.

［350］Овчиннииков П Н. Флора Таджикской ССР：том-4 ［ M ］. Ленинград： Издательство академии наук СССР，1975.

［351］Овчиннииков П Н. Флора Таджикской ССР：том-5 ［ M ］. Ленинград： Издательство академии наук СССР，1978.

［352］Овчиннииков П Н. Флора Таджикской ССР：том-6 ［ M ］. Ленинград： Издательство академии наук СССР，1981.

［353］Овчиннииков П Н. Флора Таджикской ССР：том-7 ［ M ］. Ленинград： Издательство академии наук СССР，1984.

［354］Овчиннииков П Н. Флора Таджикской ССР：том-8 ［ M ］. Ленинград： Издательство академии наук СССР，1986.

［355］Овчиннииков П Н. Флора Таджикской ССР：том-9 ［ M ］. Ленинград： Издательство академии наук СССР，1988.

［356］Овчиннииков П Н. Флора Таджикской ССР：том-10 ［ M ］. Ленинград： Издательство академии наук СССР，1991.

［357］Павлов Н В. Флора Казахстана：том-1 ［ M ］. Алма-Ата： Издательство академии наук Казахстана ССР，1956.

［358］Павлов Н В. Флора Казахстана：том-2 ［ M ］. Алма-Ата： Издательство академии наук Казахстана ССР，1958.

［359］Павлов Н В. Флора Казахстана：том-3 ［ M ］. Алма-Ата： Издательство академии наук Казахстана ССР，1960.

［360］Павлов Н В. Флора Казахстана：том-4 ［ M ］. Алма-Ата： Издательство академии наук Казахстана ССР，1961.

［361］Павлов Н В. Флора Казахстана：том-5 ［ M ］. Алма-Ата： Издательство академии наук Казахстана ССР，1961.

［362］Павлов Н В. Флора Казахстана：том-6 ［ M ］. Алма-Ата： Издательство академии наук Казахстана ССР，1963.

［363］Павлов Н В. Флора Казахстана：том-7 ［ M ］. Алма-Ата： Издательство академии наук Казахстана ССР，1963.

［364］Павлов Н В. Флора Казахстана：том-8 ［ M ］. Алма-Ата： Издательство академии наук Казахстана ССР，1965.

［365］Павлов Н В. Флора Казахстана：том-9 ［ M ］. Алма-Ата： Издательство академии наук Казахстана ССР，1966.

［366］Шредер Р Р. Флора Узбекстана：том-1 ［ M ］. Ташкент： Издательство Узвекистанского Филиала академии наук СССР，1941.

［367］Корвин Е П. Флора Узбекстана：том-2 ［ M ］. Ташкент： Издательство Узвекистанского Филиала академии наук СССР，1953.

［368］Корвин Е П. Флора Узбекстана：том-3 ［ M ］. Ташкент： Издательство Узвекистанского

Филиала академии наук СССР, 1955.

［369］Введенский А И. Флора Узбекстана：том-4［M］. Ташкент：Издательство Узвекистанского Филиала академии наук СССР, 1959.

［370］Введенский А И. Флора Узбекстана：том-5［M］. Ташкент：Издательство Узвекистанского Филиала академии наук СССР, 1961.

［371］Введенский А И. Флора Узбекстана：том-6［M］. Ташкент：Издательство Узвекистанского Филиала академии наук СССР, 1962.

［372］Никитина Е В, и пр. Флора Киргизской ССР：том-1［M］. Фрунзе：Издательство Киргизфан СССР, 1952.

［373］Рожевиц Р Ю, Никитина Е В, и пр. Флора Киргизской ССР：том-2［M］. Фрунзе：Издательство Киргизфан СССР, 1950.

［374］Никитина Е В, и пр. Флора Киргизской ССР：том-3［M］. Фрунзе：Издательство Киргизфан СССР, 1951.

［375］Никитина Е В, и пр. Флора Киргизской ССР：том-4［M］. Фрунзе：Издательство Киргизфан СССР, 1953.

［376］Никитина Е В, и пр. Флора Киргизской ССР：том-5［M］. Фрунзе：Издательство академии наук Киргизской ССР, 1955.

［377］Никитина Е В, и пр. Флора Киргизской ССР：том-6［M］. Фрунзе：Издательство академии наук Киргизской ССР, 1955.

［378］Никитина Е В, и пр. Флора Киргизской ССР：том-7［M］. Фрунзе：Издательство академии наук Киргизской ССР, 1957.

［379］Никитина Е В, и пр. Флора Киргизской ССР：том-8［M］. Фрунзе：Издательство академии наук Киргизской ССР, 1959.

［380］Никитина Е В, и пр. Флора Киргизской ССР：том-9［M］. Фрунзе：Издательство академии наук Киргизской ССР, 1960.

［381］Никитина Е В, и пр. Флора Киргизской ССР：том-10［M］. Фрунзе：Издательство академии наук Киргизской ССР, 1962.

［382］Никитина Е В, и пр. Флора Киргизской ССР：том-11［M］. Фрунзе：Издательство 《ИЛИМ》, 1965.

［383］Овчиников П В. Флора Таджикской ССР：том-1［M］. Москва：Издательство академии наук СССР, 1957.

［384］Овчиников П В. Флора Таджикской ССР：том-2［M］. Москва：Издательство академии наук СССР, 1963.

［385］Овчиников П В. Флора Таджикской ССР：том-3［M］. Ленинград：Издательство академии наук СССР, 1968.

［386］Овчиников П В. Флора Таджикской ССР：том-4［M］. Ленинград：Издательство академии наук СССР, 1975.

［387］Овчиников П В. Флора Таджикской ССР：том-5［M］. Ленинград：Издательство академии наук СССР, 1978.

［388］Овчиников П В. Флора Таджикской ССР：том-6［М］. Ленинград：Издательство академии наук СССР，1981.

［389］Овчиников П В. Флора Таджикской ССР：том-7［М］. Ленинград：Издательство академии наук СССР，1984.

［390］КочкареваТ Ф. Флора Таджикской ССР：том-8［М］. Ленинград：Издательство академии наук СССР，1986.

［391］Кинзикаева Г К. Флора Таджикской ССР：том-9［М］. Ленинград：Издательство академии наук СССР，1988.

［392］Расулова М Р. Флора Таджикской ССР：том-10［М］. Москва：Издательство академии наук СССР，1991.

［393］Академии наук Узбекской ССР. Атлас Узвнкской ССР：Часть пнрвая［М］. Москва：Издательство академии наук Узбекистан ССР，1982.

［394］Снменов П П. Тян-шанский：Путешествие В Тян-Шань［М］. Москва：Издательство академии наук СССР，1958.

［395］Хайьати Т. Красная Книга Республики Узбекстана：том-1［М］. Ташкент：Chinor ENK，2006.

植物中文名称索引

C

H

T

865

植物拉丁文学名索引

Acanthophyllum subglabrum 89

Acanthophyllum tenuifolium 89

Acer pentapomicum 322

Acer platanoides subsp. turkestanicum 323

Acer tataricum 323

Acer tataricum subsp. semenovii 323

Achillea asiatica 539

Achillea bieberstianii 540

Achillea filipendulina 540

Achillea millefolium 540

Achillea setacea 540

Achillea wilhelmsii 540

Achnatherum caragana 706

Achnatherum extremiorientale 706

Achnatherum inebrians 707

Achnatherum pekinense 707

Achnatherum sibiricum 707

Achnatherum splendens 707

Achoriphragma botschantzevii 160

Achoriphragma pjataevae 160

Aconitum angusticassidatum 96

Aconitum anthoroideum 96

Aconitum apetalum 96

Aconitum barbatum var. hispidum 96

Aconitum barbatum var. puberulum 97

Aconitum karakolicum 97

Aconitum karakolicum var. patentipilum 97

Aconitum leucostomum var. nalatiensis 97

Aconitum leucostomum 97

Aconitum monticola 97

Aconitum nemorum 98

Aconitum rotundifolium 98

Aconitum seravschanicum 97

Aconitum sinchiangense 98

Aconitum smirnovii 98

Aconitum soongaricum 98

Aconitum soongaricum var. pubescens 98

Aconitum talassicum 97

Aconitum talassicum var. villosulum 98

Aconitum urumqiense 98

Acorus calamus 732

Acroptilon repens 595

Adenophora himalayana 517

Adenophora lamarckii 517

Adenophora liliifolia 517

Adiantum capillus-veneris 4

Adonis aestivalis 111

Adonis aestivalis subsp. parviflora 111

Adonis chrysocyatha 111

Adonis sibirica 111

Adonis tianschanica 111

Adonis turkestanica 111

Adoxa moschatellina 510

Aegilops crassa 668

Aegilops cylindrica 668

Aegilops juvenalis 668

Aegilops squarrosa 668

Aegilops tauschii 668

Aegilops triuncialis 668

Aegopodium alpestre 354

Aegopodium kashmiricum 354

Aegopodium podagraria 354

Aegopodium tadshikorum 354

Aeluropus intermedius 708

Aeluropus lagopoides 708

Aeluropus littoralis 708

Aeluropus micrantherus 708

Aeluropus pilosus 709

Aeluropus pungens 709

Aeluropus repens 709

Aeluropus sinensis 709

Agrimonia eupatoria subsp. asiatica 206

Agrimonia pilosa 206

Agriophyllum lateriflorum 44

Agriophyllum minus 44

Agriophyllum squarrosum 44

Agropogon littoralis 709

Agropyron abolinii 670

Agropyron aucheri 670

Agropyron badamense 671

Gentiana squarrosa　398

Gentiana susamyrensis　398

Gentiana tianschanica　398

Gentiana uniflora　398

Gentiana verna subsp. pontica　399

Gentiana walujewii　398

Gentianella acuta　399

Gentianella azurea　400

Gentianella pygmaea　400

Gentianella turkestanorum　400

Gentianopsis barbata　399

Gentianopsis stricta　399

Geranium albanum　302

Geranium albiflorum　302

Geranium arnottianum　302

Geranium collinum　302

Geranium dahuricum　302

Geranium dissectum　302

Geranium divaricatum　302

Geranium himalayense　302

Geranium kotschyi subsp. charlesii　303

Geranium nepalense　303

Geranium pratense　303

Geranium pseudosibiricum　303

Geranium pusillum　303

Geranium rectum　304

Geranium robertianum　304

Geranium rotundifolium　304

Geranium saxatile　303

Geranium schrenkianum　303

Geranium sibiricum　304

Geranium sophiae　304

Geranium sylvaticum　304

Geranium transversale　303

Geranium tuberosum　304

Gerbera kokanica　615

Geum aleppicum　194

Geum heterocarpum　194

Geum kokanicum　194

Geum rivale　194

Geum urbanum　194

Girgensohnia diptera　55

Girgensohnia oppositiflora　55

Glaucium corniculatum　124

Glaucium elegans　124

Glaucium elegans subsp. bracteatum　124

Glaucium fimbrilligerum　124

Glaucium squamigerum　124

Glaux maritima　380

Glechoma hederacea　442

Glyceria plicata　649

Glycyrrhiza aspera　284

Glycyrrhiza aspera var. macrophylla　285

Glycyrrhiza aspera var. purpureiflora　285

Glycyrrhiza eglandulosa　285

Glycyrrhiza eurycarpa　285

Glycyrrhiza glabra　285

Glycyrrhiza glabra var. glandulosa　285

Glycyrrhiza gontscharovii　285

Glycyrrhiza inflata　285

Glycyrrhiza triphylla　285

Glycyrrhiza uralensis　286

Gnaphalium norvegicum　601

Goldbachia laevigata　167

Goldbachia pendula　167

Goldbachia tetragona　167

Goldbachia torulosa　167

Goldbachia verrucosa　167

Goniolimon callicomum　391

Goniolimon cuspidatum　391

Goniolimon dschungaricum　391

Goniolimon elatum　391

Goniolimon eximium　391

Goniolimon sewerzovii　391

Goniolimon speciosum　391

Goniolimon speciosum var. strictum　391

Goniolimon tataricum　392

Goodyera repens　775

Graellsia graellsiifolia　136

Gratiola officinalis　475

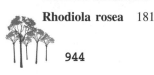

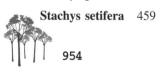

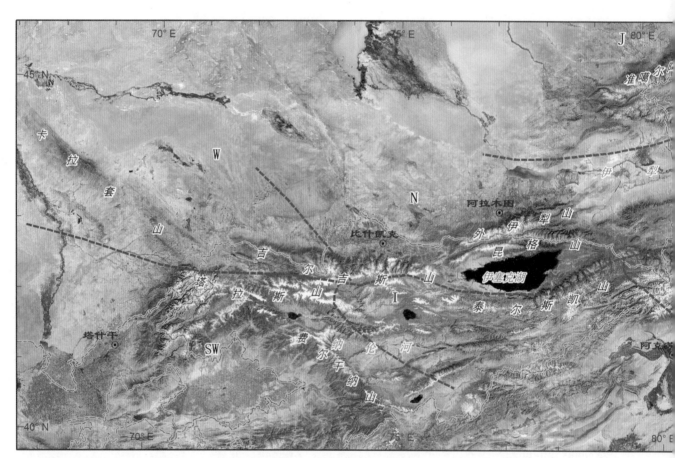

天山山系部位图（"新疆遥感与地理信息系统应用重点实验室"制作）

审图号：新 S（2021）224 号

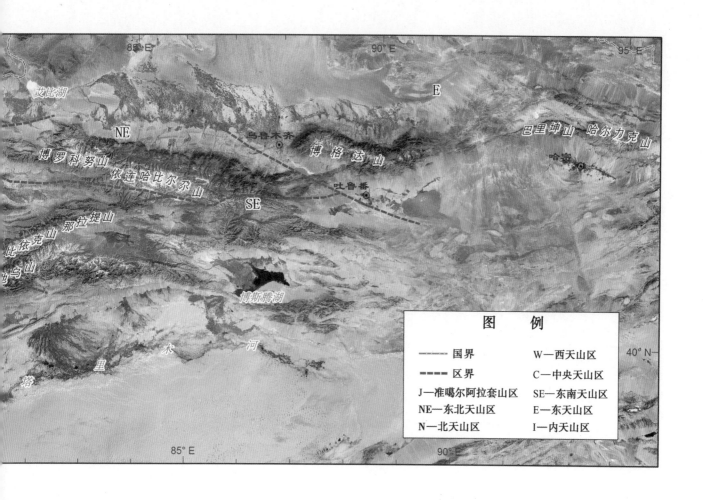

艾比湖

NE

博罗科努山

依连哈比尔尕山

那拉提山

比依克山

乌山

博斯腾湖

里

水

塔

乌鲁木齐

博 格 达 山

吐鲁番

SE

E

巴里坤山 哈尔力克山

哈密

河

85° E   90° E   95° E

85° E   90° E

40° N

<table>
<tr><td colspan="2">图　例</td></tr>
<tr><td>—— 国界</td><td>W—西天山区</td></tr>
<tr><td>---- 区界</td><td>C—中央天山区</td></tr>
<tr><td>J—准噶尔阿拉套山区</td><td>SE—东南天山区</td></tr>
<tr><td>NE—东北天山区</td><td>E—东天山区</td></tr>
<tr><td>N—北天山区</td><td>I—内天山区</td></tr>
</table>